SMART

최신판

스마트 엔지니어를 위한 도로 및 공항기술사 지침서

KB144313

도로및공항 기술사

| 박효성 · 사봉권 지음 |

Professional Engineer Road & Airports

BM (주)도서출판 성안당

■ 도서 A/S 안내

성안당에서 발행하는 모든 도서는 저자와 출판사, 그리고 독자가 함께 만들어 나갑니다.

좋은 책을 펴내기 위해 많은 노력을 기울이고 있습니다. 혹시라도 내용상의 오류나 오탈자 등이 발견되면 "좋은 책은 나라의 보배"로서 우리 모두가 함께 만들어 간다는 마음으로 연락주시기 바랍니다. 수정 보완하여 더 나은 책이 되도록 최선을 다하겠습니다.

성안당은 늘 독자 여러분들의 소중한 의견을 기다리고 있습니다. 좋은 의견을 보내주시는 분께는 성안당 쇼핑몰의 포인트(3,000포인트)를 적립해 드립니다.

잘못 만들어진 책이나 부록 등이 파손된 경우에는 교환해 드립니다.

저자 문의 e-mail : hyosungroad@hanmail.net(박효성)

본서 기획자 e-mail : coh@cyber.co.kr(최옥현)

홈페이지 : http://www.cyber.co.kr   전화 : 031) 950-6300

우리나라는 7, 80년대에 축적한 국가경쟁력을 바탕으로 선진국의 시장개방 대열에 동참하기 위하여 1996년 경제협력개발기구(OECD)에 가입하였고, 2012년 한·미 FTA 협정을 체결하였다. 그 이후부터 건설산업의 각 분야에 근무하는 엔지니어들은 개인적으로 느끼든 못 느끼든 선진국 시스템에서 업무를 수행하고 있다.

잠시 되돌아보면 1994년 성수대교 붕괴를 계기로 「시설물의 안전 및 유지관리에 관한 특별법」이 제정되고, 이어서 삼풍백화점이 붕괴되어 책임감리제도가 전면 도입될 당시, 국가기술자격제도마저 뒷받침되지 못한 상태에서 정부는 국민들의 생명과 재산을 보호할 목적으로 학력·경력인정기술자를 양산하여 건설현장의 안전과 품질을 맡겨야 했다.

이러한 난관들이 어느 정도 수습되면서 오늘날 건설산업정책이 선진국 시스템으로 업그레이드되고 있다. 일례로 20여 년 동안 시행되어 온 책임감리제도가 2014년 건설사업관리(CM)제도로 전환된 점을 들 수 있다. 이에 따라 건설업계는 시공사든 용역사든 간에 건설사업관리방식으로 발주된 건설프로젝트 수주에 공동으로 참여하는 사례가 늘고 있다.

이와 같은 변화에 따라 엔지니어들도 건설사업관리와 함께 도입된 역량지수 등급체계(ICEC)에 의해 학력·자격·경력을 모두 갖추어야 한다. 책임감리에서는 경력만 갖추면 책임기술자로서 업무수행이 가능했지만, 건설사업관리에서는 국가기술자격을 취득해야 한다. 이는 곧 건설현장을 책임지려면 이론을 바탕으로 자격을 갖추고 실무를 익히는 선진국 시스템이다.

이와 같은 시대적 상황을 고려하여 국내외 건설현장을 진두지휘하고 있는 엔지니어들이 이미 알고 있는 공학이론에 실무경험을 엮어 '도로 및 공항기술사'를 다음과 같은 내용을 담아 펴내게 되었다.

'도로 및 공항기술사' 시험과목	이 교재의 주요 내용
도로 및 교통, 도로구조물, 도로부대시설, 공항계획 및 공항부대시설, 그 밖에 도로와 공항에 관한 사항	도로계획, 교통, 기하구조, 도로포장, 토공, 도로배수시설, 교량, 터널, 콘크리트, 공항관제, 공항시설, 공항안전 등

아무쪼록 이 책이 '도로 및 공항기술사'를 준비하는 분들에게 합격의 길로 이끄는 길잡이가 되길 바라며, 이 책을 출간할 수 있도록 도움을 주신 성안당 출판사 이종춘 회장님께 감사의 마음을 전합니다.

저자를 대표하여

박효성

01. 자료 준비

1. 논술 능력 배양

기술사 시험은 논술형으로 출제된다. 특정 주제를 논술할 수 있는 능력을 갖추려면 석사 이상의 학력을 갖추어야 용이하다. 그렇다고 논술 능력을 갖추려고 석·박사 학위 등록은 학비가 너무 비싸고 시간도 너무 많이 걸린다. 그 대신 토목공학 관련 학회지 논문집을 구독하여 논문 작성 능력을 습득하는 것도 필요하다.

○ 다양한 현장 문제에 대해 폭넓게 예측할 수 있는 현미경 탐구기법
○ 공학 전반에 걸쳐 다양하고 잡다한 지식, 첨단기술, 동향 등의 습득
○ 토목공학 논문집 등에 발표되는 최근 학술논문 섭렵하여 신기술·신공법 동향 파악

2. 기술사 정교재, 부교재 구입

가급적 내용을 이해하기 쉽게 서술식으로 기술된 교재를 선정하고, 전문학원이나 인강을 수강한다. 수강 중에 학원 정교재를 충실하게 속독하며 기술사 시험범위 전체의 윤곽을 파악한다.

3. 기술사 출제범위 전체를 반복적으로 속독

시험범위 전체를 반복적으로 속독하는 훈련(training)이 필요하다. 가장 빠른 시간 내에 교재를 속독하고 또 속독하여 프로(professionalism), 즉 공학전문가로서 훈련되어야 합격한다. 기술사 시험 기출문제를 분석한 결과, 기출문제에서 70%, 신기술·신공법 등 최근 추세를 고려한 신규문제에서 30% 정도가 출제된다. 특히 중요한 점은 매 시험 총 31개 문제 중 기출문제에서 22개 문제를 선택하여 기술하면 된다는 점이다.

4. 각 주제의 기승전결 핵심 이해

이 책은 도로 및 공항기술사 기출문제를 중심으로 총 7장으로 구성하였다. 대부분 이해할 수 있는 내용이지만 모두 암기하기는 불가능하다. 각 주제들을 4단논법 기승전결로 요약하여, 반복적으로 눈에 익히면서 내 것으로 소화하는 훈련을 해야 한다.

5. 기승전결에 따라 키워드 이해

순서에 따라 키워드를 이해하면 쉽게 핵심 답안을 작성할 수 있다.
① 각 문제를 속독하면서 중요한 부분을 마킹(연필, 형광펜)한다.

② 중요한 부분을 마킹할 때 각 문제의 기승전결을 시각적으로 발췌한다.

　기(起) : 관련 법령, 용어 정의, 개념, 서론

　승(承) : 공학이론, 세부 기준, 특징(장·단점), 간단한 도식(표, 그림, 데이터)

　전(轉) : 현장업무, 예방대책, 처리사례, 본인의 경험에 의한 차별화된 내용

　결(結) : 承+轉을 요약하여 향후 전망, 개선 방안을 제시하는 결론

③ 교재에 마킹된 기승전결 키워드를 눈으로 익히면서, 주제 전체를 빠르게 이해한다. 이때 반복적인 훈련이 필요하다.

6. 현장 관련 출제 예상 시사문제 자료 수집

시사성 있는 신규 문제를 토목공학 관련 학회지에서 신기술·신공법을 이해하는 것보다는 사회적 이슈로 등장하는 건설현장 안전사고 보도자료 내용을 수집하는 것이 기술사 신규 돌출시험 대비에 효과적이다.

7. 단답형 10분, 논술형 25분 쓰기 반복 훈련

기술사가 되려면 프로정신을 갖추어야 한다. 전공과목으로 공부하고 현장업무로 익히 알고 있는 공학지식이지만, 제한된 시간 100분 내에 제한된 지면 14쪽을 쓸 수 있도록 반복적인 훈련이 필요하다. 기술사 시험은 100분 안에 이미 알고 있는 공학이론과 실무경험을 남보다 더 빨리 제한된 지면에 써야 합격한다.

02. 시험 당일 수험 요령

1. 공간 배분, 문제 선정, 순서 결정

시험 당일, 시험 시작 전에 감독관 2명이 입실하여 '답안지'를 나누어 주면 수험번호와 성명을 기입한 후, 5~10분 정도 주의사항을 안내하는 시간에 답안지 14장 전체에 10문제를 주어진 공간에 배치하기 위하여 문제 시작 위치를 미리 표시해 둔다. 다른 교시에도 동일한 방식으로 문제 시작 위치를 표시해 둔다.

2. 주어진 시간 100분 안에 '답안지' 14쪽을 통일된 번호체계로 작성하는 요령

(1) 평소 손에 익은 볼펜으로 써야 한다.

(2) 답안 작성 디자인을 표준화하여 '답안지' 14장을 완성해 나간다.

　① 각 문제마다 대번호, 중번호, 소번호를 동일한 형태로, 동일한 위치를 정하여 작성한다.

　② 논술형 답안에서 주어진 질문은 1줄로 쓰고 '개요'에 출제 문제의 정의를 쓰거나 기술하려는 내용을 개괄적으로 쓴다.

③ 글씨를 너무 작게 쓰지 않도록 평소에 반복 훈련한다.

④ 평소 반복 훈련하면서 친숙해진 용어와 문장으로 물 흐르듯 써내려간다. 생각나지 않으면 다음 문제로 넘어간다.

⑤ 영어를 적절히 혼용하여 작성하는 것은 자연스러우나 시간이 걸린다면 차라리 한글로 쓴다.

⑥ 간단히 스케치할 필요가 있을 때는 우측 공간에 그린다.

⑦ '한 줄당 글자 수'를 좀 줄여서라도 제한된 100분 내에 '답안지' 14쪽을 채워 넣는 요령이 필요하다.

⑧ 주어진 문제를 비교할 때는 표를 그려 간단히 설명하는 것이 명쾌하다. 표를 그릴 때는 연필로 세로 간격을 구분하여 내용만 쓰고, 선은 최소한으로 긋는다.

⑨ '결론'에는 향후 전망, 발전 방향 등을 간략히 쓴다. 승(承)과 전(轉) 단계에서 기술했던 내용을 요약하여 쓰면 고민하지 않고 바로 쓸 수 있다.

⑩ 매 문제마다 답안 작성을 완료하면 '끝'이라 쓰고, 2줄 띄우고 다음 문제로 들어간다. 최종적으로 12쪽~14쪽에 모두 기술한 후, 그 아랫줄에 '이하 여백'을 쓰면 끝난다.

03. 기술사 응시 후

기술사 필기시험을 치른 날은 집에 와서 본인이 답안지에 기술한 22개 문제(1교시 10개, 2~4교시 각 4개)를 가급적 빨리 바둑처럼 복기(復記)해야 한다. PC에 입력하든, 볼펜으로 직접 쓰든 답안지에 기술했던 내용을(교재를 펼쳐 놓고 모범답안을 쓰지 말고) 제출했던 답안내용을 100% 복기하는 것이 중요하다.

그런 다음 본인이 답안을 작성할 때 준비 부족으로 제외시킨 나머지 9개 문제(1교시 3개, 2~6교시 6개)는 모범답안 형식으로 정리한 후, 기출문제 항목에 추가한다. 이 단계에서 답안을 쓸 때 제외시킨 9개 문제의 "모범답안과 상세자료"는 저자가 개설하여 글을 올리고 있는 블로그 '기술사 자료 내려받기'를 검색하여 PDF 파일로 출력하면 시간을 절약할 수 있다.

기술사 필기시험 합격자 발표 날, Q-net에 접속하여 '불합격' 활자가 보이면 낙담하여 PC를 꺼버리지 말고, 1, 2, 3, 4교시 각각 몇 점인지 기록한다. 그 불합격 점수를 본인이 복기했던 답안 내용과 비교·분석하여 불합격 원인을 스스로 찾아야 한다. 왜 불합격했는지는 본인 외에 아무도 알 수 없다. 그 불합격 원인을 스스로 찾아야 그 다음 시험에 합격할 수 있는 비법을 깨우칠 수 있다.

✅ 기출문제의 분야별 분류 및 출제빈도 분석

연도별 구분	2001~2019년				2020년			2021년			계
회	63 ~77	78 ~92	93 ~107	108 ~119	120	121	122	123	124	125	
1. 도로계획	63	71	66	67	7	7	5	4	2	6	298
2. 교통	57	73	71	54	6	5	7	2	8	2	285
3. 기하구조	68	65	78	48	4	3	4	6	4	4	284
4. 도로포장	81	85	68	63	4	3	2	7	2	7	322
5. 토공·배수	39	31	33	23	2	2	4	1	2	1	138
6. 구조물	24	18	23	29	1	2	1	2	4	3	107
7. 공항	133	122	126	88	7	9	8	9	9	8	519
계	465	465	465	372	31	31	31	31	31	31	1,953

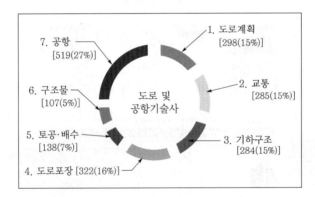

7. 공항
[519(27%)]

1. 도로계획
[298(15%)]

6. 구조물
[107(5%)]

도로 및
공항기술사

2. 교통
[285(15%)]

5. 토공·배수
[138(7%)]

3. 기하구조
[284(15%)]

4. 도로포장 [322(16%)]

┤ 기출문제 분석 범례 ├

저자는 도로 및 공항기술사 필기시험 제63회(2001. 3. 11.)부터 제125회(2021. 7. 31.)까지 시행된 1,953개 문제(31문항×63차분)를 분류하여 출제경향을 분석한 후 「기출문제 분석」에서 아래 예시와 같이 약어로 표시하였다.

예시 '063.1'은 제063회 1교시에 출제된 단답형 문제를 뜻한다.
예시 '125.4'는 제125회 4교시에 출제된 논술형 문제를 뜻한다.

또한, '1. 도로계획'부터 '7. 공항'까지 각 주제의 우측 아래에 기입된 숫자, 즉 예시 [5, 8]은 해당 주제에 관해 그동안 출제된 1,953개 문제를 분석한 결과 좌측 5는 단답형으로 5번, 우측 8은 논술형으로 8번 출제되었다는 것을 의미하며, 그 답안내용을 '기출문제 분석'에 각 주제별 회차순으로 수록하였다.

블로그 운영 안내

[저자 블로그 '기술사 자료 내려받기' 초기화면]

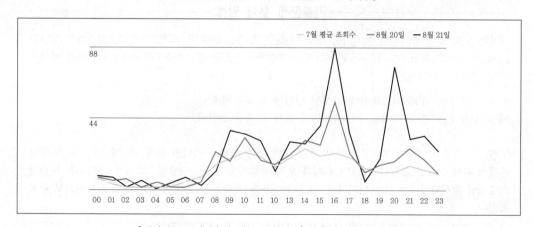

[저자 블로그 '기술사 자료 내려받기' 사용자 시간대 분석]

✓ 필기시험

직무 분야	건설	중직무 분야	토목	자격 종목	도로 및 공항기술사	적용 기간	2019.1.1.~2022.12.31.

○ 직무내용 : 도로 및 공항 분야의 토목기술에 관한 고도의 전문지식과 실무경험에 입각한 계획, 연구, 설계, 분석, 시험, 운영, 시공, 평가 또는 이에 관한 지도, 건설사업관리 등의 기술업무 수행

검정방법	단답형/주관식논문형	시험시간	400분(1교시당 100분)

시험과목	주요항목	세부항목
도로 및 교통, 도로구조물, 도로부대시설, 공항계획 및 공항부대시설, 그 밖에 도로와 공항에 관한 사항	1. 도로 관련 분야	1. 도로설계와 관련된 교통사항 2. 도로설계기준 3. 도로망구축 4. 도로 노선선정 5. 도로 횡단구성 6. 도로 유·출입시설 7. 도로 기하구조 8. 도로 안전시설 9. 도로 부대시설 10. 도로 관련법 및 기준, 규정 기타 지침 11. 도로계획 및 도로건설에 관한 최신 동향
	2. 공항 관련 분야	1. 항공수요예측 2. 공항용량 및 시설규모결정 3. 공항입지선정 4. 공항 마스터플랜 5. 비행공역기준 6. 신공항의 개발 7. 기존공항의 확장 8. 항행안전시설 9. 항공등화시설 10. 항공기소음대책 11. 비행장(활주로, 유도로, 계류장)시설 설계기준 12. 여객청사의 계획(규모, 배치 등) 13. Landside 시설에 관한 사항 14. 공항지원 및 부대시설 15. 공항관련법 및 기준, 규정 기타 지침에 관한 사항 16. 공항계획 및 건설에 관한 최신 동향

시험과목	주요항목	세부항목
	3. 도로·공항 건설 분야 (공통)	1. 계획 및 설계에 관련된 조사 사항 2. 건설 전반의 정책 　　− 최근정책동향(저탄소 녹색성장, 경관보호, 경관 설계 등) 3. 교통(교통영향평가, 교통성검토, 교통수요예측 등) 4. 타당성조사 및 경제성분석 5. 토공 　　− 토공량, 다짐, 비탈면 보호, 동상방지 등 6. 지반 　　− 토질조사 및 시험 　　− 포장의 하부 　　− 연약지반분류 및 처리 7. 포장 　　− 포장재료 및 공법의 특성 　　− 특수포장 　　− 포장설계 　　− 포장의 시공 및 관련 장비 　　− PMS 및 유지보수 　　− 신재료, 신공법 8. 배수 및 수문사항 9. 환경(환경영향평가, 환경성검토 등) 10. 건설재료 　　　− 콘크리트 및 기타 도로와 공항건설용 재료 11. 품질관리(시험포함) 12. 교량에 관한 기본 사항 13. 터널에 관한 기본 사항 14. 옹벽 등 토공구조물에 관한 기본 사항 15. 건설관련정보활용 16. VE기법, 등 새로운 기법 17. 건설관련제도 18. 해외사업활성화 19. R&D의 활성화 20. 도로 및 공항 시설의 유지보수 및 관리에 관한 사항

✅ 면접시험

직무 분야	건설	중직무 분야	토목	자격 종목	도로 및 공항기술사	적용 기간	2019.1.1.~2022.12.31.

○ 직무내용 : 도로 및 공항 분야의 토목기술에 관한 고도의 전문지식과 실무경험에 입각한 계획, 연구, 설계, 분석, 시험, 운영, 시공, 평가 또는 이에 관한 지도, 건설사업관리 등의 기술업무 수행

검정방법	구술형 면접시험	시험시간	15~30분 내외

면접항목	주요항목	세부항목
도로 및 교통, 도로구조물, 도로부대시설, 공항계획 및 공항부대시설, 그 밖에 도로와 공항에 관한 전문지식/기술	1. 도로 관련 분야	1. 도로설계와 관련된 교통사항 2. 도로설계기준 3. 도로망구축 4. 도로 노선선정 5. 도로 횡단구성 6. 도로 유·출입시설 7. 도로 기하구조 8. 도로 안전시설 9. 도로 부대시설 10. 도로 관련법 및 기준, 규정 기타 지침 11. 도로계획 및 도로건설에 관한 최신 동향
	2. 공항 관련 분야	1. 항공수요예측 2. 공항용량 및 시설규모결정 3. 공항입지선정 4. 공항 마스터플랜 5. 비행공역기준 6. 신공항의 개발 7. 기존공항의 확장 8. 항행안전시설 9. 항공등화시설 10. 항공기소음대책 11. 비행장(활주로, 유도로, 계류장)시설 설계기준 12. 여객청사의 계획(규모, 배치 등) 13. Landside 시설에 관한 사항 14. 공항지원 및 부대시설 15. 공항관련법 및 기준, 규정 기타 지침에 관한 사항 16. 공항계획 및 건설에 관한 최신 동향

면접항목	주요항목	세부항목
	3. 도로·공항 건설 분야 (공통)	1. 계획 및 설계에 관련된 조사 사항 2. 건설 전반의 정책 　- 최근정책동향(저탄소 녹색성장, 경관보호, 경관 설계 등) 3. 교통(교통영향평가, 교통성검토, 교통수요예측 등) 4. 타당성조사 및 경제성분석 5. 토공 　- 토공량, 다짐, 비탈면 보호, 동상방지 등 6. 지반 　- 토질조사 및 시험 　- 포장의 하부 　- 연약지반분류 및 처리
		7. 포장 　- 포장재료 및 공법의 특성 　- 특수포장 　- 포장설계 　- 포장의 시공 및 관련 장비 　- PMS 및 유지보수 　- 신재료, 신공법 8. 배수 및 수문사항 9. 환경(환경영향평가, 환경성검토 등) 10. 건설재료 　- 콘크리트 및 기타 도로와 공항건설용 재료 11. 품질관리(시험포함) 12. 교량에 관한 기본 사항 13. 터널에 관한 기본 사항 14. 옹벽 등 토공구조물에 관한 기본 사항 15. 건설 관련 정보 활용 16. VE기법 등 새로운 기법 17. 건설관련제도 18. 해외사업 활성화 19. R&D의 활성화 20. 도로 및 공항 시설의 유지보수 및 관리에 관한 사항
품위 및 자질	4. 기술사로서 품위 및 자질	1. 기술사가 갖추어야 할 주된 자질, 사명감, 인성 2. 기술사 자기개발 과제

※ 10권 이상은 분철(최대 10권 이내)

제 회

국가기술자격검정 기술사 필기시험 답안지(제1교시)

제1교시	종목명	

수험자 확인사항 ☑ 체크바랍니다.	1. 문제지 인쇄 상태 및 수험자 응시 종목 일치 여부를 확인하였습니다. 확인 ☐ 2. 답안지 인적 사항 기재란 외에 수험번호 및 성명 등 특정인임을 암시하는 표시가 　없음을 확인하였습니다. 확인 ☐ 3. 지워지는 펜, 연필류, 유색 필기구 등을 사용하지 않았습니다. 확인 ☐ 4. 답안지 작성 시 유의사항을 읽고 확인하였습니다. 확인 ☐

답안지 작성 시 유의사항

1. 답안지는 표지 및 연습지를 제외하고 총 7매(14면)이며, 교부받는 즉시 매수, 페이지 순서 등 정상 여부를 반드시 확인하고 1매라도 분리되거나 훼손하여서는 안 됩니다.
2. 시험문제지가 본인의 응시종목과 일치하는지 확인하고, 시행 회, 종목명, 수험번호, 성명을 정확하게 기재하여야 합니다.
3. 수험자 인적사항 및 답안작성(계산식 포함)은 **지워지지 않는 검은색 필기구만을 계속 사용**하여야 합니다.
4. 답안 정정 시에는 **두 줄(=)을 긋고 다시 기재 가능**하며 **수정테이프 사용 또한 가능**합니다.
5. 답안작성 시 자(직선자, 곡선자, 템플릿 등)를 사용할 수 있습니다.
6. 문제의 순서에 관계없이 답안을 작성하여도 되나 주어진 **문제번호와 문제를 기재**한 후 답안을 작성하고 전문용어는 원어로 기재하여도 무방합니다.
7. 요구한 문제 수보다 많은 문제를 답하는 경우 기재순으로 요구한 문제 수까지 채점하고 나머지 문제는 채점대상에서 제외됩니다.
8. 답안작성 시 답안지 양면의 페이지순으로 작성하시기 바랍니다.
9. 기 작성한 문항 전체를 삭제하고자 할 경우 반드시 해당 문항의 답안 전체에 대하여 명확하게 X표시(X표시한 답안은 채점대상에서 제외)하시기 바랍니다.
10. 수험자는 시험시간이 종료되면 즉시 답안작성을 멈춰야 하며, 종료시간 이후 계속 답안을 작성하거나 감독위원의 **답안지 제출지시에 불응할 때에는 당회 시험을 무효** 처리합니다.
11. 각 문제의 답안작성이 끝나면 바로 옆에 **"끝"**이라고 쓰고, 최종 답안작성이 끝나면 줄을 바꾸어 중앙에 **"이하 여백"**이라고 써야 합니다.
12. 다음 각호에 1개라도 해당되는 경우 답안지 전체 혹은 해당 문항이 0점 처리됩니다.

〈답안지 전체〉
　1) 인적사항 기재란 이외의 곳에 성명 또는 수험번호를 기재한 경우
　2) 답안지(연습지 포함)에 답안과 관련 없는 특수한 표시를 하거나 특정인임을 암시하는 경우
〈해당 문항〉
　1) 지워지는 펜, 연필류, 유색 필기류, 2가지 이상 색 혼합사용 등으로 작성한 경우

※ 부정행위처리규정은 뒷면 참조

HRDK 한국산업인력공단
Human Resources Development Service of Korea

부정행위 처리규정

국가기술자격법 제10조 제6항, 같은 법 시행규칙 제15조에 따라 국가기술자격검정에서 부정행위를 한 응시자에 대하여는 당해 검정을 정지 또는 무효로 하고 3년간 이법에 따른 검정에 응시할 수 있는 자격이 정지됩니다.

1. 시험 중 다른 수험자와 시험과 관련된 대화를 하는 행위
2. 답안지를 교환하는 행위
3. 시험 중에 다른 수험자의 답안지 또는 문제지를 엿보고 자신의 답안지를 작성하는 행위
4. 다른 수험자를 위하여 답안을 알려주거나 엿보게 하는 행위
5. 시험 중 시험문제 내용과 관련된 물건을 휴대하여 사용하거나 이를 주고 받는 행위
6. 시험장 내외의 자로부터 도움을 받고 답안지를 작성하는 행위
7. 미리 시험문제를 알고 시험을 치른 행위
8. 다른 수험자의 성명 또는 수험번호를 바꾸어 제출하는 행위
9. 대리시험을 치르거나 치르게 하는 행위
10. 수험자가 시험시간에 통신기기 및 전자기기[휴대용 전화기, 휴대용 개인정보 단말기(PDA), 휴대용 멀티미디어 재생장치(PMP), 휴대용 컴퓨터, 휴대용 카세트, 디지털 카메라, 음성파일 변환기(MP3), 휴대용 게임기, 전자사전, 카메라 펜, 시각표시 외의 기능이 부착된 시계]를 사용하여 답안지를 작성하거나 다른 수험자를 위하여 답안을 송신하는 행위
11. 그 밖에 부정 또는 불공정한 방법으로 시험을 치르는 행위

[연 습 지]

※ 연습지에 성명 및 수험번호를 기재하지 마십시오.
※ 연습지에 기재한 사항은 채점하지 않으나 분리 훼손하면 안 됩니다.

HRDK 한국산업인력공단
Human Resources Development Service of Korea

[연 습 지]

번호		

2쪽

CHAPTER **1** ## 도로계획

[1. 도로기능 · 구분]

1.01 「도로의 구조 · 시설 기준에 관한 규칙」 개정 ····················· 11
1.02 설계기준자동차 ··· 14
1.03 도로의 기능 ·· 17
1.04 도로의 등급 분류(Hierarchy) ····································· 23
1.05 고속국도, 자동차전용도로 ·· 27
1.06 순환도로, 완전도로, 입체도로 ···································· 31
1.07 소형차도로, 개인형이동수단(PM) ································· 36
1.08 국도의 지선(支線), 지선의 지정(指定) ····························· 40
1.09 도로의 접근관리, 출입제한 ······································ 42
1.10 접도구역 ··· 45

[2. 속도 · 계획설계]

1.11 속도의 종류, 안전속도 5030 ····································· 47
1.12 설계속도와 기하구조의 관련성 ··································· 54
1.13 고속국도의 설계속도 상향 추진 ·································· 59
1.14 도로의 계획목표연도 ·· 61
1.15 도로의 단계건설 방안 ··· 64
1.16 예비타당성조사, 계층화 분석(AHP) ······························ 68
1.17 타당성조사, 기본설계 ··· 72
1.18 도로 계획 · 설계 과업의 제도 개선 ······························· 76
1.19 최적노선 선정, 통제지점(Control point) ·························· 81
1.20 실시설계 ··· 85
1.21 도시부 · 지방부의 도로계획 ······································ 88
1.22 산악지 · 적설지의 도로계획 ······································ 93
1.23 도로의 경관설계 기법 ·· 101

[3. 경제 · 영향평가]

1.24 비용, 편익, 할인율, 화폐가치(VFM) ······························ 106
1.25 경제성 분석방법 ··· 112
1.26 민감도 분석, 위험도 분석 ······································· 117
1.27 최적투자시기의 결정방법(FYRR) ································· 120

1.28	사전재해영향성검토	123
1.29	사전환경성검토	127
1.30	환경영향평가	129
1.31	사후환경영향조사	132
1.32	환경친화적인 도로건설지침	135
1.33	생태통로, Road Kill, 생태자연도	139
1.34	저영향개발(LID) 우수유출 저감시설	145
1.35	점오염원과 비점오염원	148
1.36	미세먼지, 황사, 연무, 스모그	151

[4. 정책·첨단기술]

1.37	제2차 국가도로망 종합계획(2021~2030)	156
1.38	복지시대의 도로정책 방향	159
1.39	한반도 통합도로망, Asian Highway	162
1.40	턴키·대안, Fast Track, 종합심사낙찰제	168
1.41	건설사업관리(CM for Fee, CM at Risk)	175
1.42	표준품셈, 실적공사비, 표준시장단가, 지불계수	179
1.43	경제발전경험 공유사업(KSP)	184
1.44	사회기반시설(SOC) 민간투자사업	186
1.45	건설공사 사후평가제도	194
1.46	제4차 시설물의 안전 및 유지관리 기본계획	197
1.47	설계 경제성 검토(LCC, VE)	200
1.48	설계 안전성 검토(DFS)	206
1.49	도로 기술개발 전략안(2021~2030)	208
1.50	4차 산업의 스마트 건설기술	211
1.51	BIM(Building Information Modeling)	214
1.52	항공지도	218

CHAPTER 2 교통

[1. 교통용량분석]

2.01	도로교통량조사	230
2.02	장래교통량 추정방법	234
2.03	최소교통서비스, 교통혼잡지표	244

2.04 설계시간계수(K_{30}), 설계시간교통량(DHV) 247

2.05 서비스수준(LOS, Level of Service) 252

2.06 첨두시간계수(PHF), 중차량 보정계수(f_{HV}) 256

2.07 효과척도(MOE), 교통량–밀도–속도 259

2.08 교통용량의 영향요소 및 증대방안 262

2.09 도로의 차로수 결정방법 266

2.10 엇갈림(Weaving) 구간 270

2.11 고속도로 기본구간의 용량분석 275

2.12 기존 2차로 도로의 용량증대 280

2.13 자율주행시대의 미래도로 283

2.14 C–ITS, 자율주행자동차 287

2.15 스마트 하이웨이(Smart Highway) 293

2.16 도로주행 시뮬레이션, 군집주행 297

[2. 교통계획 · 제도]

2.17 교통안전 종합대책(2018.1. 관계부처합동) 302

2.18 수도권(대도시권) 광역교통 2030 307

2.19 사람중심도로, 안전속도 5030 310

2.20 도로안전도 평가기법, 교통안전지수 313

2.21 교통정온화(Traffic Calming)시설 317

2.22 생활도로, 보행우선구역, 마을주민보호구간 320

2.23 고령운전자를 고려한 도로설계 방안 325

2.24 교통체계관리(TSM)사업 329

2.25 버스전용차로제 333

2.26 간선급행버스체계(BRT, Bus Rapid Transit) 338

2.27 차로제어시스템(LCS, Lane Control System) 341

2.28 양보차로, 추월차로, 고속국도 지정차로제 345

2.29 도로점용허가 공사구간의 교통처리 351

[3. 교통안전 · 시설]

2.30 교통관리시설(안전표지, 노면표시, Yellow Carpet) 355

2.31 교통신호기 365

2.32 신호교차로, 포화교통류율 368

2.33 과적차량 검문소 372

2.34 지능형교통시스템(ITS), 도시교통정보시스템(UTIS) 374

2.35 도로의 부속물, 버스정류시설 379

2.36 휴게시설, 졸음쉼터, 파크렛 ································· 383

2.37 시선유도시설, 시인성증진 안전시설 ················ 388

2.38 노면색깔유도선, 차선반사도 ····························· 392

2.39 과속방지턱, 지그재그 차선 ····························· 397

2.40 전자요금징수시스템(ETCS), Hi-Pass ············· 402

2.41 무정차 통행료시스템, 친환경 혼잡통행료 ········ 406

2.42 복합환승센터, Hub & Spoke System ·············· 409

2.43 낙석방지시설, 피암터널 ··································· 412

2.44 방풍(防風)시설, 안개(雲霧)시설 ······················ 417

2.45 도로결빙, Black Ice, 체인탈착장 ·················· 423

2.46 도로 소음·진동, 방음시설 ······························· 430

2.47 차량방호 안전시설 ··· 435

2.48 도로조명시설, 도로반사경 ······························· 439

2.49 미끄럼방지시설, Grooving ······························ 444

2.50 노면요철포장(Rumble strips) ························· 447

2.51 긴급제동시설(Emergency Escape Ramp) ········ 450

2.52 비상주차대 ·· 453

CHAPTER 3 기하구조

[1. 횡단구성]

3.01 도로 횡단면 구성 ·· 465

3.02 차로(車路) ·· 469

3.03 중앙분리대 ·· 471

3.04 길어깨, 주정차대 ··· 474

3.05 적설지역 도로의 중앙분리대 ··························· 477

3.06 자전거도로, Road Diet ·································· 481

3.07 보도, 연석, 횡단보도, 입체횡단보도 ·············· 486

3.08 환경시설대, 식수대 ··· 494

3.09 측도(側道), 접도구역(接道區域) ························ 496

3.10 시설한계(施設限界, Clearance) ······················ 499

[2. 도로선형]

3.11 평면선형의 구성요소, 횡단경사 ······················ 503

3.12 평면곡선반경, 평면곡선길이 ··························· 507

3.13 편경사와 횡방향미끄럼마찰계수의 분배 ····················· 512

3.14 평면곡선부 구성조건에 따른 편경사 설치 ····················· 519

3.15 평면곡선부의 확폭 ····················· 528

3.16 완화곡선(Clothoid), 완화구간 ····················· 533

3.17 시거의 종류 ····················· 539

3.18 정지시거 ····················· 541

3.19 앞지르기시거 ····················· 550

3.20 종단선형의 구성요소, 종단경사 ····················· 553

3.21 오르막차로 ····················· 557

3.22 종단곡선 ····················· 562

3.23 도로의 선형설계 ····················· 568

3.24 도로 선형설계의 일관성 ····················· 571

3.25 도로 평면선형의 설계 ····················· 573

3.26 도로 종단선형의 설계 ····················· 578

3.27 평면선형과 종단선형과의 조합 ····················· 580

[3. 평면교차]

3.28 평면교차로의 구성요소, 기본원칙 ····················· 588

3.29 평면교차로의 설계지침 ····················· 591

3.30 평면교차로 간의 최소간격 ····················· 594

3.31 평면교차로의 시거 ····················· 596

3.32 평면교차로의 도류화(Channelization) ····················· 599

3.33 도류시설물, 물방울교통섬 ····················· 603

3.34 회전교차로(Roundabout) ····················· 608

3.35 좌회전차로 ····················· 613

3.36 우회전차로 ····················· 618

3.37 평면교차로의 개선방안 ····················· 620

3.38 다른 도로와의 연결 ····················· 623

[4. 입체교차]

3.39 입체교차의 계획기준, 설계원칙 ····················· 627

3.40 단순입체교차 ····················· 634

3.41 인터체인지의 배치와 위치선정 ····················· 638

3.42 인터체인지의 구성 ····················· 644

3.43 인터체인지의 형식과 적용 ····················· 648

3.44 인터체인지 구조의 개선방안 ····················· 659

3.45 Hi-pass 전용 IC, 스마트 IC ···································· 661
3.46 연결로 유출·입부의 차로수 균형 ···························· 663
3.47 연결로 접속부 설계 ·· 669
3.48 변속차로 설계 ·· 676
3.49 분기점(Junction) 설계 ······································· 684
3.50 도로와 철도의 교차 ·· 686

CHAPTER **4**
도로포장

[1. 설계입력변수]

4.01 포장공법의 분류 ·· 701
4.02 포장공법의 설계 ·· 704
4.03 도로의 서비스능력과 공용성 ································· 708
4.04 한국형 도로포장설계법 ······································· 710
4.05 한국형 포장설계법의 입력변수 ······························ 723
4.06 동상방지층 설계 ·· 728
4.07 하중저항계수 설계법(LRFD), 차량계중(WIM) ············ 737
4.08 포장공사의 지불계수(Pay Factor) ························· 740

[2. 도로포장공법]

4.09 연성포장 기층의 안정처리공법 ······························ 743
4.10 아스팔트 역청재 ·· 746
4.11 아스팔트의 침입도 등급, 연화점 ··························· 751
4.12 아스팔트의 공용성 등급(PG) ······························ 754
4.13 아스팔트 혼합물의 골재, 채움재 ··························· 757
4.14 아스팔트 혼합물의 삼상(三相)구조 ························· 760
4.15 아스팔트 혼합물의 특성치 ··································· 764
4.16 아스팔트포장의 시험포장, 다짐관리 ······················· 768
4.17 아스팔트포장의 종방향 시공이음 ··························· 775
4.18 콘크리트포장의 슬립폼 페이버 ······························ 778
4.19 콘크리트포장의 줄눈, 분리막, Dowel bar, Tie bar ······ 782
4.20 콘크리트포장의 거친면 마무리 ······························ 792
4.21 하절기 콘크리트포장의 초기균열 ··························· 796

[3. 특수포장공법]

4.22	개질아스팔트	801
4.23	도심지 열섬현상 저감대책	805
4.24	배수성 포장, 투수성 포장, 저소음 포장	809
4.25	반강성 유색(semi-rigid color) 포장	818
4.26	SMA(Stone Mastic Asphalt) 포장, Guss 포장	821
4.27	녹색성장 저탄소 중온화 아스팔트포장	826
4.28	친환경 경화흙 포장, Full Depth 아스팔트포장	831
4.29	섬유보강 콘크리트포장, LMC 콘크리트포장	834
4.30	롤러전압 콘크리트포장(RCCP)	839
4.31	소입경 골재노출 콘크리트포장	843
4.32	교면포장, 교면방수	847
4.33	터널 내 포장	853
4.34	고속국도 연결로 접속부 포장	856
4.35	콘크리트포장 확장구간의 신·구 접속방안	859

[4. 유지보수관리]

4.36	도로 포장관리체계(PMS)	864
4.37	PMS의 비파괴시험(FWD), 역산기법	867
4.38	평탄성지수 PrI와 IRI의 상관관계	871
4.39	도로교통시설 안전진단	875
4.40	아스팔트포장의 파손형태	878
4.41	아스팔트포장의 예방적 유지보수	882
4.42	아스팔트포장의 포트홀(Pot hole)	888
4.43	아스팔트의 강성(剛性)과 소성변형	891
4.44	아스팔트포장의 소성변형(Rutting)	894
4.45	줄눈 콘크리트포장의 컬링 발생 매커니즘	899
4.46	콘크리트포장의 파손형태	903
4.47	콘크리트포장의 보수공법	906
4.48	초박층 스프링클 포장 보수공법	911
4.49	기존 콘크리트포장 위에 덧씌우기	913
4.50	건설 폐기물의 발생 및 재활용 기술	920

[1. 토공계획]

5.01　지반조사 ……………………………………………………………………… 934
5.02　흙의 분류 ……………………………………………………………………… 937
5.03　암반의 분류 …………………………………………………………………… 941
5.04　흙의 다짐곡선, 연경도(Atterberg) ………………………………………… 945
5.05　물치환법(Water Replacement Method) ………………………………… 948
5.06　동적 콘관입시험(Dynamic Cone Penetration Test) …………………… 950
5.07　토량변화율(L, C), 토량환산계수(f), Mass Curve …………………… 952
5.08　토석정보시스템(EIS) TOCYCLE …………………………………………… 956
5.09　노상 성토다짐의 관리기준 …………………………………………………… 958
5.10　노상의 지지력 측정방법 ……………………………………………………… 963
5.11　절토와 성토 경계부의 설계 · 시공 ………………………………………… 967
5.12　구조물과 토공 접속부의 설계 · 시공 ……………………………………… 971
5.13　도로 지반침하(Sinkhole) 안전대책 ………………………………………… 974
5.14　도로현장에서 황철석 발생 문제점 및 대책 ………………………………… 977

[2. 사면 · 연약지반]

5.15　절토사면 붕괴의 원인 및 방지대책 ………………………………………… 980
5.16　비탈면 점검 승강시설 ………………………………………………………… 984
5.17　비탈면 내진설계기준 …………………………………………………………… 987
5.18　연약지반의 정의 및 판정기준 ………………………………………………… 990
5.19　연약지반의 조사방법 및 처리대책 …………………………………………… 992
5.20　연약지반의 침하량 추정 고려사항 …………………………………………… 996
5.21　연약지반 개량공법의 선정 …………………………………………………… 1000
5.22　선행재하(Preloading)공법 …………………………………………………… 1004
5.23　연약지반상의 저(低)성토, 고(高)성토 ……………………………………… 1008
5.24　지반 액상화 현상 ……………………………………………………………… 1012
5.25　연약지반 개량공사의 계측관리 ……………………………………………… 1015

[3. 도로배수]

5.26　도로 배수시설의 수문조사 …………………………………………………… 1019
5.27　도로 배수시설의 계획 ………………………………………………………… 1021
5.28　하천의 홍수방어목표 …………………………………………………………… 1025

5.29 도로 배수시설의 수문 설계 ·· 1029

5.30 경제적인 수로단면 설계 ··· 1033

5.31 노면 배수시설 ··· 1037

5.32 지하 배수시설 ··· 1042

5.33 비탈면 배수시설 ·· 1047

5.34 횡단(암거) 배수시설 ··· 1051

5.35 토석류 대책시설 ·· 1056

5.36 도시지역 도로 배수시설의 특징 ·· 1058

5.37 풍수해의 유형별 특성 및 저감대책 ··· 1061

5.38 도시 유출모형의 특성 및 활용 방안 ·· 1064

CHAPTER 6 구조물

[1. 교량]

6.01 교량의 계획 ·· 1073

6.02 교량의 설계하중 ·· 1077

6.03 도로 토공구간의 교량화 검토 방안 ··· 1081

6.04 교량 상·하부의 형식 선정 ·· 1085

6.05 해상교량의 노선 선정, 공법 특징 ··· 1089

6.06 교량의 하부구조, 기초 형식 ·· 1094

6.07 교량 교대의 측방유동 ··· 1101

6.08 교량의 형하공간 확보기준 ·· 1105

6.09 교량 기초말뚝 소음·진동 최소화공법 ··· 1107

6.10 PSC 합성 거더교 ··· 1109

6.11 FCM(Free Cantilever Method)공법 ··· 1113

6.12 일체식 교대 교량(IAB) ··· 1118

6.13 교량 신축이음장치(Expansion joint) ··· 1121

6.14 교량 부반력(Negative reaction) ·· 1126

6.15 특수교 피뢰설비 ·· 1129

6.16 지진파 ·· 1132

6.17 교량 면진설계와 내진설계 ·· 1134

6.18 교량 유지관리체계(BMS) ··· 1138

6.19 교량 탄소나노튜브 복합판 보강공법 ··· 1140

[2. 터널]

6.20	터널의 갱구부 위치 선정	1145
6.21	터널의 선형분리, 병렬터널	1149
6.22	터널의 내공단면 구성요소	1152
6.23	터널의 굴착보조공법	1156
6.24	터널 굴착과 지하수 관계	1160
6.25	터널의 환기, 조명	1164
6.26	터널의 방재등급	1170
6.27	터널의 한계온도, 내화지침	1174
6.28	터널 교통사고 발생원인과 개선방안	1177
6.29	터널의 계측관리	1181
6.30	「시특법」1종 시설물 범위(터널·교량)	1187
6.31	「지하안전관리에 관한 특별법」	1189
6.32	지하안전영향평가 제도	1191
6.33	지하공간의 활용방안	1194

[3. 콘크리트]

6.34	콘크리트의 혼화재료	1198
6.35	콘크리트의 워커빌리티(workability)	1203
6.36	굳지 않은 콘크리트의 균열	1207
6.37	콘크리트의 알칼리-골재반응	1210
6.38	콘크리트의 숭성화(Carbonation)	1211
6.39	콘크리트의 열화(劣化)	1214
6.40	콘크리트의 염해(鹽害)	1218

CHAPTER 7 공항

[1. 공항계획]

7.01	항공의 자유(Freedoms of the Air)	1236
7.02	ICAO, FAA	1237
7.03	「공항시설법」에 의한 공항시설	1239
7.04	첨두시간 항공수요 산출	1240
7.05	공항의 위계	1241
7.06	보호구역(Airside)과 일반구역(Landside)	1242

7.07 허브공항(Hub Airport) ·· 1244

7.08 저가항공사(LCC, Low Cost Carrier) ································· 1245

7.09 항공운항증명(AOC, Air Operator Certificate) ················· 1246

[2. 항공관제시설]

7.10 공역(Airspace), 인천 비행정보구역(FIR) ························ 1247

7.11 항공교통관제업무(Air Traffic Control Service) ··············· 1249

7.12 공항지상감시레이더(ASDE) ··· 1250

7.13 항공기상관측시설 ··· 1252

7.14 항행안전시설(NAVAID) ·· 1254

7.15 항공등화시설(Aeronautical light) ·································· 1256

7.16 지상이동통제(A-SMGCS), 시각주기유도(VDGS) ············· 1260

7.17 계기착륙시설(ILS), 극초단파착륙시설(MLS) ·················· 1262

7.18 통신감시(CNS/ATM), 미래항행(FANS) ························· 1265

7.19 장애물 제한표면 ··· 1267

7.20 최저비행고도, 결심고도, 실패접근, 이륙안전속도, 대기속도 ·········· 1271

[3. 비행기 · 활주로]

7.21 육상비행장 ··· 1275

7.22 경비행장 ·· 1277

7.23 옥상헬리포트, K-드론시스템 ··· 1280

7.24 수상(水上)비행장(Water Aerodrome) ···························· 1283

7.25 항공기 특성 ··· 1285

7.26 항공기 분류 ··· 1287

7.27 비행규칙(VFR, IFR), 기상상태(VMC, IMC) ··················· 1289

7.28 활주로 운영등급(CATegory) ·· 1290

7.29 활주로 방향의 결정 Wind Rose ···································· 1292

7.30 활주로 번호 부여방법 ·· 1294

7.31 활주로 배치방법 및 용량 ·· 1296

7.32 활주로 용량(PHOCAP, PANCAP) ································· 1301

7.33 활주로 용량의 증대 방안 ·· 1305

7.34 활주로 길이의 산정 ··· 1308

7.35 항공기 중량-항속거리-활주로 관계 ······························ 1311

7.36 활주로 공시거리(Runway declared distance) ················ 1315

7.37 활주로 종단안전구역(보호구역) ····································· 1321

7.38 부러지기 쉬운 물체 ··· 1328

7.39 유도로(Taxiway) ···································· 1330

7.40 유도로 설치기준 ···································· 1334

7.41 대기지역, 활주로 정지 위치 ···················· 1339

7.42 고속탈출유도로(Rapid Exit Taxiway) ·········· 1341

[4. 터미널·포장]

7.43 공항 여객터미널 ·································· 1345

7.44 승객운송시설(APM), 수화물처리시설(BHS) ······ 1348

7.45 계류장(Apron) ···································· 1351

7.46 Blast Fence, EMAS ······························· 1353

7.47 항공기의 주기방식 ································ 1355

7.48 게이트(Gate)의 배열방식, 가동률 ·············· 1358

7.49 공항 포장 LCN, ACN, PCN ····················· 1360

7.50 공항포장의 등가단륜하중(ESWL) ·············· 1362

7.51 공항포장의 그루빙(Grooving) ················· 1364

7.52 공항포장평가(APMS) ·························· 1366

7.53 공항포장 제빙·방빙관리 ······················ 1368

7.54 공항 초기강우 처리시설 ························ 1370

7.55 공항시설 최소유지관리기준 ···················· 1371

7.56 비행장시설의 내진설계 ························ 1374

7.57 항공정보간행물(AIP), 항공고시보(NOTAM) ··· 1377

7.58 공중충돌경고장치(ACAS) ······················ 1380

7.59 공항 조류충돌(Bird Strike) ····················· 1382

7.60 항공기 소음(WECPNL), 등고선도 ·············· 1384

CHAPTER

01

도로계획

1 도로기능 · 구분

2 속도 · 계획설계

3 경제 · 영향평가

4 정책 · 첨단기술

✓ 기출문제의 분야별 분류 및 출제빈도 분석   [제1장 도로계획]

연도별 구분	2001~2019				2020			2021			계
회	63 ~77	78 ~92	93 ~107	108 ~119	120	121	122	123	124	125	
1. 도로기능·구분	6	16	13	10		2	2		1		50
2. 속도·계획설계	21	26	22	21	3	3		2	1		99
3. 경제·영향평가	19	12	11	14	4		2	1		1	64
4. 정책·첨단기술	17	17	20	22		2	1	1		5	85
계	63	71	66	67	7	7	5	4	2	6	298

✓ 기출문제 분석에 따른 학습 중점방향 탐색

　도로 및 공항기술사 필기시험 제63회부터 제125회까지 출제됐던 1,953문제(31문항×63차) 중에서 '제1장 도로계획' 분야에서 설계기준자동차, 설계속도, 경제성 분석, 환경영향평가, SOC 민간투자사업, BIM 등을 중심으로 298문제(15.2%)가 출제되었다. 최근 건설안전 최우선 정책에 따른 제한속도 설정, 도로시설물 노후에 대비한 사후환경영향조사, 4차 산업기술이 접목된 인공지능(AI), 사물인터넷(IoT) 등이 새로 출제되었다. 물론 도로계획 목표연도와 같은 기본에 충실해야 한다.

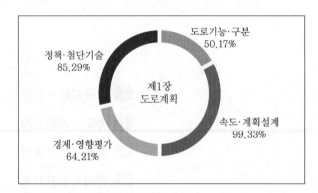

　21세기에는 대규모 건설프로젝트를 시스템 공학적으로 관리하는 추세이다. 시스템 공학 분야에서 자주 출제되고 있는 EVMS, EAC, WBS, CPI, PMIS, CALS, GIS, EIS, GPS, GNSS 등은 용어 정의뿐만 아니라 각각의 시스템 그 자체를 숙지해야 한다.

　기술사 시험에 법률, 제도, 지침과 같은 도로정책 분야 문제가 출제되면 일선 건설현장에서 설계와 시공·감리 분야에서 주로 근무해 온 엔지니어들은 일단 피하려는 경향이 있다. 역설적으로 다른 수험생들이 선택하지 않는 법률·정책분야 문제를 선택하면 오히려 차별화된 답안을 작성할 수 있어 합격확률이 높아진다. 기술사 시험 준비할 때는 현장에서 자주 접하는 도로나 터널공법 등의 토목공학 문제보다 평소에 접할 기회가 적은 「국가계약법」에 의한 PQ입찰제도, 설계변경 및 클레임 절차 등의 자료를 먼저 정리하자. 도로정책의 기본사항 및 개선방향 등을 묻는 문제는 모두 외우지 말고 이야기하듯 써내려갈 수 있도록 훈련되어야 한다. 시험을 치르고 나온 후배가 말하기를, 별로 자신 없는 문제를 어쩔수 없이 선택하게 되었지만 답안을 작성할 때 평소 업무자료를 작성하듯 항목별로 기술했는데 점수가잘 나와서 합격했다고 하였다.

📖 과년도 출제문제

1. 도로기능·구분

[1.01 「도로의 구조·시설 기준에 관한 규칙」 개정]

089.2 도로계획, 설계 및 유지관리 업무에 적용하는 '도로의 구조·시설 기준에 관한 규칙'의 최근 개정 (2009.2.19)된 주요내용에 대하여 설명하시오.

115.3 「도로의 구조·시설 기준에 관한 규칙」 개정의 필요성과 개정방향에 대하여 설명하시오.

121.3 "도로의 구조·시설 기준에 관한 규칙(2020.03.06., 일부개정)" 개정 이유 및 주요내용에 대하여 설명하시오.

[1.02 설계기준자동차]

065.1 설계기준자동차(또는 항공기)

067.1 설계기준자동차의 종류 및 칫수

076.4 도로설계 시 차량제원(Dimension)의 설계인자에 대한 역할을 설명하시오.

079.1 설계기준차량

086.4 설계기준자동차 제원(폭, 높이, 길이, 중량, 오르막능력 등)이 도로설계에 적용되는 내용을 각각의 용도별로 설명하시오.

087.1 설계기준자동차(또는 항공기)

094.1 설계기준자동차

106.1 설계 교통차종 분류

116.1 설계기준자동차

[1.03 도로의 기능]

070.3 현재 운용하고 있는 기존 도로의 기능을 높일 수 있는 방안에 대하여 귀하의 견해를 기술하시오.

076.2 자동차 통행 이외의 도로가 지닌 다양한 기능에 대하여 설명하시오.

083.3 도로가 가지고 있는 다양한 기능과 그 기능을 효율적으로 이용하는 방안에 대하여 기술하시오

092.3 자동차의 이동기능으로서 기본적으로 원활성, 안전성, 신뢰성 및 쾌적성을 확보하여야 하는데 이동 원활성을 확보하기 위한 도로의 계획에 대하여 설명하시오.

093.4 도로의 공간기능에 대하여 설명하시오.

098.2 도로계획 시 자동차의 주행안전성과 효율성을 확보하기 위한 도로접근관리의 원칙 및 도로의 기능에 따른 접근관리기법에 대하여 설명하시오.

108.4 도로계획 시 도로의 이동 및 접근기능 외 다른 기능으로서의 효율적인 활용방안에 대하여 설명하시오.

121.4 도로의 기능과 이동성 및 접근성의 관계를 설명하시오.

[1.04 도로의 등급 분류(Hierarchy)]

080.3 도로의 위계(hierarchy)와 기능에 대하여 설명하고, 이를 우리나라 도로구분체계와 연관하여 기술하시오.

081.4 우리나라 지형 및 지역여건을 고려하여 고속도로와 국도의 중복투자에 대한 의견을 제시하고 국도의 등급 개정내용에 대하여 기술하시오.

086.1 일반국도 등급 분류(또는 비행장 등급 분류)

097.1 도로포장 구조설계 등급 결정기준

097.4 수도권 도시고속도로의 문제점 및 개선방안을 설명하시오.

107.1 일반국도 등급 분류(또는 비행장 등급 분류)

107.4 도시부도로의 위계를 나타내는 그림(표준사례도)을 나타내고 위계의 중요성을 기술하고 또한 귀하가 설계 시에 도로위계를 고려하여 반영하였던 사례를 들어 설명하시오.

[1.05 고속도로, 자동차전용도로]

082.1 고속도로의 정의

088.4 자동차전용도로의 지정기준과 구조, 시설 기준 등에 대하여 설명하시오.

110.4 "자동차전용도로 지정에 관한 지침(2016.5.25.개정)"에 따른 자동차전용도로의 지정대상, 지정요건 및 구조시설 기준에 대하여 설명하시오.

122.1 자동차 전용도로

[1.06 순환도로, 완전도로, 입체도로]

105.1 순환도로

112.1 완전도로

112.3 국토교통부에서는 최근 도로 공간의 입체적 활용을 위하여 입체도로를 추진하고 있다. 이에 대한 주요내용을 설명하시오.

[1.07 소형차도로, 개인형이동수단(PM)]

088.1 소형차도로

095.1 소형차도로

111.1 소형차도로

122.1 개인형이동수단(Personal Mobility)

[1.08 국도의 지선(支線), 지선의 지정(指定)]

091.1 고속국도 또는 국도의 지선

093.1 지정국도
104.1 국도의 지선
112.1 지정국도

[1.09 도로의 접근관리, 출입제한]
070.2 출입제한도로의 종류와 문제점 및 기능 증대방안에 대하여 기술하시오.
082.3 도로 출입제한
086.1 도로의 출입제한(Access Control)
088.1 출입제한(Access Control)
089.1 접근관리(Access Management)
111.3 자동차 주행이 안전성과 효율성 확보를 위한 도로 접근관리 기법의 필요성과 원칙에 대하여 설명하시오.
113.1 도로의 접근관리 필요성
124.1 도로의 접근관리

[1.10 접도구역]
105.1 접도구역
122.1 접도구역

2. 속도 · 계획설계

[1.11 속도의 종류, 안전속도 5030]
078.1 주행속도
090.2 도로설계상태와 건설 후 운영상태에서 적용할 수 있는 속도의 종류에 대하여 설명하시오.
092.2 고속도로의 제한속도 상향에 대한 도로기술사로서의 의견을 설명하시오.
095.1 녹색속도
100.1 운영속도(Operating Speed, V_{85})
104.1 85백분위 속도(V_{85})
119.1 운영속도(Operating Speed, V_{85} 백분위 속도)
119.3 안전속도 5030(5030도로)에 있어 도로별 제한속도 설정 원칙과 기준에 대하여 설명하시오.

[1.12 설계속도와 기하구조의 관련성]
064.1 설계구간
075.1 설계구간
075.3 도로의 설계속도를 설명하고 설계속도와 관련된 도로의 기하구조 요소에 대하여 기술하시오.
079.1 설계속도
080.1 설계구간
081.2 도로의 설계속도에 관하여 설명하고 기하구조와의 관련성을 기술하시오.
085.1 설계속도

097.3 설계속도와 선형요소(평면선형, 종단선형, 시거 등)와의 연계성에 대하여 설명하시오.
100.3 설계속도의 정의와 적용상의 문제점에 대하여 설명하시오.
112.1 설계구간
110.3 도로의 설계속도와 기하구조의 관련성, 설계속도에 따른 기하구조 결정 시 유의사항에 대하여 설명하시오.
124.1 설계구간

[1.13 고속도로의 설계속도 상향 추진]
078.3 설계속도 140km/h 이상의 초고속도로가 필요할 경우 고려해야 할 요소에 대하여 기술하시오.
111.4 고속도로 설계속도 상향에 따른 도로설계 시 고려하여야 할 사항에 대하여 설명하시오.
114.2 기존 고속국도의 시설개량 측면에서 편의성과 효율성 증대를 위한 방안에 대하여 설명하시오.
114.4 고속국도의 최대설계속도(120km/hr → 140km/hr) 상향 시 변경되어야 할 설계기준에 대하여 설명하시오.
120.3 설계속도 140km/h 기준으로 선형설계 시 고려할 사항과 도로 운영 중 예상되는 문제점에 대하여 설명하시오.

[1.14 도로의 계획목표연도]
065.1 도로계획의 목표연도 및 설정기준
070.2 도로 또는 공항 건설에 있어 목표연도를 고려한 도로(또는 공항) 계획 및 설계기법에 대하여 기술하시오.
079.2 도로계획의 목표연도 설정기준에 대해서 설명하시오.
083.1 목표년도
100.1 공용개시 계획연도
102.1 도로(또는 공항)계획 목표연도 설정기준
119.1 공용개시 계획연도

[1.15 도로의 단계건설 방안]
066.3 도로공사의 단계건설 시 고려할 사항과 효과에 관하여 기술하시오.
080.3 도로 또는 공항의 단계건설 목적과 성립조건 및 계획 시 유의사항을 기술하시오.
082.2 단계건설의 필요성과 건설방법 및 유의사항에 대하여 기술하시오.
087.1 도로(또는 공항)의 단계건설
093.3 장래확장을 전제로 한 도로설계 시 고려할 사항에 대하여 설명하시오.

095.3 대도시 주변 고속도로의 교통량 집중으로 최근 관련도로의 확장공사가 활발히 진행되고 있는 바, 확장설계 시 검토되어야 할 설계방안에 대하여 설명하시오.

107.3 도로 건설 시에 단계건설을 고려한 횡단구성에 대하여 단계건설의 종류, 성립조건과 설계 시 유의사항을 설명하시오.

[1.16 예비타당성조사, 계층화분석(AHP)]

066.2 도로 또는 공항 예비타당성조사의 목적과 수행방법을 기술하시오.

074.3 도로 혹은 공항의 예비타당성조사 시 사용되는 사업평가방법을 논하시오.

076.1 계층화 분석기법(Analysis Hierarchy Process)

078.3 도로 또는 공항 건설 시 예비타당성조사 기본내용과 타당성조사와의 차이점에 대하여 기술하시오.

091.1 공공투자사업의 예비타당성 평가항목

096.1 AHP(Analytic Hierarchy Process)

099.2 예비타당성조사와 타당성조사의 차이점과 예비타당성조사 제도의 문제점 및 개선방안에 대하여 설명하시오.

102.4 도로, 철도 등 교통 SOC사업의 정확하고 효율적인 타당성 평가를 위해 분석·평가방법을 대폭 보완하여 고시한 「공공 교통시설 개발사업의 투자평가지침 개정안(2013.9)」의 주요 개정내용을 설명하시오.

108.2 예비타당성조사 시 활용하는 분석적 계층화법(AHP)에 대하여 설명하시오.

114.3 최근 재정여건변화에 따른 예비타당성조사제도의 주요 개정내용에 대하여 설명하시오.

115.1 AHP(Analytic Hierarchy Process) 분석

116.4 공항 건설을 위한 예비타당성조사 시 고려할 사항에 대하여 설명하시오.

121.1 예비타당성조사의 AHP(계층화분석기법)

[1.17 타당성조사, 기본설계]

064.3 도로 또는 공항 건설에 있어 기본설계의 중요성에 관하여 설명하시오.

068.3 도로 또는 공항 건설에 있어 기본설계에 포함될 내용을 기술하시오.

076.4 도로 또는 공항 건설을 위한 계획단계의 흐름을 상세히 기술하고, 기본설계가 필요한 사유를 설명하시오.

096.1 타당성 재조사

[1.18 도로 계획·설계 과업의 제도 개선]

063.4 도로노선의 계획, 선정 및 예비설계 과정에 대하여 기술하시오.

080.2 도로 또는 공항 건설 타당성조사 및 기본설계 과업의 개념과 절차를 설명하고 사업타당성 의사결정지표에 대하여 설명하시오.

092.3 도로(또는 공항) 계획의 절차와 주요내용에 대하여 설명하시오.

094.4 도로 계획 및 설계 시 검토해야 하는 도로설계관련계획을 설명하시오.

096.1 도로 설계를 위한 과업수행흐름

100.2 도로(또는 공항)시설의 사회적 가치에 대하여 설명하시오.

104.4 도로(또는 공항)건설 사업의 계획과정(예비타당성조사, 타당성조사, 기본설계, 실시설계)의 문제점 및 개선방안에 대하여 설명하시오.

112.2 도로의 신설 및 확장공사 시 조사 항목과 그 내용에 대하여 설명하시오.

121.2 설계오류 등으로 설계부실을 사전에 예방하기 위한 설계성과품 검토 내용에 대하여 설명하시오.

1.19 최적노선 선정, 통제지점(Control point)

064.4 도로의 최적설계를 위한 각 설계단계별 고려사항에 관하여 설명하시오.

066.4 도로의 노선선정과 터널의 위치관계를 기술하시오.

069.2 도로의 노선선정시 최적노선을 선정하기 위한 3가지 평가요인에 대하여 기술하시오.

072.3 도로 또는 공항의 노선선정과 입지선정 과정에서 발주처 및 해당 유관기관과 협의사항을 기술하시오.

078.4 도로 또는 공항의 최적노선(입지) 선정의 방법에 대하여 기술하시오.

081.3 도로 노선선정 시 또는 공항 입지선정 시 고려하여야 할 주요 요소들에 대하여 기술하시오.

092.2 노선 선정의 원칙 및 컨트롤 포인트 설정에 대하여 설명하시오.

110.2 도로의 최적 노선선정을 위한 선정기준, 선정과정 및 선정 시 유의사항에 대하여 설명하시오.

120.4 도로의 노선선정 과정에서 발주처 및 해당 유관기관과 협의하여야 할 사항에 대하여 설명하시오.

123.4 도로설계 시 노선선정 과정과 최적노선 선정 시 고려사항에 대하여 설명하시오.

[1.20 실시설계]

066.3 도로 또는 공항 설계 시 실시설계보고서에 수록할 주요 항목을 기술하시오.

072.2 도로 또는 공항 설계 시 설계의 기초자료가 되는 각종 조사를 실시하는데 조사항목과 내용 및 그 활용성에 관하여 기술하시오.

121.3 실시설계 보고서 목차를 작성하고 주요내용을 설명하시오.

[1.21 도시부 · 지방부의 도로계획]

078.2 도시내 도로와 지방부 도로의 설계 시 차이점들에 대하여 설명하시오.

115.4 도시부 도로설계기준의 필요성과 제정 시 고려사항에 대하여 설명하시오.

118.4 도시지역의 토지이용과 교통 특성을 반영한 도로망 체계 개념을 설명하고, 도로설계 개선방안에 대하여 설명하시오.

120.2 도시지역 도로설계지침 개정(2019.12.24. 국토교통부)의 주요내용과 적용 시 유의사항에 대하여 설명하시오.

[1.22 산악지 · 적설지의 도로계획]

066.4 적설한랭지역의 도로 또는 공항에서 발생되는 문제점과 설계 시 고려할 사항을 기술하시오.

080.4 산지부를 통과하는 도로의 재해대책 및 안전을 고려한 설계에 대하여 기술하시오.

082.3 산악지역을 통과하는 구간의 도로건설 시 노선선정에서 고려할 사항을 기술하시오.

090.4 최근 기후 변화로 인하여 우리나라에도 눈이 많이 내리고 있다. 이에 따른 적설지역의 도로(또는 공항)계획에 대하여 설명하시오.

092.4 산악지 도로의 선형설계 시 고려사항에 대하여 설명하시오.

095.4 산지부를 통과하는 도로의 종단선형(터널포함)과 배수설계 시 고려해야 할 사항에 대하여 설명하시오.

105.2 산지부 도로의 노선선정 시 주요 고려사항 및 환경보호를 위한 조치요구 사항에 대하여 설명하시오.

106.4 적설 및 한랭지역의 도로계획 · 설계 시 고려사항과 유의사항을 설명하시오.

112.4 산악지 도로 설계 시 토석류의 재해 위험도 분석방법을 설명하시오.

113.3 최근 강수량 증가와 우기 철 집중호우 시 산지부와 인접한 도로에서 토석류 유입 피해가 지속적으로 발생하고 있는 바, 토석류 관련 설계 절차 및 내용의 문제점과 토석류 피해 예방을 위한 설계 개선방안을 설명하시오.

123.3 도로계획 시 적설 · 한랭지역의 특성을 고려한 설계 및 시공, 유지관리 시 유의사항에 대하여 설명하시오.

[1.23 도로의 경관설계 기법]

073.4 주변경관을 고려한 친환경적 도로설계에 대하여 기술하시오.

078.3 경관이 수려한 산악지 또는 도시부를 지나가는 노선계획이 필요할 경우 환경친화적인 도로설계기법을 선형계획 중심으로 기술하시오.

083.1 경관도로(Scenic Road)

084.3 도로 경관의 구성요소를 나열하고 세부 설계방안에 대해 기술하시오.

089.4 경관을 고려해야 할 도로설계 요소와 각 요소별 경관설계 기법에 대하여 설명하시오.

090.2 경관도로(또는 환경친화적 공항)의 설계기법에 대하여 설명하시오.

100.3 도로의 경관설계 기법에 대하여 설명하시오.

103.1 그린 네트워크(Green Network)

107.2 경관이 수려한 지역의 특성과 자연경관이 조화를 이룰 수 있는 경관설계와 관련하여 도로 설치 시 고려사항에 대하여 설명하시오.

109.2 탄소저감을 위한 녹색도로(Green Highway) 건설 및 관리기술에 적용 가능한 그린네트워크(Green Network) 도로 설계기법에 대하여 설명하시오.

117.3 도로의 경관설계에 대하여 설명하시오.

3. 경제 · 영향평가

[1.24 비용, 편익, 할인율, 화폐가치(VFM)]

073.4 도로건설의 경제성평가 수행 시 그 중요성이 높아지고 있는 교통안전 측면을 포함한 편익 항목의 분석방법을 기술하시오.

082.1 할인율

084.1 교통혼잡비용

085.2 도로 또는 공항 신설 및 개량으로 발생되는 건설효과와 경제적 손실의 산정방법에 대하여 설명하시오.

087.4 도로건설 시 발생하는 편익의 산정방법을 설명하고, 문제점과 개선방안에 대하여 기술하시오.

094.1 편익의 계측

099.1 VFM(Value For Money)

109.1 통행시간가치(VOT : Value of Travel time)

114.1 할인율

115.1 VFM(Value for Money)

119.1 도로교통혼잡비용

[1.25 경제성 분석방법]

064.2 도로 또는 공항 건설의 경제성 분석방법을 열거하고 적용상의 장·단점을 설명하시오.

066.1 IRR

069.4 도로건설의 경제성 분석 방법 중 가장 일반적인 방법 세 가지를 이야기하고 각각에 대하여 논하시오.

075.1 순현재가치(NPV)

093.3 도로(또는 공항)건설사업의 경제성 분석절차 및 분석방법을 설명하시오.

107.3 도로 경제성 분석과 관련하여 다음을 설명하시오.
   가. IRR
   나. FTRR
   다. 민감도분석

111.2 도로(또는 공항)의 사업추진 시 경제성 분석방법과 개선방안을 설명하시오.

112.3 도로의 건설계획 시 경제성 분석방법과 최적투자시기 결정방법에 대하여 설명하시오.

116.2 도로(또는 공항) 건설사업의 경제성 분석절차와 방법을 설명하시오.

117.1 경제성 분석기법

123.2 도로(또는 공항)의 사업착수 시 경제성 분석기법과 할인율 적용 시 유의사항에 대하여 설명하시오.

[1.26 민감도 분석, 위험도 분석]

066.1 민감도 분석과 위험도 분석

078.1 민감도 분석과 위험도 분석

093.1 민감도, 위험도 분석

[1.27 최적투자시기의 결정방법(FYRR)]

071.1 도로사업 시행시 최적투자시기 판단방법 2가지

075.3 도로 또는 공항 사업의 경제성 평가지표와 최적투자시기의 결정에 대하여 설명하시오.

083.4 도로 또는 공항 계획시 시행되는 경제성 분석방법과 특히, 최적투자시기를 결정하는 방법에 대하여 기술하시오.

093.1 초기년도 수익률법(FYRR: First Year Rate of Return)

[1.28 사전재해영향성검토]

081.4 도로 또는 공항에서 사전 재해성 검토 및 재해 영향평가의 개요와 절차를 제시하고 주요평가 항목에 대하여 간단히 기술하시오.

[1.29 사전환경성검토]

072.1 사전환경성검토

[1.30 환경영향평가]

065.2 도로 또는 공항의 신설 시 환경영향평가

114.3 도로(또는 공항) 설계 시 영향평가(교통, 환경, 재해)의 주요 평가항목과 유의사항에 대하여 설명하시오. 대상규모와 평가서의 내용에 대하여 설명하시오.

[1.31 사후환경영향조사]

118.1 공항의 사후환경영향조사

[1.32 환경친화적인 도로건설지침]

063.4 도로 신설 및 확장공사로 인한 환경영향과 환경보전대책을 기술하시오.

064.4 도로 또는 공항 건설과 관련하여 고려하여야 할 환경적 요소에 관하여 설명하시오.

066.3 환경영향평가의 시행결과를 실제 설계에 반영하는 요령을 설명하시오.

068.4 환경을 고려한 도로 또는 공항 건설방안에 대하여 기술하시오.

072.2 환경영향평가 시행결과를 실제 설계에 반영하는 요령을 설명하시오.

072.4 도로의 노선통과 또는 공항의 건설 시 발생하는 민원의 주요요인과 해결방안을 설계단계와 공사단계를 구분하여 기술하시오.

075.2 환경친화적인 도로노선 선정을 위한 환경영향평가 주요 항목별 검토사항에 대하여 설명하시오.

084.2 도로 또는 공항 건설 시 설계, 시공, 운영단계별 환경보존 대책에 대해 기술하시오.

092.3 도로(또는 공항)건설로 인한 환경영향 문제점과 저감대책을 설명하시오.

104.4 도로(또는 공항)공사에서 환경에 미치는 영향을 미리 예측하고 분석하여 환경영향을 저감할 수 있는 방안에 대하여 설명하시오.

112.4 도로의 신설 및 확장 공사 시, 환경영향저감대책에 대하여 설명하시오.

122.2 환경친화적인 도로건설 설계방안을 항목별로 설명하시오.

[1.33 생태통로, Road kill, 생태자연도]

068.3 도로건설 시 동물이동통로 설치기준과 현행 문제점 및 개선방안에 대하여 기술하시오.

074.3 도로 건설 시 동물의 이동경로 확보방안을 4가지 이상 제시하고 설치방법을 서술하시오.

081.1 로드킬(Road Kill)

087.4 친환경적인 도로건설을 위한 생태통로 설계 시 고려사항을 기술하시오.

103.1 소형동물 탈출시설
106.1 생태자연도 등급
113.3 도로 환경시설 중 생태통로의 종류 결정 시 고려사항과 생태통로 위치 결정 시 고려사항을 지형 및 토목공학적 측면에서 설명하시오.
125.1 로드킬(Road Kill)

[1.34 저영향개발(LID) 우수유출 저감시설]

113.4 친환경 저류시설의 오염원 저감 및 수문 순환구조로 호우피해를 최소화할 수 있는 저영향개발(LID : Low Impact Development)기법을 활용한 도로구간 우수유출 저감시설의 적용방안에 대하여 설명하시오.

[1.35 점오염원과 비점오염원]

078.1 비점오염원(Non-point source pollution)
079.4 상수원 보호구역을 통과하는 노선계획 시 고려해야 하는 노면유출수 관리방안에 대하여 설명하시오.
093.1 비점오염원의 종류 및 처리방안
104.3 도로(또는 공항)의 비점오염 저감시설의 계획 및 설치 시 고려사항에 대하여 설명하시오.
122.3 도로(공항)의 비점오염 저감시설 설치 및 관리방법에 대하여 설명하시오.
123.1 비점오염 저감시설

[1.36 미세먼지, 황사, 연무, 스모그]

072.2 도로의 확장 또는 개량 시 폐도 발생을 최소화할 수 있는 설계방안을 제시하고, 부득이 발생되는 폐도활용 시 고려사항 및 환경친화적인 활용방안에 대하여 기술하시오.
118.1 미세먼지, 초미세먼지

4. 정책 · 첨단기술

[1.37 제2차 국가도로망 종합계획(2021~2030)]

073.2 우리나라 도로사업에 대하여 최근의 투자정책방향을 평가하고, 문제점 및 개선방안에 대하여 기술하시오.
083.2 국가의 도로정비 기본계획(공항개발중장기 기본계획)의 기본방향 및 목표와 본 계획에서 추진하고 있는 도로(공항)사업과 향후 발전방안에 대하여 기술하시오.
095.2 최근 국토해양부에서 고시한 제2차 도로정비 기본계획(2011~2020년)에 대하여 설명하시오.
101.2 친환경 · 인간중심의 도로건설 및 운영을 위한 국가 도로정책 방향에 대하여 설명하시오.

112.4 "고속도로 건설 5개년 계획(2017.1. 국토교통부)"의 주요내용에 대하여 설명하시오.

[1.38 복지시대의 도로정책 방향]

076.1 PI(Public Involvement) 제도
083.1 국민참여제도(Public Involvement)
090.1 PI(Public Involvement) 제도
104.2 복지시대에 부합하는 향후 도로정책 방향에 대하여 설명하시오.

[1.39 한반도 통합도로망, Asian Highway]

063.2 남북경제협력 활성화를 위한 귀하의 통합도로망 구축방안을 기술하시오.
070.2 남 · 북한도로 개통 후 도로운용상 예상되는 문제점과 대책을 기술하시오.
074.1 아시안 하이웨이(Asian Highway)
108.2 남 · 북한 도로설계기준을 비교하여 적용방안에 대하여 설명하시오.
094.1 아시안 하이웨이(Asian Highway)
110.3 통일대비 도로망 구축 시 접경지역의 보존 및 개발 방향을 설명하시오.
115.3 남북한의 경제협력 및 공동발전을 위한 교통인프라 개발방안에 대하여 설명하시오.
116.1 아시안 하이웨이(Asian Highway)
116.4 북한지역의 도로(또는 공항)시설 확충을 위한 주요과제와 기술적 고려사항에 대하여 설명하시오.
117.2 남북 교류활성화와 경제협력을 위한 남북 통합도로망 구축방안에 대하여 설명하시오.

[1.40 턴키 · 대안, Fast Track, 종합심사낙찰제]

086.4 최근 정부는 공공건설사업의 효율성을 제고하기 위한 방안으로 턴키, 대안공사의 낙찰자 결정방식 가이드라인을 마련하였다. 그 내용을 설명하시오.
077.1 Fast Track 입찰방식
087.1 Fast Track Method
114.1 종합심사낙찰제

[1.41 건설사업관리(CM for Fee, CM at Risk)]

063.1 CM for Fee와 CM at Risk

[1.42 준품셈, 실적공사비, 표준시장단가, 공사지불계수]

074.2 실적공사비제도 도입방안에 대하여 논하시오.
120.1 포장공사의 지불계수(Pay Factor)

[1.43 경제발전경험 공유사업(KSP)]

084.3 국내도로(또는 공항) 엔지니어링 분야의 해외 진출 시 클레임(Claim)을 포함한 제반 문제점 및 대책을 기술하시오.

091.2 도로(또는 공항)설계의 해외사업 진출에 대한 문제점과 이에 대한 대책에 대하여 설명하시오.

095.2 도로설계분야의 해외진출 필요성과 문제점 및 대책에 대하여 설명하시오.

114.2 국내 건설시장의 문제점과 글로벌 경쟁력 강화방안에 대하여 설명하시오.

125.1 해외사업의 지식공유 프로그램(KSP, Knowledge Sharing Program)

[1.44 사회기반시설(SOC) 민간투자사업]

065.2 도로 또는 공항 사업 시 민간투자유치(SOC) 계획 시 대상사업 선정, 방식의 종류 및 추진절차에 대하여 설명하시오.

068.2 도로 또는 공항 건설에 있어 민자유치방안에 대하여 기술하시오.

077.2 민간투자법 개정에 따라 BTL방식이 추진되고 있는데, 기존에 주로 활용한 BTO방식과의 차이점 및 BLT방식의 예상되는 문제점을 기술하시오.

084.1 민자유치사업 방식의 종류

087.1 PF사업(Project Financing)

100.3 MRG(Minimum Revenue Guarantee)의 변화 추이와 도로 민간투자사업의 침체 원인 및 활성화 방안에 대하여 설명하시오.

102.1 민간투자사업 추진방식

105.1 사회간접자본의 정의 및 사업 분류

110.1 BTO-rs, BTO-a

110.3 민자도로의 공공재(Public Goods)로서 역할 및 가치제고 방안에 대하여 설명하시오.

111.3 민간투자사업 활성화 방안으로 사업자 부담 경감을 위한 추진방안에 대하여 설명하시오.

112.1 RTO(Rehabilitate-Transfer-Operate)

115.3 도로민간투자사업의 공공성 강화와 활성화 방안에 대하여 설명하시오.

116.4 사회기반시설(SOC)을 시행하면서 적정한 대가를 받을 수 있도록 하기 위한 현재의 사업시행절차상 문제점과 개선방안에 대하여 설명하시오.

119.4 민간투자제도의 문제점 및 개선방안에 대하여 설명하시오.

121.2 민간투자사업의 다원화와 신규 민간투자사업의 활성화 방안(2020년, 민간투자사업 기본계획)에 대하여 설명하시오.

122.1 BTO 방식

125.1 민자사업의 재무적 타당성 분석

[1.45 건설공사 사후평가제도]

073.3 도로 건설 시 선보상 후시공 제도에 대한 귀하의 의견을 기술하시오.

095.2 도로사업 사후평가제도의 문제점 및 개선방안에 대하여 설명하시오.

104.1 녹색도로평가

105.2 공공건설사업에 대한 사후평가제도의 주요내용 및 효과 극대화 방안에 대하여 설명하시오.

111.1 건설공사 사후평가

[1.46 제4차 시설물의 안전 및 유지관리 기본계획]

116.2 국가의 주요자산인 SOC 장수명화와 미래의 경제적 부담을 완화하기 위한 제4차 시설물의 안전 및 유지관리 기본계획(2018~2022)의 주요사항에 대하여 설명하시오.

[1.47 설계 경제성 검토(LCC, VE)]

068.2 도로(또는 공항)계획 및 건설 시 LCC(Life Cycle Cost) 분석에 대하여 기술하시오.

070.1 설계VE

077.1 설계VE(Value Engineering)

080.3 설계VE(Value Engineering)의 정의와 목적 및 발전방향을 기술하시오.

082.1 생애주기비용

084.4 설계VE제도 시행에 따른 문제점 및 개선방안에 대해 기술하시오.

087.3 설계VE에서의 생애주기비용(LCC)의 필요성, LCC의 분석방법 및 발전방향에 대하여 기술하시오.

091.4 VE(Value Engineering)기법이 경제성에 미친 효과와 향후 활성화 방안에 대하여 설명하시오.

097.1 시공단계의 설계 VE(Value Engineering)

102.1 교량(또는 공항시설)의 LCC(생애주기비용) 구성요소

102.2 국토교통부에서 2013년 9월 공사비 절감·기능향상 등 최적설계 시행을 위해 개정한「설계의 경제성 등 검토에 관한 시행지침」의 주요내용을 설명하시오.

[1.48 설계 안전성 검토(DFS)]

115.1 설계 안전성 검토(Design for Safety)

[1.49 도로 기술개발 전략안('21~'30)]

075.4 국제경쟁력 강화를 위한 설계도서의 국제표준화에 대한 귀하의 의견을 기술하시오.

084.2 건설 R&D 사업에 대한 정부의 추진방향을 설명하고 시행에 따른 문제점 및 개선방안을 기술하시오.

093.2 4대강사업 등 친수구역개발과 관련, 제방 등 하천 관련시설을 이용한 도로계획 시 고려사항을 설명하시오

093.3 국토교통부 R&D 발전전략 "Green-up 30 미래핵심기술" 중 교통부문에 대한 주요내용을 기술하고 도로기술자로서의 귀하의 견해를 설명하시오.

093.4 국가경쟁력강화위원회(제22차-2010.6.23)에서 제시된「도로사업 효율화 방안」의 주요내용을 설명하시오.

095.1 Universal Design

100.4 제5차 건설기술진흥기본계획(2013~2017)의 주요 내용을 설명하시오.

117.3 건설산업의 환경변화를 반영한 새로운 비전과 전략수립을 위한 제5차 건설산업 진흥기본계획의 주요내용에 대하여 설명하시오.

120.3 국도의 효율적 투자를 위한 개선방향에 대하여 설명하시오.

121.4 국토교통부의 빅데이터와 인공지능(AI)과 사물인터넷(IoT) 등 4차 산업기술이 접목된 미래 도로상을 구현하기 위한 "도로 기술개발 전략안('21~'30)"의 주요내용에 대하여 설명하시오.

125.2 국토교통부의 '도로 기술개발 전략안(21~30)'의 4대 핵심분야와 기술개발 내용에 대하여 설명하시오.

[1.50 4차 산업의 스마트 건설기술]

064.1 건설CALS

113.1 Big Data 활용

120.4 4차 산업을 기반으로 하는 스마트 건설기술에 대하여 설명하시오.

[1.51 BIM(Building Information Modeling)]

095.1 BIM(Building Information Modeling)

099.3 도로 설계 시 3차원 모델링을 통한 BIM(Building Information Modeling) 설계추진방안에 대하여 설명하시오.

108.1 BIM(Building Information Modeling)

116.2 3차원 기반의 디지털 설계기법인 BIM(Building Information Modeling)의 활성화 방안에 대하여 설명하시오.

117.3 BIM(Building Information Modeling) 도입의 문제점 및 개선방안에 대하여 설명하시오.

120.1 BIM(Building Information Modeling)

125.3 BIM(Building Information Modeling)의 핵심기술 활용 시 문제점과 활성화 방안에 대하여 설명하시오.

[1.52 항공지도]

125.4 항공지도의 종류와 필요성에 대하여 설명하시오.

[1. 도로기능 · 구분]

1.01 「도로의 구조 · 시설 기준에 관한 규칙」 개정

국토교통부령 제706호, 2020. 03. 06., 일부 개정 [0, 3]

Ⅰ 개정 이유

1. 「도로법」에 따른 도로 종류를 기준으로 도로의 구분체계를 구성하기 위하여 법률에 근거 없는 '고속도로' 및 '일반도로' 용어를 삭제하고, 도로기능에 따라 주간선도로, 보조간선도로, 집산도로 및 국지도로, 지역 상황에 따라 지방지역도로 및 도시지역도로로 각각 구분한다.
2. 보행자의 안전확보 및 쾌적한 생활환경 조성과 자동차 속도나 통행량을 줄이기 위하여 설치 하는 교통정온화시설의 근거를 마련하고, 고속국도 등 주간선도로의 교통량이 일시적으로 증가하는 경우 길어깨를 차로로 활용하며, 길어깨에 긴급구난차량의 주행 및 활동의 안전성 향상을 위한 시설을 설치하도록 하는 등 현행 제도의 미비점을 개선 · 보완하고자 한다.

Ⅱ 개정 내용

1. 도로의 기능별 구분 개정

개정 이유 「도로법」에 따른 도로의 종류를 도로를 기능에 따라 다시 구분

[현행]			[개선]	
도로의 구분		도로의 종류	도로의 구분	도로의 종류
고속도로			주간선도로	고속국도, 일반국도, 특별시도 · 광역시도
일반도로	주간선도로	일반국도, 특별시도 · 광역시도		
	보조간선도로	일반국도, 특별시도 · 광역시도, 지방도, 시도	보조간선도로	일반국도, 특별시도 · 광역시도, 지방도, 시도
	집산도로	지방도, 시도, 군도, 구도	집산도로	지방도, 시도, 군도, 구도
	국지도로	군도, 구도	국지도로	군도, 구도

개정 내용 도로의 기능별 구분에 따라 도로의 종류를 표와 같이 구분
(1) 도로를 기능에 따라 주간선도로(主幹線道路), 보조간선도로(補助幹線道路), 집산도로(集散道路) 및 국지도로(局地道路)로 구분한다.

(2) 도로를 지역상황에 따라 지방지역도로와 도시지역도로로 구분한다.

(3) 도로의 기능별 구분과 종류의 상응관계에 따라 도로의 종류를 표와 같이 구분한다. 다만, 계획교통량, 지역상황 등을 고려하여 필요한 경우에는 도로의 종류를 표에 따른 기능별 구분의 상위 기능의 도로로 할 수 있다.

2. 길어깨를 차로로 활용(LCS, Lane Control System)하는 규정 마련

개정 이유 현재 일부 고속국도에서 길어깨를 차로로 활용하고 있으나 도로교통법상 길어깨에는 차량의 통행이 금지(긴급자동차 제외)되어 있어 운영을 위한 근거 마련 필요

(1) 한국도로공사의 자체 판단으로 일정한 기준없이 설치되고 있어 명확한 기준에 따라 설치될 수 있도록 관리 필요('17. 국정감사 지적)

(2) 현재 한국도로공사와 경찰청 간 협의로 운영(35개 구간, 246km 운영 중)

개정 내용 길어깨를 차로로 활용할 경우 기준 제시

(1) 적용도로 : 고속국도 등 주간선 기능을 가진 도로

(2) 적용기준 : 폭(기존 차로폭과 동일), 비상주차대(길어깨 외측) 등

(3) 경찰청에서도 「도로교통법」 제60조(갓길통행금지 등) 개정 병행 추진 중

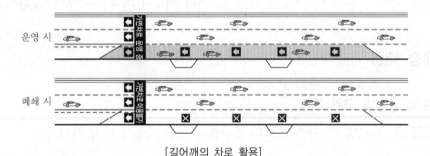

[길어깨의 차로 활용]

3. 교통정온화시설 설치 규정 마련

개정 이유 교통정온화시설[*] 규정이 없어 지자체별로 임의 적용 중이므로 근거규정 마련 필요

개정 내용 교통정온화시설 정의를 추가하고 필요한 지역에 설치할 수 있는 근거조항 신설

* 교통정온화시설(交通靜穩化施設) : 보행자의 안전 확보 및 쾌적한 생활환경 조성을 위하여 자동차의 속도나 통행량을 줄이기 위한 목적으로 설치하는 시설

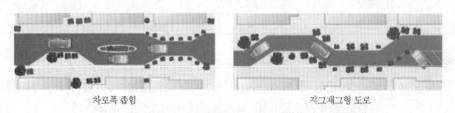

차로폭 좁힘　　　　　　　지그재그형 도로

[교통정온화시설 설치(예시)]

4. 긴급구난차량의 안전 확보를 위한 시설 설치 규정 마련

개정 이유 전방인지거리가 부족한 길어깨*에서 구급차 등이 구난활동 중에 발생되는 추돌사고 예방을 위한 시설 설치 규정 필요

* 도로는 차로 기준으로 설계되어 상대적으로 길어깨에는 전방인지거리가 부족한 구간이 발생할 가능성이 존재

개정 내용 길어깨 전방인지거리 부족구간, 선형불량구간 등 위험구간*을 사전에 인지할 수 있도록 하는 시설(노면요철포장 등)의 설치 규정 추가

* 위험구간 정차배체, 비상차량 및 불법주행차량의 위험구간에 대한 경각심 유도

5. 도로관련 용어 수정 및 규칙 미비점 보완

(1) 도로의 구분체계 수정

개정 이유 고속국도를 다른 도로와 구분하였으나 고속국도를 포함하여 전체 도로를 기능별로 구분하는 것이 바람직함

• 「고속국도법」('14.07. 폐지)이 「도로법」으로 통합되어 구분근거 상실

개정 내용 고속국도는 주간선 기능을 수행하므로 주간선도로에 추가

(2) 도로의 기능분류 수정

개정 이유 도로의 기능에 따라 도로관리청이 건설할 수 있는 도로를 규정하고 있어 도로 건설에 제약

• 지방도, 시도의 경우 주간선도로로 건설할 수 없는 것으로 해석

개정 내용 도로의 기능을 변경하여 적용할 수 있도록 조항 신설

(3) 도로관련 용어 수정

개정 이유 도로관련 용어 중 같은 의미로 쓰이는 중복 단어, 다른 의미이지만 구분없이 사용되는 용어 정리 필요

개정 내용 혼란 방지를 위해 용어를 통일하고 용어 정의 수정

• (당초) 차도와 차로를 구분없이 사용, (변경) 차도=차로+길어깨로 정의 수정

(4) 규칙의 한글 표기(한자 삭제)

개정 이유 한자와 병기된 단어는 혼란 우려가 없는 경우 한자 삭제

• 「알기 쉬운 법령 정비기준(법제처)」: 모든 법령문은 한글로 표기

개정 내용 병행표기된 문구에서 한자 표현은 삭제 [1]

---

1) 국토교통부, '도로의 구조·시설 기준에 관한 규칙 일부 개정(안)', 2020.

1.02 설계기준자동차

설계기준자동차 제원(폭, 높이, 길이, 중량, 오르막능력 등)의 도로설계 적용 내용 [7, 2]

Ⅰ 설계기준자동차

「도로의 구조·시설 기준에 관한 규칙」제5조에 의한 설계기준자동차는 도로설계의 기초가 되는 자동차로서, 다음 4종류로 구분된다.

(1) **승용자동차** : 「자동차관리법 시행규칙」제2조에 따른 승용자동차

(2) **소형자동차** : 「자동차관리법 시행규칙」제2조에 따른 승합자동차, 화물자동차, 특수자동차 중에서 경형과 소형자동차

(3) **대형자동차** : 「자동차관리법 시행규칙」제2조에 따른 자동차(이륜자동차는 제외) 중에서 소형자동차와 세미트레일러를 제외한 자동차

(4) **세미트레일러** : 앞 차축(車軸)이 없는 피견인차와 견인차의 결합체로서, 피견인차와 적재물 중량의 상당부분이 견인차에 의해 지지되도록 연결되는 자동차

[도로구분에 따른 설계기준자동차]

도로의 기능별 구분	설계기준자동차
주간선도로	세미트레일러
보조간선도 및 집산도로	세미트레일러 또는 대형자동차
국지도로	대형자동차 또는 승용자동차

[설계기준자동차의 종류별 제원]

제원(m) 종류	폭	높이	길이	축간거리[1]	앞내민길이[2]	뒷내민길이[3]	최소회전반경
승용자동차	1.7	2.0	4.7	2.7	0.8	1.2	6.0
소형자동차	2.0	2.8	6.0	3.7	1.0	1.3	7.0
대형자동차	2.5	4.0	13.0	6.5	2.5	4.0	12.0
세미트레일러	2.5	4.0	16.7	앞축간거리 4.2 뒤축간거리 9.0	1.3	2.2	12.0

주 1) 축간거리 : 앞바퀴 차축의 중심으로부터 뒷바퀴 차축의 중심까지의 길이
2) 앞내민길이 : 자동차 앞면으로부터 앞바퀴 차축의 중심까지의 길이
3) 뒷내민길이 : 자동차 뒷면으로부터 뒷바퀴 차축의 중심까지의 길이

Ⅱ 설계기준자동차 제원이 기하구조에 미치는 영향

1. 차량 폭

설계기준자동차 중 가장 큰 세미트레일러의 폭 2.5m는 도로 횡단구성의 최솟값이다.

(1) **고속도로의 차로폭 최솟값** : 3.5m

(2) **일반도로의 차로폭 최솟값** : 3.5~3.0m

(3) **좌회전차로의 차로폭 최솟값** : 3.0m(부득이한 경우 2.75m까지 축소 가능)

2. 차량 높이

(1) **정지시거는 소형자동차 운전자의 눈높이를 기준으로 설계**

　① 운전자 위치 : 주행차로의 중심선상에 위치

　② 운전자 눈높이 : 도로표면으로부터 100cm 높이(소형자동차 운전석 눈높이)

　③ 장애물 높이 : 동일한 주행차로의 중심선상 15cm 높이

(2) **차도부의 시설한계는 세미트레일러의 높이 4.0m 이상으로 설계**

　① 시설한계는 노면에서 높이 4.5m를 표준으로 설치한다.

　② 시설한계의 상한선은 노면과 평행하도록 설치하되, 횡단경사구간은 연직방향으로, 편경사구간은 수직방향으로 설치한다.

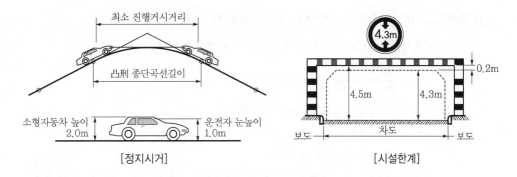

[정지시거]　　　　　　　　　　[시설한계]

3. 차량 길이

(1) 설계기준자동차 중에서 대형자동차의 길이(13.0m)와 세미트레일러의 길이(16.7m)는 도로 선형설계에서 평면곡선부의 확폭, IC와 터널의 간격 등에 영향을 미친다.

(2) **대형자동차의 확폭량(ϵ_1)**

$\epsilon_1 = R - \sqrt{R^2 - L^2}$ 에서 양변을 제곱하면

$R^2 - L^2 = R^2 - 2R\epsilon_1 + \epsilon_1{}^2$ ($\epsilon_1{}^2 ≒ 0$이므로)

$L^2 = 2R\epsilon_1$ 에서

$$\epsilon_1 = \frac{L^2}{2R}$$

여기서, L : 전면에서 뒷차축까지의 길이

R : 차로 중심의 평면곡선반경

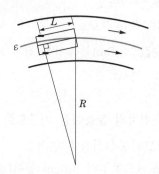

(3) 세미트레일러의 확폭량(ϵ_2)

$$\epsilon_2 = \frac{L_1{}^2 + L_2{}^2}{2R}$$

여기서, L_1 : 전면에서 제2축까지의 길이

L_2 : 제2축에서 최종축까지의 길이

(4) 고속국도 IC 변이구간 종점에서 터널입구까지의 소요이격거리(L)

$L = $ 인지반응거리(I_1) + 제동 후 정지거리(I_2) + 대기공간(I_3)

$$= \frac{V}{3.6} t_1 + \frac{V^2}{254f} + 31.7$$

여기서, V : 설계속도에서 20km/h를 뺀 값

t : 인지반응시간(4초)

f : 종방향미끄럼마찰계수

I_3 : 대기공간 = 대형차 1대 + 여유공간 + 세미트레일러 1대 + 여유공간

$= 13.0 + 1.0 + 16.7 + 1.0 = 31.7$m

1.03 도로의 기능

도로의 이동기능 및 접근기능 외에 다른 기능으로서의 효율적인 활용방안 [0, 8]

Ⅰ 개요

1. 도로의 기능은 주(主)기능과 보조(補助)기능으로 나눌 수 있다. 도로의 주기능은 이동 (mobility)과 접근(accessability)의 교통기능을 말하며, 보조기능은 체류기능, 공간 제공, 방재기능, 일조권 확보 등이다.
2. 도로의 주기능은 도로의 등급 위계에 따라 다르다. 등급이 높은 고속도로나 간선도로는 이 동성, 등급이 낮은 지방도로나 국지도로는 접근성을 목표로 한다.

Ⅱ 도로의 주(主)기능

1. 이동(mobility)기능

(1) 자동차의 이동기능

① 원활성을 확보하기 위한 도로계획
- 자동차의 이동기능을 중시하여 고속국도 및 일반국도는 본선의 서비스수준 저하를 방지하기 위하여 주변 접속도로의 출입을 제한하는 접근관리기법 적용
- 반면, 도시지역의 집산도로 및 국지도로에는 교통정온화(Traffic Claming)기법을 통해 보행자 위주로 자동차의 주행속도 억제, 이동기능 제한
- 대신, 도심지에는 첨단교통시스템(BTR), 버스전용차로 등 대중교통 수용을 위한 주행공간을 별도 확보

② 안전성을 확보하기 위한 도로계획
- 평면곡선이나 종단경사구간에는 전후 연속성을 확보하여 운전자의 판단착오를 피 할 수 있도록 평면선형과 종단선형의 조합 적용
- 도로를 횡단구성할 때 설계속도에 따른 도로폭을 확보하여 일반도로 2차로 구간에 앞지르기차로, 오르막차로, 양보차로를 설치하여 안전성 강화

③ 쾌적성을 확보하기 위한 도로계획
- 핸들조작이 용이한 자연스러운 선형으로 계획하여 자연경관과 조화되며 수려한 경 관을 조망할 수 있는 쾌적성 제공

④ 신뢰성을 확보하기 위한 도로계획
- 구조물의 중요도에 따라 내진설계를 적용하여 경사면 붕괴 방지, 안전한 횡단면 구 성, 낙석방지시설 설치

(2) 보행자 · 자전거의 이동기능

① 이동의 연속성을 확보하기 위하여 자동차의 이동 공간과는 별도로 보행자 · 자전거를 위해 연속적인 공간 확보

② 이동의 안전성을 확보하기 위하여 간선도로에서는 자동차와 보행자 · 자전거의 통행 공간을 분리하여 차도 양측에 보도, 자전거도로 설치
생활도로에 과속방지턱(hump), 차도폭 축소(choker), 지그재그 도로(chicane)

③ 이동의 쾌적성을 확보하기 위하여 강우 중에 보행노면의 미끄럼방지를 고려한 배수성 포장, 조명시설 설치

2. 접근(accessability)기능

(1) 자동차의 접근기능

① 평면교차로
- 기본사항 : 평면교차로 간격과 관련하여 주도로계획을 수립할 때 기존 부도로와의 접속으로 인해 발생되는 교차로 문제 처리
- 간선도로계획 : 교통소통과 안전영향을 함께 고려하여 기존 교차로를 정리 · 통합하는 교차로 개선, 교통규제방법 적용
- 지역교통 세가로망계획 : 보조간선도로와 접속시키거나 몇 개의 도로를 모아서 간선도로와 교차시키는 집산도로 설치
- 도시가로망 신설도로계획 : 교차로 간격을 규칙적으로 배치함으로써 신호체계를 연동화시켜 교통차단 횟수 축소

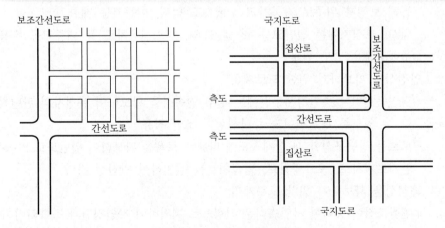

[집산로 설치에 의한 평면교차로]

② 입체교차로
- 기본사항 : 완전출입제한하는 고속도로나 자동차전용도로는 다른 도로와 교차할 때 모두 입체교차로 원칙

- 4차로 이상 주간선도로가 일반도로와 교차할 때 입체교차를 원칙으로 하나, 단계건설에 의한 평면교차 가능
- 입체교차 형식을 경제성만으로 결정해서는 안 되고, 지형조건과의 관계를 살펴 가장 이상적인 형식으로 설계
- 입체교차를 설계할 때 교통량의 분포형태와 운전자의 통행형태가 포함되는 교통량 추이를 어떤 다른 조건들보다 큰 비중을 두고 검토

③ 주변 시설로의 접근을 위한 주·정차대 설치

- 주차장
  - 노상(路上)주차장 : 도로의 노면, 교통광장의 일정한 구역에 설치
  - 노외(路外)주차장 : 도로의 노면, 교통광장 이외의 정소에 설치
  - 부설(附設)주차장 : 건축물, 골프연습장 등 주차소요를 유발하는 시설에 설치
- 버스정류장
  - 버스정류장(bus bay) : 본선 차로에 분리하여 설치된 띠 모양의 공간
  - 버스정류소(bus stop) : 본선 외측 차로를 그대로 이용하여 설치
  - 간이버스정류장 : 왕복 2차로 도로에서 본선 차로와 접속하여 설치
- 비상주차대 : 고속도로에는 반드시 설치하고, 주간선도로에도 특별히 교통량이 적은 경우를 제외하고는 고장차 대피공간 확보를 위해 반드시 설치

(2) 보행자·자전거의 접근기능

① 보행자·자전거와 주변 시설 간의 원활한 출입을 위해 통행공간과 경계부분을 평탄한 구조로 설치하여 주변 시설과 직접 출입 가능

② 교통약자를 위해 버스정류장은 승·하차가 쉬운 구조로 하고, 지하철역은 엘리베이터 등 보행지원시설을 추가 설치

Ⅲ 도로의 보조(補助)기능

1. 체류(滯留)기능

(1) 자동차의 체류기능

① 버스·택시의 주차수요를 감안하여 계류장, 정차장 등을 설치

- 가로변 상업지구의 물류운송 접근성을 확보하기 위하여 본선 차도부와 분리된 주·정차 공간 필요

② 도로에는 주행거리 등의 교통특성, 지역이나 도로이용자의 요구, 시설운영 등을 고려하여 휴게시설, 환승터미널 등의 설치공간을 확보

(2) 보행자 · 자전거의 체류기능

① 시가지, 역전광장, 정류장 등의 교통결절점에 체류를 위한 공간을 확보
 • 교통결절점 : 전철 · 지하철이 교차되는 교차역세권에 여러 교통수단이나 간선도로
  망이 집중되어 토지이용이 고도화되고 교통활동이 왕성한 지역
② 횡단보도에서 보행자 대기, 버스 · 택시 대기에 필요한 폭을 확보
③ 보행자가 많은 교차로 부근에 보행자 · 자전거의 원활한 이동을 방해하지 않는 범위
 내에서 체류기능 확보를 위하여 모따기(core cut) 광장 설치

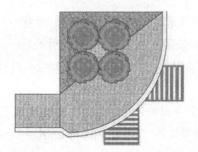 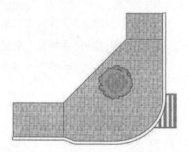

가로 모따기의 넓이를 확보하여 길모퉁이에 광장을 형성   사유지와 일체적인 공간을 이용하여 적극적으로 광장을 조성

[가로 모따기(core cut)에 의한 광장 설치]

2. 공간(空間) 제공

(1) 보행공간

① 도로공간에서 건물 · 토지로의 접근성 향상, 교통약자의 보행 편의성 향상을 위하여
 근린생활지구에 생활가로 조성, 주민공간 확충
② 적용대상도로 : 모든 가로에 적용 가능

(2) 문화 · 정보 교류공간

① 종류
 • 문화의 공간 : 마을축제, 오픈카페를 위한 만남의 공간으로 조성
 • 만남의 공간 : 보행자전용도로와 연계하여 교차로, 광장 등에 쉼터를 조성
 • 정보교류의 공간 : 버스정류장, 지역안내소 등 공공건물과 연계하여 조성
② 적용대상도로 : 간선도로를 중심으로 조성하되, 집산도로를 포함

(3) 대중교통 수용공간

① 승용차 이외의 대중교통 운행에 필요한 물리적인 시설(버스전용차로, 첨단대중교통
 수단)을 조성
 보행자전용도로, 자전거전용도로를 별도 공간에 조성
② 적용대상도로 : 대중교통 수용공간은 간선도로 및 집산도로에 조성
 자전거도로는 전용구간을 조성하되, 집산도로와 국지도로에 우선 조성

[도시녹화와 만남의 공간기능]

(4) 환경친화적 녹지공간

① 가로수 식재, 녹지대 형성 등 녹지비율을 높여 도시의 미관과 이미지 개선
　도시부 도로에는 경관형성, 소음 감소, 대기정화 등을 위해 보도와 중앙분리대 공간
　에 식재를 적극 권장

② 주요 경관형성 요소인 도로와 주변경관의 조화를 위해 식재 수종을 선정
　포장재료(배수성, 투수성), 도로부속시설의 형상과 색채 등을 배려

③ 주변환경 보전을 위해 소음·대기오염 영향을 최소화시킬 수 있는 공간 확보
　가로수 그늘을 이용한 벤치, 도로변 화분(bollard), 건물벽 녹화

(5) 기반시설 수용공간

① 지하공간에 지하철, 지하주차장 등의 교통시설, 도시기반시설(통신, 전력, 상하수도,
　가스) 공동구 등을 설치

② 신도시 계획 수립단계에서 지상공간에서 대중교통의 편의성 향상을 위해 버스정류
　장, 철도역사 등을 지하공간에서 수용

3. 방재(防災)기능

도심지에 화재가 발생했을 때 도로로 인해 인접 건물로 불이 번지는 것이 차단될 수 있다.
비가 많이 내리는 홍수기에는 도로 자체가 배수로 역할도 한다.

4. 일조권(日照權) 확보

(1) 대도시에서 특히 도심지 고층건물의 주변 도로는 그 위에 빈 공간이 있어 일조권을 확
　보해 주기 때문에 더 높은 초고층(50층 이상)건물을 지을 수 있다.

(2) 이에 따라 도로변은 땅값이 상승하면서 업무시설이 들어서고 상권이 형성되면서 점차
　발전(팽창)하게 된다.[2]

---

2) 국토교통부, '도로계획지침', 대한토목학회, 2009, pp.31~44.

Ⅳ 간선도로기능의 향상을 위한 쟁점사항

1. 우리나라 도로는 충분한가?

(1) 우리나라 자동차 등록대수는 2020년 6월 말 기준 2,402만대로서, 대도시 외곽도로망의 지·정체 구간을 해결해야 지방경제가 활성화된다.

(2) 우리나라 인구 대비 도로연장 2.00km/1,000명은 OECD국가 중에 최하위임에도 불구하고, 산지 70% 대비 도로연장이 충분하다는 주장은 비논리적이다.

2. 도로는 소비자의 요구를 수용하여 변화하고 있는가?

(1) 도로이용자들의 일반적 인식은 도로는 혼잡·불편·위험하고, 철도는 쾌적·편리·안전하며, 특히 대도시의 대중교통수단은 지하철이 가장 적합하다고 여긴다.

(2) 도로정책은 공급자와 이용자 간에 균형을 이루면서 이용자 요구(도시부 외곽도로의 정체 해소 등)에 부응할 수 있어야 한다.

3. 대도시 순환고속도로망(ring road)은 왜 필요한가?

(1) 서울내부순환도로 80km/h 업무벨트, 수도권제1순환고속도로 100km/h 생산벨트, 수도권제2순환고속도로는 120km/h의 실버벨트 개념으로 연계해야 한다.

(2) 수도권에서 반경 30~50km에 계획 중인 동탄, 파주 등의 2기 신도시는 '선-교통시설 공급, 후-도시개발추진'을 적용해야 한다.

4. 도로 재개발은 어떻게 추진해야 하는가?

(1) 최근 도로재개발 형태는 간선도로의 효율화(버스전용차로) 및 입체화(지상-녹지, 지하-도로), 복합환승센터 등을 계획하여 체계적이다.

(2) 이와 같이 도로재개발은 입체화와 수송력 강화가 요구됨에도 불구하고, 서울시는 청계천을 복원할 때 청계천고가도로를 지하화로 전환하지 못하고 없앴다.

5. 도로시설에 투자되는 민간자본의 역할과 한계는?

(1) 민자도로는 Network 형성보다 통행료 수입의 극대화를 추구하지만, 민자도로와 국도 간 노선중복(천안-논산, 국도 23호)은 과잉투자를 검토해야 한다.

(2) 인천국제공항을 연결해 주는 인천공항고속도로와 인천대교의 경우 통행량 부족으로 매년 최소운영수입보장금(MRG)을 지원하는 협약이 채결되어 있다.[3]

---

3) 이광훈, '도시고속도로기능 향상을 위한 연계도로체계 개선방안 연구', 서울시정개발연구원, 2000.

1.04 도로의 등급 분류(Hierarchy)

도로의 위계(hierarchy)와 기능, 수도권 도시고속도로의 문제점, 일반국도 등급 분류 [3, 4]

I 개요

도로의 기능에 따라 등급을 분류(Hierarchy)하면 상위 등급의 도로일수록 이동성을 중시하고, 하위 등급의 도로일수록 접근성을 중시한다.

[도로의 등급에 따른 분류 및 기능]

도로 등급	도로 분류	도로 기능
주간선도로	고속국도, 일반국도, 특별시도, 광역시도	이동성
보조간선도로	일반국도, 특별시도, 광역시도, 지방도, 시도	⇑
집산도로	지방도, 시도, 군도, 구도	⇓
국지도로	군도, 구도	접근성

II 도로의 기능

1. 도로의 시·종점을 연결하는 통행로는 ① 이동단계 → ② 변환단계 → ③ 분산단계 → ④ 집합단계 → ⑤ 접근단계 → ⑥ 시점(종점)단계 등의 6단계로 구성된다.

[도로 통행의 구성단계]

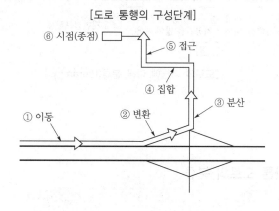

2. 도로의 기능이 매우 다양하여 도로망을 구성할 때 6단계 중에서 주로 이동성과 접근성을 중심으로 도로를 구분한다.

   (1) **이동성** : 통행의 시점과 종점 간을 얼마나 빨리 통행하는가 하는 속도

   (2) **접근성** : 대규모 교통유발지역에 얼마나 빨리 접근하는가 하는 위치

3. 도로의 기능을 구분할 때 고려해야 할 사항

(1) 평균통행거리

(2) 평균주행속도

(3) 출입제한의 정도

(4) 동일한 기능을 갖는 도로와의 간격

(5) 다른 기능을 갖는 도로와의 연결성

(6) 교통량

(7) 교통제어의 형태 등

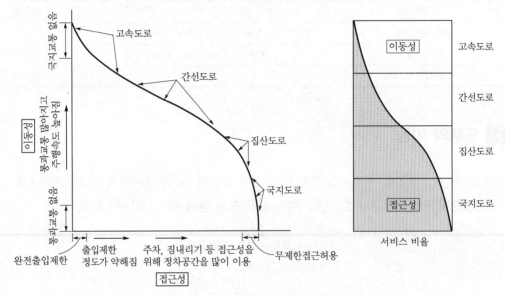

[도로의 기능에 따른 분류(Hierarchy)]

Ⅲ 도로의 분류

1. 도로의 기능에 따른 도로의 분류

(1) 고속국도

① 중앙분리대에 의해 양방향으로 분리되어, 입체교차, 출입제한

② 주간선도로 : 고속국도, 일반국도, 특별시도, 광역시도 등으로 구분

(2) 자동차전용도로

① 일반도로에 자동차 외의 사람, 자전거, 경운기 통행 제한으로 주행성 향상

② 일반도로의 일정 구간을 자동차전용도로로 지정하여 간선도로기능 제고

(3) 소형차도로

① 설계기준자동차 중에서 승용자동차와 소형자동차만의 통행을 허용
② 기하구조에 대한 특례값을 적용하여 표준규격보다 작은 도로구조를 채택

2. 도로의 통과지역에 따른 분류

(1) **도시지역도로** : 현재 시가지가 형성된 지역 또는 그 지역의 발전 추세로 보아 도로의 설계목표연도에 시가지로 형성될 가능성이 있는 지역을 통과하는 도로

(2) **지방지역도로** : 도시지역 이외의 지역을 통과하는 도로

Ⅳ 효율적인 도로관리체계 개편 방안

1. 도로관리체계 현황과 문제점

(1) 중앙정부는 국가간선도로인 고속국도와 일반국도를 관리하며, 각 지자체는 나머지 하위등급인 지방도와 시·군·구도 등을 관리하고 있다.

(2) 지자체가 관리하는 지방도가 국가간선도로기능을 수행하거나, 중앙정부가 관리하는 일반국도가 국가간선도로기능을 수행하지 못하는 사례가 있다.

① 사례Ⅰ : 지방도 과천봉담도시고속화도로, 제3경인고속화도로는 자동차전용도로이며 약 9~10만대/일 교통량을 처리하는 국가간선도로기능 수행
② 사례Ⅱ : 국도4호선 영동~추풍령, 국도29호선 주산~이평 구간은 왕복4차로이지만 교통량이 각각 1,485대/일, 1,054대/일에 불과

(3) 국가간선도로는 중앙정부의 체계적 관리가 필수적이나 도로 등급과 기능의 불일치로 인하여 관리대상에서 제외되어 있다. 반면, 지역 내 간선도로임에도 불구하고 국도이기 때문에 중앙정부가 관리하는 등 도로의 등급에 따른 관리 모순이 발생한다.

2. 도로의 간선기능 평가지표 개발

(1) 중앙정부가 관리할 도로를 선정하려면 간선기능에 대한 평가가 필요하지만, 현재 활용 가능한 통계자료는 교통량이 유일하다.

(2) 교통량으로만 평가하는 한계를 극복하고 다양한 간선기능을 측정할 수 있는 새로운 평가지표의 개발이 필요하다.

(3) 다양한 간선기능 평가를 통해 도로 등급을 토대로 하여 현행 도로관리체계에서 도로기능 중심의 새로운 관리체계로 전환 방안을 검토한다.

3. 도로관리체계 개편을 위한 정책방향

(1) 도로관리체계 개편의 기반 조성을 위한 중앙정부의 능동적인 역할 필요

① 도로의 양적 공급보다는 질적 관리가 필요한 시기이므로 도로의 간선기능 또한 질적인 고려가 필요

② 현재 모호한 간선도로기능에 대한 정의를 도출하여, 중앙정부가 관리해야 하는 간선도로에 요구되는 기능을 재정립하여 국가도로종합계획에 반영 필요

(2) 전국 단위의 간선도로기능 평가를 하여 도로관리체계 개편 기초자료로 활용

① 전국의 고속국도, 일반국도, 특별·광역시도, 지방도 등을 대상으로 간선기능 평가를 하여, 도로 등급과 기능의 불일치 구간을 도출

② 국가간선도로에 요구되는 기능을 충족하는 도로를 선정하여 중앙정부의 관리가 필요한 간선도로를 지정하는 데 활용 4)

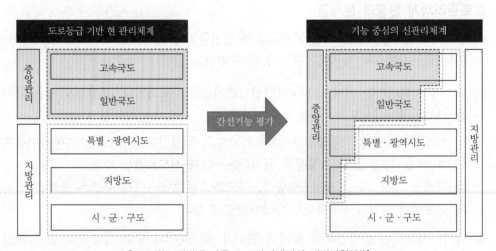

[도로기능 평가에 따른 도로관리체계의 개편방향(안)]

---

4) 국토연구원, '효율적인 도로관리체계 개편을 위한 간선기능 평가 방안', 국토정책 Brief, 2018.12.

1.05 고속국도, 자동차전용도로

고속도로 정의, 자동차전용도로 지정에 관한 지침 [2, 2]

I 고속국도

1. 용어 정의

(1) 2014년 「도로법」 전부개정으로 「고속국도법」이 「도로법」에 통합되어 폐지되면서 「고속국도 노선 지정령」이 폐지된 후, '고속도로' 역시 다른 도로와 동일하게 「도로법」의 규정에 따른다. 국내에서 '고속도로'라는 용어는 1968년 12월 서울~인천 경인고속도로가 최초로 완공되면서 일반화되었다.

(2) 일반적으로 통용되는 '고속도로'보다는 「도로법」 제10조(도로의 종류와 등급)에 아래와 같이 열거된 도로 등급에 따른 고속국도(高速國道)라는 명칭이 정확하다.

① 고속국도(高速國道) : 고속국도의 지선(支線) 포함
② 일반국도(一般國道) : 일반국도의 지선(支線) 포함
③ 특별시도(特別市道)·광역시도(廣域市道)
④ 지방도(地方道)
⑤ 시도(市道)
⑥ 군도(郡道)
⑦ 구도(區道)

(3) '고속국도'는 「도로법」 제11조(고속국도의 지정·고시)에 의해 국토교통부장관이 도로교통망의 중요한 축(軸)을 이루며 주요 도시를 연결하는 도로로서 자동차 전용의 고속교통에 사용되는 도로노선을 정하여 고속국도를 지정·고시한다.

2. 고속국도의 기본요건

(1) 자동차전용도로일 것
(2) 출입을 제한할 것, 즉 교차부분을 입체로 하고 인터체인지만으로 출입할 것
(3) 중앙분리대 등으로 왕복교통을 방향별로 분리할 것

3. 외국의 고속도로

(1) 세계 최초의 고속도로는 1923년 이탈리아의 밀라노 호수지역을 연결하는 노선으로 왕복 4차로~6차로이며, 왕복 8차로 이상의 노선은 없다. 환경문제에 매우 민감하여 도로확장보다 주변에 공원과 녹지를 만들어 환경을 보호하는 것을 더 선호하기 때문이다.

(2) 독일의 히틀러는 '수레와 말에 의한 교통이 수레와 말 자신을 위한 도로를 만들었듯이

기차는 자신을 위해 궤도선로(軌道線路)를 만들었다.'고 주장하면서 아우토반(Autobahn)을 건설하였으며, 대한민국의 고속도로에 직접 영향을 주었다.

(3) 미국에서 고속도로는 '완전 또는 부분출입제한하고, 교차부분을 입체교차하여 왕복교통을 분리한 간선도로'를 의미한다. 완전출입제한하는 고속도로를 Freeway라고 하는데, 대표적인 경우가 New York State Thruway이다.

(4) 영국은 원칙적으로 도로 통행은 무료이며 고속도로(Motorway)를 M-1, M-2, …로 부른다. 유료도로는 특수한 터널과 교량 등 극히 일부이다.

II 자동차전용도로

1. 용어 정의

자동차전용도로는 고속국도를 제외한 일반국도, 주요 지방지역 및 도시지역 간선도로 등「도로법」상의 도로 중 통행의 이동성과 안전성을 향상시키고 간선기능을 제고하기 위하여 도로관리청이 지정한 일정 구간의 도로를 말한다.

2. 지정대상

(1) 도로관리청은 자동차의 신속한 주행과 교통의 원활화를 도모하기 위하여 다음에 해당되는 도로의 일정 구간을 자동차전용도로로 지정할 수 있다.

① 교통의 원활한 소통을 위하여 도로용량의 증대가 필요한 경우
② 노로의 이동성과 안선성을 향상시켜 자동차의 고속주행이 필요한 기손도로 및 개량도로와 신설되는 도로구간

(2) 도로관리청은 (1)항 외에도 필요하다고 인정하는 경우에 도로의 일정 구간을 자동차전용도로로 지정할 수 있다.

3. 지정요건

(1) 도로관리청이 자동차전용도로를 지정할 때는 다음의 요건을 갖추어야 한다.

① 자동차전용도로 지정 구간을 연결하는 일반교통용의 다른 도로가 있어야 한다.
② 연속된 자동차전용도로 지정 구간의 연장은 5km 이상이 되어야 한다.
　　다만, 현지여건 등을 감안하여 필요한 경우 최소연장은 2km 이상이어야 한다.
③ 자동차전용도로의 구조·시설은 별도로 정한 자동차전용도로의 구조·시설 기준 등에 부합해야 한다.

(2) 도로를 신설할 때는 자동차전용도로 지정 여부를 사전에 검토·결정하여야 하며, 자동차전용도로를 지정할 때는 계획·설계 때부터 (1)항 요건을 갖춰야 한다.

4. 구조 · 시설 기준

(1) 다른 도로와 교차 및 연결

① 자동차전용도로와 다른 도로 · 철도 · 궤도 등 교통시설이 교차하거나 연결할 때는 입체교차시설로 하여 차량운행 · 안전에 지장이 없는 구조로 한다.

② 자동차전용도로에 기존 도로 외에 새로운 도로를 접속시킬 수 없으며, 특별한 사유가 있을 경우에는 도로관리청 허가를 받아 입체교차시설로 해야 한다.

③ 도로관리청이 아닌 자가 자동차전용도로에 다른 도로를 연결시킬 때에는 미리 도로관리청 허가를 받아야 하며, 이 경우 아래 행위 외에는 불허한다.

- 국가나 지방자치단체가 시행하는 개발 행위
- 「공공기관의 운영에 관한 법률」에서 정하는 공기업이 시행하는 개발행위
- 그 밖에 해당 지방자치단체 조례로 정하는 공공단체가 시행하는 개발행위

④ 자동차전용도로에 다른 도로 연결간격은 2km 이상으로 한다. 다만, 도시부에서 부득이한 경우에 최소간격 1km 이상 가능하다.

(2) 설계속도

① 설계속도 80km/h 이상

② 다만, 도시지역 또는 소형차도로에는 설계속도 60km/h 이상 가능

(3) 차로수와 차로폭

① 차로수 4차로 이상

다만, 설계시간교통량, 서비스수준, 지형조건 등을 감안하여 4차로 이하 가능

② 차로폭 3.5m 이상

다만, 도시지역 또는 소형차도로에는 아래 표의 차로폭 이상 가능

[자동차전용도로의 설계속도별 차로폭 기준]

설계속도(60km/h)	차로폭	
	도시지역(m)	소형차도로(m)
80 이상	3.25	3.25
70 이상	3.25	3.00
60 이상	3.00	3.00

(4) 중앙분리대

① 차로를 왕복방향별로 분리하기 위한 중앙분리대 설치

② 중앙분리대 폭원은 측대 폭을 포함하여 2m 이상으로 하고, 콘크리트 방호벽 또는 가드레일, 녹지대 등을 설치

(5) 길어깨

① 차도의 오른쪽에 길어깨 설치, 길어깨 폭 2m 이상 다만, 도시지역 또는 소형차도로에는 아래 표의 길어깨 폭 이상 가능

[자동차전용도로의 설계속도별 길어깨 폭 기준]

설계속도(60km/h)	길어깨 폭	
	도시지역(m)	소형차도로(m)
80 이상	1.50	1.00
60 이상	1.00	0.75

② 길어깨 폭이 2.0m 미만에는 비상주차대를 750m 간격으로 설치
    다만, 토공구간에는 운전자 시거를 감안하여 비상주차대의 설치간격 조정 가능

③ 길이 1,000m 이상의 교량·터널·지하차도에서 길어깨 폭을 2m 미만으로 할 때 비상주차대를 최소 750m 간격으로 설치

(6) 버스정류시설 등

① 버스정류시설, 비상주차대, 휴게시설, 졸음쉼터 등을 설치할 수 있으며, 이 경우 본선 설계속도에 따라 변속차로 설치

② 버스정류시설과 휴게시설은 차도와 분리하여 별도 설치하며, 이용자가 자동차전용도로를 통행하지 않고 직접 접근하는 시설 설치

(7) 횡단보도

① 보도와 횡단보도 실지 불가, 부득이하면 육교 또는 지하횡단보도 등의 입체시설 가능

② 횡단보도를 설치할 때는 교통약자의 이용 편의성을 함께 설치

(8) 도로 안전시설 및 관리시설

① 도로안전시설 : 도로부지 경계에 사람·동물 접근방지시설과 울타리를 설치하고, 시선유도시설, 방호울타리, 충격흡수시설, 조명시설, 도로반사경, 미끄럼방지시설, 노면요철포장, 긴급제동시설, 안개지역안전시설 등을 설치

② 교통안전시설 : 신호기, 안전표지, 도로명판, 긴급연락시설, 도로교통정보안내시설, 과적차량검문소, 차량검지체계, 지능형 교통관리체계 등 설치 [5]

---

5) 국토교통부, '자동차전용도로 지정에 관한 지침', 2016.05.25. 개정.

1.06 순환도로, 완전도로, 입체도로

I 순환도로

1. 용어 정의

(1) 순환도로(循環道路)는 대도시를 지리적 중심에 두고 그 외곽을 환상(環狀)으로 순환할 수 있도록 연결하는 도로를 말한다.

(2) 우리나라 순환도로는 서울특별시의 내부·외곽·제2외곽순환도로, 부산광역시의 내부·외부순환도로, 대전광역시의 내부·외부순환도로, 광주광역시의 제1·제2·제3순환도로, 강원도의 춘천내부순환도로 등이다.

2. 필요성

(1) 일반적으로 대도시의 교통망을 구성하는 직선도로는 서로 교차되어 차량의 멈춤이 잦기 때문에 교통소통을 저해하고, 그로 인해 도심지의 교통정체를 가중시키는 주요 원인이 된다.

(2) 이에 대한 대책의 일환으로 대도시의 외곽을 따라 방사형(放射形)으로 연결된 순환도로를 주행하는 차량들은 교차로나 신호등에 의한 멈춤 없이 인터체인지를 드나들 수 있으므로 도심지 교통난을 완화하는 데 결정적인 기여를 하게 된다.

3. 순환도로 사례 사례

(1) 국내 최초의 순환도로는 서울특별시 마포구 성산대교 북단에서 성동구 성수동 동부간선도로 분기점까지 총길이 22km를 편도 3차로로 1999년 전 구간 개통했던 내부순환고속화도로이다.

(2) 이어서 수도권제1순환도로(고속국도 제100호선)가 개통되었고, 현재 수도권제2순환도로(고속국도 제400호선)가 민자유치사업으로 건설 중에 있다.

(3) 이 중에서 서울도심과 수도권 외곽도시를 고리모양으로 연결하는 수도권제1순환도로 일산~퇴계원~판교~일산 간의 총연장 126.1km은 서울 도심부에서 20km 내외의 거리에 있고 33개의 인터체인지와 분기점으로 구성되어, 경부·경인·제2경인·중부고속국도 등의 기존 방사형 고속국도, 시흥~안산 고속국도, 인천국제공항 전용 고속국도 등과 연결되어 있다.

(4) 이와 같은 수도권제1순환도로는 서울을 중심으로 방사형과 순환형이 조화되어 수도권 교통체계를 구축하는 핵심도로로서, 수도권 교통을 분산시켜 교통집중을 완화하고 서울 주변 주요 위성도시와 분당·일산 등의 대표적인 신도시를 직접 연결시켜주는 연결고리 기능을 수행하고 한다.

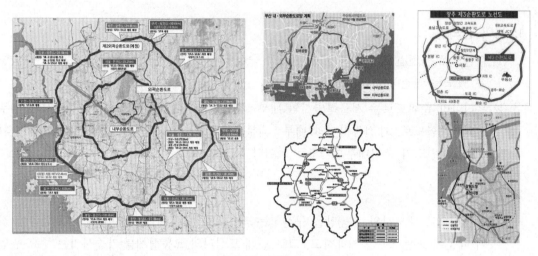

[우리나라 순환도로 사례]

II 완전도로

1. 용어 정의

(1) 완전도로(完全道路)는 보행자, 자전거 이용자, 대중교통 이용자, 자동차 운전자 등 모든 도로교통수단 이용자가 안전하게 이용할 수 있는 도로를 의미한다.

(2) 미국완전도로연합회(National complete Streets Coalition)는 현행 자동차 중심의 도로를 불완전한(incomplete) 도로로 해석하고, 이와 상반되는 개념으로 완전도로 이론을 제시하고 있다.

2. 필요성

(1) 오늘날 자동차의 주행성을 최우선으로 건설된 대부분의 도로에서는 자동차가 아닌 다른 교통수단을 이용하는 사람들의 안전성과 편리성은 자동차에 비해 현저히 저하될 수밖에 없다.

(2) 그동안 국내·외적으로 시민들의 자전거 열풍과 정부의 녹색성장정책에 힘입어 자전거를 위한 편의시설이 많이 확충되었지만, 아직은 자전거를 여가활동의 수단으로 여기는 수준이다.

(3) 최근 자전거와 보행을 도심지의 중요한 교통수단으로 간주하는 분위기가 확산되면서 자동차에만 최적화된 불완전한(incomplete) 도로를 다른 모든 교통수단들과 조화를 이룰 수 있는 완전한(complete) 도로로 만들어야 한다는 뜻의 '완전도로(Complete Street)' 개념이 등장하게 되었다.

(4) 완전도로는 생태교통(EcoMobility) 개념과 유사하다. 생태교통이 전체적인 교통시스템에서의 보행자, 자전거 이용자 및 대중교통 이용자의 안전성과 편의성을 동시에 주장한다고 보면, 완전도로 개념은 도로라는 도시의 전통적인 구성요소의 기능과 역할에 그 초점을 맞추었다고 볼 수 있다.

3. 대표적 사례

(1) 국내에서 2011년 한국교통연구원이 '완전도로 구현 방안 연구'를 발표하면서 도입의 필요성을 최초로 주장하였다.

(2) 정부는 2012년 시행된 「보행안전 및 편의증진에 관한 법률」에 따라 행정안전부에서 완전도로, 도로다이어트 및 보행자전용도로를 주제로 하여 지자체들의 새로운 교통시책을 공모하여 청주시의 '완전도로 조성사업'이 선정되었다.

(3) 청주시의 완전도로 조성계획은 흥덕구 분평동 일대에 10억 원 예산을 들여 주공 1·2단지 부근 무심서로~제1순환로 520m와 제1순환로~분평동 주민센터 500m 구간에 완전도로를 설치하는 그린 스트리트(Green Street) 사업이다.

조성 前(왕복 4차로)

조성 後(왕복 2차로)

[청주시의 완전도로(Complete Street) 조성계획]

4. 문제점

(1) 현재 왕복 4차로 도로를 2차로로 줄이고, 대신 도로 양쪽에 자전거도로와 인도를 조성하고 줄어든 차로 대신 녹지공원을 만들고 불법주차는 원천 봉쇄한다.

(2) 차로는 S자 모양으로 만들어 차량 주행속도를 줄이도록 하고, 방향을 전환할 때는 최대한 직각에 가깝게 꺾어지도록 하여 저속 운전을 유도하는 사업이다.

(3) 이러한 취지와 재정지원에도 불구하고 해당 지역 주민들을 설득하고 주민들 간의 이견을 좁히는 데 어려움을 겪고 있다.

(4) 사업이 계획대로 완료되어 기존 차로의 절반 규모로 축소된 완전도로가 조성되는 경우, 교통량 증가에 따른 교통정체 문제점이 대두될 것으로 보인다.[6]

Ⅲ 입체도로

1. 용어 정의

(1) 입체도로(立體道路)는 토지이용 증진과 공익시설 확충으로 공공복리를 증진하기 위하여 도로가 설치되어 있는 동일한 토지의 지상 및 지하 공간에 도로와 건물 등 2개 이상의 시설물을 입체적으로 설계하는 개념이다.

(2) 입체도로는 지상·공중·지하의 입체적인 공간을 복합용도(mixed-use)로 활용하기 위하여 건축물과 연계한 도로로서, 입체도시계획을 좀더 세분화하고 특화하는 개념이다.

(3) 즉, 고밀화된 도시에서 도로정비를 할 때 수반되는 토지보상비, 생활권 단절 등의 복잡한 민원을 해결하고, 토지이용의 효율화를 추구하기 위하여 도로의 공간을 입체적으로 활용하여 도로와 복합용도의 건축물을 일체적으로 정비하는 도시재생사업 개념이다.

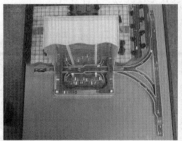

[입체도로의 개념]

2. 필요성

(1) 토지소유자의 권리를 보호할 수 있다. 도시계획시설의 정비사업으로 도로를 확장할 때 토지를 전면 매수하는 경우 생활터전과 영업기반을 잃고 떠나야 하는 이주민대책의 일환으로 매수 대상 토지의 일부를 활용하여 보호할 수 있다.

---

6) 청주시, '불법주차·과속 원천금지 … S자형 완전도로 첫 도입', 2013.

(2) 정부의 재정부담을 절감할 수 있다. 도로 확장사업에서 토지보상비는 총사업비의 80~90%를 차지하는 상황에서 토지를 전부 매입하는 대신 구분지상권을 활용하여 부분적으로 보상하면 사업비 절감 효과가 있다.

(3) 토지부족에 따른 용지난을 극복할 수 있다. 도시기반시설을 지하·공중에 입체적으로 설치함으로써, 교통 결절점이나 역사 등 도시기능에 필요한 토지를 입체도시계획으로 정비하여 합리적으로 이용할 수 있다.

(4) 환경오염과 도시교통 문제를 해결할 수 있다. 오염을 발생시키는 폐기물처리시설을 지하공간에 배치하여 격리·차단함과 동시에 지하철도, 지하도로, 지하주차장 등의 기반시설을 설치하여 지상의 도시교통 혼잡을 줄일 수 있다.

3. 적용범위

(1) 입체도로를 복합적으로 계획하려면 토지의 지상 및 지하 공간에 2개 이상의 시설을 입체적으로 설치하기 위한 대상 시설물과 연계성의 개념을 설정해야 한다.

(2) 입체도로는 그 대상 시설물을 도로와 관련 시설물로 한정한다. 여기서 관련 시설물이란 건축물뿐 아니라 주차장, 공원 등의 입체도시계획시설을 포함한다.

(3) 동일한 토지에 2개 이상의 입체도로와 입체도시계획시설을 동시에 설치하기 위해서는 해당 시설물 간에 직접 연계성이 있어야 한다.

(4) 도로가 건축물을 단순히 관통하는 형태가 아니고, 도로가 건축물 내의 주차장 등에 직접 연결되는 구조적인 연계성을 갖추어야 한다.

(5) 협의의 입체도로 개념에서는 도로와 연계되는 건축물을 복합용도(mixed-use)의 건축물로 한정한다. 이때 복합용도의 건축물과 연계되는 입체도로는 자동차전용도로로 계획·설계되어야 하는 개념이다.[7]

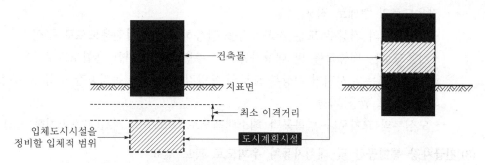

[입체도로 및 입체도시계획시설의 입체적 범위]

---

7) 국토교통부, '입체·복합도로 설계매뉴얼', 도시재생사업, 2011.

1.07 소형차도로, 개인형이동수단(PM)

소형차도로, 개인형이동수단(Personal Mobility) [4, 0]

I 소형차도로

1. 용어 정의

(1) 소형차도로는 설계기준자동차 중에서 승용자동차, 소형자동차만의 통행을 허용하는 도로이다.

(2) 소형자동차는 「자동차관리법 시행규칙」 제2조에 따른 승용자동차, 승합자동차, 화물자동차, 특수자동차 중에서 소형과 경형 승용차를 말한다.

① 소형 승용차 : 배기량 1,500cc 미만. 길이 4.7m, 너비 1.7m, 높이 2.0m 이하
② 경형 승용차 : 배기량 1,000cc 미만. 길이 3.6m, 너비 1.6m, 높이 2.0m 이하
　　　　　　　　배기량 800cc 미만. 길이 3.5m, 너비 1.5m, 높이 2.0m 이하

2. 소형차도로의 특성

(1) 저비용·고효율로 도심부 교통혼합 해소

① 소형차도로는 설계기준자동차 중에서 승용자동차, 소형자동차만의 통행을 허용하므로 횡단폭, 시설한계, 종단경사 등에 특례값 적용
② 중량 및 재원 특성상 일반도로의 규격보다 단면이 작은 도로의 건설이 가능하여 도심부 혼잡해소, 순환노로 정비·확장, 교차로 개량 등이 용이

(2) 기존도로 공간 활용성 제고 및 주변환경 개선

① 소형차도로는 도로의 기능 외에 지역의 교통특성에 따라 고속국도 및 간선도로에서 전용도로의 형태로 적용 가능
　• 기존도로의 지상부 또는 지하공간을 활용하여 소형차전용도로로 구성
　• 기존도로는 대중교통 및 대형자동차의 주변접근을 위한 혼합도로로 구성
② 소형차도로는 도시지역 지상부 도로의 용량감소에 따른 녹지공간 조성 등 주변 생활환경시설로 활용 가능
　• 도심부의 교차로나 병목구간 해소대책으로 도로구조 개선(고가·지하차도)

(3) 긴급차량 통행공간 및 대형자동차 우회도로 확보 필요

① 소형차도로를 도입하여 구난, 방재, 유지관리 등을 위한 긴급차량 통행공간으로 활용 필요
② 소형차도로를 대형자동차(화물차, 버스)가 이용하는 경우 혼란과 불편이 초래되므로 대형자동차 우회도로 확보 필요

3. 소형차도로의 효과

(1) 간선도로망 체계화 용이

① 도로망의 기능적 연계성 확보 용이

② 도로망의 광역화에 따른 장거리 통과교통 처리 용이

③ 적정 간격을 유지하는 입체적 간선도로망의 체계화 용이

(2) 주변 생활환경 개선

① 보행환경 개선이 필요한 도심부 상업지구에 소형자동차 통행만을 허용하여, 자동차와 보행자의 노면 공유형 도로계획 가능

② 생활도로는 보행자 통행 및 지구주민 생활공간의 기능을 고려하므로 물리적 교통억제기법을 통해 주행속도 제한, 통과교통 억제 가능 [8]

[소형차도로에 적용하는 소형자동차의 제원(諸元)]

제원(m) / 종류	폭	높이	길이	축간거리	앞내민길이	뒷내민길이	최소회전반경
소형자동차	2.0	2.8	6.0	3.7	1.0	1.3	7.0

[소형차도로의 차로 최소폭]

도로의 구분			차로의 최소폭(m)		
			지방지역	도시지역	소형차도로
고속국도			3.50	3.50	3.25
일반도로	설계속도(km/h)	80 이상	3.50	3.25	3.25
		70 이상	3.25	3.25	3.00
		60 이상	3.25	3.00	3.00
		60 미만	3.00	3.00	3.00

[소형차도로의 중앙분리대 최소폭]

도로의 구분	중앙분리대의 최소폭(m)		
	지방지역	도시지역	소형차도로
고속국도	3.00	2.00	2.00
일반도로	1.50	1.00	1.00

[소형차도로의 차도 오른쪽 길어깨 최소폭]

도로의 구분			차도 오른쪽 길어깨의 최소폭(m)		
			지방지역	도시지역	소형차도로
고속국도			3.00	2.00	2.00
일반도로	설계속도(km/h)	80 이상	2.00	1.50	1.00
		60~80	1.50	1.00	0.75
		60 미만	1.00	0.75	0.75

8) 국토교통부, '도로의 구조·시설 기준에 관한 규칙', 2015.07.22., pp.57~58.

Ⅱ 개인형이동수단(Personal Mobility)

1. 용어 정의

(1) '개인형이동수단(Personal Mobility)'은 1인 또는 2인의 이동을 위한 교통수단으로 비동력과 동력이 있지만, 통상 전기를 동력으로 하는 것을 의미한다.

(2) 최근 개인형이동수단의 보급·이용이 크게 늘면서 사고발생도 증가하지만, 이에 대한 국내 법·제도가 미흡하여 사고를 예방하고 대응하는 데 한계가 있다.

(3) 정부는 개인형이동수단 중에서 최고속도 25km/h 미만, 중량 30kg 미만의 저속·소형 이동기기에 대해 자전거도로 통행을 허용하고 자전거에 준하는 통행방법 및 규제를 적용하기로 방침을 정하였다.

전동 킥보드   전동 와륜보드   전동 아륜보드   전동 아륜평행차   전동 스케이트보드

[개인형이동수단(PM)의 종류]

2. 개인형이동수단 관련 법률 '20.12.10.부터 시행

(1) 「도로교통법」

① 최고속도 25km/h 미만, 총중량 30kg 미만인 개인형이동장치는 산업자원부에서 정한 '안전기준'을 준수한 제품에 한하여 「도로교통법」이 적용된다.

② 개인형이동장치가 자전거도로를 통행하는 경우에 자전거와 동일한 통행방법 및 주의의무 등이 적용되지만, 13세 미만인 어린이는 운전이 금지된다.

③ 「도로교통법」 개정에 의해 운전면허소지자만이 개인형이동장치를 운전할 수 있고, 인명보호장구 미착용이나 2인 이상 탑승하는 경우에 범칙금이 부과된다.

④ 참고로, 이번 「도로교통법」 개정에는 제한속도보다 80km/h 이상 초과하는 '초고속 과속 운전 행위'에 대한 형사처벌이 대폭 강화되는 내용도 포함되어 있다.

• 종전에는 제한속도보다 60km/h 초과할 경우 범칙금(12만 원)과 운전면허 벌점만 부과할 뿐 형사처벌은 없었다.

(2) 「자전거 이용 활성화에 관한 법률」

① 도로관리청은 자전거도로 중 일정 구간을 지정하여 개인형이동장치의 통행을 금지하거나 제한할 수 있다.

② 국토부 등 관계부처 및 PM 관련업체 공동 '민·관 협의체'에서 공유서비스 업체와 체결된 업무협약(MOU)에 의해 공유PM 대여자 연령은 만 18세 이상으로 제한된다.

3. 개인형이동수단의 법적 쟁점사항

(1) 법적 정의 관련 규정

① 국내 현행법상 개인형이동수단에 대하여 명확한 용어 정의가 없다. 외국에서는 도로 통행의 안전성이 인정된 이동기기 위주로 개념을 정의하고 있다.

② 개인형이동수단을 너무 포괄적 및 추상적으로 정의하는 경우 다양한 성능과 특성을 고려하지 못하고 하나로 묶게 되어 부적절하다는 의견이 있다.

(2) 도로 통행공간 규정

① 현재 개인형이동수단은 원동기장치자전거의 일종으로 분류되어 자전거도로를 다닐 수 없고 차도만 다녀야 하므로, 속도나 규모 측면에서 불합리하다.

② 개인형이동수단이 자전거도로를 통행해야 한다는 점에는 일반적으로 의견이 일치하나, 차도와 보도 중 어디를 이용할 것인가에는 의견이 다양하다

(3) 주행안전 관련 규정

① 개인형이동수단이 도로주행을 하려면 조향장치, 제동장치, 등화장치 등 주행에 필요한 장치를 기준에 맞도록 갖추어야 한다.

② 현행 법상 개인형이동수단에 대한 안전기준은 없고, 산업통상자원부「전기용품 및 생활용품 안전관리법」에 의해 생활용품의 품질안전기준을 적용하고 있다.

(4) 운전면허 및 연령 규정

① 개인형이동수단에 대해 독일은 운전면허 취득을 요구하지만, 미국은 운전면허를 요구하지 않고 제조회사의 교육조건으로 운전면허를 면제한다.

② 운전면허를 요구하지 않은 국가 중에 연령제한을 두는 경우도 있다.[9]

---

9) 행정안전부, '개인형이동장치 관련 개정 '도로교통법' 및 '자전거 이용 활성화에 관한 법률' 시행', 2020.12.10.

1.08 국도의 지선(支線), 지선의 지정(指定)

1. 고속국도 또는 일반국도의 지선 「도로법」 제13조 고속국도 또는 국도의 지선, 지정국도[4, 0]

(1) 국토교통부는 다음 조건에 해당하는 도로를 고속국도 또는 일반국도의 지선으로 지정·고시할 수 있다.

　① 고속국도 또는 일반국도와 인근의 도시·항만·공항·산업단지·물류시설 등을 연결하는 도로

　② 고속국도 또는 일반국도의 기능을 보완하기 위하여 해당 고속국도 또는 일반국도를 우회하거나 고속국도 또는 일반국도를 서로 연결하는 도로

(2) (1)항에서 정한 것 외에 지선의 지정 기준은 대통령령으로 정한다.

(3) 지선은 연결되는 주된 도로의 종류에 따라 각각 고속국도 또는 일반국도로 본다. 이 경우 지선이 연결되는 주된 도로의 범위는 국토교통부가 정한다.

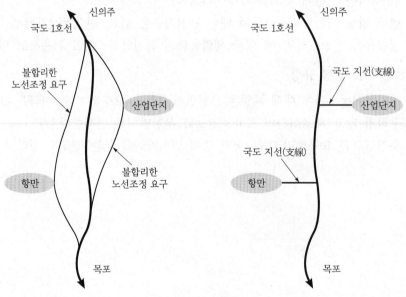

[지선국도 체계]

현황 및 문제점	지선국도 개념 도입
• 지자체가 항만 등과 연계를 위해 무리한 국도 노선 조정을 요구 • 국도 노선이 아니라서 투자가 곤란 　→ 효율성 저하	• 항만/산단/물류단지 등에 inter-modal 개념의 산업물동량 처리 가능 • 국도네트워크의 효율성 강화 • 불합리한 노선조정 요구 방지

⇒

2. 지선의 지정기준 「도로법 시행령」 제18조

(1) '고속국도 또는 일반국도와 인근의 도시·항만·공항·산업단지·물류시설 등을 연결하는 도로'는 다음의 요건을 모두 갖추어야 지선으로 지정한다.

① 고속국도 또는 일반국도의 본선과 그 인근의 도시·항만·공항·산업단지·물류시설 등을 직접 연결하여 도시 등의 접근성을 향상시키거나 교통물류를 개선하는 효과가 있을 것

② 도시 등은 「국가통합교통체계효율화법」 제37조 제1항에 따라 지정된 제1종 및 제2종 교통물류거점에 해당하거나 이를 포함하는 도시 등에 해당할 것

③ 다른 법령에 따라 본선과 그 인근의 도시 등을 연결하는 도로의 건설비를 지원하고 있거나 지원할 수 있는 경우 등 중복투자 가능성이 없을 것

④ 도로의 기능향상 및 체계적 도로망 형성을 위하여 지선의 지정이 필요할 것

(2) '고속국도 또는 일반국도의 기능을 보완하기 위하여 해당 고속국도 또는 일반국도를 우회하거나 고속국도 또는 일반국도를 서로 연결하는 도로'는 다음의 요건을 모두 갖추어야 지선으로 지정한다.

① 해당 도로를 통하여 통행시간 및 거리를 단축시키는 효과가 있을 것

② 도로의 기능향상 및 체계적 도로망 형성을 위하여 지선의 지정이 필요할 것

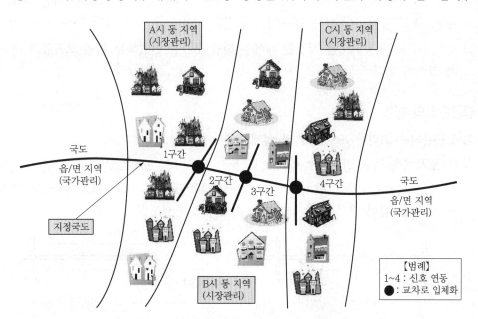

[시(市)관내국도 중 지정국도 사례]

1.09 도로의 접근관리, 출입제한

출입제한도로의 종류와 문제점 및 기능 증대방안, 도로의 접근관리 필요성 [5, 3]

Ⅰ 개요

1. 도로의 접근관리는 기존도로 주변이 신설·증축 등으로 개발되어 새로운 도로를 접속할 때, 해당 도로의 관리기관들이 도로를 주행하는 차량·보행자의 교통안전과 차량흐름의 효율성을 확보하기 위해 적용하는 종합적인 설계기법이다.

2. 도로의 출입제한이란 가장 강한 접근관리기법의 일종으로, 고속도로와 같이 오직 입체화 도로시설을 통해서만 출입이 가능한 형태의 출입제한을 말한다.

3. 도로설계 분야에서 접근관리에 대한 용어는 '출입제한'과 '접근관리'를 같이 사용하고 있다.

Ⅱ 도로의 접근관리

1. 접근관리의 원칙

(1) 고속국도, 자동차전용도로, 일반국도, 지방도 및 4차로 이상 도로와 다른 도로, 철도, 궤도, 통로 등이 교차하는 경우에는 특별한 사유가 없으면 입체교차시설로 한다.

(2) 특히, 자동차전용도로를 지정할 때에는 해당 구간을 연결하는 일반 교통용의 다른 도로가 있어야 한다.

2. 접근관리의 방법

(1) 접근관리를 고려한 도로계획 및 설계

① 도시지역 주요 간선도로에는 도로 중심선과 같은 방향으로 측도(側道)를 설치

② 주변 교통량을 측도(Frontage road)에서 받아들인 후, 간선도로 차량흐름에 방해하지 않는 범위 내에서 아래와 같은 유형으로 간선도로에 연결

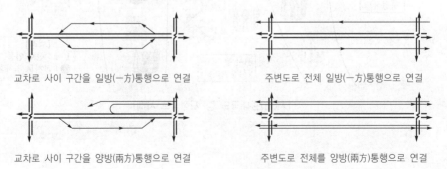

교차로 사이 구간을 일방(一方)통행으로 연결	주변도로 전체 일방(一方)통행으로 연결
교차로 사이 구간을 양방(兩方)통행으로 연결	주변도로 전체를 양방(兩方)통행으로 연결

[측도의 설치 유형]

(2) **토지이용의 제한** : 도로 주변 건축물의 신·증·개축을 「도시계획법」, 「건축법」 등에 따라 관련부서와 협의하여 합리적으로 규제

(3) **도로 주변 토지 개발권의 취득** : 신설 도로를 포함한 모든 도로에 인접한 토지의 개발계획 수립의 권리를 국가 또는 공공기관이 취득, 합리적인 접근관리 계획 수립

(4) **도로 주변 시가지 발전의 제한** : 기존 도로의 출입시설 설치를 적절히 규제하거나, 기존 도로에 교통혼잡이 발생하지 않는 범위를 고려하여 직접출입(다른 도로와 직접접속)을 허용

(5) **사도(私道) 접속의 제도화** : 우리나라에서는 현실적 및 법률적으로 사도 접속을 완전히 제도화하지 않고 있으므로, 이를 제도화하는 방안 필요

(6) **보행자 및 교통약자를 고려하는 접근관리** : 보행자와 자전거 이용자가 도로 주변 개발지로 항상 안전하게 접근할 수 있도록 하여, 차량과 교통약자 간의 動線을 조화롭게 연결

Ⅲ 도로 등급에 따른 접근관리

1. 고속국도 접근관리

(1) 고속국도는 차량이 인터체인지로만 출입하도록 완전출입제한하므로 고속국도 자체에 대한 접근관리는 양호하다.

(2) 다만, 인터체인지 주변 토지는 접근성이 좋아 개발압력이 상존하여 주변 도로에서 교통 혼잡이 발생하는 경우 고속국도까지 혼잡 확산이 우려된다.

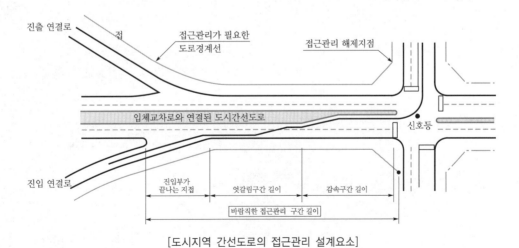

[도시지역 간선도로의 접근관리 설계요소]

2. 국지도로 접근관리

(1) 국지도로기능은 높은 접근성으로 국지도로를 통해 모든 차량통행이 시작되고 끝나므로, 국지도로에 직접 접속하는 건물 출입로의 설계기준이 필요하다.

(2) 기존 도로에 접속 설치하는 건물 출입로는 일정한 간격으로 설치하고, 교통흐름에 영향을 줄이기 위해 건물 출입로 개수를 가급적 최소화한다.

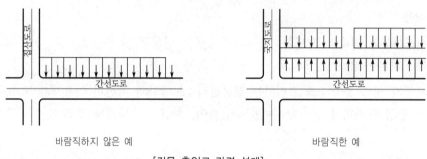

[건물 출입로 간격 설계]

Ⅳ 맺음말

1. 도로의 접근관리 핵심은 이동성이 높은 고속도로에는 다른 도로의 접근을 억제하고, 접근성이 높은 국지도로에는 다른 도로의 접근을 가급적 허용한다는 점이다.

2. 따라서 도로의 특성을 충분히 반영한 접근관리를 위해서는 각 도로의 기능별 접근관리기법을 정립해야 한다.[10]

---

10) 국토교통부, '도로계획지침', 대한토목학회, 2013, pp.105~111.
국토교통부, '도로의 구조·시설 기준에 관한 규칙', 일부개정, 2020, pp.76~81.

1.10 접도구역

1. 용어 정의

(1) 접도구역(接道區域)은 도로구조의 파손방지, 미관의 훼손 또는 교통에 대한 위험방지를 위해 도로경계선으로부터 일정한 거리 이내에 지정하는 구역이다.

(2) 도로관리청은 소관 도로의 경계선으로부터 5~20m(고속국도의 경우 30~50m)를 초과하지 아니하는 범위에서 접도구역을 지정할 수 있다.

2. 접도구역 내의 행위제한

(1) 누구든지 접도구역에서는 다음의 행위를 하여서는 아니 된다.

① 토지의 형질을 변경하는 행위

② 건축물이나 그 밖의 공작물을 신축·개축 또는 증축하는 행위

(2) 다만, 다음에 해당되는 지역에는 접도구역을 지정하지 아니할 수 있다.

① 「국토의 계획 및 이용에 관한 법률」 제51조 제3항에 따른 지구단위계획구역

② 그 밖에 접도구역의 지정이 필요하지 아니하다고 인정되는 지역으로서 국토교통부령으로 정하는 지역

접도구역 건물·형질변경 등 행위제한
토지·시설 등에 대한 각종 위험 예방조치

3. 접도구역의 관리

(1) 접도구역은 기본적으로 해당 도로의 도로관리청이 관리해야 한다.

(2) 도로관리청은 도로구조나 교통안전에 대한 위험을 예방하기 위해 필요한 경우에는 접도구역 내에 있는 토지, 나무, 시설, 건축물, 그 밖의 공작물의 소유자나 점유자에게 상당한 기간을 정하여 다음의 조치를 하게 할 수 있다.

① 시설물 등이 시야에 장애를 주는 경우에는 그 장애물을 제거할 것

② 시설물 등이 붕괴하여 도로에 위해(危害)를 끼치거나 끼칠 우려가 있으면 그 위해를 제거하거나 위해 방지시설을 설치할 것

③ 도로에 토사 등이 쌓이거나 쌓일 우려가 있으면 그 토사 등을 제거하거나 토사가 쌓이는 것을 방지할 수 있는 시설을 설치할 것

④ 시설물 등으로 인하여 도로의 배수시설에 장애가 발생하거나 발생할 우려가 있으면 그 장애를 제거하거나 장애의 발생을 방지할 수 있는 시설을 설치할 것

(3) 다만, 도로구조의 파손, 미관의 훼손 또는 교통에 대한 위험을 가져오지 아니하는 범위에서 하는 아래와 같은 행위는 제한하지 아니한다.

① 다음에 해당되는 건축물의 신축
- 연면적 $10m^2$ 이하의 화장실
- 연면적 $30m^2$ 이하의 축사
- 연면적 $30m^2$ 이하의 농·어업용 창고
- 연면적 $50m^2$ 이하의 퇴비사

② 증축되는 부분의 바닥면적의 합계가 $30m^2$ 이하인 건축물의 증축

③ 건축물의 개축·재축·이전(접도구역 밖에서 접도구역 안으로 이전하는 경우는 제외한다) 또는 대수선

④ 도로의 이용 증진을 위하여 필요한 주차장의 설치

⑤ 도로 또는 교통용 통로의 설치

⑥ 도로와 잇닿아 있지 아니하는 용수로·배수로의 설치

⑦ 「산업입지 및 개발에 관한 법률」 제2조 제9호에 따른 산업단지개발사업, 「국토의 계획 및 이용에 관한 법률」 제51조 제3항에 따른 지구단위계획구역에서의 개발사업 또는 「농어촌정비법」 제2조 제5호에 따른 농업생산기반 정비사업

⑧ 「문화재보호법」 제2조 제1항에 따른 문화재의 수리

⑨ 건축물이 아닌 것으로서 국방의 목적으로 필요한 시설의 설치

⑩ 철도의 관리를 위하여 필요한 운전보안시설 또는 공작물의 설치

⑪ 토지의 형질변경으로서 경작지의 조성, 도로 노면의 수평연장선으로부터 1.4m 미만의 성토 또는 접도구역 안의 지면으로부터 깊이 1m 미만의 굴착·절토

⑫ 울타리·철조망의 설치로서 운전자의 시계(視界)를 방해하지 아니하는 경미한 행위

⑬ 재해 복구 또는 재난 수습에 필요한 응급조치를 위하여 하는 행위

⑭ 그 밖에 국토교통부령으로 정하는 행위 [11]

---

11) 국토교통부, '접도구역 관리지침', 2019.

[2. 속도 · 계획설계]

1.11 속도의 종류, 안전속도 5030

속도의 종류, 주행속도, 제한속도, 녹색속도, 운영속도(Operating Speed, V₈₅), 안전속도 [5, 3]

1. 속도의 구분

도로계획단계에서 설계 중 설계상태와 건설 후 운영상태에 적용하는 속도의 종류는 통행량이 많지 않아 자유로운 교통흐름이 유지되는 경우의 개별차량 관점과 교통량이 많아 차량군이 형성되는 경우의 전체차량 관점에서 다음과 같이 구분된다.

[도로 상태별로 적용되는 기준 속도]

구분	개별차량 관점	전체차량 관점
도로 설계 중 시설규모 결정용 속도	설계속도(V_D)	설계확인속도(V_C)
도로 건설 후 운영수준 검증용 속도	운영속도(V_{85})	평균주행속도(V_R)

2. 설계속도

(1) 설계속도(V_D, Design Speed)란 차량주행에 영향을 미치는 도로의 물리적 형상을 상호관련시키기 위해 선택된 속도를 말한다.

(2) 설계속도는 도로 설계요소의 기능이 충분히 발휘될 수 있는 조건 하에서 운전자가 도로의 어느 구간에서 쾌적성을 잃지 않고 유지할 수 있는 적정 속도이다.

(3) 설계속도는 도로망에서 그 도로구간의 기능을 고려하여 지향하는 희망속도이며, 도로의 환경보존을 배려하는 속도이다.

3. 운영속도 = 85백분위속도

(1) 운영속도＝85백분위속도(V_{85}, Operating Speed)란 자유로운 교통흐름 상태에서 주행하는 승용차의 속도를 측정한 후, 오름차순으로 정리하여 85%째에 해당되는 속도(주행 중인 승용차의 85%가 초과하지 않는 속도)를 말한다.

(2) 즉, 85백분위속도는 도로의 굴곡도(도로 km당 평면곡선의 변화량)와 차로폭에 따라 승용차가 주행 중에 변화하는 운영속도이다.

(3) 인접한 도로구간과 비교하여 85백분위속도가 10km/h 이상 차이가 나는 경우에는 도로의 안전관리 차원에서 설계여건 변화구간을 검토해야 한다.

(4) 설계속도와 85백분위속도는 도로설계를 검증할 때 비교지표로 활용 가능하다.

① 설계속도 : 도로의 시설규모 및 기하구조 결정에 필요한 기초

② 85백분위속도 : 설계된 도로가 운영단계에서 나타나는 운전행태를 예측

(5) 독일 「도로안전법(RSA, Road Safety Act)」에서는 방향별로 분리된 도로의 경우, 승용차의 운영속도=85백분위속도를 아래와 같이 규정하고 있다.

① $V_{85} = V_D + 10km/h$(설계속도 100km/h 이상)

② $V_{85} = V_D + 20km/h$(설계속도 100km/h 이하)

③ $V_{85} = V_D + 20km/h$(2+1 도로, 단 최고속도 100km/h)

④ $V_{85} =$ 최고제한속도(도시부 외곽 또는 연계기능이 있는 도시부 도로)

4. 설계확인속도

(1) 설계확인속도(V_C, Confirmed Speed)란 독일 RSA에 의한 속도로서, 교통소통의 품질 평가 지표로 사용된다.

(2) 설계확인속도로 설계된 도로에서 허용되는 교통량이 주행할 때 승용차가 나타내는 평균주행속도를 의미한다.

(3) 설계확인속도는 적용하는 도로 표준단면의 크기에 따라 변화하며, 최고제한속도보다는 작은 값을 나타낸다.

5. 평균주행속도

(1) 평균주행속도(V_R, Average Running Speed)란 일정한 도로구간을 주행하는 차량의 통과시간을 관측하여 측정하는 구간평균속도를 말한다.

$$평균주행속도 = \frac{일정구간거리}{평균주행거리}$$

여기서, 평균주행시간이란 차량이 움직이고 있는 시간만을 의미하며, 멈춤으로 인한 지체시간은 포함하지 않는다.

(2) 평균주행속도는 날씨, 시간, 교통량 등에 따라 편차가 크므로, 이 값을 제시할 때는 첨두 또는 비첨두, 하루 또는 시간 평균주행속도인지를 분명히 밝혀야 한다.

① 첨두 또는 비첨두 : 도로설계나 도로운영에서 서비스수준 측정에 사용

② 하루 또는 시간 : 도로 경제성 분석에서 도로이용자 비용 산출에 사용

6. 평균운행속도

평균운행속도(V_T, Average Travel Speed)란 일정한 도로구간을 주행하는 차량의 통과시간을 관측하여 측정하는 구간평균속도를 말한다.

$$평균운행속도 = \frac{일정구간거리}{평균운행시간}$$

여기서, 평균운행시간이란 고속국도 휴게소 이용시간, 신호등 대기시간 등의 지체시간을 포함한 차량의 운행시간을 의미한다.

7. 시간평균속도

시간평균속도(V_M, Time Mean Speed)는 도로의 한 지점을 통과하는 차량들의 속도를 산술평균한 순간속도를 의미한다.

8. 녹색속도(Eco-Driving Speed) = 경제속도

(1) 용어 정의

① 녹색속도란 설계속도와 제한속도를 고려하면서 도로 기하구조 특성과 차량 에너지 소모율을 도로교통환경에 따라 최적화할 수 있는 경제속도를 산출하여,

② 도로전광표지판(VMS, Variable Message Sign), 차량항법장치(Navigator) 등의 첨단교통시스템(ITS)을 통해 운전자에서 제공하는 속도를 말한다.

(2) 녹색속도 필요성

① 설계속도는 설계구간 내에서 차량이 도로의 구조적인 조건만으로 지배되는 상태에서 운전자가 안전하게 달릴 수 있는 최고속도이다.

② 현재 우리나라는 설계속도를 도로설계지표로 적용하며, 도로상에서 설계속도를 기준으로 제한속도를 교통안전표지에 제공하고 있다.

③ 녹색속도를 적용하면 국가물류비에서 물동차량 유류비의 10~15%를 절감하고, 에너지 효율화, 도로안전성 향상, 비용절감 등을 실현할 수 있다.

(3) 녹색속도 산정방법

① 버스·트럭·중차량의 운행관리와 유지경영에 사용되는 Tachometer의 속도와 엔진 회전수(RPM, Revolution Per Minute)를 가공하여 도로 기하구조에 적합한 최적 운행속도와 주행경로를 산출하면 최적화된 경제속도를 표출할 수 있다.

② 이를 위하여 도로 기하구조 특성을 구현하는 버스·트럭·중차량의 Eco-Driving Simulation을 개발하고, IT 통신기술을 활용하여 녹색속도를 표출하는 지표를 개발하는 R&D 연구가 필요하다.[12]

---

12) 정성학 외, '친환경 저탄소형 도로기술 개발을 위한 녹색속도의 정립방안,' 교통기술과개발, 2009.3.
    국토교통부, '도로의 구조·시설 기준에 관한 규칙', 2015, pp.113~115.

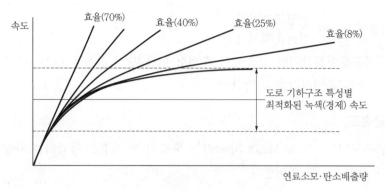

[도로 기하구조 특성에 따른 최적의 녹색속도]

9. 제한속도(Limited Speed) = 안전속도

(1) 용어 정의

① 제한속도는 85% 속도이다. 즉, 85%의 운전자는 스스로 도로상황을 판단하고 적절한 속도를 결정할 수 있는 능력이 있다는 가정하에 제안된 안전속도이다.

② 즉, 제한속도는 주어진 도로조건·교통조건에서 부적절한 속도나 판단오류로 인한 사고를 방지하고 안전운전을 할 수 있도록 설정된 속도이다.

(2) 속도와 교통사고와의 관계

① 주행속도와 교통사고와의 관계
- 속도 5km/h 증가하면 사망률 20% 증가, 10km/h 증가하면 50% 증가
- 속도 60km/h 이상에서 5km/h 증가할 때마다 위험도는 2배 이상 증가

② 속도편차와 교통사고와의 관계
- 평균주행속도에 가까울 때 사고율이 감소, 속도편차가 클수록 증가
- 사망률 감소를 위해 속도편차를 줄일 수 있는 제한속도 설정이 필요

③ 제한속도의 하향 조정에 따른 교통사고율
- 제한속도를 하향 조정하면 교통사고가 감소(72.9%)
- 제한속도의 하향 범위가 10km/h일 때 교통사고가 가장 많이 감소

④ 제한속도의 상향 조정에 따른 교통사고율
- 제한속도를 상향 조정하면 교통사고가 증가(63.1%)
- 제한속도의 상향 범위가 10km/h일 때 교통사고가 가장 많이 증가

(3) 제한속도 설정기법

① 법정 제한속도(Statutory limits) 설정기법
- 적용지역 : 전국도로에 일괄 적용, 행정구역별 특정구간에만 적용은 곤란
- 적용도로 : 도로 등급을 고려하여 설정된 제한속도
- 단속효과 : 지자체별로 임의적으로 속도제한을 설정하면 단속이 곤란

② 최적 제한속도(Optimum speed limits) 설정기법
- 적용지역 : 전국 도로에서 속도관리구역(Speed zone)에 적용
- 적용도로 : 이론적으로 모든 도로에 적용 가능
- 단속효과 : 운전자가 선택하는 속도보다 낮으므로 실제 단속권 의미가 없음

③ 85% 주행속도 기반 제한속도(85th percentile speed) 설정기법
- 적용지역 : 전국 도로에서 속도관리구역(Speed zone)에 적용
- 적용도로 : 모든 도로에 적용 가능, 보행자가 많은 도심부 도로에 적용 곤란
- 단속효과 : 교통경찰이 속도측정기로 과속차량을 적발하는 근거로 활용

④ 전문가 시스템 기반 제한속도(Expert system based limits) 설정기법
- 적용지역 : 전국 도로에서 속도관리구역(Speed zone)에 적용
- 적용도로 : 도심부 도로에 적용하는 것이 적절
- 단속효과 : 촬영단속에 활용할 수 있는 시스템

(4) 도로구분에 따른 제한속도 관리방안

① 고속국도 : 제한속도는 설계속도보다 10km/h 정도 낮게 설정한다.
- 노선별 전 구간에 대한 재설계 및 재건설이 이루어진 경우에 한하여 제한속도를 상향 조정한다.
- 사고다발지점에 Rumble strips을 설치하면 비용 측면에서 효과적인 방법이나, 운전자가 자주 통행할수록 효과가 감소하는 단점이 있다.

② 일반국도(지방도) : Variable speed limit sign과 Feedback sign을 활용하고, 과속 우려구간에는 CCTV를 설치하여 지속적으로 단속한다.
- 제한속도 단속은 철저히 공학적 관점에서 접근하고, 행정규제 완화차원에서 조정은 배제한다. 즉, 일괄적인 제한속도 조정은 바람직하지 않다.

③ 시가지도로 : 보행자 안전과 제한속도 순응을 위해 단속카메라를 활용하고, 적절한 신호제어전략도 필요하다.
- 보행밀도가 높은 지역에서 제한속도를 40km/h까지 낮추는 경우, 운전자가 쉽게 접근할 수 있는 위치에 횡단보도를 설치한다.
- 대형차, 버스 통행이 많은 구간에서 과속방지턱(Hump) 설치는 부적합하다.

④ 도심 주거지도로 : 과속방지턱(Hump), Chicane, 차로폭 축소(Narrowing), 노면표시(Marking) 등의 저비용 대책이 효과적이다.[13]

---

13) 김용석 외, '제한속도, 어떻게 관리할 것인가?', 교통기술과정책, 대한토목학회, 2010.3. pp.31~35.

10. 안전속도 5030

(1) '안전속도 5030'은, 보행자 통행이 많은 도시부 지역의 차량 제한속도를 일반도로는 50km/h(필요한 경우 60km/h 적용 가능), 주택가 등 이면도로는 30km/m 이하로 하향 조정하는 교통정책의 하나이다.

① 1970년대 유럽 교통 선진국에서 시작되어 OECD(경제협력개발기구) 37개국 중 31개국에서 이미 시행하고 있다.

② OECD와 WHO(세계보건기구)에서도 속도 하향을 수차례 권고한 바 있다.

(2) '안전속도 5030'의 안정적 도입과 정착을 위하여 '16년부터 경찰청·행정안전부·국토교통부를 비롯한 12개 기관이 참여하는 '안전속도 5030 협의회'가 구성되었다.

① 부산 영도구('17년)와 서울 4대문('18년) 지역 시범운영, 외국 사례조사, 국내 연구결과 등을 바탕으로 「도로교통법 시행규칙」 개정('19.4.17.)을 완료하였다.

② '19.11월 부산 전역 전면시행을 시작으로 시행지역을 점차 넓혀 왔다.

(3) 시범운영 결과, 부산 영도구에서 보행자 교통사고 사망자수가 37.5%가 감소하였고, 서울 4대문 안에서 보행자 교통사고 중상자수가 30%가 감소하였다.

① 특히, '19.11월부터 전면 시행된 부산의 경우 '20년 보행자 교통사고 사망자수가 전년대비 33.8%나 감소하였다.

② 일관된 사망·부상자 감소효과가 확인됨에 따라 보행자 교통안전 확보에 큰 효과가 있는 것으로 분석되었다.

(4) 일부에서는 교통정체를 우려하는 목소리도 있었지만, 서울·부산 등 대도시에서의 주행실험 결과 통행시간에는 거의 변화가 없어 제한속도를 하향하더라도 소통에는 큰 영향이 없는 것으로 나타났다.

(5) '안전속도 5030' 시행 초기에는 불편하겠지만, 교통안전은 국가뿐 아니라 국민 전체의 책임이라는 사명감으로 새로운 변화에 적극 동참하는 것이 필요하다. 운전자도 차에서 내리면 보행자가 되며 보행자가 소중한 내 가족일 수도 있다는 생각으로 보행자 중심 교통문화가 일상생활이 되어야 한다.[14]

---

14) 국토교통부, '19일부터 「사람중심도로 설계지침」 제정안 행정예고', 보도자료, 2021.2.18.
국토교통부, '전국, 17일부터 「안전속도 5030」 본격 시행', 보도자료, 2021.4.15.

11. 사람중심도로 설계지침

(1) 용어 정의

① '사람중심도로'란 자동차보다 사람의 안전과 통행 편의를 우선적으로 고려하여 사람 중심도로 설계지침에 따라 계획한 도로를 말한다.

② '사람중심도로 설계지침'은 자동차의 주행속도를 제한하는 규정이 아니라, 이미 개정된 「도로교통법 시행규칙」 및 안전속도 5030 등에 따라 속도별로 차로의 최소 폭, 경사 등 도로설계 기준을 제시하는 개념이다.

(2) 지침 주요내용

① 도심에서 차량의 주행속도를 낮추고, 보행자의 편리성 향상
 • 도시지역도로는 50km/h 이하를 유도하고, 지그재그 도로, 고원식 횡단보도(과속 방지턱 형태의 횡단보도) 등의 교통정온화시설을 설치한다
 • 대중교통의 승하차·환승시스템을 개선하고, 쾌적한 보행환경 제공을 위해 여름철 햇빛 차단 그늘막, 도로변 소형공원 등을 설치한다.

② 개인형이동수단의 안전한 통행을 위한 설계기준 마련
 • 개인형이동수단(PM, Personal Mobility)의 통행량이 많은 위험구간은 PM도로를 별도 설치하고 연석 등으로 차도와 보도를 물리적으로 분리한다.
 • 보도·차도와 PM도로를 분리하여 개인형이동수단을 안전하게 이용 가능
 • 바퀴가 작은 PM이 안전하게 주행하도록 도로 접속부 경계석 턱을 없애고, 원만하게 회전 가능하도록 곡선부(커브길) 회전반경을 크게 개선하였다.
 • 회전반경 : 설계속도 10km/h일 때 자전거도로 5m, PM도로 7m

③ 어린이, 장애인 등 교통약자에게 안전한 보행환경 제공
 • 보행자 많은 이면도로는 보행자 우선도로로 계획하여, 30kmh 이하로 속도제한, 일방통행 도로 지정, 차량진입 규제 등 보행자의 안전성을 개선하였다.
 • 휠체어 이용자, 시각장애인 등 교통약자의 통행불편 감소, 안전한 보행환경 조성을 위해 횡단보도 턱낮추기, 연석경사로, 점자블럭을 설치하도록 개선하였다.

④ 고령자의 느려진 신체기능을 반영한 설계기준 제정
 • 고령운전자의 신체·인지능력 저하를 감안하여 평면교차로에서 차로 확폭, 분리형 좌회전차로, 노면색깔 유도선 등을 설치하여 심리적 안정감을 높였다.
 • 고령자를 위해 바닥형 보행신호등, 횡단보도 대기쉼터 등의 편의시설을 설치하고, 고령자의 느린 보행속도를 고려하여 횡단보도 중앙보행섬을 설치하였다.

1.12 설계속도와 기하구조의 관련성

도로의 설계속도와 기하구조와의 관련성, 설계속도와 선형요소와의 연계성, 설계구간 [7, 5]

Ⅰ 설계속도

1. 설계속도(設計速度, design speed)는 도로 설계요소의 기능이 충분히 발휘될 수 있는 조건 (양호한 기상상태, 적은 차량대수)하에서 평균적인 운전 실력을 가진 운전자가 쾌적성을 유지한 채로 운전할 수 있는 어떤 구간의 최고속도 또는 최고안전속도를 의미한다.

[도로의 기능별 구분에 따른 설계속도(km/h)]

도로의 기능별 구분		지방지역			도시지역
		평지	구릉지	산지	
주간선도로	고속국도	120	110	100	100
	그 밖의 도로	80	70	60	80
보조간선도로		70	60	50	60
집산도로		60	50	40	50
국지도로		50	40	40	40

- 상기 표에도 불구하고 자동차전용도로의 설계속도는 80km/h 이상으로 한다. 다만, 자동차전용도로가 도시지역에 있거나 소형차도로일 때는 60km/h 이상으로 할 수 있다.

2. 설계속도는 도로구조 측면과 차량주행 측면에서 다음과 같이 정의된다.

(1) 설계속도란 차량주행에 영향을 미치는 도로의 물리적 형상을 상호 관련시키기 위해 선택된 속도로서, 도로의 기능이 충분히 발휘될 수 있는 조건 하에서 운전자가 도로의 어느 구간에서 쾌적성을 잃지 않고 유지할 수 있는 적정 속도이다.

(2) 설계속도는 도로망에서 그 도로구간의 기능을 고려하여 지향하는 희망속도이며, 도로의 환경보존을 배려하는 속도이다.

3. 설계속도는 도로의 곡선반경, 시거, 폭 등 기하구조에 직접 영향을 준다. 또한, 차로, 길어깨, 방호울타리, 측방여유폭 등은 설계속도와 직접 관계는 없지만 주행속도에 영향을 준다.

Ⅱ 설계구간

1. 설계구간이란 도로가 위치하는 지역, 지형상황, 계획교통량 등에 따라 동일한 설계기준을 적용하는 구간을 말한다.

(1) 설계구간을 설정할 때는 노선의 성격과 중요성, 교통량, 지형, 지역 등이 대략 비슷한 도로에서 동일한 설계구간으로 설정하는 것이 바람직하다.

(2) 동일한 설계기준을 적용하는 설계구간은 주요한 교차로(인터체인지 포함)나 시설물 사이의 구간으로 하며, 인접한 설계구간과의 설계속도 차이는 20km/h 이하가 되도록 한다.

2. 최소 설계구간 길이는 지형상황 등 부득이한 경우 설계속도를 10~20km/h 감한 구간이나 하나의 설계구간 중 1~2개소 정도는 허용할 수 있는 길이를 말한다.

설계속도를 20km/h 줄이는 경우 10km/h씩 줄이며, 설계속도 변화에 따른 횡단면 변이구간 테이퍼 길이는 도시지역 1 : 10, 지방지역 1 : 20 이상으로 한다.

[설계구간 길이의 개략 지침]

도로의 구분	바람직한 설계구간 길이	최소구간 길이
지방지역 간선도로, 도시고속국도	30~20km	5km
지방지역도로(집산도로, 국지도로)	15~10km	2km
도시지역도로(도시고속국도 제외)	주요한 교차점의 간격	

3. 설계구간 변경점은 지형, 지역, 주요한 교차점, 인터체인지와 같이 교통량이 변화하는 지점이나 장대교량과 같은 구조물이 있는 지점 등을 말한다.

설계구간 변경점을 선정할 때 해당 구간의 기하구조 변화에 대한 정보를 미리 제공하여 충분한 거리를 두고 운전자가 사전에 인지할 수 있도록 한다.

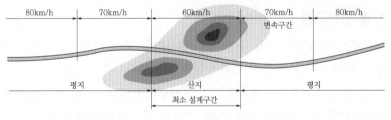

[설계구간의 접속 사례]

Ⅲ 설계속도와 기하구조와의 관련성

1. 평면곡선반경

자동차가 곡선부를 주행할 때 횡방향력이 주어진 한도를 초과하지 않도록 평면곡선반경 $(R, \text{ m})$ $R \geq \dfrac{V^2}{127(f+i)}$ 이상으로 결정한다.

여기서, i : 편경사(6%), f : 마찰계수(0.10~0.16), V : 설계속도(km/h)

2. 평면곡선길이

(1) 평면곡선부에서 운전자가 핸들조작에 곤란을 느끼지 않고 통과할 수 있도록 평면곡선 길이(L)를 4초간 주행할 수 있는 길이(m) 이상으로 확보해야 한다.

$$L = t \cdot v = \frac{t}{3.6} \cdot V$$

여기서, t : 주행시간(4초), v, V : 주행속도(m/sec, km/h)

(2) 평면곡선부에서 교차하는 도로교각이 5° 미만으로 매우 작을 경우 곡선길이가 실제보다 작게 보여 급하게 꺾여 있는 착각을 일으키지 않을 정도의 길이 이상으로 확보해야 한다.

3. 편경사

(1) 자동차가 평면곡선부를 주행할 때 곡선 바깥쪽으로 작용되는 원심력의 영향을 줄이기 위해 곡선부의 횡단면에는 곡선이 안쪽으로 향하도록 하는 편경사를 설치한다.

(2) 차도의 평면곡선부에는 도로지역, 적설정도, 설계속도, 평면곡선반경, 지형상황 등에 따라 아래 표에 제시된 최대 편경사 이하의 비율(%)로 설치한다.

[평면곡선부의 최대 편경사]

구분	지방지역		도시지역	연결로
	적설·한랭 지역	그 밖의 지역		
최대 편경사(%)	6	8	6	8

4. 완화곡선 및 완화구간

(1) 평면곡선부를 주행하는 자동차에 대한 원심력을 점차 변화시켜 일정한 주행속도 및 주행궤적을 유지시키기 위하여 완화곡선을 설치한다.

(2) 직선부 표준 횡단경사구간에서부터 원곡선부에 설치되는 최대 편경사까지의 선형변화를 주행속도와 평면곡선반경에 따라 적절히 접속시킨다(경사의 변이).

(3) 급한 평면곡선부에서 확폭할 때, 평면곡선부의 확폭된 폭과 표준횡단의 폭을 자연스럽게 접속시킨다(폭원의 변이).

(4) 평면곡선부 원곡선의 시작점과 끝점에서 꺾어진 형상을 시각적으로 원활하게 보이도록 한다(선형의 변이).

(5) 평면선형 변이구간에 설계속도 60km/h 이상에는 완화곡선, 60km/h 미만에는 완화구간 설치를 규정하고 있으나, 지형여건상 부득이한 경우 외에는 완화구간을 완화곡선으로 설치함이 바람직하다.

5. 정지시거

(1) 정지시거(stopping sight distance)는 운전자가 같은 차로상에 있는 고장차 등의 장애물 또는 위험요소를 알아차리고 제동을 걸어 안전하게 정지하거나, 장애물을 피해서 주행하는 데 필요한 길이를 설계속도에 따라 산정한 거리이다.

$$D = 반응시간 \ 동안 \ 주행거리(d_1) + 제동 \ 정지거리(d_2)$$

$$= v \cdot t + \frac{v^2}{2gf} = \frac{V}{3.6} \cdot t + \frac{V^2}{254f}$$

여기서, v, V : 주행속도(m/sec, km/h)

g : 중력가속도(9.8m/sec^2)

t : 반응시간(2.5초) = 위험요소 판단(1.5초) + 제동장치 작동(1.0초)

f : 노면과 타이어 간의 종방향미끄럼마찰계수

(2) 노면습윤상태일 때 주행속도(V)는 아래와 같이 계산한다.

① 설계속도가 120~80km/h일 때, 주행속도는 설계속도의 85%

② 설계속도가 70~40km/h일 때, 주행속도는 설계속도의 90%

③ 설계속도가 30km/h 이하일 때, 주행속도는 설계속도와 같다고 보고 계산한다.

6. 종단경사, 오르막차로

(1) 차도의 종단경사는 도로구분, 지형상황, 설계속도 등에 따라 「도로의 구조·시설 기준에 관한 규칙」에 규정된 비율 이하로 설치한다.

(2) 대부분의 승용차는 3% 오르막경사에서는 거의 영향을 받지 않으며, 4~5% 오르막경사에서도 평지와 거의 비슷한 속도로 주행할 수 있다. 그러나 오르막경사가 증가함에 따라 점차 감속되며, 내리막경사에서는 점차 가속된다.

(3) 특히 트럭의 최고속도는 오르막구간에서 경사의 정도, 경사의 길이, 중량당 마력의 크기, 그 구간의 진입속도에 따라 크게 영향을 받는다.

(4) 종단경사구간의 제한길이는 중량/마력비 200lb/hp인 트럭을 표준으로 하여, 오르막구간의 진입속도는 다음 2가지 속도 중 작은 값을 적용한다.

① 설계속도 80km/h 이상인 경우 : 80km/h

② 설계속도 80km/h 미만인 경우 : 설계속도와 같은 속도

7. 시각적으로 필요한 종단곡선길이

(1) 종단경사 차이가 작으면 충격완화나 시거 확보를 위한 종단곡선길이도 매우 짧아져, 운전자에게 선형이 급하게 꺾여 보이는 시각상 문제가 생긴다.

(2) 따라서, 시각적인 원활성을 고려하여 설계속도에서 3초간 주행한 거리를 최소 종단곡선길이로 하여 적용한다.

$$L_v = \frac{V}{3.6} \times 3 = \frac{V}{1.2}$$

여기서, L_v : 시각상 필요한 종단곡선길이

V : 설계속도(km/h)

8. 충격완화를 위한 종단곡선길이

(1) 다른 2가지 종단경사가 접하는 지점에서 자동차의 운동량 변화로 인한 충격완화와 주행 쾌적성 확보를 위해 종단곡선을 설치한다.

(2) 이때 필요한 종단곡선길이(L)는 볼록형과 오목형 모두 다음 식으로 산정한다.

$$L = \frac{V^2 S}{360}$$

여기서, S : 종단경사의 차이($|S_1 - S_2|$)(%)

360 : 운전자가 불쾌감을 느끼지 않을 충격 변화율에서 정해진 상수

Ⅳ 맺음말

1. 설계속도는 도로의 선형설계를 하기 위한 기본 속도로서 기하구조의 한곗값 결정에 직접 관계가 있으며, 이 값은 교통량과 예상되는 조건에 충분히 안전하여야 한다.

2. 설계속도는 도로의 기능(이동성, 접근성)과 도로의 중요도, 지형 및 지물, 환경여건, 경제성 등에 충분한 타당성을 갖고 주행 안전성과 쾌적성이 확보되어야 한다.[15]

---

15) 국토교통부, '도로의 구조・시설기준에 관한 규칙', 일부개정, 2020, pp.110~113.

1.13 고속국도의 설계속도 상향 추진

고속국도의 최대설계속도(120km/hr → 140km/hr) 상향에 따른 설계기준 변경 사항 [0, 5]

I 개요

1. 현행 「도로의 구조·시설 기준에 관한 규칙(2009.2.19.)」에 규정된 고속국도의 최고설계속도 120km/h는 1979년 정해졌다. 이를 기준으로 설계·시공된 고속도로에서 140km/h 이상 초고속으로 주행할 때 안전을 보장할 수 없다.

2. 「도로교통법 시행규칙」에 편도 2차로 이상 고속국도의 최고속도는 100km/h이며 경찰청장이 지정·고시한 노선은 120km/h까지 달릴 수 있다. 현재 경부선(천안~양재 나들목), 서해안선, 중부선, 제2중부선, 중부내륙선 등 고속국도 일부 구간의 최고속도는 110km/h이다.

3. 국토교통부는 도로의 서비스수준을 높이는 환경을 조성하기 위하여 고속국도의 최고설계속도 120km/h를 140km/h로 상향 조정하는 선형설계지침 개정(안) 마련을 위한 연구용역을 2015년 3월 발주하였다. 이 연구용역 결과에 따라 향후 「도로교통법 시행규칙」이 개정되면 고속국도의 최고속도 역시 현재보다 높아질 것으로 전망된다.

II 현행 고속국도의 설계속도 관련 기준

1. 고속국도의 설계속도 「도로의 구조·시설기준에 관한 규칙(2020)」

도로의 구분	지방지역			도시지역
	평지	구릉지	산지	
주간선도로(고속국도)	120	110	100	100

1) 자동차전용도로의 설계속도는 80km/h 이상으로 한다.
2) 다만, 자동차전용도로가 도시지역에 있거나 소형차도로일 때는 60km/h 이상 가능하다.

2. 제한속도 적용현황 「경찰청고시 제2009-2호(2009.5.27.)」

제한속도	120km/h(8개 노선)	100km/h	비고
대상 노선	서해안선(120), 논산천안선(120), 중부선(120), 제2중부선(120), 중부내륙선(120), 중앙선(동대구분기점~대동분기점)(120) 당진상주선(청원~낙동, 당진~유성분기점)(120) 서천공주선(서천터널~서공주분기점)(120)	익산장수선(100) 등 대부분 노선	( ) : 설계속도

(1) 주행속도가 설계속도보다 높은 현실을 감안할 경우 제한속도 상향조정은 향후 지속적으로 논의된 후에 결국은 상향 조정될 것으로 예상된다.

(2) 설계속도에 따른 기하구조 기준을 적용할 때 최소치보다는 바람직한 값 이상을 적용하고 있어 정지시거 등 일부 요소만 변경하면 제한속도 상향 조정이 가능하다고 판단된다.

(3) 따라서, 제한속도 상향 조정에 대비하여 다음 사항의 변경 적용이 필요하다.

[제한속도 상향 조정에 대비한 기하구조 설계기준 변경 검토사항]

구분	설계 중인 노선	설계완료 후 미발주·공사 중인 노선
설계속도	현행 규정과 같이 100km/h 또는 120km/h 적용	
정지시거	• 제한속도 상향조정을 고려하여 '설계속도+10km/h'를 만족하도록 횡단폭원 확폭 적용	• 현지여건을 고려하여 횡단폭원 확폭, 제한속도 하향조정, 포장공법 변경 등을 검토 후에 적용
감속차로 길이	• '설계속도+10km/h' 적용	• '설계속도+10km/h' 적용 원칙 • 부득이한 경우, 길어깨를 활용하기 위하여 표지판으로 감속 유도
가속차로 길이	• 설계속도 적용	• 설계속도 적용 원칙 • 필요한 경우, 길어깨 활용

(4) 다만, 산지부 통과비율이 현저히 높은 지형여건에서 정지시거 확보를 위한 변경구간이 많을 경우 제한속도를 고려하지 않고 설계속도를 적용하는 방안이 타당하다.

3. 서울-세종고속도로 설계속도 140km/h 수준으로 상향 가능성

(1) 2017.1.23. 일부 언론에서 서울-세종고속국도의 설계속도를 현 기준보다 높은 140km/h 수준으로 올려서 건설할 계획이라고 보도하였다.

(2) 이에 대해 국토교통부는 현재 서울-세종고속국도의 설계속도는 120km/h를 적용하고 있으며, 설계속도 140km/h 상향 여부는 검토한 바 없다고 밝혔다.

(3) 다만, 국토교통부는 「도로의 구조·시설 기준에 관한 규칙」을 개정하여 "고속국도의 설계속도를 140km/h로 상향 조정하는 방안을 검토한 것은 사실이지만, 서울-세종고속국도를 염두에 둔 것은 아니다."라고 누차 강조하였다.

(4) 현재 우리나라 고속국도의 설계속도는 120km/h이며 40년 가까이 바뀌지 않았다. 제한속도 역시 110km/h 이하로 규정하고 단속한다.[16]

---

16) 국토교통부, '제한속도 상향조정 관련 설계속도 적용방안 검토', 건설기술정보시스템, 2015.

1.14 도로의 계획목표연도

1. 용어 정의

(1) 도로계획에서 목표연도(目標年度)란 「도로의 구조・시설 기준에 관한 규칙」 제6조에 의해 '도로계획 및 설계 당시를 기준으로 도로의 시설확장 없이 적절한 유지관리만으로 목표연도의 예측교통량에 대하여 원하는 서비스수준과 도로의 기능을 유지할 수 있도록, 도로의 내용연수 범위 내에서 교통량 예측의 정확성을 어느 정도 신뢰할 수 있는 시간적 범위'를 말한다.

(2) 도로를 계획하거나 설계할 때에는 예측된 교통량에 맞추어 도로를 적절하게 유지관리함으로써 도로의 기능이 원활하게 유지될 수 있도록 하기 위하여 도로의 계획목표연도를 설정해야 한다.

(3) 도로의 계획목표연도는 공용개시 계획연도를 기준으로 20년 이내로 정하되, 도로의 구분, 교통량 예측의 신뢰성, 투자의 효율성, 단계적인 건설의 가능성, 주변여건, 주변지역의 사회・경제계획 및 도시계획 등을 고려하여 설정해야 한다.

2. 도로 목표연도 설정기준

(1) 교통량 예측의 정확성을 신뢰할 수 있는 범위

① 목표연도는 도로의 영향권 범위 내에서 지역경제, 인구, 토지이용 등의 변화를 고려하여 교통량 예측을 신뢰할 수 있는 범위 내로 결정한다.
② 신뢰할 수 있는 범위는 장래교통량이 현재교통량의 3배 이하일 때로 본다.
③ 미국의 경우, 신뢰할 수 있는 교통량 예측 범위로 15~20년을 최대치로 보고 있으며, 요금소의 규모 등 단계건설이 용이한 경우는 10년 정도로 본다.

(2) 자본의 효율・경제적인 투자 측면 : 계획도로의 목표연도와 시설규모를 설정하여 적정 할인율에 의한 경제성 분석을 한 후, 단계건설을 고려한 가장 유리한 최종 목표연도를 선정한다.

(3) 도로의 등급에 따른 구분

① 도로의 목표연도는 도로의 등급(주간선도로, 보조간선도로, 집산도로, 국지도로)에 따라 달리 설정할 수 있다.
② 고급도로의 경우 시설확장이 어렵고, 도로건설에 장기간이 소요되며 교통체증의 영향이 매우 크므로 저급도로에 비해 목표연도를 보다 길게 설정한다.

(4) 도로의 시설종류별 구분 : 시설확장이 곤란한 터널과 교량이 많은 도로는 목표연도를 20년으로 길게 설정하고, 확장이 용이한 토공으로 이루어진 도로는 10년까지 단축한다.

(5) **계획도로의 위치(도시·지방)에 따른 검토**

① 도시지역은 교통량 증가가 심하거나 토지이용 변화가 크고, 지방지역은 계절별 교통량의 차이가 크고 변동이 심하다.

② 목표연도를 다소 짧게 설정하면 불확실한 장래에 대한 오차를 줄일 수 있다.

(6) **도시·군계획 등 다른 계획과의 관계**

① 도시 내 도로는 도시계획시설로서 도시계획상에 도로 폭이 명기되어 있어, 실제로 20년 후의 예측교통량에 맞추기는 불가능한 경우가 많다.

② 그러나 최소한의 목표연도(예를 들어 개통 후 10년 등)는 만족시킬 수 있도록 도시계획 변경을 고려해야 한다.

③ 이러한 변경을 최소화하기 위하여 도시교통정비기본계획에서는 목표연도(20년 후)에 대한 정확한 교통수요 예측을 통하여 교통계획을 수립하고 있다.

3. 도로기능별 구분에 따른 계획목표연도

(1) 목표연도는 공용개시 계획연도를 기준으로 20년을 넘지 않는 범위 내에서 교통량 예측의 신뢰성, 도로기능, 자본투자의 효율성, 주변여건을 감안한다.

(2) 주변지역의 사회·경제계획 및 도시계획 등의 목표연도를 고려하여 사회·경제 5개년계획의 5년 단위 목표연도와 일치되도록 아래와 같은 기준에 따라 적용한다.

[도로기능별 구분에 따른 계획목표연도]

도로의 등급		계획목표연도	
		도시지역	지방지역
간선도로	고속국도	15~20년	20년
	그 밖의 도로	10~20년	15~20년
집산도로		10~15년	10~15년
국지도로		5~10년	10~15년

① 확장이 어려운 터널, 교량 노선은 큰 값 적용

② 확장이 쉬운 토공 노선은 작은 값 적용

③ 토지이용 변화가 심한 노선은 작은 값 적용

④ 광역계획에 포함된 노선일 경우 광역계획상의 목표연도 적용

⑤ 도시계획에 제약을 받을 경우에는 도시계획에 제시된 목표연도를 적용하되, 필요한 경우에 도시계획 변경 후 적용

⑥ 단계건설일 경우 경제성 분석 후 결정

⑦ 도로의 부분개량일 경우 작은 값 적용

4. 도로 공용개시 계획연도

(1) 도로의 계획목표연도를 결정하는 공용개시 계획연도는 도로 설계 시점에 예상하는 도로 준공 후 일반에 도로가 개방(공용)되는 연도를 말한다.

- 준공시점이 늦어질 경우 시설규모에 대한 조정 검토 필요

(2) 도로를 계획한 경험에 비추어 보면, 많은 도로들이 계획목표연도 이전에 계획용량에 도달하는 경우가 있었다.

- 이 경우 차로수 증설보다는 새로운 노선을 선택하여 도로 간의 간격(space)을 좁혀 접근성 제고 필요

5. 도로 공용지정에 대한 법적 근거 검토

(1) 도로의 공용지정이 어느 시기에 있었다고 볼 것인가는 개별 실정법에 따라 결정하여야 한다.

(2) 「도로법」에서의 도로의 공용지정 시기

① 노선지정(「도로법」 제13조 제1항)
② 도로구역의 결정·고시(「도로법」 제25조)
③ 도로사용 개시공고(「도로법」 제13조 제2항, 제19조)라는 3단계의 절차를 규정하고 있어 법적 다툼의 소지가 있을 수 있다.

(3) 그러나 상기 ①의 노선지정은 노선명, 기점·종점, 중요 경과지 등만 표시되므로 도로로서의 특성이 아직 결여된 상태이고, ③의 도로사용 개시공고는 도로로서의 특성 취득과는 무관하다고 할 수 있다.

(4) 결론적으로 도로의 공용지정(공용개시)은 ②의 도로구역의 결정·고시 효과로 보는 것이 타당하다.[17]

---

17) 국토교통부, '도로의 구조·시설 기준에 관한 규칙', 2015, pp.94~96.

1.15 도로의 단계건설 방안

도로 단계건설에서 횡단구성, 단계건설의 종류, 성립조건과 설계 유의사항 [1, 6]

I 개요

1. 도로의 단계건설은 초기투자 절약을 위해 최종 계획목표연도 교통수요에 대비하여 계획도로 전체를 동시에 완공하지 않고 단계적으로 건설하는 것을 말한다.
2. 도로가 건설되더라도 통행 개시된 후 초기에 교통량이 많지 않은 구간이 있으므로, 이 구간에는 투자의 효율성을 고려하여 단계건설 여부를 검토할 필요가 있다.

II 도로 단계건설 성립조건

1. 단계건설 비용/편익비가 동시건설 비용/편익비보다 큰 다음 식을 만족하는 구간

$$C > S_1 + S_2 \frac{1}{(1+i)^n}$$

여기서, C : 전체 공사의 건설비 S_1 : 초기 공사의 건설비
       i : 이자율 S_2 : 추가 공사의 건설비
       n : 추가 공사 착수까지의 연수(年數)

2. 향후 20년 이내에 전체 구간의 건설이 필요하나 경제성이 부족하여 단계건설을 통한 초기 비용의 축소로 경제성 확보가 가능한 구간

3. 국토종합계획, 도시기본계획, 도로정비계획 등에 따라 단계건설이 필요하거나, 산업단지 개발, 네트워크 효과, 도로기능 향상 등을 위하여 향후 다차로 건설이 필요한 구간

4. 현재는 지역이 낙후되고 교통량이 적어 4차로 확장은 곤란하나 장래 개발수요가 높으므로 계획목표연도에는 4차로 단계건설이 필요한 구간

5. 단계건설에 적합한 지형조건과 도로구조가 되려면 초기건설비가 적고, 추가 공사에 따른 재시공비가 적고 통행에 지장을 주지 않는 구간

6. 안전하고 원활한 통행을 위해서는 횡단면의 폭 구성, 부가차로, 잠정 사용기간 중의 설계속도 등을 적절히 계획할 수 있는 구간

Ⅲ 도로 단계건설 횡단구성 방안

1. 4차로 전제 2차로 단계건설의 횡단구성

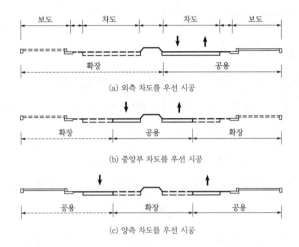

(a) 외측 차도를 우선 시공

(b) 중앙부 차도를 우선 시공

(c) 양측 차도를 우선 시공

2. 6차로 전제 4차로 단계건설의 횡단구성

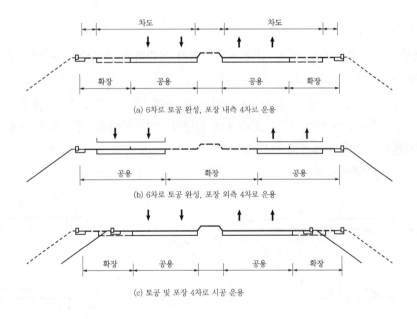

(a) 6차로 토공 완성, 포장 내측 4차로 운용

(b) 6차로 토공 완성, 포장 외측 4차로 운용

(c) 토공 및 포장 4차로 시공 운용

Ⅳ 도로 단계건설 유의사항

1. 계획수립 단계

(1) 초기 건설비가 적게 소요되는 도로의 구조로 계획한다.

(2) 2단계 건설 시 확장이 용이하고 교통에 지장이 없도록 합리적인 도로 구조로 계획한다.

(3) 가·감속차로, 오르막차로 등은 최종 완성단계의 횡단구성계획에 따른다.

(4) 설계속도는 기준이 되는 최종 완성단계의 설계속도에 따른다.

(5) 1차 시공이 용이한 방향으로 계획한다.

2. 설계·시공 단계

(1) 설계는 전체를 일괄 시행하고 시공만을 단계건설한다.

(2) 차로폭, 길어깨 폭 등은 측방여유를 감안하여 여유롭게 계획한다.

(3) 연약지반이나 깎기부 비탈면 구간은 장래 확장 시공을 고려하여 전폭으로 시공한다.

(4) 구조물이 적은 방향을 1차 시공구간으로 선정한다.

(5) 구조물 하부공은 전폭(全幅) 시공하고, 상부공은 접속부만 시공한다.

(6) 박스, 파이프 등은 전장(全長) 시공한다.

(7) 터널은 분리하여 시공한다.

(8) 용지 취득은 전폭을 원칙으로 한다.

3. 횡단경사 처리방안

(1) **횡단면은 편측, 내측, 양쪽 단계건설에 따라 처리하고, 횡단경사는 완성 단면을 고려하여 공사비가 최소화되도록 계획한다.**

① 2차로 편측시공에서 횡단경사 설치할 때 장래 확장시기, 교통 안전성, 교통처리 적정성, 중복투자 방지 등을 고려하여 일방향 또는 양방향 횡단경사 적용

② 편경사 곡선부에서 편경사 접속설치구간의 길이를 산정할 때 최종 도로폭을 고려하여 결정해야 1차 시공과 최종 시공 중에 횡단면 단차 방지 가능

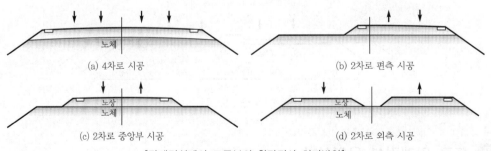

[단계건설에서 토공부의 횡단경사 처리방안]

(2) 터널 및 교량 구간에서 단계건설에 따른 구조물 변경이 최소화되도록 최종 완성단면을 고려하여 횡단경사를 설치한다.

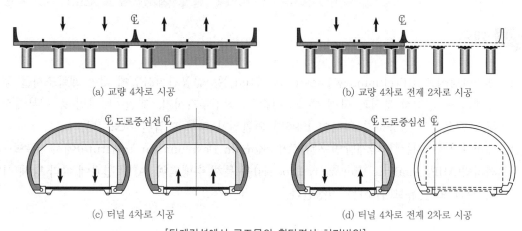

(a) 교량 4차로 시공 (b) 교량 4차로 전제 2차로 시공

(c) 터널 4차로 시공 (d) 터널 4차로 전제 2차로 시공

[단계건설에서 구조물의 횡단경사 처리방안]

[도로 단계건설 확장계획 고려사항]

구분	고려사항
(1) 선형 개량구간 및 IC구간	• 기존 포장 이용률의 극대화
(2) 기존 콘크리트포장 활용 가능 여부	• 양측 확장할 때 접속처리 및 부등침하 대책 수립
(3) 시공 중 교통처리	• 적절한 폭 구성 및 교통처리와의 연계성
(4) 시공성 및 경제성	• 공사기간 단축 및 공사비용 절감 강구
(5) 주변 시설물의 저촉 여부	• 관련기관과 협의 후 조치계획 수립
(6) 교량·터널 구조물의 단계시공	• 단계시공의 단순화
(7) 지상 지장물 및 지하 매설물	• 이설 가능 여부
(8) 지형 및 지역여건, 민원발생	• 토지이용의 효율성을 재고하여 민원발생 최소화
(9) 도로 선형의 연속성	• 단절된 선형의 개량, 주행 연속성의 확보

4. 맺음말

(1) 도로 단계건설은 초기투자비용을 줄이기 위하여 계획목표연도 예상 교통수요에 대해 초기에 계획도로 전체를 건설하지 않고 공용개시 후에 연도별 장래교통 수요를 감안하여 단계별로 건설하는 개념이다.

(2) 단계건설방법은 최종 계획목표연도의 계획연장 전체를 구간별로 구분하여 건설하는 종방향 단계건설과 계획횡단면 전체를 횡방향으로 구분하여 건설하는 횡방향 단계건설이 있다. 단계건설은 일반적으로 횡방향 단계건설을 의미한다.[18]

18) 국토교통부, '도로의 구조·시설 기준에 관한 규칙', 2015.07.22, pp.125~130.

1.16 예비타당성조사, 계층화 분석(AHP)

예비타당성조사제도의 주요 개정내용, 계층화 분석기법(Analysis Hierarchy Process) [5, 8]

I 개요

1. 예비타당성조사(Preliminary Feasibility Study)는 공공건설사업에 대한 개략조사를 통해 경제적 및 정책적 분석과 함께 투자우선순위, 적정투자시기, 재원조달방법 등 정부재정의 투자 효율성을 검증하기 위하여 1996년 외환위기 당시 도입된 제도이다.
2. 예비타당성조사는 한국개발연구원(KDI, Korean Development Institute)에서 계층화 분석기법(AHP, Analytic Hierarchy Process)을 통해 수행되며, AHP 결과에 따라 당해 사업의 추진 또는 유보(취소)를 결정한다.

II 예비타당성조사 주요내용

1. 대상사업

(1) 국고지원을 수반하는 신규 공공건설사업은 총사업비 500억 원 이상

(2) 지자체사업 및 민자유치사업은 총사업비 500억 원, 국고지원 300억 원 이상

2. 예비타당성조사의 분석

(1) **경제적 타당성 분석** : 수요 추성, 비용/편익 분석

(2) **정책적 타당성 분석**

① 지역 균형발전	• 지역 낙후도
	• 지역경제 파급효과
② 정책의 추진의지	• 관련계획 및 정책방향과의 일치성
	• 사업의 추진의지, 선호도, 준비정도
③ 사업 추진 위험요인	• 재원조달 가능성
	• 환경영향, 재해영향
④ 사업 특수평가 항목	• 남북경제협력 기여도
	• 사업 미추진 시 지역에 미치는 영향
	• 지역 특수성 항목 추가(선택사항)

(3) **종합평가**

계층화 분석기법(AHP)에 의한 종합평가를 통해 당해 사업의 추진여부 결정

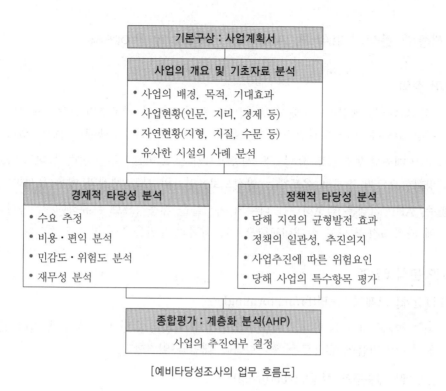

[예비타당성조사의 업무 흐름도]

Ⅲ 타당성조사와 예비타당성조사의 차이점

1. **조사대상** : 예비타당성조사에서는 주로 경제적 타당성을 검토하지만, 타당성조사에서는 기술적 타당성을 검토 대상으로 삼는다.

2. **조사기관** : 예비타당성조사는 정부의 재정을 총괄하는 기획재정부가 주관하지만, 타당성조사는 해당 사업시행기관(국토교통부, 해양수산부 등)이 주관하고 있다.

3. **조사기간** : 예비타당성조사는 6개월 정도로 단기간에 수행되지만, 타당성조사는 현지 조사를 포함하여 2년 정도로 충분한 기간에 수행된다.

[예비타당성조사와 타당성조사의 비교]

구분	예비타당성조사	타당성조사
근거	「예산회계법시행령」 제9조의2	「건설기술진흥법」 제38조의2
검토대상	경제적 타당성+정책적 타당성	주로 기술적 타당성
조사기관	기획재정부, 한국개발연구원(KDI)	국토교통부, 해양수산부 등
조사기간	단기간(6개월)	충분한 기간(2년)
조사비용	0.5~1억 원	3~20억 원
분석기법	계층화 분석기법(AHP)	경제성 분석기법(B/C, NPV, IRR)

Ⅳ 계층화 분석기법(AHP, Analytic Hierarchy Process)

1. 용어 정의

(1) 1970년대 美 펜실베니아대학 토머스 L. 사티 교수가 국무부의 요청으로 무기 통제 및 군비 축소를 위한 의사결정의 비효율성 개선 프로젝트 수행에서 유래되었다.

(2) AHP 메커니즘은 검토 요인들을 계층화시켜 상호 비교·분석하여, 상대적 중요도를 정량화함으로써 결론을 유도하는 방식으로, 인간의 사고 체계와 매우 유사하다.

(3) 즉, AHP 기법은 검토하려는 다수의 속성들을 계층적으로 분류하여 각 속성의 중요도에 따라 9점 척도로 상대비교함으로써 최적의 대안을 도출하는 과정이다.

2. AHP 분석 6단계

(1) [1단계] 브레인스토밍(brainstorming)

최종 평가목표를 제시하고 계층구조 설정에 필요한 요인 도출을 위해 여러 전문가들이 참석하여 마음에 떠오르는 평가항목과 대안을 열거한다.

(2) [2단계] 계층구조 설정(structuring)

① 제1기준 : 최종 평가목표에 영향을 미치는 주요 평가기준
② 제2기준 : 제1기준에 영향을 미치는 세부(하위) 평가기준
   각 기준은 평가항목(element)으로 구성된다.

(3) [3단계] 가중치 산정(weighting)

평가항목 간의 가중치를 9점 척도로 표시하고, 항목 간에 상대비교를 통해 중요도를 나타내는 가중치를 산정한다.

(4) [4단계] 일관성 검증(consistency test)

응답자가 완전한 일관성을 유지하며 상대비교에 응답하였는지를 판단한다. 만약 일관성이 부족하다고 판단되면 재조사를 실시한다.

(5) [5단계] 평점(measurement)

상기 내용을 기준으로 각 대안별 중요도를 점수로 표현하여 순위를 매긴다.

(6) [6단계] 검토(feedback)

응답일관성이 낮은 응답자에게 비일관성 내용을 알려주고 의사결정을 다시 하도록 권고하여 의사결정의 비일관성을 줄여나간다. 만약 응답자가 적절히 응답하지 못한다면 AHP 계층구조 자체를 재설정한다.[19]

---

19) 한국개발연구원, '도로·철도부문 예비타당성조사 표준지침 수정·보완 연차보고서', 2013.

V 예비타당성조사에서 검토되는 쟁점사항

1. 「다른 대안」에 대한 검토가 필요하다.

(1) 제안된 사업계획의 비용/편익을 추정하는 과정 못지않게 다른 대안, 즉 고속국도 건설 사업의 경우에 고속국도 건설 대신 다른 국도나 지방도를 확장하는 대안이라든가 철도 를 건설하는 등의 대안이 더욱 바람직하지는 않은지 반드시 짚고 넘어가야 한다.

(2) 다만, 다른 대안을 검토하는 데에는 한 가지 제약이 있다. 가능하면 모든 대안에 대하 여 개략적이나마 비용/편익을 계산해야 모든 대안들이 동일 선상에서 비교될 수 있는 데 이는 적지 않은 시간과 노력을 요구한다.

(3) 따라서, 제안된 사업계획에 대해 정밀한 조사를 근거로 하여 비용/편익 분석을 실시하 되, 나머지 검토 가능한 대안들에 대해서는 기존의 데이터 등을 활용하여 비용/편익을 추정하는 과정을 병행할 필요가 있다.

2. 「어떤 사업이 추진되는 대안」만이 다른 대안이 아니다.

(1) 다른 대안을 검토하는 과정에 잊지 말아야 할 것은 반드시 '어떤 사업이 추진되는 것 (Do-Something)'만이 대안이 아니라는 사실이다.

(2) 예를 들어, 고속국도 건설사업의 경우에 고속국도 대신 국도를 확장하거나 철도를 건설 하는 것만이 대안이 아니며 '아무 것도 하지 않는 것(Do-Nothing)'도 중요한 대안으로 포함하여 검토해야 한다.

(3) 해당 사업의 타당성 유무는 항상 사업을 추진하지 않았을 경우(Do-Nothing)와 비교 하여 기회비용을 따져 보아야 하기 때문에 오히려 해당 사업을 추진하지 않는 것이 더 좋은 대안이 될 수도 있다.

3. 사업 추진 외에 쟁점사항 검토가 필요하다.

(1) 해당 사업으로 추진되는 대안 외에도 예비타당성조사에서 부각될 수 있는 쟁점은 다양 하다. 즉, 어떤 사업은 기술적 타당성 여부가 쟁점이 되며, 어떤 사업은 재원 마련 가능 성 여부가 쟁점이 될 수도 있다.

(2) 어떤 사업은 지역갈등 문제 혹은 국방안보 문제 등이 쟁점이 되고, 어떤 사업은 민자유 치 가능성 여부가 쟁점이 될 수도 있다.

(3) 결론적으로 쟁점이 무엇이든 불문하고 해당 사업의 예비타당성조사 과정에 가장 중요 한 쟁점이 무엇인지를 반드시 부각시키고, 그 쟁점에 대한 해결방안을 제시하여야 한 다.[20]

---

20) 한국개발연구원, '도로·철도부문 예비타당성조사 표준지침 수정·보완 연차보고서', 2013.

1.17 타당성조사, 기본설계

기본설계의 중요성 및 포함될 내용, 타당성 재조사 [1, 3]

I 타당성조사

1. 타당성조사(Feasibility Study)는 제안된 건설사업이 기술·경제·상업적으로 가능한지 조사하는 과정으로, 시장조사, 기술검토, 자금계획, 사회분석, 경제성평가 등이 포함된다.

   (1) **시장조사(Market research)** : 해당 사업의 시장수요, 시장가격, 경쟁상황, 유통경로, 재료공급 등을 조사한다. 현존하는 시장의 고정적인 동향을 파악하고, 진출 후의 수요 예측이 필요하다. 시장조사를 위하여 정부의 각종 경제지표, 민간분야 경제연구소 발행 보고서, 언론 보도자료 등으로부터 기초자료 수집이 선행되어야 한다.

   (2) **기술검토(Technical study)** : 시장조사를 통하여 수요규모, 판매가능량, 시장가격 등이 파악되면 이어서 해당 제품을 제조하는 플랜트건설사업의 경우 어디에 어느 정도 규모의 시설을 설치·공급할 것인지, 제조과정을 어떻게 할 것인지 등의 기술적 판단을 위하여 검토한다.

   (3) **경제성 평가(Commercial and Economical assesment)** : 시장조사, 기술검토, 자금계획, 사회분석 등을 토대로 해당 사업의 경제성을 평가·분석한다. 이 평가는 타당성조사의 최종 목적이다. 세계은행(IBRD)과 국제개발기구(IDA)의 경우에는 경제성 평가를 위한 융자심사기준으로 DCF(Discounted Cash Flow) 방법이 사용되고 있다.

2. 도로건설사업 타당성조사는 대상노선이 선정된 후 기본구상을 토대로 사회·기술·경제·환경적 타당성을 검토함으로써 해당 사업시행의 타당성을 판단하는 과정을 말한다.

   (1) 도로건설사업의 타당성조사는 사회·경제지표현황, 도로교통현황, 환경현황 등에 대한 조사, 장래교통수요 예측, 대안노선이 선정된 후 경제성 검토를 거쳐 최적 노선대를 결정하는 일련의 과정이다.

   (2) 타당성조사 과정에 후보노선대의 여러 대안을 비교·검토하여 최적노선을 선정하고, 사업의 주요계획을 작성하며 기본설계 수행에 필요한 자료를 작성한다. 최적노선 결정에 따른 제반 영향은 사전 환경성 검토를 통해 검토한다.

Ⅱ 타당성조사의 주요내용

1. 관련계획 조사 및 검토

(1) 상위계획, 지역 및 도시계획 등 관련계획 검토, 기존 교통여건, 토지이용현황, 수리·수문현황, 통행실태 등을 조사

(2) 과업노선과 직·간접적으로 관련된 주변지역의 기존 계획 및 현재 추진 중인 사업을 분석하여 그 결과를 해당 과업에 반영함으로써 주변지역의 개발여건을 적극 수용

2. 비교노선 선정 및 최적노선 결정

(1) 현장조사 자료를 토대로 하여 비교노선을 선정

(2) 계획구간별로 장래교통량을 예측 및 분석

(3) 개략적인 평가와 기술검토 과정을 거쳐 최적노선을 결정

3. 교통 분석

(1) 노선계획 단계에서 선정된 최적노선에 대한 교통량을 예측하며, 이를 통하여 노선의 시설규모(차로수) 결정, 경제성 분석의 기초자료로 활용

(2) 교통조사 대상지역을 구분하고 교통지구를 설정한 후, 장래교통량 예측에 필요한 관련 계획을 검토하여 분석 대상지역의 교통수요 예측에 반영

4. 경제성 분석

(1) 타당성조사는 일반적으로 기본설계와 동시에 수행되는 경우가 많으며, 실제로 경제성 분석은 타당성조사의 대부분을 차지

(2) 선정된 최적노선에 대한 기본설계를 토대로 공사비를 산출하고, 세부 교통 분석 등에 관한 자료를 토대로 경제성 분석을 실시

Ⅲ 기본설계

1. 기본설계의 과업범위

(1) 기본설계는 타당성조사 결과를 바탕으로 최적노선 결정, 주요 구조물의 규격·위치·형식, 개략적인 시공방법, 공정계획, 공사비 등에 대하여 일반적인 조사·분석, 비교·검토를 실시하여 최적안을 계획하고 주요 구조물의 예비설계를 수행한다.

(2) 기본설계는 타당성조사 결과를 대부분 이용하기 때문에 사회·경제지표 분석, 교통조사 및 수요예측, 관련계획 조사·분석 등의 내용이 거의 동일하다.

(3) 도로건설공사의 경우 기본설계에서 계획노선에 대한 사전 환경성 검토, 관계기관 협의, 주민의견 청취 등을 거쳐 최적노선을 결정하고, 시·종점과 함께 도로예정지를 1 : 1,200 지형도에 고시하지만 타당성조사 후 기본설계를 생략하고 실시설계 공고함에 따라 실시설계 중에 최적노선을 결정해야 한다.

(4) 특히 수도권 도로건설공사에서 실시설계 2년 중 1.5년이 경과하도록 주민의견 수렴을 못하는 경우가 많아 최적노선을 확정하지 못한 채 과업종료 직전까지 환경·교통영향평가 결과를 반영하지 못하고 용역을 종료하면 부실설계라는 비난을 듣게 된다.

2. 기본설계의 필요성

(1) 기본설계에서 수행해야 하는 과업범위

실시설계 요율의 30%를 기본설계 용역비에 배정하여, 환경·교통영향평가, 문화재지표조사, 주민설명회 및 관계기관협의 등을 거쳐 최적노선 결정까지의 과업을 수행한다.

(2) 기본설계에서 도로예정지를 1:1,200 지형에 고시

① 현재는 계획노선의 시·종점과 경유지만을 고시함에 따라 도로예정지에 대한 행위제한(공작물의 신·증·개축 등)을 할 수 없다.

② 도로예정지를 「국토의 계획 및 이용에 관한 법률」 제32조에 의거 지형도면으로 고시해야 착공할 때까지 노선변경 가능성을 사전에 차단할 수 있다.

(3) 기본설계에서 총사업비를 정확히 제시 : 총사업비를 오차범위 5% 이내에서 정확히 산출함으로써, 정부의 세출예산에 대한 대국민 신뢰성을 높인다.

(4) 기본설계 의무화 제도를 준수

① 기존도로를 단순히 확·포장하거나 용지를 이미 확보(국·공유지)한 경우를 제외하고는 타당성조사 → 기본설계 → 실시설계 절차를 준수한다.

② 그동안 국토교통부 발주 국도확·포장공사의 경우, 관행적으로 기본설계를 실시설계에 포함하여 발주하였으나, 최근 기본설계를 별도 발주하고 있다.

③ 이제는 국도확·포장공사도 기본설계를 거치지 않으면 계약기간 내에 실시설계를 수행할 수 없을 정도로 사회적·환경적 여건이 어려워지는 추세이다.

Ⅳ 맺음말

1. 타당성조사는 도로를 건설하는 등 새로운 사업을 시작하기 전에 그 사업의 경제성을 조사하는 과정이다.

   (1) 특정 사업의 기획단계에서 우선 기술적인 타당성검토가 필요하지만, 기술적으로 가능하더라도 건설비가 지나치게 높으면 경제성이 없을 수도 있다.

   (2) 기획재정부에서 예비타당성조사를 통해 특정한 대규모 SOC 건설사업을 발주하기로 결정하는 경우, 이를 근거로 하여 국토교통부에서 먼저 타당성조사를 실시하여 건설비와 미래의 수요변동 등을 상세히 비교·검토하는 것이 일반적인 절차이다.

2. 기본설계는 타당성조사 결과를 바탕으로 최적노선의 결정, 주요 구조물의 규격·위치·형식, 개략적인 시공방법, 공정계획, 공사비 등에 대한 조사·분석, 비교·검토를 실시하여 최적안을 도출하고 주요 구조물에 대한 예비설계를 수행하는 과정이다.

   • 기본설계에서 수행되는 주요과정은 타당성조사 결과를 대부분 이용하기 때문에 사회·경제지표 분석, 교통조사 및 수요예측, 관련계획 조사·분석 등은 그 내용이 거의 동일하다.

3. 특정한 대규모 SOC 건설사업을 추진하면서 타당성조사에 기본설계를 포함하여 하나의 용역과업으로 수행하는 경우 조사과정이 중복될 소지를 없앨 수 있으며, 곧 이어서 패스트 트랙(Fast track) 방식으로 실시설계와 함께 본 공사를 신속하게 착수할 수 있는 장점이 있다.

   • 하지만 타당성조사 완료 후 기본설계를 생략하고 실시설계를 수행하는 과정에 뒤늦게 환경, 노선 등으로 민원이 제기되어 언론에서 계속 추적하게 되면 본 공사 착수가 지연될 수 있는 더 큰 문제에 직면하게 된다.

4. 결론적으로 정부가 국책사업으로 착수하려는 특정한 대규모 SOC 건설사업은 예비타당성조사를 통해 정책결정을 하고, 타당성조사에서 여러 대안에 대한 경제성 분석을 실시한 후, 기본설계에서 최적노선에 대한 주요 구조물 설계를 수행하고, 이어서 실시설계와 함께 본 공사를 착수하는 것이 가장 합리적인 절차이다.[21]

---

21) 국토교통부, '도로계획지침', 대한토목학회, 2009, pp.172~174.

1.18 도로 계획 · 설계 과업의 제도 개선

건설공사의 설계오류, 설계부실을 사전 예방하기 위한 설계성과품 검토 내용 [1, 8]

I 개요

1. 국내 건설환경 변화

(1) 2005년 제정·사용하던 건설공사 「시공상세도 작성지침」을 '07.6~'10.5. 기간 중에 시범사업과 R&D를 거쳐 2010년 7월 개정·시행하고 있다.

① 산·학·연 전문가 자문, 공청회·관계기관 의견수렴 등을 통한 개정(안)을 마련, 중앙건설기술심의위원회 심의를 거쳐 「시공상세도 작성지침」 확정

(2) 건설공사의 설계도서 작성 프로세스와 단계별 설계내용이 해외공사와 달라 기술력 발전 제약의 원인으로 작용

① 타당성조사, 기본설계, 실시설계 각 업무가 상당부분 중복되고, 특히 기본설계가 실시설계 마무리하는 상세설계 수준으로 진행

② 기본설계에서 결정된 노선·구조물 형식 등이 현장여건 변화에 따라 변경되어 실시설계에서 도면을 새로 작성하는 사례가 빈번히 발생

2. 국외 건설환경 변화

(1) **해외건설은 설계 초기단계에서 기획·타당성조사에 집중하고, 단계별 업무구분이 명확하여 고품질 설계도서 작성이 가능** : 기본설계단계(Preliminary Design)에서 30% 수준의 설계만 완료(FHWA)하며, 설계 각 단계별로 수행되어야 할 업무가 명확하게 구분되어 중복작업이 적음

(2) **해외건설에서 건설산업의 글로벌 경쟁력을 높이기 위해서는 설계엔지니어링의 글로벌 역량강화가 필수적인 연구테마로 대두** : 건설엔지니어링 해외건설 진출을 위한 기반구축과 국제경쟁력 확보 방안 마련 시급하나, 건설용역 해외수주 12억 불(2010년), 세계시장 점유율 0.5% 불과

(3) **해외건설 환경변화 대처를 위해 국내 설계도서 작성기준 및 방법 글로벌화 필요**

II 현황 및 문제점

1. 국내 설계 절차 규정

(1) **설계단계별 절차** : 「건설기술진흥법」에 따라 단계별로 수행

(2) 타당성조사(기본계획), 기본설계, 실시설계 등 건설공사의 주요 단계별로 발주기관이 과업지시서에 규정

(3) 세부 설계내용(기본설계 세부시행기준, 건설공사 설계도서 작성기준 등)은 행정규칙 등으로 구체화하여 운영하고 있음

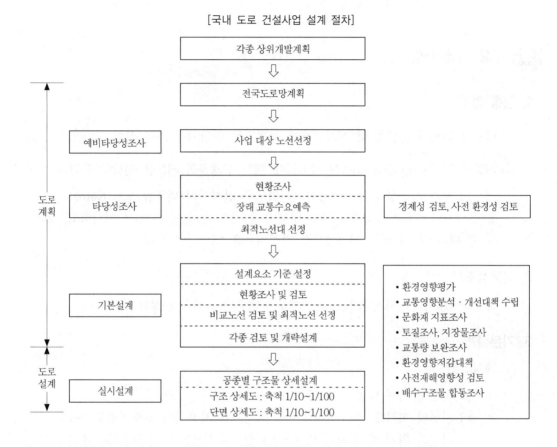

[국내 도로 건설사업 설계 절차]

2. 문제점

(1) 타당성조사

① 대축척(1/25,000~1/50,000) 지형도에 표시하여 실제 현지 노선도 파악 곤란
② 노선선정 등 후속되는 기본설계 단계에서 수행될 내용을 다수 포함
③ 타당성조사의 전체 27개 업무 중 15개 분야(56%)에서 기본설계와 중복

(2) 기본설계

① 선진국에 비해 성과품이 상세하며, 실시설계 80% 수준의 상세설계도 작성
② 국내 : 공법, 물량산출 등이 과다하여 노선 변경되는 경우 성과품의 재작성 불가피
③ 미국 : 최적노선 검토, 시설물 기본형식 선정 등을 수행하고, 설계는 30% 수준 완료

(3) 실시설계

① 전 단계에서 결정된 노선과 구조물계획에 따른 구체적 설계단계이지만, 기본설계와 상당부분 중첩되고, 시공상세도 수준의 도면 작성

② 설계도면을 가시설물 포함한 시공상세도(Shop Drawing) 수준으로 작성하며, 구조물 가시설물의 경우 도면 및 구조 계산서(구조해석, 안정검토 등)까지 작성

Ⅲ 주요 개선사항

1. 공통 업무

(1) 타당성조사, 기본설계 및 실시설계에 공통으로 해당되는 조항 삭제

(2) 시공상세도(Shop Drawing)는 목적물에 대한 설계자의 의도를 전달할 목적으로 작성

① 시공자가 시공상세도를 작성할 수 있도록 설계자의 의도를 노트(Note)로 표현

② 공사시방서에 시공상세도 작성 대상 공종(건설 신기술, 특허)을 제시하고, 엔지니어링 대가기준에 의거 시공상세도 작성비용을 내역서에 포함

2. 타당성조사

1/25,000~1/50,000 대신 1/5,000 지형도에서 최적노선대 결정하도록 개선

3. 기본설계

(1) 계획업무

① 사전환경성 검토 내용 추가

② 출입시설의 최적대안노선은 1/1,000 지형도를 사용하여 도로·철도 등과 교차되는 입체시설의 위치 및 형식을 비교·검토한 후 최적안을 선정하도록 개선

③ 주요 구조물계획의 기타구조물(옹벽·암거)의 경우에는 설치지점을 선정하고 지반조건 및 현지여건에 맞도록 형식과 공법을 비교·검토

(2) 성과품 작성기준

① 관련계획 조사·검토, 교통량 및 교통시설조사, 기상·해상조사 선박운항조사, 사전환경성검토, 경제성, 재무분석, 민원 등의 검토

(3) 기본설계도면(견본도면 목록 참조)

① 주요 단면 구조상세도(축척 1/10~1/100 : 표준도 및 기본설계 단면도)

② 주요 시설계획도(형식, 규모)

4. 실시설계

(1) 업무의 범위 용어를 수정 : 실시설계의 내용을 추가

(2) 조사업무 : 관련계획 조사 및 검토, 교통량 및 교통시설조사, 환경영향조사 업무 삭제

(3) 계획업무

① 환경영향평가, 사전 환경성 검토 추가

② 설계기준 작성 및 민원검토는 필요한 경우에 작성하도록 개선

(4) 성과품 작성 기준

① 실시설계보고서의 토취장, 골재원, 사토장조사 내용 추가, 노선계획은 삭제하며, 수리 · 수문 검토는 필요한 경우에 작성하도록 개선

② 실시설계 도면의 구조상세도(축척 1/10~1/100 : 일반구조물, 기초, 가시설물, 기타)는 작성하지 않도록 삭제

　• 주요 단면 구조상세도(축척 1/10~1/100) : 설계자 의도를 표현할 필요가 있는 주요 단면 구조상세도는 시공상세도 작성자가 볼 수 있도록 작성의무 추가

[실시설계 단계의 업무구분에 따른 개정 내용 비교]

구분		현행			개정		
		타당성	기본	실시	타당성	기본	실시
(1) 관련계획 조사 및 검토		○	△	△	○	○	(삭제)
(2) 현지조사/탐사		○	○	○	○	○	○
(3) 교통량 및 교통시설조사		○	△	△	○	○	(삭제)
조사업무	(4) 수자원 ① 수리, 수문조사	○	○		○	○	
	② 기상, 해상조사	○	△		○	○	
	③ 선박 운항조사	○	△		○		
	(5) 환경영향조사, 문화재조사	△	○	△	△	○	(삭제)
	(6) 측량		○	○		○	○
	(7) 지질, 지반조사		○	○		○	○
	(8) 지장물, 구조물조사		○	○		○	○
	(9) 토취장, 골재원, 사토장조사		△	○		△	○
	(10) 용지조사		△	○		△	○

구분		현행			개정		
		타당성	기본	실시	타당성	기본	실시
(1) 전 단계 성과 검토			○	○		○	○
(2) 교통분석 및 평가		○	○	△	○	○	(삭제)
(3) 사전 환경성 검토		△	○	△	(삭제)	○	(삭제)
(4) 해상교통안전진단 검토						△	
(5) 환경영향평가							○
(6) 사전재해영향성 검토						○	○
(7) 경제성, 재무분석		○	△		○	○	
(8) 노선선정	① 노선대 결정	○			○		
	② 노선 결정	△			(삭제)	○	
	③ 출입시설 결정	△	○	○	△	○	(삭제)
(9) 수리, 수문 검토		△	○	△	(삭제)	○	△
(10) 구조물계획	① 교량	△	○	○	△	○	○
	② 터널		○	○	△	○	○
	③ 기타 구조물					○	○
(11) 설계기준 작성			○	○		○	△
(12) 관계기관 협의		○	○	○	○	○	○
(13) 민원 검토						○	△

(계획업무: 항목 (1)~(13))

Ⅳ 기대효과

1. 건설공사 일괄입찰 안내서 작성 내용을 기본설계 범위 내로 제한하고, 평가지표 및 배점기준 등도 기본설계에 맞도록 개선하여 과다한 입찰비용 부담을 줄이게 되었다.
2. 일괄입찰 설계평가할 때 실시설계 성격의 평가항목을 삭제하여, 고비용의 풍동실험, 수리모형실험 등 특화된 설계를 생략하였다.
   (예시) 교량가설공법의 적정성, 공사 중 계측계획의 적정성 삭제 등
3. 일괄입찰 서류작성할 때 기본설계와 관련 없는 내용을 제외시켜 입찰자가 상세한 설계도 작성 등의 업무를 경감할 수 있게 되었다.
   (예시) 실시설계 성과품의 하나인 구조·수리계산서 제출 삭제 등 [22]

---

22) 국토교통부, '건설공사 설계프로세스 개선(설계도서 작성기준) 개선', 교육홍보자료, 2012.3.

1.19 최적노선 선정, 통제지점(Control point)

도로의 최적노선 선정을 위한 기준, 과정 및 선정 유의사항, 통제지점 설정 [0. 10]

1. 개요

(1) 도로건설공사에서 노선은 상위 도로망계획과 정책결정사항을 기초로 하여 투자우선순위 검토와 함께 사업수행을 위한 대안 노선별 경제성 분석을 거쳐 결정하며, 사회·기술·경제·환경적 측면에서 평가하여 최적노선을 결정한다.

(2) 이때 도로의 노선은 타당성조사를 거쳐 기본설계 과정에 사회·기술·경제·환경적 기준에 적합한 통제지점(Control point)을 선정한 후, 이를 중심으로 발주처 및 유관기관과 협의하고 주민설명회를 거쳐 최적노선을 결정하게 된다.

[도로의 노선 선정 절차]

구분		단계	주요내용
노선계획	타당성조사	최적노선대 선정	• 후보노선대 선정 후 경제성 분석 통해 최적노선대 결정 • 1 : 50,000~25,000 지형도 활용
	기본설계	비교노선 검토	• 최적노선대를 기초로 2~3개의 비교노선 검토 • 1 : 25,000~5,000 지형도 활용
		최적노선 선정	• 사회·기술·경제·환경 측면 고려하여 최적노선 선정 • 1 : 5,000~1,200 지형도 활용
실시설계		세부설계	• 세부 선형설계 및 상세설계 • 1 : 1,200 지형도 활용

2. 도로의 노선 선정 기준

(1) 사회적 측면

① 노선의 사회적 영향평가 요소
- 국토종합계획, 지역개발계획, 도시계획 등과의 관계
- 항만, 공항, 산업단지, 학교, 병원, 유적지, 매장문화재 등과의 관계
- 지역주민의 의견수렴 및 민원 사전해소가 가능한 노선

② 노선의 사회적 측면 검토사항
- 지역주면 반대를 극복하기 위하여 지자체와 사전 협의·조정 필요
- 기술적 배려(방음벽, 고가교, 조경 등) 이전에 노선대 선정이 중요

(2) 기술적 측면

① 주행의 쾌적성에 나쁜 영향을 줄 수 있는 선형의 존재 여부
② 입체교차시설의 위치, 접속도로의 교통혼잡 및 안전사고 영향 여부
③ 인접도로 노선과의 중복 여부, 연약지반은 가급적 우회노선 선정 등

(3) 경제적 측면

① 비교 노선별 비용(도로건설비와 유지관리비) 투자에 따른 경제적 편익을 계량적으로 산정하여 평가
- 직접편익 : 주행비용 감소, 주행시간 단축, 교통사고 감소 등
- 간접편익 : 주변지역에 미치는 영향

② 교차로의 설치위치, 시설규모에 따른 경제성 분석을 포함하여 평가

(4) 환경적 측면

① 자연환경, 생활환경 영향을 고려하여 농경지 잠식 최소화되도록 선정
② 보존가치가 있는 지형 특성, 희소성이 있는 지질 특성을 고려
③ 경관 우수지역을 통과할 때 저속차로와 고속차로의 분리로 경관 활용을 고려

3. 최적노선 선정의 평가

(1) 도로건설비와 유지관리비의 비교 평가

① 도로건설비는 공사비, 용지보상비, 부대경비 등으로 구분하고, 공사비를 다시 토공, 구조물공, 포장공, 배수공 등으로 세분하여 물량·비용 추정
② 유지관리비는 유지관리에 필요한 행정인건비, 구조물보수비, 포장보수비, 안전시설 관리비 등으로 구분하여 추정
③ 총건설비를 정확히 산정하기 위해서는 세부실시설계를 해야 하지만, 시간과 비용이 소요되므로 기본설계에서 추정한 건설비를 기준으로 평가

(2) 비용과 편익의 비교 평가

① 도로사업에 투입되는 비용과 그로 인해 얻어지는 편익을 비교하여 평가
② 편익은 통행비용 절감, 통행시간 단축, 교통사고 감소, 지역개발 효과 등을 정량적으로 계량화가 가능하고, 화폐가치로 표현할 수 있어야 분석 가능
③ 최종적인 노선 결정단계에서 비용과 편익에 대해 정량적으로 파악하고 아울러 이용자 편익을 종합적으로 비교 평가하여 다음 절차를 거쳐 최적노선을 선정

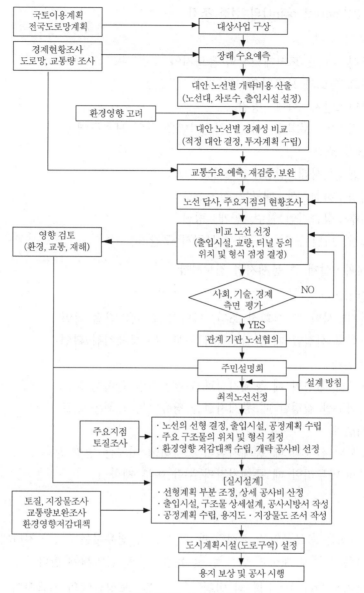

[도로의 최적노선 선정 절차]

4. 통제지점(Control point)

(1) 용어 정의

① 통제지점이란 노선선정 과정에 사회적 조건이나 자연적 조건에 의해서 반드시 통과하거나, 또는 우회해야 하는 특별한 지점을 말한다.

② 주민설명회에서 통제지점(마을진입로의 교차방법 등)을 소홀히 취급한 최적노선을 제시하는 경우에는 현지주민들이 반발하므로 주의해야 한다.

(2) 통제지점(Control point)의 선정 조건

① 사회적 조건
- 도시, 마을, 도시계획상의 용도지역
- 주요 철도와 도로와의 교차지점
- 아파트단지, 학교, 병원
- 국립공원, 문화재, 사찰, 천연기념물 등의 보호구역

② 자연적 조건
- 지질 : 산사태, 단층, 연약지반
- 지형 : 하천, 산, 대규모 절·성토
- 기후 : 상습적인 침수, 안개, 빙판
- 교량, 터널 등의 대규모 토목공사 구간

(3) 도로 계획·설계 중 통제지점 검토사항

① 타당성조사
- 현지답사할 때 사회적 조건, 자연적 조건을 직접 확인
- 노선대 선정할 때 현지주민이 제시하는 통제지점 확인

② 기본설계
- 구조물 결정할 때 통제지점과 교량·터널 관련성 검토
- 최적노선 결정할 때 통제지점을 경유하는지 최종 검토

③ 실시설계
- 공사비 산정할 때 통제지점이 공사비에 미치는 영향 분석
- 설계 마무리할 때 통제지점의 누락 여부 재확인

5. 맺음말

(1) 도로관리청은 도로구역을 결정할 때 그 도로가 경유하는 지상·지하의 상하 범위를 정하여 다음 사항에 대하여 발주청 및 유관기관과 협의해야 한다.

① 구분지상권(區分地上權)의 범위, 유효기간, 보상금액의 지급시기·방법
② 도로건설로 인하여 토지·건물 또는 토지에 정착한 물건의 소유권 등

(2) 특히, 지하 40m 이하 대심도를 굴착하는 경우 소유권 민원발생에 유의해야 한다.[23]

---

23) 국토교통부, '도로계획지침', 대한토목학회, 2013, pp.169~171.

1.20 실시설계

도로 실시설계 조사내용, 수록할 주요 항목 [0, 3]

I 개요

1. 도로건설사업에서 실시설계(實施設計, working design)는 기본설계를 구체화하여 실제 건설현장에서 시공에 필요한 세부설계사항을 도면에 표기하는 단계로서, 도로건설의 계획단계를 지나 도로건설의 시행단계에 속한다.

   (1) 기본설계와 실시설계는 밀접하게 연관되어 있으며 설계 및 시공 과정에서도 자주 변경될 수 있으므로, 두 과업이 독립적으로 수행되기보다는 동시에 또는 과업기간의 시차를 두고 수행되는 것이 효율적이다.

   (2) 실시설계에서 과업변경의 규모는 타당성조사와 기본설계 방향에 크게 영향을 주지 않는 범위로 하며, 변경 규모가 큰 경우에는 재평가를 받아야 한다.

2. 실시설계에서는 기본설계에서 제시된 기준을 토대로 보다 세부적인 설계를 수행한다. 상세 토질조사 및 측량, 세부 선형설계, 배수구조물·교량·터널의 상세설계, 포장설계, 도로부대시설(영업소·휴게소)에 대한 시공상세도가 포함된다.

   실시설계의 시공상세도는 1 : 1,200 축적의 지형도에서 검토과정을 거친 후에 현지측량 결과를 기초로 하여 상세하게 작성되어야 한다.

II 실시설계의 시공상세도

1. 용어 정의

   (1) 시공상세도(施工詳細圖, shop drawing)란 시공자가 공사 목적물의 품질확보 및 안전시공을 할 수 있도록 공사의 진행단계별로 요구되는 시공방법과 시공순서 등을 설계도면을 근거로 작성하는 도면으로, 감리원의 검토·승인이 요구되며 가시설물의 설치·변경에 필요한 제반 도면이 포함되어야 한다.

   (2) 설계자가 작성한 설계도면은 과업내용에 의해 제시된 공사 목적물의 형상과 규격 등을 표현하기 위한 물량과 내역 산출의 기초가 되며, 시공자가 시공상세도를 작성할 수 있도록 모든 지침이 표현되어야 한다.

2. 시공상세도 작성 지침(국토교통부, 2010)

(1) 일반사항

① 시공상세도 작성은 실시설계도면을 기준으로 각 공종별, 형식별 세부사항들이 표현되도록 현장여건을 반영하여 상세하게 작성되어야 한다.

② 각종 구조물의 시공상세도는 현장여건과 공종별 시공계획을 최대한 반영하여 시공단계에서 문제점이 발생하지 않도록 작성되어야 한다.

(2) 작성 의무자 : 시공상세도는 원칙적으로 시공현장 책임자인 현장대리인이 작성하여 감리원의 승인을 받는 것으로 한다.

(3) 작성 범위 : 시공상세도는 원칙적으로 해당 건설공사의 모든 공종을 대상으로 작성한다. 다만, 보통·단순공종에 대하여 구체적인 사유와 근거를 제시하는 경우 시공상세도 작성을 생략하거나 해당 공종의 표준도로 대체할 수 있다.

3. 시공상세도 작성 책임

(1) 발주청

① 발주청은 사업목표를 설정하고 설계 및 계약변경에 대한 최종책임을 진다.

② 「건설기술관리법」 제48조에 의거 시공자가 건설공사의 시공상세도 및 기타 관계서류의 내용과 적합하지 않게 해당 건설공사를 시공하는 경우에는 재시공·공사중지 명령이나 그 밖에 필요한 조치를 취할 수 있다.

(2) 감리원(CMr)

① 감리원은 시공자가 계약서류의 내용을 올바르게 해석하고 재료의 요구조건을 적정하게 수용하여 제출한 시공상세도를 검토할 책임이 있다.

② 감리원은 ㉠ 승인(Approved), ㉡ 권고사항 이행을 전제로 조건부 승인(Approved as note), ㉢ 권고사항과 함께 불허(NOT Approved as note) 중 하나를 선정하여 승인서류에 서명하고 발주처에 제출해야 한다.

㉠ 승인(Approv)된 시공상세도를 기준으로 공사 착수

㉡ 조건부로 승인(Approved as note)된 도면은 권고사항을 수정 후, 공사 수행

㉢ 권고사항과 함께 불허(NOT Approved as note)된 도면은 계약요구조건에 따라 오류발생 또는 판독곤란 부분을 보완·재작성 후, 공사 수행

③ 감리원은 시공자가 시공상세도를 작성하였는지 검토·확인해야 한다. 특히 주요구조물(관련 가시설물을 포함)의 구조적 안전에 관한 사항은 반드시 비상주감리원이 검토·확인해야 한다.

(3) 시공자

① 시공자는 계약서류와 정확히 일치되는 상세한 치수, 재료 요구조건, 구조물 부재의 제작·가설에 필요한 요구조건 등을 보여주는 시공상세도를 작성하여 감리원에게 제출·승인받을 책임이 있다.

② 시공자가 계약서의 오류 또는 모순을 발견한 경우에는 이를 즉시 감리원에게 통보하여 후속조치를 취하도록 해야 한다.

③ 발주청 또는 책임감리원이 승인하였다고 해서 공사 목적물의 하자에 대하여 시공자의 책임이 면제되는 것은 아니다.

4. 시공상세도 작성 목록

(1) 일반사항

① 시공자는 실시설계도면과 시방서 등에 표기된 부분을 명확히 하여, 시공의 오류예방과 공사안전을 확보할 수 있도록 시공상세도를 작성해야 한다.

② 감리원은 「건설기술진흥법 시행규칙」 제41조(설계도서 검토)에 의해 시공자가 작성한 시공상세도를 검토기간 내에 확인하고 승인여부를 결정해야 한다.

③ 시공자는 감리원과 협의하여 발주청이 특별시방서에 명시한 사항 및 공사조건에 따라 필요한 사항 등을 시공상세도를 작성할 때 조정·포함할 수 있다.

(2) 작성 목록

① 시공상세도의 작성 목록에 제시되지 않은 도면이더라도 현장여건에 따라 필요한 경우, 시공자는 감리원과 협의하여 시공상세도를 작성해야 한다.

② 다만, 본 시공상세도 작성 목록의 구분은 현장에서 시공상세도 작성에 필요한 세부사항과 대가산정을 위하여 정해진 기준을 따른다.

③ 전문기술사의 기술검토를 요하는 사항은 보통·단순공종이라 하더라도 발주청과의 협의·조정을 통하여 공종 난이도를 조정할 수 있으며, 반드시 시공상세도의 세부사항으로 구분된 공종 난이도를 따를 필요는 없다.[24]

---

24) 국토교통부, '건설공사 시공상세도 작성지침', 2010.

1.21 도시부 · 지방부의 도로계획

도시 내 도로와 지방부 도로의 설계 시 차이점, 도시지역 도로설계지침 개정 [0, 4]

I 도시지역의 도로계획

1. 개요

국토교통부는 도시지역의 특성을 반영하여 사람중심의 도로환경을 조성하고, 보행자 안전을 강화하기 위한 「도시지역 도로설계지침」을 2019.12.24. 제정하였다.

2. 필요성

(1) 그동안 도로는 교통정체 개선, 지역 간의 연결 등 간선기능 확보를 위하여 차량통행을 중심으로 도로기능에 따라 설계속도를 규정하고, 그 설계속도에 따라 정해진 기준으로 도로를 건설하여 도시지역의 특성을 반영하기 어려웠다.

(2) 이러한 문제를 해결하기 위해 안전속도 5030, 보행자의 안전성이 강화된 「도시지역도로설계가이드」를 제정·운영('18.12~)하였고, 이번에 제정한 「도시지역 도로설계지침」은 도시지역 등급, 토지이용형태 등에 관계없이 도시지역 도로에 적용하도록 보완하였다.

(3) 「도시지역 도로설계지침」은 도로관리청이 도시지역에 도로를 건설·개량하는 과정에 도시지역 특성을 반영할 때 적용하며, 주요내용 및 특징은 다음과 같다.

3. 「도시지역 도로설계지침」 주요내용

(1) [1장] 총칙 : 지침의 제정 목적과 적용범위를 설정하고, 지침에 사용되는 용어와 새롭게 도입되는 용어에 대한 정의 추가

(2) [2장] 설계속도와 선형 : 도시지역도로의 설계속도와 평면곡선 반경의 크기·길이, 정지시거 등 기하구조 설계를 위한 기준을 제시

(3) [3장] 횡단구성 : 차로, 중앙분리대, 길어깨, 자전거도로, 보도 등 도시지역도로의 횡단을 구성하는 요소에 대한 설치 기준 제시

(4) [4장] 평면교차 : 평면교차로의 교차 각, 설치 간격 등의 설치 기준과 평면교차로의 횡단시설, 진출입부, 인접 기타시설, 회전교차로의 설치 및 설계 기준 제시

(5) [5장] 교통정온화시설 : 자동차의 통행 속도를 줄이고, 보행자의 안전·쾌적한 도로 환경 조성을 위해 설치하는 교통정온화시설의 설치 기준 제시

(6) [6장] 안전 및 부대시설 : 교통정온화시설과 함께 설치하는 안전시설 및 부대시설, 배수 등의 기준을 제시

4. 「도시지역 도로설계지침」 특징 및 유의사항

(1) 안전속도 5030 등을 반영한 도시지역도로 설계속도 저감

① 도시지역 도로의 설계속도를 20~60km/h로 적용하여 기존 80km/h와 비교할 때 최소 20km/h 저감되어 안전속도 5030 등을 적극 적용한다.

② 「도로의 구조·시설 기준에 관한 규칙」에 도시지역 도로는 기능에 따라 설계속도는 40~80km/h로 규정되어 있다.

(2) 어린이 횡단보도 대기소(옐로우카펫) 설치 등 보행자 안전강화

① 어린이 횡단보도 대기소(옐로우카펫), 고원식 교차로 등을 설치하여 운전자의 주의를 환기시켜 보행자의 안전을 강화한다.

② 어린이들이 횡단보도를 건너기 전 안전한 곳에서 기다리게 하고 운전자가 이를 쉽게 인지하도록 바닥·벽면을 노랗게 교통안전설치물을 표시한다.

③ 도시지역도로의 차도 폭을 축소하고 보도 폭을 확대하여 추가 보행공간 확보, 보행자 횡단거리 축소 등 보행자가 쾌적하게 도로를 이용하도록 개선한다.

차로폭 좁힘		도시지역 내에서 차량의 속도 감속 유도
어린이 횡단보도 대기소	☞	어린이 보호구역 횡단보도 안전지대 역할
고원식 교차로		교차로 통행 중에 차량의 속도 감속 유도

(3) 이용자를 고려한 편의시설 제공 등 사람중심의 도로환경 조성

① 여름철 햇빛에서 이용자를 보호하는 그늘막, 보도 확장형 버스탑승장(Bus bulbs) 등을 설치하여 '사람'이 도로를 보다 편리하게 이용하도록 한다.

② 도로변 주차공간에 테이블, 좌석 설치 등 도로변 미니공원(Parklet)을 조성하여 이용자가 도로에서 쉬어가고, 주변사람과 소통을 할 수 있게 한다.

그늘막		폭염 등 악천후일 때 쾌적한 보행환경 제공
보도 확장형 버스탑승장	☞	버스 이용자 대기공간 및 버스 승하차 편의성 제고
도로변 미니공원		도로 이용자에게 휴식공간과 편의시설 제공

(4) **도시지역도로 내 교통사고 예방을 위한 교통정온화시설 설치** : 지그재그 형태의 도로, 차도 폭 및 교차로 폭 좁힘, 소형회전교차로 설치 등으로 차량의 서행 진입·통과를 유도하고, 교차로 차단(진출입, 편도) 등 진입억제시설을 설치하여 차량출입을 억제하고 보행자의 안전을 향상시킨다.

지그재그형 도로	☞	차량 서행진입 및 감속 통과 유도
교차로 폭 좁힘		교차로 인지 및 통과속도 감속 보행자 안전 향상
교차로 진출입 차단		차량 진입 억제 및 통과교통량 우회 유도

5. 맺음말

(1) 도시 내 도로에서도 안전속도를 반영하고 도로변 미니공원, 어린이 횡단보도 대기소 등 보행자의 안전과 편의를 높인 사람중심 도로환경이 요구되는 시대이다.

(2) 이번에 개정된 「도시지역 도로설계지침」은 보행자 등 도로이용자의 안전성을 높이고 편리성을 강화하는 정책 패러다임의 변화를 보여준 시도로서, 운전자뿐만 아니라 보행자도 함께 이용하고 싶은 도시지역 도로로 향상될 것으로 기대된다.[25]

Ⅱ 지방지역의 도로계획

1. 개요

(1) 도로계획에서 지역은 크게 도시지역과 지방지역으로 구분된다.

① 도시지역 : 현재 시가지를 형성하고 있는 지역이나 그 지역의 발전추이로 보아 도로설계의 계획목표연도에 시가지로 형성될 가능성이 있는 지역

② 지방지역 : 도시지역 이외의 지역

(2) 기능별로 구분된 지방지역 도로를 「도로법」 제10조(도로의 종류와 등급)에 따라 분류된 도로와 연결시켜 볼 때, 주간선도로는 일반국도, 보조간선도로는 일반국도와 지방도, 집산도로는 지방도와 군도, 국지도로는 군도 등으로 구분된다.

① 일반국도 : 고속도로를 보완해서 전국적인 도로망의 골격이 되는 노선으로 중앙정부가 직접 도로의 계획·설계·유지보수를 담당하는 중요한 도로이며, 주요 지방지역을 광역적으로 연결하는 도로이므로 주간선도로로 분류된다. 다만, 일반국도 중에서 교통량이 적고 주변에 다른 국도가 있어 보조역할만 하는 경우에는 한 단계 낮추어 보조간선도로로 분류될 수 있다.

---

25) 국토교통부, '도시지역 도로설계지침', 제2019-1616호, 2019.

② 지방도 : 국도에 비해 노선의 전체 길이가 짧고, 간선기능보다 접근기능이 높아 보조간선도로로 분류된다. 다만, 지방도 중에서 기능이 더 떨어지는 경우에는 집산도로로 분류될 수 있다.

③ 군도와 농어촌도로 : 국지도로로 분류된다.

[지방지역 도로의 기능별 구분 특성]

구분	주간선도로	보조간선도로	집산도로	국지도로
도로의 종류 및 등급	일반도로 이상	일반국도 일부와 지방도 대부분	지방도 일부	군도 대부분과 농어촌도로
평균통행거리	5km 이상	5km 미만	3km 미만	1km 미만
유·출입 지점 간 평균간격	700m	500m	300m	100m
동일기능 도로 간 평균간격	3,000m	1,500m	500m	200m
설계속도(km/h)	80~60	70~50	60~40	50~40
계획교통량(대/일)	10,000 이상	10,000~2,000	2,000~500	500 미만

2. 지방지역 도로의 기능별 특징

(1) 자동차전용도로

① 도로의 기능은 고속도로와 유사하지만 고속도로에 비해 통행거리가 짧고 대도시와 중규모 도시 간을 연결한다.

② 설계속도 80km/h 이상

• 도시 내 주요지역 간 혹은 도시 간에 발생하는 대량 교통량을 처리하기 위한 도로로서 자동차만 통행할 수 있도록 지정된 도로

• 주로 도시권역 내의 순환도로, 시·읍·면급 국도우회도로와 주요 물류산업시설과의 연결에 적용되는 도로

• 교통의 원활한 소통을 기하기 위해 도로변 점용시설 허가는 금지하고, 원칙적으로 중앙분리대와 입체교차로를 설치

(2) 주간선도로

① 우리나라 도로망의 주골격을 형성하는 도로

② 설계속도 80~60km/h

• 지역 간 이동의 골격을 형성하는 도로로서 통행길이가 비교적 길고 통행밀도도 비교적 높다.

• 지역 간 통과교통 위주이며, 장래 우리나라 도로망 구축을 위해 4차로 이상의 도로로 확장할 필요가 있다.

• 「도로법」 제10조의 일반국도의 대부분이 여기에 해당된다.

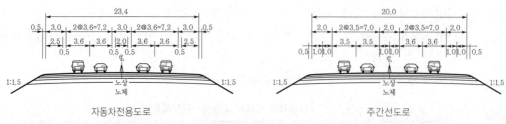

[기능별 도로의 단면 비교]

(3) 보조간선도로

① 주간선도로에 연결시켜 구성하는 도로

② 설계속도 70~50km/h

- 주간선도로를 보완하는 도로
- 주간선도로에 비해 통행거리가 다소 짧으며, 간선기능이 다소 약한 도로
- 군 상호 간의 주요지점을 연결하는 도로로서, 「도로법」 제10조의 일반국도 중 주간선도로에 해당되지 않는 나머지 도로와 「도로법」 제12조의 지방도로이다.

(4) 집산도로

① 지역 내의 통행을 담당하는 도로로서 광역기능을 갖지 않는 도로

② 설계속도 60~40km/h

- 보조간선도로를 보완하는 도로
- 군 내부 주거지역에서 발생하는 교통을 받아 보조간선도로에 연결
- 「도로법」 제12조의 지방국도 중 보조간선도로에 해당되지 않는 나머지 도로와 「도로법」 제14조의 군도 대부분이 여기에 해당된다.

(5) 국지도로

① 군 내부에 위치한 주거단지에 접근하기 위해 제공되며, 통행거리도 짧고, 우리나라 도로망 중에서 도로의 기능이 가장 낮은 도로

② 설계속도 50~40km/h

「도로법」 제14조의 군도 중 집산도로에 해당되지 않는 나머지 도로와 농어촌도로 등 기능이 매우 낮은 도로가 여기에 해당된다.

3. 맺음말

(1) 도로를 계획·설계할 때 도로가 소재하고 있는 지역의 현지여건과 도시계획, 토지이용계획 등 각종 관련계획을 검토하고 사회·경제·기술적 타당성과 교통·환경 고려사항 등을 종합검토하여 최적의 노선과 도로구조가 되도록 계획한다.

(2) 도로가 통과하는 지역을 기본적으로 지방지역과 도시지역으로 구분하고, 지역상황에 따라 도로의 기능을 유지할 수 있는 도로계획을 수립해야 한다.[26]

---

26) 국토교통부, ‘도로계획지침’, 대한토목학회, 2009, pp.52~56.

1.22 산악지 · 적설지의 도로계획

산지부 통과 도로의 재해대책 및 안전설계, 적설한랭지역의 도로계획·설계 고려사항 [0, 10]

I 산지부의 도로계획

1. 개요

산지부 도로구간은 지형이 험준하고 경사가 급하여 도로 계획·설계 과정에 많은 굴곡부, 대절토, 고성토, 교량, 터널, 암거 등의 대형구조물을 설치해야 하므로 공사비가 증가하고 환경훼손이 발생되는 제약조건이 수반된다.

2. 집중호우에 의한 산악지 도로 피해 유형

(1) **토석류 및 부유목 등에 의한 도로 피해** : 집중호우 내릴 때 우수흐름에 의해 토사, 자갈, 부유목 등이 원지반에서 분리되어 흘러내린 토석류 및 부유목 등에 의해 피해 발생

(2) **산지 하천의 침식작용에 의한 도로 피해** : 산지 하천은 유하거리가 짧고 급경사로 이루어져 있어 단시간에 급류가 발생되어 도로가 침식되거나 유실되는 피해 발생

(3) **횡단 배수시설의 통수단면 부족에 의한 도로 피해** : 과거 70~80년대 설계기준이 미비할 때 설치된 횡단배수시설은 규모가 작고 오랜 시간이 경과하면서 토사가 쌓여 집중호우 내릴 때 기능 상실

(4) **산사태 및 비탈면 붕괴에 의한 도로 피해** : 깎기 비탈면은 굴착초기에 노출된 토층이 비교적 단단하지만 동결융해와 풍화작용이 반복되면서 전단강도를 상실하여 파괴

(5) **산악지 교량의 피해** : 집중호우 내릴 때 수위상승으로 상부로부터 떠내려 오는 부유목 등의 유송잡물이 교각 및 교량 난간부에 적체되는 경우에 월류되면 도로 유실

3. 산지부의 도로계획 특성

(1) **적용기준** : 산지부 도로는 재해, 교통, 환경, 기후 등 산지부의 특성을 고려하여 횡단구성, 상·하행, 터널, 교량, 피암터널 등이 반영된 도로시설물 계획을 수립한다.

(2) **도로의 기하구조**

① 도로폭이 협소하므로 기존도로 활용방안을 우선적으로 검토
통행안전, 원활한 차량 통행을 확보하기 위하여 상·하행 선형분리, 시거 확보, 대피소 설치 등 국부적인 개량을 검토

② 지형여건, 교통여건, 재해발생 등을 고려하여 단면과 폭원 구성
상·하행 분리단면, 터널, 교량, 피암터널 설치 등을 검토하고, 경관이 수려한 구간은 보존 방안도 함께 검토

③ 계곡부 통과구간은 계곡부의 보존과 경관을 위해 교량 설치를 검토

　　교량 가설계획을 수립할 때 현장사무소 가설, 콘크리트 타설 등이 자연환경에 악영향을 미치지 않도록 배려

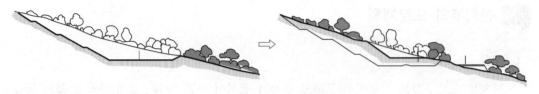

[상·하행 분리 선형계획]

(3) 도로의 단면계획

① 산지부 도로 횡단을 단단면으로 계획하면 대규모 흙깎기·흙쌓기 발생

　　단단면은 산사태, 낙석 등의 재해발생 원인이 되므로 안전을 위해 지형여건에 따라 상·하행 분리단면을 검토

② 산지부 도로 횡단을 복단면으로 계획하면 많은 용지 확보가 필요

　　교량, 터널, 암거 등의 구조물을 적용하여 비탈면 높이를 낮춤으로써 환경친화적인 도로의 장점을 최대한 부각

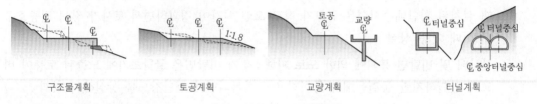

구조물계획　　　　　토공계획　　　　　교량계획　　　　　터널계획

[산지부 도로의 단면계획]

(4) 계곡부 통과방안

① 계곡부 통과할 때 평면선형은 직선으로 계획하고, 유역면적과 토석류 발생영역 등을 고려하여 통과방안을 결정

　• 집중호우로 인한 도로의 유실·침수에 대비하는 「산악지 도로설계매뉴얼」(국토교통부, 2007.7.)」에 따라 규격이 큰 횡단배수시설 또는 교량 건설 검토

② 계곡부에 건설되는 배수시설은 산악지형, 유역면적, 수리·수문, 지질·지반, 구조 분야의 전문가 자문을 통해 구조물의 형식·규격을 결정

　• 특히, 집중호우 등에 의한 도로피해지역에 대해서는 도로관리청의 설계자문위원회 심의를 통해 배수시설을 결정

　• 산사태 및 토석류 피해발생이 우려되는 계곡부 통과지점에는 도로부지 내에 차단시설의 추가 설치를 검토

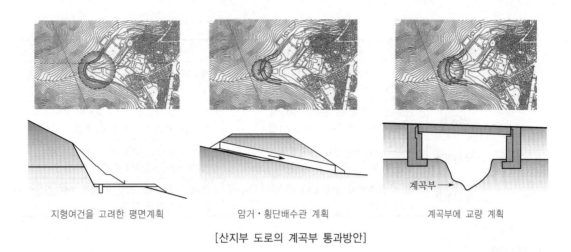

| 지형여건을 고려한 평면계획 | 암거·횡단배수관 계획 | 계곡부에 교량 계획 |

[산지부 도로의 계곡부 통과방안]

(5) 토석류 및 유송잡물 설계방안

① 토석류 및 유송잡물 발생이 예상되는 경우

- 우수가 집중되는 계곡부에서 하상경사가 15°인 지점부터 상류의 집수면적이 $0.05km^2$ 이상되는 경우 수로 바닥에 토석류 퇴적물이 존재하게 된다.
- 우수가 집중되는 계곡부에서 하상경사가 15°인 지점부터 상류의 집수면적이 $0.05km^2$ 미만인 경우에도 기상자료를 보면 붕괴이력이 있을 수 있다.

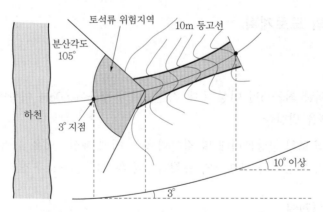

[석류 및 유송잡물 퇴적범위(위험구간) 설정]

② 토석류 및 유송잡물 차단을 위한 사방댐 설치

- 하상경사가 큰 계곡에서 급류로 인해 발생하는 토석과 토사류의 침식을 억제하기 위하여 사방댐을 설치하면 효과적이다.
- 사방댐의 제체재료는 콘크리트 또는 철강재를 대상으로 검토한다.

[사방댐의 종류]

구분	콘크리트 사방댐	철강재 사방댐
공법개요	• 기초, 양안어깨부, 본체를 모두 콘크리트구조로 설치	• 기초와 양안어깨부는 콘크리트구조, 본체는 철강구조로 설치
시공성	• 기초는 현장굴착, 콘크리트타설 • 본체는 현장 수중콘크리트 타설	• 기초는 현장굴착, 콘크리트타설 • 본체는 현장 볼트체결로 조립
유지관리	• 하류측 세굴에 의한 하자발생 우려 • 부분적 보수, 확대, 축소 등이 곤란	• 부분적 보수, 확대, 축소 등이 곤란 • 아연도금 손상으로 부식우려 있음
수질환경	• 댐 상류측에서 고인물이 부패되어 수질악화 우려	• 본체의 철강재 조립 틈새로 배수기능이 있어 수질악화 방지

4. 맺음말

산지부 도로계획 과정에 기존 도로 활용 가능성을 검토하고 지반형태, 붕괴지대 이력, 기상조건, 보존지역, 천연기념물, 기존시설물 등을 조사하고 도로, 구조물, 토질·기초, 지형·지질, 경관·환경, 수리·수문 분야 전문가의 자문, 관계기관의 의견, 관련정책의 방향 등을 통하여 수해, 설해, 산사태 등으로부터 안전하고 자연환경을 보존하고 경관자원을 활용할 수 있는 도로를 설계해야 한다.[27]

Ⅱ 적설지역의 도로계획

1. 개요

(1) 적설지역이란 최근 5년 이상 최대 적설깊이의 평균이 50cm 이상인 지역 또는 이에 준하는 지역을 말한다.

(2) 적설지역 도로의 중앙분리대 및 길어깨 폭은 기계 제설작업을 고려하여 다음과 같이 정해야 하며, 자동차와 보행자의 통행기능이 확보되는 도로구조로 한다.

2. 적설지역 선형계획

(1) 평면선형

① 적설과 함께 결빙되면 음지구간은 해빙이 지연되어 교통사고 위험요인이 되고, 잦은 제설작업은 유지관리비용 증가

② 따라서, 도로 노면에 가급적으로 음지(陰地)가 발생하지 않도록 선형계획

---

27) 국토교통부, '도로계획지침', 대한토목학회, 2009, pp.63~67.
　　국토교통부, '산악지 도로설계매뉴얼', 2007, 3~87.

(2) 종단선형

① 산악도로는 종단경사가 급하고 평면굴곡이 많아 적은 적설에도 큰 영향을 끼치므로, 종단경사에 급경사를 적용하는 것은 부적절

② 따라서, 종단경사를 일반적인 규정치보다 낮추어서 안전하게 선형계획

3. 적설지역 도로계획 고려사항

(1) 최대 적설깊이

① 외국의 경우 30년 재현확률의 최대 적설깊이를 설계값으로 채택

- 최대 적설깊이가 설계깊이를 초과하는 경우에는 제설장비를 다수 투입하거나 제설 작업에 많은 시간을 배정하는 방법으로 도로교통을 유지
- 다른 장비를 추가 투입하여 제설장비의 능력을 보충
- 주어진 여유폭 내에서 퇴설높이가 설계값보다 높더라도 상호 수용하여 처리

② 한국의 경우 10년 재현확률의 최대 적설깊이를 설계값으로 채택

- 교통량이 적은 도로에는 노선성격, 교통량, 경제성 등을 감안하여 채택

(2) 자동차 통행공간의 구조

① 차도 유효폭

- 동절기에도 차도 유효폭을 확보할 수 있도록 퇴설폭을 확보
- 유설구(流雪溝), 녹아 흐르는 눈의 처리시설(消融雪)을 설치

② 눈사태·눈보라 대책

- 눈사태 대책 : Snow shield, 눈사태 방지울타리 설치
- 눈보라 대책 : Snow shield, 방설(防雪)울타리 설치

③ 오르막구간 대책

- 기상이 급격히 악화되기 쉬운 오르막구간에는 체인장착·제거장소, 교통차단시설, 기상관측장치, 도로정보제공장치 등을 설치

(3) 보행자 통행공간의 구조

① 보도 설계할 때 보행자 통행을 위한 유효폭을 확보(자전거 통행은 제외)할 수 있도록 퇴설(退雪)폭을 확보

② 퇴설폭 확보가 곤란할 때는 녹아 흐르는 눈의 처리시설(消融雪)을 설치

③ 보도의 포장구조는 평탄하게 설계하고, 신발이나 휠체어가 미끄러지지 않는 신소재를 채택

④ 횡단보도 접속부는 경사를 낮추고 미끄러지지 않는 구조로 배려

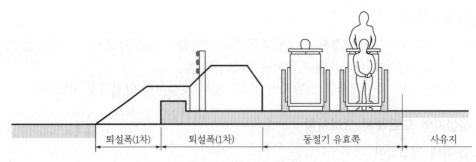

[퇴설폭을 고려한 보도 유효폭]

4. 적설지역 제설을 위한 측방여유폭

(1) 제설방법

① 제설제를 사용하는 방법 : 염화칼슘, 천일염(소금) 살포

② 제설장비를 사용하는 방법

- 신설 제설 : 눈이 통행차량으로부터 압설(壓雪)되어 흐트러지기 전에 제거
- 확폭 제설 : 이미 내려 노면에 쌓여있는 눈을 도로 밖으로 제거
- 노면 제설 : 차량 안전주행을 위해 노면에 압설된 층을 통째로 평탄하게 덤프트럭에 적재하여 도로 밖으로 제거
- 운반 제설 : 노면 및 길어깨에 쌓인 눈을 연속적으로 운반하여 제거

(2) 적설지역의 도로폭 구성

① 제설여유폭(W_2) : 도로에 눈이 조금 내렸을 때는 제설기를 이용하여 노면에 쌓인 눈을 길어깨 쪽으로 제설(1차 제설)하기 위한 장소

② 퇴설여유폭(W_3) : 또 내릴 눈에 대비하여 퇴설된 눈을 제설장비로 트럭에 실어 퇴설장으로 운반하면서 확폭 제설(2차 제설)하기 위한 장소

③ 측방여유폭(W_4) : 동절기에 눈이 매우 많이 내리는 강원도 일대 도로에는 측방여유폭(제설여유폭+퇴설여유폭)을 추가 확보

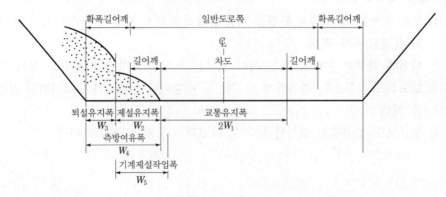

[적설지역 도로폭의 구성]

[적설지역 길어깨의 여유폭]

최대 적설깊이(m)	제설여유폭 W_2(m)	퇴설여유폭 W_1(m)	측방여유폭 W_3(m)
0.5 미만	1.5	–	1.5
0.5~1.0 미만	1.5	1.0	2.5
1.0~2.0 미만	1.5	2.0	3.5
2.0~3.0 미만	1.5	2.5	4.0
3.0 이상	1.5	3.0	4.5

5. 적설지역 자동차 통행을 위한 길어깨 폭

(1) 땅깎기부의 측방여유폭

① 적설깊이의 변화가 큰 구간에서는 동일한 측방여유폭을 적용하는 것이 바람직하므로, 설계 적설깊이는 대상구간 내의 최대치로 설정
  • 동일한 측방여유폭으로 설계하는 구간의 길이는 2km 이상
  • 측방여유폭을 변화시키는 경우에는 도로구조가 변하는 장소(IC, 휴게소, 주차장, 교량, 고가, 터널 등)를 변화점으로 설정

② 터널 갱구 부근에서 제설하는 경우에는 기계 제설한 눈이 터널 내로 진입하지 않도록 터널 갱구 앞에 퇴설공간을 확보
  • 터널 갱구 앞의 측방여유폭은 땅깎기부와 동일한 폭으로 확보
  • 눈이 날려서 터널 내로 진입하는 것을 고려하여 가능하면 넓게 확보

③ 길어깨의 접속을 위한 방호책의 접속률은 1/30 이하
  • 구조물이 인접하여 곤란한 경우에는 1/20까지 허용
  • 눈이 많이 내렸을 때 떼어내고 제설할 수 있도록 조립식 구조로 설계

(2) 흙쌓기부의 측방여유폭

① 흙쌓기부에서는 흙쌓기 비탈면에 제설한 눈을 퇴설하므로 확폭 불필요

② 1차 또는 2차 제설한 눈이 날릴 수 있는 낮은 흙쌓기부나 비탈면이 짧은 곳에는 비탈면 끝에 7m 폭의 퇴설부지 확보

③ 본선의 도로구조나 용지 측면에서 7m 폭을 확보할 수 없는 곳에는 비설방지망(飛雪防止網)이나 울타리(柵)를 설치

(3) 오르막차로의 측방여유폭

① 겨울철에 교통량이 감소하여 기준 차로폭으로 통행에 지장이 없는 경우에는 오르막차로를 퇴설부지로 이용 가능
  • 오르막차로 설치 구간에는 원칙적으로 제설용 확폭 불필요

② 겨울철에도 교통량이 많아서 오르막차로의 운용이 필요한 곳에는 소정의 측방여유폭 확보 가능

• 측방여유폭은 앞뒤 구간의 땅깎기부 전폭(全幅)이 오르막차로 전폭보다 넓은 경우, 앞뒤 구간의 땅깎기부 전폭과 같은 폭을 확보

(4) 교량과 고가부의 측방여유폭

① 교량과 고가부는 공사비가 비싸므로 원칙적으로 퇴설용 확폭 생략

• 생략 대상 : 교통량이 적은 구간(공용개시 5년 후 5,000대/일 미만) 비분리 2차로 도로 구간

② 교량과 고가부 아래에 퇴설용 측방용지를 확보하여 투설(投雪)

• 길옆에 쌓아 놓은 눈의 운반퇴설은 안전성, 경제성에서 비효율적 작업

• 투설 용지폭 : 교량과 고가의 높이가 낮고 바람이 약한 곳은 7m 확보 그 밖의 곳은 교량과 고가 끝부분에서 10m 확보

③ 적설깊이 3m 이상 지역에서 길이 100m 이상인 장대교에서는 0.75~1.00m의 측방여유폭 확보

• 일일설량(一日雪量)이 큰 지역에는 1차 제설할 때는 물론 2차 제설 후에도 통행 가능폭이 아주 좁아 안전에 문제 발생

• 이러한 지역은 연도상황, 제설방법 등을 감안하여 측방여유폭 외에 추가로 측방용지 확보 검토[28]

---

28) 국토교통부, '도로계획지침', 대한토목학회, 2009, pp.75~81.

1.23 도로의 경관설계 기법

도로의 경관설계, 도로 경관의 구성요소 및 세부 설계방안 [2, 9]

1. 개요

(1) 도로의 경관은 시각적으로 보이는 것이 우선이지만 다른 요소와도 복합적으로 작용하는데, 특히 지역의 자연환경은 경관의 질을 결정하는 중요한 요인으로 작용한다.

(2) 따라서 통과하는 지역의 주변환경과 지형특성, 도로 등급, 교통량 등에 따라 도로의 선형계획을 수립할 때 아래와 같은 경관 요소를 검토한다.

① 대상도로의 특성을 경관계획에 반영한다.
② 도로이용자와 지역주민의 의견을 반영한다.
③ 전체적인 균형을 갖춘 형태로 계획한다.
④ 변화지점에 대한 경관은 통일과 조화를 고려한다.
⑤ 시간경과에 따라 변화하는 계절경관을 고려한다.
⑥ 지역경관의 보호, 지역경관과의 조화, 새로운 경관창조 등을 고려한다.

2. 경관도로의 주요 고려사항

(1) 경관 측면의 도로 특성

① 경관 측면에서 도로의 특성은 경관이 수려한 도로, 지역을 대표하는 도로, 도시적 이미지의 도로, 역사·문화의 도로, 고풍이 있는 도로 등과 같이 지역환경과 도로이용자 성격에 따라 구분할 수 있다.

② 경관도로를 계획할 때는 지역을 대표하는 거리나 명승지의 표출, 지역의 개성을 나타내는 적극적인 경관창출 등을 시도하면 효과적이다.

[지역특성을 나타내는 경관이 수려한 도로]

(2) **경관도로 계획의 기본원칙**

① 대상도로의 특성, 도로이용자와 지역주민을 위한 경관설계
대상도로의 특성에 적합한 경관을 형성하며, 도로이용자에게 좋은 느낌을 주도록 연
도지역의 이미지를 연출

② 통일과 변화를 고려하여 전체적인 균형을 갖추는 경관설계
획일적인 도로경관이 되지 않도록 도로선형(교차점)이나 도로구조(교량, 터널)의 변
화점을 이용하여 적절한 변화를 연출

③ 시간경과(기후와 계절)에 따라 시각적으로 변하는 경관설계
자연적 요인과 인위적 요인(토지이용의 변화)을 잘 활용하여 시간경과에 따라 정취를
더욱 풍부하게 느낄 수 있도록 연출

④ 지역경관을 보호하며 연속적인 조화를 추구하는 경관설계
경관파괴를 최소화하고 자연환경을 보호하면서, 인공구조물과 도로주변의 생활환경
을 서로 조화시킬 수 있는 연속경관 관점에서 연출

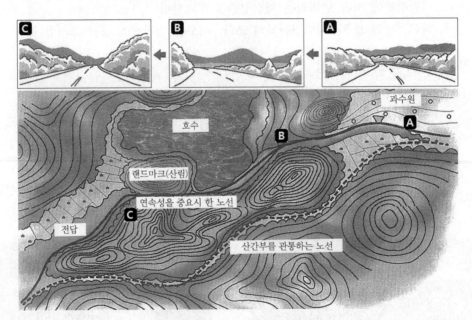

[연속적인 조화를 추구하는 경관설계]

3. 경관도로의 계획 방향

(1) **노선선정 방향**

① 경관도로의 노선을 선정할 때는 해당 도로가 지역경관을 구성하는 요소가 되도록 하
며, 전체적으로 연속성을 나타내는 경관을 조성한다.

② 특히, 경관이 뛰어난 곳은 도로계획을 수립할 때 보전을 고려하며, 주변경관이 특색
이 있는 구간은 이를 활용할 수 있는 선형으로 계획한다.

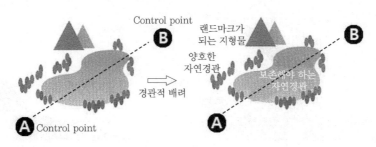

[경관을 고려한 도로의 노선 선정]

(2) 선형계획 방향

① 쾌적한 주행성을 확보하는 선형계획
- 시각적 흥미를 유발시키는 경관 변화를 제공
- 내부경관과 외부경관이 조화를 이루는 연속경관 연출
- 평면선형과 종단선형을 조정하여 통과지역의 지형변화를 최소화
- 상·하행 선형을 분리하여 중앙분리대에 녹지축을 형성

[평면선형과 종단선형의 조화]

② 도로특성에 따른 선형계획
- 산악지역 : 지형변화를 최소화하여 연속경관 연출
- 전원지역 : 주변지역과 조화, 전원풍경의 도입
- 수변지역 : 수변생태계와 전망을 고려하여 휴게소 위치 선정
- 해안지역 : 기상변화, 조망권을 고려하여 연속경관 연출
- 역사·문화지역 : 접근성 및 인지성 향상, Landmark 설치
③ 시각적인 자연스러움이 확보되는 선형계획
- 시각적인 자연스러움 확보, 선형의 급변 최소화, 완화곡선 삽입
- 운전자가 전방의 도로선형을 멀리까지 볼 수 있는 조망권 확보
- 운전자의 심리적 영향을 고려하여 시각적 연속성 유지
- 도로를 주행하는 운전자의 시선방향에 따라 연속경관 연출
- Landmark가 되는 대규모 경관자원[산(山)] 등은 연속경관의 중앙에 배치

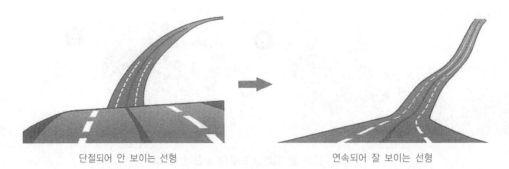

단절되어 안 보이는 선형   연속되어 잘 보이는 선형

[시각적인 자연스러움이 확보되는 선형계획]

(3) 교량계획 방향

① 주변경관과 조화되고 지형변화를 최소화하는 교량계획 : 급경사 지역의 도로는 자연
환경 보전을 위해 고가구조로 계획하여 교량하부에 생태축을 확보하면 생태이동통로
조성 효과 기대

② 주변 자연환경의 조망권을 확보하는 교량계획 : 교량 위에서 자연경관에 대한 조망권
확보를 위해 기존의 콘크리트 또는 플라스틱방음벽 대신 투명방음벽으로 변경

③ 도로 부속시설물과 조화를 이루는 교량계획 : 교량 난간은 내부경관 측면에서 개방감
을 확보하고, 난간의 상부재질과 하부콘크리트와의 접점에서 시각적 연속성을 확보

조망권이 확보되는 산악지형 교량   조망권이 확보되는 투명방음벽

[도로 부속시설물과 조화를 이루는 교량계획]

(4) 터널계획 방향

① 시각(視覺)과 지각(知覺)을 고려하는 터널계획
  • 폐쇄공간에서 느끼는 압박감과 긴장감을 완화하여 주행 안전성을 확보

② 주변경관과 조화되는 터널계획
  • 터널 입구의 수직 옹벽이 주변경관과 조화되도록 미적 측면에서 배치

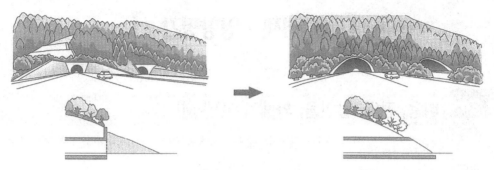

[갱구 형식에 따른 터널계획]

③ 지역특성을 나타내는 터널계획
- 갱구부를 설계할 때 터널로 접근하는 원경(遠景) 또는 중경(中景)에 시점장(視點長) 분석을 통하여 경관요소를 도입
④ 환경과 경관을 고려하는 터널계획
- 터널 갱구는 훼손된 자연경관 복원과 재해발생 방지를 위해 콘크리트 면벽이 작게 노출되는 돌출형이나 원통절개형을 채택

4. 맺음말

(1) 기존도로의 경우, 단순한 이동통로가 아닌 노선특성을 반영한 휴식공간, 조망공간, 문화공간으로서 테마가 있는 아름다운 도로를 조성해야 한다.
신설도로의 경우, 노선선정 단계부터 경관자원을 고려하여 구조물계획, 비탈면계획, 도로변계획 수립 시 경관도로를 조성하는 것을 목표로 한다.

(2) 최근 삶의 질 향상에 따라 경관도로에 대한 요구가 높아져 종전 도로의 기본적 기능에 더하여 경관적으로 우수한 도로 구현이 중점과제로 부각되고 있다.
2006년부터 자연경관영향심의제도를 도입하여 삶의 질 향상에 대응하고 있으며, 2007년 「경관법」을 제정하여 체계적인 경관관리를 도모하고 있다.[29]

---

29) 국토교통부, '도로의 구조·시설 기준에 관한 규칙', 2015.07.22, pp.230~235.

[3. 경제·영향평가]

1.24 비용, 편익, 할인율, 화폐가치(VFM)

도로건설에서 발생하는 편익의 산정방법, VFM(Value For Money), 도로교통혼잡비용 [8, 3]

1. 개요

(1) 도로사업을 계획할 때는 건설에 소요되는 비용과 그로 인하여 국가·사회적으로 얻게 되는 각종 편익을 비교하여 투자의 효율성을 판단한다.

(2) 도로사업의 경제성 평가 지표에는 B/C, NPV, IRR 등이 사용되고, 이 지표 산출에 공통적으로 필요한 자료가 편익(benefit)과 비용(cost)이다.

(3) 도로건설의 편익에는 양(陽)편익뿐 아니라 음(陰)편익도 있으므로, 순(純)편익을 측정하여 순(純)비용과 비교할 수 있는 형태로 계량화하는 것이 경제성 분석의 핵심이다.

2. 비용 산출

[비용의 평가항목 및 계량화 방법]

구분	평가항목	계량화 방법
비용	• 용지보상비 • 공사비(토공, 구조물공, 포장공, 배수공, …) • 부대경비(설계비, 감리비, 정밀안전진단비, …) • 유지관리비(정비비, 원상복구비, 철거비, …)	보상가격 공사비 인건비 재료비

(1) **공사비, 보상비** : 도로건설사업에 소요되는 공사비와 보상비는 「건설공사 총공사비 관리지침(기획재정부, 2006)」에 따라 목표연도, 현장여건 등을 고려하여 산출한다.

(2) **유지관리비(인건비+재료비)** : 유지관리비는 「예비타당성조사 표준지침(한국개발연구원, 2004)」, 「한국도로공사 업무통계」 등의 실적자료를 참조하여 산출한다. 예를 들어, 고속도로 입체교차로의 유지관리비(운영비 제외)는 고속국도 총유지관리비의 20~30% 정도 소요된다.

(3) **교통혼잡비용** : 도로교통으로 인한 비용에는 차량운행비용, 교통시설비용뿐만 아니라 교통혼잡, 교통사고, 환경오염 등의 사회적 교통혼잡비용도 수반된다.

3. 편익 산출

(1) **편익의 특징**

① 편익은 그 사업의 영향을 받는 사회구성원 개인의 편익 합계이다.

② 편익은 그 사업에 대한 개인의 지불의사이다.

③ 공공사업 편익은 이윤추구가 목표인 사기업과 달리 다방면에 나타난다.

④ 편익은 간접수혜자에 대한 영향도 포함된 사회적 편익을 의미한다.

(2) 계량화 방법

① 도로건설에 따른 환경비용은 일반적으로 대기오염, 수질오염, 소음, 진동, 자연녹지 훼손, 생태계파괴, 미관침해 등을 들 수 있다. 이 중 도로건설에서는 대기오염과 차량소음만 고려한다.

② 도로공사의 경우에는 일반도로보다 고속국도 건설에 따른 대기오염과 차량소음이 더 많이 발생하여, 환경측면에서 편익은 오히려 감소요인으로 작용된다.

[도로 이용자 편익과 비이용자 편익]

구분	평가 항목	계량화 방법	화폐가치화 방법
이용자 편익	• 차량운행비 절감 • 운행시간 단축 • 교통사고 감소 • 통행안락감 증대	운행비용(원) 운행시간(시간) 재물 피해액(원) 부상 및 사망(명) 불가능	운행비용 시간의 화폐가치화 재산피해액 보상비 불가능
비이용자 편익	• 지역개발 효과 • 대기오염 • 차량소음	소득증대(원) 지가상승(원) 오염물 배출량(μg) 데시벨(dB)	소득 지가 지가* 지가*

*는 화폐가치화 방법을 예시한 것에 불과하며 절대적인 방법이 아니다.

(3) 화폐가치화 방법

① 차량운행비(VOCS, Vehicle Operating Cost Saving) 절감

$$VOCS = VOC_{사업미시행} - VOC_{사업시행}$$

$$VOC = \sum_{l} \sum_{k=1}^{3} (D_{kl} \times VT_k) \times 365$$

여기서, D_{kl} : 링크 1의 차종별 통행시간

VT_k : 차종별 차량운행비

k　: 차종(승용차 : 1, 버스 : 2, 화물차 : 3)

[승용차의 속도별 운행비]

속도(km/h)	비용(원/km)	속도(km/h)	비용(원/km)
10	256.12	70	130.54
20	208.80	80	124.46
30	181.16	90	122.59
40	157.37	100	122.92
50	142.61	110	121.61
60	135.23	120	127.65

② 운행시간(VOTS, Value Of Time Saving) 단축

$$VOTS = VOT_{사업미시행} - VOT_{사업시행}$$

$$VOT = \sum_l \sum_{k=1}^{3} (T_{kl} \times P_k \times Q_{kl}) \times 365$$

여기서, D_{kl} : 링크 1의 차종별 통행시간

P_k : 차종별 시간가치

Q_{kl} : 링크 1의 차종별 통행량

k : 차종(승용차 : 1, 버스 : 2, 화물차 : 3)

- 운행시간 단축은 사업미시행과 사업시행의 총운행시간에 차종별 시간가치를 적용하여 총운행시간을 산출한 후, 비교된 차액을 통해 산출한다. 예를 들어, 「업무용 승용차의 1인당 시간가치」는 13,000원/h 기준이다.

③ 교통사고 감소

- 교통사고로 발생되는 모든 경제적 손실을 화폐가치로 환산한다. 도로 개통일자를 기준으로 입체교차화 전과 후의 사고비용 감소에 대한 편익을 분석한다.

[사상자 1명당 교통사고 비용]

구분	단위	사망	부상
PGS 포함	천원	363,740	35,570
PGS 제외	천원	268,840	16,930

PGS(Pain Grief Suffering) : 정신적인 피해 비용

④ 대기오염 감소

$$BE^d_k = \sum_s (\xi^d_k \times \delta^d_{ks} \times L_{ks}) \times 365$$

여기서, ξ^d_k : 대기오염 배출량(μg/km/일)

δ^d_{ks} : 대기오염 처리비용(원/μg)

L_{ks} : 구간길이(km)

k : 시행 전, 시행 후

s : 도로(고속국도 : 1, 일반국도 : 2, 지방도 : 3)

⑤ 차량소음 감소

$$BE^d_k = \sum_s (\xi^d_k \times \delta^d_{ks} \times L_{ks})$$

여기서, ξ^d_k : 차량소음 정도(dB)

δ^d_{ks} : 연간 차량소음 피해비용(원/dB/km/년)

(4) 편익 산출이 어려운 이유

① 도로건설의 비용은 대부분 사업초기에 발생하여 산출이 쉽지만, 편익은 장기간에 걸쳐 여러 계층의 사람들에게 영향을 미치므로 산출하기 어렵다.

간접편익 가운데 환경비용 편익의 경우 대기오염, 소음·진동 등의 일부 항목을 계량화하는 연구가 축적되어 비용/편익 분석에 반영하고 있다.

② 지역개발 효과, 시장권 확대, 지역산업구조 개편 등의 실현을 위해서는 도로사업 이외의 해당분야에 대한 투자가 병행되어야 하므로 계량화가 어렵다.

간접투자의 구축효과를 도로사업의 편익으로 직접 산정하는 것은 논란의 여지가 있어 포함하지 않는다.

4. 교통혼잡비용

(1) 용어 정의

① 도로교통으로 인한 비용에는 차량운행비용, 교통시설비용뿐만 아니라 교통혼잡, 교통사고, 환경오염 등의 사회적 비용(Social cost)도 수반된다.

② 도로교통혼잡비용이란 도로가 혼잡함에 따라 추가 발생하는 한계비용의 합을 말하는데, 도로용량의 한계를 초과하는 도로에 추가 진입하는 1대의 차량이 다른 차량에 미치는 운행비용과 시간비용의 한계적 증가분을 의미한다.

즉, 도로교통혼잡비용이란 교통혼잡에 의해 증가되는 사회적 비용을 말한다.

[도로교통혼잡에 의해 증가되는 사회적 비용(Social cost) 분류]

비용항목	내부비용(Internal cost)	외부비용(External cost)
차량운행	유류비, 차량비, 통행료	다른 사람이 부담하는 비용
교통시설	도로이용료, 차량세, 유류세	회수되지 않는 시설비용
교통혼잡	시간비용	다른 사람에게 전가되는 교통정체비용
교통사고	보험료, 교통사고비용	다른 사람이 부담하는 육체적·정신적 고통
환경오염	환경악화에 의한 불편	소음·대기오염으로 인한 육체적·경제적 피해

(2) 교통혼잡비용 추정방법

① 차량운행비용(Vehicle operating cost)

- 고정비 : 인건비, 감가상각비, 보험료, 제세공과금 등에 대하여 차종별로 시간당 비용을 추정한다.

- 변동비 : 연료소모비, 유지정비비, 엔진오일비, 타이어 마모비 등에 대하여 속도별로 시간당 비용을 추정한다.

② 시간가치비용(Value of time)

- 「최저임금법」에 의해 목적별, 수단별 시간가치를 적용하고 도시근로자의 月평균소득과 평균근로시간을 기준으로 시간가치를 산출한다.

(3) 우리나라의 교통혼잡 기준속도 설정

① 지역 간 도로(고속국도, 일반국도, 지방도) : 서비스수준(LOS) C를 혼잡기준속도로 설정하여 산출한다.

② 도시지역 도로(특별시도, 광역시도) : 서비스수준(LOS) D를 혼잡기준속도로 설정하여 산출한다.

5. 화폐가치(VFM, Value For Money)

(1) 용어 정의

① SOC사업을 재정사업으로 수행하는 정부실행대안(PSC, Public Sector Comparator) 과 민간자본을 유치하는 민간투자대안(PFI, Private Finance Initiative)과의 VFM 값을 비교·분석하여 최적조합을 선택하는 과정이 VFM 분석이다.

② 민간자본으로 시행할 때 정부부담액이 절감되어야 VFM(Value For Money)이 확보되므로, VFM이 확보되는 사업만을 민간투자사업으로 진행하게 된다.

(2) VFM 분석기법

① 정량적 VFM 분석 : PSC와 PFI의 생애주기비용(LCC)을 비교·평가
  • 정부실행대안(PSC)의 LCC가 민간투자대안(PFI)의 LCC보다 큰 경우에 해당사업은 민간사업자가 추진하는 것이 효율적이라고 판단한다.

② 정성적 VFM 분석 : 서비스 질 제고 등의 정성적 효과를 비교·평가
  • 해당 시설물에 대한 서비스를 정부·지자체가 제공할 경우와 민간이 제공할 경우로 구분하여 양쪽의 서비스 질, 파급효과, 사업 특수성 등을 비교한다.

③ 종합평가 : 정량적 VFM 분석과 정성적 VFM 분석 결과를 종합평가
  • 평가항목의 배점기준은 사업별 특성을 고려하여 차등화하되 가급적 차이를 최소화 하여 평가함으로써 객관적인 결과가 도출되도록 한다.[30]

---

30) 한국개발연구원, '도로·철도부문 예비타당성조사 표준지침', 공공투자관리센터, 2008.12, pp.17~53.
한국교통연구원, '전국 교통혼잡비용 추정과 추이 분석' 제2장 교통혼잡비용 추정방법, 2010.4.30.,

6. 할인율

(1) 용어 정의

① 할인율(割引率, discount rate)은 미래시점의 일정금액과 동일한 가치를 갖는 현재시점의 금액(현재가치)을 계산하기 위한 비율로서, 아래 식으로 구한다.

$$P_o = \frac{P_n}{(1+r)^n}$$

여기서, P_o : P_n의 현재가치

P_n : n년 후 시점의 현금

r : 할인율

② 할인율(r)과 현재가치(P_o)는 서로 반비례 관계이므로 할인율이 높아질수록 현재가치는 감소하며, 반대로 할인율이 낮아질수록 현재가치는 증가한다.

③ 할인율을 추정할 때 주관적 판단이 포함된다는 한계가 있지만 현재가치를 추정하는 중요한 변수로서 특정사업의 투자가치 평가를 위해 널리 활용된다.

④ 각국의 중앙은행이 시중은행의 어음을 매입할 때 적용하는 할인율은 정부의 통화공급정책 수단이므로, 이를 재할인율, 공정할인율 등으로 구분하여 부른다.

(2) 사회적 할인율

① 사회적 할인율(social rate of discount)은 공공투자사업의 경제적 타당성을 분석할 때 미래의 비용/편익을 현재가치로 환산하기 위한 할인율이다.

② 사회적 할인율이 높으면 미래에 발생하는 비용/편익의 현재가치가 저평가되어 불필요한 사업을 추진하거나 필요한 사업을 추진하지 못하는 경우가 생긴다.

(3) 우리나라의 사회적 할인율 : 2019년 기준 4.5% 적용

① 기획재정부훈령 제436호(2019.5.1. 시행) 「예비타당성조사 수행 총괄지침」 제50조에 의해 예비타당성조사에서 현재 사회적 할인율을 4.5% 적용하고 있다.

② 다만, 분석기간이 30년 이상인 철도와 수자원 사업은 운영 30년 동안은 4.5%를 적용하고, 그 이후에는 3.5%의 할인율을 적용한다.

③ 사회적 할인율은 경제·사회여건 변화 등을 고려하여 매 3년마다 조정한다. 다만, 긴급한 국가정책적 필요가 있는 경우에는 3년 이내에 조정할 수 있다.[31]

---

31) 이지웅 외, '전문가 대상 설문조사를 통한 우리나라 적정 사회적 할인율 추정', 에너지경제연구, 제15권 제1호, 2016.03, pp.207~237.
국토교통부, '교통시설투자평가지침', 제6차 개정, 2017.05, p.371.

1.25 경제성 분석방법

경제성 분석기법, 순현재가치(NPV), IRR [3, 8]

I 개요

1. 경제성 분석(經濟性 分析, economic analysis)은 특정한 건설사업에 투자될 총비용과 총편익을 현재가치로 환산하여 비교함으로써, 사업에 대한 경제적 타당성을 평가하고, 투자우선순위, 최적투자시기 등을 결정하는 과정을 말한다.
2. 건설사업에 대한 경제성 분석은 주로 B/C, NPV, IRR 기법으로 평가하고 있다.

II 경제성 분석을 위한 평가기준

1. 사회적 할인율

한국개발연구원(KDI) 일반지침에서 제시된 사회적 할인율을 적용한다.

2. 분석기간

공공사업에서 30년을 설정한다. 경제성 분석 최종연도가 기종점(O-D) 최종연도 이후인 경우, O-D 이후 편익은 O-D 최종연도와 동일하다고 가정한다.

3. 사업비 지출

분석기간 동안에 사업비의 연차별 지출형태는 용지보상비, 공사비, 시설부대경비 등에 대하여 동일한 지침을 적용한다.

4. 유지관리비 지출

종전에는 초기공사비만 고려하였으나, 최근에는 초기공사비 대신 생애주기비용(life cycle cost)을 기준으로 유지관리비 및 잔존가치도 중요한 항목으로 포함한다.

5. 잔존가치 처리

도로사업에서 잔존가치는 용지보상비가 해당되므로, 분석 최종연도의 비용에서 이를 공제한다. 생애주기비용을 적용하므로 필히 공제해야 한다.

6. 세금·이자 등의 이전(移轉)비용 처리

기업의 재무성 분석에서 세금은 중요한 요소가 되지만, 도로사업의 경제성 분석에서 세금은 국가재원에 영향을 미치지 않으므로 비용에서 제외한다.

Ⅲ 경제성 분석의 주요내용

1. 경제성 분석 고려사항

(1) 비용/편익에 대한 화폐가치화

(2) 수익성을 분석하는 재무 분석과 별도로 실시

(3) 사업시행의 전·후에 분석

(4) 분석기간은 30년 기준

(5) 사회적 할인율(한국은행 연도별 결정)

(6) 화폐가치화가 곤란한 간접편익은 최종평가에서 고려

(7) 완전한 객관적인 판단으로 분석

(8) 순비용/순편익으로 비교하여 중복 배제

(9) 동일한 시점에서 비교

(10) 불확실성을 고려하여 민감도·위험도 분석을 동시에 실시

(11) 가능한 모든 대안을 검토

(12) 평가의 기준과 관점을 명확히 설정

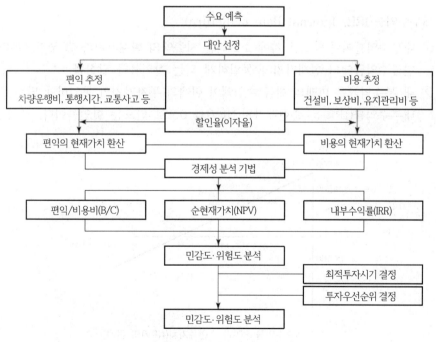

[경제성 분석의 업무 흐름도]

2. 경제성 분석의 기법

(1) 편익/비용 비율(B/C, Benefit Cost ratio)

① 사회 전체의 입장에서 비용과 편익을 비교하여 정책결정을 하거나 새로운 투자 기회가 존재할 때 투자여부를 결정하는 데에 쓰이는 경제성 분석기법이다.

② 사업에 수반되는 모든 비용과 편익을 현재가치로 할인하여, 총편익(B_i)을 총비용(C_i)으로 나눈 값으로, B/C ≥ 1이면 경제성이 있다고 판단한다.

$$\text{B}/\text{C} = \sum_{i=0}^{n} \frac{B_i}{(1+r)^i} / \sum_{i=0}^{n} \frac{C_i}{(1+r)^i}$$

여기서, n : 분석기간

r : 사회적 할인율

(2) 순현재가치(NPV, Net Present Value)

① 미래에 발생이 예상되는 특정시점의 현금흐름을 이자율로 할인하여 현재시점의 금액으로 환산하는 경제성 분석기법이다.

② 사업에 수반되는 모든 비용과 편익을 현재가치로 할인하여, 총편익(B_i)에서 총비용(C_i)을 뺀 값으로, NPV ≥ 0이면 경제성이 있다고 판단한다.

$$\text{NPV} = \sum_{i=0}^{n} \frac{B_i}{(1+r)^i} - \sum_{i=0}^{n} \frac{C_i}{(1+r)^i}$$

(3) 내부수익률(IRR, Internal Rate of Return)

① 내부수익률이란 당초 투자에 소요되는 지출액의 현재가치가 그 투자로부터 기대되는 현금수입금액의 현재가치와 동일하게 되는 할인율을 말한다.

② 내 부수익률은 미래의 현금 수입액이 현재의 투자가치와 동일하게 되는 수익률로서, 내부수익률(IRR)은 순현재가치(NPV)를 0으로 만드는 할인율이다.

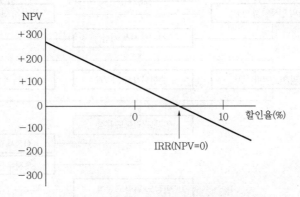

[내부수익률(IRR)과 순현재가치(NPV)의 관계]

③ 사업에 수반되는 모든 비용과 편익을 현재가치로 환산했을 때, 그 값이 같아지는 할인율을 구하는 방법으로, 내부수익률(r)≥사회적 할인율(d)이면 경제성이 있다고 판단한다.

$$\sum_{i=0}^{n}\frac{B_i}{(1+r)^i}=\sum_{i=0}^{n}\frac{C_i}{(1+r)^i}$$ 을 만족하는 r값이 내부수익률(IRR)이다.

3. 경제성 분석의 적용성

(1) 건설사업을 B/C, NPV, IRR기법으로 분석한 경제성 평가 결과가 항상 동일하지는 않다.

(2) IRR은 수익률(%)로, NPV는 수익량(+, −)으로 표시하므로 규모에 따라 다르다.

① 총사업비가 1,000억 원이면 IRR은 작아도(8%), NPV는 크다(80억).

② 총사업비가 100억 원이면 IRR은 커도(15%), NPV는 작다(15억).

(3) B/C와 IRR은 수익의 절대금액을 평가하지 못한다. 반면 NPV는 절대규모는 평가할 수 있으나 수익성을 평가할 수 없기 때문에 편익을 판단할 수 없다.

(4) 따라서 경제성 평가는 3가지 기법으로 모두 비교·분석하는 것이 바람직하다.[32]

[경제성 분석 기법의 비교]

구분	장점	단점
B/C	보고과정이 이해하기 쉬워서 공공사업의 투자심사 평가기준에 주로 사용된다.	특정 항목을 편익/비용 어느 쪽으로 처리하느냐에 따라 값이 달라진다.
NPV	순편익/순비용의 흐름을 사업개시연도의 현재가치로 평가하므로, 그 결과를 판단하기 쉽다.	성격은 같으나 규모가 다른 두 사업의 순현재가치만으로 수익성을 비교하는 것은 바람직하지 않다.
IRR	수익률을 분석하므로 사업의 규모에 관계없이 수익성을 평가할 수 있다.	수익성이 극히 낮거나 매우 높은 사업의 경우는 계산되지 않는다.

Ⅳ 경제성 분석 사례

1. 국도 6호선 청운~도계 도로확·포장공사에서 5개 교차로의 도로·교통조건

도로조건	교통조건
• 주도로 : 양방향 4차로 • 부도로 : 양방향 2차로 • 접근로 경사 : 0% • 차로폭 : 3.5m • 버스정류장, 우회전 전용차로 : 없음	• 주도로 계획교통량 : 15,000~40,000대/일 • 부도로 계획교통량 : 10,000대/일 • 좌회전 교통량 비율 : 10, 15, 20, 25% • 계획목표연도 : 10년

---

32) 국토교통부, '교통시설투자평가지침', 제6장 경제적 타당성 분석방법, 2017, pp.360~368.

2. 도로·교통조건, 서비스수준, 경제성 등을 고려한 입체화 여부 검토 결과

주도로교통량 15,000대/일 1,800대/시					주도로교통량 20,000대/일 2,400대/시					주도로교통량 25,000대/일 3,000대/시				
좌회전 교통량비(%)	공사비(억 원)				좌회전 교통량비(%)	공사비(억 원)				좌회전 교통량비(%)	공사비(억 원)			
	40	60	80	100		40	60	80	100		40	60	80	100
10					10	△				10	△			
15					15	△				15	○	○		
20	△				20	△				20	○			
25	△				25	△				25	○	○		

주도로교통량 30,000대/일 3,600대/시					주도로교통량 35,000대/일 4,200대/시					주도로교통량 40,000대/일 4,800대/시				
좌회전 교통량비(%)	공사비(억 원)				좌회전 교통량비(%)	공사비(억 원)				좌회전 교통량비(%)	공사비(억 원)			
	40	60	80	100		40	60	80	100		40	60	80	100
10	○	○			10	○	○	○		10	○	○	○	○
15	○	○			15	○	○	○		15	○	○	○	○
20	○	○			20	○	○	○		20	○	○	○	○
25	○	○	○		25	○	○	○		25	○	○	○	○

주 1) 공사비는 설계회사에서 지방부 특정지역의 차로수, 편입면적, 보상비 등을 근거로 2005년도 기준으로 산출한 값
주 2) △ : 서비스수준만 고려할 때 입체화
　　　○ : 서비스수쥰과 경제성을 모두 고려할 때의 입체화

3. 5개 교차로의 경제성 분석 결과에 따른 입체화 대상 판정 결론

주도로교통량이 35,000대/일(4,200대/시)에서 공사비 80억 원 이하이고, 좌회전교통량비 10% 이상이므로 서비스수준과 경제성 고려할 때 입체화 대상이다.[33]

---

33) 국토교통부 서울지방국토관리청, '청운~도계 도로확·포장공사 실시설계보고서', 2003.10.

1.26 민감도 분석, 위험도 분석

1. 필요성

(1) 공공건설사업의 경제성 분석은 미래 예측을 근거로 추정하기 때문에 비용과 편익에 어느 정도의 오차를 내포하고 있다. 즉, 공사비가 예상보다 높아질 수도 있고, 사업기간이 연장될 수도 있고, 교통량이 예측치보다 적게 발생될 수도 있다.

(2) 이때 불확실한 미래 상황을 적절한 확률분포로 표현하는 경우를 위험도(Risk)라고 하며, 확률로 표현할 수 없는 경우를 불확실성(Uncertainly)이라 한다.

(3) 경제성 분석 과정에 이와 같은 주요 변수들의 불확실한 변동이 미치는 영향을 검토하는 것이 민감도 분석(Sensitivity analysis)이며, 불확실한 변동을 확률분포로 표현하여 기대치를 분석하는 것이 위험도 분석(Risk analysis)이다.

(4) 공사비, 사업기간, 교통량 등의 변수들이 단독 또는 조합으로 변화하므로 불확실성과 확률 기대치를 감안하여 민감도 분석과 위험도 분석을 동시에 수행한다.

2. 분석의 접근방법

(1) **주관적 민감도 분석** : 장래 발생할지도 모르는 변동 상황을 주관적 느낌으로 예측하고 판단하는 것으로, 분석 전문가의 경험과 감각에 의존하는 가장 신속·간편한 분석이다.

(2) **선택적 민감도 분석**

① 주관적 분석이 전문가의 주관적 판단에 맡기는 것이라면, 선택적 분석은 객관적인 검토과정을 거치는 분석이다.

② 여러 가능성 있는 변동상황 중에서 주요 상황을 선택하고, 이 선택된 상황변화가 사업의 순현재가치 또는 내부수익률에 미치는 영향을 분석한다.

(3) **일반적 민감도 분석** : 사업의 순현재가치 또는 내부수익률에 영향을 미칠 수 있는 주요 변수들의 변화가 실제 발생될 수 있는 가능성을 모두 나열한 후, 이 가능성 각각에 대하여 확률을 부여함으로써 장래 발생될 수 있는 여러 상황을 종합적(일반적)으로 분석한다.

3. 분석의 수행절차 예시

(1) **가정** : 공공건설사업의 총사업비를 100억 원으로 가정한다.

(2) **민감도 분석** : 사업비를 110, 120, 130, 140, 150억 원 등으로 가정하고, B/C, NPV, IRR을 각각 산출하여 영향을 분석한다.

[「교통시설투자평가지침(국토교통부, 2017)」에 의한 민감도 분석의 적용범위]

구분		적용 범위	
비용		+10%, +20%, +30%, +40%, +50%	
편익		−30%, −20%, −10%, +10%, +20%, +30%	
할인율	철도사업	개통 후 30년까지	개통 후 31~40년
		3.5%, 4.5%, 6.5%, 7.5%	2.5%, 3.5%, 5.5%, 7.5%
	기타	3.5%, 4.5%, 6.5%, 7.5%	

(3) 위험도 분석

① 사업비가 110, 120, 130, 140, 150억 원이 될 수 있는 확률을 0.20, 0.25, 0.30, 0.15, 0.10으로 가정한다.

② 사업비에 대한 새로운 기대치를 계산하면

$(110 \times 0.20 + 120 \times 0.25 + 130 \times 0.30 + 140 \times 0.15 + 150 \times 0.10) = 127$억 원이다.

③ 새로운 확률의 기대치 127억 원에 대한 각각의 B/C, NPV, IRR을 다시 산출하여 영향을 분석한다.

4. 민감도 분석 사례

(1) **할인율 변화** : 민감도 분석 결과 대안 I은 할인율이 가장 낮은 6% 이하일 때만 경제성이 있으며, 대안 II와 대안 III은 할인율의 증감에 관계없이 경제성이 없다.

[단위 : IRR(%), NPV(억 원)]

할인율 변화(%)	대안 I			대안 II			대안 III		
	B/C	IRR	NPV	B/C	IRR	NPV	B/C	IRR	NPV
6	1.04	6.42	26.75	0.76	3.44	−180.00	0.47	−	−555.33
7	0.94	6.42	−33.11	0.69	3.44	−220.69	0.43	−	−568.55
8	0.86	6.42	−79.25	0.62	3.44	−250.14	0.39	−	−573.41
9	0.78	6.42	−114.51	0.56	3.44	−270.81	0.35	−	−571.95
10	0.71	6.42	−141.15	0.51	3.44	−284.63	0.32	−	−565.76
11	0.65	6.42	−160.96	0.47	3.44	−293.09	0.29	−	−556.07

(2) **총사업비 변화** : 민감도 분석 결과 대안 Ⅰ은 총사업비가 10% 이상 감소되었을 때 경제성이 있으며, 대안Ⅱ와 대안Ⅲ은 분석범위 내에서 경제성이 없다.

사업비 변화(%)	대안 Ⅰ			대안 Ⅱ			대안 Ⅲ		
	B/C	IRR	NPV	B/C	IRR	NPV	B/C	IRR	NPV
−20	1.11	8.61	50.13	0.81	5.35	−106.15	0.51	−	−383.60
−10	1.00	7.45	−2.54	0.72	4.34	−169.88	0.45	−	−475.53
0	0.90	6.46	−55.21	0.65	3.47	−233.61	0.41	−	−567.46
10	0.83	5.60	−107.88	0.60	2.72	−297.35	0.37	−	−659.38
20	0.76	4.84	−160.56	0.56	−	−361.08	0.34	−	−751.31

(3) **편익 변화** : 민감도 분석 결과 대안 Ⅰ은 총편익이 20% 증가할 때 경제성이 있으며, 대안Ⅱ와 대안Ⅲ은 분석범위 내에서 편익변화에 관계없이 경제성이 없다.

편익 변화(%)	대안 Ⅰ			대안 Ⅱ			대안 Ⅲ		
	B/C	IRR	NPV	B/C	IRR	NPV	B/C	IRR	NPV
−20	0.72	4.31	−150.04	0.52	−	−322.22	0.33	−	−645.92
−10	0.81	5.42	−106.12	0.59	−	−277.92	0.37	−	−606.69
0	0.90	6.46	−55.21	0.65	3.47	−233.61	0.41	−	−567.46
10	0.99	7.42	−4.03	0.72	4.34	−189.31	0.45	−	−528.22
20	1.08	8.33	46.61	0.79	5.14	−145.01	0.49	−	−488.99

5. 맺음말

(1) 공공건설사업의 경제성 분석과정에 공사비, 사업기간, 교통량 등의 변수들이 단독 또는 조합으로 변화하기 때문에 불확실성과 확률 기대치를 감안하여 민감도 분석과 위험도 분석을 동시에 수행하고 있다.

(2) 민감도 분석과 위험도 분석은 변수들을 단순히 몇 % 증감시키는 방법으로 수행하고 있지만, 보다 진전되고 현실적인 방법은 미래위험에 대한 확률적 분석을 통해 타당성 분석 결과의 변화 가능성을 사전 예측하는 것이 중요하다.[34]

34) 국토교통부 부산지방국토관리청, '호계~불정 도로확·포장공사 예비타당성조사보고서', 2005.10.
국토교통부, '교통시설투자평가지침', 2017, pp.379~381.

1.27 최적투자시기의 결정방법(FYRR)

도로사업 최적투자시기 결정방법, 초기년도 수익률법(FYRR : First Year Rate of Return) [2, 2]

I 개요

1. 여러 도로사업에 대한 투자우선순위는 각 도로사업의 대안에 대한 경제적 타당성 평가지표 (B/C, NPV, IRR 등)가 높은 순서에 따라 결정된다.
2. 특정 도로사업이 경제적 타당성이 있고 대안별 투자우선순위가 높더라도 비용과 편익의 함수관계인 할인율과 관련되어 투자시기에 따라 투자효율의 증감을 가져올 수 있으므로 최적 투자시기를 결정해야 한다.
3. 도로사업에 대한 최적투자시기를 결정하는 방법에는 시차적 분석법(Incremental Time Analysis)과 초기년도 수익률법(First Year Rate of Return)이 있다.

II 투자우선순위 결정

1. 선정된 대안이 「B/C≥1, NPV≥0, IRR≥적용 할인율」이면 경제적 타당성이 있다.

   (1) 현실적으로 제한된 가용 재원을 더욱 효율적으로 사용하기 위해서는 상호 배타적이 아닌 사업은 사업 간의 투자우선순위를 결정하고, 상호 배타적인 사업은 사업별 단계건설을 하는 투자우선순위를 결정해야 한다.

   (2) 선정된 대안 전체를 몇 개의 구간으로 구분한 후, 구간별로 경제성 타당성 분석을 수행하여 투자우선순위를 결정해야 한다.

2. 도로사업에서 구간별 투자우선순위를 결정하기 위해서는 가용 재원에 한계가 있고 구간별로 상호 배타적 사업이 아니다.

   (1) 투자우선순위는 B/C Ratio를 기준으로 평가한다.

   (2) 분석자의 판단에 따라 NPV, IRR 등도 종합적으로 고려하여 최종 결정한다.

3. 다만, 도로투자사업으로 최종 선택할 때는 이미 국가기간교통망계획 및 중기교통시설투자계획에 포함된 사업의 경우에는 예외적으로 당해 사업이 경제적 타당성이 낮다고 평가되더라도 네트워크 효과, 지역균형발전, 환경영향 등 정책적 타당성을 고려하여 사업추진을 결정할 수 있다.

Ⅲ 최적투자시기 결정

1. 결정 필요성

(1) 경제적 타당성이 인정되고 투자우선순위가 높은 사업이더라도, 투자시기를 연기하여 건설하면 더 유리한 결과가 나타날 수 있다.

(2) 예를 들어 특정 도로사업을 5년이라는 시차를 두고 착수시점을 검토하는 경우에 언제 시작하는 것이 유리한지, 즉 최적투자시기를 검토할 필요가 있다.

(3) 최적투자시기의 결정방법에는 시차적 분석법과 초기년도 수익률법이 있다.

2. 시차적 분석법

(1) 시차적 분석법(Incremental Time Analysis)은 사업의 시행을 1년 단위로 연기하여 순 현재가치(NPV)가 최대가 되는 시기를 찾아내는 방법으로, 수익이 안정적이거나 일정 수준을 유지할 경우에 적용된다.

(2) 제1차 연도와 제2차 연도에 착공하는 것을 비교하여 제2차 연도가 유리한 것으로 나타나면, 이어서 제2차 연도와 제3차 연도를 비교하는 방식을 반복하면서 순현재가치(NPV)가 최대가 되는 연도를 찾는 방법이다.

3. 초기년도 수익률법

(1) 초기년도 수익률법(First Year Rate of Return)은 사업 착수를 1년씩 연기하여 사업완료 초기년도 수익률(FYRR)이 적용할인율을 초과하는 연도를 찾는 방법이다.

(2) 사업 착수를 연기하면 그 공사비를 다른 용도로 전환할 수 있으므로 기회비용만큼 공사비가 절감되지만, 연기된 만큼 편익이 감소한다.

(3) 사업 착수를 1년씩 연기시키는 데 따른 편익 감소분과 공사비 절감분을 비교하여 공사비 절감분이 크면 사업을 연기하고, 편익 감소분이 크면 사업을 착수하는 것이 타당하다.

(4) 따라서, FYRR은 공용개시 초기년도부터 편익이 감소하지 않고 일정한 편익이 계속하여 창출되는 사업에 적합하다.

4. 도로사업에 FYRR 적용

(1) 도로건설은 편익이 일시적으로 발생하지 않고 교통량이 증가함에 따라 지속적으로 증가하는 경향이 있다.

(2) 또한 도로건설은 많은 수익을 얻기 위한 사업이 아니고 공공편익을 중요시하는 사업이므로 착수시기를 앞당기기 위해 초기년도 수익률법(FYRR)을 적용한다.

Ⅳ 초기년도 수익률법(FYRR)

1. 정의

(1) 초기년도 수익률(FYRR)이란 첫 편익이 발생한 연도까지 소요된 총비용으로 첫해 발생한 편익을 나눈 값이다.

(2) 초기년도 수익률(FYRR)은 편익이 발생한 첫 연도가 나머지 연도에 대하여 대표성을 가진다는 전제를 바탕으로 하는 분석방법이다.

2. 적용

(1) 초기년도 수익률(FYRR)은 초년도부터 많은 편익이 창출되고 그 이후 연도부터는 일정수준의 편익이 계속 증가하여 발생되는 사업의 타당성 평가에 적합하다.

(2) 도로사업에 대한 경제성 분석 결과, 타당성이 있다고 평가되더라도 시간적 분석에 따라 투자시기를 조정하면 투자의 효율성을 높일 수 있다.

(3) 따라서 초기년도 수익률(FYRR)은 도로사업을 어느 시점에 착수할 때 수익률이 가장 높은 가를 분석하는 최적투자시기 결정에 이용된다.

(4) 특정 도로사업의 최적투자시기를 결정하기 위하여 초기년도 수익률(FYRR)을 계산하는 사례는 아래와 같다.[35]

[초기년도 수익률(FYRR) 계산 사례]

년도	건설비		편익(A)	개통초기년도 수익률(B/A)
	불변가	할인가(7.5%)		
1	4,000	4,970	–	–
2	30,000	34,670	–	–
3	30,000	32,250	–	–
4	–	–	3,670	5.1
5	–	–	4,390	6.1
6	–	–	5,460	7.6
7	–	–	6,400	8.9
8	–	–	6,900	9.6
9	–	–	7,690	10.7
10	–	–	8,700	12.1
합계	64,000	71,890(A)	43,210	

---

35) 국토교통부, '교통시설투자평가지침', 2017.05, pp.370~371.

1.28 사전재해영향성검토

도로건설공사에서 사전 재해성검토 및 재해영향평가의 개요와 절차 [0, 1]

I 개요

1. 정부는 각종 개발사업으로 인해 발생 가능한 재해영향을 개발 이전에 예측·분석하고 저감 방안을 수립·시행할 수 있도록 「자연재해대책법」에 근거를 두는 재해영향평가 제도를 1996년 최초로 도입하였다.

2. 이어서 정부는 각종 개발계획을 수립할 때 재해영향평가 제도를 적용하면서 사전에 풍수해를 예방할 수 있도록 2005년 「자연재해대책법」 제4조(재해영향평가 등의 협의)를 개정하여 사전재해영향성 검토협의 제도를 추가 도입·시행하고 있다.

II 사전재해영향성검토 제도

1. 제도의 관점

(1) **행정계획 관점** : 자연재해에 영향을 미치는 행정계획을 수립·확정(지역·지구·단지 등의 지정을 포함)하는 단계에서 개발예정지역이 재해측면에서 입지의 적정성을 확보할 수 있는 지를 사전에 검토하려는 제도이다.

(2) **개발사업 관점**

① 개발사업 허가(실시계획수립)단계에서 정성적 및 정량적 분석을 병행하여 구체화된 토지이용계획을 바탕으로 사전에 재해영향성을 검토협의하고

② 특히 배수처리계획, 비탈면처리계획 및 재해저감시설의 위치·규모(제원)를 제시하기 위하여 상세한 정량적 분석을 수행하려는 제도이다.

2. 대상사업 : 총 95개 분야(행정계획 48, 개발사업 47)

(1) 국토계획, 지역계획, 도시개발

(2) 산업단지, 유통단지 조성, 에너지 개발, 교통시설 건설

(3) 수자원 및 해양 개발, 하천의 이용 및 개발(유출계수)

(4) 산지개발, 골재채취

(5) 관광단지, 체육시설 개발 등

3. 협의사항

(1) 사업의 목적, 필요성, 추진배경, 추진절차 등 사업계획

(2) 당해 사업으로 인하여 인근지역이나 인근시설에 미치는 재해영향

(3) 주변 지형여건 환경변화에 따른 침수흔적도, 사면경사현황, 재해위험요인

(4) 사업시행자가 승인기관에 제출한 배수처리계획, 재해저감계획

(5) 행정계획은 재해예방 사항, 개발사업은 재해영향 예측·저감대책 등

4. 협의절차

(1) 개발사업시행기관(사업자)은 재해영향 검토내용이 포함된 사업계획서를 사전 제출

(2) 관계행정기관장은 각종 행정계획 및 개발사업을 수립·확정, 허가·승인하는 경우에 중앙·지역 재난안전대책본부장과 재해영향성검토 사항을 협의

(3) 중앙·지역 재난안전대책본부장은 검토 요청을 받은 경우, 30일 이내에 결과 통보

(4) 다만, 행정계획 및 개발사업의 재해영향을 검토하는 경우, 「환경영향평가법」에 의한 재해영향 대상사업은 제외

Ⅲ 사전재해영향성검토 사례

1. 적용 사례 개황

(1) 우리나라의 대규모 택지개발사업은 1989년 주택 200만호 건설정책의 일환으로 시작된 분당·일산·평촌·중동·산본 등 5개 신도시건설사업이 그 효시였다.

(2) 이 중 군포시에 위치한 산본신도시의 도시기본계획에서 사전재해영향성검토 협의 결과에 따라 반영된 내용을 발췌하면 다음과 같다.

① 위치 : 경기도 군포시 산본동, 금정동, 당동 및 안양시 안양동 일원
② 규모 : 면적 4,189,365m^2, 세대 42,500가구, 인구 164,000명 수용
③ 본 지구는 서고동저(西高東低)지형의 평탄한 형상으로, 하천 수계는 서쪽 수리산도립공원에서 동쪽 안양천으로 흘러가고 있다.
④ 본 지구의 점·선·면을 묶는 공원녹지축을 조성하여 수리산 경관과 조화를 추구하며, 중앙공원을 중심으로 공공편의시설을 균등하게 배치하여 홍수에 대비한 조절지 기능을 부여하도록 도시기본계획에 반영하였다.

2. 산본 중앙공원에 홍수 조절지 기능을 부여한 사유

(1) 사전재해영향성검토 결과, 사업예정지구가 종전에 경작하는 산지였을 때의 유출계수 0.5에서 신도시 개발 후 포장되면 유출계수가 0.9 수준으로 상승한다.

[우리나라 지형조건에 적용하는 유출계수(C) 평균값]

포장면	0.9	경작하는 산지	0.5
가파른 산지·비탈면, 논	0.8	수림	0.3
완만한 산지·경작지, 도시지역	0.7	밀림, 덤불숲	0.2

(2) 산본신도시 개발 후 50년 강우량 빈도 유출계수가 0.9 수준으로 빨라지므로 사업예정지구 내에서 홍수조절지를 확보해야 기존 시가지 침수피해 예방이 가능하다.

(3) 산본신도시 개발사업에 저류지 설계빈도($Q=0.2778CIA$)에 의해 50년 강우량 빈도를 산출하면 저류지 면적이 신도시 전체 면적 대비 너무 과다하여 경제성이 없다.

(4) 협의결과, 산본신도시 중심부의 근린공원 부지를 계단식으로 깊게 굴착하여 공원시설을 설치하여, 50년 강우빈도 홍수량에 대비하여 조절지 기능을 부여하였다.

(5) 땅값이 비싼 수도권에서 주택지 공급면적을 최대한 확보하여 택지개발사업을 시행하기 위해 무상 공급하는 근린공원용지에 홍수조절지 기능을 동시에 부여했다.

[산본신도시의 중앙공원 전경]

Ⅳ 사전재해영향성검토 개선방안

1. 행정계획 및 개발사업의 검토의견서 작성기준 보완

(1) 행정계획과 개발사업에서 토사유실 대책, 우수유출 저감대책, 배수처리계획 등을 모두 검토하고 있어 차별성이 없다.

(2) 행정계획은 입지선정의 타당성을 중심으로, 개발사업은 재해저감대책을 중심으로 검토할 수 있도록 작성기준을 보완한다.

2. 검토를 위한 회의소집 원칙 준수

(1) 검토를 위한 회의개최를 할 수 있도록 규정하고 있으나, 대부분의 지방자치단체들은 서면심사를 의결하고 있어 실효성이 낮다.

(2) '사전재해영향성 검토협의 실무지침서'에 면적 150,000m², 연장 10km 이상은 의무적으로 회의소집을 검토하도록 보완한다.

3. 조치계획 미이행 사업장에 대한 과태료·벌점 부과

(1) 개발사업이 진행 중인 사업장에 협의내용 미이행을 사유로 공사중지 조치를 취할 수 있지만, 현실적으로 발주기관이 공사중지 하지 않는다.

(2) 협의내용 미이행 여부 이행점검의 실효성 확보를 위해 과태료·벌점 부과제도는 반드시 개발사업자의 영업 불이익과 연계하도록 개선한다.

4. 객관적 검토·판단을 위한 근거 마련

(1) 환경영향평가에서 불가 판정을 받은 개발사업이 사전재해영향성 검토협의에서 가능 판정을 받는 모순이 발생하는 사례가 있다.

(2) 국토환경성지도와 같이 재해등급이 제시되는 재해지도를 제작·배포하여 사전재해를 검토·판단할 수 있는 근거를 제시한다.

Ⅴ 향후 전망

1. 오늘날 65세 이상 20% 이상을 차지하는 초고령 사회에서 근린공원에 어르신 산책로 기능을 부여해야 하므로 보행에 불편한 계단 설치 동선을 설계할 수 없다.
2. 홍수조절지에 계단 대신 엘리베이터 등의 기계장치를 설치하면 홍수기에 침수되므로 입·출구 수문 외에 기계장치를 설치할 수 없다.
3. 따라서 근린공원과 홍수조절지를 별도 배치하는 도시기본계획 수립이 필수적이므로, 그만큼 주택지 공급비율이 감소되어 대규모 신도시건설사업의 경제성이 낮아 대도시권 택지공급은 더욱 난감한 문제로 여겨진다.[36]

---

36) 국토교통부, '2011 경제발전경험모듈화사업 : 한국형 신도시 개발', 국토연구원, 2012.

1.29 사전환경성검토

Ⅰ 개요

1. 환경성 평가제도는 환경적으로 건전하며 지속 가능한 발전을 구현하기 위한 핵심적인 환경 정책으로, 사전환경성검토와 환경영향평가로 구분된다.

2. '사전환경성검토'는 행정계획에 대해 사전에 환경성검토를 이행함으로써 개발사업에 영향을 미치는 정책과 계획의 환경적 영향을 평가하는 제도로서, 계획 초기단계에서 주변 환경과의 조화 등을 고려하여 입지의 타당성을 검토한다.

[환경성 평가제도의 구분]

구분	사전환경성검토 (Pre-Environmental Review System)	환경영향평가 (Environment Impact Assessment)
법적근거	환경정책기본법	환경영향평가법
주요기능	개발계획의 적정성, 입지의 타당성 등을 검토	개발사업으로 인한 영향을 예측·분석하여 저감방안 강구
협의시기	행정계획 수립 확정 전 개발계획 인가·허가 전	개발사업의 계획이 확정된 이후, 실시계획 승인 전
대상사업	개발 관련 행정계획(16개 분야 83개 사업) 보전용도지역 내 개발사업(8개 분야 20종)	대규모 개발사업 (17개 분야 76개 사업)
협의기관	행정계획 수립기관(개발사업 허가기관)	개발사업 시행자(승인기관)
협의기간	30일 이내(10일 연장 가능)	45일 이내(15일 연장 가능)

Ⅱ 사전환경성검토

1. 제도 개황

(1) 사전환경성검토 협의는 행정계획 및 개발사업을 확정·승인하는 관계행정기관과 환경 관서 간에 협의하는 업무로서,

(2) 구비서류를 작성·제출하면 원칙적으로 30일 이내에 협의한다. 필요한 경우 협의기간 은 10일 연장 가능하다.

2. 도입 배경

(1) 개발계획 수립단계에서 환경에 대한 고려와 사회적 합의 없이 추진, 시행과정에서 주민 ·시민단체·종교계 등과 갈등을 야기, 중단되는 사례가 발생

(2) 개발계획 수립단계에서 환경·시민단체, 주민 등의 의견을 수렴·반영하고 대안의 설정·분석을 통해 계획 적정성, 입지 타당성을 사전 검토하는 체계

(3) 사전환경성검토를 환경영향평가의 상위 협의제도로 규정함으로써 상위 행정계획에서부터 개별 개발사업에 이르기까지 환경영향을 체계적으로 관리

3. 검토 대상

(1) 산업단지 지정 등 48개 행정계획과 자연환경보전지역, 관리지역 등 22개 보전용도지역에서 시행되는 총공사비 500억 원 이상 국책사업에 대해 2005년부터 연간 3,600여건 협의 실시

(2) 고속국도, 철도, 댐, 운하, 항만 등 국책사업의 계획수립을 위한 타당성조사단계에서 사전환경성검토 협의 실시

(3) 특히 국도, 지방도 등의 도로노선 선정단계에서 노선의 적정성을 조기 검토함으로써 산림 훼손, 생태축 단절 등 환경문제를 근원적으로 대응

4. 제도개선 사항

(1) 사전환경성검토 협의절차를 이행치 않은 개발사업의 허가금지 조항을 신설하고, 협의절차 완료 전에 시행한 개발사업은 공사중지 조치토록 보완

(2) (인·허가)관계행정기관은 특별사유가 없는 한 협의의견을 의무적으로 반영하고, 협의의견 통보받은 날로부터 30일 이내에 조치결과 회신토록 개선

(3) 사전환경성검토 자문위원을 현행 30명에서 50명 내외로 확대하고 특정분야 검토를 위해 추가 위촉 가능하도록 하는 등 전문가 참여기회 확대

(4) 사전환경성검토 협의 전 사전 개발사업 착수 사례에 대한 조사 및 처분을 통하여 제도의 실질적인 효용성 제고

5. 협의를 위한 정보제공 사항

(1) 국토 전체를 대상으로 '보전해야 할 지역'과 '개발해도 될 지역'으로 구분하고 이를 알기 쉽게 지도에 표시한 환경성평가지도 제작·보급

(2) 국토 환경정보를 파악·제공하여 환경적 측면에서 규제내용이나 제약사항을 쉽게 파악하여 환경친화적 개발계획을 수립할 수 있도록 전국 환경성평가지도 보급

(3) 사업시행자가 개발계획 수립할 때 환경을 고려한 계획을 수립할 수 있도록 지원하기 위해 환경친화적 개발기법 가이드라인 마련·보급

1.30 환경영향평가

환경영향평가 대상규모와 평가서 내용, 영향평가(교통, 환경, 재해)의 주요 평가항목 [0, 2]

1. 개요

'환경영향평가'는 사업의 경제성·기술성 및 환경적 요인을 종합적으로 비교·검토하여 최적의 사업계획안을 모색하는 과정으로, 환경적으로 건전하고 지속가능한 개발이 되도록 함으로써 쾌적한 환경을 유지·조성하기 위한 제도이다.

[환경영향평가 대상지역]

구분		환경영향평가 대상지역
도로 건설	신설	• 연장 4km 이상 • 도시지역은 폭 25m 이상의 도로인 경우에만 해당 • 자동차전용도로 또는 지하도로의 경우에는 제외
	확장	• 2차로 이상으로서 10km 이상
	신설+확장	$\dfrac{\text{신설구간 길이의 합}}{4\text{km}} + \dfrac{\text{확장구간 길이의 합}}{10\text{km}} \geq 1$
	도시+비도시	$\dfrac{\text{도시구간 길이의 합}}{4\text{km}} + \dfrac{\text{비도시구간 길이의 합}}{4\text{km}} \geq 1$ • 4차로는 폭 25m 이상으로 간주
재협의		• 협의내용 통과 후 5년 이내 착공하지 않은 사업 • 7년 이상 공사중지 후에 다시 착공하는 사업 • 변경규모가 30% 이상 증가·확대되는 사업
변경협의		• 재협의 대상에 해당되지 않으나, 변경규모가 10% 이상 증가·확대되는 사업

주) 환경영향평가 대상은 「자연환경보전법」에 의한 자연경관영향 협의대상을 포함

2. 환경영향평가 제도

(1) 대상지역의 설정

① 대상지역 설정 : 도로건설사업의 시행으로 인한 환경적 영향이 미칠 것으로 예상되는 계획노선의 주변을 대상지역으로 설정

② 대상지역 범위 : 도로건설사업의 입지적·공간적·시간적 범위 설정

③ 정량적 분석 : 자연환경, 생활환경, 사회·경제환경 등 제반 환경에 미치는 영향을 객관적·과학적인 방법으로 정량분석을 시행

④ 정성적 분석 : 정량분석이 곤란한 환경분야에 대해서는 기존자료를 토대로 객관성 있는 정성분석을 시행

(2) 환경영향평가 요소의 추출

① 공사단계에서 평가 요소의 추출 항목
- 자연형질의 변경 : 산림벌채, 하천의 개수 및 변경, 육상지형의 변경
- 자재채취 및 운반 : 골재채취 및 운반, 토사운반, 기자재운반(육상)
- 시설공사 : 절·성토, 굴삭, 항타, 콘크리트공사, 배수공사, 공사인부 투입

② 운영단계에서 평가 요소의 추출 항목
- 구조물의 이용 : 도로, 교량, 터널, 박스
- 구조물의 운행 : 차량운행에 따른 소음, 진동, 배기가스 발생

(3) 환경영향평가 항목의 설정

① 도로건설사업에서 환경영향평가 항목의 설정
- 「환경영향평가서 작성 등에 관한 규정(환경부고시 제2008-223호)」에 제시된 주요 환경요소를 비교·검토
- 기상, 수질, 토지이용, 동·식물, 소음·진동, 인구 등 중점항목을 설정·분석

② 중점항목 이외의 항목에 대해서는 도로건설사업 시행에 따른 환경영향 정도를 파악하여 현장조사의 실시항목과 제외항목으로 구분하여 실시

[환경영향평가 항목]

대기환경	수질환경	토지환경	자연생태환경	생활환경	사회·경제환경
기상 대기질 악취 온실가스	수질 (지표·지하) 수리·수문 해양	토지이용 토양 지형·지질	동·식물상 자연환경자산	소음·진동 위락·경관 위생·공중보건 일조·전파장해 친환경적 자원순환	인구 주거 산업 교통 공공시설 문화재

(4) 환경영향평가 항목의 조사방법

① 환경조사는 예측 및 평가의 시행여부 결정을 위한 자료를 수집하고, 예측 및 평가가 시행될 경우 기본데이터를 정리하기 위해 실시

② 정부·지자체가 공표한 자료를 수집·정리하고, 현지조사를 병행 실시하여 보완

3. 환경영향간이평가 제도

(1) 필요성

① 개발사업이 환경에 미치는 영향의 크기에 관계없이 평가서의 작성 및 협의절차가 일률적으로 진행됨에 따른 기간과 비용의 절감 필요

② 단순 반복되는 사업으로서 환경영향이 미미한 경우 환경영향평가 절차를 간소화하는 간이평가 절차를 운영

(2) **간이평가 대상** : 환경평가 규모, 사업지역 특성(폐쇄성 수역, 오염물질 체류지역, 집단 주거지역 등)을 고려하여 「평가계획서 심의위원회」에서 간이평가 대상 여부를 결정

구분	환경영향간이평가 대상
사업규모	• 평가대상 최소규모의 2.0배 이하
지역특성	• 환경적·생태적으로 보존가치가 높은 다음 지역이 포함되지 않는 사업 「자연환경보존법」 제34조 생태·자연도 1등급 「습지보존법」 제8조 습지보호지역 및 습지주변관리지역 「자연공원법」 제2조 제1호 자연공원 「야생동·식물보호법」 제27조 야생동·식물특별보호구역 한강·낙동강·금강·영산강·섬진강 수계의 수변구역

(3) **간이평가 절차**

① 사업자가 간이평가 대상 여부를 「평가계획서 심의위원회」에 심의 요청하면서, 관계 기관 협의 및 주민의견 수렴을 병행 추진

> [일반] 초안작성→관계기관협의·주민의견수렴→평가서작성→평가협의→사후관리
> [간이] 간이평가서작성→관계기관협의·주민의견수렴·평가협의→사후관리

② 의견수렴 내용 등을 반영한 최종평가서의 제출 절차를 규정함으로써 현지주민, 관계 기관 의견 반영 여부를 확인

(4) **사전환경성검토와의 관계**

① 사전환경성검토를 실시하는 경우에는 환경영향평가를 진행하면서 사전환경성검토 내용을 활용

② 환경영향평가 의견수렴을 사전환경성검토 의견수렴으로 대체하려는 경우, 「평가계획서 심의위원회」 심의를 거친 초안을 근거로 하여 의견수렴 생략 가능

4. 맺음말

1992년 6월 브라질(Riode Janeiro)에서 개최된 유엔환경개발회의에서 21세기를 대비하여 ESSD(Environmentally Sound & Sustainable Development) 3원칙을 채택하였다.

(1) 에너지가 부족하면 태양력·풍력·조력 등 재생 가능한 에너지를 개발

(2) 재생에너지도 부족하면 있는 자원은 아껴 쓰고, 쓴 자원은 재활용

(3) 환경파괴나 환경오염 행위를 정당화하는 것을 절대 불허 37)

---

37) 국토교통부, '도로계획지침', 대한토목학회, 2009, pp.182~186.

1.31 사후환경영향조사

공항의 사후환경영향조사 [1, 0]

I 개요

1. 「환경영향평가법」제35조(협의내용의 이행 등)에 의해 사후환경관리는 협의내용 이행을 위한 구체적 수단이 되는 '협의내용 관리'와 사업시행으로 인한 환경에 미치는 영향을 조사하는 '사후환경영향조사'로 구분된다.

2. 환경영향평가의 사후관리는 「환경영향평가법」에 따라 환경부와 사업승인기관에서 협의내용의 관리·감독 업무를 수행하며, 각 주체는 다음 체계도와 같은 절차를 거쳐 사후환경영향조사를 실시하고 승인기관과 관할 지방환경관서에 통보해야 한다.

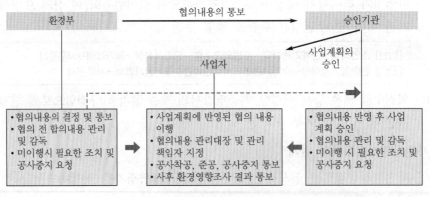

[사후환경관리 체계도]

3. 도로, 철도, 공항 등의 사후환경영향조사는 환경영향평가 협의 이후 개발 사업으로 인한 환경의 변화와 그 영향을 조사하기 위한 것으로, 현장 모니터링 및 협의내용 이행관리 등을 통하여 환경영향평가의 실질적 효과를 검증하는 제도이다.

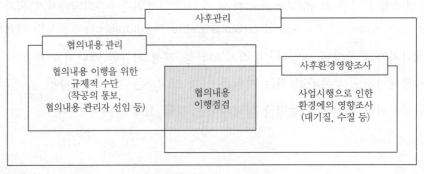

[사후환경관리 개념]

Ⅱ 사후환경영향조사

1. 수행 과정

(1) 사후환경영향조사보고서를 작성하려면 먼저 환경영향조사 계획을 수립하여 조사를 실시한 후, 환경영향조사 결과와 환경영향평가예측 결과와의 비교, 환경보존 목표달성 확인, 환경기준과의 비교 등의 절차를 거쳐 적합 여부를 확인해야 한다.

(2) 당초 예측과 달리 환경보존 목표달성에 지장을 초래하는 경우에는 원인을 규명하고, 환경영향저감대책을 강화하기 위한 중점 고려사항을 반영하도록 제시한다.

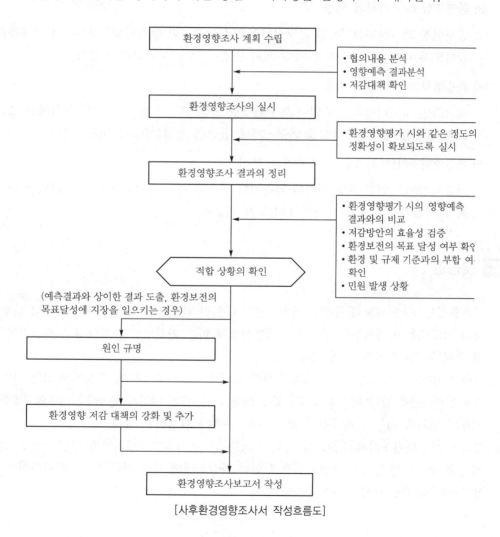

[사후환경영향조사서 작성흐름도]

2. 문제점 및 개선방안

(1) 환경영향조사 활용을 위한 피드백 기능 부족

사후환경영향조사 결과의 오류에 대해 책임을 부여하고 이와 함께 사업장의 환경관리 및 협의내용 미이행될 때 고발조치할 수 있도록 권한을 부여해야 한다.

(2) 환경영향조사의 불성실한 수행

사후환경영향조사는 사전환경평가조사와 다르게 사업 이후 실질적인 환경현황에 대한 조사이므로, 사후조사를 독립적으로 운영할 수 있는 체계를 마련해야 한다.

(3) 환경영향조사 계획의 변경

공사현장 환경관리책임자를 환경전문인으로 지정하여 환경영향조사자가 협의내용을 담당하도록 하여 공사 중에 임의로 계획 변경이 없도록 관리해야 한다.

(4) 환경영향조사 기술의 미흡

지속적인 모니터링과 피드백이 요구되므로 전문적인 환경관리조직을 구성하고, 조사자료를 활용할 수 있는 다양한 연구·개발 활동의 활성화를 지원해야 한다.

(5) 환경영향조사(협의내용) 사후관리의 부실

개발사업으로 인한 해당 지역의 환경변화 내용에 대하여 지역 주민들이 파악할 수 있도록 조사결과를 공개하는 방안의 검토가 필요하다.

Ⅲ 맺음말

1. 사후환경영향조사제도의 목적은 개발사업으로 인한 환경변화 및 영향을 조사하고 환경평가 시의 협의내용 이행여부를 관리하여 개발사업에 따른 환경영향을 파악하고 주변지역의 환경 피해를 최소화시키는 데 있다.

2. 그러나 개발사업으로 인한 환경영향조사가 형식적으로 이루어지며, 현장에서 모든 사업장에 대한 협의내용을 관리하는 데 한계가 있어 환경피해에 대한 대처가 부족하고 사후환경영향조사 결과의 피드백 기능이 작동하지 않는 등의 문제가 발생하고 있다.

3. 따라서 사후환경조사서 검토기능 강화, 작성지침 및 사후환경평가기법 개발, 제도 보완(벌칙 강화 등) 등을 통하여 개발사업으로 인한 환경피해에 대해 적극적으로 대처하여 협의내용 이행관리의 효율성을 제고하여야 한다.[38]

---

38) 환경부, '환경영향평가서 작성 가이드라인', 2009.
　　한국환경정책·평가연구원, '사후환경영향조사서 작성 및 활용 등에 관한 지침 마련 연구', 2011.

1.32 환경친화적인 도로건설지침

도로(또는 공항)공사에서 환경영향을 미리 예측·분석, 환경영향 저감방안 [0, 13]

I 개요

환경부는 「환경친화적인 도로건설지침(환경부고시 제2015-160호)」을 제정·고시하여 「도로법」 제10조에 규정된 도로건설사업의 설계단계에서 수행해야 되는 환경친화적인 도로노선 선정과 항목별 도로설계기법을 제시하고 있다.

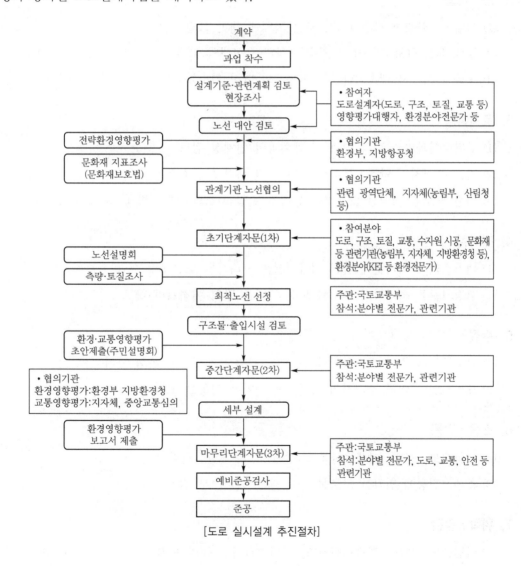

[도로 실시설계 추진절차]

Ⅱ 도로노선 선정 항목별 검토사항

1. 지형·지질

(1) 보전가치가 있는 지형·지질 유산의 우선적인 보전

(2) 지역의 특이한 지형형상(습지, 해안선, 계곡 등)에 대한 보전

(3) 지진, 지반침하, 지반함몰, 비탈면붕괴 등에 대한 지반안정성 검토

2. 동·식물

(1) 생태적·환경적 보전가치가 있는 지역에 대한 보전

(2) 주요 식물종(보호수 및 노거수 포함) 및 식생의 보전

(3) 동물의 서식지 훼손이나 동물이동로의 단절 최소화 검토

3. 토지이용

(1) 상위계획과의 일관성 및 관련 계획과의 연계성 검토

(2) 기존 주거지의 단절·분리로 인한 주민 생활불편 최소화 고려

(3) 기존 도로를 최대한 활용하여 농경지 편입 최소화, 폐도 발생 최소화 검토

4. 대기질

(1) 대기질의 환경기준에 따른 저감시설을 고려하는 노선계획 수립

(2) 환경기준을 초과하지 않도록 노선과 마을 간의 이격거리 확보

5. 수질

(1) 수질보전 관련 용도지역이나 취수장·정수장 시설물의 우회 고려

(2) 도로건설이 인근 주거지의 지하수에 미치는 영향을 고려

6. 소음·진동

(1) 문화재보호구역, 야생동물특별보호구역, 주거밀집지역

(2) 소음·진동에 민감한 구조물 등에 대한 피해여부 검토

7. 위락·경관

(1) 국립공원, 생태·경관보전지역, 자연경관지구 등의 보전

(2) 고성토에 따른 주거지역의 조망훼손 및 차폐감 영향 검토

Ⅲ 항목별 환경훼손 회피 및 완화를 위한 도로설계기법

1. 지형·지질

(1) 보전가치가 있는 지형·지질유산은 개별법에서 그 대상과 경계를 구체적으로 규정하고 있으므로, 이러한 지역은 가능하면 우회방안 검토

(2) **보전가치가 있는 지형·지질유산 훼손의 최소화 방안** : 평면노선, 종단경사 등을 조정하고, 땅깎기 높이 40m 이상, 연장 200m 이상 발생 지역은 터널 설치

2. 동·식물

(1) 생태적·환경적 보전가치가 있는 「자연환경조사 방법 및 등급분류기준 등에 관한 규정」에 따른 식생보전 2등급 이상의 지역은 가능하면 우회방안 검토

(2) **녹지축 보존** : 대절토·고성토 발생 최소화를 위하여 교량·터널, 생태통로, 유도울타리, 수로탈출시설, 암거수로 또는 도로횡단 보완시설 설치

3. 토지이용

(1) 토지이용 관점에서 보전가치가 있는 지역을 근접 통과할 경우에는 토지의 이용과 도로의 효용성을 비교·검토하여 노선 선정

(2) **기존지형 변화의 최소화** : 계획된 노선 건설에 따른 이동로, 농로, 수로 등의 단절구간을 최소화하기 위해 주민 이동로 확보 등의 적절한 대책 수립

4. 수리·수문

(1) 상수원 수질에 영향이 우려되는 상수원보호구역, 수변구역 등의 지역은 우회하는 방안 검토

(2) **수로차단 방지대책** : 교량 설치(하천구역 교각 설치 최소화), 콘크리트 호안, U형 개거 등 기존의 하천정비 공법에 의해 훼손된 생태계 복원

5. 대기질

(1) 학교, 유치원, 병원, 노인정 등 취약시설과 마을에 대한 이격거리를 확보하고, 저감대책 수립만으로 환경기준 달성이 불가능할 경우에는 우회방안 검토

(2) **공사 현장의 비산먼지 완화** : 방진망 설치, 살수, 세륜·세차시설 설치, 차량덮개 설치 및 속도제한, 가설도로 포장

6. 수질

(1) 수질환경 보전가치가 있는 지역을 관통 또는 근접할 경우에 설정된 환경목표를 달성하기 위해 적극적인 저감대책 수립

(2) **땅깎기·흙쌓기 공사 중 강우로 인한 토사유출 저감방안** : 배수로 설치, 경사면 덮개 설치 및 조기 녹화, 침사지 설치 등의 대책 수립

7. 토양

(1) 자동차에서 발생되는 크롬, 아연 등이 장기간 흙 속에 축적되는 토양오염을 방지하고 토양이 갖고 있는 생산력 회복 방안 제시

(2) 도로변의 토양오염이 초목의 성장과 흙의 유기체 번식을 약화시켜 토양침식의 가능성을 촉진시키지 않도록 저감대책 수립

8. 폐기물

(1) **생활폐기물 및 분뇨** : 도로공사장의 분뇨는 성상별 분리수거함 및 이동식 화장실을 현장에 설치하여 전량 수거 후 폐기물처리업체를 통해 처리

(2) 건설폐기물, 임목폐기물, 폐유, 휴게소 발생 폐기물 등은 해당지자체와 협의하여 매립장 확보, 소각처리업체에 위탁, 재활용방안 모색

9. 소음·진동

(1) 환경보전 보호구역, 대단위 주거밀집지역, 대규모 축사 등에 대한 지역적 고립과 분단·편입·재산피해가 현저할 경우에 우회방안 검토

(2) **도로공사장 저감대책** : 건설장비의 소음·진동 영향은 일시적이고 한정적이나 충격성분이 강하여 주변지역에 큰 영향을 미치므로 저감대책 수립

10. 위락·경관

(1) 노선이 마을과 인접하여 고성토로 인한 조망의 훼손, 차폐감 등이 발생하지 않도록 교량으로 계획하거나 흙쌓기 높이를 낮추고 충분한 이격거리 확보

(2) 도로 이용자와 지역주민을 고려한 설계, 도로공간의 균형을 고려한 설계, 통일과 변화를 고려한 설계, 계절에 따라 경관이 바뀌는 설계 등의 원칙 고려

Ⅳ 맺음말

1. 환경친화적인 도로건설을 위해 기본설계 단계부터 환경을 고려한 도로노선이 선정되도록 도로·구조·토질·교통 및 환경분야 전문가의 공동 참여가 요구된다.

2. 환경친화적인 대안노선 검토단계에서 1/25,000 지형도상에 국토환경성평가지도, 「자연환경보전법」 제34조에 따른 생태·자연도 등을 중첩하여 제시한다.[39)]

---

39) 환경부, '환경친화적인 도로건설지침', 환경부고시 제2015-160호, 2015.09.01., 일부개정.

1.33 생태통로, Road Kill, 생태자연도

동물의 이동경로 확보방안, 생태통로의 종류 및 위치, 생태자연도 등급 [3, 4]

I 생태통로, Road Kill

1. 용어 정의

(1) 생태통로(Wildlife Passage)는 도로・철도 등에 의해 단절된 생태계를 연결하여 로드
킬(Road Kill)로부터 야생동물을 보호하며 이동시키는 인공구조물이다.

(2) 로드킬(Road Kill)은 동물들이 도로에 나왔다가 차량에 치여 사망하는 사고를 말하며,
전국 10만km의 도로에서 헤아릴 수 없이 많은 동물들이 로드킬을 당하고 있다.

(3) 로드킬로부터 야생동물을 보호하기 위해 설치하는 생태통로는 육교형(overpass)과 터
널형(underpass)이 있으며, 필요한 경우 유도울타리도 함께 설치한다.

2. 육교형 생태통로

(1) 일반적 육교형 생태통로

① 육교형 생태통로는 중앙부 최소 폭 7m 이상으로 설계하며, 주요 생태축*을 통과하는
경우에는 최소 폭 30m 이상으로 설계한다.

 * 주요 생태축 : 백두대간보호지역, 비무장지대(DMZ), 생태자연도 1등급 권역, 자연
 공원, 야생동・식물보호구역, 환경부 지정 광역생태축 지역

② 대규모의 자연경관적 흐름과 연결성을 확보하는 목적으로 설치되는 육교형 생태통로
는 너비 100m 이상~수백m의 구조물이 조성되기도 한다.

③ 통로 내 식재의 토심은 식생의 안정적 성장을 고려하여 70cm 이상 확보하며, 지표면
은 야생동물이 거부감 없도록 초목 발아와 활착이 용이하게 한다.

(2) 경관적 육교형 생태통로

① 생태계의 공간적 연속성 확보가 중요한 구간, 도로에 의한 능선부 절개로 훼손된 경
관 또는 풍수지리적 가치 제고가 필요한 구간에 조성한다.

② 도로에 의해 훼손된 절개면, 능선, 식생 등이 원래에 가깝게 복원되도록 하고 성토를
충분히 하며 폭은 가급적 100m 이상으로 한다.

③ 차량의 불빛과 소음의 영향을 줄이는 차단벽을 통로 양편에 설치하고, 유도울타리를
설치하여 생태통로 쪽으로 유도해서 로드킬을 예방한다.

(3) 개착식 터널의 보완통로

① 절토 비탈면의 붕괴에 따른 피해를 예방하기 위해 조성한 복개형 개착식 터널 중 일부 보완을 통하여 생태통로의 기능을 부여한다.

② 진입부는 통로의 양쪽에 모두 조성하며, 진입부 폭은 너비 3m 이상으로 한다.

③ 개착식 터널은 대개 100m 이상의 큰 규모로 조성되기 때문에 육교형 생태통로의 기능을 하도록 보완할 경우 대형의 생태통로가 된다.

[일반적 육교형 생태통로]

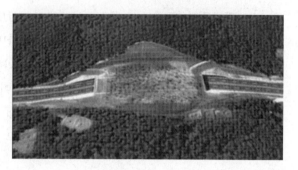
[개착식 터널의 보완통로]

3. 터널형 생태통로

(1) 포유류용 생태통로

① 모든 야생동물이 이용할 수 있도록 개방도* 0.7 이상의 규격으로 조성하되, 성토 높이가 15m를 초과할 때는 개방도 0.6 이상으로 조정할 수 있다.

  * 개방도 : 터널 길이를 단축하거나 단면적을 확대하여 좁고 긴 느낌을 줄여주는 개념으로, 길이 25m 터널형 통로를 폭 5m, 높이 3.5m의 통로박스로 설계하므로 교통터널보다 공사비가 비싸다.

② 수로용 생태통로는 연간 최대통수량보다 훨씬 큰 규모로 설계하여 통로 내에서 물이 흐르지 않는 바닥이 항상 존재해야 한다.

(2) 양서·파충류용 생태통로

① 왕복2차선 도로에는 너비 50cm 이상, 왕복4차선 이상 도로에는 너비 1m 이상의 생태통로를 설계하여 도로 폭이 넓을수록 더 넓게 설치한다.

② 통로 내부에 햇빛이 들어와야 이용률이 높아지는 종을 대상으로 하는 경우에는 천정에 햇빛이 투과할 수 있는 구조로 조성한다.

③ 양서·파충류의 집단 산란지로의 왕래가 단절되거나, 로드킬이 빈번하게 발생될 우려가 있는 곳에 터널형으로 설치한다.

[포유류 터널]　　　　　　　　　[양서·파충류 터널]

4. 생태통로 모니터링 실시

(1) 야생동물은 시간이 흐르면서 시설물에 적응하므로 생태통로는 자연의 변화에 순응하여 외관이 다소 낡아 보이도록 관리하는 것이 기능적 측면에서 좋다.

(2) 생태통로 주변의 식생은 인접지역에서 자생하고 있는 식물을 식재하고, 야생동물이 이동하는 데 어려움이 없을 정도의 식생 밀도와 높이를 유지한다.

(3) 모니터링 주기는 조성 후 3년 동안은 계절별 1회 이상 정기적으로 실시하며, 그 이후에는 연 1회 이상 점검한다.

(4) 모니터링은 족적판을 이용한 발자국 조사, 무인센서카메라, 원격무선추적, 포획 후 재방사, 눈 위의 발자국 조사, 로드킬 조사 등이 있다.

Ⅱ 유도울타리

1. 용어 정의

(1) 유도울타리는 야생동물이 도로 쪽으로 침입하여 발생되는 로드킬을 방지하거나, 동물을 생태통로까지 안전하게 유도하기 위해 설치하는 시설물이다.

(2) 유도울타리는 포유류를 대상으로 울타리 하단부에 양서·파충류 망을 덧대어 설치하는 방법, 포유류 울타리와 양서·파충류망이 일체형으로 제작된 울타리를 설치하는 방법 등이 있다.

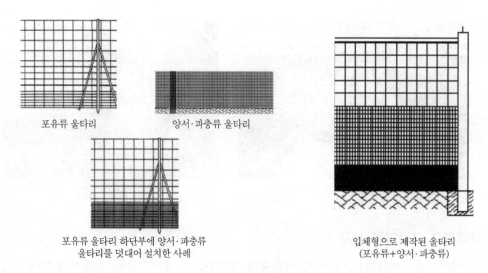

포유류 울타리

양서·파충류 울타리

포유류 울타리 하단부에 양서·파충류
울타리를 덧대어 설치한 사례

입체형으로 제작된 울타리
(포유류+양서·파충류)

[동물 종 및 설치방법에 따른 유도울타리 분류]

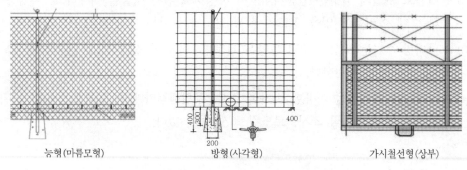

늦형(마름모형)

방형(사각형)

가시철선형(상부)

[망(mesh)의 형태에 따른 유도울타리 분류]

2. 포유류 울타리

(1) 포유류 울타리의 높이는 1.2~1.5m로 한다. 지형에 따라 동물이 뛰어넘기 용이한 구간은 높이 1.5m로 하고, 종의 특성에 따라 더 높게 설치할 수 있다.

(2) 동물이 땅을 파고 침입하는 것을 막기 위해 울타리 하단을 지표면에 밀착시키고, 표토 침식이 우려되는 구간은 땅속에 10cm 이상 묻히도록 설치한다.

3. 양서·파충류 울타리

(1) 양서·파충류 울타리의 높이는 40cm 이상, 망 규격은 1cm×1cm 이내로 한다.

(2) 울타리 상부에 직경 30mm 가로대를 도로 바깥쪽으로 설치하여 쉽게 타고 넘어가지 못하게 막는다.

4. 조류 울타리

(1) 조류의 로드킬이 빈번한 구간에는 버스나 트럭 등의 대형차량의 높이 보다 조류의 비행 높이를 높게 유도하는 울타리, 기둥, 가로수 등을 설치한다.

(2) 특히 투명한 재질의 방음벽을 설치할 때는 조류의 방음벽 충돌 방지를 위해 벽면에 불투명의 세로 줄무늬를 너비 2cm 이상, 간격 10cm 이내로 설치한다.

[투명방음벽에 조류 충돌을 예방하기 위해 세로줄 표식을 설치한 사례]

Ⅲ 생태자연도

1. 용어 정의

「자연환경보전법」 제34조에 의한 생태자연도는 산, 하천, 내륙습지, 호수, 농지 등의 자연환경을 생태적 가치에 따라 등급화하여 작성한 지도이다.

2. 자연환경 4개 등급

(1) **별도관리지역**

① 다른 법률에 의한 보전지역 중에서 자연공원, 생태·경관보전지역 등 역사적, 문화적, 경관적 가치가 있는 지역

② 도시의 녹지보전 등을 위한 관리역

(2) **생태1등급**

① 멸종위기 동·식물의 주된 서식지

② 생태계가 특히 우수하거나 경관이 수려한 지역

③ 생물의 지리적 분포한계에 위치한 생태계로서 대표적인 주요 식생군락

(3) 생태2등급

① 1등급에 준하는 지역으로 장차 보전의 가치가 있는 지역
② 1등급의 외부지역

(4) 생태3등급 : 1, 2등급과 별도관리지역을 제외한 지역, 개발 또는 이용 대상이 되는 지역

3. 생태자연도 활용

(1) 우리나라 환경정책은 공장 짓기 전에 환경오염이 되지 않도록 오염된 공기와 물 등을 어떻게 처리할 것인지 미리 조사하여 해결하는 데 목표를 두고 있다.

(2) 생태자연도를 활용하면 사전환경성검토 및 환경영향평가 협의할 때 환경에 미치는 영향 등에 대해 중점 검토를 할 수 있다.

4. 생태자연도 제작

(1) **전국자연환경조사** : 지형, 식생, 식물상, 육상곤충, 담수어류, 양서·파충류, 조류, 포유류 등을 폭넓게 조사

(2) **자연환경 GIS-DB 구축** : 전국 자연환경조사 보고서를 반영한 지형현황도, 현존식생도, 동·식물 분포도 등을 작성

(3) **생태자연도 활용** : 전국 자연환경조사 중에서 가장 최근에 실시한 분석결과를 통합하여 생태자연도 제작 40)

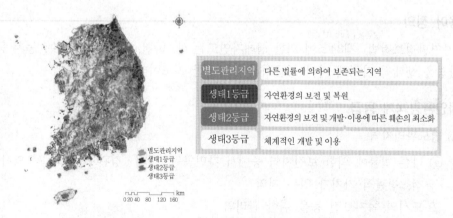

[대분류 토지피복지도 구축사업 범위(정보화근린사업완료보고서, 2001)]

---

40) 환경부, '국토환경공간정보', 생태자연도, 2019.

1.34 저영향개발(LID) 우수유출 저감시설

저영향개발(LID, Low Impact Development)기법을 활용한 우수유출 저감시설 [0, 1]

I 개요

1. 저영향개발(低影響開發, LID, Low-impact development)은 강우유출 발생지에서부터 침투·저류를 통해 도시화에 따른 물생태계 변화를 최소화하여 개발 이전의 상태로 최대한 가깝게 만들기 위한 토지이용계획 및 도시개발기법을 말한다.
2. LID 세부기준은 해당 지역의 강우·지형 특성에 따라 다르지만 공통사항은 투수면적을 늘려, 즉 유출수 침투량을 증가시켜 홍수·정화기능을 강화하고, 친환경적인 배수환경을 조성하여 건강한 물순환체계를 구축하는 원리이다.

II 저영향개발(LID) 5단계 설계

1. [1단계] 보전

(1) 자연자원 보전, 교란제한, 변화된 자연자원 복원 등으로 기존 기술과 유사하다.

(2) 공원, 하천, 계단식 경사, 투수 가능한 토양 등을 그대로 유지하여 원래 토양에 식생을 많이 보존하며, 필요하면 식생이 제거된 곳에 재식생도 한다.

2. [2단계] 영향 최소화

(1) 토지의 피복유형, 불투수율, 수문학적 토양유형 등에 따른 유출량을 최소화한다.

(2) 기존 배수패턴과 자연 저류특성을 유지시키기 위해 차도 최소화, 교란 최소화, 개방식 식생도랑, 침투율이 높은 토양보전 등을 통해 저류와 침투를 유발시킨다.

3. [3단계] 유출이동시간 유지

(1) 개방형 식생수로와 자연식생 배수패턴을 활용하여 물 흐름을 연장·분산시킨다.

(2) 식생수로, 빗물가든 등의 자연체류시스템을 통해 물 흐름을 저지시키고, 토양의 압축·밀도를 최소화하여 기존 식생이 유지되도록 지형 경사도를 낮춘다.

4. [4단계] 추가 유출량 감소

(1) 개발 전과 유사하거나 변화 최소화되도록 개발할 때, 추가 유출량을 감소시킨다.

(2) 빗물가든, 침투도랑, 우수통, 옥상저장, 물탱크, 연못 등을 활용하면서 우수관로의 최종점에 설치되는 집중식 시스템 및 설비와 구분하여 관리한다.

5. [5단계] 오염 방지

(1) 유출수 발생원에 설치하는 통합설비에서의 오염을 방지하고 유지관리한다.

(2) LID의 핵심가치이다. 환경보호에 자신의 토지 기여에 보람을 느끼도록 토지소유자에게 경제적 인센티브를 제공하고, 그 대가를 조경비용에 지불하도록 유도한다.

Ⅲ 저영향개발(LID) 특징

1. LID 기술의 원리

(1) 부지 선정 단계에서부터 종합적으로 수리계통의 순환 기능 확보

(2) 피해 '저감'보다 '방지'를 위한 비구조적이고 단순하며 저렴한 시설

(3) 자연상태와 유사한 소규모 수리유역으로 분산시켜 물순환 기능 유지

2. LID 기술의 분류

(1) **물리적 기술** : 강우 유출수를 저류하고 땅속 침투능력을 증대시켜 물의 증발량을 최소화하고, 강우에 의한 침식 및 유사유출을 방지

(2) **화학적 기술** : 흡착, 이온교환 유기물의 합성

(3) **생물학적 기술** : 물 증산, 영양물질 순환, 식생을 통해 수문저장, 미생물 분해

Ⅳ 저영향개발(LID) 요소기술

1. 우수저류공원(Rain garden)

(1) 도시지역에서 빗물을 최대한 많이 토양에 침투시켜 보유할 수 있도록 설계된 움푹하게 파여진 식재 지역을 뜻한다.

(2) 빗물 흐름을 조절하여 홍수를 대비하고, 표면 유출수를 정화할 수 있다. 침수방지 외에 오염물질 자연여과 기능, 생태환경 조성 등에 효과적이다.

2. 생태저류지(Bio-retention)

(1) 우수저류공원과 비슷하며, 좁은 면적에 식물과 토양을 활용하여 흡수, 여과, 침전, 휘발, 이온교환, 생물학적 분해과정 등을 통해 오염물질이 제거된다.

(2) 우수저류공원과 생태저류지, 2가지 기술 모두 건물의 정원, 주차장, 도로중앙 등 다양한 도시구성 요소에 소규모 시설로 설치하기 쉽다.

3. 지붕층 저류공원(Rooftop gardens)

(1) 빌딩옥상에 정원을 설치하여 우수 유출수를 저류·지연시킨 후 하수처리시설로 배출시켜 도시열섬 감소, 공기정화, 온실가스 배출감소 등의 효과가 있다.

(2) 빌딩옥상을 토양과 식물로 녹화하여 지붕으로 떨어지는 강우를 저장하고 증발시키는 역할을 하여 유출량을 감소시키는 데 효과적이다.

4. 가로수 저류(Tree box filter)

(1) 도시지역의 가로수를 담고 있는 땅속의 컨테이너 형태의 필터를 이용하여, 도시 내 강우 유출수를 저류시키는 기술이다.

(2) 가로수 저류를 통해 스스로 흘러가는 유출수는 가로수 아래의 땅속 필터를 통해 저류지에 도달할 때까지 나무뿌리와 토양을 거치면서 자연 여과된다.

5. 식생수로(Vegetated swales), 완충녹지대(Buffers strips)

(1) 식생수로는 양쪽 경사면과 바닥이 식물로 덮인 개방된 얕은 도랑이므로, 지표 유출수를 모아서 하류배출 지점으로 천천히 흘러가게 유도하는 역할을 한다.

(2) 완충녹지대는 근접한 지표면의 얕은 유량을 처리하므로, 유출속도를 줄이고 토사나 오염물질을 저류시켜 하층 토양으로 침투되도록 유도하는 역할을 한다.

6. 빗물저장탱크(Rain barrels and cisterns)

(1) 저렴한 비용으로 활용할 수 있는 저류장치로서 주거지역, 상업지역, 산업지역 등에 적용이 가능하다.

(2) 건물옥상에서 흘러 내려오는 강우 유출수를 저류시키며, 잔디밭이나 정원에 사용하는 관개수를 저장해 놓을 수도 있다.

Ⅴ 맺음말

1. 1990년대 미국은 친환경 우수관리 실천수단 BMP's(Best Management Practices)를 기반으로 저영향개발 개념을 확립한 후, 도시계획 차원에서 적극 활용하고 있다.
2. 국토교통부는 아산신도시 내에 분산식 빗물관리 시스템을 설치할 시범지역을 선정하고, 그동안 하천으로 보내 버린 연강우량 40%의 빗물 저장사업을 추진하고 있다.[41]

---

41) 환경부, 'LID(저영향개발) 비점오염 저감시설', 정보관리시스템, 2014.

1.35 점오염원과 비점오염원

비점오염원과 점오염원의 특성 비교, 비오염원 저감시설 [3, 3]

I 개요

1. 점오염원(點汚染源)은 오염물질의 유출경로가 명확하여 수집이 쉽고, 계절에 따른 영향이 상대적으로 적은 만큼 연중 발생량 예측이 가능하여 관거 및 처리장과 같은 처리시설의 설계와 유지관리가 용이하다.
「수질 및 수생태계 보전에 관한 법률」 제2조 제1호에 의한 공장, 사업장 등의 폐수배출시설이 점오염원을 대상으로 한다.
2. 비점오염원(非點汚染源)이란 도시, 도로, 농지, 산지, 공사장 등의 불특정 장소에서 불특정하게 수질오염물질을 배출하는 배출원을 말한다.
「수질 및 수생태계 보전에 관한 법률」 제2조 제2호에 의한 비점오염원은 오염물질의 유출 및 배출 경로가 명확하게 구분되지 않아 수집이 어렵고 발생·배출량이 강수량 등 기상조건에 크게 좌우되므로 처리시설의 설계와 유지관리가 어렵다.
3. 비점오염에는 농작물에 흡수되지 않고 농경지에 남아있는 비료와 농약, 초지에 방목된 가축의 배설물, 가축사육농가에서 배출되는 미처리 축산폐수, 빗물에 섞인 대기오염물질, 도로 노면의 퇴적물, 합류식 하수관거에서 강우 중 설계량을 초과하여 하천으로 흘러드는 오수·하수와 빗물의 혼합수 등이 있다.
4. 점오염원과 비점오염원은 상대적인 개념으로, 공장에서 관거를 통해 수집되어 수질오염방지시설을 통해 처리되는 공장폐수 배출시설은 점오염원이며, 그 외에 하천으로 직접 강우유출수를 배출하는 도로표면, 야적장, 공장 부지 등은 비점오염원이다.

[점오염원과 非점오염원의 특성 비교]

구분	점오염원	비점오염원
배출원	공장, 가정하수, 분뇨처리장, 축사농가 등	대지, 도로, 논·밭, 임야, 대기 오염물질 등
특징	• 인위적 • 배출지점이 특정, 명확 • 관거를 통해 한 지점(처리장)으로 집중 배출 • 자연적 요인에 영향을 적게 받아 연중 배출량이 일정 • 모으기 용이하고 처리효율이 높음	• 인위적 및 자연적 • 배출지점이 불특정, 불명확 • 희석, 확산되면서 넓은 지역으로 배출 • 강우 등의 자연적 요인에 따른 배출량 변화가 심하여 예측이 곤란 • 모으기 어렵고, 처리효율이 일정치 않음

Ⅱ 비점오염원 저감시설의 유형

1. **자연형** : 저류형, 침투형, 식생형, 인공습지형 저감시설

2. **장치형** : 여과형, 와류형, 스크린형, 응집침전처리형, 생물학적처리형 저감시설

[장치형(여과형) 비점오염원 저감시설의 특성 비교]

구분	개방형 NS-Filter	Stormfilter
형상		
정화원리	• 스크린 4각형 3단분리 여과 • 수직여과방법(하향류 여과)	• 원통형 여재충진 여과기 여과 • 측면여과방법(하향류 여과)
정화효율	• BOD 65%　　　 T-N 50% • SS　 85%　　　 T-P 65%	• BOD 65%　　　 T-N 50% • SS　 85%　　　 T-P 65%
여과속도	• 7.0m/m^2/시간	• 5.5m/m^2/시간
장점	• 개방형 스크린 여과구조로서 유해물질 차단 용이	• 여과면적이 넓고, 미국에서 시공실적 다수 보유
단점	• 정화효율이 원통형 여과기에 비하여 다소 저하	• 유해물질 차단기능이 없어, 침전지에서 악취 심하고 해충 발생 우려
시공성 및 공사비	• 배수로 하단 맹암거 설치 후, 일정간격(2~20m)으로 설치하여 시공성 양호 • 국내기술, 공사비 저렴(50km/h 기준 3,500만 원)	• 시설용량이 비하여 시설규모가 작아서 시공성 양호 • 외국기술, 공사비 고가(50km/h 기준 10,800만 원)
유지관리항목 및 유지관리비 (1회/1년)	• 1, 3차 여과조 세척 및 충진 • 2차 여과조 교체 • 1, 3차 여과조 세척·충진 재사용으로 유지관리비 저렴(80만 원)	• 유입조의 젖은 슬러지 흡입 준설 • 준설 후 슬러지 탈수작업 수행 • 고가 수입부품 사용하여, 유지관리비 고가(300만 원)

Ⅲ 비점오염원 저감시설의 기대효과

1. 비점오염 저감시설의 규모 산정

(1) 설계기준

① 비점오염 저감시설의 규모 및 용량은 강우 초기단계에서 우수를 충분히 처리할 수 있도록 설계한다.

② 해당 지역의 강우량을 누적유출고로 환산하여 최소 5mm 이상의 강우량을 처리할 수 있도록 설계한다.

(2) 산정방법

$$Q = \frac{1}{360} C \cdot I \cdot A$$

여기서, Q : 계획 우수유출량(m^3/sec)

C : 유출계수(「하수도시설 기준」의 토지이용별 기초 유출계수를 기준으로 대상지역의 유출계수를 사업자가 제시)

I : 80% 확률 강우강도 또는 최소 5mm/h

A : 처리대상면적(ha), 1ha=10,000m^2

2. 비점오염 저감시설의 정화효율

개방형 NS-Filter 공법에 의한 비점오염 저감시설의 수질정화 효과를 측정 결과, 차도 측의 빗물저류시설의 저감효율은 BOD 50mg/L 정도로서 오염된 비점오염 물질 함유수를 대상으로 할 때 정화효율은 다음 표와 같다.

[비점오염 저감시설의 정화효율]

항목	BOD	SS	T-N	T-P
정화효율(제거율)	65%	85%	50%	65%

주) 기타 기름성분, 중금속, 염화칼슘 등도 제거
   BOD(Biochemical Oxygen Demand) 생화학적 산소요구량
   SS(Suspended Solid) 부유물질, T-N(Total Nitrogen) 총질소, T-P(Total Phosphorus) 총인

3. 비점오염 저감시설의 사업효과

(1) 국내 4대강 비점오염원 관리를 그대로 방치할 경우, 2010년대 후반에는 비점오염원 비중이 65~70%로 증가하여 하천환경이 심각할 것으로 우려된다.

(2) 「수질환경오염법」 개정으로 도로건설계획 수립단계에서 비점오염 저감시설 설치를 의무화함에 따라 최근 장치형(여과형) 비점오염 저감시설이 상용화되고 있다.

(3) 저영향개발(LID)시설이 상용화되면 식생의 증발산 및 태양광 반사에 의해 열섬현상이 완화되어 식생에 의한 대기오염물질이 흡수되고, 녹지면적이 증가되어 경관개선, 온실가스 저감 등의 효과가 기대된다.[42]

---

42) 국토교통부, '도로 비점오염저감시설 설계지침 제정 연구', 중간보고서, 한국건설기술연구원, 2013.
   비점오염관리기술연구단, '비점오염저감시설 정보관리시스템', 2019.

1.36 미세먼지, 황사, 연무, 스모그

도로 확장할 때 발생되는 폐도의 환경친화적인 활용방안, 미세먼지, 초미세먼지 [1, 1]

I 먼지, 미세먼지, 초미세먼지

1. 용어 정의

(1) 먼지란 대기 중에 떠다니거나 흩날리는 입자 형상의 물질을 말하는데, 석탄·석유 등의 화석연료를 태울 때나 공장·자동차 등의 배출가스에서 많이 발생된다.

(2) 먼지는 입자크기가 $50\mu m$ 이하인 총먼지(TSP, Total Suspended Particles)와 입자가 매우 작은 미세먼지(PM, Particulate Matter)로 구분된다. 이 중에서 미세먼지는 $10\mu m$ 이하의 미세먼지(PM_{10})와 $2.5\mu m$ 이하의 초미세먼지($PM_{2.5}$)로 나뉜다.

(3) 초미세먼지의 입자는 머리카락의 $1/20 \sim 1/30$에 불과하여 눈에 보이지 않을 만큼 매우 작기 때문에 대기 중에 머물러 있다가 호흡기를 거쳐 인체의 폐에 침투하거나 혈관을 따라 체내에서 이동하게 되면 건강에 나쁜 영향을 미친다.

[미세먼지 크기 비교]

항목	기준		측정방법
미세먼지(PM_{10})	연간평균치 24시간평균치	$50\mu g/m^3$ 이하 $100\mu g/m^3$ 이하	베타선흡수법 (β-Ray Absorption Method)
초미세먼지($PM_{2.5}$)	연간평균치 24시간평균치	$25\mu g/m^3$ 이하 $50\mu g/m^3$ 이하	중량농도법 또는 이에 준하는 자동측정법

주 1) 24시간 평균치는 99백분위수의 값이 그 기준을 초과해서는 아니 된다.
　　2) 미세먼지(PM_{10})는 입자크기가 $10\mu m$ 이하인 먼지를 말한다.
　　3) 초미세먼지($PM_{2.5}$)는 입자크기가 $2.5\mu m$ 이하인 먼지를 말한다(2015년부터 공개).

2. 미세먼지 성분

(1) 미세먼지는 대기오염물질이 공기 중에서 반응하여 형성되는 덩어리(황산염, 질산염 등), 석탄·석유 등 화석연료를 태우는 과정에 발생되는 탄소류와 검댕, 지표면 흙먼지 등에서 생기는 광물 등으로 구성된다.

(2) 전국 6개 지역에서 측정된 초미세먼지 성분 구성은 대기오염물질 덩어리(황산염, 질산염 등)가 58.3%로 가장 높고, 탄소류와 검댕 16.8%, 광물 6.3% 순이었다. 미세먼지 발생분이 적은 백령도에서는 탄소류와 검댕 비율이 상대적으로 낮다.

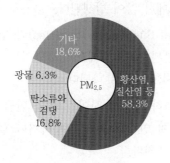

[초미세먼지 성분 구성(%)]

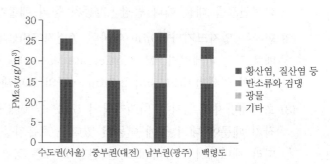

[지역별 초미세먼지 PM₂.₅ 성분 구성(%)]

[지역별 초미세먼지 PM₂.₅ 오염도 순위]

단위 : μg/m³

지역	전북	충남,충북	대전,인천	경기,강원, 울산,대구, 경남,광주	부산	전남,경북	서울
오염도	34	32	29	28	27	26	24

3. 초미세먼지(PM₂.₅)는 1군 발암물질 ··· 황사와는 다른 물질

(1) 세계보건기구(WHO, World Health Organization)는 미세먼지에 대한 대기질 가이드라인을 1987년부터 제시하고 있다. WHO 산하 국제암연구소(IARC, International Agency for Research on Cancer)는 미세먼지(PM₁₀, PM₂.₅)를 사람에게 발암(發癌)이 확인되는 1군 발암물질(Group 1)로 지정하였다.

(2) 특히, 초미세먼지 PM₂.₅는 호흡기에 걸러지지 않고 폐까지 침투하여 호흡기 질환을 유발하고 혈관에 염증을 발생시키는 매우 위험한 물질이다.

(3) PM₂.₅는 노인, 어린이, 임산부, 심장·순환기 질환을 겪는 환자에게 심장·혈관뿐만 아니라, 당뇨병, 우울증 같은 만성질환에도 영향을 주는 독성물질이다.

Ⅱ 황사

1. 황사의 분류

명칭	구분		기준	
황사	레벨 0	약한 황사	1시간 평균 미세먼지(PM₁₀) 농도	$400\mu g/m^3$ 미만
	레벨 1	강한 황사		$400 \sim 800\mu g/m^3$
	레벨 2	매우 강한 황사		$800\mu g/m^3$ 이상

주 1) 황사 판정에 사용하는 기상 요소 : 시정과 대기 에어로졸(aerosol)의 농도
　 2) 에어로졸은 '인간에 의한 발생 또는 자연 발원에 의해 대기 속으로 진입하는 액체 및 고체 미립자'를 말한다.

2. 황사의 특징

(1) 황사(黃砂, yellow dust)는 주로 봄철에 중국과 몽골 사막의 모래·먼지가 상승하여 편서풍을 타고 멀리 날아가 서서히 가라앉는 토우(土雨), 흙비를 말한다.

(2) 아시아 대륙에서는 중국과 대한민국, 일본 순으로 봄철 황사 피해를 가장 많이 입는다. 발생기간이 길어지고 오염물질이 포함되는 등 매년 심해지는 추세다.

(3) 황사에 섞여 있는 석회 알칼리성 성분이 산성비를 중화함으로써 토양과 호수의 산성화 방지, 식물과 바다의 플랑크톤에 유기염류 제공 등의 장점이 있다. 그러나 인체 건강, 여러 산업에 피해를 끼쳐 황사 방지를 대책이 요구된다.

3. 황사의 원인

(1) 바람에 의해 지표의 토양 일부가 대기 중으로 상승하여 먼 곳까지 이동할 조건은 강한 바람이 필요하고, 지표면 토양은 흙가루가 매우 작고 건조하고, 지표면에 식물 군락 없어 공중으로 떠오르는 것을 방해하지 않아야 한다.

(2) 황사 발원지 중국·몽골의 사막지역의 대부분은 해발 약 1,000m 이상으로 강한 바람을 타고 눈·비가 적게 내리는 봄철에 한반도로 이동하기 수월하다.

(3) 지구온난화 영향으로 사막화가 가속되고 있는 중국의 반건조지역은 기후의 영향을 민감하게 받아, 겨울철 가뭄이 심한 경우에 지표가 매우 건조해져 봄철에 강한 바람에 의해서 대기 중에 황사가 발생한다.

(4) 황사 발원지는 편서풍대에 위치하여 서쪽에서 동쪽으로 바람이 분다. 특히, 봄철에는 강한 저기압이 만주지역에 자리를 잡아 강한 바람의 풍향이 한반도와 일본으로 향하면서 황사가 발생한다.

Ⅲ 연무

1. 용어 정의

(1) 연무(煙霧, haze)는 공기 중의 먼지나 연기 등으로 시정이 흐려진 것을 말한다.

(2) 연기와 안개를 아울러 칭하는 용어이다(예 연무가 짙게 끼다).

(3) 고운 먼지와 그을음이 공중에 떠다니면서 생기는 대기의 혼탁현상을 의미한다. 주로 공장에서 배출된 매연과 자동차 따위의 배기가스에 의하여 일어난다.

2. 기상예보 사례

(1) 기상청은 '서울은 지난 주말 1월 12일 새벽 눈이 내리고 난 뒤 아침에 박무 현상을 보이다가 기온이 점차 오르면서 정오 무렵부터는 연무 현상이 나타났다. 이후 3일 동안 낮에 연무 현상이 나타나면서 뿌연 하늘이 보였다'고 말했다.

(2) 이처럼 '서산지역에는 옅은 안개인 박무가 나타났다. 하지만 서울은 현재 연무현상을 보이고 있다'라는 기상캐스터의 멘트가 자주 들린다.

3. 안개(fog), 박무(薄霧, mist), 연무(煙霧, haze)

(1) 안개, 박무(옅은 안개), 연무의 구분

① 안개, 박무, 연무는 시야를 악화시킨다는 공통점이 있으나, 주요 입자가 어떤 것인지에 따라 다르다.

② 수평시정이 1km 미만이면 '안개', 그 이상이면 '박무'와 '연무'로 구분한다.

③ 안개와 박무(薄霧)는 물 현상, 연무는 먼지 현상이라는 점에서 다르다.

④ 안개 : 상대습도 75% 이상, 시정 1km 미만

⑤ 박무 : 상대습도는 안개와 같으나, 시정 1km 이상~10km 미만

⑥ 연무 : 상대습도 75% 미만으로 습기·먼지로 인하여 시야가 확보되지 않으며, 시정은 1~10km로 박무와 같다.

(2) 연무의 특징

① 습도가 낮으면서 대기 중에 연기·먼지 등의 건조하고 미세한 입자가 떠 있어 육안으로 보이지 않는 경우가 많다.

② 도시나 공업지대의 주택·공장에서 나오는 연기나 자동차 배기가스 등 인간활동에 따라 발생하는 인공 오염물질을 포함하는 경우가 많다.

③ 연무의 입자는 $1\mu m$ 이하로, 최대 $18\mu m$인 황사보다 훨씬 작아 폐의 가장 깊은 곳까지 침투하기에 황사보다 더 위험한 요소로 여겨진다.

Ⅳ 스모그

1. 용어 정의

(1) 영어의 'smoke(연기)'와 'fog(안개)'의 합성어이다. 이 용어는 1905년 H. A. 데 보외가 영국 도시들의 대기 상태를 지칭하는 말로 처음 사용했다. 1911년 매연감소를 위한 전국연맹의 맨체스터 회의에서 1909년 가을 글래스고와 에든버러에서 '매연-안개'로 인해 1,000명 이상의 사상자가 생겼던 사건이 보고되면서 보편화되었다.

(2) 오늘날에는 대기오염물질로 하늘이 뿌옇게 보이는 현상을 부르는 말로 쓰인다. 자동차 배기가스나 화력 발전소·공장 등에서 나오는 대기오염물질 때문에 생긴다. 대도시에서 많이 생기지만, 바람에 실려가 다른 곳에 피해를 주기도 한다.

① 런던형 스모그(황화 스모그) : 화석연료를 태워서 생긴 이산화황, 일산화탄소
② LA형 스모그(광화학 스모그) : 자동차 배기가스에 들어 있는 질소산화물
③ 화산 스모그 : 자연적으로 생기는 스모그로서, 화산폭발로 분출된 이산화황
④ 혼합형 스모그(서울 스모그) : 런던형 스모그와 LA형 스모그가 함께 발생

2. 원인물질과 배출원

(1) **아황산가스** : 공장·빌딩의 연소시설, 산업체·가정의 난방시설이 주요 배출원이나, 최근에는 연료개선정책에 의해 배출량이 상당히 감소되었다.

(2) **질소산화물** : 연료가 고온연소될 때 공기 중의 질소와 산소가 반응하여 생성된다. 주요 배출원은 자동차, 기차, 비행기, 선박 등의 이동 배출원과 산업장, 빌딩·가정용 보일러 등의 고정 배출원으로 알려져 있다.

(3) **VOCS(휘발성 유기화합물)** : 석유의 불완전 연소로 인한 자동차의 배출원이며, 주유소, 정유시설, 세탁소 등 배출원이 다양하다. 유럽과 미국의 교외지역에서는 산림에서 배출되는 자연배출 VOCS도 오존 생성의 주요 원인물질로 집계한다.

(4) **미세먼지** : 시정이 나빠지는 것은 에어로솔이 빛을 산란시키거나 흡수하여 소멸시키기 때문에 입자의 주요 성분은 황산염, 질산염, 원소탄소, 유기탄소들이다. 시정에 직접 영향을 주는 것은 $PM_{2.5}$이다.

(5) **안개** : 기온 급강하로 아침에 주로 생기는 안개는 시야를 방해하는 물질의 하나이다. 서울의 경우 과거보다 더 많은 양의 안개현상이 나타나면서 기온이 올라가도 잘 소멸되지 않는 이유는 안개에 포함된 미세입자가 원인으로 추정된다.[43]

---

43) 박효성, 'Final 토목시공기술사', 개정 2판, 예문사, 2020, pp.215~218.

[4. 정책·첨단기술]

1.37 제2차 국가도로망 종합계획(2021~2030)

고속도로 건설 5개년 계획(2017.1. 국토교통부)의 주요내용 [0, 5]

I 개요

1. 국토교통부는 '제2차 국가도로망종합계획(2021~2030)'을 수립하여 최종 확정했다.
2. 국가도로망종합계획은 10년 단위 계획으로, 고속국도 건설 5개년 계획과 국도·국지도 5개년 계획의 근간이 되어 간선 도로망 구축의 목표와 방향을 제시한다.

II 고속국도 현황

1. 수립 근거

「도로법」 제5조에 따라 도로망의 건설 및 효율적인 관리 등을 위하여 국가도로망종합계획 수립

2. 고속국도 교통현황

(1) 「도로법」 제5조에 따른 도로분야 최상위 법정 계획

(2) 「국토종합계획」, 「국가기간교통망계획」과 연계되는 계획

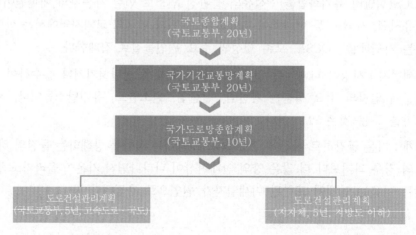

(3) 계획 수립 후 5년마다 타당성 검토하여 변경 가능

3. 계획 범위

(1) **시간적 범위** : 2021~2030년   (2) **공간적 범위** : 전국

Ⅲ 계획의 목표 및 기본방향

1. 비전

사람-사회-경제-미래를 이어주는 다(多)연결 도로

2. 주요 정책과제

(1) 적재적소에 투자하여 경제 재도약 지원

(2) 사람중심 포용적 교통서비스 제공

(3) 체계적 관리를 통해 안전한 도로환경 조성

(4) 혁신성장을 선도하는 미래도로 구축

3. 세부 정책과제

(1) 적재적소에 투자하여 경제 재도약 지원

① 국가간선도로망 정비 : 격자형 국가간선도로망 개편 및 대도시권 방사축 고속교통망 보완 ⇨ "10×10+6R^2"으로 도로망 체계 재정비
- 공사 중인 사업 적기 준공, 대도시권 순환도로 사업 차질없이 완공, 민자 고속국도 적기 추진 등을 통해 고속국도 네트워크 강화
- 대도시권 교통혼잡 해소를 위해 다양한 확장방안 검토

② 국토균형발전 촉진 : 도서지역·접경지역 등 낙후지역 도로정비를 통한 교통소외지역 연결성 강화, 일반국도 효율성 증진 등

③ 투자 효율화 : 한정된 재정여건을 보완하여 민간투자 활성화, 도로등급·관리체계 조정, 국민 체감이 높은 소규모 사업 투자 확대 등

④ 도로산업 육성 : 인프라에 IoT 센서, AI 등을 결합한 디지털 도로산업 육성 해외시장 진출을 위한 G2G 협력, 도로분야 연구개발 추진 등

(2) 사람중심 포용적 교통서비스 제공

① 공공성 강화 : 고속국도 통행료 감면제도 개편, 민자 고속국도 운영·관리 강화, 도로부지 활용성 강화, 도로점용료 산정체계 개편

② 사람중심 도로환경 : 교통약자 이동성 강화, 보행안전을 위한 도로시설 지능화, 소음·미세먼지 관리를 통한 환경 친화공간 제공

③ 이용자 편의 제고 : 비대면·언택트 서비스 확대, 고속국도 환승체계 구축, 차세대 통행료 정산시스템 구축, 하이패스 개선

(3) 체계적 관리를 통해 안전한 도로환경 조성

① 교통안전 : 화물차 과적 근절, 도로 살얼음 등 사고예방을 위한 안전시설 확충, 생활 밀착형 안전투자, 지역 맞춤형 안전대책 수립

② 디지털 유지관리 : 디지털 투자를 통한 도로시설물 관리시스템 고도화, 스마트 기술을 적용하여 안전 사각지대 해소

③ 구조물 안전관리 : 예방·선제적 유지관리, 노후시설물 점검 강화

④ 재난대응 역량 : 시나리오 기반 대응체계 구축, 구조물 선제적 재정비

(4) 혁신성장을 선도하는 미래도로 구축

① 디지털·스마트 : 자율차·AM 등 미래 모빌리티 지원 도로망 구축, 새로운 교통서비스 제공 기반 구축, 스마트 건설 본격 추진

② 친환경·탄소중립 : 친환경 차량 확대 촉진, 신재생에너지 발전을 통한 에너지 생산 고속국도 구현

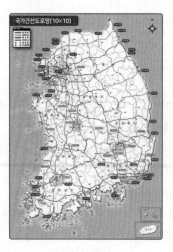 

Ⅱ 맺음말

1. 이번 2차 계획은 1992년 수립된 남북 방향 7개 축, 동서 방향 9개 축과 6개의 대도시권역 순환망(7×9+6R)으로 구성된 간선도로망을 남북 방향 10개 축, 동서 방향 10개 축 및 6개의 방사형 순환망(10×10+6R2)으로 확대·개편하는 것이 핵심이다.

2. 이번에 신설된 남북 6축 합천-진천 노선은 중부내륙고속도로의 수요를 분산하며, 2024년 준공 예정인 함양-울산 고속도로와 연결하여 서부 경남지역 교통 수요 증가와 관광 활성화에 기여할 것으로 기대된다.[44]

---

44) 국토교통부, '제2차 국가도로망종합계획(2021~2030)', 국토교통부고시 제2021-1109호, 2021.9.24.

1.38 복지시대의 도로정책 방향

국민참여제도(Public Involvement), 복지시대에 부합하는 향후 도로정책 방향 [3, 1]

1. 개요

(1) 산업화를 이끈 사회적 패러다임의 경제적 합리성, 효율성, 기능성 등이 지나치게 강조되면서 철학적 사상이 빈곤해진 현대사회는 '인간성 상실'에 직면해 있다.

(2) 우리나라 SOC 정책 역시 성장시대의 효율적 공급을 강조하면서 다양한 수요를 기반으로 하는 복지시대에 국민의 행복추구에 대응하지 못했다는 비판을 피할 수 없다.

(3) 이제는 SOC 가치를 초고령 복지사회에 진입하는 국민의 행복추구를 지원할 수 있도록 보편적 가치를 중시하는 새로운 SOC 정책 방향 설정이 필요하다.

2. SOC 정책기조의 변화

(1) 우리나라 SOC 정책의 기조는 90년대 이전까지 국가경제발전에 초점을 두었으나, 90년대 이후부터 삶의 질 향상을 강조하여 안전, 복지 등에 관심이 증대되고 있다.

(2) 최근 생활권 내 삶의 질 향상을 위한 '생활 SOC' 공급에 중점을 두고, 노후시설의 '유지·관리 및 재생강화', 부문 간의 '융·복합' 분야로 정책목표가 전환 중이다.

[우리나라 SOC정책의 패러다임 변화]

과 거	현 재
국가경쟁력 제고	국민복지와 행복
지역 간 SOC	지역 간 SOC 생활 SOC
신규 공급	유지·보수 및 재생
단일시설	융·복합 시설

(3) 선진국의 SOC 정책 역시 과거에는 경제적 효율성 위주로 추진되었으나, 최근에는 사람 중심 패러다임의 성숙, SOC 노후화에 따른 안전사고 증가 등으로 SOC의 인본주의적 가치에 대한 관심이 증가되고 있다.

(4) 이와 같은 삶의 질 향상, 복지 등 사회적으로 요구되는 새로운 가치를 구현하기 위하여 인간다운 삶을 중시하는 복지시대 도래를 감안하여 국내·외적으로 SOC 정책에서 새로운 가치의 반영을 추구하는 시점에 놓여 있다.

3. SOC 가치의 재정립

SOC 가치를 재정립하기 위하여 '잠재적 가치 발굴' 및 '기능적 가치 향상'이라는 두 가지 관점에서 국민행복을 추구할 수 있는 방향을 검토한다.

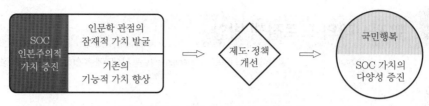

[국민행복을 위한 SOC 가치의 재정립]

(1) SOC의 잠재적 가치 발굴

① 정신적 풍요를 강조하는 현대 복지사회에서는 국토 및 도시공간의 품격을 향상시키고 인간의 감성을 풍요롭게 하여 국민행복을 증진시키는 정책이 필요하다.

② 이를 위하여 우리가 소홀히 하고 있었던 SOC의 인문학적인 가치, 즉 장소성, 정체성, 경관성 관점에서 잠재적인 가치를 재정립할 필요가 있다.

[SOC의 잠재적 가치]

지표	기능	사례
장소성	휴식 및 소통 문화예술 향유	도심지 보행광장, 고속국도 휴게소, 역(고속버스, 철도, 지하철) 등
정체성	역사적 상징성 향상 지역 및 도시 홍보	서울역박물관, 테마형 관광열차, 제주 올레길, 탄광촌 지하동굴 등
경관성	도시품격 향상 심미적 풍요로움 제공	서울남산타워, 서울숲, 청계천, 한강교량 등의 야간조명

(2) SOC의 기능적 가치 향상

① SOC의 잠재적 가치 발굴 외에도 국민의 삶의 질 향상 요구에 부응하기 위하여 SOC가 기존에 포함하고 있었던 기능적 가치를 더욱 향상시킬 필요가 있다.

② 또한 점차 다양해져가는 국민수요에 부응하기 위하여 SOC와 첨단과학과의 융·복합을 추구하는 자율주행도로를 실현하여 기존 기능을 향상시키고, 21세기 창조적인 SOC 가치를 재정립할 필요가 있다.

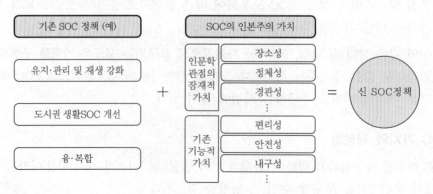

[기존 SOC 정책 + 기능적 가치 = 신 SOC 정책]

Professional Engineer Road & Airports

4. 향후 정책방향

(1) 초고령 사회에 접어드는 복지시대의 SOC 정책은 경제개발 선도적인 사고방식에서 탈피하여 다원적인 가치관을 고려할 수 있도록 다음 3가지 방향이 요구된다.

첫째, 복지시대에 적합한 'SOC 가치의 종합화 및 체계화'가 필요하다.
둘째, 공공재로서의 SOC 가치를 고려하여 개인 행복을 존중하되 개별이익에 매몰되지 않고 사회전체를 위한 '공공성 유지'가 필요하다.
셋째, 복지시대 관점에서 정성적 가치와 공공성 유지 여부가 고려될 수 있는 '투자평가체계의 개선'이 필요하다.

(2) 최근 국가정책이 복지 중심으로 변화되면서 SOC의 다원적인 가치관은 'SOC=복지'라는 연계성이 강화되는 추세이므로, 복지를 고려한 투자평가체계 개선이 중요하다.[45)]

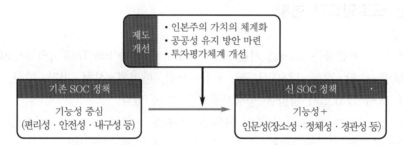

[신 SOC 정책 추진을 위한 제도개선 방향]

---

45) 국토교통부, '국민행복시대의 신 SOC정책 방향정립 연구', 국토연구원, 용역 최종보고서, 2013.

1.39 한반도 통합도로망, Asian Highway

남북 교류활성화와 경제협력을 위한 남북 통합도로망 구축방안, 아시안 하이웨이(Asian Highway) [3, 7]

I 개요

1. 한반도는 한국동란 후, 2010년 천안함 피격, 핵실험 등의 대립과 2018년 남북정상회담, 북미정상회담 등의 화해 분위기가 반복되면서 교류가 단절된 상태이다.
2. 중·장기적 관점에서 한반도의 신성장 동력 확보를 위해 남북한 도로인프라 로드맵을 연구하고, 국토 균형발전을 위해 한반도 통합도로망을 구상할 필요가 있다.

II 북한 도로인프라 현황

1. 북한의 도로 총연장은 2016년 기준 26,176km로서 남한 108,780km의 24.1%이며, 고속도로는 평양~순안, 평양~남포(신/구), 평양~개성, 사리원~신천, 평양~향산, 평양~원산 등 총 8개 노선 774km가 평양을 중심으로 연결되어 있다.
2. 북한의 1급 도로는 현재 공사 중인 신의주~안주를 포함하여 34개 노선으로 대부분 도로폭이 좁고 굴곡이 심하며 교량·터널 구조물은 노후화가 심각하다.
3. 고속도로를 제외한 1~2급 도로의 포장률은 10% 미만으로 거의 비포장 상태이며, 주행속도 50km/h 이하로 수송능력이 낮지만 철도 노후화가 심각하기 때문에 도로가 중요하다.

[북한 고속도로 및 1급 도로 현황]

Ⅲ 미래 통일한반도 인프라 구축 방안

1. 기본방향

(1) 북한 교통인프라의 구축은 남북 경제협력사업을 위한 간선교통망 기능을 확보하고, 북한 경제회생과 남북한 경제공동체 형성을 도모하는 데 있다.

(2) 한국동란 후, 남북한이 가로막혀 대한민국이 섬처럼 고립되어 대륙진출에 한계가 있다. 남북 교통인프라가 연결되어야 유라시아 대륙으로 뻗어나갈 수 있다.

2. 한반도 개발계획의 변화

(1) 한반도의 비전과 개방형 국토전략(국토연구원, 2009)

① 남한의 경제·사회 핵심요소가 집중된 경부축과 북한의 유일한 경제·사회 중심인 경의축을 초고속 간선교통망으로 연결하는 구상이다.

② 향후 중국교류의 중심이 되는 남한 서해안축이 중요하지만, 지하자원 개발 및 일본교류를 감안할 때 북한 동해안축을 동시 활용하는 방안이다.

(2) 한반도 신경제지도(통일부, 2017)

① 궁극적으로 대한민국을 반도국가에서 동북아 허브국가로 발전시키고, 남북한이 공존하며 공영하는 하나의 시장을 형성하여 경제통일을 이룩하는 구상이다.

② 한반도의 동축과 서축, 그리고 동서를 잇는 'H 경제벨트'를 조성하는 3개 경제벨트와 하나의 시장을 핵심 축으로 하여 도약하는 방안이다.

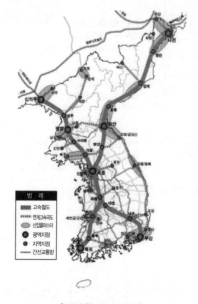

[개방형 국토전략]

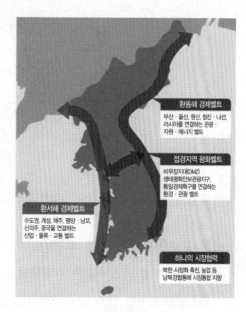

[신경제지도]

3. 북한 도로인프라 사업의 접근방향

(1) 접경지역 단절도로 복원·연결사업

① 남·북 접경지역

- 남북 접경지역은 한반도의 중심지대에 위치하여 남북교류 및 통일대비 공간으로서 남북한 공동개발이 용이하고, 생태환경 보전가치가 높다.
- 접경지역 남북한 연결 국도는 1, 3, 5, 7, 31, 43호선 등의 6개 노선이며, 이 중 국도 1호선과 7호선은 이미 연결공사가 완료되었다.

② 북·중 접경지역

- 현재 북·중 접경지역에 설치되어 있는 도로시설물은 1930~40년대 건설되어 교량이 심하게 노후화되어 개·보수 및 현대화가 필요하다.
- 대한민국 주도 하에 한·중 협력을 통한 남북경제협력사업을 추진하여 장기적 안목에서 동북아 경제공동체 형성의 구심점을 구축해야 한다.

(2) 한반도 간선도로망 구축사업

① 2007년 '한반도 간선도로망 연구'를 통해 남북 7개축의 도로망을 4단계에 걸쳐 구축하여 북한 간선도로망(6×6) 총연장 5,300km를 연결하는 네트워크이다.

② 2015년 국토교통부 주관 「한반도 국토개발 마스터플랜 수립을 위한 총괄연구」를 통해 2007년 '한반도 간선도로망 연구'를 재정립하였으나 비공개자료이다.

[북한 간선도로망 구축계획(2007년)]

4. 북한 도로인프라 단계별 추진방안

(1) 조사연구 및 마스터플랜 수립단계

① 2018년 6월 남북 실무자회의를 통해 2008년 이후 중단되었던 공동연구조사단이 다시 구성되고 북한 도로현대화를 위해 실제적인 조사가 시행되었다.

② 이와 같은 공동조사를 통해 북한 도로정보를 수집하여 현실적이고 효과적인 추진방 안을 제시할 수 있어야 됨에도 현재 다시 중단되었다.

(2) 기존도로 현대화 및 접경지역 단절 노선 연결단계

① 북한은 2007년 남북정상회담 이후 남북실무자회의에서 '개성~평양 고속도로 개·보 수사업'을 가장 먼저 요청하였다.

② 2018년 6월 남북 도로협력분과회의에서 북한 도로 중심축인 경의선 개성~평양 고속 도로와 동해선 고성~원산 관광국도를 우선 현대화하기로 합의하였다.

(3) 한반도 통합 간선도로망 구축단계

① 북한의 비핵화 문제해결로 대북제재가 풀린 이후, 한반도 간선도로망 마스터플랜을 근거로 북한 간선도로망 구축계획을 실행할 수 있을 것이다.

② 북한 간선도로망 구축은 남한 고속도로와 연결되고 중국, 러시아와도 연결되어 무역 에 따른 물동량을 수송할 수 있도록 계획되어야 한다.

(4) 민간투자개발사업 추진단계

① 최근 북한 광물에너지 자원개발에 대한 국내 기업들의 관심이 고조되고 있지만, 현실 적으로 광산까지의 접근로, 항만이나 국경까지의 수송로가 없다.

② 이러한 관점에서 나진~원산 고속도로, 단천지역 교통인프라 현대화사업 등은 광산 지역에 인접되어 민간투자 경제적 타당성이 매우 높은 편이다.

5. 북한 도로인프라 재원조달 방안

(1) 공공·민간 재원조달방안

① 대한민국정부가 북한 경제개발을 위하여 남북협력기금(SNCF), 대외경제협력기금 (EDCF) 등에서 재원조달을 준비하고 있다.

② 민간투자사업은 일정수준 '규모의 경제'가 요구되고, 특히 북한정부에 대한 신뢰가 있어야 되므로 당장 실현 가능성은 없다.

(2) 국제협력 재원조달방안

① 북한과의 경제협력을 위한 재원조달은 다자간 국제협력이 바람직하다. 과거 남북협 력사업 실패는 남북한 양자협력사업의 한계를 여실히 보여준 사례이다.

② 중국, 러시아 등 북한과 긴밀한 협력관계를 갖고 있는 국가들을 참여시킬 수 있는 다 자간 국제협력사업으로 추진해야 리스크를 줄일 수 있다.

Ⅳ 아시안 하이웨이(Asian highway)

1. 용어 정의

(1) 아시안 하이웨이(Asian Highway Network, AH)는 아시아 32개국을 횡단하는 전체 길이 14만km에 이르는 간선도로이다.

(2) 유엔 아시아 태평양 경제사회위원회(Economic & Social Commission for Asia and the Pacific, ESCAP)가 추진하고 있는 AH는 1992년 ESCAP에서 승인한 아시아육상교통기반개발계획(Asian Land Transport Infrastructure Development, ALTID)의 일부 구간이다.

2. AH 연혁

(1) AH 계획은 아시아 지역의 국제육상교통개발을 촉진하기 위하여 1959년 유엔에서 발의되었다. 1970년대까지 추진되었으나, 1975년 재정적 지원이 끝나고 논의가 중단되었다. ESCAP는 1992년 ALTID의 승인 이후에도 사업계획을 이끌고 있다.

(2) 2003년 11월 AH 연결에 관한 정부 간 협정이 채택되었다. 2004년 4월 중국 상하이에서 열린 제60차 ESCAP에서 AH 연결에 23개국에서 조인하였고, 2007년 기준으로 28개국이 이 계획에 참가하고 있다.

3. AH 노선망

(1) AH 계획은 8개의 간선(AH1~AH8)과 그 밖의 지선으로 구성되며, 간선과 지선을 모두 합하면 55개 노선에 이른다. 그 중 대한민국에는 2개 간선이 경유한다.

(2) 대한민국-일본·말레이시아-인도네시아를 잇는 구간은 해상 구간이어서 카페리로 연결되며, 대한민국과 일본 간은 한일해저터널을 논의한 적이 있다.

(3) AH1 노선은 도쿄(시점)-동남아시아-중앙아시아-‥‥-불가리아 국경까지 연결되며, 동남아시아 국가들과 인도, 러시아 간의 네트워크가 기대된다. AH1 노선 개통에는 기존 도로망 개량을 위해 2007년 기준 공사비 250억 달러로 추정된다.

(4) AH6 노선은 부산(시점)-경주-강릉-거진-원산-청진-선봉-하산을 경유하여 블라디보스토크-‥‥-하얼빈-‥‥-모스크바-‥‥-벨라루스 국경까지 연결된다.[46]

---

46) 박석성 외, '북한 도로인프라 사업 추진방안에 대한 고찰', 유신기술회보 25호, 2019, pp.10~25.

국토교통부(2011)

[Asian Highway Network]

4. 남북한 도로망과 아시안 하이웨이 연결성

(1) AH1의 한반도 구간은 부산~서울 경부고속도로 연결을 위하여 서울~문산 고속도로를 2020년 개통하였다. 도로 사정은 열악하지만 북한에도 개성~평양 고속도로와 평양~신의주 1급 도로가 있다.

(2) AH6은 부산에서 동해안을 따라 중국~카자흐스탄~러시아로 이어진다. 이 구간에는 남한 국도 7호선과 북한 '원산~금강산 고속도로'의 연결이 필요하다.

(3) 결론적으로 AH1의 한반도 구간 중 미연결 구간은 '개성~문산' 구간으로 남북협의와 예산지원만 있으면 가장 먼저 추진할 수 있는 사업이다.

1.40 턴키·대안, Fast Track, 종합심사낙찰제

턴키·대안공사의 낙찰자 결정방식, Fast Track 입찰방식, 종합심사낙찰제 [3, 1]

I 턴키·대안 제도

1. 공공건설공사 발주·입찰방식

입찰방식	적용기준	낙찰자 결정방식	평균 낙찰률
최저가 경쟁입찰	공사예정금액 300억 원 이상	• 입찰참여업체 중 최저가격 입찰자로서 저가심의 통과자 선정(입찰할 때 저가사유서 제출)	60~70%
적격심사 낙찰제	300억 원 미만	• 일정자격을 갖춘 업체들 간에 경쟁하는 방식 (계약이행능력 70%+가격 30%) • 공사규모별로 일정수준 낙찰하한선 규정	75~85%
턴키입찰	300억 원 이상 (중심위 심의)	• 기본설계로 경쟁을 시켜 적격업체 선정 후, 그 업체가 실시설계와 시공을 담당하는 방식	90~95%
대안입찰	300억 원 이상 (중심위 심의)	• 원안설계에 대해 다른 업체가 대안설계 제안, 경쟁을 통해 시공사를 선정하는 방식 • 공비·공기 절감효과 있다고 판단될 때 허용	80~85%

2. 공공건설공사 턴키·대안절차

(1) 예비타당성조사	발주기관 : 사업성·경제성 검토
(2) 기본계획 수립	설계용역업체가 참여하는 영향평가에서 개략사업비, 공구 분할
(3) 발주 심의	중앙·지방건설심의위 : 기본설계 발주방식(턴키, 일반) 결정
(4) 기본설계 작성	공구별 턴키 발주, 사전 PQ심사, 기본계획도서 배포, 현장설명
(5) 기본설계 적격심사	설계 성과품 심의, 우선협상대상자 선정·낙찰
(6) 적격업체 선정	계약을 통해 시공업체 선정
(7) 실시설계 작성	낙찰업체와 설계업체 간에 계약 연장, 실시설계 수행
(8) 실시설계 심의	낙찰업체가 작성한 실시설계 성과품 심의

3. 턴키·대안공사와 기타공사(최저가) 차이점 비교

분야별	턴키(일괄)공사	대안공사	기타공사
설계주체	입찰자	발주기관 : 원안설계 입 찰 자 : 대안설계	발주기관
예정가격 작성여부	작성하지 않음	총공사(원안) 및 대안공종에 대한 예정가격 작성	작성
낙찰자 결정방법	실시설계 적격자 결정방법 (5가지)에 따라 결정 ① 설계적합 최저가 방식 ② 종합평가 : 입찰가격조정 ③ 종합평가 : 설계점수조정 ④ 종합평가 : 가중치 기준 ⑤ 확정가격 최상설계 방식	좌동 단, 확정가격 최상설계 방식은 제외	예정가격 이하 최저가 입찰자 중 적격심사 통과자로 결정
계약금액 조정여부		원안부분 : 가능 대안부분 : 불가능	설계변경 과정에 계약금액 조정 가능

4. 대형공사 턴키·대안 심의대상 시설

구분	심의대상 시설 기준
토목	• 교량(연장 500m, 경간장 100m 이상), 특수교량(현수교, 사장교, 아치교, 트러스교) • 일반터널(3000m 이상 또는 방재 1등급), 하저 및 해저터널 • 철도(철도차량기지) • 공항(활주로, 여객터미널 등) • 댐, 배수갑문, 항만(계류시설, 외곽시설 등) • 지능형교통체계시설
건축	• 공동주택 및 학교 • 다중이용건축물(환승·복합역사, 문화 및 집회, 체육시설 등) • 공용청사
플랜트	• 고도처리방식에 의한 정수장, 하수/폐수처리시설 • 폐기물(쓰레기, 슬러지) 소각시설, 쓰레기 자동집하시설, 슬러지 건조·매립시설 • 가스공급시설 • 열병합발전설비, 집단에너지시설 등

Ⅱ 턴키·대안 제도의 개선방안

1. 턴키 대상공사 선정 및 평가방식의 실효성 제고

(1) 턴키 대상공사 선정기준·검토항목 명확히 규정

① 대형공사 입찰방법과 관련하여 심의대상 시설의 선정기준과 검토항목을 불명확한 부분이 없도록 구체적으로 명시

② 대상공사 선정기준, 검토항목에 대하여 구체적 설명 및 예시로 표현

(2) 턴키공사의 성과평가관리 및 발주자 책임 강화

① 발주자가 턴키발주 채택한 사유, 당해 공사 완료 후에 목표 달성여부 등을 판단하기 위하여 '성과평가관리' 방안 마련

② 공사수행방식을 결정할 때 '발주자 사업관리능력'을 고려하는 방안 마련

(3) 대안공사 발주방식 폐지 검토

① 대안제도의 기술제안 범위가 설계 대안뿐만 아니라 시공방법, 유지관리방법, 가설공법 등까지 폭넓게 적용되어 당초 목적에 부적합

② 대안설계와 기술제안(TP) 중복되어 설계비 낭비가 우려되어 폐지 검토

2. 턴키 대상공사 발주제도 운용과정의 공정성 제고

(1) 턴키 대상공사 낙찰자 결정방식의 적정성 확보

① 발주자가 지나치게 고품질을 고려하여 '고낙찰률'만 선호하지 않고 당초 발주목적에 가장 적합한 방식을 선정하도록

② '설계적합 최저가'를 원칙으로 하되 발주목적이 다양한 경우 '종합평가' 채택

(2) 턴키공사 발주과정에 건설업체 간 공정한 경쟁 강화

① 입찰담합, 수주 양극화 해소를 위해 초대형 공공공사는 분할 발주를 확대하여 자금력이 부족한 중소업체의 입찰참여를 유도

② 중소업체 기회 확대를 위하여 과도한 입찰 설계비 절감 방안 마련

(3) 턴키공사 입찰과정에 업체 간 공동도급 활성화 유도

① 상생협력을 위해 공동도급을 운영하고 있으나 중소업체는 입찰만 참여할 뿐 시공은 불참하고 지분만 챙기는 편법 만연

② 대형업체(도급순위 30위 이내)와 중견업체 공동도급에 인센티브 부여[47]

Ⅲ Fast Track 입찰방식

1. 현황

(1) 실시설계·시공 병행방식(Fast Track)은 건설공사를 조기에 완성하기 위하여 비용절감 및 공기단축하는 방안으로, 턴키 발주공사에 일반적으로 적용하고 있다.

(2) 턴키 발주공사에서 실시설계가 완료되기 전까지는 공사를 착공하지 못한다는 규정이 「국가계약법 시행령」에서 삭제되어 실시설계·시공 병행방식이 가능하다.

---

47) 국민권익위원회, '턴키 및 대안공사 발주방식 제도개선', 공개토론회 자료집, 2010.

(3) Fast Track 방식은 「국가계약법 시행령」 제87조(일괄입찰의 낙찰자 선정)에 의해 실시설계 적격자를 낙찰자로 결정하고 공정별 우선순위에 따라 실시설계를 작성하여, 중앙건설기술심의위원회로부터 실시설계 적격통지를 받아 우선순위에 따라 계약하고 공사 착수할 수 있다.

[건설사업 진행방식의 비교]

구분	순차적 진행방식 (Linear Sequential Construction)	설계시공 병행방식 (Fast Track Method)
특징	• 설계, 구매·계약, 시공 등 일련의 과정이 완료된 후에 후속과정이 착수되는 순차적인 진행방식	• 설계를 100% 완료하지 않은 상태에서 시간적 제약과 비용증가 때문에 설계시공을 병행하여 진행하는 방식
장점	• 설계가 끝난 다음에 시공을 착수하므로 시공 중에 설계변경 요인 감소 • 발주자의 사업관리인력 증가 억제 • CM에 대한 고도의 관리기법 불필요	• 설계기간 단축으로 총사업기간 단축 • 목적물 조기완공으로 영업수익이 증대되어 사업의 경제성 증가 • 세부 공종별로 전문기관 선정 필요
단점	• 간접비 증가로 총사업비 증가 • 총사업기간이 증가되어 기회비용 손실 • 설계변경 요인이 발생할 경우 계약변경을 위한 인력과 기간 손실 초래	• 건설사업관리 비용 추가 소요 • 설계와 시공의 공종 세분화로 관리능력이 부족하면 품질저하 요인 발생 • 조기 착공으로 계약변경 요인이 상존

2. Fast Track 문제점

(1) 턴키 발주할 때 Fast Track 시행여부를 해당 공사별로 재검토해야 하므로, 공기단축이 필요한 공사에 적용되지 못하고 있다.

(2) 발주처와 실시설계 낙찰자 간에 계약단계에서 계약규정 및 법적절차가 미비하여 클레임 발생을 우려해서 쌍방 공히 적용을 주저한다.

① 발주처와 실시설계 적격자 간에 계약체결할 때 설계개선사항에 대한 처리방법 및 비용지불, 지반조건 재조사 등을 계약조건에 명시할 근거가 없다.

② 현재 대부분의 발주처는 실시설계·시공 병행방식을 적용하지 않고 턴키 발주 구조물의 실시설계가 모두 끝나는 시점에서 각 공정별로 계약을 체결한다.

(3) 발주처가 턴키 발주공사에 실시설계·시공 병행방식을 적용할 때 발생이 예상되는 제반 문제점을 적절히 대응하기 위한 관련제도 및 제반여건이 미흡하다.

• 새로운 Fast Track 제도의 운영경험 및 연구부족으로 인하여 공기지연 및 비용증가에 따른 처리절차가 구체적으로 명시되어 있지 않다.

(4) 대부분의 발주처는 턴키 발주공사로 계약된 총공사금액에 대해 당해 연도별 예산범위 내에서 장기계속공사로 계약하고 있어, 대형공사에서도 조기 계약·착공을 제대로 못하여 전체 공기·비용이 증가하는 원인이 되고 있다.

3. Fast Track 개선방안

(1) 턴키 발주공사에 계속비 계약을 의무화하여 Fast Track을 적용할 때 연차 및 차수별 계약에 따른 공기지연을 방지한다.

① 계속비 계약은 연차 및 차수별 계약보다 초기비용이 증가하지만, 전체 사업 관점에서 지속적으로 공사를 진행할 수 있어 사업비 절감 가능

② 「예산회계법」 제22조, 「국가계약법 시행령」 제79조에 의한 턴키 발주공사는 계속비 예산으로 계상하여 발주처와 계약 체결하도록 규정 필요

(2) Fast Track 방식 제도의 활성화를 위한 세부규정 및 절차를 마련한다.

• 발주처가 턴키 발주공사에 대한 명확한 업무범위와 적정한 공사기간을 산정하여, 각 공종별 실시설계 및 시공에 필요한 운용기준 및 계약절차를 규정

(3) 「국가계약법 시행령」에 대형공사 발주방식에 대한 조항을 신설하여, 턴키용 입찰안내서, 절차서, 표준계약서 등의 턴키 관련조항을 제정한다.[48]

Ⅳ 종합심사낙찰제

1. 개요

(1) 정부는 300억 원 이상 공공발주 대형공사에 대해 2015년까지 적용된 최저가낙찰제에서 덤핑낙찰, 잦은 계약변경, 부실시공, 저가 하도급, 임금체불, 산업재해 증가 등의 문제점이 발생됨에 따라 개선대책으로 종합심사낙찰제를 도입하였다.

(2) 종합심사낙찰제는 입찰자의 공사수행능력과 투찰가격 점수를 합산하고, 여기에 기업의 사회적 책임 점수를 가미하여 최종 낙찰자를 결정하는 방식이다. 이때, 동일 점수에서는 입찰가격이 가장 낮은 자를 최종 낙찰자로 결정한다.

---

48) 국토교통부, '턴키 입찰제도 장기발전전략 마련 공청회', 건설기술연구원·건설산업연구원, 2001.

2. 종합심사낙찰제 주요내용

(1) 심사항목 및 배점

심사 분야		심사 항목	배 점
공사수행능력 (50점)	전문성(29점)	시공실적	15점
		동일 공종 전문성 비중	4점
		배치 기술자	10점
	역량(20점)	시공평가점수	15점
		규모별 시공역량, 공동수급체 구성	5점
	일자리(1점)	건설인력고용	1점
	사회적 책임 가점	건설안전, 공정거래, 지역경제 기여도	2점
		소계	50점
입찰금액 (50점)		입찰금액	50점
		가격 산출의 적정성(감점) : 단가, 하도급 계획	−6점
계약신뢰도 (감점)		배치기술자 투입계획 위반, 하도급관리계획 위반	감점
		하도급 금액 변경 초과비율 위반, 시공계획 위반	감점
합 계			100점

(2) 문제점

① 기존 최저가낙찰제 문제점 해소를 위해 2016년 300억 원 이상 공사입찰에 도입된 종합심사낙찰제의 낙찰률이 최저가낙찰제 수준으로 회귀하고 있다.

② 2017년 기준 3년째 시행 중인 종합심사낙찰제의 낙찰률이 계속 저하되면서 최저가낙찰제 수준인 75%에 수렴해가고 있는 상황이다.

③ 종합심사낙찰제의 낙찰률이 하락하는 이유는 변별력 없는 공사수행능력 평가와 저가경쟁을 유도하는 세부심사기준이 문제라는 지적이다.

[대한건설협회 최근 10년간 공공시설공사 낙찰률]

3. 개선방안

(1) 대한건설협회 입장

① 예산절약 위주의 공사비 산정방식 때문에 지난 15년간 예정가격은 14% 이상 하락된 반면, 저가투찰 위주의 입찰제도 때문에 낙찰률은 17년간 고정되었다.

② 종심제가 지속적인 낙찰률 하락으로 그 의미를 잃어가고 있으므로, 낙찰하한률 10% 상향, 덤핑방지 제도화, 공기연장 추가비용 적정지급, 공정한 계약관계 정착 등의 개선방안을 제시하였다.

(2) 국토교통부 입장

① 2017년부터 가격덤핑 아닌 기술경쟁하는 문화 조성을 위해 발주청과 업계 간의 갑을 관계로 인한 불공정 관행을 바로잡기로 했다.

② 건설산업의 체질 개선을 위해 업역·업종·등록기준을 전면 혁신하는 '건설 생산구조 혁신 로드맵'을 2018년 발표하였고, 적정임금제 시범사업을 발주하였다.

(3) **조달청 입장** : 조달청은 2018년 발표한 '기술형 입찰 심의제도 개선방안'에서 우수 시공업체 선정을 위한 총점 차등제를 도입하여 발주기관이 선택할 수 있도록 하였다.[49]

---

49) 한국건설산업연구원, '종합심사낙찰제의 개선 및 제도 정착 방안', 최민수·최은정, 2015.7.

1.41 건설사업관리(CM for Fee, CM at Risk)

CM for Fee와 CM at Risk [1, 0]

1. 감독권한대행 등 건설사업관리(CM for Fee)

(1) 개념

'감독권한대행 등 건설사업관리'란 건설관리자(CMr)가 설계 및 시공에 직접 관여하지 않으며, 건설사업 수행에 관한 발주자에 대한 조언자 역할을 수행하고 그에 대한 대가(fee)를 받는 계약방식이다.

(2) 도입 배경

① 최근 국내 건설산업이 복잡화·전문화·첨단화 추세로 발전됨에 따라 건설프로젝트의 공정·품질·안전·원가관리 등의 목표를 효과적으로 달성하기 위하여 체계적이며 전문적인 건설관리 능력이 요구된다.

② 종전 책임감리제도는 시공단계에서 안전·품질 위주의 관리체계이었으나, 건설프로젝트의 모든 단계에서 안전·품질뿐만 아니라 공정·원가 등을 종합적으로 관리할 수 있는 체계가 요구된다.

③ OECD 선진국에서 이미 일반화되어 있는 건설관리(CM)체계를 국내법에 도입하여 발주자의 사업관리능력을 제고하고, 건설시장 개방에 대비하여 건설사업 수행체계의 다양화·국제화를 도모한다.

④ 현재 등록하여 활동하고 있는 '감리전문회사'가 '건설기술용역업자'로 변경등록하면 '감독권한대행 등 건설사업관리' 계약에 참여 가능하므로, 현행 엔지니어링 업계는 별도의 법률적·재정적 부담이 없다.

(3) 발주(계약) 방식

① 발주청은 건설공사의 품질 확보 및 향상을 위하여 건설기술용역업자에게 건설사업관리(시공단계에서 품질·안전관리 확인, 설계변경사항 확인, 준공검사 등 발주청의 감독 권한대행 업무를 포함)를 의뢰하여야 한다.

② 발주청은 여러 건의 건설공사를 동시에 발주할 때, 그 건설공사의 공종이 유사하고 공사현장 간의 직선거리가 20km 이내로 인접된 경우에는 감독권한대행 등 건설사업관리 용역을 통합 발주할 수 있다.

2. 시공책임형 건설사업관리(CM at Risk)

(1) 개념

① '시공책임형 건설사업관리'란 발주자와 합의된 계약조건하에서 건설관리자(CMr)가 시공자 역할까지 하면서, 그에 따른 최대의 이윤을 추구할 수 있도록 역할을 수행하는 계약방식이다.

[외국의 CM제도 비교]

구분	CM for Fee(감리용역형)	CM at Risk(사업관리형)
정의	건설사업관리자(Construction Manager)는 설계 및 시공에 직접 관여하지 않으며, 건설사업 수행에 관해 해당 공사의 발주자에게 조언자로서 역할 수행	CMr은 계약과 관리 주체로서 위험(risk)을 모두 부담하며 GMP 방식으로 계약을 체결하고, 발주자와 CMr과 시공자 간에는 수직적인 업무관계 유지
구조	Owner / Architect, Construction Manager / General Contractor / Sub-Contractor A, Sub-Contractor B, Sub-Contractor C	Owner / Construction Manager, Architect / Sub-Contractor A, Sub-Contractor B, Sub-Contractor C
특징	CMr은 발주자 외에 시공자·설계자와 계약 관계 없고, 발주자가 직접 전문건설업체 대상으로 분할계약 체결	GMP(Guaranteed Maximum Price)는 공사비와 관리비가 포함된 총공사비를 예측하여 CRr과 수의계약 체결
공통	징벌적 손해배상(懲罰的 損害賠償, punitive damages) : 가해자의 행위가 악의적이고 반사회적일 경우에 실제 손해액보다 훨씬 더 많은 손해배상을 부과하는 제도	
국내	감독권한대행 등 건설사업관리	시공책임형 건설사업관리

(2) 도입 배경

① 우리나라는 한국동란 직후 선진국 원조를 받아 설계·감독하에 전후복구사업을 착수할 때부터 건설공사를 시공 중심으로 분리 발주하였다.

② 설계·시공 분리발주는 설계와 별도 계약한 시공사가 잦은 설계변경을 요구하여, 비용초과, 공기지연 등을 초래하는 문제점이 계속 제기되어 왔다.

③ 시공책임형 건설사업관리(CM at Risk)는 설계단계에 시공사도 참여하여 3D BIM을 통해 설계 완성도를 높일 수 있어, 시공단계에서 설계변경을 최소화할 수 있다.

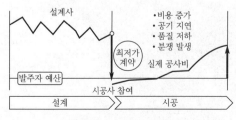

[설계·시공 분리 발주]

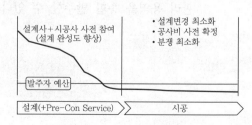

[시공책임형 건설사업관리 통합 발주]

(3) 발주(계약) 방식

① 책임감리 대상이 1995년 총공사비 50억 원 이상으로 정해진 이후, 100억 원 → 200억 원 이상으로 축소되면서 기초지자체는 통합감리로 발주하고 있다.

③ 기초지자체는 시공책임형 건설사업관리 대상공사를 200억 원에서 100억 원 이상으로 확대하여 CM at Risk 방식으로 직접 발주할 수 있도록 건의하고 있다.

(4) 시범사업 발주(계약) 현황

① 국토교통부 추진하는 CM at Risk 시범사업 6건 중 한국토지주택공사가 발주한 시흥 아파트 건설사업이 2017년 계약되었고, 나머지 5건은 추진 중이다.

② CM at Risk는 발주자−설계사−시공사가 설계단계에서 하나의 팀을 구성하여 준공단계까지 모든 과정을 3D BIM으로 구현함으로써, 시공의 불확실성, 설계변경 리스크 등을 사전에 제거하는 선진 건설공사 시행 방식이다.

[시공책임형 건설사업관리(CM at Risk) 시범사업 발주 현황]

구분	토지주택공사(3건)			철도공단	도로공사	수자원공사
사업	시흥 은계 S4블록 건설	하남 감일 B3블록 건설	행복도시 1생활권 환승	이천−충주 간 철도역사신축	영동고속도로 서창−안산확장	원주천댐 건설
내용	1,719세대 (공공분야)	578세대 (공공분야)	지상주차장 건설(2곳)	역사 신축 (2동)	8~10차로로 확장(14.8km)	콘크리트댐 H50xL265m
금액	2,281억 원	1,096억 원	250억 원	200억 원	2,900억 원	320억 원
기간	'17년~36개월	'19년~27개월	'19년~18개월	'19년~18개월	'19년~60개월	'19년~40개월
계약	GS건설					

3. 국내 토목분야에서 CM at Risk 발주 지연 사유

(1) 1996년 「건설산업기본법」에 CM 용어가 정의된 이후, CM 적용 공사의 90% 이상이 건축공사일 만큼 토목공사는 적용 사례조차 거의 없다.

(2) CM 분야는 대한민국과 선진외국 간에 기술격차가 별로 없는 분야로서 건축과 토목분야에서 폭넓게 시행될 때 시너지 효과를 얻을 수 있다. 최근 사업시행 방식이 복잡화・대형화되면서 책임감리의 대안으로 CM 제도가 도입되었다.

(3) 공공건설공사 발주기관이 CM 제도를 인식하지 못한 상태에서 선진외국에 없는 책임감리를 20여년 시행하면서 토목분야에 CM 도입이 지연되었다.

(4) 토목공사는 생애주기(Life Cycle) 중 시공단계 비중이 크므로 시공책임형 CM 계약을 도입하여 시공사가 CM 분야까지 확장하여 일괄 수주할 수 있어야 한다.

(5) 토목구조물의 장기계속공사 계약으로 인해 정부예산에서 공사비 배정이 10년 이상 지연되는 사례가 빈번하여 장기계약공사에서는 CM 제도의 효율성은 없다.

(6) 4대강 건설사업은 공사기간과 사업비가 명확히 고정되어 CM 효과 예측이 가능한 토목
사업이었으나, CM 제도를 적용하지 못하고 책임감리를 적용했던 점이 아쉽다.

(7) 국토교통부는 우리나라의 건설산업 국제경쟁력이 7위라고 발표하지만, 시공능력 대비
설계기술의 경쟁력이 현저히 낮고, 프로젝트 관리능력 역시 미흡하다.

(8) 공공발주기관은 CM 적용 효과측정이 가능한 다양한 공종의 시범사업을 지속적으로 추
진하면서 검증하고, 시공업계는 CM 분야로의 시장확대 요구 이전에 CM에 대한 신뢰성
을 높일 수 있도록 실체적인 관리능력을 향상시켜야 한다.

(9) 대한민국이 해외건설 5대강국 실현을 앞당기려면 선진 CM 관리기법 함양을 심도 있게
다룰 수 있도록 정부, 기업, 학·협회, 연구기관 모두가 참여하는 '건설사업관리(CM)
선진화 위원회' 구성 등의 촉진대책이 필요하다.[50]

---

50) 박효성, '합리적 건설사업관리를 위한 역량지수 활용 연구', 경기대학교, 박사논문, pp.17~23, 2015.
강인석, '한심한 토목CM···낯부끄러운 글로벌 건설한국', 경상대학교 교수, 2015.

1.42 표준품셈, 실적공사비, 표준시장단가, 지불계수

실적공사비제도 도입방안, 포장공사의 지불계수(Pay Factor) [1, 1]

I 개요

1. 공사비 적산제도는 정부·지방자치단체 등의 공공기관에서 발주하는 사회기반시설(SOC)공사에 관한 예정가격의 적정성·객관성·투명성을 확보하기 위하여 공사비 산정에 관한 일반적인 기준을 제공하는 데 그 목적이 있다.
2. 우리나라는 SOC공사 발주기관이 당해 건설공사의 예정가격을 결정할 때 표준품셈과 실적공사비를 적용했었다. 최근에는 실적공사비 대신 표준시장단가를 적용하도록 기준이 바뀌었다.

II 표준품셈 적산방식

1. 표준품셈의 원리

(1) 정부·지자체 등 공공발주공사의 공사비는 자재비·노무비·장비비·가설비·일반경비 등 1,430여개 항목으로 구분되어 정부고시가격에 따라 산출된다.

(2) 이때 적용되는 정부고시가격이 '표준품셈'으로 발주기관은 이에 따라 낙찰예정가를 결정하고 건설업체도 이를 기준으로 응찰가를 산출한다.

2. 표준품셈에 의한 공사비 적산 절차

(1) 다음 그림과 같은 적산 절차에 따라 당해 건설공사의 단위작업에 소요되는 자재, 인력, 장비 등을 각각의 단위수량으로 표시한다. 이 단위수량에 대한 원가비목을 재료비, 노무비, 경비, 일반관리비, 이윤 등으로 세분한다.

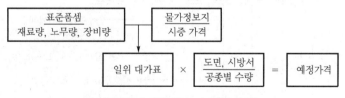

[표준품셈에 의한 공사비 적산 절차]

(2) 각 공종별 단위작업에 표준적으로 투입되는 인력, 재료, 단위작업시간 등을 국토교통부 고시 '표준품셈'에서 찾는다. 그 단위작업시간에 물가상승률을 감안하여 통계청에서 매년 변경 고시하는 '건설노임단가'를 곱한다.

(3) 통계청의 소비자물가동향에 의한 '물가자료'에서 찾은 각각의 '자재단가' 및 '중기단가'를 곱하여, 최종적으로 당해 건설공사의 예정가격을 산정한다.

3. 표준품셈의 문제점

표준품셈은 수시로 변하는 시장가격을 제대로 반영하지 못하고, 신기술·신공법 수용에도 한계가 있어 적정한 공사비 산출에 부적절하다는 비판이 있다.

Ⅲ 실적공사비 적산방식

1. 실적공사비의 도입 배경

표준품셈의 문제점 해결을 위해 건설공사 계약할 때 예정가격을 각 공사의 특성을 감안하여 조정한 뒤 입찰을 통해 계약된 시장가격을 적용하는 방법이다.

[실적공사비에 의한 공사비 적산 원리]

2. 실적공사비에 의한 공사비 적산 절차

(1) 수량산출기준 분류체계의 구성

① 실적공사비 적산 절차에서 '수량산출기준'은 각 구조물의 공종별 내역서를 쉽고 객관적으로 작성할 수 있도록 수량산출의 기준, 방법, 단가 등을 포함한다.

② 따라서 발주되는 건설공사의 특성과 범위에 따라 작업의 위치나 목적물의 구성형태를 기준으로 발주처별로 단위시설을 분류하듯, 실적공사비 적산 절차에서도 건설공사 공종의 분류체계를 기반으로 전산체계(D/B code)를 구축하였다.

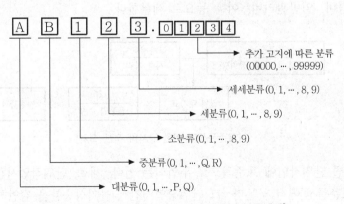

[실적공사비에 의한 공사비 적산 공종의 분류체계]

(2) 수량산출기준에 따른 예정가격 내역서 산출

건설공사의 목적물 시공에 필요한 세부작업의 예상 소요물량에 따른 공사비를 정해진 양식에 따라 총괄집계표를 작성하고, 예정가격 내역서를 산출한다.

3. 실적공사비의 문제점

(1) 실적공사비는 입찰을 통해 계약된 단가가 낙찰률(통상 예정가격의 60%)에 따라 계단식으로 점차 떨어지는 모순이 있어, 건설업계에서 폐지를 주장하였다.

(2) 2015년 3월부터 총공사비 100억 원 이상인 건설공사의 예정가격을 실적공사비 대신 표준시장단가 산출방법으로 대체하였다.

Ⅳ 표준시장단가 적산방식

1. 표준시장단가의 원리

(1) 표준시장단가는 과거 수행된 공사(계약단가, 입찰단가, 시공단가)로부터 축적된 공종별 단가를 기초로 매년의 인건비, 물가상승률, 시간·규모·지역 등에 대한 보정을 실시하여 향후 공사의 예정가격을 산출하는 방식이다.

(2) 미국·영국 등 선진국에서는 이미 수행한 공사의 공종별 단가를 이용하여 향후 유사한 공사비를 산정하는 적산방식을 오래전부터 시행하고 있다.

[표준품셈과 표준시장단가 적산방식의 비교]

구분	표준품셈	표준시장단가
내역서 작성	설계자 및 발주기관에 따라 상이	수량산출기준에 의해 통일
단가산출방법	표준품셈을 기초로 원가계산	공종별 표준시장단가에 의해 산출
직접공사비	재료비·노무비·경비 등으로 분리	재료비·직접노무비·직접경비 포함
간접공사비	비목(노무비 등)별 기준	직접공사비 기준

[부문별 표준시장단가 관리부처 및 전문기관]

부문별	관리부처	전문기관
토목·건축·기계설비	국토교통부	한국건설기술연구원
정보통신	과학기술정보통신부	(재)한국정보통신산업연구원
전기	산업통상자원부	한국전기산업연구원

2. 표준시장단가의 기대효과

(1) 시공환경 및 현장여건 반영으로 적정공사비 확보 기대

(2) 적정한 공사비가 확보되어 시공품질 향상 기대

(3) 적산능력 배양으로 견적 및 기술능력 향상과 거래가격 투명성 확보 기대

(4) 예정가격 산정업무 간소화로 행정업무 효율 극대화 기대[51]

Ⅴ 포장공사의 지불계수(Pay Factor)

1. 도입 배경

(1) 도로포장이 준공 이후 공용 중에 구조적 · 재료적 · 시공적 요인 등 다양한 현상으로 인해 조기파손이 유발될 수 있다.

(2) 하지만 하자담보 책임기간(2년) 내에 도로포장이 파손되더라도 책임소재를 명확히 판단하지 못하는 경우 재료공급자, 시공자, 발주자 모두에게 부담이 된다.

(3) 美고속도로합동연구프로그램(NCHRP, National Cooperative Highway Research Program)에서 도로포장 준공 후 발주자가 시공자에게 지불하는 공사비의 금액을 결정하는 「아스팔트포장의 품질에 근거한 지불규정」을 제정 · 적용하고 있다.

2. 지불계수(Pay Factor) 산정 절차

(1) AQC(Acceptance Quality Characteristic) 산정

① 재료적 · 시공적 측면에서 품질평가하기 위한 AQC 항목을 명확히 결정한다.
- 재료 AQC 항목 : 아스팔트바인더 함량, 혼합물 공극률, VMA, 골재입도 등
- 시공 AQC 항목 : 준공된 포장에서 측정한 다짐밀도, 시공두께, 평탄성 등

② 미국은 각 주마다 도로포장 공용성 항목이 다르기 때문에 AQC 항목도 다르며, 동일한 AQC 항목을 적용하더라도 항목별 가중치를 다르게 적용한다.

(2) 시료채취

① 도로포장의 품질평가를 위해서는 과학적 · 체계적 방법에 근거를 둔 시료의 채취와 분석이 매우 중요하다.

② 미국은 아스팔트 혼합물 500~800톤마다 시료를 채취하며, 10,000톤당 1회, 1주일에 1회, 1주일에 2~4회 등 다양한 방법으로 시료채취를 하고 있다.

(3) 품질기준 상 · 하한값에 대한 품질지수(Quality Index) 산정

① 품질기준 상 · 하한값에 대한 품질지수 산정을 위해 시공 중 채취한 시료와 준공 후 품질평가 자료를 활용하여 각 AQC 항목의 평균과 표준편차를 계산한다.

---

51) 박효성, 'Final 토목시공기술사', 개정 2판, 예문사, 2020. pp.24~33.

$$\tilde{x} = \frac{\sum x}{n} \ , \quad s = \sqrt{\frac{\sum (x - \tilde{x})}{n - 1}}$$

여기서, $\tilde{x}$: 시료 평균값

x : 각 시료 측정값

n : 시료 개수

s : 표준편차

② 평균, 표준편차, 상한값(USL), 하한값(LSL) 등으로 품질지수를 계산한다.

품질기준 상한값에 대한 품질지수 $Q_U = \dfrac{USL - \tilde{x}}{s}$

품질기준 하한값에 대한 품질지수 $Q_L = \dfrac{\tilde{x} - LSL}{s}$

(4) 품질측도 산정(Quality Measure Approach)

① 품질측도는 평균, 품질수준 분석, 절대 평균편차, 이동평균, 범위 등 다양한 요소를 대상으로 산정할 수 있다.

② 품질수준을 분석하기 위한 Q_U, Q_L의 PWL값은 FHWA(Federal Highway Administration)에서 제시한 다음 식으로 산정할 수 있다.

$$PWL_T = PWL_U + PWL_L - 100$$

여기서, PWL_U, PWL_L : 품질시방 상·하한 기준 내의 비율

PWL_T : 품질시방 기준 내의 비율

(5) 지불계수(Pay Factor) 결정

① 지불계수는 품질평가 결과에 따라 공사비를 차등 지급하는 수단이다.

- AQC 항목에 대한 평가결과가 AQL(Acceptance Quality Level)과 동일하게 판정되면 발주자는 계약 공사비를 100% 지급한다.
- 또한 평가결과가 AQL을 초과하면 인센티브 지급, AQL에 미달하면 수준에 따라 공사비를 차등 지급한다.
- 지불계수는 평가결과에 따라 비례식(선형) 또는 계단식으로 결정되기도 한다.

② 美 AASHTO R-9에서 제안한 지불계수 산정을 위한 선형식은 다음과 같다.

$$PF = 55 + 0.5 \times PWL$$

③ 미국은 각 주마다 지불계수를 평가하기 위한 AQC 항목이 다르며, 지불계수 산정식도 상이하지만, PWL, RQL(Rejectable Quality Level) 값은 시공자가 최소한의 공사비 수령 또는 재시공을 선택하게 하는 판정 기준값이다.[52]

---

52) 이황수 외, '서울시 아스팔트 도로포장 품질평가를 위한 지불계수 연구', 국제도로엔지니어링저널, 2012.

1.43 경제발전경험 공유사업(KSP)

해외사업의 지식공유 프로그램(KSP, Knowledge Sharing Program) [1, 4]

I 필요성

1. 경제발전경험 공유사업(KSP, Knowledge Sharing Program)은 한국의 발전경험과 지식을 활용하여 협력국의 수요와 여건을 고려한 맞춤형 정책연구, 자문 및 역량강화를 포함하는 지식기반 개발협력사업이다.

2. 지식은 혁신과 성장의 주요 동력으로 인식되며 20세기 후반 정보통신기술혁명 이후 4차 산업혁명에 이르기까지 그 중요성이 더욱 강조되고 있다.

3. 개발협력 분야에서도 지식은 물질적 지원 중심의 원조한계를 극복하고, 파트너십(partnership) 구축, 주인의식(ownership) 제고, 역량개발(capacity development)을 이루어 개발 효과성을 강화하는 핵심수단으로 인정받고 있다.

4. 지식의 공유는 국가 간 개발경험을 상호 학습함으로써 긴밀한 파트너십을 구축하고, 지속가능개발목표(SDGs)를 비롯하여 국제사회의 개발 이니셔티브를 이행하는 수단으로 삶의 질 향상과 공동번영을 도모한다.

5. UN, OECD, 세계은행 등 국제사회는 지식의 중요성을 반복적으로 강조하며 지식기반협력의 개념을 구체화하였으며, 최근 참여 주체의 다변화를 강조하는 흐름과 함께 민간기업, 시민사회를 포괄하는 지식공유플랫폼을 구축하고 있다.

6. 한국개발원(KDI)은 한국의 경제발전과정에서 축적한 정책 수립 및 집행과 관련한 연구 성과를 바탕으로 2004년 KSP 출범부터 정책자문사업의 총괄수행기관으로서 역할을 수행하고 있다.

II 경제발전경험 공유사업(KSP)

1. 한국은 1948년 정부 수립 이후부터 국제사회의 공적원조에 의지했던 수원국이었으나, 이후 점차 자생적 성장기반을 마련하였고, 빈곤 퇴치와 경제사회구조 전환에 성공하였다.

2. 이러한 발전경험을 바탕으로 한국은 2010년 경제개발협력기구 개발원조위원회에 가입함으로써 수원국에서 공여국으로 그 국제적 지위를 전환하였다.

3. 시행착오를 겪으면서도 실용을 중시하여 적절한 해결방안을 찾았던 한국의 발전경험은 오늘날 개발도상국 등 국제사회가 당면한 개발과제를 해결하고 지속가능성장을 도모하는 중요한 자산으로 인정받고 있다.

4. 기획재정부는 한국의 경험과 지식에 대한 협력수요에 부응하고 국제사회 공동번영에 기여하기 위해 2004년 경제발전경험공유사업(KSP)을 출범하였다. 출범 이후 전 세계 70개 이상의 국가와 KSP를 통해 협력해온 우리나라는 오늘날 지식공유를 대표하는 국가로 자리매김하고 있다.

5. 이에 따라 2010년 G20 서울정상회담 개최, 2011년 부산개발원조총회 개최 등을 통해 국제사회의 개발협력 담론을 선도하고자 노력하고 있다.

Ⅲ 경제발전경험 공유사업(KSP)의 특징

1. Demand-driven

협력국의 수요에 기반하여 사업추진

2. Comprehensive

문제의 효과적 해결을 위해 연계된 정책분야 및 이해관계자를 포괄적으로 고려한 사업추진

3. Mutual Learning

일방적인 지식전달이 아닌 상호학습을 바탕으로 명시적(explicit) · 암묵적(tacit) 지식의 공유

4. Best Matches

한국의 발전과정을 바탕으로 협력국의 발전제약 및 집행역량을 종합적으로 고려하여 적용 가능한 정책대안 제시

5. Capacity to Act

정책의 개선, 후속 프로그램과의 연계 등 공유된 지식이 실제 변화로 이어질 수 있는 방안 마련 [53]

---

53) 기획재정부, '지식기반 개발협력사업(KSP) 소개', 2021. https://www.ksp.go.kr/

1.44 사회기반시설(SOC) 민간투자사업

민간투자제도의 문제점 및 개선방안, BTO-rs, BTO-a [7, 10]

I 개요

1. 사회기반시설(SOC, Social Overhead Capital)은 인간의 생산활동에 직접 사용되지는 않으나 생산활동의 기반이 되는 도로·철도·항만·공항 등의 시설과, 해당 시설의 효용과 국민생활의 편익을 증진시키는 연료공급, 상하수도, 통신시설 등을 말한다.
2. 민간투자사업은 「사회기반시설에 대한 민간투자법」 제9조에 따라 민간부문이 제안하는 사업 또는 제10조의 민간투자사업기본계획에 따라 제7호(공공부문 외의 민간투자사업을 시행하는 법인)의 사업시행자가 시행하는 15개 분야, 47개 사업을 말한다.

[사회기반시설 중 민간투자사업의 대상 분야]

분야		민간투자사업의 대상
(1) 도로	3	도로·도로부속물, 노외주차장, 지능형교통체계
(2) 철도	3	철도, 철도시설, 도시철도
(3) 항만	3	항만시설, 어항시설, 신항만시설
(4) 공항	1	공항시설
(5) 수자원	3	다목적댐, 하천시설, 수도·중수도
(6) 정보통신	5	전기통신설비, 정보통신망, 초고속정보통신망, 지리정보체계, 유비쿼터스 도시기반시설
(7) 에너지	3	전원설비, 가스공급시설, 집단에너지시설
(8) 환경	6	폐기물처리시설, 하수도, 공공하수처리시설·분뇨처리시설, 가축분뇨공공처리시설, 폐수종말처리시설, 재활용시설
(9) 유통	3	물류터미널·물류단지, 여객자동차터미널, 복합환승센터
(10) 문화관광	9	관광지·관광단지, 청소년수련시설, 생활체육시설, 도서관, 박물관·미술관, 국제회의시설, 문화시설, 과학관, 도시공원
(11) 교육	1	유치원·학교시설
(12) 국방	1	군주거시설·부속시설
(13) 주택	1	공공임대주택
(14) 보건복지	3	아동보육시설, 노인주거·노인의료·재가노인복지시설, 공공보건의료
(15) 산림	2	자연휴양림, 수목원

Ⅱ 민간투자사업의 추진방식

1. 정부재정사업과 민간투자사업 구분

   (1) **정부재정사업** : 정부가 세출예산으로 시설을 건설하고 운영하는 사업

   (2) **민간투자사업** : 민간이 자체자금으로 시설을 건설하고 운영하는 사업

[정부재정사업과 민간투자사업 특징]

구분	건설			운영		
	재원	발주	시공	주체	위탁	수입
정부재정사업	정부예산	정부(조달청)	민간건설사	정부	정부투자기관	재투자
민간투자사업	민간자본	특수목적회사	민간건설사	전문운영사	위탁하지않음	회수

2. 민간투자사업 추진방식

   (1) **BTO(Build-Transfer-Operate, 건설-양도-운영)** : 도로・철도 등을 민간자금으로 건설(Build)하고, 소유권을 정부로 이전(Transfer)하되, 민간사업자가 일정기간 사용료 징수・운영권(Operate)을 갖고 투자비를 회수하는 방식으로, 인천공항고속도로, 서울 지하철 9호선 등에 적용되었다.

[BTO와 BTL 특징]

추진방식	Build-Transfer-Operate	Build-Transfer-Lease
대상시설 및 성격	최종이용자에게 사용료 부과로 투자비 회수가 가능한 사업 (고속국도, 경전철, 항만 등)	최종이용자에게 사용료 부과로 투자비 회수가 어려운 사업 (학교기숙사, 복지, 군인아파트 등)
투자비 회수	최종이용자의 사용료	정부의 시설임대료
사업 리스크	사업위험이 높고, 수익률도 높다. 운영수입이 변동적이다. 민간이 수요위험을 부담한다.	사업위험이 낮고, 수익률도 낮다. 운영수입이 확정적이다. 민간이 수요위험을 부담하지 않는다.
사용료 산정	총사업비 기준(고시・협약체결 시점) 기준사용료 산정 후, 매년 물가변동분을 별도 반영	총민간투자비 기준(시설준공 시점) 총임대료 산정 후, 매년 균등하게 분할지급
재정 지원	원칙적으로 정부 재정지원이 없다.	원칙적으로 정부 재정지원이 없다.

   (2) **BTL(Build-Transfer-Lease, 건설-양도-임대)**

     ① 민간기업이 지은 사회기반시설을 정부가 빌려 쓰는 방식이다. 시설 사용료의 부과만으로는 투자비를 회수하기 어려운 교육・문화・복지시설에 적용된다.

② 정부는 임대료 명목으로 민간사업자에 공사비와 이익을 분할 상환하여 적정한 수익률을 보장해준다. 사업위험은 정부가 대부분 부담하게 된다.

(3) BOT(Build-Operate-Transfer, 건설-운영-양도) : 시공사가 SOC를 건설(Build)·운영(Operate)하여 투자비를 회수한 후, 그 시설을 국가에 귀속시키는 방식(Transfer)이다. 투자개발형 사업의 대표적인 방식으로 시공사가 소유권이 없다는 점에서 BOO 방식과 다르다.

(4) BOO(Build-Own-Operator, 건설-소유-운영) : 민간자본으로 건설(Build)한 후에 소유권(Own)을 가지며 직접 운용(Operate)하여 투자비를 회수한다. 민간기업이 스스로 자금을 조달하여 SOC를 준공과 동시에 당해 시설의 소유권(운영권 포함)을 영원히 갖는 방식이다.

Ⅲ 최소수입보장(MRG), BTO-rs, BTO-a

1. 민간투자사업의 최소수입보장(MRG)

(1) 정부는 1994년 「사회간접자본시설에 대한 민자유치촉진법」 제정 이후, 각종 SOC 시설을 민간자본으로 건설하기 시작했다.

(2) 1997년 닥친 국제통화기금(IMF) 외환위기 직후, 재정이 부족했던 정부가 민간투자사업을 적극 유치하기 위해 최소수입보장(MRG) 방식을 도입하였다.

(3) MRG(Minimum Revenue Guarantee)는 IMF 외환위기 상황에서 민간기업은 위험부담 없이 수익을 보장받으며 도로, 철도 등 교통 SOC 사업에 참여했다.

2. 최소수입보장(MRG) 문제점

(1) 문제는 민간기업 입장에서 교통수요를 크게 추정해야 정부로부터 받을 수 있는 손실액이 커지는 구조적 결함이었다.

(2) 정부가 재정을 아끼려고 도입한 민간투자사업이 역으로 재정에 부담이 되었다. 정치권은 이를 알면서도 선거 득표를 위해 과도한 MRG를 승인하였다.

(3) 용인 경전철사업의 경우, 총사업비 10,032억 원 중 6,354억 원(63%)의 민간자본이 투입되어 2010년 완공됐지만, MRG에 부담을 느낀 용인시가 개통을 계속 연기했다.

(4) 법적 소송 결과, 용인시는 이자 포함 8,500억 원을 시행사에 물어줬고 대신 MRG에서 운영비 부족분을 보전해 주는 방식으로 계약변경, 2013년 개통했다.

(5) 아직도 여전히 연간 1,000억 원 정도가 용인 경전철에 투입되고 있다. 결국, 정부는 MRG 방식을 폐지하였고, SOC에 대한 민간투자사업이 크게 위축되었다.

3. 대안 : 위험분담형(BTO-rs)과 손익공유형(BTO-a) 도입

(1) 정부는 2015년 4월 민간투자 방식을 기존의 수익형(BTL)과 임대형(BTO) 두 종류에서 위험분담형(BTO-rs)과 손익공유형(BTO-a) 등을 추가하였다.

(2) **BTO-rs와 BTO-a는 정부와 민간이 손실과 이익을 공유하는 개념이다. 기존 방식은 정부 또는 민간 한쪽에서 사업 위험의 대부분 부담하는 구조였다.**

① 위험분담형 민자사업(BTO-risk sharing)

- BTO-rs는 정부와 민간이 손실과 이익을 50 : 50으로 공유하는 방식이다.
- 손실과 이익을 분담하기 때문에 BTO보다 민간의 사업 위험이 낮아진다.
- 도로 등 공공시설에 대한 민간투자 활성화를 유도하는 취지이다.

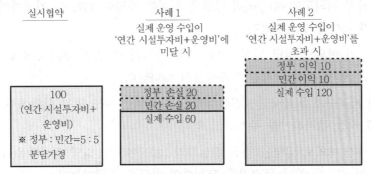

[실제 운영수입에 따른 정부·민간 부담액 사례(BTO-rs)]

② 손익공유형 민자사업(BTO-adjusted)

- BTO-a는 민간이 먼저 30% 손실을 보고 30%를 초과하면 정부가 손실을 보는 방식으로 정부가 더 큰 손실을 부담한다.
- 대신 정부는 민간 투자비용에 대한 이자를 지원하고, 이익은 정부가 70%, 민간이 30%를 가져가는 방식이다.
- 하·폐수처리 환경시설에서 이용요금을 낮추는 효과가 있다.[54]

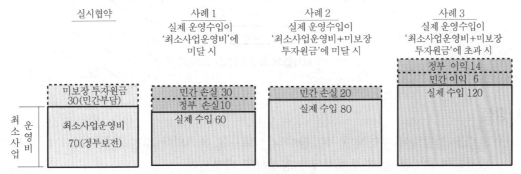

[실제 운영수입에 따른 정부·민간 부담액 사례(BTO-a)]

---

54) 박의례, '민자사업 방식 변천史, 최소수입보장에서 위험공유로' 조선일보, 2015.4.8.

Ⅳ 특수목적회사(SPC)

1. 정의

(1) 특수목적회사(SPC, Special Purpose Company)는 말 그대로 특수한 목적을 수행하기 위해 설립된 회사를 의미한다.

(2) SPC는 독립된 자산을 안정성과 수익성을 추구하는 증권으로 재구성하여 투자자에게 되돌려주는 자산 증식 목적의 회사이다.

2. 예시

(1) A건설사가 여의도에 40층짜리 빌딩을 건설할 계획이지만, 이 건설사의 재무구조는 그리 좋지 못하다고 가정하자.

(2) A건설사가 여의도 빌딩 건설비용을 전부 감당할 수 없어 투자자에게 자금을 조달받으려 하고, 이에 관심을 가진 투자자들이 나타났다.

(3) 하지만 재무구조가 불량한 A건설사가 돈을 떼먹을 수도 있는 상황에서 투자자들은 A건설사에 직접 투자하기를 주저하고 있다.

(4) A건설사가 여의도 빌딩을 직접 건설하지 않고 여의도 빌딩 건설만을 위한 SPC를 설립하며, 이 SPC를 통해 투자자를 모집하여 자금을 조달받는다.

(5) 그동안 정부가 서울 우면산터널, 천안~논산고속도로 등의 특정 사업을 추진하면서 SPC를 설립하고 투자자를 모집하는 방식을 채택한 사례가 많다.

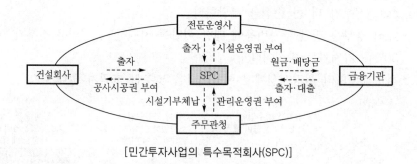

[민간투자사업의 특수목적회사(SPC)]

3. 장점

(1) SPC를 설립하여 운영하면 투자금이 건설회사와 분리되어 투명하게 관리되고, 수익이 발생되면 SPC를 통해 투자자에게 공정하게 배분된다.

(2) SPC를 통해 은행대출을 받으면 모기업의 부채로 잡히지 않고, 설립 목적이 달성되면 언제든지 쉽게 정리할 수 있다.

(3) ABS(자산유동화증권)나 MBS(주택저당증권)를 발행할 때 발행기관이 SPC를 설립하면
모기업과 관련 없이 독립적으로 운영할 수 있다.[55]

Ⅴ 분당 대장동 개발사업

2003.	정부, 판교신도시 개발계획 확정, 토지보상 착수	공공개발
2004.1.~	판교 토지보상금 받은 다수가 대장동 토지매수하여 대장동 지가 상승	공공개발
2004.12.	대장동 개발 '2020 성남도시기본계획' 포함	공공개발
2009.10.	대장동 개발 민간 주도 움직임 본격화	민간개발
2010.6.	한국토지주택공사(LH), 대장동 개발사업 철회	민간개발
2010.7.	이재명 성남시장 취임	
2010.10.	성남시, 대장동 개발 공영개발 방식으로 결정	공공개발
2011.3.	성남시, 대장동을 도시개발사업구역으로 지정	공공개발
2011.10~12.	성남시, 대장동 개발 위한 지방채 발행 시도 무산	공공개발
2014.1.	성남도시개발공사 출범	
2014.11.	성남시, 타 지자체 민관합동개발 연구 착수(연구 완료 2015.1.)	공공+민간
2015.2.7.	화천대유(AMC) 설립	공공+민간
2015.2.13.	대장동 민관합동개발 위한 민간사업자 모집 공고	공공+민간
2015.3.26.	민간사업자 모집 마감	공공+민간
2015.3.27.	성남의뜰 컨소시엄 우선협상대상자 선정	공공+민간
2015.6.	대장동 민관합동개발사업 협약 체결	공공+민간
2015.7.	PFV '성남의뜰' 설립	공공+민간
2016.12.	토지보상 개시	공공+민간
2017.6.	단지조성공사 착공	공공+민간
2021.12.	준공	공공+민간

[대장동 개발 계획 변천사]

---

55) 이송렬, '다양한 목적을 갖는 SPC는 뭘까?', 산업경제신문, 2017.1.29.

1. 배경

(1) 성남시 대장동에서 판교신도시까지 버스로 10분 이상 가지만, 용인시 고기동까지는 걸어서 다리 하나만 건너면 된다.

(2) 대장동은 2004년부터 개발 차익을 노린 외지인들이 눈독을 들이면서 판교신도시 서쪽에 있기에 '서판교'로 불렸고, 본격 개발 바람이 불었다.

(3) 개발 초기에는 성남시와 정부가 주도한 공공개발이었지만, 점차 민간 쪽으로 주도권이 넘어갔다. 2010년 이재명 성남시장은 대장동 개발을 공영방식으로 재추진했으나 재원이 부족했고, 결국 민관합동 개발이란 우회로를 찾았다.

(4) 그러나 개발사업 설계 과정에서 초과 수익 환수에 소홀했다는 비판에 직면하고 있다. 결과적으로 개발이익을 노린 민간업자 배만 불린 꼴이 되고 말았기 때문이다.

[대장동 위치도]

[대장동 개발 현장도]

2. 최초 대장동 공공개발 추진

(1) 판교 지역은 자연녹지로서 개발이 제한되었으나 분당신도시 건설이 종료된 1998년 성남시가 924만m^2(280만 평)를 개발가능 용도로 국토교통부 승인을 받았다.

(2) 2003년 판교신도시 개발계획이 확정되면서 토지 소유자 3,000여 명이 토지 보상비(1인당 최대 200억 원)를 받으면서 인접해 있는 대장동 '서판교'로 몰렸다.

(3) 대장동 땅값이 3.3m^2당 2000년 25만 원에서, 2003년 150만 원으로, 2004년 초에는 250만 원으로 급등했다. 이 지역 평균 공시지가(3.3m^2 90만 원) 3배 수준이다.

(4) 판교신도시 개발사업을 추진하던 노무현 정부 시절, 한국토지공사(LH)는 판교 일대 난개발 방지를 위해 대장동 전원주택단지 개발방안을 제안했고, 성남시가 2005년 공고한 '2020 성남도시기본계획'에 이를 반영했다.

(5) 2005년부터 본격 개발된 대장동 전원주택부지는 128만m^2이었으나, 이명박 정부가 출범한 2008년 현재와 같은 사업부지(92만m^2)로 30% 정도 축소되었다.

3. MB '민간과 경쟁 말라' → 이재명은 공공 강조

(1) 2008년 대장동 토지매입 예정가격이 1조2,000억 원 수준으로 치솟았다. 그 당시 LH는 100조 원 규모의 부채에 대한 하루 이자 상환액이 100억 원 정도였다.

(2) 이명박 대통령은 공공개발 방식을 점검한 결과, 2009년 공공기관이 민간회사와 경쟁할 필요가 없다고 언급했다. 그 사이 대장동 땅값은 계속 올랐다.

(3) 민간개발을 시도한 시행사들은 대장동 땅을 3.3m^2당 600만 원(2004년 대비 2배)에 매입하려고 했다. LH는 2010년 6월 대장동 공공개발 계획을 철회했다.

(4) 대장동 민간개발이 시도되는 상황에서 2010년 7월 취임한 이재명 성남시장이 대규모 개발사업을 공공개발로 추진하겠다고 발표했다. 그가 재원 문제 해결을 위해 꺼낸 카드는 4,500억 원 규모의 지방채 발행이었다.

(5) 하지만 성남시 의회 과반을 차지했던 국민의힘 소속 시의원들은 반대했다. 당시 부동산 경기가 침체된 상황에서 공공개발 방식은 실패할 것이라는 논리였다.

(6) 2011년 10~12월 계속된 성남시의회 회의록을 살펴보면 성남시의 지방채 발행 움직임은 시의회 동의를 받지 못해 공공개발은 사실상 불가능했다.

4. 민관개발 우회로 찾았지만 사업 설계 의문

(1) 지방채 발행에 실패한 성남시는 대장동 개발 재원조달을 위해 민간사업자를 끌어들이기 위해 구상한 사업모델이 민관합동 개발이다.

(2) 민관합동 방식은 민간을 끌어들이지만, 공공이익을 최대한 확보하겠다는 취지였다. 이재명 시장 주도로 성남도시개발공사가 2014년 1월 출범한 배경이다.

(3) 성남도시공사는 출범 직후, 하남도시공사처럼 사전 이익을 우선 보장받고 공사 지분에 비례하여 초과 수익을 얻는 방법 등의 민관합동개발 사례를 연구했다.

(4) 그러나 성남도시공사는 하남처럼 하지 않았다. 대장동 개발의 초과 수익은 모두 민간 몫이 되도록 설계했다. 즉, 민간 자산관리회사인 화천대유와 관계사인 천화동인이 민관합동 특수목적법인 '성남의뜰' 지분을 갖도록 설계했다.

(5) 성남도시공사가 50% 지분을 가졌지만, 사전 이익을 챙기는 것을 최우선 과제로 삼았기 때문에 초과 수익은 7% 지분을 보유한 민간사업자가 모두 가지는 구조다. 화천대유와 천화동인이 4,040억 원의 막대한 배당금 수령이 가능했던 이유이다.

(6) 검찰은 대장동 사업을 설계한 책임자로 지목받는 성남도시공사 전 기획본부장인 유동규(52)씨를 3일 배임과 뇌물수수 혐의로 구속했다.

(7) 또한, 검찰은 2004년 이후 공영 → 민간 → 공영 → 민관합동으로 이어진 대장동 개발 방식의 변천 과정을 들여다보고 있는 것으로 알려졌다. 유씨의 배임 여부를 판단하기 위해선 대장동 개발 역사를 살펴보는 게 필요하다고 판단한 것 같다.[56]

---

56) 윤현종 외, '투기세력 판치던 대장동, 돌고 돌아 민간업자 배불린 20년', 한국일보, 2021.10.4.

1.45 건설공사 사후평가제도

공공건설사업에 대한 사후평가제도 [2, 3]

1. 개요

(1) 건설공사 사후평가제도는 공공건설공사의 수행성과를 준공 후에 평가하여 향후 유사사업을 추진할 때 활용함으로써, 정책의 효율성을 제고하기 위해 도입된 제도이다.

- 근거법령 : 「건설기술진흥법」 제52조(건설공사의 사후평가)
  동법 시행령 제86조(건설공사의 사후평가)
  동법 시행규칙 제46조(사후평가 결과의 공개)

(2) 공공건설사업 사후평가제도가 도입된 연혁은 다음과 같다.

① 2000.03.28. 건설공사 사후평가 제도 도입(「건설기술관리법 시행령」 개정)
② 2001.05.10. 건설공사 사후평가 시행지침 제정
③ 2008.01.01. 건설공사 사후평가시스템 개통
④ 2012.01.17. 건설공사 사후평가 법적근거 마련(대통령령 ⇒ 법률로 상향 조정)
⑤ 2014.05.23. 건설공사 사후평가 대상사업 변경(총공사비 500억 원 ⇒ 300억 원)

2. 건설공사 사후평가제도

(1) **평가대상·시기**

① 평가대상 : 총공사비 300억 원 이상인 건설공사
② 평가시기 : 당해 건설공사 준공 이후, 5년 이내

(2) **평가주체**

① 당해 건설공사를 발주한 발주청이 직접 수행(용역사 대행 가능)하며,
② 평가결과는 사후평가위원회(건설기술심의위원회 등)의 자문을 받는다.

(3) **평가내용** : 당해 건설공사 전반의 사업성과, 효율성, 파급효과 등에 대하여 종합평가

평가단계	평가사항	평가지표
단계별 사업추진 완료 후 60일 이내(타당성조사, 설계, 시공)	사업성과	공사비 및 공사기간 증감률, 안전사고, 설계변경, 재시공 범위 등
준공 후 5년 이내	사업효율	수요(예측, 실제), B/C(예측, 실제)
	파급효과	민원발생, 하자보수, 지역경제효과, 환경영향 등

주) 300억~500억 원 미만 공사는 사업성과 평가만 실시(사업효율, 파급효과 평가는 제외)

(4) 평가절차

① 건설공사 시행단계별 자료 입력 후, 사후평가를 수행한다.

② 사업수행성과평가, 사업효율평가, 파급효과평가 순으로 수행한다.

(5) 입력방법

① 단계별 용역 및 시공이 준공된 후 60일 이내에 건설사업정보 포털시스템 내의 '건설 공사 사후평가시스템'에 관련 자료 등록

② 건설공사 준공 이후 60일 이내에 '사업수행평가'(사후평가), 평가완료 후 다음 연도 2월 말까지 건설사업정보 포털시스템 내의 "건설공사 사후평가시스템"에 결과 및 최 종보고서 등록

③ 건설공사 준공 후 5년 이내에 '사업효율 및 파급효과 평가'(분리병가일 경우 2차는 10년 이내)(사후평가), 평가완료 후 다음 연도 2월 말까지 건설사업정보 포털시스템 내의 '건설공사 사후평가시스템'에 결과 등록

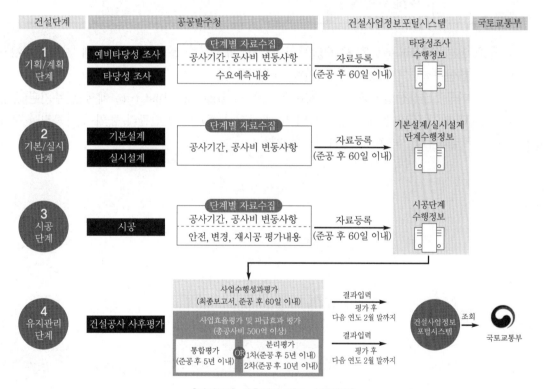

[건설공사 사후평가 업무 수행절차]

(6) 국내·외 사례비교

구분	대한민국	일본	미국
평가 주체	발주청	발주청	발주기관(민간 포함)
사후평가 내용·목적	• 경제적 지표(B/C, 수요) 등의 검증에 중점	• 국내 평가지표와 유사 • 유사 사업의 계획단계로의 피드백 정보(계획·조사 기본원칙, 사업평가기법 등) 중점	• 향후 설계·시공단계 효율화를 위한 평가 중점(검증 위한 경제 지표는 평가 제외) • 향후 건설공사 수행을 위한 중점관리 대상 발굴
평가결과 주관·검증	• 발주청 자체평가(용역) • 발주청 자체 사후평가위원회 심의 검증체계 미비	• 발주청 자체평가 • 국토교통성의 「사후평가결과 감시위원회」에서 검증	• 전문기관(CII)에서 평가 (객관성, 전문성 확보)
평가결과 활용·관리	• 발주청별 별도관리(홈페이지 또는 관보 게재) • 건설사업정보시스템에 결과를 DB 축적, 공개	• 국토교통성 총괄 관리 • 국토교통성 홈페이지에 게재 사후평가 결과 공개	• 평가결과 분석을 통해 기관별, 공사별 피드백 • 데이터 공유하여 비교 가능 • 평가결과 DB화, 관리주체 일원화

① 일본 : 국토교통성은 사후평가 기법개선, 개선사항 등의 심의를 위해 '사업평가시스템연구회', '사후평가감시위원회' 운영
② 미국 : 건설산업연구소(CII, Construction Industry Institute)에서 발주기관(공공 및 민간)의 요청에 의해 공사비용, 공사기간, 품질·안전관리 등의 성과측정을 통해 향후 유사 사업에서 평가결과를 개선[57]

---

57) 국토교통부, '건설공사 사후평가제도', 건설사업정보시스템, 2019.

1.46 제4차 시설물의 안전 및 유지관리 기본계획

제4차 시설물의 안전 및 유지관리 기본계획(2018~2022)의 주요사항 [0, 1]

Ⅰ 수립 배경

「시설물의 안전 및 유지관리에 관한 특별법」 제3조에 의한 「시설물의 안전 및 유지관리 기본계획」은 제3차 기본계획이 종료됨에 따라, 향후 5년('18~'22)간의 시설물 안전·유지관리 제도·정책 로드맵과 기술발전에 대한 청사진을 제시하는 계획이다.

Ⅱ 제3차 기본계획의 평가

1. 목표 대비 현주소

(1) '제1·2종 시설물 무사고', '안전등급 A·B 시설물 비중 95% 유지'는 달성된 반면, '시설물 안전의 국민 불만족률 5% 개선'은 미달성

(2) 시설물 안전의 국민 불만족률 5%p 개선이 달성되지 않은 이유는 일련의 사고*로 인한 국민 안전 불만족률이 상향된 점에 기인

   * 경주 마우나리조트 붕괴('14.2월), 세월호 참사('14.4월), 경주 지진('16.9월)

[제3차 기본계획의 3대 목표 달성여부]

목표의 성과지표	현주소	달성 여부
제1·2종 시설물 무사고	제1·2종 시설물 무사고	달성 ○
안전등급 A·B 시설물 95% 유지	안전등급 A·B 시설물 96.6% 달성	달성 ×
시설물 안전의 국민 불만족률 5% 개선(22% → 17%)	시설물 안전의 국민 불만족률 '12년(21.5%) → '14년(51.7%) → '16년(34.1%)	달성 ×

2. 안전정책 현황 및 문제점

(1) **정책·제도** : 사후적 대응체계에서 선제적 관리체계로 전환하여 안전하고 오래 사용하는 시설물 구축을 위한 정책·제도 적용 중이나, 많은 시행착오 예상

(2) **기술** : 시설물 안전·유지관리 분야 첨단기술 개발이 시도되고 있으나, 선진국 대비 기술격차가 여전하여 스마트 시설물 구축 역량 부족

(3) **산업** : 건설산업 고도화가 미흡하고 좋은 일자리 여건 조성이 용이하지 않아, 경제 활성화에 보탬이 되는 시설물 구축이 쉽지 않은 상태

(4) **국민소통** : 국민이 믿을 수 있는 시설물 구축에 필요한 정부의 소통노력이 부족하고, 시설물 안전·유지관리가 서비스라는 개념이 미흡

Ⅲ 제4차 기본계획의 추진방향

비전	미래요구 대응을 위한 지속가능한 시설물 안전관리 기반 구축

4대 목표	1 안전하고 오래 사용하는 시설물 2 스마트한 시설물 3 경제 활성화에 보탬이 되는 시설물 4 국민이 믿을 수 있는 시설물

성과 지표	1 제1·2종 시설물의 안전등급 A·B 시설물 비중 95% 이상 　제3종 시설물의 정기점검 이행률 90%* 이상 2 시설물 안전·유지관리 연구개발 예산 20%* 이상 상향 　* 시설물관리 연구개발 투자실적('18~'22년 1,269억 이상) 3 시설물 안전·유지관리 신규 기술자 10%* 증가 　* 한국건설기술인협회 안전진단전문업체 신규 기술자 등록현황 　　('17년 9월 기준 3,050명 → '22년 9월 기준 3,355명 이상) 4 시설 안전에 대한 국민 만족률 10%* 개선 　* 통계청 사회안전 인식도 만족(안심+매우 안심+보통) 응답률 　　('16년 65.9% → '22년 75.9% 이상)

4대 전략	1 시설물 노후화 대비 선제적 관리체계 정착 2 4차 산업혁명 기술 활용 시설물 안전·유지관리 고도화 3 융·복합을 통한 미래 대비 산업발전 기반 조성 4 정부와 국민 소통형 시설물 안전·유지관리 서비스 지향

Ⅳ 제4차 기본계획의 시행

1. 국가의 기본계획

(1) **수립** : 국토교통부장관은 5년마다 기본계획을 수립·시행

(2) **내용** : 기본목표, 추진방향, 기술개발, 정보체계 구축, 전문인력 양성 등

2. 관리주체의 관리계획

(1) **관리주체는 기본계획에 따라 소관 시설물에 대한 관리계획을 수립·시행**

(2) 관리주체는 소관 시설물에 대한 관리계획에 다음 사항을 포함하여 작성

① 안전과 유지관리를 위한 조직·인원·장비의 확보

② 긴급상황 발생에 대비한 조치체계

③ 소관 시설물 설계도서의 수집·보존

④ 안전점검 또는 정밀안전진단의 실시계획, 보수·보강계획

⑤ 당해 연도 안전 및 유지관리 비용

⑥ 지난 연도 안전 및 유지관리 실적

3. 계획의 보고·제출 체계

(1) 공공관리주체가 관리계획을 수립한 경우, 관계 행정기관장에게 보고

(2) 민간관리주체가 관리계획을 수립한 경우, 관할 시장·군수·구청장에게 제출

(3) 관리주체는 관리계획 관련 자료를 15일 이내에 국토교통부장관에게 제출[58]

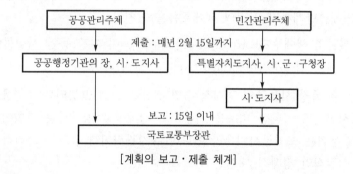

[계획의 보고·제출 체계]

---

58) 국토교통부, 시설물의 안전 및 유지관리기본계획(2018-2022), 고시 제2017-1029호, 2017.

1.47 설계 경제성 검토(LCC, VE)

설계VE에서 생애주기비용(LCC) 필요성 [4, 5]

I 생애주기비용(LCC)

1. 관련 법령

(1) 「건설기술진흥법 시행령」 제75조(설계의 경제성 등 검토)

(2) 「설계의 경제성 등 검토에 관한 시행지침」 국토교통부고시 제2014-278호

(3) 「생애주기비용 분석 및 평가요령」 국토교통부(2008)

2. 생애주기비용(LCC) 정의

(1) 모든 시설물은 기획-설계-시공으로 진행되는 초기투자단계를 지나면 운용-유지관리 및 폐기-처분단계까지 일련의 생애흐름을 거친다.

이를 시설물의 생애주기(Life Cycle)라고 하며, 이 기간 동안 시설물에 투입되는 모든 비용의 합계를 생애주기비용(Life Cycle Cost)이라 한다.

(2) LCC 분석은 특정 시설물의 경제적 수명 전반에 걸쳐 발생되는 총비용을 비교하기 편리한 일정시점의 등가환산 비용을 기준으로 경제성을 평가하는 기법이다.

즉, LCC 분석은 초기공사비뿐만 아니라 유지관리비까지 모두 고려하여 경제성을 평가하므로 실질적인 경제적 대안을 선택할 수 있다.

(3) 따라서 LCC 분석은 특정 시설물의 불확실한 미래를 예측하는 과정이므로, 여러 기본적인 가정이 필수적으로 요구된다.

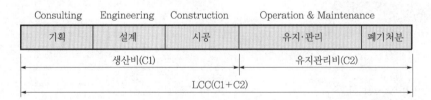

Consulting	Engineering	Construction	Operation & Maintenance	
기획	설계	시공	유지·관리	폐기처분

생산비(C1) / 유지관리비(C2)

LCC(C1+C2)

[LCC(C1+C2) 개념]

3. LCC 분석을 위한 가정

(1) 분석기간

① 분석기간은 LCC 분석 결과에 따른 경제적 대안에 가장 큰 영향을 미치는 요인이므로 신중히 결정해야 한다.

② 총비용을 분석하는 목적에 따라 시설물의 내용년수를 정의하고 기간을 결정해야 하므로 시설물의 수명에 대한 고려가 필요하다.

(2) 내용년수

① 법률적 내용년수 : 공공의 안전 등을 위하여 법률에 의해 규정
② 물리적 내용년수 : 시설물 각 부품의 물리적인 노후화 현상에 의해 결정
③ 기능적 내용년수 : 당초 기능을 충분히 수행하지 못하는 시점에 의해 결정
④ 사회적 내용년수 : 기술 발달로 사용가치가 현저히 떨어진 시점에 의해 결정
⑤ 경제적 내용년수 : 지가 상승으로 경제성이 현저히 떨어진 시점에 의해 결정

(3) 할인율

① LCC 분석을 위해 미래에 발생되는 비용을 현재가치로 환산할 때, 돈의 시간가치를 계산하려면 할인율을 적용해야 한다.
② 설계VE에서의 생애주기비용(LCC) 분석할 때는 실제 물가상승률을 고려하지 않은 단순 시간가치 환산에 의한 할인율을 적용한다.

4. LCC 적용 효과

(1) 특정 건설프로젝트의 사업초기단계에서 전(全)생애주기 동안에 발생 가능한 비용을 모두 예측할 수 있으므로 효율적인 운영 · 유지관리체계를 수립할 수 있다.

(2) 특정 건설프로젝트의 전생애주기 단계별로 여러 대안에 대한 비교 · 분석 결과를 토대로 최적의 경제적 대안 선택이 가능하다.

(3) 특정 건설프로젝트의 장기적 관점에서 운영 · 운용관리의 경제성 등을 고려하여 합리적인 의사결정을 지원할 수 있다.

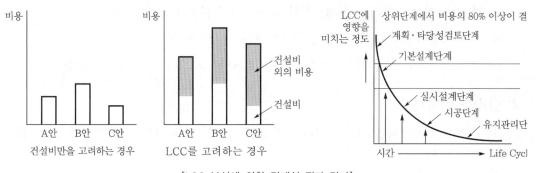

[LCC 분석에 의한 경제성 평가 결과]

Ⅱ 설계VE

1. 관련 법령

(1)「건설기술진흥법 시행령」제75조(설계의 경제성 등 검토)

(2)「설계의 경제성 등 검토에 관한 시행지침」국토교통부고시 제2014-278호

(3)「VE 업무 매뉴얼」국토교통부(2013)

2. 설계VE 정의

(1) VE(Value Engineering)란 최소의 생애주기비용(LCC)*으로 시설물의 필요한 기능을 확보하기 위해 설계내용의 경제성 및 현장적용 타당성을 전문가들이 기능별로 검토하여 최적 대안을 창출하는 체계적 절차(Systematic process)를 말한다.

  * LCC : 시설물의 초기투자비용, 유지관리비용, 이용자비용, 사회·경제적 손실비용, 해체·폐기비용, 잔존가치 등 생애주기(Life Cycle) 동안의 모든 비용(Cost)

(2) 다만, 생애주기비용(LCC) 관점에서 검토가 불가능한 경우에는 건설사업비용(시설물의 완성단계까지 소요되는 비용의 합계) 관점에서 검토한다.

3. 설계VE 적용대상

(1) 총공사비 100억 원 이상 건설공사(턴키·대안입찰, 기술제안입찰 포함)

(2) 총공사비 100억 원 이상 건설공사로서, 실시설계 완료 후 3년 이상 지난 뒤 발주하는 건설공사(단, 발주청에서 여건변동이 경미하다고 판단하는 공사는 제외)

(3) 총공사비 100억 원 이상 건설공사로서, 공사시행 중 총공사비 또는 공종별 공사비 증가가 10% 이상 발생되어 설계변경이 요구되는 건설공사의 설계변경 사항

(4)「사회기반시설에 대한 민간투자법」에 따른 민간투자사업

(5) 그 밖에 설계·시공단계에서 설계VE가 필요하다고 인정하는 건설공사 등

4. 설계VE 적용시기

(1) 설계VE가 적용되는 시기에 따라 비용절감 가능성 및 제안의 적용 가능성이 큰 영향을 받는다.

(2) 설계 초기단계일수록 설계내용이 미확정 상태이므로 참신한 대안 창출 가능성이 높고 제안된 대안이 적용될 여지도 많지만, 설계가 진행될수록 공정 제약 등으로 새로운 제안이 받아들여질 여지가 적어진다.

(3) 따라서, 설계VE 적용 효과를 극대화하기 위해서는 가능한 빠른 시점(설계가 2/3 이내 진행됐을 때)에 VE검토를 시행하는 것이 바람직하다.

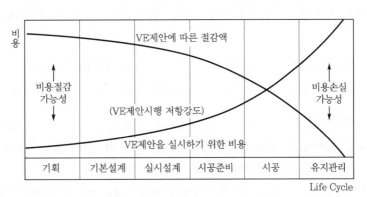

[설계VE 적용시기 및 효과]

5. 설계VE 달성목표

(1) 대체(개선 또는 경제적인) 방안을 개발하기 위하여

(2) 보다 적은 비용으로 같은 기능을 얻기 위하여

(3) 같은 비용으로 기능을 개선하거나 증가시키기 위하여

(4) 불필요한 기능이나 비용을 제거하기 위하여

(5) 운영 비용이나 수익 최적화 또는 상기 사항들이 조합된 목표를 달성하기 위하여

원가절감형	기능향상형	혁신형	기능강조형	비고
$V = \dfrac{F \rightarrow}{C \downarrow}$	$V = \dfrac{F \uparrow}{C \rightarrow}$	$V = \dfrac{F \uparrow}{C \downarrow}$	$V = \dfrac{F \uparrow}{C \uparrow}$	V : Value F : Function C : Cost

다만, $V = \dfrac{F \downarrow}{C \downarrow}$, $V = \dfrac{F \downarrow}{C \rightarrow}$ 는 추구하지 않음

6. 설계VE 적용효과

(1) 건설프로젝트 수행 중에 공정 생산성을 향상시켜 이익 창출에 기여

(2) 개선 결과를 Database화함으로써 기업의 노하우(Know-how) 축적·활용 가능

(3) 건설프로젝트에 참여하는 조직 구성원의 원가개선 의식 제고

(4) 건설프로젝트 시공단계에서 VE기법 적용은 시공성 향상 가능

(5) 기능(Function)과 비용(Cost)의 생산성을 동시에 향상 가능

7. 설계VE 핵심요소

(1) **생애주기비용(LCC, Life Cycle Cost)** : VE에서 비용은 초기비용을 포함하여 시설물 완공 후의 유지관리, 교체 비용까지 포함한 총비용(Total LCC) 관점에서 총체적으로 평가한다.

(2) **가치(Value)** : VE의 제안은 최적안(Optimum solution)을 의미하지 않고, 적정안(Satisfactory solution)에 머무르지 않도록 하는 가치 향상 개념이다.

(3) **기능(Function)**

① 기능(Function)분석에서 대안개발에 사용되는 VE접근방법은 "What does it do?"라는 무형의 기능을 파악하는 과정을 수반한다.

② 하지만, 일반적인 설계검토과정에서는 "What else we can use?"라는 유형의 대안을 찾는 기능중심의 창조적 아이디어에 접근한다.

(4) **여러 전문가의 협력(Multi-disciplinary effort)** : VE는 대상사업의 여러 분야에 전문지식을 가진 팀(그룹)에 의해 수행되며, VE활동으로 얻는 아이디어는 전문가 상호 간의 시너지 효과로 표출된다.

(5) **기능계통도(FAST, Function Analysis Systems Technique)** : 설계VE는 준비-분석-실행 3단계로 진행되는데, 분석단계의 기능정의 및 기능평가 과정에서 각 기능의 관련성에 따라 기능계통도(FAST)를 작성한다.

8. 설계VE 표준절차

(1) **준비단계**

① 오리엔테이션 미팅을 통해 일정계획 수립, 관련주체의 역할 규정
② VE팀을 구성하여 특수분야 및 일반분야별로 전문가를 선정
③ 설계정보, 품질모델, 공사비 정보 등의 관련 자료수집

(2) **분석단계**

① 기능 분석을 통해 기능계통도(FAST) 작성
② 개선사항, 비용절감사항 등의 아이디어 창출
③ 선정된 아이디어의 개발 가능성을 평가
④ 당초설계와 대안설계의 장단점 비교·분석
⑤ 발주처는 VE경진대회 개최, 최적대안 선정

(3) **실행단계**

① VE제안서의 검토사항을 파악하여 비교·평가
② 채택된 대안을 수정·보완하여, 당초설계에 적용

③ 최종보고서 작성, 향후 VE자료 축적 등 완료

[지하차도 설계에서 기능계통도(FAST) 작성 사례]

No	기능정의		기능구분		
	명사	동사	고차기능	기본기능	보존기능
1	민원을	해결한다	○		
2	소음을	차단한다		○	
3	주거환경을	개선한다			○
⋮	⋮	⋮	⋮	⋮	⋮

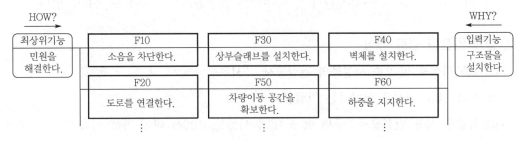

[기능계통도(FAST) 작성 사례]

9. 생애주기비용(LCC)과 설계VE 비교 [59]

구분	생애주기비용(LCC)	설계VE
유사점	• 특정 건설프로젝트의 비용 절감을 목적으로 수행하는 분석기법 • LCC 분석을 독립적으로 수행하거나, VE 일부로서 LCC 분석을 수행	
차이점	• 비용(Cost) 측면을 강조 • 최소 기능과 기술적 요구조건을 충족하는 실현 가능한 대안 중 최소비용이 투입되는 대안을 선택하는 기법	• 기능(Function) 측면을 강조 • 기능에 초점을 두어 필요한 기능과 불필요한 기능을 분류하여, 비용을 절감하는 대안을 선택하는 기법

---

59) 국토교통부, '교량의 LCC 분석모델 개발 및 DB 구축방안 연구', 시설안전공단, 2002.
　　국토교통부, '설계VE 시행 지침 개정', 2011.

1.48 설계 안전성 검토(DFS)

설계 안전성 검토(Design for Safety) [1, 0]

1. 개요

(1) 설계 안전성 검토(Design for Safety)는 설계단계에서 건설안전을 고려한 설계가 될 수 있도록 시공 중 위험요소를 사전에 발굴하여 위험성 평가를 실시하고 저감대책을 수립함으로써 위험요소를 제거하는 활동이다.

(2) 시공단계의 안전을 선제적으로 관리하기 위해 설계 안전성을 검토함으로써 건설 전과정(기획–설계–시공–유지관리)을 아우르는 안전관리체계 구축을 목표로 한다.

2. 설계 안전성 검토 대상

(1) 1종 시설물 및 2종 시설물의 건설공사 : 「시특법」 제2조 제2호·제3호

(2) 지하 10m 이상을 굴착하는 건설공사

(3) 폭발물 사용 건설공사 : 주변 20m 내에 시설물, 100m 내에 가축 사육

(4) 10층 이상 16층 미만 건축물의 건설공사

(5) 10층 이상 건축물의 리모델링 또는 해체공사 : 「주택법」 제2조 제25호

(6) 건설공사에 사용되는 가설구조물 : 「건진법 시행령」 제101조의2 제1항

(7) 다만, 건설기계가 사용되는 건설공사는 제외

3. 설계 안전성 검토 업무흐름도 「건진법 시행령」 제75조의2

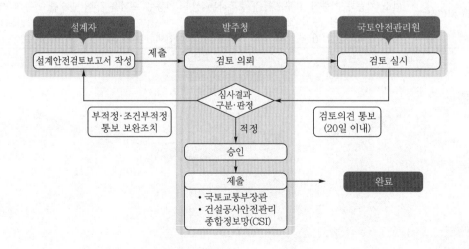

(1) 발주청은 안전관리계획 수립대상 건설공사에 대한 시공과정의 안전성을 확인하기 위해 다음 사항이 포함된 설계 안전성 검토보고서를 국토안전관리원에 제출한다.

  ① 시공단계에서 반드시 고려해야 하는 위험 요소, 위험성 및 저감대책

  ② 설계에 포함된 각종 시공법과 절차 등 국토교통부 고시 사항

(2) 국토안전관리원은 설계의 안전성 검토 의뢰받은 날부터 20일 이내에 설계 안전성 검토 보고서 내용을 검토하여 발주청에 그 결과를 통보한다.

(3) 발주청은 검토 결과 시공과정의 안전성 확보를 위해 필요한 경우 설계도서의 보완·변경 등 조치한 후, 착공 전에 국토교통부에 제출한다.

4. 설계 안전성 검토보고서 작성 기준

(1) 발주자

  ① 설계 안전성 검토 과정의 관련자료 제공

  ② 위험요소의 도출과 관련된 정보의 제공

  ③ 설계 안전성 검토보고서의 작성 검토 및 승인 업무가 이행되는지 총괄 관리

(2) 설계자

  ① 설계서(과업지시서)의 설계조건을 바탕으로 표준시방서, 설계기준을 활용하여 설계 과정 중에 건설안전에 치명적인 위험요소 도출

  ② 위험요소를 제거 또는 감소시킬 수 있는 저감대책 마련

5. 맺음말

(1) 건설공사 수행과정에 발생되는 재해를 감소시키기 위해 해당 건설공사의 참여자(발주 자, 설계자, 시공자 등)들이 설계단계부터 사전에 위험성을 평가하고 저감대책을 마련 하는 설계 안전성 검토 제도가 도입되었다.

(2) 발주청은 설계 안전성 검토보고서 작성 업무에 관련하여 해당 건설공사의 특성에 따라 별도로 정하여 적용하는 경우에 관계법령 및 지침 등을 따라야 한다.[60]

---

60) 국토교통부, '설계안정성검토'. 건설공사 안전관리 종합정보망, https://csi.go.kr

1.49 도로 기술개발 전략안(2021~2030)

국토교통부의 '도로 기술개발 전략안('21~'30)'의 4대 핵심분야와 기술개발 내용 [1, 4]

I 개요

1. 국토교통부는 빅데이터와 인공지능(AI)과 사물인터넷(IoT) 등 4차 산업기술이 접목된 미래 도로상을 구현하기 위한 '도로 기술개발 전략안'을 수립했다

2. 이번 전략의 비전은 "혁신성장을 지원하고 국민의 안전과 편리를 실현하는 도로"로서 안전 ・편리 경제・친환경 등 4대 중점분야에서 구체화될 계획이다.

II 도로 기술개발 전략안(2021~2030)

비전	혁신성장을 지원하고 국민의 삶과 안전을 위한 도로		
목표	안전한 도로 ⇨ 교통사고 사망자수 30% 감축 지원 편리한 도로 ⇨ 도로 혼잡구간 30% 해소 경제적 도로 ⇨ 도로 유지관리 비용 30% 절감 친환경 도로 ⇨ 소음 20%, 유해물질 15% 감축		
	안전한 도로	• 스마트 도로 안전 모니터링 및 사고 저감 시스템 • 초대형 재난대응 도로 운영 및 신속 복구 시스템	
	편리한 도로	• 3D 입체적 도로망 구축 및 운영 • 도심형 초고속 이동 튜브(Urban Hyper Tube) 구축	
	경제적 도로	• 디지털 트윈 기반 생애주기별 도로 유지관리 기술 • 차세대 맞춤형 프리캐스트 기반 포장 기술	
	친환경 도로	• 스마트 에너지 생산 및 고속 전기차량 충전 인프라 • 거주 친화적 도로환경 조성 기술	

기존 도로	미래 도로
• 도로망 : 차량이동 공간 • 차량이동 공간 • 도로의 양적확대(HW) • 도로시설 간 물리적 연계 • 정보수집・가공을 통한 교통정보 제공	• 디지털망 : 모빌리티 서비스(MaaS) 공간 • 모빌리티 서비스(MaaS) 공간 • 도로의 질적 고도화(SW) • 객체정보 간 디지털 연계 • 빅데이터 분석, 딥러닝을 통한 교통흐름 예측

Ⅲ 도로 기술개발 전략안(2021~2030) 중점 추진기술

1. 태양광 에너지를 이용한 자체 발열, 발광형 차선 개발로 차량 운전자가 강우, 폭설 등 악천후에서도 차선 인식

2. 재난이 잦은 도로를 빅데이터로 분석하여 방재도로로 선정하고, 재난에 견딜 수 있도록 도로를 보강하여 태풍, 지진 등 대형 재난에서도 안전하게 통행

3. 3D 고정밀 측량 기술을 적용하여 공장에서 실제 포장 형태와 동일한 제품을 제작하고 노후 포장을 조립식으로 신속히 교체하여 교통차단으로 인한 피해 최소화

4. 디지털 트윈 기술을 적용하여 실제와 동일한 가상 도로망을 구현하고 IoT 센서를 활용하여 현장점검 없이 컴퓨터 앞에서 도로를 24시간 모니터링

5. 도로포장의 오염물질 흡착 자가분해 기술을 통해 미세 오염물질로부터의 피해 감소

6. 물체가 이동 중에도 무선 전기충전이 가능한 기술을 개발하여 전기차량이 도로 위를 고속주행하면서 무선 충전

7. 에너지 생산 효율성 향상 기술을 통해 차량이 주행 중에 전기에너지를 생산 및 저장

8. 차량이 자기부상 수직 이동 기술을 통해 평면에서 3차원으로 이동

Ⅳ 도로 기술개발 전략안 예시

1. 초고층건물 건설엔지니어 김○○는 2030년 서울의 지능형 주택(Smart Home)에 살고 있다. 아침 7시 예정 시간에 자동 조절되는 조명과 채광 시스템이 김○○의 아침을 깨웠다.
   • 김○○가 거주하는 주택의 냉난방과 전기는 수소 연료전지와 태양광으로 자체 생산되며, AI가 언제나 쾌적한 온도와 습도를 유지한다.

2. 오늘 출근 시간 8시는 평소보다 다소 이른 편이다. 김○○는 스마트 모빌리티 서비스 (Maas)*를 통해 최적의 교통수단·경로를 검색하였다.
   • 교통체증으로 자율주행자동차 대신 도심형 에어택시(UAM)*로 이동하기로 한다.
   * 모빌리티 서비스 : Mobility as a Service
   * 도심형 항공모빌리티 : Urban Aerial Mobility

3. 건설현장에 도착한 김○○는 디지털 트윈으로 구축된 3차원 BIM* 설계도면을 스마트폰으로 확인하며, 상황을 모니터링한다.

 • 현장에는 건설 로봇이 태양광에 반응하여 전기를 생산하는 첨단소재*로 만들어진 건물 외피를 부착 중이다. 자재는 스마트 물류시스템을 통해 즉시 조달된다.

 * Building Information Modeling : 3차원 설계 모델링을 통해 실제와 같은 시공 및 유지 관리 가능

 * Building Integrated Photovoltaic System : 태양광에 반응하여 전기를 생산하는 건축 자재

4. 오후에는 진공튜브 철도시스템 해외수출 건으로 해외출장 예정이다. 자율주행 택시를 불러 공항으로 향한다. 스마트 공항에 20분 전에만 도착하면 탑승에 지장이 없다.

 • 스마트 도로를 달리는 차 안에서 김○○는 편안한 자세로 회의자료를 꼼꼼히 읽어볼 수 있는 기회를 가질 수 있다.

V 맺음말

1. 도로의 조립식 건설, 시설물 점검 작업의 무인화, 지하와 지상을 넘나드는 입체 도로망 (3D), 상상에서 접했던 도로 모습이 2030년에 우리 눈앞에 펼쳐질 것이다.

2. 이번 전략의 비전은 "혁신성장을 지원하고 국민의 안전과 편리를 실현하는 도로"로서 안전·편리 경제·친환경 등 4대 중점분야에서 구체화되는 계획이다.

3. 미국, 일본 등 주요 선진국은 도로의 장수명화, 입체도로망, 친환경에너지 생산 등 도로의 양적 질적 성장을 위한 다방면의 기술 개발 노력을 진행 중에 있다.

 (1) 미국 Beyond Traffic 2045

 (2) 일본 인프라 장수명화 계획('14~'20) 등

4. 우리나라도 본격적으로 도로기술 연구에 대한 박차를 가하기 위하여 4대 핵심분야를 설정하고 2030년까지 추진할 중점 추진 기술을 마련하였다.[61]

---

61) 국토교통부, '도로 기술개발 전략안('21~'30) 수립', 보도자료, 2019.10.18.

1.50 4차 산업의 스마트 건설기술

4차 산업을 기반으로 하는 스마트 건설기술 [2, 1]

I 개요

1. 국토교통부는 4차 산업을 기반으로 하는 스마트건설 기술의 보급·확산을 위해 건설현장에서 기술을 시연하는 「스마트 건설 챌린지 2020」 행사를 개최하였다.
2. 이 행사는 토공자동화 첨단측량, 스마트 건설안전, 스마트 유지관리, 3차원 프린팅, BIM 라이브, 스마트 건설 UCC 등의 6개 분야로 나누어 진행되었다.

II 「스마트 건설 챌린지 2020」 주제

1. 토공자동화 첨단측량

실시간으로 3차원 디지털 지형도를 만들고 절·성토량를 도출하여, 마트굴삭기 등의 무인·원격장비를 이용하여 토공작업을 실시하는 대표적인 스마트 건설기술이다.

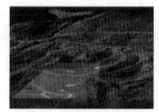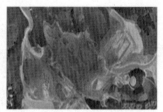

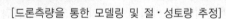

[드론측량을 통한 모델링 및 절·성토량 추정]　　　　[디지털 기반 토공작업]

2. 스마트 건설안전

대·중소기업이 협업하여 참가하는 부문으로, 대형 건설사 현장에 중소기업의 안전관리 제품을 적용하여 추락·화재 위험을 감지하고 이에 대응하는 기술을 선보인다.

3. 스마트 유지관리

공용 중인 교량에 사물인터넷(IoT) 센서를 장착하여 교량의 움직임을 원격 모니터링하는 드론으로 교량의 결함을 신속·정확하게 탐지하는 기술을 시현한다.

4. 3차원 프린팅

학생과 일반인이 참여하는 부문으로, 미래주택 설계 아이디어를 공모 받아 창의성과 미래지향성 등을 평가하여 우수한 설계안을 3차원 프린팅 기술로 현실에 구현한다.

5. BIM 라이브

설계사, 시공사 및 SW개발업체가 협업하여 BIM 모델을 제작하고, 도면을 추출하여 시공 중에 중장비 간섭을 검토하는 등의 다양한 현장분석과 시뮬레이션을 선보인다.

[센서를 통한 교량 변위 모니터링]   [드론 활용한 교량 결함 탐지]

6. 스마트 건설 UCC

모든 국민들이 참여할 수 있는 부문으로, 스마트 건설기술에 의한 미래 변화상을 주제로 하여 창작한 UCC*의 인기도와 창의성을 평가한다.

* UCC(user-created content) : 사용자가 창작한 콘텐츠로서, 일반인이 직접 만든 동영상, 글, 사진 등의 작품

Ⅲ 스마트 건설기술 경연대회

1. 토공자동화 첨단측량

(1) 경연대회는 2020.9.18. 세종시 S-1 생활권에서 개최되어, 3개 기업이 고위험 현장작업의 안전성과 생산성을 높이는 토공자동화 첨단측량 기술을 겨루었다.

(2) 참가기업 경연팀은 드론을 활용하는 첨단측량으로 디지털 지도를 제작하고 공사계획 수립 후, 머신 컨트롤(MC), 머신 가이던스(MG) 등으로 흙파기 작업을 수행했다.

① MC(Machine Control, 시스템+반자동운용) : 건설장비에 부착된 센서, GPS, 자동 유압제어기술 등을 이용하여 컴퓨터로 작업을 도와주는 반자동 시스템

② MG(Machine Guidance, 보조장비+수동운용) : 건설장비에 부착된 센서, 디스플레이 등을 통해 장비기사의 작업을 보조적으로 제어하는 유인(有人) 시스템

[머신컨트롤(MC)]

[머신가이던스(MG) 예시]

2. 스마트 유지관리

(1) 2020.9.16. 충북 영동군 금곡교 고속국도 교량건설 현장에서 총 36개 팀이 참여하여 '실시간 계측' 부문*과 '드론활용 결함탐지' 부문*에서 기술을 겨루었다.

* '실시간 계측' 부문 : 첨단 계측시스템을 통해 교량의 진동, 차량하중, 기상영향 등의 데이터를 실시간으로 수집·처리하는 기술

* '드론활용 결함탐지' 부문 : 사람의 접근이 어려운 부분의 손상이나 결함 등을 드론을 투입하여 구조물의 탐색·분석하는 기술

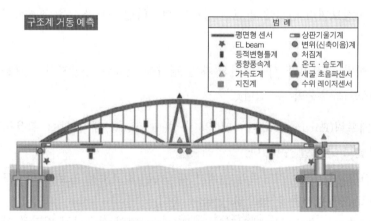

[센서 활용 실시간 교량계측 모니터링]

[드론 활용 결함탐지]

3. 기대효과

「스마트 건설 챌린지 2020」을 통해 건설현장에 적용되는 사례를 시현함으로써 국민들이 체감할 수 있는 스마트 건설기술이 발굴될 것으로 기대된다.[62]

---

62) 국토교통부, '첨단장비 활용 스마트 건설기술 경연의 장 열린다!, 보도자료, 2020.9.15.

1.51 BIM(Building Information Modeling)

3차원 기반의 디지털 설계기법 BIM(Building Information Modeling) 활성화 방안 [3, 3]

I 개요

1. BIM(Building Information Modelling)은 건축·토목·조경 등의 건설정보를 3차원 형상으로 만들면서, 2차원의 평면도·입면도 역시 추출할 수 있는 모델이다.

2. BIM을 활용하면 유지보수를 위한 3차원 그래픽 모델과 속성정보를 입력할 필요 없이 이미 만들어진 모델에 유지보수정보를 포함하면 된다. 또한, 건설공사 물량 견적용 모델을 만들면 견적과정을 거쳐 물량을 산출할 수도 있다.

II BIM에 필요한 4가지 정보

1. **기하(Geometry)정보** : 형상과 관련된 원·호·곡면·곡선 등의 정보를 활용하면 물체의 형상을 3차원으로 구성할 수 있다.

2. **위상(Topology)정보** : 기하정보끼리 연결에 관련된 정보를 활용하면 곡면조각을 연결하여 3차원 물체를 구성할 수 있다.

3. **지식(Knowledge)정보** : 물량 견적이나 시뮬레이션 대안 평가에 필요한 공학지식을 활용하면 설계과정을 3차원 모델로 추출할 수 있다.

4. **객체(Object)정보** : 파라메트릭(Parametric)데이터*와 속성(Attribute)데이터*를 활용하면 모든 물체를 3차원 모델로 구성할 수 있다.

    * Parametric data : Revit(3차원 CAD 소프트웨어)에서 제공하는 좌표로서 프로젝트의 모든 요소들 간의 관계를 소프트웨어가 자동으로 만들어 준다.

    * Attribute data : 공간의 특징을 설명하는 데이터이다. PC 지도 위의 서울시청 지점을 작은 동그라미로 표시하고, 데이터베이스에 연결하여 서울시청을 설명한다.

III BIM 구조적 특징

1. BIM은 행위를 강조하고 있다. 단순히 표준화된 모델로는 이와 같은 행위를 처리하기 어렵다. Model이 아닌 Modelling 관점에서 통합적인 구조를 필요로 한다.

2. BIM은 다윈이 주장하는 종의 기원처럼 모델 DNA(Deoxyribonucleic acid, 核酸)가 진화하는 과정을 나타내는 구조이다.

3. BIM은 모델링 과정에서 발생된 정보를 관리하면서 통합적·효과적으로 필요한 정보를 3차원으로 표현할 수 있는 구조이다.

Ⅳ 건설 BIM 트랜드

1. 가상현실(VR)

가상현실(VR)과 증강현실(AR)을 결합한 혼합현실(MR) 기술을 활용하면 직장, 외부의 건설현장, 자신의 거실 등 어디서든 가상현실을 체험할 수 있다.

2. 스마트 디자인

사전조립(prefabrication)은 건축물 시공과정에 일관성 및 반복성을 증가시켜 효율적으로 시공할 수 있다. BIM 라이브러리는 사전조립과정의 정보를 담고 있다.

3. 사물 인터넷

사물 인터넷(IoT)은 인터넷 기반으로 센서를 연결한 것으로 데이터를 온라인 상태로 저장하고 모니터링하면서, 사용자 스마트폰에 실시간 전송해 준다.

Ⅴ BIM에서 해결되어야 할 문제점

1. BIM 핵심기술을 정부 주도만으로 발전시킬 수 있는가?

(1) BIM은 민간 참여 없이는 성공할 수 없다. 상생차원에서 접근해야 한다. 정부, 학계, 민간이 협업해야 예전 CALS와 같은 과오를 반복하지 않을 것이라고 본다.

(2) 다만, 시행착오를 극복하려면 우리나라 건설산업은 시간이 촉박하다. BIM 상용화를 위하여 꼭 해결해야 할 과제를 정부가 선도적으로 투자해야 한다.

2. IFC 납품하라 하는데 지속가능한 모델은 어느 수준인가?

(1) IFC*는 지속가능한 모델을 공공부문에서 재활용(유지보수)하기 위한 지침이다. 따라서, IFC를 어느 수준으로 납품하는지는 서로 협의하여 결정할 문제이다.

(2) CALS 표준처럼 상세수준의 디자인 납품요구는 민간시장의 반발이 예상되고, 애매한 수준의 IFC* 납품은 재활용에 효용성이 없다.

   * IFC(Industry Foundation Classes) : 서로 다른 소프트웨어 응용프로그램 간에 상호운용성 솔루션을 제공하는 파일로, 건물 객체와 해당 특성을 나타낼 수 있는 국가표준으로 설정해야 한다.

3. BIM 납품요구에 대한 비용은 누가 지불해야 하나?

(1) BIM 납품에 필요한 BIM 작업비용은 발주처가 지불해야 한다. 지속가능한 모델이 불필요한 상황에서 BIM 납품요구는 비용낭비이다.

(2) 현재 BIM 프로젝트는 발주자가 BIM 작업비용을 지원하되, 어느 정도 비용지출이 효과적인지 B/C분석하고 있다. 현재는 이중비용(작업)이지만, 향후 BIM 솔루션 시스템이 정착되면 종전 CAD 도입 이후처럼 생산성이 향상될 것이다.

(3) 따라서 BIM의 독창성과 경쟁력 있는 비지니스 모델을 선점(투자)한 기업이 크게 성장할 것으로 전망된다.

4. 내가 설계한 것을 모두 납품하면 디자인 보호는 어떻게 받나?

(1) 국내 현실에서 디자인 유출은 불가피하지만, 정부가 제도적으로 보완해야 한다. 공공·대기업 위주의 발주관행을 고려할 때 완벽하게 보호받는 것은 어렵다.

(2) BIM은 아직 미완성 상태의 개념이기 때문에 토론을 거쳐 상생할 수 있는 방안이 수렴되어 제도에 반영되어야 한다.

Ⅵ 5 BIM

1. BIM 정의

(1) BIM은 건설분야에서 컴퓨터를 이용한 객체의 디지털 모델과 모델을 만들기 위한 업무절차이다. 객체의 디지털 모델은 3D로 표현해야 하며, 3D는 그래픽의 시각적 표현뿐 아니라 특정한 정보나 객체의 속성을 포함하고 있어야 한다.

(2) BIM은 객체의 속성정보를 가진 3D 모델링으로 가상의 시뮬레이션을 통해 건설공사를 예측·준비하여 시행착오를 줄이고 양질의 시설물을 생산하는 과정이다.

2. 4D BIM

(1) 4D BIM은 3D BIM 적산(積算)정보에 일정과 관련되는 공정관리(time schedule) 정보를 통합적으로 관리하는 개념이다.

(2) 4D BIM은 소요 일정(schedule)과 관련되는 시간정보를 추가하는 개념으로, 건설프로젝트의 수행과정을 각 단계별로 시각화하여 시간정보를 연계시키는 모델링을 말한다. 즉, 공정관리 프로그램을 의미한다.

(3) 4D BIM은 특정 건설프로젝트 수행과정에 일정의 단축과 관련되는 정확한 스케줄 정보를 구성하는 것으로, 효율적인 공사 수행을 통하여 원가절감을 궁극적인 목표로 하기 때문에 중요하지만 아직 현장에서는 낯선 프로그램이다.

3. 5D BIM

(1) 5D BIM은 3D BIM 적산(積算)정보에 공정관리(time schedule)와 원가관리(cost down)를 추가하여 설계초기단계에 공정(time)과 비용(cost)이 미치는 영향을 분석할 수 있도록 지원하는 개념이다.

(2) 5D BIM은 건설산업에서 전통적으로 '적산'으로 표현된다. 즉, 5D BIM은 기존의 2D CAD와 3D BIM 적산에 필요한 공정과 비용을 산출하는 개념이다.

(3) 국내에서는 3D BIM을 단순히 3차원으로 보여주는 모델링(visual modeling)으로 인식하고 있어, 건설현장에서 5D BIM 적용은 다소 빠르다. 하지만 대규모 건설프로젝트는 5D BIM 속성정보를 제대로 활용할 수 있어야 국제경쟁력이 있다.

(4) 즉, 5D BIM에서는 설계와 비용을 통합한다. 표준설계 파라미터뿐 아니라, 형상, 열, 음향 등의 세부 특성을 포함한다. 이는 설계에서 비용이 미치는 경제성을 초기 디자인 단계에서 분석할 수 있도록 지원한다는 의미이다.

4. 6D BIM

3D BIM에 '공정관리'와 '원가관리'를 포함하면 5D BIM 개념이며, 6D BIM은 구조물의 '수명주기관리'를 추가하는 개념이다.[63]

---

63) The BIM principle and philosophy, 'BIM의 논쟁거리들', 2011. https://sites.google.com/

1.52 항공지도

항공지도의 종류와 필요성 [0, 1]

I 개요

1. 국토교통부 국토지리정보원은 '21년부터 12cm급 고해상도의 항공영상(항공사진, 정사영상)을 매년 촬영하여 디지털 트윈국토 실현의 기반을 마련하고 있다.

   (1) **항공사진** : 항공기에 탑재된 카메라를 이용하여 국토를 촬영한 디지털사진

   (2) **정사영상** : 촬영 당시 발생한 항공사진의 왜곡을 보정한 연속된 영상

   (3) **디지털 트윈국토** : 지상·지하·실내·공중 등 현실과 똑같이 구현된 가상국토

2. 그간 국토지리정보원은 국토의 정확한 현황 파악, 변화상황의 모니터링, 국가기본도 수정 등에 활용하기 위하여 전 국토에 대한 항공영상을 촬영해왔다.

II 항공영상

1. **항공영상 = 항공사진 + 정사영상**

   (1) **항공사진(航空寫眞)** : 항공기에 탑재된 카메라를 이용하여 국토를 촬영한 원본의 디지털 낱장 사진

   (2) **정사영상(正寫影像)** : 항공사진의 활용성을 증대하기 위해 항공 촬영 당시 발생한 항공사진의 왜곡을 보정한 연속된 영상지도

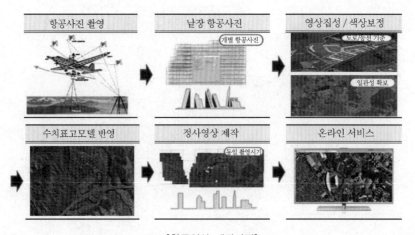

[항공영상 제작과정]

2. 항공영상 활용분야

(1) **공공** : 지자체 시설정보 관리, 불법건축물 단속 및 보상업무, 설계·현황조사, 도시계획 수립 등 공공기관 행정업무 활용

(2) **민간** : 인터넷포털, 내비게이션, 딥러닝(AI), 무인이동체, 로봇, 사물인터넷(IoT), 5G· AI를 이용한 GIS솔루션 등의 신산업 창출

3. 항공지도 기술발전 동향

(1) 최근에는 항공촬영기술의 발전과 관련 분야의 요구사항을 반영하기 위해 항공영상의 해상도 및 품질 등을 지속적으로 고도화하고 있다.

(2) 2021년부터는 항공영상의 촬영주기를 기존 2년에서 1년으로 단축하여 최신 항공영상을 제공하고, 디지털 트윈국토의 활용도가 높은 도시지역 항공영상 해상도를 2배 높여 고품질의 항공영상 서비스를 제공할 계획이다.

(3) 향후 항공영상 해상도가 12cm급으로 상향되면 가로등, 맨홀 등도 식별 가능해져 디지털 트윈, 딥러닝 기술을 이용한 국토변화 자동탐지 등 신기술(AI, IoT, 3D 모델링 등)과 접목하여 다양한 4차 산업분야에 활용될 수 있다.

(4) 촬영주기가 1년으로 단축되면 하늘에서 바라보는 국토의 변화상을 매년 고해상도 영상으로 보존하게 되어 보다 생생한 국토의 역사를 기록할 수 있다.

* 공공분야에서 고해상도 항공영상을 무상으로 공동 활용할 수 있어 중복투자 방지, 지자체 규모별 촬영주기 편차 감소, 행정효율 향상 효과도 기대

4. 항공영상 해상도

(1) **해상도(GSD, Ground Sample Distance)의 정의**

디지털 항공사진의 축척을 나타내는 용어로서, 사진을 확대·축소했을 때 화면에서 사진의 정밀도를 나타내는 지표

(2) 해상도 25cm, 15cm 비교

구분	(현행) 25cm 해상도	('21년 계획) 12cm 해상도	비교결과
가로등			가로등(2개소) 식별가능
펜스			도로옆 펜스 식별가능
맨홀			맨홀(1개) 식별가능
도로노면			도로노면표시 (속도제한, 방향표시선 등) 식별가능

Ⅲ 맺음말

1. 국토지리정보원은 디지털 트윈국토를 위한 3D 공간정보, 자율주행차를 위한 정밀도로지도 등 미래를 견인할 수 있는 공간정보 인프라를 구축할 계획이다.

2. 고해상도의 항공영상을 통해 디지털 트윈 국토를 더욱 현실감 있게 구현함으로써 향후에는 AI(인공지능), 5G, IoT(사물인터넷), AR(증강현실), VR(가상현실) 등 4차 산업기술과 접목하여 다양한 분야에서 활용될 것으로 기대된다.[64]

---

64) 국토교통부, '고해상도 항공영상으로 디지털트윈국토', 보도자료, 2020.10.13.

CHAPTER 02

교 통

1 교통용량분석

2 교통계획 · 제도

3 교통안전 · 시설

☑ 기출문제의 분야별 분류 및 출제빈도 분석 [제2장 교통]

연도별 구분	2001~2019				2020			2021			계
회	63 ~77	78 ~92	93 ~107	108 ~119	120	121	122	123	124	125	
1. 교통용량분석	28	25	13	17	2	2	1	2	2	1	93
2. 교통계획 · 제도	11	21	20	16	1	2			3		75
3. 교통안전 · 시설	18	27	38	21	3	1	5		3	1	117
계	57	73	71	54	6	5	7	2	8	2	285

☑ 기출문제 분석에 따른 학습 중점방향 탐색

　도로 및 공항기술사 필기시험 제63회부터 제125회까지 출제됐던 1,953문제(31문항×63차) 중에서 '제2장 교통'분야에서 교통수요예측, 설계시간교통량(DHV), 교통용량 증대방안, 교통안전표지 등에서 285문제(14.6%)가 출제되었다. 최근에는 교통안전에 정보통신(IT)기술이 결합되면서 지능형 교통체계(ITS), 간선급행버스체계(BRT), 고속도로 갓길차로제(LCS), 신개념 대중교통수단(BTS), 첨단교통관리시스템(ATMS) 등의 출제빈도가 높아졌다.

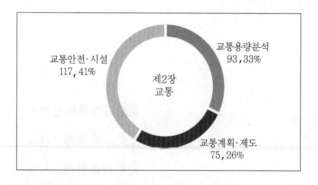

　저자가 여러 해 기술사 강의했던 경험에 의하면 처음 도전하는 엔지니어일수록 시험 1~2번 보면 금방 합격할 수 있다고 우습게 알고 너무 서두른다. 마음 독하게 다잡고 주말이면 도서관을 가든, 매일 저녁 서너 시간씩 열공을 하든, 일상생활에서 뭔가를 포기하고 집중하는 습관부터 가져야 한다.

　기술사 필기시험 응시자격은 공과대학 4년제 졸업 및 기사 자격 취득 후 4년 이상 실무 종사한 사람이다. 저자가 10년 이상 공과대학 강의하면서 느낀 점은 우리나라 공과대학 학사 과정에서 특정한 주제를 논술할 수 있는 능력까지는 갖추지 못해도 졸업할 수 있다. 기본적으로 논술할 수 있는 수준을 갖추지 못한 채, 기술사 시험에 계속 도전하여 평균 30~40점대에서 여러 번 낙방하면 점차 자신감을 잃어 포기하게 된다. 매년 기술사 필기시험 합격률은 예전에는 5% 수준이었으나 최근 9% 수준으로 완화되었지만 어렵긴 마찬가지다.

📖 과년도 출제문제

1. 교통용량분석

[2.01 도로교통량조사]

115.1 Cordon Line, Screen line

[2.02 장래교통량 추정방법]

063.2 도로 또는 공항계획 시 장래교통량 추정방법에 대하여 기술하시오.

070.2 4단계 장래교통량 추정에서 4번째 단계인 노선배정(Traffic Assignment)에 사용되는 방법에 대하여 기술하시오.

075.1 교통수요예측의 4단계 기법

076.4 장래교통량 추정 시 사용되는 4단계 방법에 대하여 설명하시오.

078.3 최근 많이 활용되고 있는 교통수요추정 4단계 방법론의 한계 및 문제점에 대하여 기술하시오.

082.1 Modal Split

086.2 도로 또는 공항계획 시 장래 교통량 추정방법에 대해서 설명하시오.

088.1 수단분담(Modal Split)

090.1 교통수용예측 4단계

092.4 도로(또는 공항)계획 시 장래 수요예측 방법에 대하여 설명하시오.

098.2 공항(또는 도로)계획 시 장래 수요예측방법에 대하여 설명하시오.

108.1 교통수요의 Ramp-up 현상

113.1 통행구성단계

[2.03 최소교통서비스, 교통혼잡지표]

101.1 최소교통서비스

110.1 교통혼잡지표

[2.04 설계시간계수(K_{30}), 설계시간교통량(DHV)]

065.2 도로 또는 공항설계 시 설계시간교통량에 대하여 설명하시오.

067.1 계획교통량

073.1 첨두설계시간교통량(PDDHV)

076.1 AADT와 DHV의 관계

077.2 장래교통량(AADT)을 실시설계 시 차로수 산정, 포장 구조설계, 터널 환기량설계, 방음벽 설계 등에 활용하는 방안을 설명하시오.

080.1 설계시간교통량(DHV)

102.1 설계시간계수(K, 2013 도로용량편람 개정 내용)

116.1 계획교통량 산정

118.1 설계시간교통량과 설계시간계수

[2.05 서비스수준(LOS, Level of Service)]

064.1 서비스수준(LOS)

066.1 서비스수준

067.1 서비스수준(LOS)

069.1 서비스수준 E의 교통운행 특성

080.1 서비스수준(LOS)

108.1 무통제 교차로 서비스수준

[2.06 첨두시간계수(PHF), 중차량 보정계수(f_{HV})]

067.1 첨두시간계수(PHF, Peak Hour Factor)

070.1 중차량 보정계수

090.1 일반지형의 승용차 환산계수

101.1 PCU(Passenger Car Unit)와 PCE(Passenger Car Equivalent)

[2.07 효과척도(MOE), 교통량-밀도-속도]

063.1 교통밀도와 교통량

068.1 도로밀도의 정의와 우리나라 도로밀도

069.1 교통량과 교통밀도

071.1 연속류의 교통량, 속도, 밀도와의 상관관계

074.1 교통밀도와 속도의 관계

075.1 효과척도(MOE, Measures of Effectiveness)

082.1 교통류에 적용되는 속도의 종류

088.2 교통류의 세 변수인 속도, 밀도, 교통량의 관계에 대하여 설명하시오.

092.1 교통량과 평균속도의 관계

103.1 연속류와 단속류

107.1 도로의 효과척도(Measures of Effectiveness)

110.1 연속류에서 밀도, 교통량, 속도와의 관련성

121.1 임계속도와 임계밀도

123.1 서비스수준과 효과척도

[2.08 교통용량의 영향요소 및 증대방안]

063.3 도로교통용량이란 무엇이며 도로용량에 영향을 미치는 요소에 대하여 설명하시오.

064.1 도로용량

069.4 도로용량에 영향을 미치는 제반 요소를 열거하고 기술하시오.

075.1 도로교통용량

081.2 도로 교통용량 또는 공항 활주로 용량에 영향을 주는 요소와 용량증대방안에 대하여 기술하시오.

090.1 도로용량에 영향을 미치는 제반요소

093.2 도로교통용량의 영향요인 및 용량증대방안을 설명하시오.

102.2 고속도로(또는 공항)의 교통용량(서비스교통량, SFi) 분석방법에 대하여 설명하시오.

103.1 도로용량과 서비스수준

103.2 도로의 교통용량에 영향을 미치는 요인과 도심지 도로 용량부족구간에 대한 개선방안을 설명하시오.

117.3 도로용량과 서비스 수준 분석에 대하여 설명하시오.

118.3 도로용량에 영향을 미치는 요소와 용량 증대방안을 설명하시오.

122.4 도로교통 용량증대 방안과 교통용량 확보 방안에 대하여 설명하시오.

124.3 우리나라 대도시 지역의 도시교통 문제를 개선시키기 위한 도로교통용량 증대방안에 대하여 설명하시오.

[2.09 도로의 차로수 결정방법]

064.3 도로계획 시 차로수 결정과정과 유의사항에 관하여 설명하시오.

074.4 수요교통량과 공급교통량을 고려하여 고속도로 차로수를 결정하는 방법을 서술하시오.

097.2 도로(또는 공항)계획 시 수요 및 공급 교통량 산정과 시설규모 결정과정에 대하여 설명하시오.

116.3 도로의 차로수 결정과정에 대하여 설명하시오.

123.3 도로설계에 이용되는 계획목표년도의 장래시간교통량과 차로수 선정과정에 대하여 설명하시오.

[2.10 엇갈림(Weaving) 구간]

064.1 엇갈림구간

070.1 엇갈림(Weaving)

084.4 인터체인지 Weaving구간에서 상충 및 교통사고 발생을 최소화하기 위한 귀하의 의견을 기술하시오.

088.2 도로계획 및 설계 시 중요한 고려사항인 엇갈림(Weaving)구간에 대한 전반적인 내용을 설명하시오.

099.4 도로 설계 시 엇갈림구간의 교통류 특성에 영향을 미치는 도로기하구조 요소(형태, 길이, 폭)에 대하여 설명하시오.

116.1 엇갈림구간

[2.11 고속도로 기본구간의 용량분석]

071.2 최근 우리나라 간선도로의 역할을 담당하는 양방향 4차로 이상의 국도확장 및 건설이 증가되는 추세에 있다. 이와 같은 다차로 도로의 서비스수준을 분석하는 과정을 기술하시오.

077.4 고속도로 기본구간의 서비스수준 분석과정을 (1) 운영상태분석, (2) 계획 및 설계단계분석으로 나누어 설명하시오.

087.2 고속도로 기본구간의 용량 및 서비스수준 평가 방법에 대하여 기술하시오.

110.4 특수상황(악천후 등)에서 고속도로 기본구간의 용량산정 방안에 대하여 설명하시오.

[2.12 기존 2차로 도로의 용량증대]

082.4 기존 2차선도로의 용량부족 시 기존도로를 확장하는 방안과 신설도로를 건설방안에 대하여 비교하고 예상되는 문제점과 각 방안에 대한 장·단점에 대하여 기술하시오.

083.2 왕복 2차로 산지부에 위치한 도로의 용량증대 방안에 대하여 설계VE 관점에서 기술하시오.

089.1 양방향 3차로(2+1) 도로

090.3 국내 왕복 2차로 도로 특성과 정부에서 권장하고 있는 2+1차로 설치방안에 대하여 설명하시오.

091.3 현재 양방향 2차로 도로의 효율적인 용량증대 방안에 대하여 설명하시오.

103.2 기존도로 2차로를 4차로로 확장하여야 하는데 교통수요와 경제성 분석 결과 4차로 기준에 미흡하여 2+1차로 도로로 확장하고자 할 때 2+1차로의 개념과 설계 시 고려사항에 대하여 설명하시오.

121.2 지방부 2차로 도로의 교통용량 산정방법과 교통용량증대 설계방안에 대하여 설명하시오.

124.2 지방지역 도로에서 2+1차로 도로의 고려사항과 계획기준, 설계 시 유의사항에 대하여 설명하시오.

[2.13 자율주행시대의 미래도로]

105.3 도로 관련 기술의 지속적인 발전에 따른 미래도로의 계획과 건설방안에 대하여 설명하시오.

110.2 최근 국내에서 적극 추진하고 있는 미래도로 정책방향을 설명하시오.

115.2 자율주행시대에 대비한 도로의 시설규모 측면에서의 고려사항에 대하여 설명하시오.

120.2 자율주행시대 도래에 따른 도로설계 준비사항에 대하여 설명하시오.

[2.14 C-ITS, 자율주행자동차]

090.2 ITS 중 도로와 밀접한 첨단 교통관리시스템(ATMS)의 구성요소와 단계별 정보처리 절차를 설명하시오.

102.1 차세대 ITS개념과 기존 ITS와 차이점

109.1 자율 지능형교통시스템
(A-ITS : Autonomous ITS)

110.1 C-ITS(Cooperative ITS)

120.1 C-ITS(Cooperative-Intelligent Transportation System)

125.2 C-ITS와 자율협력주행의 차이점과 자율협력주행
　　　의 필요성에 대하여 설명하시오.

[2.15 스마트 하이웨이(Smart Highway)]

079.3 물류수송의 국가경쟁력 면에서 우리나라 고속도
　　　로가 안고 있는 문제점을 지적하고 수송수단 간
　　　경쟁, 관련 타 산업(자동차, 전자)의 발달 및 이용
　　　자 욕구 등의 환경변화에 부응할 수 있는 미래의
　　　고속도로 건설 비전과 목표에 대하여 요구되는 정
　　　책방향을 설명하시오.

082.3 과학적 발달로 인한 사회의 급격한 변화에 대해
　　　도로 및 공항분야의 미래 대비 방안에 대해서 기술
　　　하시오.

086.1 스마트 하이웨이(Smart Highway)

[2.16 도로주행 시뮬레이션, 군집주행]

118.1 도로주행 시뮬레이션

120.1 군집주행

2. 교통계획 · 제도

[2.17 교통안전 종합대책(2018.1. 관계부처합동)]

083.4 도로교통의 세 가지 구성요소 및 교통안전의 3대
　　　기본원칙(3E)에 대하여 약술하고, 도로기술자로
　　　서의 역할과 도로안전을 위한 구체적인 기술 대안
　　　에 관하여 기술하시오.

097.3 2018년 평창 동계올림픽 성공을 위한 "제3차 중기
　　　교통시설투자계획(2011 ~2015)"에 대하여 설명
　　　하시오.

098.2 최근 국토해양부에서 고시한 제7차 국가교통안전
　　　기본계획(2012~2016) 중 안전한 교통인프라 구
　　　축을 위한 도로분야의 중점추진과제에 대하여 설
　　　명하시오.

102.1 교통안전대책(3E)

114.2 2018년 1월 정부에서 발표한 "교통안전 종합대책"
　　　의 주요내용과 도로설계 시 유의사항에 대하여
　　　설명하시오.

[2.18 수도권(대도시권) 광역교통 2030]

122.3 광역교통 문제를 해결하기 위한 수도권(대도시권)
　　　"광역교통 2030"의 내용에 대하여 설명하시오.

[2.19 사람중심도로, 안전속도 5030]

064.2 주행 안전성을 고려한 도로설계 방안에 관하여 설
　　　명하시오.

075.3 교통사고 취약구간 개선을 위해서 교통사고 취약
　　　구간을 선정하는 방법과 교통안전을 고려한 도로
　　　설계에 대하여 기술하시오.

082.3 교통안전을 고려한 도로설계와 교통안전시설에
　　　대해서 기술하시오.

085.2 교통사고 취약구간을 선정하는 방법 및 교통안전
　　　을 고려한 도로설계에 대하여 설명하시오.

095.3 도로노선을 계획함에 있어 교통안전을 고려한 설
　　　계에 대하여 설명하시오.

102.2 도로설계요소와 교통사고의 관련성, 일반구간의
　　　교통사고 원인별 개선대책 및 안전을 고려한 도로
　　　설계방안에 대하여 설명하시오.

107.2 교통안전을 고려한 도로설계과정과 사고조사 분
　　　석시 고려사항에 대하여 설명하시오.

112.2 교통사고 유형 중 운전자요인(Human Factor)에
　　　의한 사고원인인 졸음, 과속, 전방주시태만 등을
　　　방지하기 위하여 도로설계 시 고려사항에 대하여
　　　설명하시오.

113.4 도로(또는 공항)설계 시 건설안전 설계기법에 대
　　　하여 설명하시오.

124.3 '사람중심도로'의 계획 및 설계 시 우선적으로 고
　　　려하여야 할 사항에 대하여 설명하시오.

[2.20 도로안전도 평가기법, 교통안전지수]

077.1 도로안전진단(Road Safety Audits)

083.1 Positive Guidance(적극적 안내기법)

095.1 도로설계 안전성 평가

104.1 교통안전지수

107.1 도로안전진단제도(Safety Audit System)

110.4 도로주행 안전성 평가기법에 대하여 설명하시오.

111.1 적극적 안내기법(Positive Guidance)

[2.21 교통정온화(Traffic Calming)시설]

073.3 교통정온화(Traffic Calming)를 위한 자동차운행
　　　규제방법을 기술하시오.

079.1 교통정온화(Traffic calming)

081.3 교통정온화(Traffic Calming)에 대하여 설명하고
　　　도로설계 시 교통정온화를 위한 방법들에 대하여
　　　기술하시오.

089.1 교통정온화

105.1 교통정온화(Traffic calming)

116.4 도심지 생활도로의 쾌적하고 안전한 환경을 조성
　　　하기 위한 교통정온화(Traffic Calming) 시설에
　　　대하여 설명하시오.

121.1 교통정온화(Traffic Calming)시설

[2.22 생활도로, 보행우선구역, 마을주민보호구간]

096.1 생활도로

106.2 최근 도시부 도로의 교통혼잡 및 안전문제를 해결하기 위한 도로정책의 핵심사업 중 하나인 "도시 생활교통 혼잡도로 개선사업"을 설명하시오.

111.2 도로계획 시 보행우선구역에서 보행자의 안전을 위하여 우선적으로 설계에 고려해야 할 사항에 대하여 설명하시오.

117.1 생활도로

117.1 마을주민 보호구간(Village Zone)

[2.23 고령운전자를 고려한 도로설계 방안]

071.2 노령화사회에 대비한 도로설계 방안에 대하여 귀하의 의견을 기술하시오.

073.1 도로에 설치되는 장애인안전시설

083.2 고령화 사회를 대비한 도로설계 방안에 대하여 기술하시오.

090.2 도심지 보행자 우선구역에서의 도로설계 시 고려할 사항을 설명하시오.

091.3 고령화 사회를 대비한 도로설계 방안에 대하여 설명하시오.

092.4 교통약자 통행을 위한 보도(步道)설계 시 반영해야 할 내용을 설명하시오.

093.1 Barrier Free 인증제도

099.4 도로 계획시 도로공간기능의 활성화 방안과 교통약자 등을 위한 보행시설물 설치 내용에 대하여 설명하시오.

103.3 도로설계 시 교통약자를 위한 도로 설계방안에 대하여 설명하시오.

105.4 도로교통 관련 고령자의 특성과 고령자를 위한 도로설계 시 유의사항에 대하여 설명하시오.

119.3 고령운전자를 고려한 도로설계 방안에 대하여 설명하시오.

124.2 고령 운전자를 고려한 평면교차로 설계와 고령 보행자를 위한 도로 안전 및 부대시설에 대하여 설명하시오.

[2.24 교통체계관리(TSM)사업]

086.2 최근 정부에서는 공항, 항만 등의 주요거점시설을 대상으로 간선도로망과 간선철도망을 연결하는 교통연계체계를 전면적으로 개편, 구축하기로 하였다. 그 내용을 설명하시오.

098.4 기존 공항(또는 도로)의 용량증대를 위한 교통체계관리기법(TSM)에 대하여 설명하시오.

100.1 대도시권 도시교통혼잡도로

111.3 수도권(또는 대도시권) 교통혼잡의 문제점과 개선방안을 설명하시오.

[2.25 버스전용차로제]

067.4 도로횡단 구성 시 대중교통우선처리기법에 의한 전용차로를 설명하시오.

074.3 대도시 버스전용차로기법의 세 가지 방식(통행방식과 차로의 위치에 따라)에 대하여 설명하고 각각의 장·단점에 대하여 논하시오.

085.4 도시내 버스전용차로의 설치방법과 특징에 대하여 설명하시오.

091.1 다인승차로제(HOV) 시행효과

099.2 버스전용차로의 설치기준과 설치방법에 대하여 설명하시오.

108.3 기존 도시가도 및 고속도로 상 버스전용차로의 원활한 유출입 교통방안에 대하여 설명하시오.

[2.26 간선급행버스체계(BRT) Bus Rapid Transit]

077.1 간선급행버스시스템(BRT, Bus Rapid Transit)

081.1 간선급행버스시스템(BRT System)

084.2 간선급행버스체계(BRT)시행에 따른 문제점 및 개선방안을 기술하시오.

088.2 최근 정부에서는 광역 간선급행버스체계(Bus Rapid Transit) 건설사업을 적극적으로 추진하고 있습니다. 현재 진행되고 있는 BRT 구축계획에 대하여 설명하시오.

121.1 S-BRT

[2.27 차로제어시스템(LCS) Lane Control System]

086.1 차로제어시스템(LCS : Lane Control System)

091.2 교통혼잡시간대에 길어깨를 가변차로로 활용하여 단기적으로 도로용량을 증대시키는 기법인 차로제어시스템에 대하여 설명하시오.

102.4 도시생활권역의 확대로 도시 간 연결고속도로의 교통혼잡구간에 발생하게 되는 경우 이에 따른 해소대책으로 활용할 수 있는 고속도로 갓길차로제(LCS : Lane Control System)의 대상구간 선정기준, 운영방안 및 설치시 고려사항에 대하여 설명하시오.

111.2 터널내 도로용량 확보를 위한 길어깨 가변차로 설치방안을 설명하시오.

119.2 차로제어시스템(Lane Control System)의 설치·운영상의 문제점과 유의사항에 대하여 설명하시오.

120.1 LCS(Lane Control System)

[2.28 양보차로, 추월차로, 고속국도 지정차로제]

064.1 피양차선(Turn-out)

069.3 양보차로 설치구간에서의 설계방법을 기술하시오.

091.1 앞지르기차로

114.3 고속국도의 차로별 통행가능차량을 구분하고 지정차로제 준수율을 높이기 위한 "도로교통법" 개정내용과 조기 정착방안에 대하여 설명하시오.

[2.29 도로점용허가 공사구간의 교통처리]

086.4 도로확장 공사구간의 교통처리 관리기법에 대하여 설명하시오.

105.3 기존도로 확장 공사시 공사구간의 교통처리원칙 및 기법을 설명하시오.

118.3 기존도로의 점용공사를 할 때 공사구간을 유형별로 구분하고, 제한속도 설정방법과 설계기준에 대하여 설명하시오.

124.4 도로공사로 인해 발생되는 교통안전 문제와 교통소통 문제를 최소화하기 위한 교통관리 원칙과 기법에 대하여 설명하시오.

3. 교통안전 · 시설

[2.30 교통안전시설
(안전표지, 노면표시, Yellow Carpet)]

069.1 노면표시

072.4 안전한 도로운영을 위한 교통안전시설의 종류와 설계 시 적용방법 및 활용성을 설명하고, 향후 개선방안에 대하여 기술하시오.

075.2 도로 교통안전시설의 종류와 그 기능에 대하여 설명하시오.

083.1 도로표지

091.3 2010년 G20 정상회의 대비 「국토해양부의 도로표지시설 정비계획」의 주요내용에 대하여 설명하시오.

097.4 교차로 설계 시 교통사고 방지 및 교통류의 원활한 처리를 위한 도로교통 안전시설의 종류 및 설치방법에 대하여 설명하시오.

101.1 도로표지 종합관리시스템

102.3 도로표지의 설치기준과 종류 및 기능을 설명하시오.

102.4 도로교통 안전시설 및 관리시설의 종류를 설명하시오.

117.4 도로의 안전시설에 대한 문제점 및 개선방안에 대하여 설명하시오.

122.1 옐로카펫(Yellow Carpet)

125.1 가변형 교통안전표지

[2.31 교통신호기]

067.2 교통운영방법 중 신호등 설치기준에 관해서 도로교통법시행규칙에 의해 판단되는 주요 사항을 열거하시오.

069.3 신호시간 산정절차의 단계별 수행방법을 설명하시오.

082.1 신호등 설치기준

086.1 신호등 설치기준

096.4 평면교차로(신호교차로)의 교통신호기 설치근거 및 기준과 신호시간 산정절차에 대하여 설명하시오.

124.4 도로교통의 안전과 원활한 소통을 도모하기 위한 교통안전시설 중 교통신호기(차량신호기) 및 교통안전표지 설치에 대하여 설명하시오.

[2.32 신호교차로, 포화교통류율]

098.1 교통신호 연동방법

101.2 도시가로지구 혹은 신호교차로가 연속적으로 위치한 간선도로에서 원활한 교통소통을 위한 신호연동요건과 신호연동을 위한 공통주기설정 및 신호연동방법에 대하여 설명하시오.

109.1 신호교차로의 딜레마구간(Dilemma Zone)

113.1 포화교통류율

113.4 도로의 교통안전시설에서 신호교차로 구간 내 보도 및 횡단보도, 정지선의 설치기준 및 설치방법에 대하여 설명하시오.

[2.33 과적차량 검문소]

097.1 도로법령에서 정하고 있는 운행제한차량

109.1 과적차량검문소 설치장소 및 설치 시 고려사항

[2.34 지능형교통시스템(ITS), 도시교통정보시스템
(UTIS)]

066.1 ITS

074.1 도로전광표지(VMS, Variable Message Sign)

074.2 도로교통 실시간관리 관련된 지능형교통체계(ITS, Intelligent Transport Systems)의 서비스 및 하위체계에 대하여 기술하고 도로에 설치되는 관련시설물의 종류를 나열하시오.

078.1 Ramp metering

081.1 RFID(Radio Frequency Identification)

085.1 Ramp Metering

088.1 교통검지체계

089.1 램프 미터링(Ramp Metering)

090.1 NODE-LINK

091.1 바이모달 트램(Bimodal Tram)

095.1 첨단교통관리시스템(ATMS) Advanced Traffic Management System
099.1 고속도로의 진입로 신호조절 (Entrance Ramp Control)
101.1 교통류 관리시스템 제어장치
101.1 도시교통정보시스템(UTIS : Urban Traffic Information System)
106.1 Metering의 종류

[2.35 도로의 부속물, 버스정류시설]
069.2 버스정류장의 설계방법 및 기준과 설계 시 관련된 유의사항을 기술하시오.
097.1 도로의 부속물
098.4 노선버스가 통행하는 도로에서의 버스정류장시설에 대하여 설명하시오.

[2.36 휴게시설, 졸음쉼터, 파크렛]
097.1 휴게시설의 종류 및 특성
105.1 졸음쉼터
113.3 도로구간 내 휴게시설 계획 시 규모에 따른 종류별 특성과 휴게시설 설치 시 고려사항에 대하여 설명하시오.
114.1 졸음쉼터
118.1 일반국도의 졸음쉼터 설계기준
122.4 도로에 설치하는 졸음쉼터 설치 및 유지관리 방안에 대하여 설명하시오.
124.1 도로변 소형공원(파클렛, parklet)

[2.37 시선유도시설, 시인성증진 안전시실]
065.1 시선유도시설
071.1 2002년 개정된 시선유도시설 기준 중 갈매기표지와 시선유도표지
104.3 도로의 안전시설 중 시선유도시설의 종류와 기능, 기 설치된 시선유도시설의 문제점과 개선대책에 대하여 설명하시오.
111.4 도로의 시선유도시설 중 시인성 증진 안전시설의 종류 및 세부기준에 대하여 설명하시오.
119.1 시선유도봉

[2.38 노면색깔유도선, 차선반사도]
114.1 노면색깔 유도선(Color Lane)
122.3 도로 교통의 안전과 소통을 도모하고 있는 노면색깔유도선의 설치 및 관리 방법에 대하여 설명하시오.
124.1 차선반사도

[2.39 과속방지턱, 지그재그 차선]
118.2 과속방지턱의 종류, 설계기준과 설치 시 유의사항에 대하여 설명하시오.

[2.40 전자요금징수시스템(ETCS), Hi-Pass]
080.2 영업소 차로수 산정기준과 산출방법을 기술하시오.
088.4 고속도로 자동요금징수시스템(Electric Toll Collecting System)의 개요와 현재 공용중인 방식에 대하여 설명하시오.
091.4 하이패스 도입에 따른 고속도로 영업소 차로수 산정기준과 효과에 대하여 설명하시오.
122.1 다차로 하이패스

[2.41 무정차 통행료시스템, 친환경 혼잡통행료]
090.1 ECO-PASS(친환경 혼잡통행료)
093.1 녹색요금체계
104.1 원톨링 시스템(One Tolling System)

[2.42 복합환승센터, Hub & Spoke System]
092.3 최근 국토해양부에서 고시한 "복합환승센터"에 대하여 설명하고 설계 및 배치기준에 대하여 설명하시오.
100.3 허브앤드스포크시스템(Hub and Spoke System)의 목적과 입지 조간에 대하여 설명하시오.

[2.43 낙석방지시설, 피암터널]
079.1 피암터널
118.1 낙석방지시설

[2.44 방풍(防風)시설, 안개(雲霧)시설]
063.3 도로 또는 공항의 풍수해 예방대책에 대하여 귀하의 견해를 기술하시오.
074.3 바람에 의한 차량주행 안정성 저하 문제와 그 대책에 대하여 기술하시오.
086.3 안개발생구간에서 사고예방을 위한 교통안전시설물의 종류와 그 기능을 극대화하기 위한 설치방법을 설명하시오.
093.4 안개, 강우 등 악천후를 고려한 도로안전시설의 개선방안을 설명하시오.
098.1 안개지역 안전시설
098.3 산악지대나 해안지역을 통과하는 도로설계 시 주행안전성 확보를 위한 방풍시설에 대하여 설명하시오.
103.4 강풍지역에서 도로에 설치되는 방풍시설의 현행 설치기준과 주행안전성 향상을 위한 방풍시설의 개선방안에 대하여 설명하시오.
107.1 안개지역 안전시설

109.3 산악지대 또는 해안지대를 통과하는 도로에서의 강풍에 의한 사고발생 원인 및 대책에 대하여 설명하시오.

111.2 안개지역 도로 계획 시 교통안전대책에 대하여 설명하시오.

[2.45 도로결빙, Black Ice, 체인탈착장]

101.4 동절기 폭설로 인한 피해를 방지하기 위한 도로의 제설시설 중 제설작업시설과 방설시설에 대하여 설명하시오.

105.3 동절기에 발생될 수 있는 도로 결빙사고 위험구간을 구분하고, 안전성을 향상하는 방안에 대하여 설명하시오.

115.4 도로(또는 공항)에 사용되는 제설재로 인한 피해와 개선방안에 대하여 설명하시오.

117.1 블랙 아이스(Black Ice)

120.3 도로의 블랙 아이스(Black Ice)에 대한 교통사고 방지대책을 설명하시오.

[2.46 도로 소음·진동, 방음시설]

071.4 도로건설사업 시행 시 고려해야 할 주요 환경요소 및 소음저감을 위한 방음벽 설계 시 고려사항을 기술하시오.

079.4 도로설계 시 방음시설을 반영하고자 한다. 설계 유의사항을 설명하시오.

092.1 통풍형 방음벽

118.3 도로 또는 공항의 공용 시 소음기준과 저감 방안을 설명하시오.

[2.47 차량방호 안전시설]

077.3 도로 방호안전시설의 설치목적, 설치기준 등을 기술하시오.

090.3 차량의 도로 이탈을 방지하는 방호울타리의 형식 및 등급을 설명하시오.

095.1 방호시설

101.2 2011년 국토교통부에서 개정한 「도로안전시설 및 관리지침(2011.11)」 중 차량방호 안전시설 설계지침의 주요내용에 대하여 설명하시오.

109.4 도로의 방호시설 개념과 관련시설에 대하여 설명하시오.

[2.48 도로조명시설, 도로반사경]

096.4 도로설계 시 터널구간 안전시설 중 조명시설의 설계기준을 설명하시오.

[2.49 미끄럼방지시설, Grooving]

064.1 미끄럼방지포장

073.1 포장의 그루빙(Grooving)

075.1 도로의 미끄럼방지시설

086.3 도로계획시 콘크리트포장공법에서 Grooving 적용방법을 설명하시오.

[2.50 노면요철포장(Rumble strips)]

075.1 차로이탈 인식시설(Rumble strips)

086.1 노면요철포장

092.1 차로이탈 인식시설(Rumble Strips)

097.1 Grooving 및 Rumble Strip

120.1 차량이탈 인식시설(Rumble Strips)

[2.51 긴급제동시설(Emergence Escape Ramp)]

068.1 긴급제동시설(Emergence Escape Ramp)

072.1 긴급제동시설(형태, 특성 및 설계)

079.2 도로에서 긴급제동시설에 대하여 설명하고 설계 유의사항을 설명하시오.

091.1 긴급제동시설

122.1 긴급제동시설

[2.52 비상주차대]

096.4 도로설계 시 비상주차대의 현행 설계기준을 설명하고, 설계기준에 대한 운영상 문제점과 개선방안을 설명하시오.

121.1 비상주차대

[1. 교통용량분석]

2.01 도로교통량조사

Cordon Line, Screen line [1, 0]

1. 조사연혁

(1) 1955년 내무부에서 전국규모 교통량조사 시작

(2) 1966년 건설부로 교통량조사 업무 이관

(3) 1985년 루프센서를 이용한 상시조사 시행

(4) 1995년 AVC 도입 및 운영

(5) 2018년 고속국도 619지점(수시조사 529지점, 상시조사 90지점)

일반국도 1,591지점(수시조사 1,051지점, 상시조사 540지점)

국가지원지방도 356지점, 지방도 1,179지점 조사

2. 조사목적

> 도로교통량조사는 고속국도, 일반국도, 국가지원지방도, 지방도 등의 교통량을 조사하여 도로의 계획·건설, 유지관리, 행정 등에 필요한 기본자료와 각종 연구자료를 제공한다.

(1) 도로교통량이란 '도로의 한 지점, 또는 단면을 단위시간 동안 통과하는 차량의 수'를 의미한다. 도로를 통과하는 단위시간당의 교통량은 도로시설물의 효용척도로서 사용되며, 다른 지점과의 상대적 비교를 통해 각 구간의 역할이 추정·평가된다.

(2) 도로교통량조사는 도로를 이용하는 각종 통행차량의 통과대수를 차종별·방향별 및 시간대별로 관측하는 조사이다. 자료는 도로 교통계획 및 관리계획 수립을 위한 기초정보를 제공한다. 도로교통 관련 다양한 분야의 연구에 활용빈도가 높은 자료이다.

3. 적용범위

> 도로교통량조사는 고속국도, 일반국도, 국가지원지방도, 지방도 등의 통과교통량에 대한 통계자료를 정확히 파악하여 「도로교통량 통계연보」를 작성하기 위해 실시된다.

(1) 「도로법」 제10조(도로의 종류와 등급) 도로의 종류는 고속국도, 일반국도, 특별시도·광역시도, 지방도, 시도, 군도, 구도 등의 7개로 구분한다.

(2) 이 중에서 고속국도, 일반국도, 지방도 등에 대한 수시조사와 상시조사의 결과를 특별시도·광역시도, 시도, 군도, 구도 등의 교통량조사에 참고한다.

4. 조사일시

(1) 고속국도의 수시조사

① 매년 10월 3째주 목요일(07 : 00~익일 07 : 00)에 차종별·방향별·시간대별 조사

② AVC, VDS, TCS를 이용한 조사와 CCTV를 통한 인력식 조사를 병행

(2) 고속국도의 상시조사 : AVC 장비를 사용하여 365일, 1일 24시간 동안 연속조사

(3) 일반국도의 수시조사

① 이동식 교통량 조사 장비를 사용하여 지점별 연1회 조사

② 일부 지점은 연 1회 6시간(08 : 00~11 : 00, 15 : 00~18 : 00) 인력식 조사를 실시

(4) 일반국도의 상시조사 : AVC 장비를 사용하여 365일, 1일 24시간 동안 연속조사

(5) 국가지원지방도·지방도의 수시조사

① 매년 10월 셋째 주 목요일(07 : 00~익일 07 : 00)에 조사원을 조사지점에 배치하여 차종별·방향별·시간대별 교통량을 조사

② 해당 도로를 관리하는 지방자치단체 주관으로 조사

5. 폐쇄선(Cordon line)조사

(1) 용어 정의

① 폐쇄선이란 교통조사를 실시하기 위하여 조사의 공간적 범위를 설정하는 것으로, 조사 대상지역을 포함하는 외곽선을 의미한다(예 서울시와 용인시 경계).

② 폐쇄선 주변지역은 최소 5% 이상의 통행자가 폐쇄선 내의 도심지(혹은 도시지역)로 출근, 등교하는 지역으로 설정하는 것이 바람직하다.

(2) 폐쇄선 설정 고려사항

① 행정구역 경계선과 일치되게 설정

② 위성도시, 장래 도시화지역 등을 포함

③ 폐쇄선을 횡단하는 도로·철도가 최소화되도록 설정

④ 주변에 읍, 면, 동 행정단위가 위치하면 폐쇄선에 포함

(3) 폐쇄선조사 방법

① 전수조사 : 장비를 이용하여 폐쇄선을 통과하는 모든 도로에서 조사

② 표본조사 : 노측면접조사를 이용하여 주요간선도로에서만 조사

(4) 폐쇄선조사를 통한 획득가능 정보

① 해당 지역 출입인 수

② 통행수단

③ 시간별 변동

④ 경계선 내의 사람과 차량 누적교통량

6. 경계선(Screen line)조사

(1) 용어 정의

① 경계선이란 교통량조사를 하기 위하여 도로의 특정지점에 경계선을 설정하고, 그 경계선을 넘나드는 차량대수를 관측하는 조사를 의미한다(한강, 동작대교).

② 경계선조사 결과를 가구방문조사나 폐쇄선조사에서 구한 교통량과 비교하여 정밀도를 검증하고, 필요하면 가구방문조사나 폐쇄선조사 결과를 수정·보완한다.

(2) 경계선 설정 고려사항

① 경계선은 존의 중심지를 통과하지 않고 폐쇄선과 근접하지 않도록 설정

② 여러 개의 경계선을 설정할 때는 서로 적정한 간격이 유지되도록 설정

(3) 경계선조사방법

① 하나 또는 몇 개의 간선도로 상에 가상선을 그어서 조사

② 남북선, 동서선 간선도로 상에 가상선을 긋고 이 선의 교차로 통과차량을 조사

(4) 경계선조사 결과의 활용

① 도출된 폐쇄선(Cordon line)조사 결과를 검증·보완하기 위하여 실시

② 가구방문조사나 폐쇄선(Cordon line)조사에서 구한 교통량을 수정·보완

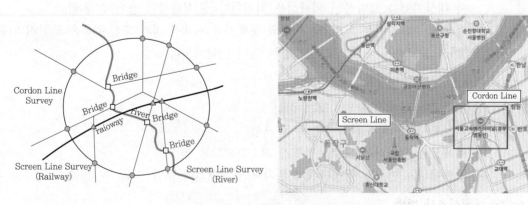

[경계선(Screen line), 폐쇄선(Cordon line)]

7. 도로교통량조사 유의사항

(1) 조사대상지역 역외거주자의 과소추정

① 가구통행조사에서 역내유출량조사에 집중되고, 역외유입량조사는 상대적으로 과소추정되는 경향이 있다.

② Cordon line, Screen line, 전철역, 터미널, 한강 등의 조사결과는 역외거주자의 역내 유입통행량을 고려하여 보정할 필요가 있다.

(2) 비일상적인 통행자의 과소응답

① 가구통행조사에서 통근·통학 등의 일상적인 통행자는 비교적 정확히 답변하지만, 여가·쇼핑 등의 비일상적인 통행자는 답변하지 않는 경우가 있다.

② 택시·오토바이 통행자의 응답률이 낮고 화물 통행자는 누락이 많아 비일상적인 통행자의 과소응답을 고려하여 보정할 필요가 있다.

(3) 일기식 패널조사(Trip-diary survey) 시행

① 가구통행조사를 보완하기 위하여 특정가구를 조사대상으로 선정(사전 협조요청)하여 개인별로 1주일 동안의 통행실태를 반복조사하는 방법이다.

② 개인별 통행 관련 선호도를 조사함으로써 교통수요 추정 제3단계의 수단선택(Modal split) 모형의 기초자료로 활용할 수 있다.

(4) 최종적으로 Zero cell 보정

① 표본조사로 실시되는 도로교통량조사의 특성상 실제 통행량은 있지만 존(zone) 간의 표본 통행량이 '0'으로 조사되는 표본(cell)이 많다.

② Zero cell의 특성과 인접 존을 그룹화하여, 통행량 '0'인 존을 제외한 존의 통행량으로 전수화하여 모든 cell을 non-zero로 보전한다.[1]

---

1) 국토교통부, '도로교통량조사 : 개요', 교통량정보제공시스템(Traffic Monitoring System), 2019.

2.02 장래교통량 추정방법

도로(또는 공항) 계획에서 교통수요예측의 4단계 기법, 수단분담(Modal Split) [6, 7]

Ⅰ 교통수요예측

1. 교통수요

(1) 교통수요는 교통시설 공급과 토지이용계획을 평가하기 위한 정량적 요소로서, 교통시설이나 교통서비스로 구성된 교통체계를 이용하는 통행량 규모로 표현된다.

(2) 즉, 교통수요는 교통체계(transportation system)와 사회활동체계(activity system)의 연속적인 상호작용에 의한 유발수요(derived demand)이다.

2. 교통수요예측

(1) 교통수요예측은 한정된 예산에서 교통계획을 수립할 때 사전에 장래 교통체계에서 발생되는 교통수요를 현재 시점에서 예측하는 과정이다.

(2) 교통수요는 사회경제환경 및 토지이용과 밀접하게 상호작용하므로 장래 사회경제지표 및 토지이용패턴을 선행적으로 추정해야 한다.

(3) 교통수요는 현재 교통체계의 통행행태를 반영하여 장래 제반사항이 크게 변하지 않는다는 가정하에 예측하므로 장래 급격하게 변화하는 것은 오차가 발생할 수 있다.

3. 교통수요예측 활용

(1) 교통수요예측은 도로건설, 대중교통시스템 도입, 교통수요관리 기법적용 등 교통시설 공급 및 교통정책 효과를 평가하기 위한 중요한 기초자료로 활용된다.

(2) 교통수요는 주어진 교통체계에서 토지이용패턴 변화에 따른 통행량을 예측하기 때문에 토지이용계획을 평가하는데 활용된다.

4. 교통수요예측 과정

(1) 현재, 즉 기준연도의 토지이용패턴에서 교통존, 링크 및 노드로 구성된 네트워크와 통행량(O/D) 자료를 구축한다.

(2) 현재의 토지이용과 교통체계에서의 이용자 통행패턴을 현실과 가장 잘 부합하게 묘사하기 위한 기준연도 정산단계(calibration)를 수행한다.

(3) 현재의 통행패턴을 기반으로 장래 목표연도의 토지이용, 사회경제지표, 교통체계에 대한 교통수요를 예측한다.

(4) 통행모형 측면에서 장래 제반환경이 현재와 크게 달라지는 경우가 있으므로 장기적인 통행자 행태의 변화를 모두 반영하기에는 한계가 있다.

(5) 따라서 장래 목표연도의 토지지용, 사회경제지표, 교통체계 변화를 정확히 예측할 수 있어야 교통수요예측의 신뢰도 향상이 가능하다.[2]

[사회·경제지표 예측 모형]

직선식	지수 곡선식	로지스틱 곡선식
$y = a + bt$ (t는 시간) 최소자승법으로 해석 단순하고 이해하기 용이	$y = a \cdot b^t$ 혹은 $y = a \cdot t^b$ 혹은 양변에 대수를 취하여 $\log y = \log a \cdot t \log b$ 최소자승법으로 해석	$y = \dfrac{k}{1 + be^{-at}}$ (k는 상한값) $\ln\dfrac{K - y}{y} = \ln b - at$
단기예측(5년 정도)에 적용	성장률이 일정할 때 적용	인구, 경제, 자동차 대수 추정에 적용

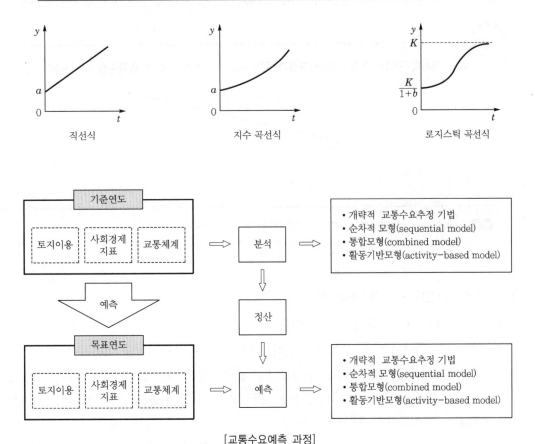

[교통수요예측 과정]

2) 국토교통부, '교통수요예측이란?', 국가교통DB(Korea Transport Database), 2019.

Ⅱ 개략적 장래교통량 추정방법

1. 용어 정의

(1) 단기 교통계획, 소규모 지역 등에서 개략적으로 수요를 추정하는 방법

(2) 선택 대안이 다수일 때 몇 개의 중요한 대안으로 선택의 폭을 좁히는 경우 사용되며, 대표적으로 과거추세연장법과 수요탄력성법이 있다.

(3) 시간과 비용이 절약되는 장점이 있지만, 수요예측 정확도가 낮다.

2. 과거추세연장법(증감률법, 원단위법)

(1) 과거 교통수요 실적의 추세를 목표연도 수요까지 연장하여 예측하는 방법

(2) 과거 교통수요에 대한 선형식, 지수식, 로그식 등의 추세식을 이용하여 수요 예측

문제 1

어느 지하철 구간의 이용추세가 그림과 같을 때, Y_{15}년의 지하철 승객수를 구하시오.

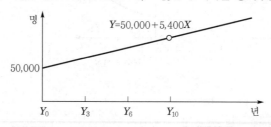

해설 Y=승객수, X=연도라고 하면 Y_0년을 기준으로 하면 $X=15$

따라서, Y_{15}년의 지하철 승객수는 $Y=50,000+5,400\times15=131,000$명

3. 수요탄력성법(Elasticity modal)

(1) 교통체계나 교통시설의 변화에 따른 교통수요의 민감도를 이용하는 방법

(2) 교통시설 변화에 따른 교통수요 변화를 나타내는 수요탄력성을 이용하여 예측

(3) 수요탄력성은 점 1개에 대한 수치로서 수요곡선상의 점마다 탄력성이 다르므로, 교통체계 변수(요금, 거리 등) 1% 변화에 따른 교통수요의 변화율(%)을 나타나는 원호탄력성(arc elasticity)을 이용하여 추정

$$수요\ 탄력성=\frac{수요(V)변화량}{변수(P)변화량}\left(\mu=\frac{\Delta V/V_0}{\Delta P/P_0}\right)$$

문제 2

지하철 요금과 승객 수요 간의 관계가 그림과 같을 때, 수요탄력성을 구하시오. 또한, 지하철 요금이 300원으로 인상되는 경우에 교통수요를 구하시오.

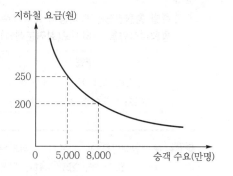

해설 $V_0=8,000$, $P_0=200$, $\Delta A=(5,000-8,000)=-3,000$, $\Delta P=(250-200)=50$이므로

$\mu=\dfrac{-3,000}{8,000}\Big/\dfrac{50}{200}=1.5$

∴ 수요탄력성$=-1.5$

$\Delta V=-1.5\times\dfrac{50}{250}\times5,000=-1500$

∴ 교통수요$=5,000-1,500=3500$명

Ⅲ 4단계 장래교통량 추정방법

1. 용어 정의

(1) 4단계 장래교통량 추정방법은 통행자의 의사결정이 순차적 선택과정을 거쳐 발생된다고 가정하여 장래교통량을 추정하는 방법이다.

(2) 현재 가장 많이 사용 중이며 ① 통행발생, ② 통행배분, ③ 수단선택, ④ 통행배정 각 단계별 수요예측 결과에 대한 검증을 거쳐 현실묘사를 할 수 있는 방법이다.

2. 장래교통량 추정방법

[1단계] 통행발생(trip generation)

통행 유입·유출량과 해당 지역 사회경제적 특성 관련 지표와의 관계식($Y=\alpha+\beta X$)을 이용하여 교통존의 발생량(trip production)과 도착량(trip attraction)을 추정한다.

$$Y=\alpha+\beta X,\ \beta=\frac{n\sum XY-\sum X\sum Y}{n\sum X^2-(\sum X)^2},\ \alpha=\frac{\sum Y}{n}-\beta\frac{\sum X}{n}$$

여기서, Y, X : 종속변수와 독립변수(설명변수)

α, β : 회귀식의 상수와 계수, 최소자승법에 의해 산출

n : 표본의 수

문제 3

존별 통행발생량과 자동차 보유대수가 아래와 같을 때, 장래 자동차 보유대수가 5만 대일 경우에 통행발생량을 구하시오(회귀분석법).

구분		존1	존2	존3	존4
통행발생량 Y	(천 통행)	20	40	90	60
자동차 보유대수 X	(천 대)	5	7	14	12

해설 통행발생량을 Y, 자동차 보유대수를 X라고 하면

$n=4$, $\sum X=38$, $\sum X^2=414$, $\sum Y=210$, $\sum XY=2{,}360$이므로

$$\beta=\frac{(4\times2{,}360)-(38\times210)}{(4\times414)-(38)^2}=6.89, \quad \alpha=\frac{210}{4}-6.89\times\frac{38}{4}=-12.96$$

$Y=-12.96+6.89X$에 $X=50$을 대입하면 장래 통행발생량은 331.540 통행이다.

[2단계] 통행배분(trip distribution)

성장률법($t_{ij}{'}=t_{ij}\times F$)으로 각 노선에 배분시켜 교통존 간의 교차통행량을 산출한다.

문제 4

현재 존 간 통행량과 장래 존 간 통행량이 다음과 같을 때, 장래의 존 간 통행량을 균일성장률법을 이용하여 각 노선에 배분시켜 교차통행량을 산출하시오(균일성장률법).

[현재 통행량]

O\D	1	2	계
1	3	7	10
2	6	5	11
계	9	12	21

[장래 통행량]

O\D	1	2	계
1			15
2			48
계	30	33	63

[교차통행량]

O\D	1	2	계
1	9	21	30
2	18	15	33
계	27	36	63

해설 F값 계산 : $F=\dfrac{63}{21}=3$

존 1-1 간의 교차통행량 계산 : $t_{11}{'}=t_{11}\times F=3\times3=9$

존 1-2 간의 교차통행량 계산 : $t_{12}{'}=t_{12}\times F=7\times3=21$ ……

[3단계] 수단선택(mode choice)

교통존 간의 교차통행량을 이용자가 선택 가능한 교통수단별로 세분화하여 각 교통수단별 분담률을 산정한 후, 각 교통수단별 통행수요를 특정한 방법으로 산출한다.

(1) 통행발생과 통행분포 단계 사이에서 사용되는 방법(통행단 모형 : 전환곡선)

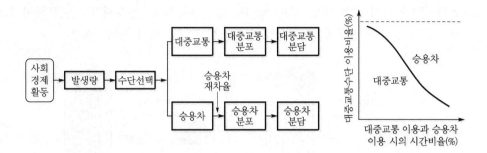

(2) 통행분포 단계에서 함께 사용되는 방법(통행교차 모형)

① 통행분포가 완료된 상태에서 각 교통수단의 서비스 특성에 의해 교통수단 선택을 추정하는 모형으로, 대중교통수단 체계의 변화에 신속히 대처 가능

② 교통수단 선택 기준은 교통수단 간 서비스 특성에 기초를 둔 전환곡선 이용

- 재차시간 ──┐
- 접근시간 ──┤
- 대기시간 ──┼── (영향) → [전환곡선] 이용하여 교통수단 분담률 추정
- 환승시간 ──┤
- 통행비용 ──┘

③ 출근 통행의 통행시간 비율에 의한 전환곡선 산출식

$$TRR = \frac{a+b+c+d+e}{f+g+h}$$

여기서, a, b, c, d : 대중교통수단의 통행시간, 환승시간, 대기시간, 접근시간

e : 대중교통수단에서 하차하여 목적지까지의 도보시간

f, g, h : 자동차의 통행시간, 주차시간, 최종목적지까지의 소요시간

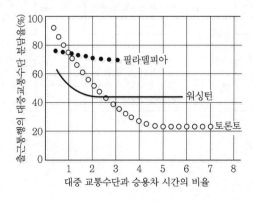

[4단계] 통행배정(trip assignment)

(1) 용량제약을 하지 않는 방법 : All-or-Nothing method : 통행시간을 이용하여 최소 통행시간이 걸리는 경로에 모든 통행량(승용차, 버스, 택시 등)을 배정

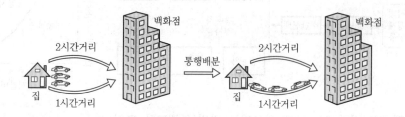

(2) 용량제약을 하는 방법

① **반복 과정방법(Iterative assignment)** : 용량보다 많이 통행량이 배분된 링크를 합리적으로 조정, 교통혼잡 영향을 고려할 수 있으나 계산과정 복잡

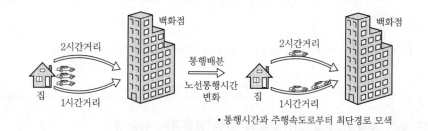

② **분할 배분방법(Incremental assignment)** : 최소비용 경로에 존 간 일정한 통행량을 우선 배분하고, 이를 기초로 통행시간·비용을 구하여 존 간 새로운 통행표를 구축한 후, 다시 일정 통행량을 배분하는 과정 반복

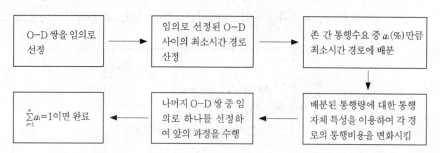

③ 다중경로 배분방법(Multi-path assignment) : 기·종점을 잇는 유일한 최소경로 대신 통행자의 인식차에 의해 선정된 복수경로에 통행량 배정

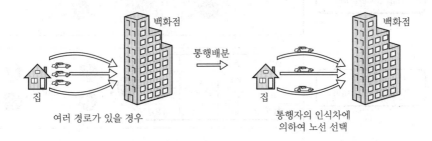

통행배분

여러 경로가 있을 경우

통행자의 인식차에 의하여 노선 선택

④ 확률통행 배분방법(Probability assignment) : 거리가 길어지면 통행자가 선택확률이 적어진다는 논리에서 여러 대안 중 노선 K 선택확률로 배정

문제 5

3개의 노선 중 2번째 노선을 선택할 확률을 구하시오.(통행량 전환 파라메타는 0.5이고, 주 노선별 통행시간은 각각 1시간, 1시간 반, 2시간이다.)(확률통행 배분방법)

$$P(\text{K}) = \frac{\exp(-\theta T_\text{K})}{\sum \exp(-\theta T_\text{K})}$$

여기서, $P(\text{K})$: 노선 K를 선택할 확률

θ : 통행량 전환 파라메타

T_K : 노선 K의 통행시간

해설 $P(2) = \dfrac{\exp(-0.5 \times 1.5)}{\sum [\exp(-0.5 \times 1) + \exp(-0.5 \times 1.5) + \exp(-0.5 \times 2)]} = 0.3264$

∴ 3개의 노선 중 2번째 노선을 선택할 확률은 32.64%이다.

3. 장래교통량 추정방법의 특징

(1) 장점

① 각 단계별로 통행량을 검증함으로써 현실묘사가 가능하다.

② 각 단계별로 적절한 모형의 선택이 가능하다.

③ 통행패턴이 급격하게 변화하지 않을 경우 설명력이 뛰어나다.

(2) 단점

① 과거의 일정 시점을 모형화함으로써, 장래 추정에 경직성이 있다.

② 계획 입안자의 주관적 판단이 큰 영향을 미친다.

③ 통행자의 개별적 특성은 무시되고, 총체적 특성만 반영된다.

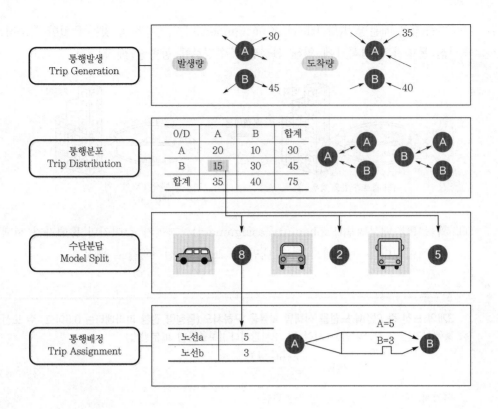

Ⅳ 교통수요 Ramp-up 현상

1. 용어 정의

램프업(ramp-up) 현상은 신규 교통시설의 투자 또는 기존 교통시설의 개량 이후에 초기 교통수요가 등락을 반복하면서 큰 폭으로 상승하였다가 일정기간 지나면 점차 안정화 (steady state)되는 현상을 말한다.

2. 발생 원인

(1) 소비자 측면의 학습곡선(learning curve) 효과와 통행행태(travel behavior)의 변화 등에 의한 일종의 통행적응과정이다.

(2) 운영자 측면에서 마케팅 전략의 혼선, 특히 대중교통의 경우에는 배차간격 조정 등 영업적 측면에서 개통초기 불안감(teething problems)을 초래한다.

(3) 더불어, 교통 네트워크 개설효과, 토지이용 변화, 정부 도로정책영향(민자사업에서 통행료 수준) 등의 영향으로 발생된다.

(4) 램프업 현상은 모든 신규 교통시설에서 발생되지는 않는다. 해당 노선의 시·종점 통행량의 크기, 기존 교통수단과의 통행료 차이 등에 따라 다르다.

(5) 2004년 경부선 KTX 제1단계 개통 후, 램프업이 15~16개월 지속되어 2005년 8월 안정
화 단계에 접어들기까지 램프업 지수 78~85% 수준이었다.

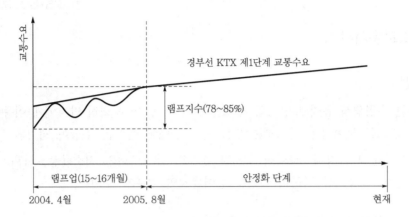

3. 대응 방안

(1) 램프업(ramp-up) 현상은 운영개시 직후 초기연도 실제교통량이 예측교통량보다 적은
현상이다. 개통초기에 노선 인지도가 낮고, 통행패턴이 불안정하여 발생되는데 통행료
수입이 중요한 민자사업에서 반드시 고려되어야 한다.

(2) 교통수요는 안정화 상태에 접어들기까지 일정한 기간이 지나야 되므로, 램프업 기간 중
에 단기적으로 변동(oscillation)될 수 있으나, 장기적으로 증가(increasing)된다.

(3) 램프업과 교통수요의 과다·과소 추정 사이에 이해관계가 존재하지만 램프업은 수요
안정화 과정이므로 교통수요의 과다·과소 추정 논의와 직접 상관관계는 없다.

(4) 따라서 램프업이 교통수요추정의 오류와 실패를 설명하거나 정당화하는 원인이 될 수
는 없다. 다만, 개통초기 교통수요의 조정과정이 예상되므로 사업의 경제성 분석에서
장래교통량 추정에 반영하는 것이 필요하다.[3]

---

3) 대학원/한남대 사회대학원, '램프업(ramp-up) 현상-KTX 수송실적의 램프업 분석', 2016.

2.03 최소교통서비스, 교통혼잡지표

Ⅰ 최소교통서비스

1. 필요성

(1) 최근 우형평성 유지와 양극화 해소를 위하여 경제·사회적 약자에게 이동에 대해 균등한 기회를 부여하는 최소교통서비스를 보장해야 한다는 주장이 제기되고 있다.

(2) 교통부문에서 경제·사회적 약자란 경제적 약자로서의 저소득층, 사회적 약자로서의 고령자, 대중교통 접근이 어려운 농어촌지역 거주자 등이다.

2. 경제·사회적 약자를 위한 최소교통서비스

(1) 저소득층의 대중교통 접근성

① 현황
- 저소득층과 대중교통 서비스 간의 상관관계를 분석한 결과에 따르면, 서울에 비해 김포·고양지역은 대중교통 접근성이 상대적으로 낙후되어 있다.
- 교통부문의 국가지원은 도로와 철도 중심이며, 버스운송사업은 벽지노선 손실보상이나 버스공영차고지 건설 등에 분권교부세 형태로 지원되고 있다.

② 개선방안
- 정부는 도로·철도 중심의 지원에서 복합·환승·연계 대중교통체계 구축을 위해 교통시설특별회계 중 교통체계관리계정의 재원 배분기준을 조정한다.
- 지자체에서 버스재정지원을 운수업체 직접보조에서 저소득층 중심으로 전환하여 바우처 제도와 정기권, 사업주에게 출퇴근 비용 환금제도 등을 도입한다.

(2) 도시철도 고령자 무임승차제도 개선

① 현황
- 국내 65세 이상 고령자 무임승차 제도는 서울을 비롯한 부산·대구·대전·광주 등 전 지역의 도시철도와 극히 일부 지역의 버스에 한정되어 있다.
- 예를 들어 버스의 경우, 전남 신안군에서 2013년부터 버스 공영제를 전면 시행하여 당해 지역에 거주하는 65세 이상 고령자는 무료이다.

② 개선방안
- 국민연금의 노령연금 수령시기를 60세에서 65세로 4년에 1세씩 점진적으로 상향 조정한 사례와 같이 고령자 무임승차 기준연령을 상향 조정한다.

• 고령자의 도시철도 이용시간대(오전 10시~오후 4시)와 근로자의 출퇴근시간대 혼잡완화를 고려하여 고령자 무임승차를 특정 시간대로 제한한다.
• 의료보험제도와의 형평성 측면에서 도시철도 고령자 무임승차를 저소득층으로 제한하고, 다른 계층은 일부할인 또는 요금징수 방안을 검토한다.

(3) 농어촌지역 대중교통 접근성 개선

① 현황
• 농어촌지역은 마을마다 가구 분포, 면사무소나 장터, 병원과 같은 주 통행 목적지까지 거리나 통행수요가 다양하다
• 표준화된 최소교통서비스 운영모델의 전국 확산보다 마을의 다양한 여건과 주민의 요구사항을 수용할 수 있도록 제도의 유연성이 필요하다.

② 개선방안
• 수요응답형 교통서비스 확대 운영에 마을 주민의 참여를 유도하고, 예약·배차·정산 업무 효율성 제고와 서비스 개선을 위해 민간기술을 활용한다.
• 정부가 경제·사회적 약자에게 최소한의 수요응답형 대중교통서비스를 확대하여 제공하기 위한 모델을 적극 개발해야 한다.[4]

Ⅱ 교통혼잡지표

1. 용어 정의

(1) **혼잡시간강도** : 전체차량의 총통행시간 중 교통혼잡을 경험한 차량들의 총통행시간 비율

(2) **혼잡빈도강도** : 전체차량 총대수 중 교통혼잡을 경험한 차량의 총대수 비율

(3) **혼잡기대강도** : 정상소통상황 대비 교통혼잡 시 통행시간이 추가 소요되는 비율

(4) **교통혼잡비용** : 도로를 주행하는 차량들이 교통혼잡으로 인하여 정상속도(교통혼잡비용 추정의 기준속도) 이하로 운행하여 발생되는 시간가치의 손실비용, 차량운행비 증가와 같이 추가적으로 발생되는 총체적인 비용
  ① 차량운행비용 : 고정비(인건비, 감가상각비, 보험료, 제세공과금 등), 변동비(연료소모비, 유지정비비, 엔진오일비 등)
  ② 시간가치비용 : 수단별·목적별 탑승인원의 시간가치비용 적용

(5) **교통혼잡지표** : 혼잡시간강도, 혼잡빈도강도, 혼잡기대강도 및 교통혼잡비용으로부터 개발된 혼잡지표로서 고속도로와 주간선도로의 혼잡상황을 함께 나타내면서, 교통혼잡의 기간(duration)과 강도(Intensity)를 반영하는 척도

4) 한국교통연구원, '경제·사회적 약자를 위한 친서민 교통서비스 강화방안', 2017.

2. 교통혼잡지표 설정

(1) 교통혼잡지표는 교통혼잡의 심각도, 혼잡발생지역, 혼잡의 공간적 분포를 파악하는 기능을 수행할 뿐만 아니라, 혼잡발생원인, 혼잡개선대안의 효과를 검증하는 데 필수적인 역할을 수행할 수 있어야 한다.

(2) 따라서 평균통행속도를 교통혼잡지표로 선정하는 방법은 현실적으로 자료수집 용이성, 혼잡정도의 구체성, 응용성, 도로이용자의 이해도, 교통수단 간의 비교지표로서의 활용성을 고려할 때 적정한 것으로 판단된다.[5]

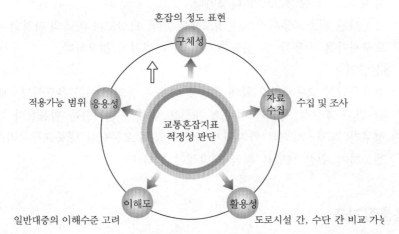

[교통혼잡지표 선정 고려사항]

[평균통행속도를 고려한 교통혼잡지표 설정(안)]

구분		교통혼잡지표 기준속도
통행속도	고속국도	통행속도 40km/h 이하
	일반국도	연속류 : 통행속도 30km/h 이하 단속류 : 통행속도 20km/h 이하

---

5) 국토교통부, '교통혼잡관리시스템(CMS) 도입방안 연구', 한국도로공사 도로교통연구원, 2012.

2.04 설계시간계수(K_{30}), 설계시간교통량(DHV)

계획교통량, 첨두설계시간교통량(PDDHV), 설계시간계수(K), 장래교통량(AADT) 활용방안 [7, 2]

1. 용어 정의

(1) 평균 일교통량(ADT, Average Daily Traffic)

① 어느 주어진 시간(하루보다 길고, 1년보다 짧은 기간) 동안에 도로의 한 지점을 통과한 교통량을 주어진 시간으로 나눈 교통량

② ADT의 주어진 시간에 1년을 적용하여 연평균 일교통량을 산출

(2) 연평균 일교통량(AADT, Annual Average Daily Traffic) = 계획교통량

① 1년 동안 도로의 어느 지점(또는 구간)을 통과한 양방향 총차량대수를 1년 365일로 나눈 교통량

② AADT는 ADT 값에 도로교통량 통계연보의 변동계수를 반영하여 산출

$$\text{AADT} = \text{ADT} \times \frac{1}{\text{월별 변동계수}} \times \frac{1}{\text{요일별 변동계수}}$$

(3) 계획교통량(AADT)

① 도로설계의 기본이 되는 계획교통량으로, 도로의 계획목표연도에 그 도로를 통행할 것으로 예상되는 자동차의 연평균 일교통량

② 계획교통량은 현재의 연평균 일교통량에 목표연도까지의 교통량증가율을 고려하여 추정하는 24시간 동안의 교통량

③ 계획교통량은 대상도로를 통과하는 24시간 교통량을 파악하여 교통수요를 추정하는 값으로, 도로설계에 필요한 지역적·시간적 특성을 포함하지 않는 값이다.

(4) 설계시간교통량(DHV, Design Hourly Volume) = 장래교통량

① 어느 지점을 통과할 것으로 예상되는 교통량으로, 1시간당 차량의 통과대수를 의미
  • 외국 : 도로의 설계에 사용되는 장래 시간교통량
  • 한국 : 도로의 계획목표연도에 그 도로를 통과할 시간당 자동차 대수

② DHV는 AADT에 설계시간계수(K)를 반영하여 산출

③ DHV에 하루 중의 방향별, 시간대별 특성을 반영하기 위하여 중방향계수(D)를 곱하여 중방향 설계시간교통량(DDHV)을 산출하고, 이 값에 첨두시간계수(PHF)를 곱하여 첨두중방향 설계시간교통량(PDDHV)을 산출

2. 설계시간계수(K_{30})의 산출 과정

(1) **순서 배열** : 대상 도로구간의 상시 교통량조사에 나타난 1시간당 교통량을 가장 높은 값에서부터 가장 낮은 값까지 순서대로 배열한다.

(2) **곡선 작도** : 순서대로 배열된 각 시간당 교통량을 나타내는 점들을 연결하는 매끄러운 곡선을 그린다.

(3) **백분율 산출** : 그 곡선의 기울기가 급변하는 지점을 결정한 후, 그 지점에 해당하는 교통량의 연평균 일교통량에 대한 백분율을 산출한다.

자료가 충분치 않아 고속도로의 경우 연중 교통량 변화가 심한 시간대를 결정 가능

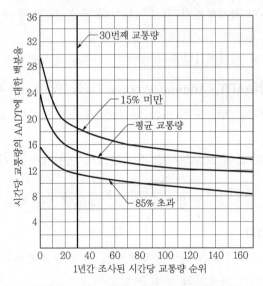

[시간당 교통량 순위(K_{30})와 AADT와의 관계]

(4) **실계시간계수(K_{30}) 결정** : 30번째 시간교통량의 연평균 일교통량에 대한 백분율을 결정

① 국내에서 도로설계에 적용하는 설계시간계수(K_{30})
- 지방지역 도로 12~18% 수준
- 도시지역 도로 8~12% 수준

② 독일에서 도로설계에 적용하는 설계시간계수(K_{30})
- 지방지역 도로 : 6차로 고속도로 9~11%
  4차로 고속도로 10~12%
  2차로 도로 10~13%
- 도시지역 도로 : 도심부, 순환도로 8.0~8.5%
  4도심외곽, 도시부 9.0~9.5%
  4도시부 주변 9.5~10.5%

(5) **설계시간계수(K_{30}) 결정 유의사항**

① K_{30}을 너무 높게 결정하면 DHV가 과다해져 비경제적 도로건설을 초래
  K_{30}을 너무 낮게 결정하면 잦은 교통혼잡을 유발하는 도로건설을 초래

② AADT을 정확히 산출하고, K_{30}을 합리적으로 결정해야 도로의 효율성 기대 가능

(6) 설계시간계수(K_{30})의 일반적인 특성

① 대상 도로구간의 연평균 일교통량(AADT)이 증가하면 K_{30}은 감소

② 대상 도로구간 인접지역 개발이 많아 K_{30}은 감소

③ K_{30}값이 증가할수록 교통량의 변화가 심해지는 경향

④ K_{30}값의 크기 순서 : 관광도로 > 지방지역도로 > 도시외곽도로 > 도시내도로

3. 연평균 일교통량(AADT)에서 K_{30} 결정 후, 설계시간교통량(DHV) 산출

(1) 대상 도로구간의 K_{30}이 결정되면 설계시간교통량(DHV)을 산출

$$DHV = AADT \times \frac{K_{30}}{100}$$

여기서, DHV : 설계시간교통량(양방향, 대/시)

AADT : 연평균 일교통량(양방향, 대/시)

(2) 방향별 분포를 고려하여 중방향 설계시간교통량(DDHV)을 산출

$$DDHV = AADT \times \frac{D}{100} = AADT \times \frac{K_{30}}{100} \times \frac{D}{100}$$

여기서, DDHV : 중방향 설계시간교통량(양방향, 대/시)

D : 양방향 교통량에 대한 중방향 계수

(3) 하루 중에서 첨두시간을 고려하여 첨두중방향 설계시간교통량(DDHV)을 산출

$$PDDHV = AADT \times \frac{K_{30}}{100} \times \frac{D}{100} \times \frac{1}{PHF}$$

여기서, PDDHV : 첨두중방향 설계시간교통량(양방향, 대/시)

PHF : 첨두시간계수

4. 도로설계에 계획교통량(AADT) 활용

(1) 첨두중방향 설계시간교통량(PDDHV) 산출할 때 활용

$$DHV = AADT \times K$$

$$DDHV = DHV \times D = AADT \times K \times D$$

$$PDDHV = AADT \times K \times D \times \frac{1}{PHF}$$

여기서, K : 설계시간계수

D : 중방향계수

PHF : 첨두시간계수

(2) 차로수(N) 결정할 때 활용

장래 목표연도의 설계시간교통량(PDDHV)과 주어진 서비스수준에 따른 교통용량(SF_i)과의 관계에서 차로수(N)를 결정한다.

$$N = \frac{\text{PDDHV}}{SF_i} = \frac{\text{DDHV/PHF}}{SF_i} = \frac{\text{DHV} \times \text{D/PHF}}{SF_i} = \frac{\text{AADT} \times \text{K} \times \text{D/PHF}}{SF_i}$$

(3) 도로포장구조 설계할 때 활용

① 차종(車種)별 8.2t ESAL 환산누계등가교통량($W_{8.2}'$) 산출

$$W_{8.2}' = 8.2\text{t ESAL 교통량} = \text{연평균 일교통량(AADT)} \times 8.2\text{t ESALf}$$

여기서, 8.2t ESALf 값은 아래와 같다.

　　　　승용차 : 0.0001(포장파손에 영향이 거의 없다.)

　　　　버스 대형 : 0.758(표준 8.2t ESALf와 유사하다.)

　　　　화물차 대형 : 2.394(표준 8.2t ESALf의 2배 이상)

② 차로(車路)별 8.2t ESAL 환산누계등가교통량($W_{8.2}$) 산출

$$W_{8.2} = W_{8.2}' \times D_D \times D_L$$

여기서, D_D : 방향 분배계수(도시지역 첨두시간, 0.5)

　　　　D_L : 차로 분배계수(도시지역 첨두시간, 0.6~1.0)

(4) 터널 환기량 결정할 때 활용

① 터널길이(L)와 교통량(N)에 따라 환기방식 결정

일방통행터널에서 $L \times N > 2,000$이면 자연환기

대면통행터널에서 $L \times N \geq 600$이면 기계환기

② 일방통행터널 길이 500m에서 일방향 설계시간교통량 3,000대/hr이면

$L \times N = 0.5 \times 3,000 = 1,500(\text{km·대/h}) < 2,000$이므로 자연환기방식으로 설계

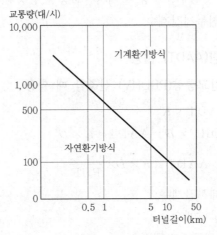

[터널길이(L)와 교통량(N)]

5. 맺음말

(1) 평균 일교통량(ADT)은 도로의 타당성조사에 유용하게 사용되지만, 도로의 노선선정단계에서 직접 사용하기 곤란하다. 하루 교통량(ADT)으로 변화되는 교통량 추이를 판단하기 곤란하며, 특히 하루 중 첨두시간 교통량을 고려하여 차로수를 결정할 때 적합하지 않다.

(2) 도시지역도로 설계할 때는 하루보다 짧은 시간대를 사용해야 교통수요를 정확히 반영할 수 있고, 특히 매일 반복되는 첨두시간교통량을 반영하려면 설계시간교통량(DHV)의 개념의 도입이 필수적이다.

(3) 참고로, 도로현장에서 평판재하시험(PBT, Plate bearing test)을 통해 노상지지력계수(K)를 구하는 경우, 30cm 크기의 강재(鋼材)재하판을 K30이라 부른다.[6]

---

6) AASHTO, A Policy on Geometric Design of Highway and Streets, 2004.
국토교통부, 도로의 구조·시설 기준에 관한 규칙, 2015, pp.91~100.

2.05 서비스수준(LOS, Level of Service)

서비스수준(LOS) E의 교통운행 특성, 무통제 교차로 서비스수준 [6, 0]

1. 용어 정의

서비스수준(LOS)이란 혼잡도로와 차량의 지체가 어느 정도인지에 대하여 실제 도로를 주행하는 운전자가 느끼는 상태를 객관적으로 표시하는 기준으로, 교통 상태를 측정하거나 교통사업을 평가할 때 사용되는데 일반적으로 6단계로 구분된다.

2. 서비스수준(LOS)별 교통류의 상태

LOS	교통류의 특성
A	운전자는 교통류 내의 다른 운전자 출현에 영향을 받지 않는다. 교통류 내에서 속도선택 및 방향조작 자유도는 아주 높고 운전자와 승객이 느끼는 안락감이 매우 우수하다.
B	운전자는 교통류 내의 다른 운전자 출현으로 각 개인 행동이 다소 영향을 받는다. 원하는 속도선택의 자유도는 비교적 높으나 통행자유도는 서비스수준 A보다 다소 떨어진다.
C	운전자는 교통류 내의 다른 차량과의 상호작용으로 인하여 통행에 상당한 영향을 받기 시작한다. 속도선택도 다른 차량의 출현으로 영향을 받으며 교통류 내의 운전자도 주의를 기울여야 하며, 안락감은 상당히 떨어진다.
D	속도선택 및 방향조작 자유도는 매우 제한되며 운전자가 느끼는 안락감은 일반적으로 나쁜 수준으로 떨어진다. 이 수준에서는 교통량이 조금만 증가하여도 운행상태에 문제가 발생한다.
E	교통류 내의 방향조작 자유도는 매우 제한되며 방향을 바꾸기 위해서는 운전자가 차로를 양보하는 강제적인 방법을 필요로 한다. 교통량이 조금만 증가하거나 작은 혼란이 발생해도 와해상태가 발생한다.
F	교통량이 그 지점 또는 구간 용량을 넘어선 상태이다. 이러한 상태에서 자동차는 자주 멈추며 도로의 기능은 거의 상실된 상태이다.

주) • 도로용량편람에서는 신호교차로 서비스수준에 대해 도로용량을 넘어선 상태에서 개별차량 지체시간을 기준으로 F에서 FFF까지 세분하고 있다.
 • 차량당 제어지체시간 : F는 220초 이내, FF는 220~340초 이내, FFF는 340초 이상

(1) 설계 교통량보다 실제교통량이 많으면 교통이 혼잡해지므로 서비스수준(LOS) 신중히 결정

(2) 일반적으로 도시지역에 고속도로나 간선도로 C 혹은 D, 일반도로는 D를 선택

[미국 AASHTO의 설계 서비스수준]

도로구분 ＼ 지역구분	지방지역			도시지역
	평지	구릉지	산지	
고속도로	B	B	C	C
간선도로	B	B	C	C
집산도로	C	C	D	D
국지도로	D	D	D	D

자료 : A Policy on Geometric Design Highways and Streets

[국토교통부 도로용량편람의 설계 서비스수준]

도로구분 \ 지역구분	지방지역	도시지역
고속도로	C	D
일반도로	D	D

주) 1. 지방지역 도로 : 지역교통의 특성인 장래교통량 변화가 심하고 운전자들이 높은 이동성을 요구하므로 설계 서비스수준을 높게 설정
  2. 도시지역 도로 : 도시교통의 특성인 장래교통량 변화가 심하지 않고 운전자들이 교통혼잡에 민감하지 않으므로 설계 서비스수준을 낮게 설정

3. 고속도로 기본구간에서 서비스수준(LOS) 설정

LOS	밀도 (pcpkmpl)	V/C비 (100kph)	교통류	통행특성
A	≤6	≤0.27	자유교통류	• 운전자가 자유롭게 운행 가능 • 다른 차량의 영향을 전혀 받지 않음
B	≤10	≤0.45	안정교통류	• 속도에 제한을 받기 시작
C	≤14	≤0.61	안정교통류	• 다른 차량의 영향을 어느 정도 받음 • 속도가 떨어지고 약간의 지체 발생
D	≤19	≤0.80	불안정교통류에 접근	• 주행 시 많은 제약 • 운전자가 견딜 수 있을 정도의 지체
E	≤28	≤1.0	불안정교통류	• 주행 시 정체 발생 • 도로의 용량($V/C=1$)에 접근
F	>28		강제교통류	• 극도의 교통혼잡이 발생하여 속도를 거의 낼 수 없는 상태

(1) **LOS A에 가까울수록 주행속도 증가** : LOS E에서 V/C=1.0으로 용량상태, LOS F이면 용량초과상태

(2) **안정류(stable flow)** : 차량소통이 어느 정도 지장은 있으나, 큰 혼잡 없이 주행하는 상태

(3) **불안정류(unstable flow)** : 차량소통이 용량초과상태로서, 만성적인 정체현상 발생

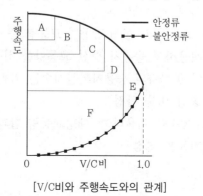

[V/C비와 주행속도와의 관계]

[교통류별 서비스수준(LOS) 측정 자료]

도로기능			서비스수준 측정 효과척도(MOE)
연속류	고속국도	기본구간	밀도(대/km/차로)
		위빙구간	평균통행속도(km/h)
		램프구간	교통량(대/h)
	다차로도로		밀도(대/km/차로)
	2차로도로		지체시간 백분율 또는 평균주행속도(km/h)
단속류	신호교차로		평균 지체정지(초/대)
	비신호교차로		여유 교통용량(대/h)
	간선도로		평균 주행속도(km/h)
	대중교통		부하지수(사람수/좌석)
	보행자		공간 점유율(면적/보행자)

4. 비신호교차로 서비스수준

(1) 비신호교차로의 유형

① 양방향정지 교차로 : 주도로 차량이 통행 완료할 때까지의 시간 동안 부도로 모든 차량과 주도로 좌회전 차량은 대기해야 하는 교차로

② 전 방향정지 교차로 : 모든 접근로에 정지표지가 있는 교차로에서 접근하는 모든 차량이 정지선에서 정지한 후, 먼저 도착한 차량이 우선적으로 통과하는 교차로

③ 로터리 회전 교차로 : 교차점의 중앙에 교통섬을 설치하여 차량이 그 주위를 회전하면서 끼어들기를 원칙으로 교통흐름을 처리하는 도류식 교차로

④ 무통제 교차로 : 교통신호기, 정지표지, 양보표지 등에 의한 통제 없이 모든 방향에서 먼저 접근하여 진입한 차량에게 통행우선권이 주어지는 교차로

(2) 비신호교차로의 서비스수준 평가를 위한 단계별 분석절차

[1단계] 방향별 교통량 입력
• 비신호교차로의 조사지점에 진입하는 각 방향별 교통량을 조사하여 입력

[2단계] 비신호의 중차량 교통량의 보정
• 각 방향별 교통량을 조사하고, 전체 방향별 교통량 중 승용차 이외의 중차량에 대하여 승용차환산계수를 적용하여 승용차 환산 교통량을 산출
• 이때, 승용차 이외의 중차량의 승용차환산계수는 일괄적으로 1.8을 적용

[3단계] 주도로의 교통량 비율 산정
• 보정된 각 방향별 교통량을 이용하여, 대향교통량 합과 가로별로 교통량 합을 비교하여 주도로 교통량 비율을 결정

[4단계] 서비스수준(LOS) 판정
- 교차로에 진입한 총교통량 중에서 주도로 비율과 상충횟수를 계산하여 서비스수준 (LOS)을 판정

5. 서비스수준(LOS) 설정 유의사항

(1) 도로 설계자가 설계 서비스수준을 결정할 때는 가능하면 가장 좋은 설계 서비스수준으로 설정하는 것이 원칙이다.

(2) 우리나라는 사회·경제적 여건 변화가 OECD 선진국보다 심하기 때문에 교통량 변화를 20년 이후까지 정확히 예측하기는 쉽지 않다.

(3) 따라서 설계 서비스수준에 근접하도록 시설 규모를 제시하는 것이 도로투자와 운영체계 측면에서 보다 합리적이라고 도로용량편람(국토교통부 제정)에 규정되어 있다.[7]

---

7) 국토교통부, '도로의 구조·시설 기준에관한규칙', 2015, pp.108~111.

2.06 첨두시간계수(PHF), 중차량 보정계수(f_{HV})

첨두시간계수(PHF, Peak Hour Factor), 중차량 보정계수, 승용차 환산계수 [4, 0]

I 첨두시간계수(PHF)

1. 용어 정의

(1) **교통량(Traffic volume)** : 도로의 한 지점을 일정시간에 통과한 차량대수

(2) **교통류율(Flow rate)** : 1시간 이하(15분) 교통량을 1시간 단위로 환산한 교통량

(3) **첨두시간(Peak hour)** : 하루 중 교통량이 가장 많은 첨두 1시간 동안의 교통량

(4) **첨두시간계수(PHF, Peak Hour Factor)** : 첨두 1시간 동안의 교통량에 대한 시간적 변동을 나타내는 계수

① 첨두시간계수는 하루 중 교통량이 가장 많은 첨두 1시간 동안의 교통량을 그 시간대에 통행량이 가장 많은 15분 동안의 1시간 환산교통량으로 나눈 값

② 첨두시간계수는 peak of peak를 의미한다. 즉, 설계기준 설정할 때 최악의 교통상황에 대비할 수 있는 용량을 산정하기 위해 필요한 계수

2. 첨두시간계수(PHF) 산정(예시)

$$PHF = \frac{\text{첨두시간 교통량}}{\text{첨두시간 최대교통류율}} = \frac{5,400}{6,000} = 0.90$$

시간	교통량(대/15분)	교통류율(대/시)
8:00~8:15	1,500	1,500×4=6,000
8:15~8:30	1,400	1,400×4=5,600
8:30~8:45	1,300	1,300×4=5,200
8:45~9:00	1,200	1,200×4=4,800
합계	5,400	

3. 첨두시간계수(PHF) 적용

(1) 우리나라 고속도로의 PHF는 일반적으로 0.85~0.95 범위에서 분포한다.

(2) PHF 값이 1.0에 가까울수록 교통량의 시간적 변화가 적다.

(3) PHF=1.0이면 첨두시간 교통량=첨두시간 최대교통류율이다.

즉, 첨두시간 동안에 교통량이 변하지 않고 일정하다는 의미이다.

(4) 도로설계할 때 첨두시간계수(PHF)는 다음 식으로 계산된다.

$$\text{첨두중방향 설계시간교통량 } PDDHV = AADT \times K \times D \times \frac{1}{PHF}$$

Ⅱ 중차량 보정계수(f_{HV}), PCU, PCE

1. 필요성

(1) 승용차만으로 구성된 교통류를 이상적인 조건으로 간주하고 용량을 산정하므로, 실제 도로에 혼입되는 중차량의 영향을 고려하기 위해 중차량 보정계수(f_{HV})가 필요하다.

(2) 승용차 환산계수(PCE, Passenger Car Equivalent Factor)는 실제 도로의 교통 및 도로조건에서 중차량(HV, heavy vehicle, 버스, 트럭 등) 한 대가 도로용량에 미치는 영향을 승용차 단위로 환산하는 계수이다.

(3) 승용차 환산대수(PCU, Passenger Car Unit)는 승용차 환산계수(PCE)를 이용하여 혼합되는 중차량 대수를 승용차 대수로 환산한 값이다. 즉, PCU는 승용차와 혼입되어 주행하는 중차량 대수에 PCE를 곱하여 얻은 값이다.

(4) 중차량은 승용차보다 면적이 크고 속도가 느려 용량을 많이 차지하므로 중차량을 승용차로 환산할 때, 버스 2.0, 화물차 2.5~3.5 등 승용차 환산교통량으로 표현한다.

2. 중차량 보정계수(f_{HV})와 승용차 환산계수(PCE)

(1) 중차량의 영향

① 중차량의 크기가 승용차보다 크기 때문에 도로면을 넓게 차지한다.
② 중차량의 운행능력이 승용차보다 떨어진다.
③ 중차량이 승용차 혼입되면 속도가 떨어지고 간격이 넓어져서 용량이 감소된다.

(2) 중차량 보정계수(f_{HV})의 산정

① 해당 도로의 각 중차량에 대한 구성비율 및 각 중차량에 대한 승용차 환산계수를 산출하고 지형조건별로 중차량 보정계수를 산정한다.
② 중차량 보정계수는 일반지형과 특정 경사구간으로 다음 식으로 산정한다.

• 일반지형

$$\text{평지} \quad f_{\mathrm{HV}} = \frac{1}{1 + P_{T0}(E_{T0}-1) + P_{T1}(E_{T1}-1) + P_{T2}(E_{T2}-1)}$$

$$\text{구릉지 · 산지} \quad f_{\mathrm{HV}} = \frac{1}{1 + P_{T0}(E_{T0}-1) + P_{T1+T2}(E_{T1+T2}-1)}$$

- 특정경사구간 : 종단경사 3% 이상이고, 경사길이 500m 이상
  - 종단경사 2~3%이고, 경사길이 1,000m 이상

$$f_{HV} = \frac{1}{1 + P_{HV}(E_{HV} - 1)}$$

여기서, P_{T0}, P_{T1}, P_{T2} : 소, 중, 대형 차량 각각의 구성비(%)

E_{T0}, E_{T1}, E_{T2} : 소, 중, 대형 차량 각각의 승용차 환산계수

P_{T1+T2}, E_{T1+T2} : 중형+대형 차량의 구성비(%), 승용차 환산계수

P_{HV}, E_{HV} : 중차량의 구성비(%), 중차량의 승용차 환산계수

(3) 승용차 환산계수

① 일반지형

- 고속도로 및 다차로 도로

차종 구분	지형		
	평지	구릉지	산지
소형(2.5톤 미만 트럭, 12인승 미만 소형 버스)	1.0	1.2	1.5
중형(2.5톤 이상 트럭, 버스)	1.5	3.0	5.0
대형(세미트레일러 또는 풀트레일러)	2.0		

- 2차로 도로

차종 구분	지형	
	평지	구릉지
트럭, 버스	1.5	2.4
트레일러	1.9	

② 특정경사구간

- 종단경사 3% 이상이며, 경사길이 500m 이상인 구간
- 종단경사가 매우 급한 오르막구간에서 중차량의 용량감소 영향을 반영할 때, 별도 표에서 승용차 환산계수값을 선정

3. 맺음말

(1) 중차량 보정계수 중에서 특정 경사구간에 대한 승용차 환산계수는 특정구간의 종단경사 에서 심각하게 나타나는 중차량의 용량 감소효과를 정확히 반영하고자 할 때 사용된다.

(2) 그러나 중차량 보정계수를 얻기 위해서는 각 중차량에 대한 승용차 환산계수를 결정해 야 하는데 그 과정이 매우 복잡하므로 이에 대한 개선이 요망된다.[8]

---

8) 국토교통부, '도로용량편람', 2013, pp. 22~23.

2.07 효과척도(MOE), 교통량-밀도-속도

효과척도(MOE, Measures of Effectiveness), 연속류와 단속류, 교통량-속도-밀도 상관관계 [13, 1]

I 효과척도(MOE, Measures of Effectiveness)

1. 용어 정의

(1) 효과척도(MOE)는 도로교통시설의 질적인 운행상태를 나타내는 혼잡정도를 의미하며, 도로운행상태는 속도(S), 교통량(V), 밀도(D) 등의 효과척도로 표현할 수 있다.

(2) 도로조건과 교통조건은 수치로 표현할 수 있지만, 도로교통의 혼잡정도를 나타내는 효과척도는 주관적이므로 특정한 수치로 직접 표현할 수 없다.

2. 효과척도(MOE)

(1) **고속국도** : 서비스수준을 나타내는 주 효과척도는 밀도로 표현

정상적인 고속국도는 속도변화가 없으므로 속도로 표현 곤란

(2) **다차로도로** : 평균통행속도는 단위시간에 통행한 거리의 평균값으로 표현

(3) **2차로도로** : 저속차량에 의해 정지·지체가 발생되므로 총지체율로 표현

트럭, 트레일러 등이 차량군을 형성하면 일반차량들도 정지·지체 반복

(4) **신호교차로** : 분석기간(첨두 15분) 동안의 차량당 평균제어지체로 표현

지체의 크기에 따라 A~FFF까지 8등급으로 구분

(5) **비신호교차로** : 양방향 정지교차로는 평균운영지체로 표현

단, 무통제 교차로는 방향별 진입교통량, 시간당 상충횟수로 표현

[도로구분에 따른 효과척도 표현]

도로구분			효과척도
연속류	고속국도	기본구간	밀도, 교통량 대 용량비($V/C)_i$
		엇갈림구간	평균밀도
		연결로 접속부	영향권 밀도
	다차로 도로		평균통행속도
	2차로 도로	일반지형	총지체율
		특정경사구간	
단속류	신호 교차로		평균제어지체
	비신호 교차로		평균운행지체, 진입교통량, 시간당 상충회수

II 교통량-밀도-속도

1. 용어 정의

(1) **교통량(Volume)** : 단위시간에 도로의 한 지점을 통과한 차량대수

- 교통량은 1차원적 개념이므로, 도로의 한 지점에서 직접 관측해야 한다.
- 단위 : 승용차/시/차로, pcphpl(passenger car per hour per lane)

  혼합교통/시/차로, vphpl(vehicle per hour per lane)

(2) **밀도(Density)** : 일정 시간에 도로의 한 구간을 차지하는 차량대수

- 밀도는 직접 측정하기는 어렵지만, 운전자의 안락감 등 교통류 상태를 측정하는 요소로서 교통수요와 관련되기 때문에 중요하다.
- 밀도는 2차원적 개념으로, 항공(드론)촬영하여 측정한다.
- 단위 : 승용차/km/차로, pcpkmpl(passenger car per km per lane)

(3) **속도(Speed)** : 단위시간에 대한 거리의 변화율

단위 : kph(killometer per hour)

2. 교통량-밀도-속도

(1) **교통량-밀도-속도 관계(이상적인 교통조건에서 고속도로 기본구간)**

$$Q = K \times V \Rightarrow K = \frac{Q}{V}$$

여기서, Q : 교통량(대/h), K : 밀도(대/km), V : 공간평균속도(km/h)

문제 1

2차로 도로의 한 구간에서 교통량 시간당 1,000대, 평균속도 40km/h일 때 밀도는?

해설 $K = \frac{Q}{V} = \frac{1,000}{40 \times 2} = 12.5$ 대/km/차로

① 시간평균속도(time mean speed)는 일정시간 동안 도로의 한 지점을 통과하는 모든 차량의 평균속도로서, 속도의 산술평균값이다(교통사고에서 속도 분석에 이용).
② 공간평균속도(space mean speed)는 일정시간 동안 도로의 한 구간을 차지하는 모든 차량의 평균속도로서, 속도의 조화평균값이다(교통류 분석에 이용).

(2) **속도-밀도 관계** : 밀도가 증가하면 속도가 감소되며, 임계밀도(K_m)까지 도달하면 불안 정류로 되면서 서비스수준이 급격히 감소된다.

$$직선\ 관계식\quad V= V_f\left(1 - \frac{K}{K_j}\right)$$

(3) **교통량-밀도 관계** : 교통량이 증가하면 밀도가 증가되며, 교통용량(Q_m)을 초과하면 밀 도는 증가하나 교통량은 감소된다. 교통류의 특성을 나타내는 포물선 관계식이다.

$$포물선\ 관계식\quad Q= V\cdot K= V_f\left(K - \frac{2K}{K_j}\right)$$

(4) **속도-교통량 관계** : 임계속도(V_m)를 초과하여 교통용량(Q_m)을 초과하면, 속도가 급격 히 감소된다.

서비스수준(LOS)을 산정할 때 근거가 되며, 안정류와 불안정류로 구분된다.

범례 ──── 안정류 ----- 불안정류

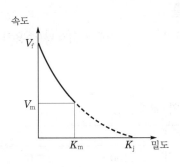
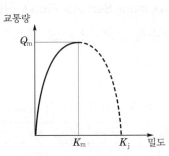
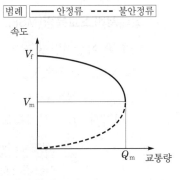

[교통량-밀도-속도 관계]

문제 2

속도와 밀도와의 관계식 $V= V_f\left(1 - \frac{K}{K_j}\right)$ 에서 V_f=80km/h, K_j=120대/km일 때, 임계밀도 K_m, 임계속도 V, 교통용량 Q_m을 구하시오.

해설 (1) $Q= V\cdot K= V_f\left(K - \frac{2K}{K_j}\right)$ 에서 $\dfrac{\Delta Q}{\Delta K}= V_f\left(K - \dfrac{2K_m}{K_j}\right)=0$

$\therefore\ K_m = \dfrac{K_j}{2} = \dfrac{120}{2} = 60$대/km

(2) $V= V_f\left(1 - \dfrac{K}{K_j}\right)$ 에서 $K_m = \dfrac{K_j}{2}$ 을 대입하면

$V_m = V_f\left(1 - \dfrac{K_j/2}{K_j}\right) = \dfrac{V_f}{2} = \dfrac{80}{2} = 40$km/h

(3) $Q_m = V_m \cdot K_m = 40 \cdot 60 = 2,400$대/h

2.08 교통용량의 영향요소 및 증대방안

도로용량에 영향을 미치는 요소 및 용량 증대방안, 도로용량과 서비스수준 [4, 10]

Ⅰ 개요

1. 도로의 교통용량(交通容量, Traffic Capacity)이란 주어진 도로조건에서 15분 동안 최대로 통과할 수 있는 승용차 교통량을 1시간 단위로 환산한 값이다.
2. 도로의 교통용량에 영향을 미치는 요소는 도로조건(연속류), 교통조건(연속류), 교통통제조건(단속류) 등이 있다.

Ⅱ 최대서비스교통량(MSF_i)과 서비스교통량(SF_i)

1. 최대서비스교통량(MSF_i, Maximum Service Flow) 산출

MSF_i란 이상적인 조건의 교통용량(C_j)을 기준으로 하는 서비스수준(i)에서 차로당(승용차) 최대서비스교통량(pcphpl)을 말한다.

$$MSF_i = C_j \times (V/C)_i$$

여기서, C_j : 설계속도가 i인 도로에서 이상적인 조건의 교통용량

설계속도(kph)	V	80	100	120
교통용량(pcphpl)	C_j	2,000	2,200	2,300

$(V/C)_i$: 서비스수준 i에서(승용차)교통량/용량의 비

2. 서비스교통량(SF_i, Service Flow) 산출

SF_i란 주어진 도로조건 및 교통조건을 기준으로 하는 서비스수준(i)에서 차로당(혼합교통) 서비스교통량(vphpl)을 말한다.

$$SF_i = MSF_i \times N \times f_W \times f_{HV}$$

여기서, N : 방향별 차로수(1차로에서는 $N=1$ 적용)

f_W : 차로폭 및 측방여유폭에 대한 보정계수

f_{HV} : 중차량에 대한 보정계수

Ⅲ 교통용량에 영향을 미치는 요소

1. 도로조건(연속류)

(1) **도로의 선형조건** : 도로 선형설계할 때 선형조건을 너무 자주 변경하면 오히려 용량이 저하될 수 있으므로, 일반적으로 설계속도, 엇갈림구간, 연결로 접속부 등에 따라 변경한다.

(2) **엇갈림구간** : 엇갈림구간의 길이와 폭, 엇갈림구간에서의 교통량 정도 등에 따라 교통 혼잡이 가중되면 엇갈림구간의 용량 산정에 영향을 준다.

(3) **연결로(Ramp) 접속부** : 고속도로 연결로 접속부 구간에서 교통량이 갑자기 증가하거나 연결로 설계가 적절하지 않으면 고속도로 본선 구간에서 극심한 교통혼잡이 유발된다.

(4) **교통용량에 영향을 미치는 도로조건(연속류)** : 도로구조물의 물리적인 조건

① 설계속도 : 낮을수록 교통용량 감소

② 차로폭 : 3.5m 기준으로 교통용량 산정

③ 측방여유폭 : 1.5m 기준으로 교통용량 산정

④ 평면 및 종단선형 : 평면곡선반경, 종단경사에 따라 교통용량 감소

⑤ 주변지역의 개발정도 : 개발될수록 교통용량 감소

2. 교통조건(연속류)

(1) 교통조건은 교통류와 교통량에 따라 교통용량에 직접 영향을 준다.

① 교통류 : 승용차, 버스, 트럭, 자전거 등의 교통류가 계속 변화

② 교통량 : 시간, 일, 주, 연간 등의 시간대별로 교통량이 계속 변화

(2) 중차량보정계수(f_{HV}), 첨두시간계수(PHF), 신호교차로 등이 교통용량에 영향을 준다.

① 승용차에 혼입된 중차량 대수는 중차량보정계수(f_{HV})를 곱하여 계산

② 하루 중 시간대별 분포 특성은 첨두시간계수(PHF)를 곱하여 계산

③ 도시지역은 신호교차로에서 발생되는 출발 손실시간을 고려하여 계산

(3) **교통용량에 영향을 미치는 교통조건(연속류)** : 도로를 이용하는 교통류의 조건

① 중차량 비율 : 중차량 구성비가 많을수록 교통용량이 감소

② 방향별 분포 : 양방향 50 : 50이 이상적 분포

③ 차로 이용률 : 차로별 이용률이 불균형할수록 교통용량이 감소한다.

3. 교통통제조건(단속류)

(1) **교차로에서 운영방식의 적정 여부가 교통용량에 직접 영향을 준다.**

① 교차로에서 신호기 유무, 신호주기, 녹색신호시간, 현시, 연동 등이 부적합하면 교통 용량이 감소

② 교차로에서 정지표지, 양보표지가 부적합하면 교통용량이 감소

③ 교차로에서 차로이용(좌회전)이 부적합하면 교통용량이 감소

(2) 기타 차량 성능, 운전자 숙련도, 기상조건 등이 나쁘면 교통용량이 감소된다.

Ⅳ 도로의 교통용량 증대방안

1. 신설도로는 이상적인 조건에 가깝도록 설계

(1) **기본구간** : 기본구간은 연속류와 단속류의 이상적인 조건을 충족시켜야 한다.

[연속류와 단속류의 이상적인 조건]

연속류(고속도로 기본구간)	단속류(2차로 도로)
• 설계속도 100km/h 이상	• 설계속도 80km/h 이상
• 차로폭 3.5m 이상	• 차로폭 3.5m 이상
• 측방여유폭 1.5m 이상	• 측방여유폭 1.5m 이상
• 선형 : 곡선반경 크게, 종단경사 완화	• 선형 : 시거가 확보되도록 양호하게
• 오르막차로, 중앙분리대 설치	• 오르막차로, 양보차로, 앞지르기차로 설치
• ITS 도입 등	• 길어깨를 포장하여 자전거의 차로 침입방지 등

(2) **엇갈림(Weaving)구간**

① Weaving구간의 길이(150~200m)를 충분히 확보한다.

② 차로변경 횟수를 최소화할 수 있도록 집산로(C-D road)를 설치한다.

(3) **연결로(Ramp)구간**

① 유·출입 유형의 일관성(구조물 전에, 우측유입, 우측유출)을 유지한다.

② 차로수를 균형있게 제공하여 용량감소 요인을 제거한다.

(4) **교차로구간** : 교차로에서 상충의 면적·횟수를 최소화하고, 상충의 위치·시기를 조정하여 운전자가 의사결정을 단순하게 하도록 도류화기법을 적용한다.

2. 기존도로에 단기적으로 저투자하는 TSM 적용

(1) **도로기하구조 개선**

① 도로선형 개량 : 평면선형, 종단선형

② 교차로 개선 : 도류화, 교차각, 좌회전차로, 능률차로

③ 부대시설 설치 : 버스정차대, 비상주차대, 교통안전시설 설치

(2) **교통운영방법 개선**

① Park & ride 등 승용차와 지하철·버스와의 연계

② 일방통행로, 버스전용차로, 홀수차로제, 승용차 5부제

③ 승용차의 도심지 통행진입세 징수, 주차료 인상

(3) 교통통제시설 개선

① 신호주기 조정, 신호연동화

② 도로표지종합관리센터 운영

3. 기존 도로에 지능형 교통체계(ITS) 적용

(1) 첨단교통관리시스템(ATMS, Advanced Traffic Management System)

(2) 첨단교통정보시스템(ATIS, Advanced Traffic Information System)

(3) 첨단차량·도로시스템(AVCS, Advanced Vehicle Control System)

(4) 첨단대중교통시스템(APTS, Advanced Public Transportation System)

(5) 화물운송시스템(CVO, Commercial Vehicle Operation)

Ⅴ 맺음말

1. 도로의 교통용량은 도로조건, 교통조건 및 교통통제조건에 영향을 받으므로 「교통용량편람
   (국토교통부, 2013)」에 의한 이상적인 조건에 가급적 근접하도록 설계해야 한다.

2. 대도시 교통용량 증대를 위한 BIS, BMS, BRT 등에서 친환경버스, 저상버스, 버스전용차
   로, 버스우선신호기, 버스전용카드 등에 좀더 많은 투자가 필요하다.[9]

---

9) 국토교통부, '도로의 구조·시설 기준에 관한 규칙 해설', 2015, pp.103~108.

2.09 도로의 차로수 결정방법

수요교통량과 공급교통량을 고려한 고속도로 차로수 결정방법 [0, 5]

1. 개요

(1) 도로의 차로수란 양방향 차로(오르막차로, 회전차로, 변속차로 및 양보차로는 제외)의 수를 합한 것을 말한다.

(2) 도로의 차로수는 도로의 구분·기능, 설계시간교통량, 계획목표연도의 설계 서비스수준, 지형상황, 분류 또는 합류되는 도로의 차로수 등을 고려하여 결정한다.

(3) 도로의 차로수는 교통흐름의 형태, 교통량의 시간별·방향별 분포, 그 밖의 교통특성 및 지역여건 등에 따라 홀수차로로 정할 수 있다.

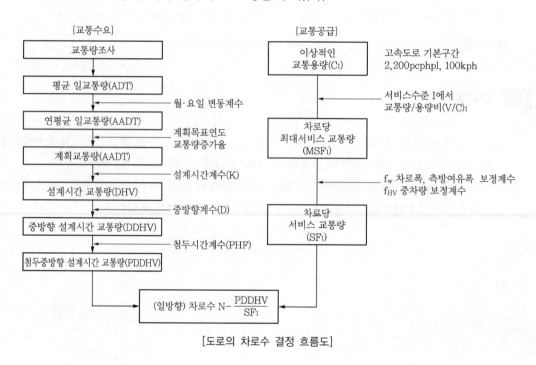

[도로의 차로수 결정 흐름도]

2. 차로수 결정

(1) 설계시간교통량 산출

$$DHV = AADT \times K(K : 설계시간계수)$$

$$DDHV = DHV \times D = AADT \times K \times D(D : 중방향계수)$$

$$PDDHV = AADT \times K \times D \times \frac{1}{PHF} (PHF : 첨두시간계수)$$

(2) 설계시간계수(K)

고속도로 기본구간	도로의 구분		비고
	도시지역	지방지역	
설계시간계수(K)	0.09(0.07~0.11)	0.15(0.12~0.18)	

(3) 중방향계수(D)

고속도로 기본구간	도로의 구분		비고
	도시지역	지방지역	
중방향계수(D)	0.60(0.55~0.65)	0.65(0.60~0.70)	

(4) 첨두시간계수(PHF)

$$\text{PHF} = \frac{\text{첨두시간 교통량}}{\text{첨두시간 최대교통류율}} = \frac{V_{60\,total}}{V_{15\,max} \times 4}$$

여기서, 고속도로 기본구간의 경우 PHF=0.85~0.95 정도

(5) 연속류와 단속류의 이상적인 조건

연속류(고속도로 기본구간)	단속류(2차로 도로)
• 차로폭 3.5m 이상 • 측방여유폭 1.5m 이상 • 승용차만으로 구성된 교통류 • 평지	• 차로폭 3.5m 이상 • 측방여유폭 1.5m 이상 • 승용차만으로 구성된 교통류 • 평지 • 추월 가능구간이 100%인 도로 • 교통통제 또는 회전차량으로 인하여 직진차량이 방해받지 않는 도로

(6) 도로 등급별 서비스수준(LOS)

구분	도로의 구분		비고
	도시지역	지방지역	
고속도로	D	C	
일반도로	D	D	

(7) 최대 서비스교통량(MSF_i)

최대 서비스교통량(MSF_i)은 설계속도가 j인 도로에서 연속류와 단속류의 이상적인 조건에서의 교통용량(C_j)을 기준으로, 서비스수준 i에서 차로당(승용차 기준) 최대 서비스교통량(pcphpl)을 말한다.

$$\text{MSF}_i = C_j \times (V/C)_i$$

여기서, C_j : 설계속도가 j인 도로에서 이상적 조건의 교통용량

설계속도(kph)	V	80	100	120
교통용량(pcphpl)	C_j	2,000	2,200	2,300

$(V/C)_i$: 서비스수준 i에서(승용차) 교통량 대 용량 비

(8) 서비스교통량(SF_i)

서비스교통량(SF_i)은 주어진 도로조건 및 교통조건을 기준으로,

서비스수준 i에서 차로당(혼합교통 기준) 서비스교통량(vphpl)을 말한다.

$$\text{SF}_i = \text{MSF}_i \times N \times f_W \times f_{\text{HV}}$$

여기서, N : 방향별 차로수(1차로인 경우 $N=1$)

f_W : 차로폭 및 측방여유폭에 대한 보정계수

f_{HV} : 중차량에 대한 보정계수

(9) 차로수(N) 결정

$$N = \frac{\text{첨두 중방향 설계시간교통량(PDDHV)}}{\text{차도당 서비스교통량(SF}_i)}$$

3. 도로의 차로수 결정원칙

(1) 교통량이 적은 경우에도 2차로 이상으로 하는 것을 원칙으로 한다.

(2) 차로수의 결정은 원칙적으로 첨두설계시간교통량(DDHV/PHF)과 서비스수준을 고려한 설계서비스교통량(SF_i)에 의하여 결정한다.

• 도시지역이나 국가산업단지 등은 당해 지역여건을 고려하고, 해당 노선의 등급과 서비스수준 등을 감안하여 기본차로수를 4차로 이상으로 결정한다.

$$N = \frac{\text{DDHV}/\text{PHF}}{\text{SF}_i} = \frac{\text{DHV} \times D/\text{PHF}}{\text{SF}_i} = \frac{\text{AADT} \times K \times D/\text{PHF}}{\text{SF}_i}$$

여기서, N : 다차로 도로는 한방향 차로수(2차로 도로는 양방향 차로수)

DDHV : 중방향 설계시간교통량(대/시/중방향)

SF_i : 서비스수준 i에서 최대 서비스교통량(대/시/차로)

PHF : 첨두시간계수

AADT : 연평균 일교통량(대/일)

K : 설계시간계수

D : 중방향계수

(3) 일반도로의 차로수는 짝수차로를 원칙으로 한다.

① 도시지역은 좌회전차로, 유턴차로 등의 회전차로가 많고, 교통량이 시간대별로 다양하므로 좌회전 전용차로, 양방향 좌회전차로 등의 홀수차로를 적용하기 용이하다.

② 지방지역은 짝수차로가 바람직하지만 회전차로, 양보차로, 앞지르기차로 등 특정구간에는 장래 확장여건을 고려하여 2+1차로인 홀수차로를 적용할 수 있다.

(4) **연결로** 및 일방향 도로는 2차로 이상을 원칙으로 한다.

- 다만, 2차로를 전제로 한 단계건설 계획도로에 대해서는 1차로로 할 수 있으며, 이 경우 적정 간격에 대피소를 설치해야 한다.

4. 맺음말

(1) 교통량은 시간에 따라 변하기 때문에 도로의 상세한 설계는 첨두(peak) 특성을 고려한 방향별 시간교통량을 기준으로 한다.

(2) 도로 특성에 따른 시간교통량 추정이 어려우므로 장래교통량은 연평균 일교통량(AADT)을 예측하여 차로수(부가차로 제외)를 결정하는 것을 원칙으로 한다.[10]

---

10) 국토교통부, '도로의 구조·시설 기준에 관한 규칙 해설', 2015, pp.131~132.

2.10 엇갈림(Weaving) 구간

도로 엇갈림구간의 교통류 특성에 영향을 미치는 기하구조 요소(형태, 길이, 폭) [3, 3]

I 개요

1. 엇갈림(Weaving)이란 교통통제시설의 도움 없이 상당히 긴 도로를 따라가면서 동일한 방향의 두 교통류가 엇갈리면서 차로를 변경하는 교통현상을 말한다.

2. 엇갈림은 합류구간 바로 다음에 분류구간이 있거나 또는 유입연결로 바로 다음에 유출연결로가 있는 경우, 이 두 지점이 연속된 보조차로로 연결되어 있을 때 교통류의 엇갈림이 발생하는 구간이다.

II 엇갈림 구간

1. 엇갈림 구간의 교통흐름

(1) **엇갈림 교통류** : 그림(a) A → D와 교통류 B → C와 같이, 엇갈림 구간에서 원하는 방향으로 진행하기 위해 다른 교통류와 엇갈려야 하는 교통흐름

(2) **비엇갈림 교통류** : 그림(b) A → C와 교통류 B → D와 같이, 엇갈림 구간에서 다른 교통류와 엇갈리지 않아도 원하는 방향으로 진행할 수 있는 교통흐름

2. 엇갈림 구간의 형태

(1) **본선-연결로 엇갈림 형태** : 그림(a) 유입연결로 바로 다음에 유출연결로가 있어, 이 두 지점이 연속된 보조차로로 연결되어 있기 때문에 차로를 변경해야 한다.

(2) **연결로-연결로 엇갈림 형태** : 그림(b) 본선에서 연결로로 진출하는 교통류와 연결로에서 본선으로 진입하는 교통류가 엇갈리기 때문에 차로를 변경해야 한다.

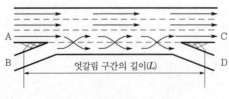

(a) 본선-연결로 엇갈림 형태

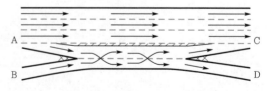

(b) 연결로-연결로 엇갈림 형태

[엇갈림 구간의 교통흐름]

3. 엇갈림 구간의 길이, 폭

(1) 엇갈림 구간의 길이는 '엇갈림 구간의 진입로와 본선이 만나는 지점에서 진출로 시작 부분까지의 거리, 즉 물리적인 고어부 사이의 거리'이다.

엇갈림 구간의 최소길이는 본선-연결로에는 200m(연결로-연결로에는 150m)로 하며, 750m를 초과하는 경우 독립된 유출입로로 간주한다.

(2) 엇갈림 구간의 폭(차로수)은 넓을수록, 즉 엇갈림 구간의 차로수가 많을수록 엇갈림 교통류의 영향이 적으며 통행속도 역시 그만큼 제약을 덜 받는다.

Ⅲ 엇갈림 구간 대책

1. 엇갈림 구간에 집산로 설치(Collection and distribution road)

(1) 집산로는 인터체인지에서 인접한 2개의 loop ramp 간에 발생하는 엇갈림을 이격시키기 위하여 유·출입 차량을 별도로 분리시키는 부가차로이다.

(2) 집산로를 설치할 때 연결로 접속단 간의 최소이격거리는 AASHTO 기준에 따르면 약 900~1,380m가 필요하다.

2. 합류·분류를 긴 엇갈림 구간으로 전환(예시)

(1) **차로조정 구간** : 경부고속도로 상행선 서울방향 수원IC~신갈Jct 구간

(2) **차로조정 내용**

① 본선 2, 3, 4차로의 폭은 축소(폭 3.60m ⇒ 3.45m)

② 길어깨(길이 400m)를 본선 5차로로 변경(폭 3.00m ⇒ 3.45m)

③ 중앙분리대, 측대 및 1차로의 폭은 현행대로 유지

(3) **차로조정 효과**

① 수원IC~신갈Jct 구간에서 차로조정을 통한 용량 증가로, 수원IC에서의 진입교통량에 의한 합류 지·정체 weaving 감소

② 수원IC 진입교통량 중에서 영동고속도로 이용 교통류와 본선 주행 교통류를 분리시켜, 본선 구간에서 두 교통류의 분류 지·정체 weaving 감소

③ 진입부와 진출부 간격이 본 구간과 같이 1.6km 정도인 경우, 병목구간을 긴 엇갈림 구간으로 전환하는 방안이 엇갈림 해결에 적합

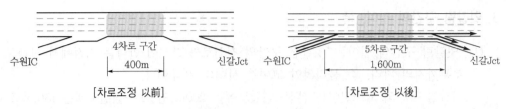

[차로조정 以前]　　　　　　　　　[차로조정 以後]

[합류·분류를 긴 엇갈림 구간으로 전환]

Ⅳ 엇갈림 구간 설계

다음과 같은 [도로 및 교통조건]에서 지방부 고속도로의 엇갈림 구간을 서비스수준 D로 유지하기 위한 최소 엇갈림 구간의 길이를 설계하시오.

[도로 및 교통조건]

- 본선 설계속도 80kph
- 본선 양방향 8차로
- 본선-연결로 엇갈림 형태
- 첨두시간계수 0.92
- 최대 허용 엇갈림 구간의 길이 400m

- 본선 교통량 6,200pcph/방향
- 유입 교통량 600pcph
- 유출 교통량 700pcph
- 유입 → 유출 교통량 0pcph

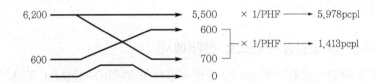

1. 교통량을 첨두시간(승용차) 교통량(V_P)으로 환산하고, 변수한계 점검

(1) 교통량 환산

① 비엇갈림 교통량 $V_{NW} = 5,500 + 0 = 5,500\text{pcph}$

② 첨두시간 비엇갈림 교통량 $V_{NW}, P = \dfrac{5,500}{0.92} = 5,978\text{pcph}$

③ 엇갈림 교통량 $V_W = 600 + 700 = 1,300\text{pcph}$

④ 첨두시간 엇갈림 교통량 $V_W, P = \dfrac{1,300}{0.92} = 1,413\text{pcph}$

(2) 변수한계 점검

① 엇갈림 교통량 비 $V_R = \dfrac{V'_{WP}}{V_{NWP} + V_{WP}} = \dfrac{1,413}{5,978 + 1,413} = 0.19 < 0.40 \quad \therefore \text{ O.K.}$

② (차로당) 교통량 $V/N = \dfrac{6,978 + 1,413}{5} = \dfrac{7,391}{5} = 1,478 < 2,000 \quad \therefore \text{ O.K.}$

2. 엇갈림 길이에 따른 서비스수준 비교

계산의 편의를 위해 $L=300\text{m}$와 $L=200\text{m}$인 경우 서비스수준(LOS)을 비교한다.

(1) $L=300\text{m}$일 때

① 엇갈림 교통류에 따른 엇갈림 길이의 강도계수

$$W_W= 0.059 \times (1+0.19)^{2.2}(7{,}391/5)^{0.97}/300^{0.80}= 1.072$$

② 비엇갈림 교통류에 따른 엇갈림 길이의 강도계수

$$W_{NW}= 0.0000054 \times (1+0.91)^{0.68}(7{,}391/5)^{2.0}/300^{0.17}= 0.504$$

③ 엇갈림 속도

$$S_W= 30 + \frac{[(80+10)-30]}{1+1.072}= 58.96\text{kph}$$

④ 비엇갈림 속도

$$S_{NW}= 30 + \frac{[(80+10)-30]}{1+0.504}= 69.90\text{kph}$$

⑤ 엇갈림 구간의 모든 차량에 대한 평균속도

$$S= \frac{7{,}391}{\dfrac{1{,}413}{58.96}+\dfrac{5{,}978}{69.90}}= 67.51\text{kph}$$

⑥ 엇갈림 구간의 모든 차량에 대한 평균밀도

$$D= \frac{7{,}391}{67.51\times 5}= 21.90\text{pcpkmpl} \qquad \therefore \text{ 서비스수준 D}$$

(2) $L=200\text{m}$일 때

① 엇갈림 교통류에 따른 엇갈림 길이의 강도계수

$$W_W= 0.059 \times (1+0.19)^{2.2}(7{,}391/5)^{0.97}/200^{0.80}= 1.482$$

② 비엇갈림 교통류에 따른 엇갈림 길이의 강도계수

$$W_{NW}= 0.0000054 \times (1+0.91)^{0.68}(7{,}391/5)^{2.0}/200^{0.17}= 0.540$$

③ 엇갈림 속도

$$S_W= 30 + \frac{[(80+10)-30]}{1+1.482}= 54.17\text{kph}$$

④ 비엇갈림 속도

$$S_{NW}= 30 + \frac{[(80+10)-30]}{1+0.540}= 68.97\text{kph}$$

⑤ 엇갈림 구간의 모든 차량에 대한 평균속도

$$S= \frac{7{,}391}{\dfrac{1{,}413}{54.17}+\dfrac{5{,}978}{68.97}}= 65.55\text{kph}$$

⑥ 엇갈림 구간의 모든 차량에 대한 평균밀도

$$D = \frac{7,391}{65.55 \times 5} = 22.55 \, \text{pcpkmpl} \qquad \therefore \text{서비스수준 E}$$

3. 엇갈림 길이에 따른 서비스수준 판정

계산 결과, 서비스수준 D 유지를 위하여 엇갈림 구간 길이를 300m로 결정한다.[11]

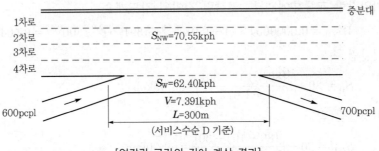

[엇갈림 구간의 길이 계산 결과]

---

11) 국토교통부, '도로용량편람', 2013. pp.49~53, 64~66.

2.11 고속도로 기본구간의 용량분석

고속도로 기본구간의 용량 및 서비스수준 평가 방법 [0, 4]

I 개요

1. 고속도로의 구성요소

고속도로는 기본구간, 엇갈림 구간, 연결로 접속부 등으로 구성되며, 각 구성요소의 영향권에 대한 용량 분석을 통해 서비스수준(LOS)을 평가한다.

(1) **고속도로 기본구간** : 엇갈림 구간이나 연결로 접속부의 합류 및 분류 영향을 받지 않는 구간

(2) **엇갈림 구간** : 교통통제시설의 도움 없이 두 교통류가 맞물려 동일 방향으로 상당히 긴 도로를 따라가면서 엇갈리는 구간

(3) **연결로 접속부** : 유입 또는 유출 연결로가 고속도로 본선에 접속되는 구간

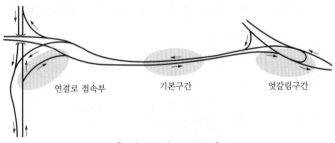

[고속도로의 구성요소]

2. 엇갈림 구간과 연결로 접속부의 영향권 범위

(1) **엇갈림 구간** : 엇갈림이 시작되는 유입 연결로 100m 상류지점부터 엇갈림이 끝나는 유출 연결로 100m 하류까지의 구간

(2) **유출 연결로** : 연결로 접속부 400m 상류지점부터 100m 하류지점까지 구간

(3) **유입 연결로** : 연결로 접속부 100m 상류지점부터 400m 하류지점까지 구간

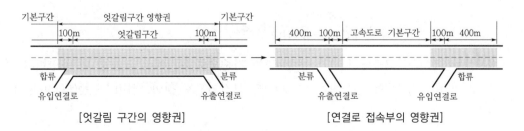

[엇갈림 구간의 영향권]　　　　[연결로 접속부의 영향권]

Ⅱ 고속도로 기본구간의 용량분석

1. 신설도로 기본구간의 차로수 분석

(1) **신설도로의 도로조건 및 교통조건** : 설계속도, 차로폭, 측방여유폭, 지형조건, 설계시간 교통량, 중방향계수, 첨두시간계수, 중차량 구성비, 서비스수준(LOS) 등을 제시

(2) **주어진 도로조건 및 교통조건에 대한 보정계수(f_W, f_{HV}) 산출**

f_W : 차로폭 및 측방여유폭 보정계수

f_{HV} : 중차량 보정계수(평지)

$$f_{HV} = \frac{1}{1 + P_{T0}(E_{T0} - 1) + P_{T1}(E_{T1} - 1) + P_{T2}(E_{T2} - 1)}$$

(3) **신설도로의 이상적인 조건(C_j)을 기준으로 서비스교통량(SF_i) 산출**

$$MSF_i = C_j \times (V/C)_i (\text{pcphpl})$$

$$SF_i = MSF_i \times N \times f_W \times f_{HV} (\text{vphpl})$$

(4) **설계시간교통량(DHV)에서 첨두중방향 설계시간교통량(PDDHV) 산출**

$$PDDHV = \frac{DHV \times D}{PHF}$$

(5) **차로수(N) 결정**

$$일방향\ 차로수\ N = \frac{수요\ 교통량}{공급\ 교통량} = \frac{PDDHV}{SF_i}$$

2. 기존도로 기본구간의 서비스수준 평가

(1) **기존도로의 도로조건 및 교통조건** : 설계속도, 차로폭, 측방여유폭, 지형조건, 현재교통 량, 중방향계수, 첨두시간계수, 중차량 구성비, 차로수(N) 등을 제시

(2) **주어진 도로조건 및 교통조건에 대한 보정계수(f_W, f_{HV}) 산출**

(3) **기존도로의 용량(C) 산출** : $C = C_j \times N \times f_W \times f_{HV}$ (vph)

(4) **현재교통량(V)에서 첨두시간 환산교통량(V_P)을 산출**

$$V_P = \frac{현재교통량(V)}{첨두시간계수(PHF)} (\text{vph})$$

(5) **첨두시간 환산교통량(V_P)과 용량(C)을 기준으로 [표]에서 교통량 대 용량비(V_P/C)** 를 찾고, V_P/C에 상응하는 밀도(D)를 보간법으로 찾아, 서비스수준(LOS) 평가

Ⅲ 고속도로 기본구간의 용량분석 설계

1. 신설도로 기본구간의 차로수 설계

아래 지방지역 고속도로의 운영상태를 C로 유지하기 위한 차로수를 설계하시오.
단, 포장상태와 기후조건은 양호한 상태로 가정한다.

[주어진 도로조건 및 교통조건]

- 설계속도 100kph
- 차로폭 3.5m
- 측방여유폭 1.5m
- 지형은 평지
- 첨두시간계수(PHF) 0.90
- 중방향설계시간교통량(DDHV) 3,500대/방향
- 중차량 구성비 25%
- 2.5t 이상 트럭 23%, 특수차량 2%

(1) 주어진 도로조건 및 교통조건을 기준으로 [표]에서 보정계수(f, f_{HV}) 산출

차로폭 및 측방여유폭 보정계수 $f_W = 1.0$

중차량 보정계수(평지) $f_{HV} = \dfrac{1}{1 + 0.23(1.5 - 1) + 0.02(2.0 - 1)} = 0.88$

[고속도로 기본구간의 차로폭 및 측방여유폭 보정계수]

측방 여유폭(m)	한쪽에만 장애물이 있을 때[1]				양쪽에 장애물이 있을 때			
	차로폭(m)							
	3.5 이상	3.25	3.00	2.75	3.5 이상	3.25	3.0	2.75
	4차로(편도 2차로) 고속도로							
1.5 이상	1.00	0.96	0.90	0.80	0.99	0.96	0.90	0.80
1.0	0.98	9.95	0.89	0.79	0.96	0.93	0.87	0.77

주 1) 콘크리트 방호벽 형태의 중앙분리대가 설치된 대부분의 고속도로가 해당된다.

[중차량의 승용차 환산계수]

차종	구분	평지 (2% 미만)	구릉지 (2~5%)	산지 (5% 이상)
소형	2.5톤 미만 트럭, 16인승 미만 승합차	1.0		
중형	2.5톤 이상 트럭, 16인승 이상 승합차(버스)	1.5	3.0	5.0
대형	세미트레일러, 풀트레일러	2.0		

(2) 신설도로의 이상적인 조건(C_j)을 기준으로 [표]에서 서비스교통량(SF_i) 산출

$MSF_i = 1,350\,pcphpl$이므로

$SF_i = MSF_i \times f_W \times f_{HV} = 1,350 \times 1.0 \times 0.88 = 1,188\,vphpl$

(3) 설계시간교통량(DHV)에서 중방향 설계시간교통량(PDDHV) 산출

$$PDDHV = \frac{DDHV}{PHF} = \frac{3,500}{0.90} = 3,889 \, vph$$

(4) 차로수(N) 결정

일방향 차로수 $N = \frac{PDDHV}{SF_i} = \frac{3,889}{1,188} = 3.27$ 차로/방향에서 편도 4차로 필요

그러나, 설계 서비스수준 C인 점을 감안하면, 편도 3차로도 가능하다.

[고속도로 기본구간의 서비스수준]

LOS	밀도 pcpkmpl	설계속도 120kph 교통량 pcphpl	V/C비	설계속도 100kph 교통량 pcphpl	V/C비	설계속도 80kph 교통량 pcphpl	V/C비
B	≤10	≤1,150	≤0.50	≤1,000	≤0.27	≤800	≤0.40
C	≤14	≤1,500	≤0.65	≤1,350	≤0.45	≤1,150	≤0.58
D	≤19	≤1,900	≤0.83	≤1,750	≤0.61	≤1,500	≤0.75
E	≤28	≤2,300	≤1.00	≤2,200	≤0.80	≤2,000	≤1.00

Ⅳ 고속도로 확장공사 : 서비스수준(LOS) 평가

1. 기존도로 기본구간의 운영상태 분석 설계 사례

> 아래 기존의 지방지역 고속도로의 서비스수준을 평가하시오.
> 단, 포장상태와 기후조건은 양호하며, 중차량 구성은 2.5톤 이상의 트럭으로 가정한다.
>
> [주어진 도로조건 및 교통조건]
>
> - 설계속도 100kph, 양방향 4차로
> - 차로폭 3.5m
> - 측방여유폭 : 중분대측 여유 1.0m
>   　　　　　　길어깨측 여유 2.5m
> - 지형은 구릉지
>
> - 첨두시간계수(PHF) 0.95
> - 첨두시간교통량 2,000vph(일방향)
> - 중차량 구성비 20%

(1) 주어진 도로조건 및 교통조건을 기준으로 [표]에서 보정계수(f_W, f_{HV}) 산출

차로폭 및 측방여유폭 보정계수 $f_W = 0.98$

중차량 보정계수(구릉지) $f_{HV} = \frac{1}{1 + 0.2(3.0 - 1)} = 0.71$

(2) 주어진 도로조건 및 교통조건에 대한 용량(C) 산출

$$C = C_j \times N \times f_W \times f_{HV} = 2,000 \times 2 \times 0.98 \times 0.71 = 3,062 \, vph$$

(3) 교통량(V)을 첨두시간 환산교통량(V_P)으로 환산

$$V_P = \frac{현재교통량(V)}{첨두시간계수(PHF)} = \frac{2,000}{0.95} = 2,105 \text{ vph}$$

(4) 수요 교통량(V_P)과 용량(C)에서 교통량 대 용량비(V_P/C) 산출

$V_P/C = \dfrac{2,105}{3,062} = 0.69$에 상응하는 밀도를 표에서 보간법으로 구하면

$\dfrac{14}{밀도} = \dfrac{0.61}{0.69}$ 에서 밀도=15.8이므로, 서비스수준(LOS) D로 평가한다.[12]

Ⅴ 맺음말

1. 현재 우리나라 고속도로 기본구간의 시간당 용량은 1992년 도로용량편람 연구조사 결과에 따른 2,200pcu/시간/차로로서, 이 값은 수요예측 및 서비스수준 평가에 지금도 사용되고 있다.

2. 그 당시 고속도로 기본구간 용량 결정할 때 4차로 고속도로가 주류이었기에 4차로 기준이 었으며, 그 이후 4, 6, 8차로 등 차로수에 상관없이 동일한 값을 적용하였다.

3. 오늘날 고속도로 기본구간에서 운전자들의 통행특성은 차로별로 다른 특성을 보이고 있다. 즉 고속차량이 이용하는 내측 차로와 저속차량이 이용하는 외측 차로는 명확히 서로 다른 이용특성을 보이고 있다.

4. 따라서 고속도로 기본구간에서 차로별, 편도차로별 차량의 통행형태를 교통량-속도 곡선을 이용하여 교통용량을 다시 결정할 필요성이 대두되고 있다.

---

12) 국토교통부, '도로용량편람', 2013, pp.11~13, 28~35.

2.12 기존 2차로 도로의 용량증대

왕복 2차로 도로의 용량증대 방안, 양방향 3차로(2+1) 도로 [1, 7]

Ⅰ 도로의 용량증대 방안

1. 왕복 2차로 도로의 경우

(1) **양보차로** : 왕복 2차로의 앞지르기 금지구간에서 자동차의 원활한 소통을 도모하고, 도로 안전성을 제고하기 위해 길어깨 쪽에 설치하는 저속자동차의 주행차로를 말한다.

(2) **2+1차로** : 왕복 2차로 도로에서 일정구간에 연속적인 3차로 도로를 앞지르기 차로 형식으로 양방향 교대로 설치하여 도로 이용자가 자유롭게 주행하는 차로를 말한다.

2. 일반도로, 고속국도의 경우

(1) **홀수차로** : 도로의 차로수는 짝수차로를 원칙으로 한다. 다만, 도시지역은 좌회전차로, 유턴차로 등의 홀수차로를 적용할 수 있고, 지방지역은 2+1 홀수차로를 적용할 수 있다.

(2) **가변차로** : 방향별 교통량이 특정시간대에 현저하게 달라지는 가로에서 하나 또는 그 이상의 차로를 주 교통 방향으로 통행시키는 기법으로, 출·퇴근 교통량이 많은 도심지에 적용하면 효과적이다.

(3) **추월차로** : 저속자동차로 인해 동일 진행방향의 후속자동차의 속도감소가 유발되고 반대차로를 이용한 추월이 불가능할 경우, 원활한 교통소통과 안전성 제고를 위해 도로 중앙에 설치하는 고속자동차의 주행차로를 말한다.

(4) **버스전용차로** : 일반도로 및 고속국도에서 버스에게 특정차로에 대한 통행 우선권을 부여하는 교통기법으로, 통행방향과 차로위치에 따라 가로변 버스전용차로, 중앙 버스전용차로, 고속도로 버스전용차로 등이 있다.

(5) **간선급행버스체계(BRT, Bus Rapid Transit)** : 교통량이 집중되는 도심지에 BRT 전용차로, 편리한 환승시설, 교차로에 BRT 우선통행권 부여 등을 적용하는 일종의 대중교통버스급행시스템을 말한다.

(6) **신개념 대중교통수단(BTS, Bimodal Tram System)** : 교통량이 집중되는 도심지에 독립된 주행전용로를 설치하고, 승객이 궤도 또는 차량의 바닥 높이에서 승·하차하며, 전철 또는 버스를 1량 또는 다량 편성하여 운행할 수 있는 도시교통시스템이다.

Ⅱ 2차로 도로의 2+1차로

1. 필요성

(1) 왕복 2차로 도로에서 2+1차로는 연속적인 왕복 3차로 도로로서 도로여건, 교통량 등에 따라 일정구간에서 저속 주행차량을 교대로 앞지르기 할 수 있도록 추월차로를 설치하여 도로이용자가 일정한 속도를 유지하게 해 주는 차로이다.

(2) 「도로의 구조·시설 기준에 관한 규칙(2013)」과 「도로계획지침(2013)」에 왕복 2차로 도로에서 중앙차로 부분에 추월차로를 교대로 설치하는 연속적인 3차로 도로 설계기준이 반영되어 있다.

2. 2+1차로 설계기준

(1) 설치조건

① 일방향 추월차로 연장은 전이구간 포함하여 1.4~1.9km 확보할 것

② 양방향 교대 추월을 위한 도로연장은 전이구간 포함 2.8~3.8km 확보할 것

③ 왕복 2차로 도로의 교차로 구간에 추월차로 설치는 가급적 지양할 것

④ 부득이하게 교차로 구간에 추월차로를 설치해야 되는 경우, 직선부에 설치하되 운전자가 추월차로를 인지하기 용이한 구간에 설치할 것

(2) 설치방법

① 왕복 2차로 도로의 모든 구간을 3차로를 설치하되, 교대로 양방향에 추월차로를 연속적으로 설치한 도로형태이다.

② 저속 주행차량은 바깥쪽 차로를 이용하고, 고속 추월차량은 안쪽 차로(추월차로)를 이용하도록 차선을 긋는다.

(3) 설치효과

① 한정된 유지관리예산의 효율적 집행과 사회적 비용 손실을 최소화 가능

• 왕복 2차로 도로를 4차로 용량에 도달될 때까지 일방향 2차로를 운영함으로써 도로의 확장시기를 늦출 수 있어 예산절감 가능

• 2차로 도로의 용량증대를 통해 지·정체 시간비용 절감, 도로서비스 향상 가능

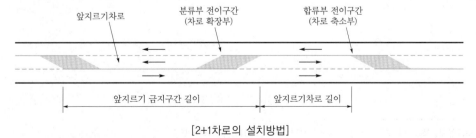

[2+1차로의 설치방법]

② 고속 주행차량에 추월기회 제공 및 중앙분리대 설치에 따른 안정성 확보
- 중차량 혼입률이 높은 산지부의 2차로 도로에서 지·정체가 발생되면 고속 주행차량이 추월하기 위해 중앙선을 침범하여 대형사고 빈발
- 교통량이 많은 구간에 2+1차로 도로를 설치하면 사고율 감소 가능
③ 무분별한 도로 확·포장을 최소화하여 환경영향 및 민원발생 감소 가능
- 기존 2차로 도로의 길어깨나 유휴지를 활용하여 1차로만 확장하여 설치 가능
- 4차로 확·포장공사의 산지부 깎기·쌓기로 인한 산림훼손, 수질오염, 농지잠식 등의 피해 최소화 기대 가능

Ⅲ 맺음말

1. 2차로 도로의 교통량이 용량기준을 초과하지만 4차로 용량기준에는 미치지 못하는 경우 지형여건, 예산제약 등으로 4차로 도로 확·포장이 현실적으로 어려운 구간이 있다.
2. 이와 같은 경우 도로 이용자에 대한 서비스수준 제고 및 사고율 감소 측면에서 단기대책으로 2+1차로를 적용하여 교통용량을 증대시키고, 추후 교통증가에 따라 장기대책으로 왕복 4차로 확·포장을 적용하는 것이 효과적이다.[13]

---

13) 국토교통부, '도로의 구조·시설 기준에 관한 규칙', 2015, pp.162~164.

2.13 자율주행시대의 미래도로

미래도로의 계획과 건설방안, 국내 추진 중인 미래도로 정책방향 [0, 4]

Ⅰ 개요

1. 2014년 「도로법」 전부개정으로 기존 '도로정비기본계획'이 「국가도로종합계획」 체계로 개편, 국토교통부가 10년 단위의 국가도로종합계획을 수립·시행하고 있다.
2. 이와 같은 도로정책방향에 따라 수립된 「제1차 국가도로종합계획(2016~2020)」 중 자율주행시대 도래를 대비한 '미래도로 정책방향'의 핵심이슈와 7대 비전은 다음과 같다.

【미래도로 핵심이슈】		
▶ 자율주행 상용화	▶ 환경·에너지 중시	▶ 공간·투자제약 극복
▶ 유지관리 중심	▶ 슬림화·개방화	▶ 안전강화 ▶ 시공간 확대

【트랜스로드(TransRoad) 7대 비전】	
(1) 자율주행 10%를 넘어, 인공지능 도로 실현	(자율주행)
(2) 에너지 소비 0% 지향, 에너지 생산 도로	(환경, 에너지)
(3) 공간활용을 2배로, 가치를 창출하는 도로	(도시화, 투자재원)
(4) 1초 만에 진단·관리, 살아있는 도로	(유지관리)
(5) 1g, 1mm, 더 가볍고 가까운 도로	(첨단기술)
(6) 교통사고 0, 믿고 가는 도로	(도로안전)
(7) 유라시아 1일 생활권, 세계로 뻗어가는 도로	(초국경, 통일)

Ⅱ 자율주행시대의 미래도로

1. 트랜스로드(TransRoad) 7대 비전

(1) 자율주행 100%를 넘어, 인공지능 도로 실현

① 자율주행 인프라 구축 : '35년까지 도시부 도로에서 완전한 자율주행을 목표로 하는 대도시권역 중심의 C-ITS 확대 구축

② AI 기반의 알파도(道) 실현 : 도로 스스로 교통상황, 도로상태, 차량 주행정보를 수집·분석하여 개별 차량을 제어·관리할 수 있는 도로 실현

(2) 에너지 소비 0% 지향, 에너지 생산 도로

① 친환경 차량 확대 촉진 : 고속도로 휴게소 등에 전기차, 수소차 충전시설 등을 확대하고, 친환경 차량 안전·충전시설 등에 대한 기준 마련, 제도화

② 에너지 자립형·생산도로 실현 : 풍력, 태양열 패널 등을 활용하여 차량 운행과 도로 관리에 필요한 에너지를 자체 조달하는 자립형·생산도로 구축

(3) 공간활용을 2배로, 가치를 창출하는 도로

① 입체적 공간 활용 : 도시부 간선도로 지하화, 다층형 도로, 고층빌딩 간 연결도로, 고층빌딩 환승, 수직수송망 등 새로운 형태의 도로 도입 기반 마련

② 광역·융합형 교통망 구축 : 도시부 혼잡 개선을 위해 대도시권 순환도로망을 구축하고, 거점도시와 인근 중소도시를 고속으로 연계하여 인구 분산

(4) 1초 만에 진단·관리, 살아있는 도로

① AI, 로봇 등을 활용한 유지관리 자동화·무인화 : 전 구간 자동센서 설치, 도로보수 로봇 투입하여 스스로 진단·보수하는 살아있는 인공지능 도로 구축

② 도로 관리시스템 고도화 및 리모델링 : 시설물 빅데이터를 기반으로 도로 인프라에 대한 생애주기비용 분석, 관리시스템 구축·운영

(5) 1g, 1mm, 더 가볍고 가까운 도로

① 도로 슬림화·개방화 : 차량·재료 등 기술발전 따른 도로시설 슬림화, 자율주행에 따른 차로폭·회전반경 등을 고려하여 설계기준 개편 검토

② 생활친화형 도로 구현 : 전기차, 수소차 확대와 더불어 저소음 도로포장 등을 발전시키고, 저소음·저분진·저진동의 친환경 도로건설공법 개발

(6) 교통사고 0, 믿고 가는 도로

① 완전 포용도로 구현(Perfect forgiving road) : C-ITS, 자율주행, 차량제어 등 침단 기술, 충격 흡수량 높은 신소재를 활용하여 인적피해 최소화

② 지하도로 주행환경 변화 대응 : 수직배연 시설 등 별도의 방재기준 마련, 발광형 차선, LED 조명, 대피시설 등 맞춤형 안전시설 구축

(7) 유라시아 1일 생활권, 세계로 뻗어가는 도로

① 통일 한반도 도로망 기반 구축 : 남한의 7×9 국가간선도로망과 연계하여 한반도 도로망 구축에 대한 구상과 대응 전략 마련

② 초고속 유라시아 교통망 구축 : 아시안 하이웨이를 체계적으로 구축하고, 주요 구간을 하이퍼 루프(1,20km/h 이상) 초고속 교통수단으로 연결 방안 논의

2. 자율주행을 위한 미래 도로설계

(1) 도로 인프라의 자율주행 사전 준비

① 인간 운전자의 인지반응시간(2.5초)보다 더 빠른 자율주행자동차의 인지반응시간 (0.5초~1.0초)을 고려하여 도로 기하구조(정지시거)를 설계한다.

• 화물차의 군집주행이 가능하도록 도로교량의 설계하중 기준을 상향 설정

② 도로표지와 교통안전표지의 규격·형상을 표준화하여 사물인터넷(IoT, Internet of Things)으로 연계시켜 자율주행자동차가 위치를 인식하도록 한다.

• WAVE, c-V2X, 5G 등 통신망을 구축하여 자율주행시스템을 위한 환경 조성

③ 도로 인프라의 구축을 위한 사회적 인식을 확산시키고, 이를 바탕으로 관련 법령을 개정하여 자율주행의 교통사고보험 제도 등을 마련한다.

(2) 도로 인프라의 자율주행 등급 부여

① 자율주행자동차 주행설계등급(ODD, Operational Design Domain)과 같이 자율주행도로의 기하구조등급(RGD, Road Geometric Domain)을 정의한다.

② 현재 공용 중인 도로가 자율주행자동차만을 위한 전용도로인지, 일반자동차와 혼용 도로인지에 따라 자율주행 기하구조등급을 새롭게 설정한다.

③ 미래도로에서 안전하고 효율적인 자율주행을 지원할 수 있도록 기존 도로인프라 기술 향상에 따라 자율주행 기하구조등급의 AI 융합을 추구한다.

[자율주행 기하구조등급(RGD) 예시]

구분	자율주행의 기하구조등급(RGD) 내용
등급1	자율주행이 고려되지 않고 이미 설계·시공·운영되고 도로로서 자율주행이 불가능하지는 않으나, 자율주행을 위한 인프라는 전혀 없는 도로
등급2	ITS 및 C-ITS가 적용되어 자율주행에 필요한 V2X 통신환경, C-ITS 서비스, 디지털도로지도 등 제한적인 디지털 인프라가 구축된 도로
등급3	등급2 수준의 인프라에 정밀 디지털도로지도를 포함한 LDM(Localized Dynamic Micro-massage) 등 자율주행에 필요한 디지털 인프라가 충분히 제공되는 도로
등급4	등급3 수준의 자율주행을 위한 인프라에 추가하여 기하구조 개선, 교통안전시설 보강, 측점위치 보정시설 설치 등이 구축된 도로
등급5	등급4 수준의 도로이면서 완벽한 자율주행 전용도로

(3) 도로 인프라 상황에 따른 거버넌스 체계 구축

① 향후 도로 인프라를 설치할 때는 유형(Physical, Digital, Logical) 측면에서 자율주행에 대한 기여도를 고려하여 투자해야 한다.

• Physical : 도로는 내구성이 우수하도록 표준화된 재료 등급에 따라 시공하고 한번 시공하면 가급적 재시공하지 않고 계속 사용

• Digital : 노면표시를 교체하는 경우 디지털 도로지도를 변경하고, 그에 따라 해당 구간의 통행방법, 통행 우선순위 등을 변경 고시

• Logical : 법적 고시사항을 변경하여 해당 구간을 통행하는 모든 자동차 및 각종 자율주행 서비스(mobility service)에 제공

② 향후 도로 인프라의 설계·시공·운영을 위한 새로운 거버넌스를 구축하고 도로 관련 기관들의 역할과 책임을 분명히 설정한다.

③ 도로 인프라 관련 업무마다 소요 기간과 담당 기관의 행위를 지정하고, 시스템에 이러한 행위의 추진상황을 실시간(realtime) 공고한다.

Ⅲ 맺음말

1. 자동차를 위한 도로 인프라에는 상대적으로 관심이 덜 했었다. 얼마 전까지는 대부분의 기관들이 자율주행자동차의 연구·개발에 집중하느라 자율주행에 현대자동차, BMW 등 전통적인 자동차 메이커들은 자신들의 산업보호를 위하여 점진적인 접근을 추진하는 반면, Google 등 후발주자들은 도전적인 입장이다.

2. 자율주행자동차 시대가 곧 도래된다는 생각은 좀 성급하고, 앞으로 상당기간 일반자동차와 혼재되어 도로를 달리는 시대는 곧 도래될 것으로 예견된다.

하지만 언젠가는 자율주행자동차가 사람·물자 이동에 변화를 초래하면서 우리가 살고 있는 도시구조, 생활방식, 업무패턴 등 인간의 삶을 크게 바꿀 것이다.[14]

---

14) 윤일수, '자율주행자동차 시대를 대비하는 도로정책', 아주대학교 교통시스템공학과 교수, 2019.
국토교통부, '제1차 국가도로종합계획(2016~2020)', Ⅳ. 미래도로 정책방향, 2016.

2.14 C-ITS, 자율주행자동차

지능형교통시스템 C-ITS, 자율주행자동차 [4, 2]

I 지능형 교통시스템(Cooperative ITS)

1. C-ITS 개념

C-ITS는 도로, 차량, 신호 등 기존 ITS에 정보, 통신, 전자, 제어 등 기술을 접목시켜 수집된 정보를 활용하여 안전·신속하게 자동 제어하는 시스템이다.

2. C-ITS 필요성

(1) 교통사고 예방을 통한 안전성과 이동성 향상

① V2V(차량 간), V2I(차량-인프라 간) 통신기반의 정보 공유

② 실시간 정보 수집·제공·연계, 위치기반의 서비스 제공

(2) 도로관리 중심에서 이용자 안전 중심으로 패러다임 변화

① (ITS) 소통정보, 가공정보 → (C-ITS) 안전정보, 실시간정보

② (ITS) 즉시대응한계, 사후관리 → (C-ITS) 사전대응, 사고예방

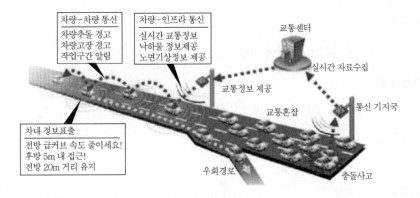

3. 자율주행차와 C-ITS 간의 관계

(1) 자율주행차량의 한계 극복을 위한 도로인프라 지원

① 악천우 중에 차량센서 기능의 저하

② 원거리 검지(센서 검지가능거리 200m 이내) 및 사각지대 검지 한계

(2) CV(Connected Vehicle) + AV(Autonomous Vehicle) = C-AV

① 해외(미국, 유럽 등)에서도 CV와 AV에 대한 필요성 인지

② 향후 자율주행 시대를 대비하여 C-ITS의 역할 중요

Connected Vehicle

Communicates with nearby vehicles

Autonomous Vehicle

Connected Autonomous Vehicle
Operates inisolation from other vehicles
using internal sensors

4. 국내 C-ITS 동향

① 2013 C-ITS 기본계획(국토교통부)

② 2014~2020 대전-세종 시범사업

③ 2016 주파수 분배(과기정통부)

④ 2017~2023 지자체 및 고속도로 실증사업

⑤ 2019~2014 스마트 하이웨이 구축

5. 국내 C-ITS 시범사업

(1) 사업목표

① C-ITS 서비스 기술의 개발 및 검증을 통해 기술 표준화의 인증기준 마련

② 교통안전 효과 및 경제성 분석을 통해 확대기반 조성의 제도적 기반 마련

(2) 사업기간

• 2014년 7월부터~2020년 12월까지

(3) 사업예산

• 397.1억 원('14~'16), 40억 원('17), 40억 원('19), 70억 원('20), 67.1억 원('21)

(4) 사업구간

• 대전시~세종시 고속도로, 국도, 시가지도로(90.7km)

(5) 역할분담

 서비스 개발

• 15개 교통안전서비스 구현
• 통신 인프라 개발 및 구축

ex 한국도로공사

 기반 조성

• 기술규격(표준화) 마련
• 인증기준 및 인증장비 개발

한국지능형교통체계협회

 타당성 검증

• 교통안전효과 및 경제성분석
• 법/제도 개선안 마련

 한국교통연구원

(6) 주요성과

① 서비스 기술 개발 및 검증

• 최신 국제표준(통신, 메시지, 보안)을 반영한 기술 개발

IEEE(전기전자통신공학회) 통신표준 준용

SAE(자동차공학회) 메시지 및 성능 표준 준용

- 15개 서비스 구현을 위한 인프라 구축

  기지국 79개소, 센터시스템 1식, 단말기 3,000대

  지원시스템(돌발검지기, 신호제어기, 보행자검지기)

② 기술 표준화 및 인증기준 마련

- 국제 표준을 반영한 메시지 및 15개 서비스 표준화

  BSM(기본안전메시지), PVD(프로브차량데이터) 표준화

  V2I, C2C, C2I 정보연계 규격 및 성능 요구사항 정의

- 인증제도 시행을 위한 시험규격(안), 운영기준(안) 개발

  단말기 및 기지국 표준 적합성 여부 확인을 위해 시험환경 구축

  장비 간 상호호환성 확보를 위한 공동시험 개최

③ 교통안전효과 및 경제성 분석

- 운전자 시험을 통한 순응도(운전자 반응) 산출

  운전자 반응 : 15개 서비스 평균 47%

  노변 기상정보(60%)~차량 긴급상황 경고(28%)

- C-ITS 서비스에 대한 연간(5년 평균) 교통사고 예방효과 산출

  사고건수 19.0%, 사망자수 19.1%, 부상자수 19.8% 예방

  경제성 분석(B/C)을 통한 타당성 제시 : B/C 1.29

④ 확대기반 조성을 위한 제도기반 마련

- 법제도 개선안 도출

  개인 및 위치정보보호법, 시스템 보안, 사고발생 시 법적책임 검토

  개인정보 관리를 위한 보안인증체계 시범구축 및 운영기준 마련

- 5.9GHz 대역 전용주파수 확보(2016.09., 과기정통부 고시)

  5.855~5.925GHz(70MHz)를 할당받아 5개 채널 사용

  C-ITS 무선기기(기지국, 단말기) 적합성 평가제도 개정

Ⅱ 자율주행자동차

1. 자율주행기능 6단계

(1) 「자동차관리법」 제2조 제1호의3에 의해 '자율주행자동차'란 운전자 또는 승객이 조작하지 않아도 자동차 스스로 운행이 가능한 자동차를 말한다.

(2) 2016년 10월 美교통부 도로교통안전국(NHTSA, National Highway Traffic Safety Administration)은 자동차의 자율주행 수준을 채택하여 6단계로 구분하였다.

- 자율주행기능 6단계는 크게 사람이 주변환경을 모니터링하는 단계와, 자율주행시스템이 주변환경을 모니터링하는 단계로 대별된다.

(3) 우리나라는 「자동차 및 자동차부품의 성능·기준에 관한 규칙」이 2020년 7월 개정되어 '자동차로 유지기능*'이 탑재된 레벨3 자율주행자동차의 출시와 판매가 가능하다.

* 자동차로 유지기능 : 운전자가 운전대를 잡지 않더라도 자율주행시스템이 스스로 안전하게 차선을 유지하면서 주행하고 긴급상황 등에서만 대응하는 기능

[미국자동차기술학회(SAE)의 자율주행기술 발전 6단계]

자동화단계	특징	내용
사람이 주변환경을 모니터링하는 단계		
Level 0	비자동 No Automation	운전자가 전적으로 모든 조작을 제어하고, 모든 동적 주행을 조작하는 단계
Level 1	운전자 지원 Driver Assistance	자동차가 조향, 가속·감속 지원시스템에 의해 실행되지만 사람이 동적 주행에 대한 모든 기능을 주도하는 단계
Level 2	부분 자동화 Partial Automation	자동차가 조향, 가속·감속 지원시스템에 의해 실행되지만 주행환경의 모니터링은 사람이 하며 안전운전 책임도 운전자가 부담하는 단계
자율주행시스템이 주변환경을 모니터링하는 단계		
Level 3	조건부 자동화 Conditional Automation	시스템이 운전 조작의 모든 상황을 제어하지만, 시스템이 운전자의 개입을 요청하면 운전자가 적절히 제어해야 하며 그에 따른 책임도 운전자가 부담하는 단계
Level 4	고도 자동화 High Automation	동적 주행에 대한 핵심제어, 주행환경 모니터링 및 비상상황 대처 등을 모두 시스템이 수행하지만, 시스템이 全的으로 항상 제어하지는 않는 단계
Level 5	완전 자동화 Full Automation	모든 도로조건 및 주행환경에서 시스템이 全的으로 항상 주행을 제어하는 단계

2. 국내 자율주행기능 도입 현황

(1) 이미 적용 중인 기능

① 원격주차 지원(레벨2)

운전자가 자동차 외부의 인접거리 내에서 원격으로 자동차를 주차시키는 기능

② 수동차로 유지(레벨2)

자동차가 주행차로 내에서 유지되도록 시스템이 보조하는 기능(운전자는 운전대를 잡은 채로 운행해야 하며, 손을 떼면 잠시 후 경고음 발생)

(2) 2020년 7월 개정으로 신규 도입

① 수동차로 변경(레벨2)

운전자가 차로 변경을 지시하면 시스템이 주행차로를 변경하는 기능

② 자동차로 유지(레벨3)

시스템이 주행차로 내에서 스스로 주행하는 기능(다만, 주행 영역을 벗어났을 때에는 운전자에게 운전조작 요청)

③ 그 외 주행 및 고장 발생에 대비하는 안전 기능(레벨3)

운전자 모니터링 기능, 고장 대비 설계 조건

(3) 향후 도입 예정인 기능

① 자동차로 변경(레벨3)

시스템이 주변 상황을 스스로 판단하여 주행차로를 스스로 변경하는 기능

② 자동주차(레벨4)

운전자 하차 후 시스템이 지정된 주차구획에 주차시키는 기능(발렛 파킹)

③ 인공지능(AI)은 국제회의에서 논의 결과 등을 고려하여 향후 도입(레벨3~5)

4. 국내 자율주행기능 확대 정책

(1) 자율주행차 시범운행지구 지정·운영 근거 마련

① 국토교통부는 2019년 4월 「자율주행차 상용화 촉진 및 운행기반 조성에 관한 법률」을 제정, 자율주행차를 활용하는 여객·화물의 운송, C-ITS 등을 포함하는 시범운행지구를 지정하고 운영하는 근거를 마련하였다.

② C-ITS는 자율주행차량 센서로 주변환경을 인식할 수 없을 때 차량 간, 차량-인프라 간 통신으로 정보를 받아 차량센서 한계를 보완하는 체계이다.

(2) C-ITS를 통해 자율주행차 시연행사 개최

① 국토교통부는 2020.7.22. 차세대지능형교통체계(C-ITS, 차량 간 및 차량-인프라 간 통신)를 통해 자율주행차에 대한 교통안전 정보를 제공하여 안전한 자율주행을 지원하는 자율협력주행 시연행사를 제주도에서 개최하였다.

② 제주공항과 렌터카 주차장을 왕복하는 5km 구간에서 진행된 시연행사는 자율주행차가 C-ITS를 통해 신호등의 교통신호 정보를 제공받아 사전에 안전하게 제어하는 기능을 선보였다.

③ 시연행사를 통해 자율주행차 센서에서 신호등을 인식하기 어려운 악천후, 태양 역광, 전방 대형차량으로 인한 가려짐 등의 위험한 상황에 대응하고, 전방 신호등의 잔여시간을 인지하여 사전에 속도 제어하는 자율주행 기능을 검증하였다.

4. 자율주행기능 논란 및 문제점

(1) 안전성 보장

① 자율주행보다 인간운전이 훨씬 위험할 수 있다. 실제 교통사고의 원인은 전방주시 태만 등 안전수칙 미준수, 음주·졸음운전, 무단횡단 등 인간 과실이 태반이다.

② 그만큼 '인간 운전자보다 자율주행자동차가 더 정확하게 위험상황을 판단한다.'고 주장하기 때문에 사고가 발생되면 안전성 논란이 더 크다.

(2) 사고발생 책임

① 무인주행 중에 사고가 발생되면 사고 주체가 운전자가 아닌 자동차가 되므로 보험에서 보장하는 운전자 과실에 자율주행사고 포함 여부에 대한 논란이다.

② 무인주행 중에 사고 발생되는 경우, 운전자와 자동차 생산업체 간의 배상책임 소송이 예상되므로 무인운전 상용화 전에 해결되어야 할 문제이다.

(3) 긴급상황 딜레마

① 차량사고를 피할 수 없는 긴급상황에서 직진하면 5명을 다치고 방향을 틀면 1명만 다치거나 벼랑으로 추락하여 운전자 1명만 희생된다고 가정해 보자.

② 이와 같은 긴급한 딜레마 상황에 대하여 자율주행 인공지능(AI)이 어떻게 판단을 하도록 프로그램을 구성해야 하는지 논란이 될 수도 있다.[15]

---

15) 국토교통부, '세계 최초 부분자율주행차[레벨3] 안전기준 제정', 첨단자동차기술과, 2020.01.06.
국토교통부, '자율주행 시범운행지구 지정·운영 제도 마련', 첨단자동차기술과, 2020.02.09.
국토교통부, '자율주행차, 교통신호정보 미리 알고 사전에 대응한다.', 첨단자동차기술과, 2020.07.22.

2.15 스마트 하이웨이(Smart Highway)

미래 고속도로 건설 비전과 목표, 스마트 하이웨이(Smart Highway) [1, 2]

I 개요

스마트 하이웨이(Smart Highway)란 안전하고 쾌적한 도로기술, 첨단IT기술, 자동차기술 등을 결합하여 운전자의 이동성·편리성·안전성을 획기적으로 향상시킨 고기능·고규격의 지능형 차세대 기술 융합 도로를 말한다.

II 스마트 하이웨이

1. 차세대 기술 융합 동향

(1) **도로 이용자** : 쾌적하고 편리하며 안전한 도로조건에서 자동차에 대한 개념변화(단순통행수단 → 가치창출수단), 승용차에 내비게이션 장착 등을 요구

(2) **도로건설 기술** : 300km/h 고속철도와 100km/h 고규격 도로 출현, 도로의 설계·포장·구조기술 향상, 도로예산 제약, 환경보존 요구 증대 추세

(3) **자동차 기술** : 지난 40년간 고속도로 설계속도는 100~120km/h에 불과했으나, 최근 전자·정보·통신기술을 적용한 400km/h급 초고속 고성능 자동차 등장

(4) **컴퓨터 기술** : 지능형교통체계(ITS), 지리정보체계(GIS), 첨단통신기술(IT) 등의 비약적인 발전, 국가 간 지능형 도로-자동차 연계기술의 개발 경쟁

(5) **국제 교역** : 국가 간 자동차 산업의 분업구조 확대와 교역규모 증가, 특히 동북아 국가 간 장거리 통행수요 출현 예상

(6) **물류 비용** : 국가와 지역 간 교역확대로 물류비가 산업경쟁력의 핵심으로 대두되어 대형 버스·화물차 전용차선(전용도로)의 출현 예상

2. 핵심목표

(1) 설계속도 160km/h에서 자동사고예방 감지시스템 개발을 통해 도로통행의 3대 요소인 '운전자-도로-차량' 간의 역할 재조정과 안전성 확보

- IT기술을 도로와 자동차에 접목하여 자동차-운전자-도로시설 간의 정보공유-통신-제어(communication & control)를 통해 도로기능 향상

(2) 지능형 고속도로 개발을 통해 도로와 자동차의 지능화 실현, 정보전달과 제어의 결합, 무인 자동운전 등 다양한 서비스 제공

- 차량 간 주행간격 최소화로 도로의 용량증대와 소요부지의 최소화를 실현할 수 있어 환경친화적인 고속도로 건설 가능

Ⅲ 국내 스마트 하이웨이 핵심과제

1. [과제 1] 도로기반시설 핵심기술 개발

(1) 스마트 하이웨이 안전시설 설치방안 연구

① 스마트 하이웨이 안전성 확보를 위해 종방향 연성 및 강성 배리어 개발

② 배리어(Barrier)* 개발을 위해 예비설계에 대한 Computer Simulation으로 안전성을 검증한 후, 실물차량 충돌시험을 거쳐 개발 완료

* Barrier : 차량이 주행차로를 이탈했을 때 위험을 최소화하기 위해 에너지를 잘 흡수하는 재료를 이용해서 만든 장애물

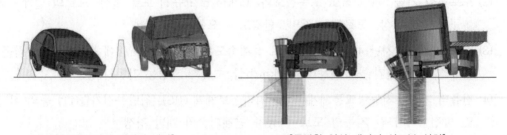

[종방향 강성 배리어 개발]　　　　　　[종방향 연성 배리어 성토부 설치]

(2) 스마트 하이웨이 운전자의 효율적인 안내기법 연구

① 야간 악천후에서 도로안내시설의 시인성 확보를 위해 집광조명표지를 개발하고, 조명표지와 노면표시의 최적 운영방안을 위한 연구 수행

② 운전자의 효율적 안내를 위해 다양한 교통공학 및 인간공학적 기초연구 수행

2. [과제 2] 도로-IT기반 교통운영기술 개발

(1) 스마트 하이웨이의 SITMS 개념(아키텍처, 서비스)을 정립하고, 시스템(스마트 통신, 톨링, Smart-I, 레이더 검지, 주행로 이탈예방시스템)을 검증

(2) 스마트 하이웨이의 교통정보센터에 도입될 스마트 개방형 통합시스템을 구상하고 설계하는 과정을 검증

(3) 교통정보를 실시간으로 수집할 수 있는 최적검지체계 구상하고, 돌발상황을 자동으로 검지·추적하는 Smart-I 시스템을 개발

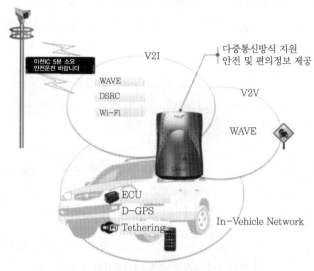

[Smart-I 단말기 구성도]

3. [과제 3] 도로-자동차 연계기술 개발

(1) 레이더와 차량수집장치로부터 수집한 교통정보를 위험상황 발생했을 때 도로-자동차 통합운영관리시스템을 통해 즉시 인지하고, 운전자에게 통지하여 안전성 확보

(2) 도로주변 낙하물 경보 서비스, 연쇄추돌사고 예방지원 기술 등의 위험요소를 미리 감지하여 후방 접근차량에게 정보 제공하여 초고속 및 무정체 주행환경 구현

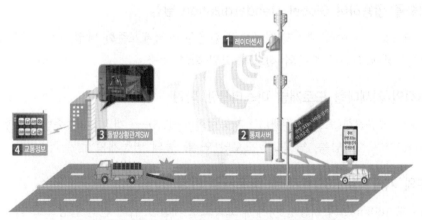

[스마트 하이웨이 도로-자동차 통합운영관리시스템 구축]

4. [과제 4] 도로구조·시설 기준 구축 지원

(1) 설계속도 140km/h의 스마트 하이웨이에서 평면선형, 종단선형, 횡단구성요소에 대한 연구를 통해 향후 스마트 하이웨이의 구조·시설 기준 구축

(2) 스마트 하이웨이의 구조·시설 기준 구축에 필요한 기초자료로 활용할 수 있는 지침 형 태의 기하구조 기준 개발

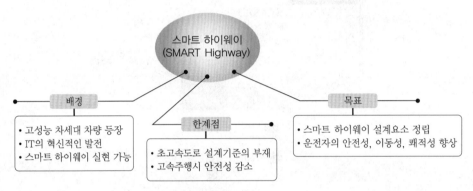

[스마트 하이웨이의 구조·시설 기준 구축 필요성]

Ⅳ 향후 스마트 하이웨이 개발전략

1. 새로운 개념의 차세대형 고속도로의 활용

국내 거점도시 간의 이동성이 획기적으로 향상되어 신도시, 산업단지, 업무단지, 관광위락 단지, 공항, 항만 등의 공간적 기능의 재배치 필요

2. IT기술을 활용하여 Global standardization 달성

첨단 고속도로 기술을 패키지 상품으로 활용하여 국제표준화 달성, 이를 바탕으로 미래 해 외건설시장에 선진국 수준의 선도적 지위 확보 추구

3. 체계적인 차세대형 도로개발 마스터플랜 마련

고속도로 고규격화(초고속 주행) → 지능형화(C-ITS) → 개발형 IC(주변부 복합개발) → 초 광역화(경부축, 호남축, 남북 간 도로망 연결) 등의 연동계획

4. 정부의 기술개발 R&D투자 및 도로사업 반영

최고속도 160km/h의 지능형 차세대 고속도로 개발을 위해 관민 합동으로 핵심요소 기술개 발, Test bed 건설을 통한 실용화 추진 예정 [16)]

---

16) 국토교통부, 'SMART Highway 사업 운영 및 관리 최종보고서', 한국도로공사, 2017.

2.16 도로주행 시뮬레이션, 군집주행

도로주행 시뮬레이션, 군집주행 [2, 0]

I 도로주행 시뮬레이션

1. 정의

(1) '도로주행 시뮬레이터 실험시설'은 실제 도로주행 실험이 불가능한 도로환경에 대응하기 위해 가상현실에서 실제 운전상황을 모의하는 가상주행 실험시설을 말한다.

(2) 도로주행 시뮬레이터에 탑승한 운전자가 조향 휠 조작, 페달 조작 등을 시뮬레이션으로 수행하면, 운전자에게 실시간 영상을 보여줌으로써 운전자가 실제 자동차를 운전하는 느낌을 받게 하는 첨단 도로교통 연구용 실험시설이다.

운전자의 차량제어 신호 전달 ➡ 차량의 동력학 특성 반영 ➡ 운전자에게 영상, 운동, 소리 등 전달 ➡ 실제 자동차를 운전하고 있는 느낌 ➡ 가상도로를 주행하는 연구용 실험차량

[도로주행 시뮬레이터 실험시설 개념]

2. 도로주행 시뮬레이터 구성

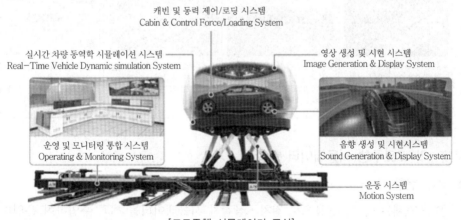

[도로주행 시뮬레이터 구성]

(1) 실시간 차량 동역학 시뮬레이션 시스템(Real-Time Simulation System)

(2) 캐빈 및 동력 제어/로딩 시스템(Cabin and Control Force Loading System)

(3) 영상 생성 및 시현 시스템(Image Generation and Display System)

(4) 음향 생성 및 시현 시스템(Sound Generation and Display System)

(5) 운동 시스템(Motion System)

(6) 운영 및 모니터링 통합 시스템(Operating and Monitoring System) 등

3. Global Top5 도로주행 시뮬레이터 실험시설 구축 목적

(1) 교통개방 전·후 도로의 종합적인 설계검토를 할 수 있는 실험시설 구축

(2) 운영단계에서 교통부문 대책수립 및 사전 평가할 수 있는 실험시설 구축

(3) 지능형 교통시스템의 연구개발 수행 및 평가체계 구축

(4) 실험시설 연계 및 중장기 교통운영계획 수립

(5) 현실 대비 재현수준 90% 수준의 도로주행 시뮬레이터 실험시설 구축 완료

[한국도로공사의 연구 인프라 및 도로 운영 전문성을 활용한
세계적 수준의 도로교통 연구를 위한 통합 플랫폼]

Global Top5 도로주행 시뮬레이터 실험시설 구축

[목표 1]	[목표 2]	[목표 3]	[목표 4]
개통 전/후 도로의 종합적인 설계 검토 가능	운영 단계에서의 대책 수립 및 평가 가능	지능형 교통시스템의 연구개발 및 평가체계 수립	실험시설 연계 및 중장기 운영계획 수립

• 도로 설계 적정성 검토 • 설계 요소의 다각적 검토 및 사전 위험 요소 제거	• 운영조건별 특성을 반영한 교통서비스의 파급효과 검토 • 평가결과를 정량화하고 이를 통해 과학적 개선방안 도출	• 스마트 모빌리티 효과 검증 • 스마트 하이웨이 안정성 평가 및 검증	• KOCED의 Grid 시스템 연계망 구축 • 운영관리계획 및 중장기 발전 방안 수립

4. 국내·외 도로주행 시뮬레이터 현황

(1) 국내 현황

① 초기에는 군사훈련용으로 전차·장갑차 시뮬레이터를 해외 수입하여 운영하였으나, 영상장치, 운동장치, 차량동역학적 검증장치 등을 개발한 사례는 없다.

② 국내에서는 1997년 국민대학교에서 운전 시뮬레이터를 최초 개발 이후, 학계에서 관심을 보이기 시작하여 2000년대 초반부터 본격 확대되고 있다.

③ 현재 한국도로공사, 한국교통안전공단, 자동차부품연구원, 한국건설기술연구원, 도로교통공단, 현대자동차 등에서 연구용 시뮬레이터를 보유하고 있다.

(2) 국외 현황

① 1960년대부터 미국, 독일, 일본 등에서 인간공학 연구, 도로설계 해석, 차량개발 등을 목적으로 도로주행 시뮬레이터를 대규모로 개발하였다.

② 1984년 Daimler Benz에서 고가의 비행 시뮬레이터에만 적용되었던 6축 유압식 운동시스템을 활용하여 실제 차량과 유사한 운전감각을 재현하는 고성능 도로주행 시뮬레이터를 개발·운영하였다.

③ 1900년대 이후 컴퓨터그래픽의 급속한 발달로 1초에 30~60프레임 영상을 생성하는 자유주행이 가능하여 오늘날 3차원 가상현실 주행을 실현하고 있다.

5. 도로주행 시뮬레이터 기대효과

(1) 국내·외 도로교통분야에서 도로주행 시뮬레이터의 활용도가 급격히 증가되는 추세이며, 향후 연구분야가 보다 광범위하게 확대될 것으로 전망된다.

(2) 도로주행 시뮬레이터를 통해 실제 상황에서 수집될 수 없는 분석자료 및 실험결과가 도출되고 있어 도로운영의 효율성과 안전성이 향상될 것으로 전망된다.

(3) 교통선진국의 도로주행 시뮬레이터 결과, 3차원 가상현실을 통해 5~15%의 도로설계 및 공사기간 단축 효과가 있고, 연간 10% 이상의 교통사고 절감효과가 있다.[17]

Ⅱ 군집주행

1. 용어 정의

(1) 군집주행(群集走行, Platooning)이란 차량 여러 대를 네트워크로 연결하는 자율주행 기술로서, 운전자가 선두차량을 운전하여 주행하면 후속차량들이 일정한 안전거리를 유지하면서 자동으로 뒤따라 주행하는 방식이다.

(2) 군집주행은 네트워크 연결을 통해 방향, 신호, 위치, 속도 등 다양한 정보를 빠르게 주고받으며, 자율비상 브레이크(Autonomous Emergency Braking), 차선유지 보조(Lane Keeping Assist), 반응형 차량제어(Lane Keeping Assist) 등 이미 상용화된 자율주행 보조기술을 복합적으로 활용하는 스마트기술이다.

---

17) 국토교통부·국토과학기술진흥원, '도로주행 시뮬레이터 실험시설 구축 최종보고서, 주관연구기관 한국도로공사, 2019.2.14.

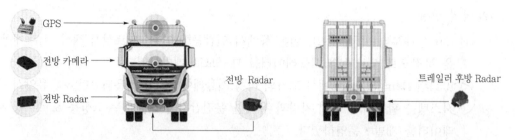

- GPS
- 전방 카메라
- 전방 Radar
- 전방 Radar
- 트레일러 후방 Radar

[대형트럭 자율주행 시스템 센서 구성 개념도]

2. 자율주행 기반 군집주행 필요성

(1) 경찰청에 따르면, 전체 교통사고 화물차 사고율 10.8%는 승용차 사고율 53.0%에 이어 2번째로 높다. 전체 교통사고 사망률 1.9% 대비 화물차 사망률 3.7%로 높다.

(2) 2017년 기준 화물트럭 운전자의 평균연령은 50세 이상으로, 고령화 현상이 뚜렷하게 나타나는 추세에서 졸음운전으로 인한 사고피해가 매년 증가하고 있다.

(3) 자율주행 기반 군집주행의 핵심기술은 각 자동차들이 Wi-Fi, GPS, 카메라, 센서 등을 통하여 트럭의 위치, 방향, 속도 등 상세한 정보를 공유하는 시스템이다.

(4) 미국 ATRI(American Transportation Research Institute)에 따르면, 군집주행 선두 차량은 최대 5%, 후속차량은 최대 15%의 연료소비를 줄일 수 있다.

(5) 군집주행은 차량사물통신 기술 V2X(Vehicle to Everything)를 이용하여 앞차와 뒤차 간에 가·감속 차량제어정보를 실시간 공유하기 때문에, 앞차가 급정거하면 인간 브레이크 반응시간보다 빨리 반응하여 안전하다.

3. 군집주행에 주목하고 있는 글로벌 기업

(1) 유럽은 2016년 네덜란드 DAF, 독일 Daimler와 MAN, 스웨덴 Scania와 Volvo, 이탈리아 Iveco 등 6개 업체가 참가하는 'Europe Truck Platooning Challenge'를 개최하여 유럽을 횡단하는 군집주행을 시연하였다.

(2) 일본은 2018년 세계 최초로 고속도로에서 각기 다른 브랜드의 트럭으로 군집주행을 시연하였다. 중국 역시 2018년 쑤닝 물류(Suning Logistics) 주관으로 상하이에서 자율주행 트럭 스트롤링 드래곤(Strolling Dragon)을 시연하였다.

(3) 한국은 2018년 국토교통부 주관으로 자율주행 버스와 화물차 도입을 위한 실증연구 R&D사업 V2X 기반 화물차 군집주행 기술개발에 착수하였다. 현대자동차가 2019년 11월 고속도로에서 대형트럭으로 군집주행을 시연하였다.

(4) 군집주행 기술에서 뒤처지면 자율주행 기술의 주도권을 놓칠 수 있다. 단순히 연료효율을 높이는 기술에 그치지 않고 차세대 자율주행 시스템을 선점하는 기술이다. 국가 차원의 관심과 기업의 발 빠른 투자가 필요하다.[18]

---

18) HYUNDAI, '물류업계의 목마름을 채워줄 자율주행 기반 군집주행', HMG Journal, 2019.

[2. 교통계획 · 제도]

2.17 교통안전 종합대책(2018.1. 관계부처합동)

2018.1. 발표된 '교통안전 종합대책'의 주요내용과 도로설계 유의사항 [1, 4]

I 추진배경

1. 정부가 교통사고 사망자 감소 등을 위해 국가교통안전 기본계획(국토교통부 주관)을 5년마다 수립·추진 중이나, 계획 대비 목표 달성도는 여전히 미흡하다.
2. 이에 교통사고로부터 국민의 생명과 안전을 지키기 위해 범국가적 차원의 새로운 접근과 대책마련이 시급한 상황에서 다음과 같은 실효적인 대책을 마련하였다.

II 교통사고 현황 및 원인분석

1. 교통사고 현황

(1) 보행자 사망사고

① [현황] : 교통사고 사망자 중 보행자의 비중이 40%(1,714명)로 가장 높음
② [원인] : 차량소통 중심의 법·제도 및 속도관리, 운전자의 안전의식 미흡 등

(2) 교통약자(고령자 · 어린이) 사고

① [현황] : 65세 이상 사망자는 전체 사망자 중 가장 높은 비중(40%, 1,732명)
② [원인] : 교통약자에 대한 배려의식이 미흡하여 적은 충격에도 사망 증가

(3) 화물차 · 사업용차량 · 이륜차 사고

① [현황] : 자동차 1만 대당 사망자수는 화물차(2.7명)가 승용차(1.1명)의 2.5배
② [원인] : 화물업계 과당경쟁으로 과속·과로운행 사업용차량 면허관리 미흡 등

2. 개선 필요사항

(1) 차량소통 중심의 속도관리체계에서 보행자 중심으로 제도·문화로 패러다임 전환
(2) 교통약자를 운전자가 우선 보호·배려하도록 강화된 맞춤형 안전대책 마련 시급
(3) 운전 중 휴대전화 사용, 선팅 등 교통법규 준수를 위해 처벌강화 필요성 증대
(4) 교통 컨트롤 타워 강화, 일선교통정책을 집행하는 지자체의 적극적 참여 유도 필요

Ⅲ 정책목표 및 추진방향

비전	사람이 중심이 되는 교통안전 선진국

목표	22년까지 교통사고 사망자 수 절반수준 이하로 감축 (17년 4,200명 수준 → 22년 2,000명 수준)	
추진 전략	사람우선정책	차량 소통 중심 → 사람의 안전·생명을 지키는 교통정책
	교통안전 시스템 혁신	사후적 안전 관리 → 예방적·과학적 안전 관리 시스템 구축
	협업 추진체계 구축	중앙정부 중심 정책 추진 → 중앙정부·지자체 간의 협업체계 강화

핵심분야	중점과제
① 보행자 우선 교통체계로 개편	(1) 보행자 우선 통행제도로 전면개편 (2) 선진국형 속도관리체계 조기 확산 (3) 보행사고 취약구간 개선 및 관리 강화
② 교통약자 맞춤형 안전환경 조성	(4) 어린이 보호를 위한 안전환경 개선 (5) 고령자 교통안전 강화
③ 운전자 안전운행 및 책임성 강화	(6) 운전자 교통안전 책임성 강화 (7) 화물자동차 사고예방을 위한 제도개선 및 단속 강화 (8) 운수업체·종사자 안전관리 책임강화 및 지원 (9) 이륜차·자전거 등 개인형이동수단 관리 강화
④ 안전성제고를 위한 차량·교통 인프라 확충	(10) 첨단기술 활용 등을 통한 차량 안전도 강화 (11) 첨단교통정보를 활용한 안전도로 구현 (12) 긴급구난 등 사고대응체계 고도화
⑤ 교통안전문화 확산 및 강력한 추진체계 구축	(13) 교육·홍보 및 단속 등을 통한 사람우선 교통문화 확산 (14) 범정부 교통안전 추진체계 강화 (15) 지방이 중심이 되는 교통안전 정책추진

Ⅳ 중점 추진과제

1. 보행자 우선 통행제도로 전면개편

(1) 신호가 없는 횡단보도에서 보행자가 '통행하고 있을 때'의 차량 일시정지 의무를 '통행하려고 할 때'로 일시정지 의무로 확대

(2) 차량 적신호에서 우회전하기 전 횡단 보도 앞에서 일시정지 후 서행 의무 규정을 사고 위험이 높은 교차로에서는 적신호 우회전 금지표지 확대 설치

2. 선진국형 속도관리체계 조기 확산

(1) 도심지 차량 제한속도를 하향(60km/h → 50km/h) 조정하고, 특히 도시부 내의 주택 밀집지역에는 보행안전 강화를 위하여 30km/h 이하로 관리

(2) 차량의 저속운행을 유도하기 위해 교통정온화(Traffic Calming) 설계기준, 제한속도 준수에 따른 보험료(공제) 할인규정 등을 마련

3. 보행사고 취약구간 개선 및 관리 강화

(1) 도심지 보행환경 개선을 위해 보행자 우선도로로 설정된 구간을 대상으로 노면표시, 교통정온화 등 저비용 시설보강사업을 우선 실시

(2) 도로변 마을의 사고발생 예방을 위해 '마을주민 보호구간(마을 전·후방 10m)' 지정 확충, 야간 보행사고 취약구간에 횡단보도 조명시설 확충

4. 어린이 보호를 위한 안전환경 개선

(1) 어린이 왕래가 잦은 초등학교, 학원, 유치원, 어린이집 등을 중심으로 '어린이 보호구역' 신규 지정, 단속용 CCTV 설치 확대

(2) 어린이가 승차 중인 차량에는 전 좌석 안전띠 착용 의무화 법률 개정 후, 어린이 안전띠 착용 홍보 강화, 교육과 단속 병행 시행

5. 고령자 교통안전 강화

(1) 고령자의 왕래가 잦은 복지회관, 경로당 등 여가·복지시설을 중심으로 '노인 보호구역' 지정 확대, 보행안전시설 개선 추진

(2) 75세 이상 운전자를 대상으로 면허 적성검사 주기 단축(5년 → 3년) 및 인지지각검사가 포함된 안전교육 의무화 추진, 치매환자는 별도 관리

6. 운전자 교통안전 책임성 강화

(1) 연 10회 이상 상습적인 법규위반 고위험자(보호구역 내 과속, 신호, 보행자보호위반 등)에는 형사처벌 가능토록 교통사고처리 특례대상에서 제외

(2) 음주운전 근절을 위해 단속기준을 선진국 수준(혈중 알콜농도 0.05% → 0.03%)으로 강화, 택시운전사 업무 중 음주운전은 '원스트라이크 아웃제' 도입

7. 화물자동차 사고예방을 위한 제도개선 및 단속 강화

(1) 차량 연식과 주행거리를 감안한 화물차 차령제도 도입('19년)에 따라 '20년부터 시행, 화물 낙하방지를 위해 적재함 설치 의무화 적용 시행

(2) 과적차량에 대한 관계기관 합동단속 실시 및 이동식 단속 지점을 지속 확대, 단속기관 간 위반정보 공유하여 위반행위 처벌 강화

8. 운수업체·종사자 안전관리 책임강화 및 지원

(1) '버스 등 운수업체 안전정보(사고이력 등)를 국민들에게 주기적으로 공개하는 전세버스 안전정보 공시제도' 도입('19년)에 따라 '20년부터 시행

(2) 운수업체·종사자에 대한 디지털 운행기록장치(DTG) 운행정보를 활용하여 과속·급제동 등 운수종사자 운전행태 개선 컨설팅 교육 지원

9. 이륜차·자전거 등 개인형이동수단 관리 강화

(1) 이륜차의 운전면허 취득 과정에서 필기·기능시험을 강화하고, '배달 오토바이' 사업주(운영자)에게 이륜차 운전자에 대한 관리책임 부과

(2) 개인형이동수단(Personal Mobility, 전동킥보드, 세그웨이 등)의 유형별 통행방법을 정립하고, 보험상품 개발 유도 등 지속 추진

10. 첨단기술 활용 등을 통한 차량 안전도 강화

(1) 국제 기준에 맞도록 신규 제작차량에 비상자동제동장치(AEBS), 차로이탈 경고장치(LDWS) 장착을 단계적으로 의무화 시행

(2) 교통사고에 취약하나 발견·단속이 어려운 대포차 근절을 위한 효율적인 개선방안(검사필증 부착제도. 순찰차 자동인식장치 활용) 마련('19년)으로 단속 시행

11. 첨단교통정보를 활용한 안전도로 구현

(1) 주행 중 차량 간, 도로-차량 간 교통정보를 공유하여 사고를 예방하는 차세대 지능형 교통시스템(C-ITS) 구축을 전국으로 확대

(2) 교통량, 도로구조, 사고정보 등의 빅데이터를 활용한 도로 위험도 평가기법 적용('19년)을 통해 도로개선사업, 내비게이션 서비스 등에 활용

12. 긴급구난 등 사고대응체계 고도화

(1) 교통사고 발생에 신속구조를 위한 한국형 '긴급구난시스템(Emergency-cal)' 도입('19년), ICT 기술 활용으로 사고정보를 자동전송 시행

(2) 사고 재발 방지를 위한 사고원인 정밀·합동조사 범위를 확대하고, 사고통계 공유를 위하여 교통사고분석시스템(TAS)의 통계자료 제공 시행

13. 교육·홍보 및 단속 등을 통한 사람우선 교통문화 확산

(1) 일상생활 속에서 사고위험을 간접 체험할 수 있는 프로그램 개발 및 체계적인 교통안전 체험시설 확충, 시민평가단을 함께 운영

(2) SNS 교통안전 정보제고 포털사이트 개설('18년)을 통해 UN 도로안전주간(5월), 보행자의 날(1월 1일) 명절, 행락철 등에 이벤트 홍보 전개

14. 범정부 교통안전 추진체계 강화

(1) 국무총리실 국무조정실장 주재 국정현안점검조정회의를 통해 교통안전대책의 이행상황을 점검하고 개선과제 발굴·조정 및 시행

(2) 교통법규 위반에 대한 단속·계도의 실효성 확보를 위해 교통경찰 인력을 우선 확보하여 교통안전 취약 시·도를 중심으로 외근 경찰 현장에 배치

15. 지방이 중심이 되는 교통안전 정책추진

(1) 중앙부처·자치단체 정책협의회(행정안전부장관 주재, 광역지자체 부단체장 참석)를 활용하여 지자체 교통안전대책 추진상황을 분기별로 논의·조정

(2) 불법 주정차, 운수업체 점검 등 지역중심의 교통안전 정책의 충실한 수행을 위해 지자체별 교통안전 전담인력 확충 유도 및 지원

Ⅴ 맺음말

1. 우리나라는 교통사고 사망자 중 보행자가 차지하는 비중(40%)이 높고, 특히 교통약자(고령자·어린이)의 보행사망자는 선진국 대비 높은 수준이다.

2. 대한민국의 불명예스러운 세계 1위 교통사고 사망자율을 낮추기 위하여 「국가교통안전기본계획」의 중점과제를 지속적으로 시행하여 교통문화를 정착시켜야 한다.[19]

---

19) 관계부처 합동, '국민의 도로안전과 생명을 지키는 교통안전 종합대책', 2018.1.23.

2.18 수도권(대도시권) 광역교통 2030

광역교통 문제를 해결하기 위한 수도권(대도시권) 광역교통 2030 [0, 1]

I 개요

1. 국토교통부가 2019.10.31. 세종문화회관에서 발표한 '광역교통 2030'은 대도시권 광역교통 의 정책방향과 미래모습을 제시하는 기본구상으로, 통행시간 30분대로 단축, 통행비용 최 대 30% 절감, 환승시간 30% 감소 등의 3대 목표를 제시하였다.

2. 이를 달성하기 위해 세계적 수준의 급행 광역교통망 구축, 버스·환승 편의증진 및 공공성 강화, 광역교통 운영관리 제도 혁신, 혼잡·공해 걱정 없는 미래교통 구현 등의 4대 중점 과제와 대도시권 권역별 광역교통 구상을 담고 있다.

II 광역교통 2030 주요내용

1. 세계적 수준의 급행 광역교통망 구축

(1) 주요 거점을 30분대에 연결하는 광역철도망을 구축

① 수도권 주요거점을 광역급행철도로 빠르게 연결하여, 파리, 런던 등 세계적 도시 수 준의 광역교통망을 완성할 계획이다.

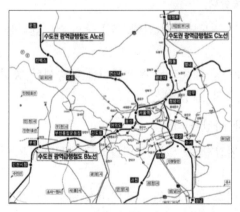

[수도권 광역급행철도 노선도]

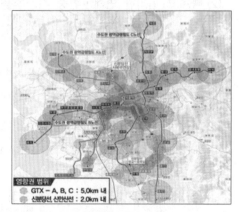

[급행철도 수혜범위]

② 어디서나 접근 가능한 대도시권 철도 네트워크를 구축해 나간다.

③ 트램, 트램-트레인 등 신교통수단을 적극 도입해 나갈 예정이다.

(2) 네트워크 강화를 통한 도로의 간선기능을 회복

① 수도권 외곽 순환고속도로망을 조기에 완성하여 도심 교통량을 분산한다.

② 주요 간선의 상습정체구간 해소를 위해 대심도 지하도로 신설을 검토한다.

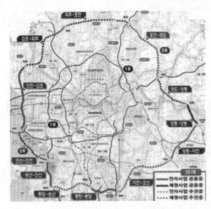

[수도권 순환고속도로망]

[대심도 지하도로 개념도]

2. 버스·환승 편의증진 및 공공성 강화

(1) 광역버스의 대폭 확대와 함께 서비스도 향상한다.

① M버스 운행지역을 지방 대도시권까지 대폭 확대하고, 정류장 대기 없이 M버스를 이용할 수 있도록 전 노선으로 예약제를 확대('22)할 계획이다.

② 지하철 시스템을 버스에 도입한 S-BRT, 대용량 수송능력을 갖춘 고속 BTX(Bus Transit eXpress)를 도입하여 이동시간을 30% 이상 단축할 계획이다.

(2) 빠르고 편리한 연계·환승 시스템을 구축한다.

① 도심형(삼성역), 회차형(청계산입구역), 철도연계형(킨텍스역) 등의 환승센터를 체계적으로 구축할 예정이다.

② 환승센터에 광역버스 노선을 연계하는 등 대중교통 운행체계를 환승센터 중심으로 재정비하여 환승시간을 최대 30% 단축할 예정이다.

(3) 교통비 부담을 경감하고 공공성을 강화해 나간다.

① 외곽지역에서도 교통비를 최대 30% 절감할 수 있는 광역알뜰교통카드를 '20년부터 본격 시행할 예정이다.

② 신도시 등 교통소외지역에 안정적 서비스 제공을 위한 광역버스 준공영제를 도입하여 정류장 대기시간과 차내 혼잡을 대폭 개선할 계획이다.

3. 광역교통 운영관리 제도 혁신

(1) 선제적 광역교통대책으로 주민 불편을 최소화할 계획이다.

① 쪼개기·연접개발 방식으로 광역교통개선대책 수립을 회피하는 문제를 해결하기 위해 개선대책의 수립기준을 강화할 예정이다.

② 신도시 초기 입주단계에서의 교통불편 해소를 위해 광역버스 운행, 환승정류장 설치 등 즉시 시행 가능한 특별대책을 수립·시행할 계획이다.

(2) 광역교통시설 투자체계 개편 및 광역교통정책 이행력을 강화할 예정이다.

① 광역교통 시설 및 운영에 대한 투자를 확대하여 현재 5% 수준인 광역교통 투자비율을 상당 수준까지 상향할 계획이다.

② 광역교통 서비스 공급자와 수요자가 함께 참여하여 이해관계를 조정하고 문제를 해결하는 협력적 거버넌스 체계를 구축할 계획이다.

4. 혼잡·공해 걱정 없는 미래교통 구현

(1) 마음껏 숨을 쉴 수 있는 대중교통 중심 도시를 실현한다.

광역버스 노선에 2층 전기버스를 운행하는 등 친환경차량으로 전환하고, 역사(驛舍) 등에 공기정화시설을 확충하여 '미세먼지 안심지대'를 조성한다.

(2) 최종 목적지까지 끊김 없는 대중교통 서비스를 제공한다.

대중교통수단(광역버스, GTX 등)과 공유형 이동수단(전동킥보드, 공유자전거 등)을 결합하여, 일괄 예약·결제 가능한 '통합 모빌리티 서비스'를 제공한다.

Ⅲ 기대효과

1. 빨라진 출퇴근 : 간선급행망의 조기 구축 및 연계교통 강화로 수도권 내 주요 거점과 서울 도심을 30분대에 연결되어 출퇴근 시간의 대폭 단축이 기대된다.
2. 저렴한 출퇴근 : 광역알뜰교통카드로 광역교통비 30% 절감되고, 광역대중교통 수송분담률은 수도권 50%, 지방 대도시권 30% 이상 달성될 것으로 기대된다.
3. 편리한 출퇴근 : 교통수단의 연계를 강화하여 환승·대기시간 30% 이상 단축, 2층 전기버스 운행 등으로 광역대중교통 혼잡도도 크게 낮아질 것으로 기대된다.
4. 아울러 CNG, 전기, 수소 등 친환경 대중교통 수단의 운행과 함께, 역사(驛舍) 등 대중교통 시설에 공기정화시설 확충을 통하여 안심하고 마음껏 숨쉴 수 있는 청정 대중교통 서비스가 실현될 것으로 기대된다.[20]

---

20) 국토교통부, '광역교통비전 2030' 보도자료, 2019.10.31.

2.19 사람중심도로, 안전속도 5030

'사람중심도로'의 계획 및 설계 시 우선적으로 고려하여야 할 사항 [0, 10]

I 개요

1. '사람중심도로'란 자동차보다 사람의 안전과 통행 편의를 우선적으로 고려하여 사람중심도로 설계지침에 따라 계획한 도로를 말한다.

2. '사람중심도로 설계지침'은 자동차의 주행속도를 제한하는 규정이 아니라, 이미 개정된「도로교통법 시행규칙」및 안전속도 5030 등에 따라 속도별로 차로의 최소 폭, 경사 등 도로설계 기준을 제시하는 개념이다.
   - 예 차로의 최소폭 : 20~40km/h일 때 2.75m, 50~60km/h일 때 3.00m 등

II 「사람중심도로 설계지침」의 주요내용

1. 도심에서 차량의 주행속도를 낮추고, 보행자의 편리성을 향상

(1) 도시지역도로는 50km/h 이하 설계를 유도하고, 교통사고 감소를 위해 속도에 따라 지그재그 형태의 도로, 고원식 횡단보도(과속방지턱 형태의 횡단보도) 등 교통정온화시설*을 설치할 수 있도록 규정하였다

* 보행자 안전 확보 등을 위해 자동차의 속도나 통행량을 줄이기 위한 시설

(2) 대중교통의 승하차·환승 등을 감안하도록 개선하고, 쾌적한 보행환경 제공을 위해 여름철 햇빛 차단 그늘막, 도로변 소형공원 등의 설치근거를 마련하였다.

설계속도 60km/h 이상 : 사고심각도 증가   설계속도 50km/h 이하 : 사고심각도 감소

[도시지역 도로, 도심에서는 낮은 속도로 주행!]

2. 개인형이동수단의 안전한 통행을 위한 설계기준 마련

(1) 개인형이동수단(PM, Personal Mobility)의 통행량이 많은 위험구간은 PM도로를 별도 설치하고 연석 등으로 차도와 보도를 물리적으로 분리하여 사고 위험이 공간적으로 차단되도록 개선하였다.

(2) 바퀴가 작은 PM이 안전하게 주행하도록 도로 접속부 경계석 턱을 없애고, 원만하게 회전 가능하도록 곡선부(커브길) 회전반경*을 크게 개선하였다.

* 회전반경 : 설계속도 10km/h일 때 자전거도로 5m, PM도로 7m

개인형이동수단(PM) : 사고 증가   보도·차도와 PM도로 분리 : 충돌사고 감소

[개인형이동수단, 따로따로 안전하게 이용!]

3. 어린이, 장애인 등 교통약자에게 안전한 보행환경 제공

(1) 보행자 많은 이면도로는 보행자 우선도로로 계획하여, 30km/h 이하로 속도제한, 일방통행 도로 지정, 차량진입 규제 등 보행자의 안전성을 개선하였다.

(2) 휠체어 이용자, 시각장애인 등 교통약자의 통행불편 감소, 안전한 보행환경 조성을 위해 횡단보도 턱낮추기, 연석경사로, 점자블럭을 설치하도록 개선하였다.

4. 고령자의 느려진 신체기능을 반영한 설계기준 제정

(1) 고령운전자의 신체·인지능력 저하를 감안하여 평면교차로에서 차로 확폭, 분리형 좌회전차로, 노면색깔 유도선 등을 설치하여 심리적 안정감을 높였다.

(2) 고령자를 위해 바닥형 보행신호등, 횡단보도 대기쉼터 등의 편의시설을 설치하고, 고령자의 느린 보행속도를 고려하여 횡단보도 중앙보행섬을 설치하였다.[21]

Ⅲ 안전속도 5030

1. '안전속도 5030'은, 보행자 통행이 많은 도시부 지역의 차량 제한속도를 일반도로는 50km/h(필요한 경우 60km/h 적용 가능), 주택가 등 이면도로는 30km/h 이하로 하향 조정하는 교통정책의 하나이다.

(1) 1970년대 유럽 교통 선진국에서 시작되어 OECD(경제협력개발기구) 37개국 중 31개국에서 이미 시행하고 있으며,

(2) OECD와 WHO(세계보건기구)에서도 속도 하향을 수차례 권고한 바 있다.

---

21) 국토교통부, '19일부터「사람중심도로 설계지침」제정안 행정예고', 보도자료, 2021.2.18.

2. '안전속도 5030'의 안정적 도입과 정착을 위하여 '16년부터 경찰청·행정안전부·국토교통부를 비롯한 12개 기관이 참여하는 '안전속도 5030 협의회'가 구성되었다.

   (1) 부산 영도구('17년)와 서울 4대문('18년) 지역 시범운영, 외국 사례조사, 국내 연구결과 등을 바탕으로 「도로교통법 시행규칙」 개정('19.4.17.)을 완료하였고,

   (2) 2019년 11월 부산 전역 전면시행을 시작으로 시행지역을 점차 넓혀 왔다.

3. 시범운영 결과, 부산 영도구에서 보행자 교통사고 사망자수가 37.5%가 감소하였고, 서울 4대문 안에서 보행자 교통사고 중상자수가 30%가 감소하였다.

   (1) 특히, 2019년 11월부터 전면 시행된 부산의 경우 '20년 보행자 교통사고 사망자수가 전년대비 33.8%나 감소하는 등,

   (2) 일관된 사망·부상자 감소효과가 확인됨에 따라 보행자 교통안전 확보에 큰 효과가 있는 것으로 분석되었다.

4. 서울·부산 등 대도시에서의 주행실험 결과 통행시간에는 거의 변화가 없어 제한속도를 하향하더라도 교통소통에는 큰 영향이 없는 것으로 나타났다.

5. '안전속도 5030' 시행 초기에는 불편하겠지만, 교통안전은 국가뿐 아니라 국민 전체의 책임이라는 사명감으로 새로운 변화에 적극 동참하는 것이 필요하다.

Ⅳ 맺음말

1. 경찰청·행정안전부·국토교통부에서는 2021.4.17.부터 도시부 지역 일반도로의 제한속도를 50km/h로 낮추는 개정된 「도로교통법 시행규칙」이 시행됨에 따라 '안전속도 5030' 정책이 전국에서 전면 시행된다고 밝혔다.
   • 「도로교통법 시행규칙」 제19조 '19.4.17. 개정·공포, '21.4.17. 시행
2. '사람중심도로 설계지침'은 교통사고 원인 사전 제거, 초고령 사회 대비 등 사람의 안전 및 편의를 우선하는 도로로 개선하기 위하여 마련했다.
3. '사람중심도로 설계지침'이 제정됨에 따라 교통사고로부터 보다 안전한 주행 및 보행 환경의 도로가 제공될 것으로 기대되며, 사람 중심으로 도로의 안정성과 편리성이 향상되려면 관련 제도 등이 지속적으로 개선되어야 한다.[22]

---

22) 국토교통부, '전국, 17일부터 「안전속도 5030」 본격 시행', 보도자료, 2021.4.15.

2.20 도로안전도 평가기법, 교통안전지수

도로안전진단제도, 도로주행 안전성 평가기법, 교통안전지수 [6, 1]

I 도로안전도 평가기법

1. 추진배경

(1) 70~80년대 건설된 국도, 국지도 등은 안전성이 매우 취약하나 안전도를 평가할 과학적 수단이 없어 안전 고려 없이 경제성 우선으로 사업 추진하였다.

(2) 국토교통부는 안전을 고려하는 체계적 기법으로 도로시설개량사업을 추진하기 위해 국정 주요과제로 '도로안전도 평가기법'을 도입하여 활용 중이다.

2. 주요내용

| (1) 데이터 수집·분석 | ▶ | (2) 평가항목 개발, 적용성 검증 | ▶ | (3) 평가기법 개발 |

(1) [데이터 수집·분석] 도로 기하구조 요소(곡선반경 등), 교통량, 기상 등 사고영향요소를 조사하여 실제 교통사고 통계와 상관관계 분석

[ARASEO(Automated Road Analysis and Safety Evaluation TOol)]

(2) [평가항목 개발 및 적용성 검증] 기하구조 등 교통사고와 상관성이 높은 변수 도출 및 계수 산정 등 평가항목을 개발하고 적용성 검증

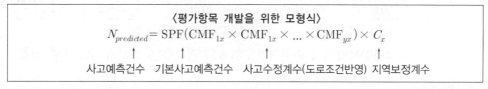

〈평가항목 개발을 위한 모형식〉

$$N_{predicted} = \text{SPF}(\text{CMF}_{1x} \times \text{CMF}_{1x} \times ... \times \text{CMF}_{yx}) \times C_x$$

사고예측건수　기본사고예측건수　사고수정계수(도로조건반영)　지역보정계수

* 미국에서 개발한 도로안전편람(HSM, Highway Safety Manual)의 모형식 적용

① SPF(기본사고예측건수)는 기하구조 등 다른 위험요소가 없다고 가정하고, 구간길이와 교통량만을 고려(기본조건)했을 때 기본적으로 발생 예상되는 사고건수로서, 안전성능함수식으로 계산

$$SPF = \exp(a \times 구간길이 + b \times 교통량 + c)$$

여기서, a, b : 구간길이, 교통량계수

c : 기본조건일 때의 상수

② CMF(사고수정계수)는 도로폭, 곡선반경, 중앙분리대 유무, 종단경사 등의 도로조건에 따른 사고수정계수이며, 회귀분석을 통해 도출

③ C(지역보정계수)는 지역별 사고편차를 보정하기 위한 계수로서, 전국 사고건수(억대·km당)와 도별 사고건수 비로 산정

• 지역계수 = 도별 교통사고건수 / 전국 교통사고건수

• 지역계수의 적용성 검증은 국도, 국지도 3차 5개년 시설개량사업 구간을 대상으로 모형식을 적용하고, 실제 사고건수와 예측 사고건수를 비교

(3) [평가기법의 내용] 도로위험도 평가를 위해 SPF(기본사고예측건수)를 활용하여 도로 서비스지수와 유사한 도로환경위험도와 교통사고위험도 지수를 개발

| 도로환경위험도 | + | 교통사고위험도 | = | 위험도 점수 |

① 도로환경위험도 점수(60% 1~6점) : 도로기하구조 양부를 점수화

② 교통사고위험도 점수(40% 1~6점) : 교통량에 따른 예측사고건수를 점수화

(4) [평가기법을 활용한 시설개선 사업 평가방법] 2단계로 나누어 평가

| 1단계 | 시설개량사업 후보노선 선정 | : | 도로환경위험도 평가 |

| 2단계 | 시설개량사업 우선순위 선정 | : | 도로환경위험도와 교통사고위험도 종합평가 |

① [1단계] 노선의 도로환경위험도 평가를 통해 시설개량사업 후보노선 선정

• 도로선형, 기하구조, 안전시설물 등에 따른 도로환경위험도 점수(CMF)에 따라 A에서 F(매우위험)까지 안전도 지수화하고, 그 중 D, F를 후보노선으로 제시

② [2단계] 후보노선에 대해 교통사고위험도를 적용하여 우선순위 산정

• 종합 위험도 점수 산정 : 도로환경위험도 및 교통사고위험도 합으로 산정

| 가중치 (0.6) | × | 도로환경 위험도 | + | 가중치 (0.4) | × | 교통사고 위험도 | = | 위험도 점수 |

* 가중치는 전문가 대상의 다기준 의사결정분석(AHP)을 통해 결정

• 시설개량사업 우선순위선정 : 위험도 점수를 활용하여 우선순위 결정

3. 활용계획

(1) 제4차 국도·국지도 5개년 계획('13~'15)을 수립할 때 시설개량사업에 대해 금번 개발된 안전도 평가기법을 적용하여 우선순위 결정

제4차 계획 수립할 때에는 이전 회차 계획의 미시행 시설개량사업 노선까지 포함하여 안전도 평가기법 적용하여 분석 계획

(2) 분석 결과 구간길이가 짧고 소요예산이 적은 사업(예 100억 원 미만)은 유지관리 측면에서 위험도로 개수사업 등으로 시행

(3) 실제 집행단계에서는 지역별 형평성도 고려한 예산계획 수립

4. 기대효과

(1) 도로 안전성을 과학적으로 평가하여 도로 시설개량사업의 체계적 추진 토대 마련

(2) 도로의 위험구간을 중심으로 선별적 사업 추진이 가능하여 과다 투자 방지

- 종전에는 정책적 판단에 따라 추진

(3) 도로안전도 평가모형 적용을 통해 시설개량사업으로 인한 교통사고 감소효과 예측, 교통사고 절감편익 산정 등에 활용 가능

- 현재 교통사고 절감편익 산정에 90년도 미국 자료 인용 중[23]

Ⅱ 교통안전지수

1. 용어 정의

'교통안전지수'란 국가 교통안전수준 제고를 위해 도로교통공단 TASS를 근거로 각 지역의 인구수와 도로연장을 고려하여 각 지자체의 교통사고 심각도별 사고건수와 환산 사상자수를 기초로 교통안전도를 비교·평가한 지수이다.

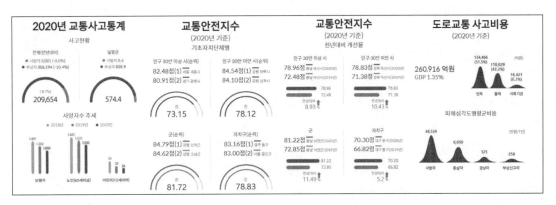

[도로교통공단 교통사고분석시스템(TAAS) 통계분석 http://taas.koroad.or.kr]

---

23) 국토교통부, '도로안전성 평가기법 개발 완료 및 활용계획', 2013.

2. 필요성

(1) 정부 및 지자체, 도로교통공단 등의 지속적인 노력으로 교통사고 사망자가 2014년 5,000명 이하를 기록한 후, 지속 감소하여 2018년 3,781명으로 줄어들었다.

(2) 하지만, 우리나라 교통안전수준은 여전히 OECD 하위권이며, 교통사고로 인한 사회적 비용은 연간 23조6천억 원으로 국가발전의 심각한 저해요인으로 작용하고 있다.

(3) 교통안전수준 향상을 위해서는 사고발생현황에 대한 심층분석을 통해 해당 지역실정에 부합하는 합리적인 교통안전대책을 수립·추진하는 것이 매우 중요하다.

(4) 도로교통공단은 2005년부터 기초자치단체의 교통안전수준을 비교·평가한 교통안전지수를 산출하고 있으며, 2019년에는 광역자치단체의 교통안전지수도 공표하였다.

(5) 또한, 지방자치단체별 전년대비 교통안전지수의 개선도를 비교·평가함으로써 적극적인 교통안전사업 추진을 유도하고 국가 교통안전수준을 제고할 필요가 있다.[24]

---

24) 도로교통공단, '교통사고분석시스템(TAAS) 통계분석', 2019. http://taas.koroad.or.kr

2.21 교통정온화(Traffic Calming)시설

교통정온화(Traffic Calming)시설을 위한 자동차운행규제방법 [4. 3]

I 개요

1. 교통정온화(Traffic Calming)란 통과교통을 억제하여 보행자의 안전을 확보하고 쾌적한 생활환경과 가로환경을 조성하는 시설을 말한다.
2. 교통정온화는 1970년대 네델란드 델프트시의 본엘프(Woonerf, 생활속의 터)에서 외부교통의 주거지 침입을 막기 위한 물리적 및 제도적 장애물 설치로부터 시작되었다.

II 교통정온화(Traffic Calming)시설

1. 물리적 시설

(1) 과속방지턱

① 정의 : 일정한 도로구간에서 통행 차량의 과속주행을 방지하고, 일정한 지역에 대한 통과 차량의 진입을 억제하기 위해 설치하는 시설

② 종류

- 원호형 과속방지턱 : 과속방지턱의 상면이 원호(圓弧) 또는 포물선 형상
- 사다리꼴 과속방지턱 : 과속방지턱의 상면이 사다리꼴 형상
- 가상 과속방지턱 : 운전자에게 노면 위에 장애물이 설치된 시각효과를 유도하여 주행속도를 줄이도록 노면표시, 테이프 등으로 표시하는 시설

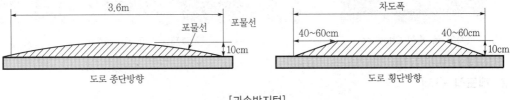

[과속방지턱]

(2) 노면 요철포장

① 정의 : 띠 모양의 작은 요철을 간격을 두고 늘어놓거나 포장시공으로 노면에 작은 요철을 만들어 고속주행 차량에 진동·공명음을 주어 경고하는 시설

② 종류

- Rumble strips : 차도를 횡단하는 ∏형 돌기가 일정간격을 두고 나란히 설치되어 운전자의 조향장치에 진동을 주거나 차체 공명 소음으로 감속 유도

- Rumble wave : 노면에 파고 6~7mm, 파장 0.35m의 주름을 주는 형태
- Jiggle bar : Rumble Strips의 특수형태로 띠 요철부 길이 50~150mm 정도

[Rumble strips]

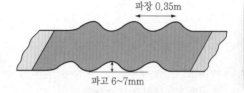
[Rumble wave]

[Jiggle bar]

(3) 차도 폭 좁힘(Chocker)

① 자동차 통행부분의 폭을 물리적으로 좁히거나, 시각적으로 좁게 보이게 함으로써 과속 주행하는 차량이 감속하도록 유도하는 시설

② 차량 감속유도뿐 아니라 주택지역의 폭이 좁은 도로에 차량 진입억제를 목적으로 비교적 적은 비용을 투자하여 설치 가능한 시설

(4) 지그재그 도로(Chicane)

① 차량 진행부분의 선형을 지그재그로 하거나 뱀이 움직이는 사형(蛇形)으로 하여 운전자의 빈번한 핸들조작으로 감속을 유도하는 시설

② 시야가 트인 직선도로와 달리 적당히 넓은 폭을 가진 도로에서 시각적인 심리효과가 있기 때문에 감속유도와 진입억제 가능

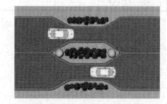
[차도 폭 좁힘 Chocker]

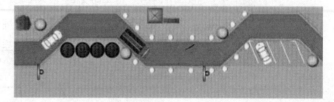
[지그재그 도로 Chicane]

2. 제도적 규제

(1) 30km/h 최고속도 규제

① 최고속도 규제를 네트워크 전체의 단일노선에 적용하는 방식이 아니고, 복수의 도로를 대상으로 최고속도를 규제하는 방식

② 주택단지 경계부에 잇는 도로의 입·출구에 속도제한 표지판을 부착하며, 주변 다른 도로의 속도제한과 구별되도록 설치

(2) 대형차 통행금지

① 가로의 환경보전을 위하여 특정노선 또는 특정지구 내에 일정기준 이상의 대형차(특히 화물차)를 하루 24시간 또는 일정시간 진입을 금지하는 방식

② 대형차 통행을 위한 대체 우회도로가 확보되어야 하며, 대상지구 내에 기·종점을 두고 있는 대형화물차는 허가증을 교부하여 통행을 허용

(3) 일방통행 규제

① 일방통행은 차량 통행의 원활한 소통을 주목적으로 하지만, 폭이 좁은 도로에서 통행 방향을 제한함으로써 보도구간을 여유있게 확보 가능

② 주행속도 제어를 위해 일방통행이 연속되는 구간의 연장을 최소화하며, 특정지역의 입구 수를 제한하고 싶을 때는 나가는 방향으로만 일방통행 규제

(4) 노상주차 금지, 시간제 주차 규제

① 긴급차량(소방차, 구급차)의 활동 방해를 해소하고, 불법주차로 인한 시거불량 때문에 발생 우려되는 보행자 사고 예방

② 도로 전체가 좁고 구불구불한 형상의 교차로, 일방통행과 관련된 도로, 차량 운행금지 실시와 관련된 도로 등에 적용

Ⅲ 기대효과

1. 정책·기술적 측면

교통정온화 기법에 대한 적용 기준을 정립함으로써 양적 도로 확장의 정책에서 도로의 질을 향상시키는 선진국형 도로교통 기술을 확보 기대

2. 경제·산업적 측면

교통정온화시설물에 대한 경관디자인과 IT기술을 접목함으로써 도로 이미지의 제고와 교통정온화시설물 관련 시장의 뉴트렌드 창출 기대

3. 교통·환경적 측면

교통량 억제와 보행자·자전거 위주의 환경으로 개선함으로써 대기오염과 소음발생 저감을 통해 매년 5% 이상의 탄소배출량 감소 기대 [25]

---

25) 국토교통부, '교통정온화 기법 적용기준에 관한 연구', 건설교통R&D정책인프라사업, 2012.

2.22 생활도로, 보행우선구역, 마을주민보호구간

생활도로, 보행우선구역, 마을주민 보호구간(Village Zone) [3, 2]

I 생활도로

1. 용어 정의

(1) '생활도로'라는 용어는 영국의 Living Street 또는 Home Zone, 네덜란드의 Woonerf, 호주 및 뉴질랜드의 Shared Zone과 유사한 개념이다.

(2) '생활도로'는 「도로법」 용어는 아니지만, 도시가로망의 주간선도로기능을 하는 구역으로, 도로가 아닌 지구 내 위치한 도시지역 국지도로를 의미한다.

2. 생활도로의 기능

(1) 주택, 상점 등의 접근성을 주요 기능으로 하며 차량보다 보행 우선 도로

(2) 지역주민의 생활공간과 어린이의 놀이공간으로 활용되는 지구 내의 도로

(3) 비신호로서 버스 통행이 없는 폭 9m 미만이며 도보 접근이 가능한 도로

[국내 생활도로 규모 및 기능]

도로 이용형태	도로 폭	도로기능
보·차 분리도로	6~9m	• 간선도로와 접하는 지하철, 버스정류장 보행 도로 • 학교 및 편의시설 연계되며, 마을버스 진입 도로
보·차 공존도로	3~6m	• 보·차 분리도로이며, 대중교통에 접근 가능 도로
보행 전용도로	3m 미만	• 집 앞의 최하위 도로이며, 생활·놀이 가능 도로

3. 생활도로 정비 필요성

(1) 보행자 사고가 도로 폭 9m 미만의 집산도로 및 국지도로에서 65% 이상 발생

• 도로 폭이 좁은 생활도로에 대한 보행자의 안전성 증진 투자 필요

(2) 서울시 도로연장의 77.8%를 차지하는 생활도로에 대한 별도 예산투자 없음

• 보행자 사고율이 높은 지방 시·군·구 생활도로에 대한 집중 투자 필요

(3) 소방차 5분 내 화재현장 도착률은 생활도로에서 불법주차로 인한 지연 높음

• 생활도로의 소방방재도로기능 유지를 위한 불법 주·정차 정비 필요

(4) 현재 보행우선구역, 마을주민보호구간, 고령운전자 도로설계 등이 진행 중

• 예산 중복투자를 방지하고 투자우선순위에 따른 생활도로 정비 필요

Ⅲ 보행우선구역

1. 용어 정의

'보행우선구역'은 자동차보다 보행자의 안전통행을 우선하도록 보행환경을 조성한 구역으로, 보행자의 주요 통행경로를 구역 내 주요 시설·장소와 유기적으로 연결하는 보행자 중심의 생활구역을 의미한다.

2. 보행우선구역 시설물의 설계

(1) 유효보도폭

① 유효보도폭은 보행자 교통량 및 목표 보행자 서비스수준에 의해 결정하되, 가능하면 여유 있는 폭이 확보될 수 있도록 설계한다.

② 다만, 공원과 연결되는 구간 및 주민 휴식공간으로 활용되는 장소에는 가능하면 넓은 공간을 제공하여 쾌적한 통행안전 및 도로환경이 조성되도록 한다.

③ 최소 유효보도폭은 「교통약자의 이동편의 증진법」에 의해 최소 2m를 확보한다. 이때 2m는 휠체어 사용자 2인이 교행 가능한 최소 폭이다.

(2) 연석

① 연석은 보도와 차도 구분을 위해 보도와 차도 경계부에 설치하며, 운전자의 시선을 유도하고 차도를 벗어난 자동차의 보도 진입을 억제하는 효과가 있다.

② 연석으로 보도와 차도를 분리할 때는 아래 3가지 유형 중에서 선정한다.

- 유형Ⅰ : 일반적으로 사용되는 형식으로, 보도면이 차도면 높이보다 높고 연석면의 높이와 같다.
- 유형Ⅱ : 보도면이 연석면보다 낮고 차도면보다 약간 높아, 건물 진입로에서 종단경사가 빈번하게 변하지 않는 장점이 있다.
- 유형Ⅲ : 보도면이 연석면보다 낮고 차도면과 높이가 같아, 건물 진입로에서 종단경사가 일정하다. 다만, 빗물의 보도 유입 방지 배수시설이 필요하다.

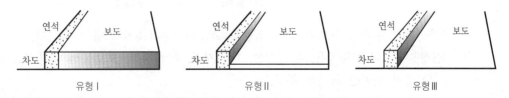

[연석과 보도의 높이 차이에 의한 연석 유형]

(3) 턱낮추기 및 연석경사로

① 턱낮추기는 보도와 차도의 단차를 줄여 휠체어 사용자, 유모차 등의 원활한 통행을 확보하는 방법이다.

② 턱낮추기할 때 보도와 차도의 단차는 2cm 이하가 되도록 하고, 연석경사로의 유효폭은 90cm 이상으로 한다.

③ 턱낮추기 및 연석경사로는 보도의 폭원과 조건에 따라 다음 그림과 같이 3가지 유형으로 설치할 수 있다.

유형 I
보도폭이 좁은 경우

유형 II
보도폭이 넓은 경우

유형 III
장애물이 있는 경우

[턱낮추기 및 연석경사로의 유형]

(4) 점자블록

① 점자블록은 시각장애인이 보행상태에서 주로 발바닥이나 지팡이의 촉감으로 그 존재와 대량적인 형상을 확인할 수 있도록 표면에 돌기를 붙인 시설이다.

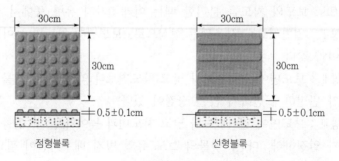

점형블록

선형블록

[점자블록]

② 점자블록은 형태와 규격에 따라 점형블록과 선형블록 2가지 유형이 있다.
- 점형블록 : 위치 감지용. 횡단지점, 대기지점, 목적지점, 보행동선의 분기점 등에 설치하여 위치를 표시해 준다.
- 선형블록 : 방향 유도용. 보행동선의 분기점, 대기지점 및 횡단지점에 설치된 점형블록과 연계하여 방향을 지시해 준다.

Ⅲ 마을주민보호구간

1. 용어 정의

'마을주민보호구간'이란 차량이 통과하는 도로주변 마을주민을 교통사고 위험으로부터 보호하기 위해 도로의 진행방향을 따라 설정한 특정구역으로, 안내표지, 노면표시, 속도제한표지 등을 설치하여 마을주민을 보호하는 구간이다.

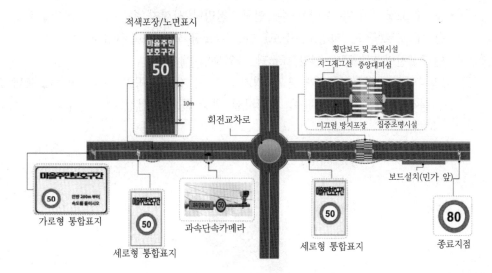

[마을주민 보호구간의 개념도]

2. 마을주민보호구간 개념

(1) 지정범위

① 지정범위는 도로 진행방향을 따라 마을 시작지점 전방 100m 지점부터, 마을이 끝나고 후방 100m 지점까지로 설정한다.

② 시작지점 전방 200m 지점(마을 시작지점 전방 300m)에 마을주민 보호구간을 알리는 대형 안내표지판을 설치한다.

(2) 지정유형

① A타입 도로시설개량형 : 국도를 대상으로 지정

② B타입 기본인지·단속형 : 지방도를 대상으로 지정

③ C타입 기본인지형 : 군도를 대상으로 지정

(3) 지정방법

① 구간 내에 안내표지, 노면표시, 속도제한표지, 무인단속카메라, 회전교차로, 해제표지 등을 설치하여 도로변 마을주민을 교통사고로부터 보호한다.

② 구간 내의 주행차량 제한속도는 국도에는 기존 80→60km/h, 지방도·군도에는 기존 60→50km/h로 하향하는 것을 원칙으로 한다.

3. 마을주민보호구간 시범사업

(1) 시범사업의 대상 선정

① 국토교통부에서 군청 등 지자체 관계자를 대상으로 다음과 같은 "마을주민보호구간 시범사업 대상지역 선정기준" 설명회 개최
- 군 내 교통사고 총 사상자 수, 인구 1천명당 사상자 수
- 군 내 도로(국도, 지방도, 군도) 연장 1km당 교통사고 사상자 수
- 인구 1천명 당, 군도 연장 1km당 사업투입 예산액

② 시범사업을 신청한 총 28개 군 중 경기 가평군, 경북 칠곡군, 전남 영암군, 충남 홍성군, 울산 울주군 총 5개 군을 시범사업 대상 군으로 선정

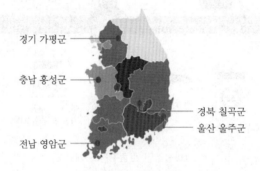

[마을주민 보호구간의 시범사업 대상 5개 군]

(2) 시범사업의 단계별 도입방안

① [1단계] 시범단계
- 관련 도로법 개정 등 마을주민보호구간 설치근거 마련
- 마을주민보호구간 관리지침 마련, 시범사업 지정

② [2단계] 확대단계
- 마을주민보호구간 효과 분석
- 마을주민보호구간 개선방안 제시, 지정대상 확대

③ [3단계] 정착단계
- 마을주민보호구간 평가시스템 구성
- 모니터링 및 관리를 위한 담당조직 신설 26)

---

26) 한국교통연구원, '마을주민 보호구간(Village Zone) 기술지원센터 설치 운영방안', 이슈페이퍼, 2015.

2.23 고령운전자를 고려한 도로설계 방안

고령운전자, 장애인, 교통약자를 고려한 도로설계 방안, Barrier Free 인증제도 [2, 10]

I 개요

1. UN은 65세 이상 고령자가 7~14%이면 고령화 사회(aging society), 14~20%이면 고령사회 (aged society), 20% 이상이면 초고령 사회(post-aged society)로 분류한다.

2. 우리나라의 65세 이상 인구비율은 15.8%로서, 65세 이상 교통사고 발생건수는 2011년 13,583건 대비 2020년 35,312건으로 10년간 2.6배가 증가하였다.

II 고령자를 위한 도로설계 방안

1. 고령자를 위한 도로설계 가이드 라인

(1) **고령운전자를 위한 도로설계기준**

① 야간 시인성 향상 : 교차로·횡단보도·버스정류장에 국부조명시설, 발광형 교통안 전표지, 시선유도시설, 현광방지시설 추가

② 교차로 안내표지 : 안내지명이 6개를 초과하는 구간에는 도로표지 확대 및 가로수 이 전, 문형식 지주 설치 등으로 시인성 향상

③ 진입 착오가 예상되는 교차로에 갈매기 노면표시 : 차로별 분기방향 별도 제시

(2) **고령보행자를 위한 도로설계기준**

① 노인보호구역 시설 : 「노인보호구역 설치 관리지침」에 제시된 보행신호기, 과속방지, 주정차금지 등의 표지 설치

② 고령자 사고 잦은 (보조)간선도로 구간 : 보행교통섬, 무단횡단금지 방호책, 노상주 차장, 간이의자 등의 설치

③ 고령자 관련 시설물 색상 : 안전성·인지성·편리성 관점에서 주황색 계열 채택

2. 「도로교통법」 노인보호구역의 설치·운영

(1) **노상 장애물의 제거** : 보도 및 보도·차도 공용 도로에서 노인 보행에 장애되는 장애물 을 제거하고, 보행로 확보를 위해 통행로 주변 광고물 크기를 2m×50cm 이하로 제한

(2) **횡단보도 및 신호기 설치** : 노인보호구역 내의 횡단보도에 교통신호기를 설치하고, 횡 단보도 폭원은 최하 6m 이상으로 설치

(3) **보·차 구분 방호책의 설치** : 보도·차도 구분 도로에서 노인보호구역 통행로 구간 내 에 보도와 차도를 구분하도록 높이 100cm의 방호책 설치

(4) **보행자신호의 보행시간** : 노인보호구역 내에 설치된 신호기는 횡단보도의 보행자 신호시간을 보행속도 0.8m/s 기준(평균 보행속도 1.4m/s)을 적용하여 운영

(5) **보도 없는 지방도로** : 지방도로에서 보도 폭을 확보할 수 없는 구간에는 차도 폭을 줄여 차량의 주행속도를 낮추는 교통정온화 기법 적용으로 안전 확보

(6) **일방통행도로 확대** : 도로 폭 6m 이하로 설치되어 있는 주거지역 내에서 도로 상의 주차는 편측으로만 허용하고 일방통행제 실시

(7) **주행속도 제한, 대형차 진입 제한** : 노인보호구역 내에서 차량의 주행속도는 30km/h로 제한하고, 우회도로가 확보되지 않는 등의 특별한 경우를 제외하고는 대형차 진입 제한

(8) **통합표지판 설치** : 노약자(노인+어린이)보호 지시표지, 진입속도제한 및 제한속도해제 규제표지 등에 노약자 보호구역 문자·이미지를 조합하여 표시

[노약자(노인+어린이)보호 통합표지판]

3. 고령자 사고 잦은 곳의 도로시설물 개선 방안

(1) 고령자 교통사고 특성을 고려한 도로시설 개선방안

구분	고령자 특성	도로시설 개선안
차량추돌사고	• 동시 신체활동(손+발)에 대한 인지·판단 시간 지연, 정확성 저하	• 방향유도용 유색포장으로 경로 제시 • 도로표지 안내글자 표시의 최소화
야간교통사고	• 노안의 시력 저하로 인하여 불빛에 대한 민감도 둔화	• 지방부 시선유도시설에 발광형 표지 • 도시부 시선유도시설에 점등형 표지
무단횡단사고	• 인지, 판단, 행동에 필요한 대응속도저하	• 무단횡단 금지시설의 설치 • 보행자 보호를 위한 울타리 설치
횡단보도사고	• 무릎관절 및 연골 장애로 저속적인 보행이 어려운 장애 발생	• 보행 중 이용하는 쉼터·대기공간 제공 • 횡단보도 중간에 중앙교통섬 설치

(2) 고령자 신체기능 저하를 고려한 도로시설 개선방안

구분		관련 도로시설	도로시설 개선안
시각	반응 민감도	노면표시, 조명시설, 시인성 증대 시설	• 야간주행에 대비하여 시인성이 명확하고 밝은 색상의 시설물 설치
	정지시력 감소, 시계범위 감소	도로표지, 교통표지	• 표지판 크기 확대 및 도식화하여 판독시간 단축 • 발광식 교통표지판 설치하여 야간 시인성 향상
	악천후 시력 감소, 야간시력 감소	노면표시, 조명시설, 시인성 증대 시설	• 악천후 및 야간활동 능력 증진을 위하여 조명시설물 개선
인지	동시 반응력 저하 인지·판단력 저하	도로표지, 교통표지	• 발광식 교통표지판 설치하여 야간 시인성 향상 • 방향유도용 유색포장을 교차로 전방에 설치하여 인지·판단·반응 기능을 향상

4. 고령운전자를 위한 야간 시인성 시설물의 개선 방안

(1) 발광형 교통안전표지

① 교통안전표지가 잘 보이지 않는 급커브구간 및 왕복 6차로 이상의 도로에 발광형 교통안전표지를 설치한다.

② 야간 시인성 및 판독성을 향상시키기 위하여 설치하는 조명식 교통안전표지와 발광식 교통안전표지의 특징은 다음 표와 같다.

[조명식·발광식 교통안전표지 비교]

구분	조명식 교통안전표지	발광식 교통안전표지
제품정의	내부 LED광원을 사용하고, 외부 투과율이 좋은 반사시트를 사용하여 전원 없이 기존 반사성능 유지하는 방식	내부 LED광원을 광섬유(Optical Fiber) 통해 운전자가 형상을 보며, 문양은 반사시트를 사용하므로 광원 고장 시에도 최소 반사성능 유지하는 방식
제품형상	주간 안전표지 디자인을 야간에도 똑같이 유지하며 테두리 흰 윤곽선은 생략 가능	야간 시인성을 위해 바탕은 무광흑색, 주의표지의 문자와 기호는 황색, 규제표지의 문자와 기호는 백색
표시장치	LED는 투과성 반사체 내부에 있어 직접 광원이 보이지 않고, 점·소등 형상이 동일	발광체는 반사지 관통하여 노출되는 구조, 표지모양을 따라 일정한 간격으로 배치

[조명식 교통안전표지]

[발광식 교통안전표지]

(2) 국부조명 기준

① 조명시설은 야간에 보행자가 모여 있는 곳에서 운전자가 보행자를 인지하고 안전운전할 수 있도록 도와주는 도로안전시설이다.

② 연평균日교통량 25,000대/일 이상이면 연속조명을 설치한다. 교통량이 적은 지방부 도로에는 위험구간에 한하여 국부조명시설을 설치한다.

(3) 점등방식 표지병, 현광방지시설(방현망)

① 야간 시인성 향상을 위해 도시부 도로에 설치되는 표지병은 평균노면조도에 대하여 LED광원을 조절할 수 있는 점등방식 표지병을 설치한다.

② 지방부 도로 중앙분리대 방호울타리 윗면에 야간 주행 중 대향 차도에서 오는 차량 전조등으로 인한 눈부심을 막는 현광방지시설(방현망)을 설치한다.

(4) Barrier Free(장벽 없는) 인증제도

① Barrier Free(장벽 없는) 인증제도는 장애와 비장애, 일반인과 교통약자* 구분 없이 누구나 안전·편리하게 살아가는 생활환경을 의미한다.

* 교통약자 : 장애인, 고령자, 임산부, 영유아를 동반한 자, 어린이 등 생활을 영위함에 있어 이동에 불편을 느끼는 자[27]

---

27) 한국건설기술연구원, '고령자를 위한 도로설계 가이드 라인 연구', 2015.2.
   국토교통부, '장애물 없는 생활환경 인증실적 증가', 교통안전복지과, 2011.7.20.

2.24 교통체계관리(TSM)사업

기존 도로 용량증대를 위한 교통체계관리기법(TSM), 수도권 교통혼잡 개선방안 [1, 3]

I 개요

1. 도시부 도로 확장 자체가 더 많은 교통수요를 유발한다는 원리를 배경으로 대도시의 교통완화를 위해 교통체계관리(TSM, Transport System Management)사업이 다양한 시스템으로 시행되고 있다.

   (1) 신호체계관리시스템(Advanced Traffic Signal Operation System)

   (2) 도시고속도로관리체계(Freeway Traffic Management System)

   (3) 버스정보·운영시스템(Bus Information/Management System)

   (4) 무인단속시스템(Unmanned Regulation System) 등

2. 즉, TSM사업은 새로운 도로교통시설을 공급하기 전에 기존 시설을 최대한 효율적으로 운영하고 관리함으로써 교통시설의 수요와 공급의 조화를 추구하는 방안이다.

3. 현재 우리나라의 도시부 도로정책은 도로의 효율적인 활용을 위해 주로 교통혼잡이 극심한 구역을 대상으로 불합리한 교통시설 개선사업을 추진하고 있다.

   (1) 대도시의 교통혼잡 해소를 위해 병목교차로 개선, 교통운영기법 효율화, 신호체계관리, 교통수요관리, ITS 등의 TSM을 통해 통행속도 향상

   (2) 서울시 및 광역시·도에서 도로 교통시설을 개선하기 위해 TSM 사업을 추진하는 중에 혼잡도로를 파악하여 관련법규를 개정, DB 구축[28]

II 서울시 교통체계관리(TSM)사업

1. 개요

   (1) 2010년 이후 서울시에서 시행하고 있는 교통체제개선(TSM)사업의 주요내용

      ① 교차로 개선사업 : 기하구조, 신호체계, 교차로 입체사업 등

      ② 교통축 개선사업 : 병목구간개선, 신호연동, 우회도로개발, 용량증대사업 등

      ③ 버스서비스 개선을 위한 인프라 구축 : 버스환승시설, BRT 노선설치 등

---

28) 이신, '교통체계개선사업(TSM, Transport System Management)', 서울시립대학교, 2017.4.10.

(2) 최근 서울시에서 교통체계개선(TSM)사업의 일환으로 시행한 3가지 사업의 주요내용과 개선효과

① 도시고속도로 정체구간 개선사업

② 동부간선도로 확장사업

③ 서초IC 주변 남부순환로 차로운영개선사업 등

2. 서울시 TSM 필요성

(1) 자동차 보유대수 급증

① 1980년대 한국경제의 급속성장과 자동차산업 발달은 급격한 교통량 증가를 촉진시켜 전국의 자동차 보유대수 100만 대 돌파

② 1990년대 전국의 자동차 보유대수 2백만 대를 초과하였으며, 이 중 약 1/2에 해당하는 백만 대 가량의 자동차가 서울에 집중

(2) 도로의 수요·공급 불균형

① 도로 등 SOC의 수요·공급 불균형 해소를 위해 1994년 「사회간접자본시설에 대한 민자유치촉진법」을 제정하여 민간자본 활용정책 도입

② 수도권 도로교통시스템은 시설공급 위주의 접근방법으로 해결할 수 없는 한계가 있다는 인식 하에 새로운 해결방안의 필요성을 절감

(3) TSM은 21세기 패러다임

① 미국과 영국은 1980년대부터 도로시설의 신축에 의존하는 교통정책에서 기존 시설의 효율성을 높여 용량을 증가시키는 TSM 도입

② 국내에는 1980년대 후반 TSM기법이 '교통체계개선사업'으로 도입되어 서울·수도권의 심각한 교통정체 해결을 위한 대안으로 채택

3. 서울시 교통체계관리기법(TSM)

(1) 도시고속도로 정체구간 개선사업

① 사업내용 : 2012년 도시고속도로기능 개선사업의 일환으로 중앙분리대, 길어깨 등 여유공간을 활용하여 1개 차로 추가 확보공사를 시행하였다.

[공사 전후 차량속도 비교]

구분	오전 첨두시간 (07~09시)	오후 첨두시간 (18~20시)	일평균
시행 전	27.7km/h	21.8km/h	33.1km/h
시행 후	44.1km/h	64.5km/h	58.6km/h
증감	+16.5km/h	+42.7km/h	+25.5km/h

② 개선효과

- 오전과 오후 첨두시간 중 출·퇴근시간대의 공사 전후 차량속도를 비교한 결과, 퇴근시간대 개선폭이 가장 큰 것으로 나타났다.
- 특히 오후시간대 통행속도의 획기적 증가(+42.7km/h)는 퇴근시간에 외곽방향 교통량이 집중되는 차로 증설로 인한 병목구간 완화로 보인다.

(2) 동부간선도로 확장사업

① 사업내용

- 성수대교 북단과 용비교 사이의 정체완화를 위해 용비교 진출로에서 성수대교 북단 교차로 사이의 도로변 여유공간을 활용하여 1개 차로를 증설하였다.
- 성수대교 방향 우회전 기존 1차로를 2차로로 증설하고, 용비교 역시 기존 4차로를 6차로로 확장하여 서울 동·북부 보조간선도로망을 구축하였다.

② 개선효과

- 동부간선도로(하행선) 용비교 램프를 지나 서울숲, 성수대교 방향으로 진출하는 0.72km 구간의 만성적인 교통정체 완화
- 전체도로망 골격은 유지하면서 기존 차로 증설을 통해 용량을 증가시킴으로써 교통정체를 해소하는 전형적인 TSM기법 사례이다.

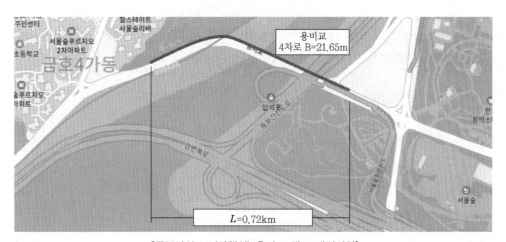

[동부간선도로(하행선) 용비교 램프 개선사업]

(3) 서초IC 주변 남부순환로 차로운영개선사업

① 사업내용

- 서울 남부순환도로 서초구청 앞 삼거리에서 예술의전당 삼거리 사이 2km 구간의 엇갈림 교통류에 의한 상습정체 완화를 위하여
- 서초IC에서 예술의전당까지 남부순환로 기존 차로폭 2.9~4.0m를 3.0~3.25m로 축소하면서 보도 set-back을 통해 1개 차로를 추가 설치하였다.

② 개선효과
- 서초IC 주변 남부순환도로의 교통정체 개선효과를 분석한 결과, 차량당 평균지체 시간이 개선 전 287초에서 개선 후 336초로 13.2% 감소되었으며, 평균 통행속도는 13km/h에서 15.7km/h로 향상되었다.
- 또한 경부고속도로 서초IC 부근의 차량당 평균지체시간이 개선 전 40초에서 개선 후 23초로 42.5% 감소되었으며, 평균통행속도는 34.5km/h에서 43.0km/h로 향상되는 효과로 나타났다.

Ⅲ 기대효과

1. TSM기법에 의한 도로 교통혼잡 개선효과는 경기도 안산반월공단 진입로 혼잡해소를 위한 신호개선사업에서 입증된 바 있다.
   ① 안산역 사거리의 신호시간을 효율화하여 차량 대기행렬을 최소화하고, 도일사거리의 신호순서를 변경하는 등의 연동적인 신호체계를 구축
   ② 기존 사거리 진입로의 평균통행속도가 36.6km/h에서 42.9km/h로 17% 증가하여 교통 개선대책으로 인한 효과 입증

2. 서울시에서 최근까지 진행되고 있는 상습정체구간 교통체계개선사업 역시 눈에 띄는 교통 정체 감소와 차량속도 개선 효과를 거두고 있다.[29]

---

29) 서울시, '교통체계개선사업(TSM, Transport System Management)', 서울정책아카이브, 2017.

2.25 버스전용차로제

기존 도시가도 및 고속도로 버스전용차로의 유출입 방안 [1, 5]

Ⅰ 개요

1. 우리나라의 '버스전용차로'는 자동차 급증에 따른 도로교통 문제점을 보완하기 위해 1990.8.1. 개정된 「도로교통법」에 처음으로 명시되었다.
2. '버스전용차로'는 대표적 대중교통수단인 버스의 원활한 소통으로 이용률을 높이고, 승용차 이용 자제를 유도하며 교통난을 해소하기 위해 설치되었으며, 설치 위치에 따라 중앙·가로변·고속도로 버스전용차로로 구분된다.
3. '버스전용차로'는 유형별로 운영시간이 다르다. 서울시내의 경우 중앙차로는 상시, 가로변 차로는 전일제·시간제, 고속국도 차로는 요일별 시간대별로 다르다.

[전용차로의 구분 및 운영시간]

구분		운영시간
시내 중앙 버스전용차로		24시간(365일) 운영
시내 가로변 버스전용차로	전일제	(청색 2줄) 평일 07:00~21:00(토·공휴일 제외)
	시간제	(청색 1줄) 평일 07:00~10:00, 17:00~21:00(토·공휴일 제외)
고속국도 버스전용차로		평일, 토요일 및 공휴일 : 07:00~21:00 명절연휴 전날~끝날 : 당일 07:00~익일 01:00로 연장운영 * 영동고속국도 : 주말 및 공휴일(오전 7시~오후 9시) 운영
자전거 버스전용차로		평일, 토요일 및 공휴일 : 07:00~22:00

Ⅱ 버스전용차로 종류

1. 중앙 버스전용차로

(1) 형식

① 도로의 중앙선 측 상위차로인 1차로를 버스전용차로로 지정하는 형식
② 서울 등 대도시 일부 및 경부고속국도에서 중앙 버스전용차로제 시행 중

(2) 장점

① 단속이 철저하고 시설이 잘 갖추어져야 통행속도 보장 가능
② 도로변에 정차하는 택시, 이륜차, 자전거 등의 장애물과 접촉 차단
③ 버스전용차로 전용 신호체계를 적용하면 평균통행속도 유지 가능

(3) 단점

① 중앙차로에 별도 정류장 건설, 횡단보도, 차로폭 감소 등에 비용 투자

② 최소 왕복 6차로 도로가 아니면 현실적으로 중앙전용차로 설치 불가능

③ 고속도로 중앙차로제에는 IC 진출입을 위한 독립된 형태의 램프 설치

2. 가로변 버스전용차로

(1) 형식

① 도로의 가로변 측 하위차로를 버스전용차로에 제공하는 형식

② 세계적으로 널리 적용되고 있으며, 국내 많은 도시권에서 적용 중

(2) 장점

① 가로변 차로와 기존 정류장을 버스전용으로 활용할 수 있어 비용 절약

② 다른 차량 통행에 제약을 주지 않고 안내표지와 차선도색으로 가능

③ 특히 교차로에서 버스 우회전 통행에 보행자 외에 거의 제약 없음

(3) 단점

① 운전자의 운전 매너가 나쁘거나, 주정차 시설이 미흡하면 효용성이 크게 저하

② 도로변 차로에 택시, 이륜차, 자전거 등의 끼어들기 방해요소 많음

③ 상업지역 도로면에서 화물트럭 상하차로 인한 전용차로 차단 우려

3. 고속국도 버스전용차로

(1) 형식

① 고속국도의 중앙선 측 1차로를 버스전용차로로 지정하는 형식

② 국내 12인승 이하 승합차는 '6명 이상 승차'한 경우에만 통행 허용

③ 영동고속국도는 여주~신갈 구간(41.4km)에만 버스전용차로 시행 중

(2) 문제점

① 고속국도 버스전용차로제는 무인(드론)카메라에 의한 단속만 가능

② 위반차량에는 추후 범칙금이나 과태료를 과중하게 추징하는 제도 필요

③ 영동고속국도 버스전용차로 시행 이후, 확대 또는 폐지 주장 대립 중

Ⅲ 버스전용차로 설치기준

1. 버스전용차로 도입 전제조건

(1) 시행 대상도로 또는 특정구간의 교통정체가 심할 것

(2) 버스통행량이 일정수준 이상이고 승차인원 1명인 승용차 비율이 높을 것

(3) 도로 기하구조 여건이 전용차로를 수용할 만한 수준일 것

(4) 시민들이 버스전용차로 기법을 지지해야 할 것

(5) 첨두시간 버스통행량이 정해진 기준 이상 되면 전용차로 도입을 검토할 것

(6) 최근에는 버스통행량과 승객수송의 중요성을 동시 검토하여 결정하는 추세

2. 버스전용차로 도입 검토기준

(1) 대한민국 대도시권의 경우

① 편도 3차로 이상 도로로서 시간당 최대 100대 이상의 버스가 통행 운행하거나, 버스 승객이 시간당 최대 3,000명 이상인 경우에 설치 검토

② 출·퇴근시간 전용차로는 편도 3차로 이상 도로로서 시간당 최대 80대 이상의 버스가 통행 운행하는 경우에 설치 검토

(2) 미국 볼티모어시의 경우

① 버스전용차로 설치기준을 승객수송 측면에서 다음 식으로 표현하여 설치 검토

$$G_b \geq \frac{G_a}{N-1} \cdot X$$

여기서, G_b : 시간당 버스통행량(대/시/차로)

G_a : 시간당 일반차량 통행량(대/시/차로)

N : 편도 차로수

X : (일반차량 평균승차인원)/(버스 평균승차인원)

② 전용차로를 도입할 때 첨두시간 전용차로 버스승객수가 일반차로당 일반차량승객수 이상이면 타당성이 있다는 기준을 마련하여 설치 검토

• X값은 시간과 장소에 따라 다르나, 보통 0.02~0.10 정도

• 일반차량 1,000대일 때 버스통행량 50대 정도이면 전용차로 설치 타당

Ⅳ 버스전용차로 설치방안

1. 전용차로 분리방안

(1) 차로(lane) 표시 : 전용차로와 일반차로 사이에 단순히 변경을 금지하는 실선만을 그어 놓는 방안으로, 도로폭이 극히 제한되는 경우에 적용

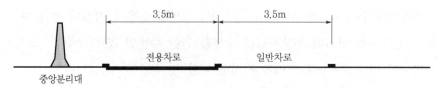
[버스전용차로의 차로(lane) 표시방안]

(2) 완충지역(buffer) 설치

① 전용차로와 일반차로 사이에 완충지역(폭 0.2~2.0m)을 설치하고 표지병을 15~30m 간격으로 한 줄 또는 두 줄로 배열하여 분리하는 방안

② 차로 분리폭이 비교적 적게 소요되고 버스고장, 사고발생 시 분리대 설치방안보다 처리가 용이하나 위반차량 발생 우려

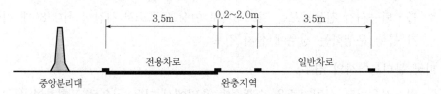
[버스전용차로의 완충지역(buffer) 설치방안]

(3) 분리대(barrier) 설치

① 전용차로와 일반차로 사이에 콘크리트 분리대(폭 1.80~3.00m)를 설치하여 교통류를 완전히 분리하는 방안

② 물리적으로 완전 분리하여 버스통행은 편리하나, 분리대에 도로폭이 많이 점유되고 버스고장, 사고발생 시 전용차로 마비 우려

[버스전용차로의 분리대(barrier) 설치방안]

2. 출입교통량 처리방안

(1) 고속도로 IC와 시·종점 교통량 처리

① 전용차로가 차선(lane)으로 분리된 고속국도 IC에서 엇갈림구간 설치 기준
  • 전용차로 진출입을 위해 1개 차로 변경에 소요되는 최소거리 150m
  • 전용차로 진출입하는 버스를 위한 전용차로 개구부 최소길이 400m

② 전용차로 시점 : 400m 정도의 유도차로를 백색점선으로 표시

③ 전용차로 종점 : 1~2km 전방에서 차로를 끊어서 엇갈림구간 확보

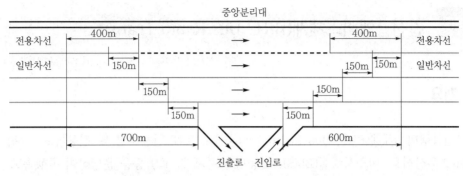

[고속도로 IC 엇갈림구간 출입교통 처리]

(2) 도시 가로망 출입 및 회전 교통량 처리

① 서울시 버스전용차로제에서는 세가로 출입을 위한 전용차로의 Set Back은 제공하지 않는 방안으로 노면표시 중의 하나인 정차금지지대를 설치

② Set Back이란 교차로 접근부에 우회전 차량이 진입할 수 있도록 설치하는 공간으로, Set Back은 접근로의 각 차로들이 비슷한 교통량 대 용량비(V/C)로 운영되도록 적정한 거리에 설치

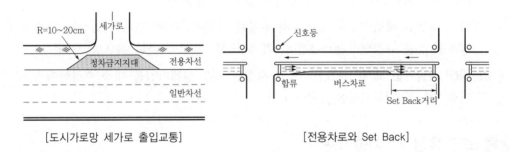

[도시가로망 세가로 출입교통]　　　　　[전용차로와 Set Back]

V 맺음말

1. 버스전용차로는 고속국도 및 일반도로에서 버스에 특정차로통행 우선권을 부여하는 교통기법으로, 일반차량과 분리되어 운행되므로 도로의 횡단구성에 직접 영향을 준다.

2. 서울시정개발연구원 「대중교통 우선가로제 도입」 보고서에 따르면, 서울 강남대로 중앙 버스전용차로제 도입 후, 버스 운행속도가 14.4km/h에서 35km/h로 2.4배 빨라져 버스전용차로 도입 효과가 입증된 것으로 판단된다.[30]

---

30) 국토교통부, '도로의 구조·시설 기준에 관한 규칙', 2015, pp.138~148.

2.26　간선급행버스체계(BRT) Bus Rapid Transit

광역 간선급행버스체계(Bus Rapid Transit) 건설사업, S-BRT [3, 2]

I 개요

1. 간선급행버스체계(BRT, Bus Rapid Transit)는 BRT 전용차량 및 전용차로, 수평 승하차, BRT 우선신호, 버스사령실(BMS), 지능형 교통체계(ITS) 등을 운영하여 통행속도, 정시성, 수송능력 등을 향상시킨 신교통수단이다.

2. 오늘날, 대도시권 교통난 해소를 위해 BRT를 적극 확대할 필요가 있다.

   (1) BRT 수송용량은 경전철 대비 85% 수준이나 사업비는 6.5%에 불과

   (2) BRT 건설비용은 30억 원/km, 경전철 460억 원/km, 지하철 1,000억 원/km 수준

3. BRT 추진 경과의 요약

   (1) **BRT 추진계획 수립('10.8.)** : BRT를 전국 대도시권으로 확대하기 위해 「전국 대도시권 BRT 확충계획」 수립, 우선 추진사업 20개소 선정

   (2) **BRT 특별법 제정('14.6.)** : BRT의 원활한 구축·운영을 위해 사업절차, 운영방식, 재정지출 등을 규정한 「간선급행버스체계 건설·운영에 관한 특별법」 제정

   (3) **BRT 기술기준 고시('16.8.)** : '06년 제정된 BRT 설계지침을 대폭 수정하여 BRT 유형, 기술기준 등 세부사항을 수립·고시

II BRT 유형 및 기술기준

1. 광역형 BRT와 도심형 BRT

   (1) **광역형** : 대도시권에서 도시와 도시 간을 연계하는 간선교통수단으로, 운행되는 노선연장이 도심형에 비해 상대적으로 길다.

   (2) **도심형** : 대도시권 도심의 주요 교통축을 대상으로 설치되는 간선교통수단으로, 기존 버스보다 신속하고 대규모 수송이 가능하다.

2. 전용형 BRT와 혼용형 BRT

   (1) **전용형** : 차량, 주행로, 정류장 등이 하나의 단일시스템으로 형성되어 시스템에 포함되지 않는 버스는 진출입이 불가능한 경전철에 준하는 독립된 시스템이다.

   (2) **혼용형** : BRT 인프라 구축 후 구간의 전부 또는 일부를 기존 또는 새로운 버스 노선이 운행하는 시스템, 전용형에 비해 다양한 유형의 BRT차량 운행이 가능하다.

3. 기존 버스와 BRT 차량의 비교

(1) 기존 버스의 문제점

① 버스는 승차감이 나쁘고, 노약자·장애인이 타고 내리기 불편하다.

② 버스는 디젤차량으로 매연이 심하여 공기를 오염시킨다.

③ 버스는 지하철에 비해 속도가 느리고 정시성이 없다.

④ 버스는 도착시간에 신뢰성이 없고 자주 갈아타야 한다.

⑤ 버스는 도착정보가 없어 불편하고 노선이 복잡하다.

⑥ 버스정류장이 지저분하여 기다리는 동안 타고 싶은 마음이 없어진다.

(2) BRT 차량의 도입 효과

① 편안하고 쾌적하며 휠체어 탑승이 가능한 저상버스를 도입한다.

② CNG버스, 전기버스 등 Clean air bus를 도입한다.

③ 중앙버스전용차로제 도입으로 지하철보다 빠르고 저렴하게 운행한다.

④ 버스노선체계를 개편하여 신뢰성 향상과 환승 최소화를 도모한다.

⑤ BIS, BMS, 정류장 근접정차유도장치 등 Hi-Teck 기술을 도입한다.

⑥ 안전하고 운행정보를 제공하는 쾌적한 정류장을 운영한다.

⑦ BRT는 환경보존 및 CO_2 규제에 적합하며 기존 버스영역을 잠식하지 않는다.

Ⅲ 고급 간선급행버스체계 Super-BRT

1. 고급 BRT 정의 및 목표

(1) BRT(Bus Rapid Transit, 간선급행버스체계) : 대도시권에서 건설·운영하는「대중교통의 육성 및 이용촉진에 관한 법률」제2조 제5호에 따른 간선급행버스체계로서 전용주행로, 간선급행버스체계교차로, 정류소 등 대통령령으로 정하는 체계시설과 전용차량을 갖추고 운영하는 교통체계를 말한다.

(2) S-BRT(Super-BRT, 고급 간선급행버스체계) : 전용주행로, 교차로 우선처리, 수평승하차, 전용차량 등을 갖추고 아래 목표 수준 이상으로 운행하는 BRT를 말한다.

① 평균통행속도 : 25km/h(일반노선), 35km/h(급행노선)

② 정시성 지표 : 출발 및 도착 예정시간 대비 2분 이내

2. 고급 BRT 기능 및 역할

(1) 고급 BRT는 대도시권에서 광역·도시철도를 보완하거나 중소도시의 간선교통을 담당할 수 있다.

(2) 대도시권 광역·도시철도를 보완하는 경우

① 광역·도시철도와 효율적인 연계체계를 마련한다.

② 주변의 분산된 지선버스노선과의 효율적인 연계체계를 마련한다.

③ 광역·도시철도와 고급 BRT의 환승은 이용자의 환승시간 및 환승거리가 최소화되도록 배치해야 한다.

(3) 지방중소도시의 간선교통을 담당하는 경우

① 광역·도시철도를 대체하는 수단으로 활용한다.

② 기존버스노선이 집중된 도로에 배치해야 한다.

③ 인접도시와 연계를 통해 간선교통망을 형성한다.

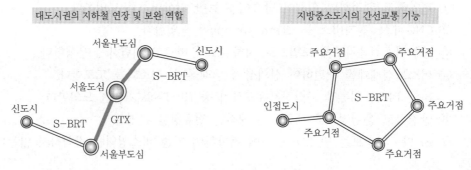

[고급 BRT 기능 및 역할 개념도]

Ⅳ 맺음말

1. 간선급행버스체계(BRT)는 전용 도로와 우선신호체계를 도입하여 '땅 위의 지하철'로 불리는 교통시스템이다.

2. 국토교통부는 고급 간선급행버스체계(S-BRT)를 새로 도입하기로 하고 5개 노선의 시범사업을 추진한다고 2019.12.2. 밝혔다. 'S-BRT는 지하철과 비교할 때 건설기간은 절반 수준으로 짧고 비용은 1/10 수준으로 적게 투입하면서도 지하철에 맞먹는 서비스가 가능한 저비용·고효율의 대중교통수단이 될 것'이라며 발표했다.

3. BRT 체계에는 이미 S-BRT에 해당하는 골드등급 BRT가 있다. 당초 낮은 수준의 BRT를 도입하고 고비용·저효율이란 지적을 받자 뒤늦게 업그레이드하겠다는 의견이 제기되고 있다. S-BRT는 국제적으로 통용되는 용어도 아니다.[31]

---

31) 국토교통부, '고급 간선급행버스체계 가이드라인(Guideline of Super Bus Rapid Transit)', 2019.12.

2.27 차로제어시스템(LCS, Lane Control System)

고속도로 갓길차로제(LCS, Lane Control System)의 대상구간 선정기준, 운영방안 [2, 4]

I 개요

1. 능동적 교통관리시스템(Active Traffic Management System)은 연속류를 대상으로 차로 관리, 속도관리, 교통사고정보 제공 등 다양한 교통관리 업무를 통합하여 대도시 주변의 고속도로나 자동차전용도로에서 아래와 같이 다양한 형태로 시행되고 있다.

   (1) 가변속도제한(VSL, Variable Speed Limits)

   (2) 교통정보용 가변전광판(VMS, Variable Message Sign)

   (3) 터널입구 정보표지판

   (4) 터널입구 진입차단시설

   (5) 도로전광표지(PVMS, Portable Variable Message Sign)

   (6) **램프 미터링(Ramp Metering System)**

   ① 진입로 신호조절 : 고속도로 진입로에 신호등을 설치하여 진입교통량을 조절함으로써 교통정체를 완화

   ② 영업소 미터링 : 고속도로 진입부의 톨게이트를 활용하여 고속도로로 진입하는 교통량을 감소시켜 교통소통 및 안전 극대화 제고

   (7) 버스 전용차로

   (8) 주말 영업소 진입교통량 조절

   (9) 갓길 차로제어시스템(LCS, Lane Control System)

   (10) 교량·터널 차로제어시스템(LCS)

II 차로제어시스템(LCS)

1. LCS 개념

   (1) 차로제어시스템(LCS)은 차로제어신호기를 설치하여 기존 차로의 가변 활동, 갓길의 일반차로 활용 등과 같이 단기적인 서비스 교통용량의 증대를 통하여 지·정체를 완화시키는 교통관리시스템의 일종이다.
   전국 고속국도 교통 혼잡구간 50% 감소를 목표로 기존 도로용량을 소프트웨어적으로 확대하기 위하여 차로제어시스템을 확대 시행하고 있다.

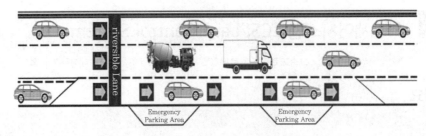

[차로제어시스템(LCS) 개념도]

(2) 갓길 차로제어시스템(LCS)은 고속국도 갓길차로에 통행 가능 여부를 표시하는 신호기를 설치하여 본선 교통속도가 80km 미만인 경우에 통행을 허용함으로써, 탄력적으로 도로용량을 증대시키는 교통운영기법이다.

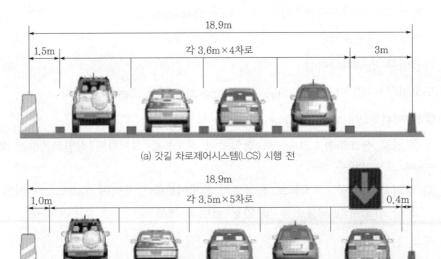

(3) 교량·터널 차로제어시스템(LCS)은 돌발적인 교통사고에 신속하게 대응할 수 있도록 LCS 신호기를 500m 간격으로 설치하여 녹색화살표시, 적색 X표시, 터널 내 형광 ⇩표시 등을 현시하여 제어하는 교통운영기법이다.

[교량·터널 차로제어시스템(LCS) 모습]

2. LCS 신호 종류

신호 종류	신호 의미
녹색화살 표시의 등화	차량은 화살표 방향으로 진행
녹색화살 표시의 등화(하향)	차량은 화살표로 지정한 차로로 진행
적색 X표 표시의 등화	차량은 X표가 있는 차로로 진행
적색 X표 표시 등화의 점멸	차량은 X표가 있는 차로로 진입할 수 없고, 이미 진입한 경우에는 신속히 그 차로 밖으로 진로를 변경
녹색 좌·우측 대각선 하향 화살표	차량은 화살표 지시에 따라 좌측 또는 우측 차로로 진입

근거 : 「도로교통법시행규칙」 [별표 2]

운영 → 미운영(3단계 변화)			미운영 → 운영(2단계 변화)	
녹색화살표시 등화 ⇨	적색 X표시 점멸 등화 ⇨	적색 X표시 등화	적색 X표시 등화 ⇨	녹색화살 표시 등화

[LCS 신호 변화]

3. LCS 대상구간 선정

(1) 공통적인 선정기준

① 고속국도 지·정체구간은 중·장기적으로 차로 확장사업 추진을 원칙으로 한다.

② 다만, 아래와 같은 경우 단기적으로 차로제어시스템(LCS)을 설치·운영한다.

- 병목이 발생하는 짧은 구간(IC~IC, IC~Jct, IC~TG, Jct~TG 등)에서 교통량이 과다한 경우
- 긴급상황에 대비하여 비상주차대 설치공간이 확보되는 경우
- 정체구간의 하류부 차로수가 증가하는 경우(2→3, 3→4차로 등)

(2) 확장계획이 없는 경우의 선정기준

① 해당구간 교통 혼잡수준에 따라 아래와 같이 개선방향을 검토하되, 중·장기적으로 확장을 추진한다.

② AADT 기준 서비스수준 E 이하일 때, 상시 혼잡구간으로 정규 차로 확장사업을 검토한다.

③ 특정일교통량 기준 서비스수준 E 이하일 때, 특정기간(주말, 연휴 등) 혼잡구간으로 선정하여 LCS 설치·운영을 검토한다.

(3) 확장계획이 있는 경우의 선정기준

교통혼잡이 심각하여 단기대책의 시행이 시급하고 정규 차로 확장사업 착공 전까지 LCS 운영에 대한 경제적 타당성이 확보되는 경우에 선정한다.

4. LCS 운영 현황 및 효과

(1) 2007년 영동고속국도(인천방향, 여주나들목~여주분기점)에 시범도입 이후, 2008년 확대 도입되어 15개 구간(80km)에서 추가 설치·운영하고 있다.

(2) 평균통행속도는 시행 전 49km/h에서 시행 후 78km/h로 29km/h 증가되었다.

통행시간 및 운행절감 편익은 연간 939억 원 발생

CO_2 배출량은 연간 3만톤의 저감효과 발생

[영동선(문막IC → 강천터널)]

[경부선(판교임시IC → 양재IC)]

Ⅲ 맺음말

1. 정부는 「교통정체 종합개선대책」을 수립하여 경부고속국도 천안분기점 이북구간 중 편도 4차로의 갓길을 편도 5차로로 이용하도록 LCS를 설치하였다.

   그 결과, 차량이 붐비는 시간대(80km/h 이하 시간대)의 평균통행속도는 서울방향 12km/h, 부산방향 20km/h가 증가된 것으로 조사되었다.

2. 고속국도 갓길차로 LCS, 램프 미터링 시스템 신호등, 가변속도 표지판 등과 같이 개별 교통 관리기법의 신호운영 주체에 대한 법적 기준이 필요하다.

   (1) 고속국도 LCS 신호기에 대한 세부적인 설계기준

   (2) 도시지역 고속국도 갓길차로의 신호등 설치기준 등 [32]

---

32) 도로교통공단, '능동적 교통관리시스템 구축방안 연구(Ⅰ)', 교통과학연구원, 2013.

2.28 양보차로, 추월차로, 고속국도 지정차로제

피양차선(Turn-out), 양보차로, 앞지르기차로, 고속도로 지정체로제 [2, 2]

Ⅰ 양보차로 Turn-out

1. 양보차로 규정 「도로의 구조·시설 기준에 관한 규칙」 제37조(양보차로)

(1) 2차로 도로에서 앞지르기시거가 확보되지 않는 구간에는 교통용량 및 안전성을 위해 저속자동차가 다른 자동차에게 통행을 양보할 수 있는 양보차로를 설치한다.

(2) 양보차로 설치구간에는 운전자가 양보차로에 진입하기 전에 인식할 수 있도록 노면표시 및 표지판을 설치하고, 양보차로가 적절한 길이 및 간격이 유지되도록 한다.

2. 양보차로, 턴아웃(Turn-out) 설치방법

(1) 양방향 2차로의 차로수를 3차로로 확폭하고, 가운데 차로를 양보차로로 할당하여 양방향 교통류의 상당한 길이에 걸쳐 반복적으로 (a), (b)와 같이 설치한다.

① 1차로 방향에서도 앞지르기 허용 : 앞지르기시거가 확보되는 구간

② 1차로 방향에서는 앞지르기 금지* : 앞지르기시거가 확보되지 않는 구간

   * 연평균 일교통량(AADT) 3,000대 초과하면 1차로 방향에서 앞지르기 금지

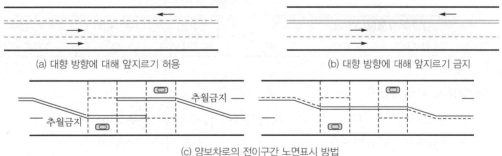

(a) 대향 방향에 대해 앞지르기 허용   (b) 대향 방향에 대해 앞지르기 금지

(c) 양보차로의 전이구간 노면표시 방법

[양보차로 설치]

(2) 2차로 도로에서의 서비스수준 향상을 위하여 앞지르기 금지구간에서 양보차로의 일종인 턴아웃(Turnout)의 최소길이를 허용한다.

[2차로 도로에서 턴아웃(Turnout) 최소길이]

접근속도(km/h)	>40	>48	>64	>80	>88	>96
최소길이(m)	60	60	75	115	130	160

① 2차로 도로의 한쪽 차로에 설치하여 저속자동차의 양보를 유도하는 시설물

② 오르막경사와 내리막경사는 물론 평지에서도 서비스수준 향상을 위해 설치

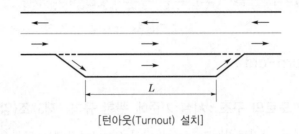

[턴아웃(Turnout) 설치]

3. 양보차로의 설계기준, 통행방법

(1) 양보차로 설치구간

① 교통량이 양방향 400대/시 이상이고, 중차량 구성비가 20% 이상인 구간

② 앞지르기 가능(시거 확보) 구간이 30% 이하일 때 설치

(2) 양보차로 길이

① 양보차로 길이는 접근속도와 관련하여 약 4~5초 동안의 주행거리를 최소길이로 간주하여 1,200~2,500m 범위에서 설치한다.

② 2차로 도로에서 양보차로 길이가 너무 길면 운전자들이 양보차로를 4차로 도로로 착각하여 교통사고 발생위험을 유발시킬 수 있다.

[양보차로 길이]

일방향 교통량(대/시)	100	200	400	700
양보차로 소요길이(m)	800	800~1,200	1,200~1,600	1,600~2,000

(3) 양보차로 설치간격

① 저속자동차에 의한 교통류의 지연시간이 많지 않은 경우 : 16~24km 간격

② 교통량이 많고 앞지르기 기회가 확보되지 않은 경우 : 5~8km 간격

[양보차로 테이퍼]

구분		양보차로 설치기준
양보차로 폭		본선 차로폭 이상
양보차로 변이구간	시점부	1/25(양보차로폭의 25배)
	종점부	$L = W \times V$(W : 차로폭, V : 접근속도)

(4) 양보차로 통행방법

① 일반적으로 저속자동차를 뒤따르는 자동차의 수에 따라 양보 여부를 결정한다.

② 만약 1대의 자동차라도 저속자동차를 뒤따를 때는 양보하는 것이 안전하다.

Ⅱ 가변차로

1. 용어 정의

(1) 가변차로는 특정시간대에 교통량이 현저히 다른 도로에서 하나 또는 그 이상의 차로를 주 교통량 방향으로 통행을 허용하는 방식으로, 첨두시간 주방향 교통량이 일방향 전체 교통량의 60% 이상을 차지하는 양방통행도로에 적용한다.

(2) 가변차로는 도로 이용효율 측면에서 장점이 있으나, 가변차로 구간에서의 사고발생빈도가 높고, (정면충돌)사고가 발생되면 대형사고로 이어져 최근 가변차로 구간을 폐지하는 추세이다.

2. 가변차로 설치기준

(1) 첨두시간 양방향 교통류의 비가 최소한 3 : 2 이상인 도로

(2) 차로수는 원칙적으로 최소한 양방향 5개 차로 이상인 도로

(3) 도로의 폭과 차로수가 일정한 도로

(4) 가변차로 구간 유출부에서 교통처리 능력이 충분한 도로

3. 가변차로 사고분석

(1) 실시간 교통량에 따라 차량이 많은 쪽으로 차로가 확대되는 서울시내 가변차로의 교통사고 발생건수가 일반교통사고 평균보다 8배 이상 높은 것으로 나타났다.

(2) 그동안 가변차로를 둘러싸고 시간대별 통행 방향을 오인하거나 차로폭 감소 등으로 사고가 빈번하게 발생한다는 문제가 제기되어, 폐지방안이 논의되고 있다.

(3) 서울시의 경우, 가변차로를 1981년 8월 소공로(조선호텔~한국은행)에 처음 도입한 이후 16개 도로 총길이 19.74km 구간까지 늘렸으나, 최근 왕십리로(2.20km)를 폐지하고 현재 소공로(0.25km) 구간만 남아있다. [33]

[서울시 가변차로 설치구간 현황]

번호	가로명	차로수	설치구간	거리	설치연도	비고
1	소공로	5(1)	조선호텔~한국은행	0.25km	'91.08.	효율성 분석 중 (간선도로개선사업)
2	왕십리로	6(1)	왕십리역~한양공고 앞 교차로	2.2km	'94.07.	이미 폐지

---

33) 국토교통부, '도로의 구조・시설 기준에 관한 규칙', 2015, pp.153~160.
서울시, '가변차로 현황', 교통＜교통안전＜교통안전사업＜교통시설・신호운영, 2019.

Ⅲ 양방향 2차로의 추월차로(앞지르기차로)

1. 용어 정의

(1) 양방향 2차로 도로에서 추월차로란 저속자동차로 인해 동일 진행방향의 후속자동차의 속도감소가 유발되고 반대차로를 이용한 추월이 불가능할 경우, 도로 중앙 측에 설치하는 고속자동차의 주행차로를 말한다.

(2) 양방향 2차로 도로에 추월차로를 설치하면 적은 공사비로 도로용량이 증대되고, 교통사고가 감소되므로 2차로 용량증대 방안으로 적극 검토가 필요하다.

2. 설치장소

(1) 양방향 2차로 도로에서 추월차로는 적절한 주행속도를 유지하기 위하여 오르막차로, 교량 및 터널 구간을 제외한 토공부에 설치한다.

(2) 추월차로는 기본적으로 상·하행선 대칭 위치에 설치해야 하지만, 토공부가 길거나 용지제약을 받는 구간에는 상·하행선을 엇갈리게 설치해도 된다.

3. 설계기준

구분		추월차로의 표준간격 및 연장(km)	
추월차로 설치간격		6~10	
추월차로 설치연장		1.0~1.5	
추월차로 완화구간길이	종점부	$L = 0.6WS$	L : 길이(m)
			W : 차로폭(m)
			S : 속도(km/h)
	시점부	종점부 길이의 1/2~2/3	

4. 운영방법

(1) 2차로의 도로 외측을 본선으로 계획하고, 도로 내측을 추월차로로 계획한다.

(2) 추월차로의 설계속도, 차로폭 등은 2차로의 본선과 동일하게 계획한다.[34]

[양방향 2차로 도로에서 추월차로 설치방법]

---

34) 국토교통부, '도로의 구조·시설 기준에 관한 규칙', 2015, pp.160~161.

Ⅳ 고속도로 지정차로제

1. 용어 정의

(1) '고속도로 지정차로제'는 도로이용의 효율성을 높이고, 교통안전을 확보하기 위해 차량의 제원과 성능에 따라 차로별 통행 가능 차종을 지정하는 제도이다.

(2) 현행 지정차로제는 차로별 통행 가능 차종을 복잡하게 규정하여 운전자도 준수하기 힘들다. 또한, 고속도로가 차량정체로 혼잡할 때도 1차로를 추월차로로 비워두는 불합리한 규정이 있어 교통현실에 맞도록 개선하였다.

2. 고속도로 지정차로제

(1) **지정차로제를 알기 쉽게 개정** : 운전자는 왼쪽·오른쪽 차로 중에 본인 차량이 어느 쪽에 포함되는지만 알면 주행 가능한 차로를 쉽게 알 수 있다.

[고속도로 지정차로제 개정 전·후 비교]

개정 전 차로별 통행방법			개정 후 차로별 통행방법		
편도 2차로	1차로	앞지르기차로	편도 2차로	1차로	앞지르기차로. 다만, 차량통행량 증가 등 도로상황으로 인해 부득이하게 80km/h 미만으로 통행해야 할 때는 주행 가능
	2차로	모든 자동차의 주행차로		2차로	모든 자동차
편도 3차로	1차로	앞지르기차로	편도 3차로 이상	1차로	왼쪽차로 통행차량의 앞지르기차로. 다만, 차량통행량 증가 등 도로상황으로 인해 부득이하게 80km/h 미만으로 통행해야 할 때는 주행 가능
	2차로	승용자동차, 승합자동차			
	3차로	화물, 특수, 건설			
편도 4차로	1차로	앞지르기차로		왼쪽 차로	승용, 경형·소형·중형승합
	2차로	승용, 중·소형승합			
	3차로	대형승합, 1.5톤 미만 화물		오른쪽 차로	대형승합, 화물, 특수, 건설기계
	4차로	1.5톤 이상 화물특수, 특수, 건설			

* 모든 차는 위 지정된 차로의 오른쪽 차로로 통행 가능

(2) **고속도로 혼잡하면 1차로 주행 가능** : 차량증가 등으로 80km/h 이상 통행이 어려운 경우, 앞지르기가 아니더라도 고속도로 1차로를 주행할 수 있다.

(3) **지정차로제 위반하면 과태료 부과** : 지정차로제 위반하면 과태료 부과 가능토록 개정되어, 신호·속도위반과 같이 단속카메라나 공익신고를 활용한 단속이 가능하다.

(4) **왼쪽차로 의미**

① 왼쪽차로란 고속도로 외의 도로의 경우, 차로를 반으로 나누어 1차로에 가까운 부분의 차로이다. 다만, 차로의 수가 홀수인 경우 가운데 차로는 제외한다.

② 왼쪽차로란 고속도로의 경우, 1차로[추월차로]를 제외한 차로를 반으로 나누어 그 중 1차로에 가까운 부분의 차로이다.

(5) 오른쪽차로 의미

① 오른쪽차로란 고속도로 외의 도로의 경우, 왼쪽차로를 제외한 나머지 차로이다.

② 오른쪽차로란 고속도로의 경우, 1차로와 왼쪽차로를 제외한 나머지 차로이다.

③ 오른쪽차로에 대형 승합, 화물, 특수, 건설, 이륜, 원동기장치자전거가 통행할 수 있다. 자전거, 우마차는 최하위 차로 우측 절반 이하만을 점유할 수 있다.

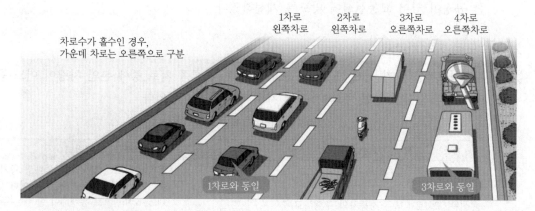

(6) 4차로 도로에서 차로별 주행방법 : 고속도로는 1차로[추월차로]를 제외하고 차로수 계산

(7) 3차로 도로에서 차로별 주행방법

① 대형・저속차량(버스)은 오른쪽차로 운행

② 고속도로 정체로 80km/h 미만 운행 시 1차로[추월차로] 주행 가능

③ 위반하면 과태료 부과 가능

(8) 추월차로 위반차량 단속 : 지정차로제 지키는 운전습관을 생활화하면 최소한 '1차로[추월차로] 주행위반 과태료 통지서' 받고 속상할 일은 없다.[35]

---

35) 경찰청, '지정차로제, 이렇게 달라집니다', 2018.

2.29 도로점용허가 공사구간의 교통처리

도로 확장공사의 교통처리기법, 기존 도로점용허가 공사구간의 제한속도 설정 기준 [0, 4]

Ⅰ 개요

1. 도로점용이란 도로구역 안에서 공작물, 물건, 기타 시설을 신설·개축·변경 또는 제거하거나 기타의 목적으로 도로를 점용하여 사용하는 행위를 말한다.
2. 도로공사구간이란 공용 중인 도로에서 점용공사로 인하여 통행에 제한을 주는 도로의 일정한 구역 또는 구간을 말하며, 구간별 교통관리가 필요하다.
3. 교통관리구간 내에서 사전주의표지가 설치된 초기지점부터 공사지점을 통과한 이후까지 주의구간, 완화구간, 작업구간, 종결구간 등으로 나누어 관리해야 된다.

Ⅱ 도로공사 현장의 교통관리지침 「국토교통부 간선도로과(2018)」

1. 도로점용 공사장의 교통관리기법

(1) 교대통행(Alternating, one-way operation)

(2) 우회(기존 도로 이용, 임시 우회도로 건설)

(3) 전면 도로 차단(Full road closure)

(4) 일시적 도로 차단(Intermittent closure)

(5) 차로 차단(Lane closure)

(6) 협소 차로(Narrow lane)

(7) 역방향 통행(Median crossover)

(8) 길어깨 사용(Use of shoulders)

2. 도로점용 공사구간의 유형

(1) **고정(固定)공사** : 공사지점이 공사가 끝날 때까지 이동하지 않는 공사를 말하며, 장기공사, 중기공사, 단기공사, 단시간공사 등으로 나뉜다.

(2) **이동(移動)공사** : 일정한 속도로 이동 또는 일시적인 정지와 이동을 반복하면서 수행하는 공사를 말한다.

[도로점용 공사구간의 구분]

구 분		기 준
고정공사	장기	3일 초과 동일지점
	중기	1일 이상~3일 이내 동일지점
	단기	1일 주간의 1시간 초과 동일지점 또는 야간 공사
	단시간	1일 주간의 1시간 이내 동일지점
이동공사		일정한 속도로 이동 또는 일시적 정지와 이동을 반복하는 공사

3. 고정공사의 교통관리구간 설치

(1) **주의구간** : 운전자들이 전방의 교통상황 변화를 사전에 인지할 수 있도록 확보하는 구간이다.

(2) **완화구간** : 진행 중인 차로를 변화시키는 구간으로 공사 중인 해당 차로 전방에 일정 거리를 두어 주행차로를 차단하고 차로를 변경하게 하는 구간이다. 차로나 길어깨를 차단하지 않을 경우에는 완화구간을 생략할 수 있다.

(3) **작업구간** : 작업구간은 완충구간과 실제 공사를 수행하는 작업활동구역으로 구성된다. 여기서 완충구간은 운전자들이 차로 변경을 하지 못한 경우에 대비하여 운전자 및 작업자를 보호하기 위한 구간이다.

(4) **종결구간** : 작업구간을 통과하여 도로점용공사 이전의 정상적인 교통흐름으로 복귀하는 구간이다.

[고정공사의 교통관리구간 설치]

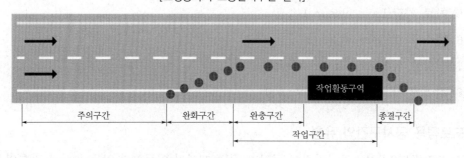

4. 고정공사의 주의구간 설치 기준

(1) 교통관리구간에는 차량 진행방향에 대하여 예상정보를 운전자에게 알려주고 통행경로를 바꿀 수 있는 충분한 시간을 제공하기 위해 주의구간을 둔다.

(2) 주의구간 길이는 완화구간 시점으로부터 도로유형별 제한속도에 따른 일정시점(최초 안전표지 설치지점)까지 앞당겨서 설정하고 교통안전표지를 설치한다.

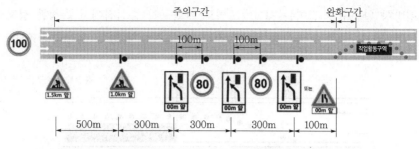

[도로점용공사 주의구간의 교통안전표지 설치]

(3) 제한속도 60km/h 이하인 도시지역 일반도로는 교차로 간의 이격거리가 짧아 주의구간 설치가 어려운 경우에는 다음 방안 중 하나를 적용한다.

① 교통안전표지 1회 설치

② 교통안전표지 설치 간격 축소 및 1회 설치

③ 전방 교차로까지 연장하여 교통안전표지 설치 간격 축소 및 1회 설치

5. 고정공사의 완화구간

(1) 완화구간은 공사구간에 진입하는 자동차가 급격한 차로변경 없이 유도시설을 따라 주행하던 차로를 안전하게 변경하도록 유도해 주는 구간이다. 완화구간에는 차로 차단 및 차로 변경할 때 사용하는 테이퍼를 포함한다.

(2) 완화구간은 운전자들에게 잘 보여야 하며, 변경한 경로는 도류화시설이나 노면표시에 의해 시인성을 높여 운전자가 잘못된 판단을 하거나 기존 경로를 따르지 않도록 유도해야 한다.

(3) 기존 노면표시가 완화구간과 상충되는 경우 새로 설치하되, 시거가 제한되는 경우(종단곡선이나 평면선형 급변) 테이퍼를 시거 장애지점 전방에 설치한다.

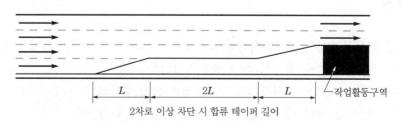

2차로 이상 차단 시 합류 테이퍼 길이

[도로점용공사 완화구간의 테이퍼 설치길이]

6. 고정공사의 작업구간

(1) 작업구간에는 실제로 공사를 수행하는 작업활동구역과 작업자에게 안전 여유 공간을 제공하기 위한 완충구간이 포함된다.

(2) 진행방향 완충구간 길이는 제한속도별로 완화구간 중심점에서 측정한 정지시거에 따라 설치한다. 이 구간은 공사용 장비·자재, 작업자동차 등이 점용하면 아니 된다.

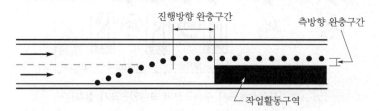

[도로점용공사 작업구간의 완충구간 설치]

7. 고정공사의 종결구간

(1) 종결구간은 자동차가 도로점용공사 구간을 통과하여 정상 차로로 복귀하기 위한 구간 이므로, 종점에 '공사장 종점'이라는 주의표지를 설치한다.

(2) 종결구간의 하류부 테이퍼(L)는 고속도로의 경우에 차단 차로수 당 30m 이상, 일반도 로의 경우는 차단 차로수 당 10m 이상으로 설치한다.

(3) 종결구간의 하류부 테이퍼에 설치되는 도류화시설 설치 간격은 완화구간 기준을 적용 한다. 단, 제한속도 50km/h 이하인 도시지역 일반도로에는 생략할 수 있다.

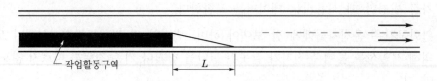

[도로점용공사 종결구간의 하류부 테이퍼 길이]

Ⅳ 맺음말

1. 공사구간 교통관리계획은 교통안전과 교통소통 문제를 최소화하는 것이므로, 제반 안전규 정을 준수하고 현장여건에 적합한 교통관리기법을 적용해야 한다.

2. 야간·우기 등의 작업중지 시간대에 사고발생 빈도가 높으므로, 시인성 확보를 위해 조명등 ·경고등·반사경 등이 파손되는 경우 즉시 교체해야 한다.[36]

---

36) 국토교통부, '도로공사장 교통관리지침', 간선도로과, 2018.11.

[3. 교통안전 · 시설]

2.30 교통관리시설(안전표지, 노면표시, Yellow Carpet)

교통안전시설의 종류, 노면표시, 도로표지 종합관리시스템 [5, 7]

I 개요

교통의 원활한 소통과 안전을 도모하고 교통사고를 방지하기 위해 신호기, 안전표지 등의 교통안전시설, 도로표지, 도로명판 등을 설치하며, 긴급연락시설, 도로교통정보안내시설, 과적차량검문소, 차량검지체계 등의 교통관리시설을 설치한다.

II 교통관리시설

1. 교통안전시설

(1) **신호기** : 도로교통에 관한 문자 · 등화 · 기호로서, 진행 · 정지 · 방향전환 · 주의 등의 신호를 표시하여 다양한 교통류에 통행우선권을 부여

(2) **안전표지** : 단독으로 설치하거나 신호기 및 노면표시와 유기적으로 설치하여 도로이용자에게 주의 · 규제 · 지시 등의 내용을 전달

(3) **노면표시** : 도포포장 면에 설치된 차선도색(road marking) 문자 및 각종 기호(symbol)를 말하며, 신호기와 안전표지를 보완

2. 도로표지 : 운전자가 안전하게 도로주행을 할 수 있도록 필요한 각종 정보를 제공하는 경계표지, 이정표지, 방향표지, 노선표지 등으로 구분하여 설치

3. 도로명판 : 「도로명 주소 등 표기에 관한 법률」 제정으로 기존의 지번 주소체계가 도로명과 건물번호로 구성된 새로운 주소체계로 전환

4. 긴급연락시설 : 고속도로나 일반도로 주행 중에 차량출입이 제한되는 도로에서 차량 사고나 고장이 발생됐을 때 긴급히 연락할 수 있도록 설치하는 시설

5. 과적차량검문소 : 과적차량을 근절할 수 있는 측정기준을 마련하고 고속국도나 일반도로에 축중기를 설치하여 과적차량을 단속하는 차량검지체계를 운영

6. 지능형 교통관리체계(ITS) : 교통·전자·통신·제어 등 첨단기술을 도로·차량·화물 등 교통체계의 구성요소에 적용하여 실시간 도로교통정보를 수집, 관리 및 제공

Ⅱ 안전표지

1. 용어 정의

안전표지란 「도로의 구조·시설 기준에 관한 규칙」 제39조(교통관리시설 등)에 의한 교통안전시설의 일종으로, 단독 설치하거나 신호기·노면표시와 유기적으로 설치하여 도로이용자에게 주의·규제·지시 등의 내용을 전달하는 역할을 한다.

2. 안전표지 분류

(1) **주의표지** : 도로상태가 위험할 때 주의하도록 안전조치 사항을 알려주는 표지
   삼각형 형태로서, 노랑색 바탕에 테두리는 빨강색과 흰색으로 제작

(2) **규제표지** : 각종 제한·금지와 같은 규제를 할 때 알려주는 표지
   흰색 바탕에 빨강색 테두리가 있는 원, 삼각형, 역삼각형, 팔각형

(3) **지시표지** : 통행방법, 통행구분과 같이 필요한 지시를 할 때 알려주는 표지
   청색 바탕에 흰색 테두리가 있는 원, 삼각형, 사각형

(4) **보조표지** : 주의·규제·지시 등의 본 표지를 보완하기 위해 설치하는 표지
   본 표지에 대한 추가설명이나 보완사항을 하단에 첨부

[안전표지]

3. 안전표지 설치기준

(1) **안전표지 설치장소(넓은 시야에서) 선정**

   ① 도로이용자의 행동특성, 시인성 방해 유무
   ② 기존 안전표지 및 신호기의 시인성 방해 유무
   ③ 안전표지의 설치높이 및 측방여유, 유지보수 접근성 등을 고려하여 선정

(2) 안전표지의 설치위치(좁은 시야에서) 선정

① 설치위치는 설치장소의 도로조건, 도로 등급, 교통량, 주행속도 등에 따라 안전표지의 반사기능, 조명시설, 조명방법 등을 고려하여 달리 선정 가능

② 주의표지는 30~200m 범위 내에 설치하고, 규제·지시표지는 규제 및 지시가 시작되는 지점에 설치

4. 안전표지 설치방법

(1) **단주식** : 지주에 표지판 1개 또는 2개를 부착하여 도로의 측단, 도로의 중앙, 보도 또는 중앙분리대 등에 설치하는 방식

(2) **내민식** : (Overhang) 도로의 측단, 보도 또는 중앙분리대 등에 설치된 지주를 차도부분까지 높게 달아내어 그 끝부분에 설치하는 방식

(3) **문형식** : (Over-head) 차도 상부를 가로지르는 문형 시설물에 표지판을 부착하여 설치하는 방식

(4) **부착식** : 다른 목적으로 설치된 시설물을 이용하여 표지판을 설치하는 방식. 원래 기능이 손상되지 않도록 하면서 잘 보이도록 설치

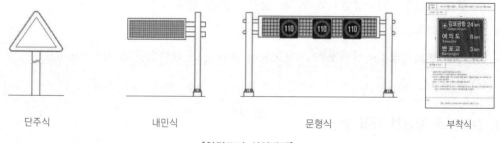

| 단주식 | 내민식 | 문형식 | 부착식 |

[안전표지 설치방법]

Ⅲ 가변형 안전표지

1. 용어 정의

(1) 가변형 안전표지는 안개 악천후, 교통혼잡, 공사구간 등과 같이 제한속도를 변경할 필요가 있을 때 교통정보를 가변적으로 표출하는 안전표지의 일종이다.

(2) 가변형 안전표지는 안내문자를 표출하는 문자표출부의 LED Module부, 속도를 나타내는 속도표출부의 LED Module을 기본 구성으로 한다.

① 기상데이터와 연동하여 제한속도를 자동 및 수동으로 변경하여 표출

② 유·무선 통신을 통해 교통관리센터 데이터를 수신 받아 안내문자 표출

2. 제품 분류

(1) **전광판형** : Full Color LED로 구성되고 사각형의 매트릭스 형태로서, 교통안전, 가변속도, 차로변경, 차로차단 등의 표출이 가능한 안전표지

(2) **가변속도형** : 테두리는 원형 적색 LED로 구성되고 내부는 사각형 매트릭스 형태의 백색 LED로 구성되어, 가변속도만을 표출하는 안전표지

3. 제품 기능

(1) 가변형 교통안전표지는 24시간 상시 작동이 필수적으로 AC 220V의 전기 공급(태양광 가능)이 가능한 지역에 설치한다.

(2) 가변형 교통안전표지에서 표출되는 제한속도는 유·무선 통신망, 리모컨으로 조정 가능하므로 필요한 경우(공사구간, 사고발생 등)에 따라 가변적으로 표출한다.

(3) 가변형 교통안전표지 규격은 제한속도 표지 기준으로 ϕ600, 900, 1200 등이며, 함체 규격은 제한속도 표지 규격보다 100~250mm 더 크다.

4. 설치 장소

(1) **상습 악천후지역** : 상습적인 안개, 강우, 강설, 결빙지역

(2) 상습 교통혼잡, 사고다발지역

(3) **속도 변화지역** : 어린이보호구역(school zone), 노인보호구역(silver zone)

(4) 공사구간 등

5. 전광판을 활용한 제품 형상

(1) **장애물 표적표지, 양측 방향표지**

고속국도 분기부 또는 합류부 사고 위험지역 등에 유용하게 활용

(2) **추돌주의 경고표지**

- 터널 입·출구 등 추돌사고 위험지역 등에 유용하게 활용
- 픽토그램 이미지를 동시에 표출하여 주목도 및 인지도 향상 가능

(3) **가변형 속도표지**

안개 등의 악천후 때 시정거리 단축에 따른 제한속도 변경이 필요한 경우, 유·무선 통신망 또는 리모컨으로 숫자를 가변적으로 변경 조작 가능

(4) **LED전광판에 표출하려는 픽토그램을 다양하게 제작 가능**

[가변형 안전표지의 표출 형태]

Ⅳ 노면표시

1. 용어 정의

노면표시란 교통안전시설의 일종으로, 포장 면에 설치된 차선도색(road marking) 문자 및 각종 기호(symbol)를 말하며 신호기와 안전표지를 보완하는 역할을 한다.

2. 노면표시 종류

(1) **지시표시** : 도로의 교통안전, 소통 및 도로구조 보존과 관련한 도로의 통행방법, 통행구분 등의 지시내용을 전달하는 표시

(2) **규제표시** : 도로의 교통안전, 소통 및 도로구조 보존과 관련한 각종 제한, 금지 등의 규제내용을 전달하는 표시

| 황색실선 | 황색점선 | 황색실선+점선 | 황색복선 | 다이아몬드 기호 | 정차금지지대 | 양보노면 | 주/정차 금지 |

지시표시　　　　　　　　　　　　　　　　　　　　　　　　규제표시

[노면표시 종류]

3. 노면표시 설치방법

(1) **차선도색 장비**

① 자주식 가열형에 자동계측장치(타코메타)를 부착

② 흰색과 노랑색을 동시에 연속적으로 분사

③ 포장면 위에 직접 노즐을 통하여 일정한 압력으로 도료를 살포

(2) **노면표시의 설치**

① 노면이 완전건조된 상태에서, 도료를 차선 폭에 정확히 맞추어 도색

② 노면이 젖어있거나, 노면기온이 5℃ 이하인 경우에는 도색 중지

③ 도장 후에 도료가 완전건조될 때까지 최소 30분간 차량 통행금지

(3) 노면표시의 제거

① 노면표시를 제거할 때 포장면 손상을 최소화하도록 유의

② 노면표시를 제거하는 대신 검정색 페인트로 재도색 금지

(4) 도색 완료 후 휘도 측정

① 10km 이내인 경우 20개소, 10km 이상인 경우 km당 2개소를 추가 측정

② 휘도 측정 결과, 90%가 휘도 기준치 이상 유지

Ⅴ 도로표지

1. 개요

도로표지란 운전자가 안전하게 도로를 주행할 수 있도록 필요한 각종 정보를 제공하기 위하여 필요한 장소에 기능별로 경계표지, 이정표지, 방향표지, 노선표지 및 기타표지 등을 설치하는 것을 말한다.

[기능별 도로표지]

주의표지	좌합류도로	회전형교차로	오르막경사	우로 굽은 도로	미끄러운 도로	어린이보호
규제표지	승용자동차 통행금지	자전거 통행금지	승합자동차 통행금지	차중량제한 5.5t	최고속도제한 50	일시정지 정지 STOP
지시표지	회전교차로	버스전용차로 전용	횡단보도 횡단보도	직진 및 좌회전	일방통행 일방통행	비보호좌회전 비보호
보조표지	안전속도 안전속도 30	기상상태 안개지역	노면상태	통행규제 건너가지 마시오	통행주의 속도를 줄이시오	표지설명 터널길이 258m

2. 도로표지

(1) 설치기준

① 도로이용자의 주의를 끌 수 있도록 뚜렷할 것

② 도로이용자가 진행방향을 결정해야 하는 거리에서 읽을 수 있는 크기일 것

③ 글자, 기호, 바탕은 밤에도 잘 읽을 수 있도록 반사되어야 할 것

④ 차량 진행방향과 직각으로 설치하되, 도로 중심선에서 10° 이내에 설치할 것

⑤ 교통안전표지 또는 신호기의 내용과 달라 혼란을 초래하지 않도록 할 것

(2) 설치장소

① 도로이용자가 잘 읽을 수 있도록 시야가 좋은 곳을 선정할 것. 가급적 곡선구간, 절토면, 가로수 등으로 시야가 장애를 받는 곳을 피할 것

② 교통에 장애가 있거나 위험이 있는 곳은 피할 것

③ 동일 장소에 2개 이상의 도로표지가 있는 경우 설치위치를 적절히 조정할 것

④ 도로표지는 지주에 설치하되, 도로여건으로 인해 지주 설치가 적당하지 않는 경우에는 가로등, 전주, 육교, 기타 공작물에 부착할 것

⑤ 안전표지 또는 신호기의 내용을 인지하는 데 장애가 되지 않도록 설치할 것

(3) 설치형식

① 단주식 및 복주식
- 1개 또는 2개 이상의 곧은 기둥 상부에 표지판을 설치

② 편지식 및 현수식
- 도로표지의 지주를 차도보다 높게 달아 끝부분에 표지판을 설치

③ 문형식 및 부착식
- 문형식은 차도 상부를 가로지르는 문형 시설물에 표지판을 설치
- 부착식은 다른 목적으로 설치된 안전표지판에 복주식 또는 현수식으로 설치

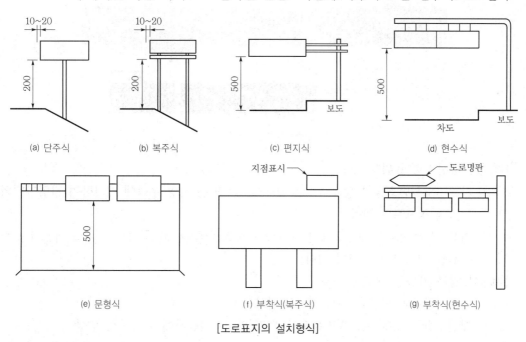

[도로표지의 설치형식]

3. 고속도로표지 지침 개선

(1) 기존 고속도로표지의 문제점

① 직진정보가 너무 많아, 꼭 필요한 출구정보에 대한 인지성 저하

② 한 개의 표지판 내에 내용이 너무 많아, 운전자가 가독성 저하

③ 한글과 영문이 상·하에 배치되어, 내·외국인 운전자 모두에게 불편

[개선1] IC 출구정보 안내중심으로 전환

① 기존 : 분기점 2km, 1km 전방에서 직진방향을 안내, 출구지점 인지 곤란

② 개선 : 출구방향 지명만 안내하여 운전자가 출구지점을 쉽게 인지 가능

직진정보는 10km마다 표지판을 통해 일괄 제공하여 표지 간소화

[기존 출구 예고표지]

[개선 출구 예고표지]

[개선2] 분기점 출구차로에 지정표지 신설

신설 : 분기점에서 본선과 출구의 차로별 방향을 지정하여, 운전자가 주행하려는 차로를
신속하게 판단할 수 있도록 개선

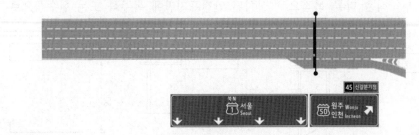
[분기점의 출구표지]

[개선3] 노선번호의 위상 제고

① 기존 : 노선번호를 화살표 위(on-the-way) 또는 지명 우측에 배치하여 지명안내의
보조적 정보로만 활용

② 개선 : 노선번호를 화살표에서 분리하여 지명 좌측에 배치함으로써, 정보제공의 우선
순위를 지명보다 상위에 제시

[개선4] 영문 가독성 제고

① 기존 : 한글과 영문을 종방향으로 배치

② 개선 : 한글과 영문을 횡방향으로 분리 배치, 이용자에게 가독성 향상

[기존 한글·영문 종방향 배치]

[개선 한글·영문 방향 배치]

[개선5] 글자체의 가독성 향상

① 기존 : 고딕체, 글자 뭉침현상이 발생

② 개선 : 한길체, 도로표지 전용체를 개발하여 가독성 향상

구분	현행서체	한길체
국문	가갈감강거건	가갈감강거건
로마자	ABCEDFG	ABCDEFG
숫자	1234567890	1234567890
	[기존 고딕체]	[개선 한길체]

4. 도로표지 안내

국토교통부 '도로표지종합관리센터'에서 운영하는 「도로표지안내시스템」을 통해 모든 도로표지정보를 실시간 확인할 수 있다.[37)]

[도로표지안내시스템 홈페이지 초기화면 www.roadsign.go.kr]

37) 국토교통부, '고속국도표지 지침 개선', 2010.
국토교통부, '도로의 구조·시설 기준에 관한 규칙', 2015, pp.622~625, 2013.
국토교통부, '도로표지안내시스템', 도로표지종합관리센타, 2020.

Ⅵ 옐로카펫(Yellow Carpet)

1. 용어 정의

(1) 옐로카펫(Yellow Carpet)은 아동(兒童)들이 횡단보도를 이용할 때 안전하게 대기할 수 있는 아동 안전공간을 말한다.

① 횡단보도의 벽과 바닥에 펼쳐져 외부와 구별되는 공간을 형성하여 아동이 안전한 곳으로 들어가 머무르고 싶게 만드는 효과

② 벽 부분은 색 대비를 활용하여 운전자가 횡단보도 진입부에 서 있는 아동을 잘 볼 수 있도록 하여 횡단보도에서의 교통사고 예방

(2) 옐로카펫은 '국제아동인권센터(www.incrc.org)'가 아동 권리옹호를 위해 개발한 주민 참여형 아동교통안전시설물로서, 4가지 원칙을 제시하고 있다.

2. 옐로카펫 4대 원칙

(1) **관점** : 아동을 지역사회의 주체적인 구성원–시민으로 인정하고 유엔아동권리협약의 원칙을 지키는 방법으로의 관점 변화

(2) **일상** : 아동이 일상을 보내는 마을(공간)을 안전하게 만드는 것이 아동의 안전을 지키는 최선의 방법

(3) **시민** : 마을을 안전하게 만드는 방법을 가장 잘 아는 사람은 마을에서 사는 시민

(4) **참여** : 시민들이 사업 과정에 참여함으로써 마을에 대한 주인의식 고취

3. 옐로카펫 제작 및 설치 가이드라인

(1) 2017년 국제아동인권센터, 초록우산어린이재단, 행정안전부, 교통안전전문가 등의 자문회의에서 '옐로카펫 제작·설치 및 유지관리 권장 가이드라인'을 마련

(2) 옐로카펫을 설치하려는 지자체는 '옐로카펫 제작·설치 및 유지관리 권장 가이드라인'을 준수하여 자체적으로 진행 가능

2.31 교통신호기

교통신호등 설치기준, 교통신호시간의 산정절차 [2, 4]

Ⅰ 개요

1. 교통신호기는 도로 주행방향이 서로 엇갈리는 교통류들에게 적절한 시간간격으로 통행우선권을 할당하는 통제설비로서, 교통관리시설의 일종이다.
2. 교통신호기는 교차로의 교통상황 4가지를 기준으로 설치하도록 규정하는데, 이 중 하나라도 해당되면 교통신호기를 설치해야 한다.

Ⅱ 교통신호기

1. 차량신호기의 설치기준

(1) 차량교통량

① 평일 교통량이 다음 표의 기준을 초과하는 시간이 모두 8시간 이상일 때 차량신호기를 설치한다.

② 다만, 부도로 교통량은 주도로 교통량과 같은 시간대의 것이어야 한다.

[평일 8시간 차량교통량 기준]

접근로 차로수		주도로 교통량(양방향) (대/시)	부도로 교통량(교통량이 많은 쪽) (대/시)
주도로	부도로		
1	1	500	150
2 이상	1	600	150
2 이상	2 이상	600	200
1	2 이상	500	200

(2) 보행자교통량 : 평일 교통량이 다음 표의 기준을 모두 초과할 때 차량신호기를 설치한다.

[최소 차량교통량 및 보행자교통량 기준]

차량교통량(8시간, 양방향 : 대/시)	횡단보행자(1시간, 양방향, 자전거포함 : 명/시)
600대	150명

(3) 통학로 : 어린이보호구역 내 초등학교 또는 유치원의 주출입문에서 300m 이내에 신호등이 없고 자동차 통행시간 간격이 1분 이내인 경우에 신호기를 설치하며, 이때 주출입문과 가장 가까운 거리에 위치한 횡단보도에 설치한다.

(4) **교통사고기록** : 신호기 설치예정 장소로부터 50m 이내의 구간에서 교통사고가 연간 5회 이상 발생한 장소로서, 신호기를 설치하면 사고예방이 가능하다고 인정되면 설치한다.

2. 차량신호기의 설치장소

(1) **신호등 설치높이** : 신호등은 도로를 이용하는 차량의 높이(4.5m)보다 높게 설치하며, 노면 덧씌우기 여유폭을 고려하여 5.0m 이내로 설치한다.

(2) **신호등 최소 가시거리** : 교차로 접근차량이 정지선에 도달하기까지 '접근속도에 따른 신호등 최소 가시거리'는 다음 표의 값 이상으로 한다.

[접근속도에 따른 신호등 최소 가시거리]

85% 주행속도(km/h)	30	40	50	60	70	80	90	100
최소 가시거리(m)	35	50	75	110	145	165	180	210

(3) **신호등의 좌우범위**

① 신호등 면은 진행방향으로부터 좌우 각각 20° 범위 내에 설치한다.
② 2개의 신호등 중심 간격은 최소 2.4m 이상 떨어져 설치한다.

(4) **정지선으로부터 거리**

① 신호등은 정지선으로부터 전방 10~40m 범위에 설치한다.
② 신호등이 정지선으로부터 40m보다 더 멀리 있는 교차로의 경우, 교차로 건너기 전 정지선 위치에 신호등을 추가 설치한다.

3. 보행자신호기

(1) **설치기준**

① 차량신호기가 설치된 교차로의 횡단보도로서, 1시간 횡단보행자가 150명 넘는 곳
② 번화가 교차로, 역전 등의 횡단보도로서 보행자의 통행이 빈번한 곳
③ 어린이보호구역 내 초등학교 또는 유치원의 주출입구와 가장 가까운 횡단보도

(2) **설치장소**

① 횡단 중인 보행자가 쉽게 알아볼 수 있도록 진행방향 우측에 설치한다.
② 보행등의 높이는 보도의 노면으로부터 신호등 하단까지 2.0~3.0m로 한다.

Ⅲ 교통신호기의 운영

1. 신호기의 종류

(1) **일반 교통신호기** : 현장의 교통신호제어기 단독 또는 인접한 교차로와 연계하여 운영할 수 있으나, 중앙컴퓨터와 연계 운영되지 않는다.

(2) **전자 교통신호기** : 현장의 교통신호제어기와 중앙컴퓨터 간에 필요한 교통정보를 통신망을 통해 교환하여 신호등을 제어한다.

2. 신호등의 종류

(1) 신호등은 차량등, 보행등 및 차량보조등으로 구분한다.

(2) 차량등은 2색등, 3색등, 4색등, 경보등, 가변등을 종형 및 횡형으로 설치한다.

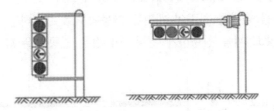

3. 신호등의 신호순서

(1) **4색등** : 적색, 황색, 녹색화살표, 녹색

(2) **신호순서** : 녹색 → 황색 → 적색 및 녹색화살표 → 적색 및 황색 → 적색

Ⅳ 맺음말

1. 교통신호기는 H/W 측면이나 기능 측면에 따라 구분하기보다는 주로 운영측면에서 일반신호기, 전자신호기 등으로 구분한다.

2. 일반신호기 역시 표준형제어기를 설치하고, 전자교통신호기가 갖추어야 할 기본적인 신호제어기능을 보유하고 있으므로 교통정보센터의 중앙컴퓨터와 On-Line으로 연결되어 관리되는지 여부로서 구분한다.[38)]

---

38) 국토교통부, '도로의 구조·시설 기준에 관한 규칙', 2015, pp.434~622.
경찰청, '교통신호기 설치·관리 매뉴얼', 2017.

2.32 신호교차로, 포화교통류율

교통신호연동방법, 신호교차로의 딜레마구간(Dilemma Zone), 포화교통류율, 정지선 [3, 2]

I 교통신호 연동방법

1. 연동(連動) 의미 및 조건

(1) 교통신호 연동이란 인접한 신호교차로 사이의 신호시간을 일정 시간간격을 두고 서로 연계시켜 운영하는 교통신호 제어방식이다.

연동값(offset)은 상·하류 교차로의 신호시간과 관련되며, 녹색신호를 받고 출발한 차량이 계속 주행하려면 적절한 연동값(offset)이 결정되어야 한다.

(2) 일방통행도로에서 상·하류 2개 신호교차로를 연속진행시키는 연동값(offset) 개념은 시공도(時空圖, Time-Space Diagram)로 표시할 수 있다.

상류교차로(A)를 출발한 차량이 계획된 연동속도로 주행하면 하류교차로(B) 신호에 의해 정지하지 않고 계속 진행하게 된다. 이 경우 연동값은 $t_2 - t_1$이다.

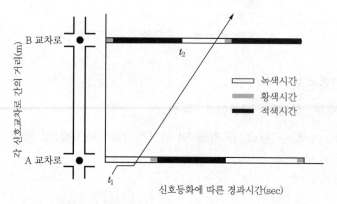

[연동값의 시공도(時空圖, Time-Space Diagram)]

2. 신호연동을 위한 공통주기 설정

(1) 연동시스템 내의 각 교차로 중에서 가장 긴 주기로 운영되는 중요교차로를 기준으로 공통주기를 설정한다.

(2) 연동효율이 40~50%이면 연동시스템이 효과적으로 연동된다고 판단한다.

연동효율 : 녹색신호에 의해 연속진행하는 진행대폭을 주기길이로 나눈 값

$$연동효율 = \frac{진행대폭}{주기길이} \times 100[\%]$$

3. 교통신호 연동방법

(1) 동시(同時)시스템

① 링크길이가 짧은 교차로가 연속존재하고 주행속도가 높은 경우 효율적이다.

② 동시정지-동시출발하므로 다음 교차로의 녹색신호를 받기 위해 과속하게 된다.

(2) 교호(交互)시스템

① 인접교차로의 신호가 정반대로 켜지는 시스템이므로 양방향 모두 연속진행하려면 녹
· 적색 시간분할이 50 : 50, 즉 연동값이 주기의 1/2이어야 한다.

② 동시나 교호시스템은 국내 도로 · 교통조건에 부적합하여 잘 사용되지 않는다.

(3) 연속진행시스템

① 어떤 신호등에서 녹색표시 직후 그 교차로를 연속 진행방향으로 출발한 차량이 다음
교차로에 도착할 때에 맞추어 신호가 녹색으로 바뀐다.

② 동시나 교호보다 효과적이지만, 오전 · 오후 첨두시간 방향별 교통량이 변동할 때 충
분히 탄력적으로 대응하지 못하는 단점이 있다.

Ⅱ 신호교차로의 딜레마 구간(Dilemma Zone)

1. 용어 정의

(1) 신호교차로에서 황색등화가 켜진 직후 운전자가 정지할지 통과할지 망설이게 하는 구
역을 딜레마 구간(Dilemma Zone)이라 한다.

(2) 딜레마 구간에서 정지하면 뒷차로부터 추돌위험이 있고, 돌진하면 좌 · 우에서 진입하
는 교차 차량, 횡단보도 보행자, 유턴 차량 등과의 충돌위험이 있다.

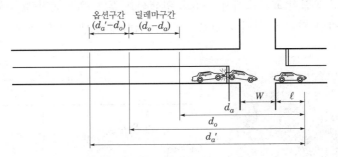

여기서, W : 교차로 횡단길이(m), ℓ : 차량 길이(m)

$\quad\quad d_a$: 실제 짧은 황색시간 동안 달리는 거리(m)

$\quad\quad {d_a}'$: 실제 긴 황색시간 동안 달리는 거리(m)

$\quad\quad d_o$: 적정한 황색시간 동안 달리는 거리(m)

(3) 신호교차로에서 황색신호시간이 적정한 황색신호시간보다 길고 짧음으로 인하여 딜레마 구간(Dilemma Zone)과 옵션 구간(Option Zone)이 발생된다.

2. 딜레마 구간(Dilemma Zone)

(1) 딜레마 구간은 황색신호가 시작되는 것을 보았지만 임계감속도 때문에 정지선에 정지 불가능하여 계속 진행하지만 황색신호 내에 완전통과 못하는 구간이다.

(2) 딜레마 구간은 실제 황색시간이 적정 황색시간보다 짧을 경우에 발생된다.

3. 옵션 구간(Option Zone)

(1) 옵션 구간은 실제 황색시간이 적정 황색시간보다 길 경우, 황색신호가 켜지는 순간에 그대로 진행을 하더라도 교차로를 횡단할 수 있는 구간이다.

(2) 또한, 옵션 구간 내에 정지를 하더라도 임계감속도 이내에서 위험 없이 정지선에 정지할 수 있는 구간이다.

4. 정지선(停止線)

(1) 정지선은 교차로에서 정지신호에 따라 차량이 정지해 있어야 하는 도로표시이다.

(2) 정지선은 좌·우회전 차량이 주행하는 데 지장을 주지 않는 위치에 설치하되, 차로 중심선에 대해 직각방향으로 설계기준자동차의 주행궤적에 따라 설치한다.

5. 개선방안

(1) **적정 황색신호시간 결정** : 적정 황색신호 길이는 교차로에서 차량이 출발하기 전 이미 진행한 차량이 교차로를 완전히 빠져나가는 데 필요한 시간을 부여한다.

(2) 매우 넓고 복잡한 교차로에서 4~5초 황색신호 후 1~2초 전적색(全赤色) 신호(All-Red)를 현시하면 교차로 내의 차량을 모두 안전하게 보낼 수 있다.[39]

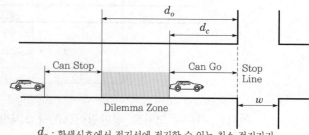

d_o : 황색신호에서 정지선에 정지할 수 있는 최소 정지거리
d_c : 교차로를 완전히 통과할 수 있는 최대 잔여거리

---

39) 고통..아닌..교통, '딜레마구간과 옵션구간', 2019. https://transpro.tistory.com/entry/

Ⅲ 신호교차로의 포화교통류율

1. 용어 정의

(1) 포화교통류율은 특정한 차로가 유효녹색시간 100%를 모두 사용한다는 가정 하에 실제 도로·교통조건에서 해당 차로의 1시간 동안 최대 포화교통량을 말한다.

(2) 따라서 포화교통량(S)은 유효녹색시간당 차량대수로 나타내며, 신호교차로 용량은 포화교통류율(飽和交通流率, saturation flow rate)을 기준으로 산출한다.

2. 포화교통류율의 보정

(1) 포화교통류율은 조사지점의 조건에 따라 다르므로, 직접 현장조사를 통해 현재 주어진 도로·교통조건을 고려하여 분석하는 것이 가장 타당하다.

(2) 다만, 장래 계획도로를 분석할 때 사용되는 포화교통류율은 현재 조건을 기준으로 다음 식으로 보정하여 적용한다.

$$S_i = S_o \times N_i \times f_{LT}(\text{or } f_{RT}) \times f_w \times f_g \times f_{HV}$$

여기서, Srm_i : 차로군 i 의 포화교통류율(vphg)

S_o : 기본조건에서 포화교통류율(2,200pcphgpl)

N_i : 차로군 i 의 차로수

$f_{LT}(\text{or } f_{RT})$: 좌·우 회전차로의 보정계수(직진의 경우는 1.0)

f_w : 차로폭 보정계수

f_g : 접근로 경사 보정계수

f_{HV} : 중차량 보정계수

(3) 국내 포화교통류율은 일반 신호교차로의 경우 기본조건에서 2,200pcphgpl이다.

- 기본조건은 차로폭 3m 이상
- 경사가 없는 접근부
- 교통류는 직진이며, 모두 승용차로 구성
- 접근부 정지선의 상류부 75m 이내에 버스정류장 없음
- 접근부 정지선의 상류부 75m 이내에 노상 주·정차시설 없음
- 접근부 정지선의 상류부 60m 이내에 진출입 차량 없음을 말한다.[40]

---

[40] 고통..아닌..교통, '포화교통류율(saturation flow rate)', 2019. https://transpro.tistory.com/entry/

2.33 과적차량 검문소

운행제한차량, 과적차량 검문소 [2. 0]

I 개요

1. 도로관리청은 도로의 구조를 보전하고 운행의 위험을 방지하기 위하여 필요하다고 인정하는 경우, 다음과 같은 과적차량은 운행을 제한할 수 있다.

   (1) 총중량 40톤 초과하는 차량

   (2) 축하중 10톤 초과하는 차량

   (3) 길이 16.7m, 너비 2.5m, 높이 4.0m 중 하나라도 초과하는 차량

2. 차량의 운행제한을 위반한 자는 「도로법」 제98조에 의해 처벌을 받는다.

II 과적차량 검문소

1. 운영방식

  (1) **고정식 검문소**

   ① 저속 축중계 검문소 : 화물의 정적 하중을 정확하게 측정할 수 있는 고정식 계량기를 설치 운영한다.

   ② 저·고속 축중계 연계 검문소 : 저속 축중계 검문소 시스템에 고속 축중계, 진입안내 표지판, 과적혐의 차량의 통과를 알리는 경광등, 경고(alarm)시설을 설치하여 차량이 운행 중에 계량할 수 있도록 운영한다.

  (2) **이동식 검문소** : 이동식 계량기를 이용하여 화물차의 모든 바퀴가 평면상에 놓인 상태에서 계량하도록 유도한다.

2. 설치장소

  (1) 과적차량이 도로 진입 전에 원천 봉쇄하기 위해 과적 근원지 근접지점

  (2) 고정식 검문소의 단속 한계성·효율성 향상을 위해 우회도로가 적은 지점

  (3) 과적운행의 가능성이 높은 중차량 통행이 많은 지점

  (4) 단속시설 및 장비의 설치가 용이한 지점

  (5) 도로시설을 포함한 주요 교량 보호가 가능한 지점

3. 설치 고려요소

(1) **설계기준자동차 선정** : 설계기준자동차 중 검문대상이 되는 자동차를 선정한다.

(2) **교통제어 신호기 및 안내**

① 검문소 전방의 진입 안내판과 적절한 교통제어수단을 이용하여 차량이 운행 중에 계량되면서 안전사고가 예방되도록 한다.

② 차량간격, 속도, 차선, 방향지시 등을 유도하는 교통신호기를 지상으로부터 5.0m 높이에 설치하고, 교통제어를 한다.

(3) **회차로 설치** : 과적차량 적발되면 행정조치 후 통과시키지 않고 출발지로 되돌려 보낼 수 있는 회차로를 설치 운영한다.

(4) **대기차로 설치** : 검문대상 차량이 많은 경우 다른 차량의 교통체증 유발방지를 위해 별도의 대기차로를 확보 운영한다.

(5) **관리사무소 설치**

① 관리사무소는 양방향에 설치하는 것을 원칙으로 한다.
   - 한쪽 방향 : 행정처리, 장비, 휴게시설, 중방시설 등을 완비
   - 다른쪽 방향 : 최소한의 시설만을 준비

② 축중기를 통과하는 차량을 잘 볼 수 있는 곳에 설치한다.[41]

4. 무인과적차량 단속시스템

과적차량 문제를 근원적으로 해결하기 위해서는 고속도로와 일반국도에 무인과적차량 단속시스템을 설치·운영할 필요가 있다.

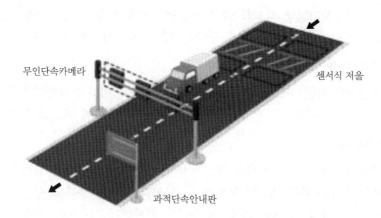

무인단속카메라   센서식 저울

과적단속안내판

[고속국도와 일반국도의 무인과적차량 단속시스템]

---

41) 국토교통부, '도로의 구조·시설 기준에 관한 규칙', 2015, pp.339~352.

2.34 지능형교통시스템(ITS), 도시교통정보시스템(UTIS)

지능형교통체계(ITS), VMS, Ramp metering, NODE-LINK, 도시교통정보시스템(UTIS) [14, 1]

Ⅰ 지능형교통시스템(ITS) Intelligent Transport Systems

1. 용어 정의

지능형 교통체계(ITS)란 교통수단 및 교통시설에 전자·제어·통신 등의 첨단기술을 접목하여 교통정보서비스를 제공하고, 교통체계의 운영·관리를 과학화·자동화하여 교통의 효율성·안정성을 향상시키는 교통체계를 말한다.

2. ITS 서비스

(1) 일상교통관리

① 도로전광표지판 : 해당 도로를 포함한 주변지역 실시간 교통상황 제공

② 신호제어 : 교통량에 따라 신호를 실시간으로 운영

③ 램프제어 : 교통상황에 따라 도로의 진출·입을 실시간으로 운영

④ 차량검지기 : 차량의 속도를 검지하여 센터로 송출

⑤ ITS 센터 : 각 지역의 검지기로부터 데이터를 수집하여 원활한 교통소통 유도

(2) 돌발사고대응

① 도로전광표지판 : 전방에 발생된 사고를 알려주고, 우회도로 정보 제공

② CCTV : 사고차량 충돌사진과 사고발생 현장상황을 감지하여 센터로 송출

③ 차량단말기 : 사고발생 상황 알려주고, 주변교통량 고려하여 빠른 경로 제공

④ 구조대 : 사고발생 정보를 즉각 제공함으로써 신속한 대응 가능

⑤ ITS 센터 : 사고처리를 위해 구급요청을 송출, 사고에 따른 교통신호 변경

(3) 법규위반단속

① 제한속도 위반, 버스전용차로 위반 단속 등을 실시하고 차량번호를 ITS 센터로 송출

② ITS 센터 : 위반차량 번호를 근거로 차적을 조회하여 과태료 부과 등 조치

(4) 정보수집제공

① 대중교통의 실시간 운행정보를 활용하여 버스 운행시간을 탄력적으로 조정

② 버스의 현재위치, 도착예정시간 등 실시간 정보를 정류소 승객에게 제공

③ 버스, 지하철 등 여러 대중교통수단을 편리하게 이용하는 환승 서비스 제공

3. ITS 표준 노드·링크

(1) 표준 Node-Link와 일반 Node-Link의 차이점

① 도로구간의 교통정보를 전자기기에 표현하기 위해서는 노드·링크를 설정하고 그 위에 교통정보의 데이터를 표현해야 한다.

② Car Navigation 단말기용 전자지도 개발업체가 교통정보 표출을 위하여 일반 노드·링크 기준을 개발하여 적용하면 상호 호환이 불가능하다.

③ 따라서 정부는 전국 어디서나 호환되는 교통정보의 표준기술과 표준지도(전국 표준 노드·링크)의 구축·운영체계를 2004년 12월 도입하였다.

④ 표준 노드·링크는 국가기준에 따라 교통관리청(국토관리청, 도로공사, 지자체등)이 소관 도로(일반국도, 고속국도, 지방도, 시·군도)에 따라, 노드·링크를 생성하여 전국에서 호환되도록 일반 제품에 적용하고 있다.

(2) 표준 노드·링크 자료 프로그램

① 표준 노드·링크 자료 프로그램은 GIS(지리정보시스템) 데이터 표준인 Shape 형태의 파일로 제작되어, GIS 파일로 볼 수 있다.

② 국민은 표준 노드·링크를 적용한 전자교통지도에 의해 개발된 개인용 단말기를 이용하면 전국 어디에나 동일한 교통정보를 이용할 수 있다.

③ 소관 도로관리청은 표준 노드·링크의 ID와 속성값을 부여하여 관리하며, 노드·링크에 오류가 발생되는 경우에 수정 요청하면 정정된다.

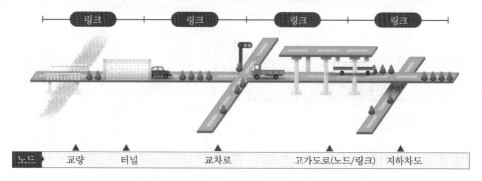

[전국 표준 노드·링크 예시도]

4. 램프 미터링(Ramp Metering)

(1) 용어 정의

① 램프 미터링은 고속도로나 일반도로의 진입램프에서 본선으로 진입하는 차량들의 흐름을 제어하거나 차량군을 나눔으로써 본선 교통류를 원활하게 유지할 수 있어 교통사고를 줄일 수 있는 기법이다.

② 진입로 신호조절 램프 미터링 시스템은 본선 및 연결로에 설치된 검지기, 신호등, 제어기 등으로 구성되며, 다음과 같은 4가지 방식으로 운영된다.

- 지역 독립제어(local) 고정식 : 가장 단순한 진입로 제어기법으로 교통조건 변화가 적은 곳에 사용
- 지역 독립제어(local) 교통감응식 : 수집된 자료를 토대로 제어율 변수를 실시간 산정·제어하며, 교통조건 변화가 유동적인 곳에 사용
- 시스템 통합제어(center) 고정식 : 고속국도에서 초과 교통수요를 대상으로 일련의 진입연결로 제어를 실시하는 운영방식
- 시스템 통합제어(center) 교통감응식 : 고속국도 상에서 수집된 자료를 토대로 제어율 변수를 실시간 산정·제어하는 운영방식

(2) Ramp Metering 적용성

① 교통 감응식은 고정식에 비해 설치·운영비가 비싸지만, 단기간의 혼잡상황이나 급격한 교통류 변동에 즉시 대응할 수 있는 장점이 있다.

② 램프 미터링 시스템은 '지역 독립제어(local) 고정식'보다 모든 진입연결로를 통제할 수 있는 '시스템 통합제어(center) 교통감응식'을 선정하는 것이 바람직하다.

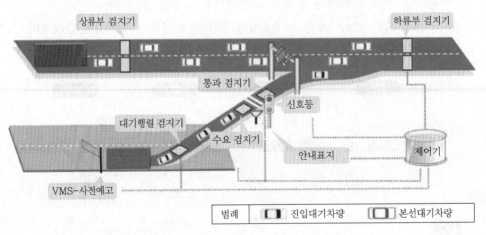

[진입로 신호조절 램프 미터링의 구성도]

Ⅱ 도시교통정보시스템(UTIS, Urban Traffic Information Systems)

1. 용어 정의

(1) 도시교통정보시스템(UTIS)이란 첨단무선통신기술을 이용하여 도시 내의 가로구간으로부터 수집·가공한 교통정보를 중앙교통정보센터에 제공하는 도시지역 교통정보체계를 말한다.

(2) 경찰청과 도로교통공단이 추진하고 있는 '도시지역 광역교통정보 기반확충사업'은 전국 주요도시에 지역교통정보센터, 도시교통정보시스템(UTIS), CCTV, VMS, 통신망 등 교통정보기반시설을 설치하고, 이를 바탕으로 신뢰성이 확보된 실시간 교통정보를 수집하여 중앙교통정보센터에 제공함으로써 도시지역의 교통혼잡 완화, 교통사고 감소, 대국민 교통편의 증진 등을 추구하는 사업이다.

(3) 2011년 본 사업 완료된 이후, 서울·수도권 및 전국 주요도시 교통정보가 중앙교통정보센터로 수집·통합되어 광역교통정보를 생성하고 있으며, 이 정보가 전국의 각 지역 교통정보센터로 다시 보내져서 일반국민에게 제공되고 있다.

1단계	2단계	3단계
4개 도시 시범사업 [서울, 인천, 부천, 광명]	수도권역 구축사업 [인구 20만 이상 도시]	전국 확대사업 [수도권 20만 이하 및 전국 권역별 주요도시]
← 2005년 →	← 2006~2010년 →	← 2011년 이후 →

추진기관	역할	구체적 추진업무
경찰청	총괄기관	사업계획 수립, 예산지원, 사업관리/감독
도로교통공단	전문기관	시스템 개발, 중앙교통정보센터 운영, 설계·감리, 연구·개발
지자체	시행기관	사업자 선정, 교통정보선테 및 기반시설 설치, 예산집행

[도시지역 광역교통정보 기반확충사업의 단계별 사업내용/추진체계]

2. UTIS 목표

(1) '기본교통정보 교환 기술기준(Ⅳ)'을 적용하여 현재 운영 중인 표준을 수용

(2) 각 도시 간, 제조사 간에 연계 가능하도록 기계적 및 기능적 표준화를 달성

(3) 차량 내 장치를 통해 수집된 교통정보를 최우선 처리하여 신뢰성을 제고

(4) 무선통신에 의한 다중전송 제공기술을 활용하여 효율적 정보제공체계를 구축

(5) 기능적 확장성을 풍부하게 확보하여 장래 수요에 대응되는 기술을 수용

3. UTIS 구성

(1) UTIS는 차량 내 장치(OBE)와 기지국(RSE)으로 구성되는 IEEE 802.11a/e를 근간으로 첨단 무선통신기술을 활용하고, 광통신기반 인터넷 프로토콜을 사용하는 고용량의 고속통신을 통해 모든 교통정보를 제공한다.[42]

---

42) 도로교통공단, '도시교통정보시스템(UTIS) 표준 S/W 개발 및 활용방안', 교통과학연구원, 2010.

(2) 다만, 차량 내 장치(OBE)의 인터넷 프로토콜은 단말기(CNS)의 확장된 기능을 발휘하기 위해서만 선택적으로 사용될 수 있다.

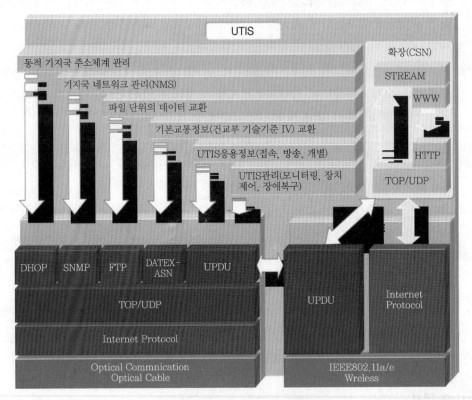

[도시교통정보시스템(UTIS) 구성도]

2.35 도로의 부속물, 버스정류시설

I 용어 정의

1. '도로의 부속물'이란 도로관리청이 도로의 편리한 이용과 안전 및 원활한 도로교통의 확보, 그 밖에 도로의 관리를 위하여 설치하는 다음과 같은 시설물을 말한다.

   (1) 주차장, 버스정류시설, 휴게시설 등 도로이용 지원시설

   (2) 시선유도표지, 중앙분리대, 과속방지시설 등 도로안전시설

   (3) 통행료 징수시설, 도로관제시설, 도로관리사업소 등 도로관리시설

   (4) 도로표지 및 교통량 측정시설 등 교통관리시설

   (5) 낙석방지시설, 제설시설, 식수대 등 도로에서의 재해 예방 및 구조 활동, 도로환경의 개선·유지 등을 위한 도로부대시설

2. '도로의 부속물' 중에서 도로의 기능 유지를 위한 시설은 다음과 같다.

   (1) 주유소, 충전소, 교통·관광안내소, 졸음쉼터 및 대기소

   (2) 환승시설 및 환승센터

   (3) 장애물 표적표지, 시선유도봉 등 운전자의 시선을 유도하기 위한 시설

   (4) 방호울타리, 충격흡수시설, 가로등, 교통섬, 도로반사경, 미끄럼방지시설, 긴급제동시설 및 도로의 유지관리용 재료적치장

   (5) 화물 적재량 측정을 위한 과적차량 검문소 등의 차량단속시설

   (6) 도로에 관한 정보 수집 및 제공 장치, 기상 관측 장치, 긴급 연락 및 도로의 유지관리를 위한 통신시설

   (7) 도로 상의 방파시설(防波施設), 방설시설(防雪施設), 방풍시설(防風施設) 또는 방음시설(방음림 포함)

   (8) 도로에의 토사유출을 방지하기 위한 시설 및 비점오염저감시설(「물환경보전법」 제2조 제13호에 따른 비점오염저감시설)

   (9) 도로원표(道路元標), 수선 담당 구역표 및 도로경계표

   (10) 공동구

   (11) 도로 관련 기술개발 및 품질향상을 위하여 도로에 연접하여 설치한 연구시설

Ⅱ 버스정류시설

1. 용어 정의

버스정류시설은 노선버스가 통행하는 고속국도, 자동차전용도로 및 일반도로에서 노선버스가 승객의 승·하차를 위하여 전용으로 이용하는 시설물이다.

2. 버스정류시설의 종류

(1) **버스정류장(bus bay)** : 버스 승객의 승·하차를 위하여 본선 차로에서 분리하여 설치된 띠 모양의 공간을 의미하며, 지주형과 쉘터형이 있다.

(2) **버스정류소(bus stop)** : 버스 승객의 승·하차를 위하여 본선의 외측 차로를 그대로 이용하는 경우에 그 공간을 의미한다.

(3) **간이버스정류장** : 버스 승객의 승·하차를 위하여 왕복 2차로 일반도로의 본선 차로에서 분리하여 최소 목적을 달성할 수 있도록 설치된 공간을 의미한다.

[지주형 버스정류장]

[쉘터형 버스정류장]

3. 버스정류시설의 설치장소

(1) 고속도로, 도시고속도로 및 주간선도로의 경우

(2) 보조간선도로로서, 본선 교통류가 버스 정차로 인해 혼란이 야기될 우려가 있는 경우

(3) 그 외의 경우라도 도로의 예상 서비스수준이 설계 서비스수준보다 낮을 경우 등에는 버스정류소 설치를 검토한다.

4. 버스정류시설의 설치기준

(1) 차로 본선의 교통시설은 교통공학적 측면에서 적어야 하므로 교통의 안전성·편리성·경제성을 고려하며 버스정류장과 택시정류장을 연이어 설치한다.

(2) 버스정류장과 택시정류장과의 간격은 교통안전과 표지판 설치 등을 고려하여 적정한 간격 이상을 떨어뜨려 설치한다.

(3) 상·하행 버스승강장 위치는 원칙적으로 서로 마주보는 위치에 설치하되, 본선 선형조건이나 지형상황을 고려하여 어긋나게 설치해도 무방하다.

(4) 버스정류장 설치장소의 본선 평면선형은 가급적 직선이어야 하며, 이때 본선 평면곡선 반경이 너무 작으면 시거가 불량하여 주행안전성이 저하된다.

(5) 버스정류장의 종단경사는 2% 이하로 한다. 이때 종단경사가 급하면 버스정류장을 본선 차로와 종단방향으로 분리시켜 정류소를 설치하는 경우도 있다.

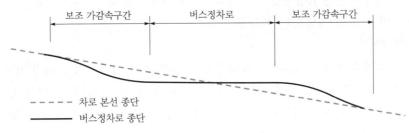

[버스정차로의 종단선형]

5. 버스정류정류장의 유형

(1) 고속도로·자동차전용도로 버스정류장

① 고속도로·자동차전용도로에 설치하는 버스정류장은 본선 교통류에 주는 영향을 최소로 하도록 외측분리대에 따라 버스정류장을 본선에서 분리한다.

② 버스정류장은 감속차로부, 버스정차로 및 가속차로부로 구성된다. 감속차로는 직접식을 원칙으로 하고 가속차로는 직접식 또는 평행식으로 한다.

③ 외측분리대는 폭 2.0m를 표준으로 하여 섬식(島式)으로 하되, 부득이하면 노면표시선만으로 구분하고 버스정차로 폭을 3.6m로 축소할 수 있다.

(2) 일반도로 버스정류장

① 일반도로의 버스정류장은 주간선도로인 경우에 본선과 분리하여 직접적으로 설치하는 것을 원칙으로 한다.

② 일반도로의 버스정류장은 가속차로를 직접식으로 설치하는 이유로 버스가 본선 교통류를 탐지하면서 출발하여 가속할 수 있는 주행궤적에서 유리하기 때문이다.

③ 일반도로의 버스정류장은 변속차로와 정차로로 구성된다. 변속차로의 폭은 3.5m를 표준으로 하되, 부득이하면 3.0m까지 축소할 수 있다.

(3) 간이 버스정류장

① 일반도로의 왕복 2차로 도로에서는 도로조건, 지역특성, 경제성 등을 감안하여 간이 시설로서 최소한의 목적을 달성할 수 있도록 설치한다.

② 다만, 일반국도에는 어떠한 규격이든 간에 반드시 버스정류장을 설치하여 안전사고를 예방하고 도로용량의 저하를 최소로 해야 한다.

(4) 비상주차대

① 기능

- 비상주차대란 우측 길어깨 폭이 협소한 장소에서 고장차량이 본선 차도에서 벗어나 대피할 수 있도록 제공하는 장소이다.
- 비상주차대는 고장차량을 본선에서 벗어나게 함으로써 본선 교통용량 감소를 막고, 2차 사고를 예방하는 기능을 한다.

② 설치방법

- 비상주차대의 설치장소는 토공구간의 경우 표준 설치간격에 따라 용지취득이 용이한 곳으로 하되, 편성·편절 구간이나 구조물 설치구간은 회피한다.
- 비상주차대의 설치간격은 고속도로와 지방지역 일반도로 공히 750m를 표준으로 하고 있다.
- 고속국도에서 본선 교통의 원활한 소통이 필요한 구간에는 아래 그림과 같이 본선과 분리설치하거나 폭을 추가 확보하여 설치해야 한다.[43]

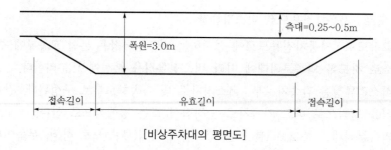

[비상주차대의 평면도]

---

43) 국토교통부, '도로설계편람', 제10편 부대시설, 2012, pp.1002-9~14.

2.36 휴게시설, 졸음쉼터, 파크렛

I 휴게시설

1. 용어 정의

휴게시설은 도로의 부속물로서 고속국도, 자동차전용도로 및 일반도로에서 안전하고 쾌적한 여행을 위해 장시간의 연속주행으로 인한 운전자의 생리적 욕구 및 피로해소, 자동차의 주유·정비 등 서비스를 제공하는 장소이다.

2. 휴게시설 종류

(1) **일반휴게소** : 사람과 자동차가 필요로 하는 서비스를 제공하며, 배치형식 및 규모에 따라 대형·중형·소형으로 다양하게 구성한다.

(2) **화물차휴게소** : 대형 화물자동차의 이용 비율이 높은 도로에 적용하며, 일반휴게소에 화물차 운전자를 위한 시설이 추가로 필요하다.

(3) **간이휴게소** : 짧은 시간 내에 자동차의 점검정비 및 운전자의 피로회복을 위한 시설로서, 변속차로, 주차장, 녹지, 화장실을 기본으로 구비한다.

(4) **쉼터휴게소** : 도로 본선을 시설녹지대로 분리하여 운전자의 생리적 욕구만을 해결하는 시설로서, 화장실과 최소한의 주차대수만을 확보한다.

[휴게시설의 유형별 특징]

종류		특징
일반 휴게소	대형	• 본선의 전체 편측 교통량이 35,000대/일 이상인 경우 • 운전자를 위한 휴게기능, 편의기능, 차량관리기능 등을 충족
	중형	• 본선의 전체 편측 교통량이 35,000대/일 미만인 경우 • 휴게실, 식당, 주유소 등을 중심으로 운영
	소형	• 본선의 전체 편측 교통량이 20,000대/일 이상인 경우 • 식당, 화장실 등 기본적인 기능만 충족(주유소는 선택적으로 설치)
화물차 휴게소	대형	• 본선의 화물차 편측 교통량이 24,000대/일 이상인 경우 • 화물차 운전자를 위한 휴게, 편의, 차량관리 등 모든 기능을 충족
	중형	• 본선의 화물차 편측 교통량이 24,000대/일 미만인 경우 • 화물차 운전자를 위한 휴게, 편의, 차량관리 등을 충족
	소형	• 본선의 화물차 편측 교통량이 15,000대/일 이상인 경우 • 숙박, 화물정보센터, 차량관리기능 일부를 제외한 중규모 휴게소
간이휴게소		• 주차 16~60면으로 화장실, 파고라 등 소규모 편의시설 설치
쉼터휴게소		• 주차 10~15면으로 화장실, 파고라 등 최소 휴식시설만 설치

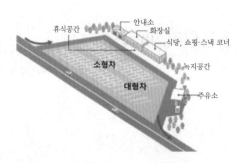

[일반휴게소(대형) 시설배치도]

3. 휴게시설 배치간격

(1) 휴게시설은 일반휴게소 사이에 간이휴게소를 배치하는 것이 바람직하다.

(2) 휴게시설의 배치간격은 15~25km(고속국도는 25~50km) 이내로 한다.

[휴게시설의 배치간격]

구분	표준간격(km)	최대간격(km)	비고
모든 휴게시설 상호	15(25)	25(50)	( ) 고속국도
중형휴게소 상호	50	100	
주유소	50	75	

4. 휴게시설 입지조건

(1) **자연환경 조건** : 운전자가 정차하여 경치를 감상하고 싶은 곳에 휴게소를 설치함으로써 휴식욕구 만족, 도로안전 확보

(2) **건설·유지관리 조건** : 용지비가 저렴하고 지형이 평탄한 곳, 용도에 따라 개발이 가능한 곳, 절·성토가 적은 곳을 선정

(3) **교통기술적 조건** : 본선의 곡선반경이 작은 구간이나 급경사구간을 피하여 설치함으로써 조망권 확보, 원활한 출입 보장

(4) 상기 입지조건을 고려하여 분리식 외향형을 기본형식으로 설치한다.[44]

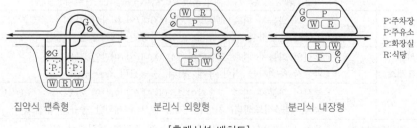

집약식 편측형   분리식 외향형   분리식 내장형

P:주차장
P:주유소
P:화장실
R:식당

[휴게시설 배치도]

---

44) 국토교통부, '도로의 구조·시설 기준에 관한 규칙', 2015, pp.672~677.

Ⅱ 졸음쉼터

1. 용어 정의

졸음쉼터는 「도로법」 제2조 및 같은 법 시행령 제3조에 따라 휴게소 간격이 먼 구간에서 졸음운전에 따른 사고를 예방하기 위하여 도로안전 기능을 강화하고, 생리적 욕구 해소를 목적으로 설치하는 도로안전시설의 일종이다.

2. 졸음쉼터의 설치기준

(1) 졸음쉼터를 포함한 도로 휴게시설 간의 간격이 25km를 초과하는 구간에는 졸음쉼터 (또는 간이휴게소 등)를 추가 설치한다.

(2) **졸음쉼터는 진출·진입부, 주행로, 주차장, 편의시설, 노면표시 등으로 구성한다.**

① 진입부의 감속차로는 설계속도 40km/h를 기준으로 한다.
- 진입부는 본선 주행차량이 졸음쉼터로 진입하는 데 필요한 졸음쉼터 구성요소로서 평행식과 직접식으로 구분하며, 평행식을 기본으로 한다.

② 진출부의 가속차로는 설계속도 40km/h를 기준으로 한다.
- 진출부는 졸음쉼터 이용 후 본선으로 진출하는 데 필요한 졸음쉼터 구성요소로서 평행식과 직접식으로 구분하며, 평행식을 기본으로 한다.

③ 주행로는 졸음쉼터를 이용하는 차량이 진입하여 주차하고, 이용 후 진출로 진입 전까지 차량 이동에 필요한 요소이다.

④ 주차장은 졸음쉼터 이용차량의 주차공간인 '주차면'과 이용자의 안전한 승·하차 및 이동을 위한 '보행자 안전공간'으로 구성된다.
- '주차면' 수는 소형차와 대형차 주차면으로 구분하여 다음 식으로 산출한다.

$$주차면\ 산정기준 = \ = \Sigma \left(차종별\ 편측\ 본선\ 교통량 \times 이용률 \frac{혼잡률}{회전율} \right)$$

$$여기서,\ 이용률(\%) = \frac{졸음쉼터\ 이용대수(대/일)}{본선교통량(대/일)}$$

$$혼잡률(\%) = \frac{가장\ 혼잡시간\ 이용대수(대/일)}{일\ 이용대수(대/일)}$$

$$회전율(\%) = \frac{1시간(시)}{평균주차시간(시)}$$

- '보행자 안전공간'을 편측 설치할 때는 최소 유효 보도폭 2m 이상 확보하며, 양측 설치할 때는 각각 최소 1m 이상 확보한다.

⑤ 졸음쉼터의 편의시설은 기본시설과 권장시설로 구분하여 설치한다.
- 기본시설 : 화장실, 여성화장실 비상벨, 방범용 CCTV, 조명시설

• 권장시설 : 벤치, 파고라, 차양시설(수목식재), 운동시설, 자판기, 안내판 등

⑥ 졸음쉼터의 안내 노면표시와 차로유도 컬러레인은 진입로 변속차로 시점 전방 100m 지점부터 진입로 변속차로 종점부까지 설치한다.

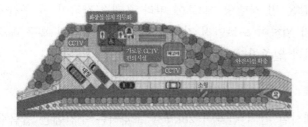

[고속국도 졸음쉼터]

3. 졸음쉼터의 안내표지

(1) 졸음쉼터 사전 안내표지

① 고속도로 : 졸음쉼터 전방 2km, 1km, 500m 지점에 사전 안내표지 설치
  • 맨 처음 표지(2km)에는 다음 휴게시설을 안내하는 보조표지 설치

② 일반국도 : 졸음쉼터 전방 1km, 500m 지점에 사전 안내표지 설치
  • 사전 안내표지 설치 지점 사이에 교차로 등이 있는 경우 적절히 배치

(2) 졸음쉼터 안내표지

졸음쉼터 진입로 시점에 졸음쉼터 명칭 등의 안내표지 설치

(3) 주차구역 안내표지

졸음쉼터 내 일반형 및 대형 주차를 구분하여 주차표지 설치

4. 유지관리

(1) 도로관리청은 졸음쉼터 내 화장실 및 기타 시설의 보수, 쓰레기 분리수거 등의 유지관리 방안을 마련하여 체계적으로 관리해야 한다.

(2) 졸음쉼터 유지관리 실태를 월 1회 이상 정기적으로 점검하고, 호우, 강설 등 재해의 직후에도 점검을 실시한다.

(3) 졸음쉼터의 구성요소 진출·진입부, 졸음쉼터 내 주행로, 주차장, 편의시설, 안내표지 등이 사고·재해 등으로 변형·파손된 경우 복구한다.[45]

---

45) 국토교통부, '고속국도 졸음쉼터의 설치 및 관리 지침', 예규 제2017-167호, 2017.

Ⅲ 도로변 소형공원(파클렛, Parklet)

1. 배경

국토교통부는 사람중심의 도로환경 조성, 보행자 안전 강화 등을 위한 「도시지역도로 설계지침」을 2019.12.24. 제정하여 이용자를 고려한 도로변 미니공원(Parklet) 조성, 안전속도 5030 등을 반영한 도시지역도로 설계속도 저감 등을 반영하였다.

2. 「도시지역도로 설계지침」 주요내용

(1) **이용자를 고려한 편의시설 제공 등 사람중심의 도로환경 조성**

① 여름철 햇빛에서 이용자를 보호하는 그늘막, 버스 이용자의 대기를 위한 보도 확장형 버스탑승장(Bus bulbs) 등을 설치하여 도로의 편리성 제공

② 도로변 주차공간에 테이블, 좌석 설치 등 도로변 미니공원(Parklet)을 조성하여 도로 이용자가 도로변에서 쉬어가고, 주변사람과 소통 가능

그늘막	보도 확장형 버스 탑승장	도로변 미니공원
폭염 등 악천후일 때 쾌적한 보행환경 제공	버스이용자 대기공간과 버스승하차 편의제공	도로이용자에게 휴식 공간과 편의시설 제공

(2) **안전속도 5030 등을 반영한 도시지역도로 설계속도 저감** : 도시지역도로의 설계속도를 20~60km/h 적용하여 기존 도시지역의 주간선도로 80km/h 대비 최소 20km/h를 줄여 안전속도 5030 적극 추진

(3) **어린이 횡단보도 대기소(옐로카펫) 설치 등 보행자 안전강화** : 도시지역도로에 고원식 교차로 설치, 차도 폭 축소, 보도 폭 확대 등을 통해 보행자 횡단거리를 축소하는 등 쾌적한 보행자 도로환경 조성

(4) **도시지역도로 내 교통사고 예방을 위한 교통정온화시설 설치** : 지그재그 도로, 차도 및 교차로 폭 좁힘, 소형회전교차로 설치 등을 통해 차량의 서행 진입・통과를 유도하여 보행자의 안전 향상 46)

---

46) 국토교통부, '도시 내 도로환경도 안전하게 사람 우선' 보도자료, 2019.12.24.

2.37 시선유도시설, 시인성증진 안전시설

갈매기표지와 시선유도표지, 시인성 증진 안전시설, 시선유도봉 [3, 2]

I 개요

1. 시선유도시설(視線誘導施設, sight line induction planting facility)이란 도로의 측방에 설치하여 도로 끝 및 도로 선형을 명시하여 주·야간에 운전자의 시선을 유도하기 위해 설치하는 시설로서, 시선유도표지, 갈매기표지, 표지병 등이 있다.

2. 시선유도시설의 일종인 시인성증진 안전시설에는 도로구조물로부터 차량을 안전하게 유도하기 위한 장애물 표적표지, 구조물 도색 및 빗금표지, 시선유도봉 등이 있다.

3. 노면색깔유도선(Color lane)이란 교차로, 인터체인지, 분기점 등에서 차로의 명확한 안내와 운전자 시선을 유도하기 위해 노면에 설치하는 유도선을 말한다.

II 시선유도시설

1. 시선유도표지

(1) 정의

시선유도표지는 직선 및 곡선구간에서 운전자에게 전방의 도로선형이나 기하조건의 변화되는 상황을 반사체를 사용하여 안내해 줌으로써 안전하고 원활한 차량주행을 유도하는 시설물이다.

(2) 설치장소

① 설계속도 50km/h 이상인 구간

② 도로선형이 급격히 변하는 구간

③ 차로수, 차도폭이 변화하는 구간

(3) 구조, 형상, 색상

① 반사체와 반사체를 고정하는 지주로 구성

② 반사체 형상은 직경 100mm의 원형으로, 설계구간 내에는 동일한 형상으로 설치하여 연속성 유지

③ 반사체 색상은 흰색과 노랑색을 사용하며, 노면표시 색상과 일치

(4) 설치기준

① 설치위치 : 차도 시설한계의 바깥쪽 가장 가까운 곳

일반적으로 길어깨 가장자리에서 0~200cm 되는 곳

② 설치높이 : 노면으로부터 반사체의 중심까지 90cm

③ 설치각도 : 반사체의 설치각도는 자동차의 진행방향에 직각

④ 설치간격 : 직선부는 일반도로 40m, 고속도로 50m

곡선부 $S = 1.1\sqrt{R-15}$

여기서, S : 설치간격(m)

R : 곡선반경(m)

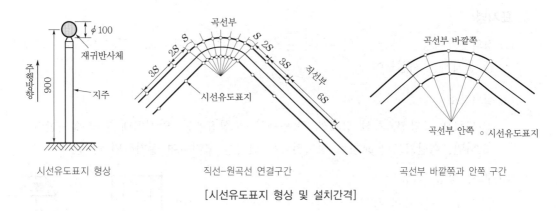

[시선유도표지 형상 및 설치간격]

2. 갈매기표지

(1) 정의 및 설치장소

① 갈매기표지는 급한 평면곡선의 시거 불량 장소에서 도로 선형과 굴곡정도를 운전자가 정확히 인지하도록 갈매기 기호체를 사용하여 설치하는 시설물이다.

② 평면선형이 급변하는 구간과 같이 운전자에게 도로상황에 관한 사전정보 제공을 특별히 강조하는 구간에 설치한다.

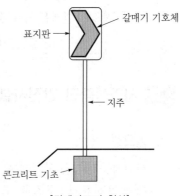

[갈매기표지 형상]

(2) 구조 및 형상

① 갈매기표지는 갈매기 기호체, 표지판, 지주로 구성

② 갈매기 기호체의 꺾음표시는 1개로 표시

③ 규격 : 가로 45cm, 세로 60cm

④ 설치 : 2차로 양면형, 4차로 이상 단면형

⑤ 색깔 : 바탕은 노랑색, 꺾음표시는 검정색

(3) 설치높이 : 노면으로부터 표지판 하단까지의 높이 120cm로 설치

(4) 설치간격

① 직선구간 : 일반도로 40m, 고속도로 50m

② 곡선구간 : $S = 1.65 \sqrt{R-15}$

　　　　　　여기서, S : 설치간격(m), R : 곡선반경(m)

(5) 설치각도 : 자동차의 진행방향에 대하여 직각으로 설치

3. 표지병

(1) 정의 : 표지병은 야간 및 악천후시 운전자의 시선을 명확히 유도하기 위하여 도로표면에 설치하는 시설물이다.

(2) 설치장소

① 도로의 중앙선, 차선 경계선, 전용차선, 노상장애물, 안전지대 등에 설치한다.

② 다만, 횡단보도나 교차로 정지선에는 안전을 고려하여 설치하면 안 된다.

(3) 구조, 형상, 색상

① 구조 : 반사체와 몸체로 구성

② 형상 : 최대높이 30mm

　　　　저면은 평면으로 구성

　　　　요철부 두께 2mm 이하

③ 색상 : 흰색은 동일방향 교통류의 분리, 경계를 표시

　　　　노랑색은 반대방향 교통류의 분리, 제한, 지시를 표시

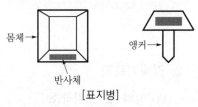

[표지병]

Ⅲ 시인성증진 안전시설

1. 필요성

시인성증진 안전시설에는 도로구조물로부터 차량을 안전하게 유도하기 위해 설치하는 장애물 표적표지, 구조물 도색 및 빗금표지, 시선유도봉 등이 있다.

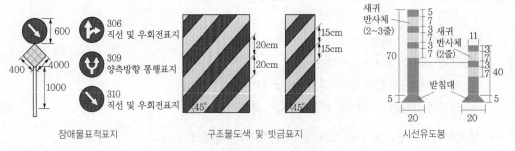

장애물표적표지　　　　구조물도색 및 빗금표지　　　　시선유도봉

[시인성증진 안전시설의 종류]

2. 장애물표적표지

(1) **기능** : 중앙분리대 시점부, 지하차도의 기둥 등에서 운전자에게 위험물이 있다는 정보를 반사체로 구성된 표지를 통하여 전달할 목적으로 설치하는 시설이다.

(2) **형상**

① 표지판은 알루미늄판과 같이 부식되지 않는 내구성 재료를 사용하여 마름모형으로 400×400mm를 표준으로 제작

② 표지판 내에 부착되는 반사체의 크기는 ϕ80mm를 표준으로 제작

(3) **색상**

① 바탕면 색상은 무광회색을 표준으로 도장

② 반사체 색상은 주의와 위험의 의미를 지니고 있는 노랑색으로 도장

3. 구조물 도색 및 빗금표지

(1) **기능** : 도로상에 있는 구조물의 위치정보를 구조물의 외벽에 도색 및 빗금표지를 통하여 전달할 목적으로 설치하는 시설이다.

(2) **형상**

① 검정색과 노랑색으로 도색할 때 폭원은 각각 20cm로 제작

② 표지판 규격은 두께 2mm 알루미늄판을 사용

4. 시선유도봉

(1) **기능** : 운전자의 주의가 요구되는 장소에 노면표시를 보조하여, 동일 및 반대방향 교통류를 공간적으로 분리하고 위험구간을 예고하기 위해 설치하는 시설이다.

(2) **형상** : 몸체와 받침대로 구성되며, 몸체의 형상은 원통형을 표준으로 한다.

(3) **문제점**

① 현재 시선유도봉이 폴리우레탄과 플라스틱과 같이 깨지지 않은 부드러운 재질로 제조되어 시판되고 있지만, 운전 중에 들이받거나 반복적으로 밟으면 파손된다.

② 일부 차량 운전자의 경우에 차선을 넘기 위해 고의적으로 유도봉을 밟고 지나가거나 불법 유턴을 일삼는 사례도 있다.

③ 시선유도봉 대신 무단횡단 방지대 또는 화단형 중앙분리대로 전환하는 등의 파손방지 대책이 필요하다.[47]

---

47) 국토교통부, '도로의 구조·시설 기준에 관한 규칙', 2015, pp.600~601.

2.38 노면색깔유도선, 차선반사도

노면색깔유도선(Color Lane), 차선반사도 [2, 1]

Ⅰ 노면색깔유도선(Color Lane)

1. 기능, 설치

(1) 노면색깔유도선(Color Lane)이란 교차로, 인터체인지, 분기점 등에서 차로의 명확한 안내와 운전자 시선을 유도하기 위해 노면에 설치하는 유도선을 말한다.

(2) **입체교차로에는 아래와 같은 구간에 설치한다.**

① 진출로가 2개 방향으로 분리되는 구간

② 진출로가 2개 차로 이상인 구간

③ 인접한 진출로가 1km 이내에 위치한 구간

④ 본선 좌측으로 합·분류가 발생하는 구간

(3) **평면교차로에는 아래와 같은 구간에 설치한다.**

① 교차로 내 지장물(교각 등)이 설치되어 있는 구간

② 좌회전 각이 예각(90° 미만)이면서 좌회전 차로가 2개 차로 이상인 구간

③ 직진차로가 2개 차로 이상이면서 경로가 좌측 또는 우측으로 굽어진 구간

④ 회전 또는 다섯 갈래 이상의 교차로 중 진·출입 동선이 복잡한 구간

⑤ 기타 변형·변칙 교차로로서 교차로 내 주행 중에 혼란이나 위험을 초래하는 요소가 존재하여 지방경찰청 또는 도로관리청이 필요하다고 인정하는 구간

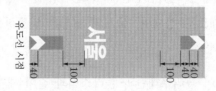

2. 구성요소

(1) 폭

① 단일방향 안내 노면색깔 유도선의 도색폭은 45~50cm로 하며, 중심선은 차로의 중심선과 일치시킨다.

② 양쪽방향 안내 노면색깔 유도선의 도색폭은 각각 45~50cm, 유도선 간의 간격은 40cm로 하며, 중심선은 차로 중심선과 일치하도록 한다.

(2) 색상

① 단일방향 안내 노면색깔 유도선의 색상은 분홍색으로 한다. 다만, 노면의 포장재질의 색상이 옅어 시인성이 불량한 경우에는 녹색으로 할 수 있다.

② 양쪽방향 안내 노면색깔 유도선의 색상은 제1방향(진행방향의 중앙선에서 먼 쪽)은 분홍색, 제2방향(~ 가까운 쪽)은 연한녹색으로 한다.

(3) 재료

① 도료는 KS M 6080에 의한 2종(수용성), 4종(융착식), 5종(상온경화형)을 사용해야 시인성 및 내구성에 보증된다.

② 유리알은 KS L 2521에 적합한 제품으로, 도료와 동시에 살포하며 균등하게 혼입되도록 시공해야 한다.

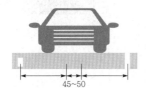
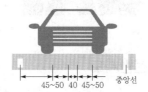

[노면색깔 유도선]

3. 노면색깔유도선의 갈매기 표시

(1) 갈매기 표시는 노면색깔유도선에 일정 간격으로 표시된 백색 문양으로, 차량 진행방향을 유도하고 야간·악천후에도 시인성을 향상시키는 역할을 한다.

(2) 갈매기 표시의 규격은 노면색깔유도선 끝단 각도 45°, 꺾이는 내측 각도 90°, 전체 폭은 노면색깔 유도선 폭 40cm와 동일하게 한다.

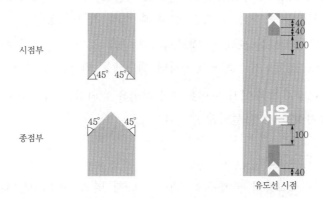

4. 노면색깔유도선의 설치방법

(1) 입체교차로 구간의 노면색깔유도선은 연속된 실선으로 설치한다.

(2) 평면교차로 구간의 노면색깔유도선은 교차로 外 구간은 연속된 실선으로 설치하고, 교차로 内 구간은 갈매기 표시는 설치하지 않고 점선으로 설치한다.

(3) 노면색깔유도선과 진행방향 표시가 중첩되는 경우에는 진행방향 표시만 설치하며, 진행방향 표시의 시·종점부에 각각 100cm 여유길이를 두고 설치한다.[48]

 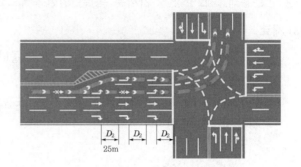

Ⅱ 차선반사도

1. 용어 정의

(1) 야간에 차선의 시인성은 차선 반사도(反射度)로 정의되고 측정된다. 반사도란 자동차에서 나오는 헤드라이트 빛이 노면표시(Road Marking)에 포함된 유리알에 반사된 후, 운전자의 눈에 되돌아오는 양을 말한다.

• 노면표시의 시인성은 차량 전조능에 반사되는 입사면의 반사 명시도를 기준으로 입사각, 관찰각, 도색 후 경과시기, 재도색 시기 등에 따라 규정한다.

(2) 노면표시를 설치할 때 일정수준의 반사도 성능을 갖추었더라도 도로의 교통환경조건, 재료특성, 교통량 증가 등에 따라 설치 후 점차 기능이 상실된다.

• 노면표시의 반사도는 도색 후 경과시기에 따라 유리알 탈리 등으로 점차 낮아지므로, 일정한 휘도(輝度) 기준보다 낮아지면 재도색을 권장하고 있다.

(3) 중앙선 및 가장자리 구역선 노면표시의 선형을 보완하고 시인성 증진을 위하여 차선도색 외에 표지병을 추가 설치할 수 있다.

2. 차선반사도의 휘도기준

(1) **법적근거** :「도로교통법 시행규칙」제8조 제2항 별표6(2019.06.14. 개정)

① 우천 중 젖은 노면에서 차선 도색 반사도의 휘도는 최소 기준(백색 100, 황색 70, 청색 40, 적색 23) 이상을 유지해야 한다.

---

48) 국토교통부, '노면색깔유도선 설치 및 관리 메뉴얼', 2017.

② 차선도색 반사도는 도료형 또는 테이프식 노면표시의 법적기준이 강화되었지만, 재료 선정과 표준단가 책정 등의 문제로 현장 도입이 어려운 실정이다.

(2) 도료형 차선도색 반사도

조사각	입사각	구분	최소 반사도의 휘도(m²·Lux)			비고
			백색	황색	청색	
88.76° (1.24°)	1.05° (2.29°)	설치 시[1]	240	150	80	기준
		재도색 시기[2]	100	70	40	권장
		우천(습윤) 시	100	70	40	권장

주 1) 설치 시 : 노면표시 설치 1주일 후부터 준공시점까지로 본다.
  2) 재도색 시기 : 반사도 값이 기준치 이하일 때 재도색 시점으로 본다.
  3) 위 기준은 설치기술 및 유리알 생산기술의 개선에 따라 조정할 수 있다.

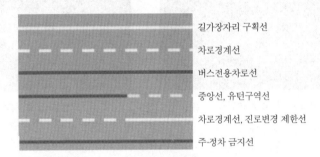

길가장자리 구획선
차로경계선
버스전용차로선
중앙선, 유턴구역선
차로경계선, 진로변경 제한선
주·정차 금지선

(3) 테이프식 노면표시 반사도

입사각	관찰각	구분	반사도(m²·Lux)		
			백색	황색	청색
88.76°	1.05°	설치 시[1]	240	150	80

주 1) 설치 시 반사성능 기준은 도료형 노면표시 반사도 재도색 시기 기준값과 같다.
  2) 입사각과 관찰각은 거리 30m에서 자동차의 전조등 높이 65cm, 운전자의 눈높이 1.2m를 표준으로 할 때의 입사각 88.76°, 관찰각 1.05°를 의미한다.

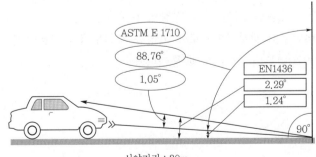

ASTM E 1710
88.76°
1.05°
EN1436
2.29°
1.24°
90°
테이프
시야거리 : 30m

[노면표시의 입사각과 관찰각 개념도]

(4) 노면표시 설치 유의사항

① 야간에 노면이 젖은 상태에서 노면표시의 시인성 부족으로 교통사고의 위험이 높다고 판단되는 지역에는 습윤형 노면표시를 설치할 수 있다.

② 습윤형 노면표시는 중앙선 및 길가장자리 구역선에 설치할 수 있으며, 필요할 경우에는 차선 및 주·정차 규제 노면표시에도 설치할 수 있다.

3. 서울시, 차선도색 반사성능 개선 시범시공

(1) **현황** : 서울 시내 기존 차선도색은 차량 통행 반복, 겨울철 제설제 사용, 유지관리 미흡 등으로 반사성능이 재도색 관리기준의 40~50% 수준으로 시인성이 불량하다.

[일반도료 사용 차선휘도]   [고성능 도료 사용 차선휘도]

(2) 시험시공

① 서울시는 2013년 재료(도료, 유리알)를 다양하게 조합하여 반사성능을 높인 고성능 차선도색을 채택하여, 4개 노선 연장 15km 구간에서 시험시공을 했다.

② 시험시공 시인성 측정 결과, 고성능 차선도색이 기존 도색에 비해 야간건조 시 1.6배 (405 → 645), 야간우천 시 3배(64 → 219) 더 밝은 것으로 확인됐다.

③ 고성능 차선도색은 기존 도료보다 착력이 더 좋고, 굴절률이 높은 고도 유리알을 사용하여 운전자에게 빛이 반사되는 재귀반사성능이 향상됐다.

(3) 기대효과

① 서울시는 2021년부터 고성능 차선도색을 우선 도입하고, 고성능 차선도색 표준품셈 반영, 차선도색 유지관리 매뉴얼 개선 등을 경찰청에 요청했다.

② 한국도로공사 역시 2014년부터 경부고속도로에 고성능 차선도색을 적용한 후 교통사고가 23% 감소하여, 2020년부터 전면 시행 중이다.[49]

---

49) 경찰청, '교통노면표시 설치·관리 매뉴얼', 2012.

2.39 과속방지턱, 지그재그 차선

과속방지턱의 종류, 설계기준, 설치 유의사항 [0, 1]

I 개요

1. '과속방지턱'은 일정한 도로구간에서 차량의 주행속도를 강제로 낮추기 위하여 길바닥에 설치하는 턱으로, 주거지 환경 보호나 교통사고로부터 보행자 보호를 위하여 설치하며, 포장표면과는 다른 색으로 표시한다.
2. '지그재그 차선'은 보행자 보호를 위해 횡단보도 인근 자동차 주행차선을 직선이 아닌 지그재그로 그린 것으로, 어린이보호구역 등에 설치된 횡단보도 전방에서 자동차가 보행자 보호를 위해 서행할 필요가 있는 지점에 설치한다.

II 과속방지턱

1. 기능

(1) **보행자 안전 확보** : 차량이 과속 주행할 때 수직 가속도를 발생시켜 승차감 저하, 불쾌감 유발

(2) **통과 교통량 감소** : 승차감, 주행 쾌적성·편의성이 감소되어 통과 교통량 감소 유도

(3) **보행자 환경 개선** : 기존 횡단보도와 동일 높이로 설치하면 보행자, 교통약자 환경 지장 없음

(4) **노상 주차 억제** : 보행자 환경 개선과 함께 노상 주차 억제효과를 기대 가능

2. 종류 및 설치기준

(1) **원호형 과속방지턱**

① 표준형상 : 대표적 형태로서, 턱 정상부분을 둥글게 처리한 원호(圓弧) 또는 포물선 형태

② 표준규격 : 설치길이 3.6m, 설치높이 10cm

③ 설치방법

• 운전자가 충분한 시인성을 가질 수 있도록 표면에는 반사성 도료를 사용하여 흰색과 노랑색으로 빗금도색한다.

• 도로포장층과 동일한 재료를 사용하여 원칙적으로 노면과 일체가 되도록 표면을 마무리한다.

- 고무, 플라스틱 등으로 제작하는 경우 타이어와의 마찰계수가 도로의 노면마찰계수 보다 크게 하여 볼트로 노면에 부착한다.

④ 설치간격
- 연속형 과속방지턱은 자동차의 통행속도를 30km/h로 제한할 때, 설치간격은 35m가 되도록 한다.
- 설치간격은 통행속도 20km/h일 때 20m, 40km/h일 때 90m로 설치한다.

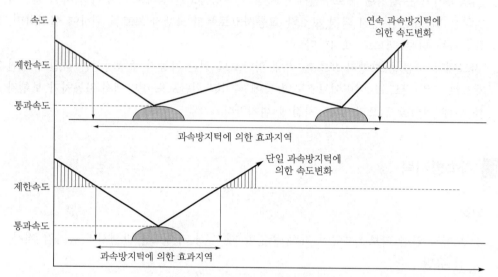

[원호형 과속방지턱의 효과범위]

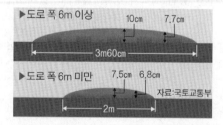

[원호형 과속방지턱의 규격]

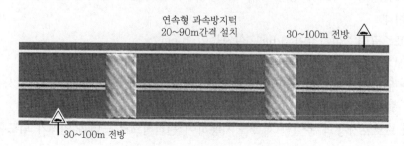

[원호형 과속방지턱의 설치방법]

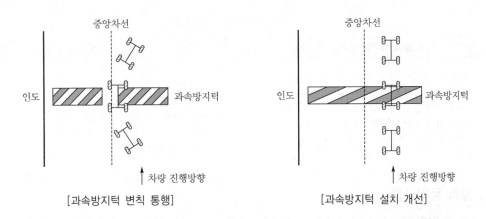

[과속방지턱 변칙 통행]　　　　　　　　[과속방지턱 설치 개선]

(2) **가상 과속방지턱** : 과속방지턱의 물리적인 기능 대신에, 시각적인 착시 현상을 유도할 수 있도록 노면표시나 테이프 등으로 무늬를 만든 과속방지턱이다.

[과속방지턱 주의표지]

[가상 과속방지턱]

3. 설치장소

(1) 최근 어린이 교통사고의 예방을 위하여 지방지역 시가지, 학교 인근을 통과하는 국도변 어린이보호구역 내에 과속방지턱 설치 건의가 지속적으로 제기되었다.

(2) 「도로안전시설 설치 및 관리지침(과속방지턱)」 개정(국토교통부, 2019.1.)에 의해 2차로 국도 등에 지정된 어린이보호구역(차량속도 30km/h 이하 설정구역*) 내에서 과속 방지턱 설치가 가능하다.

* 차량속도 30km/h 이하 설정구역 : 「어린이·노인·장애인 보호구역 지정 및 관리에 관한 규칙」 제3조에 의한 보호구역과 경찰청에서 지정한 생활도로구역

(3) 과다한 과속방지턱 설치로 인해 국도의 이동성이 저해되지 않도록, 30km/h 이하 설정 구역이더라도 보행자 무단횡단 방지용 방호울타리의 설치를 우선 검토하되, 지역여건 상 방호울타리 설치가 어려운 경우에만 과속방지턱을 설치한다.

[과속방지턱의 설치장소]

과속방지턱 설치대상 위치	과속방지턱 설치금지 위치

• 교차로 · 곡선구간 시점으로부터 15~30m
• 오목 종단곡선 끝으로부터 20m 이내
• 최대 종단경사 변화점으로부터 20m 이내
  (종단경사 10% 이상인 경우)
• 기타 안전상 필요하다고 인정되는 곳
	• 교차로로부터 15m 이내
	• 철도건널목으로부터 20m 이내
	• 버스정류장으로부터 20m 이내
	• 교량, 지하도, 터널, 어두운 곳 등
	• 연도 진입을 방해하는 곳 또는 맨홀 등의 작업차량
	  진입을 방해하는 곳

4. 설치 유의사항

(1) 과속방지턱의 설치대상은 차량 제한속도 30km/h 구간에 한한다.

(2) 과속방지턱의 표준형상은 원호형 좌·우대칭으로 높이 10cm, 길이 3.6m로 규정하며, 곡면형상은 설치길이 내의 세부거리 간 최대 근사곡선으로 한다.

(3) 과속방지턱을 고속 통과하면 불쾌감을 주고, 차체에는 끌림 현상을 주며, 급제동하면 2차 사고를 유발하므로 이동성을 중시하는 도로에는 설치하지 않는다.

(4) 국지도로 중 폭 6m 미만 소로에는 길이 2.0m, 높이 7.5cm로 설치하며, 민간사업자가 차량 주행속도 10km/h 이하로 제한하고자 하는 단지내 도로에는 길이 1.0m, 높이 7.5cm 정도의 범프(bump)를 설치할 수도 있다.

(5) 범프(bump)는 일반적인 과속방지턱 험프(hump)에 비해 길이가 짧아, 통과 차량을 훼손시키고 탑승객에게 심한 불쾌감을 주므로, 일시정차를 유도하거나 차량 통행을 거의 서행으로 제한하는 단지 내 도로에만 제한적으로 설치한다.

Ⅲ 지그재그 차선

1. 도입

(1) 이 지그재그 차선은 영국에서 도입됐으며, 지난 2010년 서울지방경찰청이 서울의 주요 교차로 10곳에 지그재그 차선을 설치·운영한 결과, 교통사고율이 15% 정도 감소하는 효과가 나타났다.

(2) 2014년 「도로교통법」을 개정하면서 설치 근거가 마련되어, 전국에 설치되고 있는 '안전 운전 차선'으로 흔히 '지그재그 차선'이라 부른다.

(3) '지그재그 차선'은 '어린이 보호구역 안 횡단보도 예고표시'를 의미하며, 도로 주행 중에 차선이 지그재그로 그려져 있으면 머지 않아 어린이 보호구역에 횡단보도가 있으니 천천히 운전하라는 안내표시이다.

(4) 또한 지그재그 차선은 운전자의 주의가 필요한 사고가 잦은 지역이나 횡단보도 앞 도로에서 서행하라는 의미로 확대되어 사용되고 있다.

2. 기능

(1) 지그재그 차선은 일반 도로에서 흔히 볼 수 있는 마름모꼴 표시와 같은 의미로서, '서행'하라는 뜻을 나타내는 차선의 일종이다.

(2) 차량이 주행 중 바로 앞에 다른 차량들이 있을 경우에는 노면에 표시되어 있는 마름모꼴 표시가 잘 보이지 않는 경우가 많다.

(3) 이에 대비하여 학교 앞, 횡단보도 앞 등의 서행을 해야 하는 지점에서 더 강력히 주의를 요구하기 위해 지그재그 차선을 설치하고 있다.

(4) '지그재그 차선' 안에는 '천천히'라는 문구도 들어가고, 횡단보도에는 '차조심'이라는 안내문구를 표기하기도 한다. 보행자가 있을 경우 일시정지해야 한다.[50]

[지그재그 차선]

[마름모꼴 표시]

---

50) 국토교통부, '도로안전시설 설치 및 관리지침(과속방지턱)' 개정전문, 2019.1.

2.40 전자요금징수시스템(ETCS), Hi-Pass

고속도로의 자동요금징수시스템(Electric Toll Collecting System), 다차로 하이패스 [1, 3]

I 개요

1. 전자요금징수시스템(ETCS, Electronic Tollgate Collection System)은 고속국도에 차량이 진출·입할 때 기지국과 차량단말기 간의 무선통신에 의해 차량의 OBE(On Board Equipment) IC카드로부터 통행료를 자동으로 징수하는 방식이다.
2. 우리나라의 ETCS는 Hi-Pass라는 고유명칭으로 정하여, 현재 전국의 고속국도 및 유료도로를 이용하는 모든 차량은 요금소에서 통행료를 자동납부할 수 있다.

II 전자요금징수시스템(ETCS)

1. 구조

전자요금징수시스템(ETCS)은 주변장치와 정보를 교환하면서 요금을 징수하는 ETC 서버, ETC 시스템제어기, 영상서버, 진입차량 차종분류기, 제1안내표시기, 제2안내표시기, 제1기지국, 제2기지국, 위법차량 촬영카메라, ETC 단말기 등으로 구성된다.

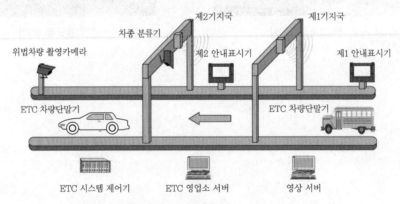

[전자요금징수시스템(ETCS) 구조]

2. 동작 원리

(1) ETC 단말기 장착차량이 요금소 진입로에 접근하면 제1안내표시기에서 운전자에게 ETC 등록차량에 대한 안내서비스를 제공한다.

(2) ETC 단말기는 제1기지국과의 통신에 의해 ETC 단말기의 등록정보와 스마트카드의 잔고정보를 ETC 기지국을 경유하여 ETC 시스템제어기로 전송한다.

(3) ETC 시스템제어기는 진입차량 차종분류기 및 제1기지국에서 보내온 ETC 단말기의 정보를 비교·분석하고, ETC 시스템제어기는 ETC 영업소서버와 연동하여 ETC 단말기를 D/B에서 찾아 징수할 요금액을 ETC 기지국으로 전송한다.

(4) 이를 수신한 ETC 기지국은 제1기지국을 경유하여 ETC 단말기에서의 징수액을 전송하고 이를 수신한 ETC 단말기는 스마트카드 잔고에서 징수액을 차감한다.

(5) ETC 서버는 제2안내표시기를 통해 ETC 단말기의 사용적합성 여부 및 기타 운전자를 위한 안내정보(미납액 등)를 전송한다.

(6) ETC 시스템제어기는 ETC 단말기의 부적합 정보를 위법차량 촬영카메라에서 촬영하도록 명령하여 통합관리하고, 미납액 추징고지서 발급을 명령한다.

[ETCS 구성장비의 핵심기술]

구분	핵심기술	동작내용
DSRC 기지국	5.8GHz 대역 RF소자 개발 기술, TDMA/TDD 기술	ETC 차량단말기와 무선통신에 의한 요금징수
ETC 안내표시기	대형 전광판 표시기술	ETC 단말기 탑재차량 진입 안내표시 카메라에서 받은 정보를 압축 보관
차종 분류기	레이저 스캔에 의한 차종 분류기술	6종 차량 분류
카메라 장치	1/2,000초 차량번호 촬영기술, 영상데이터 전송기술	고속 주행하는 위반차량을 촬영하여 데이터 전송
Switching Hub	고속 인터넷 스위칭 기술	노변기지국, ETC 제어기, ETC 영업소 서버 간에 상호 접속
ETC 시스템 제어기	이미지 처리(JPEG 압축 전송) 기술 위반차량 판단 및 촬영명령 기술 DSRC 기지국과 통신프로토콜 기술	위반차량 인식 및 카메라 촬영, 차종에 따라 해당 요금 부과, 이미지 압축하여 서버로 전송
ETC 영업소 서버	가입자의 요금데이터 처리기술, 통계기술, GUI 기술	위반차량의 이미지 파일을 보관, 위반차량의 정보를 중앙센터로 전송
영상 서버	영상 압축기술, 번호판 인식기술	정산된 결과를 운전자에게 표시 (운전자가 표시여부 선택 가능)
ETC 차량단말기	5.8GHz 대역 RF소자 개발 기술 TDMA/TDD 기술 단말기 소형화 기술	DSRC 기지국과 무선통신에 의해 카드요금 정산

3. 특징

(1) 2001.12월 한국통신기술협회(TTA)의 단체표준으로 제정된 ETC 표준을 준수하여 개발되었다. Telecommunications Technology Association

(2) 유료도로에서 차량이 고속주행하더라도 ETC 차량단말기를 장착한 차량에 대해서는 정확한 인증방법에 의해 요금징수할 수 있다.

(3) ETC 차량단말기 장착 운전자에게 스마트카드의 잔고내용을 확인할 수 있도록 정보를 제공하며, 설치·운용이 쉽고 고장나더라도 유지보수가 용이하다.

(4) 통행차량에 대한 각종 데이터가 서버에 저장되므로, 이를 분석하면 다양한 교통통계자료를 쉽게 산출할 수 있다.

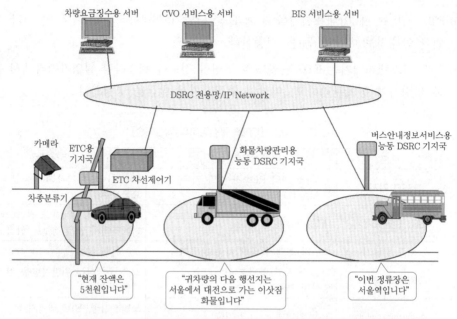

[DSRC 기반의 ITS & ETCS 서비스 개념도]

Ⅲ 다차로 하이패스(Hi-Pass)

1. 용어 정의

(1) '다(多)차로 하이패스'는 2개 이상의 하이패스 차로를 연결(차로 간 구분시설을 제거)하여 보다 넓은 차로 폭을 확보(3.6m 이상)함으로써 운전자가 사고위험 없이 빠른 속도로 고속도로 톨게이트를 통과하는 전자요금징수시스템(ETCS)이다.

(2) 현재의 단(單)차로 하이패스는 차로 폭이 협소(3.5m 미만)하고 제한속도 30km/h로 설정되어 있어 운전자가 불안감을 느끼는 등의 불편이 있다.

2. 다차로 하이패스 설치

(1) 다차로 하이패스는 차로 폭이 본선과 동일 수준이므로 주행속도 그대로 영업소를 통과해도 안전하며, 운전자도 압박감 없이 편안하게 운전할 수 있다.

(2) 국토교통부는 하이패스 이용의 안전성을 높이기 위해 차로 폭 3.5m 미만의 하이패스 진출차로를 3.5m 이상으로 확폭하여 감속 없이 통과되도록 개량하고 있다.

3. 다차로 하이패스 효과

(1) 다차로 하이패스를 확대 설치하여 톨게이트를 신속하게 통과함으로써 통행시간 단축 (1,113억 원), 운행비용 절감(232억 원), 환경비용 절감(55억 원) 등 연간 1,400억 원의 편익이 창출될 것으로 분석되었다.

(2) 하이패스 1개 차로당 처리용량이 최대 64%(1,100 → 1,800대/시간) 증가되어 영업소 지정체가 크게 해소되고, 매년 30건 이상 발생하는 톨게이트 부근의 교통사고 역시 감소될 것으로 기대된다.[51]

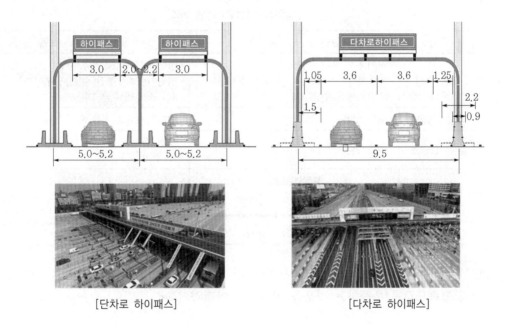

[단차로 하이패스]　　　　　[다차로 하이패스]

51) 최광주, '자동요금징수(ETC) 시스템' LG전자(주) CDMA 시스템연구소, 표준기술동향 제82호, 2005.
　　국토교통부, '다차로 하이패스로 편하게 지나가세요', 도로정책과, 보도자료, 2020.3.17.

2.41 무정차 통행료시스템, 친환경 혼잡통행료

원톨링 시스템(One Tolling System), ECO-PASS(친환경 혼잡통행료), 녹색요금체계 [3, 0]

I 무정차 통행료시스템

1. 용어 정의

(1) 무정차 통행료시스템(One Tolling System)이란 하이패스 미장착 차량이 재정/민자고속도로를 연계 이용할 때, 최초 입구에서 통행권을 뽑고 연계 구간의 영상촬영장치를 이용하여 최종 출구 요금소에서 통행료를 일시에 납부하는 수납시스템을 말한다.

[무정차통행료시스템 비교]

구분	현행 요금소 시스템	무정차통행료시스템
요금 수납	• 하이패스 차량 : 자동 수납 • 일반차량 : 통행권 수령-납부 유지 요금소에서 수납 3회	• 하이패스 차량 : 자동 수납 • 일반차량 : 통행권 수령-납부 유지 요금소에서 수납 1회
영상촬영장치	• 해당 없음	• 민자고속도로 경유 확인 가능
본선 요금소	• 해당 없음	• OTS 서비스 개시 후, 민자고속도로 요금소 철거
시스템	4회 정차, 3회 정산 경부 서울 TG 발권　천안 논산 남논산TG 중간정산 천안 논산 풍세TG 중간정산　호남 광주 TG 최종정산	2회 정차, 1회 정산 경부 서울 TG 발권　호남 광주 TG 최종정산

(2) 무정차 통행료시스템이 설치된 천안-논산 민자고속도로를 경유하여 서울에서 광주까지 고속도로를 주행하는 경우를 비교하면 아래와 같다.

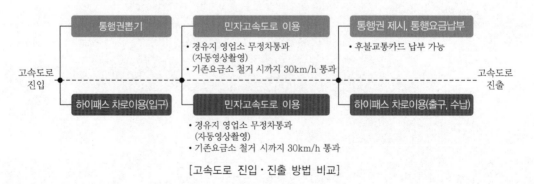

[고속도로 진입 · 진출 방법 비교]

2. OTS 운용 현황

(1) **민자고속도로 통행료 납부 방법** : 하이패스 미장착 차량이 재정/민자고속도로를 연계 주행할 때, 최초 입구 요금소에서 통행권을 뽑고 연계구간의 영상촬영장치를 이용하여 중간정차 없이 최종 출구 요금소에서 한번에 통행료를 모두 납부하면 된다.

(2) **OTS 설치 · 이용 노선** : 민자고속도로 천안-논산, 대구-부산, 부산-울산, 서울-춘천, 평택-화성, 봉담-동탄, 평택-시흥, 수원-광명, 광주-원주 구간에 OTS 설치되어 있다.

(3) **OTS 설치 이후, 중간정차하지 않는 영업소** : 기존에 운영했던 천안-논산, 대구-부산, 서울-춘천, 봉담-동탄, 평택-시흥 간의 본선 영업소에서 요금 납부없이 정차하지 않고 통과한다.

(4) **신용카드(교통기능 탑재)로 통행요금 납부** : 후불교통카드 기능 탑재된 신용카드로 재정 구간과 민자구간에서 동일하게 통행료 납부가 가능하다. 다만, 지자체 운영 유료도로는 해당 지자체가 결정한다.

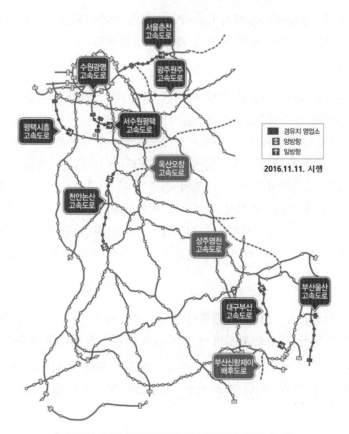

[민자고속도로 無정차통행료시스템(OTS) 적용 노선]

Ⅱ 친환경 혼잡통행

1. 개요

(1) 대기오염 물질은 이산화황, 일산화탄소, 질소산화물, 탄화수소, 오존, 먼지 등이 있으며, 배출원은 난방시설, 산업시설 등이 있으나 자동차가 주요원인이다.

(2) 승용차 대신 대중교통 이용을 활성화하여 온실가스 배출량을 줄이기 위하여 서울시 남산 1, 3호 터널에서 친환경 혼잡통행료(Eco-Pass)를 징수하고 있다.

2. 친환경 혼잡통행료(Eco-Pass)

(1) 필요성

① Eco-Pass는 차량의 배기량, 연비 등을 기준으로 등급을 구분하여 혼잡통행료를 징수하는 제도로서, 친환경 차량과 대중교통 이용을 유도하는 효과가 있고, 혼잡통행료에 친환경 녹색교통을 접목시킨 제도

② 이탈리아, 영국 등 EU에서 Eco-Pass 도입 이후, 도심지의 대기오염 감소, 대기질 개선, 친환경 차량 혜택 등으로 자동차 산업에도 긍정적 영향 기대

(2) 도입 방안

① 혼잡통행료 감면 기준을 차량 배기량·연비에서 친환경 차량 중심으로 전환
혼잡통행료 징수지역(zone) 도입, 친환경 차량 개발·구입 유도 지원

② 건물 안팎 교통량을 일정수준 이상 줄인 기업에 교통유발부담금을 감면
에너지 소비량, 온실가스 배출량 등에 비례하여 부담금 차등 부과

③ 대중교통 접근성이 뛰어난 지역의 건축물 부설 주차장에는 주차를 제한
도심 밀집지역에는 주차장 설치규모 제한하고, 비싼 주차요금 부과

④ 서울 및 수도권 밀집지역으로 진입하는 노선에서 차량 혼잡통행료를 징수
서울시 남산 1, 3호 터널에서 친환경 혼잡통행료(Eco-Pass) 징수 시행 중

3. 기대효과

(1) 서울시는 대중교통 이용을 활성화하여 도심교통체증 완화 및 온실가스 배출량 감소를 실현하고자 남산 1, 3호 터널에서 1996년부터 혼잡통행료를 징수하고 있다.

(2) 혼잡통행료 징수 이후, 터널 통행량은 감소했지만 주변 우회도로 교통량이 증가한 점을 고려하여, '터널입구' 아닌 '도로노선' 대상으로 징수해야 할 것으로 판단된다.

2.42 복합환승센터, Hub & Spoke System

복합환승센터, Hub and Spoke System [0, 2]

1. 용어 개념

(1) **환승주차장** : 승용차와 대중교통 환승을 위해 일반도로와 분리시켜 설치된 환승전용주차장

(2) **환승정류장** : 기존 버스정류소, 지하철역 등 환승지점에서 승객의 승·하차를 지원하는 정류소

(3) **환승터미널** : 비교적 장거리 통행승객이 이용하는 시설로서, 고속버스와 대중교통수단 간을 연계시키는 환승 가능한 터미널

(4) **복합환승센터**

① 상기 (1)+(2)+(3)의 환승기능을 갖추면서, 교통의 길목이라는 입지특성을 살려 상업업무, 공공시설 등을 복합화하여 수요창출을 도모하는 시설

② 즉, 복합환승센터는 대중교통수단과의 연계하여 환승을 위한 시설(R&R), 승용차 이용자를 위한 주차 및 배웅정차시설(R&P), 각 시설 간의 환승편의시설, 판매시설, 여가시설 등으로 구성된다.

③ 현재는 환승주차장, 환승정류소, 환승터미널 등이 개별적으로 설치·운영되고 있다.

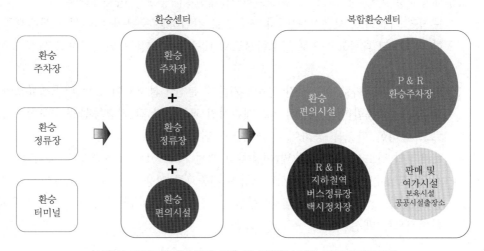

[서울시 대중교통 환승체계 구축 및 복환환승센터 건립방안(2007)]

2. 서울 강남권 광역복합환승센터 계획

(1) 필요성

① 서울 삼성역, 영동대로 일대는 기존 2,9호선 외에 6개 광역·지역철도 추진 중
② 코엑스-잠실운동장 일대 국제교류복합지구 조성 중
  • 글로벌 혹은 전국 연계 대중교통의 중심지로서 국제교류복합지구의 관문
  • 국제교류복합지구를 입체적으로 연결하는 통합공간 역할
③ 영동대로 삼성역 일대의 입지적 중요성과 성장가능성 부각

(2) 추진일정

2014.4. 코엑스~잠실운동장 일대 종합발전계획 발표
2016.5. 영동대로 지하공간 복합개발 기본구상 발표
2016.10.~ 서울시-한국철도기술연구원 간에 행정연구협의체 운영
2016.10.31. 서울시-국토교통부 간에 통합개발MOU 체결
2016.7.~ 영동대로 지하공간 복합개발 기본계획 수립 중

(3) 기대효과

① 대중교통수단 간의 연계성 극대화 : 버스(광역, 간선, 지선 등), 지하철, 철도, 택시 등 여러 교통수단을 One-Point 시스템으로 통합하여 환승센터로 운영함으로써 대중교통수단 간의 연계성을 극대화하여 대중교통 이용 시민들에게 최대한의 편의 제공
② 대중교통 이용 활성화로 도심 교통환경 개선 : 대중교통 환승센터는 서울 도심권, 부도심권 거점화로 서울 외곽에서 도심으로 진입하는 승용차 위주의 교통수요를 최대한 억제하고 대중교통으로 흡수함으로써 대중교통 이용을 활성화하고 도심 교통환경 개선
③ 환승동선 최적화로 환승시간 단축 : 기존에 분산·설치되어 있는 버스정류소와 여러 교통수단을 통합하여 체계적이고 계획적인 교통수단 간 환승동선을 구축함으로써 빠르고 편리한 환승을 통하여 환승시간을 최대한 단축
④ 체계적인 정보서비스 제공 및 이용환경 개선 : One-Point 시스템의 통합환승센터에서 각 교통수단 환승정보를 서비스하여 대중교통 이용편의 제공, 보행자와 대기 승객 간의 혼잡, 정류소 주변 노점상, 불법 주·정차 등을 개선하여 대중교통 이용환경을 획기적으로 개선 [52]

---

52) 서울시, '대중교통 복합환승센터', 서울정책아카이브, 2018.

3. Hub and Spoke System

(1) 용어 정의

① 자전거 바퀴는 중심축을 주축으로 바퀴살이 여러 개로 분산되어 있다. 물류에서는 자전거 바퀴와 같은 시스템을 '허브 앤 스포크 시스템'이라 한다.

② 국제특송업체 페덱스(FedEx)가 항공운수 시스템에 처음 도입한 개념으로, 화물량을 거점(hub)에 집중시켜 분류한 후 각 지점(spoke)으로 재이동시키는 시스템이다.

(2) 도입 효과

① 국내 택배업체의 경우, 서울에서 인천으로 보내는 택배를 인천으로 보내지 않고, 일단 옥천(spoke)으로 집결시켰다가 다시 인천으로 재분배하여 발송한다.

② 그 이유는 운송비의 절감과 운송의 효율화 때문이다. 운송수단이 대형화되고 화물량이 늘어나면 운송비용 부담은 커지고 운송효율은 떨어진다.

③ 따라서 '규모의 경제' 논리에 의해 운송비용 절감과 운송효율 향상을 위하여 항만이나 공항을 중심으로 '허브 앤 스포크' 시스템이 발달되었다.

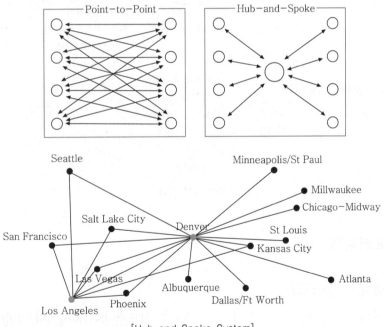

[Hub and Spoke System]

2.43 낙석방지시설, 피암터널

낙석방지시설, 피암터널 [2. 0]

Ⅰ 개요

1. 낙석방지(落石防止, Prevention Against Falling Stone)시설은 암반 비탈면에서 낙석이 도로나 철도로 굴러 떨어지는 것을 방지하는 시설을 말한다.

2. 암반 비탈면에서 낙석이 발생될 위험성이 크다고 판단되는 구간에 낙석예방공법 또는 낙석방호공법을 검토하여 1종류 또는 2종류 이상을 병용하여 설치한다.

   (1) **낙석예방공법** : 비탈면에서 낙석이 발생하지 않도록 낙석 발생원인을 처리

   (2) **낙석방호공법** : 낙석이 발생했을 경우에 낙석에 대한 피해를 방지하는 대책

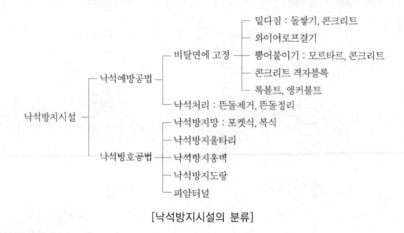

[낙석방지시설의 분류]

Ⅱ 낙석예방공법

1. **밑다짐(돌쌓기, 콘크리트)**

   (1) 비탈면의 부석·전석이 구르거나 미끄러지지 않도록 부석·전석의 기반이나 주변의 비탈면을 돌쌓기 또는 콘크리트로 밑다짐하여 고정시키는 공법

   ① 돌쌓기 밑다짐 : 주변의 작은 부석·전석을 모아 기반에 쌓고 다져서 고정

   ② 콘크리트 밑다짐 : 콘크리트로 부석·전석의 기반이나 주변에 고정

   (2) 우수에 의해 세굴되면 효과가 현저히 감소되므로 배수대책 필요

2. 와이어로프걸기

(1) 비탈면의 부석·전석이 구르거나 미끄러지지 않도록 격자모양의 와이어로프를 사용하여 기초를 덮거나 걸어서 가설용 구조물로 고정시키는 공법

(2) 반면, 앵커볼트는 부석·전석의 무게를 충분히 지지하도록 기초까지 삽입하고, 돌이 로프에서 빠져나가지 않도록 영구적으로 고정시키는 공법

3. 뿜어붙이기(모르타르, 콘크리트)

(1) 좁은 간격으로 파쇄되거나 풍화된 암반 표면에 모르타르나 콘크리트 뿜어붙이기를 실시하는 공법으로, 표면보호에는 효과적이나 활동파괴에는 효과 없음

(2) 균열 방지를 위하여 철근망(welded-wire mesh)이나 강섬유를 함께 사용하며, 배수공 깊이 0.5m, 배수공 중심간격 1~2m 정도로 설치

4. 낙석처리

(1) 탈락 예상 소규모 돌출암괴(overhang)와 뜬돌(부석)을 제거하는 공법

(2) 돌출암괴에 인접한 비탈면 보호를 위해 제어발파(control blasting) 실시

　① 천공간격 : 천공직경의 10~12배 정도

　② 천공직경 : 수동천공기 사용시 40mm, 차량천공기 사용시 80mm 정도

　③ 천공길이 : 수동천공기 사용시 3m, 차량천공기 사용시 9m로 제한

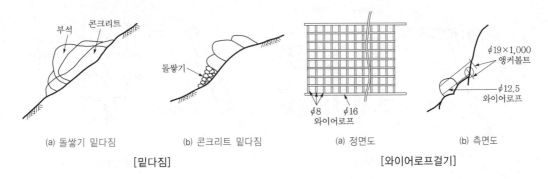

| (a) 돌쌓기 밑다짐 | (b) 콘크리트 밑다짐 | (a) 정면도 | (b) 측면도 |

[밑다짐]　　　　　　　　　[와이어로프걸기]

Ⅲ 낙석보호공법

1. 낙석방지망(포켓식, 복식)

(1) 암반 비탈면에서 발생한 낙석이 도로나 선로 쪽으로 튕겨나가는 것을 방지하기 위하여 절개면에 포켓식 또는 복식으로 철망을 걸쳐놓는 공법

(2) 포켓식은 낙석을 절취하더라도 암반의 균열 발생이 적은 경암에 적용

(3) 복식은 암반 균열이 많고 풍화 진행이 빠른 연암이나 풍화암에 적용

2. 낙석방지울타리

(1) 낙석이 도로에 떨어지는 것을 차단하는 울타리를 설치하는 공법

(2) 경암, 연암, 자갈섞인 토사 등의 땅깎기 비탈면에서 낙석방지망 설치

(3) 울타리는 지주, 와이어로프, 철망이 일체로 되어 낙석에 효과적으로 보호

3. 낙석방지옹벽

(1) 낙석이 도로에 떨어지는 것을 차단하기 위해 도로 가장자리에 옹벽을 설치

(2) 옹벽과 비탈면 사이에 공간을 두어 낙석이 옹벽 배면에 퇴적되는 구조로 설치

(3) 옹벽 설계할 때 지형·지질, 예상 낙석 중량·속도, 최대 낙하고 등을 반영

4. 낙석방지도랑

(1) 비탈면 하단부에 도랑(ditches)을 설치하여 낙석을 유도하고 낙석에너지를 흡수·소산시키는 공법

(2) 지형, 수목 등의 자연조건을 이용하는 간단한 공법이지만, 용지 확보조건 조사 필요

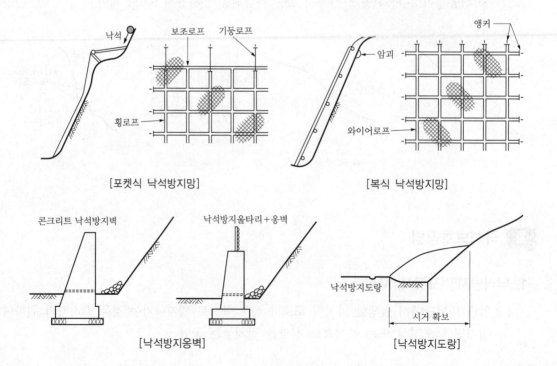

[포켓식 낙석방지망]   [복식 낙석방지망]

[낙석방지옹벽]   [낙석방지도랑]

5. 피암터널

(1) 용어 정의

① 피암터널(Rock shed)은 낙석덮개(Tunnel for falling stone)의 일종으로, 도로 상에서 낙석 발생에 따른 피해를 방지하기 위해 설치하는 공법이다.

② 피암터널은 예상되는 낙석의 충격에너지가 커서 기존 공법으로는 방호가 불가능하고 현지조건을 고려할 때 위해요소를 제거하기 어려운 경우에 철근콘크리트, 강재 등을 사용하여 터널형상으로 설치하는 낙석방호공법의 일종이다.

③ 피암터널은 산사태가 발생하면 흙과 돌 등의 낙석물이 도로나 철도를 넘어 곧바로 강이나 계곡으로 흘러 내려가도록 설치된 터널로써, 반영구적이며 실효성 및 안전성 측면에서 검증된 공법이다

④ 「환경친화적인 도로건설지침(환경부, 2018)」에 의해 높고 긴 비탈면 절개지에 개착식 피암터널을 시공함으로써 생태계 복원이 가능하도록 규정하고 있다.

(2) 피암터널 형식

① 캔티레버형 : 지붕부를 케이블로 연결하여 이격부에서 앵커로 지지하는 구조

② 문형 : 지붕부와 지붕지지부를 현장타설 콘크리트로 일체화시킨 구조

③ 역L형 : 지붕부와 beam 부재를 강결하여 지지하는 구조

④ 아치형 : 지붕부를 원호 형상으로 설계하여 미관이 수려한 구조

| 캔티레버형 | 문형 | 역L형 | 아치형 |

[피암터널 형식]

(3) 피암터널 특징

① 피암터널은 신설도로 또는 기존도로의 불안정한 절개면(높이 30m 이상, 경사도 1 : 0.3 이상)의 안정대책에 적합하다.

② 국내 산악지에서 도로 인근에서 여유폭이 없고 낙석규모가 커서 낙석방지울타리, 옹벽, 앵커, 사면절취 등 기존 보호공법의 적용이 곤란한 경우에 쓰인다.

③ 피암터널은 낙석을 완전히 방지할 수는 있으나 공비가 비싸고 공기도 길어, 옹벽이나 철책으로 방지할 수 없는 경우에만 선택적으로 적용한다.[53]

---

53) 국토교통부, '도로설계편람', 제3편 토공및배수, 2012, pp.306-91.

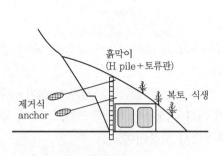

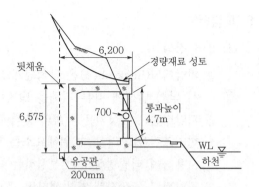

[피암터널]

(4) 「환경친화적인 도로건설지침」 내용 발췌

① 녹지 8등급 이상, 상수원보호구역 등 보전가치가 있는 지역은 우회하고, 우회가 어려운 경우는 불가피하게 터널이나 교량으로 통과한다.

② 터널화 지역을 구체화하여 일정높이 이상인 땅깎기 지역에는 터널 및 피암터널을 사전에 검토한다.

③ 자연생태계 연결과 서식동물의 이동로 확보를 위해 생태통로를 설치하는 경우, 육교형은 중앙부 폭 30m 이상, 암거형은 최소규격 2.5×2.5m 이상 설치한다.

④ 공사장 비산먼지에 대한 방진망, 세륜시설, 살수차, 차량덮개, 가설방음벽 등을 설치·운영하며, 환경영향을 예측하여 저감방안 설계를 반영한다.[54]

---

54) 환경부, '환경친화적인 도로건설지침', 2018.

2.44 방풍(防風)시설, 안개(雲霧)시설

산악·해안지대를 통과하는 도로에서 발생되는 강풍사고, 안개지역 도로교통안전대책 [2, 8]

I 도로 방풍(防風)시설

1. 필요성

도로가 산악지역이나 해안지역을 통과할 때, 강풍에 의해 주행안정성을 위협받는 경우가 발생할 수 있으므로 필요한 곳에 방풍(防風)시설을 설치해야 한다.

2. 강풍에 의한 차량사고 유형

(1) 차량의 전복

① 비교적 높은 풍속에서 발생한다.

② 옆면이 넓은 탑차 등에서 발생확률이 높다.

(2) 차량의 직진성 상실

① 순간적인 직진성 상실로 인하여 사고가 발생한다.

② 인접 자동차나 도로시설물과 충돌한다.

③ 운전자의 심리적인 상태에 영향을 끼친다.

④ 빈번히 발생할 수 있는 현실적인 사고이다.

3. 강풍사고의 발생원인

(1) 교량형상의 영향

① 정상적인 바람은 차량의 주행안정성을 저해할 만큼 위협적이지 않으나, 순간적으로 교란된 기류는 양상이 다를 수 있다.

② 교량의 모서리에서 박리된 기류가 회오리치면서 거더 위의 자동차에 횡압력을 가하는 경우에 그 힘은 그냥 불어오는 바람보다 훨씬 커서 위협적이다.

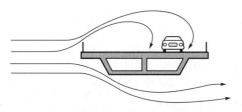
[교량 거더에 의해 교란된 기류]

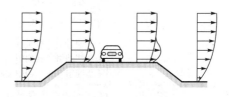
[성토부 노면에서 증가된 풍속]

(2) 해발고도 차이의 영향

① 성토부, 높은 교량, 능선, 고개 등에 위치한 도로에는 바람이 불어오는 쪽과 도로 사이에 고도차가 있다. 풍속은 고도가 낮을수록 감소하고 높을수록 증가한다.

② 성토부에서 실측 결과, 성토고 4~5m 높이에서 평균풍속이 30% 증가하였다.

(3) 국부적인 지형의 영향

① 터널 입구, 계곡, 교각, 관목 숲 등과 같이 바람이 모아지는 지형에서는 좁아지는 곳에서 풍속이 급격히 증가한다.

② 교각이나 장애물이 도로 옆에 있을 경우에는 그 좌우에서 풍속이 급격히 증가하는데, 장대교량(사장교, 현수교) 주탑 부근에서 자주 발생한다.

③ 특히, 계곡 사이에 위치한 도로에서는 유선이 모아지므로 풍속이 증가한다.

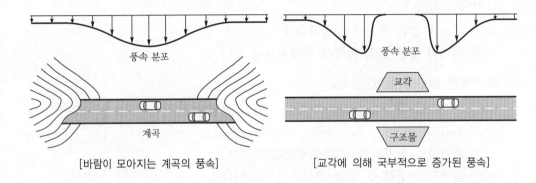

[바람이 모아지는 계곡의 풍속]   [교각에 의해 국부적으로 증가된 풍속]

4. 강풍사고의 방지대책

(1) 영국 : 주요교량에 대한 차종별 속도제한 및 통행제한 기준 적용

주요교량에서 10분 동안 평균풍속 18m/sec 초과하면 속도제한 및 통행제한 실시

[영국 주요교량에 대한 자동차 통행제한 기준]

풍속(m/sec)	자동차 통행제한
15	속도제한이나 차로제한을 고려
18	한 차로를 통제
20	탑차의 교통통제를 고려
23	• 통행금지 : 탑차 • 통행제한 : 트레일러, 유개차, 대형운반차, 오토바이 • 통행허용 : 트레일러를 달지 않는 차, 유조차, 승합차
23~36	앞으로 3시간 동안의 기상예보에 따라 조치
36 이상	모든 자동차의 통행금지

(2) **한국** : 다음과 같은 경우 차량의 교량 통행을 일시 제한, 방풍대책 수립·시행

　① 해당 구간에 노면 적설량이 10cm 이상인 경우

　② 해당 구간에 시간당 평균 적설량 3cm 이상에서 6시간 이상 지속되는 경우

　③ 교량에서 10분간 평균풍속이 25m/sec 이상인 경우

　④ 안개 등으로 인하여 시계(시야)가 10m 이하인 경우

　⑤ 그 밖에 천재지변, 차량 다중추돌 등으로 특정지점이 교통 마비되는 경우 등

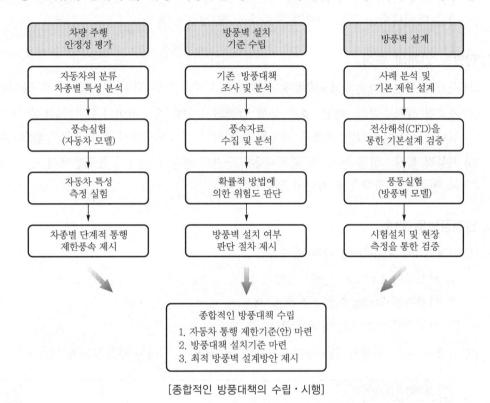

[종합적인 방풍대책의 수립·시행]

5. 맺음말

(1) 깊은 계곡의 고교각 교량이나 터널 부근, 높은 능선에 위치한 도로에서는 바람이 모아져서 풍속이 빨라지므로, 주행 중에 횡풍에 의한 안전이 문제가 된다.

(2) 자동차의 주행속도가 빠를수록 강풍의 영향이 크므로 강풍지역을 통과할 때는 주행속도를 낮추는 운전요령이 필요하다.[55]

---

55) 국토교통부, '도로의 구조·시설 기준에 관한 규칙', 2015, pp.688~691.

Ⅱ 도로 안개(雲霧)시설

1. 용어 정의

(1) 안개(fog)의 생성원인은 기상조건에 따라 크게 좌우되기 때문에 정확하게 예보하기 어렵고, 수치모형을 이용한 안개예보도 매우 어렵다.

(2) 구름의 주된 생성원인이 습윤한 공기덩어리의 상승에 따른 단열냉각인 반면, 안개는 다양한 메커니즘을 통한 수증기 포화에 의해 생성된다.

2. 한반도 안개의 특징

(1) **시기적 특징** : 하절기 4~10월에 전체 안개의 70~80% 정도가 집중적으로 발생된다.

(2) **지역적 특징** : 해안, 하천, 호수 등에 인접되어 수륙 온도차이가 큰 도로에서 자주 발생된다. 교량과 터널이 교대로 연속되어 설치된 산악도로에서 집중적으로 발생된다.

(3) **지형적 특징** : 영동고속도로 횡계~강릉 구간의 경우에 안개가 동해안에서 산 정상 쪽으로 이동하는 방향성을 지니고 있다.

3. 안개경보의 기준

(1) 시정거리(視程距離)에 따른 안개등급 기준

① 시정거리 1,000m 이하 : 안개

② 시정거리 200m 이하 : 짙은 안개

③ 시정거리 50m 이하 : 자욱한 안개

(2) 안개에 따른 시정거리를 정지시거보다 더 길게 유지해야 추돌사고가 방지된다.

설계속도(km/h)			60		80		100
안전거리(m)			50		65		100
시정거리(m)	49	68	89	113	140	169	200
안전속도(km/h)	40	50	60	70	80	90	100

① 안전거리란 추돌사고를 방지하기 위해 사전 정보를 인지하고 급작스런 조작 등을 예방할 수 있는 차간거리를 말한다.

② 설계속도 100km/h일 때 정지시거는 100m가 필요하지만, 시정거리 100m일 때 안전속도는 65km/h 이하를 유지해야 추돌사고를 막을 수 있다.

4. 안개지역 교통안전시설의 설치

(1) 정보제공시스템의 활용

교통방송(TBS), 전광표지판(VMS), 도로기상정보시스템(RWIS) 등으로 예보

(2) 시각적 보강대책의 강구

① 조명시설
- 안개발생 시 조명등을 작동시켜 운전자에게 시야를 확보하도록 경고
- 경광등, 안개등, 센서감지 안개경보등, 표지병 등을 설치

② 가드레일 유도조명등 : 평면곡선 구간의 가드레일 위에 razer project를 이용하여 여러 개의 적색 레이저 발광봉을 일정 간격으로 설치하여 차로이탈 방지

③ 가로등
- 안개지역에는 가로등 불빛의 난반사와 산란 최소화를 위해 가로등 높이를 6m(평균 9m)로 낮추고, 안개가로등(높이 1.5m)을 추가 설치
- 최근 가로등 램프의 발광체를 LED로 교체하고, 가로등 높이를 3m로 더 낮추어 안개발생 대비 조명효과 향상

④ 교통안전표지판
- 도로표지(안개주의)를 설치하여 운전자에게 사전 예고
- 이동식 가변정보판(PVMS)을 설치하여 시정거리 단축을 보완
- 시선유도시설(갈매기표지판)을 가드레일 위에 설치

⑤ 안전속도 및 차간거리 유지표지판
- 표지판의 설치간격 : 0m, 50m, 100m, 150m, 200m 일정 간격
- 표지판의 거리표시 : 거리별 적정한 주행속도는 LED를 이용하여 표기

⑥ 노면표시(차선) : 차선을 실선과 쇄선으로 구분하여 안개가 끼면 운전자가 앞차와의 거리를 쉽게 판단할 수 있는 기준을 제시

(3) 교통안전시설물의 설치

① 안개차단시설 : 안개발생 도로구간에 방무벽을 설치하여 안개 확산을 물리적으로 차단

② 안개소산시설
- 가열(Heating)하여 안개를 대기 중으로 증발시키는 방법
- 수포 입자들을 유착시켜 안개가 비로 변환시키는 방법
- 방전방법, 가열방법, fog broom방법, 화학약품혼합방법, 전기충격방법 등

③ 안개제거시설
- 도로변에 직관을 2m 높이에 설치하고 차도를 향한 소형관을 연결하고, 강력한 환풍기(fan)로 안개공기를 흡입하여 제거
- 도로변에 직관을 1m 높이에 설치하고 차도를 향한 소형관을 연결하고, 강력한 열풍기(heater)로 뜨거운 바람을 급기하여 제거

④ 청각보조시설
- 안개경보 : 갓길 위에 비상경보기를 설치하여 경보음 발령
- 노면표시 : 차선 위에 울림형표지병 설치
- 차로이탈인식시설(Rumble strip) : 갓길 위에 설치
- 돌출차선(Rumble line, Spot flex) : 차선 위에 설치

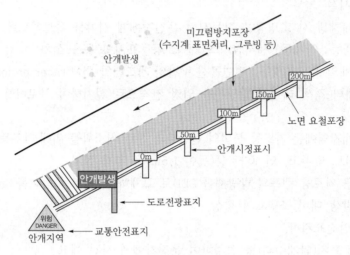

[안개지역 교통안전시설물의 설치]

5. 맺음말

(1) 도로관리청은 관할지역의 어느 도로구간에 안개가 자주 발생하고 그로 인해 유발되는 교통사고 건수를 분석하여 안개지역 안전시설의 설치구간을 선정한다.

(2) 짙은 안개가 자주 발생하여 도로이용자가 정상 주행하기 어려운 도로구간에 안개지역 안전시설을 설치할 때는 각 안전시설의 지침과 특성을 고려해야 한다.[56]

---

56) 국토교통부, '도로의 구조·시설 기준에 관한 규칙', 2015, pp.612~613.

2.45 도로결빙, Black Ice, 체인탈착장

도로(또는 공항)에 사용되는 제설재로 인한 피해와 개선방안, 블랙 아이스(Black Ice) [1, 4]

I 개요

1. 도로의 결빙방지(융설, 제빙)시설은 적설 및 노면결빙으로 인한 교통안전 문제를 해소하기 위해, 동절기에 결빙된 눈·얼음의 융해대책을 말한다.
2. 온도차가 많이 발생하는 터널 입·출구부 및 교량, 절토사면의 그늘진 구간에서 일조량이 적어 노면결빙이 우려되는 경우에는 결빙방지시설을 설치한다.

II 결빙방지대책 수립 검토사항

1. 적설일수

동절기 평균기온, 일평균기온 0℃ 이하 일수, 연평균 강설·서리 일수, 해발고도, 도로선형, 노면의 결빙·적설 빈도, 제설작업의 출동횟수 등을 검토한다.

2. 기상정보시스템(VMS, Variable Message Sign) 운영 및 염화칼슘 살포

연간 적설일수 25일 이상 지역은 터널 입·출구부에서 일조량이 적어 노면동결에 따른 교통사고가 우려되므로, 융설(제빙)시설의 설치를 검토한다.

III 터널 입·출구의 융설시스템

1. 적설량이 적은 지역

(1) 콘크리트포장에 종방향 grooving을 설치하면 결빙노면의 불연속 작용과 염화칼슘의 잔류효과로 인하여 결빙이 감소한다.
(2) 다만, 아스팔트포장은 홈 주위에서 변형이 발생하므로 사용이 곤란하다.

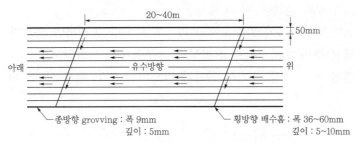

[종방향 grooving 설치]

2. 적설량이 많은 지역

(1) 융설액 분사방식

① 염화칼슘을 탱크에 저장하고 노면에 분사노즐 설비를 설치하고, 결빙 전 또는 강설 초기에 분사하여 융설하는 방식

② 평소 분사노즐 설비(탱크, 펌프, 배관)의 유지관리가 필요하다. 염화칼슘 살포에 의한 환경오염, 주행차량 부식이 유발될 수 있다.

(2) 열배관 설치방식

① 외부에 열원의 공급시설(지역난방시설)을 설치하고, 열에너지(고온고압증기)를 포장 층 하부에 공급하여 융설하는 방식

② 시스템에 장애가 발생되면 확인이 곤란하고 운영비가 비싸다. 열원에서 설치지점까지 거리가 먼 노선에는 열효율이 저하된다.

(3) 전기전열선 포설방식

① 전기전열선을 콘크리트나 아스팔트포장 하부에 매설하고, 전기저항열을 이용하여 융설하는 방식으로 시공순서는 아래와 같다.

• 포장 슬래브 위에 일정 간격으로 전기전열선 설치

• Mortar grouting으로 전열선과 포장을 일체화 시공

• 전력공급용 배선 설치, 표면마감재 타설(두께 7.5cm), 양생 실시

• 통전(通電)시험을 실시하여 안전을 확인하고, 차량 개방

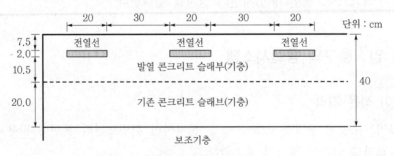

[전기전열선 포설방식]

② 표면마감재의 문제점 및 개선사항

• 표면마감재 두께가 7.5cm에 불과하여 중차량 통행하면 마모가 우려된다.

• 전열선 주변의 아스팔트 혼합물이 국부적으로 노화된다.

• 전열선 또는 포장 중에서 하자가 발생되면 모두 재시공해야 한다.

(4) 전기발열선 노면융설시스템

① 원리

- 도로 포장면의 자동차 바퀴 마찰부분(양쪽 폭 1m)을 홈 컷팅 후 열손실방지재, 전기발열선 및 열전도체를 포설·고정하고, 컷팅 홈의 남은 틈새 공간을 열전도 수지액으로 충진하여, 원격시스템으로 감시·제어하는
- 상향 열전도 집중식 저전력 소모형 친환경 노면융설시스템 설치기술이다.

② 시공순서

- 기존도로 또는 신설도로의 포장도로표면을 홈 컷팅
- 열손실 방지재로서 세라믹페이퍼, 전기발열선 및 열전도체를 삽입·고정
- 컷팅 홈의 남은 틈새 공간을 액상의 열전도성 수지액으로 충진
- 신속한 상향 열효과를 발휘하여 접착력, 흡착력, 내구성 및 침투성 우수
- 출퇴근 시간을 피해 09시~17시 사이에 차량 부분통제하고 설치 완료

③ 설치사례 : 포항 포스코공장의 경사진 교량, 평창동계올림픽 녹색도로, 서울 은평구 신사동 오르막구간 등에 설치되어 신속한 상향 열집중에 의한 융설효과 입증

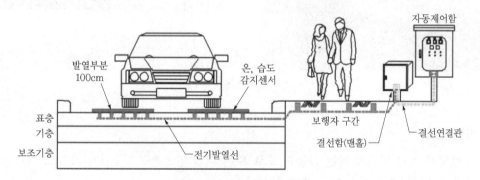

[노면융설시스템 표준횡단면도]

3. 서울시 제설제로 염화칼슘 대신 소금 살포 이유

(1) **환경성** : 염화칼슘은 식물에 치명적인 성장장애를 초래한다. 경기도 통일로 주변의 은행나무 집단고사의 주요 원인은 제설제로 뿌린 염화칼슘으로 밝혀졌다.

(2) **경제성** : 염화칼슘의 가격은 kg당 255원이지만, 소금(수입산)은 kg당 125원으로 염화칼슘의 절반 가격에 불과하다.

(3) **사용성** : 소금이 염화칼슘보다 환경에 덜 해로운 것으로 밝혀진 후, 미국, 캐나다, 일본 등 선진국에서도 도로에 제설용으로 소금을 살포하고 있다.

Ⅳ 블랙 아이스(Black Ice)

1. 용어 정의

(1) 블랙 아이스란 도로표면을 코팅처럼 덮고 있는 얇은 얼음막을 뜻한다.

① 겨울철에 갑작스럽게 기온이 떨어지면 아스팔트 사이에 스며들어 있던 눈·비, 공기 중의 습기 등이 노면 위에서 얼게 된다.

② 이때 얼음 아래에 깔린 검은 아스팔트가 비치기 때문에 블랙 아이스라고 부른다.

(2) 블랙 아이스는 '침묵의 살인자'라고 불릴 만큼 대단히 위험하다.

① 아스팔트포장의 도로표면과 같은 색인 블랙 아이스를 미처 알아차리지 못한 운전자 들이 속도를 줄이지 못해 그대로 미끄러지는 경우가 많다.

② 블랙 아이스는 살짝 젖어 있는 정도로 보이지만, 실제는 얼어붙은 빙판길이다.

[블랙 아이스(Black Ice)]

2. 발생 장소

(1) **햇빛이 직접 비치지 않는 그늘진 도로 또는 터널 입·출구** : 공기가 차갑고 지표면의 온 도가 낮아 블랙 아이스가 생기기 쉽다.

(2) **통행량이 많지 않은 골목길 구간** : 통행량이 없으면 지표면의 온도가 쉽게 낮아지면서 자연스럽게 블랙 아이스 발생 가능성이 커진다.

(3) **교량이나 고가도로 직전 또는 직후** : 공중에 떠 있는 도로는 상하·좌우 모두 대기 중에 노출되어 일반 도로보다 더욱 쉽게 차가워진다. 특히 저수지 위를 가로지르는 교량이나 해안도로 주변에는 습기가 많아 블랙 아이스가 아주 쉽게 생긴다.

3. 발생 시간

(1) 기온이 가장 많이 떨어지는 밤이나 새벽 시간이다.

(2) 밤에 형성된 블랙 아이스는 기온이 떨어진 낮 시간에도 녹지 않고 존재한다.

4. 블랙아이스 사고 방지대책

(1) 안전운전의 기본, 서행!

① 블랙 아이스로부터 생명을 지키는 가장 기본적인 방법은 서행운전이다. 서행운전은 운전자의 기본자세이다.

② 겨울철에 눈이나 비가 내린 뒤에 추운 날씨가 계속되면 어디서든 블랙 아이스를 만날 수 있으므로 평소보다 감속주행하고 안전거리를 충분히 유지한다.

③ 고속도로에서 정속주행할 때 자주 사용되는 크루즈 컨트롤 기능은 꺼두는 것이 안전하다. 갑자기 블랙 아이스를 만났을 때 감속에 도움이 되지 않는다.

(2) 타이어 점검은 필수!

① 차량 안전점검의 기본은 타이어다. 특히 미끄러운 길이 많은 겨울철이 중요하다. 타이어가 적정 공기압을 유지해야 제동거리를 줄일 수 있기 때문이다.

② 빙판길에서는 마른 노면에 비해 제동거리가 2~3배 이상 길어지므로, 타이어의 마모가 심하거나 공기압이 낮으면 제동거리는 더 길어져서 위험하다.

③ 공기압과 마모상태를 미리 체크하고, 낮은 온도에도 유연함과 접지력을 유지하는 겨울용 스파이크 타이어를 사용하는 것이 안전하다.

(3) 의심되면 헤드라이트 켜기!

① 운전자가 주행 중에 블랙 아이스를 육안으로 감지하기 어렵다. 하지만, 수분입자로 이루어진 블랙 아이스 위로 헤드라이트를 비추면 빛이 반사되므로 블랙 아이스의 형성여부를 순간적으로 알 수 있다.

② 눈·비가 내린 다음 날 아침, 블랙 아이스가 발생되기 쉬운 구간을 지나간다면 헤드라이트를 켜본다. 이때 길이 반짝거린다면 늦더라도 우회한다.

(4) 조심했어도 미끄러졌다면?

① 사륜구동 차량은 저항력이 좋아 미끄러지는 경우가 거의 없다. 그러나 상시 사륜구동이 아니라면 방심하는 순간 미끄러진다.

② 특히, SUV나 트럭은 차량 무게중심이 높아 블랙 아이스에 더 취약하다. 만약 차량이 미끄러지기 시작했다면 다음 2가지만 기억한다.

- 첫째, 미끄러지는 방향으로 핸들을 꺾는다. 반대 방향으로 핸들을 돌리면 제동력이 더 떨어져 스핀 현상이 생길 수 있다.
- 둘째, 브레이크를 세게 밟지 않고 여러 번 나눠서 밟는다. 제동거리가 줄어드는 효과가 있어 차량을 서서히 멈출 수 있다.

Ⅴ 체인탈착장

1. 정의

(1) 체인탈착장이란 적설한랭지에서 주행하는 자동차가 도로 노면의 결빙에 따라 체인을 설치하거나 제거하기 위한 공간을 말한다.

(2) 체인탈착장은 겨울철 한정된 기간에 필요한 시설이기 때문에 가능하면 서비스(휴게소, 주차장)지역을 이용하는 것이 바람직하다.

2. 대규모 체인탈착장

(1) **설치대상** : 도로를 이용하는 모든 차량을 대상으로 의무적으로 체인을 설치·제거를 규제하는 도로에는 별도의 공간을 확보하여 대규모 체인탈착장을 설치

(2) **설치장소**

① 강설조건이 급격히 변하는 곳 : 적설지와 비적설지의 경계, 산악도로에 진입하기 직전, 오르막경사 4% 이상 되는 급경사구간의 전방 등에 설치

② 장대터널의 입구 부근 : 장대터널이나 터널 연속구간 양측 도로는 강설조건이 급변하는 경우가 많으므로, 터널 전방 1km 지점에 또는 터널 양측에 설치

③ 인터체인지 내·외부 : 본선(고속도로)의 제설수준과 접속도로(국도·지방도)의 제설수준에 차이가 발생하는 경우가 많으므로 인터체인지 내·외부 구간에 설치

(3) **설치 고려사항**

① 설계교통량 : 체인의 사용 비율이 유동적이므로 5년 후의 교통량 적용

② 대형자동차 비율 : 지역실정을 조사하여 그 지역 고유의 수치를 적용

③ 체인의 설치·제거를 필요로 하는 자동차의 비율

④ 체인의 설치·제거에 필요한 시간

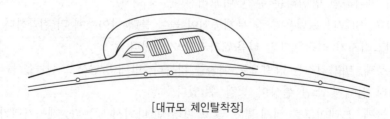

[대규모 체인탈착장]

3. 소규모 체인탈착장

(1) **설치대상** : 도로이용자가 자유의사(권고사항)에 따라 체인을 설치·제거가 필요한 구간에는 길어깨를 확폭하여 소규모 체인탈착장을 설치

(2) 설치장소

① 산악지의 긴 구간을 통과하는 노선에서 대규모 체인탈착장의 위치를 특별히 선정하기 어려운 경우

② 터널 길이가 2km 이상 되어 체인을 장착하고 터널 내에서 계속 주행하면 체인이 끊어지거나 포장면이 손상될 우려가 있는 경우

(3) 설치 고려사항

① 우측 길어깨를 확폭하여 공간을 확보하고, 평행식 주차형식으로 설치

② 대형자동차 5대 이용 기준으로 폭 5m, 테이퍼 길이 20m 정도

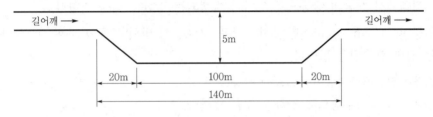

[소규모(대형차 5대 기준) 체인탈착장]

4. 체인탈착장 설계 고려사항

(1) 체인탈착장에는 조명시설을 설계한다.

(2) 체인탈착장의 주차면은 보통의 주차면보다 50cm 정도 넓게 설계한다.

(3) 체인탈착장의 경사는 종방향 2%, 횡방향 3% 이하로 하고 배수를 고려한다.

(4) 체인탈착장의 노면은 포장을 하고, 교통섬은 설계하지 않는다.

(5) 살수(撒水), 소설(掃雪), 융설(融雪) 등의 시설을 설계하지 않는다.

(6) 대규모 체인탈착장에는 화장실을 설치한다.[57]

---

57) 국토교통부, '도로의 구조·시설 기준에 관한 규칙', 2015, pp.678~682.
쌍용자동차, '은밀하게 위험하게 운전자를 노리는 블랙 아이스(Black Ice)', 공식블로그, 2020.

2.46 도로 소음·진동, 방음시설

도로 소음기준과 저감방안, 도로 방음시설 설계 유의사항 [1, 3]

1. 도로 소음·진동 관리기준

(1) 정부는 고요하고 편안한 상태가 필요한 주요시설, 주거형태, 교통량, 도로여건, 소음진동 규제의 필요성 등을 고려하여 「소음·진동관리법 시행규칙」 제25조에서 도로의 교통 소음·진동 관리기준을 정하여 시행하고 있다.

(2) 소음(騷音, noise)이란 기계·기구·시설, 그 밖의 물체의 사용 또는 공동주택 등의 밀집지역에서 사람의 활동으로 인하여 발생되는 강한 소리를 말한다.

(3) 진동(振動, vibration)이란 기계·기구·시설, 그 밖의 물체의 사용으로 인하여 발생되는 강한 흔들림을 말한다.

(4) 소음·진동배출시설이란 소음·진동을 발생시키는 공장의 기계·기구·시설, 그 밖의 물체로서 환경부령으로 정하는 것을 말한다.

(5) 방음시설이란 소음·진동배출시설이 아닌 물체로부터 발생되는 소음을 없애거나 줄이는 시설로서 환경부령으로 정하는 것을 말한다.

[도로 소음·진동 관리기준]

대상지역	구분	한도	
		주간 (06:00~22:00)	야간 (22:00~06:00)
주거지역, 녹지지역, 관리지역 중 취락지구 및 관광·휴양개발진흥지구, 자연환경보전지역, 학교·병원·공공도서관의 부지 경계선으로부터 50미터 이내 지역	소음 LeqdB(A)	68	58
	진동 dB(V)	65	60
상업지역, 공업지역, 농림지역, 생산관리지역 및 관리지역 중 산업·유통개발진흥지구, 미고시지역	소음 LeqdB(A)	73	63
	진동 dB(V)	70	65

주 1) LeqdB(A) : 사람에게 민감한 소음 크기를 등가(等價, equivalent)로 가중(加重, weighted)하기 위하여 A회로가 내장된 소음계로 측정했을 때의 소음 단위(level of noise)
2) dB(V) : 수직방향 진동가속도를 측정하여 주파수마다의 진동 단위(level of vibration)
3) 대상지역의 구분은 「국토의 계획 및 이용에 관한 법률」에 따른다.
4) 대상지역은 교통 소음·진동의 영향을 받는 지역을 말한다.

2. 도로건설사업의 소음 · 진동 조사

(1) 소음 · 진동 측정방법

① 도로변 및 주거지역의 주 · 야간 소음레벨, 진동레벨 등을 조사한다.

② 계획노선 주변(약 200m)의 소음발생원, 정온시설 등을 조사한다.

③ 소음 · 진동을 측정할 때는 공정시험방법에 준하여 측정한다.

④ 측정값에서 변동폭이 5dB(A) 이내인 최댓값 10개를 산술평균하여 산출한다.

[소음 · 진동 측정방법]

구분	주간(06:00~22:00)	야간(22:00~06:00)
소음	2시간 간격 4회, 5분간 연속 측정	2시간 간격 2회, 5분간 연속 측정
진동	2시간 간격 2회, 5분간 연속 측정	2시간 간격 1회, 5분간 연속 측정

(2) 공종별, 장비별 공사소음 예측방법

① 공종 : 토공, 포장공

② 장비 : 굴삭기, 불도우져, 덤프트럭, 롤러 등

③ 방법 : 장비로부터 15m 떨어진 지점에서 소음도 측정

(3) 도로 신설 · 확장 후 교통소음 예측방법 : 계획노선 목표연도(20년 후)에 첨두시간예상 교통량을 적용하여, 도로단에서 10m 이상 떨어진 지역에 대하여 아래와 같은 교통소음 예측식으로 산출한다.

$$L_{eq} = 8.55 \log\left(\frac{Q \cdot V}{I}\right) + 36.3 - 14.1 \log r_a + C \, [\text{dB(A)}]$$

여기서, Q : 1시간당 등가교통량(대/시)＝소형차 통과대수＋10×대형차 통과대수

V : 평균속도(km/h)

I : 차량 주행 중심선에서 도로단까지 거리＋도로단에서 기준 10m

r_a : 기준 10m와 도로 끝단에서 10m 이상 떨어진 예측지점과의 거리비

C : 상수

3. 방음시설의 설치방법

(1) 방음벽

① 방음벽 설치장소

- 환경영향평가 결과보고서에 제시된 학교, 병원 등 정숙을 요하는 공공시설 부근

- 소음이 주간 65dB, 야간 55dB 이상인 주거밀집지역 등에 도로중심에서 150m 이내, 음원에 가까운 쪽에 설치

- 성토구간은 차량 충돌할 때 충격을 고려하여 길어깨 끝에서 1.5m 떨어져 설치

- 절토구간은 방음벽 시공에 필요한 최소폭을 고려하여 길어깨 끝에 직접 설치
- 교량구간은 소음이 새지 않는 구조로 콘크리트 난간 상단에 직접 접속하여 설치

② 방음벽의 종류

[방음판 구조에 따른 종류]

구분	방음벽 기능
흡음형	방음판에 음파의 대부분이 흡수되는 방음벽
반사형	방음판에 음파가 부딪쳐 대부분이 반사되는 방음벽
간섭형	방음판에 입사되는 음파와 반사되는 음파가 섞여 감쇠되는 방음벽
공명형	방음판에 구멍이 뚫려 있고 내부에 공동이 있어 음파가 공명에 의하여 감쇠되는 방음벽

[방음재료에 따른 종류]

구분	방음벽 기능
금속재	• 흡음형 제품으로 slit형 개구부를 둔 갤러리 타입의 알루미늄 방음벽 • Punching에 의한 원형 개구부를 가진 플라스틱 방음벽 • 반사형 철판 방음벽
콘크리트	반사형 제품으로 경량골재를 이용하거나 기포제를 첨가하여 제작
플라스틱	Poly Carbonate, Poly Ethylene 등의 플라스틱계 투명판을 금속재 프레임에 고정시킨 방음벽
목재	금속재 프레임에 흡음형 목재를 사용하여 다양한 패턴으로 제작되는 방음벽
기타	석재와 목재를 이용한 개비온(Gabion) 형태의 방음벽, 中空블럭 방음벽, 점토 이용한 방음벽 등

(2) 방음터널

① 입·출구를 제외한 양측과 상부를 완전히 차폐한 터널형 구조물로서, 방음벽으로는 환경목표치 달성이 어려운 경우에 적용(용인–서울민자고속 서판교 IC)

② 장점 : 도시고속도로 주변 고층건물의 직진소음 차단에 적합

③ 단점 : 비싸고, 채광·환기가 곤란하고, 터널내부 소음이 증가

(3) 방음둑 및 방음림

① 일정한 높이의 토사언덕, 수목식재하는 방법으로, 사토량이 많이 발생되고 도로변에 여유부지가 있는 경우에 적용(분당신도시와 경부고속도로 하행선 사이)

② 장점 : 방음둑 상단에 수목을 식재하면 차음효과 증대

③ 단점 : 설치면적이 많이 소요되고, 설치높이가 제한

4. 현행 방음제도의 문제점 및 개선방안

(1) **소음규제기준의 일관성 확보 방안** : 「소음 · 진동규제법」의 소음규제기준이 「환경영향평가법」보다 3dB(A) 완화된 기준을 적용하고 있으며, 주택건설기준에는 주 · 야간 구분이 없다.

[현행 소음규제기준 비교]

구분	규제기준 dB(A)		비고
	주간	야간	
환경영향평가법	65	55	환경부
소음 · 진동규제법	68	58	환경부
주택건설기준	65		국토교통부

(2) **기존도로와 신설도로 간의 소음기준 구분 방안** : 기존도로는 신설도로와 달리 소음대책 수립에 한계가 있으므로, 기존도로에 대해서는 OECD와 같이 완화된 기준을 적용하는 방안이 필요하다.

[OECD 도로교통소음 허용한도]

구분	주간	야간	옥외소음이 여의치 않을 경우, 창문을 닫은 상태의 실
기존도로	65	55	내소음을 다음과 같이 적용한다.
신설도로	55	45	주간 45dB(A), 야간 35dB(A)

(3) **소음측정기준의 일관성 확보 방안**

① 문제점
- 1986년 공동주택소음기준 제정 당시 5층 이상 공동주택의 소음측정은 1층의 실측소음도와 5층의 예측소음도의 평균값을 기준으로 하였다.
- 최근 20~30층으로 건설하면서도 3~4m 높이의 담장 수준의 방음벽을 설치하여, 5층 이상에서는 소음피해가 불가피하게 발생되고 있다.

② 개선방안 : 공동주택의 소음측정기준을 개정하여 고층아파트 모든 층의 창문을 개방한 상태에서 측정한다(입주자 측의 요구사항).

[소음측정기준 비교]

현행	개선방안
1층 실측소음도와 5층 예측소음도 合의 평균소음도가 65dB(A) 이하일 것	가장 높은 층의 실측 또는 예측소음도가 주간 65dB(A), 야간 55dB(A) 이하일 것

(4) 방음벽의 높이기준 제정 방안

① 문제점
- 도로변 20층 이상 고층아파트의 경우 차폐 자체에 한계가 있고, 소음이 워낙 크기 때문에 차폐를 하더라도 소음감쇠 효과가 낮다.
- 방음벽 높이는 소음감쇠효과, 경제성, 도시미관 등을 고려하여 일정한 수준 이하로 제한해야 하는데, 현행 기준에 방음벽의 높이제한이 없다.

② 방음벽의 적정한 높이 검토
- 방음벽의 기초구조 용적은 $H=5m$까지 완만하게 증가하다가, $H=6m$부터 급격히 증가하여 $H=9m$에 이르면 한계치에 도달한다.
- 따라서 방음벽의 한계높이는 $H=9m$가 적절하며, 이 높이에서 소음감쇠 효과를 시험한 결과 15dB(A) 정도이다.

5. 맺음말

(1) 오늘날 대부분의 도시민들이 교통소음에 노출되어 있으며, 낮시간대보다 밤시간대에 도로변 교통소음에 노출된 인구비율이 더 높다.

(2) 최근 고속도로변 교통소음 피해배상요구 건에 대해 환경분쟁조정위원회에서 65dB 이하의 방음대책을 수립하도록 판정하는 사례가 있다.[58]

---

58) 장창훈, '도로교통소음 저감방안', 한국소음진동공학회, 1997. pp.199~207.
윤제원 외, '가설방음벽의 운영방안 및 설치기준에 관한 연구', 한국소음진동공학회, 2006.
국토교통부, '도로의 구조·시설 기준에 관한 규칙', 2015. pp.696~698.

2.47 차량방호 안전시설

차량 도로이탈방지 방호울타리, 차량방호 안전시설 설계지침 [1, 4]

I 개요

1. 차량방호 안전시설은 주행 중에 진행방향을 잘못 잡은 차량이 길 밖, 또는 대향차로 등으로 이탈하거나 구조물과 충돌하는 것을 방지하여 탑승자, 차량, 보행자, 도로변의 주요시설 등을 보호하기 위하여 설치하는 시설을 말한다.
2. 차량방호 안전시설에는 노측이나 중앙분리대, 교량 등에 설치하는 방호울타리, 고정 구조물의 전면에 설치하는 충격흡수시설 등이 있다.

II 방호울타리

1. 정의

방호울타리는 주행 중에 정상적인 주행경로를 벗어난 차량이 길 밖, 대향차로 또는 보도 등으로 이탈하는 것을 방지하는 동시에 탑승자 상해 및 차량 파손을 최소로 줄이고 차량을 정상 진행방향으로 복귀시키는 것을 말한다.

2. 기능

(1) 충돌한 차를 정상적인 진행 방향으로 복귀시킨다.

(2) 충돌한 차에 타고 있는 탑승자의 안전을 확보한다.

(3) 충돌 후, 충돌 차량 또는 방호울타리에 의한 교통 장애가 없게 한다.

(4) 보행자의 안전을 확보한다.

(5) 노변 시설물을 보호한다.

(6) 사고 차량에 의한 2차 사고를 억제한다.

(7) 물적 손해를 최소한으로 한다.

(8) 운전자의 시선을 유도한다.

3. 종류

(1) **연성 방호울타리**

① 보(beam)형 방호울타리

• 가드 레일(guard rail) : 연결된 파형단면의 보를 지주로 받친 구조, 차량 충돌에 소성변형은 크나 파손부분 대체가 쉽고, 시선유도 효과도 있다.

- 가드 파이프(guard pipe) : 연결된 파이프를 보로 하고 지주로 받친 구조, 가드 레일에 비해 쾌적성이 좋으나 시선유도가 미흡하고 시공이 어렵다.
- 박스(box)형 보 : 연결된 1개의 각형(角形)파이프를 보로 하고 지주로 받친 구조, 차량충돌에 휨으로 저항하며 앞뒤 구분 없어 분리대용으로 사용한다.
- 개방형 가드레일(open guard rail) : 가드 레일과 가드 파이프 장점을 갖추어 곡선반경이 적은 구간에 적합하며, 쾌적성은 좋지만 단가가 비싸다.

② 케이블(cable)형 방호울타리/가드 케이블(guard cable) : 장력이 미리 주어진 케이블을 지주로 받친 구조, 차량충돌에 장력으로 저항하며 쾌적성은 좋고 주행 압박감 없으나 시선 유도성이 좋지 않다.

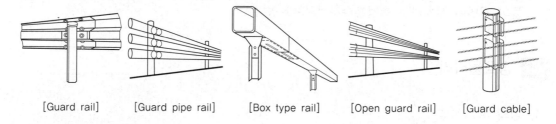

[Guard rail] [Guard pipe rail] [Box type rail] [Open guard rail] [Guard cable]

(2) **강성 방호울타리** : 차량충돌에 충격흡수보다 차량 복귀를 주목적으로 하여 변형되지 않는 방호울타리로서, CSSB(Concrete Safety Shape Barrier)를 말한다.

(3) **교량용 방호울타리**

① 알루미늄 혹은 철재로 만든 지주에 각종 단면의 빔을 연결시키는 반강성
② 콘크리트로 만든 강성
③ 높이 낮은 콘크리트 강성 방호벽 위에 빔을 설치한 혼합형

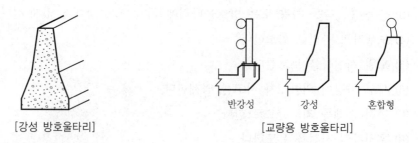

[강성 방호울타리] 반강성 강성 혼합형 [교량용 방호울타리]

4. 설치장소별 형식 선정 고려사항

(1) **평면곡선 구간** : 평면곡선반경 300m 미만의 급거브 구간에는 보(beam)를 구부리기 쉬운 가드 레일 또는 가드 파이프를 설치한다.

(2) **시선유도가 필요한 구간** : 평면선형이 복잡한 굴곡부 구간, 시거 불량한 볼록형 종단곡선 구간, 안개가 자주 발생되는 구간에는 시선유도를 고려하여 가드 레일을 설치한다.

(3) **전망·쾌적성이 요구되는 구간** : 고속도로에서 긴 성토구간, 관광지역과 같이 전망·쾌적성이 요구되는 구간에는 가드 케이블을 설치한다.

(4) **적설지역 구간** : 적설지역에는 가드 케이블이 제설작업에 지장이 없다고 할 수 있으나, 눈의 종류와 양, 제설방법 등에 따라 어떠한 형식이라도 별로 차이가 없다.

(5) **내식성이 특히 필요한 구간** : 해안지대에서 제설용 염화칼슘을 살포하는 구간에 방호울타리를 설치하는 경우에는 아연도금, 도장, 내식강의 사용에 대해 충분한 고려가 필요하다.

(6) **긴 직선부에 연속으로 설치할 수 있는 구간** : 가드 케이블은 양단부 기초 공사비가 많이 소요되나, 긴 직선 구간에 연속 설치하는 경우에는 양단부 기초를 연속시공 가능하므로 경제적이다.

Ⅲ 충격흡수시설

1. 기능

(1) 충격흡수시설은 운전자 과실 등에 의해 차량이 주행차로를 벗어나 도로구조물과 충돌할 위험이 있는 곳에 설치한다.

(2) 충격흡수시설의 기능은 차량의 충격에너지를 흡수하여 차량을 정지토록 하거나, 방향을 교정하여 안전하게 주행차로로 복귀시켜주는 기능을 한다.

2. 종류

(1) **용도에 따른 종류**

① 일반적인 충격흡수시설(Crash Cushion)

② 방호울타리 단부처리시설(End Treatment) : 차량이 방호울타리의 끝 부분을 충돌할 때 차량 거동이 불안해지거나 방호울타리 단부가 차체를 관통할 수 있으므로 소형차 탑승자 보호를 위해 방호울타리와 연결하여 설치

③ 트럭탈부착형 충격흡수시설(Truck Mounted Attenuator) : 도로공사구간, 사고처리 구간 등에 임시 설치하며, 위험구간을 인지 못한 차량이 충돌할 때 차량 충격에너지를 흡수하여 정지시키거나 방향을 복귀시켜 주는 시설

(2) **기능에 따른 종류**

① 주행 복귀형 : 중앙분리대 단부나 분기점 등의 구조물 앞에 측면충돌에도 주행의 연속성이 요구되는 지점에 설치

② 주행 비복귀형 : 교각, 교대, 요금소 등의 구조물 앞에 차량을 안전하게 정지시켜야 하는 지점에 설치

3. 설치장소

(1) 교각, 교대 앞, 연결로 출구 분기점의 강성구조물 앞

(2) 강성 방호울타리 혹은 방음벽 기초의 단부

(3) 요금소 전면, 터널 및 지하차도 입구 등

4. 설치 고려사항

(1) **충격흡수시설의 설치공간** : 충격흡수시설의 수행능력을 보장하기 위해 도로구조물의 설계단계에서 충격흡수시설의 설치를 위한 충분한 여유공간 확보가 필요하다.

(2) **설치방향** : 평탄한 지형의 광폭 중앙분리대 안에 있는 고정물체나 중앙분리대용 방호울타리는 그림(a)와 같이 설치하고, 노측에 있는 교각·교대, 노측용 방호울타리 단부에 설치하는 충격흡수시설은 그림(b)와 같이 설치한다.

(3) **설치장소의 시선유도** : 장애물 표적표지, 교통안전표지 등을 충격흡수시설과 도로구조물 전방에 설치하여 운전자가 충분한 여유를 가지고 적절히 대응할 수 있도록 한다.59)

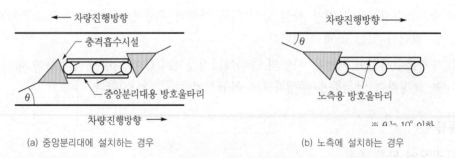

[충격흡수시설의 설치방향]

---

59) 국토교통부, '도로안전시설 설치 및 관리지침-차량방호 안전시설 편-', 2014.

2.48 도로조명시설, 도로반사경

도로 터널구간 안전시설 중 조명시설의 설계기준 [0, 1]

I 도로조명시설

1. 용어 정의

(1) 조명시설이란 도로 이용자가 안전하고 불안감 없이 통행할 수 있도록 적절한 시각 정보를 제공하기 위해 도로를 조명하는 도로안전시설의 일종이다.

(2) 도로에 설치되는 조명시설은 연속조명, 국부조명, 터널조명 등으로 구분된다.

2. 조명시설의 조건

(1) 적절한 노면휘도를 유지하고, 휘도의 분포가 균일할 것

(2) 조명기구의 눈부심이 운전자 시야에 지장 없도록 제어할 것

(3) 적절한 배치·배열로 운전자가 분명히 인지할 수 있을 것

(4) 조명시설이 도로와 도로 주변의 경관을 해치지 않을 것

(5) 특히 터널은 측벽으로 제한되므로 주간에도 필요한 밝기를 갖출 것

3. 연속조명

(1) **조명방식 선정**

① 등주 조명방식 : 가장 널리 사용되는 방식

② High master 조명방식 : 높이 20m 이상 장주에 대광원을 다수 설치

③ 구조물설치 조명방식 : 도로변의 구조물에 조명을 부착하여 설치

④ 커티너리 조명방식 : 등주를 연결한 선에 조명을 매달아 설치

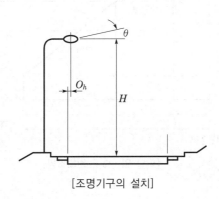

[조명기구의 설치]

(2) 조명기구 설치

① 위치 : 시설한계 외측에, 차도에서 떨어져 설치

② 높이(H) : 10m 이상 높게 설치

③ 경사(θ) : 5° 이내, 더 크면 눈부심이 발생

④ Over hang(O_h) : 광원 중심과 차도 끝의 수평거리는 짧은 간격으로 설치

⑤ 배열 : 중앙, 지그재그, 대칭, 한쪽 배열방식

⑥ 광원 : 나트륨램프, 메탈할라이드램프, 형광수은램프

4. 국부조명

(1) **평면교차로, 합·분류 구간** : 방향을 전환하는 차량의 전방을 비추도록 설치

(2) **횡단보도** : 횡단보도 중심에서 좌우 동일 거리에 설치

(3) **인터체인지(IC), 분기점(Jct)** : 평균 노면휘도 $L_r = 1.0\,cd/m^2$ 기준으로 설치

(4) **요금소(Tollgate)** : 근무자가 자동차를 식별하는 데 지장 없는 밝기로 설치

5. 터널조명

(1) 기본조명

① 설치대상 : 길이 100m 이상인 터널에 설치

주간에 자연광이 비추는 입구 10m, 출구 40m 구간에 설치

② 노면휘도 : 차도폭 휘도는 운전자의 눈높이에서 전방 60~160m 기준

설계속도 100km/h일 때 $L_r = 9.0\,cd/m^2$ 로 설치

③ 벽면휘도 : 장애물 식별을 위해 노면휘도의 1.8~2.0배 밝게 설치

교통량 증가할수록, 시각환경 나쁠수록 휘도를 상향 조정

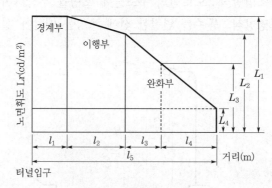

[터널 입·출구 완화조명]

(2) 입·출구 완화조명

① L_3 : 짧은 터널 입·출구의 노면휘도

② L_4 : 기본조명의 노면휘도

③ ℓ_5 : 야간에 전체길이의 노면휘도

(3) **접속도로조명** : 길이 200m 이상 터널의 접속도로조명은 일반도로조명 수준으로 설치

(4) **터널조명 설치 유의사항**

① 높이 : 터널의 측벽 상부 4.5m 이상 높이에 설치

② 간격 : 중앙·지그재그배열 간격은 $S \leq 1.5H$, 대칭배열 간격은 $S \leq 2.5H$

③ 터널 입·출구 접속도로의 선형 불량구간에는 높이 20m 이상 장주에 대광원을 다수 설치하는 High mast 조명방식을 채택

④ 특히, 터널 갱문의 벽면이 어둡게 보이는 조도 순응지연(black hole)현상을 해소하기 위해 다음 공법으로 시공한다.

- 갱문 벽면 chipping할 때 철근 노출을 방지하기 위해 콘크리트라이닝을 기준보다 5cm 두껍게 시공한다.
- 반사율이 낮은 재료로 표면마무리를 하고, 갱문 벽면을 조면(粗面)으로 가공하여 조도를 낮춘다.
- 조명시설은 공용 중에 배기가스·먼지 등의 오염으로 인하여 휘도가 기준치 이하로 내려가지 않도록 지속적으로 유지관리한다.

Ⅱ 도로반사경

1. 용어 정의

도로반사경은 운전자의 시거조건이 양호하지 못한 곳이나 시인이 필요한 곳에서 사물을 거울을 통해 비추어줌으로써, 운전자가 전방의 상황을 인지하고 안전주행하여 사고를 방지하기 위해 설치하는 시설이다.

2. 도로반사경 자체의 한계

(1) 거울면에 비치는 사물까지의 거리 판단이 어렵다.

(2) 인식해야 할 차량까지의 거리가 멀어질수록 반사경을 통해 해당 차량의 존재를 인식하기가 어렵다.

(3) 인식해야 할 차량 속도가 빠르면 차량을 발견하더라도 적절한 조치를 취할만한 충분한 시간적 여유를 확보하기가 힘들다.

(4) 거울면에 맺히는 영상은 실제 차량 등의 위치와는 다르게 보이기 때문에 운전자가 혼란을 일으킬 수 있다.

3. 도로반사경의 형식 선정

(1) 도로반사경의 형상

도로반사경은 거울면의 형상에 따라 원형과 사각형으로 구분하며, 지주에 설치된 거울면의 개수에 따라 1면형과 2면형으로 구분한다.

[원형 도로반사경의 형상]

[1면형 반사경 2개와 2면형 반사경 1개의 비교]

구분	장점	단점
일면형(2개)	• 1면마다 최적 장소에 설치 가능 • 1면마다 최적 거울면의 형상·크기를 선정 가능 • 1개당 좌·우 방향의 설치폭 협소	• 다른 2개소의 반사경을 동시에 보아야 식별 가능 • 2개의 반사경이 필요하므로 상대적으로 고가
이면형(1개)	• 1개소(1개 지주에 2면 반사경)에서 다른 2방향을 확인하므로 넓은 시계 확보 가능 • 1개 설치하므로 비용 저렴	• 2면 모두 동일한 거울면의 형상·크기로 설치해야 하므로 효과가 없는 경우도 발생 가능 • 1개당 좌·우 방향 설치폭 넓다.

(2) 도로반사경의 거울면 형상

① 거울면 형상은 도로반사경에서 구하는 상·하 방향 시계와 좌·우 방향 시계를 조사하여 결정한다.

② 거울면 형상은 원형을 사용하는 것을 원칙으로 한다. 단, 좌·우 방향으로 필요한 시계가 상·하 방향보다도 더 넓은 경우에는 사각형을 사용할 수 있다.

(3) 도로반사경의 거울면 수

① 단일로에는 1면형 사용을 원칙으로 한다.

② 교차로에는 1방향만을 확인하는 장소에 1면형 사용, 다른 2방향을 확인하는 장소에 2면형 사용을 원칙으로 한다.

4. 도로반사경의 설치방법

(1) 설치장소

① 단일로의 경우, 산지부의 곡선부나 곡선반경이 적은 곳 등에서 도로의 주행속도에 따른 시거가 확보되지 못한 장소에 설치한다.

② 교차로의 경우, 비신호 교차로에서 교차로 모서리에 장애물이 위치하고 있어 운전자의 좌·우 시거가 제한되는 장소에 설치한다.

(2) 설치위치

① 단일로의 경우, 곡선길이가 짧은 경우에는 곡선의 정점($L/2$)에 설치한다. 다만, 곡선길이가 긴 경우에는 곡선부에 진입할 때 최초로 시거가 제약되는 지점에서 시선의 연장선을 그려 곡선 외측의 끝부분과 만나는 지점에 설치한다.

② 교차로의 경우, T형 교차로에는 부도로에서 볼 때 정면 지점에 설치한다. 다만, 십자형 교차로에는 주도로의 우측 전방 모서리에 설치한다.

(3) 설치높이

① 도로반사경의 설치높이는 거울면 하단에서부터 노면까지의 거리를 말한다.

② 도로·교통조건에 따라 1.8~2.5m 범위 내에서 특성에 맞도록 설치한다.

(4) 설치각도 : 설치각도는 상·하, 좌·우 방향으로 필요한 시계 범위에 따라 정한다.

(5) 설치색상 : 지주 및 채양의 색상은 주황색으로 하고, 지주는 아연도금 제품으로 한다.

5. 맺음말

(1) 도로반사경은 도로의 시설한계를 고려하여 교차하는 차량, 보행자, 장애물 등을 가장 잘 확인할 수 있는 위치에 설치한다.

(2) 도로반사경을 잘못 설치하는 경우에는 운전자에게 왜곡된 정보를 제공하여 오히려 사고원인이 될 수도 있으므로 주의하여 설치해야 한다.[60]

---

60) 국토교통부, '도로안전시시설 설치 및 관리지침', 2019.

2.49 미끄럼방지시설, Grooving

도로의 미끄럼방지시설, 콘크리트포장공법에서 Grooving 적용방법 [3, 1]

I 미끄럼방지포장

1. 용어 정의

미끄럼방지포장은 도로·교통 특성에 의해 미끄럼 저항을 충분히 확보하지 못하는 특정한 구간, 도로선형이 불량한 구간 등에서 포장의 미끄럼 저항을 높여 자동차의 안전주행을 확보하는 시설이다.

2. 미끄럼방지포장의 구분

(1) **도로표면에 재료를 추가** : 개립도 마찰층, Slurry seal, 수지계 표면처리 등 특수한 공법으로 표면을 마무리하는 공법

(2) **도로표면의 재료를 제거** : 기존 도로표면을 Grooving, Shot blasting, 노면 평삭 등의 특수한 공법으로 깎아내는 공법

3. 미끄럼방지포장의 설치방식

(1) 노면 전체에 설치하는 '전면처리식'을 원칙으로 한다.

(2) 일정 간격을 띄워 부분 설치하는 '이격식'은 경각심을 주기 위한 목적으로 사용하되, 설치 구간을 최소로 한다.

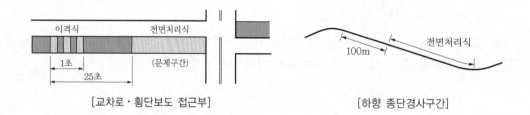

[교차로·횡단보도 접근부]   [하향 종단경사구간]

4. 미끄럼방지포장의 설치기준

(1) **직선구간**

① 교차로 및 횡단보도 접근부

• 진입부 : 이격식

($d = \dfrac{V}{3.6} t$ 에서 주행시간 1초, 인지반응시간 2.5초)

• 문제구간 : 전면처리식

② 하향 종단경사 5% 이상, 경사길이 100m 이상인 구간
- 하향 종단경사 전체를 전면처리식으로 설치
- 시점 : 하향경사가 100m 내려간 지점
- 종점 : 하향경사가 끝나는 지점

(2) 곡선구간

① 직선-완화곡선-원곡선 : 전체 길이에 걸쳐 전면처리식으로 설치
② 직선-원곡선 : 진입부 직선구간은 이격식, 원곡선 구간은 전면처리식

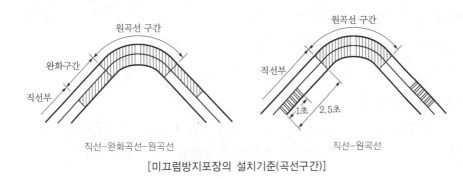

[미끄럼방지포장의 설치기준(곡선구간)]

Ⅱ 그루빙(Grooving)

1. 용어 정의

(1) 그루빙은 포장 표면에 횡방향 또는 종방향으로 일정 간격의 홈파기(폭 10mm, 깊이 5mm, 간격 50mm)를 시행하는 미끄럼방지시설의 일종이다.

(2) 그루빙은 콘크리트포장에 적용하며 슬래브 양생(10일 이상)이 완료된 후에 시공한다. 아스팔트포장에는 포장 파손이 우려되므로 별도 검토가 필요하다.

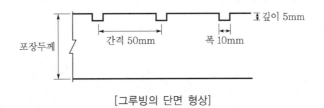

[그루빙의 단면 형상]

2. 그루빙 시공방법

(1) 곡선부에서 횡방향으로 설치하는 경우

① 노면수의 흐름특성을 고려하여 편경사 0%인 지점을 기준으로 설치연장의 60%는 유수 하류방향으로, 40%는 상류방향으로 설치한다.

② 가로줄눈 부위는 전·후 5cm를 이격하여 설치한다.

③ 홈파기용 knife cutting type으로 콘크리트포장 표면에 홈파기를 설치한다.

④ 환경오염 방지를 위해 reverse circulation 설비를 선정하여 슬러지는 배출하고, 폐수는 재활용한다.

(2) 곡선부에서 종방향으로 설치하는 경우

① 종방향 그루빙이 횡방향 그루빙보다 소음 감소에 효과적이다.

② 횡방향 그루빙은 배수처리용이다.

3. 그루빙 유지관리

(1) 노면의 마찰저항시험 실시

월 1회 실시하여 기준치 이하이면 고무질 제거 등의 대책 마련

(2) 노면에 부착된 고무질 제거작업 실시

① 세제 & hydro blasting : 세제를 뿌려 고압살수차로 분사·제거

② Sand & shot blasting : 모래를 뿌려 진공청소기로 흡입·제거

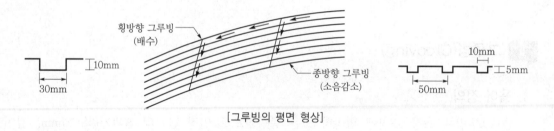

[그루빙의 평면 형상]

4. Grooving 설치효과 및 유의사항

(1) 주행 중에 노면과 타이어의 마찰저항이 개선되어 제동능력이 향상된다.

(2) 강우 중에 노면 체류수가 신속히 배수되기 때문에 수막현상(hydro planning)이 크게 줄어든다.[61]

---

61) 국토교통부, '도로안전시설 설치 및 관리지침-미끄럼방지 포장편-', 2019.

2.50 노면요철포장(Rumble strips)

차로이탈 인식시설(Rumble Strips) [5, 0]

I 개요

노면요철포장(rumble strip)은 rumble(털털거리는, 소음)과 strip(좁은 길)의 합성어로서, 운전자가 졸음이나 운전 부주의로 차로를 이탈할 경우 울퉁불퉁하고 거칠게 만들어진 표면에 의해 강한 진동을 느끼도록 설치하는 교통안전시설이다.

[차로이탈 인식시설(rumble strip)]

II 럼블 스트립(Rumble strips)

1. 설치현황

(1) **연장** : 전국 고속국도 12개 노선의 총연장 대비 3.78%(212.18km) 설치

(2) **형식** : 모두 절삭형(陰刻)으로 설치하였으며, 다짐형(陽刻) 설치는 없음

2. 설치규격 비교

구분		한국도로공사 지침('03)	국토교통부 지침('05)
절삭형 (陰刻)	길이	400mm	400mm
	폭	180(160~180)mm	180mm
	최대 홈깊이	15(9~15)mm	13mm
	중심 간격	300mm	300mm
길어깨 설치위치		본선포장 끝단에서 300mm 이격 (길어깨 차선에서 800mm 이격) ⇩ 본선포장 끝단에서 300mm 미만을 이격시키면 접속부 종방향 균열발생	바깥(길어깨) 차선에서 100~3000mm 이격 ⇩ 최대한 바깥 차선에 가깝게 설치 美 FHWA Technical Advisory 준용

3. 시험시공

(1) **목적** : 노면요철포장의 길어깨 차선에서 이격거리에 따른 포장 균열발생 조사

(2) **위치** : '05.12., 통영~진주 고속국도 절삭형(陰刻) 노면요철포장 설치 구간

길어깨 차선 이격거리	아스팔트포장				콘크리트포장	
	200mm	300mm	500mm	600mm	600mm	700mm

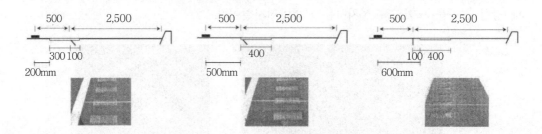

(3) **결과**

① 균열발생 여부 : 차량이 측대 및 길어깨를 주행하는 경우가 많지 않고, 길어깨 차선에서 일정간격 떨어져 설치된 노면요철포장은 차량하중에 큰 영향을 받지 않아 균열발생 사례가 없는 것으로 조사되었다.

② 시공 적합성

이격거리 횡단경사		표준경사구간	편경사구간
아스팔트포장	200, 300mm	본선 측대와 길어깨 포장 간에 경사 차이(2%)가 발생하지만, 시공에 별 문제 없음	외측 곡선구간에서 본선 측대와 길어깨 포장 간에 경사 차이가 과다 발생으로 시공 곤란
	500, 600mm	양호	양호
콘크리트포장	600, 700mm	양호	양호

(4) **유지관리부서 의견**

① 설치규격 : 주행조건을 감안하여 최대 홈깊이(절삭형)를 10mm 정도로 설치

② 설치위치 : 이격거리가 과다하므로, 가급적 차선 쪽으로 가깝게 붙여서 설치

4. 럼블 스트립 개선방안

(1) **설치규격 개선**

① 절삭형(陰刻) : 최대 홈깊이가 기존 도공지침은 15mm(9~15mm)이지만, 국토부지침 및 국내에서 일반적으로 사용되는 절삭장비의 드럼 외경(D600mm)을 고려하여 최대 홈깊이를 13mm(9~13mm)로 다음과 같이 개선한다.

[럼블 스트립(rumble strip) 절삭형 개선(안)]

길이	폭	최대 홈깊이	중심 간격
400mm	180mm	13(9~13)mm	300mm

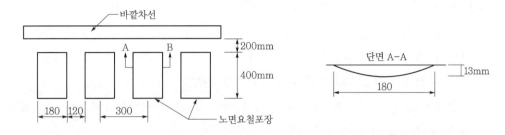

② 다짐형(陽刻) : 국내 적용사례가 없고, 기존 도공지침이 시험시공을 통해 선정된 규격
이므로 별도 설치사례가 축적될 때까지 기존 한국도로공사 지침을 적용한다.

(2) 설치위치 개선

① 개선방향 : 노면요철포장은 차로이탈 차량이 즉시 인지하고 복귀할 수 있도록 포장
시공여건(장비규격)을 감안하여 가능하면 길어깨 차선에 가깝게 설치한다.

② 아스팔트포장
- 표준경사구간
  - 길어깨 차선에서 200mm 이격시켜 설치
  - 편경사 내측곡선 구간에도 동일하게 적용
- 편경사(외측곡선)구간
  - 길어깨 차선에서 200mm 이격 설치하면 설치길이가 부족(기준 400mm, 시공
    300mm)하므로, 150mm 이격 설치하고, 설치길이 350mm 이상 확보
  - 美 FHWA는 최소 설치길이 300mm 이상 권장
- 절삭형(陰刻) 설치하여 본선 측대와 길어깨 포장이 시각적으로 명확히 구분되지 않
  는 경우, 노선여건이 설계조건과 상이한 경우 등이 있다.
  따라서, 편경사구간에도 표준경사구간 기준을 일괄 적용하여 시공한다.

③ 콘크리트포장
- 길어깨 차선에서 600mm(측대 끝에서 100mm) 이격시켜 설치[62]

---

62) 국토교통부, '노면요철포장(Rumble Strips) 설치규격 개선', 건설기술정보시스템, 2019.

2.51 긴급제동시설(Emergency Escape Ramp)

긴급제동시설(Emergency Escape Ramp)의 형태, 특성 및 설계 [4, 1]

1. 용어 정의

(1) 긴급제동시설(Emergency Escape Ramp)은 차량의 브레이크에 이상이 생겨 정상적인 제동이 불가능한 경우에 차량이 안전하게 진입하여 정지함으로써 도로이탈, 충돌사고 등 사고를 방지하는 대표적인 교통안전시설이다.

(2) 긴급제동시설은 주로 고속국도나 경사가 심한 내리막 구간에 설치되며, 긴급제동시설 램프 내의 모든 구간은 주·정차 금지구역이다.

2. 긴급제동시설의 종류

(1) **중력식 긴급제동시설(Gravity escape ramp)**

① 오르막 경사에 진입한 차량의 운동에너지를 중력에너지로 전환시키는 구조
② 램프 길이가 단축되는 장점이 있지만, 진입한 차량속도가 빠르면 제어가 어렵고, 차량 정차 후에 뒤로 밀리는 현상(Rollback)이 단점이다.
③ 영동고속도로 대관령 내리막 곡선구간, 양산시 강서동 1077번 지방도 등

(2) **모래더미 긴급제동시설(Sand pile escape ramp)**

① 고운 모래 또는 자갈을 가득 쌓아놓아 진입한 차량이 골재더미에 처박히는 구조
② 감속효율이 매우 높고 램프 길이도 짧지만, 날씨에 큰 영향을 받는다.
③ 겨울철에 모래가 얼어붙으면 차가 처박히지 않고 튕겨나갈 수 있다.

(3) **기계식 긴급제동시설(Mechanical−arrestor escape ramp)**

① 인위적으로 금속제 그물망 등의 감속장치를 설치한 구조
② 가끔 이 구간 내에 관광버스 주차하고 주변경관 구경하는 경우가 있는데, 만약 고장 차량이 램프로 진입하게 되면 추돌사고를 피할 수 없다.

[중력식 긴급제동시설]

[기계식 긴급제동시설]

3. 긴급제동시설의 설치기준

(1) 설치형식

① 부설재료에 따라 모래더미 형식과 골재부설 형식으로 구분한다.

② 골재부설 형식에는 하향경사식, 수평경사식, 상향경사식 등이 있다.

(2) 설치위치

① 고속국도 : 내리막 종단경사 3% 이상 구간이 5km 이상 연속되는 구간에 지형여건을 감안하여 2~3km 간격으로 설치한다.

② 일반국도 : 전국에 걸쳐 41개소를 선정하여 연차별계획에 따라 설치하고 있다.

(3) 골재부설길이 산정식

$$L = \frac{V^2}{254(R \pm G)}$$

여기서, V : 차량 진입속도(130km/h)

R : 등가구동저항(굵은 자갈 −25%)

G : 하향 종단경사(3% 이상)

4. 긴급제동시설의 설치방법

(1) 골재부설길이 산출을 위한 차량 진입속도

① 차량 진입속도 130~140km/h 기준, 경제성을 고려하면 100km/h 적합

② AASHTO 기준과 「도로구조・시설 기준」에서 130km/h 적용

(2) 골재부설길이 산정식 검토

① 산정식 $L = \dfrac{V^2}{254(R+G)}$ 을 적용하면 골재부설길이가 너무 과다

- 오르막경사 i =10%일 때 골재부설길이 190m 소요
- 국내 지형여건, 경제성 등을 감안하면 너무 길어 적용 곤란

② 감속보조시설(감속원통+이탈방지둑)을 설치하여 골재부설길이 단축 필요

(3) 감속보조시설의 적용방법

① 긴급제동시설=골재부설구간+감속원통+이탈방지둑

- 골재부설구간 : 부설두께를 최소 30cm부터 점차 두껍게 하여 부설길이 120m 설치, 이때 둥근 강자갈, 최대치수 40mm 포설하면 제동력 우수
- 감속원통 : 플라스틱 드럼(체적 0.63m^3 이상) 설치
- 이탈방지둑 : 높이 2.5m의 토사둔덕을 2열로 보강하여 설치, 재료는 골재부설구간의 골재와 동일 규격 사용

② 운전자의 안전을 고려하여 충돌속도는 40km/h 이하가 적합

긴급제동시설에서 긴급피난 과정에 고장차량의 추락으로 인한 2차 사고를 방지하기 위하여 기존 인접시설물 상태의 점검 필요

5. 일반국도 긴급제동시설의 설치현황

(1) 설치계획

① 국토교통부는 전국의 일반국도를 대상으로 내리막 종단경사도, 종단경사구간의 길이, 사고발생 가능성, 경제성 등을 분석

② 국도에서 긴급제동시설의 설치지역을 선정하고, 연차별계획에 따라 설치

(2) 설치방법

① 긴급제동시설은 도로 우측에 골재부설 상향경사식으로 설치하며 오르막길 형태로 쌓여진 골재와 골재더미의 기울기에 의해 제동효과가 발휘된다.

② 내리막 경사도 5% 이상으로, 경사구간의 길이 3~5km 이상인 일반국도를 대상으로 우선 설치하며, 제동시설 길이는 120m 정도이다.

(3) 설치대상

① 국토교통부는 이와 같은 조건에 해당하는 일반국도가 전국에 걸쳐 41개소가 산재되어 있는 것으로 파악하였다.

② 당초 내리막 경사구간 2km 이상의 모든 일반국도에 긴급제동시설을 설치할 계획이었으나 대상구간이 많아 경사구간 3~5km 이상으로 일부 축소하였다.

6. 맺음말

(1) 긴급제동시설은 미국, 일본, EU 등에서 이미 보편화되어 있다. 국내 역시 고속국도와 일반국도를 대상으로 설치되어 있다.

(2) 고장차량이 긴급제동시설 쪽으로 긴급대피하는 과정에서 고속국도 본선이나 인접도로 (가옥 등)에 추락하는 2차 사고가 없도록 평면배치를 잘 해야 한다.[63]

---

63) 국토교통부, '도로의 구조·시설 기준에 관한 규칙', 2015, pp.611~612.

2.52 비상주차대

도로 비상주차대의 현행 설계기준에 대한 문제점과 개선방안 [1, 1]

1. 용어 정의

(1) 비상주차대는 우측 길어깨의 폭이 협소한 도로에서 고장차량이 본선 차도에서 벗어나 대피할 수 있는 장소를 제공함으로써 본선의 도로용량 저하 및 교통사고 방지를 하기 위하여 설치하는 교통안전시설의 일종이다.

(2) 비상주차대의 설치간격은 고장차량이 그 상태로 계속 주행할 수 있을 것인가 또는 인력으로 밀어 대피시킬 것인가를 감안하여 가능한 거리를 판단하여 결정한다.

2. 비상주차대

(1) 설치장소

① 고속국도에서 우측 길어깨 폭이 2.5m 미만일 경우에 비상주차대를 설치한다.

② 도시고속국도 및 주간선도로로서 우측 길어깨 폭이 2.0m 미만일 경우에는 계획교통량이 적은 구간을 제외하고 비상주차대를 설치한다.

③ 기타 지방지역의 일반도로에는 계획교통량이 많은 경우에는 안전성, 경제성 등을 고려하여 탄력적으로 설치한다.

(2) **설치간격** : 비상주차대의 설치간격은 고속국도, 도시고속도로, 주간선도로, 지방지역 일반도로 공히 750m를 표준으로 한다.

(3) 설치위치

① 운전자의 시야에 항상 1개소 이상의 비상주차대가 보이도록 설치하되, 비상전화 설치를 고려하여 가능하면 비상전화와의 접근성을 고려하여 설치한다.

② 장대교, 터널 등에는 길어깨 폭 2.0m 미만이고 연장 1,000m 미만일 때는 그 구조물 전후의 토공구간에 설치하되, 연장이 그 이상일 때는 구조물 중간에 최소 750m 간격으로 비상주차대를 설치한다.

③ 오르막차로 구간에는 토공, 교량부에 준하여 설치한다.

④ 토공구간에는 표준설치간격에 따라 용지취득이 용이한 곳으로 하되, 편절·편성 구간이나 구조물 설치구간은 피한다.

⑤ 지방지역 일반도로에서 선형개량으로 폐도가 발생되면 폐도를 활용한다.

⑥ 고속국도에는 길어깨 폭을 3.0m 이상으로 설치하므로 비상주차대 설치는 특별히 고려할 필요는 없다. 다만, 길어깨를 확보하였더라도 휴게소, 출입시설 간격 등 현장여건을 고려하여 필요한 구간에는 비상주차대를 설치한다.

[비상주차대]

(4) 설치기준

① 접속길이 및 유효길이

- 접속길이는 본선에서 비상주차대로 진입한 후 본선과 평행이 될 때까지 필요한 거리로 10~30m를 표준으로 한다.
- 비상주차대 유효길이는 자동차가 주차할 수 있는 길이만큼 확보해야 한다.
- 비상주차대 접속길이 및 유효길이는 아래 표 및 그림을 기준으로 한다.
- 터널구간의 비상주차대는 유효길이 20m와 접속길이(2개소) 10m, 총 30m의 길이로 설치하며 교량구간에는 가급적 하나의 경간 내에서 설치한다.

[비상주차대 접속길이 및 유효길이]

도로구분	접속길이(m)	유효길이(m)
고속도로	20~30	20~30
도시고속도로	20	20
주간선도로	20	20
보조간선도로 이하	10	15

② 폭원 : 비상주차대 폭원은 3.0m로 하고, 측대가 있는 구간에는 측대를 포함한 폭원으로 하며, 소형자동차인 경우에는 2.5m로 축소할 수 있다.[64]

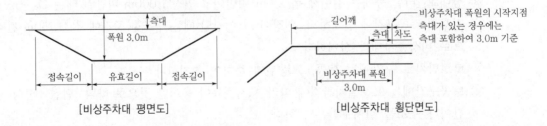

[비상주차대 평면도]   [비상주차대 횡단면도]

---

64) 국토교통부, '비상주차대', 국가건설기준센터, 2019.

CHAPTER 03

기하구조

1 횡단구성

2 도로선형

3 평면교차

4 입체교차

✓ 기출문제의 분야별 분류 및 출제빈도 분석 　　　　[제3장 기하구조]

연도별 구분	회	2001~2019				2020			2021			계
		63 ~77	78 ~92	93 ~107	108 ~119	120	121	122	123	124	125	
1. 횡단구성		6	10	13	11	1		1	1	1		44
2. 도로선형		41	25	29	21	2	3	1	4	2	1	129
3. 평면교차		10	15	18	8	1			1		1	54
4. 입체교차		15	15	18	11			2			2	64
계		72	65	78	51	4	3	4	6	4	4	291

✓ 기출문제 분석에 따른 학습 중점방향 탐색

　　도로 및 공항기술사 필기시험 제63회부터 제125회까지 출제됐던 1,953문제(31문항×63차) 중에서 '제3장 기하구조'분야는 중앙분리대, 평면곡선반경, 횡방향미끄럼마찰계수, 완화곡선, 정지시거, 선형설계 조합, IC 배치와 형식, 변속차로 설계 등을 중심으로 291문제(14.9%)가 출제되었다. 도로공학의 근본을 이루는 기하구조는 일정한 수식을 이해하고 있어야 풀 수 있는 계산문제가 출제될 수 있으므로 평소 업무 중에 연습해 두어야 한다. 기하구조 문제는 새로운 유형의 돌출문제가 나올 가능성은 비교적 낮으므로 기출문제를 반복적으로 이해하면서 숙지해야 한다.

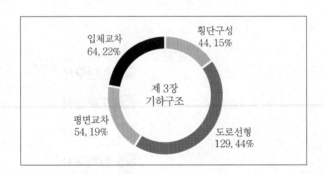

　　기술사 시험 답안 작성에 필요한 논술능력을 갖추려면 훈련이 필요하다. 대학원 석사학위 과정 등록하여 논문을 써보면 좋으련만, 등록금 비싸고 3년 기다려야 된다. 차선책으로 권하는 방법은 대한토목학회 등의 학술논문집을 정기 구독하여 기술사 시험 관련 논문(기술사 시험 관련성 여부는 책 좀 보면 알게 됨)을 읽으면서 논문을 작성하는 기승전결(起承轉結) 기법을 습득하는 것이 기본적으로 요구된다. 주말에 기술사 학원 등록하여 달달달 외우는 것은 그 다음 심화단계이다.

　　우리나라 기술사 시험은 1964년 제1회 이후 2021년 현재 제125회를 시행하고 있다. 많은 세월이 흐르면서 기술사 어느 종목이든 출제범위가 매우 광범위해졌다. 기술사 수험서를 구입하여 현장 근무하면서 혼자 준비하는 것은 시간낭비다. 학원 주말반 기술사과정을 등록한다. 요즘 인터넷 수강도 된다. 수강 중 학원교재를 속독(정독 아님)하면서 시험범위 전체의 윤곽을 파악한다. 흐릿하겠지만 학원수강을 통해 시험범위 전체를 파악해야 그 다음 심화단계로 진입할 수 있다.

📖 과년도 출제문제

1. 횡단구성

[3.01 도로 횡단면 구성]
097.2 도시지역 도로의 횡단구성 요소와 횡단구성 시 주요 검토사항에 대하여 설명하시오.

[3.02 차로(車路)]

[3.03 중앙분리대]
068.2 중앙분리대 설계 시 고려사항과 기존 4차선도로에 중앙분리대 설치방안에 대하여 기술하시오.
095.3 대도시 주변 고속도로의 교통량 집중으로 최근 관련도로의 확장공사가 활발히 진행되고 있는 바, 확장설계 시 검토해야 할 설계방안을 설명하시오.
098.1 중앙분리대 개구부
108.1 중앙분리대 개구부
110.1 차로와 중앙분리대의 최소 폭(m)
116.1 중앙분리대
120.1 중앙분리대 개구부 설치기준 및 기능

[3.04 길어깨, 주정차대]
105.1 길어깨 생략 및 축소
119.1 길어깨의 측대

[3.05 적설지역 도로의 중앙분리대]
065.2 적설지역 도로설계에서 중앙분리대 및 길어깨 폭 결정 시 고려사항에 대하여 설명하시오.
104.1 적설지역 도로폭
117.2 적설지역 도로설계 시 중앙분리대 및 길어깨 폭에 대하여 설명하시오.

[3.06 자전거도로, Road Diet]
073.1 자전거도로 설치기준
085.1 자전거 도로
087.3 녹색교통정책의 일환으로 장거리 출퇴근 자전거 급행도로의 도입 방안과 효과를 설명하고, 적용할 수 있는 지역(구간 또는 도로)의 노선계획과 단면 설계를 구체적으로 제시하시오.
088.1 자전거도로의 설계
089.3 저탄소 녹색성장의 한 부분으로 각광을 받고 있는 자전거의 이용 활성화를 도모하기 위한 도로공학적 주요사항(설계기준 포함)을 설명하시오.
091.1 Road Diet
091.2 기존 자전거도로 포장의 문제점 및 개선방향과 자전거도로의 포장종류에 대하여 설명하시오.

093.1 자전거 공유체계
097.1 비동력 무탄소 교통수단
108.1 자전거 전용도로의 시점과 종점처리
118.1 자전거도로의 평면선형과 종단선형

[3.07 보도, 연석, 횡단보도, 입체횡단보도]
096.1 보도의 폭 및 보도의 횡단구성
100.1 고원식 횡단보도
100.1 입체적 도로구역
108.1 도로연석
113.1 고원식 횡단보도와 보행섬식 횡단보도
113.1 전용도로의 Set Back

[3.08 환경시설대, 식수대]
079.1 환경시설대

[3.09 측도(側道), 접도구역(接道區域)]
065.1 측도(Frontage Road)
076.1 Frontage Road(측도)
079.1 접도구역
081.1 측도(Frontage Road)
089.1 측도
094.1 접도구역
098.1 측방회복가능영역(Clear Zone)
124.1 측도

[3.10 시설한계(施設限界, Clearance)]
068.1 시설한계(Clearance), 날개끝 안전간격(Wing Tip Clearance)
099.4 교량구조물 설계 시 도로, 철도, 하천, 해상 등 타 교통시설과의 시설한계기준에 대하여 설명하시오.
111.1 시설한계
123.1 시설한계

2. 도로선형

[3.11 평면선형의 구성요소, 횡단경사]
084.1 합성구배
099.1 길어깨의 횡단경사
119.2 도로의 선형 설계에서 편경사 구성요소 및 설치방법에 대하여 설명하시오.

[3.12 평면곡선반경, 평면곡선길이]
063.2 자동차의 안전운행을 위한 속도, 곡선반경, 편경사의 관계를 설명하고 실제 적용상의 문제에 대하여 기술하시오.
066.1 최소곡선장

067.2 도로의 평면선형설계에서 횡활동방지를 위한 최소곡선반경(R-Meter)을 설계속도(Vkm/h), 노면마찰계수(f) 및 노면의 편경사($i = \tan\phi$)로 표시할 때 $R = \dfrac{V^2}{127(f+i)}$ 이 됨을 이론적으로 설명하시오.

069.1 최소곡선반경

074.4 도로의 최소 평면곡선반경 $R = \dfrac{V^2}{127(f+i)}$ 의 이론적 배경을 체계적으로 유도하고 이 공식을 이용하여 합리적인 f와 i값을 가정한 후 설계속도 100km/h에 대한 최소 평면곡선반경의 규정값을 제시하시오.

079.4 평면곡선반경과 도로설계요소의 관련성을 설명하시고, 도로구조상 취약지점에서 평면곡선반경 설계 시 유의사항에 대하여 설명하시오.

091.2 도로주행의 안전성 확보를 위한 최소평면곡선반경 규제조건에 대하여 설명하시오.

096.2 도로 주행의 안전과 쾌적성을 확보하기 위한 평면곡선반경의 설치에 대하여 설명하시오.

107.4 다음과 같은 최소곡선반경($R_{\min}$)을 구하는 식을 그림과 함께 유도하시오.

$$R \geq \dfrac{V^2}{127(e+f)}$$

110.2 설계속도에 따른 최소곡선반경 결정과정에 대하여 설명하시오.

121.1 도로의 최소평면신반경

123.3 도로설계 시 안전하고 쾌적한 주행성 확보를 위한 평면곡선반경에 대하여 설명하시오.

[3.13 편경사와 횡방향미끄럼마찰계수의 분배]

065.1 편경사와 횡방향미끄럼마찰계수의 분배방법

065.4 완화곡선, 원곡선의 편경사 접속설치 방법에 대하여 편경사 설치도를 圖示하고 설명하시오.

066.2 편경사와 곡률반경과의 상관관계를 기술하시오.

070.1 편경사

081.1 곡선부의 편경사

081.1 횡방향미끄럼마찰계수

085.1 횡방향마찰계수(f)

098.2 도로 평면설계 시 평면곡선부에 설치되는 편경사와 횡방향미끄럼마찰계수의 분배방법을 도식화하여 설명하시오.

098.2 다차로도로(6차로 이상)에서 편경사를 이용한 수막현상 최소화방안에 대하여 설명하시오.

099.1 곡률과 곡률도 작성

100.1 편경사 접속설치율

105.4 편경사 설치 시 본선과 연결로 및 토공부와 교량구간 접속부 처리방안에 대하여 각각 설명하시오.

107.1 횡방향미끄럼마찰계수

108.3 도로의 선형설계에서 편경사를 설치함에 있어 편경사 접속설치율과 설치길이 산정에 대하여 설명하시오.

110.1 편경사 접속설치율

112.1 편경사(Superelevation)

115.1 마찰계수

116.2 도로의 편경사 설치방법에 대하여 설명하시오.

118.4 평면곡선반경과 편경사 관계식을 설명하고, 곡선부 주행안전 확보방안을 설명하시오.

124.1 편경사와 횡방향미끄럼마찰계수의 분배

125.1 최대 편경사

[3.14 평면곡선부 구성조건에 따른 편경사 설치]

071.3 도로 기하구조 설계 시 완화곡선을 생략한 원곡선 및 완화곡선부의 편경사 접속설치방법을 배수를 고려하여 조건별로 작도(作圖)하여 설명하시오.

077.4 도로의 기하구조 설계 시 평면곡선부가 배향곡선으로 구성된 경우 편경사 설치방법을 설명하시오. (그림 포함)

080.4 도로 평면곡선부의 편경사 설치목적과 평면곡선부의 구성조건에 따른 편경사 접속설치 방법을 기술하시오.

086.3 완화곡선길이가 아래와 같을 경우, 편경사 설치방법을 각각 도시(圖示)하고 그 내용을 설명하시오. (TL=편경사 접속설치길이, TL'=배수를 고려한 편경사 접속설치길이)

  (1) $TL \leq$ 완화곡선길이 $\leq TL'$

  (2) 완화곡선길이 $\geq TL'$

  (3) 완화곡선길이 $\leq TL$

101.4 도로의 평면곡선부 설계 시 편경사 접속설치(접속설치율, 설치길이)와 평면곡선부가 배향곡선(원곡선-완화곡선-원곡선)으로 구성된 구간에서의 편경사 설치방법을 도시하여 설명하시오.

107.2 편경사변화구간 설계와 관련하여 5가지 방법(정비례형, $e_{\max}$ 형, $f_{\max}$ 형 등)과 그 특징을 설명하시오.

115.4 IC 연결로가 본선의 곡선부에 배향곡선으로 접속하는 경우 편경사 접속설치방법에 대하여 설명하시오.

119.2 도로의 선형설계에서 편경사 구성요소 및 설치방법에 대하여 설명하시오.

[3.15 평면곡선부의 확폭]

073.1 평면곡선부의 확폭

093.1 완화절선

108.2 도로의 평면곡선부 내 완화곡선구간에서의 확폭 설치방법을 설명하시오.

124.1 완화곡선에서의 확폭

[3.16 완화곡선(Clothoid), 완화구간]

063.1 완화구간

064.1 클로소이드곡선

067.1 완화구간

074.1 완화곡선의 생략

080.3 클로소이드곡선의 원리와 설치목적 및 기본식을 기술하시오.

087.2 도로 주행 시 원활한 핸들조작과 시각적인 원활성을 위하여 완화곡선을 삽입하는 것이 바람직하나 완화곡선을 생략할 수 있는 곡선반경의 한계에 대한 이론적 근거를 제시하고, 완화곡선을 clothoid로 쓰는 경우 접속 원곡선과의 조합에 대하여 설명하시오.

090.1 원심가속도 변화율

090.4 도로의 완화곡선으로 삽입되는 크로소이드곡선의 특성을 설명하고, 현장에서 중간점을 설치하는 각 방법을 설명하시오.

094.2 평면선형 설계에서 완화곡선 설치 시 효과와 유의사항을 설명하시오.

095.1 완화주행궤적

099.3 도로에서 사용하는 완화곡선의 설치목적과 설치방법에 대하여 설명하시오.

100.2 직선과 원곡선 사이에 설치되는 완화곡선 설치방법을 도시(圖示)하고 완화곡선 생략조건에 대하여 설명하시오.

107.1 속도-경사 그래프

107.4 도로의 곡선구간 중에 완화곡선 설치목적과 곡선장 산정방법, 종류 및 설치와 적용시 유의사항에 대하여 설명하시오.

108.3 자동차의 원활한 주행을 위하여 평면곡선부에 완화곡선을 설치함에 있어 자동차의 완화주행궤적과 가장 비슷한 클로소이드곡선(Clothoid Spiral)의 일반식을 유도하시오.

110.1 클로소이드곡선(Chothoid Spiral)

115.1 클로소이드(Clothoid)곡선

[3.17 시거의 종류]

063.1 시거

072.1 시거

[3.18 정지시거]

066.3 곡선부 정지시거에 대한 설계 적용상의 문제점과 해결방안을 기술하시오.

067.1 정지시거

068.4 중앙분리대 및 곡선부 터널에서의 정지시거 확보 방안을 기술하시오.

070.3 산악지를 통과하는 도로에서 깎기구간의 콘크리트 옹벽형 L형 측구가 정지시거에 미치는 영향에 대하여 기술하시오.

071.2 정지시거의 개념을 설명하고 도로의 종단경사에 따른 정지시거와 동결노면에 따른 정지시거에 대하여 기술하시오.

074.1 종단경사에 따른 정지시거

078.1 정지시거

082.1 정지시거

086.2 국내의 정지시거 산정기준과 미국 AASHTO의 정지시거 산정기준을 각각 기술한 후, 차이점에 대해서 설명하시오.

088.3 정지시거의 개념과 도로설계 시 적용되는 사례(평면 및 종단선형, 포장설계 등)를 중심으로 설명하시오.

099.2 정지시거의 개념을 설명하고, 여러 가지 도로 환경조건에서의 정지시거 계산방법에 대하여 설명하시오.

103.4 도로선형 설계 시 시거의 종류와 공용 중인 기존도로에서 정지시거 부족구간의 개선방안에 대하여 설명하시오.

104.4 도로교통사고 예방을 위하여 도로시설 기준의 기하구조 측면에서 개선해야 할 사항에 대하여 설명하시오.

109.1 가속정지거리(Acceleration stop distance)

118.3 정지시거와 설계속도의 관계를 설명하고, 공용 중인 도로에서 정지시거가 부족한 경우 확보 방안을 설명하시오.

120.2 도로 기하구조와 교통사고와의 관계에 대하여 설명하시오.

121.4 도로의 설계속도에 의해 영향을 받는 선형 기하구조 요소 및 시거에 대하여 설명하시오.

123.1 정지시거

[3.19 앞지르기시거]

068.1 앞지르기시거

076.1 앞지르기시거

106.1 앞지르기시거

109.1 앞지르기차로

[3.20 종단선형의 구성요소, 종단경사]

072.4 고속국도와 일반국도 설계 시 설계속도와 종단경사의 관계를 설명하고 경제성을 고려한 종단경사 계획에 관해 기술하시오.

098.1 최소종단경사

[3.21 오르막차로]

066.2 오르막차로의 설치여부 판정을 용량과 연계시켜 기술하시오.

075.2 종단경사가 있는 도로에서 오르막차로의 설치기준 및 설치방법에 관하여 기술하시오.

086.1 오르막차로 접속설치방법

089.3 도로의 오르막차로 설치에 대하여 설명하시오.

095.3 도로의 오르막구간에 설치하는 오르막차로의 운영상 문제점과 이를 개선하기 위해 시행하는 추월차로제에 대하여 설명하시오.

096.2 오르막차로 설치구간 설정과 설치방법에 대하여 설명하시오.

123.4 도로 종단선형 설계 시 종단경사와 오르막차로의 설치방법과 적용 시 유의사항에 대하여 설명하시오.

[3.22 종단곡선]

070.1 종단곡선의 이정량(종거)

090.3 다음 그림으로부터 2차 포물선에 의한 종단곡선식

$$y = \frac{i_x^{\,2}}{200L}$$ 을 유도하시오. 여기서, $i = i_1 - i_2$

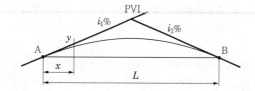

121.1 종단곡선변화비율

122.3 차도의 종단경사가 변경되는 부분에 설치하는 종단곡선을 설명하시오.

[3.23 도로의 선형설계]

063.2 도로 선형설계 시 유의해야 할 기본사항에 대하여 설명하시오.

072.3 적설한랭지역 산지부 통과도로 선형설계 시 검토사항 및 세부설계 시 고려사항에 대하여 기술하시오.

076.2 도로가 군부대, 국립공원, 산악지대 등을 통과하는 구간의 선형설계 시 검토사항 및 세부설계 시 고려사항에 대해 상세히 서술하고, 민원발생 시 대책에 관해서도 설명하시오.

077.2 산과 하천이 접하고 있는 구간을 가로질러가는 노선을 계획, 설계하고자 한다. 선형설계 시 기술적 검토사항을 기술하시오.

086.3 산악지형을 통과하는 구간의 노선선정 시 연속터널이 불가피하게 설치될 경우 선형계획에서 고려할 사항을 설명하시오.

098.3 이상기후에 대비한 도로선형 고려요소에 대하여 설명하시오.

[3.24 도로 선형설계의 일관성]

083.3 선형설계에서 설계일관성(Design Consistency)과 설계유연성(Design Flexibility)의 개념 및 적용방안에 대하여 기술하시오.

098.4 도로의 선형설계 기본방침과 선형설계의 일관성을 검토·평가하는 방법에 대하여 설명하시오.

106.3 도로(또는 공항)시설물의 안전과 품질, 경제적인 설계 및 시공을 위한 도로(공항)시설물 건설공사와 관련된 현재의 설계·시공기준 체계와 개선방안에 대하여 설명하시오.

[3.25 도로 평면선형의 설계]

065.1 복합곡선(Compound Curves)

073.2 도로의 기하구조적 측면에서 주행사고가 발생할 수 있는 기하구조형태를 선정하고, 교통개선대책을 제시하시오.

084.1 착시현상(Broken Back Curve)

084.4 도로건설 시 발생되는 노선변경 요인들과 이를 최소화하는 방안에 대해 기술하시오.

089.3 4차로 도로에서 교통사고 가능성이 특별히 높은 설계요소와 적합한 설계방안에 대하여 설명하시오.

094.1 직선의 한계길이(평면선형)

114.1 Broken Back Curve

[3.26 도로 종단선형의 설계]

064.2 험준한 산과 계곡을 연속적으로 통과하는 도로의 최적 종단선형 결정방안에 관하여 설명하시오.

[3.27 평면선형과 종단선형과의 조합]

067.3 평면선형과 종단선형 조합 시 유의사항과 조합의 일반방침을 논술하시오.

069.3 도로의 평면선형과 종단선형의 조합방법과 유의사항을 설명하시오.

070.4 다음의 평면 및 종단선형 설계를 검토하고 향후 설계 시 고려해야 할 사항을 기술하시오. (지형 : 평지, 설계속도 : 100km/h)

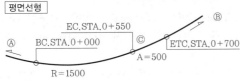

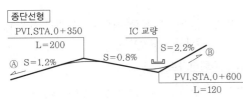

075.4 도로의 평면선형과 종단선형의 조합에 대하여 기술하시오.

078.2 도로 선형설계의 기본요소를 열거하고 종단선형과 평면선형의 조화에 대하여 기술하시오.

085.2 평면선형의 설계요소와 선형조합 시 유의사항에 대하여 설명하시오.

086.2 도로 평면선형의 기본요소와 〈그림〉에서 주어진 선형조건의 문제점 및 개선방안에 대하여 설명하시오. (설계속도=100km/h, 지형=평지구간)

BP ─ IP.1 ─ IA=15° ─ R=1000 ─ EP
A1=400 A2=400 A3=500 A4=500
R=800   L=60m IP.2 IA=3°
        직선길이

093.2 도로의 평면선형과 종단선형 조합 시 발생될 수 있는 문제점 및 개선방안을 설명하시오.

116.2 자동차의 운동 역학적, 운전자의 시각적 및 심리적 요구를 고려한 평면선형과 종단선형의 바람직한 조합방법에 대하여 설명하시오.

119.3 평면선형과 종단선형과의 조합에 있어 선형의 조합 형태별 문제점 및 개선방안에 대하여 설명하시오.

120.4 평면 및 종단선형의 설계 기본방침과 선형조합에 대하여 설명하시오.

123.2 도로설계의 기본이 되는 평면선형, 종단선형의 구성요소와 평면·종단선형 조합 시 유의사항에 대하여 설명하시오.

3. 평면교차

[3.28 평면교차로의 구성요소, 기본원칙]

066.4 평면교차로의 교통용량에 영향을 미치는 요소와 그 영향을 기술하시오.

067.3 수도권 도시지역의 난개발로 비정상적인 교차로 구간이 설계될 경우가 있다. 세 갈래 교차로에서 교차로 설계의 핵심사항과 예를 들어 설명하시오.

076.3 평면교차로 설계 시 고려할 기준으로 3지 교차로를 예를 들어 설명하시오.

078.4 지방부 도로의 평면교차로 계획 시 기본적 고려사항에 대하여 기술하시오.

082.2 평면교차로 계획 시 기본적인 고려사항에 대하여 기술하시오.

087.1 평면교차로 설계원리

091.4 도심지 구간 평면교차지점의 흐름을 원활하게 유도하는 시설의 필요성과 설계의 기본원칙에 대하여 설명하시오.

104.2 평면교차지점(도심지)의 교통량을 증대시키고 안전성과 쾌적성을 향상시키기 위한 유도시설의 설계기본원칙과 세부기법에 대하여 설명하시오.

107.2 교차로 설계 시 기본원칙을 쓰고 설명하시오.

117.1 도로의 평면교차로 구성요소

113.3 국도(주도로)와 지방도(부도로)가 서로 교차 접속되는 평면교차로 구간에서의 선형설계(평면, 종단) 및 설계속도 적용 시 고려하여야 할 사항에 대하여 설명하시오.

[3.29 평면교차로의 설계지침]

083.1 교차로 상충(Conflict)

[3.30 평면교차로 간의 최소간격]

101.1 평면교차로 간 최소간격

108.1 평면교차로 간의 최소간격

[3.31 평면교차로의 시거]

077.1 평면교차로의 시거

096.1 평면교차로 시거

116.3 평면교차로에서 최소한의 정지시거를 포함하여 주변상황을 인지하고 판단할 동안 주행하는 데 추가로 필요한 시거에 대하여 설명하시오.

125.1 평면교차로 시거

[3.32 평면교차로의 도류화(Channelization)]

074.1 도류화(Channelization) 목적

082.1 도류화

098.1 평면교차로 통제방법

106.1 도류화기법

[3.33 도류화시설물, 물방울교통섬]

073.1 교통섬
089.1 물방울교통섬
092.1 교통섬
099.1 교통섬(Traffic Island)
107.1 물방울형 교차로
107.1 교차로 우회전 가각부 설계방법
117.1 교통섬

[3.34 회전교차로(Roundabout)]

077.1 회전교차로(Roundabout)
086.1 회전교차로(Roundabout)
090.4 최근 교통안전, 녹색교통을 위한 활성화 방안의 일환으로 추진되고 있는 회전교차로의 구성요소, 유형, 설계기준에 대하여 설명하시오.
093.1 Superstreet
094.1 회전교차로의 교통안전표지
098.1 도류화 회전교차로(Turbo Roundabout)
101.4 고속도로와 접속되는 일반도로 구간에서 최근 녹색교통 교통 기반조성의 일환으로 확대 보급되고 있는 회전교차로(Round About)의 적용방안에 대하여 설명하시오.
105.1 회전교차로의 유형 및 적용범위
110.1 회전교차로와 신호교차로
116.4 녹색교통 기반조성의 일환으로 설치되고 있는 회전교차로(Round About) 적용방안에 대하여 설명하시오.
118.2 회전교차로 설계 시 고려사항과 설계요소를 설명하시오.
123.1 회전교차로

[3.35 좌회전차로]

065.3 교차로의 좌회전차로 설치원리 및 세부기준에 대하여 설명하시오.
070.4 평면교차로에서 좌회전차로의 설치원리, 설치기준에 관하여 기술하시오.
074.2 도로의 좌회전차로 구성요소를 그림을 그려 설명하고 각각의 세부사항에 대하여 논하시오.
081.4 도로의 좌회전차로에 대한 설치길이를 설명하고 개선방향에 대한 의견을 제시하시오.
085.4 일반적인 도로의 좌회전차로 구성요소를 그림을 그려 설명하고 각각의 세부사항에 대하여 설명하시오.

090.3 평면교차로 좌회전차로의 설계원리 및 설치기준을 그림으로 설명하시오.
100.2 양방향 좌회전차로 설치요건 및 설치 시 유의사항에 대하여 설명하시오.
105.4 교차로에서 좌회전차로 설치에 따른 설치효과 및 설치원리와 설치 시 고려사항에 대하여 설명하시오.
107.1 보호좌회전, 비보호좌회전, 보호+비보호좌회전 특성
119.2 평면교차로의 좌회전 차로에 대한 세부 설치기준에 대하여 설명하시오.

[3.36 우회전차로]

120.1 우회전차로 설치기준

[3.37 평면교차로의 개선방안]

083.3 주도로(4차로 국도)와 부도로(2차로 지방도)가 연결되는 세 갈래(T형) 평면교차 시 교통량 수준별 교차로 처리 방법을 기술하고, 도류화 기법에 대하여 그림으로 설명하시오.
106.4 기존 평면교차로에서 교통처리 및 안전상 문제가 많은 현상인 예각교차로, 다섯갈래교차로, 엇갈림교차로, 변칙교차로의 효율적인 교차로 운영을 위한 개선방안을 도시하여 설명하시오.

[3.38 다른 도로와의 연결]

084.2 국도설계 시 시・종점부의 기존도로 접속방안에 대해 기술하시오.

4. 입체교차

[3.39 입체교차의 계획기준, 설계원칙]

069.2 입체교차로 설계 시 위치선정 및 계획기준에 관해서 기술하시오.
100.2 국도노선계획지침(국토교통부)에 규정된 국도와 국도, 국도와 다른 도로와의 교차 방법에 대하여 설명하시오.
113.2 입체교차로 계획 시 고려사항과 교차로 계획의 판단기준이 되는 교통량과 입체시설과의 관계에 대하여 설명하시오.

[3.40 단순입체교차]

095.4 지하도로계획 시 고려사항과 문제점 및 대책을 설명하시오.

[3.41 인터체인지의 배치와 위치선정]

065.3 IC(Inter Change)의 위치선정에 대하여 설명하시오.

068.3 인터체인지 선정 시 고려사항과 대도시 인터체인지 지체원인 및 시설개선에 대하여 설명하시오.

074.4 인터체인지 배치기준을 서술하고 위치선정 시 고려해야 할 조건을 구체적으로 기술하시오.

077.3 고속도로 건설 시 통과노선대에 위치한 지방자치단체에서 관광단지 개발계획을 수립하고 IC신설을 요청할 경우 경제적 측면과 정책적 측면 등의 타당성분석 방안을 설명하시오.

080.2 고속도로 인터체인지 설계에 있어 배치 및 위치선정과 형식별 특징을 기술하시오.

081.3 터널과 교차로의 이격거리기준을 기술하고 설계자와 이용자의 입장에서 의견을 제시하시오.

082.4 인터체인지 위치선정에 대하여 기술하시오.

089.2 도로 터널구간 내에서의 속도저하 요인 분석 및 교통용량 증대방안에 대하여 설명하시오.

094.3 인터체인지(IC) 계획 시 배치와 위치선정에 대하여 설명하시오.

122.2 인터체인지(나들목 또는 분기점) 배치기준과 위치선정 방법을 설명하시오.

125.4 인터체인지의 배치기준 및 타 시설(휴게소, 터널)과의 최소간격 산정 방법에 대하여 설명하시오.

[3.42 인터체인지의 구성]

087.1 연결로 기본형식

[3.43 인터체인지의 형식과 적용]

063.4 도로의 완전 입체교차 형식인 인터체인지의 종류에 대하여 설명하시오.

076.4 트럼펫 인터체인지의 loop 연결로 설계방법을 유형별로 설명하시오.

087.3 트럼펫형 입체교차로에서 Loop연결로 설계 시 고려사항을 기술하시오.

096.1 트럼펫형(세갈래교차)의 루프형식

098.4 세갈래 입체교차로의 방향별 교통량에 따른 분기형식과 설계속도 차이에 따른 도로 구조적 안전대책에 대하여 설명하시오.

099.3 고속도로와 국도가 4지로 교차하고 있다. 도로설계 시 주로 검토되는 인터체인지 형식별 특징 및 적용성에 대하여 설명하시오.

106.2 입체교차로에서 인터체인지의 종류별 형식을 규정하는 기본요소인 교차접속부 교통동선의 3차원적인 결합구성 방법에 대하여 설명하시오.

109.1 불완전 클로버 입체교차(Partial cloverleaf inter changer)

115.1 분기형 다이아몬드교차로

[3.44 인터체인지 구조의 개선방안]

077.3 공용 중인 도로의 크로바형 인터체인지 교통처리의 문제점을 열거하고 해결할 수 있는 방안에 대하여 기술하시오.

100.4 다이아몬드형 인터체인지의 특징과 부도로 평면교차부의 교통처리 방안에 대하여 설명하시오.

[3.45 Hi-pass 전용 IC, 스마트 IC]

091.1 스마트 I.C

114.4 고속국도의 스마트 하이패스 IC 설치효과와 활성화 방안을 설명하시오.

118.4 고속도로 인터체인지 배치기준과 하이패스(Hi-Pass) 전용 인터체인지 형식선정에 대하여 설명하시오.

[3.46 연결로 유출·입부의 차로수 균형]

068.2 차로수 결정방법과 유출입 구간에서 차로수 균형원칙을 기술하시오.

088.4 연결로 유·출입부에서 수요와 공급의 균형을 이루는 차로수 균형(Lane Balance)에 대하여 설명하시오.

094.1 유출입 유형의 일관성

095.1 차로수균형(Lane Balance)

100.3 인터체인지에 적용되는 좌우회전 연결로의 형식과 특징을 설명하시오.

103.2 교통사고 발생빈도가 높은 고속도로 유출부의 현행 설계기준과 교통 안전성 향상을 위한 개선방안에 대하여 설명하시오.

106.3 도로의 차로수 결정원리와 차로수 균형원칙에 대하여 설명하시오.

113.1 좌회전 연결로 형식의 종류(입체교차로)

119.1 차로수 균형(Lane Balance) 기본원칙

125.3 차로수 균형 기본원칙과 차로수 산정과정에 대하여 설명하시오.

[3.47 연결로 접속부 설계]

065.1 연결로 접속단 간의 거리

073.3 현재 운영되고 있는 입체교차로 상의 연결로 내에서 분·합류할 때 발생하는 문제점과 설계 시 고려할 사항에 대하여 기술하시오.

078.1 부가차로(Auxiliary lane)

078.4 IC 및 JCT의 감속차로가 2차로인 경우 유형별 설계기법 및 기준 등 도식으로 설명하시오.

081.2 인터체인지에서 본선과 연결도로의 접속부 설계에 대하여 기술하시오.

097.3 입체교차로의 연결로 접속단 설계에 대하여 설명하시오.

099.1 인터체인지의 접속단 결합

109.1 연속 부가차로

114.4 도로의 연결로 접속부 설계 시 교통안전성 제고방안을 설명하시오.

119.4 IC연결로, 연결로 접속부 및 변속차로 설계 시 유의사항을 설명하시오.

124.1 연속부가차로

[3.48 변속차로 설계]

065.3 고속도로 및 국도를 설계할 때 가·감속차로의 설치 필요성과 설계기준을 제시하고 귀하의 경험을 토대로 문제점과 대책을 설명하시오.

067.4 변속차로의 형식과 설계기준에 대하여 설명하시오.

077.1 Nose Offset

079.3 변속차로의 형식에 대하여 구체적으로 설명하시오.

083.1 가감속 차로

087.1 노즈(Nose)와 노즈옵셋(Nose-offset)

096.3 입체교차로에서 변속차로의 형식 및 본선과의 편경사 접속설치에 대하여 설명하시오.

100.1 변속차로

103.1 입체교차로의 변속차로 형식

109.3 입체교차로에서 변속차로가 2차로인 경우의 설계기법과 변속차로의 변이구간 길이 산정방법에 대하여 기하구조적 측면에서 설명하시오.

122.1 접속단 간의 거리

[3.49 분기점(Junction) 설계]

[3.50 도로와 철도의 교차]

077.4 도로와 철도의 교차지점 설계 시 고려사항을 설명하시오.

085.3 도로설계 시 도로와 철도의 교차점(부) 계획 시 고려사항을 설명하시오.

[1. 횡단구성]

3.01 도로 횡단면 구성

도시지역 도로의 횡단구성 요소와 주요 검토사항 [0, 1]

1. 개요

(1) 도로 횡단면의 구성요소에는 차도, 중앙분리대, 길어깨, 주정차대, 자전거 전용도로, 자전거·보행자 겸용도로, 보도, 식수대, 측도, 전용차로 등이 있다.

(2) 도로 횡단면을 구성할 때는 해당 노선의 기능(도로의 구분, 설계속도), 교통상황(자동차, 보행자, 자전거 및 경운기 교통량), 공간상황(보행, 만남과 문화, 정보교류, 사회활동과 여가활동, 도시녹화, 공공시설 수용) 등을 고려하여 결정해야 한다.

2. 도로의 횡단구성 요소

(1) **차도(車道)** : 자동차의 통행에 사용되며 차로로 구성된 도로의 부분을 말한다.

- '차로(車路)'란 자동차가 도로의 정해진 부분을 한 줄로 통행할 수 있도록 차선에 의하여 구분되는 차도의 부분을 말한다.
- '차선(車線)'이란 차로와 차로를 구분하기 위해 경계지점에 표시하는 선을 말한다.

(2) **중앙분리대** : 차도를 통행 방향에 따라 분리하고 옆 부분의 여유를 확보하기 위하여 도로의 중앙에 설치하는 분리대와 측대를 말한다.

'분리대'란 차도를 통행 방향에 따라 분리하거나 성질이 다른 같은 방향의 교통을 분리하기 위하여 설치하는 도로의 부분이나 시설물을 말한다.

(3) **길어깨** : 도로를 보호하고 비상시에 이용하기 위하여 차도에 접속하여 설치하는 도로의 부분을 말한다.

(4) **주정차대(駐停車帶)** : 자동차의 주차 또는 정차에 이용하기 위하여 도로에 접속하여 설치하는 부분을 말한다.

(5) **자전거 전용도로** : 간선도로로서 「도로법」 제48조에 따라 지정된 도로를 말한다.

(6) **자전거·보행자 겸용도로** : 자전거 외에 보행자도 통행할 수 있도록 분리대, 연석, 기타 유사한 시설물에 의해 차도와 구분하여 별도 설치된 자전거도로를 말한다.

(7) **보도(步道)** : 보행자의 통행을 위하여 연석선(緣石線), 안전표지 기타 유사한 공작물에 의해 구획된 도로의 부분으로, 인도(人道)라고도 한다.

(8) **식수대(植樹帶)** : 도로의 녹화를 목적으로 중앙분리대, 보도, 차도 등의 경계부에 고목, 중저목, 화초 등을 심기 위하여 설치된 띠 모양의 부분을 말한다.

(9) **측도(側道)** : 도로가 성·절토로 구성되어 고저차가 있어 자동차가 주변으로 출입이 불가능한 경우에 자동차가 도로 주변으로 출입할 수 있도록 본선 차도에 병행하여 설치하는 도로를 말한다.

(10) **전용차로** : 도시지역 도로에서 버스전용차로, BRT, 바이모달트램 전용차로 등의 대중교통 운행을 위하여 차선이나 분리대에 의해 별도 설치된 차로를 말한다.

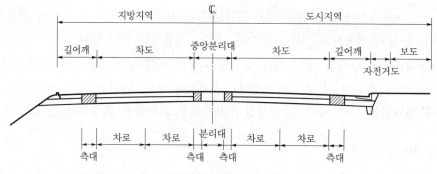

[식수대가 있는 경우의 횡단구성]

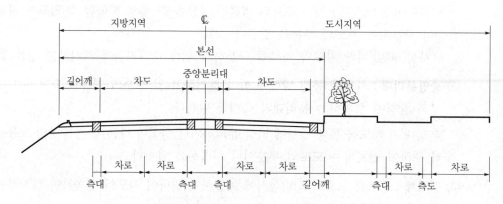

[식수대가 없는 경우의 횡단구성]

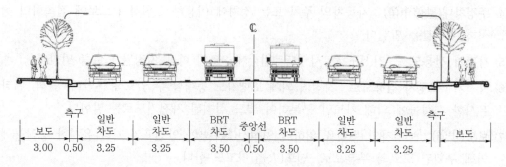

[BRT 전용차로를 수용한 경우의 횡단구성]

3. 도로의 표준폭 적용

(1) 표준폭 적용 원칙

① 도로의 전 폭, 횡단구성 요소의 조합, 횡단구성 각 요소의 폭 등은 도로기술자, 도로관리자에 의해서 다양하게 구성될 수 있다.

② 도로관리의 합리성, 양호한 도시경관 확보 측면에서 도로폭의 표준화를 설정하여, 가능하면 도로의 구분에 따라 그 기준을 준용하도록 한다.

③ 「도로의 구조·시설 기준에 관한 규칙」에서 표준값을 최솟값으로 정하고 있으나, 부득이한 경우에는 축소값을 적용할 수 있도록 허용하고 있다.

(2) 표준폭의 탄력적 적용 유의사항

① 지역상황이나 교통상황에 따라 필요한 도로를 정비하기 위해 탄력적으로 적용해야 하며, 단순히 사업진행을 쉽게 하는 것을 목적으로 적용해서는 아니 된다.

② 안전성과 관련된 규정에 대해서는 쉽게 규격을 낮추면 아니 된다.

[도로 횡단면 구성의 표준]

도로구분		해당도로	설계속도 (km/h)	차로폭 (m)	중앙 분리대	길어깨(m) 우측	길어깨(m) 좌측	측대 (m)
지방지역	고속국도	고속국도	100~120	3.50~3.60	3.00	3.00	1.00	0.50
	주간선도로	국도	60~80	3.25~3.50	1.50~2.00	2.00	0.75	0.50
	보조간선도로	국도, 지방도	50~70	3.00~3.25		1.50	0.50	0.50
	집산도로	지방도, 군도	50~60	3.00		1.25	0.50	0.25
	국지도로	군도	40~50	3.00		1.00	0.50	0.25
도시지역	도시고속도로		80~100	3.50	2.00	2.00	1.00	0.50
	주간선도로		80	3.25~3.50	1.00~2.00	1.50	0.75	0.50
	보조간선도로		60	3.00~3.25		1.00	0.50	0.25
	집산도로		50	3.00		0.50	0.50	0.25
	국지도로		40	2.75~3.00		0.50	0.50	0.25

4. 도로의 횡단면 구성 검토사항

(1) 계획도로의 기능에 따라 횡단을 구성하며, 설계속도가 높고 계획교통량이 많은 노선은 높은 규격의 횡단면 구성요소를 갖출 것

(2) 계획목표연도에 대한 교통수요와 요구되는 계획수준에 적응할 수 있는 교통처리 능력을 가질 것

(3) 교통의 안전성과 효율성을 검토하여 횡단면을 구성할 것

(4) 교통상황을 감안하고 필요에 따라서는 자전거 및 보행자도로를 분리할 것

(5) 출입제한방식, 교통처리방식, 교차접속부 교통처리능력도 연관하여 검토할 것

(6) 인접지역의 토지이용 실태 및 계획을 감안하여 도로주변에 대한 양호한 생활환경이 보존될 수 있도록 할 것

(7) 도로의 횡단구성 표준화를 도모하고 도로의 유지관리, 양호한 도시경관 확보, 유연한 도로기능을 확보할 것

(8) 경관형성 및 주변도로의 환경보전을 위한 환경친화적인 녹화공간을 확보할 것

(9) 도로주변으로 용이하게 출입할 수 있는 접근기능, 자동차나 보행자가 안전하게 체류할 수 있는 체류기능을 확보할 것

(10) 승용차 이외에 대중교통 및 자전거도로 등 대중교통의 수용이 가능할 것

(11) 전기, 전화, 가스, 상하수도, 지하철 등 공공 공익시설의 수용이 가능할 것

(12) 도시의 골격형성, 녹화, 통풍, 채광 등 양호한 주거환경의 형성이 가능할 것

(13) 피난로, 소방활동, 연소방지 등 방재기능을 확보할 것

5. 맺음말

(1) 차도 횡단면 구성요소 폭을 크게 설치하면 자동차 통행에는 쾌적성이 향상되지만, 1개 차로에 소형차 2대가 통행하는 경우가 발생되어 오히려 안전성을 저해할 수 없다.

(2) 따라서 도로 횡단면 구성요소를 결정할 때는 해당노선의 기능, 교통상황, 공간상황 등을 충분히 감안하여 교통의 안전성과 효율성을 향상시키도록 계획한다.[1]

---

1) 국토교통부, '도로의 구조·시설 기준에 관한 규칙', 2015, pp.120~125.

3.02 차로(車路)

1. 차로(車路)

(1) 차로의 폭은 차선의 중심선에서 인접한 차선의 중심선까지로 하며, 도로의 구분, 설계속도 및 교통조건에 따라 아래 표의 폭 이상으로 한다. 다만, 다음에 해당하는 경우에는 각 호의 구분에 따른 차로폭 이상으로 한다.

① 설계기준자동차 및 경제성을 고려하여 필요한 경우 : 3.0m

② 「접경지역지원특별법」 제2조 제1호에 따른 접경지역에서 전차, 장갑차 등 군용차량의 통행에 따른 교통사고의 위험성을 고려하여 필요한 경우 : 3.5m

(2) 상기 (1)항에도 불구하고 통행하는 자동차의 종류와 교통량, 그 밖의 교통특성과 지역여건 등에 따라 필요한 경우 회전차로의 폭과 설계속도가 40km/h 이하인 도시지역 도로의 차로폭은 2.75m 이상으로 할 수 있다.

[차로의 최소폭]

도로의 구분			차로의 최소폭(m)		
			지방지역	도시지역	소형차도로
고속국도			3.50	3.50	3.25
일반국도	설계속도 (km/h)	80 이상	3.50	3.25	3.25
		70 이상	3.25	3.25	3.00
		60 이상	3.25	3.00	3.00
		60 미만	3.00	3.00	3.00

2. 차도(車道)의 구성

(1) 차도(車道)와 차로(車路)

① 차도는 차량 통행에 이용하기 위해 설치된 부분(자전거전용도로 제외)으로, 차로로 구성된다.

② 차로에는 직진차로, 회전차로, 변속차로, 오르막차로, 양보차로 등이 있다.

(2) 차로(車路)의 기능별 분류

① 차로 : 자동차를 한 줄로 원활하게 주행시키기 위해 설치된 띠 모양의 도로 부분

② 주정차대, 주차장 : 자동차의 주차, 비상정차를 위해 설치된 도로 부분

③ 기타 도로부분 : 교차로, 부가차로, 차수 증감 또는 도로가 접속된 부분

3. 차로의 폭

(1) 고속국도 및 일반국도의 차로폭

① 고속국도 : 3.50m 이상

일반국도 : 3.00~3.50m(설계속도, 지역구분에 따라 적용)

도시지역 국지도로 : 2.75m(대형차량 비율이 적고 설계속도 40km/h 이하)

② 가·감속차로 : 본선 차로폭과 같게 하거나 3.00m까지 축소

③ 좌·우회전차로 : 3.00m(대형차량 비율이 적고, 용지제약 때는 2.75m)

(2) 자동차전용도로의 차로폭 : 3.5m를 표준으로 적용

(3) 소형차도로의 차로폭

① 소형차도로의 차로폭은 설계기준자동차의 폭을 고려하여 결정

② 일반 차로폭에서 0.5m까지 축소 가능하나 안전을 고려하여 다음 값을 적용

• 80km/h 이상 소형차도로 : 3.25m(도시지역 도로폭에서 0.25m 축소)

• 70km/h 이하 소형차도로 : 3.00m

• 40km/h 이하 소형차도로 : 2.75m(도시지역의 경우)

(4) 기타 도로의 차로폭

① 도심지 도로의 경우 일반자동차 이외의 BRT, 바이모달트램 시스템과 같은 첨단 대중교통수단의 물리적 시설물의 설치공간이 필요

② 첨단 대중교통수단의 차로폭은 일반도로의 차로폭과 같이 해당 자동차의 차로폭에 좌우 안전폭을 합한 값으로 결정

[BRT 차로의 최소폭]

도로의 구분			차로의 최소폭(m)	
			지방지역	도시지역
고속국도			3.60	3.60
일반국도	설계속도 (km/h)	80 이상	3.50	3.50
		80 미만	3.50	3.25

4. 맺음말

(1) 차로의 폭은 설계기준자동차의 폭을 수용할 수 있도록 여유가 있어야 하고, 엇갈림, 앞지르기 등에 필요한 여유폭을 확보하며 부정확한 운전 능력도 고려해야 한다.

(2) 차로의 폭은 설계기준자동차의 폭 이상으로 하되 설계속도가 낮은 경우에는 좁게 설계하고, 설계속도가 높은 경우에는 넓게 설계한다.[2]

---

2) 국토교통부, '도로의 구조·시설 기준에 관한 규칙', 2015, pp.130~135.

3.03 중앙분리대

중앙분리대 개구부 설치기준 및 기능, 차로와 중앙분리대의 최소 폭(m) [5, 2]

Ⅰ 개요

1. 중앙분리대(median strip)는 4차로 이상 도로에서 고속 주행을 위해 차도 방향별로 분리하는 시설로서 중앙부에 설치되어 상·하행 차로를 분리하는 지대이다.
2. 중앙분리대는 차도보다 높은 구조물로 설치되며 대향 차량의 헤드라이트에 대한 눈부심 방지를 위하여 울타리 설치, 식물 식재 등을 병행하고 있다.

Ⅱ 중앙분리대

1. 구성

(1) 중앙분리대는 분리대와 측대로 구성된다. 분리대는 중앙분리대 중에서 측대 외의 부분을 말하며, 분리대 양쪽에 측대를 설치한다.

(2) 중앙분리대의 폭은 도로구분에 따라 다음 표의 값 이상으로 한다. 다만, 자동차전용도로에는 2.0m 이상으로 한다.

[도로구분에 따른 중앙분리대의 최소폭]

도로의 구분	중앙분리대의 최소폭(m)		
	지방지역	도시지역	소형차도로
고속국도	3.0	2.0	2.0
일반국도	1.5	1.0	1.0

(3) 측대의 폭은 분리대 양쪽에 각각 0.50m 이상으로 설치하며, 설계속도 80km/h 미만에서는 폭을 0.25m까지 축소할 수 있다.

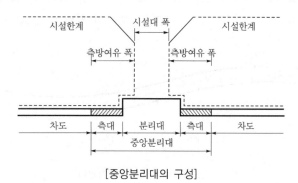

[중앙분리대의 구성]

2. 형식과 구조

(1) 연석의 형상

① 자동차가 넘어갈 수 있는 형태 : 넓은 중앙분리대에 사용

② 자동차가 넘어갈 수 없는 형태 : 좁은 중앙분리대에 사용

(2) 분리대 표면의 형상

① 오목형(凹型) : 넓은 중앙분리대에 사용(배수를 고려하여)

② 볼록형(凸型) : 좁은 중앙분리대에 사용

(3) 분리대 표면의 처리방식

① 잔디와 식재 표면처리 : 넓은 중앙분리대에 사용

② 시설물 설치 표면처리 : 좁은 중앙분리대에 사용

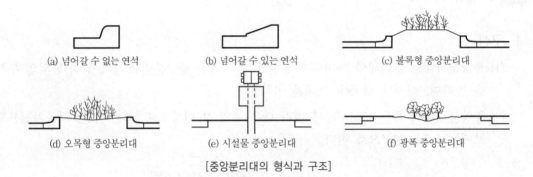

(a) 넘어갈 수 없는 연석   (b) 넘어갈 수 있는 연석   (c) 볼록형 중앙분리대

(d) 오목형 중앙분리대   (e) 시설물 중앙분리대   (f) 광폭 중앙분리대

[중앙분리대의 형식과 구조]

3. 중앙분리대 폭의 접속설치

(1) 폭을 접속설치해야 하는 경우

① 상·하행선이 분리된 병렬터널 입구에서 중앙분리대 폭이 변하는 경우

② 도로 중심선의 선형을 원활히 처리하기 위해 완화구간을 설치하는 경우

(2) 폭의 접속설치길이

① 접속설치길이는 완화곡선길이(KA~KE)로 하며, 접속설치율은 일정하게 유지

② 중앙분리대 폭의 차이가 큰 구간에는 분리대 양단에 Clothoid곡선을 설치

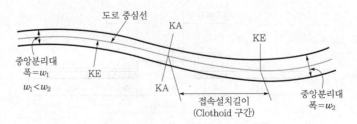

[중앙분리대의 접속설치길이]

III 중앙분리대의 개구부

1. 개구부의 필요성

(1) 중앙분리대에 의해 분리된 고속국도나 자동차전용도로에서는 사고처리(교통사고, 자연재해) 및 도로관리(유지보수)를 위하여 개구부의 설치가 필요하다.

(2) 방향별로 분리된 일반도로에서는 인접한 평면교차로에서 출입이 되므로 개구부 설치를 피하고 연속적으로 분리하는 것이 오히려 교통안전에 바람직하다.

2. 설치위치

(1) 평면곡선반경 600m 이상인 구간에서 시거가 양호한 토공부에 설치

(2) 터널, 버스정류장, 휴게소, 장대교(연장 100m 이상)의 앞·뒤에 설치

(3) 인터체인지 간격이 20km 이상인 구간에는 2개소, 20~5km인 구간에는 1개소, 5km 이내인 구간에는 미설치

(4) 상기 (2)항 시설과 (3)항 IC 간격에 의해 위치가 중복될 때는 그 간격을 조정 [3]

3. 개구부의 길이

$$L = \left(\frac{V_P}{3.6}\right) \times \frac{B}{H}$$

여기서, L : 개구부의 길이(m), B : 수평이동거리(m)

V_P : 개구부의 통과속도(km/h), H : 수평이동속도(1.0m/sec)

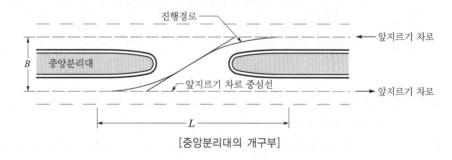

[중앙분리대의 개구부]

[설계속도에 따른 중앙분리대의 개구부 길이]

설계속도(km/h)	120	100	80	70 이하
통과속도(km/h)	60	50	40	30
개구부 길이(m)	110	90	80	60

---

3) 한국건설기술연구원, '중앙고속도로 1단계구간 1차로 확장공사 특별시방서-토공' 1995.

3.04 길어깨, 주정차대

길어깨 생략 및 축소, 길어깨의 측대 [2, 0]

Ⅰ 길어깨

1. 용어 정의

(1) 길어깨(shoulder)란 도로를 보호하고 비상상황에서 이용하기 위해 차도에 접속하여 설치하는 도로의 부분을 말한다.

(2) 길어깨는 도로의 유효폭 이외에 도로변의 노면 폭에 여유를 두기 위해 넓힌 부분으로, 비상통행 또는 비상정차를 할 수 있는 부분이다.

2. 길어깨 규정

(1) 도로에는 차도와 접속하여 길어깨를 설치한다. 다만, 보도는 정차대가 설치된 경우에 설치하지 않을 수 있다.
차도에 접속하여 설치하는 노상시설의 폭은 길어깨 폭에 포함되지 않는다.

(2) 차도 오른쪽에 설치하는 길어깨 폭은 도로구분과 설계속도에 따라 아래 표에 제시된 폭 이상으로 한다. 다만, 오르막차로, 변속차로 등 차로와 길어깨가 접속되는 구간에는 길어깨 폭을 0.5m까지 줄일 수 있다.

도로의 구분		차노 오른쪽 길어깨의 최소폭(m)		
		지방지역	도시지역	소형차도로
고속국도		3.00	2.00	2.00
일반국도	80 이상	2.00	1.50	1.00
	설계속도 60~80	1.50	1.00	0.75
	(km/h) 60 미만	1.00	0.75	0.75

(3) 터널, 교량, 고가도로 및 지하차도에 설치하는 길어깨 폭은 고속국도에는 1m 이상, 일반도로에는 0.5m 이상으로 할 수 있다.
다만, 길이 1,000m 이상 터널 또는 지하차도에서 오른쪽 길어깨 폭이 2m 미만인 경우에는 최소 750m 간격으로 비상주차대를 설치해야 한다.

3. 길어깨 최소폭

(1) 길어깨의 폭은 최소치로서, 보호 길어깨를 제외한 유효 길어깨를 의미한다.

(2) 길어깨의 폭은 아래와 같이 최소폭으로 설치한다.

① 지방지역 고속도로 : 대형자동차가 주차할 수 있는 최소폭

② 도시지역 고속도로 : 승용자동차가 주차할 수 있는 최소폭

③ 일반도로 : 설계속도에 따라 차등 적용할 수 있는 최소폭

④ 소형차도로 : 고장차량, 비상차량 대피공간을 확보할 수 있는 최소폭

4. 길어깨 구조

(1) 일반도로에는 보행자, 자전거, 경운기 통행을 위해 길어깨 포장 시행

(2) 아스팔트 차도 포장에는 유색 아스팔트 길어깨 포장 시행

(3) 2차로 지방도, 군도에는 포장 대신 잔디식재로 하여 길어깨를 보호

(4) 길어깨를 차도와 같은 높이로 설치하여 차량바퀴 이탈사고를 방지

(5) 길어깨를 쇄석, 보조기층 재료로 하는 경우 차도 표면과 단차 방지

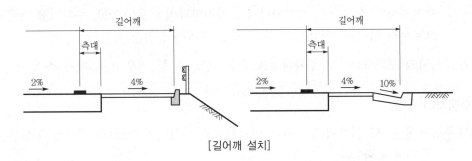

[길어깨 설치]

5. 길어깨 확폭

(1) 땅깎기 구간에 L형 측구를 설치할 때, 측구 저판폭도 길어깨에 포함된다.

(2) 터널과 장대교 전후 100m 구간에 고장차 비상주차를 위해 확폭 설치한다.

6. 길어깨 폭의 접속설치

(1) 길어깨 폭이 변하는 구간에서 접속설치율은 원칙적으로 1/30 이하 설치

(2) **주변여건이 여의치 않을 때 최대 접속설치율** : 도시지역 1/10, 지방지역 1/20

7. 길어깨의 생략 또는 축소

(1) 도시지역 도로에서 도로의 주요 구조부 보호하고 차도의 기능 유지에 지장 없는 아래와 같은 경우에 길어깨를 생략 가능하다.

① 일반도로 또는 시가지 가로에 보도를 설치하는 경우

② 도시지역 시가지 가로에 주정차대, 자전거도로를 설치하는 경우

(2) 길어깨를 생략하는 경우에도 측대의 최소폭 0.5m를 확보해야 한다.[4]

---

4) 국토교통부, '도로의 구조·시설 기준에 관한 규칙', 2015, pp.174~183.

Ⅱ 주정차대

1. 용어 정의

(1) 주정차대(駐停車帶)란 자동차의 주차 또는 정차에 이용하기 위하여 도로에 접속하여 설치하는 부분을 말한다.

(2) **4대 불법 주정차 금지** : 소화전, 교차로 모퉁이, 버스정류소, 횡단보도

2. 주정차대 폭

(1) **주정차대의 표준폭** : 2.5m 이상

① 통과교통량이 많을 경우 안전을 고려하여 3.0m 이상

② 주차차량의 폭(2.5m), 통과차량과 주차차량과의 여유(0.3m), 주차차량 바퀴의 연속으로부터 떨어진 거리(0.15~0.30m)를 고려하여 설정

(2) 도시지역 구획도로에서 주차대상을 승용차만으로 할 경우 2.0m까지 축소 가능

3. 주정차대 구조

(1) 주정차대는 보도블록에 접속하여 연속적으로 설치하며, 도로의 횡단면 구성상 측구는 주정차대에 포함한다.

(2) 주정차대를 설치할 때 건축선의 굴절(set back)과 보도폭의 연속성을 고려하여 차도면과 동일한 평면으로 구성한다.

(3) 주정차대를 교차로 부근에 설치하지 않도록 해야 부가차로로 이용할 수 있고, 우회전차량과 충돌을 방지할 수 있다.

4. 주정차대 운용

(1) 주정차대에 주차를 금지시키고 일시적인 정차만으로 운용할 수 있다.
이 경우 자전거, 경운기 등의 정차대 이용이 가능하다.

(2) 교차로 부근에서는 주차는 물론 정차 행위도 교통소통에 지장을 준다.
이 경우 교차로 유·출입부에서는 주정차대를 부가차로로 겸용이 가능하다.

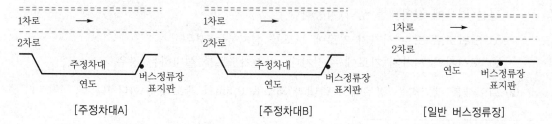

| [주정차대A] | [주정차대B] | [일반 버스정류장] |

3.05 적설지역 도로의 중앙분리대

적설지역 도로설계에서 중앙분리대 [1, 2]

1. 용어 정의

(1) 적설지역이란 최근 5년 이상의 최대 적설깊이의 평균이 50cm 이상인 지역 또는 이에 준하는 지역을 말한다. 적설지역에서는 강설시 도로교통을 유지하기 위하여 장비를 이용한 제설작업이 이루어진다.

(2) 적설지역 도로의 중앙분리대 및 길어깨폭은 제설작업을 고려하여 정한다.

2. 적설지역에서 제설목표의 설정

(1) 제설수준

[제설수준 A] : 강설시 고속도로 및 주간선도로에서 제설작업을 수행하여 全차로 도로표면이 상당히 드러날 정도의 제설수준, 목표도달시간 2시간

[제설수준 B] : 강설시 제설작업을 수행하여 全차로로 차량 통행이 가능하도록 하는 제설수준, 목표도달시간 3시간

[제설수준 C] : 부분차로 제설로 강설 후 일단 차량이 통행할 수 있는 상태를 제공하는 제설수준, 목표도달시간 5시간

[제설수준 D] : 통행량이 적은 도로에 상응하는 제설수준, 제설수준 A~C까지의 제설작업 수행 후 여유 장비와 인력으로 수행하며, 일시 도로폐쇄도 가능

[도로의 구분에 따른 제설수준]

제설수준	목표 도달시간	설계교통량	지방부	도시부	적용수준
A	2시간	20,000대/일 이상	고속국도 4차로 이상 일반도로	도시고속국로 주간선도로	평시 운행수준의 50~60%
B	3시간	20,000대/일 미만 5,000대/일 이상	4차로 이상 일반도로 2차로 일반도로	보조간선도로 집산도로	평시 운행수준의 40~50%
C	5시간	5,000대/일 미만	2차로 일반도로	집산도로 국지도로	통행로 확보
D	–	500대/일	2차로 일반도로	국지도로	추후 제설

(2) 제설방법

① 제설제를 사용하는 방법 : 염화칼슘, 천일염(소금) 살포

② 기계 제설장비를 사용하는 방법

　• 신설제설 : 통행차량에 의해 압설(壓雪)되어 흐트러지지 않은 상태로 제설

　• 확폭제설 : 내려 쌓이는 눈을 길 밖으로 제설

• 노면제설 : 차량의 안전한 주행을 도모하기 위하여 압설(壓雪)층을 적재하여 노면상의 눈을 평탄하게 도로 밖으로 배제
• 운반제설 : 계속해서 노면 또는 도로 옆의 눈을 운반 제거

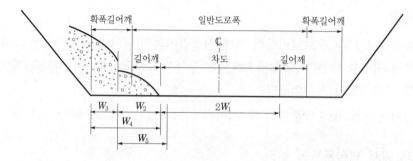

여기서, $2W_1$: 교통유지폭, W_2 : 제설여유폭, W_3 : 퇴설여유폭, W_4 : 측방여유폭, W_5 : 기계제설작업폭
[적설지역 도로폭의 구성 개념]

[적설지역 도로의 길어깨 여유폭]

최대 적설깊이(m)	제설여유폭 W_2(m)	퇴설여유폭 W_3(m)	측방여유폭 W_4(m)
0.5 미만	1.5	–	1.5
0.5~1.0 미만	1.5	1.0	2.5
1.0~2.0 미만	1.5	2.0	3.5
2.0~3.0 미만	1.5	2.5	4.0
3.0 이상	1.5	3.0	4.5

(3) 설계 최대 적설깊이

① 외국 사례를 보면, 30년 재현확률값의 최대 적설깊이를 설계값으로 채택하고, 적설된 눈을 퇴설하기 위한 측방여유폭(W_4)에 대해 다음과 같이 제안한다.
• 최대 적설깊이가 설계깊이를 초과하는 경우, 제설장비를 다수 투입하거나 더 많은 시간 동안 제설작업을 하여 도로교통을 유지한다.
• 기타 방법으로 제설장비의 능력을 보충한다.
• 여유폭 내에서 퇴설높이가 설계값보다 높은 경우 보충방법으로 처리한다.
② 이 점을 고려하여 설계 최대 적설깊이는 10년 재현확률값을 기준으로 한다.

3. 적설지역에서 제설계획의 수립

(1) 교통 확보

① 적설지역 도로에서 차량 통행이 유지될 수 있도록 확보해야 할 폭은 도로구분에 따른 차로폭 확보를 원칙으로 한다. 다만, 적설량이 많고 제설 및 퇴설작업으로 차량 통행이 어려울 경우 2차로를 1차로로 좁게 설정하여 차로를 효율적으로 운용한다.

② 도로조건에 따른 제설장비 운용방법은 차로수, 제설장비군의 조합, 제설 가능여부 등에 따라 결정한다.

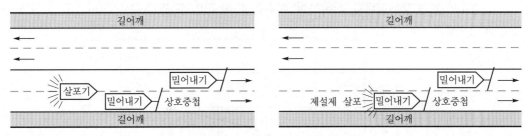

[고속도로에서 장비운영 여건별 제설방법]

(2) 제설여유폭

① 눈이 오는 지역에서의 측방여유폭＝제설여유폭＋퇴설여유폭

- 제설여유폭이란 일시적으로 노면의 적설을 퇴설하기 위한 장소이다. 즉, 강설 초기에 제설기(plow)에 의한 고속제설로 노면의 적설을 길어깨 쪽으로 배제한다.
- 퇴설여유폭이란 로터리(rotary) 차로와 같이 2차적으로 측방에 배제한 눈을 퇴설하기 위한 장소이다. 즉, 퇴설된 눈을 다음 적설에 대비하여 다시 측방으로 배제하거나, 덤프트럭에 의해 퇴설장으로 운반한다.

② 퇴설높이(H)와 퇴설여유폭(W_3) 산출

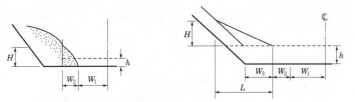

여기서, H : 퇴설높이(m), h : 강설높이(m), W_1 : 편측 교통확보폭(3.0m)

W_2 : 길어깨(1.5m), W_3 : 퇴설여유폭(m)

[측방에 모은 눈을 일시 퇴설하기 위한 폭]

$(W_1 + W_2 + L) \cdot h \cdot \rho_1 = (h \cdot L + 0.5\,H\,W_1) \cdot \rho_2$ 에서

$$L = W_1 \cos\alpha \, \frac{\sin\beta}{\sin(\beta - \alpha)} \fallingdotseq 2.5\,W_1$$

$$H = W_1 \sin\alpha \, \frac{\sin\beta}{\sin(\beta - \alpha)} \fallingdotseq 1.5\,W_1$$

여기서, ρ_1 : 신설밀도(0.3), ρ_2 : 퇴설밀도(0.4)

α : 퇴보면의 각도(30°), β : 퇴보면의 각도(45°),

(3) 중앙분리대의 확폭

적설지역 도로의 제설을 위하여 일반적으로 길어깨에 여유폭을 확보하지만, 도시지역의 경우에는 중앙분리대를 확폭하여 여유폭을 확보할 수 있다.[5]

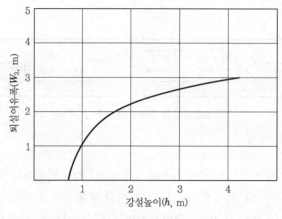

[제설 측방 여유폭]

5) 국토교통부, '도로의 구조·시설 기준에 관한 규칙', 2015, pp.183~188.

3.06 자전거도로, Road Diet

자전거도로 설치기준, 시점과 종점처리, 평면선형과 종단선형, 비동력 무탄소 교통수단 [8, 3]

I 개요

1. 용어 정의

자전거도로는 안전표지, 위험방지용 울타리나 그와 비슷한 공작물로 경계를 표시하거나, 노면표시 등으로 안내하여 보행자, 차량과 함께 또는 독립적으로 자전거의 통행을 위해 설치하는 도로를 말한다.

2. 설계의 기본원칙

(1) 자전거도로는 자전거 교통 특성을 고려하여 설계

(2) 지역 특성을 반영한 설계를 하되, 지역 간의 연결이 자연스럽게 이루어지도록 설계

(3) 자전거도로는 일정한 속도를 유지할 수 있도록 서행이나 멈춤을 최소화하고 연속적인 주행이 되도록 설계

(4) 자전거도로는 설치되는 위치별로 자전거, 보행자의 안전을 도모할 수 있도록 설계

(5) 자전거도로는 타 교통수단과의 연계성을 고려하여 설계

(6) 자전거도로는 친환경적으로 설계

II 횡단구성에 따른 자전거도로의 유형

1. 자전거 전용도로

자전거만이 통행할 수 있도록 분리대, 연석, 기타 이와 유사한 시설물에 의하여 차도 및 보도와 구분하여 설치된 자전거도로

[자전거 전용도로]

유형	설치방법	내용
자전거 전용도로		공원, 하천, 둔치 등에 독립적으로 설치된 도로 (Cycle path)
	연석/가드레일	도시부 일반도로에서 연석, 가드레일 등에 의해 입체적으로 분리된 도로(Cycle track)

2. 자전거·보행자 겸용도로

자전거 이외에 보행자도 통행할 수 있도록 분리대, 연석, 기타 이와 유사한 시설물에 의하여 차도와 구분하여 별도로 설치된 자전거도로

[자전거·보행자 겸용도로]

유형	설치방법	내용
자전거·보행자 겸용도로		자전거와 보행자가 부분적으로 혼용
		하천, 공원 등에 설치

3. 자전거·자동차 겸용도로

자전거 이외에 자동차도 일시 통행할 수 있도록 도로에 노면표시로 구분하여 설치하는 자전거도로

[자전거·자동차 겸용도로]

유형	설치방법	내용
자전거·자동차 겸용도로		주로 자전거 통행에 이용되는 도로(Cycle lane)

Ⅲ 자전거도로의 설치기준

1. 자전거도로의 네트워크 형성

(1) 자전거도로는 교통기능상 생활동선과의 연계, 즉 아파트단지, 지하철, 버스승강장 등 대중교통수단과의 연계를 이루는 독립적인 네크워크를 구축한다.

(2) 자전거도로의 네트워크는 간선과 지선의 병렬 네크워크화가 되어야 한다(도시부 주간선과 보조간선, 지방부 일반국도와 지방도, 하천 본류와 지류 등).

2. 자전거도로의 분리

(1) 자전거 교통의 분리여부를 판단할 때는 자전거 교통량, 자동차 교통량, 자동차 속도 등의 3가지를 고려한다.

(2) 자전거의 주행속도는 5~30km/h 범위(평균 17~18km/h)이며, 자동차와 자전거의 주행속도 차가 크면 자전거 교통을 분리한다.

(3) **편측 1시간당 자전거 교통량(N)의 분리여부 판단**

① 평균차두간격 L=500m, 평균주행속도 20km/h에서 $N=1,000\,V/L=40$대/시

② 따라서 양측 자전거 교통량 80대/시(약 700대/일) 기준으로 판단한다.

3. 자전거 · 보행자 겸용도로

(1) 자전거와 보행자를 자동차 교통으로부터 분리할 때의 판단기준은 자동차 교통량이 500대/일 이상일 때를 기준으로 한다.

(2) 자전거 · 보행자 겸용도로 검토 시 자전거와 보행자 사이에 마찰이 없도록 적절한 폭을 확보하고, 설치 후 불법점유물로부터 장애를 받지 않도록 한다.

4. 자전거도로의 형상

(1) 자전거도로의 형상은 차도와 같은 높이로 하여 차도와의 사이에 분리시설을 설치하는 경우와 자전거도로를 차도보다 높게 설치하는 경우가 있다.

(2) 폭이 좁은 교량 · 터널의 경우에는 자전거도로를 차도보다 높게 설치할 필요가 있는데, 이 경우에는 다음과 같은 점을 주의해야 한다.

① 자전거도로의 포장 면은 교차도로와의 사이에 턱이 나지 않게 접속한다. 이때 접속경사는 5~10%로 한다.

② 자전거가 흔들렸을 때 차도에 뛰어들지 않도록 하기 위해 자전거도로를 노면보다 5cm 높게 하고 폭이 넓은 연석을 설치한다.

Ⅳ 자전거도로의 선형기준

1. 설계속도

설계속도는 자전거도로의 구분에 따라 다음 표 이상으로 한다. 다만, 부득이한 경우 다음 표의 속도에서 10km/h를 뺀 속도 이상으로 할 수 있다.

[자전거도로의 설계속도]

구분	설계속도(km/h)
자전거 전용도로	30[1]
자전거 · 보행자 겸용도로	20[2]

주 1) 입체적으로 분리된 자전거 전용도로는 30km/h, 도시지역은 20km/h
    2) 노면표시로 통행공간이 분리된 자전거 · 보행자 겸용도로는 20km/h,
       노면표시로 분리되지 않은 자전거 · 보행자 겸용도로나 자전거 · 자동차 겸용도로는 10km/h

2. 폭

자전거도로의 폭은 1.1m 이상으로 하나, 원활한 주행을 위해 1.5m를 권장한다. 다만, 연장 100m 미만의 교량·터널에는 0.9m 이상으로 할 수 있다.[6]

[자전거도로의 폭원 기준]

구분	최소(m)	바람직(m)	교량·터널(m)[2]
일방향 1차로	1.1	1.5	0.9
양방향 1차로	2.0	3.0[1]	1.7

주 1) 양방향 1차로 바람직한 기준 3.0m는 최소 3차로 폭원으로 추월, 또는 일방향 병행주행이 가능한 폭원을 고려한 값이다.
　 2) 교량·터널은 불가피한 경우의 값이므로 가급적 최소 기준 이상을 적용한다.

3. 길어깨

일반도로와 별도로 설치하는 자전거도로는 도로 양측에 0.2m 이상의 길어깨를 설치한다. 다만, 다른 시설물과 접속되는 경우 길어깨를 생략할 수 있다.

4. 정지시거, 곡선반경

일반도로와 별도로 설치하는 자전거도로의 정지시거와 곡선반경은 아래 표의 값 이상으로 한다.

[자전거도로의 정지시거 및 곡선반지름]

설계속도(km/h)	정지시거(m)	곡선반경(m)
30 이상	30	24
20 이상	15	17
10 이상	10	10
10 미만[1]	3	3

주 1) 이때, 교차로, 하천제방 또는 신설노선 중에서 불가피한 경우에는 설계속도 10km/h 미만의 최소 곡선반경을 적용할 수 있다.

5. 종단경사

일반도로와 별도로 설치하는 자전거도로의 종단경사에 따른 제한길이는 아래 표와 같다. 다만, 지형상황 등 부득이한 경우에는 예외로 한다.

[자전거도로의 종단경사에 따른 오르막구간 제한길이]

종단경사(%)	7 이상	6 이상	5 이상	4 이상	3 이상
제한길이(m)	90 이하	120 이하	160 이하	220 이하	제한 없음

6. 시설한계

자전거도로의 시설한계는 2.5m 이상으로 한다.

---

6) 국토교통부·행정안전부, '자전거 이용시설 설치 및 관리 지침', 2019.10.

Ⅴ 로드 다이어트(Road Diet)

1. 개념

도로 다이어트(Road Diet)는 차로수를 줄이거나 차로폭을 조정함으로써 자동차교통의 속도 저감과 자전거 및 보행 공간의 확보를 통한 쾌적한 커뮤니티 공간을 만드는 것을 목적으로 하는 도로횡단구성 조정기법을 말한다.

2. 적용대상

(1) 자전거전용차로 설치 및 운영이 필요한 지역이어야 한다.

(2) 차로폭을 줄이는 도로다이어트는 현재 운영되는 차로수가 편도 최소 3차로 이상이거나 대형자동차 통행이 적은 편도 2차로 도로이어야 한다.

(3) 차로폭 축소를 통해 최소 2.0~2.5m의 자전거전용도로 폭원 확보가 곤란한 지역이거나 편도 2차로 이하도로에서는 차로수의 축소를 고려한다.

(4) 다만, 차로폭은 3.0m까지 축소하여 운영 가능하다.

3. 설치방법

(1) **주차구역 재조정** : 주차공간을 다시 구획하여 자전거도로 설치공간이 확보될 수 있는지 우선적으로 검토한다.

(2) **차로폭 축소** : 차로폭 축소 이전에 제한속도를 하향 조정할 수 있는지를 검토한다. 이 경우, 대형자동차 통행이 적은 도시의 경우 차로폭을 3.0m까지 축소한다.

(3) **차로수 감소** : 주차구역 재조정, 차로폭 축소의 대안이 충분하지 않을 경우 차로수를 감소하는 방법을 통해 공간을 확보한다.
이 경우, 차로수 감소는 도로의 소통능력 감소를 수반하나 첨두시와 같이 특정시간대의 자동차 소통능력을 인위적으로 감소할 경우에도 활용한다.

(4) **도로 주변부지 확보** : 도로 주변 보도를 이용하여 자전거도로를 확보하는 경우, 보행자 도로는 보행권과 관계가 있으므로 보행통행 행태를 고려한다.

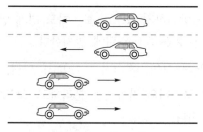

[Before Road Diet]

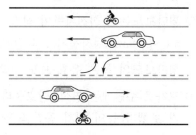

[After Road Diet]

3.07 보도, 연석, 횡단보도, 입체횡단보도

보도의 폭, 보도의 횡단구성, 고원식 횡단보도, 입체적 도로구역 [6, 0]

I 개요

1. 교차로를 설계할 때에는 교통사고 방지 및 교통류의 원활한 처리를 위하여 신호등, 안전표 지, 조명시설, 횡단보도, 방호울타리, 도로반사경, 충격흡수시설 등의 안전시설을 적절하게 설치하여야 한다.

2. 교차로 내의 보도, 정지선 및 횡단보도는 보행자의 안전에 직접 영향을 미치므로 주의 깊게 설계해야 한다.

II 교차로 안전시설

1. 보도

보도(步道)란 보행자의 통행을 위하여 연석선(緣石線), 안전표지 기타 유사한 공작물에 의 해 구획된 도로의 부분으로, 인도(人道)라고도 한다.

2. 연석

(1) 연석(緣石)이란 보행자의 안전, 노면 배수, 시선유도, 도로용지 경계, 유지관리 등의 편 의를 위하여 보도, 식수대 등과 차도와의 경계에 연접하여 설치하는 경계석을 말한다.

(2) 연석은 보행자나 자전거를 자동차로부터 보호하고 차도를 이탈한 차량의 진행방향을 변환시키는 등의 역할을 하며, 차도와 보도를 구분하기 위하여 차도에 접하여 연석을 설치하는 경우에는 그 높이를 25cm 이하로 한다.

3. 횡단보도

(1) 횡단보도(橫斷步道)란 보행자가 도로를 횡단할 수 있도록 도로에 표시한 도로의 부분을 말하며, 대표적인 안전표시의 일종이다.

(2) 횡단보도는 우회전차량이 직진차량 진행을 방해하지 않도록 보·차도 경계 연장선에서 5.0~6.0m(소형자동차 1대 길이), 정지선은 2.0~3.0m 뒤에 설치한다.

(3) 횡단보도의 폭은 유효 보도 폭의 2배 정도로 하며, 최소치를 4.0m로 한다.

(4) 교차로 주변에는 연석, 방호울타리 등으로 보행자와 자동차를 분리하고, 보도에 횡단대 기 보행자 등의 대기 공간을 확보하도록 한다.

III 보도(步道)

1. 설치기준

(1) 보행자의 안전과 자동차의 원활한 통행을 위하여 필요한 경우에는 도로에 보도를 설치해야 한다.

이 경우, 보도는 연석(緣石)이나 방호울타리 등의 시설물을 이용하여 차도와 분리하고, 필요한 지역에는 교통약자를 위한 이동편의시설을 설치한다.

(2) 상기 (1)항에 따라 차도와 보도를 분리하기 위하여 차도에 접하여 연석을 설치할 때, 그 높이는 25cm 이하로 한다.

횡단보도에 접하여 설치되는 연석에는 교통약자 이동편의시설을 설치하며, 자전거도로에 접하여 설치되는 연석은 자전거 통행에 불편이 없도록 한다.

(3) 보도의 유효폭은 보행자 통행량과 주변 토지이용상황을 고려하여 결정하되, 최소 2m 이상으로 한다.

다만, 지방지역 도로와 도시지역 국지도로는 지형조건이 불가능하거나 기존 도로의 확폭이 어려울 때는 1.5m 이상으로 좁힐 수 있다.

(4) 보도는 보행자 통행경로를 따라 연속성과 일관성을 유지하도록 설치하며, 보도에 가로수 등 노상시설을 설치할 때는 노상시설폭을 추가로 확보해야 한다.

2. 보행자 통행량을 이용한 보도폭 결정 5단계

[1단계] 계획·설계 목표연도 보행자도로의 수요 보행교통량 추정
[2단계] 추정된 수요 보행교통량 1분 보행교통량(인/분)으로 환산
[3단계] 서비스 보행교통류율(SV_i)에 의한 서비스수준 B 또는 C 제시

[보행자 서비스수준]

LOS	보행교통류율(인/분/m)	내용
A	≤ 20	보행속도 자유롭게 선택 가능
B	≤ 32	정상적인 속도로 보행 가능
C	≤ 46	타 보행자 앞지르기 시 약간의 마찰 있음
D	≤ 70	마찰 없이 타 보행자 앞지르기 불가능
E	≤106	보행자 대부분이 평소 보행속도로 걸을 수 없음
F	–	모든 보행자의 보행속도가 극도로 제한됨

[4단계] 보행자도로에 대한 보도의 유효폭(W_E) 계산

$$W_E = \frac{V}{SV_i}$$

여기서, V : 장래의 수요 보행교통량(인/분)

SV_i : 서비스수준 i에서의 서비스 보행교통류율(인/분/m)

[5단계] 보도의 방해폭을 감안하여 보도폭(W_T)을 결정

$$W_T = W_E + W_O$$

여기서, W_E : 보도의 유효폭(m)

W_O : 보도의 방해폭(m)

3. 보도의 횡단구성

(1) 보도는 연석에 의해 차도 면보다 0.1~0.25m 높은 구조로 설치하거나, 방호울타리에 의해 차도로부터 분리한다.

　① 방호울타리 방법은 시설물 설치부분(0.50m)만큼 보도폭 증가

　② 보도폭이 좁고 차도 양측에 여유가 부족한 경우 보도면 높이는 0.15m

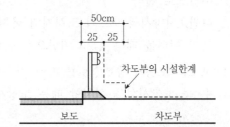

[보도와 연석 설치]

(2) 보도에 노상시설을 설치하는 경우에는 보행자를 위해 필요한 폭 외에 노상시설에 필요한 폭을 추가하여 확보한다.

4. 보행자와 차량의 분리시설

(1) 보도육교 또는 지하보도

　① 설치대상 : 간선도로에서 교통량이 많아 도로기능 보호가 필요한 구간

　　　　　　 상업중심지, 학교, 공장, 운동장 등 보행자가 많은 구간

　② 보도육교를 설치할 때는 계단과 경사로(경사 1 : 18)를 병행 설치하며, 무단횡단 방지를 위해 차도와 보도 사이에 펜스 설치

(2) 연석(緣石)

　① 설치대상 : 노면 배수, 시선유도, 도로경계, 미관, 유지관리 등이 필요한 구간

　② 연석은 도시부 도로에 필수적이며, 지방부 도로에는 설계속도 80km/h 이상인 구간에 경사형 연석을 설치

③ 경사형 연석(Mountable curb)
- 특징 : 차량 바퀴가 연석 위로 올라갈 수 있는 형식
  - 전면 경사가 1 : 1보다 급하면 포장면에서 높이 10cm 이하로 설치
  - 전면 경사가 1 : 1~2 정도이면 포장면에서 높이 15cm 이하로 설치
- 대상 : 지방부에서 잔디로 구성된 중앙분리대에는 경사형 설치

④ 수직형 연석(Barrier curb)
- 특징 : 연석 전면을 수직에 가깝게 높아 차량 이탈방지 가능한 형식
  - 고속주행 중 연석에 충돌하면 전복되므로 고속도로에는 부적합
  - 포장면에서 높이 25cm 이하로 하며, 가드레일과 병행하여 설치
- 대상 : 도시부 속도제한구역 내에서 차도와 보도가 구분된 경우에 수직형 설치

5. 보도 설치 유의사항

(1) 보도는 도시지역 도로에서는 필수적인 시설이며, 지방지역 도로에서도 보행자 교통이 많은 경우 보행자의 안전한 통행을 위하여 필요성이 인정된다.

(2) 보행자 교통을 자동차 교통으로부터 분리하여 보도를 별도로 설치하는 기준은 보행자 수 150인/일 이상, 자동차 교통량 2,000대/일 이상이다.

(3) 그러나 보행자 수가 적더라도 자동차 교통량이 아주 많거나, 학생, 유치원 아동들의 통로, 인구밀집지역 등은 보행자를 분리하는 것이 필요하다.

Ⅳ 횡단보도

1. 설치기준

(1) 횡단보도는 보행자가 교차로나 교차로 이외의 장소에서 차도를 횡단할 수 있도록 교통신호등, 도로표지, 노면표시 등으로 구분하여 설치한다.

(2) 횡단보도는 보행자와 자동차가 교통신호에 따라 교대로 사용하는 공간이다.

2. 종류

(1) Zebra : 가장 전통적인 형식의 횡단보도

(2) Push button : 보행자가 직접 신호등 button을 켜고 횡단하는 형식으로, 보행자가 적고 일정 시간대에만 횡단하는 지역(학교 앞)에 설치

(3) 투캔(Toucan) : 보행자와 자전거가 함께 횡단하는 형식으로, 자전거가 교차로 반대 쪽에서 횡단하도록 하며 연석의 턱 높이를 없애고 설치

(4) **대각선 횡단보도(Scramble)** : 보행자가 교차로에서 대각선 방향으로 횡단하는 형식으로, 보행자가 횡단하는 중에 대기차량은 U-turn 가능

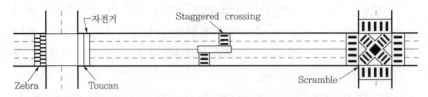

[횡단보도의 종류]

(5) **굴절식 횡단보도(2단 횡단보도, Staggered crossing)**

① 2단 횡단보도는 폭이 넓은 도로를 두 번에 나누어 횡단할 수 있도록 도로 중앙에 설치된 교통섬에서 3~5초 대기 후에 나머지 절반을 건너가는 방식
즉, 횡단보도 양쪽의 보행신호를 분리·운영하기 위해 중간에 보행섬을 설치하고, 횡단보도를 2개로 분리한다.

② 사례 : 서울 영동대로 8곳에 2단 횡단보도를 설치·운영

③ 효과 : 자동차 통행시간 31% 단축, 보행자 횡단시간 33% 증가

④ 교통소통 측면에서는 상당한 개선효과가 있으나, 보행자 측면에서는 도로 횡단시간이 증가된다. 그러나 차량 이용자가 보행자 수보다 훨씬 많으므로, 보행자가 조금 양보하면 전체적으로 상당한 시간비용을 줄일 수 있는 방식이다.

[2단 횡단보도]

(6) **고원식 횡단보도**

① 보행자 횡단보도면을 자동차가 통과하는 도로면보다 높게 설치하여 자동차의 감속을 유도하고 보행자의 횡단 편의성을 확보하는 시설
즉, 차도노면에 사다리꼴 모양의 횡단면을 갖는 구조물(이하 '사다리꼴구조물')을 설치하여, 보도의 양측에서 수평으로 차도를 횡단하는 구조

② 사다리꼴구조물의 경사(턱) 부분과 횡단보도 부분은 서로 다른 색상 및 재질로 하고 경사를 완만하게 설치
사다리꼴구조물의 높이는 보도의 높이와 같게 하고, 사다리꼴구조물의 윗면 평탄부는 차축의 길이를 고려하여 2.5m 이상으로 설치

③ 고원식 횡단보도에는 배수파이프 등의 배수설비를 갖추며, 주변에는 야간 사고 방지 표지, 자동차 진입억제용 말뚝 등의 안전시설물을 설치
보행자의 주요 동선이나 자동차의 진행이 많은 도로의 단절지점에 설치하여 교통소통 및 보행안전을 확보 가능

횡단보도를 연석높이 만큼 올려 설치

[고원식 횡단보도]

(7) 보행섬식 횡단보도

① 보행우선구역에서 도로의 용지가 허용되는 경우에는 도로의 중앙에 횡단을 위한 일시적인 대기 장소(이하 보행섬)를 두고, 횡단보도를 설치하는 구조
* 보행섬 : 횡단 보행자의 안전을 위해 도로 중앙에 설치하는 보행자의 대기장소
② 보행섬은 도로의 규모에 따라 직선형태 또는 굴절형태의 횡단보도 중앙에 선택적으로 설치할 수 있으며, 최소 폭은 1.5m로 한다.
③ 보행섬의 전후에는 안전지대 노면표시 및 자동차 진입억제용 말뚝 등의 안전시설물을 설치하여 자동차와 보행자의 충돌사고를 방지한다.[7]

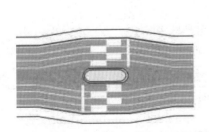

[보행섬식 횡단보도]

---

7) 국토교통부, '도로의 구조·시설 기준에 관한 규칙', 2015, pp.197~204.

V 입체횡단보도

1. 용어 정의

(1) 자동차전용도로 및 철도 횡단부분의 도로에는 입체횡단보도(횡단보도육교 또는 지하공공보도)를 반드시 설치해야 한다.

(2) 일반도로 중 6,000명/hr 이상 통행하는 도시지역 도로와 지방지역 도로 중 교통·도로상황, 안전성, 경제성 등을 감안하여 입체횡단보도를 설치한다.

(3) 입체횡단보도에는 장애인을 위한 경사로(엘리베이터)를 별도로 설치하며, 장애인 전용표지 등 장애인을 위한 도로 부속물을 설치한다.

(4) 입체횡단보도의 출입계단과 계단참의 양측 벽면에 손잡이 난간을 설치한다.

2. 입체횡단보도

(1) 형식 선정

① 횡단보도육교 형식은 이용상태, 편익, 교통영향, 주변환경과의 조화, 시공조건, 유지관리 및 방법상의 문제를 감안하여 선정한다.

② 지하공공보도 형식은 초기공사비 증가, 배수·조명·환기 등의 유지관리비 증가 등의 단점이 있지만 도시미관 측면에서 다음 경우에 설치한다.

- 도시 미관을 해칠 우려가 있는 경우
- 지장물로 인해 육교를 설치하면 높이가 너무 높아 이용이 곤란한 경우
- 횡단보도육교에 비해 공사비, 시공법 등이 유리한 경우
- 기상이 불순하여 횡단보도육교의 이용도가 저감될 경우
- 횡단보행자가 매우 많은 철도역 광장 등의 경우
- 지방지역 도로에서 높은 성토구간으로 공사비가 저렴한 경우

(2) 횡단보도육교

① 폭, 계단의 높이·너비는 다음 표 이상으로 한다.

[횡단보도육교의 폭]

보행자 수(인/분)	80 이상	80~120	120~160	160~200	200~240
육교 폭(m)	1.50	2.25	3.00	3.75	4.50

[횡단보도육교의 계단의 높이·너비]

구분	표준	지형·지물 여건상 부득이한 경우
계단 높이	15cm	18cm
계단 너비	30cm	26cm

② 계단참 : 횡단보도육교의 높이가 3.0m를 초과하는 경우에는 계단참을 설치

　폭은 직계단의 경우에는 1.2m, 기타 경우에는 계단폭과 동일하게 설치

③ 경사도 : 계단인 경우 경사도를 50%(높이/밑면) 이하, 약 30°로 설치

　장애인용 경사로는 12% 이하, 계단식 경사로는 25% 이하로 설치

④ 난간 : 높이 1.0m 이상, 폭 0.1m 이상으로 설치

⑤ 계단턱에는 미끄럼방지시설을 설치

(3) 지하공공보도

① 형태 : 이용편리성, 피난안전성 등을 고려하여 직선형 또는 직각교차형 설치

② 폭 : 다음 식으로 산정하되, 최소 폭은 6m 이상으로 설치

　• 폭(m)={당해지역의 개발을 고려한 시간당 최대 보행자수(인)/1,600}

　　　　+여유치(지하상가 있는 경우 2m, 지하상가 없는 경우 1m)

③ 바닥 : 바닥에 층계나 경사를 두지 않는다. 부득이하면 경사도 1/8 이내 설치

④ 천정 : 천정 높이는 바닥으로부터 3.0m 이내로 한하되, 천장이 경량철골 천장틀인 경우에는 2.5m 이상 가능

⑤ 출입시설

　• 간격 : 출입시설 간의 간격은 100m 이내로 하되, 120m 이내에서 조정 가능

　• 폭 : 당해 지하공공보도의 폭 이상으로 하되, 최소 2.0m 이상 설치

　• 계단 : 계단의 각각 높이는 18cm 이하, 너비는 26cm 이상으로 설치하되, 계단의 전체 높이가 3.0m 초과하면 3.0m 마다 계단참 설치

　• 바닥 : 출입시설 바닥은 지표수가 지하도 내부로 유입되지 않는 구조로 설치[8]

[경기 용인 시청 앞 횡단보도육교]　　　　[인천 신포지하공공보도 국제설계공모 당선작]

---

[8] 국토교통부, '도로의 구조·시설 기준에 관한 규칙', 2015, pp.614~616.

3.08 환경시설대, 식수대

1. 환경시설대

(1) **용어 정의** : 환경시설대(環境施設帶, roadside green-belt)란 주택지 등 생활환경보전이 필요한 지역에서 도로교통에 따른 소음·진동, 배기가스 등 연도지역으로부터의 영향을 경감하기 위하여 도로용지로서 확보되는 폭 10~20m의 공간을 말한다.

(2) **환경시설대의 설치대상**

① 도로 주변 생활환경 측면에서 교통량이 당해 도로의 성격, 대형차 혼입률, 주행속도 등과 밀접한 관계에 있는 다음과 같은 4차로 이상 도로
  • 고속도로
  • 일반국도 또는 지방도(시도 포함)
  • 자동차전용도로 또는 간선도로

② 도로 주변 토지이용 측면에서 계획시점에는 택지예정지가 아니더라도 장래 택지개발 예정지로서 양호하여 주거환경보전이 필요한 다음과 같은 지역
  • 주거전용지역
  • 기타 도로주변의 토지이용 등을 감안하여 주거환경을 보전할 필요가 있는 지역

(3) **환경시설대의 폭**

① 일반 평면도로 및 고가도로에서는 도로 주변 생활환경을 보전하기 위하여 도로 양측 끝에 폭 10m의 환경시설대를 설치한다.

② 자동차전용도로는 방음벽 설치 폭을 고려하여 도로 양측 차도 끝에 폭 20m의 환경시설대를 설치한다. 다만, 용지취득이 어려운 경우 10m로 축소한다.

③ 하천, 철도 등의 지형상황으로 환경시설대 폭을 별도로 확보하기 곤란한 경우에는 절토 및 성토의 경사면을 이용하여 적절한 폭을 취한다.

2. 식수대

(1) **용어 정의** : 식수대(植樹帶, planting belt)는 도로 녹화를 목적으로 중앙분리대, 보도, 차도 등의 경계부에 고목, 중저목, 화초 등을 심기 위해 설치된 띠 모양의 부분이다.

(2) **식수대의 종류**

① 도심지 식수대 : 안전한 교통소통과 쾌적한 통행환경을 확보

② 경관지 식수대 : 주변지역 경관과 조화를 이루는 도로경관 조성

③ 주거지 식수대 : 소음, 진동, 대기오염 등 환경피해 최소화 도모

(3) 식수대의 설치효과

① 도로환경 정비 측면
- 다른 교통을 분리함으로써 교통의 안전성과 쾌적성 향상
- 보행자나 자전거의 무단횡단을 억제
- 운전자의 시선을 유도하여 핸들조작에 의한 과오 방지
- 도로이용자의 불쾌감, 부조화감의 차폐 및 현광 방지

② 생활환경 보전 측면
- 자동차 배기가스(CO_2), 먼지, 매연 등을 흡착침강시켜 대기정화
- 자동차교통을 시각적으로 차단, 보행자의 무단횡단 방지
- 노면의 복사열 완화와 가로수의 수분 증발로 주변 온도상승 억제
- 자동차의 소음을 흡착 반사시켜 소음 경감[9]

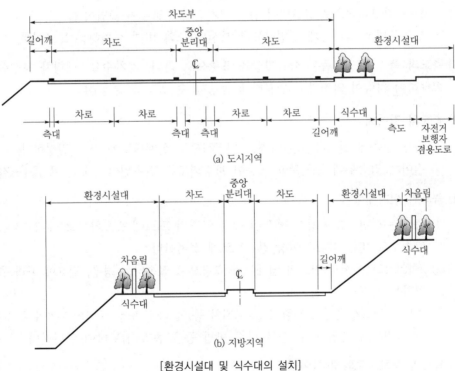

(a) 도시지역

(b) 지방지역

[환경시설대 및 식수대의 설치]

---

9) 국토교통부, '도로의 구조·시설 기준에 관한 규칙', 2015, pp.210~216.

3.09 측도(側道), 접도구역(接道區域)

측도(Frontage Road), 접도구역 [8, 0]

1. 측면도로(側道)

(1) 용어 정의

① 측도(側道, frontage road)는 출입제한도로 및 우선도로에 인접하여 평행하게 설치되는 측면도로를 말한다.

② 완전출입제한도로(고속도로, 자동차전용도로)에서는 그 도로 개통으로 인해 단절된 일반도로의 기능을 보상·회복하고, 우선도로에서는 인접지역의 교통에 대해 출입구를 한정함으로써 우선도로의 기능을 확보할 목적으로 설치된다.

③ 측도는 4차로 이상 도로의 구조가 성·절토로 이루어져 본 도로와 고저차가 큰 경우 또는 환경대책으로 방음벽이 연속 설치되어 도로주변 출입이 불가능한 경우, 차량이 도로주변을 자유롭게 출입하도록 본선 차도와 병행 설치하는 도로이다.

(2) 측도의 폭 : 측도의 폭은 4m 이상을 표준으로 하되, 정차수요, 대형차 통행현황 등을 고려하여 차량이 안전하고 원활하게 통행할 수 있도록 결정한다.

(3) 측도의 길어깨

① 측도 우측에 설치하는 길어깨는 원칙적으로 설계속도에 따라 결정한다.

② 길어깨 접속부에서 원활한 교통이 보장되도록 접속위치, 선형, 폭 등을 결정한다.

(4) 측도의 설치대상

① 측도는 선형, 경사 등이 제한된 높은 규격의 도로에 필요하므로 계획교통량이 많은 고속도로 또는 4차로 이상 간선도로에 설치한다.

② 2차로 도로에서도 철도와 입체교차 교량으로 접속하는 경우, 필요에 따라 측도를 설치하는 사례도 있다.

③ 측도의 필요성은 출입제한 정도(고저차 등)에 따라 도로 주변의 교통수요, 차량이 도로 주변에서 출입할 수 있는 다른 방법 등을 종합 검토하여 판단한다.

(5) 측도와 부체도로와의 차이점

① 부체도로는 기존 도로를 자동차전용도로로 편입시키는 경우, 기존 도로를 이용하던 주민들이 불편하지 않도록 병행하여 설치하는 도로이다.

② 따라서, 부체도로는 짧은 구간에 설치하는 측도의 일부로 간주할 있으며, 국토면적이 좁은 국내에서는 구분하지 않고 적용한다.

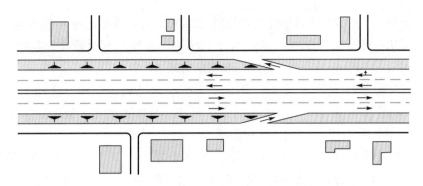

[농경지 구간에 설치되는 측도]

2. 접도구역(接道區域)

(1) **용어 정의** : 접도구역(接道區域)은 도로구조의 파손 방지, 미관(美觀)의 훼손 또는 교통에 대한 위험을 방지하기 위하여 도로경계선으로부터 일정 거리 이내에 지정하는 구역을 말한다.

(2) **접도구역의 지정**

① 접도구역의 지정대상은 고속국도, 일반국도, 지방도, 군도의 4등급 도로이며, 시도, 구도는 지정대상이 아니다.

- 고속국도는 전체 구간을 대상으로 접도구역 10m 지정
- 일반국도는 전체 구간을 대상으로 접도구역 5m 지정
- 지방도는 전체 구간 또는 일부구간을 대상으로 접도구역 5m 지정
- 군도는 전체 구간 또는 일부구간을 대상으로 접도구역 5m 지정

②「도로법 시행령」제27조 단서조항에 의거 다음 지역에 대하여는 접도구역을 지정하지 않을 수 있다.

- 「국토의 계획 및 이용에 관한 법률」제51조 제3항의 규정에 의한 제2종 지구단위계획구역(주거형에 한함)
- 당해 지역의 일반국도, 지방도, 군도의 폭 및 구조가 인접한 도시계획구역의 도로의 폭 및 구조와 유사하게 정비된 지역으로 당해 지역의 양측에 인접한 도시계획구역 상호 간의 거리가 10km 이내인 지역 등 기타 2개 지역

(3) **접도구역 안에서 금지되는 행위**

① 접도구역은 일반국도의 경우는 도로경계선으로부터 20m 이내, 고속국도의 경우는 50m를 초과하지 아니하는 범위에서 지정할 수 있으며, 접도구역 내에서 다음의 행위가 금지된다.

- 토지의 형질을 변경하는 행위
- 건축물이나 그 밖의 공작물을 신축·개축 또는 증축하는 행위

② 접도구역은 도로관리청이 관리하며, 도로구조나 교통안전에 대한 위험 예방을 위해 접도구역에 있는 토지, 나무, 시설, 건축물, 그 밖의 공작물의 소유자나 점유자에게 상당한 기간을 정하여 다음의 조치를 하게 할 수 있다.

- 시설 등이 시야에 장애를 주는 경우에는 그 장애물을 제거할 것
- 시설 등이 붕괴하여 도로에 위해를 끼치거나 끼칠 우려가 있으면 그 위해를 제거하거나 위해 방지시설을 설치할 것
- 도로에 토사 등이 쌓이거나 쌓일 우려가 있으면 그 토사 등을 제거하거나 토사가 쌓이는 것을 방지할 수 있는 시설을 설치할 것
- 시설 등으로 인하여 도로의 배수시설에 장애가 발생하거나 발생할 우려가 있으면 그 장애를 제거하거나 장애의 발생을 방지할 수 있는 시설을 설치할 것

(4) 접도구역 안에서 허용되는 행위

① 연면적 $10m^2$ 이하의 변소, 연면적 $50m^2$ 이하의 퇴비사, 연면적 $20m^2$ 이하의 축사 또는 농·어업용 창고의 신축

② 증축되는 부분의 바닥면적의 합계가 $30m^2$ 이하인 건축물의 증축

③ 건축물의 개축·재축·이전(접도구역 밖에서 안으로 이전 제외) 또는 대수선

④ 담장(출입문 포함)의 설치

⑤ 건물에 부속된 기존의 변소, 퇴비사, 축사 등을 같은 면적의 범위에서 같은 대지 안으로 이전하는 행위

⑥ 도로공사를 위해 설치하는 가설물로서 2년 이내에 철거될 건축물의 설치 10)

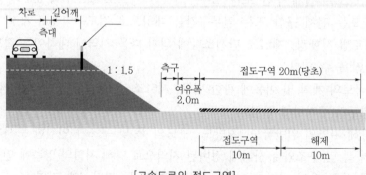

[고속도로의 접도구역]

---

10) 국토교통부, '도로의 구조·시설 기준에 관한 규칙', 2015, pp. 216~218.

3.10 시설한계(施設限界, Clearance)

시설한계(Clearance), 날개끝 안전간격(Wing Tip Clearance) [3, 1]

1. 용어 정의

(1) 시설한계(施設限界, Clearance)란 도로 위에서 자동차, 보행자 등의 교통안전을 확보하기 위하여 일정한 폭과 높이의 범위 내에서는 장애가 되는 시설물을 설치하지 못하게 정해둔 공간확보의 한계를 말한다.

(2) 시설한계 내에는 표지판, 방호울타리, 가로등, 가로수 등 도로의 부속물을 일체 설치할 수 없다.

2. 시설한계

(1) 차도의 시설한계높이는 4.5m 이상으로 한다. 다만, 아래의 경우에는 시설한계높이를 축소할 수 있다.

① 집산도로 또는 국지도로가 지형상황 등으로 인하여 부득이하다고 인정되는 경우 : 4.2m까지 축소 가능

② 소형차도로의 경우 : 3.0m 이상 축소 가능

③ 대형자동차의 교통량이 현저히 적고, 그 도로의 부근에 대형자동차가 우회할 수 있는 도로가 있는 경우 : 3.0m까지 축소 가능

(2) 차도, 보도 및 자전거도로의 시설한계는 아래와 같다. 이 경우 도로의 종단경사 및 횡단경사를 고려하여 시설한계를 확보해야 한다.

[차도의 시설한계]

차도에 접속하여 길어깨가 설치되어 있는 도로		차도에 접속하여 길어깨가 설치되어 있지 않은 도로	차도 또는 중앙분리대 안에 분리대 또는 교통섬이 있는 도로
터널 및 100m 이상인 교량을 제외한 도로의 차도	터널 및 100m이상인 교량의 차도		

- H : 통과높이(시설한계높이)
- a 및 e : 차도에 접속하는 길어깨의 폭
  다만, a가 1m를 초과하는 경우 1m로 한다.
- b : H(4m 미만인 경우에는 4m)에서 4m를 뺀 값
  다만, 소형차도로는 H(2.8m 미만인 경우 2.8m)에서 2.8m를 뺀 값

• c 및 d : 교통섬과 관계가 있으면 c는 0.25m, d는 0.5m로 하고, 분리대와 관계가 있으면 도로구분에 따라 정한 아래 값으로 한다.

[교통섬 관련 c 및 d 값]

도로구분	c	d
고속도로	0.25~0.50m	0.75~1.00m
도시고속도로	0.25m	0.75m
일반도로	0.25m	0.50m

[보도, 자전거 및 자전거·보행자도의 시설한계]

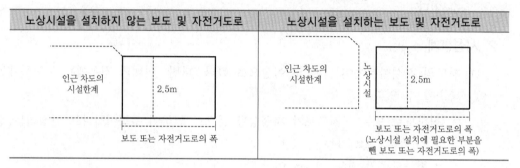

3. 시설한계 설치 유의사항

(1) 시설한계는 상한선을 노면과 평행하게 설치

① 보통의 횡단경사를 갖는 구간에서는 노면에 연직으로 잡는다.

② 편경사를 갖는 구간에서는 노면에 직각으로 잡는다.

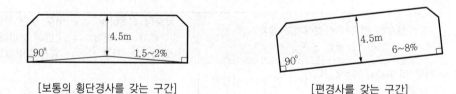

[보통의 횡단경사를 갖는 구간]   [편경사를 갖는 구간]

(2) 차량의 높이제한 표지판 설치

① 차도의 노면으로부터 상단 여유폭이 4.7m 미만인 구조물에 설치하되, 당해 구조물 높이에서 20cm를 뺀 수치를 표시한다.

② 차량 진행방향의 도로 우측 또는 해당 도로구조물의 전면에 설치한다.

③ 우회도로 전방에 높이제한 예고와 우회도로 예고를 함께 안내한다.[11]

---

11) 국토교통부, '도로계획지침', 2013, pp.199~202.
경찰청, '교통안전표지 설치·관리메뉴얼', 2019.

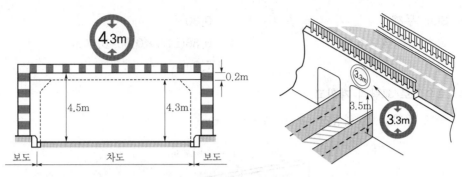

[차량의 높이제한 표지 설치]

4. 구조물별 시설한계의 설치기준

(1) **국도·지방도** : 4.7m 이상(overlay 0.2m 고려), 가급적 5.0m 이상

　　　　　　　고속도로와 국도 입체교차 구간에는 형하공간 8.0m 이상

(2) **철도·고속철도 포함** : 7.01m 이상

(3) **하천** : 계획홍수량에 따라 다음 표와 같이 여유고 0.6~2.0m 이상 확보

[계획홍수량에 따른 여유고]

계획홍수량(m^3/sec)	여유고(m)	계획홍수량(m^3/sec)	경간길이(m)
200 미만	0.6 이상		
200~500	0.8 이상	500 미만	15 이상
500~2,000	1.0 이상	500~2,000	20 이상
2,000~5,000	1.2 이상	2,000~4,000	30 이상
5,000~10,000	1.5 이상	4,000 이상	40 이상
10,000 이상	2.0 이상		

5. 시설한계 산정 사례

 문제 1

　　고속도로 : 4차로, 폭원 24.0m, 편경사 3%, 종단경사 2%
　　국도 : 4차로, 폭원 20.0m 횡단경사 2%, 종단경사 2%
　　고속도로가 국도를 overpass하는 경우, 고속도로 교량의 계획고를 구하시오.
　　단, 고속도로와 교차하는 지점의 국도 계획고 EL=10.0m이다.

(1) **형하공간 계산**

국도 종단경사	0.24(12.0×0.02=0.24m)
국도 시설한계	4.7
Beam 형고	2.00

Slab 두께	0.30
고속도로 횡단경사	0.36(12.0×0.03=0.36m)
합계	7.0m

(2) 고속도로 교량의 계획고

국도 계획고＋형하공간＝10.0＋7.6＝17.6m

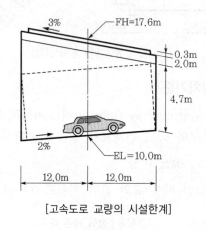

[고속도로 교량의 시설한계]

(3) 감사원의 시설한계 지적내용

① 감사원은 2008.11.10. 감사결과, ○○지하차도 구간이 차도와 보도의 시설한계 통과 높이 4.5m를 확보하지 못하여 교통흐름에 지장이 있다면서,

② 현재 통과높이가 3.6m로 0.9m 낮고, 도로와 80m 거리에 유형문화재인 ○○학교 구 교사가 있음에도 불구하고 문화재 형상변경심의를 거치지 않아 문화재보호법 위반이며, 향후 ○○지구 226만m² 도시정비사업을 시행하면 교통소통에 지장이 있을 것으로 예상된다고 지적하였다.

[2. 도로선형]

3.11 평면선형의 구성요소, 횡단경사

도로의 선형 설계에서 편경사 구성요소 및 설치방법, 횡단경사 [1, 2]

1. 개요

(1) 도로의 평면선형은 경제적 여건 내에서 주행의 안전성·쾌적성·연속성을 고려하며, 설계속도에 따라 직선, 원곡선 및 완화곡선의 3요소로 구성된다.

(2) 도로의 평면선형 3요소는 적절한 길이 및 크기로 연속적이며 일관성 있는 흐름을 유지하고, 원곡선과 완화곡선 구간에서는 설계속도와 평면곡선반경의 관계, 횡방향미끄럼마찰계수, 편경사, 확폭 등의 설계요소가 조화를 이루어야 한다.

2. 도로의 평면선형 구성요소

(1) **평면곡선반경**

① 자동차가 일정한 평면곡선반경을 가진 평면곡선부를 주행할 때는 원심력에 의해 평면곡선 바깥쪽으로 힘을 받게 된다.

② 이때 평면곡선부에서의 원심력은 자동차의 속도·중량, 평면곡선반경, 타이어와 포장면의 횡방향마찰력 및 편경사에 의하여 작용된다.

(2) **평면곡선길이**

① 자동차가 평면곡선부를 주행할 때 평면곡선길이가 짧으면 운전자는 횡방향의 원심력을 크게 받게 되어 주행 안전성이 저하된다.

② 도로교각이 작으면 평면곡선반경이 실제 크기보다 작게 착각할 수 있으므로, 운전자가 핸들조작에 곤란을 느끼지 않도록 최소 평면곡선길이를 정한다.

(3) **평면곡선부의 편경사**

① 자동차가 평면곡선부를 주행할 때 운전자에게 불쾌감을 주는 횡방향 원심력을 줄이기 위해서는 편경사를 크게 해야 한다.

② 결빙이나 정지·출발 때 횡방향 미끄러짐이 없도록 최대 편경사를 제한한다.

(4) **평면곡선부의 확폭** : 평면곡선반경이 작은 곡선부에서는 설계기준자동차의 회전 궤적이 그 차로를 넘어서므로, 이러한 구간에서는 차로의 폭을 확폭한다.

(5) **완화곡선 및 완화구간** : 자동차가 평면선형의 직선부에서 곡선부, 또는 곡선부에서 직선부로 원활히 주행하도록 주행궤적의 변화에 따라 완화곡선 변이구간을 설치한다.

3. 횡단경사(橫斷傾斜)

(1) 용어 정의

① 횡단경사란 도로의 진행방향에 직각으로 설치하는 경사로서, 도로의 배수를 원활하게 처리하기 위하여 설치하는 경사와 평면곡선부에 설치하는 편경사를 말한다.

② 차도의 횡단경사는 배수를 위하여 노면의 종류에 따라 아래 표의 비율로 설치한다. 다만, 편경사 설치구간은 평면곡선부의 편경사 설치 규정에 따른다.

[차도부의 횡단경사]

노면의 종류	횡단경사(%)
아스팔트 및 시멘트 포장도로	1.5 이상 2.0 이하
간이포장도로	2.0 이상 4.0 이하
비포장도로	3.0 이상 6.0 이하

③ 보도 또는 자전거도로의 횡단경사는 2% 이하로 한다. 다만, 지형상황 및 주변건축물 등으로 부득이한 경우에는 4%까지 할 수 있다.

④ 길어깨와 차도부의 횡단경사 차이는 시공성, 경제성, 안전성을 고려하여 8% 이하로 한다. 다만, 측대를 제외한 길어깨 폭이 1.5m 이하인 교량, 터널 등의 구조물 구간에는 그 차이를 두지 않을 수 있다.

(2) 차도부의 횡단경사

① 직선구간에서 차도부의 횡단경사가 2% 이상으로 급해지면 자동차 핸들이 한쪽으로 쏠리는 느낌이 든다. 이때 선소한 노면, 결빙·습기 있는 노면에서는 횡방향 미끄러짐이 발생

② 넓은 폭의 도로에서 외측 차로의 횡단경사를 크게 설치해야 하는 경우에는 2종류의 직선경사를 조합하여 설치한다. 이때 각 차로의 횡단경사 차이를 1%로 제한하여 추월차량의 충격 완화

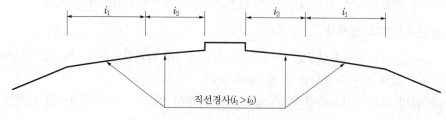

[두 종류의 직선경사를 조합하는 횡단경사]

③ 동일방향 차로에서 차도가 왕복 분리되지 않는 경우에는 차도 중앙을 정점으로 하고, 왕복 분리되는 경우에는 두 종류의 횡단경사를 설치한다.

- 동일방향 차로에서 일방향 횡단경사는 일반적인 단면에서 설계·시공이 용이하고, 노면 배수 간단, 교차로 접속설치 용이
- 동일방향 차로에서 양방향 횡단경사는 강우·강설 많은 지역에서 편도 3차로 이상의 넓은 도로에 적합

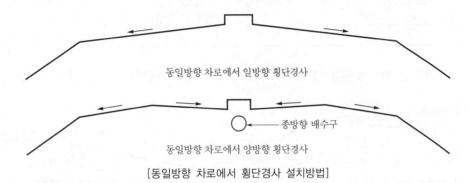

동일방향 차로에서 일방향 횡단경사

종방향 배수구

동일방향 차로에서 양방향 횡단경사

[동일방향 차로에서 횡단경사 설치방법]

(3) 길어깨의 횡단경사

① 길어깨의 횡단경사는 아스팔트포장, 시멘트포장 및 간이포장 공히 4.0%를 표준으로 설치한다.
② 길어깨에서 측대를 제외한 폭이 1.5m 이하로 협소하여 길어깨 포장 시공과 편경사 접속설치가 곤란한 경우에는 차도면과 동일한 경사로 설치한다.

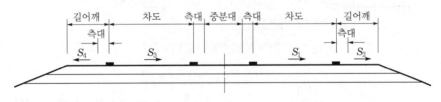

[본선 차도와 길어깨의 편경사 조합(경사차 7%)]

길어깨(S_4)	본선 차도(S_3)	본선 차도(S_1)	길어깨(S_2)
-4	-2	-2	-4
-4	+2	-2	-4
-4	+3	-3	-4
-3	+4	-4	-4
-2	+5	-5	-5
-1	+6	-6	-6

주) 본선 최대 편경사가 6%인 경우에는 차도와 길어깨의 경사차를 7%로 한다.

③ 평면곡선부에서 편경사가 설치된 노면의 외측 길어깨에는 강우 중의 배수를 고려하여 본선 차도와 반대방향으로 횡단경사를 설치한다.

본선 최대 편경사가 6%인 경우에는 경사차를 7%로 하며, 본선 최대 편경사가 7%를 초과할 경우에는 경사차를 8% 이하로 한다.

[본선 차도와 길어깨의 반대방향 경사차(경사차 8%)]

방향	횡단경사(%)								
e	←8	←7	←6	←5	←4	←3	←2	←1	←0
s	0→	1→	2→	3→	4→	5→	6→	7→	8→

④ 길어깨 횡단경사의 접속설치는 길어깨 측대의 바깥쪽 끝에서 한다.

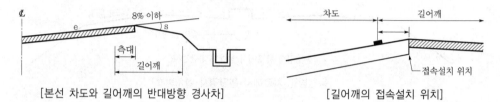

[본선 차도와 길어깨의 반대방향 경사차]   [길어깨의 접속설치 위치]

⑤ 토공구간과 교량구간의 접속부에서 길어깨 횡단경사의 접속설치율은 1/150 이하로 하며, 구간 전체에 걸쳐 원활하게 접속시킨다.

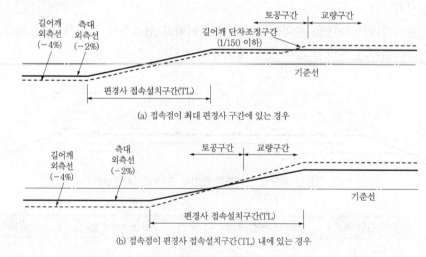

(a) 접속점이 최대 편경사 구간에 있는 경우

(b) 접속점이 편경사 접속설치구간(TL) 내에 있는 경우

[토공구간과 교량구간 길어깨의 횡단경사 접속설치(단차조정)]

(4) 보도의 횡단경사

① 보도 또는 자전거도로의 횡단경사는 교통약자 안전을 위해 2% 이하로 한다.
② 다만, 시가지에서 기존 건축물 출입 등 특별한 경우에는 4% 이하로 한다.[12]

---

12) 국토교통부, '도로의 구조·시설 기준에 관한 규칙', 2015, pp.204~210.

3.12 평면곡선반경, 평면곡선길이

설계속도–평면곡선반경–편경사의 관계, 설계속도에 따른 최소곡선반경 결정과정 [3, 9]

1. 평면곡선반경

자동차가 주행하는 차도에서 평면곡선부의 평면곡선반경은 횡방향 미끄러짐이 없도록 설계속도와 편경사에 따라 아래 표의 이상으로 해야 한다.

[차도의 평면곡선반경]

설계속도 (km/h)	최소 평면곡선반경(m)						횡방향미끄럼 마찰계수(f)
	최대 편경사 6%		최대 편경사 7%		최대 편경사 8%		
	계산값	규정값	계산값	규정값	계산값	규정값	
120	709	710	667	670	630	630	0.10
110	596	610	560	560	529	530	0.10
100	463	460	437	440	414	420	0.11
90	375	380	354	360	336	340	0.11
80	280	280	265	265	252	250	0.12
70	203	200	193	190	184	180	0.13
60	142	140	135	135	129	130	0.14
50	89	90	86	85	82	80	0.16
40	57	60	55	55	52	50	0.16
30	32	30	31	30	30	30	0.16
20	14	15	14	15	13	15	0.16

2. 평면곡선반경 산정

(1) 평면곡선부를 주행하는 자동차에는 다음과 같은 크기의 원심력이 작용한다.

$$F = \frac{W}{g} \times \frac{v^2}{R} \quad \cdots \cdots \quad ①$$

여기서, F : 원심력(kg)

W : 자동차의 총중량(kg)

g : 중력가속도($\fallingdotseq 9.8\text{m/sec}^2$)

v : 자동차의 속도(m/sec)

R : 평면곡선반경(m)

노면에 수평방향으로 원심력(F)과 수직방향으로 자동차의 총중량(W)이 작용하며, 경사각 α(편경사)에 의해 그 분력이 발생한다.

(2) 이때, 평면곡선부를 주행하는 자동차가 횡방향으로 미끄러지지 않으려면 원심력이 타이어와 포장면 사이의 횡방향마찰력보다 작아야 한다.

$$(F\cos\alpha - W\sin\alpha) \leq f(F\sin\alpha + W\cos\alpha)$$

양변을 $\cos\alpha$로 나누고, 편경사($\tan\alpha = i$)를 대입하면

$$(F - Wi) \leq f(Fi + W) \cdots ②$$

②식에 ①식을 대입하면

$$\left(\frac{W \cdot v^2}{g \cdot R} - Wi\right) \leq f\left(\frac{W \cdot v^2}{g \cdot R}i + W\right)$$

양변을 W로 나누어 정리하면

$$\frac{v^2}{g \cdot R} - i \leq f\left(\frac{v^2}{g \cdot R}i + 1\right)$$

평면곡선반경 R의 식으로 정리하면

$$R \geq \frac{v^2}{g} \cdot \frac{1 - fi}{i + f}$$

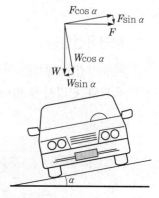

[평면곡선부 원심력]

fi는 V=100km/h일 때 fi=0.11×0.06=0.0066으로 매우 작으므로 생략하고

$v(\text{m/sec}) = \dfrac{V}{3.6}(\text{km/h})$, $g = 9.8\,\text{m/sec}^2$으로 정리하면

$$R \geq \frac{v^2}{g(i+f)} = \frac{V^2}{(3.6)^2 \times 9.8 \times (i+f)} = \frac{V^2}{127(i+f)} \text{에서}$$

$$R \geq \frac{V^2}{127(i+f)} \text{ 식이 산출된다.}$$

(3) 위 식은 평면곡선부를 주행하는 자동차가 횡방향으로 미끄러지지 않을 조건의 평면곡선반경, 설계속도, 횡방향미끄럼마찰계수 및 편경사 간의 관련식이다.

3. 평면곡선반경 적용

(1) 지방부 도로의 경우

① 설계속도에 따라 규정된 최소 평면곡선반경을 적용하려면, 토공량이 크게 늘어나 공사비 대폭 증액으로 사실상 공사시행이 불가능한 경우도 있다.

　이 경우, 설계속도를 한 단계 낮춤으로써 도로편익에 다소 손실이 있더라도 건설비가 크게 절약되면 B/C가 커져 경제적이다.

② 그러나 극히 짧은 구간에만 낮은 설계속도를 적용하는 것은 피해야 한다.

　운전자가 갑자기 감속하면 사고위험이 높아지므로 적당한 구간에 걸쳐 설계속도를 낮춤으로써 자연스럽게 속도를 조정하도록 한다.

③ 선형의 계획단계에서 서서히 평면곡선반경을 작게 하든지, 급한 평면곡선부를 운전자가 알아챌 수 있도록 배치한다.

　이 경우, 교통안전표지로 경고하고 방호책(Guard rail)을 설치한다.

(2) 도시부 도로의 경우

① 도시부 도로에서는 주변여건 때문에 편경사를 설치할 수 없는 경우가 많다.

② 이 경우, 평면곡선반경 최솟값은 직선부의 횡단경사를 편경사로 설정하고 횡방향미 끄럼마찰계수 값은 설계속도에 따라 0.14~0.15까지 적용한다.

③ 이보다 더 작은 최소 평면곡선반경을 적용하는 경우, 원심력 증가분에 대해서 약간의 편경사를 설치하여 안전성을 확보해야 한다.

4. 평면곡선길이 「도로의 구조·시설 기준에 관한 규칙」 제20조

자동차가 주행하는 차도의 평면곡선부에서 차도 중심선의 길이(완화곡선이 있는 경우에는 그 길이를 포함한다)는 아래 표의 길이 이상으로 한다.

[평면곡선부에서 차도 중심선의 길이]

설계속도(km/h)	평면곡선의 최소길이(m)	
	도로 교각이 5° 미만인 경우	도로 교각이 5° 이상인 경우
120	$700/\theta$	140
110	$650/\theta$	130
100	$550/\theta$	110
90	$500/\theta$	100
80	$450/\theta$	90
70	$400/\theta$	80
60	$350/\theta$	70
50	$300/\theta$	60
40	$250/\theta$	50
30	$200/\theta$	40
20	$150/\theta$	30

주) θ는 도로교각의 값(°)이며, 2° 미만인 경우에는 2°로 한다.

5. 평면곡선길이 산정

(1) 운전자가 핸들조작에 곤란을 느끼지 않을 길이

① 평면곡선을 주행하는 운전자가 핸들조작에 곤란을 느끼지 않고 곡선부를 통과하기 위하여 평면곡선길이를 4~6초간 주행할 수 있는 길이 이상 확보해야 한다.

② 국내에서는 최소 4초간 주행할 수 있는 길이를 평면곡선길이 최솟값으로 규정하였으며, 아래 식으로 산정한다.

$$L = t \cdot v = \frac{t}{3.6} \cdot V$$

여기서, L : 평면곡선길이 최솟값(m)

t : 주행시간(4초)

v, V : 주행속도(m/sec, km/h)

(2) 도로교각이 5° 미만인 경우의 길이

① 도로교각이 매우 작을 경우 곡선길이가 실제보다 짧게 보이므로 도로가 급하게 꺾여 있는 착각을 일으키며, 이러한 경향은 교각이 작을수록 현저하다. 따라서, 교각이 작을수록 긴 곡선을 삽입하여 도로가 완만히 돌아가고 있는 듯한 감을 갖도록 해야 한다.

② 도로교각이 작은 평면곡선 구간에서 운전자가 곡선구간을 주행한다는 것을 인식하도록 외선길이(N, Secant Length)가 어느 정도 이상이어야 한다. 따라서, 완화곡선이 Clothoid일 때 도로교각이 5° 미만인 경우의 외선장이 도로교각이 5°인 경우의 외선장과 같은 값이 되는 곡선길이를 최소 평면곡선길이로 하였으며, 이 완화곡선길이는 다음 식으로 산정한다.

$$완화곡선길이 \quad l = 344\,\frac{N}{\theta}$$

$$원곡선길이 \quad L = 2l = 688\,\frac{N}{\theta}$$

여기서, l, L : 설계속도로 4초간 주행할 수 있는 길이

N : 도로교각 5°일 때, 최소 완화곡선길이로 설치된 곡선부의 외선길이

θ : 도로교각

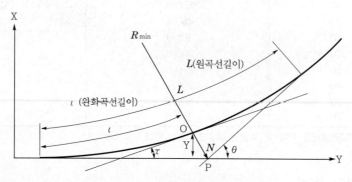

[도로교각이 5° 미만인 경우의 외선길이]

6. 평면곡선길이 적용 유의사항

(1) 설계속도에 따라 규정된 최소 평면곡선길이는 최소 완화구간길이의 2배이다.

① 완화곡선만으로도 최소 평면곡선길이를 만족할 수 있으나, 이 경우 평면곡선반경이 가장 작은 곳에서 핸들을 급히 돌려야 한다.

② 또한 편경사 설치로 절곡되는 곳이 많아 주행에 원활하지 못한 곡선이 되므로, 두 완화곡선 사이에 어느 정도 길이의 원곡선을 삽입한다.

(2) 원곡선길이는 설계속도로 약 4초간 주행할 수 있는 길이 이상을 삽입한다.

① 원곡선반경(R)과 Clothoid Parameter(A) 사이에 $R \geq A \geq \dfrac{R}{3}$일 때 평면곡선이 원활하게 조화를 이루며, 특히 $A > \dfrac{R}{3}$일 때 바람직하다.

② 도로교각 크기, 지형 및 지장물 등 주변여건에 따라 운전자 핸들조작 시간, 편경사 등을 고려하여 원곡선길이와 완화곡선길이를 적절히 설치한다.

7. 맺음말

(1) 자동차가 주행하는 평면선형을 설계할 때는 최소 평면곡선반경 규정값에 얽매여 지형조건에 여유가 있음에도 불구하고 최소 평면곡선반경에 가까운 값을 적용하는 것은 바람직하지 않다.

(2) 평면곡선부에서는 앞뒤 구간의 조건과 균형을 고려하여 지형조건에 순응할 수 있는 평면곡선반경을 적용해야 한다.[13]

---

13) 국토교통부, '도로의 구조·시설 기준에 관한 규칙', 2015, pp.246~255.

3.13 편경사와 횡방향미끄럼마찰계수의 분배

횡방향 미끄럼 마찰계수, 편경사와 곡률반경의 상관관계, 편경사 접속설치율 및 설치방법 [12, 8]

1. 횡방향미끄럼마찰계수

(1) **횡방향미끄럼마찰계수(f, Side Friction Factor) 정의** : 자동차가 평면곡선부를 주행할 때 곡선 바깥쪽으로 원심력이 작용하며, 그 힘에 반하여 노면에 수직으로 횡방향이 작용하고, 타이어와 포장면 사이에 횡방향의 마찰력이 발생한다. 이때 포장면에 작용하게 되는 수직력이 횡방향마찰력으로 변환되는 정도를 나타내는 것이 횡방향미끄럼마찰계수(f)이다.

(2) **횡방향미끄럼마찰계수 성질**

① 속도가 증가하면 횡방향미끄럼마찰계수 값은 감소한다.

② 습윤, 빙설상태의 포장면에서 횡방향미끄럼마찰계수 값은 감소한다.

③ 타이어의 마모 정도에 따라 횡방향미끄럼마찰계수 값은 감소한다.

(3) **횡방향미끄럼마찰계수와 편경사**

① 실측하여 구한 횡방향미끄럼마찰계수 값 [일본구조령 해설과 운용(2004)]

• 아스팔트콘크리트포장 : 0.4~0.8   • 시멘트 콘크리트포장 : 0.4~0.6

• 노면이 결빙된 경우 : 0.2~0.3

② 설계에 적용되는 횡방향미끄럼마찰계수와 편경사 값 [AASHTO 연구실적]

• $R \geq \dfrac{V^2}{127(i+f)}$에서 f를 크게 하면 R는 작아져도 횡방향으로 미끄러지지 않기 위한 조건은 만족한다. 그러나, f가 커지는 만큼 R이 작아져서 횡방향으로 쏠리는 느낌이 커져, 운전자가 감속하므로 교통흐름에 방해되어 불리하다.

• f는 횡방향으로 미끄러지지 않는 최댓값 대신 주행의 쾌적성과 안전성을 고려하여 0.10~0.16을 적용한다. 그러나, i를 크게 하면 R이 작아져서 서행·결빙·강우 때 내측으로 미끄러지므로 최대 편경사를 6~8%로 제한한다.

[설계속도에 따른 횡방향미끄럼마찰계수]

설계속도(km/h)	120	110	100	90	80	70	60	50	40	30	20
횡방향미끄럼마찰계수	0.10	0.10	0.11	0.11	0.12	0.13	0.14	0.16	0.16	0.16	0.16

[평면곡선부의 최대 편경사]

구분	지방지역		도시지역	연결로
	적설·한랭 지역	그 밖의 지역		
최대 편경사(%)	6	8	6	8

2. 평면곡선부의 편경사

(1) 평면곡선부를 주행하는 자동차에 작용하는 힘에 대하여 주행의 안전성과 쾌적성을 확보하기 위해 설계속도에 따른 최소 평면곡선반지름을 규정하여 직선부에서와 같이 자동차의 주행이 연속성을 갖도록 해야 한다.

(2) 편경사란 평면곡선부에서 자동차가 원심력에 저항할 수 있도록 하기 위하여 설치하는 횡단경사를 말한다.

(3) 차도의 평면곡선부에는 도로가 위치하는 지역, 적설 정도, 설계속도, 평면곡선반경, 지형상황 등에 따라 아래 표에 제시된 최대 편경사 이하의 비율(%)로 설치한다.

[평면곡선부의 최대 편경사]

구분	지방지역		도시지역	연결로
	적설·한랭 지역	그 밖의 지역		
최대 편경사(%)	6	8	6	8

(4) 상기 (3)항에도 불구하고 다음에 해당하는 경우에는 편경사를 생략할 수 있다.

① 평면곡선반경이 너무 커서 편경사가 필요 없는 경우

② 설계속도가 60km/h 이하인 도시지역 도로에서 도로 주변과의 접근, 다른 도로와의 접속을 위하여 부득이하게 편경사가 필요 없는 경우

(5) 편경사가 설치되는 차로수가 2개 이하인 경우, 편경사의 접속설치길이는 설계속도에 따라 아래 표에 제시된 편경사 접속설치율 이상의 비율(%)로 설치한다.

[설계속도에 따른 편경사 접속설치율]

설계속도(km/h)	120	110	100	90	80	70	60	50	40	30	20
편경사 접속설치율	1/200	1/185	1/175	1/160	1/150	1/135	1/125	1/115	1/105	1/95	1/85

(6) 편경사가 설치되는 차로수가 2개 이상인 경우, 편경사의 접속설치길이는 상기 (5)항에서 산정된 길이에 아래 표에 제시된 보정계수를 곱한 길이 이상으로 설치한다.

[편경사의 접속설치길이 보정계수]

편경사가 설치되는 차로수	3	4	5	6
접속설치길이의 보정계수	1.25	1.50	1.75	2.00

3. 평면곡선반경과 편경사의 관계

(1) 설계속도와 평면곡선반경에 대해 자동차가 안전하게 주행할 수 있는 편경사와 횡방향 미끄럼마찰계수의 크기를 나타내는 관계식은 아래와 같다.

$$i + f = \frac{V^2}{127R}$$

(2) 평면곡선반경과 편경사의 관계식을 해석하면 아래와 같다.

① 편경사와 횡방향마찰력이 각각 어느 정도의 원심력을 분담할 것인가에 따라 i와 f의 값이 상관관계를 갖게 된다.

② 평면곡선반경과 $(i+f)$의 관계를 설계속도에 따라 살펴보면, 평면곡선반경이 작아짐에 따라 $(i+f)$ 값은 급격히 증가한다.

③ 설계속도가 높아지면 $(i+f)$ 값이 증가하며, 평면곡선반경이 작은 경우에는 속도 증가에 대한 $(i+f)$ 값의 증가량이 커진다.

④ 평면곡선반경이 작을 때는 약간의 속도 증가에서도 쾌적성에 큰 영향이 있으며, 평면곡선반경이 커질 때는 쾌적성을 저해하지 않는 속도의 범위가 넓어진다.

⑤ 이상과 같은 평면곡선반경과 편경사의 관계를 나타내는 그래프는 아래와 같다.

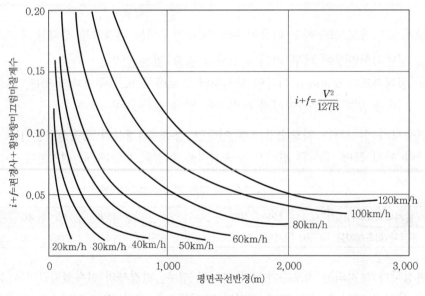

[$(i+f)$와 평면곡선반경의 관계]

4. 편경사와 횡방향마찰력을 분배하여 원심력을 상쇄시키는 방법

평면곡선부에서 원심력에 불쾌감을 느끼지 않도록 편경사와 횡방향마찰력을 균형있게 분배하기 위하여 편경사를 얼마나 설치할 것인가를 결정하는 5가지 방법

[방법 ①] : 자동차가 설계속도로 주행할 때, 편경사와 횡방향마찰력을 평면곡선반경의 곡률($1/R$)에 직선비례로 증가시키는 방법(평면곡선반경에 반비례)

모든 구간에서 자동차 속도가 일정해야 하는 직선식이므로, 직선식의 중간에 해당하는 평면곡선반경 구간에서는 편경사를 상향 조정해야 한다.

[방법 ②] : 자동차가 설계속도로 주행할 때, 먼저 횡방향미끄럼마찰계수를 평면곡선반경의 곡률(1/R)에 직선비례하여 최대 횡방향미끄럼마찰력까지 증가시킨 후, 편경사를 평면곡선반경의 곡률에 직선비례로 증가시키는 방법

최대 횡방향미끄럼마찰력에 도달한 후 편경사를 설치하므로, 편경사가 급격하게 변화된다.

[방법 ③] : 자동차가 설계속도로 주행할 때, 먼저 편경사를 평면곡선반경의 곡률에 직선비례로 최대 편경사까지 증가시킨 후, 횡방향미끄럼마찰계수를 평면곡선반경의 곡률에 직선비례로 증가시키는 방법

횡방향미끄럼마찰계수가 급격하게 변화하여, 즉 평면곡선부마다 횡방향미끄럼마찰계수의 분배가 다르기 때문에 자동차의 속도변화가 다양하다.

[방법 ④] : 방법 ③에서 설계속도를 평균 주행속도로 적용하는 방법

설계속도가 낮은 도로에서는 횡방향미끄럼마찰계수가 급격하게 변화한다.

[방법 ⑤] : 방법 ①과 ③에서 얻어진 값들을 이용하여 포물선식으로 편경사와 횡방향미끄럼마찰계수를 결정하는 방법

편경사와 횡방향마찰력을 가장 합리적으로 만족시킬 수 있는 분배방법이다.

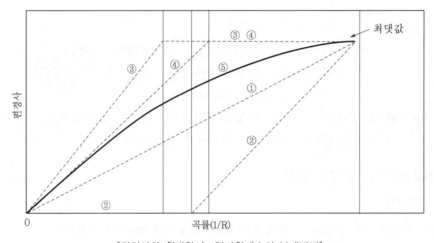

[편경사와 횡방향미끄럼마찰계수의 분배방법]

5. 편경사의 접속설치율

(1) 편경사가 설치되는 차로수가 2개 이하인 경우, 편경사의 접속설치길이는 설계속도에 따른 편경사 접속설치율 이상으로 설치한다.

[설계속도에 따른 편경사 접속설치율 비교]

국가 \ 설계속도(km/h)	120	110	100	90	80	70	60	50
미 국	1/250	1/238	1/222	1/210	1/200	1/182	1/167	1/150
일 본	1/200	–	1/175	–	1/150	–	1/125	1/115
한 국	1/200	1/185	1/175	1/160	1/150	1/135	1/125	1/115

(2) 편경사가 설치되는 차로수가 2개 이상인 경우, 편경사의 접속설치길이는 제1항에서 산정된 길이에 보정계수를 곱한 길이 이상으로 설치한다.

[편경사의 접속설치길이 보정계수]

편경사가 설치되는 차로수	3	4	5	6
접속설치길이의 보정계수	1.25	1.50	1.75	2.00

(3) 편경사 설치는 원칙적으로 완화곡선 전(全)길이에 걸쳐서 설치해야 한다.

즉, 완화곡선 길이는 편경사를 완전하게 변화시켜 설치할 수 있는 길이 이상이어야 하며, 그 길이는 다음 식으로 결정한다.

$$L_S = \frac{B \cdot \Delta i}{q}$$

여기서, L_S : 편경사의 설치길이(m)

B : 기준선에서 편경사가 설치되는 곳까지의 폭(m)

Δi : 횡단경사 값의 변화량(%/100)

q : 편경사 접속설지율(m/m)

이때, 필요한 완화구간 길이는 편경사 설치길이와 밀접한 관계가 있으므로, 편경사 접속설치길이와 최소 완화구간 길이를 비교하여 큰 값으로 정한다.

6. 평면곡선부에서 편경사 설치

(1) 공통사항

① 적설한랭지역 도로를 제외하고 최대 편경사를 8%까지 적용한다.

편경사를 6% 이상 적용하는 경우에는 순간적인 쾌적성 증대보다는 안전성 확보 측면을 고려한다.

② 도시지역은 최대 편경사를 6%로 제한하여 도로 안전성을 증진한다.

도시지역은 교통량 영향으로 자동차의 정지 횟수가 많으므로 편경사를 높게 적용하기 어렵다.

③ 연결로와 같이 짧은 통행구간에는 최대 편경사를 8%까지 적용한다.

지형상황 때문에 평면곡선반경을 작게 설치하는 구간에 특별안전대책을 수립한 경우, 최대 편경사를 높여도 된다.

(2) 도시지역도로의 편경사

① 도시지역 도로에서는 주변상황, 교차로 상호관계, 배수 등의 문제 때문에 편경사 표준값을 설치할 수 없는 경우가 있다.

이 경우 편경사를 생략할 수 있는 평면곡선반경으로 설계하기 위하여 횡방향미끄럼 마찰계수를 60km/h 이상일 때 0.14, 60km/h 미만일 때 0.15를 적용한다.

② 도시고속도로, 설계속도 70km/h 이상의 도시 내 우회도로, 입체교차 구간 등에는 지방지역 도로의 편경사를 설치한다.

이 경우 편경사 설치할 때 동일한 설계구간 내에서는 동일한 기준을 적용한다.

(3) 비포장도로의 편경사

① 비포장도로에는 배수를 위해 3~5%의 횡단경사가 적당하며, 그 이상 편경사를 완만하게 설치하면 배수가 곤란하다.

② 이는 포장 이전까지 배수를 고려한 잠정 조치이므로, 포장공사를 시행하는 경우에는 편경사 표준값으로 설치한다.

(4) 중앙분리대 및 길어깨의 편경사

① 중앙분리대에서 분리대를 제외한 측대부분과 길어깨의 측대부분은 차도와 동일한 편경사를 설치한다.

② 길어깨의 횡단경사를 차도의 횡단경사와 반대로 설치하는 경우, 그 경사차를 8% 이하로 한다.

(5) 4차로 이하의 도로에서 편경사

① 차도 중심선을 회전축으로 잡는 방법 : (a), (c)

차도 끝단을 회전축으로 잡는 방법 : (b), (d)

② (a) 또는 (c)가 차도 끝단의 높이차이가 적어서 좋지만, 분리도로의 폭이 좁거나 지형이 평탄한 경우에는 시공 측면에서 (d)가 (c)보다 좋다.

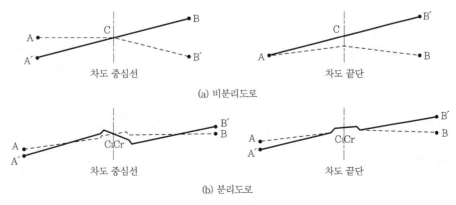

[4차로 이하의 도로에서 편경사 설치]

(6) 6차로 이상의 다차로 도로에서 편경사

① 4차로 도로 : 차도 끝단방향으로 단일경사를 적용한다.

② 다차로 도로 : 중앙분리대와 도로 끝단으로 양분하여 복합경사를 적용한다.[14]

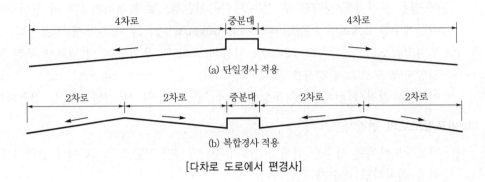

[다차로 도로에서 편경사]

---

14) 국토교통부, '도로의 구조·시설 기준에 관한 규칙', 2015, pp.255~269.

3.14 평면곡선부 구성조건에 따른 편경사 설치

평면곡선부가 배향곡선으로 구성된 경우 편경사 설치방법 [0, 8]

I 개요

1. 평면곡선부의 편경사 설치순서

(1) 설계속도와 평면곡선반경에 따른 편경사(i)의 크기 선정

(2) 설계속도에 따른 편경사 접속설치율(q)의 선정

(3) 표준 횡단경사와 편경사를 더한 값이 변화하여야 할 총길이(TL) 산정

(4) 편경사가 변화하여야 할 길이(L) 산정

(5) **변화길이 전체에 설치될 최대 편경사를 보간법으로 변화시켜 설치**

이때 편경사 접속설치 변화구간의 변곡점은 정수(예 5mm 단위)로 표시

(6) **편경사 접속설치율에 따른 완화곡선길이의 적용**

① 완화곡선길이는 자동차의 주행과 관련하여 확보해야 하는 길이 외에 편경사 변화를 수용할 수 있는 길이를 확보해야 한다.

② 완화곡선은 편경사 접속설치구간(TL)을 만족할 수 있도록 그 길이를 선형설계 시 반영한다.

③ 주변지장물이나 확장설계로 인해 부득이한 경우에도 가능하면 편경사 변화구간(L)의 길이를 확보한다.

2. 평면곡선부 구성조건에 따른 편경사 설치방법

(1) **평면곡선부가 완화곡선과 원곡선으로 구성(완화곡선-원곡선-완화곡선)**

① $TL \leq$ 완화곡선길이 $\leq TL'$

② 완화곡선길이 $\geq TL'$

③ 완화곡선길이 $\leq TL$

(2) 평면곡선부가 원곡선만으로 구성(직선-원곡선-직선)

(3) **평면곡선부가 배향곡선으로 구성**

① 원곡선과 원곡선이 배향하는 경우(원곡선-원곡선)

② 원곡선과 완화곡선이 배향하는 경우(원곡선-완화곡선-원곡선)[15]

---

15) 국토교통부, '도로의 구조·시설 기준에 관한 규칙', 2015, pp.269~273.

Ⅱ 평면곡선부가 완화곡선과 원곡선으로 구성(완화곡선-원곡선-완화곡선)

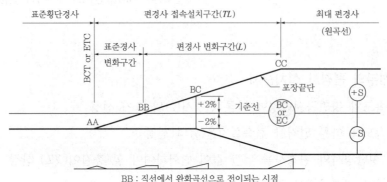

BB : 직선에서 완화곡선으로 전이되는 시점
BC : 완화곡선에서 원직선으로 전이되는 시점

[완화곡선-원곡선-완화곡선의 편경사 설치도(1)]

구간			편경사의 구간별 변화
직선구간		~AA	표준횡단경사
편경사 접속설치구간 (TL)	횡단경사 변화구간(T)	AA~BB	외측의 횡단경사를 0%까지 상승
	편경사 변화구간(L)	BB~BC	내측 : 표준횡단경사를 유지 외측 : 계속 기울기를 높여 단일 편경사를 유지
		BC~CC	내·외측 모두 정상 편경사를 유지하면서, 계속 기울기를 높여 최대 편경사까지 상승
곡선구간		CC~	최대 편경사를 유지

1. $TL \leq$ 완화곡선길이 $\leq TL'$ 경우

TL : 필요한 편경사 접속설치길이(표준값, 설계속도에 따라 결정)

TL' : 배수를 고려한 편경사 접속설치길이(편경사 접속설치 1/250)

완화곡선길이가 TL과 TL'을 모두 만족하는 경우, 편경사 접속설치는 완화곡선 전체 구간에 걸쳐 일률적으로 변화시키도록 한다.

 문제 1

표준횡단에서 설계속도 80km/h의 4차로 도로로서 평면곡선반경 R=400m이며, 원곡선의 시·종점부에 완화곡선길이 120m가 설치된 경우 편경사 설치방법

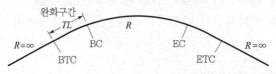

해설 ① 표에서 최대 편경사 $i = 6\%$, 편경사 접속설치율 $q=1/150$ 적용

② 편경사 접속설치구간 산정

- 편경사 설치폭 : $B=7.0+0.5+0.25=7.75m$
- 횡단경사 변화량 : -2% → 6%이므로 $\Delta i = 8\%$
- 편경사 접속설치를 위한 변화구간 총길이(TL)

$$TL = \frac{B \cdot \Delta i}{q} = \frac{7.75 \times 0.08}{1/150} = 93m$$

- 배수 고려 편경사 접속설치율($q=1/250$)에 의한 변화구간 총길이(TL')

$$TL' = \frac{B \cdot \Delta i}{q} = \frac{7.75 \times 0.08}{1/250} = 155m$$

- 완화곡선길이 120m는 편경사 접속설치율 1/150과 1/250에 의한 길이 사이에 있으므로, 편경사를 완화곡선 순구간에 걸쳐 일률적으로 설치한다.

③ 완화곡선의 시·종점부에서부터 횡단경사를 변화시켜 원곡선의 시·종점부에서 최대 편경사가 되도록 설치한다.

2. 완화곡선길이$\geq TL'$ 경우

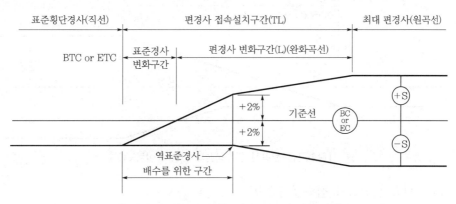

[완화곡선–원곡선–완화곡선의 편경사 설치도(2)]

TL' : 배수를 고려한 편경사 접속설치길이(편경사 접속설치 1/250)

설치된 완화곡선길이가 낮은 경사구간에서 노면 배수를 원활하게 할 필요가 있는 경우, 낮은 경사구간의 편경사 변화속도를 높인다.

문제 2

표준횡단에서 설계속도 80km/h의 4차로 도로로서 평면곡선반경 $R=1,000m$, 완화곡선길이가 180m일 때의 편경사 설치방법

해설 ① 표에서 최대 편경사 $i=4\%$, 편경사 접속설치율 $q=1/150$ 적용

② 편경사 접속설치구간 산정

- 편경사 설치폭 : $B=7.75m$
- 횡단경사 변화량 : $\Delta i=8\%$
- 완화곡선 전체 구간에 걸쳐 편경사를 일률적으로 설치할 경우

  편경사 접속설치율 $q=\dfrac{B \cdot \Delta i}{TL}=\dfrac{7.75 \times 0.06}{180}=1/387$

- 배수를 고려할 때 낮은 경사구간(표준 횡단경사~역표준 횡단경사)의 편경사 접속설치율에 대한 보정이 필요하다.

③ 낮은 경사구간의 편경사 변화길이를 80m로 제한하여 변화시킨다. 나머지 100m는 역표준 횡단경사에서 최대 편경사까지 일률적으로 변화시킨다.

3. 완화곡선길이 $\leq TL$ 경우

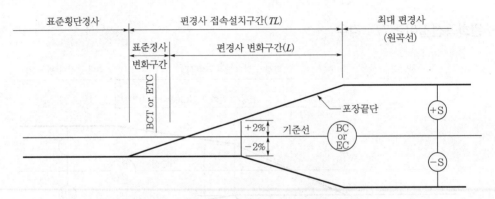

[완화곡선-원곡선-완화곡선의 편경사 설치도(3)]

TL : 필요한 편경사 접속설치길이

(1) 주변지장물이나 확장으로 부득이하게 완화곡선길이가 편경사 접속설치구간(TL)보다 짧은 경우, 부족한 길이를 직선구간에 확보하여 직선구간과 완화곡선구간에서 편경사를 변화시키며, 원곡선 시점부터 최대 편경사로 설치한다.

(2) 편경사 변화구간(L)은 완화곡선구간에도 설치하고, 부득이한 경우에도 역표준 횡단경사 지점은 완화곡선구간 내에 위치시킨다.

문제 3

표준횡단에서 설계속도 80km/h의 4차로 도로로서 평면곡선반경 $R=400m$, 원곡선의 시·종점부에 완화곡선길이 80m가 설치되는 경우 편경사 설치방법

해설 ① 표에서 최대 편경사 $i = 6\%$, 편경사 접속설치율 $q = 1/150$ 적용

② 편경사 접속설치구간 산정

- 편경사 설치폭 : $B = 7.75m$
- 횡단경사 변화량 : $\Delta i = 8\%$
- 편경사 접속설치를 위한 변화구간의 총길이(TL)

$$TL = \frac{B \cdot \Delta i}{q} = \frac{7.75 \times 0.08}{1/150} = 93m$$

③ 편경사 변화구간길이(L) 산정

$$L = \frac{B \cdot \Delta i}{q} = \frac{7.75 \times 0.06}{1/150} = 69.75 \fallingdotseq 70m$$

④ 완화곡선길이가 TL보다 짧고 L보다 길기 때문에, 횡단경사 변화량 접속설치의 총변화구간길이 (TL)가 부족한 만큼 직선구간에 편경사를 더 설치한다.

이때, 편경사 접속설치길이는 직선구간길이 13m와 완화곡선길이 80m를 합한 93m로 하되, 보간법 에 의하여 일률적으로 편경사를 설치한다.

Ⅲ 평면곡선부가 원곡선만으로 구성(직선-원곡선-직선)

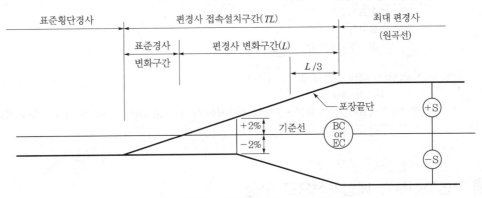

[직선-원곡선-직선의 편경사 설치도(4)]

(1) 설계속도 60km/h 미만인 도로의 경우 평면곡선부를 구성하는 원곡선이 상당히 커서 완화곡선을 설치할 필요가 없다.

(2) 편경사의 변화는 직선구간부터 시작하며, 편경사 변화구간길이(L) 중에서 1/3은 원곡 선구간에 두어 최대 편경사가 원곡선 시·종점부를 지나도록 설치한다.

(3) **원곡선부에도 편경사 변화구간을 두는 이유**

① 완화곡선을 생략할 수 있는 원곡선 크기에 대한 최대 편경사는 2% 정도로서, 변화 정도가 작아 원곡선부를 주행하는 자동차 안전에 지장이 없기 때문

② 설계속도가 낮은 도로에서는 최대 편경사에 가까운 값을 직선구간에 설치하는 것이 주행상 사고 위험이 더 크기 때문

문제 4

표준횡단에서 설계속도 80km/h의 4차로 도로로서 평면곡선반경 R=1,800m, 평면곡선길이 300m일 때 편경사 설치방법

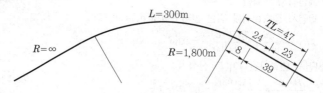

해설

① 표에서 최대 편경사 i=2%, 편경사 접속설치율 q=1/150 적용

② 편경사 접속설치구간 산정
- 편경사 설치폭 : B=7.75m
- 횡단경사 변화량 : Δi=4%
- 편경사 접속설치를 위한 변화구간의 총길이(TL)

$$TL = \frac{B \cdot \Delta i}{q} = \frac{7.75 \times 0.04}{1/150} = 46.5\text{m} ≒ 47\text{m}$$

③ 편경사 변화구간길이(L) 산정
- 횡단 변화크기 : Δi=2%
- 횡단 변화구간

$$L = \frac{B \cdot \Delta i}{q} = \frac{7.75 \times 0.02}{1/150} = 23.25 ≒ 24\text{m}$$

- 평면곡선 내의 편경사 접속설치구간

$$L/3 = 24 ÷ 3 = 8\text{m}$$

④ 편경사 접속설치길이는 직선구간 39m, 평면곡선구간 8m, 총 49m로 하되, 보간법에 의하여 일률적으로 편경사를 설치한다.

Ⅳ 평면곡선부가 배향곡선으로 구성

1. 원곡선과 원곡선이 배향하는 경우(원곡선-원곡선)

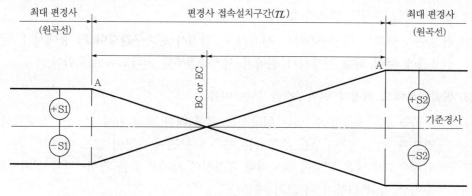

[원곡선-원곡선의 배향인 경우 편경사 설치도(5)]

배향지점 앞과 뒤 구간의 평면곡선반경 R_1과 R_2에 해당하는 편경사를 설치하는 경우, 필요한 변화구간길이를 확보하여 두 길이를 합한 구간에 편경사를 설치한다.

① L_1 : 평면곡선반경 R_1에 해당하는 편경사 설치할 때 변화구간길이

$$L_1 = i_1 \times B \times \frac{1}{q}$$

② L_2 : 평면곡선반경 R_2에 해당하는 편경사 설치할 때 변화구간길이

$$L_2 = i_2 \times B \times \frac{1}{q}$$

③ L : 편경사 설치할 때 변화구간길이

$$L = (i_1 + i_2) \times B \times \frac{1}{q}$$

문제 5

표준횡단에서 설계속도 80km/h의 4차로 도로로서 평면곡선반경 R=1,500m인 원곡선과 R=1,000인 원곡선이 배향하는 경우 편경사 설치방법

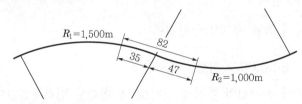

해설 ① 표에서 설치될 최대 편경사

R=1,500m일 때 : 3%

R=1,000m일 때 : 4%

② 편경사 접속설치율 q=1/150 적용

③ 편경사 접속설치구간 산정

· 편경사 설치폭 : B=7.75m

· R=1,500m일 때

$$L_1 = \frac{B \cdot \Delta i}{q} = \frac{7.75 \times 0.03}{1/150} = 34.9 ≒ 35m$$

· R=1,000m일 때

$$L_2 = \frac{B \cdot \Delta i}{q} = \frac{7.75 \times 0.04}{1/150} = 46.5 ≒ 47m$$

· $L = L_1 + L_2 = 35 + 47 = 82m$

④ 편경사 접속설치길이를 R=1,500m 곡선에는 35m, R=1,000m 곡선에는 47m, 총 82m로 설치하되, 보간법에 의해 일률적으로 편경사를 설치한다.

2. 원곡선과 완화곡선이 배향하는 경우(원곡선-완화곡선-원곡선)

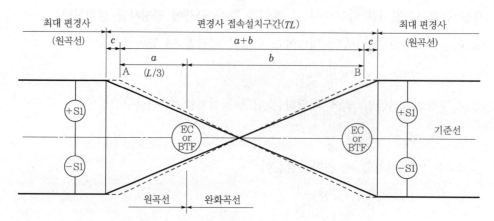

[원곡선-완화곡선의 배향인 경우 편경사 설치도(6)]

a : 원곡선의 편경사 설치할 때 편경사 변화구간길이(L)의 1/3

b : 완화곡선길이

L : 편경사 설치할 때 변화구간길이$\left((i_1 + i_2) \times B \times \dfrac{1}{q}\right)$

(1) $a+b \geq L$ 경우(그림의 점선)

원곡선구간에 원곡선의 편경사 설치할 때 편경사 변화구간길이(L)의 1/3을 확보하고, 이 길이와 완화곡선길이를 합한 구간에서 편경사를 설치한다.

(2) $a+b < L$ 경우(그림의 실선)

① 원곡선구간에 설치되는 a[원곡선의 편경사 설치할 때 필요한 편경사 변화구간길이(L)의 1/3]와 b[완화곡선길이]가 편경사 설치할 때 필요한 편경사 변화구간길이보다 짧은 경우이므로,

② 부족한 길이의 1/2씩을 원곡선부 및 완화곡선이 설치된 이후의 원곡선구간에 합하여 편경사 접속설치길이를 확보하고 편경사를 설치한다.

문제 6

표준횡단에서 설계속도 80km/h의 4차로 도로로서 평면곡선반경 R=1,500m인 원곡선구간과 R=500m인 원곡선의 시점에 설치된 완화곡선이 배향하는 경우 편경사 설치방법

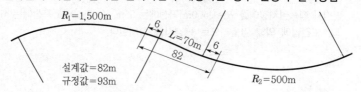

해설 ① 표에서 설치될 최대 편경사

R=1,500m일 때 : 3%

R=500m일 때 : 5%

② 편경사 접속설치율 q=1/150 적용

③ 편경사 접속설치구간 산정

• 편경사 설치폭 : B=7.75m

• 횡단경사 변화량 : Δi=8%

• 편경사 접속설치 필요구간

$$L=(i_1+i_2)\times B\times \frac{1}{q}=(0.03+0.05)\times 7.75\times \frac{1}{1/150}=93m$$

④ 원곡선의 편경사 변화구간길이(L)의 1/3인 a값 계산

$$a=\frac{1}{3}\times \frac{B\cdot \Delta i}{q}=\frac{1}{3}\times \frac{7.75\times 0.03}{1/150}=11.6 ≒ 12m$$

• R=500m 원곡선의 시점에 길이 90m의 완화곡선이 설치된 경우

$a+b$=102m로 편경사 접속설치 필요구간(L=93m)보다 길어, 편경사 접속설치길이는 R=1,500m 원곡선구간에는 12m, 완화곡선구간에는 90m, 총 102m로 하되, 보간법에 의하여 일률적으로 편경사를 설치한다.

• R=500m 원곡선의 시점에 길이 70m의 완화곡선이 설치된 경우

$a+b$=82m로 편경사 접속설치 필요구간(L=93m)보다 짧아, R=1,500m 원곡선부와 R=500m 원곡선부에 편경사 접속설치 필요길이의 부족분(C)을 확보해야 한다.

$$C=\frac{(L-(a+b))}{2}=\frac{(93-82)}{2}=5.5 ≒ 6m$$

⑤ 편경사 접속설치길이는 R=1,500m 원곡선에는 18m(12+6), 완화곡선에는 70m, R=500m 원곡선에는 6m, 총 94m를 설치하되, 보간법에 의해 일률적으로 편경사를 설치한다.[16]

16) 국토교통부, '도로의 구조 · 시설 기준에 관한 규칙', 2015, pp.273~282.

3.15 평면곡선부의 확폭

평면곡선부 내 완화곡선구간에서의 확폭 설치방법, 완화절선 [3, 1]

1. 평면곡선부의 확폭

(1) 평면곡선부의 각 차로는 평면곡선반경 및 설계기준자동차에 따라 아래 표의 폭 이상을 확보해야 한다.

[평면곡선부의 최소 확폭량]

세미트레일러		대형자동차		소형자동차	
평면곡선반경 (m)	최소확폭량 (m)	평면곡선반경 (m)	최소확폭량 (m)	평면곡선반경 (m)	최소확폭량 (m)
150~280	0.25	110~200	0.25		
90~150	0.50	65~110	0.50		
65~90	0.75	45~65	0.75		
50~65	1.00	35~25	1.00	45~55	0.25
40~50	1.25	25~35	1.25	25~45	0.50
35~40	1.50	20~25	1.50	15~25	0.75
30~35	1.75	18~20	1.75		
20~30	2.00	15~18	2.00		

(2) 평면곡선부에서 확폭할 때는 원칙적으로 완화곡선 전체길이에 걸쳐 확폭 접속설치하는 것이 좋다. 확폭 설치할 때의 접속설치 형상은 해당 설치구간에 완화곡선의 설치 여부에 따라 달라진다.

(3) 상기 (1)항에도 불구하고 차도 평면곡선부의 각 차로가 다음에 해당하는 경우에는 확폭을 하지 않아도 된다.

① 도시지역 일반도로에서 주변 지장물 등으로 부득이하다고 인정되는 경우
② 설계기준자동차가 승용자동차인 경우

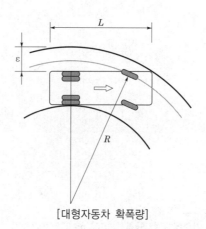

[대형자동차 확폭량]

2. 평면곡선부의 확폭 산정

(1) 대형자동차의 확폭량

$\epsilon = R - \sqrt{R^2 - L^2}$ 에서 양변을 제곱하면

$R^2 - L^2 = R^2 - 2R\epsilon + \epsilon^2$ ($\epsilon^2 \fallingdotseq 0$이므로)

$L^2 = 2R\epsilon$

$\therefore\ \epsilon = \dfrac{L^2}{2R}$

여기서, L : 전면에서 뒷차축까지의 길이

　　　　 R : 차도 중심의 평면곡선반경

(2) 세미트레일러의 확폭량

$$\epsilon = \frac{L_1{}^2 + L_2{}^2}{2R}$$

여기서, L_1 : 전면에서 제2축까지의 길이

　　　　 L_2 : 제2축에서 최종축까지의 길이

문제 7

주간선도로 평면곡선부의 중심선 반경이 R=100m일 때, 다차선 도로에서 세미트레일러의 확폭량을 구하시오.

해설 L_1 =(내민거리)+(1축~2축거리)=1.3+4.2=5.5m

L_2 =9.0m

$$\epsilon = \frac{L_1{}^2 + L_2{}^2}{2R} = \frac{5.5^2 + 9.0^2}{2 \times 100} = \frac{111.25}{200} = 0.56\text{m}$$

차로당 0.25m 단위로 확폭하므로

차로당 확폭량 : $\epsilon_1 = 0.5$m

4차로 도로 확폭량 : $\epsilon_4 = 4 \times 0.5 = 2.0$m

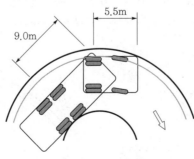

[세미트레일러 확폭량]

3. 평면곡선부의 확폭 적용 유의사항

(1) **일반적인 기준** : 자동차가 평면곡선부를 주행할 때 뒷바퀴가 앞바퀴 안쪽을 통과하므로 차로 안쪽으로 확폭하되, 다른 차로를 침범하지 않도록 차로별로 확폭한다.

(2) **일반적인 기준에 따른 확폭량의 산정** : 차로별 확폭량은 차로의 평면곡선반경에 따라 값이 다르므로, 차로 중심의 평면곡선반경에 따라 확폭량을 0.25m 단위로 산정한다.

① 차로별 확폭량이 0.20m 이하이면 확폭을 생략(R가 큰 경우)
② 차로별 확폭량이 0.20m 이상이면 확폭을 설치(R가 작은 경우)
③ 차로별 확폭량을 0.25m 단위로 산정한다(설계·시공의 편의성 고려).

(3) **도로 중심선의 평면곡선반경 크기에 따른 확폭량 산정**

① 도로 중심선의 평면곡선반경이 35m 이상이면, 도로 중심선에서 확폭
② 도로 중심선의 평면곡선반경이 35m 미만이면, 차로별로 확폭

(4) **도시지역 도로에서 확폭량 산정**

① 도시지역 도로는 지형상황 등 부득이한 경우에는 확폭을 축소 또는 생략할 수 있으나, 이를 남용해서는 아니 된다.
② 확폭을 축소 또는 생략하는 경우에도 차로폭을 대형자동차 차량폭(B=2.5m)을 기준으로 산정된 확폭량을 더한 폭 이하로 확폭하면 아니 된다.

4. 평면곡선부의 확폭 접속설치

(1) **완화곡선에서의 확폭 접속설치**

① 적용 대상
- 완화곡선(緩和曲線, transition curve)이란 도로노선에서 원곡선부와 직선부 사이에 설치되는 곡선을 말한다.
- 차량이 직선부에서 곡선부로 갑자기 진입하면 원심력 때문에 위험하므로, 곡률 반경을 순차적으로 변화시켜 직선과 원곡선을 연속적으로 연결해야 한다.
- 완화곡선에는 클로소이드(Clothoid), 3차 포물선, 렘니스케이트(lemniscate) 등이 있으며, 설계속도 60km/h 이상 고규격 도로에는 Clothoid곡선이 사용된다.

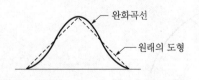

② 확폭 방법

- 설계속도 60km/h 이상 고규격 도로에서 평면곡선부의 확폭량을 당초 설정된 도로 중심선에 따라 평면곡선 중심 쪽으로 확폭한다.
- 이때 도로 중심선은 이정량(f)을 가진 완화곡선(Clothoid)으로 새롭게 설치한다.
- 완화곡선은 이정량$\left(f = \dfrac{L^2}{24R}\right)$의 중앙을 통과한다.

③ 확폭 순서

- 당초 도로 중심선의 원곡선에서 총확폭량 ΔR를 분배하여 이정량 ΔR_i(내측), ΔR_c(중심선측)를 갖도록 설정한다.
- 이정량 $\Delta R_c = \Delta R_i = \dfrac{\Delta R}{2}$인 완화곡선으로 새로운 도로 중심선을 정한다.
- 이때 완화곡선과 원곡선의 접속점에서 평면곡선반경을 일치시킬 수는 없으므로, 이 평면곡선반경의 차이를 20% 이하로 줄여야 도로선형이 원활해진다.

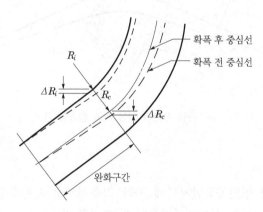

[완화곡선에서의 확폭 접속설치]

(2) 완화절선에 의한 확폭 접속설치

① 적용 대상

- 완화절선(緩和切線)이란 곡선의 안쪽으로 폭을 넓히는 경우에 곡선 안쪽의 원곡선 과 접하는 직선을 말한다.
- 도로 평면곡선부에서는 완화곡선(Clothoid) 사용이 원칙이며, 완화절선은 저규격 도로에서 완화곡선을 사용하지 않을 때 편의적으로 사용한다.

② 확폭 방법

- 설계속도 60km/h 미만 저규격 도로에서는 평면곡선의 중심 쪽으로 차도폭을 확폭 하여 그에 따른 원곡선을 설정한다.
- 확폭량의 변화를 직선식으로 비례 배분하여 직선부에 설치한다.

③ 확폭 순서
- 직선식으로 비례 배분하여 설치한 AD 및 A′D′를 완화절선이라 한다.
- 완화절선의 교각을 Δi, 중심선의 교각을 ΔI라 하면,

$\Delta i = \Delta I - 2\alpha$ 이며,

DD′의 반경은 $(R_i - w)$이므로
- D 및 D′를 결정하여 안쪽의 평면곡선 DD′를 설치할 수 있다.

여기서, α : AB와 AD가 이루는 각

R_i : 곡선부를 확대하기 전의 안쪽 곡선의 반경(m)

w : 확폭하는 폭(m)

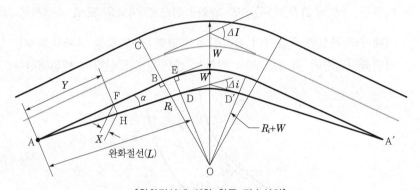

[완화절선에 의한 확폭 접속설치]

5. 맺음말

(1) 도로의 구분 및 평면곡선반지름에 따라 일률적으로 확폭량을 적용하기보다는 설계할 때 그 도로에 적용할 설계기준자동차와 평면곡선반지름의 관계를 고려하여 확폭량을 산정해야 한다.

(2) 자동차는 차도의 임의 지점을 주행할 것이므로, 설계속도 60km/h 미만 저규격 도로에서는 평면곡선의 중심 측으로 차도 폭을 확폭하여 그에 따른 원곡선을 선정한 후, 확폭량 변화를 직선식으로 비례 배분하여 직선부에 설치한다.[17]

---

17) 국토교통부, '도로의 구조·시설 기준에 관한 규칙', 2015, pp.283~298.

3.16 완화곡선(Clothoid), 완화구간

완화주행궤적과 가장 비슷한 클로소이드 곡선(Clothoid Spiral)의 일반식 유도 [9, 8]

I 개요

1. 설계속도 60km/h 이상인 도로의 평면곡선부에는 완화곡선을 설치하며, 완화곡선의 길이는 설계속도에 따라 다음 표의 값 이상으로 해야 한다.
2. 설계속도 60km/h 미만인 도로의 평면곡선부에는 다음 표의 길이 이상의 완화구간을 두고, 편경사를 설치하거나 확폭을 해야 한다.
3. 평면선형 변이구간에 설계속도 60km/h 이상에는 완화곡선, 60km/h 미만에는 완화구간 설치를 규정하고 있으나, 지형여건상 부득이한 경우 외에는 완화구간을 완화곡선으로 설치함이 바람직하다.

[완화곡선 최소길이 및 완화구간 최소길이]

구분	완화곡선							완화구간			
설계속도(km/h)	120	110	100	90	80	70	60	50	40	30	20
최소길이(m)	70	65	60	55	50	40	35	30	25	20	15

II 완화곡선(Clothoid), 완화구간

1. 완화곡선의 필요성

(1) 평면곡선부를 주행하는 자동차에 대한 원심력을 점차 변화시켜 일정한 주행속도 및 주행궤적을 유지시키기 위하여 완화곡선을 설치한다.

(2) 직선부 표준 횡단경사구간에서부터 원곡선부에 설치되는 최대 편경사까지의 선형변화를 주행속도와 평면곡선반경에 따라 적절히 접속시킨다(경사의 변이).

(3) 급한 평면곡선부에서 확폭할 때, 평면곡선부의 확폭된 폭과 표준횡단의 폭을 자연스럽게 접속시킨다(폭원의 변이).

(4) 평면곡선부 원곡선의 시작점과 끝점에서 꺾어진 형상을 시각적으로 원활하게 보이도록 한다(선형의 변이).

2. 자동차의 완화주행궤적

(1) 운전자가 직선부에서 평면곡선부로 주행할 때, 즉 직선주행에서 일정한 반경의 평면 원곡선구간으로 주행하기 위해 점차 곡률이 변하는 곡선주행을 하게 되는데 이를 완화주행이라 한다.

(2) 완화주행에는 Clothoid spiral, Lemniscate spiral, 3차 포물선 등이 있으나, 도로 선형 설계에는 자동차 완화주행궤적과 가장 비슷한 클로소이드(Clothoid spiral)를 사용한다.

| Colthoid spiral | Lemniscate spiral | 3차 포물선 |

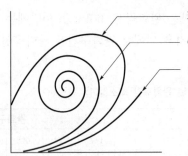

Lemniscate spiral : 도로 선형설계 적용된 사례 없음

Clothoid spiral : 도로 평면곡선부 완화곡선으로 사용

3차 포물선 : 철도 평면곡선부 완화곡선으로 사용

[완화곡선의 종류]

3. 자동차의 완화주행궤적 Clothoid 일반식 유도

(1) 자동차가 완화주행할 때, 자동차의 회전각 속도(w)

$$w = \frac{d\theta}{dt} = \frac{d\theta}{ds} \cdot \frac{ds}{dt} = \frac{v}{R}$$

여기서, v : 자동차의 주행속도(m/sec)

R : 주행궤적상의 임의 점에서의 평균곡선반경

θ : 회전각

(2) 자동차의 주행속도(v)가 일정할 때, 회전각 가속도(w')

$$w' = \frac{d}{dt}\left(d\frac{\theta}{dt}\right) = \frac{v}{s}sec^2\theta \cdot d\frac{\theta}{dt} = k$$

$$R = \frac{s}{\tan\theta}$$

여기서, k는 주행속도가 일정할 때의 상수

$$\tan\theta = \frac{k \cdot s}{v} \cdot t + c \text{ 에서 } t = 0 \text{일 때 } \tan\theta = 0 \text{이므로 } c = 0$$

$$\therefore R = \frac{v}{k \cdot t}$$

(3) 완화곡선길이를 L이라 하면 $t = \dfrac{L}{v}$ 이므로

$R = \dfrac{v^2}{k \cdot L}$ 에서 $R \cdot L = \dfrac{v^2}{k} = A^2 \left(A^2 = \dfrac{v^2}{k} = \text{일정} \right)$ 이므로

Clothoid 일반식은 $R \cdot L = A^2$ 이다.

여기서, A : Clothoid parameter(m)

(4) 자동차가 일정한 회전각 가속도(w')로 주행할 때 자동차의 완화주행궤적은 클로소이드
곡선(Clothoid Spiral)을 그린다.

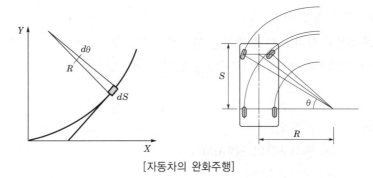

[자동차의 완화주행]

4. 완화곡선길이 및 완화구간길이

(1) 설계속도 60km/h 이상 고규격 도로의 경우

고속주행 중에 핸들조작의 착오를 빨리 원상복귀할 수 있는, 즉 핸들조작에 곤란을 느끼
지 않을 주행시간(2초)의 길이만큼 완화곡선을 설치한다.

(2) 설계속도 60km/h 미만 저규격 도로의 경우

평면곡선부에서 편경사 및 확폭을 접속설치할 수 있도록 직선부와 원곡선부를 직접 연
결하고 완화구간을 설치한다.

(3) 주행시간 2초에 해당하는 완화곡선길이 및 완화구간길이

$$L = v \cdot t = \dfrac{V}{3.6} \cdot t$$

여기서, L : 완화곡선길이 및 완화구간길이, t : 주행시간(t=2초)

v, V : 주행속도(m/sec, km/h)

5. 완화곡선의 생략

(1) 완화곡선을 생략할 수 있는 평면곡선반경의 한계

① 직선과 원곡선 사이에 완화곡선을 설치하는 경우, 직선과 원곡선을 직접 접속하는 것
에 비하여 S만큼 이정량이 생긴다.

② 이정량이 차로폭에 포함된 여유폭에 비하여 매우 작은 경우, 직선과 원곡선을 직접 접속시켜도 자동차가 완화곡선 주행궤적으로 달릴 수 있다.

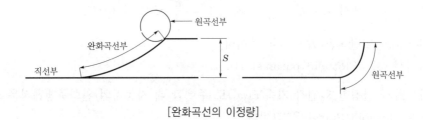

[완화곡선의 이정량]

(2) 완화곡선의 이정량 산정

① 완화곡선을 설치 또는 생략하는 한계이정량을 대략 20cm 정도로 하고, 산정된 이정량(S)이 20cm 이상되는 경우에만 완화곡선을 설치한다.

$$S = \frac{1}{24} \cdot \frac{L^2}{R}$$

여기서, S : 이정량(m)

        L : 완화구간의 길이(m)

        R : 곡선반경(m)

② 따라서, $S = \frac{1}{24} \cdot \frac{L^2}{R} = 0.2\,\text{m}$ 인 평면곡선반경이 완화곡선을 설치 또는 생략할 수 있는 한계평면곡선반경이다.

여기서, 한계이정량 S=0.2m일 때 $L^2 = 4.8R$, $L = \frac{V}{3.6} \cdot t\ (t=2초)$에서

한계평면곡선반경은 $R ≒ 0.064\,V^2$ 이 된다.

③ 즉, V=100km/h에서 R=640m 이상이면 완화곡선을 생략해도 되지만, 주행의 쾌적성을 손상시키지 않기 위해 한계원곡선반경의 3배까지는 완화곡선을 생략하지 않는 편이 바람직하다.

[완화곡선을 생략할 수 있는 평면곡선반경]

설계속도(km/h)	계산값(m)	적용값(m)
120	921.6	3,000
100	640.0	2,000
80	409.6	1,300
70	313.6	1,000
60	230.4	700

6. 완화곡선의 설치 범위(Clothoid Parameter 범위)

(1) 완화곡선을 Clothoid로 설치하는 경우, 그 크기는 접속하는 원곡선에 대하여 Clothoid Parameter(A)가 다음 범위에 들어가도록 권장한다.

$$\frac{R}{3} \le A \le R$$

(2) 이 범위에서 원곡선과 완화곡선이 조화를 이루며, 시각적으로 원활한 평면선형을 기대할 수 있다.

(3) 다만, 이 원칙은 접속하는 원곡선반경이 어느 범위에 들어갈 때 적용된다.

원곡선반경 R가 작아지면 A는 그 반경보다 커지고, 원곡선반경 R가 커지면 A는 $R/3$보다 작아진다.

(4) 따라서, 완화곡선을 Clothoid로 설치할 때는 도로교각의 크기, 지형, 지장물 등을 고려하여 원곡선과 완화곡선의 길이가 적절히 조화되도록 설치한다.[18]

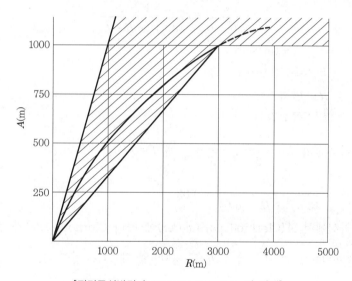

[평면곡선반경과 Clothoid Parameter의 관계]

7. 원심가속도 변화율

(1) 용어 정의

① 직선에서 곡선으로 진입하는 중에 핸들을 등속 회전하면서 최종 곡선부에 진입할 때까지의 주행궤적에 대해 원심가속도 변화율(P)을 적용하여 완화곡선길이를 구한다.

② 원심가속도 변화율(P)은 운전자에 따라 다르지만 일반적으로 원심력에 의한 불쾌감을 느끼지 않을 정도의 양($P=0.5 \sim 0.6 \text{m/sec}^2$)을 적용한다.

---

18) 국토교통부, '도로의 구조·시설 기준에 관한 규칙', 2015, pp.299~305.

(2) 완화곡선과 원심가속도 변화율(P) 관계

① 설계속도 60km/h 이상 고규격 도로의 평면곡선부에서 핸들조작에 곤란을 느끼지 않을 주행시간(2초)을 고려하여 완화곡선길이(L)을 구하면

$$L = \frac{V}{3.6} t = \frac{60}{3.6} \times 2 ≒ 35m$$

여기서, V : 설계속도(60km/h)

t : 주행시간(2초)

② 원심가속도 변화율(P)에 의한 완화곡선길이(L)를 구하면

원심가속도 변화율 P = 원심가속도$(\alpha = \frac{v^2}{R})$ ÷ 주행시간$(t = \frac{L}{v})$

$$= \frac{v^3}{R \cdot L} = \frac{V^3}{(3.6)^3 \cdot R \cdot L}$$

여기서, v : 속도(m/sec)

V : 속도(km/h)

R : 반경

L : 곡선길이

완화곡선길이 $L = \dfrac{V^3}{(3.6)^3 \cdot R \cdot P}$ 에 P = 0.6을 대입하면

$$L = \frac{V^3}{(3.6)^3 \cdot R \cdot (0.6)} = 0.036 \frac{V^3}{R}$$

③ 완화곡선에서 A(Clothiod parameter)에 따라 Clothoid 크기가 결정되는데, $R \geq$ 1,500m일 때 $A \geq \dfrac{R}{3}$, $R <$ 1,500m일 때 $A \geq \dfrac{R}{2}$ 이다.

④ 완화곡선에 원심가속도 변화율(P)의 허용값을 적용하면

$R \cdot L = A^2$에서 $P = \dfrac{V^3}{(3.6)^3 \cdot R \cdot L}$을 대입하면 $A = \sqrt{0.025 \dfrac{V^3}{P}}$

원심가속도 변화율(P) 허용값을 0.35~0.75m/sec^{2}으로 하면,

핸들조작시간(2초) 동안 주행하는 Clothoid곡선의 길이는 $L = \dfrac{V}{3.6} t$

3.17 시거의 종류

1. 용어 정의

(1) 시거(視距, sight distance)란 시야(視野)가 다른 교통으로 방해받지 않는 상태에서 승용차의 운전자가 차도상의 한 점으로부터 볼 수 있는 도로 중심선을 따라 측정한 길이를 말한다.

(2) 시거의 종류에는 정지시거, 앞지르기시거, 피주시거, 판단시거 등이 있다.

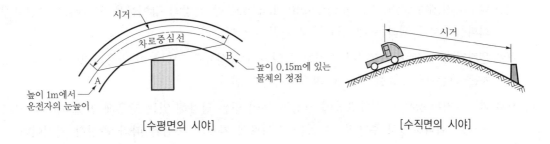

[수평면의 시야]　　　　　　　　　[수직면의 시야]

2. 정지시거

정지시거(停止視距, stopping sight distance)는 운전자가 같은 차로상에 있는 고장차 등의 장애물 또는 위험요소를 알아차리고 제동을 걸어서 안전하게 정지하거나, 혹은 장애물을 피해서 주행하기 위하여 필요한 길이를 설계속도에 따라 산정한 거리이다.

$$D = 반응시간\ 동안\ 주행거리(d_1) + 제동\ 정지거리(d_2)$$

$$= v \cdot t + \frac{v^2}{2gf} = \frac{V}{3.6} \cdot t + \frac{V^2}{254f}$$

여기서, v, V : 주행속도(m/sec, km/h)

　　g　: 중력가속도(9.8m/sec^2)

　　t　: 반응시간(2.5초)

　　f　: 노면과 타이어 간의 종방향미끄럼마찰계수

3. 앞지르기시거

앞지르기시거는 차로 중심선 위의 1.0m 높이에서 대향차로의 중심선상에 있는 높이 1.2m의 대향자동차를 발견하고 안전하게 앞지를 수 있는 거리를 도로 중심선을 따라 측정한 길이를 말한다.

$$D = d_1 + d_2 + d_3 + d_4$$

여기서, d_1 : 반대편 차로 진입거리 $d_1 = \dfrac{V_0}{3.6} t_1 + \dfrac{1}{2} a t^2$

d_2 : 앞지르기 주행거리 $d_2 = \dfrac{V}{3.6} t_2$

d_3 : 마주오는 자동차와의 여유거리 $d_3 = 15 \sim 70\,\text{m}$

d_4 : 마주오는 자동차의 주행거리 $d_4 = \dfrac{2}{3} d_2 = \dfrac{2}{3} \cdot \dfrac{V}{3.6} t_2 = \dfrac{V}{5.4} t^2$

4. 피주시거

(1) 피주시거(避走視距, Escaping sight distance)란 전방의 장애물을 인지하고 안전하게 회피하면서 주행하는 데 필요한 시거를 말한다.

(2) 운전자가 복잡한 구간에서 정지하지 않고 교통상황을 판단하여 반응하고 그에 맞는 조치를 하는 데 필요한 거리를 피주시거라고 한다.

(3) 피주시거는 동일한 행차로상에 고장차 등이 있는 정차해 있는 경우에 인접 좌·우 차로 등으로 회피하면서 주행할 수 있는 길이로서 차로의 중심을 따라 측정한 거리이다.

5. 평면교차로 판단시거

(1) 평면교차로에서는 도로의 일반구간에서 반드시 확보해야 하는 최소한의 정지시거는 물론, 운전자가 감지하기 어려운 정보나 예상치 못한 환경의 인지, 잠재적 위험성의 인지, 적절한 속도와 주행경로의 선택, 선택한 경로의 대처에 필요한 판단시거(decision sight distance)가 필요하다.
평면교차로에서 시거를 검토할 때는 정지시거와 판단시거를 함께 고려한다.

(2) 또한, 교차로 내에 진입한 운전자는 교차도로 상황을 인지하기 위한 시거가 필요한데, 이는 교차도로를 인지할 수 있는 범위이므로 이를 교차로의 시계(視界) 또는 가시 삼각형(sight triangle)이라 부른다.

3.18 정지시거

정지시거 개념, 곡선부에서 정지시거 확보방안, 정지시거와 설계속도의 관계 [6, 13]

I 개요

1. 모든 도로에서는 해당 도로의 설계속도에 따라 아래 표 이상의 정지시거를 확보해야 한다.

[설계속도와 최소 정지시거의 관계]

설계속도(km/h)	120	110	100	90	80	70	60	50	40	30	20
최소 정지시거(m)	215	185	155	130	110	95	75	55	40	30	20

2. 2차로 도로에서 앞지르기를 허용하는 구간에서는 그 도로의 설계속도에 따라 아래 표 이상의 앞지르기시거를 확보해야 한다.

[설계속도와 최소 앞지르기시거의 관계]

설계속도(km/h)	80	70	60	50	40	30	20
최소 앞지르기시거(m)	540	480	400	350	280	200	150

II 정지시거

1. 정지시거의 측정방법

(1) **운전자의 위치** : 주행하는 차로의 중심선상의 위치

(2) **운전자 눈의 높이** : 도로표면으로부터 100cm 높이(소형차 운전석 눈높이)

(3) **장애물(물체)의 높이** : 동일한 주행차로의 중심선상 15cm 높이

2. 반응시간 동안 주행거리(d_1)

(1) 운전자가 앞쪽의 장애물을 인지하고 위험하다고 판단하여 제동장치를 작동시키기까지의 주행거리(d_1)

$$d_1 = v \cdot t = \frac{V}{3.6} \cdot t$$

여기서, v, V : 주행속도(m/sec, km/h)

t : 반응시간(2.5초)=위험요소 판단(1.5초)+제동장치 작동(1.0초)

(2) 노면습윤상태일 때의 주행속도 계산

① 설계속도가 120~80km/h일 때, 주행속도는 설계속도의 85%

② 설계속도가 70~40km/h일 때, 주행속도는 설계속도의 90%

③ 설계속도가 30km/h이하일 때, 주행속도는 설계속도와 같다고 보고 계산한다.

3. 제동 정지거리(d_2)

운전자가 브레이크를 밟기 시작하여 자동차가 정지할 때까지의 거리

$$d_2 = \frac{v^2}{2gf} = \frac{V^2}{254f}$$

여기서, g : 중력가속도(9.8m/sec^2)

f : 노면과 타이어 간의 종방향미끄럼마찰계수

브레이크 밟기 직전 주행속도 및 노면습윤상태 기준으로 적용

4. 정지시거 계산

$$D = d_1 + d_2 = v \cdot t + \frac{v^2}{2gf} = \frac{V}{3.6} \cdot t + \frac{V^2}{254f}$$

[노면습윤상태일 때 정지시거]

설계속도 (km/h)	주행속도 (km/h)	f	$0.694\,V$	$\dfrac{V^2}{254f}$	주행속도에 의한 정지시거(m)	정지시거 채택(m)
120	102	0.29	70.8	141.2	212.0	215
110	93.5	0.29	64.9	118.7	183.6	185
100	85	0.30	59.0	94.8	153.8	155
90	76.5	0.30	53.1	76.8	129.9	130
80	68	0.31	47.2	58.7	105.9	110
70	63	0.32	43.7	48.8	92.5	95
60	54	0.33	37.5	34.8	72.3	75
50	45	0.36	31.2	22.1	53.3	55
40	36	0.40	25.0	12.8	37.8	40
30	30	0.44	20.8	8.1	28.9	30
20	20	0.44	13.9	3.6	17.5	20

Ⅲ 도로조건에 따른 정지시거 계산

1. 종단경사에 따른 정지시거

(1) 경사구간에서는 제동 정지거리(d_2)가 종단경사에 따라 증가 또는 감소한다.

$$D = 0.694\,V + \frac{V^2}{254(f \pm s/100)}$$

여기서, s : 종단경사(%)

① 오르막(+3%)구간의 정지시거는 평지의 노면습윤상태(155m)보다 감소(148m)

$$D = (0.694 \times 85) + \frac{85^2}{254(0.30 + 0.03)} = 147.9\,\text{m}$$

② 내리막(-3%)구간의 정지시거는 평지의 노면습윤상태(155m)보다 증가(169m)

$$D = (0.694 \times 85) + \frac{85^2}{254(0.30 - 0.03)} = 168.4\,\text{m}$$

(2) 「도로의 구조·시설 기준에 관한 규칙」에서 정지시거는 종단경사 영향을 고려하지 않고 규정되어 있으므로, 내리막구간 설계할 때 이를 고려해야 한다.

2. 노면동결에 따른 정지시거

(1) 노면이 결빙되면 운전자는 snowtire 또는 chain을 장착하거나 설계속도보다 제한된 속도로 서행하므로, 그에 따라 종방향미끄럼마찰계수 값도 감소한다.

노면동결(70km/h, $f = 0.15$)에서 정지시거는 습윤상태(155m)보다 감소(136m)

$$D = (0.694 \times 70) + \frac{70^2}{254 \times 0.15} = 136\,m$$

(2) 그러나, 결빙된 노면에서 급제동하는 경우에는 자동차가 옆으로 회전하게 되므로 정지시거 확보만으로 주행안전이 보장될 수 없다.

(3) 동결영향이 큰 지역에서는 노면동결 방지를 위한 융설시스템(전기전열선 포설, 융설액 분사, 열배관 설치 등)을 적용해야 한다.

[노면동결일 때 정지시거]

설계속도 (km/h)	주행속도 (km/h)	f	0.694V	$\dfrac{V^2}{254f}$	주행속도에 의한 정지시거(m)	정지시거 채택(m)
70이상	60	0.15	41.6	94.5	136.1	140
60	50	0.15	34.7	65.6	100.3	100
50	40	0.15	27.8	42.0	69.8	70
40	30	0.15	20.8	23.6	44.4	45
30	20	0.15	13.9	10.5	24.4	25
20	20	0.15	13.9	10.5	24.4	25

3. 터널 내의 정지시거

(1) 터널구간은 실제 대부분의 경우에 연중 노면건조상태이므로, 터널 내의 정지시거는 종방향미끄럼마찰계수를 노면건조상태 값으로 적용한다.

장대터널 노면건조($f = 0.56$)에서 정지시거는 습윤상태(155m)보다 감소(140m)

$$D = (0.694 \times 100) + \frac{100^2}{254 \times 0.56} = 139.7\,\text{m}$$

(2) 그러나, 터널구간 내에서는 운전자의 시야 제한, 심리적 압박감 등을 고려하여, 종방향 grooving 설치, 저소음포장 등 안전대책을 강구해야 한다.

[터널 내의 정지시거]

설계속도 (km/h)	주행속도 (km/h)	f	$0.694V$	$\dfrac{V^2}{254f}$	주행속도에 의한 정지시거(m)	정지시거 채택(m)
120	120	0.54	83.3	105.0	188.3	190
110	110	0.55	76.3	86.6	162.9	165
100	100	0.56	69.4	70.3	139.7	140
90	90	0.57	62.5	55.9	118.4	120
80	80	0.58	55.5	43.4	98.9	100
70	70	0.59	48.6	32.7	81.3	85
60	60	0.60	41.6	23.6	65.2	70
50	50	0.61	34.7	16.1	50.8	55
40	40	0.63	27.8	10.0	37.8	40
30	30	0.64	20.8	5.5	26.3	30
20	20	0.65	13.9	2.4	16.3	20

Ⅳ 시거의 확보

1. 필요성

운전자는 눈으로 도로를 주시하면서 자동차를 운전하므로 차로폭, 곡선반경, 경사 등을 설계 기준값에 맞게 설치했더라도, 충분한 시거가 확보되지 못한 도로는 안전성 및 쾌적성 측면에서 불완전한 도로이다.

2. 시거의 확보 방안

(1) 원곡선 안쪽에 확보해야 하는 공간 한계선

① 차로 중심에서 장애물까지 거리(중앙 종거)

$$M(=CD) = R\left(1 - \cos\frac{\theta}{2}\right) = R\left(1 - \cos\frac{D}{2R}\right)$$

여기서, D : 시거(ACB)

　　　　R : 반경

우변을 Tailer의 급수로 전개하면

$$M = \frac{D^2}{8R} - \frac{D^4}{384R^3} \cdots$$

$$= \frac{D^2}{8R}\left(1 - \frac{D^4}{78R^2} \cdots\right) = \frac{D^2}{8R}$$

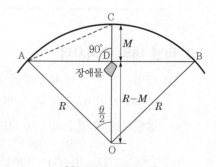

[원곡선에서의 시거]

② 이 식을 양대수 그래프에 표시하여 시거를 아래와 같이 결정한다.

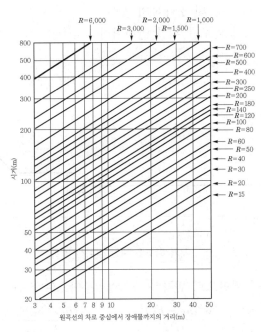

[원곡선 구간에서 평면곡선반경에 따른 시거 및 장애물까지의 거리]

- 위 그래프에서 설계속도 80km/h일 때 시거 110m를 확보하는 경우에 설치된 평면 곡선반경이 250m라면 시거가 부족하므로, 안쪽 차로의 중심선에서 6.1m까지는 공지로 확보해야 한다.
- 이 경우는 원곡선구간이 길어서 시거가 평면곡선 사이에 존재할 때이므로, 완화구간에서 시선이 양끝을 볼 수 있는 경우에는 약간 적은 값이 된다.

(2) 직선과 원곡선 또는 Clothoid가 연결되는 경우

① 평면선형이 원곡선만으로 구성되는 구간에서는 상기 (1) 방법과 같이 차로 중심에서 장애물까지 거리를 구하여 산출

② 평면선형이 직선과 원곡선으로 연결되는 경우
도면 상에 실제로 표시하여 시거 확보를 위한 비탈면의 절취범위를 산출

(3) 평면곡선과 종단곡선이 겹치는 경우

① 투시선 양끝이 평면으로 원곡선 내에, 종단으로 종단곡선 내에 있는 경우

$$a_{\max} = \frac{D^2}{8R} \cdot \frac{K - NR}{K} + \frac{N^2(he - hc)^2}{2D^2} \cdot R \cdot \frac{K}{K - NR} - \frac{N(he - hc)}{2} - C$$

여기서, N 이외 재원의 단위는 m

K는 종단곡선반경으로 오목형은(+), 볼록형은(−)

$a_{\max}$: 투시선의 비탈면을 끊어 a와 h를 조합하여 구하는 a의 최댓값

R : a의 최댓값에 대한 평면곡선반경

he, hc : 눈 및 장애물의 높이

D : 시거 확보를 위한 안전거리

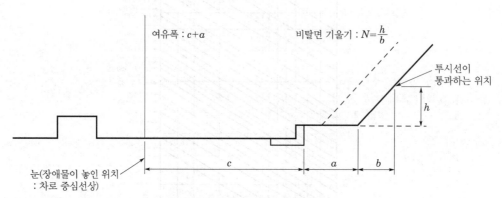

[시거 확보를 위한 절취선 범위]

② 투시선 양끝이 평면으로 원곡선 중앙에, 종단으로 직선경사 내에 있는 경우

$$a_{\max} = \frac{D^2}{8R} + \frac{N^2(he-hc)^2}{D^2} \cdot R - \frac{N(he-hc)}{2} - C$$

③ 투시선과 선형의 위치관계가 더욱 복잡한 경우 도면상에 실제로 표시하여 시거 확보 범위를 산출한다.[19]

Ⅴ L형 옹벽과 중앙분리대가 정지시거에 미치는 영향

1. 평면곡선 구간에서 정지시거 여유폭의 산정식 유도

$\mathrm{OE} = \sqrt{(\mathrm{OA})^2 - (\mathrm{AE})^2}$ 에서 $\mathrm{AE} = \dfrac{D}{2}$ 이므로

$\mathrm{OE} = \sqrt{R^2 - \left(\dfrac{D}{2}\right)^2}$ 이다.

여유폭 $y = R - \mathrm{OE} = R - \sqrt{R^2 - \dfrac{D^2}{4}}$ 을 정리하면

$R - y = \sqrt{R^2 - \dfrac{D^2}{4}}$ 이다. 이 식의 양변을 제곱하면

$R^2 - 2Ry + y^2 = R^2 - \dfrac{D^2}{4}$ 이므로, $2Ry = \dfrac{D^2}{4} + y^2$

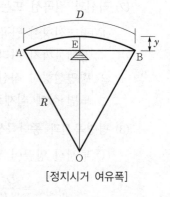

[정지시거 여유폭]

---

19) 국토교통부, '도로의 구조·시설 기준에 관한 규칙', 2015, pp.316~319.

$$\therefore \ y = \frac{D^2}{8R} + \frac{y^2}{2R}, \ y\text{값이 } 2R\text{에 비해 매우 작으므로 } \frac{y^2}{2R} \text{을 무시하면}$$

정지시거의 여유폭은 $y = \dfrac{D^2}{8R}$ 이다.

2. 절토부 L형 옹벽(성토부 가드레일) 구간의 정지시거

문제 8

국도 양방향 4차로에서, 도로폭 20m의 경우, 설계속도 80km/h에서 정지시거 기준값은 D_c=110m 이고 최소 평면곡선반경 기준값 $R_{\min} = \dfrac{V^2}{127(f+i)} = 280\text{m} = R_c$일 때, 정지시거는? 단, 도로 중심선의 평면곡선반경에 $R_1 = 300\text{m} \, (R_{\min} \geq 280\text{m})$를 적용한다.

(1) 바깥쪽 2차로의 중심선을 기준으로 할 때, 확보되는 시거 D_2

$$D_2 = \sqrt{8 R_2 \, y} = \sqrt{8 \times 293.75 \times 3.75} = 93.87\text{m} < \text{정지시거 } D_C = 110\text{m 이므로, No.}$$

따라서, 부족한 시거는 110−93.87=16.13m

(2) 정지시거 D_C=110m 확보에 필요한 2차로 중심선상의 곡선반경 R_{2D}

$$y = \frac{D^2}{8R} \text{ 에서 } R_{2D} = \frac{D^2}{8y} = \frac{110^2}{8 \times 3.75} = 403.33\text{m}$$

∴ 도로중심선의 곡선반경은 $R_{2D} = 403.33 + 6.25 = 409.58\text{m} ≒ 410\text{m}$ 필요하다.

(3) 곡선반경을 고정시켜야 할 경우, 확보해야 하는 길어깨의 여유폭 y_{2D}

$$y = \frac{D^2}{8R} = \frac{110^2}{8 \times 293.75} = 5.15\text{m}$$

∴ 길어깨 방향의 여유폭은 5.15−3.75=1.4m 부족하므로

절토부에서 L형 측구를 1.4m setback 한다(성토부 가드레일도 같다).

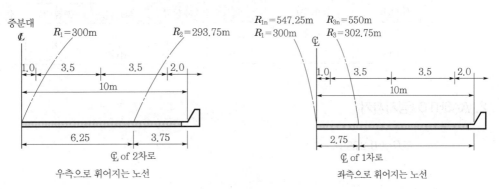

[L형 옹벽의 정지시거]

3. 중앙분리대 설치구간의 정지시거

(1) 중분대쪽 1차로 중심선을 기준으로 할 때, 확보되는 시거 D_S

$$D_2 = \sqrt{8\,R_S\,y_S} = \sqrt{8 \times 302.75 \times 2.75} = 81.61\text{m} < \text{정지시거 } D_C = 110\text{m이므로, No.}$$

(2) 정지시거 $D_C = 110\text{m}$ 확보에 필요한 차로 중심선상의 곡선반경 R_{SD}

$$y = \frac{D^2}{8R} \text{ 에서 } R_{SD} = \frac{D_C^2}{8\,y_S} = \frac{110^2}{8 \times 2.75} = 550\text{m}$$

∴ 도로중심선의 곡선반경은 $R_{1D} = 550 - 2.75 = 547.25\text{m}$ 필요하다.

Ⅵ 대한민국과 AASHTO 정지시거의 차이점

1. 한국 정지시거

(1) D=반응시간 동안 주행거리(d_1)+제동 정지거리(d_2)

$$= d_1 + d_2 = v \cdot t + \frac{v^2}{2gf} = \frac{V}{3.6} \cdot t + \frac{V^2}{254f} = 0.694\,V + \frac{V^2}{254f}$$

(2) 노면습윤상태일 때의 주행속도 계산

① 설계속도가 120~80km/h일 때, 주행속도는 설계속도의 85%

② 설계속도가 70~40km/h일 때, 주행속도는 설계속도의 90%

③ 설계속도가 30km/h이하일 때, 주행속도는 설계속도와 같다고 보고 계산한다.

∴ 설계속도 100km/h일 때 정지시거

$$D = 0.694\,V + \frac{V^2}{254f} = (0.694 \times 85) + \frac{85^2}{254 \times 0.29} = 157.1 ≒ 155\text{m}$$

[한국 정지시거]

설계속도 (km/h)	주행속도 (km/h)	f	정지시거(m)		측정높이(cm)	
			계산값	적용값	눈높이	물체높이
120	102	0.28	212	215	100	150
100	85	0.29	183.6	155		

2. AASHTO 정지시거

$$D = 0.278\,V \cdot t + \frac{V^2}{254f}$$

[AASHTO 정지시거]

설계속도 (km/h)	적용속도 (km/h)	f	정지시거(m) 적용값	측정높이(cm)	
				눈높이	물체높이
120	98~120	0.28	202.9~285.6	107	150
100	85~100	0.29	157.0~205.0		

Ⅶ 맺음말

1. 일반구간(토공구간, 교량구간)에서 정지시거는 자동차의 안전을 고려하여 노면습윤상태의 종방향미끄럼마찰계수를 적용한다.

   이 경우 정지시거는 운전자에게 큰 영향을 미치므로 충분히 안전한 값을 적용해야 한다.

2. 평면곡선부 절토구간에 L형 옹벽이 설치된 경우, 2차로 주행차량이 우측으로 휘어지는 곡선부를 통과할 때, 최소 정지시거 기준값을 확보하지 못한다.

   국도 4차로의 경우, 최소 곡선반경 기준값 $R_{\min} = 280$m이지만, 절토부 L형 옹벽 설치구간에서 $R_{\min} = 410$m로 약 1.5배 큰 값이 필요하다.

3. 평면곡선부 중앙분리대가 설치된 경우, 1차로 주행차량이 좌측으로 휘어지는 곡선부를 통과할 때, 최소 정지시거 기준값을 확보하지 못한다.

   국도 4차로의 경우, 최소곡선반경 기준값 $R_{\min} = 280$m이지만, 중앙분리대 설치구간에서 $R_{\min} = 550$m로 약 2배 큰 값이 필요하다.

4. 승용차 내에서 운전석의 편기량은 좌측으로 0.30~0.35m 정도이다.

   (1) 중앙분리대 설치구간에서 좌측으로 휘어지는 곡선부를 통과할 때, 1차로 주행차량은 정지시거가 부족하다.

   (2) 평면곡선부 터널구간에서도 동일하게 정지시거가 부족하다.

5. 이와 같이 정지시거가 부족한 경우 아래 2가지 방안 중에서 조치한다.

   (1) 평면곡선반경 R값을 다시 산정하여 더 크게 설계한다.

   (2) 부득이하게 R값이 고정된 구간에서는 옹벽을 도로 외측으로 더 이격시켜 설치한다.[20]

---

20) 국토교통부, '도로의 구조·시설 기준에 관한 규칙', 2015, pp.305~311.

3.19 앞지르기시거

1. 개요

(1) 앞지르기시거(追越視距, overtaking sight distance)란 2차로 도로에서 저속자동차를 안전하게 앞지를 수 있는 거리로서, 차로 중심선 위의 1m 높이에서 반대쪽 차로의 중심선에 있는 높이 1.2m의 자동차를 인지하고 앞차를 안전하게 앞지를 수 있는 거리를 도로 중심선에 따라 측정한 길이를 말한다.

(2) 양방향 2차로 도로에서는 앞쪽에 저속자동차가 주행하는 경우, 뒤따르는 자동차가 저속자동차를 추월하기 위하여 고속으로 주행하지만 실제는 반대방향 차로의 교통량이 많아 저속자동차를 추월하기 불가능한 경우가 많다.

(2) 이 경우 고속자동차가 저속자동차의 뒤를 계속 따라가게 되어 비효율적인 도로운영이 되므로, 양방향 2차로 도로에서 고속자동차가 저속자동차를 안전하게 추월할 수 있는 앞지르기시거가 확보되는 구간을 적정한 간격으로 설치한다.

2. 앞지르기시거의 가정

(1) 추월당하는 차량은 일정한 속도로 주행한다.

(2) 추월하는 차량은 추월하기 전까지는 추월당하는 차량과 동일한 속도로 주행한다.

(3) 추월이 가능하다는 것을 인지한다.

(4) 추월할 때에는 최대가속도 및 추월당하는 차량보다 빠른 속도로 주행한다.

(5) 마주 오는 차량은 설계속도로 주행한다고 보고, 추월 완료되었을 때 마주 오는 차량과 추월한 차량 사이에는 적절한 여유거리가 있으며 서로 엇갈려 지나간다.

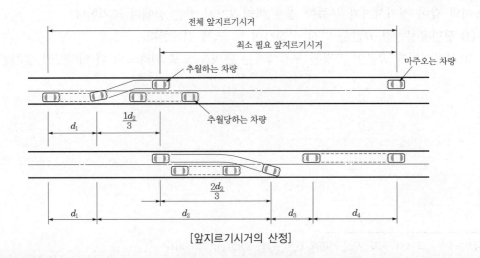

[앞지르기시거의 산정]

3. 앞지르기시거의 총거리($D = d_1 + d_2 + d_3 + d_4$) 산정

(1) **반대편 차로 진입거리(d_1)** : 고속자동차가 추월이 가능하다고 판단하고 가속하여 반대편 차로로 진입하기 직전까지 주행한 거리

$$d_1 = \frac{V_0}{3.6} t_1 + \frac{1}{2} a t_1^{\,2}$$

여기서, V_0 : 추월당하는 차량의 속도(km/h)

$\quad\quad a$: 평균가속도(m/sec^2)

$\quad\quad t_1$: 가속시간(sec), 보통 2.7~4.3초

(2) **앞지르기 주행거리(d_2)** : 고속자동차가 반대편 차로로 진입하여 추월할 때까지 주행하는 거리

$$d_2 = \frac{V}{3.6} t_2$$

여기서, V : 고속자동차 반대편 차로에서 주행속도(km/h)=설계속도

$\quad\quad t_2$: 추월 시작 후 완료까지 시간(sec), 보통 8.2~10.4초

(3) **마주 오는 자동차와의 여유거리(d_3)** : 고속자동차가 추월을 완료한 후 반대편 차로의 자동차와의 여유거리로서, 설계속도에 따라 15~70m 적용

(4) **마주 오는 자동차의 주행거리(d_4)** : 고속자동차가 추월을 완료할 때까지 마주 오는 자동차가 주행한 거리

$$d_4 = \frac{2}{3} \cdot d_2 = \frac{2}{3} \cdot \frac{V}{3.6} \cdot t_2 = \frac{V}{5.4} \cdot t_2$$

여기서, d_4 : d_2의 2/3 정도를 적용

마주 오는 자동차 속도 : 추월한 차량과 같은 설계속도를 적용

[앞지르기시거]

설계속도 (km/h)	V (km/h)	V_0 (km/h)	d_1			d_2		d_3 (m)	d_4 (m)	앞지르기시거(m)	
			a (m/sec^2)	t_1 (sec)	d_1 (m)	t_2 (sec)	d_2 (m)			계산값	규정값
80	80	65	0.65	4.3	83.6	10.4	231.1	70	154.1	538.8	540
70	75	60	0.64	4.0	71.8	10.0	208.3	60	138.9	479.0	480
60	65	50	0.63	3.7	55.7	9.6	173.3	50	115.6	394.6	400
50	60	45	0.62	3.4	46.1	9.2	153.3	40	102.0	341.6	350
40	50	35	0.61	3.1	33.1	8.8	122.2	35	81.5	275.6	280
30	40	25	0.60	2.9	20.1	8.5	94.4	20	63.0	197.5	200
20	30	15	0.60	2.7	13.4	8.2	68.3	15	45.6	142.3	150

주 1) 앞지르기시거는 양방향 2차로 도로에만 적용한다.

　　 양방향 2차로 도로 설계속도는 80km/h 이하이므로 앞지르기시거를 80km/h 이하로 한다.

문제 9

아래와 같은 조건의 양방향 2차로 도로에서 앞지르기시거를 산정하시오.

[조건] 설계속도 80km/h, 추월당하는 차량의 주행속도 65km/h,

평균가속도 0.65m/sec^2, 가속시간 t_1=4.3초, 추월시간 t_2=10.4초

해설
$$d_1 = \frac{V_0}{3.6}t_1 + \frac{1}{2}at_1{}^2 = \left(\frac{65}{3.6}\times 4.3\right)+\left(\frac{1}{2}\times 0.65\times 4.3\right)=79.0\text{m}$$

$$d_2 = \frac{V}{3.6}t_2 = \frac{80}{3.6}\times 10.4 = 231.1\text{m}$$

$$d_3 = 70\text{m}(80\text{km/h일 때, 최댓값 적용})$$

$$d_4 = \frac{2}{3}\cdot\cdot d_2 = \frac{2}{3}\times\frac{80}{3.6}\times 10.4 = 154.0\text{m}$$

$$\therefore D = d_1 + d_2 + d_3 + d_4 = 79.0 + 231.1 + 70 + 154.0 = 534.1\text{m} \Rightarrow 540\text{m}$$

즉, 설계속도 80km/h에서 앞지르기시거는 540m이다.

4. 앞지르기시거의 적용

(1) 앞지르기시거를 충분히 확보하여 주행속도의 저하를 막아야 하지만, 앞지르기시거는 매우 길어 모든 구간에서 확보하는 것은 비경제적이다.

따라서 지형, 설계속도, 공사비 등을 고려하여 앞지르기구간의 길이와 빈도를 배분하여 운전자가 불쾌하지 않는 범위 내에서 경제적으로 확보한다.

(2) 앞지르기구간이 그 도로의 전체 구간에 걸쳐 얼마만큼 존재하는가를 '앞지르기시거 확보구간의 존재율'이라 한다.

그 존재율 수준을 일률적으로 규정할 수 없지만, 일본은 '앞지르기시거 확보구간의 존재율'을 아래와 같이 규정하고 있다.

① 양방향 2차로 도로에서 최저 1분간 주행하는 사이에 1회, 부득이한 경우 3분간 주행하는 사이에 1회의 앞지르기구간을 확보토록 한다.

② 이를 전체 구간에 대한 '앞지르기시거 확보구간의 존재율'로 나타내면 일반적인 경우 30% 이상, 부득이한 경우 10% 이상의 구간을 확보토록 한다.

(3) 양방향 2차로 도로의 노선 중에서 앞지르기시거 미확보 구간이 한 곳에 편중되면 좋지 않으므로, 노선 전체에 균등 분포되도록 다음과 같이 설계한다.

① 선형이 불량한 산지부 도로의 경우, 앞지르기시거 존재율이 0%에 가깝다.

② 일반적으로 '앞지르기시거 확보구간의 존재율'을 30~38% 확보토록 한다.

③ 설계속도 80km/h에서 앞지르기시거가 450m 이상인 구간에는 앞지르기 가능 노면 표시를 한다.[21]

---

21) 국토교통부, '도로의 구조·시설 기준에 관한 규칙', pp.311~316, 2013.

3.20 종단선형의 구성요소, 종단경사

최소종단경사, 고속국도와 일반국도 설계에서 설계속도와 종단경사의 관계 [1, 1]

1. 개요

(1) 도로의 종단선형은 직선과 곡선으로 구성되며, 종단선형의 설계요소로는 종단경사와 종단곡선이 있다. 종단선형을 직선으로 설계할 때는 종단경사 기준을 적용하며, 종단선형을 곡선으로 설계할 때는 2차포물선으로 설계하여 종단곡선 변화비율 기준과 종단곡선 최소길이 기준을 적용한다.

(2) 종단선형은 동일한 설계구간에서도 지형조건, 자동차 오르막능력 등에 따라 모든 자동차에게 동일한 주행상태를 유지시켜줄 수 없는 요소를 포함하고 있다. 따라서, 모든 자동차에 대하여 동일한 설계속도를 유지할 수 있도록 종단선형을 설계하는 것은 경제적 타당성 측면에서 좋지 않다.

2. 종단선형의 구성요소

(1) **종단경사**

① 종단경사는 경사구간의 오르막특성이 자동차에 따라 크게 다르므로, 종단경사 값은 경제적 측면에서 가능하면 속도저하가 작아지도록 적용하여 도로용량 감소 및 안전성 저하를 방지하도록 한다.

② 「도로의 구조·시설 기준에 관한 규칙」에서는 종단경사 값을 도로구분과 지형조건에 따라 구분하며, 평지부에서 지하차도와 고가도로 설계할 때 산지부 값을 적용한다.

(2) **오르막차로**

① 최근 승용자동차와 소형자동차는 성능이 향상되어 오르막경사 영향을 크게 받지 않으나, 대형자동차는 오르막경사에 따라 주행속도 차이가 심하다.

② 따라서, 오르막구간에서는 자동차의 오르막능력 차이로 인하여 일정한 속도 이하로 주행하는 대형자동차를 분리하고 안전성 확보를 위하여, 오르막차로 설치를 경제적 측면에서 비교·분석한다.

(3) **종단곡선**

① 서로 다른 두 개의 종단경사가 접속될 때 접속지점을 통과하는 자동차의 운동량 변화에 따른 충격완화와 정지시거 확보를 위하여, 두 개의 종단경사를 적당한 비율로 접속시키는 종단곡선으로 설계한다.

② 종단곡선은 형태에 따라 오목형과 볼록형이 있고, 2차포물선으로 설치한다.

③ 종단곡선을 설치할 때는 충분한 범위 내에서 주행의 안전성과 쾌적성을 확보하고, 도로배수를 원활히 할 수 있도록 유의해야 한다.

3. 종단경사

(1) 차도의 종단경사는 도로구분, 지형상황, 설계속도 등에 따라 아래 표의 비율 이하로 한다. 다만, 지형상황, 주변지장물, 경제성 등을 고려하여 필요한 경우에 아래 표의 비율에 1%를 더한 값 이하로 할 수 있다.

[일반도로의 최대 종단경사(%)]

설계속도 (km/h)	고속도로		간선도로		집산도로 · 연결로		국지도로	
	평지	산지 등	평지	산지 등	평지	산지 등	평지	산지 등
120	3	4						
110	3	5						
100	3	5	3	6				
90	4	6	4	6				
80	4	6	4	7	6	9		
70			5	7	7	10		
60			5	8	7	10	7	13
50			5	8	7	10	7	14
40			6	9	7	11	7	15
30					7	12	8	16
20							8	16

주) 산지 등이란 산지, 구릉지 및 평지(지하차도 · 고가도로 설치할 때만 해당)를 말한다.

(2) 소형차도로의 종단경사는 도로구분, 지형상황, 설계속도에 따라 아래 표의 비율 이하로 한다. 다만, 필요한 경우에는 1%를 더한 값 이하로 할 수 있다.

[소형차도로의 최대 종단경사(%)]

설계속도 (km/h)	고속도로		간선도로		집산도로 · 연결로		국지도로	
	평지	산지 등	평지	산지 등	평지	산지 등	평지	산지 등
120	4	5						
110	4	6						
100	4	6	4	7				
90	6	7	6	7				
80	6	7	6	8	8	10		
70			7	8	9	11		
60			7	9	9	11	9	14
50			7	8	9	11	9	15
40			8	10	9	12	9	16
30					9	13	10	17
20							10	17

4. 자동차의 오르막 특성

(1) 승용차

① 대부분의 승용차는 3% 경사에서는 거의 영향을 받지 않으며, 4~5% 경사에서도 평지와 거의 비슷한 속도로 주행할 수 있다.

② 그러나 승용차도 오르막경사가 증가함에 따라 점차 감속되며, 내리막경사에서는 평지보다 속도가 증가하게 된다.

(2) 트럭(대형자동차)

① 오르막구간에서 트럭의 최고속도는 경사의 정도, 경사의 길이, 중량당 마력의 크기, 그 구간에 진입속도에 따라 크게 영향을 받는다.

② 「도로의 구조·시설 기준에 관한 규칙」에 의해 오르막차로 설계할 때 표준트럭의 오르막성능은 중량/마력비 120kg/kW(200lb/hp)를 적용한다.

[표준트럭의 오르막성능 비교]

국가	근거	표준트럭의 오르막성능
한국	국토교통부 도로용량편람	120kg/kW(200lb/hp)
일본	도로구조령	135kg/kW(225lb/hp)
미국	AASHTO	120kg/kW(200lb/hp)

5. 종단경사구간의 제한길이

(1) 종단경사구간의 제한길이는 중량/마력비 200lb/hp인 트럭을 표준으로 하여, 다음과 같은 2가지 가정하에 산정한다.

① [가정1] 오르막구간의 진입속도는 다음 두 속도 중에서 작은 값을 적용한다.
- 설계속도 80km/h 이상인 경우 : 80km/h
- 설계속도 80km/h 미만인 경우 : 설계속도와 같은 속도
- 앞쪽 경사의 영향에 따른 오르막구간의 진입속도

② [가정2] 대형자동차의 허용 최저속도는 다음 값 이상의 속도를 유지하도록 한다.
- 설계속도 100km/h 이하~80km/h 이상인 경우 : 60km/h
- 설계속도 80km/h 미만인 경우 : 설계속도-20km/h
- 앞쪽 경사의 영향에 따른 오르막구간의 진입속도

(2) 다만, 설계속도가 높은 도로의 오르막차로 시·종점부는 본선차량과 오르막차로 이용 트럭의 속도차이가 커서 교통사고 위험이 크다. 따라서, 설계속도 120km/h인 경우 허용 최저속도는 다음 값을 적용한다.

① 오르막차로 시점부의 허용 최저속도 : 65km/h
② 오르막차로 종점부의 허용 최저속도 : 75km/h

(3) 이와 같은 가정하에서 경사길이에 따른 트럭 속도변화가 감속 또는 가속인 경우, 「속도
－경사길이 그래프」에서 종단경사구간의 제한길이를 산정한다.

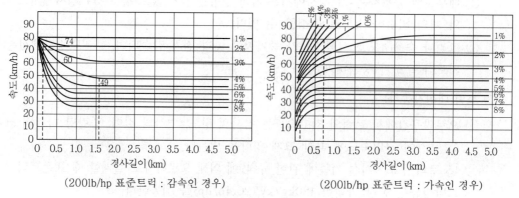

(200lb/hp 표준트럭 : 감속인 경우)　　　(200lb/hp 표준트럭 : 가속인 경우)

[경사길이에 따른 속도변화 그래프]

6. 산지부 도로의 종단경사 적용

(1) 산지부 종단경사 적용 검토

① 산지부에서 긴 구간에 걸쳐 종단경사 기준값을 적용하는 것은 경제성 및 안전성 측면
에서 타당하지 못하며, 실제 시공이 불가능할 수도 있다.

② 일부 구간 때문에 전체 노선의 설계속도를 낮추는 것도 불합리하므로, 산지부 종단경
사는 설계구간과 연계하여 교통안전성과 투자효율성이 확보되어야 한다.

(2) 산지부 종단경사 적용 기준

① 설계구간 길이가 확보된 구간 : 교통안전성을 향상시키기 위해 아래와 같이 '설계구
간'을 설정한 후, 구간별로 종단경사 값을 적용한다.

② 설계구간 길이가 미확보된 구간 : 투자효율성을 감안하여 아래와 같이 적용하되, 교
통안전에 악영향을 미칠 경우에는 산지부 종단경사 값 적용을 배제한다.[22]

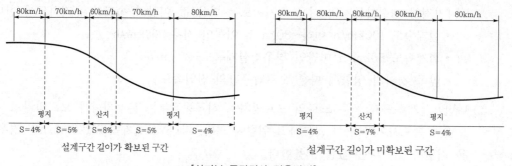

설계구간 길이가 확보된 구간　　　　　설계구간 길이가 미확보된 구간

[산지부 종단경사 적용방법]

---

22) 국토교통부, '도로의 구조·시설 기준에 관한 규칙', 2015, pp.320~328.

3.21 오르막차로

1. 오르막차로

(1) 종단경사가 있는 구간에서 자동차의 오르막 능력 등을 검토하여 필요하다고 인정되는 경우에는 오르막차로를 설치해야 한다. 다만, 설계속도 40km/h 이하인 경우에는 오르막차로를 설치하지 않을 수 있다.

(2) 오르막차로 폭은 본선 차로 폭과 같게 설치해야 한다.

2. 오르막차로의 설치기준

(1) 설치구간 산정의 전제조건

① 종단경사구간의 제한길이는 중량/마력비 200lb/hp인 트럭을 표준으로 하여, 다음과 같은 2가지 가정하에 산정한다.

[가정 I] 오르막구간의 진입속도는 다음 두 속도 중에서 작은 값을 적용
  • 설계속도 80km/h 이상인 경우 : 80km/h
  • 설계속도 80km/h 미만인 경우 : 설계속도와 같은 속도
  • 앞쪽 경사의 영향에 따른 오르막구간의 진입속도

[가정 II] 대형자동차의 허용 최저속도는 다음 값 이상의 속도를 유지
  • 설계속도 100km/h 이하 80km/h 이상인 경우 : 60km/h
  • 설계속도 80km/h 미만인 경우 : 설계속도-20km/h
  • 앞쪽 경사의 영향에 따른 오르막구간의 진입속도

② 다만, 설계속도 120km/h인 도로의 오르막차로 시·종점부는 본선 차량과 트럭 간의 속도 차이가 커서 사고위험이 크므로 허용 최저속도를 별도로 규정한다.
  • 오르막차로 시점부의 허용 최저속도 : 65km/h
  • 오르막차로 종점부의 허용 최저속도 : 75km/h

(2) 속도-경사도의 작성

① 종단경사구간에서 경사길이에 따른 트럭의 속도변화가 감속 또는 가속되는 경우, 「속도-경사길이 그래프」를 이용하여 '속도-경사도'를 작성하고 허용 최저속도보다 낮은 주행속도 구간을 오르막차로 설치구간으로 선정

② '속도-경사도' 작성할 때 종단곡선구간은 다음과 같은 직선 종단경사구간이 연속된 것으로 가정한다.
  • 종단곡선길이가 200m 미만인 경우, 종단곡선길이를 1/2로 나누어 앞·뒤의 경사로 가정한다.

- 종단곡선길이가 200m 이상이며 앞·뒤의 경사차가 0.5% 미만인 경우, 종단곡선길이를 1/2로 나누어 앞·뒤의 경사로 가정한다.
- 종단곡선길이가 200m 이상이며 앞·뒤의 경사차가 0.5% 이상인 경우, 종단곡선길이를 4등분하여, 양끝 1/4 구간은 앞·뒤의 경사로 하고, 가운데 1/2 구간은 앞·뒤 경사의 평균값으로 가정한다.

3. 오르막차로의 설치방법

(1) 오르막차로의 설치기준

① '속도–경사도'를 작성하여 허용 최저속도 이하로 주행하는 구간이 200m 이상일 경우 오르막차로를 설치한다.

② 단, 계산된 길이가 200~500m일 경우, 최소 500m로 연장하여 설치한다.

(2) 일반구간에서 오르막차로의 설치방법

① [방법 I] 오르막차로를 주행차로에 변이구간으로 접속시키는 방법
- 종래 오르막차로 설치할 때 사용했던 방법
- 저속자동차가 차로를 바꾸도록 유도하여 분리시키는 형태

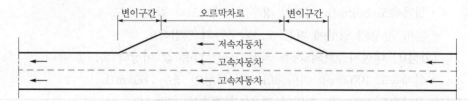

[오르막차로 설치방법 I]

② [방법 II] 오르막차로를 주행차로와 독립하여 접속시키는 방법
- 속도 차이가 적은 1차로와 2차로 승용차 간에 분·합류를 수행하는 행태
- 변이구간 시작 전에 노면표시로 고속자동차가 미리 차로를 바꾸도록 유도

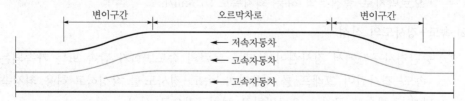

[오르막차로 설치방법 II]

③ [방법 III] 오르막차로를 주행차로와 연속하여 접속시키며 변이구간을 늘리고 종점부 합류구간의 차선을 삭제하는 방법
- 외측 차로를 주행차로와 연속하여 접속시키는 형태

• 종점부 합류구간 차선을 삭제하는 방법으로 영업소 차로 합류방식과 동일

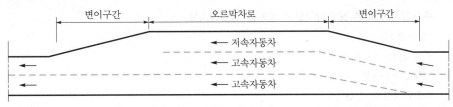

[오르막차로 설치방법 Ⅲ]

(3) 터널 및 전후구간에서 오르막차로의 설치방법

① 오르막차로를 터널 안으로 연장하는 형태는 경제성 분석 후 결정하되, 터널 입구에 오르막차로의 종점부를 두면 안 된다.

② 오르막차로를 터널 안으로 연장 설치하는 경우, 터널 내공단면은 3차로 터널의 표준 단면을 적용한다.

(4) 오르막차로의 설치길이

① 대형자동차의 허용 최저속도는 다음 값 이상의 속도를 유지하도록 한다.
• 설계속도 100~80km/h인 경우 : 60km/h
• 설계속도 80km/h 미만인 경우 : 설계속도–20km/h

② 설계속도가 높은 도로의 오르막차로 시·종점부는 본선 차량과 트럭 간의 속도 차이가 커서 사고위험이 크므로 허용 최저속도를 별도로 규정한다.
• 설계속도 120km/h인 경우 : 시점부 65km/h, 종점부 75km/h

4. 오르막차로 설치 생략

(1) 양방향 2차로 도로의 경우 : 오르막구간의 속도저하·경제성을 검토하여 서비스수준이 'E' 이하가 되지 않을 경우, 또는 서비스수준이 2단계 이상 저하되지 않을 경우에는 설치를 생략한다.

(2) 다차로 도로의 경우 : 6차로 이상의 도로에서는 고속자동차가 저속자동차를 앞지를 수 있는 공간적 여유가 2~4차로보다 많으므로 설치를 생략한다.

(3) 소형차도로의 경우 : 소형차도로 이용차량은 오르막 능력이 우수하여 서비스수준 저하가 미미하며 이용차량 간의 속도차이가 적어 주행이 원활하므로 설치를 생략한다.

문제10

종단경사에 따른 오르막차로의 설치를 검토하시오.

[도로조건]

• 설계속도 : 100km/h

• 차로수 : 왕복 4차로

• 종단경사와 종단곡선길이

측점	0+000	0+500	1+500	3+000	4+000
종단경사길이(m)	–	180	140	300	–
종단경사구간(%)		−1.0	+2.0	+4.0	−1.0
종단경사 적용구간길이(m)		500	1,000	1,500	1,000

해설 (1) '속도-경사도'는 표준트럭(200lb/hp)이 80km/h를 유지하는 지점부터 작성

(2) '경사 길이에 따른 속도변화 감속 그래프 및 가속 그래프를 이용하여 종단경사와 연장에 따른 속도를 산정

① −1.0% A구간 : 설계속도(100km/h) 80km/h 이상이므로 80km/h 적용

② +2.0% B구간 : 시점속도는 80km/h, 종점속도는 감속 그래프에서 y축 거리 1,000m를 이동하여 74km/h를 찾는다.

③ +4.0% C구간 : 구간길이(1,500m)가 길어 오르막차로 설치가 예상되므로, 오르막차로의 허용 최저속도 60km/h를 찾는다. 감속 그래프의 +4% 선에서 시점속도는 74km/h, 종점속도는 440m를 이동하여 60km/h를 찾고, C구간의 마지막 지점 종점속도 49km/h를 찾는다.

④ +1.5% D구간 : 구간길이 150m이므로, 가속 그래프를 참조하여 시점속도 49km/h 지점에서 150m를 이동하여 종점속도 54km/h를 찾는다.

⑤ −1.0% E구간 : D구간에서 오르막차로의 허용 최저속도(60km/h)를 확보하지 못했으므로, 가속 그래프를 참조하여 54km/h 지점에서 100m를 이동하여 60km/h를 찾고, 더 이동하여 오르막구간의 최대속도 80km/h를 찾는다.

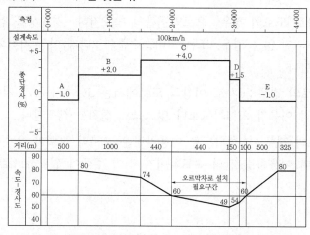

[속도-경사도에 따른 오르막차로 설치]

(3) 산정된 속도를 이용하여 '속도-경사도' 완성

(4) 완성된 '속도-경사도'에서 속도 60km/h 이하 구간에 오르막차로를 설치

문제11

도로용량에 따른 오르막차로의 설치를 검토하시오.

[도로조건]

• 설계속도 : 100km/h

• 차로수 : 왕복 4차로

• 종단경사 : [예1]과 동일

• 교통량 : 목표연도 설계시간교통량 4,000대/시, 중방향계수(D) 55%, 중차량 구성비 40%

• 지역 : 지방부(서비스수준 C(V/C≤0.7) 기준)

해설 (1) 중차량 설계시간교통량 산정

DDHV=4,000대/시×0.55=2,200대/시/일방향

(2) 승용차 환산교통량 산정

① 중차량 보정계수(f_w) : 특정경사구간(4%, L=1.5km)

$$f_{hv} = 1/\{1+0.4(2.3-1)\} = 0.658$$

② 승용차 환산교통량

2,200(대/시/일방향)÷0.658=3,343(승용차/시/일방향)

③ 서비스수준 산정 : 1차로 용량 2,200(승용차/시/차로)

V/C=3,343÷4,400=0.76(서비스수준 D)

(3) 도로용량이 저하(서비스수준 C에서 D로 저하)되므로, 오르막차로를 설치하여 용량을 증대시켜야 한다.

5. 맺음말

(1) **부가차로로서 오르막차의 설치 필요성을 검토할 때 유의사항은 아래와 같다.**

① 도로용량 : 도로용량과 교통량의 관계

고속자동차와 저속자동차의 구성비

② 경제성 : 오르막경사의 낮춤과 오르막차로 설치의 경제성

고속주행에 따른 편의성·쾌적성 향상과 비용 절감에 따른 경제성

③ 교통안전 : 오르막차로 설치에 따른 교통사고 예방효과

(2) 우리나라는 산지부가 많아 설계속도 40km/h 이하 도로에서는 설계속도와 주행속도 차이가 심하지 않으므로, 필요성을 검토하여 생략할 수도 있다.[23]

---

23) 국토교통부, '도로의 구조·시설 기준에 관한 규칙', 2015, pp.328~339.

3.22 종단곡선

종단곡선의 이정량(종거), 2차 포물선에 의한 종단곡선식 유도 [2, 2]

1. 종단곡선

(1) 차도의 종단경사가 변경되는 부분에는 종단곡선을 설치해야 한다. 이 경우 종단곡선의 길이는 제2항에 의한 종단곡선의 변화비율에 따라 산정한 길이와 제3항에 의한 종단곡선길이 중 큰 값의 길이 이상이어야 한다.

(2) 종단곡선의 변화비율은 설계속도 및 종단곡선의 형태에 따라 아래 표의 비율 이상으로 한다.

[설계속도 및 종단곡선 형태에 따른 종단곡선 최소변화비율]

설계속도(km/h)	120		110		100		90		80		70	
종단곡선 형태	볼록	오목	볼록	오목	볼록	오목	볼록	오목	볼록	오목	볼록	오목
종단곡선 최소변화비율(m/%)	120	55	90	45	60	35	45	30	30	25	25	20

설계속도(km/h)	60		50		40		30		20	
종단곡선 형태	볼록	오목	볼록	오목	볼록	오목	볼록	오목	볼록	오목
종단곡선 최소변화비율(m/%)	15	15	8	10	4	6	3	4	1	2

(3) 설계속도에 따른 종단곡선의 길이는 아래 표와 같이 시각적으로 필요한 최소길이 이상으로 설치해야 한다.

[설계속도에 따른 종단곡선 최소길이]

설계속도(km/h)	120	110	100	90	80	70	60	50	40	30	20
종단곡선 최소길이(m)	100	90	85	75	70	60	50	40	35	25	20

(4) 종단곡선 크기를 표시하는 종단곡선 변화비율(K)은 접속되는 두 종단경사의 차이가 1% 변화하는 데 확보해야 하는 수평거리(m/%)를 말한다.

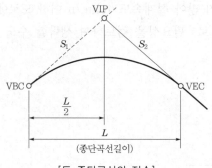

[두 종단곡선의 접속]

$$K = \frac{L}{(S_2 - S_1) \times 100} = \frac{L}{S}$$

여기서, K : 종단곡선 변화비율(m/%)

L : 종단곡선길이(m)

S : 종단경사의 차이($|S_1 - S_2|$)(%)

2. 종단곡선길이 산정

(1) 충격완화를 위한 종단곡선길이

① 다른 두 종단경사가 접하는 지점에서 자동차의 운동량 변화로 인한 충격완화와 주행 쾌적성 확보를 위해 종단곡선을 설치한다.

② 이때 필요한 종단곡선길이는 볼록형과 오목형 모두 다음 식으로 산정한다.

$$L = \frac{V^2 S}{360}$$

③ 이 식을 종단곡선 변화비율(K)로 나타내면

$$K_r = \frac{V^2}{360}$$

여기서, 360 : 운전자가 불쾌감을 느끼지 않을 충격 변화율에서 정해진 상수

(2) 정지시거 확보를 위한 종단곡선길이

① 정지시거를 확보해야 하는 종단곡선길이는 오목형에서는 문제가 되지 않으며, 볼록 형에서 그 길이가 결정된다.

② 종단곡선의 양측 2점에 대한 노면 상의 연직높이를 각각 h_1, h_2라 하고, 2점 간의 투시거리를 D라 하면, 2점의 위치에 따라 투시거리가 달라진다.

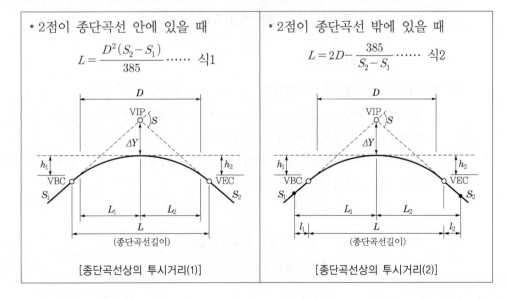

• 2점이 종단곡선 안에 있을 때	• 2점이 종단곡선 밖에 있을 때
$L = \dfrac{D^2(S_2 - S_1)}{385}$ ······ 식1	$L = 2D - \dfrac{385}{S_2 - S_1}$ ······ 식2
[종단곡선상의 투시거리(1)]	[종단곡선상의 투시거리(2)]

③ 두 식을 비교하면 항상 식1 값이 더 크다. 따라서, 설계속도에 따른 정지시거 확보를 위해서는 식1 값을 만족해야 한다.

식1을 종단곡선 변화비율(K)로 나타내면

$$K_r = \frac{D^2}{385}$$

(3) 전조등의 야간투시에 의한 종단곡선길이

① 오목형 종단곡선에서는 야간주행 시 전조등을 비출 때 정지시거가 확보되도록 종단곡선길이를 설치하면, 충격완화 및 정지시거도 확보된다.

② 이때 전조등에 의한 종단곡선길이의 산정기준은 전조등 높이 60cm, 투시각도 상향 1°로 한다.

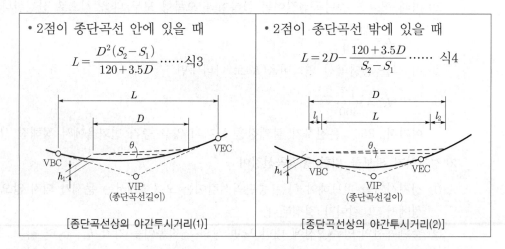

• 2점이 종단곡선 안에 있을 때	• 2점이 종단곡선 밖에 있을 때
$L = \dfrac{D^2(S_2 - S_1)}{120 + 3.5D}$ ······식3	$L = 2D - \dfrac{120 + 3.5D}{S_2 - S_1}$ ······ 식4
[종단곡선상의 야간투시거리(1)]	[종단곡선상의 야간투시거리(2)]

③ 두 식을 비교하면 항상 식3 값이 더 크다. 따라서, 오목형 종단곡선길이는 식1 값으로 산정하며, 이를 종단곡선 변화비율(K)로 나타내면

$$K = \frac{D^2}{120 + 3.5D}$$

(4) 시각적으로 필요한 종단곡선길이

① 종단경사 차이가 작으면 충격완화나 시거확보를 위한 종단곡선길이도 매우 짧아져, 운전자에게 선형이 급하게 꺾여 보이는 시각상 문제가 생긴다.

② 따라서, 시각적인 원활성을 고려하여 설계속도에서 3초간 주행한 거리를 최소 종단곡선길이로 하여 적용한다.

$$L_v = \frac{V}{3.6} \times 3 = \frac{V}{1.2}$$

여기서, L_v : 시각상 필요한 종단곡선길이

V : 설계속도(km/h)

(5) 종단곡선의 형태별로 필요한 종단곡선길이

① 볼록형인 경우, 두 종단경사의 접속으로 인한 정점부에 정지시거가 확보될 수 있도록
종단곡선길이를 설치한다.

[볼록형 종단곡선의 종단곡선 변화비율]

설계속도 (km/h)	최소 정지시거(m)	볼록형 종단곡선의 종단곡선 변화비율(m/%)		
		충격완화를 위한 K값	정지시거 확보를 위한 K값	적용 K값
120	215	40.0	120.1	120.0
110	185	33.6	88.9	90.0
100	155	27.8	62.4	60.0
90	130	22.5	43.9	45.0
80	110	17.8	31.4	30.0
70	95	13.6	23.4	25.0
60	75	10.0	14.6	15.0
50	55	6.9	7.9	8.0
40	40	4.4	4.2	4.0
30	30	2.5	2.3	3.0
20	20	1.1	1.0	1.0

② 오목형인 경우, 두 종단경사 접속으로 인한 저점부에 야간 전조등을 비추어 정지시거
를 확보할 수 있도록 아래 표와 같이 종단곡선길이를 설치한다.

[오목형 종단곡선의 종단곡선 변화비율]

설계속도 (km/h)	최소 정지시거(m)	오목형 종단곡선의 종단곡선 변화비율(m/%)		
		충격완화를 위한 K값	전조등에 의한 정지시거 확보를 위한 K값	적용 K값
120	215	40.0	53.0	55.0
110	185	33.6	44.6	45.0
100	155	27.8	36.3	35.0
90	130	22.5	29.4	30.0
80	110	17.8	24.0	25.0
70	95	13.6	19.9	20.0
60	75	10.0	14.7	15.0
50	55	6.9	9.7	10.0
40	40	4.4	6.2	6.0
30	30	2.5	4.0	4.0
20	20	1.1	2.1	2.0

(6) 종단곡선길이의 중간값, 이정량, 종거

① 종단곡선길이는 수평거리와 같다고 보아도 지장이 없다.

즉, S_1, S_2의 경사 변이점에서 종단곡선의 시·종점을 VBC, VEC라고 할 때, 종단곡선길이는 VBC, VEC 간의 수평거리(L)와 같다고 본다.

② 이 경우, 종단곡선 변곡점(VIP)로부터 곡선까지의 거리(Y)는

$$Y = \frac{S_2 - S_1}{2L} X^2 + \frac{S_1 + S_2}{2} X + \frac{L(S_2 - S_1)}{8}$$

여기서, S_1, S_2 : 종단경사

　　　　L : 종단곡선길이(m)

③ Y값의 최대 이정량(ΔY)을 구하여 백분율로 정리하면

$$\Delta Y = \frac{|S_1 - S_2|}{800} L$$

④ 종단곡선 임의의 점 $P(X_1, Y_1)$에서 접선까지의 이정량(y)은

$$y = \frac{S_1 - S_2}{2L}\left(X_1 - \frac{L}{2}\right)^2 \text{에서 } X_1 = \frac{L}{2} - X$$

$$y = \frac{|S_1 - S_2|}{200L} X^2$$

여기서, X : VBC 혹은 VEC에서 임의 점 P까지의 수평거리(m)

　　　　y : VBC 혹은 VEC에서 거리 X에 있는 점의 종단곡선까지 이정량(m)

　　　　S_1 : VBC 상의 종단경사(%)

　　　　S_2 : VEC 상의 종단경사(%)

　　　　L : 종단곡선길이(m)

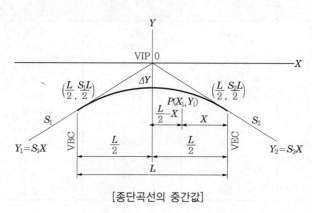

[종단곡선의 중간값]

문제 12

종단곡선의 최소길이를 검토하시오.

해설 1. 볼록형 종단곡선 구간의 종단곡선길이 산정

[도로조건]

- 설계속도 : V=100km/h
- 종단경사 : S_1=2.0%, S_2=−2.0%

(1) 충격완화를 위한 종단곡선길이

$$L = \frac{V^2 S}{360} = \frac{100^2 \times [2-(-2)]}{360} = 111.11\text{m} \quad \cdots\cdots\cdots\cdots\cdots\cdots ①$$

(2) 정지시거 확보를 위한 종단곡선길이

$$L = \frac{D^2 (S_2 - S_1)}{385} = \frac{155^2 \times [2-(-2)]}{385} = 249.61\text{m} \quad \cdots\cdots\cdots\cdots ②$$

(3) 시각적으로 필요한 종단곡선길이

$$L_v = \frac{V}{1.2} = \frac{100}{1.2} = 83.33\text{m} \quad \cdots\cdots\cdots\cdots\cdots\cdots\cdots\cdots ③$$

2. 오목형 종단곡선 구간의 종단곡선길이 산정

[도로조건]

- 설계속도 : V=100km/h
- 종단경사 : S_1=−1.0%, S_2=0.5%

(1) 충격완화를 위한 종단곡선길이

$$L = \frac{V^2 S}{360} = \frac{100^2 \times [0.5-(-1.0)]}{360} = 41.67\text{m} \quad \cdots\cdots\cdots\cdots\cdots ⓐ$$

(2) 전조등의 야간투시에 의한 종단곡선길이

$$L = \frac{D^2 (S_2 - S_1)}{120 + 3.5D} = \frac{155^2 \times [0.5-(-1.0)]}{120 + 3.5(155)} = 54.40\text{m} \quad \cdots\cdots\cdots ⓑ$$

(3) 시각적으로 필요한 종단곡선길이

$$L_v = \frac{V}{1.2} = \frac{100}{1.2} = 83.33\text{m} \quad \cdots\cdots\cdots\cdots\cdots\cdots\cdots\cdots ⓒ$$

∴ ① ② ③ 및 ⓐ ⓑ ⓒ 중에서 가장 큰 값[볼록형 249.61m, 오목형 83.33m]를 최소 종단곡선길이로 선정하고, 이 값보다 큰 값을 종단곡선길이로 설계한다.[24]

---

24) 국토교통부, '도로의 구조·시설 기준에 관한 규칙', 2015, pp.339~352.

3.23 도로의 선형설계

도로 선형설계 검토사항 및 세부설계 고려사항 [0, 6]

1. 개요

(1) 도로의 선형이란 도로설계의 기준이 되는 기하학적인 선이 평면적 및 종단적으로 그리는 형상은 물론, 양자가 조화된 3차원적 선의 형상을 총괄적으로 지칭한다.

(2) 이들을 각각 평면선형, 종단선형, 입체선형이라 하는데, 일반적으로 도로설계를 할 때 선형이라 하면 평면선형을 가리키는 경우가 많다.

(3) 도로의 선형설계는 노선계획으로 시작하여 평면선형설계, 종단선형설계로 이어지고, 끝으로 도로환경과 조화되는 평면선형과 종단선형의 조합으로 완료된다.

2. 도로 선형설계 고려사항

(1) 자동차 주행 중에 역학적으로 안전·쾌적하며, 경제성을 보증하는 선형일 것

(2) 운전자의 시각적·심리적 측면에서 양호한 선형일 것

(3) 도로환경 및 주위경관과 조화되고 융합을 이룰 수 있는 선형일 것

(4) 지형, 지물, 토지이용계획 등의 자연조건과 사회조건에 적합하고 비용과 편익이 균형을 이루어 경제적 타당성을 갖춘 선형일 것

3. 특히, 도시지역 도로 선형설계 고려사항

(1) **도로 주변지역 토지이용과의 관련성을 고려할 것** : 도로가 주변지역 주민의 생활권을 분단하는 경우, 주민생활의 관습을 해롭게 하고, 안전성이 저하되어 도로가 본래의 기능을 발휘하지 못한다.

(2) **기존 도로망과의 관계를 고려할 것** : 기존 도로망과의 접속, 기존 교통통행과의 연결 등을 고려하여 기존 교차로와의 관계를 명확히 하여 선형설계에 반영한다.

(3) **보·차도가 함께 있는 생활도로에서의 선형설계를 고려할 것** : 생활도로에서는 자동차의 감속을 유도하여 보행자와 자전거가 안전하게 다닐 수 있는 통행공간을 확보한다.

4. 도로 선형설계 기본방침

(1) **도로의 선형은 지형과 조화를 이룰 것**

① 도로선형은 백지상에 그리는 것이 아니고 주어진 자연조건을 바탕으로 생각하는 것이므로, 자연의 지형과 조화되는 선형이라는 개념이 필요하다.

② 자연의 지형에 따라 물 흐르는 듯한 선형이 직선이나 절·성토가 많은 선형보다 미관적으로 좋고 자연경관 보호 측면에서도 좋다.

③ 우리나라는 산지가 많고 인구밀도가 높아 최근 토지이용이 고속화되므로, 선형 검토할 때 지형·지물의 제약, 시공성, 유지관리 등을 모두 고려한다.

(2) 도로의 선형의 연속성을 고려할 것

① 긴 직선의 끝에 작은 평면곡선반경의 곡선부를 배치하는 것은 선형의 연속성을 상실하므로 좋지 않다.

② 또한 큰 평면곡선반경의 곡선부에서 작은 평면곡선반경의 곡선부로 급격히 변화시키는 것도 선형의 연속성을 상실하므로 좋지 않다.

③ 작은 평면곡선반경의 곡선부를 설치해야 하는 경우, 직선부 또는 큰 평면곡선반경의 곡선부로부터 서서히 연속적으로 변화하도록 한다.

(3) 도로의 선형과 부속시설과의 관련성도 고려할 것

① 평면곡선 및 종단곡선 구간에서 도로의 기하구조 및 부속시설에 따라 운전자의 주행에 안정감을 주기도 하고, 불쾌감을 주기도 한다.

② 높은 성토구간에 평면곡선 설치할 때, 큰 평면곡선반경을 설치하고, 방호책, 조명, 식수 등을 설치하여 시선을 유도하면 사고를 방지할 수 있다.

③ 따라서, 도로의 선형과 부속시설을 서로 보완함으로써 주행의 안전성과 쾌적성을 도모한다.

(4) 평면선형과 종단선형이 조화를 이룰 것

① 도로는 운전자에게 선형형상이 입체적인 연속성을 가지며, 동시에 주행의 안전성, 시각적·심리적인 쾌적성까지 갖춘다.

② 따라서 노선선정 때부터 선형의 조화를 이룰 때까지 일련의 설계작업을 각각 독립적으로 다루지 말고, 동시에 종합적으로 다룬다.

③ 즉, 평면선형과 종단선형의 조화가 단순하게 최후의 끝마무리를 위한 단독작업이 아니므로, 노선선정 문제와 관련하여 종합적으로 생각한다.

(5) 도로 선형설계의 일관성을 유지할 것

① 설계일관성이란 운전자가 전방의 도로에 대해 기대하는 조건을 감안하여, 이에 조화를 이루는 주행의 안전성 및 쾌적성을 확보하는 것이다.

② 즉, 설계일관성을 평가하는 것은 도로 기하구조에 의해서 결정되는 주행 안전성·쾌적성의 일관성을 평가하는 방법론이다.

③ 따라서, 주행의 안전성 및 쾌적성을 확보하기 위해서는 도로설계할 때 최소기준만을 만족시키기보다는 적극적으로 설계일관성에 대한 검토가 필요하다.

5. 도로 평면선형과 종단선형 조합의 일반방침

(1) 도로의 선형은 지형과 조화를 이룰 것

① 평면선형과 종단선형이 완전하게 대응되어 시각적 연속성이 확보된 선형은 운전자의 눈으로 보아서 미끈하고 아름다운 선형이다.

② 평면선형과 종단선형의 대응을 고려하여 평면선형과 종단선형을 겹쳐서 원곡선부분에서 종단곡선을 포용하는 듯이 설계하는 것이 좋다.

(2) 평면곡선과 종단곡선의 크기가 균형을 이루도록 할 것

① 양자의 크기가 균형을 이루어야 공사비가 절감되며, 선형이 작은 쪽이 너무 강조되면 시각적 균형을 상실하여 운전자에게 심리적으로 불안감을 주게 된다.

② 양자의 균형을 구체적인 수치로 제시하기는 어려우므로 선형설계할 때 도로 주변여건을 고려하여 세심한 주의를 기울여야 한다.

(3) 노면 배수 및 자동차의 운동역학적 요구에 적절히 조화되도록 경사를 조합할 것

① 산지부에서 종단경사가 급한 구간에 작은 평면곡선이 삽입되면 종단경사가 급하게 보이므로 주행안전성이 확보되지 못한다.

② 평탄지에서 종단경사가 거의 수평에 가까우면 평면곡선 변곡점 부근의 종단경사가 매우 작아져서 배수문제가 발생되므로 종단경사를 적절히 취해야 한다.

(4) 도로환경과의 조화를 고려할 것

① 평면선형과 종단선형 조합이 아무리 좋아도 통과하는 지역의 환경에 조화되고 있지 않으면 주행하는 운전자에게 안전하고 쾌적한 도로라고 할 수 없다.

② 선형의 시각적 문제가 제약을 받는 구간에는 방호책, 식수, 절토비탈면 등으로 도로환경을 개선하여 시선유도를 보조할 필요가 있다.

6. 맺음말

(1) 선형설계는 도로의 생명이라고 할 수 있는 자동차 주행의 안전성·쾌적성·경제성 외에 도로의 교통용량이 지배적인 영향을 미친다. 도로의 선형이 본선뿐만 아니라, 연도개발 및 토지이용에도 많은 영향을 끼쳐 연도주민의 재산권과 관련되어 주요한 쟁점으로 부각되기도 한다.

(2) 종래의 선형설계에서 통상적으로 사용되었던 평면선형과 종단선형의 개별적인 접근에서 탈피하고, 양자를 종합한 입체선형으로 검토하도록 한다. 따라서, 선형을 개별 구간에 대하여 고려할 뿐만 아니라, 일련의 연속된 선형으로서 검토하고 판단해야 한다.[25]

---

25) 국토교통부, '도로의 구조·시설 기준에 관한 규칙' 2015, pp.353~357.

3.24 도로 선형설계의 일관성

선형설계에서 설계일관성(Design Consistency)과 설계유연성(Design Flexibility) [0, 3]

1. 필요성

(1) 전통적인 방법으로 설계된 도로는 최소 설계기준만을 만족시켜 구간별로 주행 안전성에 큰 편차를 보이므로, 사고 위험성이 내재되어 있다.

(2) 이러한 문제점을 해결하기 위해 미국 Glennon & Harwood는 도로 선형설계의 일관성 확보 및 유지에 관한 평가방법을 다음과 같이 제시하였다.

2. 선형설계의 일관성 평가방법

(1) Ball-Bank Indicator

① 1930년대 미국 연방도로청 연구성과에 의해 평면곡선에서 원심력에 대항하기 위하여 운전자에게 필요한 횡방향마찰계수 값의 존재범위를 찾아냈다.
- 설계속도 20~110km/h 범위에서 횡방향마찰계수 0.21~0.10 설정

② 이 범위를 기준으로 도로 설계속도 개념을 설정했고, 설계속도별 최소 평면곡선반경에 따른 횡방향마찰계수 최댓값을 결정했다.
- 이를 위해 Ball-Bank Indicator 사용(AASHTO Green Book 설정 근거)

(2) 10 mile/hour rule

① 1970년대에 들어 미국 J. Leisch는 종전 설계속도 개념의 모순점을 지적하면서, 10 mile/hour rule에 의한 속도-종단곡선 분석기법을 주장했다.
- 설계속도 90km/h 이하에서 직선과 곡선의 반복적인 선형조합 때문에 운전자가 계속 속도를 바꾸어야 하는 '균등한 속도 유지의 한계점' 지적

② 그 주장이 설득력을 얻어, 아래 3가지의 10 mile/hour rule은 현재까지도 설계일관성 분석을 위한 안전성 검토기준이 되고 있다.
- 가능하면 설계속도의 감소는 피하되, 불가피한 경우 10 mile/hour를 초과하지 않을 것
- 자동차의 잠재적 속도는 10 mile/hour 이내에서만 변경할 것
- 트럭 속도는 자동차 속도보다 10 mile/hour 이내에서 낮게 제한할 것

(3) 평면곡선부 주행속도 반영 설계

① 1974년 호주 ARRB(Australian Road Research Board)의 J. McLean은 설계속도 개념에 반하는, 평면곡선에서의 운전자 행태분석 연구를 주장했다.

② 종전 설계속도 개념의 속도-횡방향마찰계수 관계곡선보다 속도-곡선반경 관계식이 현실적이고, 설계속도와 주행속도는 별개 문제라는 주장이다.

③ 설계속도 대신 주행속도를 산정하여 설계에 반영해야 하며, 주행속도는 평면곡선의 설계조건에 따라 경험적으로 산정할 수 있다는 주장이다.

(4) 운전부담량

① 미국 C. Messer은 설계일관성 분석을 위해 도로 기하구조에 기초한 운전자의 운전부담량 산정 모형을 개발했다.

② 운전부담량이 커질수록 운전자가 눈을 뜨고 있는 시간이 길어지고, 그만큼 정신적 부하량이 커질 것이라는 가정을 곡률도의 함수식으로 표현했다.

$$WL = 0.193 + 0.016D$$

여기서, WL : 곡선의 평균 운전부담량

D : 곡률도(Degree of curvature)

(5) 곡률변화율 : R. Lamn은 도로 구간에서 나타나는 곡률도의 함수식을 통해 85th-%tile 주행속도를 예측하여 곡선부의 설계일관성을 평가하는 2가지 방법을 제시했다.

① 연속된 도로에서 인접한 두 구간의 예측 주행속도를 비교하는 방법
② 해당 구간의 예측 주행속도와 설계속도를 비교하는 방법

$$V_{85} = 34.7 - 1.005D_C + 2.081L_W + 0.174S_W + 0.004 AADT$$

여기서, V_{85} : 85th-%tile 예측 주행속도(operating speed)

D_C : 곡률도(Degree of curve)

L_W : 차로폭

S_W : 길어깨 폭

3. 맺음말

(1) 도로설계에서 선형설계의 일관성은 가장 기본적인 항목으로, 그 중요성을 아무리 강조해도 지나치지 않다.

(2) 하지만, 실제로는 도로설계 요소가 조합적으로 작용하므로 설계일관성 검토에 관하여 분명한 기준을 제시하는 것은 쉽지 않은 과제이다.

3.25 도로 평면선형의 설계

도로 기하구조형태, 직선 한계길이(평면선형), Compound Curves, Broken Back Curve [4, 3]

Ⅰ 개요 및 평면선형 설계의 일반방침

1. 개요

평면선형의 선형요소는 직선, 원곡선, 완화곡선의 3종류가 있으며, 도로 평면선형은 Clothoid곡선으로 설계한다. Clothoid곡선은 자동차의 완화주행 특성을 반영하며 CAD와 3D BIM 프로그램에 의해 현장설치 과정이 매우 간편화되어 있다.

2. 평면선형 설계의 일반방침

(1) 평면선형은 주변 지형조건에 적합해야 하며, 연속적이어야 한다.

(2) 앞뒤 평면선형이 비교적 좋은 도로에서 일부구간에 급한 평면곡선반경을 쓰는 일은 피해야 한다. 물론, 평면선형은 종단선형과의 조화도 고려해야 한다.

(3) 직선과 원곡선 사이에 Clothoid곡선을 삽입할 때, Clothoid parameter와 원곡선반경과의 사이에는 다음 관계가 성립되도록 한다.

① $R \geq A \geq \dfrac{R}{2}$, R=1,500m 이상으로 매우 클 경우 $R \geq A \geq \dfrac{R}{3}$ 을 유지하면 직선에서 원곡선으로의 선형변화가 점차 원활해진다.

② Clothoid~원곡선~Clothoid의 선형인 경우, Clothoid parameter는 맞출 필요 없고 지형조건에 따라 비대칭 곡선도 좋다.

(4) 두 Clothoid가 반대방향으로 접속된 평면선형에서는 두 parameter를 같게 하거나, 큰 parameter가 작은 parameter의 2배 이하가 되도록 한다.

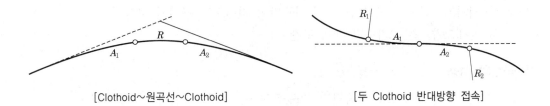

[Clothoid~원곡선~Clothoid]　　　　　　[두 Clothoid 반대방향 접속]

(5) 직선을 낀 두 완화곡선이 반대방향으로 접속될 경우, 두 완화곡선 사이의 직선길이는 다음 조건을 만족해야 한다.

$$L \leq \frac{A_1 + A_2}{40}$$

여기서, L : 두 완화곡선 사이의 직선길이(m)

A_1, A_2 : 두 Clothoid의 parameter

(6) 두 원곡선을 같은 방향으로 접속시킬 경우, 두 원곡선 사이에 완화곡선을 삽입하면 선형변화가 점차 원활해진다.

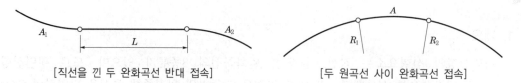

[직선을 낀 두 완화곡선 반대 접속]　　　　　[두 원곡선 사이 완화곡선 접속]

(7) 같은 방향으로 휘어지는 두 원곡선 사이에 짧은 직선이 접속될 경우, 가능하면 두 평면곡선을 포함하는 큰 원을 설치한다.

부득이하게 두 원곡선을 같은 방향으로 직접 접속시켜야 하는 경우, 큰 원 반경을 작은 원 반경의 1.5배 이하로 한다.

Ⅱ 평면선형 설계의 방법

1. 직선의 적용

(1) 문제점

① 융통성 없는 기하학적 형태로 인해 딱딱하고 선형조화가 곤란하다.

② 지형변화에 순응하기 어려워서 적용하는 데 제약을 받는다.

③ 직선이 길게 연결되면 권태를 느껴 주의력 집중이 어렵다

④ 결국 운전자의 지각반응이 저하되어 사고발생의 원인이 된다.

(2) 적용대상

① 평탄지, 산과 산 사이에 존재하는 넓은 골짜기

② 시가지 또는 그 근교지대로서 가로망이 직선으로 구성된 지역

③ 장대교량, 긴 고가구간, 터널구간

2. 곡선의 적용

(1) 곡선은 지형에 맞도록 적용하되, 가능하면 큰 평면곡선반경을 사용한다.

최대 평면곡선반경이 대략 10,000m 이상이면 곡선 의미를 상실

(2) 작은 평면곡선반경의 남용을 피하고, 직선과 적절하게 조화를 이룬다.

작은 평면곡선반경의 사용이 불가피하면, 완화곡선을 크게 설치

(3) 지형이 험준한 산악부에서는 부득이하게 최소 평면곡선반경을 사용한다.

특히, 작은 평면곡선반경과 급한 종단경사가 겹치지 않도록 배려

3. 평면선형의 구성방법

(1) 긴 직선은 짧은 곡선에 의해 평면선형을 구성한다.

도로선형의 기본인 직선을 먼저 설정하고, 이를 원호로 연결한다.

(2) 긴 곡선은 짧은 직선에 의해 평면선형을 구성한다.

원곡선을 지형조건에 맞추어 설정하고, 이를 Clothiod로 연결한다.

(3) 결국 연속적인 곡선에 의해 평면선형을 구성하게 된다.

곡선을 연속적으로 연결하면 시각적으로 원활성이 증대된다.

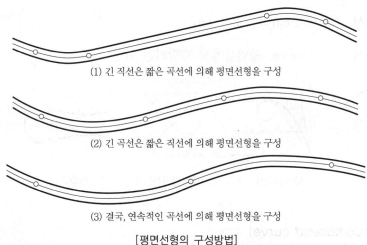

(1) 긴 직선은 짧은 곡선에 의해 평면선형을 구성

(2) 긴 곡선은 짧은 직선에 의해 평면선형을 구성

(3) 결국, 연속적인 곡선에 의해 평면선형을 구성

[평면선형의 구성방법]

4. 평면선형의 설정방법

[제1방법] 먼저 직선을 설정하고, 이를 원곡선으로 연결하는 방법

[제2방법] 먼저 곡선을 설정하고, 이를 완화곡선으로 연결하는 방법

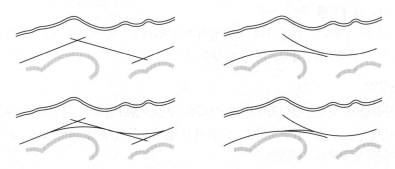

[평면선형의 설정방법]

Ⅲ 도로의 선형설계에 사용되는 곡선

1. 선형설계에 사용되는 곡선

(1) **단곡선** : 하나의 원곡선

(2) **복합곡선** : Compound curve, 같은 방향

(3) **완화곡선** : Clothoid, Lemniscate, 3차 포물선, McConnell

(4) **배향곡선** : Reverse curve, 반대 방향

(5) **반향곡선** : Hairpin curve, 교각 180°

(6) **루프곡선** : Loop curve, 평면상에서 폐합되는 곡선

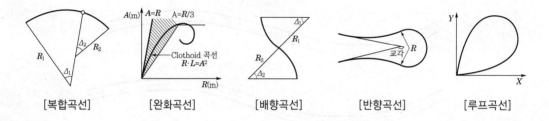

[복합곡선]　　　[완화곡선]　　　[배향곡선]　　　[반향곡선]　　　[루프곡선]

2. 복합곡선(Compound curve)

(1) 정의 및 문제점

① 복합곡선은 같은 방향으로 휘어지는, 즉 평면곡선반경이 다른 두 개의 원곡선(R_1, R_2)이 연결된 선형이다.

② 복합곡선을 도로선형에 적용하면 곡선반경이 금방 변하여 급한 핸들조작을 해야 하므로 불쾌감을 유발한다.

③ 복합곡선에서는 편경사의 접속설치가 곤란하고, 곡선부 확폭의 접속설치도 곤란하다. 필연적으로 배수문제가 발생한다.

(2) 개선방안

① 사용금지 구간 : 평면곡선반경이 작은 구간, 종단선형이 급변하는 구간

② 사용가능 구간 : 평면교차로, 도심지의 입체교차 연결로, 산악도로 등 지형여건이 불리한 도로에만 사용한다.

③ 두 개의 원곡선 사이에 Clothoid곡선을 삽입하고, 원곡선은 $R_1 : R_2 = 1 : 1.5$ 이내로 설치하여 계란형 Clothoid곡선을 구성한다.

3. Broken back curve

(1) 정의 및 문제점

① Broken back curve는 같은 방향으로 휘어지는 두 개의 원곡선 사이에 짧은 직선이 삽입된 선형이다.

② Broken back curve를 도로선형에 적용하면 급한 핸들조작으로 운전자에게 불쾌감을 주고, 차로이탈이 우려된다.

- 평면선형에 적용하면 운전자가 직선을 반대방향으로 굴곡된 것으로 착각
- 종단선형에 적용하면 운전자가 직선을 떠오른 것처럼 착각

(2) 개선방안

① Broken back curve는 도로 선형설계에 절대 사용금지해야 하나 시공 중 측점이동, 감리부실 등으로 불가피하게 발생될 수 있다.

② 교통사고의 원인분석 과정에 발견된 경우에 단기적으로 주의표지를 설치하여 감속을 유도한다. 장기적으로는 선형 개량공사를 해야 해결된다.

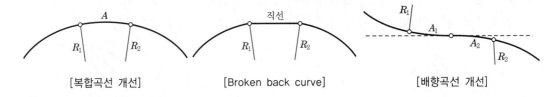

[복합곡선 개선]   [Broken back curve]   [배향곡선 개선]

4. 배향곡선(Reverse curve)

(1) 정의 및 문제점

① 배향곡선은 반대 방향으로 휘어지는 두 개의 원곡선이 연결된 선형이다.

② 배향곡선을 도로선형에 적용하면 시·종점 구간에서 편경사 차이가 너무 커서, 편경사 접속설치가 곤란하다.

③ 결국, 배향곡선의 변이구간에서 운전자가 핸들을 급히 반대로 꺾어야 하므로, 차로이탈에 의한 사고위험이 상존한다.

(2) 개선방안

① 도로의 선형설계에 가급적 사용금지하고, 산악도로에서 지형여건이 불리한 경우에만 적용한다.

② 배향곡선 사이에 두 개의 Clothoid곡선을 삽입하고, A_1과 A_2 비율은 같거나 2.0 이하로 설치하여 S형 Clothoid곡선을 구성한다.

③ 이 경우에는 편경사의 접속설치가 필요하므로 두 원곡선의 편경사 차이만큼 접속설치율에 따른 길이를 계산한 후, 완화구간 전체에 걸쳐 편경사를 연속적으로 변화시키면서 접속설치한다.

3.26 도로 종단선형의 설계

산과 계곡을 연속 통과하는 도로의 최적 종단선형 [0, 1]

I 종단선형 설계의 원칙

1. 개요

(1) 종단선형을 설계할 때는 건설비와의 관계를 고려하면서 자동차 주행의 안전성과 쾌적성을 도모하고 경제성을 갖도록 하며, 평면선형과 관련하여 시각적으로 연속적이면서 서로 조화되도록 설계해야 한다.

(2) 통상 내리막경사는 사고로 연결되기 쉽고, 오르막경사는 급하면 트럭의 속도저하가 뚜렷하여 원활한 교통흐름을 저해한다.

2. 종단선형 설계의 원칙

(1) 지형에 적합하고 원활한 선형이어야 한다.

(2) 앞쪽과 뒤끝만 보이고 중간이 푹 패어 보이지 않는 선형은 피한다.

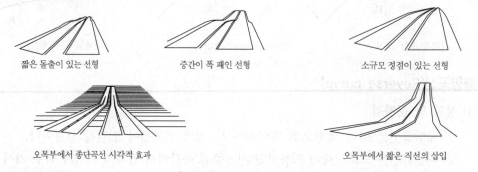

| 짧은 돌출이 있는 선형 | 중간이 폭 패인 선형 | 소규모 정점이 있는 선형 |

오목부에서 종단곡선 시각적 효과   오목부에서 짧은 직선의 삽입

[종단선형의 부조화 사례]

(3) 오르막경사 앞에 내리막경사를 설치할 때, 오목부분에 삽입하는 종단곡선길이를 충분히 길게 하여 원활하게 한다. 내리막경사가 계속되는 구간 앞에 작은 평면곡선반경을 설치할 때는, 도로에 붙이는 편경사를 표준보다 급하게 설치한다.

(4) 같은 방향으로 굴곡하는 두 종단곡선 사이에 짧은 직선으로 된 종단경사구간을 두지 않도록 한다. 길이가 긴 연속된 오르막구간에서는 오르막경사가 끝나는 정상 부근에서 경사를 비교적 완만하게 한다.

(5) 종단선형의 양부는 평면선형과 관련하여 결정되므로, 평면선형과의 조화를 이루어 입체적으로 양호한 선형이 되도록 한다. 종단경사는 노면 배수를 고려하여 최소 0.3%로 한다.

(6) 환기설비가 필요한 장대터널에서는 환기설비의 비용을 절감하고 배기가스량의 최소화를 위하여 오르막경사를 3% 이하로 한다.

Ⅱ 종단선형 설계의 방법

1. 종단선형의 설계순서

(1) 먼저 직선형으로 종단경사를 설정한다.

(2) 지형변화에 따라 제약받는 지점(control point)이나, 절·성토의 균형 등을 고려하여 종단형상의 기본형을 정한다.

(3) 종단경사의 변화점에 적절한 길이의 종단곡선을 삽입한다.

(4) 일련의 작업과정을 시행착오적으로 반복하면서, 자동차의 주행조건과 건설비의 관계를 고려하여 종단선형을 최종적으로 정한다.

2. 종단선형의 설계기준

(1) 현행 종단곡선길이와 종단곡선 변화비율의 규정은 최솟값이다.

① 이 최솟값은 자동차 주행에 따른 충격완화와 시거확보에 만족할지라도 도로의 시각적 연속성과 운전자의 심리적 쾌적성을 만족하지 못한다.

② 멀리서 보면 부자연스럽고 딱딱한 판을 늘어놓은 것처럼 보인다.

(2) 운전자 시각은 경사 자체에는 덜 민감하지만 경사 차이에는 매우 민감하여, 종단곡선 길이가 너무 짧으면 운전자에게 도로가 절곡된 것처럼 보인다.

• 운전자의 시점이 300~600m 정도 먼 곳에 집중되는 고속도로의 경우, 시각적인 부조화는 주행의 안전성에 악영향을 준다.

(3) 긴 직선-짧은 곡선의 평면선형에는 일반적으로 긴 직선-짧은 곡선의 종단선형을 적용하는 것이 통례이다.

• 종단곡선길이를 짧게 적용하는 것은 좋지 않으므로, 시각적 원활성을 얻기 위해서는 종단곡선길이를 길게 적용하는 것이 좋다.

(4) 토공량과 구조물 비용을 약간 추가하면 종단곡선길이를 크게 할 수 있지만, 종단곡선을 길게 잡는 것은 설계와 시공 측면에서 쉽지 않다.

• 결국은 가능하면 종단곡선을 길게 잡아야 도로가 지형에 잘 어울리고 연속적으로 물이 흐르는 느낌으로 주행의 쾌적성을 확보하게 된다.

3. 종단선형 설계 고려사항

(1) 주변 지형조건의 제약을 고려할 때, 어느 정도의 종단경사가 적절한가?

(2) 자동차의 주행조건을 고려할 때, 어느 정도의 종단곡선길이가 적절한가?

3.27 평면선형과 종단선형과의 조합

평면선형과 종단선형과의 조합 형태별 문제점 및 개선방안 [0, 12]

Ⅰ 개요

도로의 선형설계는 노선계획에서 시작하여 평면선형 설계와 종단선형 설계로 이어지고, 도로 환경과 조화를 이루는 평면선형과 종단선형의 조합으로 완료된다.

Ⅱ 선형조합의 원칙

1. 선형의 시각적 연속성을 확보하는 조합

(1) 평면선형과 종단선형이 완전히 대응되어야 시각적 연속성이 확보된다.

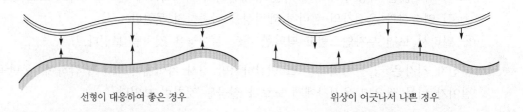

선형이 대응하여 좋은 경우   위상이 어긋나서 나쁜 경우

(2) 볼록형 종단곡선 정점에서 평면곡선이 시작되면 시선유도가 원활치 못하다.

[종단선형 정점에서 원활하게 시선유도]

(3) 하나의 평면곡선에 몇 개의 종단곡선이 있으면 운전자에게 도로가 꺾어져 있는 것처럼 보이는 수가 있으므로, 아래와 같이 조합하여 설계한다.

① 평면직선부의 종단선형의 경우, 긴 연장의 일정한 경사구간에서 국부적인 작은 굴곡 은 피한다.

② 평면곡선부의 종단선형의 경우, 짧은 구간의 둥근언덕 모양의 굴곡은 피하고 긴 구간 에 걸쳐 종단경사를 일정하게 한다.

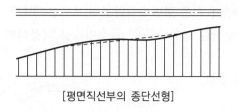

[평면직선부의 종단선형]

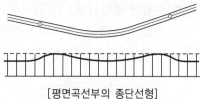

[평면곡선부의 종단선형]

③ 두 평면곡선 사이의 짧은 직선구간과 종단선형의 정점부에서 반대방향의 평면곡선 설치를 피한다.

④ 오목형 종단곡선의 저점부에 평면곡선의 변곡점 설치를 피한다(노면 배수가 원활치 못하는 경우가 발생).

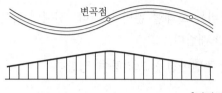

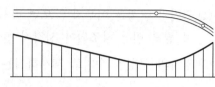

[평면곡선 변곡점 회피]

⑤ 불연속 효과 : 언덕에 의해 도로의 일부가 보이지 않아서 도로가 불연속된 것처럼 보인다.

⑥ 긴 평면 직선구간에서 종단곡선의 반복된 굴곡은 피한다.

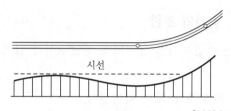

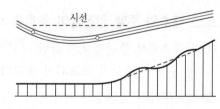

[불연속적인 굴곡 회피]

⑦ 평면곡선과 종단곡선이 같은 방향 또는 다른 방향으로 대응하여 균형을 이루는 도로는 시각적 효과가 좋다.

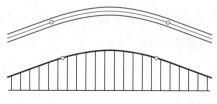

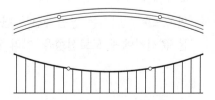

[대응하여 균형 유지]

⑧ 평면곡선반경의 교각이 작을 때에는 작은 곡선반경보다 큰 곡선반경을 설치하면 시거가 양호해진다.

⑨ 원활한 평면선형 : 긴 길이의 평면직선과 작은 평면곡선반경의 조합은 원활하지 못하
므로, 직선부와 곡선부 사이에 완화구간을 설치하고 큰 곡선반경을 적용하여 원활한
평면선형으로 설계한다.

[바람직한 평면선형]

2. 평면곡선과 종단곡선 크기가 균형을 이루는 조합

(1) 크기가 균형을 이루지 않으면 공사비의 낭비를 초래할 뿐만 아니라, 선형이 작은 쪽으
로 필요 이상 강조되어 시각적 불균형을 초래한다.

(2) 양자의 균형을 수치로 제시하기는 어렵고 주변여건을 고려하여 정한다.

[불량한 오목구간]　　　　　　　　　　　　[양호한 오목구간]

3. 노면 배수와 주행 안전성이 조화를 이루는 경사의 조합

(1) 산지부에서 종단경사가 급한 구간에 작은 평면곡선이 삽입되면 종단경사가 급하게 보
여 주행 안전성이 확보되지 못한다.

(2) 평지부에서 종단경사가 수평에 가까우면 배수에 문제가 발생된다.

4. 도로환경과의 조화를 고려하는 선형의 조합

(1) 내리막경사의 왼쪽으로 평면곡선이 설치된 구간에서 오른쪽의 식재는 고속주행하는 운
전자에게 불안감을 없애주고 시선을 유도하는 역할을 한다.

왼쪽으로 휘어지는 평면곡선부 변곡점 부근에 종단경사의 정점이 있을 때, 오른쪽 식재
는 운전자에게 도로선형을 미리 알려주는 역할을 한다.

[주변환경과 조화를 이루는 오른쪽 식재]

(2) 비탈면의 진행방향으로 선단부에 식재를 하면, 끝부분을 가려주어 선형 자체를 좋게 하는 시각적 효과가 있다.

변화가 작은 평지부를 통과하는 도로에서 중앙분리대나 도로변에 식재를 하면, 먼 곳에서도 도로선형을 알 수 있게 된다.

[시각적으로 우수한 비탈면 끝부분의 식재]

Ⅲ 선형조합의 회피사항

1. 볼록형 종단곡선의 정점부 또는 오목형 종단곡선의 저점부에 급한 평면곡선반경의 삽입은 피한다.

   (1) 볼록형에서는 시선이 유도되지 않아 급한 핸들조작을 하게 된다.

   (2) 오목형에서는 자동차가 속도를 내다가 급한 핸들조작을 하게 된다.

2. 볼록형 종단곡선의 정점부 또는 오목형 종단곡선의 저점부에 배향곡선의 변곡점을 두는 것을 피한다.

   (1) 볼록형에서는 공중에 떠서 주행하는 듯한 상태가 되어 불안감을 준다.

   (2) 오목형에서는 시선유도에는 문제가 없으나, 배수에서 문제가 생긴다.

3. 하나의 평면곡선 내에서 종단선형이 볼록과 오목을 반복하는 것은 피한다.

   (1) 앞턱과 끝만 보이고 중간은 푹 패어서 보이지 않는 선형이 된다.

   (2) 푹 패임의 정도가 작더라도 운전자는 갑자기 속도를 줄이게 된다.

4. 같은 방향으로 굴곡하는 두 평면곡선 사이에 짧은 직선의 삽입은 피한다.

  (1) 이와 같은 Broken back curve를 삽입하면

      평면선형에서는 직선부가 양단의 곡선과 반대방향으로 굴곡된 것처럼 보이고, 종단선형에서는 직선부가 떠오르는 것처럼 보여 시각적 원활성이 저하된다.

  (2) 이 경우 하나의 큰 평면곡선으로 하든지 또는 복합곡선으로 하는 것이 좋다.

문제 1

도로 평면선형의 기본요소와 아래 그림에서 주어진 선형조건의 문제점 및 개선방안에 대하여 설명하시오.(설계속도=100km/h, 지형=평지구간)

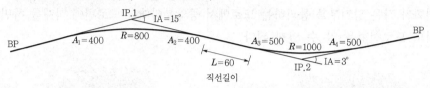

해설 1. 주어진 선형의 문제점

    (1) 정지시거 부족

      설계속도 100km/h인 경우 $R \geq 900$m 되어야 정지시거를 확보할 수 있다.

    (2) 최소곡선길이 부조화

      ① IP.1의 완화곡선길이

$$A^2 = R \cdot L \text{에서 } L = \frac{400^2}{800} = 200 \text{이므로, 곡선길이 } CL = \frac{R\theta\pi}{180} = 209.44$$

      ∴ 완화곡선길이 : 원곡선길이 : 완화곡선길이 = 200 : 209.44 : 200로서 곡선길이의 비율이 불합리하다.

      ② IP.2의 완화곡선길이

$$A^2 = R \cdot L \text{에서 } L = \frac{500^2}{1,000} = 250 \text{이므로, 곡선길이 } CL = \frac{R\theta\pi}{180} = 52.359$$

      ∴ 원곡선이 성립되지 않는다. 즉, 선형의 부조화가 발생한다.

  2. 주어진 선형의 개선방안

    (1) 배향곡선 사이에 짧은 직선의 삽입은 피하는 것이 좋다(인지 불능).

$$\text{직선길이 } I \leq \frac{A_1 + A_2}{40}$$

    (2) 도로교각이 너무 작고 A값이 너무 커서 선형이 불합리하므로, 평지구간의 선형은 직선 위주로 설계하는 것이 유리하다.

    (3) 도로교각이 매우 작은 경우, 평면곡선길이가 실제보다 작게 보이고 꺾어져서 보이는 착각을 유발시킬 수 있다.

$$\text{완화곡선길이 } I \leq 2I = \frac{688}{\theta}, \quad I_{\min} \leq \frac{5.556}{\theta} V_P$$

문제 2

다음의 평면 및 종단선형 설계를 검토하고 향후 설계시 고려해야 할 사항을 기술하시오.
(지형 : 평지, 설계속도 : 100km/h)

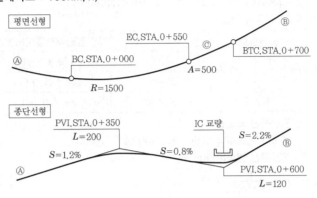

해설 1. 평면선형설계의 검토

(1) 평면곡선길이 검토

① 평면곡선길이

$$L = \frac{V}{3.6} t \, (t = 4초)$$

$$L = \frac{100}{3.6} \times 4 ≒ 110m \text{ 필요한데, } L = 550m로 \text{ 너무 길다.}$$

② 완화곡선길이

$$L = \frac{V}{3.6} t \, (t = 2초)$$

$$L = \frac{100}{3.6} \times 2 ≒ 55m \text{ 필요한데, } L = 150m로 \text{ 너무 길다.}$$

③ 곡선길이 비율
- 평면곡선길이(550m) : 완화곡선길이(150m) = 3.7:1로 부적정하다.
- 평면곡선 4초, 완화곡선 2초의 주행거리를 고려하여 2:1이 적정하다.

(2) 완화곡선 A값 검토

$R = 1,500m$, $A = 500m$이므로,

$R ≥ 1,500m$일 때, $\frac{R}{3} ≤ A ≤ R$에서 완화곡선이 원활하다.

(3) 평면선형 개선(안)

시점부 원곡선이 부적합하므로 완화곡선~원곡선~완화곡선으로 변경하고, 완화곡선 A값을
$\frac{R}{3} ≤ A ≤ R$범위 내에서 적용한다.

$\frac{1,500}{3} ≤ 500 ≤ 1,500$ 으로 A값은 최소치를 적용하였다.

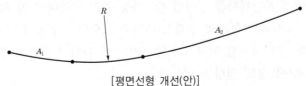

[평면선형 개선(안)]

2. 종단선형설계의 검토
  (1) 최대 종단경사 검토
    ① 기준값 : 설계속도 100km/h, 평지부, 고속도로의 경우 3%이다.
    ② 설계값 : 1.2%, 0.8%, 2.2%이므로 적정하다.
  (2) 종단곡선길이 검토

설계속도	종단곡선길이(m)		
(km/h)	형태	변화비율(m/%)	최소길이
100	볼록형	60(종전 100)	85
	오목형	35(종전 50)	

    ① 종단곡선 최소길이
      85m가 필요하나 200m, 120m이므로 적정하다.
    ② 종단곡선 변화비율(m/%)

$$K = \frac{L}{|S_2 - S_1|}$$

    • 볼록형 : 60m/%가 필요하나 $K = \frac{L}{|(+1.2)-(-0.8)|} = 100(m/\%)$로 적정

    • 오목형 : 35m/%가 필요하나 $K = \frac{L}{|(-0.8)-(+2.2)|} = 30(m/\%)$로 부족

  (3) 종단선형 개선(안)
    ① 하나의 평면곡선에서 볼록형, 오목형 종단곡선의 반복은 피해야 하므로, 1개의 큰 볼록형 종단곡선으로 개선한다.
    ② 이 경우 종단곡선의 변곡점 부근에 교량이 설치되므로, 시거확보를 위해 종단곡선 길이를 최소길이의 1.5~2배로 증가시키고 IC 교량의 형하공간에서 시설한계 확보여부를 확인한다.

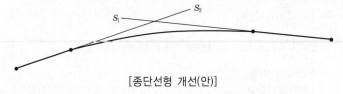

[종단선형 개선(안)]

Ⅳ 맺음말

1. 우리나라와 같이 지형변화가 심한 산악부에서는 직선의 선형은 지형과 조화되기 어렵고, 긴 직선 뒤에 작은 평면곡선반경이 삽입되면 현저하게 위험하다.
   곡선을 주요 선형요소로 설계하는 기법은 지형조건에 대한 적응성이 높아지고, 운전자에게 적절한 자극과 리듬을 주어 안전하고 쾌적한 도로가 된다.

2. 종단선형 설계에서 종단경사를 결정할 때, 가장 먼저 고려해야 할 사항은 지형조건과 자동차의 성능이다. 동시에 자동차의 주행성 측면과 도로의 교통용량 측면에 대해서도 함께 고려해야 한다. 즉, 종단경사를 어떻게 취할 것이냐에 따라 자동차의 주행속도가 크게 달라지면서, 도로의 교통용량도 영향을 받는다.

3. 도로 선형설계를 할 때는 차량의 운동역학적 안정성과 운전자의 심리적·시각적 쾌적성을 확보할 수 있도록 최소설계 기준값에 얽매이지 말고 충분하게 설계한다.

   원곡선과 완화곡선을 조합할 때 도로교각의 크기, 지형지물, 운전자의 핸들조작시간, 편경사를 고려하여 원곡선길이와 완화곡선길이를 결정하고, 선형의 연속성과 운동역학적 일관성을 유지할 수 있도록 설계해야 한다.

4. 도로의 선형설계할 때 평면·종단선형을 개별적으로 판단하지 말고 각각의 선형이 아닌 일련의 선형으로 종합 검토하며, 최소 설계기준보다 더 큰 규격의 선형요소를 적용하여 주행의 안전성과 쾌적성을 유지해야 한다.

   선형의 조합문제는 도로의 시각적 환경과의 조화라는 관점에서 도로의 선형설계를 할 때 항상 고려해야 한다. 하지만, 선형의 조합을 선택한다는 것은 물리적 요구와 인간적 요구를 모두 만족해야 하므로 어려운 문제이다.

5. 선형의 조합은 도로를 주행하는 운전자의 시각에서 계획하기 위해 3차원의 투시도를 이용하는데, 최근에는 시간과 공정을 포함하는 4차원 내지 5차원으로 급속하게 발전되고 있다.[26]

---

26) 국토교통부, '도로의 구조·시설 기준에 관한 규칙', 2015, pp.362~387.

[3. 평면교차]

평면교차로의 구성요소, 기본원칙

도로의 평면교차로 구성요소, 평면교차로 선형설계에서 설계기본원칙과 세부기법 [2, 9]

I 개요

1. 일반사항

(1) 평면교차로 설계할 때 기하구조와 교통관제 운영방법이 상호 조화를 이루도록 하며, 가능하면 회전교차로를 독립적으로 설치하여 교통특성이 다른 교통류를 분리시켜야 한다.

(2) 즉, 평면교차로에는 회전차로, 변속차로, 교통섬 등의 도류화시설을 설치하며, 좌회전차로가 필요한 경우에는 직진차로와 분리하여 설치해야 한다.

(3) 특히, 각종 교통안전시설은 운전자나 보행자가 명확히 알아 볼 수 있도록 필요한 장소와 수량을 적정하게 설치해야 한다.

2. 평면교차로의 구성요소

(1) **도류화(Channelization)** : 도류화는 자동차와 보행자를 안전하고 질서있게 이동시킬 목적으로 회전차로, 변속차로, 교통섬, 노면표시 등을 이용하여 상충하는 교통류를 분리시키거나 규제하여 명확한 통행경로를 지시해주는 것을 말한다.

(2) **좌회전차로** : 회전차로란 자동차가 우회전, 좌회전 또는 유턴할 수 있도록 직진하는 차로와 분리하여 설치하는 차로를 말한다. 교차로에서 좌회전 교통량의 영향을 제거하기 위해서는 직진차로와 분리하여 좌회전차로를 설치해야 한다.

(3) **우회전차로** : 교차로에서 우회전 교통량이 많아 직진교통에 지장을 초래한다고 판단되는 경우에는 직진차로와 분리하여 우회전차로를 설치해야 한다.

(4) **도류로 및 변속차로** : 도류로를 설계할 때 교차로의 형상, 교차각, 속도, 교통량 등을 고려하여 적절한 회전반경, 폭, 합류각, 위치 등을 결정해야 한다. 도류로 형태는 도시지역에서는 용지와 교통량에 의해, 지방지역에서는 주행속도에 의해 결정되는 경우가 많다.

(5) **도로모퉁이 처리** : 교차로에서 도로모퉁이의 보·차도 경계선의 형상은 원 또는 복합곡선을 사용하며, 이때 곡선반경은 가급적 크게 설치한다.

(6) **도류시설물** : 도류시설물은 설치목적과 사용재질 등에 따라 교통섬, 도류대, 분리대, 대피섬 등으로 나뉘며, 대표적인 명칭으로 단순히 교통섬이라 부른다.

(7) **안전시설** : 교차로 부근에 설치하는 도로안전시설(시선유도표지, 조명시설, 횡단시설, 충격방지시설 등)과 교통안전시설(신호기, 안전표시, 노면표시 등)은 다양하다.

Ⅱ 평면교차로 계획 고려사항

1. 인지성

(1) 인지성은 교차로에 진입하는 운전자가 전방에 교차로의 존재를 인지하고 차로의 선택, 가·감속 등의 조치를 취할 수 있도록 하는 것을 말한다.

(2) 야간 조명시설을 설치하고, 볼록형 곡선이나 작은 곡선부의 교차로에는 분리대 연장, 적절한 예고표지, 보조신호기, 양보표지 설치 등으로 개선한다.

2. 조망성

(1) 조망성은 양보의무를 가진 도로이용자가 통행우선권을 가진 도로이용자를 교차로에서 정확하게 인지할 수 있는 것을 말한다.

(2) 주행속도에 따른 시거 확보, 직각에 가까운 교차각, 교차로 내의 교통안전시설 등으로 운전자 및 보행자의 시거에 제약되지 않도록 설치한다.

3. 이해성

(1) 이해성은 모든 도로이용자가 회전을 할 수 있는 위치, 차로 선택, 상충 가능지점, 통행 우선권 등을 명확하게 식별할 수 있는 것을 말한다.

(2) 교차로에서 진로변경, 교통시설의 설치형태와 교통소통을 위한 유도로의 일치, 적절한 통행 우선권의 부여, 유도시설의 시각적 효과 확보 등이 필요하다.

4. 통행성

(1) 통행성은 교차로의 형태가 자동차의 동역학적 특성, 주행궤적에 의한 기하학적 요구와 일치되는 것을 말한다.

(2) 교차로에서 차로가 지나치게 넓은 경우, 교통섬의 면적이 너무 좁은 경우, 주행속도가 고려되지 않은 경우 등에는 통행성에 지장을 줄 수 있다.

Ⅲ 평면교차로 설계 기본원칙

1. 교차로 안전

(1) 교차로에서 모든 기본적인 요구사항들을 동시에 만족시키기 곤란한 경우에는 교통안전이 우선되어야 한다.

(2) 이를 위해 지방지역에는 속도제한과 신호시설 등이 중요하며, 도시지역에는 노인, 장애인, 자전거 이용자 등의 교통약자를 위한 안전조치가 중요하다.

2. 교차로 용량

(1) 교차로의 용량은 교통제어방법, 차로의 운영방법, 횡단면 구성 등에 따라 다르며, 용량 이상의 교통량이 교차로에 도착하면 교통정체가 발생한다.

(2) 신호교차로에서 교통정체가 없도록 교차로에 도착하는 교통량 이상의 용량을 갖는 교차로를 설계하며, 용량증대를 위한 교통정체 해소대책이 필요하다.

3. 교통관제

(1) 교차로의 계획·설계는 그 교차로의 교통운영과 교통관제에 따라서 달라지는 경우가 많으므로 신호제어, 정지·양보표지 등에 대한 고려가 필요하다.

(2) 낮은 상대속도를 유지하는 교차로에는 많은 교통관제가 필요하지 않으나, 높은 상대속도를 갖는 교차로에는 교통관제에 의해 주행경로를 차단·전환한다.

Ⅳ 맺음말

1. 교차하는 교통량이 1,000대/시 이하이면 교통량이 적은 쪽을 일시정지시킴으로써 통과할 수 있겠지만, 교통량이 많아지면 대기시간이 증가하고 운전자의 초조감도 커져 사고요인이 된다.

2. 특히, 주행속도가 높을수록 회전하는 자동차로 인한 사고가 많아지며 사고피해도 커지므로, 회전하는 자동차가 직진차로를 침범하지 않고 회전차로를 이용할 수 있도록 계획·설계되어야 한다.[27]

---

27) 국토교통부, '평면교차로 설계지침', 2015, pp.5~14.

3.29 평면교차로의 설계지침

교차로 상충(Conflict) [1, 0]

1. 평면교차로의 구분

(1) 평면교차로의 형태는 교차하는 갈래수, 교차각, 교차위치 등에 따라 구분되며 세갈래교차로, 네갈래교차로, 기타 교차로 등으로 분류된다.

(2) 갈래란 교차로의 중심을 기준으로 할 때 바깥 방향으로 뻗어나간 도로의 수를 말하며, 일반적으로 평면교차로의 형태에 따른 구분은 아래 그림과 같다.

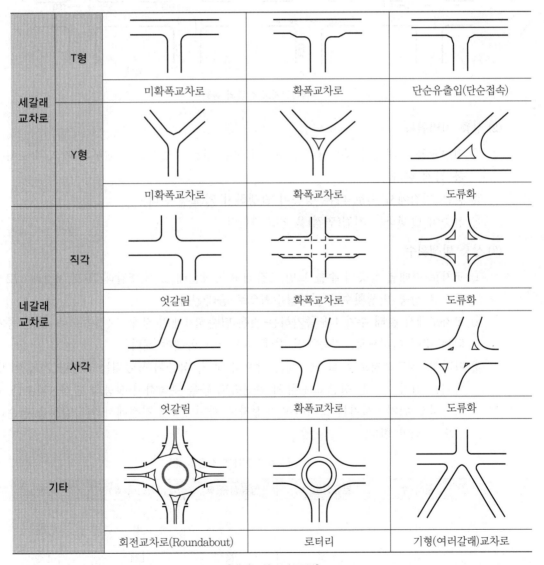

세갈래 교차로	T형	미확폭교차로	확폭교차로	단순유출입(단순접속)
	Y형	미확폭교차로	확폭교차로	도류화
네갈래 교차로	직각	엇갈림	확폭교차로	도류화
	사각	엇갈림	확폭교차로	도류화
기타		회전교차로(Roundabout)	로터리	기형(여러갈래)교차로

[평면교차로의 구분]

2. 평면교차로의 상충

(1) 용어 정의

① 상충이란 2개 이상의 교통류가 동일한 도로 공간을 사용할 때 발생되는 교통류의 분류(diverging), 합류(merging), 교차(crossing)되는 현상을 말한다.

② 평면교차로 설계의 핵심은 교차로 내에서 발생하는 교차지점의 상충, 보행자와의 상충 등을 효율적으로 안전하게 처리하는 데 있다.

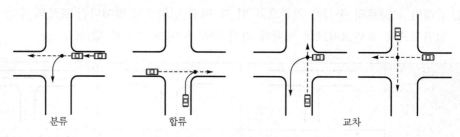

[평면교차로 상충의 유형]

(2) 상충 처리원칙

① 평면교차로 내에서 상충횟수를 최소화하며, 상충이 발생하는 교통류 간의 속도차이를 작게 한다.

② 같은 지점에서 서로 다른 상충이 발생하지 않도록 한다.

③ 상충이 발생하는 지점(면적)을 최소화한다.

(3) 상충 발생횟수

① 교차로 형태별 상충의 수를 보면, 3갈래 9개, 4갈래 32개, 5갈래 79개, 6갈래 172개 등으로 상충 발생횟수가 기하급수적으로 증가된다.

② 교차로에서 갈래 수가 1개 증가하는 것은 단순히 1개의 갈래 수(접속도로 수)가 증가되는 것이 아니므로, 가능하면 갈래 수를 최소화해야 된다.

③ 따라서, 평면교차로를 설계할 때는 상충의 형태, 상충이 포함되는 교통량, 상충이 발생되는 위치·시기, 상충 교통류의 평균속도 등을 분석하여 상충의 면적·횟수를 최소화하고 위치·시기를 조정하여 운전자로 하여금 1개 지점에서 의사결정을 단순히 하도록 해야 한다.

[교차로 형태별 상충의 수]

갈래 수	분류상충(▲)	합류상충(■)	교차상충(●)	계
3	3	3	3	9
4	8	8	16	32
5	15	15	49	79
6	24	24	124	172

3. 평면교차로의 설계지침

(1) 교차로에서의 상충은 단순히 교차하는 갈래 수뿐만 아니라, 아래 표에서 보듯 교통운영 방법에 따라서도 큰 변화를 일으킨다.

(2) 예를 들어 4갈래 교차로에서 좌회전을 모두 금지시키면 상충 수가 32개에서 12개로 감소되며, 일방통행만 허용하면 상충 수가 5개만 발생된다.

[교차로 형태별 상충의 수]

회전허용		좌회전금지		일방통행	
분류상충(▲)	8	분류상충(▲)	4	분류상충(▲)	2
합류상충(■)	8	합류상충(■)	4	합류상충(■)	2
교차상충(●)	16	교차상충(●)	4	교차상충(●)	1
계	32	계	12	계	5

(3) 따라서, 평면교차로에서는 상충의 효율적인 처리를 위해 다음과 같은 설계의 기본원칙을 명확히 제시해야 한다.

① 5갈래 이상의 여러 갈래 교차로를 설치하면 아니 된다.

② 교차각은 직각에 가깝도록 설치하며 75°~105° 이내로 한다.

③ 엇갈림교차, 굴절교차 등의 변형교차는 피해야 한다.

④ 교통류의 주종관계를 명확히 한다.

⑤ 서로 다른 교통류는 분리시킨다.

⑥ 자동차의 유도로를 명확히 제시한다.

⑦ 교차로의 면적은 가능하면 최소화한다.

⑧ 교차로의 기하구조와 교통관제방법이 조화를 이루도록 한다.

⑨ 각종 교통안전시설의 설치에 유의한다.[28]

---

28) 국토교통부, '평면교차로 설계지침', 2015, pp.10~25.

3.30 평면교차로 간의 최소간격

1. 개요

평면교차로 간의 최소간격은 차로 변경에 필요한 길이, 대기 자동차 및 회전차로의 길이, 다음 교차로에 대한 인지성 확보 등을 검토하여 결정해야 한다.

2. 평면교차로 간의 최소간격

(1) 차로 변경에 필요한 길이

① 차로 변경에 필요한 길이에 따른 교차로 간격의 제약은 엇갈림이 생기는 경우에는 모두 존재한다.

② 엇갈림 교통량이 적은 경우, 상세설계 전에 개략 검토하기 위하여 사용되는 교차로 간의 순간격은 다음 값을 적용한다.

$$L = a \times V \times N$$

여기서, L : 교차로 간의 순간격(m)

a : 상수(시가지 1, 지방지역 2~3)

V : 설계속도(km/h)

N : 설치 차로수

(2) 회전차로의 길이에 의한 제약

① 근접한 2개 교차로의 신호는 동시 운영하는 경우가 많아 좌회전차로의 설치길이가 부족하여 교차로 간격이 제약을 받게 된다.

② 인접 교차로의 대기자동차로 인하여 좌회전이 방해받거나, 양방향 좌회전차로 길이를 합한 길이가 교차로 간의 간격보다 긴 경우는 좌회전을 금지한다.

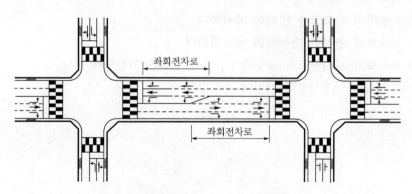

[회전차로의 길이에 의한 제약]

(3) 다음 교차로에 대한 인지성 확보

① 교차로가 인접해 있으면 하나의 교차로를 통과한 후, 주의력이 느슨해진 때에 다음 교차로에 이르게 되는 경우에 매우 위험하다.

② 특히, 교차로가 많고 복잡할수록 다음 교차로에 대한 관찰이나 정보수집에 필요한 시간적 여유를 충분히 확보할 수 있는지 교차로 간격에 유의한다.

(4) 국도의 교차로 간 적정 간격 : 「국도의 노선계획・설계지침(국토교통부, 2012)」과 「국도 기능 분류 및 효율적 투자 방안연구 보고서(국토교통부, 1994)」에 규정된 국도의 기능 구분에 따른 교차 간격 및 방법은 다음 표와 같다.

[국도의 기능 구분에 따른 교차 간격 및 방법]

구분	기능 구분	교차 방법
국도 I	지역 간 간선기능을 갖는 국도로서 자동차전용도로로 지정되었거나 지정 예정인 국도	입체교차를 원칙으로 하며, 지방도 미만의 도로와의 연결은 가급적 피하여 교차로 수를 최소화한다. 다만, 시・종점부는 단계건설을 고려하여 평면교차로를 계획한다.
국도 II	지역 간 간선기능을 가지며 자동차전용도로에서 제외된 국도	입체교차와 평면교차를 교통량, 교통용량, 교차로 서비스수준 등의 교통・지역여건을 검토하여 결정하며, 평면교차밀도는 0.7개/km를 초과하지 않도록 하되 부득이하면 교통・지역여건을 고려하여 조정한다.
국도 III	지역 간 간선기능이 약하여 국도 I과 국도 II를 보조하는 국도	평면교차를 원칙으로 하며, 평면교차밀도는 1개/km를 초과하지 않도록 하되 부득이하면 교통・지역여건을 고려하여 조정한다.
국도 IV	계획교통량이 적어 시설개량을 통해 계획목표연도에 2차로 운영으로 도로의 기능 및 용량을 확보할 수 있는 국도	기존 교차형식을 원칙으로 하며, 교통안전 및 교차로 용량증대 방안을 검토하여 계획한다.

3. 맺음말

(1) 평면교차로의 간격은 도로의 기능(역할, 위계), 교통량, 설계속도, 차로수, 회전차로의 접속 형태 등을 종합적으로 고려하여 결정한다.

(2) 자동차가 교차로를 안전・신속히 통과하려면 교차로 전방 상당한 거리에서 교차로의 존재, 교통처리신호 등을 명확히 인지할 수 있는 시거가 확보되어야 한다.[29]

---

29) 국토교통부, '평면교차로 설계지침', 2015, pp.35~38.

3.31 평면교차로의 시거

Ⅰ 개요

1. 평면교차로에서는 일반구간과 같은 최소 정지시거는 물론, 운전자가 주변상황을 인지하고 판단할 동안 주행하기 위한 판단시거를 추가로 확보해야 한다.

   판단시거(decision sight distance)란 운전자가 감지하기 어려운 정보나 예상치 못했던 환경의 인지, 잠재적 위험성의 인지, 적절한 속도와 주행경로의 선택, 선택한 경로의 대처에 필요한 시거를 말한다.

2. 평면교차로에서 판단시거를 정지시거와 분리하여 별도로 구분하는 것은 무리가 있으므로, 정지시거와 판단시거를 함께 고려한다.

   따라서, 평면교차로 내에 진입한 자동차는 정지시거와 함께 교차로의 상황을 인지할 수 있는 시거, 즉 교차로의 가시(可視)삼각형(sight triangle)을 확보해야 한다.

Ⅱ 평면교차로의 사전 인지를 위한 시거

1. 교통신호가 있는 교차로의 시거

교차로가 신호로 통제되는 경우, 교차로의 전방에서 신호를 인지할 수 있는 최소거리가 확보되어야 한다.

$$S = \frac{V}{3.6}t + \frac{1}{2a}\left(\frac{V}{3.6}\right)^2$$

여기서, S : 최소거리(m)

　　　　V : 설계속도(km/h)

　　　　t : 반응시간(지방 10sec, 도시 6sec)

　　　　a : 감속도(지방 2.0m/sec^2, 도시 3.0m/sec^2)

[신호교차로의 최소시거(S)]

설계속도 (km/h)	최소시거(m)		정지시거와 비교	
	지방지역 (t=10sec, a=2.0m/sec^2)	도시지역 (t=6sec, a=3.0m/sec^2)	주행속도 (km/h)	최소시거 (m)
20	65	40	20	20
40	145	90	36	40
60	240	150	54	75
80	350	220	68	110

다만, 노면습윤상태에서 주행속도는

설계속도 120~80km/h일 때 설계속도의 85%,

설계속도 70~40km/h일 때 설계속도의 90%,

설계속도 30km/h 이하일 때 설계속도와 동일한 값을 적용한다

2. 교통신호가 없는 교차로의 시거

(1) 교차로가 신호로 통제되지 않는 경우, 주도로와 부도로를 명확히 설정하고, 부도로에는
교차로 전방에 일시정지표지를 설치한다.

(2) 일시정지표지를 인지한 운전자가 브레이크를 밟기까지의 반응시간(t=2.5sec)과 감속도
(a=2.0m/sec^2)를 적용하면 설계속도별 최소시거는 다음과 같다.

[신호 없는 교차로의 최소시거(S)]

설계속도(km/h)	20	30	40	50	60
최소시거(m)	25	40	60	85	115

Ⅲ 평면교차로의 안전한 통과를 위한 시거

1. 교통신호가 없는 교차로에서는 모든 운전자가 다른 차량의 속도와 위치를 파악할 수 있도록
시거가 충분히 확보되어야 한다.

 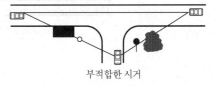

적합한 시거 　　　　　 부적합한 시거

[교차로 내에서의 시거]

2. 교통신호가 없는 교차로에 접근하는 운전자가 다른 차량을 처음 보는 위치는 인지반응시간
(2초)과 감속시간(1초)를 합한 3초 동안 이동한 거리로 가정한다.

[차량이 3초 동안 이동하는 평균거리]

설계속도(km/h)	20	30	40	50	60	70	80
최소시거(m)	20	25	35	40	50	60	65

• 3초 동안 이동하는 거리(m) : $a = V_a/1.2$ 　　　 $b = V_b/1.2$

3. 교차로 내를 주행하는 운전자가 주변상황을 파악하여 대처할 수 있도록 최소 정지시거가
확보되어야 하므로, 시거삼각형 내의 장애물은 모두 제거한다.

(1) 교차로의 접근설계속도(km/h)가 각각 V_a와 V_b일 때, 접근거리(m) a와 b 이내의 장애물은 모두 제거한다.

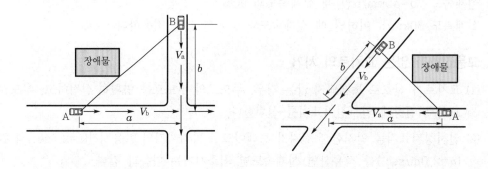

(2) 즉, 설계속도 60km/h일 때, 3초 동안 주행거리 $S = \dfrac{V}{3.6} t = \dfrac{60}{3.6} \times 3 = 50\text{m}$와 설계속도 80km/h일 때, 3초 동안 주행거리 $S = \dfrac{V}{3.6} t = \dfrac{80}{3.6} \times 3 = 65\text{m}$ 이내의 장애물을 모두 제거한다.

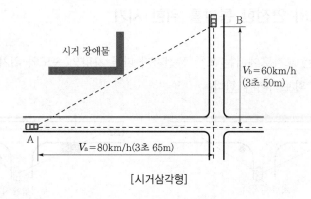

[시거삼각형]

Ⅳ 맺음말

1. 평면교차로의 시거에는 일반구간의 정지시거와는 다른 개념이 포함되어 있다.
2. 즉, 평면교차로에 접근하는 차량이 안전하고 신속하게 통과하려면 교차로 전방의 일정거리에서 교차로 존재와 신호등 상태를 명확히 인식할 수 있도록 시거를 확보해야 한다.[30]

---

30) 국토교통부, '평면교차로 설계지침', 2015, pp.10~11.

3.32 평면교차로의 도류화(Channelization)

도류화(Channelization) 목적, 평면교차로 통제방법 [4, 0]

1. 개요

(1) 평면으로 교차하거나 접속하는 구간에서는 필요에 따라 회전차로, 변속차로, 교통섬 등의 도류화시설을 설치한다.

(2) 적절한 도류화는 교통용량을 증대시키고 안전성을 높여주며 쾌적성을 향상시켜 운전자에게 확신을 심어준다.

(3) 그러나, 지나친 도류화는 혼동을 일으키고 운영상태가 나빠지며, 부적절한 도류화는 나쁜 효과를 초래하여 설치하지 않는 것보다 못한 경우도 생긴다.

2. 도류화의 목적

(1) 자동차 경로가 2개 이상 교차하지 않도록 통행경로를 제공한다.

(2) 자동차가 합류, 분류, 교차하는 위치를 조정한다.

(3) 교차로의 면적을 줄임으로써 자동차 간의 상충면적을 줄인다.

(4) 자동차가 진행해야 할 경로를 명확히 제공한다.

(5) 속도가 높은 주 이동류에게 통행우선권을 제공한다.

(6) 보행자 안전지대를 설치하기 위한 장소를 제공한다.

(7) 분리된 회전차로는 회전자동차에게 대기장소를 제공한다.

(8) 교통제어시설을 잘 보이는 곳에 설치하기 위한 장소를 제공한다.

(9) 불합리한 교통류의 진행을 금지 또는 지정된 방향으로 통제한다.

(10) 자동차의 통행속도를 안전한 수준으로 통제한다.

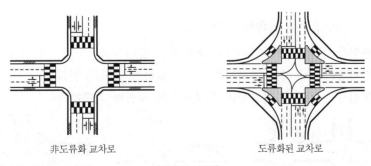

非도류화 교차로   도류화된 교차로

[도류화 설계]

3. 도류화의 기본원칙

(1) 운전자가 한번에 2가지 이상의 의사결정을 하지 않도록 한다.

(2) 운전자에게 90° 이상 부자연스러운 배향곡선의 경로를 주지 않도록 한다.

(3) 운전자 눈에 잘 띄도록 교통섬은 외곽을 연석으로 보완하고 내부에 식수는 금지한다.

(4) 회전자동차가 대기하는 장소는 직진교통으로부터 잘 보이는 곳에 설치한다.

(5) 교통제어시설은 도류화의 일부분이므로, 이를 고려하여 교통섬을 설계한다.

(6) 운전자의 혼돈을 막기 위해 상충지점을 분리할 것인지, 밀집시킬 것인지를 결정한다.

(7) 교통섬은 필요 이상 설치하지 말고, 필요하더라도 좁은 면적에는 설치하지 않는다.

(8) 교통섬은 운행경로를 편리하고 자연스럽게 만들 수 있도록 배치한다.

(9) 곡선부는 적절한 곡선반경과 폭을 갖도록 한다.

(10) 속도와 경로를 점진적으로 변화시킬 수 있도록 접근로의 단부를 처리한다.

4. 도류화설계의 세부기법

(1) 금지된 방향의 진로를 막는다.

① 중앙분리대를 설치하여 좌회전을 금지한다.
② 접속부에 작은 곡선을 설치하여 우회전만 허용한다.
③ 분리대를 도류화하고 접속도로를 조정하여 불법회전을 막는다.

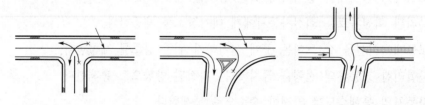

[금지된 방향의 진로를 차단]

(2) 자동차의 주행경로를 명확히 한다.

① 교통섬을 설치하여 무단횡단과 좌회전을 금지한다.
② 직진차량이 잘못하여 좌회전차로로 진입하지 않도록 한다.
③ 교통섬을 설치하여 자동차의 통행경로를 적절히 제공한다.

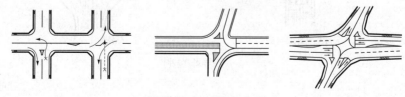

[주행경로를 명확히 제시]

(3) 바람직한 자동차의 속도를 유지하도록 한다.

　① 주 도로에서 접속도로 쪽으로는 높은 속도로 우회전하도록 한다.

　② 접근로 및 좌회전 테이퍼는 안전하게 감속하도록 해준다.

　③ 보행자와 상충이 많은 교차로에는 작은 모서리로 처리한다.

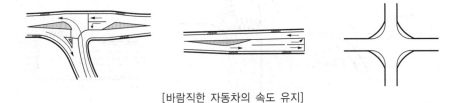

[바람직한 자동차의 속도 유지]

(4) 상충지점을 분리한다.

　① 좌회전차로를 설치하여 추돌상충과 교차상충을 분리한다.

　② 우회전 도류로는 분류상충과 교차상충으로부터 우회전상충을 분리한다.

　③ 접근로를 출입통제함으로써 가로망을 따라 상충지점을 분리한다.

[상충지점 분리]

(5) 교통류는 직각으로 교차하고, 예각으로 합류토록 한다.

　① 직각교차는 교차로 내에서 상충에 노출되는 시간과 거리를 최소화한다.

　② 사각교차로는 접근로에서 운전자의 시거를 방해한다.

　③ 예각교차로는 합류할 때 충격에너지가 감소되고 차두간격이 단축된다.

(6) 기하구조와 교통관제방법이 조화를 이루도록 한다.

　① 좌회전차로 설치로 신호주기에 변동을 주면 대향차로의 좌회전이 안전하다.

　② 교통섬은 정지선에 대기하는 운전자의 시거를 방해하지 않도록 설치한다.

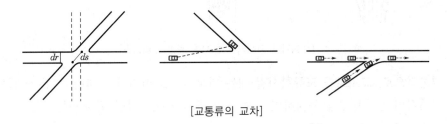

[교통류의 교차]

(7) 주 교통을 우선적으로 처리한다.

① 주 교통의 선형을 개선하여 통과교통을 직진시킨다.

② 모든 접근로를 완전 도류화하여 교차로 형태를 통행우선권과 일치시킨다.

③ 좌회전 교통량이 매우 많을 경우 2차로의 좌회전차로를 설치한다.

[주교통을 우선적으로 처리]

(8) 서로 다른 교통류는 분리한다.

좌·우회전차로를 설치하여 직진차량과 대기 및 감속차량과 분리한다.

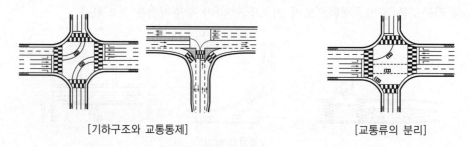

[기하구조와 교통통제]   [교통류의 분리]

(9) 보행자나 자전거 이용자에게 대피장소를 제공한다.

① 교통섬은 횡단보행자와 자동차와의 상충되는 노출시간을 최소화한다.

② 중앙분리대의 도류화는 횡단보행자에게 중간 피난처를 제공한다.

③ 단로부 횡단보도에서 돌출된 보도는 횡단시간을 단축시킨다.

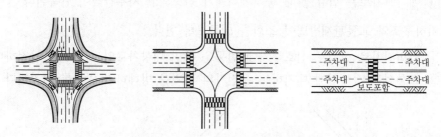

[보행자나 자전거 이용자를 위한 대피장소]

(10) 결론적으로, 교차로를 도류화시킬 때는 기본원칙을 따라야 하지만, 다른 여건을 감안한 전체적인 설계특성을 무시하면서 이를 적용시켜서는 아니 된다.[31]

---

31) 국토교통부, '평면교차로 설계지침', 2015, pp.165~177.

3.33 도류시설물, 물방울교통섬

교통섬(Traffic Island), 물방울형 교차로, 교차로 우회전 가각부 설계방법 [7, 0]

1. 용어 정의

(1) 도류시설물이란 교차로 내부의 경계를 명확히 하려고 설치하는 시설물로서, 그 기능·목적과 주변여건에 따라 여러 형태로 설치된다.

(2) 도류시설물은 교통섬, 도류대, 분리대, 대피섬, 유도차선 등으로 구분되며 통칭하여 '교통섬'이라 부르기도 한다.

① 교통섬 : 평면교차로에서 직진차로와 우회전차로의 분리를 위하여 포장면 상단에 연석으로 돌출시켜 설치된 도류시설물의 일종
- 작은 곡선 : 평면교차로에서 도로 모퉁이에 설치하는 '곡면' 모양
- 삼각교통섬 : 직진차로와 우회전차로의 분리를 위하여 설치하는 '삼각형' 모양
- 물방울교통섬 : 평면교차로에서 교통류의 주행경로를 유도하기 위하여 설치하는 '긴 삼각형' 모양

② 도류대 : 포장면에 삼각형 모양을 직접 페인트로 도색을 한 시설물

③ 분리대 : 교통류를 방향별로 분리시키거나 부적절한 좌회전, U턴 등을 막기 위하여 도로 중앙부 또는 회전 우각부에 설치되는 시설물

④ 대피섬 : 횡단보도와 연계시켜 보행자, 자전거 등이 자동차와 분리되어 안전하게 대피할 수 있도록 교차로 내에 설치된 시설물

⑤ 유도차선 : 자동차의 주행경로를 명확하게 제시하고 교통흐름을 자연스럽게 유도하기 위한 보조차선(차로표시)

2. 도류시설물

(1) 도류시설물의 설치 목적

① 상충의 분리 및 상충각의 조정
② 교차로 면적의 감소로 상충면적 및 포장면적의 축소
③ 불필요한 통행의 규제와 적절한 교차로 이용법 제시
④ 교통흐름의 정비에 의한 교통사고 및 교통혼잡 예방
⑤ 정지선 위치의 전진 등으로 통과시간 단축 및 교차로 용량 증대
⑥ 보행자의 안전을 위한 장소 및 관련 시설물의 설치장소 제공
⑦ 회전 및 교차되는 자동차의 안전 및 대기를 위한 장소
⑧ 대향차로의 오인, 무단횡단, 불법회전 방지 등에 의한 안전성 향상

(2) **도류시설물의 형식 선정** : 도류시설물은 교차로의 규모, 주변상황, 부가차로 설치 유무, 교통운영방법 등에 따라 직진교통류와 우회전교통류를 분리하기 위해 다양한 형태로 설치한다.

[도류시설물의 종류]

유형	작은 곡선 적용	삼각교통섬 설치	삼각교통섬+물방울교통섬 설치	
도로 모퉁이의 설치	유형(Ⅰ) 예) $R=8m$	유형(Ⅱ) 예) $R_2=15\sim30m$	–	
변속차로 설치	–	유형(Ⅲ) 예) $L=8m$ $R_2=15\sim30m$	유형(Ⅳ) 예) $L=50$, $R=25m$ 삼각교통섬+ 간이 물방울교통섬	유형(Ⅴ) 예) $L=50$, $R=25m$ 삼각교통섬+ 큰 물방울교통섬

3. 삼각교통섬

(1) 교통섬의 종류

① 삼각교통섬 : 평면교차로에서 직진차로와 우회전차로의 분리를 위하여 포장면 상단에 연석으로 돌출시켜 설치된 시설물

② 물방울교통섬 : 좁은 차로의 교차로에서 대형자동차가 좌회전할 때 대향차로를 침범하는 것을 방지하기 위하여 설치하는 시설물

③ 간이 물방울교통섬
- 노면표시를 넓게 마킹하여 대향차로를 구분한 것으로 대형자동차가 교차로를 회전할 때 밟고 지나가도록 설치하는 시설물
- 노면표시만으로 대향차로의 구분을 한 것으로 4갈래교차로 또는 넓은 교차로 설치용지 확보가 곤란한 경우에 적용한다.

④ 큰 물방울교통섬
- 부도로에 교차로 진입각을 부여함으로써 기하구조적으로 부도로에서 교차로에 진입하는 자동차가 과속을 못하도록 설치하는 시설물
- 지방지역의 국도에서 세미트레일러의 진출입이 많은 공장지역의 3갈래교차로에 설치하며, 넓은 교차로 설치용지가 확보되는 경우에 적용한다.

(2) 삼각교통섬의 설계원칙

① 교통섬은 필요 이상 설치하지 않고, 좁은 면적에 설치하지 않는다.

② 교통섬은 통행경로를 편리하고 자연스럽게 만들도록 배치한다.

③ 교통섬의 곡선부는 적절한 곡선반경과 폭원을 갖도록 한다.

④ 교통섬은 속도와 경로를 점진적으로 변화시킬 수 있도록 단부를 처리한다.

(3) 삼각교통섬의 설계기법

① 대형자동차의 통행량이 많은 경우, 삼각교통섬을 대형자동차의 주행궤적에 맞추어 설계한다.

② 우회전 도류로에서 곡선반경이 작으면 도류로의 폭이 넓어져서 소형차 2대가 나란히 주행하는 경우가 생겨 위험하다.

③ 이 경우 도류로의 폭이 좁게 보이도록 사선(빗금) 표시를 사용한다.

사선(빗금)표시는 대형자동차가 주행할 때 침범할 수 있는 여유 부분이지만, 소형자동차가 주행할 때 2대가 나란히 주행하는 것을 억제하는 효과도 있다.

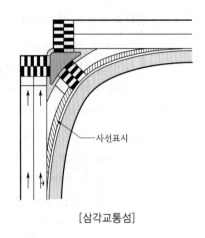

[삼각교통섬]

(4) 삼각교통섬의 크기·규격

① 교통섬은 운전자의 시선을 끌기에 충분한 크기가 되어야 한다.

너무 작으면 야간이나 기상조건이 나쁠 때 충돌우려가 있어 위험하다.

② 교통섬의 최소크기는 보행자의 대피장소에 필요한 $9m^2$ 이상으로 한다.

지방지역은 $7m^2$ 이상, 도시지역은 용지제약을 고려하여 $5m^2$ 이상으로 한다.

(5) 삼각교통섬의 구성·명칭

① 노즈(nose) : 본선과 도류로가 분기되어 각각의 차로에서 일정한 간격(수직거리)을 유지하는 지점

② 옵셋(offset) : 차로와의 수직거리

③ 셋백(set back) : 차로와 평행하게 이격된 거리

④ 선단(toe) : 삼각형 모양의 도로모퉁이 부분

구분 \ 설계속도(km/h)	80	60	50~40
S_1	2.00	1.50	1.00
S_2	1.00	0.75	0.50
O_1	1.50	1.00	0.50
O_2	1.00	0.75	0.50

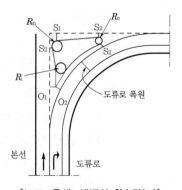

[노즈, 옵셋, 셋백의 최솟값(m)]

[선단의 최소곡선반경(m)]

구분	R_j	R_o	R_n
반경	0.5~1.0	0.5	0.5~1.5

(6) 삼각교통섬의 설치방법

① 도색에 의한 교통섬

- 설계속도가 높은 지방지역 도로에서 회전차로를 분명히 표시해야 할 경우
- 연석에 의한 교통섬 설치가 곤란하거나, 면적이 적어 설치공간이 부족한 경우
- 연석에 의한 교통섬 설치 전에 효과를 조사할 경우

② 연석에 의한 교통섬

- 설계속도가 낮은 도시지역 도로에서 반대편 차로의 교통량이 많은 경우
- 차량의 통행방향을 확실히 규정하거나, 특정 방향의 교통흐름을 금지한 경우
- 교통통제시설의 설치장소가 필요할 경우

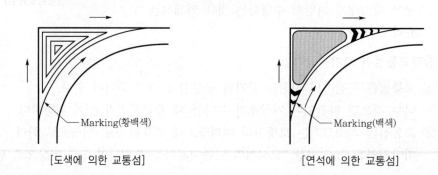

[도색에 의한 교통섬]   [연석에 의한 교통섬]

4. 물방울교통섬

(1) 용어 정의

① 물방울교통섬은 주행차로와 대향차로의 분리를 위해 설치하는 도류화시설로서, 좁은 차로의 교차로에서 대형자동차가 좌회전할 때 대향차로를 침범하여 대향차로에서 대기 중인 차량과 충돌하는 것을 방지해 준다.

② 평면교차로에 도류화를 계획할 때 접속도로의 등급에 따라 작은 곡선, 삼각교통섬, 간이 물방물교통섬, 큰 물방울교통섬 등을 설치한다.

(2) 간이 물방울교통섬

① 부도로에 넓은 노면표시(road marking)를 하여 대향차로를 구분함으로써, 대형자동차가 교차로에서 좌회전할 때 간이 물방울교통섬을 밟고 지나간다.

② 도시지역의 시가지에 적용하며, 용지확보가 곤란한 좁은 차로에서 4갈래교차로에 설치한다.

(3) 큰 물방울교통섬

① 부도로에 교차로 진입각(경계석 설치)을 줌으로써, 기하구조적으로 부도로에서 교차로로 진입하는 차량이 과속을 못하도록 억제한다.

② 지방지역의 국도에 적용하며, 세미트레일러의 진·출입이 많은 공장지역에서 3갈래 교차로에 설치한다.[32]

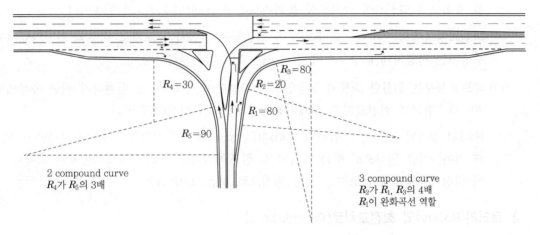

[작은 곡선 + 간이 물방물교통섬 + 큰 물방울교통섬]

---

32) 국토교통부, '평면교차로 설계지침', 2015, pp.67~76.

3.34 회전교차로(Roundabout)

회전교차로(Roundabout)의 구성요소, 유형, 설계기준, Superstreet [8, 4]

1. 개요

(1) 회전교차로(Roundabout)는 신호등 없이 자동차들이 교차로 중앙에 설치된 원형교통섬을 중심으로 회전하여 교차로를 통과하도록 하는 평면교차로의 일종이다.

　회전교차로에서는 서행으로 교차로에 접근하는 자동차가 교차로 내부의 회전차로에서 주행하는 자동차에게 양보하며 진입하는 것이 기본원리이다.

(2) 국토교통부는 원활한 소통과 교통안전을 확보하여 녹색교통을 실현하기 위한 목적으로 2011년 「한국형 회전교차로 설계지침」을 제정하여 시행하고 있다.

　1994년 철거된 서울 용산 삼각지 로터리(Rotary) 역시 회전교차로의 일종이지만 진입할 때 끼어들기를 원칙으로 하는 방식이고, 현재의 회전교차로는 진입자동차가 교차로 내의 회전자동차에게 양보하는 것을 원칙으로 하는 방식이다.

2. 로터리(Rotary)와 회전교차로(Roundabout)

(1) 도입과정

① 1960년대 : 원래 미국에서 유래하여 로터리(Rotary)라고 불렀으나 문제점이 많아 미국에서 폐기, 국내에서도 용산 삼각지 로터리 폐기

② 1970년대 : 영국에서 로터리 단점을 해결한 회전교차로(Roundabout)를 개발하여, 유럽, 호주, 미국 등으로 전파

③ 1990년대 : 미국에서 영국식 회전교차로 효과를 인정하여 보급

(2) 로터리(Rotary) 특징

① 로터리는 진입차량이 우선 통행하며 고속으로 교차로에 진입하는 방식의 교차로 형태로서, 국내에 운영되고 있는 대부분의 원형교차로가 이에 해당한다.

② 로터리는 끼어들기, 교통지체, 낮은 안전성 등의 문제를 안고 있어, 2011년부터 국내에 도입된 회전교차로와는 다른 교차로 형태였다.

(3) 회전교차로(Roundabout) 특징

① 회전교차로는 신호등 없이 자동차들이 교차로 중앙에 설치된 원형교통섬을 중심으로 회전하여 교차로를 통과하도록 하는 평면교차로의 일종이다.

② 회전교차로에서는 서행으로 교차로에 접근한 자동차가 교차로 내부의 회전차로에서 주행하는 자동차에게 양보하며 진입하는 것이 운영의 기본원리이다.

[회전교차로와 로터리의 비교]

구분	회전교차로	로터리
설계목적	• 진입속도를 낮추어 안전성 향상	• 원활한 교통소통
진입방식	• 양보(회전차량이 통행우선권 가짐)	• 끼어들기 기준
회전부설계	• 회전반경 제한으로 저속진입 유도	• 큰 반경으로 회전 원활하게 처리
진입부설계	• 진입속도를 30~40km/h로 제한 • 진입각 조절, 분리교통섬 설치	• 접근로와 진입부의 접속각 축소 • 진입속도 향상을 위해 큰 곡선 적용
중앙교통섬	• 곡선반경이 대부분 25m 이내 • 도시지역은 최소 2m도 허용	• 제한 없으며, 가급적 크게 설치
사진		

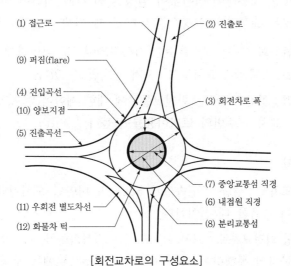

[회전교차로의 구성요소]

3. 회전교차로 구성요소

(1) **접근로** : 회전교차로로 접근하면서 접속되는 차로

(2) **진출로** : 차량이 회전교차로에서 회전을 마치고 진출하는 차로

(3) **회전차로 폭** : 중앙교통섬의 외곽에서 회전차로의 외경까지의 너비

(4) **진입곡선** : 회전차로 안으로 진입유도를 위해 우측 연석이 이루는 곡선

(5) **진출곡선** : 회전차로 밖으로 진출유도를 위해 우측 연석이 이루는 곡선

(6) **내접원 직경** : 회전차로의 외곽선으로 이루어진 내접원의 직경

(7) **중앙교통섬 직경** : 중앙에 설치된 원형교통섬의 직경

(8) **분리교통섬** : 진입로와 진출로 사이에 설치된 삼각형 모양의 돌출된 교통섬

(9) **퍼짐(flare)** : 진입부의 폭을 넓혀 1개 차로를 더 확보하는 것

(10) **양보지점** : 진입차량이 회전차량에게 통행우선권을 양보하는 지점

(11) **우회전 별도차선** : 회전차로에서 우회전만을 위해 별도로 만든 차선

(12) **화물차 턱** : 대형차량이 밟고 지나가도록 만든 부분

4. 회전교차로 특징

(1) **교통안전 측면**

① 평면교차로보다 상충횟수가 적고, 교차로 내에서 감속운행을 해야 한다.

② 교차로를 통과할 때, 대부분의 운전자가 비슷한 속도로 주행하게 된다.

(2) **지체감소 측면**

① 신호교차로는 교통량에 상관없이 일정한 신호대기시간이 발생한다.

② 회전교차로는 교통량이 일정수준 이하일 때 지체가 발생하지 않는다.

(3) **기하구조 측면** : 회전교차로는 특수한 기하구조에서도 다양하게 변형(서로 가깝게 인접한 회전교차로, Y형 회전교차로 등)시켜 설치할 수 있다.

(4) **토지이용 측면** : 회전교차로는 회전교통류에 대한 제한이 없으므로 모든 방향에서 접근이 가능하여, 교차로 주변의 토지이용률이 높다.

5. 회전교차로 유형

(1) **초소형 회전교차로** : 평균 주행속도가 50km/h 미만인 도시지역에서 소형 회전차로를 설치할 공간이 부족할 때 설치한다.

(2) **도시지역 소형 회전교차로** : 교차로의 크기는 소형화물차, 버스의 통행이 가능한 규모이므로 대형화물차의 통행량이 많은 지방지역 간선도로에는 부적합하다.

(3) **도시지역 1차로 회전교차로** : 내접원의 직경이 더 크고, 진출입로가 내접원에 더 큰 반경으로 접속하여 진입차량과 회전차량의 속도가 일정하게 유지될 수 있다.

(4) **도시지역 2차로 회전교차로**

① 교차로 내에서 차량 2대가 나란히 주행하도록 넓은 회전차로를 설치한다.

② 분리교통섬은 돌출시켜 설치하고, 중앙교통섬은 단차를 두어 설치한다.

(5) **지방지역 1차로 회전교차로**

① 다소 높은 속도로 주행하도록 도시지역보다 중앙교통섬 직경이 더 크다.

② 지방지역은 보행자가 많지 않다는 점을 전제로 한다.

(6) **지방지역 2차로 회전교차로** : 현재는 1차로로 계획하였으나 장래 교통량 증가를 대비하여 2차로 확장을 대비해서 폭원, 내접원에 여유를 두는 것이 좋다.

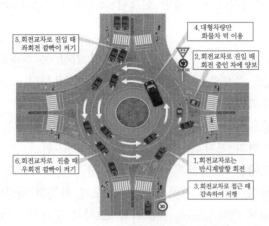

[도시지역 2차로 회전교차로]

[회전교차로의 설계요소 비교]

구분		초소형	도시지역 소형	도시지역 1차로	도시지역 2차로	지방지역 1차로	지방지역 2차로
일반사항	차로수	1	1	1	2	1	2
	최대일교통량 (대/일)[1]	12,000	15,000	20,000	40,000	20,000	40,000
	설계기준자동차	소형화물차	소형화물차 /버스	대형자동차	대형자동차	세미 트레일러	세미 트레일러
회전부	회전차로 설계속도(km/h)	16~19	16~20	20~25	23~30	23~30	25~35
	중앙교통섬 직경(m)	2~17	13~22	18~32	25~37	23~32	35~42
	회전차로 폭(m)	4~6	4~6	4~6	9~10	4~6	9~10

주 1) 최대일교통량은 4갈래 회전교차로에 대한 방향별 일교통량을 모두 합한 것이다.

6. Superstreet

(1) **용어 정의** : Superstreet는 미국 노스캐롤라이나대학교에서 만든 획기적인 교차로 시스템을 말하며, 기존 로터리의 특징을 살린 신개념 교차로이다.

(2) **도입 필요성**

① 교차로에서는 4방향의 차량들이 공평하게 통과해야 하므로 많은 시간을 기다려야 하

고, 보행자들도 긴 시간을 대기해야 한다.

교차로에서는 정면충돌 혹은 측면충돌에 의한 대형 교통사고가 빈발한다.

② 로터리에서는 저속주행을 해야 하므로 대형 교통사고가 발생하지 않으며, 또한 신호
등 없이 우회전으로 교차로를 통과하므로 통과시간도 단축된다.

③ 이와 같은 로터리에 최적화한 신개념 교차로가 Superstreet이다.

(3) 원리 및 효과

① Superstreet라는 신개념 교차로 시스템의 가장 큰 특징은 좌회전 금지이다.

② 교통량이 많은 주도로는 직진과 좌회전 모두 허용하고, 교통량이 적은 부도로는 직진
불허하고 우회전만 허용한다.

③ 부도로 차량은 주 도로로 우회전, 1차로 쪽으로 접근해서, 기다렸다가 U-turn 신호
받고 교차로까지 직진 후 우회전하여 직진 통과한다.

④ 일반 교차로에는 여러 개의 신호가 있지만, Superstreet 교차로에는 오직 한 가지
신호만 있는데, 신호가 들어오면 U-turn과 좌회전 차량만 주행을 허용한다.

⑤ Superstreet에 대한 simulation 결과, 교차로 통과시간 20% 단축, 자동차 사망사고
43% 감소, 부상사고는 63% 감소 효과가 있었다.[33]

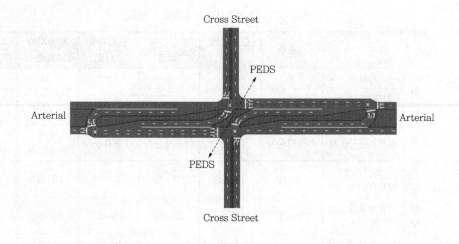

---

33) 국토교통부, '회전교차로 부활', 간선도로과, 2011.1.11.

3.35 좌회전차로

평면교차로 좌회전차로의 설계원리 및 설치기준을 그림 그려서 설명 [1, 9]

I 개요

1. 회전차로란 자동차가 우회전, 좌회전 또는 유턴(u-turn)을 할 수 있도록 직진하는 차로와 분리하여 설치하는 차로를 말한다.

2. 좌회전차로는 교차로에서 좌회전차량의 영향을 제거하기 위해 직진차로와 분리하여 아래와 같은 설치원리를 고려하여 설계해야 한다.

   (1) 직진차량이 그대로 좌회전차로에 진입하지 않도록 한다.
       좌회전차로를 독립된 부가차로로 설치한다.

   (2) 기존 도로폭을 최대한 유효하게 이용한다.
       중앙분리대 제거, 차로폭 축소, zebra 표시 등을 이용한다.

   (3) 파행적으로 진행하기 쉬운 차로로 배치하지 않도록 한다.
       좌회전차량을 대향차로의 직진차량과 동일선 상에 배치하지 않는다.

[파행적인 진행 금지]

II 좌회전차로 설계기준

1. **차로폭**

   (1) **직진 차로폭**

       ① 접속 유입부 차로폭과 같도록 하되, 3.5m를 3.25m로 축소한다.
       ② 용지제약이 심하면 3.00m까지 축소할 수 있다.

   (2) **좌회전 차로폭**

       ① 3.0m 이상을 표준으로 설계한다.
       ② 기존 교차로를 개선하는 경우에는 2.75m까지 축소할 수 있다.

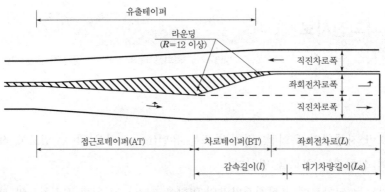

[좌회전차로의 구성]

2. 접근로테이퍼(AT, Approach Taper)

(1) 직진차량을 우측으로 유도하고, 좌회전차로 설치공간 확보를 위해 설치한다.

(2) AT 설치기준은 '우측으로 평행이동되는 값에 대한 거리의 비율'로서, 운전자가 교차로를 인지하고 우측으로 선형을 이동하는 동안의 주행거리이다.

$$AT = \frac{(직진차로폭 - 중앙분리대폭)}{2} \times (AT\ 설치기준)$$

[접근로 테이퍼의 최소 설치기준]

설계속도(km/h)		30	40	50	60	70	80
테이퍼	기준값	1/20	1/30	1/35	1/40	1/50	1/55
	최솟값	1/8	1/10	1/15	1/20	1/20	1/25

(3) 테이퍼가 볼록형(凸) 종단곡선부에 설치되는 경우, 테이퍼 시점을 종단곡선부 시점까지 연장하여 운전자가 전방에 교차로 존재를 인식하도록 한다.

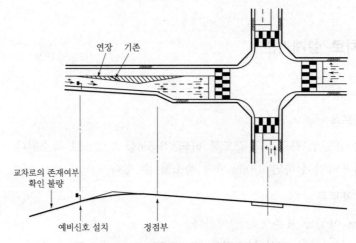

[교차로에서 시거를 고려한 접근로테이퍼 설치]

3. 차로테이퍼(BT, Bay Taper)

(1) 좌회전 차량을 좌회전차로 쪽으로 유도하기 위해 설치한다.

(2) 테이퍼가 너무 완만하여 직진차로로 혼동하지 않도록 하고, 갑작스런 차로변경이나 무리한 감속을 유발하지 않도록 한다.

(3) BT 설치기준은 '폭에 대한 길이의 최소 변화비율'이다.

[차로 테이퍼의 최소 설치기준]

설계속도(km/h)	50이하	60이상	비고
최소 변화비율	1/8	1/15	시가지에서 용지폭 제약 심할 때 1/4까지 가능

4. 좌회전차로의 최소길이(L)

(1) 감속을 위한 길이(L_D)

$$L_D = l - BT$$

여기서, L_D : 좌회전차로에서 감속을 위한 길이(m)

l : 감속길이(m), $l = \dfrac{1}{2a}\left(\dfrac{V}{3.6}\right)^2$

V : 설계속도(km/h)

BT : 차로테이퍼의 길이(m)

[좌회전차로의 길이 산정할 때 감속길이(l)]

설계속도(km/h)		30	40	50	60	70	80	비고
감속길이(m)	기준값	20	30	50	70	95	125	$a=2.0$m/sec
	최솟값	15	20	35	45	65	80	$a=3.0$m/sec

(2) 좌회전 대기차로 길이(L_S)

$$L_S = a \times N \times S$$

여기서, L_S : 좌회전 대기차로 길이(m)

a : 길이계수(신호교차로 1.5, 비신호교차로 2.0)

N : 좌회전차로에서 대기차량의 수(신호 1주기당 또는 비신호 2분간 도착하는 좌회전 차량)

S : 좌회전 대기차량의 길이(7.0m)

① 신호 없는 교차로의 경우

• 첨두시간에 평균 2분간 도착하는 대기 자동차 기준으로 대기공간을 확보

• 1대 미만인 경우에도 최소 2대의 대기공간을 확보

② 신호 있는 교차로

- 대형차 혼입률(15% 가정)을 고려하여 7.0m로 계산하여 확보
- 화물차 혼입률이 많으면 승용차 6.0m, 화물차 12.0m 기준으로 확보

[대형차 혼입률에 따른 자동차의 평균길이]

대형차 혼입률(%)	5%이하	15%	30%	50%
자동차 평균길이(m)	6.0	7.0	7.8	9.0

(3) 좌회전차로 최소길이(L)

① 신호교차로인 경우, 좌회전차로의 최소길이(L)는 대기 자동차를 위한 길이(L_S)와 감속을 위한 길이(L_D)의 합으로 구한다.

$$L = L_S + L_D = (1.5 \times N \times S) + (l - \mathrm{BT}) \quad 단, \ L \geq 2.0 \times N \times S$$

② 이 식으로 산출된 거리 역시 신호 1주기당 또는 비신호 1분간 도착하는 좌회전 차량 대수의 2배 길이보다 길어야 한다.

문제 1

신호교차로에서 V=80km/h일 경우, 좌회전 대기차로의 길이를 계산하시오.

단, 중앙분리대 폭 2.0m, 좌회전 차량 5대이다.

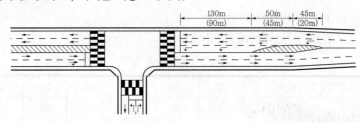

해설 ① 기준값을 적용하는 경우

접근로테이퍼(AT) $= (3.5 - 2.0) \times \dfrac{1}{2} \times 55 = 41.25 ≒ 45\mathrm{m}$

차로테이퍼(BT) $= 3.25 \times 15 = 48.75 ≒ 50\mathrm{m}$

$L_1 = 1.5 \times 5 \times 7 + 125 - 50 = 127.5\mathrm{m} ≒ 130\mathrm{m}$

$L_2 = 2.0 \times 5 \times 7 = 70\mathrm{m}$ 에서 $L_1 > L_2$

$\therefore L_1 = 130\mathrm{m}$

② 최솟값을 적용하는 경우

접근로테이퍼(AT) $= (3.25 - 2.0) \times \dfrac{1}{2} \times 25 = 15.625 ≒ 20\mathrm{m}$

차로테이퍼(BT) $= 3.0 \times 15 = 45\mathrm{m}$

$L_1 = 1.5 \times 5 \times 7 + 80 - 45 = 87.5\mathrm{m} ≒ 90\mathrm{m}$

$L_2 = 2.0 \times 5 \times 7 = 70\mathrm{m}$ 에서 $L_1 > L_2$

$\therefore L_1 = 90\mathrm{m}$

문제 2

신호교차로에서 $V=40$km/h일 경우, 좌회전 대기차로의 길이를 계산하시오.
단, 중앙분리대는 없고, 좌회전 차량 3대이다.

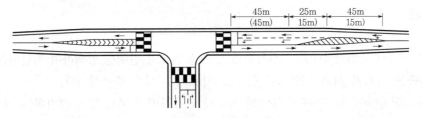

해설

① 기준값을 적용하는 경우

접근로테이퍼(AT) $= 3.0 \times \dfrac{1}{2} \times 30 = 45$m

차로테이퍼(BT) $= 3.0 \times 8 = 24 \fallingdotseq 25$m

$L_1 = 1.5 \times 3 \times 7 + 30 - 25 = 36.5$m $\fallingdotseq 40$m

$L_2 = 2.0 \times 3 \times 7 = 42 \fallingdotseq 45$m에서 $L_2 > L_1$

$\therefore L_2 = 45$m

② 최솟값을 적용하는 경우

접근로테이퍼(AT) $= 3.0 \times \dfrac{1}{2} \times 10 = 15$m

차로테이퍼(BT) $= 2.75 \times 8 = 22 \fallingdotseq 25$m

또는 $= 2.75 \times 4 = 11 \fallingdotseq 15$m

$L_1 = 1.5 \times 3 \times 7 + 20 - 25 = 26.5$m $\fallingdotseq 30$m

$L_2 = 2.0 \times 3 \times 7 = 42 \fallingdotseq 45$m에서 $L_2 > L_1$

$\therefore L_2 = 45$m

Ⅲ 맺음말

1. 평면교차로에서 좌회전차량의 대기행렬이 발생하여 통과교통과 간섭되는 경우 주행의 효율성·안전성이 저하되므로 별도 좌회전차로를 설치하는 것이 바람직하다.
2. 좌회전차로는 교통운영의 적정화, 용량의 유지, 추돌사고의 감소를 위해 직진차로와 독립적으로 설치(좌회전차량과 직진차량을 분리)해야 하며, 좌회전 차량이 진입할 수 있는 충분한 시간적·공간적 여유를 확보해야 한다.[34]

---

34) 국토교통부, '평면교차로설계지침', 2015, pp.45~54.

3.36 우회전차로

I 필요성

1. 평면교차로에서 우회전차량은 직진차량과 상충을 일으켜 진행을 방해하며 횡단하는 보행자와도 상충을 일으켜 사고 위험성이 높고 교차로의 지체를 증가시킨다.

   특히, 우회전차량이 직진차량과 동일한 차로를 공용하면 정지선 앞에 대기하는 직진차량에 의해 적신호에서 우회전하지 못하게 되어 대기행렬이 발생된다.

2. 이와 같이 평면교차로에서 우회전차량의 부정적인 영향을 최소화하기 위해 우회전 전용차로를 설치하여 교차로 운영의 효율성을 극대화할 필요가 있다.

II 현행 우회전차로 설치기준 검토

1. 우리나라 우회전 전용차로의 설치지침은 폭원, 도류로, 가감속차로 등에 관하여 다음과 같은 규정에 세부적으로 명시되어 있으며 그 내용은 동일하다.

   (1) 평면교차로 설계지침

   (2) 도로의 구조·시설 기준에 관한 규칙

   (3) 교통노면표시 설치·관리매뉴얼

2. 또한, 우회전 전용차로의 설계지침에서 제시하고 있는 다음과 같은 3가지 설치기준에 대한 개선사항을 검토할 필요가 있다.

   (1) **회전교통류가 주 교통이 되어 우회전 교통량이 상당히 많은 경우**

      효율성 측면을 고려한 설치기준이 정성적으로 제시(상당히 많은 경우)되어 교차로의 운영·관리주체가 설치여부를 판단하기 난해하므로 우회전 전용차로를 설치해야 할 교통량을 정량적으로 명확히 제시할 필요가 있다.

   (2) **우회전 차량의 속도가 높은 경우**

      속도는 정성적 기준이지만 교차로의 운영·관리주체가 교통량 분석을 통해 정량적 기준을 정립하기 어려우므로 정량적인 속도 기준을 제시할 필요가 있다.

   (3) **교차각이 120° 이상의 예각교차로서 우회전 교통량이 많을 경우**

      예각교차로는 교차각을 정량적으로 명시되어 있으므로 그 값을 준용한다.

Ⅲ 우회전 전용차로 설치기준 개선방안

1. 우회전차량이 직진차량과 동일차로를 공용하는 교차로의 접근로에서 다음과 같은 조건을 하루 중 4시간 이상 만족하는 경우 우회전 전용차로 설치를 권장한다.

(1) 교통량이 많아 직진 · 우회전 공용차로가 포화된 경우

① 편도 1차로~3차로
- 우회전 교통량이 접근로 전체의 10% 미만 : 우회전 전용차로 설치 생략
- 우회전 교통량이 접근로 전체의 20%~40% : 접근로 전체 교통량이 아래 표의 설치 권장 교통량을 초과할 경우에는 우회전 전용차로 설치 가능
- 우회전 교통량이 접근로 전체의 40% 이상 : 우회전 전용차로 반드시 설치

② 편도 4차로 이상
- 접근로 최 우측 3개 차로의 직진 교통량과 우회전 교통량을 산출하여
- 상기 ①항의 편도 3차로와 동일한 기준을 적용

(2) 직진 · 우회전 공용차로 교통류의 속도가 높을 경우

(3) 교차각이 120° 이상인 예각교차로에서 우회전 교통이 많을 경우

2. 그 외 세부적인 설계지침은 기존에 제시되어 있는 평면교차로 설계지침기준 등을 준수하도록 한다.[35]

[우회전 전용차로 설치권장 교통량]

단위 : pcphgpl

차로수	우회전비율	신호주기 g/C	90 미만	90≤C<120	120 이상
편도 1차로	20%	0.2	600	500	400
		0.3	700	600	500
		0.4	900	800	600
		0.5	1100	900	700
편도 2차로	20%	0.2	900	900	700
		0.3	1200	1100	1000
		0.4	1700	1600	1400
		0.5	2000	1900	1700
편도 3차로	20%	0.2	1300	1100	1000
		0.3	1800	1700	1600
		0.4	2400	2300	2200
		0.5	3200	3100	2900

---

35) 경찰청, '교통운영체계 선진화 연구-우회전 전용차로 설치방안-', 도로교통공단, 2010.

3.37 평면교차로의 개선방안

기존 예각교차로, 다섯갈래교차로, 엇갈림교차로, 변칙교차로의 효율적인 개선방안 [0, 2]

Ⅰ 개선 방향

1. 평면교차로를 개선할 때 횡단보도와 정지선의 위치를 교차로의 중심방향으로 전진시켜 정지선 사이와의 거리를 최소화한다.
2. 평면교차로의 접속은 직각이 되어야 하나, 부득이한 경우에는 도류화와 자동차유도표시, 노면표시 등을 이용하여 자동차의 주행경로를 명확히 제시한다.

Ⅱ 세갈래 교차로의 개선

1. T형 교차로

(1) **기존** : 모서리의 곡선반경이 커서 유입부 C의 횡단보도와 정지선의 위치가 교차로의 중심으로부터 너무 멀다.

(2) **개선**

① 모서리 곡선반경을 줄여 유입부 C의 횡단보도와 정지선 위치를 교차로 중심 쪽으로 전진하고, A와 C에 좌회전 전용차로를 설치한다.

② 횡단보행자의 동선을 고려하여 횡단보도를 중심방향으로 이동한다.

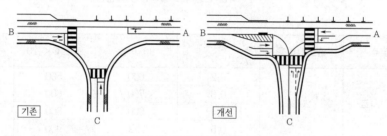

[T형 교차로의 개선]

2. Y형 교차로

(1) **기존** : 교차로가 예각으로 접속되어 정지선 간의 거리가 매우 멀기 때문에, 신호가 바뀐 후 교차로를 벗어나는 시간이 많이 걸려 과속한다.

(2) **개선**

① 유입부 A의 정지선을 전진시켜 정지선 간의 거리를 줄이고, 유입부 C에 좌회전차로를 설치하여 신호를 3현시로 한다.

② 유입부 C의 교차각을 개선하여 각 도로의 주종관계를 명확히 하고, 교차로 내에 도류표시를 하여 교차로 면적을 대폭 축소한다.

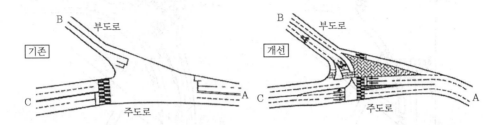

Ⅲ 엇갈림 교차로의 개선

1. 엇갈림 교차로는 T형이나 +형 교차로가 되도록 구조를 개선한다.
2. 구조개선 불가시 유도선 설치, 교통규제 실시, 신호현시 개선 등을 한다.

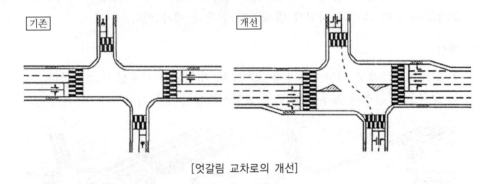

[엇갈림 교차로의 개선]

Ⅳ 여러 갈래 교차로의 개선

1. 선형의 개선

(1) **기존** : ㄱ자로 굽어 있는 간선도로에 3개 이상의 세(細)가로가 접속되어 교통소통과 교통안전에 문제가 있다.

(2) **개선**

① 폐쇄된 도로를 이용하는 자동차들이 다른 경로를 통하여 목적하는 방향으로 갈 수 있도록 한다.

② 부가로 접속위치를 교차로 외부로 변경할 때는 출입하는 자동차가 교차로에 악영향을 미치지 않는 위치로 이설하고, 필요한 교통규제를 검토한다.

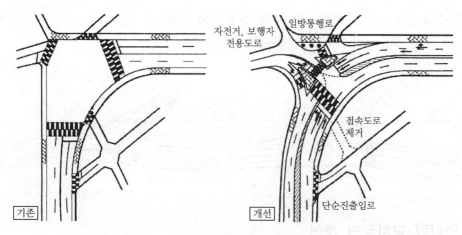

[교차로의 선형 개선]

2. 교차로의 분할

(1) **기존** : 신설도로를 기존 도로에 그대로 접속시키면 교차로가 매우 커지면서 여러 갈래 교차로가 되어 지체와 사고가 발생하기 쉬운 문제가 있다.

(2) **개선**

① 교차로를 2개로 나누어 4갈래 교차로로 개선하고 교통섬을 설치한다.
② 교차로의 간격이 매우 짧으므로 교통신호등을 연동처리한다.

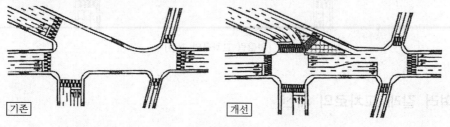

[교차로의 분할]

V 맺음말

1. 교차로에서 발생되는 교차, 합류 및 분류 상충은 사고위험성을 수반하므로 교차로 선형 개선과 함께 적절한 속도제한, 자동차의 주·정차 통제, 신호를 이용한 통행우선권 할당 등으로 정면충돌, 직각충돌 및 보행자 사고를 줄일 수 있다.

2. 일정 수준 이하의 교통조건을 갖는 교차로에 신호를 이용한 통행우선권 할당을 적용하면 오히려 역효과를 나타내므로 교차로 선형 개량이 우선되어야 한다.36)

---

36) 국토교통부, '평면교차로 설계지침', 2015, pp.160~165.

3.38 다른 도로와의 연결

국도설계에서 시·종점부의 기존도로 접속방안 [0, 1]

1. 개요

(1) 고규격 도로에 마을, 주유소 등으로 통하는 다른 시설물을 접속할 필요가 있을 때, 일정기준 이하의 구간에서 무분별하게 연결하면 교통안전이 위험해질 수 있다.

(2) 고규격 도로에 다른 도로·통로 등을 연결할 때 준수해야 되는 「도로와 다른 도로 등과의 연결에 관한 규칙(국토교통부, 2014)」을 요약하면 다음과 같다.

2. 연결구간의 설치위치

(1) 다른 도로와의 연결은 종단기울기가 평지에서 5%, 산지에서 8%(2차로 도로는 평지 6%, 산지 8%) 이내인 구간에서 접속한다.

(2) 접속시설은 교차로 영향권으로부터 4차로 이상 도로에는 60m 이상, 2차로 도로에는 45m 이상 떨어져 설치한다.

(3) 교차로의 영향권은 본선에서 교차로로 진입하는 감속차로 테이퍼의 시점부터 교차로를 지나 본선에 진입하는 가속차로 테이퍼의 종점까지의 범위로 한다.

3. 연결허가의 금지구간

(1) 곡선반경이 280m(2차로 도로에는 140m) 미만인 도로의 곡선구간은 안쪽 차로 중심선에서 장애물까지의 최소거리가 부족하므로, 시거가 확보되지 못한 곡선 내측구간은 아래 표의 최소거리 이내에서 연결을 금지한다.

[곡선구간의 곡선반경 및 장애물까지의 최소거리]

구분	4차로 이상				2차로		
곡선반경(m)	260	240	220	200	120	100	80
최소거리(m)	7.5	8	8.5	9	7	8	9

(2) 종단경사가 평지에서 5%, 산지에서 8% 초과구간은 연결을 금지한다.

① 2차로 도로의 경우 : 평지에서 6%, 산지에서 8% 초과구간은 연결 금지

② 다만, 오르막차로의 바깥쪽 구간에 대하여는 연결 가능

(3) 접속시설을 설치할 때는 아래 표의 설치제한거리 이내의 구간에서 연결을 금지한다.

[교차로 주변의 접속시설 설치 제한거리]

구분	4차로 이상(m)	2차로(m)
교차로 영향권으로부터 연결로 등 접속시설의 설치 제한거리	60	45

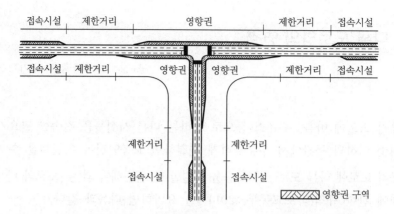

[교차로 주변의 영향권 및 설치 제한거리]

(4) 터널 및 암거 등 시설물로부터 500m 이내의 구간은 연결을 금지한다.

(5) 교량 등 시설물과 근접되어 변속차로를 설치할 수 없는 구간은 연결을 금지한다.

(6) 버스정차대, 측도 등 주민편의시설을 옮겨 설치하는 경우 주민통행에 위험이 우려되는 구간은 연결을 금지한다.

4. 연결구간의 구성요소

(1) 연결로의 포장

① 접속되는 도로와 동일한 강도를 유지할 수 있는 두께, 재료로 포장한다.

② 횡단경사는 노면 배수를 고려하여 접속되는 도로보다 완만하게 설치한다.

(2) 변속차로의 설치

① 길이는 기준값 이상으로 설치하고, 폭은 3.25m 이상으로 설치한다.

② 자동차의 진·출입을 원활하게 유도할 수 있도록 노면표시를 한다.

③ 변속차로 접속부는 곡선반경 15m 이상의 곡선으로 처리한다.

④ 성·절토부 비탈면의 기울기는 접속되는 도로보다 완만하게 설치한다.

(3) 배수시설물의 설치

① 노면의 빗물 등을 처리할 수 있도록 길어깨의 바깥쪽에 연석을 설치한다.

② 배수시설물은 기존의 배수체계를 저해하지 않도록 연결한다.

③ 접속되는 도로 배수시설이 연결로 설치로 인해 매립될 경우
  • 기존의 배수관보다 더 큰 규격의 배수관(ϕ800mm 이상)을 설치
  • 토사제거가 용이하도록 20m 이내 간격으로 뚜껑 있는 맨홀을 설치

④ 오수·우수가 접속도로로 흘러가지 않도록 배수시설을 별도로 설치한다.
  배수시설은 격자형 철제 뚜껑이 있는 유효폭 30cm 이상, 유효깊이 60cm 이상의 U형 콘크리트 측구 설치

(4) 분리대의 설치

① 접속되는 도로의 길어깨 바깥쪽에 분리대를 설치한다.
- 분리대는 화단, 가드레일 기타 이와 유사한 공작물로 설치
- 안전사고 예방을 위해 필요시 진입부에 충격흡수시설을 설치

② 분리대는 높이 0.3m 이상으로 설치하되, 시거장애가 없도록 한다.
- 화단식 분리대 설치시 폭은 1m 이상으로 하고 배수시설 설치
- 분리대 식별을 위해 반사지를 부착하거나 시선유도표지 설치

③ 연결로를 평행식 변속차로로 추가 설치하는 경우
- 도로와 분리대 사이에 차로와 측대를 확보한 후, 가·감속차로와 연결
- 기존의 변속차로에 추가로 연결할 때는 연속된 분리대 설치

(5) 길어깨의 설치

① 변속차로의 길어깨는 접속되는 도로의 길어깨와 동등한 구조로 한다.
② 길어깨의 폭은 1m 이상으로 설치한다.
③ 길어깨가 보도를 겸용하는 경우에는 보도의 폭을 확보하도록 한다.
④ 노면이 연결로에 연결되는 시설물의 주차공간으로 인해 잠식될 우려가 있는 경우 길어깨 바깥쪽에 연석, 가드레일, 울타리 등을 설치한다.
⑤ 변속차로의 길어깨에는 폭 0.25m 이상의 측대를 설치한다.

(6) 부대시설의 설치

① 가드레일 등의 안전시설은 현지여건, 비탈면의 지형에 부합되도록 설치한다.
② 노면표시는 접속되는 도로와 동일한 규격으로 설치한다.
③ 분리대가 설치되지 않은 부분에는 안전지대표시를 설치한다.

5. 맺음말

(1) 고규격 도로에서 저규격 도로로 직접 연결되어 도로위계가 무시되는 경우, 운전자가 급작스런 핸들조작을 하게 되어 교통사고의 원인이 될 수도 있다.

(2) 기하구조의 급격한 변화는 도로용량을 저하시키므로, 다른 도로와 연결할 때는 주변여건 및 도로기능을 고려하여 적합한 설계가 되도록 한다.[37]

---

37) 국토교통부, '평면교차로 설계지침', 2015, pp.150~159, 2015.

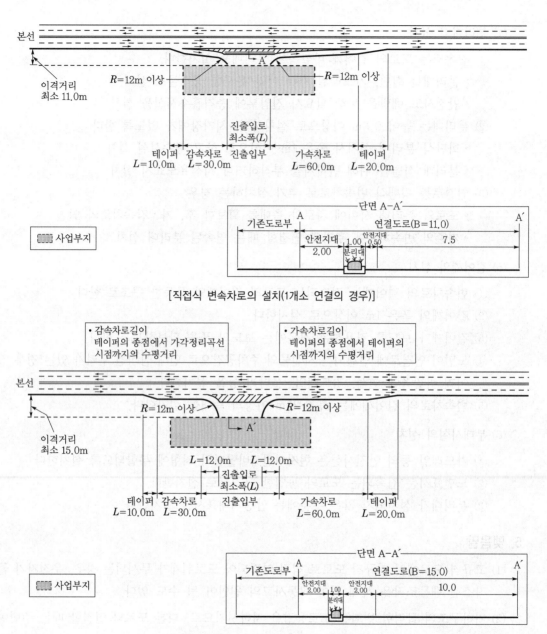

본선

이격거리
최소 11.0m

$R=12m$ 이상

$R=12m$ 이상

진출입로
최소폭(L)

테이퍼
$L=10.0m$

감속차로
$L=30.0m$

진출입부

가속차로
$L=60.0m$

테이퍼
$L=20.0m$

사업부지

단면 A-A′

기존도로부

연결도로(B=11.0)

A

A′

안전지대
2.00

1.00

안전지대
0.50

분리대

7.5

[직접식 변속차로의 설치(1개소 연결의 경우)]

• 감속차로길이
테이퍼의 종점에서 가각정리곡선
시점까지의 수평거리

• 가속차로길이
테이퍼의 종점에서 테이퍼의
시점까지의 수평거리

본선

이격거리
최소 15.0m

$R=12m$ 이상

$R=12m$ 이상

$L=12.0m$ $L=12.0m$

진출입로
최소폭(L)

테이퍼
$L=10.0m$

감속차로
$L=30.0m$

진출입부

가속차로
$L=60.0m$

테이퍼
$L=20.0m$

사업부지

단면 A-A′

기존도로부

연결도로(B=15.0)

A

A′

안전지대
2.00

1.00

안전지대
2.00

10.0

분리대

[평행식 변속차로의 설치(1개소 연결의 경우)]

[4. 입체교차]

3.39 입체교차의 계획기준, 설계원칙

입체교차로의 위치선정 및 계획기준이 되는 교통량과 입체시설과의 관계 [0, 3]

1. 용어 정의

(1) 입체교차란 둘 이상의 도로, 혹은 도로와 철도가 입체적으로 교차하여 연속되는 것으로, 교차부의 교통용량 증가나 교통사고 감소 등의 효과가 있다.

(2) 입체교차란 도로와 도로, 또는 도로와 철도를 상하로 분리하는 교차형식으로, 2개가 교차되는 차도를 수직방향으로 분리하기 위한 구조물로서, 다른 도로의 교통을 방해하지 않고 횡단할 수 있다.

2. 입체교차 설치 고려사항

(1) **설계조건**

① 선정된 시·종점 간에 완전 접근관리가 이루어지는 도로를 건설하는 경우, 모든 교차하는 도로는 입체교차로로 설치한다.

② 연속적으로 연결하여 입체교차로를 설치할 타당성이 있는지에 대한 결정은 상위 도로계획에 포함시켜 검토한다.

(2) **병목지점 및 국지 혼잡의 해소**

① 교통량이 많은 노선의 교차로에서 도로의 용량이 부족하면 하나의 연결로 또는 모든 연결로에서 극심한 혼잡이 유발된다.

② 이와 같은 상황을 평면교차에서 충분한 용량이 제공되지 못할 경우, 도로용지 확보가 용이한 곳에 입체교차로를 설치하는 것이 타당하다.

(3) **안전성**

① 교통량이 많아 사고가 빈발하는 도시지역의 평면교차로에 입체교차로를 설치하면 안전성이 향상됨과 동시에 교통의 흐름도 신속하게 이루어진다.

② 교통량이 많지는 않으나 속도가 높아 사고위험이 높은 지방지역은 초기에 도시지역보다 적은 비용으로 입체교차로를 설치하여 안전성을 크게 높일 수 있다.

(4) **경제성**

① 평면교차로에서 지·정체될수록 도로이용자의 교통비용(연료, 타이어, 기름, 정비, 이동시간 등) 손실은 증가하는데, 입체교차로를 설치하면 크게 절감된다.

② 평면교차로에 입체교차 건설사업의 타당성 여부를 평가할 때 설계 대안에 대한 비용 편익(B/C) 비율은 그 값이 1.0보다 커야 경제성이 있다고 본다.

(5) 교통량

① 평면교차로에서 현재교통량은 입체교차 설치 타당성 여부를 판단하기 위한 경제성 평가의 중요한 판단기준이 된다.

② 평면교차로에서 현재교통량의 주행방향, 분산유형 등을 분석한 결과, 평면교차로 용량을 초과하는 교통량은 입체교차로 설치기준의 지침이 된다.

(6) 기타

① 기타 입체교차로를 건설하기 위해 고려해야 할 주요사항
- 일반도로가 계획·설계단계에서 부득이하게 고속도로부지 내에 포함된 지점
- 측도 등의 유입수단에 의해 접근이 지원되지 않는 지역으로 유입되는 지점
- 도로와 철도가 교차되는 지점
- 보행자의 통행량이 많은 지점
- 자전거도로와 보행자도로가 교차되는 지점
- 주요 간선도로 경계 내에서 대중교통 정류장으로 유입되는 지점
- 인터체인지의 기하구조, 연결로의 자유로운 흐름을 고려해야 하는 지점 등

② 미국 AASHTO의 「A Policy on Geometric Design of Highways and Streets」에서 제시하고 있다.

3. 입체교차 설계 기본원칙

(1) 도로의 수준을 향상시키기 위해서는 모든 교차되는 도로는 입체교차시켜 교통이 연속적인 흐름을 갖도록 해야 한다. 예를 들면, 입체교차로 근처에 교통량이 많은 평면교차로가 있는 경우 입체교차의 기능이 저하되며 오히려 역효과를 초래하기도 한다.

(2) 평면교차로는 사고에 대한 위험성을 내포하고 있으며, 특히 교통량이 많지 않고 속도가 높은 지방지역의 교차로가 더욱 위험하다. 따라서 도시지역에 비해 적은 초기비용으로 입체교차로를 건설함으로써, 사전에 대형사고의 위험 요소를 줄일 수 있다.

(3) 입체교차로 설계가 경제성만으로 입체교차 시설의 형식이 결정되어서는 아니 되고, 지형조건과의 관계를 고려하여 가장 이상적인 형식의 설치가 필요하다.

(4) 교통혼잡 지역에서의 입체교차는 전체적인 운행거리를 증가시키지만 운행비용이 정지·지체비용보다 작으므로 도로이용자의 편익은 입체교차가 유리하다.[38]

---

38) 국토교통부, '입체교차로 설계지침', 2015, pp.7~10.

4. 입체교차 방식의 결정

(1) 아래 그림은 「도로의 구조·시설 기준에 관한 규칙」 제32조(입체교차)에 따라 평면교차와 입체교차의 방식만을 구분하고자 할 때, 국도 유형별 주 도로 또는 부도로의 등급, 차로수, 교통량 등을 고려한 교차방식의 결정을 예시한 것이다.

(2) 아래 그림에서 도로의 등급(Y축)이 국도Ⅰ과 같이 높을 경우에는 입체교차를 설치하고, 서비스수준(X축)에 따라 입체교차 형식(단순 입체교차, 불완전 입체교차, 완전 입체교차 등)을 적정하게 선정할 수 있다.

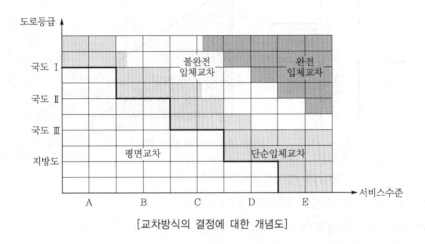

[교차방식의 결정에 대한 개념도]

(3) 여기서 국도Ⅰ, 국도Ⅱ, 국도Ⅲ은 「국도의 노선계획·설계 지침」 제3조(국도의 기능 구분)에서 노선계획 수립할 때 노선을 역할과 기능에 따라 분류한 것이다.

① 국도Ⅰ : 2개 도 이상의 주요 도시를 연결하며 통과교통 위주의 지역 간 간선기능을 갖는 국도로서, 자동차전용도로, 국도대체우회도로, OD 조사 결과 통과교통량의 비율이 현저히 높은 국도

② 국도Ⅱ : 2개 도 이상의 주요 도시를 연결하며 통과교통 위주의 지역 간 간선기능을 갖는 국도이지만, 국도Ⅰ에 비하여 통행길이가 비교적 짧고 통행밀도 역시 비교적 높지 않은 국도, OD 조사 결과 통과교통량의 비율이 현저히 높지만, 관광위락단지로의 이동 및 접근성을 주 기능으로 하는 국도

③ 국도Ⅲ : 건설되었거나 현재 건설 중인 또는 건설계획이 확정된 고속국도노선과 인접하여 동일방향의 교통을 담당하는 국도와 지역 간 간선기능이 약하여 주로 국도Ⅰ, 국도Ⅱ를 보조하는 도로로서 통과교통량의 비율이 적은 국도

5. 교통량과 입체교차의 관계

(1) 출입을 완전히 제한하는 고속도로에서는 그 기능을 고려하여 교차부에서 정지 또는 감속이 필요가 없도록 전체 구간을 입체시설로 계획한다.

(2) 횡단 또는 회전하는 교통량이 본선의 교통량보다 많은 경우에는 적절한 운용이 기대되기 어려우므로 입체교차로 설계해야 한다. 또한, 교차하는 도로의 교통량이 신호교차로의 도로용량을 초과하는 경우에도 입체교차로 설계해야 한다.

(3) 아래 그림은 4갈래 교차도로의 단로부와 신호교차점에서의 용량 관계를 나타낸 것으로, 영역 A, B, C, D는 다음과 같이 해석할 수 있다.

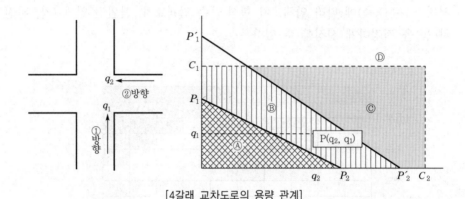

[4갈래 교차도로의 용량 관계]

q_1, q_2 : ①, ② 방향의 설계교통량(대/시)

C_1, C_2 : ①, ② 방향의 단로부 용량(대/시)

P_1, P_2 : ①, ② 방향의 회전차로를 부가하지 않는 경우의 녹색 1시간당 유입부 용량(대/녹색시간)

다만, 정지했던 차량이 전부 움직이기까지의 시간적 지체 및 가속에 소요되는 시간손실을 고려하여, 유입부 용량의 90%로 한다.

P'_1, P'_2 : ①, ② 방향의 회전차로를 부가한 경우의 녹색 1시간당 유입부 용량(대/녹색시간)

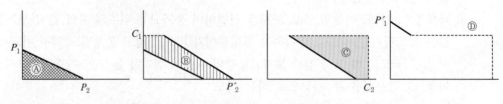

[4갈래 교차도로의 영역별 범위]

[영역A] ①, ② 양방향 모두 회전차로의 부가없이 신호처리를 할 수 있는 영역으로, 다음 직선에 둘러싸인 범위

$$x = 0, \quad y = 0, \quad \frac{x}{P_2} + \frac{y}{P_1} = 0 \quad 단, \ x \le C_2, \ y \le C_1$$

[영역B] 회전차로를 부가하여 신호처리를 할 수 있는 영역으로, 다음 직선에 둘러싸인 범위

$$x = 0, \quad y = 0, \quad \frac{x}{P_2} + \frac{y}{P_1} = 0, \quad \frac{x}{P'_2} + \frac{y}{P'_1} = 0 \quad 단, \ x \leq C_2, \ y \leq C_1$$

[영역C] 입체교차 또는 직진 부가차로가 아니면 처리되지 않는 영역으로, 다음 직선에 둘러싸인 범위에서 A, B를 제외한 영역

$$x = 0, \quad x = C_2, \quad 0 \leq y \leq C_1$$

[영역D] 교통처리 능력을 초과하므로 단로부의 확폭 또는 추가 도로계획을 필요로 하는 영역으로, 제1사분면 내에서 A, B, C를 제외한 영역

(4) 어떤 교차로에서 ①, ② 방향의 교통량이 q_1, q_2인 경우에는, 점$P(q_2, q_1)$가 영역B 내에 있으면 회전차로를 부가함으로써 평면 신호처리가 가능하며, 점P가 영역C 내에 있으면 직진부가차로 설치 또는 입체교차 처리가 필요하다.

문제 1

아래 조건의 교통량에 대한 교차형식을 검토하시오.

(조건)

① 방향 : 4차로, 계획교통량 44,000대/일, 좌회전 10%, 우회전 20%

② 방향 : 4차로, 계획교통량 36,000대/일, 좌회전 20%, 우회전 20%

대형차 혼입률 : 양방향 공히 20%, 시간계수(K) : 양방향 공히 10%

해설 (1) 시간교통량

(시간계수)(1방향)

$q_1 = 44,000 \times 0.1 \div 2 = 2,200$대/시

$q_2 = 36,000 \times 0.1 \div 2 = 1,800$대/시

(2) 단로부 용량

(차로)(대/시)(1방향)

$C_1 = 4 \times 1,800 \div 2 = 3,600$대/시

$C_2 = 4 \times 1,800 \div 2 = 3,600$대/시

(3) 좌·우회전 차로가 없을 때의 교차로 용량

(용량)(좌회전)(우회전)(대형차)

$P_1 = (3,600 \times 0.910 \times 0.905) \times 0.850 \times 0.9 = 2,268 = 2,300$대/녹색시간

$P_2 = (3,600 \times 0.820 \times 0.905) \times 0.850 \times 0.9 = 2,043 = 2,000$대/녹색시간

(4) 좌·우회전 차로가 설치될 때의 교차로 용량

좌회전은 직진차량이 많기 때문에 1신호주기당 2대의 통행으로 하고, 1신호 주기를 80초 (36+4+36+4)로 가정하여 계산한다.

(직진)(우회전)(좌회전)

$P'_1 = (1,800 \times 2 + 600) \times 0.9 + (7,200 \div 80 \times 80/36 = 3,980 = 4,000$대/녹색시간

(5) 아래 그림과 같이 점 $P(q_2, q_1)$ 가 영역C 내에 들어가므로 입체교차로 한다.

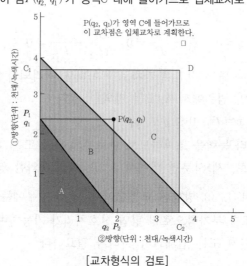

[교차형식의 검토]

6. 계획교통량과 단계건설

(1) **입체교차화의 필요성** : 입체교차화의 필요성은 해당 교차로에 접속되는 도로의 계획교통량이 적합한 수준을 확보할 수 있는지의 여부에 따라 판단한다.

(2) **입체교차화의 적정한 시기**

① 계획목표연도에 도달해야 입체교차화의 필요성이 예상되는 경우, 초기 시공단계에서의 입체교차화는 경세적으로 부적합하나.

② 어느 시기에 입체교차화할 것인지는 평면교차의 한계와 함께 검토한다.

(3) **교차로의 단계건설 시기**

① 입체교차 건설시기는 교차점 교통량이 신호처리 용량을 초과할 것으로 예상되는 시기, 초기투자비와 유지관리비의 경제성 등을 고려하여 결정한다.

② 교차로의 추정교통량 등을 근거로 단계건설을 하는 경우, 입체교차에 필요한 용지는 당초부터 매수하거나 도시계획에 포함시켜 권리규제를 해둔다.

7. 경제성을 고려한 입체화 검토

(1) **신호교차로의 서비스수준 산출** : 신호교차로의 서비스수준 산출을 위해 우선 신호주기를 산정하며, 신호주기 산정을 위해서는 방향별 포화 교통류율을 산정한다.

(2) **신호교차로의 서비스수준 평가항목 산출** : 신호교차로의 서비스수준은 차량당 제어지체를 이용하여 결정하며, 제어지체의 크기에 따라 서비스수준을 8등급(A, B, C, D, E, F, FF, FFF)으로 구분한다.

(3) 입체교차로 경제성 분석 평가항목 산출

① 공공투자사업에 대한 경제성 분석은 비용/편익비(B/C), 순현재가치(NPV), 내부수익률(IRR) 등의 지표를 활용하여 산출한다.

② 비용/편익비(B/C) 분석은 총편익(B)에 대한 총비용(C)의 비율이 1.0보다 클 경우, 경제성이 있는 것으로 판단한다.

8. 맺음말

(1) 4차로 이상의 주간선도로가 일반도로와 교차하는 경우에는 입체교차를 원칙으로 하나, 교차점의 교통량, 교통안전, 도로망 구성, 교차간격, 지형조건 등을 이유로 당분간 평면교차가 인정되면 단계건설에 의한 평면교차도 할 수 있다.

(2) 다만, 장래 입체교차가 가능하도록 용지를 미리 확보해야 한다.[39]

---

39) 국토교통부, '입체교차로 설계지침', 2015, pp.11~18.

3.40 단순입체교차

지하도로계획할 때 고려사항, 문제점 및 대책 [0, 1]

1. 개요

(1) 단순입체교차란 교차부에 단순한 지하차도나 고가차도를 설치하여 일정 방향의 교통류를 분리시키고, 지상부는 일반적인 평면교차로 처리하는 입체교차시설을 말한다.

(2) 도시지역의 교차로에 설치되는 지하차도(Underpass)나 고가차도(Overpass)의 구조는 인터체인지와 다르게 평면교차 배치 개념의 도입이 핵심사항이다.

2. 단순입체교차의 형식

(1) 도시 내 도로의 단순입체교차 형식에서 본선, 측도 및 입체교차 유출·입부는 아래 그림과 같이 정의한다. 또한 측도란 연결부의 일종으로 일반 도로의 입체교차로의 양측에 설치되는 것을 말한다.

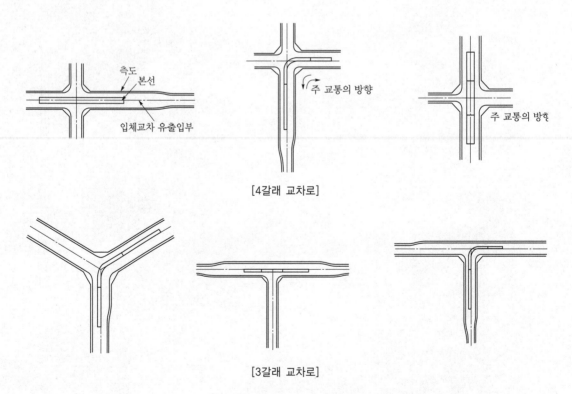

[4갈래 교차로]

[3갈래 교차로]

(2) 십자교차로를 통과하는 양방향 교통량이 많을 경우, 3층으로 설치하기도 한다. 이 경우, 평면교차로를 평지부에 두고 통과차도의 한쪽을 지하차도(Underpass)로, 다른 한쪽을 고가차도(Overpass)로 배치하면 접속부(Approach)가 길어지지 않아 좋다.

[3층 단순 입체교차]

3. 교차로의 입체화 계획

(1) 단순입체교차의 특징(인터체인지와 차이점)

① 주로 도시지역의 교차로에 설치한다. 즉, 용지제약이 많고 땅값이 비싼 곳에 적은 비용으로 설치할 수 있다.

② 지하차도 또는 고가차도의 구조물과 평면교차가 설계의 핵심이다. 즉, 인터체인지와 다르게 평면교차 개념을 도입해야 한다.

③ 지상부의 평면교차는 신호등 조정으로 교통수요 조절이 가능하다. 즉, 교통량이 방향별·시간대별로 변하는 곳에 적용성이 우수하다.

(2) 지하차도 또는 고가차도 선정 고려사항

① 입체부 폭이 좁은 경우에는 고가차도가 공사비 측면에서 저렴하다.

② 시공과정에 지하차도는 옹벽 및 교대 설치, 굴착을 위한 지장물 이설, 흙막이공사 등에 의해 공기가 길어지고, 공사비도 추가 소요된다.

③ 유지관리과정에 지하차도는 배수가 불량해지기 쉬워 세심한 관리가 필요하며 그만큼 유지관리비가 많이 소요된다.

④ 고가차도를 선정하려는 경우, 접속부에서의 옹벽구간 길이는 미관, 평면도로 이용, 경제성 등을 고려해야 한다.

⑤ 결론적으로 도시미관, 생활환경 측면에서 지하차도 쪽이 유리하다.

4. 단순입체 교차의 설계

(1) 본선

① 본선의 차로수는 편도 2차로 이상으로 계획한다. 부득이하게 편도 1차로로 할 때는 고장차가 대피할 수 있도록 길어깨 폭을 확보한다.

② 도시지역 교통량 급증에 따른 도로 유지관리 작업 중의 지체방지 및 안전성 확보 측면에서 차도 양측에 유지관리용 보도를 설치한다.

③ 지하차도에는 별도의 측방 여유폭 확보는 어렵지만, 유지관리용 보도 폭은 최소 0.75m를 확보한다.

④ 교차부에서 시설한계는 우회전 내측에서의 자동차 주행에 지장을 초래하지 않고 횡단보도를 위한 여유폭을 확보하도록 결정한다.

⑤ 보행자나 자전거는 평면부를 횡단하는 것이 오히려 안전하므로, 지하차도나 고가차도의 본선에 보도나 자전거도로를 설치할 필요는 없다

(2) 측도

① 측도의 폭은 교차부에서의 좌우회전 교통량에 의거하여 결정하되, 정차를 고려하여 1차로에 정차대를 포함한 폭 이상으로 설치한다.

② 측도의 차로수는 차로수 균형원칙에 의거하여 결정하며, 측도와 교차로는 평면교차로 설치한다.

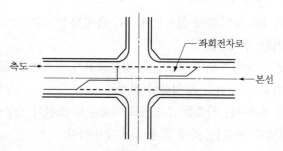

[입체교차 평면에 좌회전차로 설치]

(3) 입체교차 유출입부

① 입체교차 유출입부는 본선이 측도와 접속하는 부분의 근처를 말하는데, 이 구간에서 유출입이 이루어지므로 아래 사항에 유의한다.

- 입체교차부에서는 본선보다 차로수가 많아지므로 차로의 확폭 구간을 설치하는 것이 일반적인 기준이다.

- 입체교차 유출입부에서 확폭 설치할 때는 안전하고 원활한 교통류가 확보되도록 완만한 곡선의 연속으로 처리한다.

② 입체교차 유출입부에서의 측도는 자동차의 유도성을 고려하여 교통류가 원활하게 진입되도록 설치한다.

- 아래 그림에서 측도와 본선의 평행구간 길이(L)에 대해서는 유출입의 안전과 원활한 교통처리를 위하여 적당한 길이를 확보해야 한다.

- 입체교차 유출입부에서 본선과 측도의 접속설치 길이는 다음 식으로 산정한다.

$$L = \frac{W}{2} + \left(\frac{H}{i} \times 100 \right) + \frac{1}{2} (L_{vc1} + L_{vc2}) + \frac{V \cdot \Delta W}{3} + \frac{V \cdot \Delta W}{6}$$

여기서, L : 교차도로 중심선으로부터 접속구간길이

W : 교차도로 폭

$\dfrac{H}{i} \times 100$: 종단경사길이

L_{vc1} : 볼록부(凸) 종단곡선길이

L_{vc2} : 오목부(凹) 종단곡선길이

H : 교차도로의 고저 차이

i : 종단경사

$\dfrac{V \cdot \Delta W}{3}$: 측도와 본선의 평행구간길이

V : 설계속도

ΔW : 차로의 변이폭 [40]

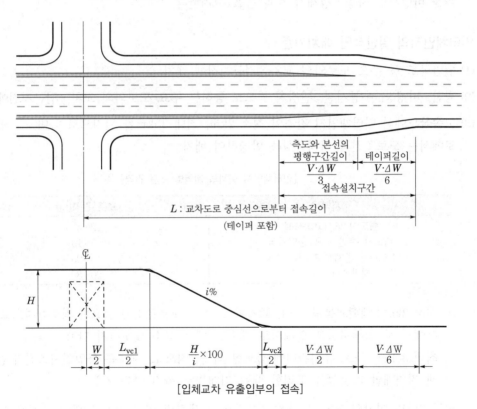

[입체교차 유출입부의 접속]

40) 국토교통부, '입체교차로 설계지침', 2015, pp.27~35.

3.41 인터체인지의 배치와 위치선정

인터체인지의 위치선정, 배치기준, IC와 터널 이격거리, Hi-Pass 전용 인터체인지 [0, 11]

Ⅰ 인터체인지의 배치

1. 개요

(1) 인터체인지란 입체교차 구조와 교차도로 상호 간의 연결로를 갖는 도로의 부분으로, 고속국도와 도로와의 연결 혹은 출입제한도로 상호 간의 연결을 위해 설치한다.

(2) 지방지역에서 인터체인지를 배치할 때는 광역 교통운영계획 및 해당 지역계획과의 관련을 바탕으로 사회·경제적 효과 등을 고려한다.

2. 인터체인지의 일반적인 배치기준

(1) 일반국도 등 주요 도로와의 교차·접근지점에 배치

(2) 항만, 비행장, 유통시설, 관광지 등으로 통하는 주요 도로와의 교차·접근지점에 배치

(3) 고속국도에서 인터체인지 간격이 최소 2km, 최대 30km를 원칙으로 하며, 그 밖의 도로에서는 도로조건과 지역특성을 반영하여 배치

[인터체인지 설치의 지역별 표준 간격]

지역	표준 간격(m)
대도시 노시고속노로	2~5
대도시 주변 주요 공업지역	5~10
소도시가 존재하고 있는 평야	15~25
지방촌락, 산간지	20~30

① 최소 2km : 계획교통량 처리, 표지판 설치 등 교통운영에 필요한 최소간격으로, 도시부에서 두 입체시설을 일체화로 계획할 때는 최소 1km까지 단축 가능

② 최대 30km : 도로 유지관리에 필요한 최대간격으로, 새로운 공업입지조건과 같이 장래 지역개발 가능성을 고려할 때는 최대 2km까지 단축 가능

(4) 인구 3만명 이상의 도시 부근에 인터체인지 세력권 인구 5만~10만명 기준으로 배치

[인터체인지 설치의 도시 인구별 표준 간격]

도시 인구	1 노선당 인터체인지 표준 설치 수
100,000 미만	1
100,000~300,000 미만	1~2
300,000~500,000 미만	2~3
500,000 이상	3

(5) 본선과 인터체인지에 대한 총편익/비용(B/C)비가 극대화되도록 배치

① 유료도로의 총수익은 인터체인지 수(數)의 증가에 따라 증가되나, 단위 인터체인지당 수익은 어느 점을 정점으로 점차 감소

② 인터체인지 수의 증가에 따라 어느 점까지는 수익의 증가율이 일치되어 총 비용/편익이 극대가 되지만, 그 후부터는 점차 감소

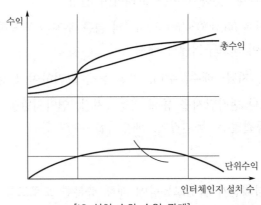

[IC 설치 수와 수익 관계]

3. 도시고속국도의 인터체인지 배치기준

(1) 도시고속국도 본선 상호 간의 인터체인지 위치는 고속국도망 설정과 함께 정해지지만, 특정 노선의 교통량이 과다하게 집중되지 않도록 배치
기존 시가지는 용지제약이 크므로, 주변 지장물조사 결과를 고려하여 결정

(2) 고속국도 본선과 도시 가로망을 접속하는 인터체인지는 특정한 출입로에 교통량이 집중되지 않도록 배치
접속도로의 용량, 인접 교차점의 교통상황 등이 교통체증 원인이 되어 고속국도 본선까지 영향을 미치지 않도록 배치

Ⅱ 인터체인지의 위치선정

1. 개요

(1) 인터체인지의 위치를 선정할 때는 현장의 충분한 입지조사를 수행하여, 교통조건(도로망, 교통량 등)과 사회조건(용지관계, 문화재 등), 자연조건(지형, 지질, 배수, 수리, 기상 등)을 면밀히 검토하여 결정한다.

(2) 인터체인지의 위치는 노선계획과 밀접한 관계가 있으므로 노선계획을 수립하는 경우에는 인터체인지의 배치와 위치선정을 동시에 고려한다.

2. 입지조사

(1) **교통조건** : 도로망 현황, 교통량 등을 고려하여 선정

인터체인지 위치가 그 지역 도로망의 교통배분에 적합한지를 조사하여 현재 도로망에 부담을 주는 경우, 새로운 계획도로에 접속

(2) **사회조건** : 용지관계, 문화재 등을 고려하여 선정

인터체인지 면적은 35,000~150,000m²의 넓은 부지가 필요하므로, 매장문화재는 조속히 조사 착수하여 도로구역에서 배제

(3) **자연조건** : 지형, 지질, 배수, 수리, 기상 등을 고려하여 선정

1/5,000 지형도나 현장답사를 통해 지형·지질, 연약지반을 조사한다. 특히, 적설한랭지역은 기상, 동결일수, 동결깊이, 배수시설, 수리 등을 조사

3. 접속도로의 조건

(1) 접속도로는 인터체인지 출입교통량에 대해 충분한 도로교통 용량을 갖도록 선정

(2) 접속도로는 시가지, 공장지대, 항만, 관광지 등의 교통발생원에 근접하도록 선정

(3) 인터체인지 출입교통량이 기존 도로망에 과중한 부담을 주지 않도록 선정

① 도시지역 : 서비스 향상을 목적으로 시가지 주변도로에 접속
② 지방지역 : 교통량 분산을 목적으로 주간선도로에 직접 접속

4. 타 시설과의 관계

(1) **인터체인지와 인접 시설물과의 간격** : 타 시설과 적정거리 이상 확보하고, 표지판 등 안전시설을 충분히 설치

[인터체인지와 타 시설과의 간격]

구분	IC 상호 간	IC와 휴게소	IC와 주차장	IC와 버스정류장
최소간격(km)	2	2	1	1

(2) **터널 출구에서 인터체인지 변이구간 시점까지 이격거리(L_1)**

① 1방향 2차로, 설계속도 100km/h인 경우, 이격거리를 480m 이상 확보
② 소요 이격거리 확보가 어려운 경우, 운전자가 터널 출구 밖에 근접하여 유출연결로가 있다는 안내표지판(도로안내표지, 전광표지판, 노면표시 설치)을 설치하고, 터널 내에서 제한적으로 진로(차로)변경을 허용

$$\text{소요 이격거리 } L_{1 = l_1} + l_2 + l_3 = \frac{V \cdot t_1}{3.6} + \frac{V \cdot t_2}{3.6} + \frac{V \cdot t_3 (n-1)}{3.6} [\text{m}]$$

여기서, V : 설계속도(km/h)

n : 차로수

l_1 : 조도순응거리(m)

l_2 : 인지반응거리(m)

l_3 : 차로변경거리(m)

t_1 : 조도순응시간(3초)

t_2 : 인지반응시간(4초)

t_3 : 차로변경시간(차로당 10초)

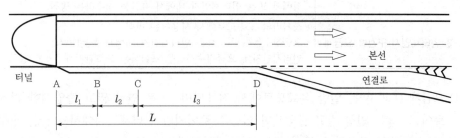

[터널 출구에서 연결로 변이구간 시점까지의 거리]

(3) **인터체인지 변이구간 시점에서 터널 입구까지 이격거리** : 차량이 예기치 못한 상황으로 가속차로 및 테이퍼 구간에서 유입하지 못하였을 경우를 대비하여, 소요 이격거리에 정지거리 및 대기공간까지 확보

소요 이격거리 $L_2 = l_1 + l_2 + l_3 = \dfrac{V \cdot t_1}{3.6} + \dfrac{V^2}{254\,f} + 31.7\,[\mathrm{m}]$

여기서, V : 설계속도에서 20km/h를 뺀 값(km/h)

l_1 : 인지반응거리(m)

l_2 : 제동거리(m)

l_3 : 대기공간=[대형자동차 1대+1m(여유공간)+세미트레일러 1대
+1m(여유공간)]=13.0+1.0+16.7+1.0=31.7m

t_1 : 인지반응시간(4초)

f : 마찰계수

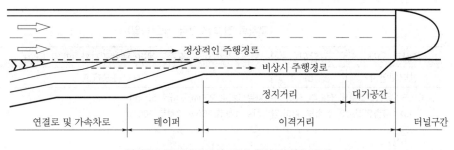

[연결로 변이구간에서 터널 입구까지의 거리]

5. 관리 · 운영과의 관계

[유료도로 요금징수방식의 특징]

요금제 방식	특징
① 전체 구간 균일 요금제	• 일반도로에서 요금징수할 때 사용하는 방식 • 비교적 연장이 짧고 출입제한이 없는 일반도로에서 사용
② 구간별 균일 요금제	• 일반도로에 요금징수할 때 사용하는 방식 • ① 방식보다 도로연장이 길고 출입제한하는 도로에서 사용 • 구간 내 인터체인지에서 요금을 징수하지 않고, 유료 단위구간마다 본선 상에서 또는 인터체인지 내에서 요금을 징수하는 방식
③ 인터체인지 구간별 요금제	• 장거리의 고속도로에서 사용하는 방식 • 요금징수는 원칙적으로 인터체인지 내에서 하는 방식 • 인터체인지에 요금징수시설을 포함하는 도로관리사무소를 설치

(1) 요금제 ①과 ②는 일반 유료도로에서 적용되며, ①은 연장 짧고 출입제한 없는 일반도로이고, ②는 연장 길고 출입제한 있는 도로이지만 인터체인지에서 요금을 징수하지 않고 유료단위 구간마다 본선 또는 인터체인지에서 요금을 징수한다.

(2) 요금제 ③은 장거리 고속도로에서 적용되는 방식으로, 요금징수는 원칙적으로 인터체인지 내에서 한다. 따라서 ①과 ②의 유료도로에서 인터체인지 형식은 무료도로이므로, 유료도로의 특성은 고려하지 않아도 된다.

(3) 요금제 ③을 적용하는 경우에는 인터체인지에 요금징수시설, 도로관리사무소 등이 병설되므로 일반적인 조건 외에도 교통관리 편의성, 유지관리비용 경제성 등을 충분히 검토해야 한다.

6. 인터체인지 간의 최소간격 미달 시 본선간격 증대방안

(1) 신설도로 설계할 때 기존도로 때문에 인터체인지 간격이 최소간격에 미달되는 경우가 종종 발생한다.

(2) 「독일 RAL-K-2(1976)」에서는 인터체인지 간격이 미달되는 경우, 교차로 간 최소간격을 아래 표와 같이 정하며, 교차로 간 최소간격이 이 표 값에 미달할 때는 다음 그림과 같은 연결로 접속형식에 따라 설계한다.

[교차로 간 최소간격 기준(독일)]

교차로 형태	단위	조건 : 예고 문형표지가 1개일 때
인터체인지	m	600+LE+LA

주 1) LE : 유입연결로의 접속부 길이(가속차로 1차로 250m, 2차로 500m)
　　2) LA : 유출연결로의 접속부 길이(감속차로 1차로 250m, 2차로 500m)

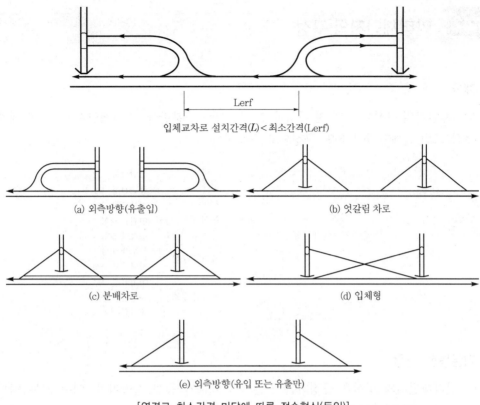

입체교차로 설치간격(L) < 최소간격(Lerf)

(a) 외측방향(유출입) (b) 엇갈림 차로

(c) 분배차로 (d) 입체형

(e) 외측방향(유입 또는 유출만)

[연결로 최소간격 미달에 따른 접속형식(독일)]

Ⅲ 맺음말

1. 노선 선정계획과 같이 인터체인지 계획에서도 우선 개략적인 위치를 선정하고, 이를 세부적으로 검토·수정을 거쳐 가장 적절한 계획에 접근시킨다.

2. 최초 단계는 '인터체인지의 일반적 배치기준'에 따라 어느 도시(혹은 도로)와의 교점에 설치할지를 고찰하고, 다음 단계에서 구체적 위치선정을 검토한다.[41]

---

41) 국토교통부, '입체교차로 설계지침', 2015, pp.36~49.

3.42 인터체인지의 구성

1. 개요

인터체인지의 구성은 크게 선 구성과 면 구성으로 구분한다. 인터체인지의 계획단계에서 선 구성으로, 설계단계에서 면 구성으로 구분한다.

2. 기본동선 결합

(1) 인터체인지의 형식을 규정하는 기본적인 요소가 동선 결합이며, 이는 기본동선 결합, 연결로 결합, 접속단 결합으로 구분한다.

[기본동선 결합의 분류]

구분	바깥쪽	안쪽	주동선	부동선	바깥쪽	안쪽
			상호		교차	
유출	D-1	D-2	D-3a	D-3b		
유입	M-1	M-2	M-3a	M-3b		
엇갈림	W-1	W-2	W-3a	W-3b	W-4a	W-4b
교차	C-1	C-2	C-3a	C-3b		

(2) 기본동선 결합은 2개 교통류의 상호 결합관계를 나타내는 유출(분류, Diverging), 유입(합류, Merging), 엇갈림(Weaving), 교차(Crossing) 4가지가 있다.

(3) 기본동선 결합을 인터체인지의 교통운용의 특성을 나타내기 위해, 본선[주동선(主動線)]과 연결로[부동선(副動線)]의 상호관계에 의해 분류하면 위의 표와 같다.

(4) 기본동선 결합의 유출관계는 일반적으로 바깥쪽, 안쪽, 상호 3종류가 있다. 다만, 엇갈림에는 교차 엇갈림까지 4종류가 있는데, 엇갈림 현상은 2개 동선결합 관계뿐만 아니라, 그 양측 관계가 추가되기 때문이다.

3. 연결로 결합

(1) 연결로란 차량이 진행경로를 바꾸어 좌·우회전을 할 수 있도록 본선과 분리하여 설치하는 도로로서, 본선과 본선 또는 본선과 접속도로 간을 이어준다.

[연결로의 형식과 특징]

구분		연결방식	특징
우회전	우직결 연결로 SS	본선 차도 우측에서 유출한 후 약 90° 우회전하여 교차도로 우측에 유입	• 우회전 연결로 기본형식으로, 기본형식 이외의 변형에는 거의 사용되지 않음
좌회전	준직결 연결로 SS SD	본선 차도 우측에서 유출한 후 완만하게 좌측으로 방향을 전환하여 좌회전	• 주행궤적이 목적방향과 크게 어긋나지 않아 비교적 큰 평면선형을 취할 수 있음 • 입체교차 구조물이 필요 • 우측유출이 원칙인 고속도로에 주로 사용
	좌직결 연결로 DS DD	본선 차도의 좌측에서 직접 유출하여 좌회전	• 고속인 좌측 차로에서 유출입하므로 위험 • 본선 차도 좌우에 연결로가 교대로 존재하면 엇갈림 발생 • 좌회전 교통을 대량 고속 처리해야 되는 분기점(JCT)에 적용
	Loop 연결로 L	본선 차도의 우측에서 유출한 후 270° 우회전하여 교차도로 우측(특별한 경우 좌측)에 유입	• 새로운 입체교차 구조물을 설치하지 않고 접속이 가능 • 원곡선반경에 제약이 있으므로 주행 시 속도 저하 • 진행방향에 대한 주행궤적이 부자연스러워 운전자의 혼돈 우려 있음 • 용량이 작으므로 교통량이 적은 곳에 적합한 형식

주) S는 진행방향의 우측에, D는 진행방향의 좌측에 유·출입부가 있는 경우이다.

(2) 연결로의 기본형에는 좌회전 동선에 대응하는 좌회전 연결로와 우회전 동선에 대응하는 우회전 연결로가 있다.

(3) 우회전 연결로는 외측 직결로(Outer Connection) 이외는 사용되지 않으며, 좌회전 연결로는 5가지의 형식이 있다.

(4) 좌회전 연결로에 5가지 형식을 위 표와 같이 대향 사분법에 점대칭이 되도록 배치하면 기본연결로 형식마다 2가지의 조합이 생긴다.

- 안쪽에서 회전은 서로 마주보는 연결로의 교통동선이 교차하지 않는 형식
- 바깥쪽에서 회전은 서로 마주보는 연결로의 교통동선이 교차하는 형식
- 다만, 루프 연결로는 교통동선이 서로 교차하므로 바깥쪽 회전 1가지 형식

4. 접속단 결합

(1) 기본동선 결합은 연결로의 형식과 배치방식에 따라 여러 조합이 생기는데, 이때 두 접속단의 상호 관계를 표현하는 것이 접속단 결합이다.

[접속단 결합의 분류]

구분	1	2	3	4
연속유출 DD				
연속유입 MM				
유입·유출 MD				
유출·유입 DM				

주) W는 엇갈림, (W)는 엇갈림이 생길 수 있음, M은 유입, D는 유출을 의미한다.

(2) 접속단은 유출(Diverging)과 유입(Merging)의 조합이므로 연속유출(DD), 연속유입(MM), 유입·유출(MD), 유출·유입(DM) 등의 4가지 조합이 있다.

(3) 우회전의 유입은 모두 오른쪽에서 하고, 좌회전의 유입은 좌우에서 모두 유입할 수 있도록 하면 위 표와 같이 16가지 조합으로 유출된다.

① 연속 유출(DD)
- 우측유출 2곳 방식(DD-1) : 출구가 모두 우측에 있고, 2개의 유출단 간의 거리도 충분히 확보할 수 있어 좌우유출보다 약간 우수하다. 대표적으로 루프 연결로 형식이다.
- 우측유출 1곳 방식(DD-1) : 고속 주행 본선에서 운전자가 한 번에 결정하고 두 번째는 저속 주행 연결로에서 결정하므로 바람직하다. 대표적으로 준직결 연결로 형식이다.

② 연속 유입(MM)
- 본선으로의 연속유입은 운전자의 결정은 없고 안전성만이 문제가 되므로 유출보다 중요하지 않다.
- 좌우유입은 사고위험이 높으므로 우측유입 1곳 방식(MM-2)이 가장 좋다.

③ 유출·유입(DM)과 유입·유출(MD)
유출지점이 유입지점보다 전방에 설치되는 유출·유입(DM)이 유입지점이 유출지점보다 전방에 설치되는 유입·유출(MD)보다 엇갈림을 최소화할 수 있어, 교통용량 측면에서 우수하다.

5. 맺음말

(1) 인터체인지 형식의 우열을 판단할 때 접속단 결합은 연결로 배치에 의해서 결정되므로, 접속단 결합의 좋고 나쁨이 비교의 대상이 된다. 이와 같은 교차동선의 3차원적 결합관계가 정해지면 하나의 인터체인지 형식이 결정된다.

(2) 인터체인지를 계획·설계할 때는 교차접속하는 도로 상호의 구분, 교통량과 도로교통용량, 계획지점 부근의 지형·지장물현황, 전체적인 지역계획, 토지이용계획 등의 장래계획, 건설·관리에 소요되는 비용의 경제성, 교통운용상의 안전성, 편익 등의 제반 조건을 충분히 고려하여 가장 적절한 형식을 선정해야 한다.[42]

---

42) 국토교통부, '입체교차로 설계지침', 2015, pp.50~57.

3.43 인터체인지의 형식과 적용

분기형 다이아몬드교차로, 불완전 클로버 입체교차, 트럼펫형(3갈래교차)의 루프형식 [3, 6]

I 개요

1. 인터체인지의 형식은 크게 불완전 입체교차와 완전 입체교차로 구분할 수 있다.
2. 불완전 입체교차 형식은 매우 다양한 형식이 있으나, 대표적인 것이 다이아몬드형, 불완전 클로버형, 트럼펫형(네 갈래 교차) 등이다.
3. 완전 입체교차 형식은 평면교차를 포함하지 않고, 각 연결로가 독립된 형식으로 직결형, 준직결형(세 갈래 교차), 트럼펫형(세 갈래 교차) 등이다.

II 불완전입체교차

1. 다이아몬드(Diamond) 형식

(1) **형식** : 4갈래 교차 인터체인지의 대표적인 형식이며, 가장 단순한 형식

① 보통형 : 접속도로에 좌회전을 수반하는 2개의 평면교차가 발생하므로 고도의 신호 처리를 하지 않으면 용량증대 곤란

② 분리형 : 양방통행 또는 일방통행으로 교통량을 분리시키면 용량증대 가능

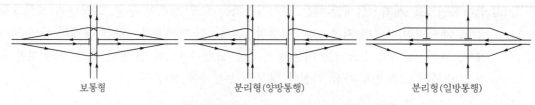

보통형 　　　　분리형(양방통행) 　　　　분리형(일방통행)

[다이아몬드형 불완전 입체교차 형식]

(2) **장점** : 교차구조물이 불필요하여 용지가 적게 소요되고 우회거리도 짧아 경제적 형식

(3) **단점** : 면교차부에서 용량 감소, 요금소가 4개로 분리되어 관리비 증가

(4) **변형 다이아몬드형 적용 고려사항**

① U-turn을 갖는 변형 다이아몬드형 : 측도를 주행하는 차량군은 교통신호에 따라 4갈래 교통흐름으로 나뉘는데, 반대편 측도를 통해 원활한 U-turn 가능

② 관리비 절감을 도모한 다이아몬드형 : 횡단구조물이 2개소로 증가되지만, 고가구간에서는 새로운 교차구조물을 추가하지 않아도 간단히 설치 가능

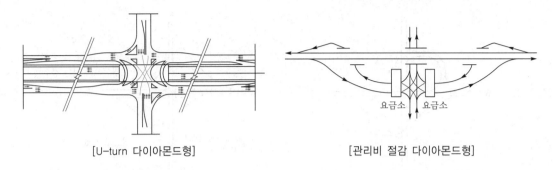

[U-turn 다이아몬드형]　　　　　[관리비 절감 다이아몬드형]

2. 불완전 클로버(Partial cloverleaf) 형식

(1) **형식** : 4갈래 교차로에서 가끔 사용되는 형식으로, 연결로(W-E 상급 통과도로, N-S 교차 접속도로) 배치방식에 따라 3가지로 구분

　① A형 : 대각선 배치, 통과도로 유출입구가 교차도로 전방에 위치

　② B형 : 대각선 배치, 통과도로 유출입구가 교차도로 후방에 위치

　③ AB형 : 대칭 배치, 한쪽 방향으로 교통량이 많을 때 연결로를 한쪽에 배치하면 평면 교차부를 횡단하지 않고 처리 가능

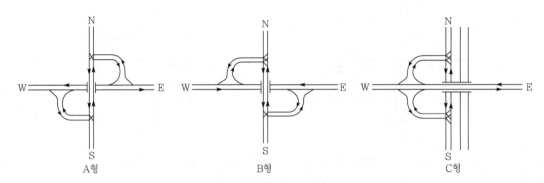

[우회전 연결로가 일부 없는 불완전 클로버 형식]

(2) **장점** : 좌회전 교통동선을 우회전으로 변화시키면 평면교차부의 용량 증대, 단계건설에 서 완전클로버형 인터체인지로 개량하면 용량 증대

(3) **단점** : 고속국도와 일반도로의 교통량이 방향별로 명확히 분리되는 경우, 요금소를 2곳 에 설치해야 하므로 운영경비가 추가 소요

(4) A형과 B형 모두 평면교차를 줄이기 위해 우회전 연결로를 부가하여 4방향 모두를 사용 할 수 있는 클로버형식도 가능

　① A형 : N-W 간 또는 S-E 간의 교통량이 많고 교차도로의 교통량이 적은 경우에 적용 되며, 교차도로의 교통량이 많으면 직결로 설치하여 해결 가능

　② B형 : N-E 간 또는 S-W 간의 교통량이 많을 때에 채택하면 적합

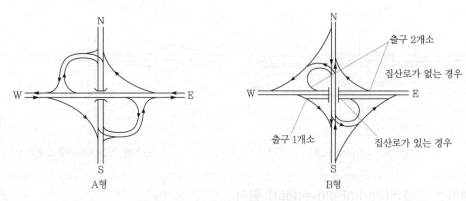

[우회전 연결로가 있는 불완전 클로버형식]

(5) 유료도로에 불완전 클로버형 인터체인지를 설치하는 경우, 요금소의 설치위치는 교통량, 지형·지물 조건을 고려하여 적정한 곳에 선정

예를 들면, 아래 (a)와 같은 방향별 교통량의 조건에서 요금소의 설치위치를 (b)와 같이 선정하면 교통흐름을 감안할 때 가장 유리하게 운영 가능

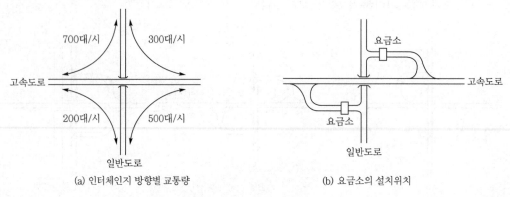

(a) 인터체인지 방향별 교통량   (b) 요금소의 설치위치

[요금소의 설치위치 결정]

(6) 불완전 클로버형식의 또 하나의 이점은 향후 버스정류장 및 주차장을 인터체인지로 개축할 때, 단계건설계획에 따라 인터체인지를 용이하게 설치 가능

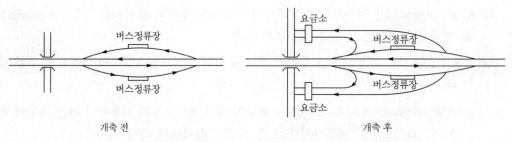

개축 전   개축 후

[향후 버스정류장을 인터체인지로 개축하는 단계건설]

3. 트럼펫(Trumpet)형

(1) 4갈래교차에 적용되는 그림 (a) 트럼펫형 인터체인지는 고규격 도로를 완전입체 3갈래 교차 형식으로 하고 저규격 도로는 평면교차로 처리한다.

(2) 3갈래교차에 적용되는 그림 (b) 트럼펫형 인터체인지는 구도로 일부를 개량하여 직결 Y 형을 채택하는 것이 바람직하다.

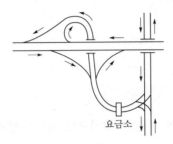 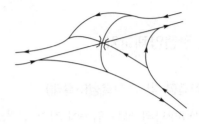

(a) 트럼펫형 입체교차(4갈래)   (b) 직결 Y형 입체교차(3갈래)

4. 준직결+평면교차형

(1) 연결로의 교통량이 적을 때에는 준직결 연결로를 상호 평면교차로 하는 형식(3갈래 다이아몬드형)으로 할 경우가 있다.

(2) 출입교통량이 적은 일반도로의 인터체인지에 적용 가능하지만, 평면교차부가 연결로 경사부의 직후에 위치하여 위험하므로 안전대책을 보완해야 한다.

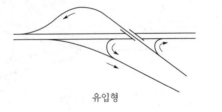 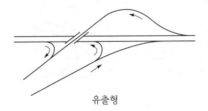

유입형   유출형

[본선에서 평면교차를 허용한 입체교차(3갈래)]

3. 로터리(Rotary)형 입체교차

(1) 로터리형은 평면교차 없이 연결로를 전부 독립시키지 않고 2개 이상의 차도(통과차도 또는 연결로)가 부분적으로 겹쳐서 엇갈림이 수반되는 입체교차이다.

(2) 5갈래 이상의 교차에서 2개 이상의 교차로로 처리하여 1개소에 4갈래 이상이 집중되지 않도록 분리 가능하여, 엇갈림이 수반되는 로터리형을 채택하기도 한다.

(3) 하지만 5갈래 이상의 교차에서 로터리형 인터체인지는 교통동선이 많아지고 복잡해지므로 일반적으로 적용하지 않는다. 즉, 엇갈림 구간을 길게 설치하는 것은 곤란하므로 교통량이 적은 경우가 아니면 거의 적용되지 않는다.

[로터리형 입체교차]

Ⅲ 완전입체교차

1. 직결형 및 준직결형(3갈래)

(1) 3방향의 모든 접속에 직결 연결로를 사용하여 구성된 형식으로 직결 Y형이라고 하며, 통상 고규격 고속도로 상호 접속되는 분기점(Junction)에 설치한다.

(2) 각 분기 상호 간의 거리를 상당하게 확보하는 조건에서는 그림 (a)와 같이 차도의 교차가 분산되는 3개의 2층 입체교차형식을 채택한다.

반면, 지형이나 용지 제약 때문에 규모를 작게 통합해야 할 경우에는 그림 (b)와 같이 교차로를 하나로 통합하여 3층 입체교차형식을 채택한다.

(3) 직결형은 좌측에서 직접 분기되어 왕복 차도를 넓게 분리하여 용지가 과다하게 소요되므로, 본선과 인터체인지를 일체로 설계하는 분기점(Junction)에 적용된다.

(a) 2층 구조 (b) 3층구조

[직결 Y형 완전입체교차(3갈래)]

(4) 고속국도와 일반도로와의 인터체인지에 사용되는 준직결 Y형은 선형을 크게 배치할 수 있는 조건에서는 그림 (a)와 같이 3개의 2층 구조물로 설계할 수도 있다.

(5) 준직결 Y형은 직결 Y형에 비해 주행성은 다소 떨어져도 왕복 차도를 넓게 분리하지 않아도 된다. 루프 연결로를 사용하지 않는 Y형에는 평면선형보다 종단선형의 제약, 즉 입체교차를 위한 고저 차이에 의해 형식이 결정된다.

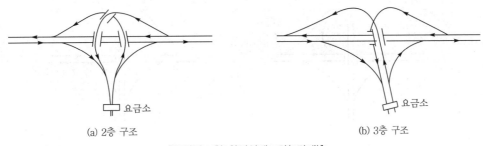

(a) 2층 구조   요금소   (b) 3층 구조   요금소

[준직결 Y형 완전입체교차(3갈래)]

2. 직결형(4갈래)

고속국도 상호 간의 십자형 접속에는 클로버 보통형, 터빈형 및 분리 터빈형이 있다.
1개 이상의 직결 또는 준직결 연결로가 설치되는 직결형으로, 좌회전 교통을 위해 곡선을
원활하게 처리해야 하므로 공사비가 증대된다.

보통형   터빈형   분리 터빈형

[준직결 Y형 완전입체교차(3갈래)]

3. 트럼펫형(3갈래)

(1) 트럼펫형은 3갈래 인터체인지의 대표적인 형식이지만, 국내에서 고속도로 상호 간에
접속되는 분기점(Junction)에는 설치하지 않는다.
그 이유는 루프 연결로에서 50km/h 이상의 높은 설계속도를 적용하는 것은 국내에서
용지매입, 지형조건을 고려할 때 곤란하기 때문이다.

(2) A형과 B형 모두 루프 연결로에서 설계속도는 50km/h가 이상적이지만, 국내에서는 통
상 40km/h를 적용한다.

A형 : 루프를 교차구조물 전방에 설치하여 유입연결로로 사용
B형 : 루프를 교차구조물 후방에 설치하여 유출연결로로 사용

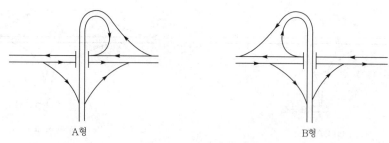

[트럼펫형 완전입체교차(3갈래)]

(3) 트럼펫형 적용 고려사항

① 교통량이 적은 쪽의 연결로에 루프를 사용하는 것이 교통용량 측면에서 유리하다.

② A형은 루프와 준직결 연결로 간의 교통량에 큰 차이가 없는 경우에 적용한다. 이때 준직결 연결로에서 본선 노즈 부근의 곡선반경을 가능하면 크게 설치한다.

③ B형은 루프가 유출연결로가 되므로 본선에서 루프 전체가 잘 보이도록 설계한다. 특히, 본선이 밑에 있고 루프가 상향 경사일 때 루프가 교대 뒤에 있어 시거가 불량하므로 배치에 유의해야 한다.

(4) 한쪽으로 치우친 교차(Skewed crossing) 적용

① 트럼펫형에서 루프를 본선에 직각으로 교차시키면, 루프의 곡선반경이 급격하게 설치되는 문제점이 있다.

② 루프를 본선에 경사지게 교차시키면 많은 좌회전 교통량에 대하여 곡선반경을 보다 완만하게 제공하는 장점이 있다.

모든 좌회전 교통에 대하여 회전각도가 작아지고, 주행거리가 짧아진다.

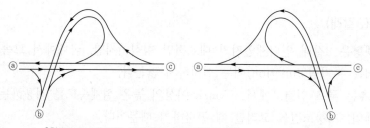

[한쪽으로 치우친 트럼펫형 완전입체교차(Skewed crossing)]

(5) 장래 완전클로버형 확장계획 적용성 검토

① 트럼펫형은 모든 좌회전에 루프를 적용하고 엇갈림이 발생하므로 좋은 설계는 아니지만, 장래 완전클로버형으로 확장할 때 단계건설에 적용할 수 있다.

② 3갈래 입체교차는 장래에 확장하거나 변형이 어려우므로, 4갈래 입체교차로 확장할 수 있도록 미리 용지를 확보할 필요가 있다.

③ 3갈래교차에서 4갈래교차의 확장하려는 경우, 입체교차 지점을 하나의 결절점으로 보고, 주변 도로망 체계와의 전반적인 결절점 처리가 필요하다.

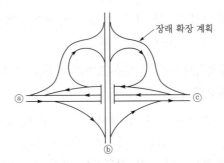

[장래 완전클로버형 확장계획]

4. 클로버형(4갈래)

(1) 클로버형은 4갈래교차로서 평면교차 없는 완전입체 기본형으로, 대칭 형식의 입체구조물 1개로 설치할 수 있는 장점이 있다. 반면, 다음과 같은 단점도 있다.

① 좌회전 차량이 루프 연결로에서 270° 회전하므로 평면곡선반경 크기 제한
② 인접한 2개의 루프 연결로 간에 엇갈림이 생겨 용량과 안전 측면에서 불리

(2) 클로버형의 인접한 2개 루프 간에 엇갈림 교통량이 1,000대/시를 초과하면, 유입연결로에서 교통상태가 급격히 악화되는 문제가 발생되므로, 이를 해결하기 위해 집산로(Collector-distribution road)를 설치해야 한다.

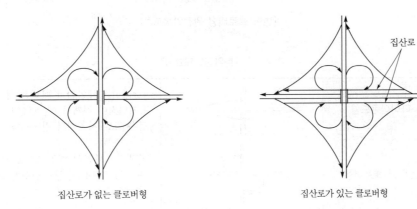

집산로가 없는 클로버형   집산로가 있는 클로버형

[클로버형 완전입체교차]

(3) 루프 연결로에서 설계속도와 이동거리, 운행시간의 관계는 다음과 같다.

① 설계속도가 10km/h 증가하면 이동거리 50% 증가, 운행시간 20~30%(약 7초) 증가, 용지면적 130% 증가
  • 설계속도 30km/h(R=27m)인 루프에서 이동거리는 200m
  • 설계속도 40km/h(R=50m)인 루프에서 이동거리는 300m
  • 설계속도 50km/h(R=80m)인 루프에서 이동거리는 500m

② 설계속도 증가의 이점은 이동거리, 운행시간, 용지면적 증가로 상쇄되므로 루프 연결로의 최소크기는 30~70m가 적당하다.

(4) 루프 연결로에서 설계속도와의 관계를 고려하여 루프 직결형, 변형 클로버형 등의 완전 입체교차 형식이 필요하다.

① 루프 반경이 커지면 이동거리, 운행시간, 용지면적, 건설비용 등이 증가하므로 루프 직결형이나 변형 클로버형을 설치하면 경제적이다.

② 설계속도가 높고 교통량이 많은 경우에도 완전 클로버형 대신 루프 직결형이나 변형 클로버형을 설치하고, 주 방향에 루프 연결로를 설치하면 효과적이다.

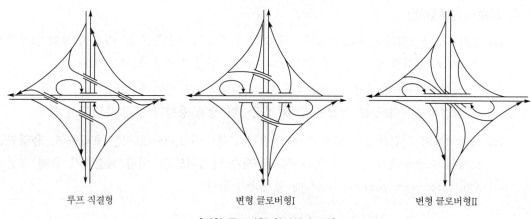

| 루프 직결형 | 변형 클로버형 I | 변형 클로버형 II |

[변형 클로버형 완전입체교차]

[불완전입체교차]

(1) 다이아몬드형		• 4갈래 인터체인지의 대표적 형식 • 용지면적이 적게 들어, 건설비 저렴 • 접속도로에서 2개의 평면교차 발생
(2) 불완전 클로버형		• 연결로가 대각선 대칭형으로 배치 • 통과도로(W−B)의 유출입구가 교차 도로의 전방에 위치
(3) 트럼펫(Trumpet)형		• 고규격 도로에는 완전입체 3갈래 적용 • 고규격 도로가 저규격 도로와 교차 시 4갈래 적용 가능
(4) 준직결+평면교차형		• 도시지역에서 우회도로 분기점에 적용 • 준직결 연결로를 유입 측에 사용하면 주 도로에 평면 좌회전이 발생

[완전입체교차]

(1) 직결Y형(3갈래)		• 3갈래 모든 접속에 직결 연결로 사용 • 고속도로 상호 간의 분기점(Jct) • 좌측에서 직접 분기, 용지 많이 소요
(2) 준직결Y형(3갈래)		• 준직결 연결로를 사용 • 고속도로와 일반도로의 연결(IC) • 지형 제약을 받으면 3층 구조를 사용
(3) 직결형(4갈래)		• 1개 이상의 직결 연결로를 사용 • 고속도로 상호 간 분기점(Jct)을 연결 • 공사비 크게 증가, 교통량 검토 필요
(4) 트럼펫A형(3갈래)		• 주 교통량은 ⓐ ↔ ⓒ 방향 • Loop를 교차구조물 전방에 설치하여 유입 연결로로 사용
(5) 트럼펫B형(3갈래)		• 주 교통량은 ⓑ ↔ ⓒ 방향 • Loop를 교차구조물 후방에 설치하여 유출 연결로로 사용
(6) 클로버형(4갈래)		• 평면교차 없는 완전입체교차 기본형 • 대칭형 입체구조물 1개로 구성 • 인접한 2개의 루프 간에 엇갈림 발생

[완전입체교차 사례]

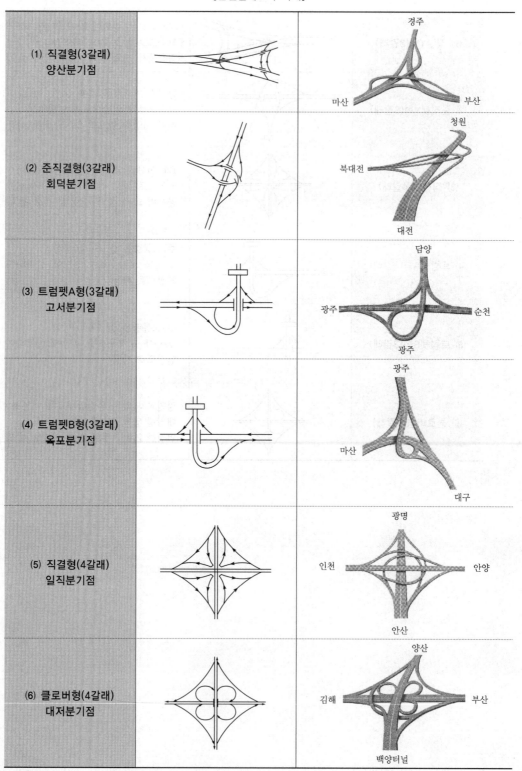

(1) 직결형(3갈래) 양산분기점		
(2) 준직결형(3갈래) 회덕분기점		
(3) 트럼펫A형(3갈래) 고서분기점		
(4) 트럼펫B형(3갈래) 옥포분기전		
(5) 직결형(4갈래) 일직분기점		
(6) 클로버형(4갈래) 대저분기점		

3.44 인터체인지 구조의 개선방안

클로버형 인터체인지 개선방안, 다이아몬드형 인터체인지 교통처리 방안 [0, 2]

1. 다이아몬드 인터체인지의 평면교차 지점의 개선

(1) **문제점** : 다이아몬드형은 교통량이 적을 경우에 적용하며, 형식이 단순하고 편입용지가 적어 경제적이지만, 2개소 평면교차에서 오인진입 문제점이 있다.

(2) **개선효과**

① 평면교차 지점을 1점 교차 다이아몬드형으로 개선하면, 도시부에서 신호처리에 유리하고 좌회전 곡선반경이 커지므로 주행 안전성이 확보된다.

② 다만, 시거 확보를 위해 장경간의 교량이 필요하여 공사비가 증액된다.

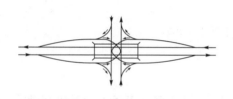 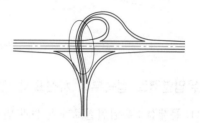

[다이아몬드 인터체인지 개선]   [트럼펫 인터체인지 개선]

2. 불완전 클로버 인터체인지의 연결로에 물방울 교통섬을 설치

(1) **문제** : 교차로에서 대형자동차가 좌회전 시 대향차로를 침범하고, 야간에는 인식이 어려워 차로를 벗어나는 경우가 있어 위험하다.

(2) **개선효과**

① 교차로의 부도로에 큰 물방울 교통섬을 설치하여 좌회전의 안전성을 확보하고, 우회전교통을 위한 삼각형 교통섬을 최소화하여 설치한다.

② 부도로에서 좌회전 차량이 대기위치를 정확히 인지하여, 교차로에 진입할 때 속도를 안전하게 제어하고 대향차로 침범 위험이 방지된다.

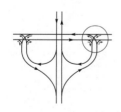 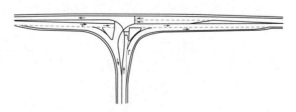

[큰 물방울 교통섬]

3. 유출연결로 접속부에 복귀 테이퍼(nose offset) 설치

(1) **문제점** : 유출연결로에서 오인진출 차량이 본선으로 복귀하는 경우, 무리한 후진을 하여 교통사고가 발생한다.

(2) **개선효과**

① 유입연결로의 가속차로와 유출연결로의 감속차로를 연결하여 부가차로를 설치하는 경우, 유출부 Nose를 이격시키는 복귀 테이퍼(recover taper)를 설치한다.

② 진출부의 Nose를 이격(offset)시켜 복귀 테이퍼(recover taper)를 설치하면, 오인진입 차량이 본선에 안전하게 복귀 가능하다.

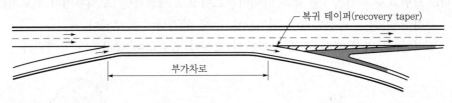

[유출연결로의 복귀 테이퍼]

4. 유입연결로 접속부에 차선표시 생략

(1) **문제점** : 유입연결로가 본선과 만나는 부분에서 차로폭이 표준 차로폭에 미달되는 테이퍼 부분에도 차선표시를 하고 있어, 유입연결로의 끝단에서 본선으로 합류 시 위험하다.

(2) **개선효과** : 유입연결로의 끝단에서 차로폭이 미달되는 테이퍼 부분에는 차선표시를 생략

(3) **효과** : 본선 주행차량이 유입차량과 차로를 공유한다는 인식을 갖게 하여 자연스러운 양보를 유도하여, 안전성을 확보

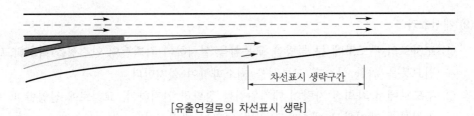

[유출연결로의 차선표시 생략]

3.45 Hi-pass 전용 IC, 스마트 IC

스마트 IC, Hi-pass 전용 인터체인지의 형식 선정 [1, 2]

1. 하이패스 전용 IC

(1) 하이패스(hi-pass)는 대한민국의 고속도로와 유료도로의 통행료를 정차할 필요 없이 무선 통신으로 지불할 수 있도록 하는 시스템을 총칭한다.

하이패스는 차량 단말기와 요금소 설비 간의 근거리 전용 통신(DSRC, Dedicated Short-Range Communication)을 사용하여 통행료를 자동정산하는 시스템이다.

(2) 하이패스 전용 IC는 고속도로 내의 기존 시설(휴게소, 버스정차대 등)을 활용하기 위하여 하이패스 전용 IC를 통해 진·출입할 수 있도록 설치된 간이 나들목이다.

하이패스 전용 IC는 기존 시설을 이용하기 때문에 고속도로 본선 소통에 영향이 적고, 저렴한 비용으로 설치할 수 있어 접근성을 획기적으로 개선 가능하다.

(3) 고속도로 정규 IC는 부지 확보가 어렵고 많은 공사비가 소요되며, 본선교통과의 상충, 도로 기하구조 제한 등의 이유로 추가 설치에 제약이 많다.43)

[하이패스 전용 IC 전경]

[하이패스 차량 단말기]

[하이패스 전용 IC 개요도]

---

43) 국토교통부, '국내 첫 하이패스 전용 나들목 개통', 2011.12.26.

2. 스마트 IC

(1) 개요

① 스마트 IC(Smart Interchange)는 ETC 전용 IC로서, ETC단말기를 탑재·등록한 차량이 유효한 ETC카드를 소지해야만 진·출입 가능한 나들목을 말한다.

② 스마트 IC는 차단기 앞에 차량이 접근하여 일단정지하면, 통신이 완료되고 차단기가 열리는 시스템이므로 서행 접근해야 한다. 일단정지해도 차단기가 올라가지 않는 경우에는 통신개시 버튼을 눌러야 한다.

(2) 이용방법

① 스마트 IC는 차단기 앞에서 일단정지한 후 통신이 완료되면 차단기가 열리는 시스템이므로, 논스톱으로 통행할 수는 없다.

② 스마트 IC는 ETC 전용 IC이므로 ETC 외의 지불방법(현금, 신용카드, 하이웨이 카드 등)으로는 이용할 수 없다.

③ 스마트 IC는 이용증명서(영수증)를 직접 발급하지 않으므로, 필요한 경우 인터넷 ETC 이용조회서비스를 통해 발급받아야 한다.

(3) 일본 비상대책 겸용 사례

① 일본에서는 무인 운영 스마트 IC를 고속도로 휴게소 내에 설치하거나, 인접 도로와 직접 연결통로를 설치하여 비상재해 대피로 겸용으로 활용하고 있다.

② 정규 IC에 비해 스마트 IC는 설치비용이 저렴하고 무인 운영 ETC를 설치하여 통행시간 단축, 본선 혼잡완화, 재난 긴급대피 등의 효과를 거두고 있다.

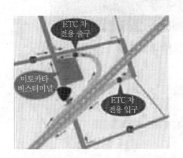 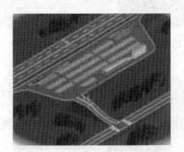 

[일본 조반(上磐)자동차전용도로 미토키마(水戸北) 스마트 IC]

(4) 기대효과

① 국내에서도 주행 중 지진발생 등의 재해상황에서 긴급하게 재해현장을 빠져나갈 수 있도록 Hi-pass와 같은 무인첨단통행시스템을 적극 활용할 필요가 있다.

② 고속도로 휴게소에 Hi-pass 창착 차량만 이용할 수 있는 무인 통행료징수 요금소를 운영하고, 연결도로를 정비하여 재난대피용으로 도입할 필요가 있다.

3.46 연결로 유출·입부의 차로수 균형

연결로 유·출입부에서 차로수 균형(Lane Balance) 기본원칙, 좌회전 연결로 입체교차 형식 [4, 5]

I 입체교차 연결로에서 유출·입 유형의 일관성

1. 일관성 장점

(1) 차로변경을 줄일 수 있어, 직진과 좌·우회전 교통 간의 마찰을 줄인다.

(2) 도로표지를 단순하게 설치하여, 운전자의 혼란을 줄인다.

(3) 운전자가 주행 중 정보탐색 필요성을 감소시켜, 안전운행이 가능하다.

2. 일관성 형태

(1) 유출·입 일관성이 없는 형태

① 지점 A는 유출부가 구조물 전에 있고, 지점 B, C, E는 구조물 후에 있다.

② 지점 A, B, C, E는 우측 유출이고, 지점 D는 좌측 유출이다.

(a) 유출·입 일관성이 없는 형태

(2) 유출·입 일관성이 있는 형태

일관성 있는 설계를 위하여 모든 유출이 구조물 전방과 우측에 있도록, 2점 분기보다 1점 분기(one point diversion) 형태의 집산 연결로를 도입했다.

(b) 유출·입 일관성이 있는 형태 ·

[입체교차 연결로에서 유출·입 일관성 형태]

Ⅱ 일관성 유지를 위한 기본차로수 균형 원칙

1. 기본차로수(Basic Number of Lanes) 의미

(1) 기본차로수는 교통량의 과소에 관계없이 도로의 상당한 거리에 걸쳐 유지되어야 할 최소 차로수이다. 부가차로는 기본차로수에 포함되지 않는다.

(2) 기본차로수가 해당 도로를 이용하는 교통량보다 부족한 경우에 교통정체를 초래하며, 특히 고속도로에서는 추돌사고 원인이 된다.

(3) 기본차로수는 설계교통량, 도로용량 및 서비스수준에 의해 결정되는데, 기본차로수가 결정되면 해당 도로와 연결로 사이에 차로수 균형이 이루어져야 한다.

2. 차로수 균형(Lane Balance) 필요성

(1) 엇갈림 구간에서 차로변경 횟수를 최소화한다.

(2) 연결로 유출입부에서 차로를 균형있게 제공한다.

(3) 도로의 구조적인 용량감소 요인을 제거한다.

3. 차로수 균형(Lane Balance) 원칙

(1) 차로의 증감은 방향별로 한 번에 한 개의 차로만 증감해야 한다.

(2) 도로의 유출 시에는 유출 후의 차로수 합이 유출 전의 차로수보다 한 개의 차로가 많아야 한다.

- 다만, 지형상황 등으로 부득이하다고 인정되는 경우에는 유출 전·후의 차로수를 같게 할 수 있다.
  유출 전 차로수≥(유출 후 차로수의 합−1)
  유출 전 $N_C \geq N_E + N_F - 1$

(3) 도로의 유입 시에는 유입 후의 차로수가 유입 전의 차로수 합과 같아야 한다.

- 다만, 지형상황 등으로 부득이하다고 인정되는 경우에는 유입 후의 차로수가 유입 전의 차로수의 합보다 한 개의 차로가 적게 할 수 있다.
  유입 후 차로수≥(유입 전 차로수의 합−1)
  유입 후 $N_C \geq N_E + N_F - 1$

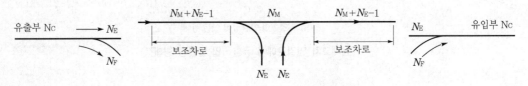

[유·출입부 차로수의 균형배분]

4. 차로수 균형 원칙은 엇갈림 구간에서 엇갈림에 필요한 차로변경을 최소화하고, 연결로 유출입부에서 차로수 균형을 유지하여 용량감소 요인을 제거하는 설계개념이다.

문제 1

기본차로수가 편도 4차로인 다음과 같은 고속도로가 있다. 차로수의 균형원칙(land balance)에 따른 문제점을 설명하고 개선안을 sketch design 하시오.

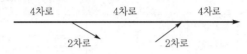

해설 (1) 차로수 균형의 기본원칙

차로수는 방향별로 한 번에 한 개의 차로만 증감해야 한다.

분류부＝분류 전 차로수≥(분류 후 전체 차로수−1)

합류부＝합류 후 차로수≥(합류 전 전체 차로수−1)

주어진 편도 4차로에서 차로수 균형 검토 결과

기본차로수 원칙(4차로)은 지켜지나, 차로수 균형이 부적절한 상태이다.

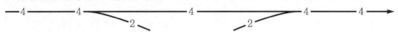

① 분류부

분류 전 차로수 : 4차로

분류 후 차로수 : 4＋2＝6차로

분류 전 차로수가 분류 후 전체 차로수보다 2개 차로 부족하다.

② 합류부

합류 후 차로수 : 4차로

합류 전 차로수 : 4＋2＝6차로

합류 후 차로수가 합류 전 전체 차로수보다 2개 차로 부족하다.

개선방안 : 기본차로수 원칙과 차로수 균형에 맞도록 개선한다.

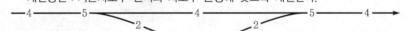

분류부＝분류 전 차로수≥(분류 후 전체 차로수−1)

= 5≥6−1 ∴ O.K

합류부＝합류 후 차로수≥(합류 전 전체 차로수−1)

= 5≥6−1 ∴ O.K

Ⅲ 연결로의 설계

1. 연결로의 설계속도

(1) 연결로의 실제 주행속도는 선형에 따라 변하므로 다음 표의 설계속도를 기준으로 편경사 기하구조를 설계하도록 규정되어 있다.

(2) 본선 분류단 부근에서는 주행속도 변화에 적합한 완화구간을 설치하여 운전자가 주행속도를 자연스럽게 바꿀 수 있도록 한다.

[연결로의 설계속도]

단위 : km/h

상급도로 하급도로	120	110	100	90	80	70	60	50이하
120	80-50							
110	80-50	80-50						
100	70-50	70-50	70-50					
90	70-50	70-40	70-40	70-40				
80	70-40	70-40	60-40	60-40	60-40			
70	70-40	60-40	60-40	60-40	60-40	60-40		
60	60-40	60-40	60-40	60-40	60-30	50-30	50-30	
50 이하	60-40	60-40	60-40	60-40	60-30	50-30	50-30	40-30

2. 연결로의 횡단구성

(1) 연결로의 차로폭, 길어깨 폭, 중앙분리대 폭은 아래 표의 폭 이상으로 한다.
다만, 교량에서 부득이하면 중앙분리대 폭을 괄호 안의 수치까지 줄일 수 있다.

[연결로의 횡단구성]

횡단면 요소 연결로기준	최소 차로폭 (m)	최소 길어깨 폭(m)					중앙분리대 최소폭 (m)
		1방향 1차로		1방향 2차로	양방향 2차로	가감속 차로	
		오른쪽	왼쪽	오른쪽	왼쪽	오른쪽	
A기준	3.50	2.50	1.50	1.50	2.50	1.50	2.50(2.00)
B기준	3.25	1.50	0.75	0.75	0.75	1.00	2.00(1.50)
C기준	3.25	1.00	0.75	0.50	0.50	1.00	1.50(1.00)
D기준	3.25	1.25	0.50	0.50	0.50	1.00	1.50(1.00)
E기준	3.00	0.75	0.50	0.50	0.50	0.75	1.50(1.00)

① 연결로기준의 정의

A기준 : 길어깨에 대형자동차가 정차한 경우, 세미트레일러가 통과

B기준 : 길어깨에 소형자동차가 정차한 경우, 세미트레일러가 통과

C기준 : 길어깨에 정차한 자동차가 없는 경우, 세미트레일러가 통과

D기준 : 길어깨에 소형자동차가 정차한 경우, 소형자동차가 통과

E기준 : 길어깨에 정차한 자동차가 없는 경우, 소형자동차가 통과

② 도로 등급별 연결로의 적용기준

상급도로의 도로 등급		적용되는 연결로의 기준
고속도로	지방지역	A기준 또는 B기준
	도시지역	B기준 또는 C기준
일반도로		B기준 또는 C기준
소형차도로		D기준 또는 E기준

(2) 연결로 형식은 진출입의 연속성 및 일관성을 유지하기 위하여 오른쪽 진출입을 원칙으로 하며, 연결로의 차로폭 설치 기준은 다음과 같다.

① 도시고속국도에 설치하는 A기준 연결로의 차로폭 : 3.25m

② 중앙분리대와 길어깨 간의 측대폭 : A기준 연결로 0.50m, B 이하 연결로 0.25m

③ 분기점에서 연결로의 차로폭 : 본선 차로폭과 동일

3. 연결로의 시설한계

(1) 연결로의 시설한계는 본선의 시설한계에 따르되, 차도 중 분리대 또는 교통섬에 걸리는 부분은 다음 값을 적용한다.

① H : 일반도로 4.50m, 소형차도로 3.00m

    단, 시설한계는 포장 덧씌우기를 고려하여 0.20m 여유 확보

② h : 일반도로 $H-4.0$m, 소형차도로 $H-2.8$m

③ c : 0.25m

④ d : 교통섬에 걸리는 경우 0.50m, 분리대에 걸리는 경우 다음 값을 적용

- A기준 : 1차로 1.00m, 2차로 0.75m
- B기준 : 1차로 0.75m, 2차로 0.75m
- C기준 : 1차로 0.50m, 2차로 0.50m
- D기준 : 1차로 0.50m, 2차로 0.50m
- E기준 : 1차로 0.50m, 2차로 0.50m

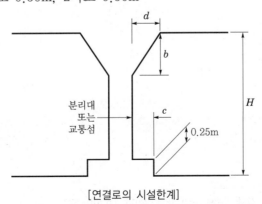

[연결로의 시설한계]

4. 연결로의 평면선형

(1) 연결로에서 속도변화에 원활히 대응할 수 있도록 평면곡선반경을 결정한다.

(2) 인터체인지의 각 연결로에 분포되는 교통량을 고려하여 선형설계를 한다.

(3) 유출연결로는 주행속도에 큰 영향을 받으므로 유입보다 좋은 선형으로 한다.

(4) 연결로 종점, 영업소 상호의 분·합류점 등은 사고위험이 많은 곳이므로 운전자가 식별하기 쉽도록 좋은 선형설계를 한다.

(5) 연결로 종점 및 광장, 일반도로와 접속부에서 횡단구성, 횡단경사, 선형 등이 원활하게 접속되도록 한다.

5. 연결로의 종단선형

(1) 종단곡선 변화비율은 가능하면 크고 여유가 있도록 하되, 유출연결로에서 안전하게 지체하지 않고 나갈 수 있도록 한다.

(2) 유입연결로의 종단선형과 본선의 종단선형과 상당 구간을 평행시켜 본선의 시계(視界)를 충분히 확보한다.

(3) 2개의 종단곡선 사이에 짧은 직선구간의 설치는 회피하고, 2개의 종단곡선을 포함하는 복합된 큰 종단곡선을 사용하여 개량한다.

(4) 종단선형의 설계는 항상 평면선형과 관련시켜 설계하고, 양자를 합성한 입체적인 선형이 양호하도록 설계한다.

(5) 변속차로와 본선의 접속부에서는 항상 횡단형상과 종단형상과의 관련성을 중요시하여 설계한다.[44]

---

44) 국토교통부, '도로의 구조·시설 기준에 관한 규칙', 2015, pp.510~527.

3.47 연결로 접속부 설계

연결로 접속단 간의 거리, 본선과 연결도로의 접속부 설계, 인터체인지의 접속단 결합 [5, 6]

Ⅰ 개요

1. 연결로 접속부(Terminal)란 연결로가 본선과 접속되는 부분을 말하는데, 변속차로, 변이구간(Taper), 본선과의 분·합류단 등을 총칭한다.

2. 연결로 접속부에서 유출·유입, 감속·가속 등이 이루어지므로 본선과 변속차로 선형의 조화, 연결로 접속부의 시인성 및 투시성 확보 등을 고려하여 설계한다.

Ⅱ 유출연결로 및 유입연결로 접속부

1. 유출연결로 접속부

(1) **시인성** : 유출연결로 접속부가 입체교차 교각 뒤에서 갑자기 나타나지 않도록, 운전자가 적어도 500m 전방에서 변이구간 시점을 인식하도록 위치를 선정한다.

(2) **감속차로** : 감속차로는 차량의 주행궤적을 원활히 처리할 수 있는 직접식이 좋으나, 본선의 평면선형이 곡선인 경우에는 평행식도 가능하다.

(3) **유출각** : 통과 자동차가 유출연결로를 본선으로 오인하여 유출하지 않도록 명확히 구별하고, 차량이 자연스러운 궤적으로 나가는 유출각 1/15~1/25로 설계한다.

(4) **옵셋(offset)**

① 옵셋은 본선의 차도단과 분류단 노즈와의 간격이다. 본선 전자가 오인하여 감속차로로 들어와도 되돌아가기 쉽게 본선 차도단에 옵셋을 설치한다.

② 본선으로 쉽게 복귀하도록 연결로 쪽보다 본선 쪽의 옵셋을 크게 설치한다.

(5) **유출 노즈(nose)**

① 유출 노즈는 오인 진출한 차량이 충돌할 수 있으므로, 피해를 줄이기 위해 가급적 뒤로 물려서 설치하되 쉽게 파괴되는 연석을 설치한다.

② 연석은 명확히 식별되고, 그 존재가 쉽게 확인되도록 다른 색깔로 설계한다.

(6) **유출 노즈 끝의 평면곡선반경**

① 고속도로 본선에서 유출연결로로 진출할 때 운전자들이 고속주행의 속도감각을 벗어나지 못하고 높은 속도로 유출단까지 주행하는 경향이 있다.

② 유출 노즈 끝에 반경이 큰 평면곡선을 설치하여 감속 여유구간을 두고, Clothoid parameter는 본선 설계속도에 따라 설치하되, 본선보다 약간 크게 설치한다.

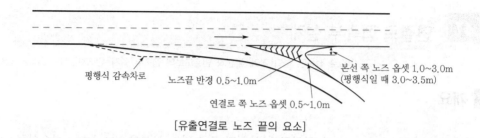

[유출연결로 노즈 끝의 요소]

평행식 감속차로　노즈끝 반경 0.5~1.0m　연결로 쪽 노즈 옵셋 0.5~1.0m

본선 쪽 노즈 옵셋 1.0~3.0m
(평행식일 때 3.0~3.5m)

2. 유입연결로 접속부

(1) **투시성** : 유입단의 직전에서 본선까지는 100m, 연결로까지는 60m 정도를 상호 투시가 가능하도록 모든 장애물을 제거한다.

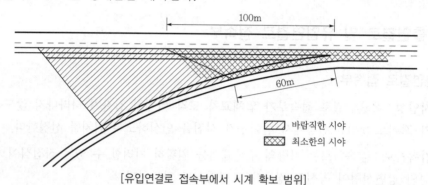

바람직한 시야
최소한의 시야

[유입연결로 접속부에서 시계 확보 범위]

(2) **유입각**

① 유입각을 작게 설치하여 자연스러운 궤적으로 본선에 유입하도록 한다.

② 본선의 교통량이 많을 때는 유입연결로의 가속차로를 길게 설치한다.

(3) **횡단경사** : 연결로와 본선의 횡단경사는 차량이 유입단에 도달하기 훨씬 전에 일치시킨다.

(4) **가속차로**

① 유입단 앞쪽에 가속차로의 존재를 미리 알 수 있도록 도로표지를 설치한다.

② 가속차로는 평행식으로 설치하지만, 본선이 곡선일 때는 직접식으로 설치한다.

(5) **종단경사** : 유입부는 긴 오르막 구간 직전에는 설치하지 않는 것이 용량 측면에서 좋다.

Ⅲ 유출연결로 노즈의 설계기준

1. 노즈부 끝에서의 최소 평면곡선반경

(1) 연결로의 설계속도가 노즈에서의 통과속도보다 큰 경우, 노즈의 통과속도는 연결로의 설계속도로 가정하여 계산한다.

(2) 유출연결로 노즈 끝의 최소 평면곡선반경은 본선 설계속도에 따라 줄인다.

2. 노즈부 부근에서의 완화곡선

(1) 유출연결로 노즈 이후에 완화곡선을 설치할 경우, 곡선반경이 작은 원곡선에서의 원활한 주행을 위해 노즈 통과속도로 3초간 주행할 완화구간을 설치한다.

(2) 3초간 주행할 완화구간은 차선도색 노즈부와 노즈 사이에서 시작하되, 부득이하게 차선도색 노즈 이전에 완화곡선이 시작되는 경우에는 차선도색 노즈부터 완화곡선 시점까지의 길이만큼 감속차로를 연장한다.

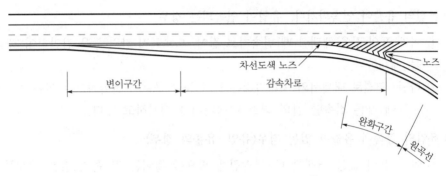

[유출연결로 노즈부 완화곡선 설치위치]

3. 노즈부 부근에서의 종단곡선

노즈 부근의 연결로에서 종단곡선 변화비율과 최소 종단곡선길이는 본선의 설계속도에 따라 아래 표의 값 이상으로 한다.

[유출연결로 노즈 부근에서의 종단곡선]

본선 설계속도(km/h)		120	110	100	90	80	70	60
최소 종단곡선 변화비율(m/%)	볼록형	15	13	10	9	8	6	4
	오목형	15	14	12	11	10	8	6
최소 종단곡선길이(m)		50	48	45	43	40	38	35

Ⅳ 접속단 간의 거리

1. 필요성

(1) 근접한 인터체인지 사이 또는 인터체인지와 분기점 사이에서는 유출과 유입 연결로 또는 연결로 상호 간의 분기단이 근접하게 된다.

연결로의 분기단 간의 거리가 너무 짧으면, 운전자가 진행방향을 판단하는 시간이나 표지판 설치를 위한 최소간격이 부족하여 혼란 초래

(2) 연결로의 합류단이 연속하여 본선에 접속하는 경우, 그 사이에 가속 합류를 위하여 어느 정도의 거리가 필요하다.

합류단의 직후에 분류단이 있는 경우에도 이 사이에서 발생하는 엇갈림을 처리하기 위한 거리 필요

(3) 이와 같이 연결로의 접속부 사이에는 운전자의 판단, 엇갈림, 가속, 감속 등에 필요한 거리가 충분히 확보되어야 한다.

2. 연결로 접속단 간의 이격거리

(1) 본선의 유출이 연속되거나, 유입이 연속되는 경우

① 아래 표의 값을 채택할 때 변속차로 길이, 도로표지 간격 등을 감안하여 가장 긴 거리를 채택한다.

② 다만, 연결로 내에서의 이격거리는 도로 등급 구분이 현실적으로 어렵기 때문에 설계속도에 따른 접속단 간의 최소 이격거리를 제시하고 있다.

(2) 유입의 앞쪽에 유출이 있는 경우(유입-유출의 경우)

① 아래 표의 값을 채택할 때 엇갈림에 필요한 길이는 긴 쪽의 값을 채택한다.

② 특히, 엇갈림 및 본선 교통량이 많은 경우에 집산로를 설치하면 유리하다.

[연결로 접속단 간의 최소 이격거리]

유입-유입 또는 유출-유출	연결로 내	유출-유입	유입-유출 (엇갈림 발생)
			클로버형 루프에는 적용되지 않는다.

[노즈에서 노즈까지의 최소 이격거리(m)]

고속도로, 주간선도로	보조간선, 집산도로	분기점 (JCT)	인터체인지 (IC)	고속도로, 주간선도로	보조간선, 집산도로	분기점(JCT)		인터체인지(IC)	
						고속도로, 주간선도로	보조간선, 집산도로	고속도로, 주간선도로	보조간선, 집산도로
300	240	240	180	150	120	600	480	480	300

3. 집산로(Collection and distribution road)의 설치

(1) **집산로 정의** : 집산로란 본선에 평행으로 또한 분리된 차로로서, 본선상의 유출구와 유입구 사이에 설치되며 교통량을 분산·유도하는 기능을 갖는다.

(2) 집산로 필요성

① 인접한 2개의 루프연결로 사이에서 엇갈림에 의해 용량이 급격히 저하되므로, 집산로를 설치하여 유출입 차량을 별도로 분리시킨다.

② 그러나 집산로가 꼭 필요한 도시고속도로에서 용지제약, 공사비 증가 등으로 오히려 설치가 어려운 경우도 있다.

(3) 집산로 설치대상

① 통과차로의 교통량이 많아 분리할 필요가 있는 경우

② 유출 분기 노즈가 인접하여 2개 이상 있는 경우

③ 유입·유출 분기 노즈가 인접하여 3개 이상 있는 경우

④ 필요한 엇갈림길이를 확보할 수 없는 경우

⑤ 도로표지 등에 의하여 유도를 정확히 할 수 없는 경우

(4) 집산로 설치(예)

① 설치사례 : 서울외곽순환고속도로 안현분기점(JC), 자유로분기점(JC)

② 설치길이 : 도시지역 도로의 경우에 900m가 필요하고, 지방지역 도로의 경우에 계산하면 1,380m가 필요하다.

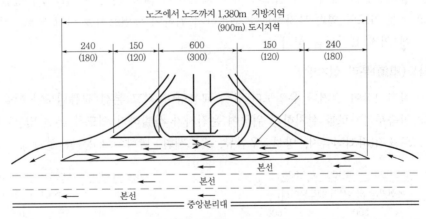

[분기점(JC)에 집산로 설치(예)]

V 연속 부가차로 설치

1. 연속 부가차로 설치기준

(1) 한국 「도로의 구조·시설 기준에 관한 규칙」, 「도로설계요령」

① 고속도로의 유출·유입부에서 차로수 균형을 유지하기 위해 기본차로수에 부가하여 연속 부가차로를 설치

② 특정구간의 서비스수준이 유출·유입 교통량의 많고 적음에 따라 설계 서비스수준보다 떨어질 경우 계획된 기본차로수에 추가하여 연속 부가차로를 설치

(2) **일본「도로구조령」**: 고속도로의 분류·합류부근 전후 구간에서 차로수 균형을 확보하고 엇갈림구간에서 주행 용이성을 보장하기 위하여 연속 부가차로를 설치

(3) **미국**

① 「AASHTO」부가차로(Auxiliary Lane) : 고속도로의 통과흐름을 보완할 목적으로 기본차로에 부가하여 설치하는 차로

② 「AASHTO」연속 부가차로(Continuous auxiliary Lane) : 유입부와 유출부의 사이에서 도로운영의 효율성이 개선될 수 있는 지역에 연속부가차로 설치

③ 「Texas DOT」부가차로의 설치연장 및 설치방법 : 가·감속차로의 Taper 끝단 사이의 거리가 750~900m일 때 설치하며, 부가차로 용량이 1,500대/시를 초과할 경우에 분리 설치방법을 검토

2. 연속 부가차로 설치방법

(1) **차선(車線)분리 설치방법**

① 설치연장이 짧거나 유입보다 유출 교통량이 많고 본선 교통밀도가 높을 때

② 본선 차로와 연속 부가차로를 구분하기 위하여 노면표시를 하고 도로표지 관련 규정에 의거 표지판을 설치

(2) **차도(車道)분리 설치방법**

① 설치연장이 길거나 유입보다 유출 교통량이 적고 본선 교통밀도가 낮을 때

② 연속부가차로를 설치하기 위하여 운전자가 식별하기 쉽도록 본선 및 부가차로에 도로표지(좌회전금지, 양보, 우합류, 속도제한, 방향예고 등)를 설치

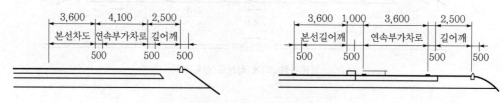

[연속 부가차로 설치방법]

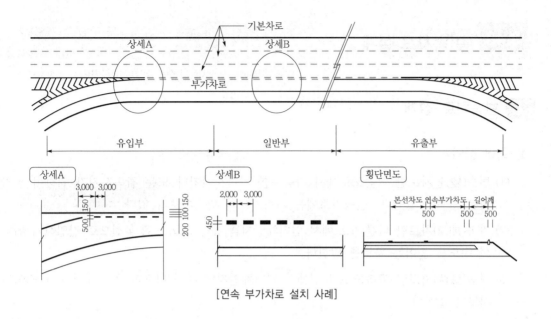

[연속 부가차로 설치 사례]

3. 맺음말

(1) 고속도로에서 연속 설치된 합·분류부는 본선 및 연결로 주행차량이 서로 혼재하여 속
도감소, 사고위험 등이 상존하는 구간으로 원활한 교통흐름을 유도하기 위하여 '연속
부가차로' 설치가 필요하다.

(2) 합·분류부에서 서비스수준 저하로 인한 상습 지·정체가 발생되는 구간에 '연속 부가
차로' 설치를 검토할 때는 본선 및 진출·진입로의 교통량, 통행패턴, 용지확보 가능성
등을 고려하여 차선분리 또는 차로분리 방법으로 설치한다.[45]

---

45) 국토교통부, '도로의 구조·시설 기준에 관한 규칙', 2015, pp.527~534.
   국토교통부, '연속 부가차로 설치기준 검토', 건설기술정보시스템, 건설공사원가절감VE, 2009.

3.48 변속차로 설계

입체교차로에서 변속차로의 형식 및 본선과의 편경사 접속설치 [6, 5]

Ⅰ 변속차로 설계

1. 용어 정의

(1) 변속(變速)차로란 고속도로에서 자동차를 가속시키거나 또는 감속시키기 위하여 설치하는 차로를 말한다. 변속차로에는 가속차로와 변속차로가 있다.

(2) 가속(加速)차로란 다른 도로에서 인터체인지를 통해 고속도로 본선으로 진입하기 위하여 속도를 높이는 차로를 말한다.

(3) 감속(減速)차로란 고속도로 본선에서 인터체인지로 빠져 나오기 위하여 속도를 줄이는 차로를 말한다.

(4) 변이(變移)구간이란 고속도로 본선에서 인터체인지로 빠져 나오기 위하여 또는 다시 본선으로 진입하기 위하여 차로를 변경하는데 필요한 구간을 말한다. 변이구간의 길이는 110km/h 고속도로 기준으로 최소 80m, 약 2.6초 주행에 필요한 구간이다.

(5) 테이퍼(Taper)란 주행하는 자동차의 차로 변경을 원활하게 유도하기 위하여 차로가 분리되거나 또는 접속되는 구간에 설치하는 삼각형 모양의 차도 부분을 말한다.

2. 감속차로

(1) 형식 비교

평행식 감속차로	직접식 감속차로
• 시점에 일정길이의 변이구간을 두고 노즈까지 일정폭으로 구성된다. • 본선이 직선일 때 적합하다. • 시점이 강조된다. • 가·감속을 위해 곡선주행을 해야 하므로 운전자들이 덜 선호한다.	• 감속차로의 전체가 변이구간으로 구성되어 폭이 일정하지 않다. • 본선이 곡선일 때도 설치가 용이하다. • 시점이 평행식보다 덜 강조된다. • 가·감속을 위해 곡선주행을 하지 않아도 되므로 운전자들이 선호한다.

(2) **평행식 감속차로** : 운전자들이 통상 변이구간을 지나 감속차 중간위치에서 유출하는 경향이 있어, 감속차로 전체 구간의 폭을 일정하게 설치하면 교통안전 측면에서 좋다.

3. 직접식 감속차로

(1) 본선이 왼쪽으로 구부러진 선형에서 감속차로를 직선식으로 접속시키면 본선 주행 운전자가 오인하여 연결로에 들어갈 수 있다(아래 그림 ⓐ).

(2) 이때 본선과 같은 곡선반경으로 하여 본선에서 떨어지는 거리가 변이구간 시점으로부터의 거리에 따라 직선으로 접속시키면 오인 우려가 없다(아래 그림 ⓑ).

(3) 본선이 오른쪽으로 구부러진 선형에서 곡선 안쪽에 접속하는 경우에도 같은 방법으로 접속시킨다(아래 그림 ⓒ).

[직접식 감속차로의 접속방법]

(4) 연결로 접속부에서 본선 차로수가 감소될 때, 감속차로는 아래와 같이 설계한다.

① 그림 ⓐ : 노즈를 지나, 한 차로를 줄여 통상적인 감속차로와 동일하게 설계
② 그림 ⓑ : 감속차로 시점이 불명확하여 차량 간의 접촉 가능성이 있어 불리

[연결로 접속부에서 본선 차로수가 변하는 경우 접속방법]

4. 감속차로 길이

(1) **감속차로 길이의 산출 근거 3요소**

① 자동차가 감속차로에 진입할 때의 도달속도
② 자동차가 감속차로를 주행 완료하였을 때의 도달속도
③ 감속의 방법 또는 감속도

(2) **감속차로 길이의 산정방법**

브레이크를 밟으면서 주행한 감속차로 길이(S)는 다음 식으로 구한다.

$$S = \frac{v_2^2 - v_1^2}{2d} = \frac{v_2^2 - v_1^2}{50.8}$$

여기서, S : 브레이크를 밟으면서 주행한 거리(m)

v_1 : 유출부 평균 주행속도(m/sec)

v_2 : 감속차로 시점부 도달속도(m/sec)

d : 감속도(1.96m/sec^2)

5. 감속차로 분류단에서 노즈 옵셋 설치방법

(1) 필요성

① 고속도로 본선이 변속차로로 분류되는 구간에서 테이퍼(Taper)를 설치할 때, 각각의 차로에서 일정한 간격(직선거리)을 유지하는 지점을 선정해야 한다.

② 이 지점을 노즈(Nose), 차로와의 수직거리를 옵셋(Offset), 차로와 평행하게 이격된 거리를 셋백(Set back)이라 하며 이와 같이 구성된 삼각형 모양의 모서리 부분은 분류단(分流端)이라 한다.

③ 유출연결로가 본선과 분리되는 분류단은 노즈에 접근하는 차량의 충돌·파손 피해를 줄이기 위하여 차로 끝에서 노즈 옵셋을 설치해야 한다.

(2) 설치방법

① 노즈 끝은 감속차로에 잘못 접근한 차량이 본선 쪽으로 안전하게 후진하도록 연석으로 10~15m 길이를 둘러쌓아 명확히 식별되게 설치한다.

② 길어깨가 좁은 구간에는 노즈 선단을 차도단으로부터 이격시키기 위하여 노즈 옵셋을 1.0~3.0m(평행식은 3.0~3.5m) 설치한다.

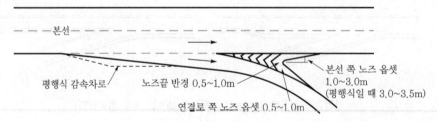

[길어깨가 좁은 구간에서 감속차로 노즈 옵셋]

③ 길어깨가 넓은 구간에는 길어깨 폭이 옵셋 역할을 하므로 별도 설치하지 않고, 옵셋 설치길이에 해당되는 20~40m 구간을 본선과 같은 높이로 포장한다.

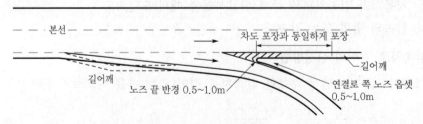

[길어깨가 넓은 구간에서 감속차로 노즈 옵셋]

6. 가속차로

(1) 형식 비교

① 평행식 가속차로가 좋은 이유
- 가속차로는 본선 유입차량이 가속차로로 사용할 뿐 아니라, 대기차로로 사용하는 경우도 많으므로 평행식이 좋다.
- 일반적으로 가속차로는 감속차로보다 길기 때문에 직접식으로 하면 변이구간이 가늘고 길게 되어 접속이 어려우므로 평행식이 좋다.

② 직접식 가속차로로 설치하는 경우 : 본선의 선형이 곡선일 때 평행식으로 하면 가속차로의 평면형상이 뒤틀려 보이므로, 아래와 같은 경우에만 직접식으로 설계한다.
- 교통량이 적어 가속차로 전체를 사용하여 유입하는 빈도가 적은 경우
- 가속차로 길이가 짧은 평행식으로 하면 사용되지 않는 곳이 생기는 경우

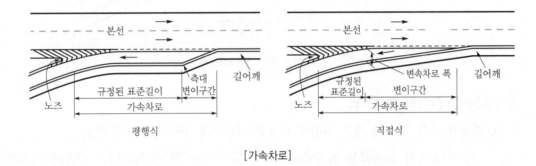

[가속차로]

(2) 가속차로 길이

① 가속차로 길이는 승용차 가속에 필요한 길이에 대기 주행구간을 더하여 결정한다.

② 국내에서는 트럭(톤당 마력 13PS/ton 기준)을 가속에 필요한 차로길이(L)의 산출근거로 삼고 있다.

$$L = \frac{v_2{}^2 - v_1{}^2}{2(3.6)^2 a} = \frac{v_2{}^2 - v_1{}^2}{25.92}$$

여기서, L : 유출부 평균 주행속도(m/sec)

a : 평균가속도

v_1 : 가속차로 시점부 초기속도(km/h)

v_2 : 가속차로 종점부 도달속도(km/h)

(3) 가속차로 분류단에서 노즈 옵셋 설치방법 : 가속차로 합류단 노즈에는 감속차로 분류단 노즈와는 다르게 옵셋을 두지 않고, 본선에 접속설치된 길어깨 끝에 노즈를 둔다.

Ⅱ 변이구간 길이

1. 용어 정의

(1) 감속차로의 변이구간 길이는 '소정의 감속차로 폭이 확보되는 지점'에서부터 필요한 길이를 계산하여 결정한다.

(2) 이때 '소정의 감속차로 폭이 확보되는 지점'이란 아래 그림과 같이 '본선 측대 끝에서 직접 측정하여 차로폭이 확보되는 지점'을 의미한다.

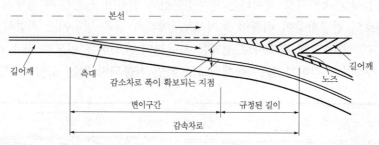

[감속차로 폭이 확보되는 지점]

2. 변이구간 길이의 계산방법

(1) 자동차 주행 중 1개 차로 변경에 필요한 시간으로 변이구간 길이 계산

자동차가 주행 중 차로를 변경하려면 1차로당 3~4m(횡방향 1m당 1초 기준)가 필요하므로, 이에 필요한 변이구간 길이를 아래 식으로 구한다.

$$T = \frac{V_a}{3.6} \times t$$

여기서, T : 변이구간 길이(m)

V_a : 유출부 변이구간 도달시간(km/h)

t : 주행시간(sec)

(2) 도로 선형에 따른 S형 주행궤적을 배향곡선으로 전환하여 변이구간 길이 계산

$$T = \sqrt{W(4R - W)}, \quad R = \frac{V_a^2}{127(i+f)}$$

여기서, T : 변이구간 길이(m)

R : 배향곡선반경(m)

W : 변속차로 폭(3.6m)

V_a : 유출부 변이구간 도달시간(km/h)

i : 편경사(0% 적용)

f : 횡방향미끄럼마찰계수(0.16 적용)

Ⅲ 변속차로의 편경사 접속설치

1. 기본사항

(1) 연결로 분기 끝은 본선 편경사로부터 연결로 편경사로 서서히 변화하므로, 변속차로의 편경사 접속설치율 1/150 이하로 아래와 같이 접속한다.

   ① 본선이 직선 또는 곡선의 안쪽에 접속설치되는 경우, 본선 편경사와 연결로 편경사를 같은 방향에서 원활하게 접속한다.

   ② 본선이 곡선이고 바깥쪽에 접속설치되는 경우, 본선 편경사와 연결로 편경사가 반대이며 그 차이가 크면 횡단경사 절점이 생겨 차량이 통과할 때 위험하다.

(2) 인터체인지는 곡선반경이 큰 곳에 설치되므로, 연결로 접속부 중의 어느 하나가 본선의 변곡점(KA)에 가깝게 되는 수가 많으므로 아래 경우를 유의한다.

   ① 아래 그림 ⓐ와 같이 본선의 편경사를 변곡점(KA)에서 반전시키면, 연결로 측의 짧은 거리에서 2번 접속하거나 경사차가 커져 위험하다.

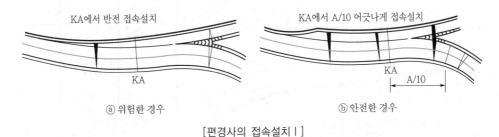

ⓐ 위험한 경우   ⓑ 안전한 경우

[편경사의 접속설치 Ⅰ]

   ② 아래 그림 ⓑ와 같이 본선의 편경사 접속설치 위치를 A/10 정도 어긋나게 접속시키고, 본선 중앙분리대 쪽으로 수평선보다 포장면이 아래에 놓이게 하면 안전해진다.

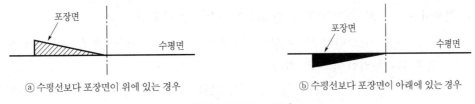

ⓐ 수평선보다 포장면이 위에 있는 경우   ⓑ 수평선보다 포장면이 아래에 있는 경우

[편경사의 접속설치 Ⅱ]

2. 변속차로의 편경사 접속설치 방법

(1) 본선이 직선일 때 또는 본선이 곡선이고 그 안쪽에 변속차로가 접속될 경우

① A-A : 변속차로 변이구간~분기점(갈매기차로 시점) 사이의 변속차로 편경사는 본선 편경사와 동일한 경사로 한다.

② B-B : 편경사는 갈매기 차로부(분기점에서 노즈 사이)에서 적절한 접속설치율로 변화시켜, 노즈부에서 연결로 곡선반경에 적합한 편경사가 되도록 한다.

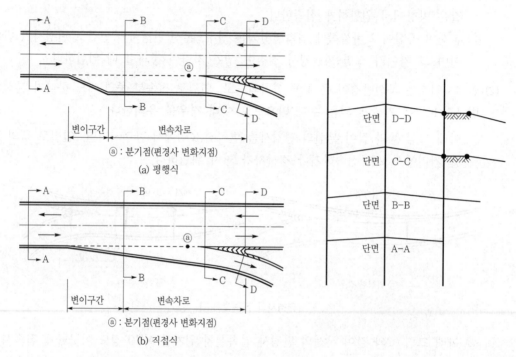

(a) : 분기점(편경사 변화지점)
(a) 평행식

(a) : 분기점(편경사 변화지점)
(b) 직접식

[편경사의 접속설치 방법 I (본선이 직선 또는 곡선 안쪽에 변속차로 접속)]

(2) 본선이 곡선이고 그 바깥쪽에 변속차로가 접속될 경우

① A-A : 변속차로 변이구간~분기점(갈매기차로 시점) 사이의 변속차로 편경사는 본선 편경사와 동일한 경사로 한다.

② B-B : 분기점과 노즈부 사이에 편경사 변화구간을 설치하여 연결로 곡선반경에 적합한 편경사로 하되, 편경사 간의 대수차를 6% 이하로 한다.

③ C-C : 노즈 이후의 편경사는 적절한 접속설치율로 연결로 곡선반경에 적합한 편경사로 변화시킨다.

④ D-D : 노즈부에서 연결로 편경사가 곡선반경에 따른 편경사 값보다 작게 되는 경우가 발생하나, 편경사 간의 대수차를 6% 이하로 하여 본선과 연결로의 절곡점이 너무 심하지 않도록 한다.

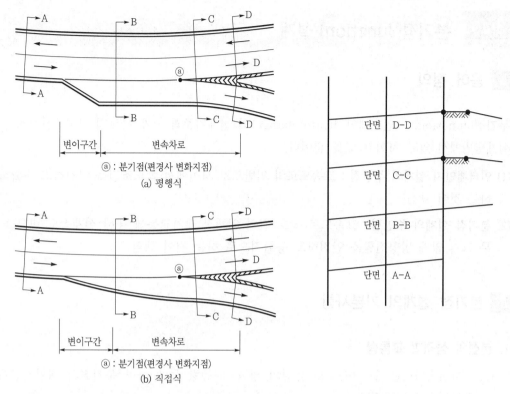

[편경사의 접속설치 방법Ⅱ(본선이 곡선이고 그 바깥쪽에 변속차로 접속)]

Ⅵ 맺음말

1. 미국 AASHTO는 차로 경계선에서 편경사의 최대차이(합성구배)를 4~5% 정도 제시하지만, 설계속도가 낮고 트럭 구성비가 적으면 8%까지 허용한다.

2. 우리나라에서는 연결로 곡선부의 설계속도에 따른 차로 변환선에서 횡단경사의 최대차이 (합성구배)는 아래 표의 값을 적용한다.[46]

[연결로 접속부의 차로 변환선에서 횡단경사의 최대차이(합성구배)]

연결로 곡선부의 설계속도(km/h)	차로 변환선에서 횡단경사의 최대차이(%)
30 이하	5.0~8.0
40~50	5.0~6.5
60 이상	4.5~5.0

---

46) 국토교통부, '도로의 구조·시설 기준에 관한 규칙', 2015, pp.534~553.

3.49 분기점(Junction) 설계

I 용어 정의

분기점(Junction)은 인터체인지(Interchange)의 설계기준과 크게 다르지 않고, 설계조건 및 설계방법에서 약간 차이가 있을 뿐이다.

(1) **인터체인지 설계의 주안점** : 고속도로와 일반도로 사이에서 속도조절을 안전하고 원활하게 하는 것이 핵심

(2) **분기점 설계의 주안점** : 고속도로 상호 간의 입체적 교차교통에 대해 설계속도 변화를 너무 크지 않게 방향전환을 안전하고 능률적으로 하는 것이 핵심

II 분기점 설계의 기본사항

1. 본선의 성격과 교통량

(1) 교차접속하려는 두 고속도로 본선의 성격, 교통량 등에 따라 분기점의 계획·설계는 근본적으로 달라진다.

- 지방고속도로와 도시고속도로 사이의 분기점, 지방지역 상호 간의 분기점은 서로 전혀 다른 교차형식과 설계조건을 채택

(2) 동일한 성격을 지닌 고속도로 상호 간 분기점의 계획·설계도 두 고속도로의 설계속도, 교통량, 차로수 등에 따라 크게 달라진다.

- 두 고속도로의 설계속도(100km/h 이상)가 높고 교통량도 많은 경우에는 비용이 많이 소요되더라도 고급 분기점으로 설계

2. 다른 시설과의 거리

(1) 교차접속하는 두 고속도로에서 다른 시설(인터체인지, 버스정류장, 휴게소, 주차장, 본선 요금소 등)과의 위치관계를 명확히 한다.

- 노선의 투자우선순위에 따라 한쪽 노선의 교통시설(본선 요금소) 위치를 먼저 확정한 후, 분기점 설계를 착수

(2) 이미 확정된 교통시설의 재배치가 불가능할 때는 분기점 근처에 있는 다른 시설의 위치를 약간 변경하거나, 분기점 설계를 변경한다.

- 신설 분기점이 기존 인터체인지에 가깝게 설치되는 경우, 두 기능을 겸할 수 있는 입체교차시설로 계획변경하여 하나만 설치

(3) 따라서, 분기점과 다른 교통시설과의 최소간격은 교통운용에 필요한 거리를 어느 정도 확보하느냐에 따라 결정된다.

3. 교통 특성

(1) 분기점 설계에서 교통량의 통행특성, 방향별 분포가 대단히 중요하다.

- 교통량의 방향별 분포에 현저한 차이가 있는 경우, 중방향 연결로의 설계속도, 폭원, 선형 등의 기하구조 설계기준을 높게 설계

(2) 분기점 설계에서 교통량의 주행거리도 중요한 요소이다.

- 짧은 구간의 고속도로가 교차 접속하는 경우, 도로이용자가 도로조건과 교통조건을 잘 알고 있으므로 용량이 저하되지 않는 범위 내에서 소규모로 설계

(3) 분기점의 형식선정과 세부설계에서도 별도로 경제성 분석을 통하여 과다한 설계가 되지 않도록 한다.

4. 연결로의 기하구조

(1) 연결로의 평면선형, 종단선형, 시거 등의 설계요소는 선정한 연결로의 설계속도에 따라 한계값을 결정한다.

- 한계값을 결정할 때 분기점의 전체적인 형식을 선정하고 규모를 결정

(2) 분기점의 연결로를 설계에서 폭 구성의 방법을 결정할 때는 다음 3가지 경우에 대하여 검토한다.

- 1차로로 설계하는 경우
- 2차로로 설계하는 경우
- 본선의 폭 구성에 준하여 설계하는 경우

(3) 분기점의 연결로는 교통운영상의 문제점을 고려하여 원칙적으로 2차로로 설계하는 것이 바람직하다.

- 본선이 분기되거나 유입되는 중요한 연결로의 경우, 설계속도를 높게 적용하고, 폭은 본선의 횡단면 구성에 준하여 설계
- 대형자동차의 구성비가 높고 종단경사가 큰 연결로의 경우, 대형자동차의 속도저하로 분기점의 용량이 크게 감소하므로 2차로로 설계

(4) 대형자동차의 구성비가 낮고, 연결로 길이도 짧은 우회전 연결로의 경우에는 분기점의 루프 연결로를 1차로로 설계할 수 있다.

- 루프 연결로에서 추월 위험이 있으므로 1차로로 설계하되, 길어깨 폭을 넓게 설계 [47]

---

47) 국토교통부, '도로의 구조·시설 기준에 관한 규칙', 2015, pp.563~566.

3.50 도로와 철도의 교차

도로와 철도의 교차점(부)에 대한 계획 고려사항 [0, 2]

1. 교차의 기준

(1) 도로와 철도의 교차는 입체교차 처리를 원칙으로 한다.

(2) 다만, 주변 지장물이나 기존 교차형식 등으로 인하여 부득이하다고 인정되는 다음과 같은 경우에는 예외적으로 평면교차를 검토할 수 있다.

① 당해 도로의 교통량 또는 당해 철도의 운전 횟수가 현저하게 적은 경우

② 지형조건에 의해 입체교차로 하는 것이 매우 곤란한 경우

③ 입체교차로 함으로써 도로의 이용이 장애를 받는 경우

④ 당해 교차가 일시적인 경우

⑤ 입체교차 소요비용이 입체교차에 따른 편익을 훨씬 초과하는 경우

(3) 상기 5가지의 경우에 해당한다고 해서 모두 평면교차로 하는 것이 좋다는 것은 아니고 어디까지나 입체교차가 원칙이며, 평면교차는 예외이다.

(4) 도로와 철도의 입체교차를 계획할 때는 도로와 철도 쌍방 현황을 충분히 파악하며, 특히 도로가 기존의 철도를 횡단할 때 입체교차화 기준은 아래 표와 같다.

[도로의 신설 개량할 때 철도와의 입체교차화 기준]

철도 교통량	30 미만	30 이상 ~ 60 미만	60 이상
도로의 노폭	10m 이상	6m 이상	4m 이상

2. 교차부의 구조

(1) 도로와 철도의 교차는 입체교차를 원칙으로 한다. 다만, 주변 지장물이나 기존 교차형식 등으로 인하여 부득이한 경우에는 예외로 한다.

(2) 상기 (1)항 단서에 따라 도로와 철도가 평면교차하는 경우에 그 도로의 구조는 다음에 따른다.

① 철도와의 교차각을 45° 이상으로 한다.

② 건널목 양측에서 각각 30m 이내의 구간(건널목을 포함)은 직선으로 하고, 그 구간 도로의 종단경사는 3% 이내로 한다. 다만, 주변 지장물이나 기존 교차형식 등으로 인하여 부득이한 경우에는 예외로 한다.

(3) 건널목 앞쪽 5m 지점에 있는 도로 중심선 위의 1m 높이에서 가장 멀리 떨어진 선로 중심선을 볼 수 있는 곳까지의 거리를 선로방향으로 측정한 길이(가시구간)는 철도차량의 최고속도에 따라 다음 표의 길이 이상으로 한다.

다만, 건널목 차단기와 그 밖의 보안설비가 갖추어진 구간은 예외로 한다.

[철도차량 최고속도에 따른 가시구간 최소길이]

건널목에서 철도차량 최고속도(km/h)	50 미만	50~70	70~80	80~90	90~100	100~110	110 이상
가시구간 최소길이(m)	110	160	200	230	260	300	350

(4) 철도를 횡단하는 교량을 가설하는 경우 철도의 확장, 보수, 제설 등을 위해 충분한 경간장을 확보하며, 교량의 난간부분에 방호울타리 등을 설치해야 한다.

(5) 특히, 도로가 지하차도(underpass)로 계획되는 경우에 도로 높이는 장래에도 소정의 건축한계가 확보되도록 포장 덧씌우기(overlay)를 예측하여 계획한다. 「철도건설규칙」에 규정된 직선구간에서의 철도 건축한계는 아래 그림과 같다.

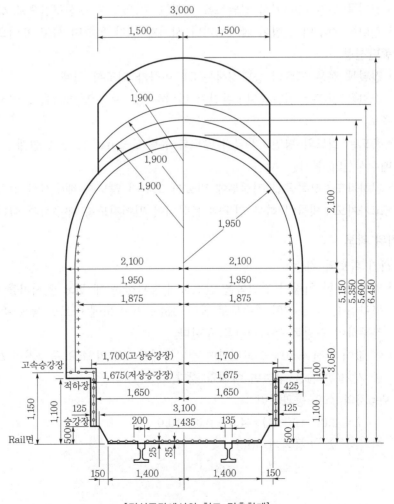

[직선구간에서의 철도 건축한계]

3. 교차부의 설계

(1) 철도 건축한계

① 공사 중의 여유, 보수를 위한 여유, 제설을 위한 여유 등을 충분히 확보
② 지하차도인 경우 장래 포장 덧씌우기를 고려하여 도로의 높이를 결정

(2) 교차각 확보의 필요성

① 건널목에서 운전자의 시거를 확보하기 위하여
② 건널목의 길이를 가능하면 짧게 설치하기 위하여
③ 자동차가 통행할 때 차륜이 철로에 빠지는 것을 방지하기 위하여

(3) 접속구간의 평면선형 및 종단선형

① 평면선형
  • 건널목 전후 30m에서 건널목을 인지할 수 있도록 직선구간으로 설계
  • 건널목 전후의 선형이 굴곡지거나 시거가 좋지 못하면 사고 요인으로 작용
② 종단선형
  • 건널목 전후 도로의 종단경사는 3% 이하가 되도록 설계
  • 건널목 전후는 일단정지・발진이 빈번하므로 트럭의 마력을 고려하여 설계
③ 측도
  • 측도는 철도와 평면교차되지 않도록 유턴(U-turn) 구조로 설계
④ 배수시설의 설치
  • 지하차도 : 오목곡선 저점부에 빗물이 고이지 않도록 배수시설 설치
  • 고가차도 : 빗물이 하부 철도에 분산되어 떨어지도록 배수시설 설치

(4) 시거의 확보

① 시거 확보의 기준
  • 일단정지한 차량이 건널목을 안전하게 통과하는 데 필요한 시거를 산출하기 위해 차량이 1.0m/sec^2의 가속도로 발진, 15km/h 속도에 이르면 등속 주행하는 것으로 간주하여 건널목 통과시간을 구한다.
  • 이 값에 안전율 50%를 고려하여 건널목에서 차량의 소요 통과거리(L)와 그에 필요한 시거(편측)를 구하면 아래와 같다.
② 자동차의 소요 통과거리

$$L = 3.0 + (N-1) \times 4.0 + 2.0 + 10.0$$

여기서, L : 통과거리(m)

N : 선로수

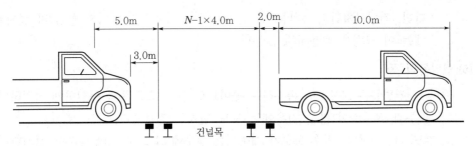

[건널목에서 자동차의 소요 통과거리]

③ 안전율(50%)을 고려한 건널목 통과시간(T)

$$T = 1.5t = 8.5 + 1.4(N-1), \quad t = 5.7 + 0.96(N-1)$$

여기서, T : 통과시간(sec)

N : 선로수

④ 필요한 시거(D)

$$D = \frac{V}{3.6} \times T$$

여기서, D : 편측 시거(m)

T : 열차의 최고속도(km/h)

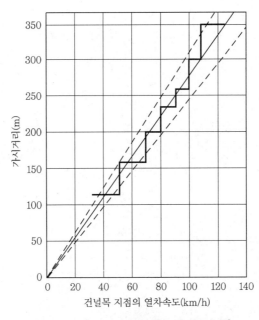

[열차속도와 가시거리에 따른 건널목의 폭]

• 위 그림에서 가시거리는 선로수 2선에서 열차속도에 따라 결정한 값이므로, 선로수 3선 이상인 경우에는 더욱 긴 시거를 확보해야 한다.

• 다만, 건널목차단기, 기타 보안설비(간수가 상주하지 않아도 좋음)가 설치된 개소에는 이 규정을 적용하지 않는다.

(5) 건널목의 폭

① 철도 건널목은 교통량이 폭주하는 곳이므로 전후 도로 폭과 동일하게 설치하며, 건널목 통과 교통량이 많을 경우에는 보도 설치를 검토한다.

② 철도 건널목 폭은 전후 도로가 개축되는 경우에 그 도로 폭에 맞추어 설치한다. 철도 건널목 폭이 전후 도로 폭보다 협소한 곳에서 사고가 자주 발생된다.

4. 맺음말

(1) 도로와 철도의 입체교차를 계획할 때는 도로와 철도 각각의 장래계획을 고려하면서 당해 지점뿐만 아니라 도로 전체가 균형을 이루도록 계획해야 한다.

(2) 현재 도로교통의 애로가 되고 있는 주요 원인이 철도와의 건널목이므로, 건널목의 개선은 도로교통의 원활한 흐름에 크게 기여할 것으로 보인다.[48]

---

48) 국토교통부, '입체교차로 설계지침', 2015, pp.177~182.

CHAPTER **04**

도로포장

1 설계입력변수

2 도로포장공법

3 특수포장공법

4 유지보수관리

☑ 기출문제의 분야별 분류 및 출제빈도 분석   [제4장 도로포장]

연도별 / 구분	회	63~77	78~92	93~107	108~119	120	121	122	123	124	125	계
		2001~2019				2020			2021			
1. 설계입력변수		27	25	21	9						2	84
2. 도로포장공법		20	14	10	14	1	1		3		1	64
3. 특수포장공법		19	26	13	19	2	1	1	2	2	1	86
4. 유지보수관리		26	22	18	21	1	1	1	1		3	95
계		92	87	62	63	4	3	2	7	2	7	329

☑ 기출문제 분석에 따른 학습 중점방향 탐색

　도로 및 공항기술사 필기시험 제63회부터 제125회까지 출제됐던 1,953문제(31문항×63차) 중에서 '제4장 도로포장'분야의 가장 큰 변화는 '72AASHTO와 '86AASHTO설계법 대신 2011 한국형 도로포장 설계법 등을 중심으로 329문제(16.85%)가 출제되었다는 점이다. 포장설계법이 국산화됐지만 아스팔트의 역청재, 무근 콘크리트포장(JCP) 줄눈 등과 같은 포장공법 원리는 동일하기 때문에 여전히 출제된다. 최근에는 지구온난화에 따른 기후변화, 도로구조물 노후화 추세 등을 고려하여 포장의 파손형태, Pothole, Rutting, 덧씌우기 등 유지관리 쪽의 출제빈도가 높아졌다.

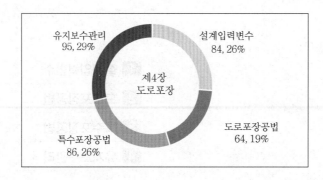

　기술사 시험 범위가 광범위하기 때문에 학원 수강 중에 정교재 한 권을 여러 번 속독 후에는 부교재의 필요성을 느끼게 된다. 서점에서 부교재 구입할 때, 다음 3가지를 고려한다.

　첫째, 최근 출제 경향이 반영되어 3년 이내에 출간된 교재 2~3권을 고른다. 시험이 1년 3회 시행되면서 시사성 문제가 새로 출제되기 때문에 오래된 수험서를 보면 낙방한다.

　둘째, 본인이 잘 알고 있는 특정분야(연약지반 탈수공법, 교량 ILM공법 등과 같이 구체적인 주제)를 펼쳐놓고 집중적으로 비교하면서 어느 책이 본인의 학습 스타일에 적합한지 판단한다.

　셋째, 이때 내용이 서술식으로 참고서처럼 이해하기 쉽도록 구성된 교재를 선정한다. 학원수강 중에 습득한 개조식(요약식) 답안만을 암기하는 것은 비능률적이다. 서술식 문장 전체를 속독하면서 이해력을 배양해야 기승전결(기승전결) 기법으로 논술할 수 있는 바탕이 갖추어진다.

　"도로 및 공항기술사, 3차 개정(박효성, 성안당, 2021)" 교재를 펼쳐놓고, 부교재 구입요령 3가지를 고려하면서 최종적으로 선정하여 대비하면 합격의 지름길이 보인다.

📖 과년도 출제문제

1. 설계입력변수

[4.01 포장공법의 분류]

067.3 가장 일반적인 시멘트 콘크리트포장 종류 4가지를 이야기하고 각각의 구조적 특성 및 적용성에 관하여 설명하시오.

067.4 시멘트 콘크리트포장과 아스팔트포장의 특성에 대하여 비교 설명하시오.

077.3 연속 철근 콘크리트포장(CRCP, Continuously Reinforced Concrete Pavement)의 특성과 시행에 따른 문제점 및 개선방향을 기술하시오.

085.3 시멘트 콘크리트포장 중 4가지 포장공법(Jointed Concrete Pavement, Jointed Reinforced Concrete Pavement, Continuously Reinforced Concrete Pavement, Prestressed Concrete Pavement)을 설명하시오.

087.3 도로(또는 공항)포장에서 CRCP(Continuously Reinforced Concrete Pavement)의 특성을 유지관리와 공용성 측면에서 설명하고, 발전방향에 대하여 논하시오.

092.3 콘크리트포장의 종류 중 JCP, CRCP, 포스트텐션 콘크리트포장에 대하여 설명하시오.

106.3 도로(또는 공항) 콘크리트포장의 JCP와 CRCP공법의 특징비교 및 각 공법 균열의 차이점에 대하여 설명하시오.

118.4 줄눈 콘크리트포장과 연속 철근 콘크리트포장에서 사용되는 철근부재들의 종류 및 사용 목적에 대하여 설명하시오.

[4.02 포장공법의 설계]

064.3 도로 또는 공항의 포장 중 시멘트 콘크리트포장 설계절차와 각 단계별 고려사항에 관하여 설명하시오.

065.4 콘크리트포장 설계방법 중 AASHTO설계법에 대하여 입력변수를 중심으로 설명하시오.

066.2 아스팔트포장의 설계상의 문제점과 개선대책에 관하여 기술하시오.

070.4 아스팔트포장 설계에서 '72AASHTO설계법과' 86AASHTO설계법의 차이점에 대하여 기술하시오.

071.3 '72AASHTO설계법의 문제점 및 개선방안을 제시하고 LCC (Life Cycle Cost)를 고려한 아스팔트포장 설계방안을 기술하시오.

075.2 역학적-경험적 포장설계법에 대하여 기술하시오.

080.2 아스팔트포장과 시멘트 콘크리트포장의 설계이론과 특징 및 장·단점을 기술하시오.

085.2 아스팔트포장에 관한 AASHTO 1972설계법(SN설계법)의 설계 기본식에서 사용되는 각각의 입력변수(parameter)에 대하여 설명하시오.

087.4 역학적-경험적 포장설계법의 특징과 한계 및 적용에 대하여 기술하시오.

089.2 아스팔트콘크리트포장에 관한 AASHTO 1986년 설계법의 설계 기본식에 사용되는 각각의 입력변수(Parameter)에 대하여 설명하시오.

089.3 AASHTO 설계법에서 연속 철근 콘크리트포장의 철근 산정법과 타이바(Tie Bar) 설계에 대하여 설명하시오.

089.4 시멘트 콘크리트포장의 AASHTO 설계법에서 $W_{8.2}$와 하중전달계수 J에 대하여 설명하시오.

090.3 도로(또는 공항) 암반구간의 지지력 특성에 맞는 포장 설계법에 대하여 설명하시오.

094.3 도로(또는 공항)포장 구조체에 작용하는 응력의 특성을 설명하시오.

096.4 도로(또는 공항)포장설계 시 암반구간에서의 포장 설계방법을 설명하시오.

112.2 독일 아우토반의 콘크리트포장의 경우 린콘크리트(Lean concrete) 기층과 콘크리트 표층 슬래브가 부착되어 일체화되어 있는 반면, 한국 고속도로의 콘크리트포장의 린콘크리트 기층과 콘크리트 표층 슬래브가 비닐로 분리되어 있다. 각 방법의 장·단점을 비교하여 설명하시오.

112.4 역학적-경험적 포장설계방안의 개념을 설명하시오.

[4.03 도로의 서비스능력과 공용성]

066.1 PSI(포장공용성지수)

069.1 CBR설계법에서 동결지수와 관련된 지역계수(Regional Factor)

071.1 도로설계 시 공용기간(Performance period)과 해석기간(Analysis period)

073.1 노상지지력계수(SSV, Soil Support Value)

073.1 하중전달계수

074.1 포장의 공용성지수(PI, Performance Index)

076.1 포장의 공용성지수 (Present Serviceability Index)

080.1 포장서비스지수(PSI)

080.1 공용기간과 해석기간

086.1 포장의 공용성(PSI)

091.1 포장의 공용성

092.1 설계유효 노상반력계수(K)
099.1 상대강도계수(Layer Coefficient)
106.1 PSI(Present Serviceability Index)와
MCI(Maintenance Control Index)
112.1 지역계수(Regional Factor)
125.3 보도의 유효 폭과 포장상태 서비스 수준에 대하여
설명하시오.

[4.04 한국형 도로포장설계법]
067.1 마샬안정도(Marshall Stability)
067.3 아스팔트콘크리트혼합물의 마샬(Marshall)배합
설계에서 최적(Optimum)아스팔트함량을 결정하
기 위한 절차에 관하여 논하시오.
069.1 시멘트 콘크리트 혼합물의 배합설계 순서
073.4 도로포장설계법 개발에서 시험도로(Test Road)
의 의미와 시험도로를 활용한 설계법 개발요소에
대하여 기술하시오.
076.1 마샬안정도(Marshall stability)
080.4 포장용 시멘트 콘크리트 배합설계 시 고려해야 할
요소를 기술하시오.
092.2 한국형 포장설계법의 특징에 대하여 설명하시오.
094.1 공용기간과 해석기간
096.2 한국형 포장설계법 개발을 위한 시험도로 건설 및
계측시스템 구축에 대하여 설명하시오.
097.1 포장도로의 공용기간과 설계 해석기간
097.2 한국형 도로포장설계법(2011 도로포장구조설계요
령)의 특성과 공용성 해석에 대하여 설명하시오.
098.1 품질성능평가지수(QPI : Quality Performance
Index)
103.1 공용성 해석(한국형 도로포장설계법)
104.2 한국형 도로포장설계법의 주요내용과 특징에 대
하여 설명하시오.
107.3 도로설계프로그램 입력자료(횡단, 평면, 종단)의
핵심요소들과 이 요소들을 결정할 때 주의사항을
설명하시오.
109.4 아스팔트 혼합물의 배합설계 중 마샬(Marshall)
배합설계방법의 주요 과정에 대하여 설명하시오.
118.2 한국형 포장설계법 프로그램에서 (1) 아스팔트포
장의 설계입력 항목, (2) 아스팔트표층 물성의 산정
방법, (3) 분석 결과와 활용방법을 설명하시오.
125.4 한국형 포장설계법에서 콘크리트포장 구조설계의
입력변수(요소)에 대하여 설명하시오.

[4.05 한국형 포장설계법의 입력변수]
064.1 등가단축하중(ESAL)
066.1 설계CBR
068.1 등가단축하중(ESAL) 또는 등가단차륜하중(ESWL)
073.2 포장형식 선정에 있어서 기본적으로 고려해야 할
사항을 기술하시오.
076.1 설계CBR
080.1 설계CBR
088.1 설계CBR
089.1 아스팔트콘크리트포장의 Complex(Dynamic)
Modules
092.1 수정CBR
094.4 도로(또는 공항)포장 형식선정 시 고려사항을 설
명하시오.
112.1 노상의 회복탄성계수(Resilient Modulus)

[4.06 동상방지층 설계]
063.1 동상방지대책
064.1 동결지수
066.3 동결지수의 개념과 적용상의 개선방안을 기술하
시오.
074.1 동상방지층
081.4 동상방지층 설계의 기본개념을 설명하고 성토층
에 대하여 최근 변경된 동상방지층 적용기준에 대
하여 기술하시오.
085.4 높은 성토구간의 포장단면설계에서 동상방지층을
생략할 수 있는 이론적 배경을 설명하시오.
100.1 동상방지층
102.4 도로(또는 공항) 포장에서 동상의 매커니즘과 동상
방지층 설치여부 판정기준에 대하여 설명하시오.
104.1 설계동결지수
105.1 동상방지층 생략기준
111.4 도로 동상방지층 설계지침에 따른 동상방지층 설
계흐름을 설명하시오.
114.1 동결지수

[4.07 하중저항계수 설계법(LRFD), 차량계중(WIM)]
084.1 WIM(Weigh-In-Motion)
091.1 WIM(Weigh In Motion)
101.1 다층탄성해석 프로그램
102.1 하중저항계수 설계법(LRFD)
102.1 △BDI(△Base Damage Index(%)

[4.08 포장공사의 지불계수(Pay Factor)]
112.1 포장공사의 지불계수(Pay Factor)

2. 도로포장공법

[4.09 연성포장 기층의 안정처리공법]

063.3 포장 기층용 안정처리공법에 대하여 기술하시오.

074.4 도로와 공항의 연성포장에서 시멘트 안정처리 기층과 역청(아스팔트)안정처리 기층에 대하여 각각 논하시오.

[4.10 아스팔트 역청재]

075.1 상온 아스팔트

080.1 컷백 아스팔트(Cut-back Asphalt)

085.1 택 코트(Tack Coat)

087.1 상온 아스팔트

119.1 아스팔트 역청재

120.1 상온 아스팔트

[4.11 아스팔트의 침입도 등급, 연화점]

073.1 아스팔트의 연화점

[4.12 아스팔트의 공용성 등급(PG)]

063.1 SHRP(전략적 도로연구사업)

070.1 Asphalt PG(Performance Grade)

076.3 아스팔트 바인더(Asphalt Binder)는 도로 공용성과 밀접한 관계가 있으며, 국내의 경우 AP-3와 AP-5로, 미국의 경우 최신에 PG 64-22 등과 같은 공용성 등급(Performance Grade)이 사용되고 있습니다. 각각의 등급 분류기준과 실험법, 특징 및 공용성과의 관계를 설명하시오.

083.2 수퍼페이브(Superpave)에서 아스팔트 바인더 등급인 PG를 결정할 때 수행되는 시험방법에 대하여 기술하시오.

106.1 침입도등급과 PG(Performance Grade)등급

115.1 아스팔트 PG(Performance Grade)등급

123.1 침입도등급(Penetration Grade)과 PG등급(Performance Grade)

[4.13 아스팔트 혼합물의 골재, 채움재]

090.1 아스팔트포장 골재등급

104.3 도로(또는 공항) 포장용 아스팔트콘크리트 혼합물에 석분(Filter)을 넣는 이유와 석분의 종류에 대하여 설명하시오.

113.1 광물성 채움재(mineral filler)

[4.14 아스팔트 혼합물의 삼상(三相)구조]

067.1 아스팔트 혼합물의 골재간극율(VMA)

071.1 아스팔트 혼합물의 이론최대밀도(Theological Maximum Specific Gravity)

079.1 아스팔트 혼합물의 공극률

083.1 이론최대밀도

097.1 골재의 유효흡수율과 아스팔트 혼합물의 골재간 극율

103.1 아스팔트포장의 공극률

115.1 아스팔트 혼합물의 공극률

123.1 아스팔트 혼합물의 공극률

[4.15 아스팔트 혼합물의 특성치]

069.1 아스팔트콘크리트의 수침잔류안정도

074.1 포장의 동적안정도(Dynamic Stability)

096.1 아스팔트포장의 블리스터링(Blistering)

104.1 아스팔트콘크리트 표층의 블리스터링(Blistering)

110.1 아스팔트포장의 블리스터링(Blistering)

114.1 아스팔트콘크리트포장의 블리스터링(Blistering)

[4.16 아스팔트포장의 시험포장, 다짐관리]

075.2 아스팔트포장의 다짐관리가 공용성(소성변형, 균열 등)에 미치는 영향과 현장에서의 다짐관리 시 문제점 및 개선방안을 기술하시오.

090.4 가열아스팔트포장에서 다짐작업에 영향을 미치는 요소를 설명하시오.

092.4 아스팔트포장의 시험포장 계획을 수립하고 시험시공 시 확인 및 조치사항을 설명하시오.

125.3 아스팔트콘크리트포장 시공 전 실시하는 시험포장에 대하여 설명하시오.

[4.17 아스팔트포장의 종방향 시공이음]

106.1 아스팔트포장의 맞댐이음(butt joint) 및 겹침이음(lap joint)

113.2 아스팔트포장 도로에서 포장의 구조적 결함으로 발생하는 포장의 분리현상의 형태별 원인 및 방지대책에 대하여 설명하시오.

123.1 아스팔트포장의 맞댐이음(Butt Joint)과 겹침이음(Lap Joint)

[4.18 콘크리트포장의 슬립폼 페이버]

070.3 콘크리트포장을 위한 장비조합 등 시공계획 시 고려사항과 설계자로서 설계도서에 언급해야 할 시방 또는 유의사항에 대하여 기술하시오.

109.1 슬립폼 페이버의 주요기능(콘크리트포장 장비)

[4.19 콘크리트포장의 줄눈, 분리막, Dowel bar, Tie bar]

063.1 가로줄눈

065.1 콘크리트포장의 분리막(Separation Membrane)

067.4 시멘트 콘크리트포장의 줄눈에 대하여 설명하시오.

068.1 줄눈잠김(Joint Freezing)

078.1 가로줄눈

087.2 도로(또는 공항)의 무근 콘크리트포장에서 요구되는 줄눈의 필요성, 배치 및 시공 시 유의사항을 기술하고, 특히 콘크리트의 변형특성과 팽창줄눈과의 관계에 대하여 기술하시오.

089.1 시멘트 콘크리트포장에서 줄눈의 종류와 간격

094.1 보조기층면의 분리막(콘크리트포장)

097.3 도로포장(또는 활주로포장)에서 편측 2차로 시멘트 콘크리트포장(JCP)을 동시 포설계획할 때 줄눈 배치 방법을 도시(圖示)하고 줄눈종류별 구조와 기능을 설명하시오.

099.1 콘크리트포장의 Dowel-bar와 Tie-bar

108.3 콘크리트포장에서 줄눈의 기능과 파손, 균열 시 보강대책을 설명하시오.

112.3 줄눈 콘크리트포장(Jointed Concrete Pavement)과 연속 철근 콘크리트포장(Continuous Reinforced Concrete Pavement)에서 사용되는 철근 부재들의 종류 및 그 사용목적을 설명하시오.

118.1 다웰바 그룹액션(Dowel Bar Group Action)

121.4 콘크리트포장의 종류와 무근 콘크리트포장(JCP)의 줄눈을 설명하시오.

[4.20 콘크리트포장의 거친면 마무리]

087.4 시멘트 콘크리트포장에서 굳지 않은 콘크리트 표면의 거친 마무리 방법과 특성에 대하여 기술하시오.

[4.21 하절기 콘크리트포장의 초기균열]

084.4 시멘트 콘크리트포장의 초기거동 특성과 파손형태의 종류 및 원인에 대해 기술하시오.

096.3 도로(또는 공항)의 시멘트 콘크리트포장에서 포장수명을 좌우하는 초기거동의 특성과 문제점 및 개선사항에 대하여 설명하시오

3. 특수포장공법

[4.22 개질아스팔트]

064.1 개질아스팔트

066.1 아스팔트 첨가제

069.1 개립도 마찰층(OGFC)

072.4 개질아스팔트의 현장 적용상의 문제점과 개선대책에 관하여 기술하시오.

078.2 포장수명 연장을 위한 개질제 아스팔트 활용방안에 대하여 설명하시오.

[4.23 도심지 열섬현상 저감대책]

071.2 최근 관심사항이 되고 있는 기능성포장(아스팔트 콘크리트포장)공법인 투수성포장과 배수성 포장의 특성과 그 차이점에 대하여 기술하시오.

081.1 보수성포장과 차열성포장

084.4 저소음 배수성 포장의 특징과 시공 및 유지관리 시 유의사항을 기술하시오.

088.1 열섬현상 저감포장

090.1 보수성포장과 차열성포장

109.3 포장 구조적 측면에서 강우 시 일반 밀입도 아스팔트포장, 배수성 아스팔트포장, 투수성 아스팔트포장에 대한 각각의 배수개념 및 시공 시 유의사항에 대하여 설명하시오.

109.4 저소음 배수성 포장의 특징 및 장·단점, 시공 및 유지관리 시 유의사항에 대하여 설명하시오.

111.4 기능성 포장으로 여름철 도심지 포장의 온도를 저하시켜 도심부의 열섬화 현상을 완화시키는 열섬 저감포장에 대하여 설명하시오.

114.3 배수 및 소음 저감을 목적으로 적용되고 있는 배수성 포장의 문제점 및 개선방안에 대하여 설명하시오.

116.1 열섬완화 아스팔트콘크리트포장

120.3 도로(또는 공항)의 배수성 아스팔트포장의 개선방향과 시공 시 유의사항에 대하여 설명하시오.

[4.24 배수성 포장, 투수성 포장, 저소음 포장]

070.1 투수성 포장

071.4 시멘트 콘크리트포장도로에서 소음저감을 위한 시공 중 표면처리 공법과 공용 후 파손된 시멘트 콘크리트포장의 표면처리공법을 각각 서술하시오.

072.1 배수성 포장

075.4 다공질 저소음 포장의 특성과 설계 및 시공 시 유의사항을 기술하시오.

079.1 저소음 포장

080.1 배수성 포장과 투수성 포장

085.1 배수성 포장

088.2 친환경적 포장공법의 하나인 저소음 포장의 개념과 그 종류를 설명하시오.

108.1 투수성 포장

102.1 소음저감 포장공법

105.3 도로에서 자동차 주행소음의 발생원인 및 소음저감 포장 처리방안으로 아스팔트포장과 콘크리트포장을 구분하여 설명하시오.

112.4 주거지역을 통과하는 도로계획 시 저소음 포장에 대하여 설명하시오.

117.1 투수콘크리트

117.3 도로 및 공항 건설 시 발생하는 소음저감을 위한 포장공법을 설명하시오

121.1 배수성 포장

123.1 투수성 포장과 배수성 포장

123.4 도로(또는 공항) 포장공법에서 소음저감을 위한 포장공법을 열거하고, 해당 포장공법의 설계, 시공, 유지관리 시 고려사항을 설명하시오.

124.2 2020년 8월 국토교통부에서 제정한 "배수성 아스팔트콘크리트포장 생산 및 시공지침"의 주요 개선내용에 대하여 설명하시오.

125.4 도로 소음관리 기준과 계획단계 및 운영단계에서 저감방안을 설명하시오.

[4.25 반강성 유색(semi-rigid color) 포장]

067.1 반강성 포장(Semi-Rigid Pavement)

079.2 버스전용차로에 유색(color)포장 시공 문제점 및 개선방안을 설명하시오.

087.1 합성 포장(Composite Pavement)

122.1 반강성 포장

[4.26 SMA(Stone Mastic Asphalt) 포장, Guss 포장]

080.1 구스 아스팔트(Guss Asphalt)

084.1 골재노출 포장공법

084.3 SMA(Stone Mastic Asphalt) 포장의 특성과 현장 시공관리를 기술하시오.

088.1 교면포장용 SMA(Stone Mastic Asphalt)

109.2 SMA(Stone Mastic Asphalt) 포장의 특징 및 장・단점을 설명하시오.

[4.27 녹색성장 저탄소 중온화 아스팔트포장]

088.1 중온형아스팔트

088.3 저탄소 녹색성장과 관련하여 도로(공항)설계 및 건설 시 고려해야 할 사항에 대하여 설명하시오.

089.4 저탄소 아스팔트콘크리트포장기술의 필요성과 효과를 설명하시오.

090.1 중온화 아스팔트포장

091.4 고유가 및 기후변화에 대비한 저탄소 환경기술인 중온 아스팔트포장에 대하여 설명하시오.

092.1 정부의 녹색교통 추진전략의 5대 중점 추진과제

093.2 녹색성장시대의 도로포장기법에 대하여 설명하시오.

094.2 녹색성장시대에 부응하는 도로의 새로운 역할과 패러다임을 설명하시오.

095.1 열섬완화포장

095.4 저탄소・녹색성장을 위한 도로(또는 공항)포장 기술에 대하여 설명하시오.

096.1 무탄소 상온도로포장

097.3 저탄소 친환경 녹색공항 건설에 적용할 수 있는 기법을 설명하시오.

098.1 탄소중립형도로

099.3 최근 지구 온난화에 따른 급격한 기후변화에 대비한 국내고속도로 설계기준 개선내용 및 향후 개선방안에 대하여 설명하시오.

102.2 친환경 포장공법인 중온 아스팔트(WMA : Warm Mix Asphalt) 포장공법의 시공방법 및 유의사항을 설명하시오.

105.4 저탄소 녹색성장을 위한 도로(또는 공항)포장기술의 종류와 특징에 대하여 설명하시오.

111.1 중온 아스팔트 혼합물(Warm Mix Asphalt Concrete)

[4.28 친환경 경화흙 포장, Full Depth 아스팔트포장]

084.1 경화흙포장

099.1 Full Depth 아스팔트포장

[4.29 섬유보강 콘크리트포장, LMC 콘크리트포장]

064.1 강섬유 콘크리트포장

068.1 LMC(Latex Modified Concrete)포장

[4.30 롤러전압 콘크리트포장(RCCP)]

112.1 롤러전압 콘크리트포장 (Roller Compacted Concrete Pavement)

118.1 롤러전압 콘크리트포장 (Roller Compacted Concrete Pavement)

[4.31 소입경 골재노출 콘크리트포장]

118.1 소입경 골재노출 콘크리트포장

[4.32 교면포장, 교면방수]

067.2 교면포장에서 방수층 재료의 요구조건, 종류 및 각 특성을 설명하시오.

068.4 현행 교면포장의 문제점과 개선방안에 대하여 기술하시오.

070.1 교면방수

074.2 교면방수 및 교면포장의 문제점과 개선대책에 관하여 논하시오.

082.2 교면포장의 종류와 시공 시 유의할 점에 대하여 기술하시오.

105.1 교면포장

109.3 아스팔트 교면포장의 주요 기능 및 교면포장의 종류, 특수 아스팔트 혼합물을 사용한 교면포장공법에 대하여 설명하시오.

[4.33 터널 내 포장]

065.1 터널 내의 포장

077.2 터널 내부는 일반 토공부와 지지력, 기후, 환경조건이 상이하며, 이러한 특이한 조건에 맞는 포장설계가 요구된다. 이에 대한 설계 시 고려사항을 기술하시오.

[4.34 고속도로 연결로 접속부 포장]

109.2 고속도로 및 일반국도의 연결로(JCT, IC) 포장두께 설계 시 포장형식별 산정기준과 문제점 및 개선방안에 대하여 설명하시오.

[4.35 콘크리트포장 확장구간의 신·구 접속방안]

070.4 시멘트 콘크리트포장에서 깎기·쌓기 경계부에서 부등침하방지를 위한 보강슬래브 설계방법에 대하여 기술하시오.

083.3 콘크리트포장 확장 시 콘크리트 신·구 포장의 이음 방안을 기술하시오.

088.3 강성 포장 줄눈재의 역할 및 현장부착력 시험방법에 대하여 설명하시오.

094.3 콘크리트포장 도로(또는 공항)확장 및 선형개량 시 신·구 포장 접속부 처리의 문제점 및 대책을 설명하시오.

120.2 도로(또는 공항) 콘크리트포장 확장에서 신·구 콘크리트 접속 시 이음부 처리방안에 대하여 설명하시오.

124.3 콘크리트포장 확장에서 신·구 콘크리트포장의 접속 시 측대의 배분처리 및 이음처리에 대하여 설명하시오.

4. 유지보수관리

[4.36 도로 포장관리체계(PMS)]

069.2 PMS(포장관리체계)에 대하여 기술하시오.

072.3 포장유지관리(PMS)의 구축과 활용방안에 관하여 설명하시오.

076.1 포장관리체계(PMS)

081.1 포장관리체계의 Network Level과 Project Level

125.1 포장관리시스템(PMS, Pavement Management System)

[4.37 PMS의 비파괴시험(FWD), 역산기법]

063.1 FWD(Falling Weight Deflectometer)

068.1 FWD(Falling Weight Deflectometer) 조사

070.3 포장구조 상태를 조사하는 장비 중의 하나인 FWD(Falling Weight Deflectometer)의 원리와 활용도에 대하여 설명하시오.

076.3 도로(공항)포장의 잔존수명을 추정하기 위한 역산기법(back calculation)에 대하여 설명하시오.

078.1 FWD/HWD(비파괴시험)

085.1 FWD(Falling Weight Deflectometer)

109.1 FWD(Falling Weight Deflectometer) 비파괴시험

116.1 FWD(Falling Weight Deflectometer)

[4.38 평탄성지수 PrI와 IRI의 상관관계]

072.1 프로파일미터(Profile Meter)와 프로파일인덱스(Profile Index)

077.1 IRI(International Roughness Index)

087.1 PrI(Profile Index)와 IRI(International Roughness Index)

089.1 아스팔트콘크리트포장의 유지관리 지수(MCI)

096.1 PrI(Profile Index)와 IRI(International Roughness Index)

117.1 IRI(International Roughness Index)

[4.39 도로교통시설 안전진단]

086.1 도로안전관리시스템

090.1 SMS(도로안전관리체계)

103.2 도로에서 발생할 수 있는 재난유형과 1종 도로시설물의 안전관리에 대한 현 실태와 개선방안에 대하여 설명하시오.

104.2 도로(또는 공항) 사업 준공 후 안전진단에 필요한 기존자료 활용방안에 대하여 설명하시오.

111.1 도로자산관리

117.1 도로의 자산관리

125.4 도로교통시설안전진단의 주요 내용과 절차에 대하여 설명하시오.

[4.40 아스팔트포장의 파손형태]

064.4 도로 또는 공항포장에서 주로 발생하는 포장 손상의 종류 및 발생원인과 보수 방법에 관하여 설명하시오.

069.3 도로 및 공항의 아스팔트포장에서 흔히 발생할 수 있는 박리(Stripping) 현상의 원인에 대하여 설명하시오.

096.4 도로(또는 공항)포장의 노면 불연속구간에서 포장 파손 저감방안에 대하여 설명하시오.

109.1 표면 실(Surface seal)공법

111.3 도로(또는 공항)의 노면이 불연속적인 구간에서 포장 파손 원인과 대책에 대하여 설명하시오.

[4.41 아스팔트포장의 예방적 유지보수]

073.4 아스팔트포장 유지보수에서 예방적 유지보수 (Preventive Maintenance)의 정의와 해당 공법 및 국내 PMS에 적용할 경우에 대한 귀하의 의견에 대하여 기술하시오.

076.2 아스팔트포장의 파손형태 및 원인과 보수대책을 서술하시오.

085.3 아스팔트포장의 파손원인과 유지보수 방법에 대하여 설명하시오.

091.2 아스팔트포장의 효율적인 유지관리를 위한 노면조사에 대하여 설명하시오.

100.4 예방적 유지관리 기법에 대하여 설명하시오.

103.3 도로(공항)포장의 파손원인과 파손유형별 보수방법, 보수공사 시 유의할 사항에 대하여 설명하시오.

116.1 도로포장의 예방적 유지보수

121.3 아스팔트포장파손 원인 및 대책과 유지보수공법에 대하여 설명하시오.

[4.42 아스팔트포장의 포트홀(Pothole)]

083.4 아스팔트포장의 문제점인 포트홀(Pot hole)에 대한 원인과 대책방안에 대하여 기술하시오.

092.1 포트홀(Pot Hole)

095.3 장마철 강우 후 도로(또는 공항)포장에서 발생하는 포트홀(Pot Hole) 저감대책에 대하여 설명하시오.

102.3 최근 이상기후 등으로 포트홀의 발생이 증가하고 있다. 이와 관련하여 도로(또는 공항)에서 아스팔트콘크리트포장시공에 따른 품질관리상의 문제점 및 개선사항에 대하여 설명하시오.

111.1 포트홀(Pot Hole)

112.3 도로 함몰의 원인에 대하여 설명하시오.

117.4 아스팔트콘크리트포장의 포트홀(Pothole) 발생원인을 설명하시오.

125.2 포트홀(Pot Hole) 발생 메커니즘과 발생원인 및 예방대책을 설명하시오.

[4.43 아스팔트의 강성(剛性)과 소성변형]

113.1 아스팔트의 스티프니스(Stiffness)

[4.44 아스팔트포장의 소성변형(Rutting)]

065.3 아스팔트콘크리트포장에서 최근 소성변형이 많이 발생되고 있으므로 그 원인과 개선방안에 대하여 설명하시오.

068.2 아스팔트포장의 소성변형에 대한 원인과 대책에 대하여 기술하시오.

072.2 아스팔트콘크리트포장에서 소성변형이 일어나는 원인과 그 대책으로 포장설계 시 고려사항을 기술하시오.

077.1 연성포장의 소성변형 원인 및 대책

079.3 아스팔트포장의 소성변형을 최소화할 수 있는 방안에 대하여 설명하시오.

083.1 소성변형(Rutting)

097.3 아스팔트콘크리트포장에서 발생하는 소성변형의 원인과 대책방안에 대하여 설명하시오.

098.3 중차량이 많은 도로에서 소성변형 최소화를 위한 표층용 아스팔트 혼합물의 내유동성 대책에 대하여 설명하시오.

109.4 도로(또는 공항)의 아스팔트포장에서 소성변형의 외부적 발생원인 및 소성변형에 대한 내부적 영향인자와 소성변형 저감 포장공법을 설명하시오.

116.3 지속적인 폭염으로 발생되고 있는 도로(또는 활주로)포장의 소성변형 원인과 방지대책에 대하여 설명하시오.

[4.45 줄눈 콘크리트포장의 컬링 발생 매커니즘]

118.3 줄눈 콘크리트포장에서 포장슬래브의 상부측 온도가 하부측 온도보다 높은 경우, 포장슬래브 컬링의 발생 매커니즘과 포장슬래브 하부측에 발생하는 응력에 대하여 설명하시오.

[4.46 콘크리트포장의 파손형태]

071.1 시멘트 콘크리트포장의 Spalling 현상

072.1 콘크리트포장 펌핑(Pumping) 현상

082.1 Blow-up 현상

091.3 도로(공항)에서 무근 콘크리트포장(JCP)과 연속철근 콘크리트포장(CRCP)의 손상과 파손형태에 대하여 설명하시오.

098.1 팻칭(Patching)

101.1 재하균열(load-associated cracking)

103.1 종방향균열과 횡방향균열(Longitudinal and Transverse Cracks)

109.2 도로(또는 공항)의 무근 콘크리트포장에서 발생되는 주요 균열의 종류와 발생원인에 대하여 설명하시오.

116.1 시멘트 콘크리트포장의 Blow-up

123.2 도로(또는 공항)에서 무근 콘크리트포장(JCP)의 파손 및 Spalling 원인과 대책에 대하여 설명하시오.

[4.47 콘크리트포장의 보수공법]

063.2 콘크리트포장의 파손형태별 원인과 보수대책을 기술하시오.

078.4 콘크리트포장의 파손형태, 원인 및 대책에 대하여 기술하시오.

084.2 연속 철근 콘크리트포장(CRCP) 파손원인 및 보수
· 보강대책을 기술하시오.

086.4 도로(공항)의 무근 콘크리트포장의 파괴원인 및
대책을 설명하시오.

093.4 콘크리트포장의 파손유형 및 보수방안에 대하여
설명하시오.

106.2 도로(또는 공항) 콘크리트포장의 Spalling 파손의
원인 및 대책에 대하여 설명하시오.

[4.48 초박층 스프링클 보수공법]

084.1 초박층포장

108.1 초박층 스프링클 포장공법(Innovative Sprinkle
Treatment)

[4.49 기존 콘크리트포장 위에 덧씌우기]

070.1 반사균열(Refraction crack)

074.4 노후 시멘트 콘크리트포장의 평탄성 확보를 위한
덧씌우기 포장공법에 대하여 기술하시오.

075.1 반사균열(Refraction crack)

081.2 덧씌우기에 의한 노후 콘크리트포장의 보강방안
을 종류별로 기술하시오.

085.1 반사균열

101.3 기존 아스팔트콘크리트포장에 신규 아스팔트콘크
리트 덧씌우기 포장설계의 절차와 방법에 대하여
설명하시오.

106.4 도로(또는 공항) 콘크리트포장의 덧씌우기 공법에
대하여 설명하시오.

112.2 반사균열의 발생 원인과 대책방안에 대하여 설명
하시오.

117.2 시멘트 콘크리트포장의 덧씌우기 공법에 대하여
설명하시오.

118.2 노후 시멘트 콘크리트포장 위에 아스팔트포장 덧
씌우기를 하는 경우에 발생하는 반사균열의 원인
과 저감방안에 대하여 설명하시오.

120.2 내구연한이 초과된 도로(또는 공항)의 시멘트 콘
크리트포장 개량 시 설계 및 시공방안에 대하여
설명하시오.

122.4 시멘트 콘크리트포장의 파손유형을 설명하고, 노
후 시멘트 콘크리트포장면을 절삭한 후 아스팔트
혼합물로 덧씌우기하는 방법과 절삭 없이(비절삭)
아스팔트 혼합물로 덧씌우기하는 방법에 대한 특
징을 비교하여 설명하시오.

123.3 도로(또는 공항) 콘크리트포장의 덧씌우기 공법
적용 시 반사균열(Reflection Crack) 방지를 위한
설계 · 시공 유의사항을 설명하시오.

[4.50 건설 폐기물의 발생 및 재활용 기술]

068.1 Surface Recycling 공법

071.3 재활용이라는 사회적 코드에 맞추어 최근 각종 산
업부산물을 도로건설에 다양하게 이용하고 있다.
국내에서 도로건설에 이용되는 산업부산물의 종
류 및 이를 이용한 도로포장의 특징을 서술하시오.

072.3 환경친화적인 도로설계를 위한 자연보존방법과
현장발생 건설자원 재활용방법을 설계와 공사단
계에서의 고려사항을 기술하시오.

078.3 건설폐자재 재활용 실태 및 필요성에 대하여 간략
히 설명하고 폐아스팔트 콘크리트 및 폐콘크리트
재활용 방안에 대하여 설명하시오.

087.2 재생 아스팔트 활용 시 예상 문제점과 적용 상의
유의사항을 기술하시오.

097.2 최근 부각되고 있는 환경보전 정책과 관련하여 고
로슬래그 등 산업현장에서 발생되는 산업부산물
의 특성 및 도로포장(또는 공항포장) 재활용 시 고
려사항을 설명하시오.

102.1 노상표층재생(Surface Recycling)공법

109.1 아스팔트포장의 재활용공법의 종류

111.1 순환골재

117.2 아스팔트콘크리트포장 폐재의 재생 및 이용방안
에 대하여 설명하시오.

[1. 설계입력변수]

4.01 포장공법의 분류

아스팔트포장의 특성, 콘크리트포장의 종류 중 JCP, CRCP, 포스트텐션 콘크리트포장 [0, 8]

1. 개요

(1) 우리나라는 2001년부터 국토교통부 주관 도로포장 R&D사업에 건설기술연구원과 한국 도로공사, 한국도로학회 등 전국의 산·학·연 전문가들이 참여하여, 국내 특성에 적합 한 「2011 한국형 도로포장설계법」을 개발하였다.

(2) 이 설계법은 아스팔트포장 및 콘크리트포장의 교통하중, 환경조건, 재료물성 등의 입력 변수를 「도로설계편람(2012, 국토교통부)」에 수록하여 적용하고 있다.

2. 아스팔트포장의 분류

(1) 사용되는 바인더(결합재)의 종류 또는 공법에 의한 분류

① 수지(樹脂)와 고무를 첨가한 개질아스팔트포장

② 세미블로운 아스팔트포장

③ 구스 아스팔트포장

④ 로울드 아스팔트포장

⑤ 전단면(full-depth) 아스팔트포장 : 필요한 층의 두께를 전부 아스팔트 혼합물로 구 성하여 노상 위에 직접 아스팔트 혼합물을 포설

(2) 수행되는 기능에 의한 분류

① 미끄럼방지포장

② 내유동성포장

③ 투수성포장 : 빗물을 노면으로 침투시키는 포장

④ 배수성 포장 : 포장체 표면의 배수를 위한 포장

(3) 시공되는 장소에 의한 분류

① 차도포장

② 보도포장

③ 교면포장

④ 버스정류장포장

⑤ 주차장포장

⑥ 터널 내 포장

⑦ 단지 내 포장

3. 콘크리트포장의 분류

(1) **줄눈 콘크리트포장**(JCP, Jointed Concrete Pavement)

① 슬래브에 Dowel bar나 Tie bar를 제외하고 일체의 철근 보강이 없다.

② 일정간격의 줄눈을 설치하여 균열발생 위치를 인위적으로 조절한다.

③ 온도변화와 건조수축에 의한 슬래브 활동을 억제하는 구속력을 줄이기 위해 슬래브와 보조기층 사이에 분리막을 설치한다.

(2) **철근 콘크리트포장**(JRCP, Jointed Reinforced Concrete Pavement)

① 포장형태는 슬래브에 종방향 철근을 설치(횡방향 철근은 넓은 간격으로 설치)하여 줄눈이 발생되면 철근에 의해 끊어져서 더 이상의 균열 확대를 방지한다.

② 줄눈부 이외의 부분에서는 균열발생을 허용하지 않으며, 일정한 간격의 줄눈을 설치하되 무근 콘크리트포장(JCP)보다 줄눈 개수를 줄인다.

③ 온도변화와 건조수축에 의한 슬래브의 활동을 억제하는 구속력을 줄이기 위하여 슬래브와 보조기층 사이에 분리막을 설치한다.

(3) **연속 철근 콘크리트포장**(CRCP, Continuously Reinforced Concrete Pavement)

① 횡방향 줄눈을 완전히 제거하여 승차감이 좋고 포장수명도 길지만, 품질관리에 고도의 숙련기술이 필요하다.

② 균열발생을 허용하되, 종방향 철근을 콘크리트 횡단면적의 0.6~0.85% 정도 사용하여 균열 틈의 벌어짐을 억제한다.

③ 온도변화와 건조수축에 의한 슬래브의 활동을 억제해야 하므로 슬래브와 보조기층 사이에 분리막을 설치하지 않는다.

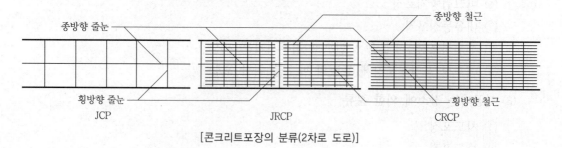

[콘크리트포장의 분류(2차로 도로)]

(4) **프리스트레스 콘크리트포장**(PCP, Prestressed Concrete Pavement)

① 포장형태는 슬래브에 종·횡방향으로 PS 강연선을 배치하고 긴장력(prestressing)을 가하여 차량하중에 의해 발생되는 슬래브 내의 안장응력을 상쇄한다.

② 공용기간은 거의 40년 동안 파손과 유지보수가 필요 없는 장기수명을 보장할 수 있고, 포장두께를 1/2로 줄여 시멘트 사용량을 최소화할 수 있는 친환경적인 저탄소 녹색공법이다.

③ 기존 콘크리트포장의 줄눈을 대폭 줄여 균열발생을 억제하며, 도로포장으로서의 내구성, 주행성, 경제성 및 심미성을 추구한다.

(5) 롤러다짐 콘크리트포장(RCCP, Roller Compacted Concrete Pavement)

① 포장형태는 슬럼프치 zero(0)인 초속경 반죽 콘크리트를 두께 15~30cm의 슬래브로 연속 타설하여, 저속(低速)주행차량이 자주 통행하는 도로에 적용한다.

② 콘크리트의 운반·타설·다짐에 슬럼프 개념이 없어 W/C비와 압축강도의 관계가 적용되지 않아 고속도로가 아닌 농어촌도로에 쓰인다.

③ 콘크리트 배합 후 1시간 이내에 타설해야 하므로 현장 근처에 batch plant를 위치시키고, 동결과 침식 저항력은 양생에 좌우되므로 품질관리에 유의한다.

④ 최근 일본에서는 RCCP공법에 팽창제를 사용하여 일반도로 차도용 포장으로 기술개발하고 있으며, 값비싼 아스팔트포장의 대체 범위를 연구 중이다.

4. 맺음말

(1) 아스팔트는 고온 영역에서 하중 크기와는 상관없이 강성(剛性, stiffness)이 일정한 비율로 감소하는 재료적 특성이 있다. 즉 아스팔트포장은 기온이 높아지면 강성이 감소되어 소성변형(Rutting)을 일으켜 균열, 변형, 파손 원인으로 작용하고 있다.

(2) 아스팔트포장의 단점을 보완하기 위해 적용하는 콘크리트포장은 콘크리트가 건조·습윤 반복에 따른 수축·팽창 특성에 의해 균열이 발생된다. 이를 감안하여 콘크리트포장에는 종방향으로 4m마다 줄눈을 설치하고 있다.

(3) 콘크리트포장 줄눈부 이외의 부분에서 균열발생을 허용하지 않기 위해 철근 콘크리트포장(JRCP)이나 연속 철근 콘크리트포장(CRCP)을 적용하고 있지만, 이 또한 아스팔트포장보다 차량 주행 소음이 크다는 단점이 있다.

(4) 이와 같은 아스팔트포장과 콘크리트포장의 단점을 보완하기 위해 개질아스팔트포장, SMA(Stone Mastic Asphalt)포장, 섬유보강 콘크리트포장, LMC 콘크리트포장 등과 같은 특수포장이 연구·개발되고 있다.[1]

---

1) 국토교통부, '도로설계편람', 제4편 포장, 2012, pp.404-1~2.
  최판길 외, '연속 철근 콘크리트포장에서 횡방향 철근의 설계와 시공 이슈', 국제도로엔지니어링저널, Vol.16 No.4 pp.1~9, August 1, 2014.

4.02 포장공법의 설계

아스팔트포장과 콘크리트포장의 설계이론, 특징, 장·단점, 작용하는 응력의 특성 [0, 17]

I 개요

1. 포장공법은 크게 아스팔트포장공법[軟性]과 콘크리트포장공법[剛性]으로 분류되며, 우리나라는 「2011 도로포장설계법」에 따라 다음과 같이 설계·시공한다.
2. 아스팔트포장은 기본적으로 표층에서 기층, 보조기층, 노상 순으로 하중을 분산시켜 응력을 절감하는 방식을 취하고 있다.
3. 콘크리트포장은 교통하중을 슬래브가 모두 지지하는 형식을 취하고 있다.

[도로 포장공법의 특성 비교]

구분	아스팔트포장	콘크리트포장
구조적 특성	• 포장층 일체로 교통하중을 지지하고 노상에 윤하중을 분포시킴 • 기층 또는 보조기층에도 큰 응력 작용 • 반복되는 교통하중에 민감	• 콘크리트 슬래브가 교통하중을 휨저항으로 지지 • 건조수축에 의한 균열발생을 수축줄눈 또는 연속철근으로 억제 • 재맞물림 작용 또는 다웰바를 통해 인접 슬래브 간의 하중전달
시공성	• 시공경험 풍부 • 양생기간이 짧음	• 콘크리트의 품질관리, 양생, 평탄성, 줄눈시공 등 고도의 숙련 필요
유지관리	• 잦은 유지보수로 장기적 관리비용 증가 • 국부적 파손에 대한 보수용이 • 잦은 보수로 교통소통 지장	• 유지관리비 저렴 • 국부적 파손에 대한 보수불량 • 유지보수 빈도 적음
장·단점	• 중차량에 대한 소성변형 발생 • 소음이 적음 • 평탄성 및 승차감 양호 • 시공 후 교통개방까지 시간이 적게 소요되어 공사기간 단축	• 중차량에 대한 적응성 양호 • 소음이 많음 • 줄눈 설치로 국부적인 파손 가능 • 장기 양생으로 공사기간 길어짐

II 아스팔트포장

1. 표층

(1) 표층은 포장의 최상부로서 가열아스팔트 혼합물로 만든다. 표층은 교통하중을 분산시켜 하부로 전달하는 기능, 교통차량에 마모 저항성, 쾌적한 주행 평탄성, 미끄럼 저항성 등의 역학적 기능을 가져야 한다.

(2) 과거에는 하부로 빗물 침투를 방지하는 불투수성 재료를 표층에 포설하였으나, 최근에는 투수성 포장이 도입되어 경제성을 고려하여 다양하게 적용한다.

2. 기층

(1) 표층에 가해지는 교통하중의 타이어 압력을 견디기 위해서는 기층에 역학적으로 고품질의 재료를 사용하여 구조적 지지력을 갖도록 해야 한다.

(2) 기층에는 입도조정, 시멘트 안정처리, 아스팔트안정처리 공법 등이 사용되며 재료의 최대입경은 40mm 이하이며 1층 마무리 두께의 1/2 이하이어야 한다.

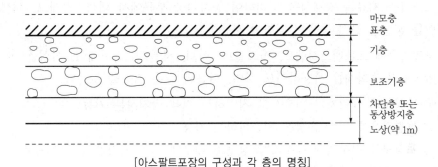

[아스팔트포장의 구성과 각 층의 명칭]

Ⅲ 콘크리트포장

표층(슬래브)

1. 콘크리트포장에서 표층은 콘크리트 슬래브, 하중전달장치 및 줄눈재로 구성된다. 콘크리트 슬래브에 사용되는 시멘트는 휨강성을 크게, 수축을 적게, 조기 발열량을 적게 하는 '보통포틀랜드시멘트'가 많이 사용된다.

2. 중용열포틀랜드시멘트와 플라이애쉬를 혼합한 시멘트 또는 슬래그 미분말을 혼입한 시멘트를 사용하면 발열량이 적고 장기강도가 증진되기 때문에 하절기 콘크리트포장 시공에 적합하다.

3. 알칼리 실리카 반응과 내황산염에 대한 내구성 개선을 위해 플라이애쉬 또는 슬래그 분말을 혼합하여 사용하면 유리하다.

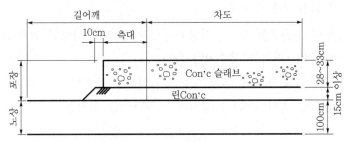

[콘크리트포장의 횡단면 구성 예시]

Ⅳ 포장층 하부 공통적인 구조

1. 보조기층

(1) 보조기층은 비안정처리된 입상재료를 전압한 층이거나 적정한 혼화재료로 안정처리한 토사층으로, 아스팔트포장과 콘크리트포장에 모두 시공된다.

(2) 보조기층 재료는 경제성을 고려하여 공사현장 부근에서 쇄석, 슬래그, 쇄석모래자갈, 이를 혼합한 골재 등을 선별하여 사용한다.

(3) 보조기층에 포틀랜드시멘트, 아스팔트, 석회, 시멘트플라이애쉬, 석회플라이애쉬 등의 안정처리 혼화제를 사용하기도 하며, 다음과 같은 기능을 갖는다.

① 노상토의 세립자가 기층으로 침입하는 것을 방지하는 기능
② 동결작용에 의한 손상을 최소화하는 기능
③ 포장구조 하부의 자유수가 포장구조 내부에 고이는 것을 방지하는 기능
④ 시공장비 주행을 위한 임시 작업도로기능

2. 동상방지층

(1) 동상방지층은 노상(路床)이 동상(凍上)을 받지 않는 재료를 사용하며, 동결심도와 포장 두께 차이의 전부(일부)만큼 노상 상부의 포장층 형식에 상관없이 설치하며, 포장층 구조 계산에 포함시키지 않고 노상에 포함시킨다.

(2) 동상방지층 재료는 자갈 또는 모래와 같은 비동결 재료로서, 동결에 의한 분리가 생기지 않는 것으로 얼음 막 형성을 방지하는 다음 요건에 맞아야 한다.

① 골재 최대입경 : 75~80mm 이하
② 세립토 함유량 : 직경 0.02mm 이하 함유량이 3% 이하, 0.08mm(No.200)체를 통과한 함유량이 10% 이하
② 모래당량 시험값 : 「도로공사 표준시방서(국토교통부, 2009)」 규정에 적합

3. 노상

(1) 노상은 포장층 기초로서 모든 하중을 최종적으로 지지하며, 아스팔트포장과 콘크리트 포장에서 동일한 역할을 한다.

(2) 노상은 상부의 다층구조로부터 전달되는 응력에 의해 과도한 변형 또는 변위를 일으키지 않는 최적의 지지력을 갖추어야 한다.

(3) 노상층 상부의 일정 두께에 동결 영향을 완화하는 동상방지층, 또는 노상층의 세립토사가 보조기층으로 침입(상승)을 방지하는 차단층을 설치한다.

(4) 실내시험을 통해 노상토의 강도(CBR값, 회복탄성계수 MR값 등)를 설정하여 포장층 두께를 결정하고, 소요의 다짐도 및 재료시방기준에 적합하도록 특별한 경우에는 다음과 같이 특별시방서에 규정한다.

① 과민한 팽창성 또는 탄성적 반응을 보이는 토사는 나쁜 영향을 제거하기 위하여 충분한 깊이까지 선택재료를 사용해서 흙쌓기한다.

② 동상에 민감한 토사층(0.02mm 이하 토사 15% 이상, 소성지수 12% 이상)을 제거하거나, 비동상 선택재료로 치환한다.

③ 유기질 토사(organic soil)가 국부적으로 존재하거나 분포깊이가 얕을 경우에는 적당한 선택재료를 사용하여 치환하는 것이 경제적이다.

④ 시공 중 장비에 의해 쉽게 변위되는 비점성토, 적정함수비를 갖도록 건조하는 데 장시간 걸리는 흙, 높은 함수비로 다질 수 없는 습윤점성토 등에는 다음과 같은 추가조치로 문제를 해결할 수 있다.
- 입상재료를 적정하게 혼합
- 사질토에는 점착력을 증가시킬 수 있는 적정 혼화재 첨가
- 시공 중 운반로 기능이 필요한 구간에는 적정두께의 선택재료층 설치

Ⅴ 맺음말

1. 도로포장에서 노상(路床)은 포장층의 기초로서 모든 하중을 최종적으로 지지하며, 아스팔트포장과 콘크리트포장에서 유사한 역할을 한다. 노상은 상부의 다층구조로부터 전달되는 응력에 의해 과도한 변형 또는 변위를 일으키지 않는 최적의 지지력을 갖추어야 한다.

2. 콘크리트포장은 콘크리트 슬래브, 보조기층 및 노상으로 구성되는데, 콘크리트 슬래브의 휨저항에 의해 대부분의 하중을 지지한다.
콘크리트 슬래브와 보조기층을 합한 총두께가 동결깊이보다 얇은 경우에는 부족한 만큼 노상의 상부에 동상방지층을 설치하고 있다.[2]

---

2) 국토교통부, '도로설계편람' 제4편 도로포장, 2012, pp.403-1, 404-1.

4.03 도로의 서비스능력과 공용성

포장서비스지수(PSI), 공용기간과 해석기간 [15, 0]

1. 개요

(1) 포장설계에서 서비스지수와 공용성이란 도로이용자가 주행할 때 느끼는 쾌적성 등을 정량화하는 척도로서, 1950년대 초에 AASHO 도로시험에서 제시된 개념이다.

(2) 서비스지수(PSI, Present Serviceability Index)의 크기는 0~5의 값으로 정의되며, 포장설계 과정에 초기와 최종 서비스지수를 결정해야 한다.

2. 포장설계에서 서비스지수와 공용성의 가정

(1) 도로포장은 이용자 통행의 편리성과 쾌적성을 제공하기 위함이다.

(2) 쾌적성이나 승차감은 이용자의 주관적 반응 또는 견해에 관련된 사항이다.

(3) 서비스지수는 모든 도로이용자 관점에서 포장상태를 평가하여 점수를 부여하는 값으로, 이것을 서비스능력 평점(serviceability rating)이라 한다.

(4) 포장의 물리적인 손상 특성과 주관적인 평가 점수를 서로 상관시키는 관계로부터 객관적인 서비스지수(PSI)가 산출된다.

(5) 공용성(performance)은 포장의 서비스이력(serviceability history)으로 표시된다.

3. 서비스지수(PSI)

(1) 초기 서비스지수(P_i, Initial Serviceability Index)

① 도로이용자 관점에서 추정되는 시공완료 직후의 PSI 값을 말한다.

② AASHO 도로시험에서 얻어진 초기 서비스지수(P_i) 값은 다음과 같다.
- 아스팔트포장 : 4.2
- 콘크리트포장 : 4.5

(2) 최종 서비스지수(P_t, Terminal Serviceability Index)

① 특정 도로의 포장표면을 재포장(resurfacing)하거나 재시공(reconstruction)해야 되는 시점의 PSI 값을 말한다.

② AASHO 도로시험에서 얻어진 최종 서비스지수(P_t) 값은 다음과 같다.
- 중요한 도로 : 2.5 또는 3.0
- 중요하지 않은 도로 : 2.0
- 경제적 관점에서 초기비용이 적게 소요되는 저급도로 : 1.5
- 낮은 값의 최종 서비스지수(P_t)는 특별히 선택된 도로에만 적용한다.

4. 포장의 공용성(performance)

(1) 공용기간(performance period)

① 초기 포장구조가 공용된 후 덧씌우기 이상의 보수를 필요로 하기 바로 직전까지의 기간, 또한 보수작업 시행 사이의 기간을 의미하기도 한다.

② 신설포장, 재포장, 보수된 포장의 초기 서비스지수(P_i)가 최종 서비스지수(P_t)로 떨어지기까지 경과한 시간이다.

③ 공용기간은 유지보수 형태·수준에 따른 최단기간 및 최장기간을 구해야 한다.

- 최단기간 : 포장의 공용성이 반드시 유지되어야 하는 최단기간
- 최장기간 : 포장의 공용성을 예측할 수 있는 최장기간

(2) 해석기간(analysis period)

① 해석대상이 되는 기간, 즉 어떠한 설계기준이 보증할 수 있는 시간의 범위

② 과거에 설계자가 사용했던 설계수명(design life) 기간과 유사하다.

③ 해석기간은 최대공용기간을 고려해야 하므로 요구되는 해석기간을 얻기 위해서는 한 번 또는 그 이상의 보수작업이 요구되는 단계건설 계획이 필요하다.[3]

[AASHTO의 해석기간(analysis period) 추천 값]

교통량	해석기간(년)
도시부 교통량 많은 지역	30~50
지방부 교통량 많은 지역	20~50
교통량 적은 지역	15~25
비포장 교통량 많은 지역	10~20

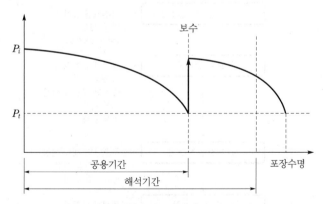

[포장의 공용성 : 공용기간과 해석기간]

---

3) 국토교통부, '도로설계편람', 제7편 포장, 2001, pp.702-10~12.

4.04 한국형 도로포장설계법

한국형 도로포장설계법의 주요내용과 특징, 입력자료(횡단, 평면, 종단)의 핵심요소 [7, 11]

I 개요

1. 국내에서 연구된 「한국형 포장설계법」은 미국의 AASHTO 2002 Design Guide를 벤치마킹 하여 국내의 도로분야 연구장비 현황 및 연구진 규모, 건설사 및 설계사의 현황 등을 고려하 여 적정하게 개발되었다.

2. 현재 도로설계 전문업체에 관련 소프트웨어가 배포되어 현업에서 사용 중에 있으며, 국가건 설기준센터 홈페이지(www.kcsc.re.kr) 알림마당 → 공지사항 → "도로포장설계 프로그램 서비스 안내"에서 다운받을 수 있다.

II 한국형 아스팔트포장설계법

1. 설계 흐름도

(1) 아스팔트포장은 다음 흐름도와 같이 설계프로그램 S/W 절차에 따라 설계한다.

(2) 먼저 설계대상 지역에 적합한 포장단면을 설정하고, 기상·교통정보를 입력한다.

(2) 입력변수를 통해 포장 거동을 분석하고, 그 결과를 이용하여 공용성을 예측한다.

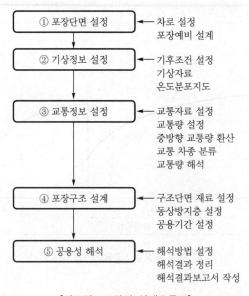

[아스팔트포장의 설계흐름도]

2. 프로그램 실행 환경

NAVER 한국형 도로포장설계 프로그램 ▾ 🔍 을 실행하면, 개발기관 및 프로그램 버전을 보여주는 초기화면 창이 나타나며, 실행 환경은 다음과 같다.

(1) **지원 O/S** : Windows 2000, Windows XP, Windows 7 32비트

(2) **필수 설치 S/W** : Microsoft Office 2003 이상(MS Access 포함)

(3) **지원 언어** : 한글(영문 O/S는 지원하지 않음)

[한국형 포장설계법 프로그램 초기화면 창]

3. 일반사항 입력

(1) **초기화면 창이 나타난 후에는 과업 관리 창이 뜬다.**

　① 설계의 기본단위로서 '과업'을 생성하고, 설계등급, 포장종류 등을 확인

　② 과업은 DB 파일(MDB Access File)단위로 관리되며, 과업 수정도 가능

　③ '새 과업' 버튼을 클릭하여 과업정보, 기하구조, 교통량, 환경조건, 재료조건 및 공용
　　성 기준 등을 새롭게 입력하면서 진행

(2) **과업 정보 입력 창에는 설계과업의 특징을 확인할 수 있는 일반정보를 입력한다.**

　① '과업 명'은 저장되는 파일이름이므로 기존 과업 명과 중복되지 않도록 입력

　② '설계등급 1'는 매우 구체적인 실험결과를 요구하면서 신뢰성 높은 결과를 제시하지
　　만, '설계등급 2'은 입력값을 추정할 수 있는 단순한 실험결과를 요구하면서 설계등급
　　1보다는 다소 낮은 설계 결과를 제시

(3) **일반사항 입력은 아스팔트포장과 콘크리트포장 설계에 동일하게 적용된다.**

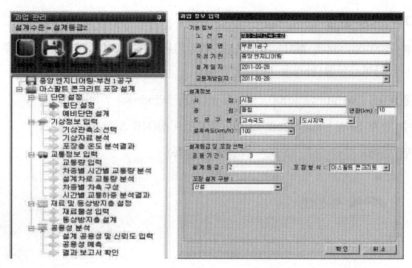

[과업 정보 입력]

4. 설계과업 입력

   (1) **횡단설정** : 설계대상 도로의 차로수, 차로폭, 길어깨의 폭·종류를 결정한다.

      ① 차로수는 양방향, 차로폭은 3.6m, 길어깨 폭은 1.5m 등과 같이 DB에 기준값이 설정 되어 있으므로, 작성자가 설계 요구값으로 다음과 같이 수정하여 입력

        • 차로수 : 일반적으로 2~8차로 사이에서 선택

        • 차로폭 : 일반적으로 3.00~3.60m 사이에서 선택

        • 길어깨 폭 : 일반적으로 0.25~3.00m 사이에서 선택

        • 길어깨 종류 : 아스팔트 콘크리트 또는 시멘트 콘크리트를 선택

      ② 구조설계를 위한 자료는 다음단계 버튼을 눌러 순서대로 입력하며, 최종단계에서 공 용성 해석을 수행하면 해석 결과를 확인 가능

   (2) **예비단면설계** : 설계 대상 도로포장 단면의 각 층 두께를 입력한다.

      ① 포장단면의 두께는 최대골재 크기를 고려하여 각 층별 최소두께 및 최대두께의 제한 범위 내에서 m 단위의 정수로 입력

      ② 포장단면 두께를 표층-중간층-기층-보조기층-노상으로 구성하여, 각 층 재료의 탄 성계수를 설계등급(1, 2)에 따라 실내시험이나 설계DB 값으로 입력

      ③ 만약 덧씌우기 포장 형식을 선택하였다면, 다음과 같이 포장 단면도에 덧씌우기가 나 타나므로, 동일하게 원하는 두께를 입력하고 다음 단계로 진행

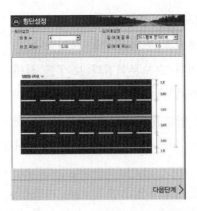

(1) 횡단설정

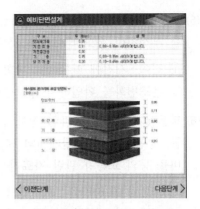

(2) 예비단면설정(덧씌우기창)

(3) **기상관측소 선택** : 설계대상 지역에서 최단거리 3개소의 기상관측소를 선택하는 것이 바람직하지만, 최단거리 1개소를 선택할 수도 있다.

① 각 관측소에 제시되어 있는 기상정보의 평균값을 산출하여 입력하면 기준으로 설계 적용 기상관측소 정보 창이 뜬다.

② 기상관측소 선택 창에서 마우스 우측을 클릭하고 'Pan' 메뉴를 선택하여 지도를 이동시켜 대상 지역이 나타나면 다시 우측을 클릭하여 위도·경도를 선택한 후, 해당지점에서 마우스 왼쪽을 클릭한다.

③ 이때 선정된 지역에 적용되는 동결지수가 자동 계산되어 우측 하단에 표시되며, 이 값은 다음단계에서 동상방지층 결정에 활용된다. 또한, 이때 선정된 기상관측소 위치는 다음단계에서 포장층 온도 해석에 활용된다.

(4) **기상자료분석** : 기상관측소 위치를 선택하면 선택된 지역의 요약된 기상자료(최고·최저온도, 강수량)를 월별 도표 및 그래프로 보여준다.

(3) 기상관측소 선택

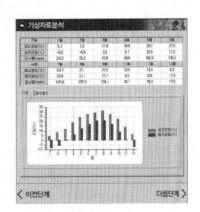

(4) 기상자료분석

(5) **포장층 온도분석 결과** : 기상자료분석 창에서 다음단계를 선택하면 포장층의 내부온도를 분석하여 온도 데이터를 자동 산출한 후, 그 분석 결과를 보여준다.

① 깊이·시간에 따른 온도변화를 확인하려면 '온도분석결과 보기'를 선택

② 온도변화를 확인하지 않고 계속 진행하려면 '교통량 입력'을 선택

(6) **교통량 입력** : 앞서 과업 정보 입력 창에서 입력했던 자료를 기준으로 적절한 도로 등급, 공용개시년도, 설계지역구분, 설계속도, 차로수, 교통량 환산계수, 시간별 교통량 비율 등의 교통량 관련 자료가 제시된다.

① 교통량 연 증가율 : 초기년도 교통량이 증가하지 않으면 '증가율 미적용'을 선택하며, 교통량이 비선형으로 증가하면 '비선형증가율"을 선택하고 수식에 증가율을 추가 입력한 후 '계산'을 선택한다. 향후 공용기간 중에 '교통량 추정자료'를 선택하여 공용기간 중 연단위 교통량을 입력한다.

② 차종별 교통량 : 초기년도 연평균 일교통량(AADT)를 입력하고 '교통량 초기화'를 선택하면 이미 선택된 교통량 연증가율을 자동 적용하여 공용기간 중의 차종별 AADT가 연도별로 결정된다.

③ 교통량환산계수 : 도로 등급 및 차로수에 따라 이미 결정된 DB값이 화면에 나타나지만, 특별한 경우에는 이를 수정하여 적용할 수 있다.

④ 시간별 교통량 비율 : 24시간별 교통량 비율이 DB값을 바탕으로 표시된다.

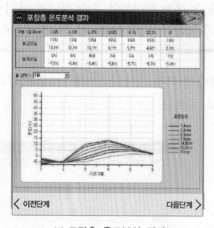

(5) 포장층 온도분석 결과

(6) 교통량 입력

(7) **차종/시간별 교통량 분석** : 앞서 입력한 교통량 정보에 따른 AADT 초기값을 기준으로 차종별/24시간대별 교통량 분석 결과를 보여준다. 연도별 교통량 분포의 변화는 창에서 화살표를 선택하면 확인할 수 있다.

월별 교통량 : 차량대수와 차종비율에 따라 DB에 저장되어 있는 자료를 바탕으로 AADT의 월별 교통량 변화를 계산하여 표시

(8) **설계차로 교통량 분석** : 차로계수와 방향계수가 고려된 실제 설계교통량으로 환산한 결과를 보여준다.

이 값은 다음 (9)단계에서 차축별 교통량 환산을 위한 기본자료에 활용

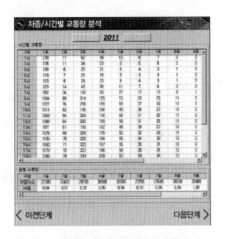

(7) 차종/시간별 교통량 분석   (8) 설계차로 교통량 분석

(9) **차종별 차축구성** : '차축구성'에서는 4가지 차축의 하중별 교통량 계산에 사용되는 차종의 하중별 교통량을 보여준다.

   ① 차종별 차축의 구성상태를 숫자 또는 타이어그림으로 표시하고 있으므로, '차축 구성도'를 클릭하면 각 차축의 하중별 분포를 확인 가능

   ② 차축 구분은 4가지 축(단축단륜, 단축복륜, 복축복륜, 삼축복륜)별로 각 차종의 교통량 계산에 사용되는 하중별 교통량을 확인 가능

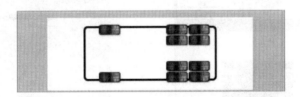

[타이어그림 5종(중형트럭 B)]

(10) **교통량 해석** : 최종적으로 설계에 사용되는 4가지 차축의 월별/시간별/하중별 차량 AADT를 추정하여 보여준다.

[교통량 계산 프로세스]

① 공용기간 중에 설계교통량의 AADT의 변화는 화살표를 선택하면 확인 가능
② 교통량 출력 : 교통 차종을 선택하면 각 차종에 대한 교통량을 해석한 후, 출력 가능

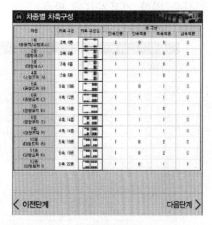

(9) 차종별 차축구성

(10) 시간별 교통하중분석결과

(11) **재료물성 입력** : 예비단면에서 결정된 포장층과 각층의 두께에 대한 재료를 선택하고 설계등급에 따라 해당하는 재료물성값을 입력한다.

'설계등급 1'은 실내실험을 수행하여 역학적 물성(탄성계수 등)을 직접 입력하고,

'설계등급 2'는 역학적 물성을 추정 가능한 실험결과를 입력하는 것이 기본이다.

이 화면에서 각 포장층별 재료물성 입력 버튼을 클릭하여 적절한 재료물성을 입력하고 확인 버튼을 클릭해서 입력해야 올바른 공용성 해석이 수행된다.

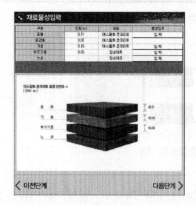

(11) 재료물성 입력

[표층(아스팔트층)]

① 표층(아스팔트층) : 일부 혼합물은 이미 설계등급 1수준의 실험이 완료되어 있으므로 설계등급 2수준의 혼합물을 선택하여 설계를 수행하더라도 추가 실험비용 없이 '포장 재료선택(DB)활용'을 클릭하여 설계를 진행할 수 있다.

- 실험이 진행된 표층의 골재는 밀입도 13mm, 밀입도 19mm, 갭입도 13mm이며, 바인더는 PG58-22, PG64-22, PG76-22가 있다.
- 중간층 재료는 표층 재료와 동일한 재료를 사용하는 것으로 가정한다.
- 기층의 골재는 밀입도 25mm, 바인더 PG64-22를 활용할 수 있다.
- 포장재료-설계등급 1 : 동탄성계수 실험을 통하여 알파(α), 베타(β), 감마(γ), 델타(δ)를 결정한 후에 이를 입력한다.
- 포장재료-설계등급 2 : DB에 내장된 혼합물 창의 기본사항 탭에서 골재와 바인더를 선택한다. 아스팔트 기층은 표층과 동일한 절차를 따른다.

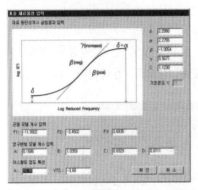

[표층 설계등급 1]

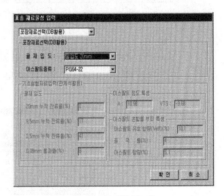

[표층 설계등급 2]

② 기층 : 아스팔트 기층과 쇄석 기층의 2가지로 DB에 입력되어 있으므로, 이 중에서 선택하여 물성을 입력하면 각각 다른 종류의 폼에서 물성을 정해진다.

- 아스팔트 기층에서는 쇄석 기층 재료 외의 입력값은 표층과 동일하다. 설계 수준 1과 2에서 입력되는 기층 물성 종류가 다르다는 점에 유의한다.
- 쇄석 기층은 최대건조중량의 기본 디폴트 값이 입력되어 있으므로, 수정사항이 있을 경우에는 별도 입력한다.

[아스팔트 기층]

[쇄석 기층]

③ 보조기층, 노상층 : 탄성계수 예측 물성 값은 실험을 통해 얻는다. 기본 디폴트 값으로 입력된 DB자료에 대하여 수정사항이 있을 경우에는 별도 입력한다.

[보조기층]

[노상층]

④ 덧씌우기층 : 설계구분에서 신설이 아닌 덧씌우기로 선택한 경우, FWD 측정값 등을 입력할 때는 기존 표층 재료물성과 관련된 값으로 입력한다.

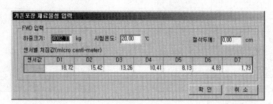

[덧씌우기층]

⑫ **동상방지층 설계** : 설계대상 지역의 현장조건(성토부 높이 H)과 토질조건(0.08mm 통과량 %, 소성지수 PI)을 입력한다.

① 동결깊이 설정에 필요한 건조단위중량(kg/m³)과 함수비(%)를 결정하여 입력하면 동결심도가 자동 산정된다.

② 수정동결지수 및 설계동결깊이 산정(노상동관결관입 허용법) 정보 창이 나타나고, 최종적으로 동상방지층 두께 산정 정보 창이 나타난다.

[⑫ 동결깊이 산정]

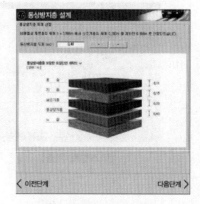

[동상방지층 두께 산정]

⒀ **설계공용성 및 신뢰도 입력** : 공용기간에 대하여 설계된 아스팔트포장의 공용성을 평가하기 위한 기준을 입력한다.

① '공용성 기준'에서 피로균열 20%, 영구변형 1.3cm, IRI 3.5를 기준값으로 설정하며, 도로 등급에 따라 각 기준값을 증가시켜 기준을 완화하거나 감소시켜 기준을 엄격하게 적용할 수 있다.

② 종합적인 해석결과를 포함하여 시간경과에 따른 피로균열, 영구변형 및 IRR 추이를 확인하기 위하여 해당 탭을 클릭하면 구체적인 해석결과를 보여준다.

③ '공용성 해석'을 선택하면 공용성 해석이 시작되며, 사용되는 PC에 따라 소요시간이 길어질 수 있으므로, 입력 값을 확인한 후에 시작하도록 한다.

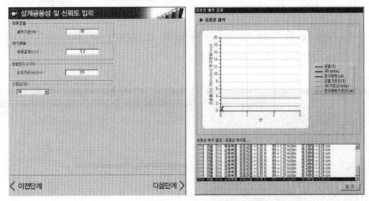

[⒀ 설계공용성 및 신뢰도 입력]

⒁ **공용성 해석 결과** : 공용성 해석이 종료되면 주어진 단면과 재료가 공용성 기준을 통과하는지에 대한 검토결과가 나타난다.

① '공용성 기준'을 통과하지 못한 경우에는 단면과 재료를 조정하여 다시 공용성 해석을 수행해야 한다.

[⒁ 공용성 해석 결과]

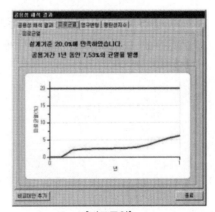

[피로균열]

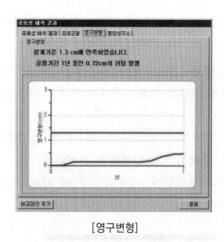

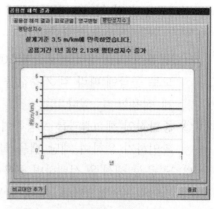

[영구변형]　　　　　　　　　　　　　[평탄성지수]

② '공용성 기준'을 통과한 경우에는 동일한 조건에서 단면과 재료를 수정하면서 '대안비교'를 통해 경제성 분석을 수행한다.

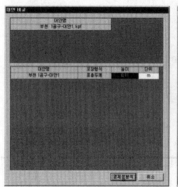

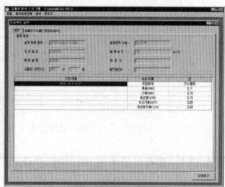

[대안 비교]

5. 설계보고서 출력

'보고서 출력' 버튼을 클릭하면 최종적으로 설계대안에 대한 입력값과 설계의 결과값이 기본 기하구조 및 입력값과 함께 설계 보고서 형식으로 출력된다.

제3 경인고속도로 설계 보고서

작성일자 : 2011년 9월 28일

작성기관 : 중앙 엔지니어링

1. 과업 정보

    1.1 노선명 : 제3경인고속도로

    1.2 과업명 : 부천 1공구

    1.3 설계 일자 : 2011년 9월 28일

    1.4 시점 / 종점 : 시점 / 종점

    1.5 연　　장 :

    1.6 도로 구분 : 고속국도 / 도시지역

    1.7 설계 속도 : 100km/h

    1.8 공용 기간 : 1년

    1.9 설계 등급 : 설계 등급 2

    1.10 포장 형식 : 아스팔트 콘크리트

    1.11 교통 개방 일자 : 2011년 9월 28일

    1.12 기상관측소 : 서울, 인천, 수원

2. 설계 정보

    2.1 차로 설정

     (1) 차로수 : 양방향 4차로

     (2) 차로폭 : 3.6m

    2.2 길어깨 설정

     (1) 길어깨 종류 : 아스팔트 콘크리트

1/22

[아스팔트포장 구조설계 보고서]

Ⅲ 한국형 콘크리트포장 설계법

1. 설계절차

(1) 콘크리트포장은 다음 흐름도와 같이 설계프로그램 S/W 절차에 따라 설계한다.

(2) 콘크리트포장 설계흐름도 중에서 아스팔트포장과 동일한 내용은 생략하고, 현저히 다른 부분만 발췌하여 요약하면 다음과 같다.

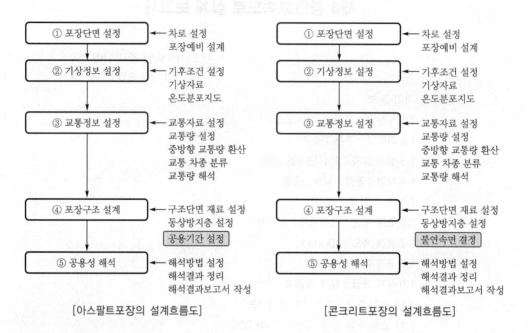

[아스팔트포장의 설계흐름도]   [콘크리트포장의 설계흐름도]

2. 프로그램 실행 환경

아스팔트포장과 동일하므로, 기술 생략

3. 포장형식 선택

(1) 콘크리트포장 형식은 JCP 공법과 CRCP 공법이 설계DB에 입력되어 있으므로, 어느 공법을 선택하느냐에 따라 재료물성 입력 방식이 달라진다.

(2) 즉, 재료물성을 입력할 때 JCP에서는 바인더 종류를 입력하지만, CRCP에서는 철근정보와 온도정보를 입력해야 한다.

(3) 아래 그림은 콘크리트포장 형식 중 JCP 공법을 선택한 경우를 보여주고 있다.[4]

[포장형식 선택]

---

4) 국토교통부, '도로포장 구조 설계 프로그램 사용자 매뉴얼', 2011, pp.3-54.
   국토교통부, '도로설계편람, 제4편 도로포장', 402 포장설계 일반사항, 2012, pp.403-1~14.

4.05 한국형 포장설계법의 입력변수

포장형식 선정할 때 기본적으로 고려해야 할 사항 [9, 2]

Ⅰ 개요

「도로설계편람(2012, 국토교통부)」에 제시된 '2011 도로포장설계법'의 아스팔트포장 및 콘크리트포장 입력변수를 교통하중, 환경조건, 재료물성 등으로 구분하여 기존 도로포장설계법과의 차이를 요약하면 다음과 같다.

[포장설계법의 입력변수 차이]

입력변수	2011 도로포장설계법		기존 도로포장설계법	
	아스팔트포장	콘크리트포장	아스팔트포장	콘크리트포장
교통하중	차종별 축하중 분포 차축 간 길이	차종별 축하중 분포 차축 간 길이	등가단축하중(ESAL)	등가단축하중(ESAL)
환경조건	포장층 내부 온도, 노상 함수량 변화	슬래브 온도차, 노상 함수량 변화	배수 특성계수(m)	배수 특성계수(m)
재료물성	동탄성계수(E)	휨(R), 쪼갬(S), 압축강도(S) 탄성계수(E) 열팽창계수 건조수축계수	상대강도계수(a_i)	콘크리트 탄성계수(E_c) 콘크리트 파괴강도(S_c)
노상 재료물성	회복탄성계수(M_R)	복합 노상반력계수	노상층 강도(SSV)	노상반력계수(k)

Ⅱ 「2011 도로포장설계법」 입력변수 : 포장 형식선정 고려사항

1. 교통하중

(1) 도로의 계획목표연도에 그 도로를 통행할 것으로 예상되는 자동차의 연평균 일교통량(AADT)을 산정한 후, 이를 서비스수준(LOS)과 연계하여 도로의 횡단구성에 필요한 차로수를 결정한다.

(2) **설계등급 1** : 아래 그림과 같은 절차에 따라 교통 관련 입력변수(방향계수, 차로계수)를 조사하여 입력하는 것을 원칙으로 한다.

조사대상은 인접지역의 도로 중 설계 대상도로와 특성이 유사한 도로를 선택하여 하중 분포별 교통량을 산출한다.

(3) **설계등급 2** : 「2011 도로포장설계법」 프로그램 내에 탑재된 DB자료를 이용하며, 필요하면 인접지역의 도로에서 예측한 결과를 입력하여 사용할 수 있다.

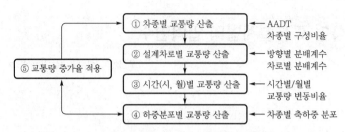

[「2011 도로포장설계법」의 교통량 산출 흐름도]

2. 환경조건

(1) 환경요소

① 환경요소는 포장체 온도, 노상 함수비, 동결지수로 구분하여 설계수준에 관계없이 「2011 도로포장설계법」에 탑재된 DB자료 및 예측식을 이용한다.

② D/B자료 및 예측식에서는 도로포장 설계 대상 구간에서 가장 인접된 1개 기상관측소의 값 또는 인접된 3개 기상관측소의 평균값을 이용할 수 있다.

(2) 포장체 온도

① 온도영향은 지난 10년 동안 국내 76개 기상관측소 자료를 매월 최고기온, 최저기온, 평균온도, 강수량 등을 분석하여 DB화하였다.

② 각 기상관측소의 대기온도와 설계 프로그램 내의 온도 예측 모듈을 이용하여 시간별, 일별, 월별, 계절별로 포장체 표면 및 내부의 온도분포를 예측한다.

(3) 노상 함수비

① 노상 함수량이 변하면 노상 탄성계수를 변화시켜 포장공용성에 영향을 미친다.

② 장마기에는 노상토의 함수량이 높아져서 노상 탄성계수가 낮아지고, 동절기에는 −0℃ 이하로 떨어져서 노상토의 함수량이 높아져서 노상토의 탄성계수가 높아지는 특성이 있다.

③ 노상 탄성계수에 영향을 주는 함수비를 입력변수로 사용할 수 있도록 '함수비 예측모형'을 개발하여 설계 프로그램 DB에 탑재하였다.

(4) 동결지수 : 동결지수는 기존 설계법과 동일한 절차에 의해 산출되지만, 동결지수선도 등은 기상관측소의 위치에 따라 결정되어 반영된다.

3. 재료물성

(1) 하부구조 재료물성

① 하부구조의 재료

• 노상토에는 체적응력, 축차응력, 함수비를 사용한다. 보조기층과 쇄석입상기층에는 체적응력을 영향요소로 고려한 탄성계수 결정모형을 사용한다.

- 설계등급 1 : 직접 재료시험을 실시하여 입력변수 산출
- 설계등급 2 : 재료 물성치를 DB상관경험모형에 입력하여 탄성계수 결정

② 노상토 및 보조기층 탄성계수 결정모델
- 설계등급 1 : 3압축시험을 반복 실시하여 직접 탄성계수 결정
- 설계등급 2 : 노상토(k_1, k_2, k_3)와 보조기층(k_1, k_2)에서 각각 최대건조단위중량, 최적함수비, 균등계수(Cu), #200체 통과량을 입력하여 인경신경망을 통해 모형계수를 산정한 후, 최종 탄성계수 산출

③ 쇄석입상기층
- 설계등급 1 : 쇄석입상기층 재료의 탄성계수를 3축압축시험을 통해 결정
- 설계등급 2 : 체가름시험 및 다짐시험(D or E Type)을 수행한 후 경험모형을 적용하여 설계입력변수 결정

④ 하부구조 재료의 포아송비
- 포아송비는 포장 거동특성에서 탄성계수만큼 심각한 영향을 주지 않고 실험으로 결정하기 어렵기 때문에 설계등급(1,2)별로 D/B에 제시된 값을 사용한다.

⑤ 복합 지지력계수
- 복합 지지력계수는 콘크리트포장 설계법에만 사용되는 입력변수로서 각 하부층의 물성을 조합하여 하나의 물성으로 대표하는 값이다.
- 이 값은 콘크리트 슬래브 바로 아래에 가상의 재하판이 놓였다는 가정 하에 구하는 슬래브 하부의 전체적인 지지력을 뜻한다. 실제 현장 재하시험 결과와 일치하도록 복합 지지력계수 산정식을 개발하여 DB에 제시되어 있다.

⑥ 동상방지층의 생략 기준
- 흙쌓기 높이 2m 이상 또는 이하 구간이 불연속적으로 이어질 경우, 아래와 같이 구분하여 적용한다.
  - 2m 이상이 50m 이상 이어지면, 동상방지층 생략
  - 2m 이상이 많고 부분적으로 2m 미만이 있으면서, 2m 미만 연장이 30m 미만이면, 동상방지층 생략
  - 2m 미만이 많고 부분적으로 2m 이상이 있으면서, 2m 이상 연장이 30m 미만이면, 동상방지층 설치
  - 2m 미만과 2m 이상이 반복되며 각각 연장 30m 미만이면, 동상방지층 설치
- 위에 해당되지 않는 구간은 「국도건설공사설계실무요령」 또는 「고속도로설계실무지침서」에서 정한 노상 동결관입 허용법에 따라 동상방지층을 설치한다.

(2) 아스팔트 혼합물 재료물성

① 적용기준
- 아스팔트 혼합물의 재료물성으로 동탄성계수와 포아송비를 사용한다.

- 설계등급 1 : 「도로포장구조설계요령(2011)」의 '아스팔트 혼합물의 동탄성계수 측정 표준시험법'을 이용하여 동탄성계수 시험 후, 설계 프로그램에 입력
- 설계등급 2 : 동탄성계수 시험 없이 골재입도 종류 및 아스팔트 바인더 종류에 따라 DB예측방정식으로부터 동탄성계수 결정

② 골재입도 종류
- 표층용 아스팔트 혼합물 : 밀입도 13mm, 밀입도 20mm, SMA 13mm
- 기층용 아스팔트 혼합물 : 40mm, 25mm

③ 아스팔트 바인더 종류
- 공용성 등급(PG, Performance Grade) PG58-22, PG64-22, PG76-22

(3) 콘크리트 혼합물 재료물성

① 강도와 탄성계수
- 설계등급 1 : 재령 t에서의 강도 및 탄성계수(MPa) 함수식을 이용하여 원하는 재령에서 각 물성치 추정하여 D/B에 제시
- 설계등급 2 : 측정결과가 있는 경우, 해당 항목의 물성치를 추정하여 적용

② 단위중량
- 설계등급 1 : 단위중량 값은 실험을 통해 결정하여 사용
- 설계등급 2 : DB에 제시된 단위중량을 사용

③ 열팽창계수
- 설계등급 1 : 실험을 통해 열팽창계수를 결정하여 사용
- 설계등급 2 : DB에 골재별로 제시된 열팽창계수를 사용

④ 콘크리트 슬래브의 건조수축
- 설계등급 1 : 재령 t에서의 건조수축 변형률(μ, strains)에 따른 건조수축계수를 실험을 통해 추정하여 D/B에 제시

III 한국형 도로포장설계법의 기대효과

포장 수명 1.6배 연장

연간 포장 비용 840억원 절감

1. 우리나라는 그동안 자체적으로 포장설계법 없이 2010년도까지 미국 AASHTO 포장설계법을 획일적으로 사용하였다.

   (1) 도로포장은 기온 등 환경요인의 영향을 많이 받는데 우리나라와 기후조건이 다른 미국 포장설계법을 적용한 결과, 도로가 빨리 파손되는 문제 발생

   (2) AASHTO : 미국 도로교통공무원협회(American Association of State Highway and Transportation)로서 50개 주를 대표하여 도로교통 관련 기준, 제도, 운영시스템 등을 선도하는 기구

2. 국토교통부에서 10여년 연구를 통해 우리나라 기후 특성 등을 반영한 「한국형 도로포장설계법」을 2011년에 개발하여 현재 도로설계에 적용 중이다.

   (1) 한국형 포장설계법 개발 및 포장성능개선 방안 연구(2000~2011년 수행)

   (2) 국토교통부와 포장연구기관(한국건설기술연구원, 한국도로공사, 한국도로학회, 해외전문가 등)이 참여하여 실측 데이터(시험도로 건설, 전국 주요지역 계측기 매설 등)를 바탕으로 연구 수행

3. 「한국형 도로포장설계법」의 개발로 포장수명은 2001년 대비 2015년에 1.6배 연장(7.6년→12.1년), 포장사업비는 연간 840억 원 절감되는 것으로 조사됐다.

   (1) 포장수명 연장으로 재포장까지의 기간이 길어져 공사 중에 발생되는 교통 혼잡 등의 사회적 비용도 크게 감소 기대

   (2) 전문인력 확보를 위해 설계법에 대한 실무자 교육도 지속적으로 진행 예정

4. 인도네시아, 몽골 등의 개발도상국에 「한국형 도로포장설계법」과 현장시공 관리기술 등 수출을 위한 해외홍보도 시도하고 있다.[5]

---

5) 국토교통부, '도로수명 1.6배 늘리고 포장비용은 840억 줄이고', 간선도로과, 2017.4.10.

4.06 동상방지층 설계

동상방지층 설계흐름, 동상방지층 생략기준, 동상방지대책 [7, 5]

1. 일반사항

(1) 동결지수(凍結指數, freezing index)란 동결작용이 일어나는 계절에 동결되는 온도 이하의 기온이 지속되는 기간과 그 크기(강도)가 합산된 정도를 말하며, 일반적으로 기온 편차일(degree day)로 표시된다.

동결지수는 0℃ 이하의 기온과 일수의 곱을 연간 누계한 값으로, 이 지수는 적설 한랭 지역에서 포장설계할 때 동결깊이 계산에 사용된다.

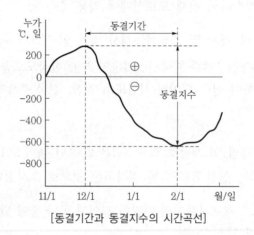

[동결기간과 동결지수의 시간곡선]

(2) 동상방지층(凍傷防止層)이란 도로 노상토에 동상 우려가 있는 경우 보조기층에서 노상 의 동결깊이까지 동상에 민감하지 않은 양질의 재료로 치환하여 노상의 동결을 막고자 시공하는 층을 말한다.

도로설계에서 동상방지층이 필요한 경우에는 설계동결깊이와 구조설계된 포장 두께와 의 차이만큼 동상방지층을 설계한다.

2. 설계동결지수

(1) 「한국형 포장설계법」에서 설계동결지수의 산정은 20년간의 기상자료에서 추위가 가장 심했던 2년간(동결지수의 최대 2년값)의 평균동결지수로 정한다.

만약, 20년간의 기상자료가 없는 지역에는 최근 10년간의 최대동결지수를 동결지수로 산정한다.

(2) 설계구간에 다음 표의 측후소가 있을 경우에는 다음 표의 동결지수 및 동결기간을 이용 하여 설계동결지수를 산정한다.

만약, 측후소가 없는 구간에는 다음 표의 좌표별 동결지수를 이용하고, 동결기간은 가까운 측후소 3개의 평균값 또는 가장 가까운 측후소의 값을 이용하여 설계동결지수를 산정한다.

(3) 다음 표에서 구한 동결지수 값은 측후소 지반고 100m 기준 값이므로, 설계노선의 위치 및 표고에 대해 아래 식을 이용하여 보정한다.

$$수정동결지수(℃·일) = 동결지수[다음 표] + 0.5 × 동결기간 × \frac{표고차[m]}{100}$$

여기서, 표고차 = 설계노선 포장계획면 최고표고[m] − 측후소 지반고[m]

[우리나라 20년 동결지수]

(동결지수 값은 지반고 100m 기준)

지역	측후소 지반고(m)	동결지수 (℃·일)	동결기간 (일)	지역	측후소 지반고(m)	동결지수 (℃·일)	동결기간 (일)
대관령	842.0	697.0	121.5	추풍령	245.9	210.5	69.0
춘천	74.0	418.0	73.5	군산	26.3	139.0	61.0
강릉	26.0	85.2	31.0	대구	57.8	72.0	30.5
서울	85.5	278.9	68.0	목포	36.5	51.6	20.0
인천	68.9	203.4	55.5	부산	69.2	53.2	5.0
대전	67.2	184.2	54.0	서귀포	51.9	0	0

[전국 20년 동결지수선도]

[우리나라 좌표별 동결지수]

(표고 : 100m 기준, 단위 : ℃·일)

동경 \ 북위		34			35						36	
		0.4	0.6	0.8	0.0	0.2	0.4	0.6	0.8	0.0	0.2
126	0.4	89	84	61	99	133	153	165	174	181	184
	0.6	67	74	94	113	132	152	166	172	175	181
	0.8	67	84	96	113	107	151	161	171	166	203
127	0.0	92	85	96	118	121	159	169	160	180	214
	0.2	92	65	102	125	147	197	223	127	182	207
	0.4	96	81	104	128	157	207	212	193	219	224
	0.6	101	88	87	118	141	160	188	189	210	222
	0.8	100	78	66	102	117	89	147	167	188	203
128	0.0	103	87	66	99	103	111	140	157	175	162
	0.2	105	94	89	101	113	127	130	153	165	174
	0.4	104	87	55	82	112	128	136	142	156	172
	0.6	105	87	55	67	107	119	126	103	128	217
	0.8	109	97	82	85	100	114	121	129	144	208
129	0.0	115	107	96	70	73	111	122	132	133	166
	0.2	121	115	106	92	94	100	94	119	117	138
	0.4	127	122	117	113	110	107	84	108	74	116

3. 설계동결깊이

(1) 아래의 「한국형 포장설계법」 동결깊이 예측식에 의해 최대동결깊이를 산정한다.

$$Z = C\sqrt{F}$$

여기서, Z : 최대동결깊이(mm)

F : 설계동결지수(℃·일)

C : 동결지수에 따른 보정상수

[동결지수에 따른 보정상수(C) 값]

설계동결지수(F) (℃·일)	0 이상 100 미만	100 이상 200 미만	200 이상 300 미만	300 이상 400 미만	400 이상 500 미만	500 이상 600 미만
동결지수에 따른 보정상수(C) 값	27.3	30.2	35.6	42.1	48.1	53.0

(2) 설계동결깊이는 노상동결관입허용법에 따라 최대동결깊이의 75%를 적용한다.

• 노상동결관입허용법 : 노상상태가 수평방향으로 심하게 변하지 않거나 흙이 균질한 경우에 적용되는 방법으로, 동결깊이가 노상으로 어느 정도 관입되더라도 동상으로 인한

융기량이 포장파괴를 일으킬 만한 양이 아니라면 노상동결을 어느 정도 허용하는 경제적인 개념이다.

문제 1

아래와 같은 조건의 안동지역에서 최대표고 150m 구간에 대한 도로설계할 때, 동상방지층 두께를 구하시오.

[조건]
- 안동지역 좌표 북위 36.62, 동경 128.8
- 포장단면은 표층 5cm, 기층 20cm, 보조기층 30cm
- 노상토의 함수비 $w=15\%$
- 보조기층의 함수비 $w=7\%$
- 보조기층 재료의 건조단위중량 $r_d=2.16\text{g/cm}^3$

해설 (1) 안동지역의 동결지수

좌표별 전국 동결지수 표에서 북위 36.62, 동경 128.8 ⇒ 359 ℃·일을 찾는다.

[좌표별 전국동결지수]

(표고 : 100m 기준, 단위 : ℃·일)

동경	북위	36			37					38	
		0.42	0.62	0.81	0.01	0.20	0.43	0.63	0.82	0.02	0.21
128	0.0	298	333	424	517	566	593	600	588	575	535
	0.2	285	280	377	472	535	556	560	553	548	475
	0.4	337	339	372	428	476	504	504	477	423	350
	0.6	401	373	367	388	416	441	447	392	309	219
	0.8	385	359	342	342	350	357	357	275	220	179

(2) 안동지역의 수정동결지수

우리나라 20년 동결지수 표에서

'안동'에서 가장 가까운 '영주'의 동결기간은 77일이므로

$$\text{수정동결지수(℃·일)}=\text{동결지수[아래 표]}+0.5\times\text{동결기간}\times\frac{\text{표고차[m]}}{100}$$

여기서, 표고차=설계노선 포장계획면 최고표고[m]−측후소 지반고[m]

$$\text{수정동결지수}=359+0.5\times77\times\frac{150-100}{100}=378\,(℃·일)$$

[우리나라 20년 동결지수]

(동결지수 값은 지반고 100m 기준)

지역	측후소 지반고(m)	동결지수 (℃·일)	동결기간 (일)	지역	측후소 지반고(m)	동결지수 (℃·일)	동결기간 (일)
원 주	149.8	613.0	94	문 경	172.1	279.4	55
울릉도	221.1	129.3	32	영 주	208.0	417.8	77

(3) 노상동결 관입허용법에 의한 동결심도

① 설계조건에서 표층+기층=5+20=25cm 이므로

아래 그래프에서 $c=a-p=115-25=90$cm

c : 비동결성 재료 치환 최대깊이(cm)

a : 설계 동결관입깊이(cm)

p : 콘크리트포장의 슬래브 두께

또는 아스팔트포장의 아스팔트 혼합물층 두께(cm)

$$r = \frac{\text{노상토 함수비}(w_s)}{\text{기층 함수비}(w_b)} = \frac{15}{7} = 2.1$$

② $r=2.1$이므로 중차량 교통량이 많은 곳의 r값은 2.0보다 큰 경우, 2.0을 적용하면 아래 그래프에서 $c=90$m의 연직선과 $r=2.1$이 만나는 점의 좌측 값인 비동결성 재료층의 두께 $b=60$cm를 얻는다.

③ 동상방지층 두께는 비동결성 재료층의 두께 $b=60$cm에서 보조기층의 두께 30cm를 뺀 30cm이다. 따라서, 노상동결관입허용법에 의한 동결심도는 $p+b=25+60=85$cm이다.

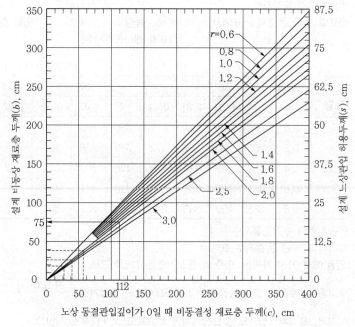

[노상동결 관입허용법 : 설계 비동결성 재료층 두께결정]

4. 도로 동상방지층 설치 여부 판정기준

(1) 개요

① 동상(Frost heave)이란 한랭지역에서 0℃이하가 지속되면, 지표면 아래의 물이 얼어 팽창하면서 노면이 융기하여 포장체에 균열이 발생하는 현상이다.

융해(Thawing)란 해빙기에 지중의 서릿발(ice lens)이 녹아서 형성된 융해수가 동결층 때문에 배수되지 못할 때, 그 위에 윤하중이 작용되어 국부적인 침하와 거북등 균열이 발생하는 현상이다.

② 포장단면을 설계할 때 동결깊이보다 포장단면이 부족할 경우, 노상토에서 동상이 발생한다고 가정하여 동상방지층을 설치하였다.

동상은 수분이 있어야 발생한다. 고성토 구간은 배수가 원활하여 수분이 없어서 동상이 발생하지 않으므로 동상방지층을 생략해도 된다는 개념이다.

(2) 동상 발생에 영향을 주는 요소

① 토질 : 노상토의 재료 성질(밀도)

0.1mm 이상의 투수성이 좋은 사질토에서는 동상이 발생하지 않고, 0.05~0.002mm 점성토에서 동상이 잘 발생한다.

점성토는 0.08mm(No.200)체 통과량이 많을수록 동상이 잘 발생한다.

② 수분 : 노상토 내의 동결 가능한 수분의 양(함수량)

- 개식(開式) 동상(open frost heave) : 미동결 흙속에 지하수가 유입되어 발생하는 동상, 모관수 상승높이보다 지하수위가 높으면 발생한다.
- 폐식(閉式) 동상(closed frost heave) : 미동결 흙속에 수분이 함유되어 발생하는 동상, 흙속 수분 중에서 흙입자 표면에 흡착하려는 물의 양에 따라 발생한다.

③ 온도 : 영하의 대기온도 크기와 지속시간

수분이 계속 공급되는 상태에서 0℃ 이하의 기온이 장기간 지속되는 경우, 동상성 흙에서 체적이 팽창하여 동상이 발생한다.

(3) 동상방지층을 생략할 수 있는 성토높이의 한계

① 노상토가 동상성 재료인 경우, 모세관 현상이 2m 이상 상승하여 동상에 의해 포장체가 파손된다.

② 일반적인 토질의 경우, 모세관 상승고가 2m 이하이므로 2m 이상 고성토하면 포장체가 거의 파손되지 않는다.

③ 따라서 노상 최종면에서 2m 이내에 지하수위대가 위치하면 동상방지층을 설치하고, 2m 이하에 지하수위대가 위치하면 동상방지층을 생략한다.

(4) 일반적인 동상방지층 설치기준

① 동상 메커니즘 그림에서 보듯 노상토의 동상은 충분한 수분의 공급, 동상에 민감한 노상토 설치, 노상토 동결을 유발하는 온도 등의 세 조건이 모두 충족되어야 발생된다. 하나라도 충족되지 않으면 발생되지 않는다.

② 동상방지층은 도로포장에서 노상동결에 따른 피해방지를 위해 동결깊이만큼 보조기층 아래 노상토의 최상부를 동상방지 재료로 치환되는 층을 말한다.

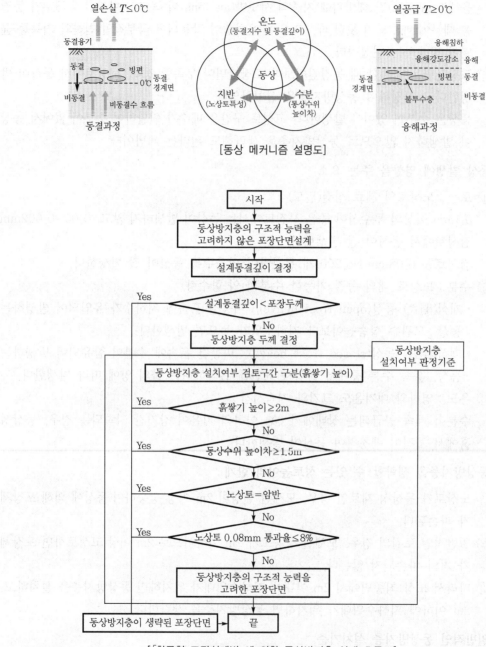

[동상 메커니즘 설명도]

[「한국형 포장설계법」에 의한 동상방지층 설계 흐름도]

(5) 흙쌓기 높이를 고려한 동상방지층 설치기준

흙쌓기 높이가 노상 최종면 기준으로 2m 이상인 흙쌓기 구간에서 노상토의 품질기준을 만족할 경우에는 동상방지층을 생략한다.

(6) 지하수위를 고려한 동상방지층 설치기준

동상수위 높이차가 1.5m 이상인 경우에는 동상방지층을 생략한다.

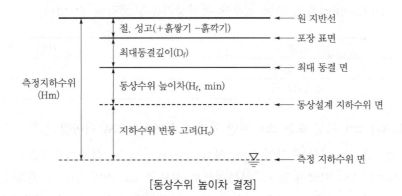

[동상수위 높이차 결정]

(7) 노상토 특성을 고려한 동상방지층 설치기준

노상토의 0.08mm 통과율 기준으로 동상민감도를 판단하여 동상방지층 설치 유무를 결정하는데, 0.08mm 통과율 8% 이하에는 동상방지층을 생략한다.

5. 구조적 능력을 고려한 동상방지층 결정

(1) 아스팔트포장에서 동상방지층의 구조적 능력은 ΔBDI(동상방지층 구조적 평가모형, ΔBase Damage Index(%))에 의하여 결정된다.

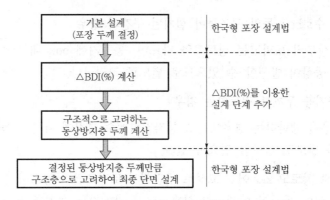

[ΔBDI(%) 설계 절차]

(2) 콘크리트포장은 콘크리트 슬래브에서 대부분의 교통하중을 지지하여 동상방지층의 구조적 역할이 매우 미미하므로, 동상방지층의 구조적 효과는 고려하지 않는다.

6. 동상방지층의 생략 기준

(1) 일반적으로 성토고가 노상 최종면 기준으로 2m 이상인 성토구간에서는 노상토의 품질 기준이 다음 조건을 만족할 경우에 동상방지층을 생략할 수 있다.

구분	기준
0.074mm 통과량(%)	25 이하
소성지수(%)	10 이하

(2) **성토고가 2m 이상 또는 2m 미만 구간이 불연속적으로 이어질 경우**

① 성토고 2m 이상 구간이 50m 이상 연속되는 경우, 동상방지층을 생략한다.

② 성토고 2m 이상이 많고, 부분적으로 성토고 2m 미만 구간이 존재하는 경우 성토고 2m 미만 구간의 연장이 30m 미만이면 동상방지층을 생략한다.

③ 성토고 2m 미만이 많고, 부분적으로 성토고 2m 이상 구간이 존재하는 경우 성토고 2m 이상 구간의 연장이 30m 미만이면 동상방지층을 설치한다.

④ 성토고 2m 미만 구간과 성토고 2m 이상 구간이 계속 반복되며 각각의 연장이 30m 미만인 경우, 동상방지층을 설치한다.

(3) **편절 · 편성 구간의 경우**

성토부는 동상이 발생하지 않더라도 절토부는 안전하지 않으므로 공사현장의 시공조건 을 고려하여 동상방지층을 설치한다.

(4) **통로box, 수로box 등의 구조물이 설치된 구간의 경우**

통로box 상부의 토피고는 성토고와 다르며, 동절기에 box 내부의 한기로 인하여 box 상부에서 동상이 발생할 수 있으므로 별도로 고려한다.

(5) **기타 보조기층 두께를 검토하는 경우**

동상방지층을 생략하는 경우에는 노상지지력계수 보정에 따른 변화를 감안하여 보조기 층 두께를 별도로 검토할 필요가 있다.

(6) 결론적으로 성토고 2m 이상 고성토 구간에서 토질조건이 양호하면 배수가 원활하여 수 분공급이 없어 동상이 발생하지 않으므로 동상방지층 설치를 생략한다.[6]

---

6) 국토교통부, '도로 동상방지층 설계지침', 2012.
국토교통부, '2011 도로포장 구조설계프로그램 사용자 매뉴얼', 2011.

4.07 하중저항계수 설계법(LRFD), 차량계중(WIM)

하중저항계수 설계법(LRFD), WIM(Weigh-In-Motion) [5, 0]

I 하중저항계수 설계법(LRFD) : 한계상태설계법

1. LRFD 필요성

(1) 구조물 설계의 초기에는 허용응력설계법(Allowable Stress Design)이 유일한 설계법이었으나, 1960년대부터 강재에는 소성설계법, 콘크리트에는 강도설계법이 채택되기 시작하였다. 1980년대에는 구조신뢰성 이론에 기초를 둔 하중저항계수설계법(LRFD)과 한계상태설계법(LSD)이 미국과 유럽에서 각각 채택되었다.

(2) 국내에서도 1983년부터 콘크리트 구조물에 강도설계법을 채택하고, 1999년 콘크리트 설계기준에서 허용응력설계법을 부록으로 별도로 다루고 있다. 강구조물에는 아직 허용응력설계법이 사용되고 있으나 1996년 도로교 표준시방서에서 하중저항계수설계법을 부록으로 별도 도입하였다.

(3) 각 설계법에서는 각기 다른 방법으로 통상 2.0 정도의 안전율을 확보하도록 정하며, 안전율을 정할 때는 다음 사항을 고려하고 있다.

① 하중값의 정확성, 즉 구조물이 설계하중을 초과하는 우발적인 과다 하중을 받을 확률이 높다면 안전율 역시 높여야 한다.

② 구조의 부정확성, 재료의 결함 가능성

③ 하중이 1회 작용하는가, 반복하여 작용하는가, 즉 피로파괴의 가능성이 높다면 안전계수를 높여야 한다. 강재의 허용피로응력은 허용응력보다 낮다.

④ 하중의 형태(정하중인가, 동하중인가)

⑤ 부식이나 환경으로부터 받는 영향 정도

⑥ 취성파괴를 일으키는가, 연성파괴를 일으키는가, 또한, 그 파괴에 따른 피해 정도는 어느 정도인가 등

2. LRFD 정의

(1) 하중저항계수 설계법(LRFD, Load and Resistance Factor Design)은 부재나 상세요소의 극한(또는 한계)내력에 기초를 두고 극한(또는 한계)하중에 의한 부재력이 부재의 극한(또는 한계)내력을 초과하지 않도록 설계하는 기법이다.

(2) LRFD 설계법은 RC구조물의 강도설계법(또는 소성설계법)과 설계기준은 유사하지만, 계수 안전율의 결정을 확률에 기초를 둔 구조신뢰성 이론에 의거하여 보정함으로써 일관성 있는 안전율을 갖도록 하기 때문에 보다 합리적인 설계법이다.

3. LRFD 설계법

(1) 강도 한계상태와 사용 한계상태를 고려하는 설계법

　① 구조물에 발생 가능한 모든 한계상태 관련 파괴모드를 확인한다.

　② 각 한계상태에서 적정한 안전수준을 결정한다.

　③ 지배적이고 주요한 한계상태를 고려하는 구조단면의 설계과정을 거친다.

(2) '한계상태'란 '구조물이나 구조요소가 소정의 목적을 달성하기에 부적합하거나 구조적 기능을 상실한 상태'이고, '강도 한계상태'란 구조물의 일부분 또는 전체 붕괴와 관련된 한계상태로서, 매우 낮은 발생확률을 가져야 하며, '사용 한계상태'는 구조물의 구조적 기능이 저하되어 기능이 손상된 한계상태로서, 강도 한계상태보다는 더 큰 발생확률을 허용할 수 있다.

4. LRFD 장점

(1) 신뢰도(reliability) : 확률에 기초한 구조신뢰성방법에 의거 안전모수를 보정하기 때문에 비교적 균일하고 일관성 있는 신뢰도를 갖는다.

(2) 안전율 조정성(adjustable safety) : 각 파괴모드의 중요도나 심각성에 따라 소정의 목표안전도를 정하고 이에 대응하도록 다중설계모수 중 일부를 조정한다.

(3) 거동(behavior) : 구조물에 발생 가능한 극한(또는 사용) 한계상태를 고려하여 설계하기 때문에 한계상태에 대응하는 각종 파손·파괴·붕괴상태를 이해해야 한다.

(4) 재료무관 시방서(material-independent code) : 모든 구조물에 대하여 시공형식, 사용 재료 등에 무관하게 공통적인 시방서를 만들 수 있다.

(5) 하중 재하(loading) : 다양한 하중에 대해 각기 다른 하중계수를 적용하기 때문에 하중의 특성이 설계에 반영된다.

5. LRFD 단점

(1) 이론적인 기초에 너무 치중하여 실무설계에서 구체적인 적용방법이 미흡하다.

(2) 기존 설계법의 software가 허용응력 중심으로 구성되어 있기 때문에 software를 다시 개발하기 위한 비용이 요구된다.

(3) 경제적인 측면에서 폭발적인 동기유발을 기대하기에는 아직 미흡하다.[7]

---

7) 박선준, '강구조공학-하중저항계수설계법(LRFD)', 구미서관, 2018.

Ⅱ WIM(Weigh-In-Motion)

1. 정의

(1) 차량의 계중방법에는 차량이 정지상태에서 계중하는 정적계중방법과 차량이 주행상태에서 계중하는 동적계중(WIM, Weigh-In-Motion)방법이 있다.

(2) WIM은 차량이 중량감지센서 위를 통과할 때 센서에 가해지는 하중에 의한 물리적 변형을 전기력으로 변환시켜, 변형률로부터 하중을 구하는 방법이다.

[정적계중과 동적계중(WIM)의 비교]

구분	정적계중	동적계중(WIM)
장점	• 중차량 제한기준의 허용오차를 감안하여 초과여부를 쉽게 판단 • 차종, 적재상태, 통행경로 등의 자료를 육안식별이나 운전자 인터뷰를 통해 정확히 파악	• 주행상태에서 계중하므로 용량 증대 • 자동기록으로 현장요원 축소 가능 • 우회(회피)차량을 줄일 수 있어 측정자료의 신뢰성 향상 • 포장(교량)에 실재하 윤하중 파악
단점	• 주행차로 밖에서 계중하므로 별도의 부지가 필요 • 우회(회피)차량이 많아 측정자료의 신뢰성 저하 • 차량을 계중장비의 위치로 유도 시 사고위험 상존	• 종단경사, 주행속도, 풍속 등의 영향을 받으므로 계중의 정확도 저하 • 주행차량의 등록지, 연료종류, 출발지, 목적지 등의 자료 취득 곤란 • 장비의 설치·가동·정지가 복잡 위험 • 설치비용 고가, 전자파 장애에 취약

2. WIM(Weigh-In-Motion) 구분

(1) **저속주행차량 자동계중** : 도로 외측에 이동식 장비를 설치하고 차량을 주차장소로 유도하여, 5km/h 이하 저속에서 가해지는 하중을 정확히 계중

(2) **중속주행차량 자동계중** : 고정식 검문소의 진입로에 설치된 장비로 50km/h까지 계중하며, 주행선 재진입이나 정적계중방법에 의한 재계량도 가능

(3) **고속주행차량 자동계중** : 주행차로의 하부에 영구적으로 설치하여 주행속도에서 계중하며, 정적계량이 필요한 경우에는 과중가능차량을 구별하는 데 사용

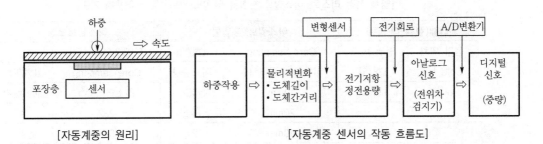

[자동계중의 원리] [자동계중 센서의 작동 흐름도]

4.08 포장공사의 지불계수(Pay Factor)

포장공사의 지불계수(Pay Factor) [1, 0]

1. 필요성

(1) 도로포장의 조기파손을 유발하는 요인은 크게 구조적·재료적 및 시공적 요인으로 구분할 수 있다.

(2) 구조적 요인은 도로포장의 지지력이 부족하여 설계수명보다 조기에 파손되는 것을 의미한다. 서울·수도권의 도로포장은 개통 후에 교통량, 교통하중 등이 급증하면서 장기 공용 노후화에 따른 하부층 손상으로 지지력이 부족하여 발생된 경우가 많다.

(3) 재료적 및 시공적 요인에 의한 도로포장 조기파손은 「건설산업기본법」에 명시된 하자담보 책임기간 2년 내에서는 시공자가 보수해야 되지만, 하자담보 책임기간 만료 후에 발생되는 파손은 전적으로 발주자가 보수해야 된다.

(4) 미국 NCHRP(National Cooperative Highway Research Program)에서는 도로포장 공사 완료 후에 재료적·시공적 측면에서 품질을 평가하여 공사금액을 결정·지불하는 '아스팔트포장의 품질에 근거한 지불계수'를 개발하였다.

2. 포장공사의 지불계수 산정절차

(1) 합리적 품질특성(AQC, Acceptance Quality Characteristic) 선정

① 재료적 및 시공적 측면의 품질측도(PWL) 산정을 위한 AQC 항목을 선정한다.

② 재료적 측면 AQC 항목 : 아스팔트 바인더 함량, 아스팔트 혼합물 공극률, VMA, 골재 입도 등

③ 시공적 측면 AQC 항목 : 시공 완료된 포장의 다짐밀도, 시공두께, 평탄성 등

(2) 시료채취 방법 결정

우리나라 「아스팔트 혼합물 생산 및 시공 지침(2014, 국토교통부)」에는 골재 점검 리스트, 아스팔트 혼합물 및 아스팔트포장 코어채취 기준 등을 제시하고 있다.

[골재 점검 리스트, 아스팔트 혼합물 및 아스팔트포장 코어채취 기준]

골재(점검 리스트)		아스팔트 혼합물		아스팔트포장	
점검 위치	점검 빈도	Core sampling	4회/lot	두께(3,000m²당)	1회/일
Cold bin	1회/일	굵은골재 최대치수	최소중량	Core sampling	4회/lot
Hot bin	1회/일	10mm	4kg	최소면적(m²)	코어채취
		20mm	8kg	232	4
		40mm	12kg	645	4
		밀도(3,000m²당)	1회/일	1,453	9

(3) **품질기준 상·하한값에 대한 품질지수(Upper & Lower Quality Index) 산정**

① 품질기준 상·하한값에 대한 품질지수 산정을 위하여 현장 채취 시료와 시공 후 품질 평가 자료를 비교하여 각 AQC 항목의 평균과 표준편차를 계산한다.

$$\tilde{x} = \frac{\sum x}{n}$$

$$s = \sqrt{\frac{\sum (x - \tilde{x})}{n-1}}$$

여기서, $\tilde{x}$: 샘플 평균값

x : 각 샘플값

n : 샘플수

s : 표준편차

② 평균, 표준편차, USL & LSL(Upper & Lower Specification Limit)을 사용하여 다음 식으로부터 품질지수를 계산한다.

$$Q_U = \frac{USL - \tilde{x}}{s}$$

$$Q_L = \frac{\tilde{x} - LSL}{s}$$

여기서, Q_U & Q_L : 품질기준 상·하한값에 대한 품질지수

USL & LSL : 품질기준 상·하한값

(4) **품질수준 분석방법에 의한 품질측도(PWL, Percent Within Limit) 산정**

Q_U & Q_L의 PWL은 미국 FHWA(Federal Highway Administration)에서 제시한 다음 식으로 산정할 수 있다.

$$PWL_T = PWL_U + PWL_L - 100$$

여기서, PWL_U, & PWL_L : 품질시방 상·하한 기준 내의 비율

PWL_T : 품질시방 기준 내의 비율

(5) **지불계수(Pay Factor) 결정**

① 지불계수는 품질평가 결과에 따라 공사비를 차등 지급하는 수단이다. AQC 항목에 대한 평가결과가 AQL(Acceptance Quality Level)과 동일하게 판정되면 발주자는 계약 공사비를 100% 지급한다.

② 평가결과가 AQL을 초과하면 인센티브 지급, 미달하면 그 정도에 따라 공사비를 차등 지급한다. 지불계수는 비례식(선형) 또는 계단식으로 결정되기도 한다.

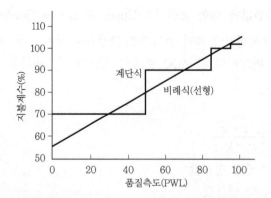

③ 미국은 주별 AQC 항목이 다양하며, 적용빈도가 높은 AASHTO R-9에서 제안된 비
례식(선형) 지불계수 식은 다음과 같다.

$$PF = 55 + 0.5 \times PWL$$

여기서, PWL : 시공자가 최소한의 공사비 수령하거나 또는 재시공을 선택하게 하
는 판정 기준값

④ 미국은 각 주별로 자체적으로 지불계수 식을 개발하여 사용하며, 각 주마다 지불계수
를 평가하기 위한 항목도 다르며 지불계수 산정식도 상이하다.

3. 맺음말

(1) 포장공사에 지불계수를 적용하면 서울·수도권 도로포장 품질의 평가, 도로포장 하자
에 대한 발주처의 부담 저하, 시공사의 책임시공 유도 등을 기대할 수 있지만, 실무에
적용하려면 추가적인 연구가 필요하다고 판단된다.

(2) 향후 포장공사의 지불계수 활성화를 위해서는 사급자재 적용의 활성화, 여러 구간의 시
료채취 및 지불계수 산정을 통한 검증, 산정된 지불계수를 활용하여 적정한 공사비 지
급방안 마련 등 다양한 제도적 개선이 필요하다.[8]

---

8) 이왕수 외, '럿팅공용성 모형에 기반한 아스팔트포장의 지불계 수에 관한 연구' 세종대학교, 2017.

[2. 도로포장공법]

4.09 연성포장 기층의 안정처리공법

연성포장에서 시멘트 안정처리기층과 역청(아스팔트)안정처리기층 [0, 2]

1. 개요

(1) 아스팔트포장이란 골재를 아스팔트 재료(bituminous material)와 결합시켜서 만든 포장을 말하며, 일반적으로 표층, 기층 및 보조기층으로 구성된다.

(2) 아스팔트포장은 상부층으로 올라갈수록 탄성계수가 큰 재료를 사용하여 교통하중이 가해지면 하부층으로 점점 넓게 분산시키면서, 이때 발생된 수직응력과 전단응력을 포장층 아래의 노상(路床)이 지지하도록 설계된 구조이다.

(3) 도로포장의 역학적 거동 특성에 초점을 두어 아스팔트포장을 가요성 포장(flexible pavement)으로 부르기도 한다.

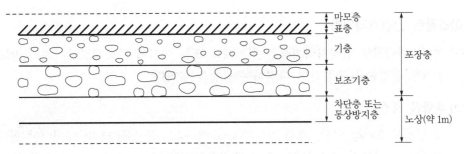

[아스팔트포장의 구성과 각 층의 명칭]

2. 기층

(1) 아스팔트포장 표층에서 전달되는 교통하중은 타이어 압력을 통해 하부층으로 전달되는데, 이러한 힘을 견디기 위해 포장층에 역학적으로 고품질의 재료가 필요하다. 이러한 아스팔트포장의 구조적 지지 기능을 목적으로 설치된 층이 기층이다.

(2) 기층에는 입도조정, 시멘트 안정처리, 아스팔트안정처리, 침투식 등의 공법이 사용된다. 침투식 공법을 제외하고 재료의 최대입경은 40mm 이하로서, 1층 마무리 두께의 1/2 이하이어야 한다.

(3) 입도조정을 한 재료는 수정 CBR이 80 이상이고, 0.425mm(No.40)체 통과분의 소성지수는 4 이하이어야 한다. 입도조정재료의 수정 CBR을 구하는 경우에 사용되는 다짐도는 KS 시험방법에 의한 최대건조밀도의 95%로 한다.

3. 시멘트 안정처리기층

(1) 정의

① 시멘트 안정처리기층은 현지재료 또는 여기에 보충재료로서 시멘트를 첨가하여 혼합하고 포설하여 다짐하는 공법을 말한다.

② 시멘트 안정처리한 것을 통칭하는 것으로 부배합 콘크리트(lean concrete), 소일시멘트(soil cement) 등이 있다.

(2) 시공방법

① 시멘트 안정처리공법은 부산물인 석분에 시멘트를 혼합시켜 안정처리하여 아스팔트 포장의 기층으로 시공한다.

② 재료를 노상혼합 또는 배치플랜트에서 혼합하여 덤프트럭으로 현장까지 운반한 후, 아스팔트 피니셔로 포설하고 머캐덤 롤러 → 타이어 롤러 → 탠덤 롤러 순으로 다짐하고 양생하는 과정을 거친다.

③ 시멘트 안정처리공법으로 시공할 경우에는 그 윗면이 포장표면보다 10cm 이상 깊은 곳에 위치하도록 하고, 시멘트 안정처리기층은 6일 습윤 양생, 1일 수침 후 1축압축강도가 $30kg/cm^2$에 해당하도록 한다.

4. 아스팔트 안정처리기층

(1) 정의 : 아스팔트 안정처리기층은 현지재료 또는 여기에 보충재료로서 아스팔트 재료를 첨가한 혼합물을 포설하여 다짐하는 공법을 말한다.

(2) 혼합물 품질

① 안정도 350kg 이상, 흐름값(1/100cm) 10~40, 공극률(%) 3~10이어야 한다.

② 25mm 이상의 굵은골재는 같은 중량만큼 25~13mm로 치환하여 혼합한다.

③ 반대로, 잔골재가 너무 적어서 안정도가 기준보다 낮으면 석분을 첨가한다.

(3) 혼합물 운반

① 아스콘 운반 트럭은 두꺼운 천막이나 특수 보온시트로 적재함을 덮고, 차량 운행 중에 아스콘이 외기에 접하지 않도록 적재함 측면을 완전히 막는다.

② 아스콘 현장도착 온도는 아스콘 표면으로부터 5~6cm 지점의 온도를 측정하여 최소 120℃ 이상이어야 한다.

(4) 혼합물 포설

① 포설 중에 혼합물 온도는 110℃ 이하가 되지 않게 한다. 기온이 5℃ 이하일 때는(특히 동절기에는 기온이 5℃ 이상일 때에도) 한냉기 포설을 적용한다.

② 기층 최상부 표면은 반드시 높이 자동조정장치(line sensor)가 부착된 피니셔로 포설한다. 이때 유도선은 눈에 잘 보이는 색상을 표시한다.

(5) 혼합물 다짐

① 혼합물의 충분한 다짐밀도를 얻기 위하여 다짐장비는 8ton 이상 머캐덤 롤러, 6ton 이상 탠덤 롤러, 15ton 이상 타이어 롤러 등을 사용한다.

② 1차 다짐은 혼합물의 변위를 일으키거나 헤어 크랙이 생기지 않는 한도에서 가능하면 높은 온도(110~140℃)에서 실시한다.

③ 2차 다짐(70~90℃)은 1차 다짐에 이어 계속해서 충분히 실시한다.

④ 마무리 다짐(60℃)은 롤러 자국이 완전히 없어질 때까지 실시한다.

(6) 마무리

① 가열 아스팔트 안정처리기층의 완성표면은 3m 직선자로 도로 중심선에 직각 또는 평행으로 측정하였을 때 최요부(凹)가 3mm 이상이어서는 아니 된다.

② 또한 완성두께는 설계두께보다 10% 이상 초과하거나, 5% 이상 부족하게 시공되어서는 아니 된다.

5. 기층 시공 유의사항

(1) 시멘트 안정처리공법은 큰 침하가 예상되는 경우에는 부등침하가 우려되므로 기층에 적용하지 않는다.

(2) 자갈, 모래 및 세립토의 혼합물은 입도와 토질이 양호해도 직접 기층재료로 사용하지 않는다. 반드시 시멘트나 아스팔트를 첨가하여 안정처리해서 사용한다.

6. 맺음말

(1) 도로포장공법을 크게 나누면 연성포장인 아스팔트포장과 강성포장인 콘크리트포장으로 분류된다.

(2) 아스팔트포장은 표층에서 기층, 보조기층, 노상 순으로 하중을 분산시켜 응력을 감소시키는 방식이며, 콘크리트포장은 교통하중을 슬래브가 모두 지지하는 방식이다.[9]

---

9) 국토교통부, '도로설계편람', 제4편 도로포장, 2012, pp.402-3~9.

4.10 아스팔트 역청재

아스팔트 역청재, 상온아스팔트, Cut-back Asphalt, Tack Coat [6, 0]

I 개요

1. 아스팔트

(1) 천연아스팔트는 미국 유타주 등 극히 일부 지역에서만 생성되며, 산출량도 적고 일반적인 도로포장용 석유아스팔트와 성상(性狀)이 크게 다르다.

(2) 석유아스팔트는 원유를 정제하여 제품 생산 과정에 스트레이트 아스팔트, 블로운 아스팔트, 상온(액체, 유화) 아스팔트, 컷트백 아스팔트 등으로 구분된다.

2. 석유아스팔트

(1) **스트레이트 아스팔트(Straight Asphalt)** : 석유아스팔트의 원료로서, 국내에서는 이를 정제한 후 대부분 도로포장용 아스팔트에 사용된다.

(2) **블로운 아스팔트(Blown Asphalt)** : 스트레이트 아스팔트에 공기를 불어넣어 산화시킨 제품으로, 방수용·산업용으로 사용되며 점차 도로포장용으로도 사용된다.

3. 석유아스팔트 특성

(1) 원유(原油)를 다양한 증류 방식으로 정제한 후, 석유아스팔트를 얻는다.

(2) 상온에서 흑색을 띠며, 끈끈한 반고체 상태로, 점성이 매우 높다.

(3) 접착력과 방수력이 매우 강하고, 내구성이 있다.

(4) 산, 알칼리, 염분에도 매우 강한 저항성이 있다.

4. 석유아스팔트 용도

(1) 도로포장용 가열아스팔트 혼합물(HMA, Hot Mix Asphalt) 역청재로 사용된다.

(2) 아스팔트는 가열하면 매우 쉽게 액화되어 골재와 잘 혼합되며, 그 자체가 매우 끈끈하기 때문에 골재와 잘 부착되어 HMA를 형성하게 된다.

(3) HMA가 냉각되면 상온에서 매우 단단해져, 고속도로나 공항의 빈번한 중차량에도 충분히 견딜 수 있을 정도로 강해진다.

(4) 최근 석유아스팔트를 가공하여 각종 개질아스팔트포장 재료에 활용되고 있다

① 유화 아스팔트(Emulsified Asphalt) : 양이온계(RSC), 음이온계(RSA)
② 컷백 아스팔트(Cutback Asphalt) : 급속(RC), 중속(MC), 완속(SC) 경화형

③ 아스팔트시멘트(Asphalt Cement) : 국내 건설부문에 사용되는 AP-3, 5 등

④ 개질아스팔트(Modified Asphalt) : PMA, SMA, 에코팔트 등

Ⅱ 아스팔트 역청재(瀝靑材)

1. 용어 정의

(1) 아스팔트 역청재(瀝靑材, bituminous material)란 석유아스팔트를 정제하고 남은 탄화수소 화합물이 포함된 찌꺼기 재료를 뜻하는 용어이다. 역청재는 흑갈색을 띠고 있으며, 점성, 탄성 및 방수성이 좋아 아스팔트포장 공사에 사용된다.

(2) 아스팔트포장의 구조는 쇄석·모래·석분(石粉)과 아스팔트 역청재를 가열·혼합하여 표층(表層) 및 기층(基層)을 이루고, 그 밑에 상층노반 및 하층노반을 이루며, 이 재료를 고르게 포설하여 롤러로 단단히 다짐하는 도로포장이다.

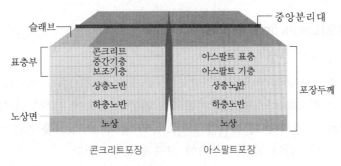

[도로포장 단면도]

2. 스트레이트 아스팔트

(1) 석유를 가압·감압 증류장치를 통해 경질분을 제거하고 얻은 균질하고 수분이 거의 없고, 180℃까지 가열해도 거품이 생기지 않는 아스팔트이어야 한다.

(2) 도로포장용 스트레이트 아스팔트는 공용성 등급(P.G)과 침입도에 의해 구분된다. 도로포장용 아스팔트를 선정할 때는 공용성 등급을 적용한다.

공용성 등급 적용이 어려울 때는 감독자 승인하에 침입도 등급을 적용한다.

(3) 취급 주의사항

① 도로포장용 아스팔트는 인화점 이상 가열하지 않아야 한다.

② 용융(熔融) 아스팔트가 피부에 닿으면 화상을 입으므로 작업 중 장갑이나 보호 장구를 착용해야 한다.

③ 용융 아스팔트가 물과 접촉되면 튀기 때문에 수분이 혼입되지 않게 한다.

④ 옥내에서 아스팔트를 용융할 때는 환기시키고, 포장용기의 표면에 품명, 종류, 실제 무게, 제조자명(약호) 및 제조년월일(로트 번호)을 표시한다.

3. 블로운 아스팔트

(1) 블로운 아스팔트는 석유 아스팔트에 공기를 침입시켜 가공한 아스팔트이다.

(2) 블로운 아스팔트는 공기 침입도(25℃ 기준)의 정도에 따라 5가지로 나뉜다.

[블로운 아스팔트의 종류]

종류	0~5	5~10	10~20	20~30	30~40
침입도(25℃ 기준)	0 이상~5 이하	5 초과~10 이하	10 초과~20 이하	20 초과~30 이하	30 초과~40 이하

(3) 블로운 아스팔트는 균질하고 수분을 거의 함유하지 않은 것으로, 175℃까지 가열하여도 거품이 생기지 않아야 한다.

(3) 취급 주의사항은 스트레이트 아스팔트와 동일하게 다루어야 한다.

4. 유화 아스팔트(Emulsified Asphalt)

(1) 유화 아스팔트의 구성

① 고체 또는 반고체 상태의 아스팔트(straight asphalt)를 가열하지 않고 상온에서 사용할 수 있도록 아스팔트를 미립으로 만들어 물속에 분산시킨 아스팔트이다.

② 아스팔트는 물과 혼화되지 않으므로 유화제(emulsifier)를 첨가하여 분쇄기(mill)에서 고속으로 갈아 입자를 물속에 고르게 분산시킨다.

이때, 유화 아스팔트 속의 아스팔트 입자는 $\phi 1{\sim}5\mu m$ 범위이며 표면에 전하(電荷)를 띠게 만들어 입자끼리 서로 달라붙지 않도록 구성한다.

(2) 유화 아스팔트의 종류

① 유화 아스팔트는 암갈색의 윤기가 나는 액체이지만, 골재에 뿌리면 물과 아스팔트가 분해되어 아스팔트만이 골재 표면에 부착되어 검은색으로 변한다.

② 유화 아스팔트에는 양(陽)이온, 음(陰)이온 또는 비(非)이온으로 구분된다.
• 음이온계 유화 아스팔트는 아스팔트 입자 표면이 음이온으로 대전(帶電)된 상태
• 양이온계 유화 아스팔트는 아스팔트 입자 표면이 양이온으로 대전된 상태
• 비이온계 유화 아스팔트는 아스팔트 입자 표면에 이온이 없는 상태

③ 골재 표면은 양이온이나 음이온으로 구성되어 있다.
• 석회석 등의 골재는 양이온, 석영이나 규산질계 골재 등은 음이온
• 어느 골재가 유화 아스팔트에 적합한지는 현장코팅 시험을 통해 결정

(3) 유화 아스팔트 취급 주의사항

① 가열은 80℃를 초과하지 않도록 하고, 다른 종류의 유제가 혼합되지 않도록 한다.

② 저장 중에 물을 사전 혼합하지 말고, 반드시 사용 직전에 혼합해야 한다.

③ 겨울철에는 시트로 싸서 보온하여 동결되지 않도록 저장한다.

④ 저장 후 2개월 이상 경과한 경우에는 품질검사하여 적합한지 확인해야 한다.

5. 컷백 아스팔트(Cutback Asphalt) : 액체 아스팔트, 저온 아스팔트

(1) 컷백 아스팔트 특성

① 컷백 아스팔트는 아스팔트에 휘발성 용제를 혼합하여 제조한 제품이다.

② 컷백 아스팔트는 골재와 혼합된 후 휘발성 용제가 증발됨으로써 결국 아스팔트만 표면에 남는 원리이다.

③ 컷백 아스팔트는 아스팔트가 저온에서도 낮은 점도를 유지하여 작업성을 좋게 하기 위해 제조된 액체 아스팔트이다.

(2) 컷백 아스팔트 종류

① 급속경화(RC, Rapid Curing) : 석유아스팔트에 휘발성이 높은 용제(휘발유)를 혼합한 제품으로, 도로현장에서 Tack coat, 표면처리 등에 사용된다.

② 중속경화(MC, Medium Curing) : 석유아스팔트에 휘발성이 보통인 용제(등유)를 혼합한 제품으로, Prime coat, 현장혼합하는 응급보수(patching)용 상온아스팔트 역청재로 사용된다.

③ 완속경화(SC, Slow Curing) : 일명 도로유(road oil)라고 하며, 석유아스팔트에 휘발성이 낮은 용제(경유)를 혼합한 제품으로, Prime coat, 장기저장하는 방진처리 살포용 상온아스팔트 혼합물 역청재로 사용된다.

(3) 최근에는 도로현장에서 컷백 아스팔트의 수요는 줄고, 유화 아스팔트로 대체하여 사용하고 있다. 그 이유를 살펴보면 아래 표와 같다.[10]

[유화 아스팔트와 컷백 아스팔트의 비교]

구분	유화 아스팔트	컷백 아스팔트
환경성	공기 중에 증발되는 휘발성분이 매우 많아 환경피해가 있다.	공기 중에 증발되는 휘발성분이 매우 적어 공해가 없다.
경제성	유화제는 비누와 비슷한 성분이다.	휘발용제는 연료의 일종으로, 대기 중에 휘발시키는 것은 낭비이다
안전성	사용하기 쉽고, 안전하고, 화재의 위험도 적다.	화재의 위험이 있다.
작업성	더 낮은 온도에서 작업할 수 있고, 습한 표면에도 사용할 수 있다.	상온에서 작업하고, 잘 건조된 표면에서만 사용해야 한다.

---

10) 한국건설기술연구원, '도로포장기술교육 B 아스팔트 혼합물', 건설기술교육원, 2009.4, B2-10~15.

6. Prime coat, Tack coat, Seal coat

(1) Prime coating

① Prime coating은 보조기층과 기층의 거동이 일체화되도록 유화 아스팔트를 살포하여, 보조기층과 기층 간의 결합력을 높이기 위해 필요하다.

② Prime coating은 RS(C)-3을 사용하며, 살포량은 $1\sim2L/m^2$ 정도이다.
- RS(C)는 양이온(cationic)계 급속경화(rapid setting)형 유화 아스팔트로서, RS(C)-3이 RS(C)-4보다 연한 아스팔트를 사용하므로 침투효과가 좋다.
- RS(C)의 살포량은 1m×1m 천(종이판)을 포장면 위에 여러 장을 깔아놓고, distributer의 살포속도를 변화시켜 살포한 후, 종이판을 계량하여 결정한다.

③ Prime coating을 살포하기 전에 측구 윗면, 교량 난간, 중앙분리대, 연석, 전주 등을 비닐로 덮어 유화 아스팔트가 직접 묻지 않도록 사전 조치한다.

④ Prime coating의 적합성은 살포 후 24시간 경과하면 적합하게 양생되어 수분이 없고, 뭉치거나, 너무 얇게 뿌려진 곳이 있는지 육안검사로 확인한다.

(2) Tack coating

① Tack coating은 기층, 중간층, 표층 등의 아스팔트포장층 사이에 유화 아스팔트를 살포하여 포장층의 결합력을 높이는 것을 의미한다.
배수성 포장이나 개질아스팔트포장과 같이 상부층과 하부층의 결합력이 중요한 경우, 개질유화 아스팔트를 사용하면 결합력을 높일 수 있다.

② Tack coating은 RS(C)-4를 사용하며, 살포량은 $0.3\sim0.5L/m^2$ 정도이다.

③ 포장 상부층 시공 후 코어를 채취했을 때, 상부층과 하부층이 분리되면 tack coating이 불량하여 부적합하므로 상부층을 걷어내고 재포장한다.

④ Tack coating할 포장면을 시공한 후 아직 교통개방하지 않은 상태에서 먼지나 이물질이 없이 깨끗한 경우에는 tack coating을 생략할 수 있다.

(3) Seal coating

① Seal coating은 공용 중인 포장표면이 구조적 노후가 아니고 표면마모가 심하여 마찰저항이 감소되고, 실금(hair crack)이 확대되어 누수와 포장파손이 확대되는 경우 포장수명을 보호하기 위해 실시하는 보수공법이다.

② 유화 아스팔트 MC-4, RC-2, RS(C)-1, RS(C)-2 등이 사용된다.

③ 유화 아스팔트를 부순돌, 파쇄자갈, 굵은모래 등에 포설할 때는 골재 표면이 잘 건조되어 있어야 한다.

④ Seal coating은 표면에 습기가 있거나, 10℃ 이하에서는 시공을 금지한다.

4.11 아스팔트의 침입도 등급, 연화점

1. 개요

(1) 아스팔트는 KS M 2201(스트레이트 아스팔트)의 침입도 등급 기준과 KS F 2389(아스팔트의 공용성 등급) 기준을 병행하여 사용한다.

(2) 고무 아스팔트 또는 폴리머 혼합 아스팔트 등의 고점도 개질 아스팔트 또는 첨가제를 사용하려면 아스팔트의 공용성 등급만 적용하며, 침입도 등급은 적용하지 않는다.

2. 아스팔트의 침입도

(1) 아스팔트의 연경도를 나타내는 침입도(Penetration)는 ϕ1mm의 중량 100kg 표준침(바늘)을 25℃에서 5초 동안 아스팔트에 관입시킨 후에 측정한 관입깊이를 말한다.

(2) 침입도는 관입깊이를 측정하여 1/10mm 단위로 나타내는 값이다.

(3) 이때, 시료에 공기방울이 없어야 하며 침입도 시험 중에 온도를 일정하게 유지해야 한다. 같은 시료로 3회 실시한 후 평균값으로 아스팔트를 분류한다.

(4) 동일 조건에서 굳은 아스팔트일수록 침입도는 작고, 연한 아스팔트일수록 침입도는 크다.

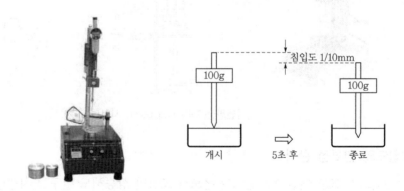

[침입도(Penetration) 시험]

3. 아스팔트의 침입도 등급

(1) 아스팔트의 침입도 등급은 20-40, 40-60, 60-80, 80-100, 100-120 등이 있으며, 국내에서 아스팔트 혼합물에는 60-80과 80-100의 2가지가 주로 사용된다.

 • 일반적인 아스팔트 혼합물 : 60-80, 재생(순환골재) 아스팔트 : 80-100

(2) 아스팔트의 침입도 등급 60-80을 사용할 때 소성변형 저항성 향상을 위해 정유사에 침입도 등급 65±5 납품을 요청하여 사용한다.

(3) 한랭지에는 높은 침입도(20~30), 온난지에는 낮은 침입도(10~20) 아스팔트를 사용한다.

(4) 아스팔트가 부드러울수록 침입도가 높으며, 침입도가 낮으면 연화점이 높다.

4. 아스팔트의 연화점

(1) 아스팔트는 저온에서는 고체상태이므로 사람이 올라갈 수 있을 정도로 단단하지만, 온도가 상승함에 따라 전차 연약해져 50℃ 정도에서 조그만 강철구도 지탱할 수 없게 되며, 더욱 온도가 상승하면 액체상태로 변한다.

(2) 연화점(Softening point) 시험이란 온도에 따라 변하는 아스팔트가 강철구를 지탱할 수 있는 온도의 한계를 알기 위하여 환구(環球, ring & ball)방법으로 측정한다.

(3) 연화점 시험은 한 쌍의 황동제 링(안지름 15.9mm) 사이에 아스팔트를 채운 후, 그 위에 3.5g 철주(지름 9.5mm)를 올려놓고, 5℃ 항온수조 속에 넣는다.
항온수조를 5℃/분 속도로 가열하면서 25.4mm 처질 때의 온도를 측정한다.

(4) 즉, 연화점 시험은 아스팔트의 온도가 상승할수록 점점 물러지는 정도를 측정하는 시험으로, 일정한 값(25.4mm 처짐)만큼 물러졌을 때의 온도를 말한다.

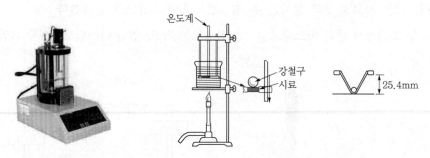

[연화점(Softening point) 시험]

5. 침입도와 연화점 관계

(1) 침입도가 크고 연한 아스팔트는 온도가 조금만 상승해도 철구를 지탱할 수 없게 되므로 연화점이 낮다. 반면, 침입도가 작고 굳은 아스팔트는 온도가 상당히 상승한 후에 비로소 철구가 낙하하기 시작하므로 연화점이 높다.

(2) 연화점 시험은 아스팔트의 연경도(consistency)를 측정하는 경험적인 방법으로, 방수재료와 공업용재료 등의 시험에 쓰인다.

(3) 포장용 아스팔트는 골재 외부를 극히 얇은 피막으로 둘러쌓고 필러나 첨가재 등과의 결합력(interlocking)에 의해 기능을 발휘하므로 연화점에 큰 의미는 없다.

(4) 다만, 아스팔트의 연화점은 다른 시험과 관련하여 아스팔트의 특성치를 구하는 데 유효하게 쓰인다.

6. 아스팔트의 점도지수

(1) 점도(粘度, Viscosity)

① 점도란 유동성을 나타내는 중요한 성질로서 아스팔트를 이동시킬 때 나타나는 내부 저항을 의미하며, 아스팔트 그 자체의 고유한 점성저항력을 나타낸다.

② 점도를 역학점도(dynamic viscosity) 또는 절대점도(absolute viscosity)라고 부르는데, 그 이유는 동점도와 구분하기 위해서다.

③ 점도는 P로 표시하고 단위는 $g/cm^2 \cdot s$인데, 유체 특성을 표현하기에는 너무 커서 1/100로 줄여서 cP로 표시한다.

(2) 동점도(動粘度, Kinemastic Viscosity)

① 동점도는 점도를 그 아스팔트의 밀도로 나누어 구한다.

② 동점도는 도로포장 현장에서 Prime coating이나 Tack coating 아스팔트 포설공정 등에서 매우 중요한 지표가 된다.

③ 동점도는 St로 표시하고 단위는 cm^2/s이며, 이 값 역시 1/100로 줄여서 cSt로 표시한다(물의 동점도는 20℃에서 약 1cSt이다).

(3) 점도지수(粘度指數, Viscosity Index)

① 아스팔트의 점도는 온도가 올라가면 점차 감소되고 온도가 내려가면 점차 증가되는데, 이는 아스팔트가 가지고 있는 자연스러운 물리적 특성이다. 이와 같은 온도변화에 따른 점도의 변화를 수치로 나타낸 값이 점도지수이다.

② 기온이 올라갈수록 아스팔트는 묽어지며, 내려갈수록 점도는 높아져 뻑뻑해진다.

③ 점도지수가 높으면 온도변화에 대해 점도가 잘 변하지 않으므로, 포장용 아스팔트는 점도지수가 높은 등급을 사용해야 한다.[11]

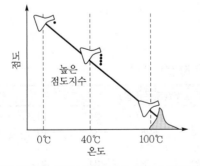

[온도변화에 따라 점도변화가 큰 아스팔트(A)]

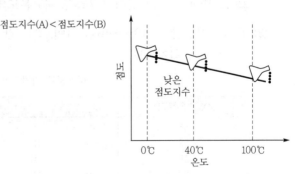

[온도변화에 따라 점도변화가 작은 아스팔트(B)]

---

11) 한국건설기술연구원, 도로포장기술교육 B 아스팔트 혼합물, 건설기술교육원, 2009.4, B2-16~21.

4.12 아스팔트의 공용성 등급(PG)

아스팔트 바인더(Asphalt Binder)의 PG(Performance Grade) 등급 [5, 2]

I 개요

미국의 도로연구사업 SHRP(Strategic Highway Research Program) Superpave 설계법은 고분자 개질아스팔트(PMA, Polymer Modified Asphalt) 바인더의 공용성 등급(PG) 규정과 골재의 새로운 입도분포 규정에 의해 생산되는 혼합물이다.

II SHRP Superpave 설계법의 주요내용

1. 교통량에 따른 배합설계의 구분

(1) 배합설계 level 1 : $ESAL \leq 10^6$

(2) 배합설계 level 2 : $10^6 \leq ESAL \leq 10^7$

(3) 배합설계 level 3 : $ESAL \geq 10^7$

2. 아스팔트 바인더의 공용성 등급(PG) 규정 도입

(1) PG는 사용지역의 최고·최저기온에 따른 포장온도를 근거로 하여 아스팔트 바인더를 37등급으로 세분화한 것으로, PG XX-YY 형태로 표현한다.

(2) XX : 고온등급, +46~+82℃ 사이, 6℃ 간격

포장표면에서 2cm 깊이의 7일간 최고온도의 평균

(3) YY : 저온등급, -10~-46℃ 사이, 6℃ 간격

포장표면의 최저온도

[아스팔트 바인더의 PG XX-YY 기준]

XX(고온등급)	YY(저온등급)						
46					-34	-40	-46
52	-10	-16	-22	-28	-34	-40	-46
58		-16	-22	-28	-34	-40	
64	-10	-16	-22	-28	-34	-40	
70	-10	-16	-22	-28	-34	-40	
76	-10	-16	-22	-28	-34		
82	-10	-16	-22	-28	-34		

3. 골재의 입도분포 규정을 위해 상·하 한계점(control point) 설정

(1) 체크기에 0.45승 등급의 graph를 사용한다.

No.4(4.75mm)체 $\Rightarrow$ 4.75×0.45=2.02mm

(2) 제한입도범위(restricted zone)를 설정한다.

골재입도곡선이 0.30mm와 2.36mm 사이의 zone을 피하도록 설정한다.

4. 소성변형 방지를 위해 선회다짐방법 도입

(1) **초기다짐회수(공극율 11% 기준)** : 연한혼합물(tender mix) 방지

(2) **설계다짐회수(공극율 4% 기준)** : 일정한 교통량 통과에 안정

(3) **최대선회다짐회수(공극율 2% 기준)** : 소성변형 발생을 방지

Ⅲ SHRP Superpave 혼합물 시공 유의사항

1. 아스팔트 바인더의 특징

(1) Superpave 설계법에 따른 새로운 공용성 등급(PG)체계를 적용한다.

(2) 보다 많은 개질재(SBS)를 첨가하며, 혼합온도를 높여야 한다.

(3) 개질아스팔트의 혼합비율과 혼합정도에 대하여 완벽한 현장관리가 필요하다.

(4) 개질아스팔트 바인더의 성능평가를 위해 샘플 채취하여 품질을 측정한다.

2. 쇄석골재의 특징

(1) **Superpave 설계법의 요구사항**

① 제한입도범위(restricted zone)를 설정한다.
② 기존 혼합물보다 더 많은 양의 굵은골재를 혼합한다.
③ 쇄석골재에 더 많은 파쇄면을 확보한다.

(2) **시공에 미치는 영향**

① 골재의 가열·건조가 어렵고, 온도저하가 빠르다.
② 파쇄면이 많아 취급이 어렵고, 혼합물이 뻑뻑하다.
③ 포설·다짐 중에 workability가 저하된다.

3. 다짐관리의 특징

(1) **포설층의 두께**

① 일반 아스콘은 굵은골재의 2배 두께로 포설하지만,
② 굵은골재를 많이 사용하므로 굵은골재의 3배 이상의 두께로 포설한다.

(2) 다짐장비 선정

① 고무타이어 roller를 사용한다(철륜 roller 사용 금지).

② 타이어에 아스팔트가 묻어나는 것을 막아주는 방지망을 부착한다.

(3) Tender zone을 피해서 다짐

① Superpave 혼합물의 tender zone의 범위는 93~115℃이다.

② 115℃ 이상에서 압착하여 다짐함으로써 밀도를 확보한다.

② 93℃ 이하로 저하된 후에 마무리 다짐한다.

Ⅳ SHRP Superpave 설계법의 국내 기준

1. 아스팔트의 공용성 등급 기준

(1) 아스팔트의 공용성 등급은 PG XX-YY로 표현되는 최고·최저 온도 개념이다.

① XX는 고온등급으로, 아스팔트포장의 최고온도, 고온에서의 소성변형 저항성

② -YY는 저온등급으로, 아스팔트포장의 최저온도, 저온에서의 균열 저항성

(2) 고온등급은 과거 20년 이상의 기상자료 중 연속되는 7일간의 최고 대기온도의 평균값으로 포장깊이 2cm에서의 온도를 추정하여 결정한다.

(3) 저온등급은 최저 대기온도로 결정한다.

2. 아스팔트의 공용성 등급 적용

(1) 우리나라는 아스팔트포장 시공현장의 연속 7일간 최고 대기온도에서 포장 최고온도 64℃, 최저온도 -22℃를 기준으로 하여 일반적으로 공용성 등급 PG 64-22아스팔트를 적용한다.

(2) 교통량이 많은 교차로에는 PG 76-22 이상의 아스팔트를 사용해야 한다.

(3) 신호대기 지역, 오르막구간 및 지·정체가 심한 도로와 중교통이 통행하여 소성변형 발생위험이 높은 지역은 PG 76-22 이상의 아스팔트 적용을 검토한다.

(4) 아스팔트 혼합물의 혼합 및 다짐온도 결정을 위하여 120℃, 150℃, 180℃에서의 각각 동점도 및 150cSt, 170cSt, 190cSt, 250cSt, 280cSt, 310cSt에서의 온도를 부기해야 한다. 다만, 고무 아스팔트 또는 폴리머 혼합 아스팔트와 같은 고점도의 개질아스팔트 또는 첨가제를 사용할 경우에는 적용하지 않는다.

(5) 아스팔트는 전용의 운반장비로 운송하여 저장하며, 장기간 보관할 때는 아스팔트 품질의 변동을 최소화하도록 보관온도를 관리해야 한다.[12]

---

12) 국토교통부, '아스팔트 혼합물 생산 및 시공 지침', 2014.1. pp.9~11.

4.13 아스팔트 혼합물의 골재, 채움재

아스팔트포장 골재등급, 혼합물에 석분(Filter) 넣는 이유, 광물성 채움재(mineral filler) [2, 1]

I 아스팔트 혼합물의 골재

1. 굵은골재

(1) 아스팔트 혼합물 중량의 90~95%를 차지하는 골재에는 굵은골재와 잔골재가 있으며, 현재 포장공사에는 석산에서 생산되는 쇄석골재를 대부분 사용하고 있다.

(2) 아스팔트 혼합물 전용 단립도 골재를 생산하기 위해 석산의 스크린 망과 아스팔트 플랜트의 핫 스크린 망 크기를 동일하게 설치한다.

(3) 굵은골재의 편장석률은 아스팔트 혼합물의 소성변형 저항성 등에 큰 영향을 미치므로 편장석률에 따라 도로기능에 맞는 골재를 선택한다.

(4) 아스팔트 혼합물 골재의 입도와 품질이 만족하는 경우 편장석률이 10% 이하이면 1등급, 20% 이하이면 2등급, 30% 이하이면 3등급으로 판정한다.

(5) 편장석률은 굵은골재 중 편장석 함유량 시험방법에 따라 판정하는데, 골재의 최대길이와 최소길이의 비가 1 : 3 이상이면 편장석이다.

[아스팔트 혼합물 골재의 등급기준 및 적용범위]

등급	기준	적용 범위
1등급	편장석률 10% 이하	• 4차로 이상의 도로(신설 및 덧씌우기) • 중차량 통행이 빈번한 도로 • 발주자가 중요하다고 인정하는 도로
2등급	편장석률 20% 이하	• 2차로 이하의 일반국도 • 발주자가 중요하다고 인정하는 도로
3등급	편장석률 30% 이하	2차로 이하의 지방도, 군도, 1등급 및 2등급에 해당되지 않는 도로 등

2. 잔골재

(1) 잔골재는 암석, 자갈 등을 깨어 얻어진 부순모래로서, 깨끗하고 강하며 내구적이고, 먼지, 점토, 유기물 등의 유해물질을 함유해서는 안 된다.

(2) 잔골재의 입도분포가 배합설계에 문제가 없다면 부순모래를 사용하며, 자연모래는 아스팔트 혼합물의 소성변형 원인이 되므로 사용하지 않는다.

(3) 잔골재가 다른 골재와 서로 혼합되지 않도록 분리저장하며, 상설 지붕시설 내에 보관하여 빗물이 침투하지 않도록 보관한다.

Ⅱ 아스팔트 혼합물의 채움재

1. 용어 정의

(1) 아스콘(ASCON)이란 아스팔트 콘크리트(Asphalt Concrete)를 줄인 명칭이며, 아스팔트, 아스팔트 혼합물, 아스팔트 콘크리트, 포장용 가열아스팔트 혼합물(표준인증 규격), HMA(hot mix asphalt) 등 여러 가지로 호칭되고 있다.

(2) 아스팔트 콘크리트 혼합물(ASCON)은 아스팔트와 굵은골재(Aggregate), 잔골재(Sand) 및 포장용 채움재(필러/석분, mineral filler)를 가열하거나 상온으로 혼합한 것으로 도로포장에 사용되며, 용도, 기능, 공법 등에 따라 세분된다.

2. 채움재의 종류

(1) 아스팔트 혼합물에 사용되는 채움재에는 석회석분, 포틀랜드 시멘트, 소석회, 회수더스트 등이 있다.

(2) 일반적으로 채움재는 석회석 채움재와 아스팔트 플랜트에서 아스팔트 혼합물 생산과정에서 발생되는 회수더스트를 사용한다.

(3) 집중적인 강우 다발지역에서 아스팔트 혼합물의 박리 저항성을 향상시키기 위해 채움재 중량의 50% 이상을 소석회 또는 시멘트로 대체 사용할 수 있다.

3. 채움재의 입도

(1) 채움재의 입도는 아스팔트포장용 채움재 KS규정에 따라 아래 표의 기준에 적합해야 한다.

(2) 이 중에서 채움재로 사용되는 재료는 0.08mm 이하의 입도가 중요하다.

(3) 미립의 입자가 많으면 아스팔트 혼합물에서 아스팔트량이 증가되거나, 아스팔트의 강성이 높아지는 효과가 나타날 수 있다.

[아스팔트포장용 채움재의 입도 기준]

체의 호칭크기(mm)	각 체를 통과하는 질량 백분율 %
0.6	100 이상
0.3	95 이상
0.15	90 이상
0.08	70 이상

주) 체는 KS A 5101-1에서 규정한 표준망체 0.6mm, 0.3mm, 0.15mm, 0.008mm에 해당한다.

4. 채움재의 품질

(1) 채움재는 먼지, 진흙, 유기물, 미립자 덩어리 등의 유해물질이 없어야 하며, 특히 수분 함량이 1.0% 이하이어야 한다.

(2) 소석회는 채움재로서의 기능은 물론 아스팔트의 박리방지 재료로 사용된다.

(3) 소석회는 골재 중량비율의 1~1.5%를 사용하며, 아스팔트 혼합물 중 채움재의 사용비율을 감안하여 소석회 또는 소석회 혼합 석회석분 적용을 검토한다.

5. 회수더스트

(1) 회수더스트의 0.08mm 이하 입도를 현장에서 직접적으로 구하기 어려우므로, 시험에 의해 다짐공극률(PRV, Percent of Rigden Voids)을 간접적으로 계산한다.

(2) PRV는 채움재의 체적특성 값으로, 채움재의 다짐 공극률 시험방법으로 구한다. 이 값은 회수더스트의 0.08mm 이하 입자의 크기와 관련 있으며, 아스팔트 혼합물 중의 채움재 체적(BVF, Bulk Volume of Filler)을 구하기 위해 사용된다.

(3) 회수더스트 채움재를 사용한 아스팔트 혼합물은 0.08mm 이하의 골재 체적특성 값인 BVF가 60% 이하이어야 하며, BVF가 60%보다 높으면 채움재의 종류 자체를 바꾸거나, 채움재의 사용 비율을 낮추어야 한다.

(4) 채움재의 종류를 변경할 때는 0.08mm체 통과 골재의 입도가 기존보다 굵은 채움재를 사용한다. 즉, 채움재의 다짐공극률(PRV) 값이 낮은 채움재를 선택한다.

6. 소석회

(1) 소석회 또는 소석회 혼합 석회석분의 사용방법은 전용 사일로에 저장하고, 이송 및 계량 후 아스팔트 플랜트 믹서에 투입하는 방식이다.

전용 사일로가 없으면 1배치 계량(중량 기준)하여 110℃ 이상에서 믹서에 투입

(2) 소석회 또는 소석회 혼합 석회석분은 골재표면에 충분히 코팅되어야 박리방지 효과가 발현되므로 아스팔트 플랜트 믹서에 투입 후, 5초 이상 건식 혼합한다.

즉, 소석회 투입하고 5초 이상 골재와 혼합 후에 아스팔트를 분사한다.

(3) 소석회를 사용하면 수분에 대한 민감성을 감소시켜 아스팔트와 골재의 박리를 저감시키는 효과 외에 아래와 같은 효과를 기대할 수 있다.

① 아스팔트의 산화를 감소시켜 노화 진행속도를 늦춘다.
② 아스팔트의 강성을 다소 증가시켜 소성변형을 낮춘다.
③ 미세균열의 진전속도를 감소시켜 균열저항성을 증가시킨다.[13]

13) 국토교통부, '아스팔트 혼합물 생산 및 시공 지침', 2014.1. pp.17~21.

4.14 아스팔트 혼합물의 삼상(三相)구조

골재의 유효흡수율, 아스팔트 혼합물의 골재간극율, 아스팔트 혼합물의 이론최대밀도 [8, 0]

I 개요

1. 아스팔트포장의 단면은 상부에서부터 표층, (중간층), 기층, 보조기층, (동상방지층) 노상 및 노체 등으로 구성되어 있다.
2. 아스팔트 혼합물의 질량 및 체적 성질을 나타내는 삼상구조 모델은 다져진 아스팔트 혼합물 시료의 공극, 아스팔트, 골재의 3가지 요소로 구분된다.
3. 다져진 아스팔트 혼합물의 삼상구조로부터 겉보기 밀도, 이론최대밀도, 아스팔트비, 공극률, 골재간극률, 포화도 등을 해석할 수 있다.

II 아스팔트 혼합물의 삼상구조

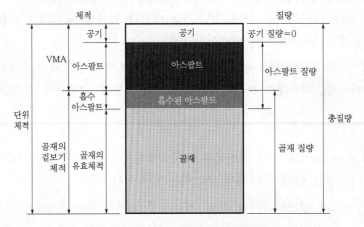

[다져진 아스팔트 혼합물의 삼상구조]

1. 겉보기밀도

겉보기밀도(G_{mb})는 전체무게(질량)를 시료부피로 나누어 구한다.

$$G_{mb} = \frac{W_D}{W_{SSD} - W_{Su}} \times \gamma_W$$

여기서, W_D : 건조질량(g)

W_{SSD} : 표면건조 포화상태의 질량(g)

W_{Su} : 표면건조 포화상태의 수중질량(g)

γ_W : 물의 밀도

2. 이론최대밀도

(1) 이론최대밀도는 골재와 아스팔트의 질량을 골재와 아스팔트가 차지하는 체적으로 나눈 값으로, 공기가 차지하는 체적은 제외된다.

(2) 이론최대밀도는 공극률 등의 성질을 계산할 수 있는 참고값으로 사용된다.

(3) 아래의 이론최대밀도(G_{mm}) 계산식은 실험을 통해 검증된 식이다.

$$G_{mm} = \frac{P_{MM}}{\dfrac{P_S}{G_{SE}} + \dfrac{P_B}{G_B}}$$

여기서, P_{MM} : 아스팔트 혼합물의 전체 질량

P_S : 골재의 질량

P_B : 아스팔트의 질량

G_{SE} : 아스팔트로 코팅된 골재의 유효 밀도

G_B : 아스팔트의 밀도

3. 아스팔트비(또는 양)

(1) 아스팔트비(또는 양)는 전체 아스팔트 혼합물의 질량 또는 전체 골재의 질량에 대한 아스팔트 질량의 비를 백분율(%)로 나타낸 값이다.

(2) 대부분의 경우에 전체 아스팔트 혼합물의 질량에 대한 백분율을 사용한다.

(3) 유효 아스팔트비는 골재에 흡수되지 않고 남아있는 아스팔트 질량의 비이며, 흡수된 아스팔트비는 골재에 의해 흡수된 아스팔트 질량의 비로서 골재의 질량에 대한 백분율로 표시한다.

4. 공극률(VTM)

공극률(Void in Total Mix)은 다져진 시료 내에 존재하고 있는 공기의 체적으로, 아스팔트 혼합물의 전체 체적에 대한 백분율로 표시한다.

$$VTM = \frac{V_V}{V_T} \times 100 = 100 \left(1 - \frac{G_{mb}}{G_{mm}}\right)$$

여기서, V_V : 공극의 체적

V_T : 다져진 공시체의 전체 체적

5. 골재간극률(VMA)

(1) 골재간극률(Void in Mineral Aggregate)은 다져진 아스팔트 혼합물 내의 아스팔트와 공기가 차지하는 공간을 의미한다.

(2) VMA는 공기 체적과 유효 아스팔트 체적의 합을 전체 체적에 대한 백분율로 나타낸 값이다. 이때 흡수된 아스팔트 체적은 VMA 계산에서 제외한다.

$$VMA = \frac{V_V + V_{EAC}}{V_T} \times 100 = 100 - \left[\frac{(G_{mb}P_s)}{G_{sb}}\right]$$

여기서, V_{EAC} : 유효 아스팔트의 체적

P_s : 아스팔트 혼합물 전체 질량에 대한 골재 비율(%)

G_{sb} : 합성된 골재의 겉보기 비중

(3) 최소 VMA 값은 골재 크기에 따라 달라지며, 골재 최대크기와 설계 공극률에 따라 그 값이 결정된다.

6. 포화도(VFA)

(1) 포화도(Void Filled with Asphalt)는 아스팔트로 채워진 공극을 의미한다.

(2) 포화도는 아스팔트 체적을 골재간극률(VMA) 체적으로 나누면 계산할 수 있다.

$$VFA = \frac{V_{EAC}}{V_{EAC} + V_V} \times 100 = 100 - \left(1 - \frac{V_a}{VMA}\right)$$

여기서, V_a : 공기의 체적

Ⅲ 아스팔트 혼합물의 최대이론밀도

1. 용어 정의

(1) 가열아스팔트 혼합물 배합설계에서 최적아스팔트량(OAC)을 결정하기 위해 주로 Marshall 안정도 시험방법이 사용되고 있다.

(2) Marshall 배합설계에서 아스팔트함량을 증가시키면 초기에는 밀도가 증가하나, 밀도의 최고점(최대이론밀도)에 이르면 아스팔트 바인더가 골재 주위에 피막을 모두 형성하게 되므로, 그 이후에는 골재입자를 밀어내기 시작하여 결과적으로 밀도가 다시 낮아진다.

2. 최대이론밀도 산정

$$D_{\max} = \frac{W}{V_A + V_F + V_S} = \frac{100}{D_a + \frac{1}{\gamma_w}\sum\frac{W_i}{G_i}}$$

(1) 최대이론밀도 계산에 사용되는 각 골재의 비중은 다음 식 (a)로 구한다.

(2) 다만, 흡수율이 1.5% 초과하는 굵은골재는 식 (a)와 식 (b)의 평균값으로 구한다.

$$비중 = \frac{A}{A-C} \quad \cdots \text{식 (a)}$$

$$비중 = \frac{B}{B-C} \quad \cdots \text{식 (b)}$$

3. 최대이론밀도 적용

(1) 최대이론밀도는 다져진 혼합물에서 공극(V_V)이 0(zero)라고 가정할 때의 밀도로서, 공극율, 포화도, 골재간극률 등의 계산에 쓰인다.

(2) 배합설계할 때 아스팔트량과 채움재량을 늘리는 방법도 밀도를 높일 수 있지만, 포장도로의 공용성에는 좋지 않다.

- 내구성을 고려하면 다짐에너지를 증가시켜 밀도를 높여야 좋다.

(3) 내유동성 아스팔트 혼합물 배합설계할 때 적정골재의 합성밀도를 먼저 구한 후, 적정공극률을 기준으로 최적아스팔트량을 구한다.

- 골재의 합성과 아스팔트량에 따라 이론밀도를 우선적으로 정확히 구하는 것이 중요하다.

(4) 이론밀도를 계산식으로 산출하려면 각 골재의 비중을 산출한 후, 이 골재의 합성비에 따라 밀도변화를 쉽게 구할 수 있다.

- 하지만 골재의 입형, 표면상태, 흡수율 등에 따라 아스팔트 흡수량이 변하므로 이론밀도 값도 역시 변하게 된다.

(5) 따라서 배합설계의 신뢰성을 높이려면 아스팔트 혼합물을 물속에 넣고 진공상태에서 공기를 완전히 제거한 후, 이론밀도를 산출하면 정확하다.

Ⅳ 맺음말

1. 아스팔트 혼합물에서 최대 골재크기가 크거나 잔골재율이 작으면 내유동성이 증가되어 소성변형 저항성이 높아지며 최적 아스팔트함량이 작아지는 장점이 있으나, 균열 저항성이 낮아지고 생산·포설 중 재료분리 가능성이 높아지는 단점이 있다.

2. 반면, 최대 골재크기가 작거나 잔골재율이 높으면 시공 중 재료분리가 적고 균열 저항성이 증가되는 장점이 있지만, 소성변형 저항성이 낮아지고 최적 아스팔트 함량이 높아지는 단점이 있다.

3. 따라서, 중교통량이 많은 고속국도나 일반국도에는 최대 골재크기를 크게 하고, 중교통량이 적은 지방도에는 최대 골재크기를 작게 하면 공용성 유지에 유리하다.[14]

---

14) 국토교통부, '아스팔트 혼합물 생산 및 시공 지침', 2014.1. pp.21~29.

4.15 아스팔트 혼합물의 특성치

포장의 동적안정도(Dynamic Stability), 수침잔류안정도, 블리스터링(Blistering) [6, 0]

I 동적안정도(Wheel tracking)시험

1. 용어 정의

(1) 중교통도로의 아스팔트포장에서는 Marshall 안정도시험을 보완하기 위하여 압밀·유동 저항성을 평가하는 동적안정도(Wheel tracking)시험을 실시한다.

(2) 동적안정도 값은 Wheel tracking시험 결과에 의해 아스팔트포장이 1mm 변형하는 데 소요되는 차륜의 통과회수로 나타낸다.

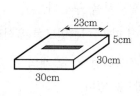

[동적안정도(Wheel tracking)시험]

2. 공시체 제작

(1) 혼합물을 30×30×5cm Mold에 넣고, Roller compactor로 다진다.

(2) 동일한 배합의 공시체 3개를 제작하여 1조로 한다.

(3) 제작한 공시체는 실내에서 12시간 양생한다.

(4) 시험 시작 전에 60℃의 항온실에서 5시간 양생한다.

3. 주행시험 실시

(1) Test wheel을 공시체의 중앙에 놓는다.

(2) Test wheel의 하중은 70kg(접지압으로 $6.5 \pm 0.15 \text{kg/cm}^2$) 이상으로 설정한다.

(3) Test wheel은 공시체의 중앙부를 1분에 42회의 속도로 수평왕복운동을 하고, 주행거리는 1방향 23cm 정도이다.

(4) 처음 5분간은 1분마다 변형량을 측정하고, 그 후에는 5분마다 측정한다.

(5) 주행시간은 시간-변형량 곡선을 전체적으로 파악할 수 있을 때까지 계속하는데, 통상 2~3시간 정도 반복하여 주행한다.

4. 시험성과 정리

(1) 방안지에 횡축은 시간, 종축은 변형량을 설정하고 시간경과에 따른 변위량의 점을 찍어 시간-변형량 곡선을 그린다.

(2) 변형특성을 정량적으로 표기한다.

① 변형율(Rate of Deformation)

$$RD = \frac{d_2 - d_1}{t_2 - t_1} \ [\text{mm}/\text{분}]$$

② 동적안정도(Dynamic Stability)

$$DS = \frac{42 \times (t_2 - t_1)}{d_2 - d_1} \ [\text{회}/\text{mm}]$$

여기서,

$d_1 : t_1$(45분) 때의 변형량(mm) $d_2 : t_2$(60분) 때의 변형량(mm)

(3) 시험자료가 아래와 같은 경우

$$DS = \frac{42 \times (60 - 45)}{9.2 - 8.3} = 700 \ [\text{회}/\text{mm}]$$

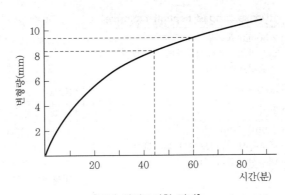

[동적 안정도시험 결과]

5. 수침잔류 안정도시험

(1) 수침잔류 안정도시험은 아스팔트포장이 집중호우로 48시간 이상 침수되었다고 가정하고 실시하는 시험으로, 아스팔트포장의 내구성을 판정할 수 있다.

(2) Marshall 안정도시험의 원통형 공시체를 실온에서 12시간 양생 후, 60℃ 항온수조에서 48시간 수침시킨다.

• 공시체에 하중을 증가시켜 파괴될 때의 최대하중(kg)을 측정한다.

$$\text{수침잔류 안정도} = \frac{60℃ \ 48시간 \ 수침 \ 후의 \ 안정도[\text{kg}]}{\text{안정도}[\text{kg}]} \times 100[\%]$$

(3) 아스팔트포장 표층의 수침잔류 안정도는 75% 이상을 기준값으로 판정한다.

① 75% 이상 기준값을 만족하는 경우, 시험 후의 공시체에 박리가 관찰될 때에는 주의를 기울여야 한다.

② 75% 이상 기준값에 미달하는 경우, 재료의 조합을 바꾸어 재시험을 실시한다. 재시험에서도 미달하면 아스팔트포장 표층에 박리방지제 포설을 고려한다.

Ⅱ 아스팔트 혼합물의 밀입도, 개립도

1. 용어 정의

(1) 포장용 아스팔트 혼합물은 굵은골재의 비율과 입도분포에 따라 Macadam, 개립도, 조립도, 밀입도, 세립도, Gap asphalt 등으로 분류한다.

(2) 미국 캔사스주 Topeca시에서 아스팔트의 안정성 개선을 위해 세립의 쇄석을 혼입하여 처음 시공한 Gap asphalt의 특징은 입도분포가 불연속적이라는 점이다.

[밀입도와 개립도의 비교]

구분	밀입도 (Dense graded asphalt concrete)	개립도 (Open graded asphalt concrete)
골재입도	• 2.36mm 통과량 35~50% • 굵은골재 최대치수부터 0.075mm까지 연속적으로 분포	• 2.36mm 통과량 5~20%
마샬안정도	• 500kg 이상	• 350kg 이상
OAC	• 5~7%	• 3~5%
특징	• 표면이 치밀하다. • 내유동성, 내마모성이 우수하다. • 내구성이 우수하다.	• 표면이 거칠어, 미끄럼저항이 우수하다. • 공극 많아 주행소음이 적다. • 강우 중 수막현상이 감소된다. • 빗물침투 시 박리되어 내구성이 저하된다.
적용성	• 가열아스팔트포장 표층	• 미끄럼저항용 마찰층

2. 개립도 품질관리 유의사항

(1) **골재관리** : 잔골재량은 굵은골재를 부풀리지 않도록 공극을 채우는 수준이어야 한다.

(2) **온도관리** : 개립도는 공극이 많아 온도가 저하되면 골재피복이 이루어지지 않으므로, 개립도의 혼합온도는 밀입도보다 높아야 한다.

(3) **다짐관리** : 과도한 다짐은 공극 감소, 미끄럼저항성 저하를 초래하므로 공극을 과도하게 메우지 않도록 철륜 roller로 2~3회 다진다(Tire roller는 사용금지).

(4) **공극관리** : 공극이 많아 차선도색이 어렵다. 공극을 통해 빗물이 침투되며, 특히 동절기에 공극의 물이 얼면 노면 마찰력이 급감하여 위험하다.

Ⅲ 아스팔트포장의 블리스터링(Blistering)

1. 용어 정의

(1) 블리스터링(Blistering)은 고체재료에 불활성성 기체이온을 분사할 때 고체표면이 부풀어 오르며 손상되는 현상이다.

(2) 블리스터링은 아스팔트포장의 표면이 시공 중 또는 공용 중에, 특히 여름철에 원형으로 부풀어 오르는 현상이다.

2. 발생 원인

(1) 교량 상부구조물 강바닥판 교면포장 위의 포장층 내부에 남아있는 수분 및 유분(오일)이 온도상승에 의해 기화될 때 발생되는 증기압이 원인이 되어 발생한다.

(2) 특히, 구스 아스팔트(guss asphalt), 매스틱 아스팔트(mastic asphalt), 세립도 아스팔트 등과 같이 밀도가 치밀한 혼합물을 포설할 때 자주 발생된다.

3. 방지대책 : 교면포장 구스 아스팔트 포설 유의사항

(1) 포설 중 표면에 유해한 수분이나 유분(오일)이 반입되지 않도록 한다.

(2) 무기질 페인트를 사용하여 방청도장할 때는 반드시 수분을 제거한다.

(3) 교면포장 각 층 간의 접착재를 도포할 때는 단부, 우각부 등에 재료가 과다하게 집중되지 않도록 균일하게 표면을 마무리한다.

(4) 강우, 결로(結露) 등의 불리한 기상조건을 고려하여 포설한다.

　① 기온 10℃ 이상에서 시공하더라도 기상(온도·습도)조건에 의해 강바닥판에 결로가 생기는 경우가 있다.

　② 결로 발생이 우려될 때는 포설작업을 중지하거나 강바닥판을 보온한다.

4. 방지대책 : 밀입도 아스팔트 혼합물 포설 유의사항

(1) 블리스터링은 분사되는 물질·이온의 종류, 분사량, 에너지, 온도 등에 따라 달라진다. 분사량이 증가하면 표면이 부풀어 분리되므로 재료 침식을 야기한다.

(2) 혼합물은 쿠커에 담아 운반하고, 쿠커는 가열보온 및 교반 장치를 갖추어야 하며, 아스팔트 플랜트 믹서에서 배출될 때 온도는 180~240℃ 범위이어야 한다.

(3) 쿠커에서 교반시간은 30분 이상, 교반 종료 후 쿠커 출구에서의 매스틱 아스팔트 혼합물 온도는 220~260℃ 범위를 유지해야 한다.[15]

---

15) 한국건설기술연구원, '한국형 포장설계법 연구:2단계 3차년 최종', Wheel tracking 시험, 2007.

4.16 아스팔트포장의 시험포장, 다짐관리

아스팔트포장의 시험포장 계획, 가열아스팔트포장에서 다짐작업 영향 요소 [0, 4]

Ⅰ 아스팔트포장의 시험포장

1. 개요

(1) 아스팔트포장의 시험포장은 본포장 이전에 아스팔트 혼합물의 품질을 검토하고, 결정된 포장업체, 다짐장비, 대기온도 등의 현장조건에 따른 포설두께 및 다짐횟수 등을 결정하는 과정이다.

(2) 대부분의 시험포장에서 아스팔트 함량을 3종으로 변화시키며, 포설두께 및 다짐횟수를 몇 가지로 조합하여 6개~9개 구간으로 나누어 시공하고 있다.

2. 시험포장 순서

(1) 아스팔트포장은 아스팔트 혼합물을 포설 및 다짐해야 완성되기 때문에 시험포장 전에 포장업체가 선정되어, 혼합물의 생산방법도 결정되어야 한다.

(2) 또한, 시험포장 구간을 본포장 일부로 사용하는 경우가 많이 있으므로, 시험포장 구간을 설계단계에서 사전에 선정해둘 필요가 있다.

[아스팔트포장의 시험포장 순서]

품질관리사항		시험일 (시험포장일 기준)	보고
포장업체의 선정 결과		30일 이전	시공사, 감리단 → 발주처
시험포장 계획서	장소 및 구간 상세도 (위치, 포설두께, 다짐횟수)	15일 이전	시공사, 감리단 → 발주처
	배합설계 결과		
	품질관리 목표 (입도, OAC, 다짐밀도, 다짐도)		
	다짐방법		
	시험포장 교육계획		
시험포장 결과보고서	구간별 다짐밀도 및 다짐율	시험포장 후 15일 이내	시공사, 감리단 → 발주처
	아스팔트 혼합물 품질시험 결과		
	포설두께, 다짐횟수의 선정결과		
	시험포장 시공사진		
	시험포장 교육결과		

3. 아스팔트포장업체 선정

(1) 시공사와 감리단은 현장 포설조건을 고려하여 포설장비, 다짐장비 등을 사전에 결정하고, 제품 생산중지 등을 고려하여 2개의 포장업체를 선정한다.

(2) 개질아스팔트를 다짐하거나 대기온도가 낮을 경우에는 진동 탠덤 롤러를 사용하여 초기 전압효과, 포장 평탄성 등의 확보방안을 고려한다.

4. 시험포장 계획 수립

(1) 아스팔트포장의 시험포장은 예비 시험포장과 일반 시험포장으로 구분하며, 일반 시험포장은 예비 시험포장 상부에 시공하도록 계획한다.

① 예비 시험포장 : 현장배합설계에서 결정된 혼합물의 생산 적합성 검증·보완

② 일반 시험포장 : 도로포장 전체 구간에 대한 노면의 평탄성 확보

(2) 시험포장의 계획 수립 및 구간 선정할 때 고려사항은 다음과 같다.

① 시험포장은 종단경사가 적은 직선 구간으로 선정

② 시험포장 구간을 본포장으로 사용할 경우, 포설두께 변화에 따른 평탄성 유지를 위해 본 포장의 보조기층 두께 중 4cm를 아스팔트포장층으로 변경

③ 예비 시험포장에서 일반 시험포장 하부를 평탄하게 마무리하기 위해 포설두께 및 다짐횟수를 1종으로 포장하며, 그 결과를 일반 시험포장에 반영

④ 일반 시험포장 구간은 보통 3종 이상의 포설두께 변화구간과 3종 이상 다짐 횟수 변화구간으로 나누고, 각 층별로 9구간으로 구분한다.

⑤ 시험포장 폭은 본포장 포설폭으로 하며, 시험구간 연장은 각 구간별 10m 이상, 각 구간 사이의 조정구간은 20m 이상, 총연장은 270~300m 정도

⑥ 다음 그림의 시험포장 구간에서 다짐횟수는 예시한 값이며, 아스팔트 혼합물 종류, 포장장비 종류, 현장조건 등에 따라 최종 결정된다.

[아스팔트포장의 시험포장 구간 선정 예시]

5. 시험포장 전 확인사항

시험포장계획서에는 시험포장 구간 상세도, 혼합물 배합설계 결과, 품질관리 목표(입도, 아스팔트 함량, 다짐밀도, 다짐도), 포설두께, 시공장비, 다짐방법 등을 포함하고, 시험포장일 기준 10일 전에 제출하여 발주청 승인을 받아 시행한다.

6. 시험포장 시공 방법

(1) 시험포장을 통해 本포장의 포장층별 두께 및 다짐 기준을 검증한다.

(2) 다짐횟수의 변화는 1종의 다짐장비에 대해서만 적용한다.

(3) 시간당 아스팔트 혼합물의 공장 생산량 및 현장 소요량을 파악하여 운반장비, 포설장비 대수 등을 결정한다.

(4) 시험포장 착수 전에 다짐 패턴 및 다짐 중복방법을 결정한다.

(5) 시험포장 착수 전에 슬립폼 페이버와 다짐장비 기사에게 시험포장 계획, 다짐장비 운행 방법, 안전관리, 포설 중 주의사항 등을 교육한다.

(6) 예비 시험포장을 시공하고 포장체 온도 50℃ 이하를 확인한 후, 그 상부에 일반 시험포장을 착수한다.

7. 시험포장 결과의 분석 및 보고

(1) 시험포장 결과 분석할 때 일반조건에서 대표적인 다짐밀도를 얻기 위해 시험포장 완료 후에 코어를 채취하되, 각 시험구간 단부 50cm 안쪽에서 채취한다.

- 코어 채취 직경 : 100±5mm 또는 150±5mm

(2) 시험포장층 경계면을 표시하고 두께를 측정한 후, 층 사이를 절단한다.

- 시험포장층별로 구분된 코어를 상온에서 건조시킨 후에 밀도를 측정한다.

(3) 시험포장의 코어의 밀도, 포설두께 및 다짐횟수 변화에 따른 다짐도 그래프를 도시하여 본포장의 포설두께 및 다짐횟수를 결정한다.

(4) 시험포장 구간별 다짐밀도, 포설두께, 다짐횟수 등을 기록하고, 아스팔트 혼합물 추출 입도와 품질시험 결과 등이 포함된 시험포장결과보고서를 작성한다.

(5) 시험포장 시공 후 15일 이내에 발주청에 결과보고서를 제출한다.

8. 맺음말

(1) 시험포장 결과로부터 측정된 포설두께 및 다짐횟수가 설계도에 제시된 다짐밀도 목표 값에 도달하지 못할 경우, 본포장에서 사용할 수 없다.

(2) 이와 같은 오류를 예방하려면 포장설계단계에서 시험포장 구간에 대하여 사전에 예비 시험포장을 실시하여 아스팔트 혼합물의 적합성을 확인할 필요가 있다.

(3) 또한, 시험포장 결과의 분석 방법을 명확히 규정함으로써 향후 아스팔트포장의 시공 품 질향상에 기여하도록 개선해야 한다.[16]

---

16) 한국건설기술연구원, '아스팔트포장 수명 연장 종합대책 수립을 위한 연구', 도로시설연구실, 2007.

Ⅱ 아스팔트포장의 다짐관리

1. 개요

(1) 본포장은 시험포장 결과보고 후 90일 내에 시행하며, 90일이 경과되면 재시험포장을 실시하고 시험포장에서 다시 선정된 시공방법과 동일하게 적용한다.

다만, 아스팔트 혼합물의 기준밀도가 $\pm 0.05g/cm^2$ 이내이고, 포설·다짐장비 제원에 변화가 없으면 90일이 경과되어도 재시험포장을 생략할 수 있다.

(2) 표층 포장에는 세로이음부 발생을 최소화하기 위하여 2세트의 포설·다짐장비를 투입하는 동시포장을 한다.

다만, 현장여건상 동시포장이 불가능하면 아스팔트 페이버의 측면에 다짐장비나 적외선 가열장치를 부착해야 한다.

```
                          코팅층                           다공정 골재
●●●●●●●●●●●●●●●●●●●●●●●●●●●●●●●●●●●●●●●●●●●●●●
                Stone Mastic Asphalt(SMA)                방수층
══════════════════════════════════════════════
                          기층                            Tack coat or Prime coat
──────────────────────────────────────────────
                         보조기층                          Tack coat or Prime coat
──────────────────────────────────────────────
                          노상
```

2. 프라임 코트의 포설

(1) 준비·기상조건

① 프라임 코트는 노상 또는 보조기층(입도조정기층)의 방수성을 높이고 그 위에 포설하는 아스팔트 혼합물과의 부착성을 향상시키기 위하여 시공한다.

② 시공할 표면은 먼지가 나지 않을 정도의 건조상태에서 시공 전에 필요하면 살수하여 약간의 습윤상태이어야 한다. 다만, 자유표면수는 없어야 한다.

③ 기온 10℃ 이하, 비오는 날, 살포 中에 비가 내리는 경우 즉시 중지한다.

(2) 포설시공

① 프라임 코트에 사용되는 유화 아스팔트의 등급은 RS(C)-3, 살포량 $1\sim2L/m^2$, 살포 온도는 상온을 기준으로 하되, 필요하면 감독자 지시 온도로 한다.

② 아스팔트포장 시공 중에 생기는 시공이음부 및 구조물과의 접속면은 깨끗이 청소한 후 유화 아스팔트로 코팅한다.

③ 유화 아스팔트는 살포 후, 차량통행을 금지하고 24시간 이상 양생한다.

3. 택 코트의 포설

(1) 준비·기상조건

① 이미 시공된 아스팔트포장층이나 콘크리트 슬래브 위에 새로 포설되는 아스팔트 혼합물과의 부착을 향상시키기 위하여 택 코트를 실시한다.

② 택 코트 시공장비는 유화 아스팔트 살포 장비 기준에 적합하면 되고, 택 코트를 시공할 표면은 뜬 돌, 먼지, 점토, 이물질 없이 깨끗해야 한다.

③ 신규 포장층이 차량 통행 없이 연속 시공되면 두 층 사이에 부착될 수 있는 충분한 양의 아스팔트가 존재하므로 택 코트를 생략할 수 있다.

(2) 포설시공

① 택 코트에 사용되는 유화 아스팔트의 등급은 RS(C)-1, RS(C)-4 또는 개질유화 아스팔트, 살포량 0.3~0.6L/m², 가열 필요하면 감독자 지시 온도로 한다.

② 택 코트 살포 전에 교량의 난간, 중앙분리대, 연석, 전주, 이미 살포한 부분 등은 비닐로 덮어 유화 아스팔트가 묻지 않도록 한다.

③ 택 코트 시공 후 아스팔트포장 시공 전까지 손상 없도록 통행을 금지한다.

4. 아스팔트포장의 다짐관리

(1) 온도관리

아스팔트 혼합물은 160℃로 생산하며, 180℃ 이상 고온에서 아스팔트가 급격히 산화되므로 생산을 금지하고, 대기온도 5℃ 이하이면 포설을 금지한다.

(2) 아스팔트 혼합물 운반

① 운반장비 적재함에 식물성 기름이나 부착방지제(release agent)를 사용한다.

② 포설현장 도착 아스팔트 혼합물은 상차된 상태에서 탐침형 온도계로 내부온도 120℃ 이상, 적외선 온도계로 내·외부 온도차이는 40℃ 이내이어야 한다.

(3) 아스팔트 혼합물 포설

① 다짐 후 1층 두께는 기층 10mm 이내, 중간층·표층 70mm 이내이어야 한다. 최소 포장두께는 아스팔트 혼합물의 공칭 최대크기의 2.5배 이상이어야 한다.

② 표층은 세로이음부 발생을 최소화하기 위해 2세트의 포설·다짐장비로 동시포설하고, 아스팔트 페이버 측면에 적외선 가열장치를 부착한다.

③ 아스팔트 혼합물은 아스팔트 페이버 오거(또는 스크류) 깊이의 2/3 정도 채워져 있도록 호퍼에 공급한다.

④ 편경사구간은 도로중심선에 평행하게 낮은 곳에서 높은 곳을 향해 포설하고, 직선 구간은 도로중심선에 평행하게 길어깨에서 도로중심선 쪽으로 포설한다.

(4) 아스팔트 혼합물 다짐

① 다짐장비의 종류·대수, 다짐횟수 및 다짐방법은 시험포장을 통하여 결정하고, 다짐 장비에 물을 공급할 수 있도록 1.5ton 살수차를 대기시킨다.

② 다짐온도는 다음 표를 기준으로 최하 기준온도 이상을 유지한다. 동절기에는 포설 직후 온도저하가 크므로 생산온도를 올려서 다짐온도를 확보한다.

[가열아스팔트 혼합물의 포설 및 롤러 초기 진입 다짐온도]

구분 \ 다짐온도	일반	하절기(6~8월)	하절기(6~8월)
포설	150 이상	145 이상	160 이상
1차 다짐	140 이상	130 이상	150 이상
2차 다짐	120 이상	110 이상	130 이상
3차 다짐	60~100		

③ 다짐장비는 다음 표를 기준으로 항상 일정한 다짐속도와 다짐패턴을 유지한다. 동일한 다짐횟수에 대하여 다짐속도가 빠를수록 다짐효과는 낮아지며, 다짐속도가 느릴수록 다짐효과는 높아지는 것을 고려한다.

[다짐장비별 다짐속도]

다짐순서 \ 롤러종류	머캐덤 롤러/탠덤 롤러	타이어 롤러	진동 탠덤 롤러
1차 다짐	3~6	3~6	3~5
2차 다짐	4~7	4~10	4~6
3차 다짐	5~8	6~11	–

④ 롤러는 구동륜 폭의 15cm 정도를 중복시켜 다지며, 롤러의 급격한 방향전환은 안정된 노면 위에서 하며, 포설된 혼합물이 다짐 종료 후 양생완료될 때까지는 롤러 등 중장비를 포장면에 남겨 두지 않도록 한다.

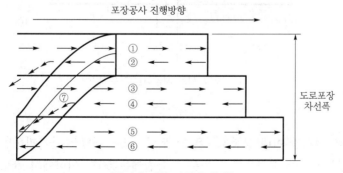

[롤러에 의한 다짐방법(예)]

⑤ 다짐속도는 아스팔트 페이버 속도와 롤러 다짐횟수에 의해 결정된다. 1차 다짐장비
는 아스팔트 페이버에 최대한 근접하여 다짐속도 4km/hr 이상으로 한다. 철륜롤러
3~8km/hr, 타이어롤러 3~11km/hr, 진동롤러 3~6km/hr로 다진다.

⑥ 다짐롤러는 동일선 상에서 시공 진행 세로방향(종방향)으로 왕복하여 다짐하는 것을
다짐횟수 1회로 산정하고, 롤러 구동륜 횡방향 15cm를 중복하면서 포장 폭 전체를
'천천히 그리고 일정하게' 다진다.

(5) 공정별 다짐방법

① 1차 다짐과 2차 다짐은 시공 중 포장면에 블리딩 발생, 포설면의 이동 또는 미세균열
이 생기지 않는 한도에서 포설 후 또는 1차 다짐 종료 후 즉시 다진다.

② 1차 다짐에서 진동 탠덤, 정적 탠덤, 머캐덤 롤러에 의해 다짐도가 확보되었으면 2차
다짐을 생략할 수 있다. 이때 현장다짐도 확보 근거를 기록한다.

③ 1, 2차 다짐 중 연속성 있는 다짐이 미흡한 구간, 가로·세로이음부 설치구간에는 3
차 마무리 다짐에서 평탄성이 확보되었는지 확인한다.

5. 아스팔트포장의 이음

(1) 아스팔트 표층의 이음은 맞댐방법, 겹침방법으로 한다. 아스팔트 기층의 아래층과 위층
의 시공이음부 위치는 가로 1m, 세로 15cm 이상 어긋나게 설치한다.

(2) 연석, 측구, 맨홀 등 구조물과의 접속부는 아스팔트 혼합물 온도가 높을 때 탬퍼, 인두
등으로 단차가 발생되지 않도록 마무리한다.

(3) 세로 시공이음부는 차선(lane marking)과 일치시킨다. 각 층의 세로 시공이음부 위치
는 서로 일치하지 않도록 15cm 이격시켜 반사균열 진전을 최소화한다.

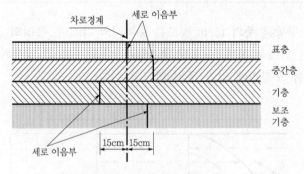

[각 층의 세로 시공이음부 위치(예)]

6. 교통개방

다짐 종료 후 24시간 이내 교통소통은 안 된다. 교통 개방은 불가피하면 표면온도 40℃ 이
하이어야 가능하지만 대기온도가 높은 여름철에는 50℃ 이하에서 개방할 수 있다.[17]

---

17) 국토교통부, '아스팔트 혼합물의 생산 및 시공지침', pp.76~112, 2009.

4.17 아스팔트포장의 종방향 시공이음

1. 개요

(1) 아스팔트포장은 시공 즉시 교통 개방이 가능하고 콘크리트포장에 비해 상대적으로 유지관리 측면에서 유리하다는 장점이 있다.

반면, 소성변형, 피로균열, 저온균열, 종방향 시공이음(cold joint)이 발생되어 다짐부족 및 밀도저하로 인해 포장파손의 원인이 되는 단점도 있다.

(2) 최근 교통량 증가로 인해 기존도로 확·포장, 신설도로의 다차로 설계·시공 과정에 발생되는 아스팔트포장의 종방향 시공이음(longitudinal joint)을 기술하고자 한다.

[아스팔트포장의 종방향 시공이음(cold joint)으로 인한 종방향 균열발생 사례]

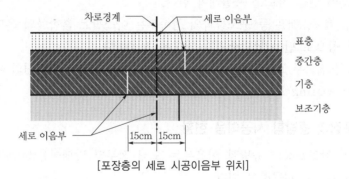

[포장층의 세로 시공이음부 위치]

2. 아스팔트포장의 종방향 시공이음 규정

(1) 종방향 시공이음부의 설치위치

① 도로의 폭을 다차로에 걸쳐 포설할 때, 세로 시공이음부의 위치는 도로중심선에 평행하게 설치한다.

② 이음부 다짐이 불충분하면 단차가 생겨 균열이 발생되며, 그 틈새에 빗물이 침투되면서 공용 초기부터 박리(Stripping), 포트홀(Pothole) 현상 등이 발생된다.

③ 아스팔트포장 각 층의 세로 시공이음부 위치가 중복되지 않도록 하부층과 상부층의 이음부를 15cm 이상 어긋나게 설치한다.

④ 기존 포장에 연이어 신설 포장할 때, 주행방향으로 설치되는 세로 시공이음부는 공용 후 균열 발생되는 취약구간이므로 차선(lane marking)과 일치시킨다.

⑤ 각 포장층의 세로 시공이음부 위치는 서로 일치되지 않도록 15cm 이격시켜 설치하면 반사균열 진전을 최소화할 수 있다.

(2) 종방향 시공이음부의 다짐방법

① 세로 시공이음부는 아스팔트 페이버의 후방에서 즉시 다짐하며, 기존 포장에 약 5cm 정도 겹치도록 시공한다.

② 겹친 부분에서 굵은골재를 레이크 등으로 조심스럽게 제거하고, 기존 아스팔트포장 면에 롤러의 구동륜을 15cm 정도 걸쳐 다짐한다.

(3) 종방향 이음부 시공 유의사항

① 시공이음부나 구조물과 아스팔트포장 접속부에서 다짐이 불충분할 수 있고, 불연속 적으로 시공되면 취약할 수 있으므로, 소정의 다짐도를 얻을 때까지 충분히 다지고 양측을 충분히 밀착시켜야 한다.

② 시공이음부가 외형적으로 눈에 보이지 않도록 시공하며, 이미 포설된 단부에 균열이 생겼거나 다짐이 불충분하면 제거내고 인접부를 재시공한다.

③ 시공이음부 및 구조물 접속부는 깨끗이 청소하고, 유화 아스팔트 재료를 사용하여 코 팅 후에 인접 차로를 포설해야 한다.

④ 연석, 측구, 맨홀 등 구조물과의 접속부는 아스팔트 혼합물의 온도가 높을 때 탬퍼, 인두 등으로 단차가 발생되지 않도록 시공한다.

⑤ 구조물 접속부 포장년이 낮으면 물이 고일 수 있으므로 접속년의 이물질을 제거 후에 Tack coating 포설하고 구조물보다 높게 마무리한다.

3. 아스팔트포장의 종방향 시공이음 현황

(1) 국내 아스팔트포장의 종방향 이음부는 오래 전부터 맞댐이음(butt joint)와 겹침이음 (lap joint)으로 시공하고 있다.

① 아스팔트포장공사에서 첫 번째 차로를 포설할 때 생기는 종방향 시공이음부가 장기 내구성에 미치는 영향은 두 가지이다.

• 페이퍼가 직선으로 정확히 주행하여 두 번째 차로를 포설할 때 종방향 시공이음부 를 완벽하게 형성해야 한다.

• 첫 번째 차로에서 다짐작업을 수행할 때 구속되지 않은 끝단(unconfined edge)을 완벽하게 다짐 마무리한다.

② 아스팔트포장에서 조기균열 하자의 주요원인은 포설 당시 페이버 끝단에서 발생되는 콜드조인트와 이에 따른 다짐부족 및 밀도저하로 조사되었다.

• 종방향 균열은 여름철 강우기에 포장면으로 물의 침투를 초래하고 박리현상에 의해 포트홀 발생으로 확대된다.

(2) 맞댐이음과 겹침이음 모두 기존포장의 가장자리가 구속되지 않을 경우 혼합물이 넓게 퍼져 설계두께와 다짐밀도가 부족하여 종방향 균열을 초래한다.

(3) 이 문제를 보완하는 방법에는 페이퍼 2대로 동시 포설하여 종방향 이음부의 온도차를 최소화하는 핫조인트(hot joint), Spray 접착장비 또는 복사열 가열방식을 이용하여 이음부의 밀도를 향상시키는 콜드조인트(cold joint)가 있다.

• 두 방법 역시 장·단점이 있어 현장에서는 두 방법을 절충하여 시공하고 있다.

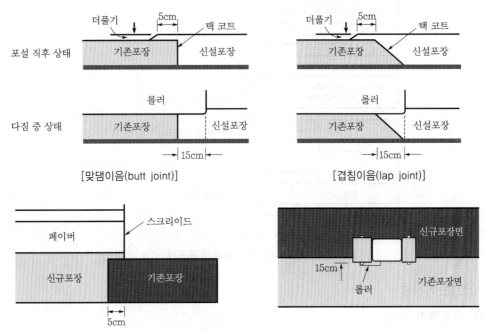

[맞댐이음(butt joint)]　　　　[겹침이음(lap joint)]

[기존포장과 신규포장의 종방향 포설방법]

4. 아스팔트포장의 종방향 시공이음 개선

(1) 기존도로 확·포장, 신설도로의 다차로 설계·시공의 경우

핫조인트(hot joint) 방법을 적용하면 종방향 이음부의 접합이 우수하고 밀도를 증진시켜 파손을 최소화할 수 있다.

(2) 소규모 유지보수, 절삭 덧씌우기 등 핫조인트 적용이 곤란한 경우

간접적으로 Spray 접착장비 또는 복사열 가열방법을 적용하면 보다 우수한 종방향 이음부 시공이 가능하다.[18]

---

18) 국토교통부, '아스팔트 혼합물 생산 및 시공 지침', 2014.1. pp.85~88.

4.18 콘크리트포장의 슬립폼 페이버

콘크리트포장을 위한 장비조합 등 시공계획, 슬립폼 페이버 주요기능 [1, 1]

1. 개요

콘크리트포장은 교통하중에 적합한 두께로 포설하고, 균열에 대비하여 적당한 간격으로 줄눈 설치하고, 철근 넣고 콘크리트 타설·양생하면 교통개방이 가능하다.

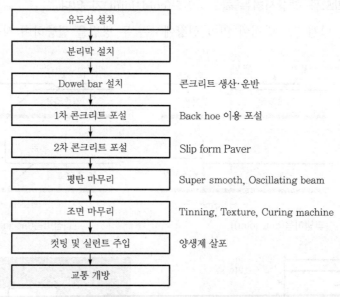

유도선 설치	
분리막 설치	
Dowel bar 설치	콘크리트 생산·운반
1차 콘크리트 포설	Back hoe 이용 포설
2차 콘크리트 포설	Slip form Paver
평탄 마무리	Super smooth, Oscillating beam
조면 마무리	Tinning, Texture, Curing machine
컷팅 및 실런트 주입	양생제 살포
교통 개방	

[콘크리트포장 시공 흐름도]

2. 사전 준비사항

(1) 시공계획 수립

① 포장시공에 필요한 자재 반입 및 콘크리트 생산계획 수립
② 일일 포장구간 계획할 때 시공 이음부 최소화, 충분한 작업공간 확보
③ 특히 교량과 교량 사이 구간에서 포장면의 평탄성 확보

(2) 유도선 설치

① 선형 측량 중에 포장폭 양측으로 6m마다 유도선의 측점 표시
② 유도선 센서 스틱은 포장 양 끝단 1.7m 떨어진 지점에 설치
③ 유도선 센서 라인은 포장 끝단에서 1.5m 이격, 계획고에서 20cm 높이에 설치
④ 유도선 센서 스틱과 라인은 Paver 포설 2일분 이상의 길이에 설치

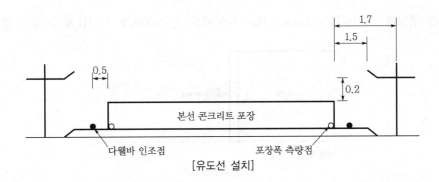

[유도선 설치]

3. 포설 전 고정시설 설치

(1) 분리막 설치

① 설치 목적　　• 슬래브의 수축·팽창을 원활히 하여 바닥면 마찰저항 감소

　　　　　　　　• 콘크리트 혼합물에서 수분 흡수 방지, 일정한 W/C비 유지

② 분리막 위에서 덤프 급제동 금지, 장비로 인해 찢어지지 않도록 일정구간 설치

③ 포장폭 전체에 분리막을 설치하되, 종방향 이음 없이 횡방향 30cm 겹이음 설치

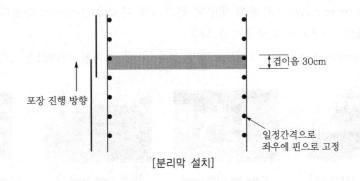

[분리막 설치]

(2) Dawel Bar(가로수축줄눈)

① 포장 진행할 때 사전 표시된 선상에 6m 간격으로 다웰바를 양쪽 설치

② 다웰바가 설치된 위치에는 줄을 띄워 적색 락카 페인트로 표시

③ 다웰바를 점검할 때 용접 불량 개소는 다시 용접 또는 제거하고 다시 설치

(3) Tie Bar(세로수축줄눈)

① 16mm 철근을 80cm로 절단, 장비에 부착된 자동삽입기를 이용하여 자동 설치

② Tie Bar 중요성을 인식하지 못해 미설치하는 경우 공용 중에 하자 발생

③ 장기적으로 길어깨 토공지반 침하되면 포장중앙부 Tie Bar를 통해 빗물 침투

(4) 팽창줄눈 설치

① 포장과 교량 접속부, 포장의 시점부 및 종점부에 설치

② 팽창용 스티로폼 설치하고, 포설 중 콘크리트가 스며들지 않게 테이프로 밀봉

③ 팽창용 스티로폼과 Dawel Bar 사이에도 콘크리트가 스며들지 않게 밀봉

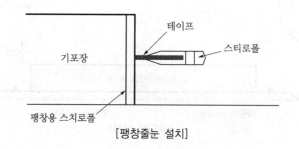

[팽창줄눈 설치]

4. 콘크리트 포설

(1) **장비** : 1차포설 → 2차포설 → 평탄마무리 → 조면마무리 → 컷팅 순으로 조합

① Concrete spreader : 운반된 콘크리트를 분배하고 스크류나 정리판에 의해 소정의 두께로 일정하게 포설

② Concrete finisher : 포설한 콘크리트 혼합물을 스프레더로 재차 평평하게 펴고 진동판으로 다지면서 마무리하는 장비

③ Slip form paver : 사전에 계량된 콘크리트 재료를 혼합하여 부설하는 장비로서, 고가이므로 대규모 포장공사에 사용

④ Concrete cutter : 콘크리트포장을 보수할 때 경화된 슬래브를 절단하는 기계

[Concrete spreader]   [Concrete finisher]   [Slip form paver]   [Concrete cutter]

(2) Slip Form Paver 중량이 무거울수록, 시공이음이 적을수록 포장 평탄성 우수

(3) Paver가 멈추지 않도록 전방에 덤프 1~2대가 대기하면서 계속 공급

(4) Tie Bar 삽입 중에 다웰바 위치와 중복되어 다웰바가 변형되지 않도록 유의

(5) Paver 포설 구간은 자동 포설하고, 가급적 인력 손질 금지, 밀대 사용 금지

5. 포설 후 조면 마무리

(1) **Tinning 규격** : 빗살 깊이 3mm, 빗살 간격 25~30mm, 빗살 폭 3mm

(2) Tinning이 너무 빠르면 골재가 탈리되고, 너무 늦으면 타이닝 깊이가 얕아진다.

(3) Paver에 부착된 길이 3m 빗살을 이용하여 중복되지 않게 3mm 깊이로 시공

(4) 줄눈부 컷팅 구간에는 Tinning 설치 금지, 컷팅할 때 골재 탈리 방지

(5) 콘크리트 포설 후 표면에 물기가 사라진 후, 경화 전에 조기 Tinning 마무리

[포설 후 Tinning 마무리]

6. 콘크리트 슬래브 인력 마감

(1) 일일 포장 마감부에 Dawel Bar 어셈블리를 설치한다.

(2) 높이 25cm로 제작된 마감용 철재거푸집을 설치하고 Paver에 밀리지 않게 고정한다.

(3) 일일 포장 마감부에 굳은 콘크리트가 채워질 수 있으므로, 미리 백호우로 콘크리트를 채운 후 인력 진동기를 사용하여 마감한다.

(4) Paver로 마감거푸집까지 포설하고 Super Smooth로 표면을 마무리한다.

(5) Paver가 완전히 빠진 후, 인력으로 마감거푸집 상단을 노출시키고 볼트로 채운다.

(6) 마감거푸집 상단 10~20cm 부분만 인력손질하고, 알루미늄 직선자로 평탄성 확인 후 작업을 종료하면 기존 방법보다 시간절약 및 품질향상 가능하다.

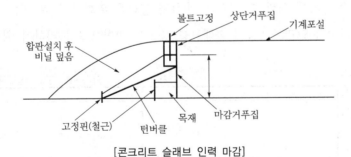

[콘크리트 슬래브 인력 마감]

7. 맺음말

(1) 콘크리트포장은 교통량이 적은 구간에서도 두께가 너무 얇으면 곤란하며, 줄눈설치 등 인력시공 부분이 많아지므로 아스팔트포장 대비 비경제적인 공법이다.

(2) 콘크리트포장은 자동차의 주행 승차감이 별로 좋지 않지만, 최근 시공법의 눈부신 향상 과 줄눈간격을 길게 설치하는 등 개선된 공법을 적용하고 있다.[19]

---

19) 국토교통부, '시멘트 콘크리트포장공사 시방서-슬립폼 페이버', 2012.

4.19 콘크리트포장의 줄눈, 분리막, Dowel bar, Tie bar

무근 콘크리트포장(JCP)의 줄눈배치 방법, 줄눈잠김, 분리막, Dowel-bar와 Tie-bar [8, 6]

I 콘크리트포장의 줄눈

1. 개요

(1) 콘크리트포장의 줄눈은 포장의 팽창과 수축을 수용함으로써 온도·습도 등 환경변화, 마찰, 시공에 의해 발생하는 응력을 완화시키기 위하여 설치한다.

(2) 콘크리트포장의 줄눈은 하나의 횡단면상에서 동일한 배열이 되도록 설계하며, 줄눈은 가능하면 적게 설치해야 한다.

(3) 콘크리트포장 줄눈은 위치에 따라 가로줄눈, 세로줄눈, 시공줄눈 등을 설치하고 기능에 따라 수축줄눈, 팽창줄눈 등을 설치하며, 줄눈 부위 파손이 적도록 하여 포장의 공용성과 주행성에 지장이 없도록 한다.

2. 줄눈의 기능(역할)

(1) 포장체의 건조수축, 온도, 함수비 변화에 따른 팽창과 수축을 허용하기 위하여

(2) 비틀림 응력을 완화하기 위하여

(3) 불규칙하게 발생되는 균열을 일정 위치로 유도하기 위하여

(4) 온도와 습도 차에 의한 휨 응력과 비틀림 응력을 완화하기 위하여

(5) 신·구 포설 콘크리트포장의 슬래브를 종·횡 방향으로 분리하기 위하여

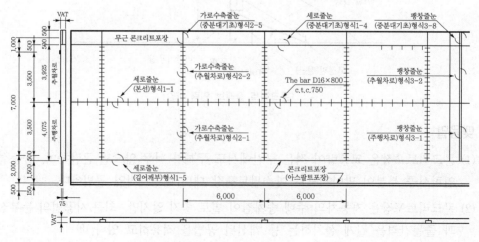

주) 길어깨포장을 콘크리트포장으로 설계할 때는 세로줄눈 형식1-5를 적용한다.

[콘크리트포장 줄눈의 일반도]

3. 수축줄눈

(1) 필요성

① 수축줄눈 또는 맹줄눈(dummy joint)은 수분, 온도, 마찰 등에 의해서 발생되는 슬래브의 긴장력을 완화시켜 균열을 억제하기 위하여 설치한다.

② 다만, 연속 철근 콘크리트포장에서는 횡방향 수축줄눈을 생략한다.

(2) 가로수축줄눈[횡방향]

① 간격
  - 철망을 사용하지 않는 무근 콘크리트포장에 가로수축줄눈 설치
    6m 이하, dowel bar 삽입, 슬래브 두께가 간격 결정의 핵심요소
  - 철망(철근)을 사용하는 무근 콘크리트포장에는 슬래브 두께가 20cm 미만이면 8m, 25cm 이상이면 10m 간격으로 가로수축줄눈 설치

② 깊이 : 가로수축줄눈의 깊이는 슬래브 두께의 1/4 이하로 설치

③ 폭 : 줄눈폭의 벌어짐(ΔL, cm)은 포장체의 허용 변형량을 고려하여 계산

$$\Delta L = \frac{C \cdot L(a_c \times DT_D + Z)}{S} \times 100$$

여기서, C : 보조기층과 슬래브의 마찰저항에 대한 보정계수, 안정처리 보조기층 0.65, 입상재료 보조기층 0.80

L : 줄눈 간격(cm)

a_c : 포틀랜드 시멘트 콘크리트의 열팽창계수(cm/cm/℃)

굵은골재로 화강암을 사용한 경우 9.5×10^{-6}

DT_D : 온도 범위(℃)

Z : PCC 슬래브의 건조수축계수(cm/cm)

간접인장강도 35kg/cm^{2}일 때 0.00045, 재충진할 때는 무시

S : 줄눈재의 허용변형량, 보통 25% 적용, 대부분의 줄눈재는 25~35%의 변형을 허용할 수 있도록 제작

(3) 세로수축줄눈[종방향]

① 간격 : 4.5m 이내, 보통 차로를 구분하는 위치(차선)에 설치
  차량이 종방향 줄눈 위를 주행하지 않도록 차선 위치를 결정

② 깊이 : 세로수축줄눈의 깊이는 단면의 1/3 이하
  종방향 줄눈 저면에 50mm의 삼각형 목재(L형 플라스틱재)를 설치하여 슬래브 단면을 감소시켜, 줄눈부에 균열발생을 유도

③ 폭 : 6~13mm

4. 팽창줄눈

(1) 필요성

① 슬래브 크기에 따라 발생되는 압축응력에 의한 손상 악화를 억제하기 위하여,

② 인접 구조물로 압축응력이 전달되는 것을 방지하기 위하여

(2) 가로팽창줄눈[횡방향]

① 간격

- 이론적으로 정확히 결정할 수 없지만, 아래 표의 표준값을 적용
- 기타 아스팔트포장과 콘크리트포장 접속부, 교차로 등에 설치
- 최근 기술발전으로 간격을 넓게 하며, 시공 마무리 지점에만 설치

② 깊이 : 슬래브 두께를 완전히 절단하여 설치

③ 폭 : 아래 표의 표준간격을 적용할 때 줄눈폭은 25mm 정도로 설치

일반적으로 팽창줄눈 규격은 수축줄눈 규격보다 더 크게 설치

[횡방향 팽창줄눈 간격의 표준값]

시공시기 / 슬래브 두께	10~5월	6~9월
15, 20cm	60~120m	120~240m
25cm 이상	120~240m	240~480m

(3) 세로팽창줄눈[종방향]

① 팽창줄눈의 싱부에 주입줄눈재를, 하부에 줄눈판을 병용하여 설치

주입줄눈재는 줄눈의 수밀성 유지를 위하여 사용, 주입깊이 20~40mm

② 팽창줄눈을 보강하는 dowel bar는 직경 25~32mm, 길이 500mm로 설치

5. 시공줄눈

(1) 정의 : 1일 포설 종료, 강우 등으로 시공을 중지할 때 설치하는 줄눈

(2) 위치

① 차로 사이, 작업 종료시간과 다른 시간에 시공된 슬래브가 맞닿는 위치

② 시공줄눈은 가급적 수축줄눈 예정 위치에 맞댄형으로 설치

③ 강우, 기계고장 등으로 수축줄눈 예정 위치에 설치가 불가능할 때 수축줄눈에서 3m 이상 떨어진 위치에 맞댄형으로 설치

(3) 간격

① 종단시공이음 : 통상 6~7.5m 간격이지만 건설장비에 따라 15m 간격까지 설치

② 횡단시공이음 : 차로 내의 콘크리트 타설을 멈출 경우에 맞댐형으로 설치하고, 가로 수축 줄눈 위치에 Dowel bar, 그 외의 위치에 Tie bar를 설치한다.[20]

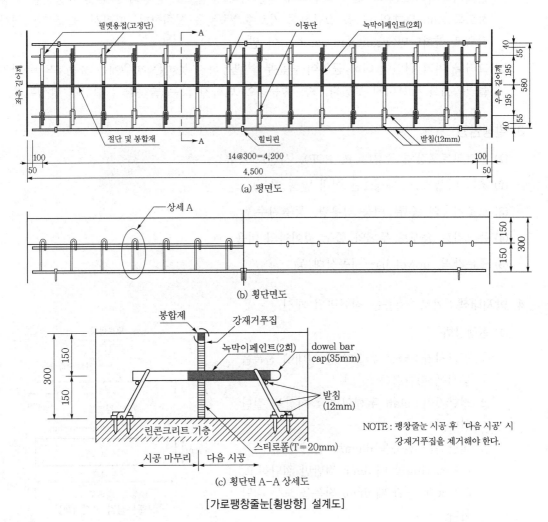

(a) 평면도

(b) 횡단면도

(c) 횡단면 A-A 상세도

NOTE : 팽창줄눈 시공 후 '다음 시공' 시 강재거푸집을 제거해야 한다.

[가로팽창줄눈[횡방향] 설계도]

Ⅱ 콘크리트포장의 줄눈잠김(Joint freezing)

1. 개요

(1) 무근 콘크리트포장에서 가로수축줄눈의 수평변위를 장기적으로 계측한 결과, 상당수의 줄눈에서 수평변위가 허용되지 못하고 있음이 밝혀졌다.

(2) 이러한 현상을 줄눈잠김(Joint freezing)이라 하며, 줄눈잠김이 발생된 줄눈부에서는 줄눈이 과다하게 벌어져 줄눈채움재가 조기 파손된다.

---

20) 국토교통부, '도로설계편람', 제4편 도로포장, 2012, pp.404-5~7.

2. 발생과정

(1) 콘크리트의 건조수축 및 온도변화에 따른 인장응력으로 발생되는 균열이 줄눈을 관통하도록 slab 두께의 1/4을 절단하여 가로수축줄눈을 설치한다. 따라서, 줄눈부는 역학적으로 약화단면(weakened section)이 된다.

(2) 그러나 여러 원인에 의해 균열이 줄눈부를 관통하지 못하는 경우에는 줄눈부의 특성인 불연속성을 확보하지 못한다. 즉, 줄눈폭이 변하지 않는 줄눈잠김 현상이 발생된다.

3. 발생원인

(1) 콘크리트포장의 종류(JCP, RCP), 시멘트 종류

(2) 초기 양생조건, 재령(1년 이내 발생 가능)

(3) 보조기층의 종류, 연중 강우량, 동결지수

(4) 콘크리트 슬래브 두께와 줄눈 깊이와의 비율

(5) 줄눈간격, dowel bar 시공상태 등

4. 방지대책 : 가로수축줄눈 절단방법 개선

(1) **현행방법**

① 절단시기 : 타설 후 24시간 이내에 전폭을 동시에 절단한다.

② 절단깊이 : slab 두께의 1/4 이상을 절단한다.

③ 절단 폭 : 전폭을 6mm로 절단하되, 1차 cutting할 때 3mm 절반만 절단하고, 2차 cutting할 때 6mm 전폭을 모두 절단한다.

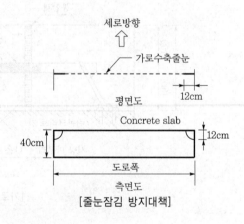

[줄눈잠김 방지대책]

(2) **개선방안**

① 가로수축줄눈부를 현행 방법으로 절단하면서 좌·우측 횡단 끝부분에서 연장 12cm, 깊이 12cm를 각각 추가로 절단하면

② 추가로 잘단된 줄눈부로 균열이 유도되는 효과가 증대되기 때문에 줄눈잠김(joint freezing)이 방지된다.

Ⅲ 콘크리트포장의 분리막

1. 용어 정의

(1) 무근 콘크리트포장의 분리막은 concrete slab의 수축·팽창작용이 원활하게 되도록, 표층(concrete slab)과 보조기층(lean concrete층) 사이의 마찰저항을 감소시키기 위하여 설치하는 막이다.

(2) 분리막의 재료는 주로 폴리에틸렌 필름이 사용된다. 소규모의 무근 콘크리트포장에는 석회, 석분, 유화 아스팔트, craft paper 등도 사용된다.

2. 분리막의 구비조건

(1) 콘크리트 타설작업 시 파손되지 않아야 한다.

(2) 콘크리트 타설작업에 방해되지 않아야 한다.

(3) 수분흡수, 장기간 사용 등으로 인해 변질되지 않아야 한다.

3. 무근 콘크리트포장의 분리막

(1) 분리막 기능

① 표층(concrete slab)과 보조기층 사이의 마찰 저항 감소

② 콘크리트 타설 중에 mortar의 손실 방지

③ 보조기층으로부터 이물질 혼입 방지

④ 모관수 등에 의한 수분상승을 방지

[분리막 겹이음]

(2) 분리막 적용성

① JCP(Jointed concrete pavement)의 경우, Slab와 보조기층(lean concrete층) 사이에 분리막을 설치한다.

② CRCP(Continuously Reinforced Concrete Pavement)의 경우, 종방향 철근을 사용하고 횡방향 줄눈을 완전히 제거하여 slab 이동을 억제하므로 분리막 설치를 생략한다.

(3) 분리막 시공 유의사항

① 도로폭 전체에 세로이음이 없도록 깔고, 부득이하면 10cm 이상 겹치도록 한다.

② 가로방향 겹이음은 30cm 이상으로 하고, 겹이음은 진행방향 위에 배치한다.

③ 분리막의 두께는 Dial thickness gauge로 측정한다.

Ⅳ 콘크리트포장의 다웰바(Dowel bar), 타이바(Tie bar)

1. 하중전달장치의 요구조건

(1) 하중전달장치로서 설계구조가 간단하고, 설치가 용이하며, 콘크리트 내에 완전 삽입이 가능하도록 제작한다.

(2) 하중전달장치와 접촉되는 부위의 콘크리트에 과도한 응력을 발생시키지 않고 재하되는 응력을 적절히 분산시킬 수 있도록 제작한다.

(3) 실제 통과되는 윤하중과 통과빈도에 대해 역학적으로 안정된 구조로서, 부식 예상 지역에서는 부식에 저항할 수 있는 재료를 사용한다.

2. 다웰바(dowel bar) 설계

(1) 기능

① 다웰바(dowel bar)는 콘크리트포장의 횡방향 가로줄눈부에 설치되어 인접한 슬래브 간에 역학적 하중을 전달하는 장치로서, 슬립바(slip bar)라고도 한다.

② 콘크리트포장 슬래브의 가로줄눈부에 설치하는 역학적 하중전달장치이므로, 가로줄눈부의 종방향 변위(longitudinal movement)를 구속하지 않아야 한다.

③ 재료는 소요 인장강도 이상의 품질을 가진 원형봉강 철근을 사용한다.

(2) 설치방법

① 팽창줄눈에는 슬래브 두께에 따라 적절한 지름과 길이의 다웰바를 배치하며, 그 끝에 철재 캡(cap)을 씌운다. 도로 중심선에 평행한 위치에 바르게 매설되도록 체어(chair)로 지지해야 한다.

② 다웰바는 일단고정, 타단신축되기 때문에 부착방지재를 씌우거나 아스팔트 재료로 도포한다. 부착방지재 길이는 다웰바 길이의 1/2에 5cm를 더하여 설치하고, 중앙부의 10cm에는 제작할 때 방청페인트를 도포한다.

③ 다웰바 직경은 슬래브 두께의 1/8로 하고, 접촉부에 방청페인트를 도포한다.

④ 미국시멘트협회(PCA)의 다웰바 사용 권장기준
- 슬래브 두께 25.4cm(10inch) 이하에는 32mm(1.25inch)의 다웰바 사용
- 슬래브 두께 25.4cm(10inch) 이상에는 38mm(1.50inch)의 다웰바 사용
- 콘크리트포장의 응력을 감소시켜 단차를 조절할 수 있도록 최소 32mm 또는 38mm의 다웰바 사용

⑤ 다웰바 설치 간격은 시공성과 자재관리 용이성을 고려하여 간격을 표준화한다. 다만, 주행차량의 바퀴 접촉구간에서의 지지력 보강을 위하여 다웰바 간격을 450mm를 300mm로 좁혀서 설치할 수 있다.

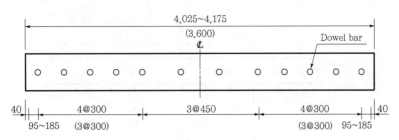

[주행·추월차로의 팽창줄눈에서 다웰바 설치 간격]

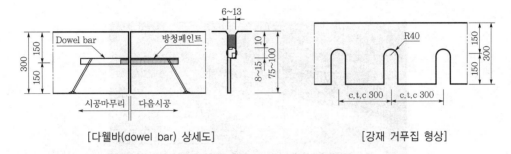

[다웰바(dowel bar) 상세도]   [강재 거푸집 형상]

(3) 다웰바(dowel bar)를 생략하는 경우

① 콘크리트포장으로 설계하는 구간의 지반이 좋고 보조기층 위에 빈배합 콘크리트를 설치하거나 보조기층을 시멘트 안정처리한다.

② 노상지지력이 충분히 발휘되는 구간에는 다웰바를 생략할 수도 있다.

(4) 다웰바의 그룹 액션(dowel bar group action)

① 다웰바는 개별적으로 작용되는 것이 아니라 하나의 그룹으로 하중전달을 하는 역할을 하므로, 이를 다웰바 그룹 액션(dowel bar group action)이라 한다.

② 즉, 설계된 하중 하에 설치된 다웰바는 보다 적은 양을 받고 있는 다른 다웰바와 함께 하중의 주요한 부분을 감당하게 된다.

③ 하중이 작용되고 있는 다웰바의 그룹 액션은 Friberg에 의해 처음 해석되었으며, Friberg는 최대 부모멘트(Nagative Moment)가 하중으로부터 1.8ℓ의 거리에서 발생된다는 것을 알아냈다.

$$l = \left[\frac{Eh^3}{12 - (1 - \nu^2)k} \right]^{0.25}$$

여기서, l : 상대강성계수

       k : 스프링 상수

       E : 콘크리트의 탄성계수

       h : 콘크리트포장 슬래브의 두께

       ν : 콘크리트의 포아송비 [21]

---

21) 국토교통부, '2011 도로포장 구조설계 해설서', 다웰바 그룹액션, 2011.11, pp.217~221.

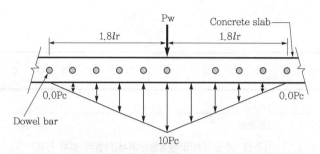

[Friberg의 다웰바 그룹 액션에 대한 범위]

[콘크리트포장 횡방향 줄눈부에서 다웰바 시공 전경]

3. 타이바(tie bar) 설계

(1) 기능

① 타이바(tie bar)는 콘크리트포장 세로줄눈부에 설치하여 (차로와 차로 사이)줄눈 벌어짐, (슬래브와 슬래브 사이)단차 방지를 하는 하중전달장치이다.

② 재료는 소요 인장강도 이상의 품질을 가진 이형 봉강철근을 사용한다.

(2) 설치방법

① 타이바는 콘크리트와의 부착력을 높이기 위하여 직경 13mm 또는 16mm의 이형철근을 사용하되, 충분한 길이로 길어야 한다.

② 타이바가 설치되는 세로줄눈은 2차로 동시 시공은 아래 그림 (a) 맹줄눈(홈 설치), 부득이하게 1차로씩 분리 시공은 (b) 맞댄줄눈 구조로 한다.

③ 1차로 맞댄줄눈의 저면까지 자른 이유는 타이바가 강하므로 홈(groove) 설치만으로는 타이바 위치에서 벗어난 곳에 균열발생 위험성이 있기 때문이다.

④ 타이바의 내구성을 높이기 위하여 중앙 10cm에 방청페인트를 칠한다.

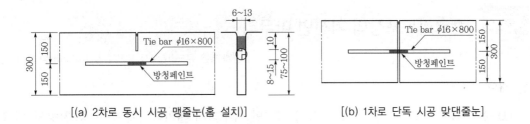

[(a) 2차로 동시 시공 맹줄눈(홈 설치)] [(b) 1차로 단독 시공 맞댄줄눈]

(3) 타이바(tie bar)를 생략하는 경우

① 도로 곡선반경이 100m 이하로 작은 곡선구간에서 곡선구간을 4등분하여 전체 도로 길이 1/2의 중앙부는 통상 간격 1/2로 세로방향줄눈을 설치하고 곡선의 시작과 끝부분 1/4은 타이바를 생략한다.

② 이 경우 곡선구간 내에서 팽창줄눈도 설치하지 않는다.[22]

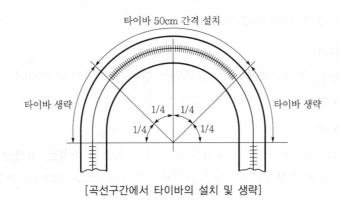

[곡선구간에서 타이바의 설치 및 생략]

22) 국토교통부, '도로설계편람', 제4편 도로포장, 2012, pp.404-7~10, 407~7.

4.20 콘크리트포장의 거친면 마무리

굳지 않은 콘크리트포장 표면의 거친 마무리 방법 [0, 1]

1. 개요

(1) 종전에는 고속도로 콘크리트포장의 거친면 마무리의 설치목적이 우천 중 차량의 미끄러짐이나 수막현상으로 야기되는 교통사고를 줄이는 데 있었다.

(2) 최근에는 타이어와 노면의 접촉에 의해 발생되는 차량소음의 크기를 줄이는 환경이 더 중요한 변수로 작용하고 있다.

(3) 현재 국내에서 사용 중인 콘크리트포장의 거친면 마무리공법은 여러 변수를 고려하지 않고 대부분 횡방향 타이닝을 일률적으로 채택하고 있다.

2. 콘크리트포장의 거친면 마무리 특성

(1) Macrotexture

① 굳지 않은 콘크리트에 깊은 줄무늬를 만들어서 물리적 측정이 가능한 홈

② 대표적으로 굳은 콘크리트를 잘라서 만드는 grooving 방식이 있다.

(2) Microtexture

① 콘크리트 모르타르 속의 세립골재에 의해 표층에 형성된 미세한 표면 거칠기

② 콘크리트 표면의 미끄럼 저항성이 우수하려면 microtexture 품질이 중요하다.

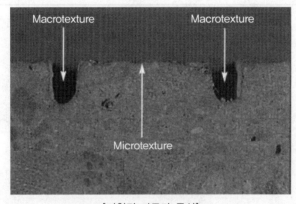

[거친면 마무리 특성]

3. 콘크리트포장의 거친면 마무리 적용 고려사항

(1) 포장의 용도나 포장이 위치하는 지역에 따른 시공방법

① 수막현상의 발생빈도가 낮거나, 제한속도가 낮은 도심지 주차지역에는 표층 거친 마무리 수준을 좋게 할 필요는 없다.

② 공항에서 활주로와 속도가 높은 유도로는 거친면 마무리 수준을 높게 시공하고, 천천히 이동하는 계류장은 마무리 수준을 낮게 시공한다.

(2) 설계속도에 따른 거친면 마무리 시공방법

① 설계속도 70km/h 이하에는 노면을 긁어서 만든 거친면 마무리로 시공하더라도 저속주행의 안전성을 충분히 확보할 수 있고, 저렴하고, 소음에도 유리하다.

② 고속도로에는 타이닝으로 만든 거친면 마무리를 해야 고속주행에 따른 수막현상, 소음, 마찰력 등의 문제를 해결할 수 있다.

(3) 소음 규제지역 여부에 따른 시공방법

① 고속도로나 인구밀집지역에서는 타이어와 노면의 접촉에 의해 발생되는 소음의 크기가 중요한 변수로 작용한다.

② 공항의 경우 활주로, 유도로, 계류장에서 타이어와 노면의 접촉에 의해 발생되는 소음은 중요하지 않다(비행기 제트엔진 소음이 문제임).

4. 콘크리트포장의 거친면 마무리 공법

(1) 굳지 않는 콘크리트의 거친면 마무리 공법

구분	시공방법
거친천 끌기 Burlap drag	천을 끄는 시간과 거친면 마무리 비율을 조절하는 장치를 이용하여 젖은 거친천을 끌면서 성형, 깊이 1.5~3.0mm의 줄무늬
횡방향 쓸기 Transverse broom	포장 표면 횡방향으로 딱딱한 브러시를 이용하여 손이나 기계로 쓸어서 성형, 1.5~3.0mm 깊이의 줄무늬
종방향 쓸기 Longitudinal broom	횡방향 쓸기와 비슷한 방법으로, 포장의 중앙선과 평행하게 쓸어서 성형
종방향 타이닝 Longitudinal tine	굵은 갈퀴를 장착한 기계적 장치를 이용하여 포장의 중앙선과 평행하게 긁어서 성형, 간격 20mm, 깊이 3~6mm, 폭 3mm
골재 노출 Exposed aggregate	천천히 양생시키면서 표층 모르타르가 젖어있을 때 기계적 장치로 제거하여 내구성있는 세골재 조각을 노출

거친천 끌기

종(횡)방향 쓸기

종방향 타이닝

골재 노출

[굳지 않는 콘크리트포장의 거친면 마무리]

(2) 굳은 콘크리트의 거친면 마무리 공법

구분	시공방법
다이아몬드 그라인딩 Diamond ground	세로방향으로 다이아몬드 톱을 사용하여 통나무 표면처럼 형성 잘려진 표면은 164~197 grooves/meter로 만들 수 있고, 표층으로부터 3~20mm를 제거한다.
다이아몬드 그루밍 Diamond groove	도로는 세로방향, 공항은 가로방향으로 표면에 틈을 만든다. 다이어몬드 그라인딩과 동일한 장비를 사용한다. 홈의 간격 20mm, 깊이 6mm, 폭 3mm
연마 작업 Abraded(Shot blasted)	연마장치로 표층을 타격하여 모르타르와 골재의 얇은 층을 제거 표층으로부터 제거된 깊이는 조절이 가능하고, 먼지는 주머니 안으로 흡입한다.

| 다이아몬드 그라인딩 | 다이아몬드 그루밍 | 연마 작업 |

[굳은 콘크리트포장의 거친면 마무리]

(3) 시설물별 콘크리트의 거친면 마무리 공법

시설물 위치	표층 거친면 마무리 방법
공항 활주로, 유도로	횡빙향 그루빙
주차지역, 격납고	거친천 끌기
램프	종방향 및 횡방향 타이닝
일반도로(사고 많은 지역)	종방향 그루빙, 연마작업
일반지역(소음 민감 지역)	다이아몬드 그라인딩, 연마작업
도심부 도로(70km/h 이상)	종방향 및 횡방향 타이닝
도심부 도로(70km/h 이하)	거친천 끌기

5. 콘크리트포장의 거친면 마무리 시공 유의사항

(1) 거친면 마무리의 깊이는 노면작업할 때 장비에 가해지는 전체압력, 시공시점, 시공시간 등에 따라 달라진다.

시공자가 원하는 거친면 마무리의 깊이를 얻기 위해 작업의 최적시간을 결정하고, 작업 중에는 일관성 있는 거친면 마무리를 실시해야 한다.

(2) 거친면 마무리를 시방기준보다 더 넓고 깊게 성형하면 소음이 증가되며, 마찰력도 함께 증가된다.

타이닝 작업 중에 거친면 마무리의 간격, 깊이, 폭을 조절하면서 규격의 검사를 일관성 있게 실시하는 것이 중요하다.

(3) 거친면 마무리 작업에 영향을 주는 변수

① 콘크리트의 반죽질기(시공성)

② 거친면 마무리의 작업시기(양생)

③ 표면의 bleeding

④ 거친면 마무리 작업 장비에 가해지는 전체 압력, 균형성

⑤ 타이닝의 각도, 거친천과 타이닝 장비의 청결도 등

(4) 우천 중 수막현상(Hydroplaning)이 교통사고에 영향을 미치는 변수

① 포장표면에 물이 남아 있지 않도록 배수길이를 줄여야 한다.

② 수막두께는 포장 위의 전체수막 두께에서 거친면 마무리 깊이를 뺀 값이다.

③ 강우량이 동일할 때, 노면경사가 가파르고 배수길이가 짧을수록 수막두께가 얇아져 서 수막현상의 가능성이 적어진다.

6. 맺음말

(1) 최근 연구결과에 의하면, 횡방향 타이닝보다 종방향 타이닝이 소음 감소효과가 크고, 마찰저항성도 향상되는 것으로 밝혀졌다.

(2) 획일적으로 균등한 간격의 횡방향 타이닝은 소음과 안전성 측면에서 비슷한 수준의 다른 거친면 마무리 방법보다 성능이 떨어진 것으로 조사되었다.[23]

---

23) 한국건설기술연구원, '콘크리트포장 유지관리 요령', 거친면 마무리 공법 개발, 1989.

4.21 하절기 콘크리트포장의 초기균열

하절기 콘크리트포장의 초기거동 특성과 파손형태 [0, 2]

I 개요

1. 하절기 콘크리트 시공은 높은 기온 때문에 굳지 않은 콘크리트(fresh concrete)의 높은 온도, 높은 태양복사열, 낮은 상대습도 등으로 높은 수화열과 함께 건조수축의 가능성이 커져 시공 직후 수일 내에 원치 않는 초기균열이 발생된다.

2. 하절기에는 콘크리트의 수분 요구량이 커져 슬럼프 손실(slump loss)도 가속화되며, 연행공기(entrained air) 조절도 어렵고, 응결시각(setting time)도 짧아지는 특성이 있어 시공이 어려우므로 하절기 시공관리에 유념해야 한다.

3. 우리나라의 기후조건에서 하절기는 일반적으로 6~8월이며, 특히 시공 당일 예상되는 최고기온이 32℃ 이상이 되는 경우에 필히 적용토록 한다.

II 하절기 콘크리트포장의 초기균열

1. 초기균열의 정의

(1) 초기균열이란 콘크리트 포설 이후 72시간 이내에 수화열과 건조수축에 의해서 발생되는 균열로서, 균열 틈이 많이 벌어지고 모양도 구불구불하다.

(2) 초기균열은 재령이 증가함에 따라 균열 폭이 넓어지는데, 이는 건조수축 잔여량이 남아있기 때문이며 건조수축이 끝날 때까지 이 폭은 계속 벌어진다.

(3) 초기균열은 시공초기 강도가 충분히 발현되지 않은 상태에서 높은 수화열과 건조수축 때문에 콘크리트에 발생된 인장응력이 인장강도를 넘어설 때 발생된다.

(4) 초기균열은 무근 콘크리트포장에서 줄눈 절단 전에도 발생될 수 있고, 줄눈 절단 후에도 발생될 수 있으므로 시공할 때는 두 경우를 별도로 고려해야 한다.

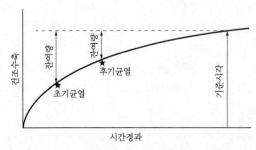

[건조수축 잔여량과 균열발생 시기(연속 철근 콘크리트포장)]

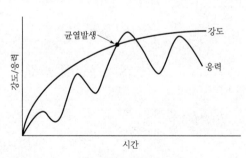

[초기균열 발생 메커니즘]

2. 초기균열의 문제점

(1) 무근 콘크리트포장에서 발생된 초기균열의 문제점

① 줄눈 이외의 지점에서 균열이 발생될 가능성이 높아진다.

② 줄눈에 균열이 유도된 경우라도 균열 틈이 크게 벌어질 가능성이 높아진다.

③ 초기균열에 인접된 줄눈에서는 균열 유도가 되지 않을 가능성이 높아진다.

(2) 무근 콘크리트포장 줄눈 절단 전에 발생된 무작위균열(random crack)의 문제점

① 하중전달 불량 : Dowel bar가 설치되지 않은 지점에는 균열 틈도 많이 벌어지고 하중 전달이 불량하여 점차 단차나 2차균열 발생 가능성이 높아진다.

② 빗물, 잔돌 등의 이물질 침투 : 균열 틈으로 이물질이 침투하여 점차 국부적인 지반약화, pumping, spoiling, blowup 등을 초래할 수 있다.

③ 외관상의 문제 : 무근 콘크리트포장은 줄눈부 외에서는 균열발생을 허용하지 않는 형식이므로, 무작위균열은 외관상 좋지 않다.

(3) 연속 철근 콘크리트포장에서 발생된 초기균열의 문제점

① 균열 틈이 과도하게 벌어질 가능성이 높아진다.

② 모양이 구불구불하여 초기균열 주위에서 2차균열 발생 가능성이 높아진다.

③ 하중전달, 차수효율을 저하시켜 장기적으로 포장 수명을 단축시킨다.

3. 초기균열이 발생되는 온조조건

(1) 초기균열의 발생빈도는 콘크리트의 포설시각에 크게 좌우된다.

기온이 높은 계절일수록, 포설시각이 오전일수록 더 많이 발생된다.

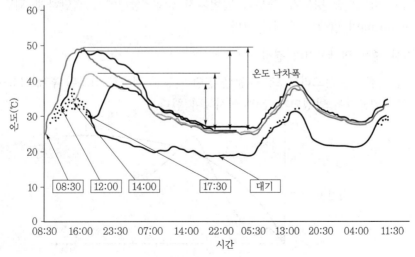

[콘크리트 타설 시각에 따른 온도 낙차폭]

(2) 콘크리트 포설 중에 주변온도(대기온도, 콘크리트 온도, 태양 복사열 등) 조건은 수화열의 발생패턴을 결정하는 중요한 요소이다.

(3) 시멘트가 물과 혼합되어 일정시간 경과 후에 수화열이 본격적으로 발생되는데, 최대 수화열이 발생되는 속도와 크기는 주변온도 조건에 크게 영향을 받는다.

(4) 하절기 아침 일찍 포설한 구간의 수화열이 본격 발생 시간은 정오에서 4시 사이로서 기온이 가장 높은 시간과 일치되어 콘크리트 온도가 급상승한다.

(5) 반면, 하절기 오후 포설한 구간은 포설 중 콘크리트 내부온도는 높지만, 저녁 때부터 수화열이 본격 발생되므로 오전 포설한 구간에 비해 별로 높지 않다.

(6) 일교차가 심하지 않은 봄·가을 포설한 콘크리트 내부온도는 주변온도가 낮기 때문에 초기균열 발생 빈도는 매우 낮다.

Ⅲ 초기균열 방지를 위한 시공관리 대책

1. 하절기 콘크리트포장의 줄눈 절단시기

(1) 줄눈 절단시기의 중요성

① 줄눈 절단은 초기균열 발생 전에 실시하는 것이 중요하다.

② 절단이 너무 늦으면, 이미 무작위균열(random crack)이 발생되어 dowel bar가 콘크리트 속에서 아무런 기능을 못하고 이물질로만 존재하게 된다.

③ 절단이 너무 빠르면, 콘크리트가 충분히 경화되지 않아 줄눈 절단기(cutter)를 올려놓을 수 없고, 올려놓을 수 있다고 하더라도 절단이 불가능하다.

④ 콘크리트포장 강도가 충분히 발현되지 않은 상태에서 절단하게 되면 사용 중에 spoiling이 발생될 우려가 크다.

(2) 적정한 줄눈 절단시기의 결정

① 줄눈 절단은 콘크리트포장 줄눈을 절단 가능할 정도로 경화된 후에 가능하며, 동시에 무작위균열이 발생되기 전에 실시해야 한다.

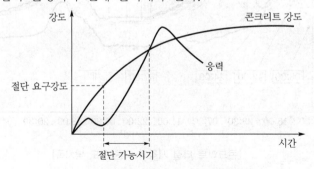

[적정한 줄눈 절단시기 결정 개념]

② 하절기 콘크리트는 높은 수화열로 인해 초기균열이 포설 당일 저녁~새벽부터 발생되므로, 포설 이후 수 시간 내에 줄눈 절단을 해야 한다.

③ 줄눈 절단시기 결정을 위한 초기 콘크리트 강도발현곡선은 현장공시체 강도시험법, 적산온도 강도예측법, 비파괴 초음파 강도측정법 등으로 구한다.

2. 하절기 건조수축 균열 방지를 위한 양생제 살포

(1) 양생제의 품질기준

① 액상 피막 형성제로서, 원칙적으로 유색 양생제를 사용할 것

② 현장에서 분사력 증가를 위해 희석되지 않은 양생제를 사용할 것

(2) 양생제의 성분조건

① 적어도 4시간 동안 적절히 육안으로 확인될 수 있을 것

② 연속된 막을 형성할 수 있을 것

③ 분무할 수 있을 것

④ 분무 후 4시간 이내에 건조될 것

⑤ 분무 후 72시간 동안에 $0.55kg/cm^2$ 이내의 물이 손실될 것

⑥ 콘크리트에 대해 해로운 작용을 하지 않을 것

⑦ 3개월 이상 보관할 수 있고, 침강되면 교반하여 사용할 수 있을 것

(3) 양생제의 살포방법

① 양생제의 살포량은 증발량을 고려하여 $400~500ml/m^2$ 기준으로 살포한다.
양생제의 고형분 농도를 높이면 살포횟수를 줄여도 살포효과는 같다.

② 살포시기는 타이닝 후 콘크리트 표면에 물빛이 없어지면 즉시 살포한다.
두 번째 살포시기는 첫 번째 피막이 형성되어 굳어진 후에 살포한다.

③ 양생제 살포기의 운행속도는 10m/분 정도로 한다.
너무 저속으로 살포하면 슬래브 표면 밖으로 양생제가 흐르므로 주의한다.

[너무 저속으로 살포하여 양생제가 슬래브 밖으로 흐르는 모습]

3. 하절기 초기온도 관리를 위한 차광막 설치

(1) 차광막 의미

① 하절기 과도한 일사량에 의해 시공 초기 콘크리트 슬래브의 급격한 온도 상승을 차단하기 위해 설치되는 막을 의미한다.

② 차광막을 설치하면 온도변화에 따른 컬링(curling) 응력이 적게 발생되어 초기균열 발생 가능성을 낮추며, 콘크리트포장의 장기 공용수명을 증진시킨다.

(2) 차광막 구조

① 슬래브의 수직방향으로 일정높이에서 전체 폭을 커버하는 수평적 구조이다.

② 수직방향 형태로서 측면을 개방함으로써 공기 순환이 자유롭게 설치한다.

(3) 차광막 설치

① 설치대상은 기온이 32℃ 이상으로 매우 높고, 구름 없이 일사량이 많을 경우 오전 11시 이전 포설구간에 설치한다.

② 설치시기는 양생제 살포 직후 설치하며, 줄눈 1차 절단 시작 직전에 제거한다. 차광막 재료는 일사량 차단율이 90% 이상 되어야 한다.

Ⅳ 맺음말

1. 콘크리트포장의 초기균열은 일반적으로 하절기(6~8월)의 높은 기온 때문에 발생되지만, 봄·가을에도 높은 일교차나 바람 등의 영향으로 발생되기도 한다.

2. 하절기에 콘크리트포장 슬래브가 포설되면 높은 대기온도에 시멘트의 높은 수화열이 더해져서 콘크리트 내부온도가 지나치게 상승하게 된다.

3. 따라서 대기온도가 32℃ 이상으로 높아져 콘크리트 포설 이후 양생 중 내부온도에 큰 변화가 예상되는 경우에는 별도의 온도 유지 대책을 수립해야 한다.[24]

---

24) 국토교통부, '시멘트 콘크리트포장의 현장 시공 품질관리 핸드북', 2009.12.

[3. 특수포장공법]

4.22 개질아스팔트

개질아스팔트의 현장 적용상의 문제점과 개선대책 [3, 2]

I 개요

1. 개질아스팔트는 포장의 내구성을 향상시키기 위하여 포장용 석유아스팔트의 성질을 개선한 포장공법이다.

    (1) 개질아스팔트에는 아스팔트에 고분자 재료(고무·수지)를 첨가하여 성능을 개선시킨 개질아스팔트, 촉매제를 이용한 개질아스팔트 등이 있다.

    (2) 또한, 사용하는 개질재의 종류와 개질방식에 따라 개질아스팔트의 특성이 다양하게 변화하므로 아스팔트를 개질하는 방법은 여러 가지가 있다.

2. 개질아스팔트의 종류

    (1) **개질방식에 따른 구분** : 고분자 개질아스팔트, 화학적 개질아스팔트, 산화 아스팔트

    (2) **생산방식에 따른 구분** : 사전배합(pre-mix), 현장배합(plant-mix) 등

II 개질아스팔트

1. 개질방식에 따른 개질아스팔트

    (1) **고분자 개질아스팔트(PMA, Polymer Modified Asphalt)**

    PMA는 기존 아스팔트에 SBS, PE, EVA 등의 고분자를 혼합하여 성능을 향상시킨 제품으로, PMA는 개질재료에 따라 아래 2가지로 분류된다.

    ① 고무계의 고분자 재료를 첨가한 개질아스팔트 I형 : 터프니스-티네이시티 및 신도가 증가하고, 감온성 및 저온취성을 개량하여 유동 저항성이 높다.

    ② 고분자 재료로서 열가소성 수지와 고무를 사용한 개질아스팔트 II형 : 열가소성 수지는 아스팔트 속에서 겔(gel) 구조를 만들기 때문에 유동 저항성이 높다.

    (2) **화학적 개질아스팔트**

    ① 금속원소의 촉매제를 사용하여 아스팔트를 화학적으로 산화시키거나, 포설 후 대기와의 산화를 촉진시켜 아스팔트 경화를 급속히 진전시키는 개질방식이다.

② 소성변형에 대한 저항성은 우수하나 균열에 취약하고 사용 중에 악취 발생 등의 문제점이 있어 현재 제한적인 용도에만 사용되고 있다.

[고무 및 열가소성 수지혼입 아스팔트의 표준성상]

항목 \ 종류	I형		II형
	50~70	70~90	
침입도 1/100mm	50 이상 70 이하	70 이상 90 이하	40 이상
연화점 ℃	50.0~60.0	48.0~58.0	56.0~70.0
신도(7℃) cm	20 이상	50 이상	30 이상
신도(15℃) cm	–	–	30 이상
인화점 ℃	260 이상	260 이상	280 이상
박막가열질량 변화율 %	0.6 이하	0.6 이하	0.6 이하
박막가열 침입도 잔류율 %	55 이상	55 이상	65 이상
터프니스 kg·cm	60 이상	50 이상	80 이상
티네이시티 kg·cm	30 이상	25 이상	40 이상

(3) 산화 아스팔트

① 산화 아스팔트는 아스팔트를 고온에서 공기와 접촉시켜 침입도를 감소시키고 연화점을 상승시킴으로써 소성변형 저항성을 향상시키는 방법으로, 아스팔트 내 스티프니스(stiffness)가 증가되어 균열에는 취약한 단점이 있다.

② 산화 아스팔트를 일명 세미블로운 아스팔트라고 하는데, 그 이유는 스트레이트 아스팔트에 (가열한 공기를 불어넣는)블로잉 조작을 가하여 감온성을 개선하고 60℃ 점도를 높인 개질아스팔트이기 때문이다.

③ 60℃ 점도는 일반적으로 사용되는 40~60, 60~80, 80~100℃ 점도의 석유아스팔트에 비해 3~10배 높은 수준이다.

④ 60℃ 점도를 높이면 아스팔트포장이 공용되는 중에 점성을 높여 주기 때문에 중(重)교통도로에 대한 유동대책을 도모한 효과로 나타난다.

⑤ 세미블로운 아스팔트의 품질은 아래 표를 기준으로 하며, 점도가 높기 때문에 다짐작업 중에 온도관리에 특히 유의하면서 충분히 다져야 한다.

[세미블로운 아스팔트의 품질기준]

항 목	기 준
점도(60℃) poise	10,000~2,000
박막가열질량 변화율 %	0.6 이하
인화점 ℃	260 이상
점도비(60℃)(박막 가열 후/가열 전)	5 이하

2. 생산방식에 따른 개질아스팔트

(1) 사전배합(pre-mix) 생산방식

① 아스팔트 공급자(정유회사)가 아스팔트 공급 전에 미리 생산공장에서 개질시킨 후에 수요자(아스콘회사)에 개질아스팔트를 직접 공급하는 방식이다.

② 현장배합 방식보다 개질아스팔트 자체의 품질관리가 용이하며, 수요자는 개질아스팔트를 일반 아스팔트와 동일하게 저장탱크에 보관·사용 가능하며, 플랜트 믹서에 별도의 개질재 투입시설을 설치할 필요가 없다.

③ 다만, 저장탱크에 장기간 보관하는 경우에는 개질재와 아스팔트의 분리가 일어나지 않도록 저장탱크 내에서 주기적으로 배합 또는 순환시킬 필요가 있다.

④ 주로 SBS, PE, EVA 종류의 고분자 개질아스팔트가 사전배합되어 공급된다.

(2) 현장배합(plant-mix) 생산방식

① 수요자가 아스콘 플랜트에서 골재와 아스팔트가 혼합될 때 개질재를 함께 투입하는 방식으로, 별도의 투입시설을 믹서에 설치해야 한다.

② 현장배합 방식은 믹서 내에서 짧은 시간 안에 개질재와 아스팔트가 완전 분산 및 혼합되어야 하므로 품질관리가 어렵다.

③ SBR Latex, 길소나이트, 섬유질, 금속촉매제 등을 소량 포장 공급할 때 사용된다.

3. 개질재의 종류

개질아스팔트의 물성 및 성능은 사용되는 개질재 종류에 따라 차이가 매우 크며, 개질재의 물리·화학적 성질에 따라 아래 표와 같이 분류할 수 있다.

[아스팔트 개질재의 종류]

구분	개질재의 종류
고분자 개질재	• 열경화성 고무 : 천연고무, 합성고무(SBR Latex, 폴리클로로프렌 Latex 등) • 열가소성 중합체 : 스틸렌블록공중합체(SBS, SEBS, SIS 등) • 열가소성 수지 : 폴리에틸렌(PE), 폴리프로필렌(PP), 에틸렌 비닐 아세테이트(EVA, Ethylene Vinyl Acetate) 등
첨가성 개질재	• 길소나이트(Gilsonite), TLA(Trinidad Lake Asphalt) 등 • 섬유질(Cellulose), 카본블랙, 유황, 실리콘(Silicon), 석회(lime) 등
화학 촉매제	• 캠크리트(Chemcrete), 무기산, 금속촉매제(Fe, Mn, Co, Cu) 등

4. 밀입도, 개립도

(1) 포장용 아스팔트 혼합물은 굵은골재의 비율과 입도분포에 따라 개립도, 조립도, 밀입도, 세립도, Topeka, Gap asphalt 등으로 분류한다.

(2) 개립도(開粒度) 아스팔트 콘크리트는 가열 아스팔트 혼합물의 일종으로, 세골재비율(細骨材比率)이 5~20%이며 대표적인 투수성 및 배수성 혼합물로 사용된다.

(3) 조립도(粗粒度) 아스팔트 콘크리트는 굵은골재, 잔골재, 필러 및 아스팔트의 가열 혼합물로서, 합성입도가 No.8체 통과량 20~35% 범위이다.

(4) 밀입도(密粒度) 아스팔트 콘크리트는 굵은골재, 잔골재, 필러 및 아스팔트의 가열 혼합물로서, 합성입도가 No.8체 통과량 35~50% 범위이다.

(5) Topeka는 미국 캔사스주 Topeca시에서 일반 아스팔트의 안정성을 개선하기 위해 세립도의 쇄석을 혼입하여 처음 시공한 이후 붙여진 이름이다.

(6) Gap asphalt는 입도분포가 불연속적인 경우를 말한다.

[밀입도와 개립도의 비교]

구분	밀입도 (Dense graded asphalt concrete)	개립도 (Open graded asphalt concrete)
골재입도	• No.8체 통과량 35~50% • 굵은골재~0.075mm까지 연속 분포	• No.8체 2.36mm 통과량 5~20%
마샬안정도	• 500kg 이상	• 350kg 이상
OAC	• 5~7%	• 3~5%
특징	• 표면이 치밀하다. • 내유동성이 우수하다. • 내마모성이 우수하다. • 내구성이 우수하다.	• 표면이 거칠고, 미끄럼저항성이 우수하다. • 공극이 많아 주행소음이 적다. • 강우 중에 수막현상이 감소된다. • 빗물침투로 박리되면 내구성이 저하된다.
적용성	• 가열아스팔트포장 표층	• 투수성, 배수성 혼합물 마찰층

5. 고분자 개질아스팔트의 특성

(1) 세계적으로 널리 사용 중인 개질아스팔트는 고분자 개질아스팔트이며, 미국과 유럽 등에서는 교통하중이 상대적으로 많은 공항포장에 많이 사용하고 있다.

(2) 중차량 도로교량, 배수성 포장, 독일 SMA(Stone Mastic Asphalt) 포장공법 등에서도 일반 아스팔트 대신에 고분자 개질아스팔트 사용이 늘고 있다.[25]

---

25) 국토교통부, '도로설계편람', 제4편 도로포장, 2012, pp.409-3~5.

4.23 도심지 열섬현상 저감대책

여름철 도심부 열섬완화 차수성 아스팔트콘크리트포장 [4. 8]

1. 개요

(1) 도시가 뜨거워지고 있다. 서울의 경우, 관측 이래 종전 10년(1908~1917) 연평균 기온이 10.6℃이었으나, 최근 10년(2008~2017)은 12.8℃로 2.2℃ 높아졌다.

(2) 도시 기온이 교외보다 높아지는 열섬현상은 대기오염 가중, 도시 생태계 변화, 노약자 열사병 위험 노출 증가, 여름철 열대야 현상 발생 등의 문제를 유발한다.

2. 도심지 열섬현상 저감 도로포장 기술

(1) 최근 국내에서 연구되고 있는 열섬현상 저감 도로포장 중 특허출원 사례는 저수성 및 보수성 포장, 차열성 포장, 식생블록과 같은 기타 포장 등이 있다.

(2) 저수성 및 보수성 포장은 포장체 내에 고흡수성 재료를 포함하거나 물의 저장공간을 형성하여 포장체에 물이 머무를 수 있는 투수성 포장으로, 흡수된 수분 자체로 포장표면 온도를 낮추는 포장구조 개념이다.

(3) 차열성 포장은 태양열이 포장체에 흡수되지 않도록 차단 및 반사 성능이 우수한 재료를 포장체 내에 포함시키거나 포장체 상면 코팅으로 포장면의 열흡수를 방지하여 온도를 낮추는 포장구조 개념이다.

3. 투수성 포장공법

(1) 투수성 포장의 정의

① 투수성 포장은 불투수를 목표로 하여 기존 공법과 다르게 투수 가능하도록 시공된 포장체의 공극에서 저류 및 증발을 유도하여 강우 유출에 적극 대응하는 공법이다.

② 투수성 포장은 강우 유출 저감 외에도 용해성 오염물질과 미세한 오염물질의 제거, 열섬현상 완화, 지하수 함양, 교통소음 감소 등의 친환경적 효과가 있다.

③ 투수성 포장재는 일반 불투수성 포장재보다 강도가 상대적으로 낮기 때문에, 현재까지는 주로 주차장, 자전거도로, 보도 등에 시공되고 있다.

④ 투수성 포장은 표층구성에 따라 포설형과 블록형이 있으며, 블록형을 세분하면 블록 자체에 투수기능을 지닌 투수 블록형 포장, 식생과 함께 적용되는 중공 블록형 포장, 기존 블록에 틈새를 만드는 틈새 투수공법 등이 있다.

⑤ 투수성 포장재료에는 콘크리트포장과 블록 등을 사용한 2차 제품 포장, 상온 혼합물과 가열 혼합물을 사용한 혼합물 포장 및 도포식 포장 등이 있다.

(2) 투수성 콘크리트의 배합설계

① 투수성 콘크리트는 포장재료 내에 공극을 확보하여 투수시키는 포설형 투수포장 공법으로, 11~22%의 공극률을 확보하는 콘크리트의 매트릭스 구조이다.

② 필요한 공극률을 확보하기 위해 잔골재는 거의 사용하지 않기 때문에 슬럼프가 작아 작업성이 불량하므로, 이를 보완하기 위해 화학적 혼화제를 사용한다.

③ 투수성 콘크리트의 밀도는 $1,600 \sim 2,000 \text{kg/m}^3$, 공극률은 20%, 투수성은 공극률이 증가함에 따라 증가하며, 투수계수는 0.2~0.54cm/sec 범위이다.

④ 투수성 콘크리트의 강도는 공극률이 증가함에 따라 감소하며, 공극률 20% 이내에서 압축강도 및 휨강도가 20% 이내로 감소된다.

(3) 투수성 콘크리트의 시공

① 투수성 콘크리트 시공은 일반 콘크리트 시공과 크게 다르지 않으며, 노상-필터층-기층-표층(투수성 콘크리트) 순으로 시공한다.

② 노상에 배수시설을 설치하여 집중호우를 대비하며, 필터층은 빗물이 역류될 때 노상 토가 기층-표층으로 침투 방지되도록 모래층 깊이 5cm를 표준으로 한다.

③ 표층은 투수성 자재를 사용하면 횡단구배가 없어도 되지만, 폭우 대비하여 2%까지 설치하며, 주차장이나 광장 포장에는 3%까지 설치하고 있다.

④ 표층의 다짐 마무리는 롤러다짐공법, 파워트로웰공법 2가지로 시공할 수 있으며, 주로 롤러다짐방법을 많이 채택하고 있다.

(4) 투수성 포장의 성능 평가

① 현재 환경친화적인 구조물로서 투수성 포장재가 활발하게 개발·적용되고 있지만, 실제 투수성 포장이 시공되었을 때 홍수방지 및 오염물질 제거 성능에 대한 이해의 정도는 상대적으로 높지 않다.

② 따라서 투수성 포장재 자체에 대한 개발과 함께 수치적·실험적 해석을 통해 시공된 재료와 전체 배수시스템에 대한 성능 평가가 필요하다.

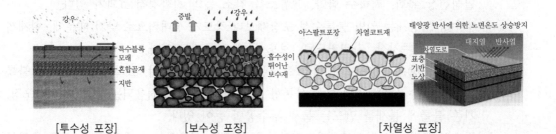

[투수성 포장]　　　[보수성 포장]　　　[차열성 포장]

4. 보수성 포장공법

(1) 보수성 포장의 정의

① 최근 도심지에서 국지적으로 온도가 높아지는 열섬(heat island) 현상이 발생되고 있어, 도시 건축물의 녹화와 함께 보수성 포장이 주목받고 있다.

② 보수성 포장이란 포장체가 물을 흡수하여 보관하고 있다가 낮 동안에 보유하고 있는 물을 증발시켜 도로표면의 온도를 낮추는 포장공법이다.

③ 보수성 포장의 대상지역은 시가지, 대규모 광장, 공원, 녹지 등이다.

(2) 보수성 포장의 설계

① 보수성 포장은 보수층의 보수성능을 고려하여 기상조건, 급수조건 등에 적합한 보수량을 검토하며, 차도와 보도 및 자전거도로 등으로 구분하여 설계한다.

② 차도의 보수성 포장 구조설계는 일반 도로포장과 동일하게 검토하는데, 보수량이 설정되어 있을 경우 이를 고려하여 보수층 두께를 설계한다.

③ 보도 및 자전거도로의 보수성 포장 구조설계는 보수성능, 대상지점에 요구되는 노면성능 등을 고려하여 설계한다.

(3) 보수성 포장의 재료

① 사용되는 재료는 내구성 및 공용성이 확보되고, 기본적으로 물을 충분히 보수하여 온도상승을 억제할 수 있어야 한다,

② 아스팔트 바인더 : 일반 아스팔트포장과 다르게 보수성 포장에는 대상지점에 따라 내구성 확보를 위해 개질 아스팔트 바인더를 사용해야 한다.

③ 아스팔트콘크리트(모체아스팔트) : 보수성 아스팔트콘크리트포장의 경우 보수재를 보유하고 있어야 하므로 배수성 포장을 모체 포장으로 한다.

④ 보수재료 : 광물질이나 수지를 혼합한 그라우트재, 세립재 등이 사용된다.

(4) 보수성 포장의 성능 평가

보수성 포장의 효과는 보수성 포장의 보수량, 노면온도 저하량 등의 특성치를 통해 확인할 수 있으며, 특성값의 권장수치는 실험을 통하여 제시한다.

5. 차열성 포장공법

(1) 차열성 포장의 정의

① 서울 노원구 마들로에 '회색 아스팔트'가 시공된 시험구간이 있다. 열섬현상을 완화하기 위해 시험포장하고 있는 회색 아스팔트 도로는 일반 도로보다 온도가 최대 10.4℃ 낮은 것으로 조사되었다.

② 일본의 경우에더 여름철 도심지의 노면 온도를 낮추기 위한 회색 아스팔트 도로포장을 2002년 처음 시공한 이후, 점차 확대하고 있다.

(2) 차열성 포장의 설계

① 차열성 포장은 태양열을 반사하는 특수도료를 아스팔트 표면에 0.5~1.0mm 얇게 코팅함으로써 태양열 반사율을 높여 도로표면 온도를 5~10℃ 낮추는 공법이다. 아스팔트 표면에 덧바르는 도료 때문에 도로표면이 회색으로 변한다.

② 서울시의 차열성 포장 시험시공 결과, 2015년 직후에는 10.4℃ 낮았으나 2016년 7.7℃, 2017년 4.2℃, 2018년 5.9℃ 등 3년만에 효과가 절반 정도로 떨어졌다. 이는 시간이 흐르며 도료가 닳아 없어지기 때문이다.

(3) 차열성 포장의 효과

① 서울시의 시뮬레이션 결과, 도심 전체에 '차열성 포장'을 하면 대기온도가 1℃ 낮아졌다. 문제는 비싼 비용이다. 일반 아스팔트는 100m²당 170~200만 원(5cm 기준)이지만, 차열성 포장은 100m²당 1,400~1,600만 원이다.

② 차열성 포장의 내구성도 극복해야 할 문제이다. 덧칠한 도료가 시간이 지나면 떨어져 나가기 때문에 도로의 내구성이 약해질 수 있다.

③ 서울뿐 아니라 지방 대도시에서도 차열성 포장에 관심이 많다. 부산 금정구와 대구시가 폭염 경감 대책으로 아스팔트에 '회색 포장'을 덧칠할 예정이다.

6. 맺음말

(1) 도시 기온이 교외보다 높아지는 열섬현상에 대한 대책으로 도시 면적의 10~25%를 차지하고 있는 인공 지표면, 즉 도로포장에 대한 관심이 높아지고 있으며, 특히 열섬현상 저감용 포장기술이 주목받고 있다.

(2) 현재 서울·수도권에서 추진되고 있는 신도시 건설, 도시 재개발 등에 따라 도심지 열섬현상이 가속화될 것으로 예상되어 도시표면의 친환경 시설물에 대한 관심이 고조되고 있으므로, 이 분야의 연구·개발 투자가 필요할 것으로 판단된다.[26]

---

26) 한국건설기술연구원, '도시부 온도저감형 도로 기술 개발(도로포장 분야)(Ⅴ)', 2015.

4.24 배수성 포장, 투수성 포장, 저소음 포장

배수성 포장, 투수성 포장, 콘크리트포장도로에서 소음저감을 위한 시공 중 표면처리 공법 [9. 9]

I 「배수성 아스팔트콘크리트포장 생산 및 시공지침」 제정

1. 개요

국토교통부는 배수성 포장 활성화 측면에서 빗길 미끄럼사고 다발구간, 결빙취약구간 등에 적용범위 확대, 품질강화를 위한 투수성능 상향 등을 주요골자로 하는 「배수성 아스팔트콘크리트포장 생산 및 시공지침」을 2020.8.27.제정하였다.

2. 제정 배경

(1) 배수성 포장은 도로표면의 물을 포장내부로 배수시키는 기능이 있어 비 오는 날에 미끄럼저항성과 시인성으로 교통사고 예방에 장점이 있는 공법이다.
  • 타이어에 의한 소음을 흡수하는 장점도 있어 '저소음포장'이라고도 불림

(2) 그간 배수성 포장은 포장균열 등 내구성 부족에 따른 조기파손, 포장내부 이물질 유입으로 인한 성능저하 등의 우려로 인해 적용실적은 미미하였다.

(3) 그간 「배수성 아스팔트 혼합물 생산・시공잠정지침('11.~, 국토부)」을 운영하고 있으나, 오랜 시간이 지나 현재 여건을 반영하는 개정 필요성이 대두되었다.

(4) 국토교통부는 '지침' 제정(안)을 마련, 전문가 자문회의, 간담회 등 의견수렴 과정을 거쳐 「배수성 아스팔트 혼합물 생산・시공지침」을 2020.8.27.제정하였다.

3. 주요 내용

(1) 배수성 포장의 적용범위를 빗길 미끄럼사고 다발구간, 결빙취약구간 등으로 확대하여 비 오는 날 교통사고 예방에 기여할 수 있도록 하였다.
  • 도로의 소음저감이 필요한 소음취약구간에도 배수성 포장 적용

(2) 공극률 기준은 완화(20 → 16% 이상)하고 투수성능은 강화(0.01 → 0.05cm/sec)하는 등 품질기준을 개선하여 배수성 포장의 품질을 확보하였다.

(3) 배수성 포장의 소음저감 효과를 명확하게 제시할 수 있도록 세계적으로 통용되는 국제기준(ISO 11819-2, CPX)을 준용하여 소음측정기준을 마련하였다.[27]

---

27) 국토교통부, '배수성 아스팔트콘크리트포장 생산 및 시공지침', 2020.8.

4. 기대 효과

이번 지침 제정을 통해 배수성 포장 산업이 한층 더 도약할 수 있을 것으로 판단되며, 배수성 포장이 활성화되면 장마, 태풍 등의 기상 악조건에서도 운전자에게 안전한 도로환경을 제공할 수 있을 것으로 기대된다.

[「배수성 아스팔트콘크리트포장 생산 및 시공지침」 제정사항]

구분	'11. 잠정 지침	'20. 제정 지침	개선 사유
① 적용 범위	• 소음, 배수 등 주변여건을 고려하여 적용	• 빗길 미끄럼사고 다발구간, 결빙취약구간, 소음취약구간 등 우선 적용 • 일반구간에서도 내구성, 배수, 소음저감 성능 등이 확보될 경우 적극 적용	• 배수성 포장 활성화
② 배수성 혼합물 공극률(%)	• 20% ± 0.3%	• 16% 이상	• KS 기준 폐지로 인한 시험방법 변경(간편법 → 진공법) * 공극률 변경 없음
③ 실내투수계수(cm/sec)	• 0.01 이상	• 0.05 이상	• 배수의 투수성능 강화
④ 배수성 혼합물 합성입도(mm)	• 10, 13, 20	• 8(추가), 10, 13, 20	• 다양한 합성입도 적용 (8mm 추가)
⑤ 개질아스팔트 등급	• PG 82-22 * 82 : 최고온도(+82℃) * 22 : 최저온도(-22℃)	• PG 82-22 • PG 82-28(추가) • PG 82-34(추가)	• 생산자 확대를 위한 등급 다양화
⑥ 배수성 아스팔트 바인더 품질시험	• 저장안정성, 용해시간, 공용성 등급, 연화점, 신도, 터프니스, Frass 취하점, 휨에너지, 휨스티프니스(총9종)	• (추가) 소성변형률, 탄성회복률(총7종) • (삭제) 터프니스, Frass 취하점, 휨에너지, 휨스티프니스	• 실제 시행이 가능한 품질시험으로 대체
⑦ 굵은골재의 입도(mm)	• 20, 13, 10	• 20, 13, 10, 8(추가), 5(추가)	• 다양한 골재 적용
⑧ 굵은골재의 마모율(%)	• 35 이하	• 25 이하	• 골재 이탈 저항성 증대
⑨ 중간층의 재료	• MC-1, WC-5 * 불투수성 기능 부족	• WC-1, WC-6, SMA, 구스, 불투수성 중간층	• 불투수층(기층) 재료 확대
⑩ 현장코어의 동적안정도	• 2,500 이상	• 3,000 이상	• 배합설계 기준과 시공관리 기준 동일하게 적용
⑪ 택코트 량(L/m²)	• 0.3~0.6	• 0.3~1.0	• 배수성 포장층과 하부층과의 접착성 향상 및 불투수성 강화
⑫ 택코트 양생시간		• 신설포장 6시간 이상 • 덧씌우기포장 2시간 이내	
⑬ 택코트 재료 살포 온도	• 가열할 필요가 있을 때 감독자가 지시	• 10℃ 이상	
⑭ 소음측정 기준		• 측면 필수 측정, 상세한 소음특성 필요하면 후면 포함 모든 방향 측정	• 소음측정기준 마련 * ISO 기준 준용

Ⅱ 배수성 아스팔트포장

1. 개요

배수성 아스팔트포장은 배수성 아스팔트 혼합물을 표층에 사용하여, 빗물이 하부의 불투수성 포장층 표면을 흘러 측면의 배수로를 통해 신속히 배수되도록 한 설계 포장이다.

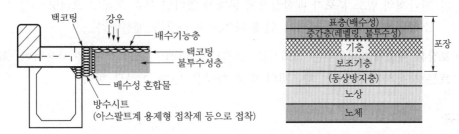

[배수성 아스팔트포장의 단면구조]

2. 기능(특성)

(1) 빗길 미끄럼사고 다발구간의 차량의 주행 안전성 향상

① 우천 시 노면에 수막이 생성되어 발생하는 미끄러짐 현상 감소
② 주행 차량으로 인한 물튀김, 물보라를 감소시켜 주행 중 시인성 향상
③ 우천 시 노면표시의 시인성 향상

(2) 소음 취약구간의 환경 개선

① 타이어와 노면의 마찰로 인하여 발생하는 교통소음의 저하
② 방음벽의 설치 높이를 낮추어 도시 미관 개선

3. 적용대상

(1) 빗길 미끄럼사고 다발구간, 결빙 취약구간, 소음 취약구간 등에 우선 적용

(2) 내구성, 배수성, 소음저감 성능 등이 확보된 경우 유지관리 경제성을 고려하여 적용

4. 재료

(1) 배수성 아스팔트

① 배수성 포장용 아스팔트 바인더는 골재의 분산저항, 내수성, 내후성이 우수한 고점도 아스팔트 바인더를 사용한다.
② 고점도 아스팔트 바인더는 첨가제를 믹서에 투입하는 건식 혼합형(Plant-Mix)과 사전에 바인더에 첨가하는 습식 혼합형(Pre-Mix)으로 나뉜다.
③ 건식 혼합형에서 스트레이트 아스팔트는 침입도 등급 60~80 이상 또는 공용성 등급 64-22 기준 이하를 만족해야 한다.

(2) 골재

① 굵은골재는 부순 골재(쇄석), 부순 슬래그 등으로, 깨끗하고 강하고 내구적이며, 점토, 실트, 유기물 등의 유해물질을 함유해서는 안 된다.

② 굵은골재 입도 기준은 CA-20, CA-13, CA-10 등을 사용한다. 주요 입도 범위에 해당하는 골재 비율이 높을수록 높은 품질을 확보할 수 있다.

③ 잔골재의 입도 분포가 배합설계에 문제가 없다면 부순 모래(스크리닝스)를 사용하며, 소성변형 저항성을 높이기 위해 자연모래 사용을 제한한다.

(3) 포장용 채움재 : 채움재는 석회석분, 포틀랜드 시멘트, 소석회 등을 사용하며, 회수더스트는 사용하지 않는다. 채움재의 수분 함량은 1.0% 이하로 한다.

5. 시공

(1) 기상 조건 : 온도 저하속도가 빠르므로 15℃ 이상일 때 시공, 5℃ 이하일 때 중지한다.

(2) 중간층 : 중간층은 불투수층 아스팔트 혼합물을 포설, 요철(凹凸) 5mm 미만으로 마감한다.

(3) 시공 전 준비작업

① 택코트는 기온 10℃ 이하일 때와 우천 시에 시공 금지한다.

② 측면 배수와 포장 내 체류수 배수를 위한 유공관은 $\phi25mm$ 이상 설치한다.

(4) 운반 및 포설

① 운반 중 기온이 15℃ 이하일 때는 반드시 2중 덮개를 씌운다.
현장 도착 기준으로 표면과 내부의 온도는 20℃ 이상 차이나면 안 된다.

② 최소 포장두께는 배수성 아스팔트 혼합물의 공칭 최대크기의 2.5배 이상으로, 다짐 후의 1층 두께가 7cm 이내가 되도록 포설한다.

(5) 다짐

① 다짐장비는 사전에 자중을 측정해야 한다.
- 1차 다짐 : 머캐덤롤러 12ton 이상
- 2차 다짐 : 진동탠덤롤러 10ton 이상
- 3차 다짐 : 탠덤롤러 6ton 이상

② 용량 1.5ton 이상의 살수차를 대기시켜, 수시로 다짐장비 물탱크를 채운다.

(6) 시료채취 및 다짐도 조사

① 시료는 24시간 양생 후 또는 표면온도 4℃ 이하, 시공 후 5일 이내 채취한다.

② 현장 시공 중에 비파괴 현장밀도 측정장비를 이용하여 다짐밀도를 확인한다.

Ⅲ 투수성 아스팔트포장

1. 개요

(1) 투수성 포장이란 포장체를 통하여 빗물을 노상에 침투시켜 흙속으로 환원시키는 기능성 포장으로, 보도, 경교통 차도 및 주차장, 구내포장 등에 이용된다.

(2) 투수성 포장은 노상 위에 필터층(모래층), 보조기층(보도에는 생략), 기층 및 표층 순으로 구성되며, 프라임 코트와 택 코트의 접착층은 두지 않는다.

(3) 투수성 아스팔트 혼합물은 10^{-2}cm/sec의 높은 투수계수가 요구되므로, 공극률을 높이기 위해 잔골재를 포함하지 않는 단립도의 개립도 혼합물이어야 한다.

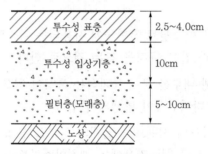

[투수성 보도포장의 단면구조]

2. 특성

(1) 잔골재가 생략된 혼합물이므로 역학적으로 취약하다. 특히, 차도에 사용할 경우에는 이 점을 고려해야 한다.

(2) 포설 후의 온도 저하 속도가 크므로 혼합·운반·포설 중에 일반 혼합물보다 철저한 온도관리가 필요하다.

(3) 공극률이 크고, 물과 공기가 쉽게 통하는 혼합물이므로, 아스팔트가 노화하기 쉽고 물의 작용도 받기 쉽다.

(4) 공용 후 보행자 또는 차량의 통행에 의해 다져지고, 또한 먼지와 토사 등이 공극을 메워 투수 기능이 저하된다.

3. 재료 및 혼합

(1) **필터층 재료**

① 필터층 재료에 사용되는 모래의 입도는 별도 규정이 없으나 0.075mm(No.200)체 통과분 6% 이하가 바람직하다.

② 필터층의 투수계수는 10^{-4}cm/sec 이상의 모래를 사용하여 빗물이 흙속에 침투할 때 보조기층, 기층, 연약한 노상토로 침입하는 것을 방지해야 한다.

(2) 보조기층 및 기층 재료

① 보도기층 재료에 사용되는 쇄석 또는 단립도 부순돌은 최대 입경 19mm 또는 30mm 로서, 품질기준은 수정 CBR 20 이상, PI 6 이하이어야 한다.

② 차도기층 재료에 사용되는 부순돌은 두께 7~12cm를 포설하고 수정 CBR 60 이상, PI 4 이하이어야 한다.

③ 또한 차도에 투수성 아스팔트 처리 혼합물을 사용할 때는 두께 5~6cm를 포설하고 마샬안정도 250kg 이상을 목표치로 한다.

4. 시공

(1) 투수성 포장의 표층용 아스팔트 혼합물에 사용되는 아스팔트, 골재 등은 통상적인 표층 용 아스팔트 혼합물과 같은 규격을 갖는 것으로 한다.

(2) 투수성 포장은 포장체 내부를 물이 통과하는 특성이 있으므로 수명이 높은 일반 아스팔 트 콘크리트에 비해 박리현상이 발생되기 쉽다.

(3) 잔골재 중량의 2% 정도의 시멘트를 골재의 일부로 혼합하면 박리 방지에 효과적이다. 보다 높은 내구성이 요구되는 경우에는 개질아스팔트를 사용한다.

(4) 투수성 포장은 줄눈부와 구조물 접속부가 취약하므로 충분히 다짐하여 밀착시키고, 최 종 표면 마무리는 투수시험을 실시하여 투수기능을 확인한다.

5. 기대효과

(1) 식생 등의 지중 생태의 개선

(2) 하수도의 부담 경감과 도시 하천의 범람 방지

(3) 공공 수역의 오탁 경감

(4) 지하수 저장

(5) 노면 배수 시설의 경감 또는 생략

(6) 미끄럼 저항의 증대와 보행성의 개선

(7) 난반사에 의한 시력보호 [28]

---

28) 국토교통부, '도로설계편람', 제4편 도로포장, 2012, pp.409.4~5.

Ⅳ 저소음 포장

1. 개요

(1) 최근 자동차의 엔진과 배연기관에서 발생되는 기계소음은 과학기술의 발전으로 크게 감소되고 있다.

(2) 그러나 엔진성능 향상에 따른 고속주행으로 타이어와 노면 사이의 마찰소음은 기계소음보다 상대적으로 소음공해를 크게 유발시키는 문제가 있다.

2. 도로포장의 소음

(1) 자동차 소음과 타이어 소음

① 자동차 소음은 전통적으로 엔진과 배연기관에서 발생되는데, 최근 공학기술 발전으로 자동차 자체의 소음발생은 크게 감소되었다.

② 타이어와 노면 사이의 진동·펌핑소음이 자동차소음보다 상대적으로 도시지역 생활환경에 미치는 영향이 크게 증가하는 추세이다.
- 진동소음 : 타이어와 노면의 탄성충격으로 타이어벽이 진동하면서 발생
- 펌핑소음 : 타이어 트레이드(tread, 홈) 사이에서 공기가 압축·팽창하며 발생

(2) 아스팔트포장과 콘크리트포장의 소음 비교

① 아스팔트포장은 콘크리트포장에 비해 평탄성·소음 측면에서 유리하다. 특히, 통행량이 많은 도심지에서 아스팔트포장을 배수성 포장 또는 SMA 포장으로 시공하면 타이어와 도로의 마찰로 인해 발생되는 교통소음을 줄일 수 있다.

② 콘크리트포장은 아스팔트포장에 비해 평탄성·소음 측면에서 불리할 수밖에 없는 재료적 특성을 가지고 있으나, 강도·내구성 등 많은 장점이 있어 중차량 통행량이 높은 산업도로에 우선 적용하는 추세이다.

③ 콘크리트포장 표면의 소음 감소를 위한 종방향 마무리공법 등은 내구성에 취약하므로 기존포장의 유지보수에는 부적합하고, 신설포장에 제한적으로 쓰인다.

3. 저소음 포장의 종류

(1) 아스팔트포장

① 배수성 포장(Drain asphalt pavement)

② 투수성 포장(Porous asphalt pavement)

③ SMA포장(Stone Mastic Asphalt pavement)

(2) 콘크리트포장

① 신설포장 : 다공질 콘크리트포장, 종방향 마무리포장, 소(小)입경골재 노출포장

② 기존포장 : 종방향 연마공법, 조면화 처리공법

4. 아스팔트포장의 저소음화 공법

(1) 배수성 아스팔트포장(Drain asphalt pavement)

① 배수성 아스팔트포장은 기존포장에 비해 공기의 투과성이 높아, 타이어에 의한 공기의 압축이 작아지기 때문에 소음발생이 감소된다.

② 주행속도 50~80km/h에서 소음레벨 3~5dB 감소된다. 생활소음 65dB 수준에서 3dB 감소되면 사람이 느끼는 음향파워는 50% 감소된다.

③ 포장두께가 두꺼울수록 최대입경이 작을수록 저소음 효과가 크다. 특히, 비오는 날 타이어와 노면 사이에서 물의 흡음(吸音)으로 저소음 효과가 더 크다.

[포장공법별 소음측정 결과]

포장공법	콘크리트포장	아스팔트포장	배수성 포장
소음크기(dB)	95.7	92.9	91.4

(2) SMA 포장(Stone Mastic Asphalt pavement)

① SMA 포장은 골재, 아스팔트, 셀룰로오스 파이버(Cellulose Fiber)로 구성된다.

② SMA 포장은 굵은골재의 비율을 높이고 아스팔트 함유량을 증가시켜 접착력으로 골재 탈리를 방지하고, 골재 맞물림(Interlocking)으로 압축력과 전단력에 저항함으로써 소성변형과 균열 저항성이 우수한 내유동성 포장이다.

③ SMA 혼합물은 다량의 굵은 골재와 그 사이를 채워줄 수 있는 결합재로서 매스틱(Mastic)이 사용된다.

매스틱은 아스팔트, 부순모래, 채움재(Filler), 셀룰로오스 파이버 등으로 구성되며 골재 사이의 공극을 채워 결합시키는 페이스트(Paste) 역할을 한다.

5. 콘크리트포장의 저소음화 공법

(1) 다공질 콘크리트포장

① 공극률 20%의 다공질 콘크리트구조로서, 배수성 포장으로 시공한다.

② 자동차 주행 중 발생되는 펌핑소음을 표면공극에서 흡수하여 소음을 줄인다.

③ 높은 투수성이 확보되어 수막현상이 방지되고, 강도·내구성도 향상된다.

(2) 종방향 마무리공법

① 콘크리트포장 표면의 마무리를 종래의 횡방향 대신 종방향으로 시행하면, 횡방향보다 교통소음을 4~5dB 더 줄일 수 있다.

② 노면 배수 속도가 증가되어 수막현상이 방지된다.

③ 실리카 골재를 사용하면 미끄럼 저항성도 향상되는 부수적인 효과가 있다. 다만, 실리카-골재반응에 따른 체적팽창 피해를 고려해야 된다.

(3) 小입경골재 노출공법

① 콘크리트포장 표층(두께 10cm)에 4~8mm 소입경골재를 혼입하고 저진동 마무리하여 타이어와 포장면 사이의 접지표면적을 감소시키면, 주행 중 공기의 펌핑소음을 5~8dB 더 줄일 수 있다.

② 시멘트량이 400~450kg/m^{3}로 증가되어(일반 300~350kg/m^3) 포장체의 밀도가 향상되므로 강도·내구성을 향상되며, 미끄럼 저항성도 크게 향상된다.

③ 다만, 표층과 기층의 배합이 달라 2종류의 콘크리트를 교대로 타설해야 하므로 재료공급, 시공순서 등에 대한 표준화가 필요하다.

6. 맺음말

(1) 콘크리트포장은 아스팔트포장에 비해 평탄성·소음 측면에서 불리할 수밖에 없는 재료적 특성을 가지고 있으나, 강도·내구성 등 많은 장점이 있어 중차량 통행량이 높은 산업도로에 우선 적용하고 있는 추세이다.

(2) 콘크리트포장의 소음 감소를 위하여 기존포장을 유지보수할 때 적용할 수 있는 종방향 연마공법, 조면화 처리공법은 내구성에 문제가 있으므로, 가급적 신설포장에서 콘크리트포장의 저소음공법을 적용하는 것이 적합하다.[29]

---

29) 박효성, 'Final 토목시공기술사', 개정 2판, 예문사, 2020, pp.1189~1190.

4.25 반강성 유색(semi-rigid color) 포장

반강성포장(Semi-Rigid Pavement), 버스전용차로에 유색(color)포장 [3, 1]

I 반(半)강성 포장

1. 필요성

(1) 반강성 포장은 공극이 큰 개립도 아스팔트 혼합물 모체에 시멘트 주입재를 충진함으로써, 아스팔트의 연성과 콘크리트의 강성·내구성을 활용하는 공법이다.

(2) 아스팔트포장은 연성 특징 때문에 여름철에 소성변형이 유발되며, 겨울철에 제설제 살포로 포트홀(pot hole)이 발생되어 주행성 저하 등의 문제가 발생된다.

(3) 고속국도에 많이 시공되는 콘크리트포장은 소음이 크고 주행성이 저하되며, 양생기간이 길어 교통개방이 긴급한 도로는 교통지체로 기회비용이 증가된다.

(4) 국토교통부는 2001년 '한국형 포장설계법 개발 및 포장 성능개선 기본계획'에서 아스팔트포장과 콘크리트포장의 장점을 이용한 반강성 포장을 제시하고 있다.

2. 반강성 포장의 구분

① 반강성 포장의 특징은 다량의 공극을 가지는 모체 개립도 아스팔트 혼합물의 특성과 고유동의 시멘트 기반 주입재 등의 복합작용으로 생성된다.

② 반강성 포장은 모체 개립도 아스팔트 표면에서 2~3cm까지 시멘트 주입재를 침투시키는 반침투형과 아스팔트 전체에 침투시키는 전(全)침투형이 있다. 전침투형은 반침투형보다 높은 내구성과 높은 내하력이 생성된다.

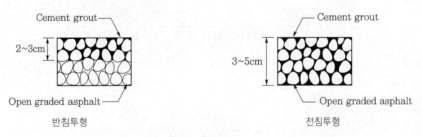

[반강성 포장의 단면 이미지]

(3) 반강성 포장의 특징

① 반강성 포장은 시멘트 주입재의 특성에 따라 교통개방 시간조절, 도로표면 시인성 증대, 미끄럼 저항성 향상 등을 목적에 부합되도록 시공할 수 있다.

② 반강성 포장은 소성변형 파손을 최소화하고, 미끄럼 저항성으로 급제동 교통사고를 방지하며, 여름철 포장온도를 저감시켜 열섬현상을 완화시킬 수 있다.

③ 이러한 반강성 포장 특성을 확보하려면 시멘트 주입재가 모체인 개립도 아스팔트 혼합물 내의 공극에 충분히 침투·경화되어 일체성을 확보해야 한다.

④ 특히, 모체 개립도 아스팔트 혼합물의 공극 형성의 정도는 아스팔트 자체와 반강성 포장의 압축, 휨강도, 소성변형, 내구성 등과 주입재의 충진성능에 큰 영향을 미치므로 목표 공극에 부합되는 혼합물의 배합 설계·시공이 요구된다.

Ⅱ 보수성(保水性) 반강성 컬러포장

1. 필요성

(1) 2004년부터 서울시 주요 간선도로의 버스전용차로를 컬러아스팔트로 재포장하여 교통소통을 원활히 하고 있다.

(2) 그러나 버스정류장과 교차로구간은 버스의 빈번한 정차·서행·발진으로 소성변형이 발생하여, 도로의 관리자나 이용자에게 불편을 주고 있다.

(3) 이를 방지하기 위해 서울시 구로구 경인로 중앙버스전용차로에 보수성을 가지는 고흡수성 polymer를 혼합하여 반강성 컬러포장으로 시공하였다.

2. 시공방법

(1) 기존 아스팔트포장을 두께 5cm 절삭한 후, 모체로 사용되는 개립도 아스팔트 혼합물을 5cm 포설한다.

(2) 그 위에 보수성 cement paste를 침투시켜 완성하는 공법으로, 버스통행이 종료된 야간이나 교통량이 적은 휴일에 집중 시공한다.

3. 모체로 사용되는 개립도 아스팔트 혼합물

(1) 배합설계

① 아스팔트 : 일반 아스팔트 혼합물 재료 중에서 마샬안정도 시험을 통해 품질이 우수한 개질아스팔트(Polymer Modified Asphalt) 사용

② 굵은골재 : 자연산의 붉은색 컬러골재로서 최대치수 19mm 사용

③ 적색안료 : 채움재 대용으로 적색안료를 혼합

(2) 시공방법

① 포설 : 일반 Asphalt finisher를 사용하여 두께 5cm를 살포

② 다짐 : Macadam roller와 Tandem roller를 사용하며, 공극 감소를 방지하기 위해 Tire roller 사용 금지

③ 온도 : 개립도 혼합물은 온도저하가 빠르므로 조기에 다짐 완료 필요, 여름철에 시공하면 포설과 다짐 과정에 온도관리 용이

4. 보수성을 가지는 침투용 cement paste

(1) 배합설계

① 침투용 cement paste에 고흡수성 polymer를 혼합함으로써 초속경형으로 배합하여, 시공 후 3시간 양생 후에 교통개방한다.

② Cement paste의 3시간 압축강도는 $50kg/cm^2$ 이상을 확보한다.

③ 충분한 침투성 확보를 위해 40~60분간 슬럼프 값을 유지한다.

④ 공장에서 시멘트와 재료를 사전배합하여 포대에 넣어 운반하며, 현장에서 믹서에 투입하고 물을 계량하여 혼합한다.

(2) 포설방법

① 모체 아스팔트 혼합물을 살포 후 표면온도가 40℃ 정도까지 내려가면 침투용 cement paste를 살포·다짐하여 침투시킨다.

② 침투작업은 특수 제작한 충전장비를 사용하여 균질성·시공성을 확보한다.
   • Spray nozzle : cement paste의 균일한 살포
   • 고주파 진동장치 : 살포된 cement paste를 침투
   • 회전식 scraper : 표면의 잉여 cement paste 제거, 표면마무리

③ 시공 후에 코어 채취하여 포장 밑면까지 완전 침투되었음을 확인한다.

Ⅲ 맺음말

1. 반강성 포장의 모체 개립도 아스팔트 마샬안정도 시험 결과, 안정도 값이 스트레이트 아스팔트 함량은 5.0%, 개질아스팔트 함량은 5.5%까지 증가하지만, 그 이상 함량에는 감소하였다.
   개립도 아스팔트 공극량과 투수계수와의 관계는 공극률이 감소될수록 투수계수가 감소되었다. KS 아스팔트 품질기준에 따르면, 개질아스팔트 함량 4.5%는 반강성 포장의 모체 개립도 아스팔트 제조에 유효한 배합이다.

2. 보수성 반강성 컬러포장을 서울시 버스전용차로에 시공한 이후, 여름철 포장체 최고온도가 10℃ 이상 낮아졌다. 시공 후 3시간 양생으로 압축강도를 $50kg/cm^2$ 이상 확보함으로써, 조기 교통개방으로 시공성과 적용성이 입증되었다.[30]

---

30) 국토교통부, '장수명·친환경 도로포장 재료 및 설계·시공 기술개발연구보고서(1)', 2010.

4.26 SMA(Stone Mastic Asphalt) 포장, Guss 포장

SMA(Stone Mastic Asphalt) 포장, 골재노출포장의 특징, Guss Asphalt 포장 [3, 2]

I SMA(Stone Mastic Asphalt) 포장

1. 용어 정의

(1) 쇄석 매스틱 아스팔트포장(SMA, Stone Mastic Asphalt pavement)은 골재, 아스팔트, 셀룰로오스 파이버(Cellulose Fiber)로 구성된다.

(2) SMA는 굵은골재의 비율을 높이고 아스팔트 함유량을 증가시켜 아스팔트의 접착력으로 골재 탈리를 방지하고, 골재 맞물림으로 압축력과 전단력에 저항함으로써 소성변형과 균열에 대한 저항성이 우수한 내유동성 저소음 포장이다.

(3) SMA 혼합물은 다량의 굵은 골재와 그 사이를 채워줄 수 있는 결합재로서 매스틱(Mastic)이 사용된다. 매스틱은 아스팔트, 부순모래, 채움재(Filler), 셀룰로오스 화이버(Cellulose Fiber) 등으로 구성되며 페이스트(Paste) 역할을 한다.

2. 재료 및 혼합

(1) 아스팔트

아스팔트는 스트레이트 아스팔트의 침입도 규격과 아스팔트의 공용성 등급(PG, Performance Grade)을 병행하여 사용한다.

단, 개질재가 첨가된 개질아스팔트를 사용할 때는 공용성 규격(PG)만을 사용한다.

[교통하중에 따른 아스팔트의 공용성 등급(PG) 적용기준]

교통하중 등급(ADT)	교통하중 등급에 따른 PG 등급	동적 안정도(회/mm)
4,000대/일/Lane 이상	PG 76-22 이상 (PG 82-22)	2,500 이상 (3,000 이상)
2,500~4,000대/일/Lane	PG 76-22 이상	2,500 이상
1,000~2,500대/일/Lane	PG 70-22 이상	2,000 이상
1,000대/일/Lane 이하	PG 64-22 이상	2,000 이상

(2) 골재

① SMA 포장용 굵은골재는 편장석률 10% 이하인 1등급 단입도 골재를 사용하며, SMA 혼합물의 품질확보를 위하여 (둥근)자연모래는 사용하지 않는다.

② 채움재는 석회석분, 포틀랜드 시멘트, 소석회 등을 사용한다. (재활용)회수더스트는 사용하지 않는다.

(3) 식물성 섬유(셀룰로오스 파이버)

① 셀룰로오스 파이버는 저장·운반이 용이하며, 플랜트에서 분산성이 좋은 식물성 섬유에 일정량의 아스팔트를 첨가하여 낱알 형태로 가공하여 사용한다.

② 셀룰로오스 파이버는 0.5%를 첨가하여 드레인 다운 시험을 실시하여 시험값이 0.3% 이하를 만족하지 못할 경우에는 해당 파이버는 사용할 수 없다.

(4) SMA 혼합물 적용기준 : SMA 혼합물의 종류별 적용기준은 다음 표와 같으며, 교면포장용으로는 10mm 이하 혼합물만을 적용할 수 있다

[SMA 혼합물 종류별 적용기준]

혼합물 종류	SMA 용도	사용 골재
20mm	중간층, 기층	–
13mm	표층, 중간층	–
10mm	표층, 교면포장 상부 및 하부층	시멘트 콘크리트 바닥판 상·하부층 및 강바닥판 상부층
8mm	표층, 교면포장 상부 및 하부층	멘트 콘크리트 바닥판 하부층 및 강바닥판 하부층
5mm	볼트식 강바닥판 교면포장의 하부층	입형이 좋은 골재 선별 사용

3. 시공

(1) SMA 혼합물은 포설 후 즉시 다짐을 실시한다. 전압 다짐은 머캐덤롤러 12톤 이상과 탠덤롤러 10톤 이상을 조합하여 구성한다.

단, 타이어롤러는 아스팔트가 타이어의 표면에 접착되므로 사용하지 않는다.

(2) SMA 혼합물의 다짐밀도는 마샬시험법에 의한 75회 다짐에서 기준밀도의 97% 이상이어야 한다. 이때 다짐밀도는 최대한 높게 하는 것이 유리하다.

(3) SMA 혼합물의 다짐온도는 145~165℃ 정도로 하며, 150℃ 이하에서는 연속 다짐을 실시하고, 135℃ 이하로 내려가면 초기 1회 진동을 실시한다.

단, 170℃ 이상에서는 170℃ 이하로 하강할 때까지 대기한 후 다짐을 시작한다.

(4) SMA 포장은 페이버 진행 중에 기존 포장과의 시공이음 다짐에 주의를 기울여야 한다. 겹침부분에 혼합물을 두툼하게 쌓아 롤러로 소정의 다짐도가 되도록 다진다.[31]

---

31) 국토교통부, '도로설계편람', 제4편 도로포장, 2012, pp.409-18~23.

Ⅱ Guss 아스팔트포장

1. 용어 정의

구스 아스팔트포장은 구스(Guss) 아스팔트 혼합물로 시공하는 포장이다. 구스 아스팔트 혼합물은 불투수성이며 휨에 대한 추종성(追從性, conformability)이 우수하여 강바닥판 포장과 같은 교면포장에 쓰인다.

2. 구스 아스팔트포장의 재료 및 혼합

(1) 아스팔트

① 구스 아스팔트는 시공성 개선과 고온에서 내유동성 유지를 고려하여 일반 포장용 아스팔트(침입도 20~40)에 Trinidad Lake Asphalt(천연아스팔트를 정제한 것으로 전체 아스팔트량의 20~30% 정도 사용)를 혼합하여 사용한다.

② 구스 아스팔트 혼합물은 혼합 후에 아스팔트 연화점(軟化點) 60℃ 이상, 침입도 20~40의 포장용 아스팔트로서 품질기준은 다음 표와 같다.

[구스 아스팔트포장에 사용되는 아스팔트의 품질]

구분		포장용 아스팔트	Trinidad Lake Asphalt
침입도(25℃)	(1/100cm)	20 이상 ~ 40 이하	1 ~ 4
연화점	(℃)	55.0 ~ 65.0	93 ~ 98
신도(25℃)	(cm)	50 이상	–
증발 중량변화율	(%)	0.3 이하	–
3연화 에탄가용분	(%)	99.0 이상	52.5 ~ 55.5
인화점	(℃)	260 이상	240 이상
비중		1.00 이상	1.38 ~ 1.42

(2) 골재 : 골재는 13.2~4.75mm, 4.75~2.36mm의 부순 돌과 강모래, 석회암 분말을 사용하며 표준적인 골재입도 및 아스팔트량의 범위 이내이어야 한다.

(3) 배합 · 포설

① 구스 아스팔트 혼합물의 배합은 표준적인 골재입도 및 아스팔트의 범위 내에서 혼합물을 생산하여 유동량과 관입량 시험을 실시한 후 결정한다.

② 구스 아스팔트 혼합물을 대형차 교통량이 많고, 특히 유동성이 생기기 쉬운 장소에 타설할 때는 관입량은 2 이하를 목표로 한다. 내유동성을 검토할 경우에는 휠 트래킹(wheel tracking)시험을 실시하여 확인한다.

③ 구스 아스팔트 혼합물은 전용 피니셔로 포설하고 인력으로 마무리하며, 롤러의 다짐은 하지 않는다.

④ 구스 아스팔트 혼합물은 동일한 온도에 동일한 류에르(luer) 유동성을 유지하더라도 시공방법(인력시공, 기계시공)에 따라 현장 시공성에 차이가 있으므로 배합설계에서 이러한 조건을 고려하고 과거 실적을 참고하여 포설에 유의한다.

⑤ 류에르 유동성(–流動性, luer fluidity)이란 구스 아스팔트 시공 중에 유동성의 정도를 나타내는 척도로서 시공의 난이도에 큰 영향을 미친다.

⑥ 따라서, 열가소성 수지 개질재를 혼합한 구스 아스팔트와 골재(굵은골재+잔골재+채움재)를 플랜트에서 혼합한 후, 타설 중 유동성과 안정성을 유지하도록 cooker 내에서 고온(200~260℃)으로 교반·혼합한다.

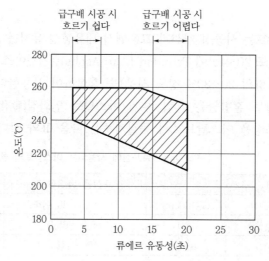

[구스아스팔트 혼합물의 온도와 유동성 관계]

[구스아스팔트 혼합물의 목표값]

항목	목표값
관입량(40℃)mm	표층 1~4
	레벨링층 1~6
류에르(luer) 유동성(240℃)초	3~20

3. 구스 아스팔트포장의 시공

(1) 검토 필요성

① 구스 아스팔트포장은 재료비·시공비가 일반 아스팔트포장보다 2배 이상 비싸지만, 강바닥판 처짐에 대한 적응력이 높고 방수성이 우수하며 강바닥판 부식을 방지하여 장기적인 공용성을 확보할 수 있는 경제적인 포장공법이다.

② 구스 아스팔트포장은 교량 강바닥판과 개질아스팔트 사이에 방수성, 강바닥판 변형 등에 대한 적응력이 뛰어난 구스 아스팔트를 포설하는 특수포장공법이다.

(2) 온도(열) 영향 검토

① 구스 아스팔트를 포설할 때 온도 영향에 따른 강바닥판 변형 형상은 구스아스팔트가 편측 포설되면, 교량은 온도차에 의해 횡방향으로 변형을 일으킨다.

② 이로 인해 교량받침에는 교축직각방향 반력이 발생된 후, 교축방향의 온도차에 의해 횡단면 휨변형이 발생되어 교량받침 내측에 부반력이 발생된다.

③ 이때 고정하중과 온도하중의 조합에 대해 부반력에 의한 인발력이 발생하면 교량은 일시적으로 부상(浮上)하는 피해를 입을 수도 있다.

(3) 온도(열) 영향 시공대책

① 구스 아스팔트 포설폭 및 포설순서
   • 구스 아스팔트 포설폭은 인력포설 구간과 기계포설 구간으로 나누고, 포설순서는 교축방향 기준으로 편측 4분할하여 순서대로 포설한다.

② 교량받침의 수평반력, 부반력, 이동량 검토
   • 교좌장치 교축방향 수평반력은 모두 허용 수평하중보다 작게 나타난다.
   • 교좌장치 연직방향 반력은 각각의 교좌장치에서 최소반력이 모두 (+)값이므로 부반력이 발생하지 않는다.
   • 신축이음 교축방향 최대변위는 허용변위보다 작은 변위가 발생되어, 구스 아스팔트 포설에 문제없을 것으로 판단된다.

③ 최대 발생 응력 검토
   • 최대응력은 허용응력보다 작으며, 구스 아스팔트 포설 중에 순간적으로 발현되는 응력이므로 구조적 안전성에 문제없을 것으로 판단된다.

4. 최근 기술동향

(1) 기존 구스 포장용 혼합물은 아스콘 생산과정에 별도로 Trinidad Lake Asphalt라는 천연 아스팔트 분말을 현장에서 투입하기 때문에 공장 내의 분진발생, 품질 불균일, 작업자 안전 확보 등의 문제가 있었다.

(2) 최근 '구스/매스틱(GUSS/Mastic : SK 슈퍼팔트) 포장공법'이 신기술 등록되어 사전혼합(pre-mix)할 수 있어 작업의 편의성과 안전성을 확보하게 되었다.[32]

---

32) 국토교통부, '도로설계편람', 제4편 도로포장, 2012, pp.409-16~18.
   박효성, 'Final 토목시공기술사', 개정 2판, 예문사, 2020, pp.1148~1149.

4.27 녹색성장 저탄소 중온화 아스팔트포장

녹색성장시대의 친환경 저탄소 중온아스팔트(WMA : Warm Mix Asphalt) 포장공법 [7, 10]

1. 개요

(1) 저탄소 중온화 아스팔트포장은 가열 아스팔트포장 이상의 품질을 유지하면서 가열 아스팔트포장에 비해 생산·시공온도를 약 30℃ 낮추는 저에너지형 도로포장 기술로서, 중온화 첨가제 또는 중온화 아스팔트를 혼합하여 시공하는 포장을 말한다.

(2) 저탄소 중온화 아스팔트포장은 생산·시공온도가 낮을수록 탄소저감 효과는 크지만, 기술수준에 따라 품질확보가 어려울 수 있다. 반면, 생산·시공온도가 높을수록 경제성이 저하되고 탄소저감 효과가 낮으므로 종합 검토하여 적용해야 한다.

(3) 일반적으로 PG 64-22, PG 70-22 아스팔트 등급의 저탄소 중온화 아스팔트 혼합물은 130℃±5℃에서 생산하며, PG 76-22 등급은 140±5℃에서 생산한다.

(4) **저탄소 중온화 아스팔트포장의 적용 효과**

① 아스팔트 혼합물의 생산·시공온도를 약 30℃ 또는 그 이하로 저하

② 생산·시공 중에 대기로 방출되는 CO_2 가스 등의 배출가스 감소

③ 아스팔트 혼합물 생산 중 석유계 연료 약 30% 저감

④ 시공 후 양생시간 감소에 따른 빠른 교통개방

⑤ 시공현장에서 유해증기·냄새가 거의 없어 작업자나 인근 주민 불쾌감 해소

⑥ 공용온도에서 가열 아스팔트포장과 유사하거나 높은 강도 특성 확보

2. 재료 및 혼합

(1) **중온화 첨가제**

① 중온화 첨가제는 130℃ 중온에서 아스팔트 혼합물의 유동성을 확보하고, 공용온도에서는 영구변형, 균열 등에 대한 저항성을 발휘한다.

② 아스팔트 플랜트 믹서에 직접 투입하는 건식혼합 방법이지만, 중온화 첨가제를 별도 시설에서 아스팔트와 미리 혼합하는 습식혼합 방법도 가능하다.

③ 중온화 첨가제의 생산자는 품질시험 결과와 표준 첨가비율, 배합설계에서 혼합온도, 다짐온도, 밀도 등을 제시해야 한다.

④ 교통량이 많은 교차로의 아스팔트 혼합물에 사용되는 아스팔트는 공용성 등급 규정에 따라 중온화 첨가제 W76 등급이 혼합된 PG 76-22 이상을 사용한다.

(2) **골재 및 채움재**

① KS F 2357의 골재 중 골재번호 4, 5, 6, 7, 8 등의 단립도 골재를 사용한다.

② 채움재는 석회석분, 포틀랜드 시멘트, 소석회, 회수더스트 등을 사용한다.

(3) 배합설계 및 품질기준

① 저탄소 중온화 아스팔트 혼합물은 용도에 따라 기층용, 중간층용, 표층용 아스팔트 혼합물로 구분된다. 배합설계에서 공극률은 표층용과 중간층용은 4%, 기층용은 5% 이어야 한다.

② 배합설계에서 가열 아스팔트 혼합물과 가장 큰 차이점은 혼합온도 및 다짐온도이다. 중온화 첨가제의 제조회사가 제시한 혼합온도 및 다짐온도를 적용한다.

③ 저탄소 중온화 아스팔트 혼합물 생산 중에 품질시험은 1일 1회 이상 실시한다. 특히, 동적안정도와 인장강도비는 감독자(감리자)가 요구하면 시험해야 한다.

④ 중온화 첨가제를 건식혼합 방법으로 사용할 때는 포장된 1배치 질량의 중온화 첨가제를 믹서에 1배치당 인력을 투입하거나 자동투입장치를 사용할 수 있다.

3. 시공

(1) 저탄소 **중온화 아스팔트포장** 시공은 시공 전 준비작업과 혼합물의 운반-포설-다짐으로 이루어지는 순차적 공정을 모두 포함한 것으로, 각 공정별로 적정한 장비의 운용방법이 적용되도록 관리되어야 한다.

(2) 본포장 시공 전 시험포장을 실시하여 적정 한장비를 선정하고, 포설두께 및 다짐방법, 다짐횟수, 다짐밀도 등을 확인하여 이를 본포장에 적용한다.

(3) 다짐방법에서 가열 아스팔트 혼합물과 큰 차이점은 롤러 초기 진입 다짐온도이며, 일반적으로 다음 표의 다짐온도를 적용한다.[33]

[저탄소 중온아스팔트 혼합물의 롤러 초기 진입 다짐온도]

구분	다짐온도(℃)					
	일반		하절기(6~8월)		동절기(11~3월)	
	W64, W70	W76	W64, W70	W76	W64, W70	W76
생산온도	130	140	130	140	135	145
1차 다짐	105~125	115~130	100~125	110~135	110~130	120~140
2차 다짐	90~110	100~120	80~115	90~125	95~115	105~125
3차 다짐	60~100					

4. 우리나라의 「저탄소 녹색성장」 전략

(1) 「저탄소 녹색성장」 추진실적 평가

① [2008년] 새로운 도전, 「대한민국의 녹색성장」

「저탄소 녹색성장」을 대한민국의 신국가비전으로 선포('08.8.15. 경축사)

---

33) 국토교통부, '도로설계편람', 제4편 도로포장, 2012, pp.409-24.

제1차 국가에너지기본계획 수립('08년 8월)

② [2009년] 녹색성장정책 추진기반 구축

국가 범부처적 녹색성장위원회 및 기획단 출범('09년 1월)

녹색성장 국가전략 5개년계획 수립('09년 7월)

③ [2010년] 시장과 함께하는 녹색성장

녹색 R&D 투자규모를 확대하고, 투자대상 27대 핵심 녹색기술 선정

제2차 동아시아기후포럼 개최('10년 6월), 글로벌 녹색성장 리더십 발휘

(2) 「저탄소 녹색성장」을 위한 주요과제

① 녹색 경제·사회 구조로의 전환

- 온실가스 배출권 거래제도 도입 추진 : 온실가스 감축과 경제성장이 상호 촉진되고, 우리나라 산업이 글로벌 경쟁환경 변화에 탄력적으로 대응할 수 있는 법률 제정
- 온실가스 감축목표 설정 및 부문별 감축전략 추진 : 녹색성장기본법의 4대 부문(산업·발전, 건물·교통, 농림·축산, 폐기물)별, 세부 업종별 온실가스 감축목표를 설정
- 녹색 건축·교통체계 실현 : 녹색건축물 활성화를 위하여 단독주택·공동주택의 실증단지를 조성하고, 주행거리에 따라 보험료를 차등 부과하는 녹색 자동차보험제도 도입
- 녹색생활 실천 운동·홍보 강화 : 탄소포인트, 녹색제품(탄소성적표시인증제품) 구입포인트, 대중교통 이용실적 등을 통합한 그린카드 보급사업 추진
- 지방 녹색성장 추진체계 강화 : 중앙정부와 지방정부의 녹색성장 정책 연계 강화를 유도하고, 16개 시·도 지방 녹색성장위원회의 운영 활성화를 통해 녹색생활 확산 추진
- 녹색교육 내실화와 그린스쿨 활성화 : 초·중등학교 녹색건축물화 지원 확대, 고등학교 녹색교육 정규과목 설정, 대학교 캠퍼스 녹색동아리 활동 전개, 지자체의 사회교육 강화

② 녹색산업 발전 기반 강화

- 녹색기술 R&D 강화 : 녹색기술 R&D 투자규모를 2.5조 원['10년 2.3조 원]으로 확대하고, 특히 기초·원천기술 연구 투자비중을 30%['10년 25%]까지 확대
- 녹색산업의 체계적 육성 : 녹색제품 구매의무 제도를 도입하여 초기 녹색시장 창출에 기여하고, 기 추진하고 있는 녹색인증제도를 개선하여 실효성 제고
- 녹색 일자리 창출 및 인재 양성 : 녹색인력 수급현황, 직무 교육·훈련정보, 일자리 매칭서비스를 지원하기 위한 녹색일자리 네트워크 및 통계체계를 구축
- 녹색금융의 활성화 : 녹색산업의 장기투자, 고위험 등을 감안하여 코스닥 상장 촉진, 벤처캐피탈 활성화, 엔젤투자자를 위한 인센티브 제공 방안 검토

③ 녹색성장 국제 리더십 강화
- 국제사회 기후논의 선도 및 COP에서 선도적 역할 강화 : COP18('12년 예정) 서울 개최 유치를 통해 「행동에 근거한 Post 2012 기후변화체계」 구축을 주도
- 글로벌녹색성장연구소(GGGI) 해외 거점 확대 : 한국이 GGGI 이사회 구성에 이니셔티브를 발휘하여 본부는 서울에 두되, 해외 주요거점에 지역사무소를 설치하여 글로벌 조직으로 확대
- OECD 협력 강화 : 한국이 OECD 녹색성장전략(GGS, Green Growth Strategy) 2011년 보고서 작성을 주도하여, OECD 차원의 녹색성장모델을 정립

5. 저탄소 중온화 아스팔트포장기술의 메커니즘

(1) 발포계

① 발포계를 첨가하면 asphalt mortar 내에 미세거품이 발생·분산되어 혼합물의 용적이 증가함으로써, 제조할 때 혼합성이 향상된다.

② 또한 발포계를 첨가하면 포설할 때 페어링효과에 의해 다짐성이 향상되고, 포설 후에 온도가 저하되면 미세거품 영향도 없어지므로 품질이 확보된다.

(2) 활제계(滑濟系)

① 활제계를 첨가하면 아스팔트점도에 대한 영향이 거의 없이 아스팔트 및 골재 계면에서의 윤활성을 높이게 된다.

② 윤활효과에 의해 혼합성과 다짐성을 향상시키며, 포장 후에 활제계의 움직임이 없어지므로 혼합물의 품질이 확보된다.

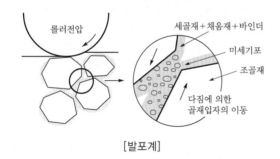

[발포계]

[활제계]

(3) 점탄성 조정계A

① 점탄성 조정계A는 상온에서는 고체이지만 일정 온도 이상에서는 급격히 액체로 변하는 첨가제이다.

② 제조 및 포설할 때 아스팔트 혼합물의 점탄성을 조정하여 온도를 저하시킨다.

(4) 점탄성 조정계B

① 점탄성 조정계B를 첨가하면 아스팔트 혼합물의 점탄성(consistence)이 조정되어 제조 및 시공할 때 온도를 저하시킨다.

② 공용온도에서 점탄성은 조정제 미첨가 포장과 동일하므로 품질이 확보된다.[34]

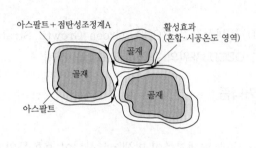

[점탄성 조정계A]

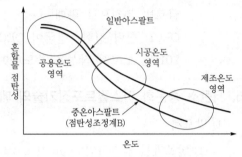

[점탄성 조정계B]

34) 녹색성장위원회, '「저탄소 녹색성장」 2011년 주요과제 추진계획, 2011.1.27.

4.28 친환경 경화흙 포장, Full Depth 아스팔트포장

I 친환경 경화흙 포장

1. 용어 정의

(1) 친환경 흙포장이란 기존의 모래·골재 대신 흙을 주원료로 사용하되 레미콘과 달리 물을 적게 사용하여 포설·다짐·양생하는 포장공법으로,

(2) 기존에는 Soil cement라고 부르며 연약지반 강화에 사용되었으나 최근에는 여러 첨가제를 넣어 만드는 친환경 경화흙 포장으로 폭넓게 활용되고 있다.

2. 친환경 경화흙 포장의 특징

(1) 모든 종류의 흙을 사용할 수 있다.

(2) 수요자의 요구에 따라 다양한 색상으로 마무리할 수 있다.

(3) 용도에 따라 강도조절이 가능하며, 내구성(산, 알칼리)이 우수하다.

(4) 경화속도가 빨라 신속하고 경제적으로 시공 가능하다.

(5) 여름철 노면 복사열이 작다(지열 저하 효과 우수).

3. 친환경 경화흙 포장의 재료

(1) 혼합용 흙재료

① 흙에 조립토, 중립토, 세립토 등이 골고루 분포된 최대 입경 10mm 이하의 화강풍화토를 사용한다.

② 화강풍화토 내에 점토성분이 과다하거나 사력암 또는 유기물 함량이 과다하게 함유되지 않아야 한다.

③ 특정 공사의 시방서와 제조업체별 시방에 따른 흙을 사용할 수 있다.

(2) 시멘트 : 포틀랜트시멘트 또는 고로시멘트 등을 배합설계에 따라 사용한다.

(3) 혼화제

① 혼화제는 무기 흙 결합재로서 수화반응 속도를 제어하며 흙 내구성을 향상시키고, 흙 입자 간의 결합력을 높여 고강도의 흙 고화물을 생성시켜 준다.

② 시멘트 사용량의 0.3~0.45% 이내로 사용한다.

(4) 안료 : 흙에 첨가할 착색안료는 흙의 성질에 따라 시멘트 중량의 5% 이내에서 적정량을 혼합하여 사용한다.

(5) 사용수

① 물은 기름, 산, 염류, 유기물 등 흙 포장재에 영향을 주는 물질이 없어야 된다.

② 물의 양은 슬럼프 0.10~0.12m 이하가 되도록(함수비 18~25%) 배합한다.

(6) 경화재

① 경화재는 응고된 흙 입자에 내구성과 강도를 증진시키는 기능을 한다.

② 경화재는 모토(母土)의 상태나 요구되는 강도에 따라 사용량을 조절한다.

③ 기계 화합물로서 조성된 액체 또는 분말 형태의 경화재 등을 사용하되, 품질관리를 위하여 특정 공사의 설계서에 명시된 경화재를 사용한다.

4. 친환경 경화흙 포장의 시공

(1) 사전준비

① 현장특성에 따라 시공방법(건식, 습식), 최적함수비 등의 시공기준을 정한다.

② 경화흙 포장의 7일 압축강도는 3MPa 이상이어야 한다.

③ 흙의 입도 및 함수율 등의 성분조사, 화강풍화토(마사토)의 체가름을 한다.

(2) 재료혼합

① 설계에 의한 중량배합 기준으로 배합비율 및 배합순서를 정한다.

② 최적함수비를 위한 함수량을 가하며, 흙 혼합용 믹서기에 넣고 집중혼합한다.

③ 혼합시간은 재료에 따라 다소 차이가 있지만 6~8분 정도로 정한다.

(3) 포설·다짐

① 포설에 사용하는 장비는 재료분리를 일으키지 않아야 한다.

② 포설두께는 마감 설계두께를 감안하여 균일하게 포설한다.

③ 포설 중 잔돌과 흙덩이가 떠오르지 않도록 표면을 평탄하게 고른다.

④ 다짐은 1회 다짐 후, 덧씌워서 재다짐하여 박리현상이 없도록 마무리한다.

⑤ 혼합 후 2~3시간 이내에 다짐작업을 완료한다.

(4) 양생

① 다짐 후 즉시 비닐시트를 덮어 2~7일 습윤상태를 유지하고 착색을 유도한다.

② 양생 중 착색을 유도할 때는 비닐시트를 7일 이상 충분히 덮어 두어야 한다.

③ 기온변화에 주의하며, 대기온도가 0℃ 이하로 내려갈 경우에는 시공을 중단하고 양생 중 보온비닐을 덮고 내부온도를 4℃ 이상 유지한다.[35]

---

35) 국토교통부, '친환경 흙포장', 국가건설기준 표준시방서, 2016.06.30.

Ⅱ Full Depth 아스팔트포장

1. 용어 정의

(1) Full Depth 아스팔트포장이란 일반 아스팔트포장에서 노상 위의 모든 층에 가열아스팔트 혼합물을 사용하는 포장을 말한다.

(2) Full Depth 아스팔트포장 두께 설계개념은 소요 지지능력만을 만족시켜 주는 것이 특징이므로, 포장두께를 얇게 할 수 있어 공기단축이 가능하다는 장점이 있다.

2. Full Depth 아스팔트포장

(1) 용도

① 노면높이(입체교차로 하부구조물) 제약으로 통상의 아스팔트포장으로는 소요 설계두께를 시공하기 어려운 장소

② 지하매설물의 매설위치가 얕아 포장시공 중 지하매설물 파손보호에 각별히 주의할 필요가 있는 장소

③ 재해복구 긴급공사 등에서 공기단축이 특별히 요구되는 장소

(2) 구조설계

① 일반 아스팔트포장두께와 동일하게 TA 또는 AASHTO 설계법을 적용한다.

② 설계구간 CBR 2 미만일 때는 Full Depth 아스팔트포장을 적용하지 않는다.

③ 설계구간 CBR 2~4일 때는 노상 일부를 모래, 부순돌 등의 입상재료로 치환하여 노반의 시공기반을 설치한다.

④ 포장두께는 설계 CBR 2일 때 30cm, 3 또는 4일 때 15cm를 표준으로 한다.

[Full Depth 아스팔트 포장]

(3) 재료배합

① 가열아스팔트 혼합물에 사용하는 재료의 품질규정은 아스팔트포장재료에 준한다.

② 표층 및 기층은 아스팔트 혼합물의 종류 중에서 선정된 혼합물을 사용한다.

③ 일반 아스팔트포장과 달리 노반에도 가열아스팔트 안정처리기층 혼합물을 사용할 수 있다.[36]

---

36) 국토교통부, '아스팔트포장 설계·시공 지침', 7.8 풀뎁스 아스팔트포장, 1997.

4.29 섬유보강 콘크리트포장, LMC 콘크리트포장

I 섬유보강 콘크리트포장

1. 용어 정의

(1) 섬유보강 콘크리트포장은 콘크리트 내에 섬유를 혼입하여 강제로 분포시켜 콘크리트에 균열의 발생과 확대를 구속하여 인성(toughness)을 크게 증가시키고, 휨강도, 내충격 및 내마모 특성을 증가시키는 특수포장으로 시험 적용 중이다.

(2) 사용 가능한 섬유의 종류

① 강섬유(steel fiber) : 포장용

② 프로필렌(propylene), 폴리에틸렌(plyethlene)섬유 : 건조수축균열 억제용

③ 유리섬유(glass fiber) : 항공기용, 고가

④ 탄소섬유(carbon fiber) : 스포츠용, 고가

⑤ 나일론(nylon), 아스베톡스(asbetox), 인조견사(rayon), 면(cotton)섬유

(3) 포장용으로 많이 사용되는 섬유는 강섬유(steel fiber)이며, 프로필렌(propylene), 폴리에틸렌(polyethylene)섬유 등은 건조수축균열 억제용으로 사용되기도 한다.

(4) 유리섬유(glass fiber)는 항공기, 탄소섬유(carbon fiber)는 스포츠용품 등에 사용되지만 비용이 많이 소요되어 포장용으로는 사용되지 않는다.

2. 섬유보강 효과

(1) 섬유보강 콘크리트는 압축강도 증가에는 효과가 크지 않으나, 구조재료로 사용되면 인장강도가 15배 이상 크게 증가한다.

(2) 일반 콘크리트는 균열의 발생과 확대로 인해 재료 침식, 이물질 침입 등으로 보강재 부식, 균열부위 파손 등이 발생되어 내구성이 취약해지나, 섬유보강 콘크리트는 균열의 발생과 확대를 구속하여 내구적으로 견실한 포장체가 유지된다.

(3) 또한, 콘크리트포장 표층에 섬유보강하면 교통하중에 대하여 내충격 및 내마모성이 향상되는 등 아래와 같은 효과를 기대할 수 있다.

① 인장강도 15배 이상 증가, 인성(인장력) 증가

② 내마모성 증가, 내충격성 향상

③ 균열의 발생 및 확대 억제

④ 휨강도, 압축강도, 할렬인장강도 등은 약간 증가

3. 섬유의 특성

(1) 일반적으로 포장에는 고강도의 강재(철근)를 사용하는데, 섬유의 형상비(길이/직경)는 50~100 정도를 사용한다.

(2) 강섬유의 직경은 0.15~0.76mm, 길이는 13~63mm 정도를 사용하며 원형, 판형, 봉형 등 각종 형상의 섬유를 사용한다.

(3) 줄눈을 설치할 때, 기존 무근 콘크리트포장의 가로줄눈 및 세로줄눈의 간격보다 더 넓게 설치할 수 있다.

4. 섬유의 배합

(1) 합성섬유 사용량은 콘크리트 $1m^3$당 아래 표의 값을 기준으로 한다.

[합성섬유 사용량(콘크리트 $1m^3$당)]

용도	사용량	적정섬유 길이	중량비	비고
주요 콘크리트 미소 균열 제어용	900g	19~25m	0.1%	비중 0.9 기준
프리캐스트 콘크리트 또는 차량 충돌대상 구조물	2,700g	19~25m	0.3%	비중 0.9 기준

(2) 배치플랜트에 합성섬유를 투입할 때는 계량투입구 또는 믹서 내부에 1배치(batch)량 재료를 직접 투입하여 섬유가 고르게 분산되도록 플랜트 성능에 적합한 혼합시간을 결정하는 것이 가장 중요하다.

(3) 애지테이터 믹서(agitator mixer)트럭에 합성섬유를 투입할 때는 저속회전으로 1분 내에 균등량을 투입 후 중속회전으로 3~4분 혼합시켜 배합상태를 확인하여 섬유뭉침현상(fiber ball)이 없도록 고르게 분산되어야 한다.

(4) 합성섬유를 투입할 때는 물의 추가 투입은 없어야 한다.

(5) 합성섬유를 투입하면 슬럼프는 약간 감소(1~2cm)하나 작업성, 펌핑 및 반죽질기에는 영향이 없다.

5. 맺음말

(1) 섬유보강 콘크리트는 일반 콘크리트의 약점인 균열, 인장강도 등을 크게 개선하고 여러 형태의 콘크리트 2차 제품을 생산할 수 있다.

(2) 합성섬유를 콘크리트에 혼입할 때는 섬유뭉침현상(fiber ball)을 억제하고 분산성을 확보할 수 있는 집중적인 시공관리가 필요하다.[37]

---

37) 국토교통부, '도로설계편람', 제4편 도로포장, 2012, pp.409-1~2.

Ⅱ LMC 콘크리트포장

1. 용어 정의

(1) 최근 교통량 및 중차량의 급격한 증가로 인하여 공용 중인 콘크리트포장과 교면포장의 손상이 가속화되어 보수주기가 점차 짧아지고 있는 추세이다.

(2) 특히, 교량 교면포장의 경우 4~5년마다 아스팔트 재포장이 요구되며 이로 인해 보수공사비가 추가 발생되고, 교통정체 등의 부수적인 문제가 발생되고 있다.

(3) 노화된 포장재료의 성능을 개선하기 위해 2004년 신기술 제427호로 지정된 초속경 시멘트에 라텍스 수지를 혼입한 초속경 라텍스개질 콘크리트(VES-LMC, very-early strength latex modified concrete)의 특성을 요약 기술하고자 한다.

2. VES-LMC 재료

(1) 시멘트

① VES-LMC용 시멘트는 Latex와 혼합하더라도 물리·화학적 성질이 변하지 않는 것으로 입증되어야 하며, 아래 표의 품질기준을 만족해야 한다.

② VES-LMC용 시멘트는 분말도가 높고, 최근 1년 이내에 생산되고 덩어리가 없는 것이어야 한다. 외기 습도에 영향을 받기 쉬우므로 방습구조로 된 밀폐 포장으로 저장하고, 현장에서 30일 이상 저장하면 안 된다.

[VES-LMC용 시멘트의 품질기준]

구분	품질기준		
분말도(cm²/g)	5,000~6,000		
안정도(오토클레이브 팽창도, %)	0.8 이하		
응결시간(분)	초결		종결
	25분 이상		60분 이하
압축강도 MPa(kgf/cm²)	3시간	1일	28일
	25(250) 이상	30(300) 이상	45(450) 이상

(2) 물

① VES-LMC 혼합에 사용되는 물은 깨끗해야 하며, 기름, 염분, 산, 알칼리, 당분 등의 품질에 영향을 주는 유해물이 있어서는 안 된다.

② 물은 기름, 산, 유기불순물, 혼탁물 등 콘크리트나 강재에 나쁜 영향을 미치는 유해물질을 함유하거나 바닷물을 사용할 수 없다.

(3) 골재

① VES-LMC용 잔골재는 전문시방서 토목편 13-3-1의 2.1에 적합한 것으로 깨끗한 자연 모래이어야 한다.

② VES-LMC용 굵은골재는 전문시방서 토목편 13-3-1의 2.2에 적합한 것으로 깨끗하고 견실한 쇄석 또는 자갈이어야 한다. 최대골재치수는 포설두께의 1/2 이하이어야 한다.

(4) 라텍스(Latex)

① VES-LMC에 사용되는 라텍스는 고형분 함유량, 입도 분포, 제조공정 등에 따라 품질변화가 심하므로 표준화된 제조공정을 갖춘 공장제품이다.

② 안정화제는 공장에서 첨가되어야 한다. 라텍스는 우유 빛을 가지며, 독성 및 인화성이 없어야 하고, 아래 표의 품질기준을 만족해야 한다.

③ 라텍스의 제조일자, 배치 또는 로트 번호, 양, 제조자 이름, 제조공장 주소 등이 표시된 시험성과표를 사전 제출·승인받아야 한다.

[VES-LMC용 라텍스의 품질기준]

구분	시험방법	품질기준
고형분 함유량(%)	KS M 6516	46~49
pH	KS M 6516	8.5~12.0
응고량(%)	KS M 6516	0.1 이하
점도(mPa·s)	KS M 6516	100 이하(최초 승인값의 ±20)
표면장력(dyn/cm)	KS M 6516	50 이하(최초 승인값의 ±5)
평균입자 크기(Å)	KS A ISO 1320-1	1,400~2,500(최초 승인값의 ±300)

④ 라텍스는 직사광선, 대기온도, 저장기간, 공기유입 등에 따라 품질변화가 심한 재료이므로 저장할 때는 다음 사항을 준수해야 한다.

• 저장 용기의 재질은 스테인리스 스틸(stainless steel) 또는 유리섬유보강 폴리에스테르(glass fiber-reinforced polyester)이어야 한다.

• 라텍스는 결빙되면 아니 되며, 저장온도는 0~29℃ 범위 이내로 한다.

• 장기저장하면 굳어짐 현상(creaming), 층리현상, pH 저하 등이 생길 수 있으므로 6개월 이상 저장하면 아니 된다.

• 저장용기의 뚜껑은 항상 닫혀 있어야 하고, 라텍스 사용할 때 공기가 유입되지 않도록 주의한다.

• 장기간 직사광선에 노출을 금하고 비, 스팀 등으로부터 보호 저장한다.

• 라텍스는 토양오염 방지를 위해 누수되거나 하수구, 지표면 등에 유입을 금하고 폐기된 드럼은 반품하거나 위탁처리해야 한다.

(5) 혼화제

① 지연제는 물과 함께 용액으로 용해되는 제품을 사용하며, 라텍스를 포함하지 않은 배합 탱크 속에 넣어 배합과정에 용해되도록 한다.

② 피막양생제는 동절기에 동결하지 않도록 창고에 보관하며, 사용할 때는 양생시험을 사용하기 15일 전에 실시하여 변질여부를 확인하고 사용한다.

3. VES-LMC 공법 특징

(1) **노후·손상된 교량을 보수·재포장하여 주행성 회복·유지** : 노면파쇄기와 워터제트를 이용하여 기존 교면포장과 열화된 바닥판 콘크리트를 절삭한 다음 VES-LMC를 이용하여 보수와 동시에 재포장할 수 있다.

(2) **8~10시간 이내에 교통개방이 가능한 1차선 전폭 보수** : 단시간에 보수·재포장을 완료할 수 있어 교통이용자의 불편과 사용자 부담비용을 최소화하고, 차선 전폭을 보수함으로써 주행성을 확보할 수 있다.

(3) **교량 바닥판 콘크리트의 보수·보강 효과 우수** : 기존 바닥판에 손상 없이 절삭할 수 있어 신선한 바닥판 콘크리트 면이 완전하게 노출되고, 절삭표면의 비표면적이 넓어 부착력이 향상되어 일체화시킬 수 있다.

(4) **바닥판 콘크리트 열화속도 억제로 교량 내구수명 증가** : VES-LMC의 재료적인 특성과 구조적으로 우수한 보수·보강 시공으로 바닥판 콘크리트의 열화속도를 억제시킴으로써 교량의 공용수명을 연장시킬 수 있다.

4. 맺음말

(1) **기술적 기대효과** : 보통콘크리트와 유사한 작업조건에서 4시간 이내에 교통개방이 가능할 정도의 조기강도 발현이 가능하며, 특히 기존 콘크리트공법보다 탄성적인 성질에 의한 신·구 콘크리트의 접합성이 우수한다.

(2) **경제적 기대효과** : 콘크리트포장의 보수 및 재포장공사를 부분교통 통제하에 조기 교통개방 가능하여 교통 지·정체에 의한 비용을 대폭 절감할 수 있어 기존 유사한 기술을 대체할 수 있을 것으로 기대된다.[38]

---

38) 박효성 외, 'Final 토목시공기술사', 개정 2판, 예문사, 2020, pp.1162~1166.
   국토교통부, '초속경 LMC를 이용한 교량 바닥판 및 도로포장 보수·재포장 시공지침', 2014.

4.30 롤러전압 콘크리트포장(RCCP)

롤러전압콘크리트포장(Roller Compacted Concrete Pavement) [2, 0]

Ⅰ 개요

1. 롤러전압 콘크리트포장(RCCP, Roller Compacted Concrete Pavement)공법은 기존의 아스팔트포장 및 콘크리트포장에 비해 경제적이고 시공성에 따른 공기단축 효과가 있으며, 조기 교통개방도 가능하고 우수한 내구성을 확보할 수 있다.
2. 국토교통부(2016)에서 롤러전압 콘크리트포장(RCCP)-포장 콘크리트 가이드 시방서를 발간하여 공공건설공사 발주기관이 적용하도록 권장하고 있다.

Ⅱ RCCP 특성

1. 다짐도와 압축강도 관계

(1) 실험 결과, RCCP의 다짐도가 증가할수록 강도비는 비선형적으로 증가하는데, RCCP의 다짐도 95% 이상을 확보하였을 때 충분한 압축강도를 확보할 수 있다.

(2) 따라서 RCCP 공법을 국내 현장에 적용하기 위한 품질관리는 다짐도 95% 이상을 확보하고, 충분한 다짐에너지를 발현할 수 있는 다짐장비를 선정해야 한다.

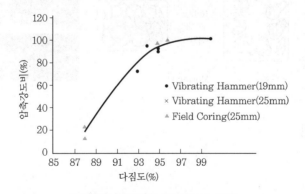

[RCCP의 다짐도와 압축강도비 관계]

2. 배합설계 기준

(1) 배합강도는 28일 기준으로 압축강도 $400kg/cm^2$, 휨강도 $58kg/cm^2$

(2) 굵은골재의 최대치수 25mm, 잔골재율(s/a) 42%

(3) 물/시멘트(W/C)비는 무슬럼프 콘크리트를 얻을 수 있는 30~37%

(4) 혼화제(고성능 AE감수제) 사용량은 시멘트량의 1% 내외

(5) 공기량은 동결융해 저항성을 고려하여 4~6% 정도

(6) RCCP에서 권장하는 다짐률은 95~97%를 목표로 하며, 이때의 RCC배합 다짐률은 다음과 같이 정의된다.

$$다짐률 = \frac{배합의\ 현장밀도}{배합의\ 이론최대밀도} \times 100[\%]$$

3. 시공관리 특성

(1) 일반적인 아스팔트포장장비를 활용하여 시공 가능

(2) 변형성이 거의 없어 초기 평탄성을 반영구적으로 유지 가능

(3) 마모저항, 강도, 내구성 등은 일반 콘크리트포장과 동등 수준

(4) 강도 발현이 빨라 조기 교통개방 가능

(5) 수축줄눈을 약간 긴 간격으로 설치할 수 있어 평탄성이 다소 개선

(6) 시공성은 콘크리트포장보다 우수하며, 사용재료 측면에서 경제적 공법

(7) 사용골재 범위가 넓고, 일반 콘크리트포장보다 단위시멘트량을 적게 사용

(8) 인력 마무리가 불필요하고, 거푸집 설치 생략 가능

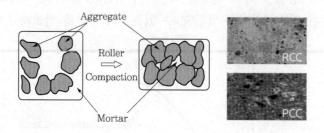

Ⅲ RCCP 시공

1. 운반 및 포설

(1) RCCP의 단위수량은 최대건조밀도를 갖는 최적함수비 개념에서 소량의 물을 사용하므로 비빔 후 타설이 끝날 때까지 1시간 이내로 한다.

(2) 현장시공 중 포설두께는 다짐 후 포설두께의 30% 감소됨을 고려하여 설계두께에 30%를 더한 두께로 균일하게 포설한다.

(3) 일반적인 전압률은 15~30%이지만 배합 및 현장 시공조건에 따라 달라지므로 시험포설 및 전압을 통해 전압률을 미리 산정한다.

(4) 포장의 측면처리는 거푸집을 사용하지 않는 경우 paver에 side plate를 부착하여 45~60° 정도로 마무리한다.

2. 다짐 및 마무리

(1) RCCP에서 지연제를 첨가하지 않는 경우 콘크리트 배합 후 2시간 이내에 다짐작업이 완료되어야 한다.

(2) 1차 전압은 재료의 종·횡방향 밀림을 방지하기 위한 무진동다짐, 2차 전압은 진동다짐으로 97% 이상의 다짐도를 얻을 때까지 수행한다.

(3) RCCP는 강성이 크므로 원칙적으로 하중 전달을 위한 dowel bar, tie bar, slip bar 등을 설치하지 않는다.

[RCCP 품질관리 항목]

종류	시험항목		시험방법	시험빈도	비고
RCCP 콘크리트 품질	골재 입도		KS F 2502	1회/일 이상	작업개시 직전
	골재 표면수량		KS F 2509	2회/일 이상	작업개시 직전, 오후
	Consistency		마샬다짐시험 Vc 진동다짐시험	1회/일 이상 (오전, 오후)	운반차 매일 육안관찰 플랜트·현장 각각 측정
	콘크리트 온도		온도계 이용	1회/일 이상 (오전, 오후)	
	콘크리트 강도 (압축강도, 휨강도)		KS F 2328, 2405 & 2408	2회/일	7일, 28일 압축공시체, 휨공시체 각각 6개씩
	다짐도				97% 이상
RCCP 슬래브 형태	두께			각 차로, 일정거리	측정위치 기준과 합격판정 기준을 설정해야 함
	폭				
	평탄성	종방향	7.6m 프로파일미터		
		횡방향	3m 직선자		

3. 줄눈 설치

(1) 개정된 콘크리트 표준시방서(2016, 국토교통부)의 포장편에 의하면 일반포장에서 줄눈 간격의 표준은 도로포장의 경우 다음과 같다.

(2) RCC에서 수축줄눈은 6~8m 간격, 팽창줄눈은 일반 무근 콘크리트포장의 규격에 따르도록 되어 있다. 그러나 해외의 시공사례를 살펴보면 수축줄눈이 필요 없다는 보고서도 나와 있다.

[콘크리트포장 줄눈간격의 표준]

줄눈 종류				줄눈 간격
가로줄눈 (횡단줄눈)	팽창줄눈	6~9월 시공 시	슬래브 두께 15~20cm 슬래브 두께 25cm 이상	120~240cm 240~480cm
		10~5월 시공 시	슬래브 두께 15~20cm 슬래브 두께 25cm 이상	60~120cm 120~240cm
	수축줄눈		슬래브 두께 25cm 미만 슬래브 두께 25cm 이상	8m(철망 생략 6m 이하) 10m
세로줄눈(종단줄눈)				3.25~4.5m

4. 마무리 및 양생

(1) 양생은 다짐작업 직후부터 시작해야 한다. RCCP는 단위수량이 적으므로 살수에 의한 습윤양생을 표준으로 하며 다짐완료 부분은 조속히 양생매트를 피복하여 거칠어지지 않도록 살수를 개시한다.

(2) RCCP는 휨강도 발현이 빠르므로 보통포틀랜드시멘트를 사용할 때 7일, 조강포틀랜드 시멘트를 사용할 때 습윤양생기간 3일을 표준으로 한다. 이는 일반 콘크리트포장의 습 윤양생기간의 절반 정도에 해당된다.

(3) 현장시공에서 마무리된 표층 두께 차이는 ±3% 이하가 되도록 평탄성을 조절한다. 양 생은 초기 3일간 시트피복양생, 후기 4일간 살수양생을 실시한다.

Ⅳ 맺음말

1. RCCP는 콘크리트를 롤러로 다져 만드는 포장으로 다짐률이 매우 중요하다. 마샬다짐시험 을 통한 다짐시험 결과, 약 30회 다짐했을 때 95% 이상 얻을 수 있다. 포장두께 15~20cm 정도에서 1단, 2단 다짐효과 차이는 크지 않다. 따라서, 1단 다짐의 최대 포장두께를 15~20cm 정도로 제한함이 바람직하다.

2. 최적배합으로부터 도출된 물/시멘트비 33% 배합설계를 적용한 결과, 배합강도인 압축강도 $400kg/cm^2$, 휨강도 $58kg/cm^2$를 상회하였으며 우수한 피로저항성을 나타내었다. 또한 적 절한 공기량을 확보하여 동결융해 내구성지수도 우수하였다.

3. RCC에서 요구되는 95% 이상의 다짐률을 확보하는 경우에 슬럼프는 없었으며 컨시스턴시 또한 현장시공에 적절한 값을 가지는 것으로 나타났다.[39]

---

39) 국토교통부, '포장 콘크리트 가이드 시방서-롤러전압 콘크리트포장(RCCP)', 2016.

4.31 소입경 골재노출 콘크리트포장

1. 개요

(1) 소입경 골재노출 콘크리트포장은 콘크리트포장 타설 직후, 포장표면에 응결지연제를 살포하여 표면으로부터 2~3mm 정도의 모르타르 경화를 늦추면서 이를 제거하여 굵은 골재를 포장표면에 노출시키는 공법이다.

(2) 소입경 골재노출 콘크리트포장의 타이어-노면 소음은 일반 콘크리트포장보다 작고 적정한 미끄럼저항을 장기간 유지한다는 장점을 가지고 있다.

2. 소입경 골재노출 콘크리트포장의 특성

(1) 소음 특성

① 국내에서 골재노출 콘크리트포장 시공 사례는 전무한 상황이며, 소음재현장비를 활용하여 다양한 콘크리트포장 표면조직에 대한 소음 특성을 시험한 결과, 차량이 주행할 때 속도를 높일수록 소음이 증가하며, 골재노출 콘크리트포장의 경우에 굵은골재가 소입경일수록 소음이 감소하는 경향이 있었다.

② 골재노출 콘크리트포장과 횡방향 타이닝과의 소음을 비교한 결과, 13mm 골재노출의 경우에 주행속도 40km/h에서 4.9dB(A)의 소음 차이가 발생하였다.

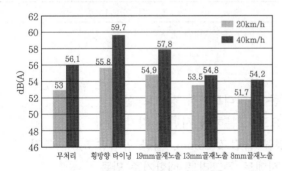

[콘크리트포장 표면처리별 소음 측정]

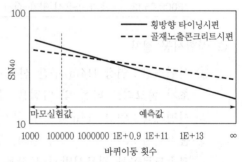

[마모촉진에 따른 미끄럼저항 변화]

(2) 미끄럼저항 특성

① Wheel Load Simulator를 활용한 골재노출 콘크리트포장과 횡방향 타이닝과의 미끄럼저항 특성을 비교한 결과, 횡방향 타이닝은 마모율에 따른 미끄럼저항 감소가 빠르지만, 골재노출 콘크리트포장은 미끄럼저항 감소가 상대적으로 느린 경향이 있었다.

② 골재노출 콘크리트포장은 굵은골재 노출에 따른 마모에 대비하여 내마모성을 지닌 적절한 굵은골재를 사용하는 경우에 내구성이 우수한 것으로 판단되었다.

3. 소입경 골재노출 콘크리트포장의 시험시공

(1) 시험시공 개요

① 소음저감효과 및 적정 미끄럼저항성을 갖는 소입경 골재노출 콘크리트포장에 대하여 2009년 3월말 대전~당진 고속국도 건설현장을 대상으로 1차로 114m에서 시험시공을 실시하였다.

② 시험시공 과정에 소입경 골재노출 콘크리트포장의 소음 및 미끄럼저항 성능을 확인하기 위하여 2차로에서 30mm 횡방향 타이닝 콘크리트포장을 비교 구간으로 선정하였다.

③ 시공시공 및 비교 구간은 차량 주행속도 변화에 따른 소음 및 미끄럼저항 특성분석을 위하여 고속도로 요금소를 통과하는 차량의 가속구간에서 선정하였다.

[대전~당진 고속국도 건설현장 시험구간의 작업내용]

일자	작업내용
2009.03.28.	• 시험시공 현장 확인 • 콘크리트 물성시험(슬럼프, 공기량, 관입저항 시험) 및 시험포설
2009.03.30.	• 09:00 : 대전방향 114km 구간 콘크리트 타설, 기초 물성시험 및 시편제작 • 11:00 : 지연제 분사(물/지연제 비율 1 : 1, 분사량 300g/m^2) • 초기양생 실시
2009.03.31.	• 02:00 : 건식 줄눈 절삭(Saw-cut) • 11:00 : 골재노출(관입저항 시험에 의한 최적 노출시기 결정) • 16:30 : 표면청소 후 대기양생 실시
2009.05.13.	• 초기 공용성 평가 실시

(2) 시험시공 절차

① 시험연장 : 연장 114m 구간 선정

  초기 콘크리트 타설 및 다짐을 기존 콘크리트포장 장비로 실시

② 시편제작 : 연장 114m를 5개 구간으로 구분하여 시편을 각각 제작

③ 품질검사 : 5개 구간 검사 결과, 평균 슬럼프 25mm, 평균 공기량 5.8% 측정

  고속도로공사 전문시방서 포장용 시멘트 콘크리트 배합기준 만족

④ 지연제 : 콘크리트 타설 후 포장표면 수분이 없어진 시기에 분사장비를 활용하여 300g/m^2 응결지연제 살포

⑤ 초기양생 : 대기양생 중 골재노출 시기와 중복 피하기 위해 건식 줄눈 절삭 실시

[응결지연제 살포]

[건식 줄눈 절삭]

⑥ 골재노출 : 관입저항 응력 1,000kgf/cm² 이상을 확보한 시기로부터 타설 후 26시간을 최적 노출시기로 결정하여 골재노출 실시, 표면조직 확인

[골재노출장비를 활용한 골재노출 작업]

[골재노출 콘크리트포장의 표면조직]

4. 초기 공용성 평가

(1) **평탄성 측정** : 7.6m Profile meter로 평탄성 시험 결과, PrI값 6.3cm/km로 측정되어 도로공사 전문시방서 기준을 만족하는 평탄성으로 확인되었다.

(2) **강도 측정**

① 재령 28일 평균 압축강도 43.5MPa, 평균 휨강도 7.7MPa가 측정되어 도로공사 전문시방서 기준을 만족하였다.

② 소입경 골재노출 콘크리트포장의 특성을 고려할 때 굵은골재의 탈리현상을 방지하기 위하여 적정한 강도라고 판단되었다.

(3) **소음 측정**

① 길어깨 소음(Pass-by) 측정법에 의한 자동차 소음은 차종에 따라 상이하겠지만, 차량 주행 중에 타이어-노면 소음은 80km/h 이상의 속도에서 차이가 크다.

② 주행속도 80km/h 이상에서 소입경 골재노출 콘크리트포장 소음이 횡방향 타이닝 콘크리트포장 소음에 비해 2~4dB(A) 감소하는 수치를 보였다.

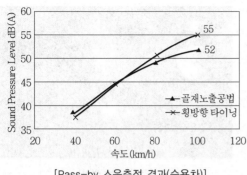

[Pass-by 소음측정 결과(승용차)]　　　　　[Pass-by 소음측정 결과(대형차)]

(4) 미끄럼저항 측정

① 미끄럼저항은 차량을 제동할 때 포장표면과 타이어 접지면이 서로 지지하려는 힘이므로, 젖은 상태에서 차량 타이어와 노면 마찰력을 측정하였다.

② Locked Wheel Trailer를 이용한 SN_{40} 시험 결과, 골재노출 콘크리트는 평균 51, 횡방향 타이닝은 평균 53으로 측정되어 고속국도 미끄럼저항 관리기준을 만족하여 장기적인 내구성이 우수한 것으로 판단되었다.[40]

[Locked Wheel Trailer]

[길어깨 소음(Pass-by) 측정]

---

40) 김영규 외, '시험시공을 통한 소입경 골재노출 콘크리트포장의 초기 공용성 평가', 한국도로학회 논문집, 제12권 제1호, 2010.3, pp.87~98

4.32 교면포장, 교면방수

교면포장의 종류 및 기능, 특수 아스팔트 혼합물을 사용한 교면포장, 교면방수의 문제점 개선 [2, 5]

Ⅰ 교면포장

1. 용어 정의

(1) 교면포장은 교통하중에 의한 충격, 기상변화, 빗물과 제설용 염화물 침투 등에 의한 교량 상판 부식을 최소화하여 교량 내하력 손실을 방지하고, 통행차량의 주행성을 확보하기 위해 포장재료로 교량상판 위를 덧씌우는 공법이다.

(2) 교면포장 재료는 교량 상판의 처짐·진동에 대한 저항력을 가져야 하며, 외부에 노출되는 면적이 넓어 심한 교통·기후조건에 놓인다. 따라서 교면포장 설계에서 포장재료 성질을 강화시킬 수 있는 특수 혼합물을 적극 이용하여 아래와 같은 특성을 확보해야 한다.

① 표면이 평탄하여 승차감 확보
② 미끄럼에 대한 저항(마찰) 능력 유지
③ 차량의 제동력·추진력·환경영향에 대한 내구성·안정성의 확보
④ 교면의 빗물을 신속히 배수하고 불투수층을 형성하여 빗물·제빙염 침투로 인한 상판 부식을 방지
⑤ 포장 하부층(강상판) 또는 콘크리트 바닥판과의 부착력 유지 및 전단력 저항
⑥ 고정하중의 과도한 증대(덧씌우기)로 피로 유발을 억제
⑦ 교량구조체의 신축·팽창 거동을 수용하고 구조적 악영향을 억제하며, 교통충격하중에 저항력 유지

2. 교면포장 시스템 구성

(1) 교면포장은 교량 강바닥판으로 빗물·제설제가 침투되어 생기는 열화 방지, 녹 발생 방지, 도로교 바닥판의 내구성 손실에 따른 공용수명 감소 방지, 도로 이용자에게 쾌적한 주행성 제공 등을 목적으로 한다.

(2) 교면포장 시스템에는 교통하중이 직접·반복적으로 작용하여 다른 구조물에 비해 공용 후의 파손·열화 진행이 현저히 빠르다.

(3) 교면포장은 상부층과 하부층 2개로 구성된다. 그 중 상부층은 양호한 주행성 확보를 위해 유동저항성, 균열저항성, 미끄럼저항성 등이 우수해야 한다.

(4) 또한 하부층은 상부층 하중을 분산시키며 빗물·제설재가 침투되어 방수층으로 도달되는 것을 최소화해야 한다. 교면포장 시스템의 구성은 다음 그림과 같다.

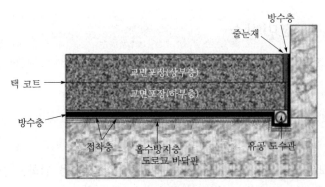

[교면포장 시스템 구성]

① 교량 상판 표면처리 : 강상판의 부식방지를 위해 sand blasting하거나 도장을 실시하되, 강상판면이 볼트나 리벳으로 연결되면 접착력이 감소되므로 주의

② 접착층 : 교량 상판(강상판)에 방수층을 접착시켜 일체화되도록 하층이 구스아스팔트 혼합물인 경우 고무접착제를 사용

③ 방수층 : 물 침투를 방지하여 상판의 내구성을 높이기 위하여 방수재(침투계, 도막계, 시트계, 포장계 등)를 사용

④ 레벨링층 : 상판 표면의 요철 조정, 평탄성 확보하고 마모층과 일체로 거동하면서 마모층 역할도 겸할 수 있도록 구스아스팔트, 개질아스팔트를 사용

⑤ Tack coat : 포장의 상층(마모)과 하층(레벨링)을 접착시키기 위하여 유화 아스팔트와 고무가 첨가된 아스팔트유제를 사용

⑥ 마모층 : 차량주행과 교량진동에 의한 반복적인 하중에 저항하고, 하절기 고온안정성 및 동절기 균열저항성을 구비하는 재료

⑦ 표면처리층 : 미끄럼 저항성이 요구되는 경우에는 마모층 상부를 sand blasting하거나 도장을 실시하는 표면처리층을 설치

⑧ 줄눈 : 줄눈은 빗물이 침투하는 포장과 구조물 사이 또는 신축이음장치 이음부분에 설치하며, 재료는 성형줄눈재나 주입줄눈재를 사용

⑨ 배수관 : 시공 중 사면에 모인 물, 공용 중 줄눈에 침투한 물을 배수시킬 수 있도록 상판 모서리 포장부분에 배수관을 설치

3. 교면포장 종류

(1) 가열아스팔트 교면포장

① 상층 : 마모층 역할, 보수시 상층부만 절삭하여 덧씌우기 실시

② 하층 : 바닥판과 마모층 사이의 레벨링층 역할, 상판의 요철을 보정

(2) 고무혼입아스팔트 교면포장 : 가열아스팔트공법에서 아스팔트 대신 고무를 혼합하여 슬래브와의 부착성을 높이는 방식으로, 첨가재료에는 SBS, SBR 등의 개질재를 사용

(3) **구스아스팔트 교면포장** : 구스 혼합물은 고온에서 포설하므로 온도저하에 의한 체적수축 때문에 강상판과의 접촉면에 간극이 생기지 않도록 미리 줄눈재를 설치

(4) **LMC 교면포장** : LMC(Latex-Modified Concrete) 포장은 폴리머 고분자 50%와 물 50%를 섞어 latex를 만들고, latex와 콘크리트를 혼합하여 교면포장에 사용

(5) **에폭시수지 교면포장**

① 보통 0.3~1.0cm 두께로 시공하며 슬래브와의 부착성을 충분히 확보

② 에폭시수지는 경화될 때까지 3~12시간 동안 물이 침투되지 않도록 주의

4. 교면포장 설계 · 시공 고려사항

(1) 교면포장 고려사항에는 기상조건, 하중조건, 재료조건, 공용성 조건 등이 있다.

(2) 기상조건은 일조, 강우, 강설, 기온, 바람 등이다. 콘크리트 바닥판에 동결융해에 의한 열화, 건조수축, 크리프 및 온도변화에 수반되는 응력이 발생되면 포장의 내구성에 惡영향을 미친다. 특히 강바닥판은 콘크리트 바닥판에 비해 열용량이 적고 열전도가 좋아 외부 기온에 추종(변화)하기 쉽다.

(3) 하중조건은 교통량, 주행속도, 주행위치 분포, 하중강도, 제동 · 정지 · 발진 등이다. 교통량, 주행속도 및 주행위치 분포는 포장의 피로균열 · 소성변형에 관련 있다.

하중강도는 포장의 처짐, 주행속도는 포장표면의 미끄럼, 주행위치 분포와 제동 · 정지 · 발진 유무는 소성변형이나 종단요철과 관련이 있다.

(4) 재료조건은 강바닥판 교면포장의 경우에 온도변화가 크다는 점과 함께 처짐이 크다는 특수한 조건이 추가된다. 따라서 공용성을 장기간 확보하려면 토공부에 비해 내구성이 탁월한 포장재료를 사용하여 정밀시공이 요구된다.

(5) 공용성 조건은 파손이다. 토공부 포장과 마찬가지로 교면포장에도 소성변형, 종단요철, 미끄럼, 균열, 단차 등이 생긴다. 교면포장은 도로 이용자가 느끼는 승차감뿐만 아니라 유지보수에 미치는 영향도 고려해야 한다.

(6) 아스팔트 계열의 교면포장에는 가열 아스팔트 혼합물, 구스아스팔트 혼합물, 특수 결합재를 이용한 개질아스팔트 등이 사용된다.

(7) 교면포장은 교량의 종류 · 형태, 교통 · 기후환경 등을 고려하여 적합한 공법을 선정해야 한다. 또한, 교면포장 방수재는 물의 침투를 방지하여 교량 상판 내구성을 높이기 위하여 필요하다.[41]

---

41) 국토교통부, '도로설계편람', 제4편 도로포장, 2012, pp.407-1~2.

Ⅱ 교면방수

1. 용어 정의

(1) 교면방수(橋面防水, waterproofing)는 콘크리트 교량 구조물의 내구성을 좌우하는 중요한 요소로서, 주행차량에 의한 반복하중·진동·충격·전단 등의 역학적 작용, 온도변화에 따른 수축·팽창, 콘크리트 열화에 대한 수분영향, 동절기 제설재 염화물의 살포 등의 영향을 받으므로 방수재의 재료성능뿐만 아니라 여러 열악한 교통환경요소를 종합적으로 고려해야 된다.

(2) 교량가설공사에 적용될 수 있는 방수공법과 방수재는 다양하지만 교면방수에 필요한 기본적인 성능은 시공사의 작업능력, 콘크리트 바닥면과 아스콘 사이의 접착성, 공용시간 및 자연환경에 대한 내구성 등이 요구된다.

(3) 국토교통부는 「도로교 표준시방서」 중 교면방수에 해당되는 부분을 통합 정비하여 국가건설기준 표준시방서에 '교면방수'를 별도 제시하고 있다.

2. 방수재의 요구성능

(1) **우수한 방수성능** : 기본적으로 수분을 차단하는 방수기능과 제설재, 바닷물, 산성비 등의 알칼리, 산에 대한 내구성이 있어야 한다.

(2) **우수한 접착성** : 강성의 콘크리트와 연성의 아스콘 사이에 놓이는 방수층은 서로 다른 열팽창계수 때문에 방수층에 응력을 가하므로, 방수재료는 콘크리트와 아스콘 양쪽 모두에 적합한 접착력을 지녀야 한다.

(3) **균열에 대한 추종성** : 교량 슬래브의 수축·팽창에 의한 균열 폭의 변화를 방수재가 접착된 상태로 견뎌낼 수 있어야 한다.

(4) **교면 아스콘 포장 중 방수층의 안정성** : 방수층 시공 후, 아스콘 포설 중 아스콘 운반차량, 포장장비에 의한 포장층 파손 예방대책이 있어야 한다.

(5) **차량제동으로 인한 전단 저항성** : 차량 제동에 따른 윤하중으로 인하여 밀림현상이 발생되지 않아야 한다.

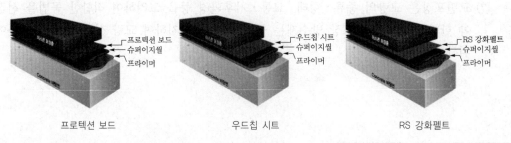

| 프로텍션 보드 | 우드칩 시트 | RS 강화펠트 |

[방수재의 종류]

3. 교량 교면방수 중 도막 자착식 시트계 방수층 공법

(1) 공법내용

① 도막 자착식 시트(self-adhesive Membrane Sheet)란 폐타이어를 미분으로 분쇄한 SBS와 아스팔트 등의 합성물로 제조한 고분자 개질아스팔트 방수재와 양방향으로 교차하여 2중 겹침한 고밀도 폴리에틸렌 필름을 밀착하여 부착시킨 시트이다.

② 토치 등에 의한 열융착 접착방법이 아닌 방수시트 자체가 보유하고 있는 접착성을 이용하여 부착하는 방수 공법이다.

(2) 공법특징

① 다층막으로 형성되어 도막 방수재보다 일정한 두께로 형성됨

② AP 콤파운드 SBS를 사용하므로 타 방수재와 친화력 우수함

③ 방수층 전체에 신장력이 분포되어 구조물의 거동에도 잘 견딤

④ 재료 물성이 균질하고 불투수성을 형성하므로 방수 능력 탁월함

⑤ 시공이 좋고 용이하여 경제적이며, 자외선·오존 저항성이 특히 우수

⑥ AP와 강도가 강한 중심재로 구성되어 돌출부분 및 하중에 대한 저항성이 크며 내 뚫림성이 우수함

⑦ SBS삼블럭 합체 혼합물로 감온성이 대단히 적어 저온에서 부러지거나 고온에서 흘러내리는 현상이 없음

⑧ 이음부는 자체 자착력에 의해 이중접합하고 시트의 겹친 이음 및 시트 끝단 처리가 양호하여 포장층과의 접착성이 매우 우수

(3) 시공순서

① 바닥면 정리 및 청소 : 콘크리트 바탕면의 레이탄스, 먼지, 기름 등은 콘크리트 그라인더나 숏블라스트, 와이어 브러시, 핸드 그라인더 등의 기구를 사용하여 제거

② 프라이머 도포 : 바탕면의 접착력을 증진시키기 위해 롤러, 살포기 등 적당한 기계, 기구를 사용하여 얼룩이 지지 않고 균일하게 도포

③ 도막방수제 도포(슈퍼이지씰) : 도막 방수재를 간접가열방식으로 180~200℃를 유지하면서 2~3mm 두께로 균일하게 도포

④ 방수 보호재 설치 : 도막 방수재가 경화되기 전에 방수층 보호를 위하여 방수 보호층 설치(프로텍션 보드, 우드칩 시트 또는 RS 강화펠트)

⑤ 표면처리층 : 미끄럼 저항성이 요구되는 경우에는 마모층의 상부에 sand blasting하거나 도장을 실시하는 표면처리층 설치

⑥ 줄눈 : 빗물이 침투하는 포장과 구조물 사이 또는 신축이음장치 이음부분에 줄눈을 설치하며, 재료는 성형줄눈재나 주입줄눈재 사용

⑦ 배수관 : 시공 중 사면에 모인 물, 공용 중 줄눈에 침투한 물을 배수시킬 수 있도록 상판 모서리 포장 부분에 배수관 설치

(4) 시공 유의사항

① 교면포장 하부의 교량 강상판은 기름이나 녹을 충분히 제거해야 하므로 희산, 중성세제로 씻거나 sand brush & wire brush로 문질러야 한다.

② 교면포장 하부의 교량 콘크리트 슬래브와의 부착을 위해 염화비닐 양생피막을 시행하고 레이탄스를 충분히 제거한다.

③ 교면포장 재료는 교량 상판의 큰 처짐이나 진동에 대한 저항성이 커야 하므로 콘크리트포장보다 아스팔트포장 형식을 선정하게 된다.

④ 아스팔트는 온도에 매우 민감하게 물성이 변하는 점탄성 재료이므로, 사용될 지역의 기온특성이 재료 선택에 충분히 반영되어야 한다.[42]

---

42) 박효성, 'Final 토목시공기술사', 개정 2판, 예문사, 2020, pp.1170~1172.
   국토교통부, '교면포장, 국가건설기준 표준시방서', 2016.

4.33 터널 내 포장

터널내부의 지지력, 기후, 환경 등과 같은 특이한 조건에 맞는 포장설계 [1, 1]

1. 용어 정의

터널 내 포장은 토공부 포장과는 다르게 온도변화가 적고 동상 영향을 적게 받지만, 터널굴
착에 의해 용수가 많이 유출되므로 포장층의 함수비가 높아져 수분에 민감한 포장은 쉽게
파손되어 유지관리가 어려운 문제가 있다.

2. 터널내 포장의 특징

(1) 계절적인 온도변화가 적다[다만, 출입구는 외기(外氣) 영향을 받는다].

(2) 함수비가 높아 내수성 재료가 필요하다.

(3) 동절기 snow tire, chain에 의한 마모가 크다.

(4) 주행 안전성을 위해 표면의 명색화(明色化)가 필요하다.

(5) 소음이 크기 때문에 저소음 포장이 필요하다.

3. 포장단면의 선정

(1) 콘크리트포장의 경우

① 터널 내 콘크리트포장은 아래 그림과 같이 콘크리트 슬래브의 하부층에 시멘트 안정
처리 필터층 또는 필터층을 적용한다. 이때, 불투수성 기층을 적용할 경우에는 용수
의 배수를 위하여 반드시 하부에 필터층을 설치해야 한다.

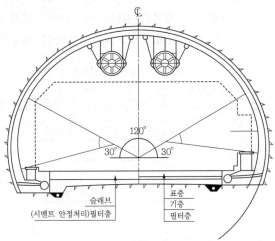

[터널 내 콘크리트포장의 하부 구성]		[터널 내 아스팔트포장의 하부 구성]
콘크리트 슬래브	콘크리트 슬래브	아스팔트 표층
		아스팔트 기층
시멘트 안정처리 필터층	필터층	필터층

② 터널 벽면에서 발생되는 용출수는 아래 그림과 같이 배수관으로 배수되나, 노상에서 발생되는 용출수는 필터층을 따라 유공관으로 배수된다.

③ 이때, 필터층이 투수역할을 못하면 용출수는 유공관으로 빠져나가지 못하고 콘크리트 슬래브의 줄눈부로 용출되는 펌핑현상이 발생되므로, 이를 방지하기 위하여 투수성 입도의 필터층 또는 시멘트 안정처리 필터층을 설치한다.

④ 시멘트 안정처리 필터층을 설치하는 이유는 펌핑현상이 발생될 때 필터층의 침식을 방지하며, 필터층의 내구성을 증대시키기 위함이다.

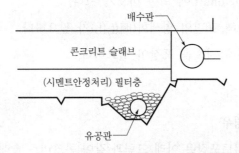

[터널 내 콘크리트포장 하부의 배수관 및 유공관 구성]

(2) 터널 내 콘크리트포장의 단면에서 시멘트 안정처리 필터층을 설계할 때 용출수량을 파악하기 어려우므로, (시멘트 안정처리)필터층의 두께는 설계 최솟값 15cm를 적용하고 시공 중에 측정되는 용출수량의 정도에 따라 조정하여 적용한다.

[터널 내 콘크리트포장의 단면 구성]

구분	포장 단면
I	콘크리트 슬래브 시멘트 안정처리 필터층(15~25cm)
II	콘크리트 슬래브 필터층(15cm)

주) I : 용출수에 의해 펌핑 및 침식의 우려가 있는 경우
　　II : 용출수가 없고, 펌핑 및 침식의 우려가 없는 경우

[터널 내 콘크리트포장의 시공 중 용출수량에 따른 필터층 두께]

용수량(m³/분/km)	필터층 두께(cm)
0.5 미만	15
0.5 ~ 1.5	20
1.5 이상	25

(3) 아스팔트포장의 경우

① 터널 내 아스팔트포장은 아스팔트 혼합물의 표층(및 중간층)과 기층을 본선 토공부와 동일하게 시공하고, 보조기층을 생략하고 대신 필터층을 적용한다.

② 그 이유는 아스팔트포장에서 보조기층은 하중지지 역할을 분담하는 구조이지만, 터널은 노상이 암반이기 때문에 하중지지 역할이 필요 없기 때문이다.

③ 그 대신 배수층 역할이 필요하므로 필터층을 설치하며, 필터층 두께는 시공 중에 측정되는 용출수량에 따라 15~25cm 범위 내에서 조정한다.

[터널 내 아스팔트포장의 시공 중 용출수량에 따른 필터층 두께]

아스팔트 표층
아스팔트 기층
필터층(15~25cm)

4. 배수관 및 유공관의 구성

(1) 터널 내 포장의 노상으로 침투된 용출수를 배수해야 하므로, 배수 및 여굴에 따른 조정층 역할을 하는 필터층을 포장공법에 따라 설치한다.

(2) 콘크리트포장에서 슬래브 두께는 본선포장과 동일하게 적용하고, 투수를 위하여 시멘트 안정처리 필터층 또는 필터층을 설치한다.

(3) 아스팔트포장에서 아스팔트 혼합물 두께는 본선포장과 동일하게 적용하며, 보조기층 대신 투수를 위하여 필터층을 설치한다.

5. 맺음말

(1) 터널이 어두우면 터널 진입할 때 운전자가 조도변화에 순응할 시간이 필요하므로, 터널 내·외부 간에 조도차이가 크면 운전자가 조도변화에 적응하기 어렵다.

(2) 따라서, 터널 내 포장은 조명시설 설치에도 불구하고 주간에도 토공부보다 조도가 낮으므로, 포장 표면이 명색화되는 형식을 선정해야 한다. [43]

---

43) 국토교통부, '도로설계편람', 제4편 도로포장, 2012, pp.407-3~5.

4.34 고속국도 연결로 접속부 포장

고속도로 연결로(JCT, IC)의 포장두께 설계기준 [0, 1]

1. 개요

(1) 연결로 접속부(ramp terminal)는 변속차선의 노즈로부터 테이퍼 끝까지 구간(변속차선 구간, 테이퍼 또는 교통섬 포함)으로서 본선 차도에 접속되는 부분이다.

(2) 연결로 차도와 측대를 제외한 길어깨 등 연결로 본체 이외의 부분이나 휴게시설, 주차장 등 부속시설의 포장은 본선시설의 포장에 비해 교통하중에서 큰 차이가 있으므로 적정한 구조로 설계해야 한다.

(3) 인터체인지, 휴게시설, 주차장 등과 접속되는 연결로 접속구간의 연장이 50m 미만인 경우에는 차량 안정성, 포장 시공성 및 경제성을 고려하여 적정한 포장형식을 선택해야 한다.

2. 연결로 접속부 설계 고려사항

(1) 본선 포장과 접촉되는 유출연결로 접속부 포장은 다음 사항을 고려하여 설계한다.

① 대형 트레일러 차량의 회전에 필요한 확폭 설계할 때는 차도부 포장을 연결로 확폭량만큼 연장시켜야 한다.

② 중차량 통행이 많은 연결로 접속부 포장은 본선이 아스팔트포장인 경우에도 유지관리, 시공성 및 경제성을 고려하여 가능하면 콘크리트포장으로 설계한다.

③ 유출연결로 구간을 통과한 본선의 우측 길어깨 부분(그림에서 Z값)은 아래 표에 제시된 설치기준만큼 본선 차도부 포장을 길어깨 단부까지 연장시킨다.

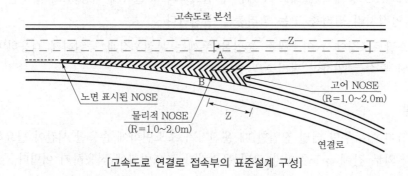

[고속도로 연결로 접속부의 표준설계 구성]

[고속도로 본선 측 연결로 옵셋 테이퍼 설치기준]

설계속도(km/h)	연결로			본선				
	50	60	70	80	90	100	110	120
노즈 테이퍼(Z)의 길이(m)	15.0	20.0	22.5	25.0	27.5	30.0	35.0	40.0

(2) 본선 포장의 측대 단부와 연결로 접속부와의 연결 접촉면은 단차 없이 연속성을 확보할 수 있도록 적정한 구조로 설계해야 한다. 특히, 본선과 연결로 접속부를 콘크리트포장으로 설계하는 경우에는 도색 노즈(painted nose) 부분은 상·하부에 적정한 규격의 철근과 철망으로 보강한다.

3. 연결로 접속부 포장

(1) 연결로 포장 형식

① 본선이 콘크리트포장 구간에서 연결로와 접속부 포장을 CRCP 또는 JCP로 선택하여 본선과 연결로가 JCP로 연결될 때, 접속되는 시공 줄눈부에 타이바를 설치한다. 그러나 연결로 접속부가 50~60m 이하일 때는 타이바를 생략한다.

② 본선과 연결로를 모두 CRCP로 설계할 때, 본선 CRCP의 횡방향 철근을 연결로 접속부까지 연장 설치한다. 다만, 연결로를 JCP로 설계할 때는 연결로 접속부를 본선 포장과 동일한 CRCP로 연결한다.

③ 연결로가 콘크리트포장이며 이에 접속되는 다른 도로가 콘크리트포장일 때는 다웰바에 팽창줄눈을 설치하고, 아스팔트포장일 때는 시공 맞댄줄눈을 설치하여 콘크리트포장의 단부를 차단한다. 그 이유는 아스팔트포장과 콘크리트포장의 경계부에서 단차가 발생되지 않도록 하기 위함이다.

(2) 곡선반경이 작은 경우

① 평면 곡선반경이 작은 구간
  • 곡선반경이 100m 이하일 때 곡선구간의 세로방향 줄눈은 아래 그림과 같이 곡선구간을 4등분하고, 전체 길이의 1/2에 상당하는 중앙 1/2은 통상의 1/2 간격으로 타이바를 설치하고 곡선의 처음과 끝 부분의 1/4은 타이바를 생략한다.
  • 이 경우에 팽창줄눈은 곡선구간 내에는 설치하지 않는다.

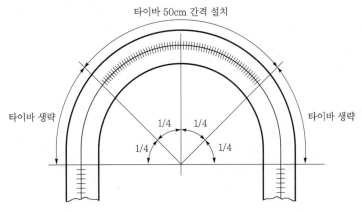

[평면 곡선부에서의 타이바 설치]

② 종단 곡선반경이 작은 구간 : 종단 곡선반경이 300m 이하인 곡선 구간을 포함한 경우는 팽창줄눈 간격을 80~120m로 설치한다.

(3) **아스팔트포장과 콘크리트포장이 접속되는 경우** : 아스팔트포장과 콘크리트포장의 접속은 아래 그림과 같이 아스팔트와 콘크리트의 접속부분을 치핑(chipping)하여 연결되도록 한다.

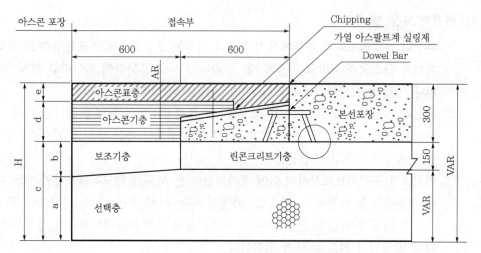

[아스팔트포장과 콘크리트포장의 접속단면]

(4) **연결로 길어깨 포장**

① 고속도로 본선 주행차량의 지체를 방지하기 위해 연결로의 2차로 운용이 가능하도록 진출연결로의 전폭을 본선 포장과 동일하게 설계한다.

② 진입 루프램프에는 곡선반경 100m 미만의 원곡선과 이에 접속되는 완화구간을 포함시켜 차량 진행방향의 길어깨 우측을 본선 포장의 단면으로 보강한다.[44]

---

44) 국토교통부, '도로설계편람, 제4편 도로포장, 2012, pp.407-6~8.

4.35 콘크리트포장 확장구간의 신·구 접속방안

콘크리트포장 확장에서 신·구 콘크리트 접속 시 이음부 처리방안 [0, 6]

I 개요

1. 최근 고속도로 교통량이 급증함에 따라 시행되고 있는 기존 고속도로 확장공사의 대부분은 1990년 이전 건설된 고속도로로서, 확장공사 중에 대규모의 폐도 발생이나 환경 피해 등이 문제점으로 대두되고 있다.
2. 또한 중부고속도로 등의 기존 콘크리트포장 확장공사에서는 부등침하 발생, 접속부 처리, 터널·교량의 확폭방법 등 확장에 따른 기술적 문제점도 제기되고 있다.
3. 이러한 문제점을 최소화하기 위하여 본문에서 콘크리트포장 접속방안 검토 사례를 예시하고 추후 보완연구 방안을 제시하고자 한다.

II 콘크리트포장 접속방안 대안

1. [제1안] 측대폭(50cm)의 전부 또는 일부를 기존 차로에 안배하는 방안

(1) **분배방법** : 아래 표와 같이 제1안, 제2안 및 제3안으로 기존 차로에 안배할 수 있다.

(2) **장점**
  ① 연결부에서 하중재하가 방지되어 포장수명이 증진된다.
  ② 측대를 절단하지 않으므로 시공이 간편하다.
  ③ 차로 확폭으로 도로기능이 증대된다.
  ④ 분배방법 제3안의 경우 확장차로에 그대로 남는 20cm는 차륜 하중으로부터 어느 정도 떨어져 있으므로, 접속부의 하중전달장치를 보완하면 부등침하 발생 등의 큰 문제가 없을 것으로 판단된다.

(3) **단점**
  ① 기존 차로에 안배된 측대폭 만큼 추가 용지 확보가 필요하다.
  ② 차로폭 조정으로 인한 도색작업이 필요하다.
  ③ 교량·터널 진입할 때 차로폭이 줄어드는 느낌을 줄 수 있다.
  ④ 신설 슬래브와의 접합을 위한 타이바 설치 문제는 그대로 남아 있다.

2. [제2안] 신·구 슬래브를 타이바로 연결하는 방안

(1) 연결방법

① 신·구 슬래브를 타이바로 연결하되, 타이바 사용량을 늘려서 하중전달 기능을 충분히 확보한다.

② 측대폭의 일부를 기존 차로에 안배하는 방안과 함께 적용할 수 있다.

③ 타이바를 한 구멍당 2개씩 삽입하거나, 타이바 개수는 고정하고 더 큰 직경을 삽입한다(직경이 크면 더 깊게 관입해야 콘크리트와의 결합력 유지 가능).

④ 시공속도는 2인 1조 기준으로 1일 100공 연결 가능하다.

(2) 장점

① 타이바 설치를 위한 천공작업 외에는 시공이 간단하다.

② 타이바를 충분히 설치하면 신·구 슬래브 간의 벌어짐을 방지하고 동시에 하중전달을 원활히 하여 슬래브 간의 단차도 방지할 수 있다.

(3) 단점

① 타이바 설치를 위한 천공작업이 번거롭다.

② 접속 부위가 차바퀴 궤적과 일치할 수 있어 승차감이 저하된다.

③ 천공으로 인해 기존 슬래브의 강성을 약화시킬 수 있다.

④ 신·구 슬래브 접속부를 따라 스폴링의 발생 가능성이 있다.

구분	내측 측대	1차선	2차선
1안	+20cm	+15cm	+15cm
2안	+0cm	+20cm	+30cm
3안	+0cm	+15cm	+15cm (+20cm : 확장차로에 그대로 둔다)

[제1안 측대폭을 기존 차로에 안배]

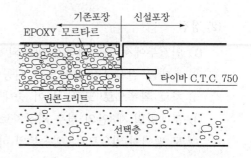

[제2안 신·구 슬래브를 타이바로 연결]

3. [제3안] 타이바 대신 'ㄹ'자형 타이바 겸 하중전달장치 사용하는 방안

(1) 전달방법

① 기본적으로 타이바 시공과 유사하나, 시공 번거로운 천공 대신 기존 슬래브 표면에 홈을 파서 하중전달장치를 삽입하고 에폭시를 사용하여 홈을 채운다.

② 타이바와 다웰바의 기능을 동시에 수행할 수 있다.

③ 철근 굵기는 하중전달에 충분한 정도의 굵기를 사용한다.

④ 제1안 측대측 일부를 기존 차로 안배 방안과 병행하여 적용할 수 있다.

(2) 장점

① 천공 대신 콘크리트 표면에 홈을 만들어 끼우므로 시공이 간편하다.

② 천공방식보다 인근 콘크리트의 약화를 줄일 수 있다.

③ 천공방식보다 기존 슬래브와 타이바 간의 접착을 확실히 할 수 있다.

(3) 단점

① 국내에서 시공실적이 없다.

② 'ㄹ'자형 하중전달장치를 별도 제작해야 한다.

4. [제4안] 기존포장의 측대부를 절삭 및 치핑 후 신설포장 시공하는 방안

(1) 분배방법

기존포장의 측대부를 절삭 및 치핑(기존 슬래브 두께의 1/2)하고, 취약부를 철근으로 보강 후에 신설포장을 시공한다.

(2) 장점

① 신·구 포장의 일체화로 접합부의 단차 및 벌어짐이 방지된다.

② 차로 마킹과 접합부 일치로 차량 주행성이 양호하다.

(3) 단점

① 측대부에서 신·구 콘크리트 간의 접착이 떨어지면 심각한 결함을 초래한다.

② 기존 포장 측대부의 절삭 및 치핑에 따른 비용 부담, 그에 따른 인접 콘크리트의 약화가 우려된다.

③ 신·구 콘크리트 간에 부등침하가 생기면 균열이 발생된다.

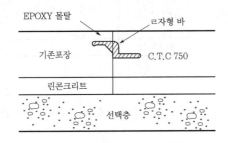

[제3안 ㄹ자형 타이바 겸 하중전달장치 사용]

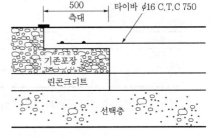

[제4안 기존 측대부 절삭·치핑 후 선설포장 시공]

5. [제5안] 신설포장에 기층깊이까지 표층 슬래브와 일체된 key를 설치하는 방안

(1) 분배방법

① 신설포장에 기층깊이까지 표층과 일체된 key를 설치하여 슬라이딩이 방지된다.

② 접합부를 변단면으로 처리하므로 처짐량이 감소된다.

③ 시공실적 : 하남 J.C~동서울 만남의광장

(2) 장점

① 타이바 설치가 불필요하므로 시공이 간편하여 공사기간이 단축된다.

② 공사기간이 단축되는 만큼 공사비용 역시 저렴하다.

(3) 단점

① 슬래브 두께가 변화하는 지점에 응력집중이 커지면 균열이 발생된다.

② 접합부가 차로 내에 설치되므로 승차감이 불량하다.

6. [제6안] 기존 포장의 기층과 신설포장 슬래브를 타이바로 연결하는 방안

(1) 분배방법

① 기존포장 빈배합 콘크리트 기층과 신설포장 슬래브를 타이바로 연결한다.

② 시공실적 : 김포공항, 김해공항

(2) 장점 : 신·구 슬래브 접합부 보강으로 단차 및 슬라이딩이 방지된다.

(3) 단점

① 하중이 접합부에서 신설포장 쪽으로 재하되면 하중전달이 안 된다.

② 기존 슬래브 밑을 터파기하고 채우는 과정에서 슬래브 밑에 공동(void) 발생이 우려된다.

③ 시공 불량하고, 공기 지연이 우려된다.

④ 접합부가 차로 내에 설치되므로 승차감이 불량하다.

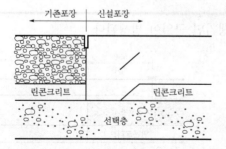

[제5안 신설포장 기층까지 표층과 일체 key 사용]

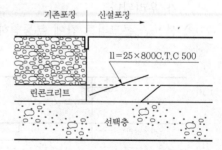

[제6안 기존 기층과 신설 슬래브 타이바 연결]

Ⅲ 콘크리트포장 접속방안 선정

1. 상기 6개 대안 중 가장 바람직한 접속방안

측대폭의 전부 또는 일부를 기존 차로에 안배하는 방안[제1안]과 신·구 슬래브를 타이바 [제2안] 또는 'ㄹ'자형 타이바 겸 하중전달 장치를 사용하는 방안[제3안]을 병행 접속하는 공법

2. 가장 바람직한 병행 접속방안의 시공요령

(1) 여분의 측대측(50cm)은 절단하지 않고 그대로 사용한다. [제3안]과 같이 측대측을 기존 차로의 1차로와 2차로에 15cm씩 각각 분배하고 나머지 20cm는 확장차로에 그대로 두는 시공방법이다.

① 기존 차로에 15cm씩 분배한 이유는 분배 후 차로폭이 각각 3.75m로서 설계 차로폭을 3.0, 3.25, 3.75m를 주로 사용하는 추세를 감안하기 때문이다.

② 확장차로에 남은 측대측 20cm는 그대로 두어도 차량하중 재하위치로부터 충분히 떨어져 있으므로 무방하다.

③ 즉, 확장차로의 차로폭 3.6m에서 중차량 하중 재하폭 2m를 감안하면 양쪽에 80cm씩 여유폭이 있으므로 측대폭 20cm 여분은 큰 문제가 없다.

(2) 접속부분의 하중전달은 시공성, 하중전달 및 접속부 이완방지 측면에서 [제2안]과 같이 접속부의 타이바를 보강하거나 [제3안]과 같이 특별히 고안된 'ㄹ'자형바를 이용하는 시공방법이다.

[제2안]과 같이 기존 슬래브에 타이바를 시공하는 방법은 국내 시공실적이 있으며, 장비를 사용하면 비교적 쉽게 타이바에 구멍을 뚫을 수 있다.

Ⅳ 맺음말

1. 대안별 장·단점을 비교 분석 결과, 측대폭의 전부 또는 일부를 기존차로에 안배하는 [제1안]에 신·구 슬래브를 타이바로 연결하는 [제2안] 또는 ㄹ자형 하중전달장치를 사용하는 [제3안]을 병행 시공방법이 가장 바람직하다.

2. 기존 콘크리트포장 차로 확장구간에서 신·구 슬래브 접속공법의 시공성 향상을 위하여, 중부고속도로 확장공사에서 검토되었던 상기 6가지 접속방안은 향후에도 심도 있는 연구가 필요한 과제이다.[45]

---

45) 국토교통부, '도로설계편람, 제4편 도로포장, 2012, pp.407-16~20.

[4. 유지보수관리]

4.36 도로 포장관리체계(PMS)

포장관리시스템(PMS, Pavement Management System)의 구축과 활용방안 [3, 2]

I 개요

1. 도로 안전관리체계(SMS, Safety Management System)란 도로의 계획, 설계, 시공, 유지 관리 및 운영의 모든 단계에서 차량·사람과 관련된 안전프로그램을 개발하여 도로안전을 증진시킬 수 있는 대안을 시행하고 평가하는 시스템이다.
2. 도로 SMS에는 포장관리체계(PMS), 교량관리체계(BMS), 절토사면관리체계(CSMS), 도로 표지종합관리센터, 차량운행제한 등이 운용되고 있다.

II 포장관리체계(PMS)Pavement Manage System

1. PMS 정의

(1) 포장관리체계(PMS)란 이미 건설된 막대한 양의 포장도로를 과학적이며 체계적으로 관리하기 위한 일종의 의사결정 체계이다.

(2) 도로포장사업 전체에 투입되는 많은 비용이 설계, 시공, 유지, 보수 등의 각 분야에서 효율적으로 사용될 수 있도록 결정하는 의사결정 시스템이다.

2. PMS 기능

(1) Network Level

① 전체 도로망(Network) 차원에서 구간별로 보수·보강 우선순위를 결정하는 단계
② 포장상태지수(HPCI), 공용성지수(PSI), 유지관리지수(MCI) 등으로 평가하는 단계

(2) Project Level

① 보수·보강 대상구간에 대해 구체적으로 어떤 공법을 적용할지 판단하는 단계
② 보수대상 구간에 대해 상세조사(현장실사)를 통해 구체적인 보수계획 수립

(3) Research Level : Database에 장기간 축적된 포장상태 조사결과를 이용하여 포장의 공용성을 평가하고 설계·시공·보수공법 등의 문제점 도출 및 개선방향을 제시하는 단계

3. PMS 구성요소

(1) 포장평가(4가지 기본요소)

① 노면 평탄성(승차감)
- 노면의 종방향 굴곡을 의미하는 평탄성은 운전자에게 가장 민감한 요소이다.
- 노면 평탄성을 나타내는 지수에는 PI(Profile Index)가 많이 사용되어 왔으나, 최근 IRI(International Roughness Index)로 통일되는 추세이다.

② 표면결함
- 표면결함이란 균열, 소성변형, Pothole 등 포장표면에 발생되는 결함을 총칭하며, 유지보수단계에서 가장 관심을 두어야 하는 요소이다.
- 표면결함은 공항포장평가에서 사용되는 PCI(Pavement Condition Index)와 같이 하나의 합성지수로 나타낼 수 있다. 일반적으로 대부분 균열율, 소성변형 깊이 등과 같이 각각의 결함 정도를 별도 표시하고 있다.

③ 구조적 지지력
- 하중재하에 따른 포장체의 처짐량으로 표현되며 Project Level에서 덧씌우기 두께 결정 또는 기층·보조기층의 재시공여부 등을 판단하는 데 사용된다.
- 포장체의 처짐량은 FWD, Benkelman Beam 등으로 측정되며 그 결과는 역산기법(Back Calculation)을 통해 포장체의 탄성계수를 추정하는 데 사용된다.

④ 노면 마찰력(주행안전) : 포장체의 처짐량은 FWD, Benkelman Beam 등으로 측정되며 그 결과는 역산기법(Back Calculation)을 통해 포장체의 탄성계수를 추정하는 데 사용된다.

(2) DataBase

PMS의 기본기능들이 효율적으로 운영되기 위하여 DataBase는 PMS의 전체적인 지식 기반으로서 다음 그림과 같은 정보제공자의 역할을 수행한다.

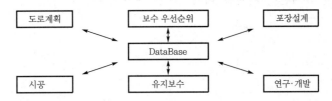

[PMS 핵심기능으로서 DataBase의 역할]

(3) 보수 우선순위 및 공법결정의 논리

① 매년 국토교통부가 도로 보수·보강계획을 수립하기 위한 필수적인 요소이다.
② 보수 우선순위 결정은 Network Level의 PMS로서 포장상태에 의한 결정방법(Condition Rating), 편익/비용비율에 의한 결정방법(Benefit Cost Ratio), 수명주기 비용분석에 의한 결정방법(Life Cycle Cost Analysis) 등 다양하다.

③ 이 중에서 포장상태에 의한 결정방법이 가장 선호되고 있다.

(4) 현황 조회기능

현황 조회기능은 PMS의 주요 기능은 아니지만, 도로관리자 입장에서 업무의 효율성을 높여주는 편리한 도구이다.

4. PMS 발전방안

(1) PMS기법에 의해 객관적이며 합리적으로 도로를 유지보수함으로써 기대되는 효과

① 도로예산의 효율적 운용
② 도로기능의 적정 수준 유지
③ 적기 유지보수에 의한 포장수명 연장 등

(2) 현재 일반국도 PMS의 경우에는 제2단계 Project Level의 PMS만 시행되고 있다. 제1단계 Network Level과 제3단계 Research Level의 보완이 필요하다.

(3) 조속한 시일 내에 고속국도, 일반국도, 지방도뿐만 아니라 지자체의 관리 대상 도로에 대해서도 PMS를 도입, 합리적·체계적 포장관리가 적용되어야 한다.

Ⅲ 맺음말

1. 국토교통부(건설기술연구원)는 도로교통의 안전성 및 효율성을 향상시키기 위하여 도로 안전관리시스템(SMS, Safety Management System)을 운용하고 있다.

2. 도로 SMS는 도로안전전략의 수립, 도로건설사업의 선정과 시행 등에 필요한 정보를 제공함으로써 교통사고 발생건수와 치사율을 줄이는 체계적 시스템이다.

3. 등급별 도로에 대한 PMS 자료의 수집·분석을 통한 연구·개발을 활성화하여 도로포장의 설계, 시공 및 유지관리 기술을 더욱 발전시켜야 한다.[46]

---

46) 한국건설기술연구원, '건설공사 안전관리체계의 개선방안', 건설공사의 안전사고 저감대책, 1999.

4.37 PMS의 비파괴시험(FWD), 역산기법

FWD(Falling Weight Deflectometer) 비파괴시험, 역산기법(back calculation) [6, 2]

I PMS의 비파괴시험(FWD)

1. FWD 정의

(1) 포장관리체계(PMS)에서 활용되고 있는 FWD(Falling Weight Deflectmeter)는 포장도로의 구조적 지지력을 측정하는 장비로서, 하중을 자유낙하시켰을 때 발생되는 충격하중으로부터 직접 처짐량을 측정하여 포장상태를 평가한다.

(2) FWD는 간단한 시험을 통해 포장체 각층의 지지력, 밀도, 탄성계수 등과 같은 포장상태에 관한 정보를 획득할 수 있다.

(3) 현재 고속국도, 일반국도 및 지방도의 포장상태를 적절한 수준으로 유지·관리하기 위한 포장관리체계(PMS)에서 FWD를 광범위하게 활용하고 있다.

2. FWD 시험

(1) 시험 목적

① 포장도로 각층의 정보를 이용하여 공용성지수(PSI)를 일정하게 유지
② 포장도로 유지보수를 위한 덧씌우기 두께 결정, 잔존수명 예측
③ 포장도로 역학적 설계(응력, 변형률, 처짐 등)의 기초데이터로 활용

(2) 시험 원리

비파괴시험장비로 측정한 특정 처짐치와 경험적으로 결정한 한계 처짐치의 공용성 간의 상관관계를 이용하여 포장도로의 구조적 능력을 평가한다.

(3) 시험 장점

① 시험하중이 실제 차량하중 조건에 근접한다.
② 포장도로 내부의 공동(空洞)을 확인할 수 있다.
③ 콘크리트포장 줄눈부의 하중전달 정도를 추정할 수 있다.

(4) 시험 단점

① 실제 도로의 점탄성을 고려하기 곤란하다.
② 추정된 물성을 설계기준온도로 보정하는 프로그램이 필요하다.
③ 사용자 편의를 위해 FWD 운영용 S/W 개발이 필요하다.

(5) 시험 순서

① 포장표면에 재하하중을 자유낙하시켜 연결판에 충격력으로 작용하면서 발생되는 표면처짐을 속도계(geophone)로 측정하여 표면의 처짐곡선을 구한다.

② 하중의 크기는 질량크기와 낙하높이로 조정되며, 하중계에 의하여 측정된 연직방향의 속도를 적분하여 구한다.

하중 중심 간의 거리 : 35.56cm, 총하중 : 표준축하중의 절반(4.1톤)

③ 하중재하와 동시에 장착된 7개의 속도계를 이용하여 7점의 연직속도를 측정하고, 1차 적분값에 의해 최대처짐을 역산하여 구한다.

역산반복기법으로 포장도로 각층의 물성을 추정하고, 덧씌우기 두께를 결정

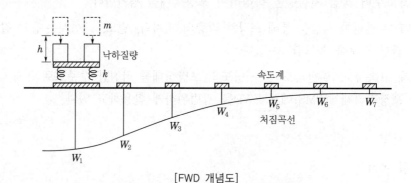

[FWD 개념도]

(6) 시험결과 평가방법

① 충격하중으로부터 직접 처짐량을 측정하여 포장상태를 평가한다.

② 포장도로에 충격을 가하면 지반에 충격에너지가 탄성파 형태로 전달되므로, 탄성파 속도를 측정하면 물성을 평가할 수 있다.

3. FWD 시험결과 활용

(1) FWD 시험분석 전에 포장단면, 토질조사보고서, 유지보수실적, 지하수위, 시험현장 여건 등을 상세히 조사한다.

(2) FWD 시험결과에 신공법, 개질재 등의 특수한 상황을 반영함으로써 시험결과를 해석할 때 오류를 사전에 방지한다.

(3) FWD 시험결과의 활용방안

① 하중분산 효과에 대한 아스팔트포장 및 콘크리트포장의 상대강도를 비교 평가

② 응력 및 변형률 계산결과를 역학적 설계의 기초자료로 활용

③ 기존 포장도로의 덧씌우기, 보수방법, 보수시기, 잔존수명 등의 PMS 자료 입력

④ 콘크리트포장에서 줄눈부의 하중전달 정도 추정, 내부의 공동위치 추정 [47]

---

47) 한국건설기술연구원, '도로포장관리체계 조사 및 분석 연구보고서', 포장구조진단기(FWD), 2000.

Ⅱ PMS의 역산기법(Back Calculation)

1. 개요

(1) 도로포장을 유지보수할 때 기존 도로에 대한 정확한 지지력 및 공용성 평가기법은 도로 포장의 잔여수명 예측, 유지보수 비용 산정 등에 중요한 요소이다.

(2) 일반적으로 공용 중인 아스팔트포장에 대한 구조적 지지력 및 잔존수명을 평가하기 위하여 비파괴시험(FWD)이 가장 널리 사용되고 있다.

(3) 포장관리체계(PMS)에서 역산기법(Back Calculation)을 활용하면 도로현장에서 측정된 비파괴시험(FWD) 처짐값으로 포장층의 탄성계수 값을 산정할 수 있다.

2. 역산기법 필요성

(1) 역산기법으로 산정된 아스팔트포장층의 탄성계수를 실내시험에서 측정된 아스팔트 혼합물의 동탄성계수와 비교하면 그 값을 검증할 수 있다.

(2) 기존에는 FWD 역산 탄성계수와 실내시험을 통해 측정된 아스팔트 혼합물 동탄성계수의 비교를 위한 연구가 활발했다.

(3) 그러나 기존 연구에서는 아스팔트 덧씌우기 공법이 적용되는 구간의 경우 덧씌우기 포장층의 두께가 얇아서 층별 동탄성계수 측정에 한계가 있었다.

(4) 아스팔트 코어 동탄성계수 시험결과와 FWD 역산 시험결과와의 상관관계를 규명하면, 유지보수에 필요한 아스팔트 층별 구조적 지지력을 평가할 수 있다.

3. 역산기법 적용 사례

(1) **유전자 알고리즘 이용한 도로포장층 탄성계수의 역산기법**

① 도로포장층 탄성계수를 역산하기 위하여 유한요소 해석기법과 유전자 알고리즘을 활용한 역산 프로그램을 이용할 수 있다.

② 역산 프로그램은 7개의 FWD 측정 처짐값을 이용하여 아스팔트포장체의 탄성계수를 역산하는 프로그램으로서, 목적함수(Objective Function) 값이 최소일 때의 포장체 각층의 탄성계수 값을 결정할 수 있다.

③ 이 경우에 목적함수는 아래 식을 이용하여 계산할 수 있다.

$$목적함수 = \sum_{i=1}^{7} (D_i - d_i)^2$$

여기서, d_i : 프로그램 계산 처짐값(i번째 센서)

D_i : FWD 측정 처짐값(i번째 센서)

④ 역산 프로그램에 이용되는 아스팔트포장의 구조해석을 위한 정적 해석 프로그램은 2차원 축대칭 유한요소 구조해석 프로그램이며, 정적 탄성해석 조건으로 FWD 측정 처짐값 및 포장체 내부의 응력과 변형률을 계산하여 역산한다.

⑤ 역산 프로그램에 입력되는 정보는 크게 포장구조체 입력 자료와 유전자 알고리즘 입력 자료로 구분된다.

- 포장구조 입력 자료는 포장층 두께와 포와송비, 하중 및 재하 반경, 측정 처짐값, 탄성계수 역해석 범위 등이 있다.
- 유전자 알고리즘 입력 자료는 세대수, 개체수, 교차확률, 돌연변이 확률의 유전자 알고리즘 연산자 등이 있다.

⑥ 특히 유전자 알고리즘 입력 자료가 중요한데, 아래와 같이 구성한다.

- 개체수는 개체의 집합으로 구성하고, 세대수는 개체수의 집단으로 구성한다.
- 교차확률은 2개의 부모개체로부터 자식들을 생성하는 확률로 표현한다.
- 돌연변이 확률은 현재 집단에 존재하지 않은 새로운 정보를 초기 유전자 조합 이외의 공간에서 탐색할 수 있는 연산자이다.

⑦ 세대수가 50 이상부터는 오차가 일정한 값으로 수렴하므로, 역산 프로그램에서 오차가 최소가 될 때 도로포장층의 탄성계수를 역산 탄성계수로 정의한다.

(2) 도로포장층 탄성계수를 역산기법으로 산출한 결과

① 현장 코어지점에 근접한 위치에서 FWD 시험을 수행하여 위치변화에 따른 FWD 결과값의 오차를 최소화한다.

② 각 구간별로 FWD 시험시간과 외부온도가 상이하므로 현장 계측온도 20℃를 표준온도로 하여 FWD 처짐값을 보정하는 역산기법을 수행한다.

③ 아스팔트층 두께는 코어를 채취하여 직접 측정한 값을 사용하며, 보조기층 두께는 동적관입시험 시험결과를 역산하여 구한 입력변수를 사용한다.

④ 역산 프로그램에서는 FWD 측정 처짐값과 프로그램 계산 처짐값의 오차가 최소일 때의 도로포장층의 탄성계수 범위를 아래와 같이 최종 산정하였다.

- 아스팔트층 1,500~6,000MPa, 보조기층 150~850MPa, 노상 60~400MPa [48]

---

48) 손종철 외, '기존 아스팔트포장에 대한 동탄성계수와 FWD 역산 탄성계수 간의 상관성 분석', 한국도로공학회(Korean Society of Road Engineers) 논문집, 2012.

4.38 평탄성지수 PrI와 IRI의 상관관계

PrI, Profile Meter, Profile Index, IRI [6, 0]

1. 개요

(1) 1982년 세계은행(IBRD) 후원으로 국제 도로 평탄성 연구(IRRE) 사업이 시행되어 국제 평탄성지수(IRI, International Roughness Index)라는 통일된 도로 평탄성 기준이 정립됨에 따라, 각국에서 자동식 평탄성 측정장비로 IRI를 계산하게 되었다.

(2) 국내는 1984년 호남고속도로 확장공사에서 수동식 다륜형 평탄성 측정기 7.6m CP(California Profile meter)장비를 이용하는 PrI(Profile Index)를 도로 평탄성 기준으로 사용하고 있었다.

(3) CP장비는 수동식 측정, 인력계산, 측정 중에 공사현장 교통차단 등의 문제가 있어 1984년 80km/h의 속도로 측정하는 자동식 평탄성 측정장비(APL, Longitudinal Profile Analyzer)를 도입하여 IRI 값을 사용하고 있다.

2. 7.6m CP에 의한 PrI

(1) California Profile meter 측정원리

① 포장도로의 평탄성 측정장비를 측정원리 측면에서 분류하면 정적·동적 및 광선 측정방법이 있다. 7.6m CP장비는 수동식 동적 및 광선 측정방법에 속한다.

② 재래형 CP는 전·후 2륜으로 구성되며, 차량주행에 영향을 미치는 포장면의 종방향 요철을 측정하는 장비이다. 노면 요철에 따라 측정오차가 크다.

③ 개량형 CP는 전·후 다륜으로 구성되며, 노면 요철에 따라 상·하로 오르내리며 측정오차를 최소화할 수 있도록 힌지 달린 바퀴를 다수 부착한 장비이다.

④ 개량형 CP는 주행하면서 종방향 요철을 종이테이프에 자동 표시한다. 장시간 교통차단하고, 사용자에 따라 측정오차가 크게 발생되는 문제점이 있다.

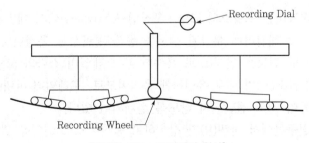

Recording Dial

Recording Wheel

[개량형 7.6m CP장비의 형상]

(2) PrI 계산방법

① PrI(Profile Index)는 7.6m CP장비가 주행하며 표시한 결과를 이용하여 노면 평탄의 일차적인 물리적 의미를 뜻하는 요철 높이를 나타내는 평탄성지수이다.

② 7.6m CP장비로 측정한 노면의 profile에 일정폭(5mm)의 black band를 그린 후, 밴드 밖으로 벗어난 상·하의 모든 profile을 다음 식에 대입하여 합산한다.

③ 이때 profile의 높이 1mm 이하이고 폭 2mm 이하인 요철은 노면 이물질, 장비의 순간이동 등에 의한 측정오차로 간주하여 합산 대상에서 제외한다.

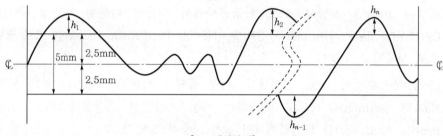

[PrI 계산방법]

$$PrI = \frac{\sum (h_1 + h_2 + \dots + h_{n-1} + h_n)}{L} \quad \dots\dots\dots\dots\dots\dots\dots\dots\dots\dots\dots \text{식 (1)}$$

여기서, h_1 : 상·하 2.5mm 이상의 요철(cm)

L : 측정구간의 연장(km)

[PrI 품질기준]

측정구간	신설포장	덧씌우기	구조물 접속부
PrI 측정값	10 이내	16 이내	24 이내

3. 자동식 APL에 의한 IRI

(1) APL(Longitudinal Profile Analyzer) 측정원리

① APL 측정장비는 프랑스의 교량·포장연구소(LCPC)에서 개발된 견인식 트레일러형 장비로서, 트레일러에 부착된 센서를 통해 평탄성을 측정한다.

② APL은 차량 진동을 힌지(L)로 흡수한 후 트레일러 쇼바와 코일 스프링을 이용하여 트레일러 골조(M)가 매우 유연하게 움직이므로, 트레일러 바퀴(R) 움직임에 골조(M)에는 진동이 거의 전달되지 않도록 설계되어 있다.

③ 포장 요철구간에서 바퀴(R)가 상·하로 움직이므로 견인용 팔(B)이 경사를 이루어 수평추(P) 사이에 부착된 변위 게이지에 의해 평탄성이 측정된다.

④ 수평추(P)는 항상 평행을 유지하면서 수평추에 부착된 스프링과 댐퍼를 이용하여 0.5~20Hz 범위의 파형으로 생기는 포장 요철을 감지할 수 있다.

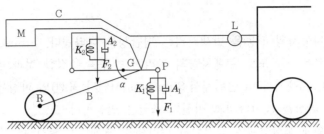

[APL 장비의 트레일러 구성도]

(2) IRI 분석방법

① 일정간격으로 읽은 포장의 profile에서 개별 정류경사(요철높이/측정거리)를 계산한 후, 이 값을 평균한 평균정류경사(average rectified slope)를 IRI라 한다.

② IRI의 계산순서는 먼저 25cm 간격으로 노면의 profile을 측정한 후, 식 (2) 형태로 i번째 위치에서 4개의 변수값(z_1, z_2, z_3, z_4)을 구하며, 첫 번째 변수값은 식 (3)과 같이 가정한다.

③ 앞에서 계산된 값을 이용하여 식 (4)를 통해 i번째 정류경사를 구한다. 측정구간에서의 평탄성지수(IRI)는 식 (5)와 같이 전 구간의 평균값으로 계산한다.

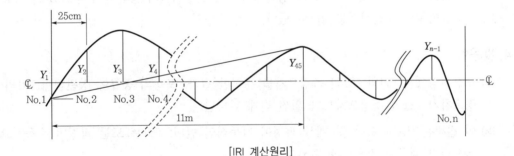

[IRI 계산원리]

$$\begin{pmatrix} z_1 \\ z_2 \\ z_3 \\ z_4 \end{pmatrix} \begin{bmatrix} s_{11} & s_{12} & s_{13} & s_{14} & P_1 \\ s_{21} & s_{22} & s_{23} & s_{24} & P_2 \\ s_{31} & s_{32} & s_{33} & s_{34} & P_3 \\ s_{41} & s_{42} & s_{43} & s_{44} & P_4 \end{bmatrix} \begin{pmatrix} z_1 \\ z_2 \\ z_3 \\ z_4 \\ \dot{Y} \end{pmatrix}_{i-1} \qquad \text{······ 식 (2)}$$

여기서, $\dot{Y} = \dfrac{Y_i - Y_{i-1}}{dx}$, $(i = 2,...,n)$, s_{jk}, P_j : 상수

$$(z_1, z_2, z_3, z_4)_1 = \left(\frac{Y_{45} - Y_1}{11}, 0, \frac{Y_{45} - Y_1}{11}, 0 \right) \qquad \text{······ 식 (3)}$$

$$RS_i = |z_3 - z_1|_i \qquad \text{······ 식 (4)}$$

$$IRI = \frac{1}{n-1} \int_{i=2}^{n} RS_i \qquad \text{······ 식 (5)}$$

(3) IRI 장점

① IRI는 자동차의 진동을 발생시키는 평탄성을 나타낸다. Sinusoids(사인파 곡선)인 IRI 반응은 고속도로 주행차량의 물리적 반응을 측정한 것과 매우 유사하다.

IRI는 1.2m에서 30m 범위에서 Sinusoids(사인파 곡선)의 파장에 반응한다. 물론 이 범위의 파장을 벗어나서도 여전히 조금은 반응한다.

② IRI는 실제 포장상태의 승차감을 나타내는 재현성이 좋기 때문에, 포장상태를 종합적으로 나타내는 대표적인 평탄성지수이다.

IRI는 모든 자동차 반응변수와 관련 있는 것은 아니다. 수직한 승객위치(vertical passenger position)나 축가속력(axle acceleration)과는 상호 관련성이 적다.

③ IRI값은 profile meter를 주행시키면서 수학적인 모델을 사용하여 통계적으로 구하므로 계산이 쉽다.

IRI가 '0'이라면 profile은 완전히 편평하다. 포장의 IRI가 8m/km 이상이면 속도의 감속없이 통과할 수 없으나, 이론적으로 평탄성의 상한값은 없다.

④ IRI는 여러 장비에 사용 가능한 평탄성지수이다. 세계은행(IBRD)이 보급한 IRI는 각기 다른 profiler를 사용하더라도 거의 동일한 IRI값을 얻을 수 있다.

IRI값은 시간이 경과하여도 안정적이다. 즉, 일정시간이 경과한 후에도 IRI값으로 측정 당시의 포장상태를 알 수 있다.

4. 맺음말

(1) 포장현장에서 PrI와 IRI의 측정오차를 분석한 결과, 포장의 종류에 상관없이 IRI의 측정오자가 PrI의 측정오자보다 훨씬 작게 나타난다.

(2) 이 결과는 IRI의 측정 및 계산 과정이 자동식인 반면, PrI는 모든 과정이 수동식으로 실시되기 때문인 것으로 판단된다.

(3) 그러나 포장의 종류에 따른 IRI의 측정오차를 분석한 결과, 콘크리트포장이나 아스팔트포장의 측정오차가 비슷하게 나타난다.

(4) 따라서 평탄성의 측정오차는 포장의 종류에 영향을 받기보다는 측정장비의 종류에 더 크게 영향을 받음을 알 수 있다.[49]

---

49) 김국한 외, '평탄성지수 IRI와 PrI의 상관관계에 관한 연구', 한국도로포장공학회 논문집, 제5호 제1권, 2003.3, pp.11~18.

4.39 도로교통시설 안전진단

도로의 자산관리, 도로교통시설안전진단의 주요 내용과 절차, SMS(도로안전관리체계) [4, 3]

I 개요

1. 「교통안전법」 개정으로 2008년 7월부터 시행되고 있는 '교통안전진단'은 도로이용자(운전자, 고령자, 어린이, 자전거 등) 관점에서 모든 교통시설의 안전결함을 사전에 파악하여 위험을 제거·완화시키기 위한 교통사고예방 전략이다.

2. '교통안전진단'에는 도로, 철도, 항공, 항만 등 교통시설진단 개념이므로, 도로시설의 교통안전진단은 '도로안전진단(RSA, Road Safety Audit)'으로 칭하는 것이 타당하다.

II 도로안전진단 제도

1. 진단의 종류

(1) 일반도로교통안전진단

일정규모 이상의 도로를 설치하는 경우 도로의 교통안전에 관한 위험요인을 조사·측정 및 평가하기 위하여 설계단계에서 실시하는 진단

(2) 특별도로교통안전진단

① 도로교통사고에 대한 교통시설의 결함여부 등을 조사한 결과, 당해 교통사고 발생원인과 관련하여 교통시설 진단이 필요하다고 인정되는 경우

② 도로교통안전점검 결과, 당해 교통시설에 교통사고를 초래할 중대한 위험요인이 있다고 인정되는 경우

2. 진단의 대상사업

(1) 일반도로교통안전진단 대상사업

① 일반국도·고속국도 : 총길이 5km 이상

② 특별시도·광역시도·지방도(국가지원지방도 포함) : 총길이 3km 이상

③ 시도·군도·구도 : 총길이 1km 이상

(2) 특별도로교통안전진단 대상사업 = 교통사고원인조사의 대상

① 대상 도로 : 사망자 있는 교통사고가 최근 3년간 3건 이상 발생하여 해당 구간의 교통시설에 문제가 있는 것으로 의심되는 도로

② 대상 구간

- 교차로 또는 횡단보도 및 그 경계선으로부터 50m까지의 구간
- 교차로나 횡단보도를 포함하지 아니한 도로로서 「국토의 계획 및 이용에 관한 법률」에 따른 도시지역은 300m, 도시지역 외는 500m의 도로구간

3. 진단의 실시과정

(1) **진단실시자** : 진단실시자 선정 → 근거자료 제공 → 착수회의 개최 → 설계도서 등 자료 검토 → 현장조사 → 보고서 작성 → 종료회의 개최 → 진단결과 발주처 제출

(2) **발주자**

① 안전진단 결과 결정사항을 설계자와 진단실시자에게 통보 → 진단절차 종료

② 설계단계에서 시행된 일반도로교통안전진단 결과 : 교통행정기관에 제출

③ 운영단계에서 시행된 특별도로교통안전진단 결과 : 교통행정기관에 제출

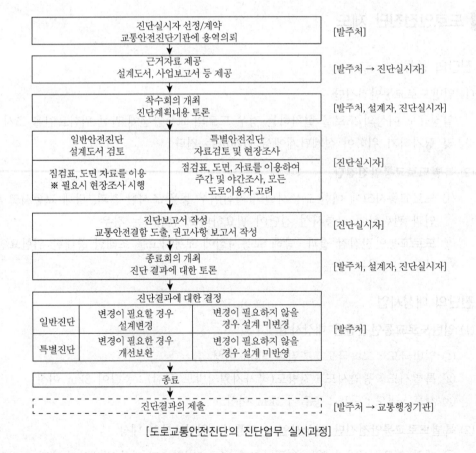

[도로교통안전진단의 진단업무 실시과정]

(3) **진단보고서를 제출하는 도로 등급별 관할 교통행정기관**

① 일반국도 · 고속국도 : 국토교통부 도로정책관

② 특별시도·광역시도·지방도 : 관할 시·도지사

③ 시도·군도·구도 : 관할 시장·군수·구청장

Ⅲ 도로안전진단 활성화 방안

1. 도로안전진단 대상에 대한 포괄적인 유권해석이 요구된다.

(1) 일반도로안전진단 대상의 총 길이를 일반국도·고속국도 5km 이상, 특별시도·광역시도·지방도 3km 이상, 시도·군도·구도 1km 이상 등으로 제한

(2) 보행자 사망사고는 특정구간 일정반경 내에서 집중 발생되는 점을 감안

2.「교통안전법」에 명시된 도로안전진단 대상의 예외조항을 삭제한다.

(1)「도시교통정비촉진법」제15조에 의한 "교통영향분석 개선대책 등을 받는 경우에는 도로안전진단을 받지 아니한다."라고 명시

(2) 도로운영단계에서 또 다른 잠재적 위험요인이 유발될 수 있는 개연성을 감안

3. 도로안전진단을 실제 시행할 진단실시자의 조속한 확보가 필요하다.

(1) 일반교통안전진단에 필요한 전문인력 인정기준을 토목기사 또는 교통기사 자격자, 도로의 설계·감리·감독·진단 또는 평가 등의 관련 업무 수행 경력자로 명시

(2)「도로안전공단」및「교통안전공단」의 도로안전진단 전문교육·훈련과정 개설

4. 설계용역 평가기준(PQ) 평가항목에 도로안전진단 실적을 포함시킨다.

(1) 도로안전진단기관으로 등록한 용역업체가 도로안전진단 수행실적을 확보했을 때, 설계용역평가기준(PQ)의 어느 분야 실적에 해당되는지 평가기준에 명시

(2) 현행 PQ 평가항목에 일반 및 특별 도로안전진단 수행실적을 별도 인정

Ⅳ 맺음말

1. 그동안 도로·교통분야 최일선에서 기술과 경험을 축적하여 실무경험이 풍부한 도로·교통전문가들의 역할이 중요한 시점이다.

2. 진단실시자인 도로·교통전문가들이 안전진단제도 적용 초기에 발생될 수 있는 시행착오를 통하여 모두가 인정하는 노하우를 단기간에 습득함으로써 한국형 도로안전진단 제도가 조기 정착될 것으로 기대한다.[50]

---

50) 김성우, '도로안전진단제도의 이해와 활성화방안', 교통 기술과 정책, 제6권 제1호, 2009.3.

4.40 아스팔트포장의 파손형태

아스팔트포장에서 발생되는 박리(Stripping) 현상의 원인, 표면 실(Surface seal)공법 [1, 4]

I 개요

1. 아스팔트포장의 파손 원인은 표층 재료의 부적절한 배합설계, 각층의 두께 및 다짐 부족 등으로 다양하며, 전반적인 파손과 국부적인 파손으로 구분할 수 있다.
2. 도로포장의 유지보수 실무자는 아스팔트포장이든 콘크리트포장이든 노면의 파손 상황을 관찰하고 개략적인 파손원인과 보수범위를 평가해야 한다.

II 아스팔트포장의 파손유형

1. 균열

(1) 균열의 문제점

① 아스팔트포장에서 발생되는 균열은 균열 그 자체가 해로운 것이 아니라, 균열을 통해 침투된 물에 의해 포장 파손이 가속화되기 때문에 문제가 된다.

② 균열은 아스팔트포장의 내구성에 심각한 영향을 끼치는 대표적 파손유형으로, 표층에서 시작되어 하부로 진전되는 top-down 균열이 많이 발생된다.

③ 균열(crack)에는 피로(거북등)균열, 단부균열, 차로줄눈균열, 시공줄눈균열, 반사균열, 밀림균열, 세로(종)방향균열 등이 있다.

(2) 피로균열(거북등균열) : 포장체 표면에 발생된 균열들이 서로 연결되어 마치 거북등과 같은 형상을 띠는 파손형태이다. 거북등 균열은 차륜 통과(wheel path) 구간에서의 종방향 균열로부터 시작되는 피로균열의 일종이다.

(3) 단부균열(edge crack) : 길어깨 없는 포장체에 발생되는 파손으로, 포장체 단부에서 30cm 떨어져 생기는 종방향 균열이다. 이 균열로부터 길어깨 쪽으로 가로방향 균열이 발생되기도 한다. 단부에서 시작하여 휠 패스 쪽으로 진전된 균열은 휠 패스 상태를 악화시켜 노상으로 물이 침투되도록 유도한다.

(4) 차로줄눈균열(lane joint crack) : 도로 본선 차로와 길어깨 사이가 벌어지는 균열이다. 주로 길어깨 쪽 차로에 중차량 통행이 많은 구간에서 발생된다.

(5) 시공줄눈균열(construction joint crack) : 차로와 차로 사이의 접합부를 따라 종방향으로 분리되는 균열이다. 주로 시공 시기가 다른 구간에서 발생된다.

(6) 반사균열(reflection crack) : 아스팔트포장 또는 콘크리트포장 위에 아스팔트로 덧씌우기 하였을 때, 기존 포장층의 균열 또는 줄눈의 형상이 그대로 반사되어 나타나는 균열이다.

(7) **밀림균열(slippage crack)** : 차량 진행 또는 반대 방향으로 윤하중에 밀려서 발생되는 반달 모양의 균열로, 주로 오르막 구간에서 발생된다. 반대로, 내리막 구간에서 브레이크를 과다하게 사용하면 밀림균열이 역방향으로 발생된다.

(8) **세로(종)방향균열(longitudinal crack)** : 차선과 나란한 방향으로 발생된 균열로서, 약간 지그재그 형태의 균열이다. 이 균열은 휠 패스 위, 휠 패스와 중앙선 또는 길어깨 사이에 발생된다.

2. 변형

(1) 변형의 문제점

① 아스팔트포장 설계과정에서 표층에 가해진 교통하중이 노상에 가해졌을 때 노상의 변형이 허용한도를 넘지 못하도록 포장두께를 결정한다.

② 변형의 대표적인 형태라고 할 수 있는 소성변형은 포장을 각 층에서 압밀변형 또는 전단변형이 발생함으로써 바퀴자국 패임(rutting)으로 나타난다.

(2) 패임(rutting) : 아스팔트포장의 표면이 차륜 통과 위치를 따라 골이 패인 것처럼 함몰되어 있는 변형이다. 러팅은 2가지 형태로 발생된다.

① 노상에 전단 파괴가 발생되어 나타난 러팅은 차륜이 닿는 부분으로부터 어느 정도 떨어진 위치에 표면이 융기되어 발생된다.

② 반면, 표층에서의 전단파괴로 인해 발생된 러팅은 차륜이 닿는 부분으로부터 인접한 부위의 표층이 융기되어 발생된다.

③ 최근에는 중차량 통행 증가와 이상고온으로 인해 아스팔트 표층에서의 전단파괴로 인한 러팅의 발생이 크게 증가하고 있다.

(3) 코루게이션(corrugation) : 아스팔트포장의 표면이 물결 모양으로 나타나는 변형이다.

(4) 쇼빙(shoving) : 종방향의 국부적인 결함으로 포장의 표면이 부분적으로 부풀어 오른 변형이다.

코루게이션과 쇼빙은 주로 차량이 정지·출발하는 구간, 하향경사의 언덕에서 브레이크를 사용하는 구간, 교차로, 커브가 심한 구간, 차량에 충격을 주는 과속방지턱 설치 구간 등에서 나타난다.

(5) 함몰(cut depressions) : 아스팔트포장의 일부분이 크게 가라앉은 변형으로, 일부 제한된 지역에서의 함몰에는 균열이 동반될 수 있다.

함몰된 부위에는 물이 고일 수 있으며, 이는 포장파손의 원인이 되며 교통사고를 초래할 수 있다. 특히 겨울철에는 미끄럼 사고의 원인이 될 수 있다.

(6) 지하매설물 설치부 함몰(utility cut depressions) : 도로하부에 설치된 지하 매설물을 시공하기 위해 절단 후 다시 메운 곳에 처짐 현상으로 나타나는 변형이다.

3. 탈리

(1) 탈리의 문제점

① 탈리란 아스팔트포장에서 표층의 일부분이 떨어져 나가거나 골재 결합이 느슨해지는 것을 의미한다.

② 탈리의 원인은 아스팔트 혼합물의 아스팔트 양의 부족, 혼합물의 불량, 물의 침투 혹은 다짐 부족 등이 있다. 라벨링, 포트홀, 박리, 노화 등으로 나타난다.

(2) 라벨링(raveling) : 아스팔트포장 표면의 골재 입자가 이탈한 상태에서 점차로 마마 자국과 같은 현상이 발생된다.

① 파손이 진전될수록 점차로 큰 골재들이 떨어져 나가며, 결표면의 모르터가 얇게 벗겨져 표면이 꺼칠꺼칠하게 된다.

② 결국에는 포장체 표면이 거칠어지는 파손 형상을 라벨링이라 한다. 겨울철 타이어체인이나 스파이크 타이어에 의해서도 라벨링이 쉽게 발생된다.

(3) 포트홀(pothole) : 그릇 모양의 구멍이 다양한 크기로 아스팔트포장의 표면에 부분적으로 발생되는 파손이다.

포트홀의 원인은 아스팔트 양의 부족, 아스팔트의 과도한 가열, 혼합불량, 물의 침투, 다짐 부족 등이다. 이들이 조합되면 포트홀이 더욱 쉽게 발생된다.

(4) 박리(stripping) : 박리란 아스팔트 혼합물의 골재와 아스팔트와의 접착성이 없어 아스팔트와 골재가 분리된 상태를 말한다.

박리는 골재와 아스팔트 사이에 진화력이 부족하거나 아스팔트 혼합물 속에 있던 수분에 의해 아스팔트가 유화되는 경우에도 발생된다.

(5) 노화(aging) : 노화란 아스팔트에 요구되는 물리화학적 강도 특성이 저하되어 아스팔트의 다짐이 느슨해진 상태를 말한다.

노화의 원인은 자외선 또는 기상조건 등에 의한 아스팔트 혼합물의 열화, 아스팔트의 과도한 가열, 아스팔트 양의 부족, 흡수성 골재의 사용 등이다. 아스팔트의 열화는 시공할 때 혼합 직후부터 진행되며 피할 수 없는 현상이다.

4. 미끄럼 저항 감소

(1) 미끄럼 저항 감소의 문제점

① 미끄럼 저항에 영향을 주는 포장체의 표면조직은 0.5mm 요철을 기준으로 미세조직(micro-texture)과 조면조직(macro-texture)으로 구분된다.

② 미세조직은 모르터나 골재입자 자체의 거칠기에 따라, 조면조직은 골재입자 사이의 간격에 따라 결정된다.

③ 아스팔트포장에서 블리딩(bleeding)이나 골재마모가 발생되면 미끄럼 저항이 감소하므로 사용 재료 중에서 조골재의 특성을 평가해야 한다.

(2) **블리딩(bleeding) 또는 플러싱(flushing)** : 포장체의 재료 중에서 아스팔트의 양이 과다하여 바인더가 표면 위로 올라와 아스팔트 막으로 나타나는 현상이다.

주로 과다한 아스팔트로 인하여 일반 아스팔트포장 표면과 색이 다르며, 골재가 무뎌지고 광택이 난다.

(3) **골재 마모(polished aggregate)** : 아스팔트 바인더가 닳아 마모된 골재가 표면에 나타나는 현상이다.

주로 아스팔트 혼합물에 강자갈을 사용하거나 쇄석골재가 교통량에 의하여 마모된 경우에 발생된다.

Ⅲ 맺음말

1. 최근 들어 많이 발생되는 아스팔트포장의 포트홀과 같은 도로파손은 특히 주행안전에 매우 위험하므로 긴급한 보수를 필요로 한다.

2. 긴급보수제는 가열하지 않은 골재와 유화 아스팔트 또는 컷백 아스팔트를 상온에서 혼합한 혼합물로서, 상온에서 포장 보관하거나 직접 포설할 수 있어야 한다.[51]

---

51) 국토교통부, '도로포장 유지보수 실무편람', 2013, pp.24~46.

4.41 아스팔트포장의 예방적 유지보수

도로포장의 파손원인 및 대책, 예방적 유지보수(Preventive Maintenance)의 정의 및 기법 [1, 7]

I 개요

1. 아스팔트포장의 주기적 유지관리를 통해 초기에 파손을 보수하거나 또는 파손현상을 지연시키기 위한 예방적 유지보수 개념의 도입이 필요하다.
2. 본고에서 아스팔트포장의 대표적인 파손형태인 소성변형과 종방향균열에 대해 '최소단면 보수공법'을 적용하는 예방적 유지보수 공법을 기술하고자 한다.

II 예방적 유지보수를 위한 최소단면 보수

1. 예방적 유지보수 개념

(1) 예방적 유지보수란 기존 도로의 구조적 능력을 보강하지 않고 파손을 지연시켜 기능을 유지하기 위하여 유지보수비용을 효율적으로 집행하는 개념이다.

(2) 예방적 유지보수는 아스팔트포장의 파손에 대한 보수공법과 달리, 일상적인 유지보수를 통해 도로의 공용성능을 유지하는 개념이다.

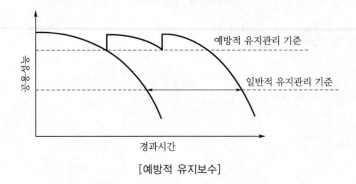

[예방적 유지보수]

2. 최소단면 개념

(1) 아스팔트포장을 주행하는 차량은 1개 차로 내에서 달리기 때문에 소성변형은 일정한 횡방향 주행 범위 내에서 차량의 진행방향을 따라 집중적으로 발생된다.

(2) '최소단면 보수공법'은 아스팔트포장의 파손에 대비한 보수범위를 차량의 횡방향 주행 범위 내에서 최소화시키는 보수공법이다.

3. 차량의 횡방향 이격에 따른 최소단면 보수

(1) 차량의 횡방향 주행 범위는 주행 중에 수평방향으로 이동되는 정도를 의미하며, 포장의 파손과 공용성을 예측할 때 하나의 점에 작용되는 축하중의 횟수에 영향을 미친다.

(2) 또한 차로의 기하학적 특성, 횡방향 여유공간, 차량 크기 등에 영향을 받으므로 최소단면 보수공법의 유효 보수범위는 차량의 횡방향 이동 범위를 근거로 하여 결정한다.

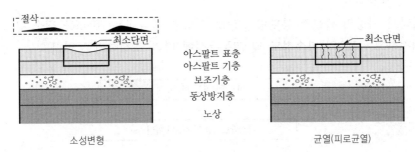

[최소단면 보수공법의 유효 보수범위 단면도]

4. 최소단면 보수공법의 유효보수 범위

(1) 최소단면 보수공법의 유효 보수범위를 차량의 확률적 통행량에 따라 결정한다.

(2) 차량의 횡방향 이동 범위는 정규분포형태를 나타내므로, 확률변수(Z)에 의한 유효 보수범위 내의 차량의 확률적 통행량을 아래 식으로 구할 수 있다.

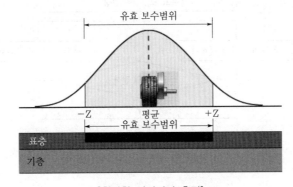

[횡방향 이격거리 측정]

$$Z = \frac{Z - \mu}{\sigma}$$

여기서, Z : 편측이격거리

μ : 평균

σ : 표준편차

(3) 편도 2차로와 편도 3차로에서 유효 보수범위를 80cm로 설정하였을 경우, 유효 보수범위 변화에 따른 차량의 확률적 통행량은 95% 이상을 나타냈다. 또한, 유효 보수범위를 70cm로 축소하여도 통행량은 90% 이상을 나타냈다.

(4) 그러나 편도 3차로의 3차로에서는 일반 차로와 달리 유효 보수범위 내의 통행량이 적게 나타났는데, 이는 현장조사 지점 3차로의 우측 감속차로로 빠져나가는 차량의 영향으로 판단된다.

(5) 따라서 차량의 확률적 통행량의 90% 이상을 나타내는 70cm를 최소 유효보수 범위로 설정하고, 도로의 파손정도 및 교통특성에 따라 조정하기로 한다.

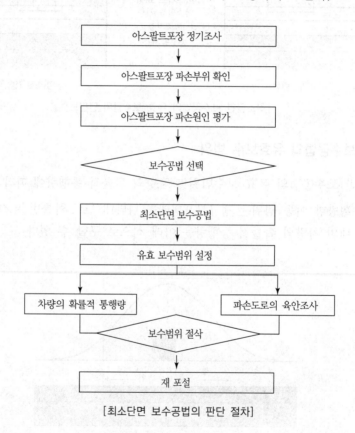

[최소단면 보수공법의 판단 절차]

Ⅲ 아스팔트포장의 유지관리 보수공법

1. 균열보수공법

(1) **균열충전공법** : 예방적 유지보수공법의 일종으로, 노면 균열이 발생된 부위에 집중적으로 충전(filling)하여 균열이 더 이상 확대되지 않도록 예방한다.

(2) **균열실링공법** : 노면에 발생된 균열을 실런트(sealent)로 보수하면 우수침투를 차단하여 2차균열, 거북등균열, pot hole 등을 줄일 수 있다.

[균열충전 : 단순채움]

[균열충전 : 밴드형상]

[균열실링 : 단순채움]

[균열실링 : 밴들형상]

[예방적 균열보수공법 비교]

구분	균열충전공법(Crack filling method)	균열실링공법(Crack sealing method)
목적	물의 침투 방지	포장구조를 보강
대상	비활동성균열(종방향균열) 5~25mm	활동성균열(횡방향균열) 5~20mm
준비	• 사전에 시공준비 불필요 • 먼지를 압축공기로 제거 후, 충전 시작	사전에 시공준비 필요
재료	• 아스팔트시멘트, 유화 아스팔트, 고무아스팔트, 섬유보강아스팔트 등 • 낮은 수준, 저급품질의 충전재를 사용	• 열경화성 또는 열가소성 실런트. 폴리머개질 유화 아스팔트 등 • 높은 수준, 고급품질의 충전재를 사용
시공	• 보수시점은 외부온도에 상관없이 가능 • 표면보수가 필요한 최초시점에 시공	• 보수시점은 봄 또는 가을이 적합 • 균열이 발생된 직후에 가장 효과적
효과	공용수명 2년 정도	공용수명 3~5년 정도

2. 표면처리공법

(1) 용어 정의

① 표면처리는 기존 아스팔트포장의 표면에 부분적인 균열, 변형, 마모, 붕괴 등의 파손이 발생한 경우 2.5cm 이하의 얇은 층을 시공하는 보수공법이다.

② 표면처리는 더 이상의 포장파손을 방지하고 일정 수준 이상의 평탄성 확보를 위해 실시하는 공법이므로, 예방적인 조치로써 매우 효과적이다.

(2) 표면처리용 유화 아스팔트

① 유화 아스팔트는 아스팔트, 물, 유화제로 구성되며 이 중에서 순수한 아스팔트는 50~75% 정도이다.

② 희석된 유화 아스팔트는 일반적인 유화 아스팔트에 2배까지 물을 추가한 것이며, 잔류아스팔트량은 물이 증발된 후 남아있는 아스팔트의 양을 말한다.

③ 유화 아스팔트의 종류(경화속도)
- 급속경화성(rapid setting) : tack coating용, sand seal용
- 중속경화성(medium setting) : 골재 혼합용
- 완속경화성(slow setting) : fog seal용

(3) Fog seal

① 물로 희석시킨 완속경화 유화 아스팔트를 포장표면에 $0.5 \sim 0.8 \text{L/m}^2$ 살포하여 작은 균열이나 공극을 채워 표면을 코팅하는 표면처리공법

② 목적 : 물의 침투와 노화 방지, lavelling으로 인한 골재의 탈리 방지

[Fog seal 보수 전의 상태] [Fog seal 보수 후의 상태]

(4) Sand seal

① 물로 희석하지 않은 급속경화 유화 아스팔트를 포장표면에 $0.7 \sim 1.25 \text{L/m}^2$ 살포(fog seal의 2배)한 후 즉시 모래(최대치수 2mm 이하)를 얇게 2~5mm 두께로 살포하고, tire roller로 다짐, 2시간 후에 교통을 개방한다.

② 목적 : 표면마찰력의 증가, 골재맞물림의 증가

(5) Scrub seal

① 폴리머개질 유화 아스팔트를 살포하고 1차 brooming한 후, 모래를 얇게 살포하고 2차 brooming과 최종다짐을 실시, 2시간 후에 교통개방한다.

② Brooming의 역할 : 유화 아스팔트를 포장표면에 침투시켜 공용성을 증진

③ 목적 : 표면의 공극와 균열을 채움, 평균수명 3~6년 정도

(6) Slurry seal

① 유화 아스팔트, 잔골재, 채움재, 물의 혼합물을 13mm 이하의 두께로 포설

② 대상 : 약간의 균열이 있는 표면(바퀴자국, 피로균열이 없는 표면)

③ 목적 : 표면의 방수, 공극 채움, 마찰력 증가, 채색 가능(구조적 향상 아님)

(7) Micro surfacing

① 폴리머개질 유화 아스팔트, 잔골재, 채움재, 물의 혼합물을 포설

② 채움재의 역할 : 혼합물을 조기에 안정시켜 혼합시간 단축, 재료분리 감소

③ 대상 : 바퀴자국 채움, 교통량 많은 구간에 야간 시공이 가능

(8) Chip seal

① 기존 포장표면에 급속경화 유화 아스팔트를 살포하고 그 위에 골재 칩을 살포한 후, 롤러로 다져서 골재를 바인더 속으로 침투시킨다.

② 목적 : 표면의 미세한 균열 봉합, 표면마찰력 개선, 반사균열 억제

[Sand seal]

[Micro surfacing]

[Chip seal]

3. (초)박층 덧씌우기공법

(1) 박층 덧씌우기(Thin HMA overlay)

① 덧씌우기 두께는 19~38mm로서 골재 최대치수의 2.0배 정도

② 재료는 플랜트 생산방식이며, 입도에 따라 SMA, 밀입도, 개립도(open graded friction course) 등이 있다.

(2) 초박층 덧씌우기(Ultra-thin HMA overlay)

① 덧씌우기 두께는 10~20mm로서 골재 최대치수의 1.5배 정도

② 재료는 플랜트 생산방식이며, 폴리머 개질 유화 아스팔트로 Tack coating하며 밀입도, Gap 입도 등이 있다.

Ⅳ 맺음말

1. 최소단면 보수공법의 유효한 보수범위 선정을 위하여 표준정규분포의 통계적 방식으로 분석한 결과, 최소 유효 보수범위는 70cm 정도가 적정하며 대상 도로의 파손정도 및 교통특성에 따라 보수범위를 조정할 필요가 있다.

2. 최소단면의 보수로 인해 유지보수비용의 감소가 클 것으로 예상되며, 소형장비(아스팔트 절삭기, 아스팔트 피니셔 등)를 적용함에 따라 교통통제 구역도 최소화시킬 수 있어 사회적 비용도 감소될 것으로 여겨진다.[52]

---

52) 김낙석 외, '연성포장의 예방적 유지보수공법에 대한 현장 적용성 연구', 대한토목학회 논문집, 제31호 제4D호, 2011.7, pp.565~569.

4.42   아스팔트포장의 포트홀(Pot hole)

아스팔트포장의 포트홀(Pot hole), 함몰의 원인 및 저감대책 [2, 6]

I 발생원인

1. 최근 여름철 집중호우와 겨울철 폭설한파와 같은 이상기후로 인해 아스팔트포장의 표층에 포트홀(pot hole, 직경 15cm 정도의 항아리 모양 파손) 발생이 급증하여 교통안전과 도로손상에 큰 영향을 미치고 있다.
2. 여름철 집중강우 기간에 아스팔트포장이 포화상태에서 차량 통행 중 간극수압이 발생되면 국부적으로 움푹 떨어져 나가는 항아리 모양으로 파손된다.
3. 겨울철 폭설한파 기간에 동결융해가 반복되어 골재와 아스팔트 결합력이 저하된 상태에서 차량하중이 재하되어도 항아리 모양으로 파손된다.

II 발생과정

1. 아스팔트포장 표층에 윤하중이 반복되면서 균열이 불규칙하게 생성된다.
2. 균열의 폭과 깊이가 확대되면서 폐합단면이 형성된다(표층에서는 완전히 분리되고 기층에만 접착되어 있는 상태).
3. 불규칙한 모양의 작은 구멍(pot hole)이 형성된다(윤하중에 의한 반복적인 진동으로 기층에서도 완선히 분리된 상태).
4. 작은 구멍(pot hole)이 원형단면 형상으로 파손부위가 점차 확대된다(윤하중에 의한 응력이 집중되면서 작은 구멍이 점차 확대된 상태).

III 저감대책

1. 혼합물 재료관리

(1) 아스팔트 혼합물의 균질성 확보를 위하여 4차로 이상에는 1등급 단립도 골재를 사용하고, 2차로 이상에는 2등급 단립도 골재를 사용

   편장석 혼입비율 : 1등급 10% 이하, 2등급 20% 이하

(2) 아스팔트 플랜트에서 잔골재 저장시설의 지붕 설치 확인

   잔골재는 빗물이 침투하면 단위중량당 함수비가 굵은골재보다 크게 높아져서, 아스팔트 혼합물에 수분이 잔류하여 수분저항성 저하

(3) **아스팔트 혼합물의 배합설계에서 공극률 기준 확인**

기층 5%±0.3% 이하, 표층 4%±0.3% 이하로 관리

(4) **아스팔트 혼합물의 박리방지를 위하여 소석회 사용 권장**

① 주변도로에 포트홀이 다수 관측되면 표층용 아스팔트 혼합물의 골재중량 대비 소석회(채움재 일부 대체) 비율을 1~2% 사용 권장

② 소석회를 사용하면 수분민감성이 개선되어, 포트홀 저감 개선 효과 발휘

(5) **표층용 아스팔트 혼합물의 인장강도비 시험기준 만족여부를 확인**

가열 아스팔트 혼합물 기준이 개정되어 인장강도비 0.75 이상 확보가 의무화되었지만, 아직은 현장 적용이 미흡

2. 혼합물 운반관리

아스팔트 혼합물 운반트럭의 적재함 전면차단 덮개 설치 의무화 확인

(1) 시공 전 트럭 적재함의 아스팔트 혼합물 내·외부 온도차이는 포설 중에 국부적인 포장 밀도 차이를 유발하여 포트홀 발생 원인 제공

(2) 아스팔트 혼합물 운반 중에 차가운 공기가 트럭 적재함 내부에 혼입되지 않도록 외기와 완전 차단되는 덮개를 4계절 설리 의무화 적용

3. 생산·시공 온도관리

(1) **아스팔트 플랜트에서 혼합물의 생산온도를 철저히 관리**

현장여건(대기온도, 풍속, 운반거리 등)에 맞도록 생산온도를 관리해야 포설현장에서 다짐온도 관리 가능

(2) 현장 도착 후 온도확인, 포설 전 트럭 대기시간 최소화, 다짐 중 온도관리

4. 포장층 시공관리

(1) **주변도로에 포트홀이 다수 관측되면, 택 코트를 반드시 시공 확인**

택 코트(사용량 $0.3 \sim 0.6 L/m^2$) 살포 후 수분이 건조될 때까지 차량 통행금지

(2) **다짐장비 중량 확인** : 머캐덤롤러 12t, 타이어롤러 12t, 탠덤롤러 8t 이상

머캐덤/탠덤롤러의 살포수는 급수차를 사용하여 다짐중량 변화 없게 관리

(3) **포장 다짐온도 확보를 위하여 연속적으로 시공하는 포장계획 적용**

아스팔트 혼합물 전체 및 시간당 소요량 결정, 플랜트에서 공급 가능성 확인

(4) **포설 후 다짐 중에 온도 저감 최소화를 집중 관리**

포장체 온도가 너무 높아 다짐이 어려우면 다짐 전 대기시간 최소화를 위하여 아스팔트 플랜트에서 혼합물 생산온도 조정

(5) 종·횡방향 시공이음부의 균열 발생 억제를 위한 동시포장방법 적용

아스팔트 페이버 2대 및 다짐롤러 2세트로 2차선을 동시에 포설할 때는 종·횡방향 이음부를 철저히 관리

(6) 아스팔트 혼합물 포설 중 부착방지제로 경유 사용을 금지

트럭적재함 및 다짐롤러에 부착방지제로 경유를 사용하면 아스팔트를 녹여 골재 부착성이 크게 저하되므로, 전용 부착방지제 또는 식물성 기름 사용

5. 포장층 다짐관리

(1) 현장 코어 다짐도를 현장 배합설계 공시체 밀도의 96% 이상 유지

$$다짐도 = \frac{현장\ 코어밀도}{현장\ 배합설계\ 공시체밀도} \times 100$$

(2) 포설 시공 당일 아스팔트 혼합물에서 채취한 현장 코어로 이론최대밀도시험을 실시하여 공극률 기준을 관리

$$코어\ 공극률 = \frac{1 - 코어밀도}{현장\ 혼합물\ 이론최대밀도} \times 100$$

6. 교면포장 유지관리

(1) 교량 교면포장에 발생된 포트홀 폐합단면의 노면 절삭 실시

노면 절삭은 드럼형 밀링장비(비트 간격 8mm)를 사용해야 평탄성 확보 가능

(2) 포트홀 폐합단면의 노면 절삭 후, 적절한 방수재 시공방법 선정

① 도막식 방수재 : 2~3회로 나누어 도포하며, 용제형 또는 가열형의 경우에는 부직포나 직포 등과 함께 시공

② 시트식 방수재 : 콘크리트 바닥판 노면요철에 완전 밀착될 수 있도록, 기계식 방수재 포설장비로 시공 53)

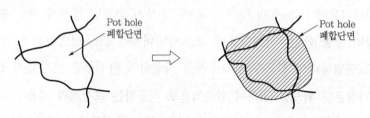

[포트홀 발생 메카니즘]

---

53) 국토교통부, '아스팔트콘크리트포장의 포트홀 저감 종합대책', 2013.

4.43 아스팔트의 강성(剛性)과 소성변형

1. 용어 정의

(1) 아스팔트의 강성(剛性, stiffness)이란 하중을 받는 구조물이나 부재의 변형에 저항하는 아스팔트의 단단함을 나타내는 성질을 말하며, 하중의 재하시간과 온도의 함수로서 응력과 변형 사이의 관계로 표현할 수 있다.

(2) 아스팔트포장의 파손형태는 초기(시공 후 1~3년)에 발생되는 소성변형(rutting), 밀림(shoving), 노체·노상 침하에 의한 균열·변형 등이 있고, 후기에 발생되는 피로균열, 온도균열, 마모(polishing), 라벨링(ravelling) 등이 있다.

(3) 이 중에서 스티프니스(stiffness, 굳기)는 아스팔트포장의 소성변형을 발생시키는 주요 원인으로 작용한다.

2. 아스팔트의 강성(剛性)에 의한 소성변형

(1) 온도변화에 따른 아스팔트의 강성(剛性) 거동

① 아스팔트는 어느 온도 이하에서는 온도와는 상관없이 일정한 강성을 나타내는 탄성 거동을 보인다.
  • 반면, 고온 영역에서는 하중의 크기와는 상관없이 강성이 일정한 비율로 감소하는 점성 거동을 나타낸다.
  • 즉, 고온 영역 내에서는 탄성 거동과 점성 거동이 동시에 존재하는 점·탄성 거동을 나타낸다.

② 아스팔트는 하중 재하초기에는 아스팔트의 강성이 재하시간에 관계없이 일정한 탄성 거동을 한다.
  • 하중 재하시간이 매우 길어지면 강성이 일정 비율로 계속 감소하며 순수한 점성 거동을 보인다.
  • 그러나 하중 재하시간의 중간 범위에서 강성은 하중 재하시간이 증가함에 따라 점차 감소하는 점·탄성 거동 특성을 보인다.

③ 다음 그래프는 도로포장용 아스팔트 등급의 기준 물성인 침입도 25℃에서의 아스팔트 물성을 기준으로 하는 거동을 나타내고 있다.
  • 실제 아스팔트포장이 겪는 고온이나 저온에서 아스팔트 거동을 고려하지 않고, 상온에서의 아스팔트 거동(침입도)만으로 아스팔트 등급을 분류하고 있다.
  • 따라서 아스팔트포장이 겪는 전체 온도범위에 대한 국내 아스팔트의 거동을 기준으로 하여 적절한 아스팔트 등급이 선정되어야 소성변형을 방지할 수 있다.

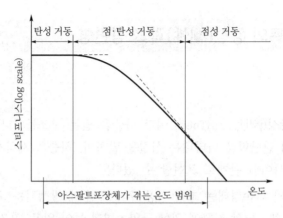

[온도변화에 따른 아스팔트의 스티프니스 거동]

[전체 온도범위에 대한 아스팔트 선정 요소]

구분	온도범위(℃)	아스팔트의 주요 물성	관련된 포장공용성
고온	60℃ 부근	60℃ 점도·연화점	소성변형
상온	10~30℃	침입도	피로균열
저온	-20~0℃		온도균열
아스팔트 취급온도	135℃	135℃ 점도·연화점	

(2) 국내에서 생산되는 아스팔트 등급

① 국내 5개 정유사에서 AC85-100과 AC60-70의 2가지 아스팔트가 생산되며, 대부분의 경우 AC85-100이 도로포장용으로 사용되고 있다.

② 국내에서 생산되는 아스팔트를 미국 SHRP의 연구성과인 Superpave의 공용성 등급 PG규격에 의해 분석한 결과, 저온 등급은 대체로 동일하게 나타났다.

• AC85-100 : PG58-22 규격과,

• AC60-70 : PG64-22 규격과 동일한 것으로 판정

☞ PG = XX - YY

PG : 공용성 등급(Performance Grade)

XX : 포장표면으로부터 2cm 깊이에서 7일 포장 최고온도의 평균(℃)

YY : 포장표면의 최저온도(℃)

(3) 아스팔트포장의 최고 온도

① 전국 아스팔트포장의 최고온도를 측정한 결과, 서울·대구·광주·전주·서귀포 등의 대도시권에서 60℃ 이상으로 조사되었다. 이를 고려할 때, 국내에 적합한 Superpave의 아스팔트 공용성 등급 규격은 PG64-22, PG70-22 및 PG76-22 등이다.

② 그러나 PG64-22 규격은 국내에서 AC60-70으로 생산되지만, PG70-22 규격 및 PG76-22 규격은 현재 생산되고 있는 스트레이트 아스팔트로서는 만족시킬 수 없는 등급이어서 개질재를 사용해야 한다.

(4) 국내에서 생산되는 아스팔트 물성

① 소성변형 저항을 나타내는 60℃ 부근의 고온 거동이 정유사 제품별로 약간의 차이는 있지만 AC85-100보다 AC60-70이 다소 좋은 거동을 나타낸다.

② 피로균열 저항성을 나타내는 10~30℃ 상온에서 노화단계에 따른 스티프니스 거동은 정유사 제품별로 큰 차이를 나타낸다.

③ 온도균열 저항성을 나타내는 저온 거동에서 아스팔트 노화에 따른 경화현상은 온도가 낮을수록 줄어서 -20℃ 부근에서는 거의 나타나지 않는다.

④ 아스팔트 등급 및 정유사 제품에 따른 물성 변동 역시 저온으로 갈수록 현저히 줄어서 -20℃ 부근에서는 아스팔트 등급이나 정유사에 상관없이 거의 일정한 스티프니스 거동을 나타낸다.

⑤ 취급용이성을 나타내는 아스팔트 취급온도인 135℃ 전후의 온도에서 제품의 품질에는 큰 이상이 없다.

(5) 이상과 같은 거동을 고려한 국내 아스팔트의 포장공용성

① 저온에서는 아스팔트 등급에 상관없이 거동이 비슷하고, 상온에서는 아스팔트 등급보다 정유사별 제품의 품질에 많이 좌우된다.
반면, 고온에서는 AC85-100보다 AC60-70이 공용성에 더 좋다고 판단되므로, 포장공용성 향상을 위하여 AC60-70 사용이 바람직하다.

② 현재 국내 아스콘 제조회사에서는 2개 이상의 정유사로부터 동시에 아스팔트 재료를 공급받는 경우가 많다.
이는 엄밀한 의미에서는 서로 다른 제품이므로 동일한 건설현장에서는 하나의 정유사 제품만 사용하는 것이 원칙이다.[54]

---

[54] 한국건설기술연구원, '비용절감을 위한 도로재료연구사업', 1992.
　　 국토교통부, '소성변형 방지대책'. 1998.07. pp.6~9.

4.44 아스팔트포장의 소성변형(Rutting)

아스팔트콘크리트포장에서 발생하는 소성변형의 원인과 대책방안 [2, 8]

I 개요

1. 아스팔트포장의 요철 중에서 소성변형의 원인이 되는 영구변형은 대부분의 경우에 다음 3가지 형태로 나타난다.

   (1) 재료의 강도를 초과하는 하중 응력에 의해 아스팔트포장의 하부 노상을 포함하여 단일 또는 여러 층에서 발생되는 변형이다. 이는 구조 소성변형이라 하며, 발생되는 변형의 폭이 넓고 V형의 횡단 형상으로 나타난다.

   (2) 재료 안정도의 한계를 초과하는 하중 응력에 의해 아스팔트 각 층에 발생되는 변형이다. 이는 유동 불안정성 소성변형이라 하며, 복륜의 경우에는 W형, 폭이 넓은 단륜의 경우에는 비대칭 형상으로 나타난다. 유동 소성변형은 경사로 또는 교차로 부근, 즉 중차량이 속도를 낮추어 타이어와 노면 간의 접지면에서의 횡방향 응력이 높아지는 구간에서 잘 발생된다.

   (3) 동절기에 문제가 되는 스파이크 타이어에 의한 마모 결과이다. 이는 마모 소성변형이라 하며, 연속된 횡단 형상으로 나타난다.

2. 이와 같은 3가지 소성변형 형태 중 다음 그림과 같이 국내에서 가장 일반적으로 많이 발생되는 상기 (2) 아스팔트 혼합물 유동에 기인하는 소성변형을 대상으로 기술하고자 한다.

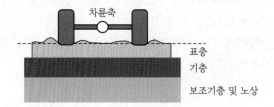

[아스팔트포장의 유동에 의한 소성변형]

3. 현재 국내에서 발생되는 아스팔트 혼합물 유동에 의한 소성변형의 원인은 아스팔트 혼합물 재료 자체의 문제, 배합설계 방법의 문제, 아스콘 플랜트 장비 및 혼합물 품질관리의 문제, 아스팔트 혼합물의 생산 및 시공의 문제로 나눌 수 있다.

4. 본문에서는 아스팔트포장의 소성변형 발생 원인을 아스팔트 혼합물의 배합설계, 생산 및 시공 각 단계별로 분석함으로써 문제점을 찾아내고 각 문제점에 대한 개선방안을 도출하고자 한다.

Ⅱ 아스팔트포장 소성변형의 원인별 대책

1. 아스팔트 혼합물

(1) 골재

① 현재 밀입도 아스팔트 혼합물에서 발생되는 소성변형은 편장석(片長石)이 많은 골재의 사용이 큰 원인으로 밝혀졌다.

KS F 2575 [편평·세장편 함유량 시험법]을 적용하여 아스팔트 플랜트에서 혼합물 생산과정에 굵은골재의 편평·세장편 함유량 기준 20% 이하를 준수한다.

② 입도 영역이 넓게 분포된 골재는 골재의 입형을 개선하기 어렵고 편장석이 많이 발생되어 아스팔트 혼합물용 굵은골재로서 품질이 저하될 수 있다.

입도 영역이 넓게 분포된 골재는 아스팔트 혼합물용 굵은골재로 사용하는 것을 제한하고 아스팔트 혼합물 생산에는 가급적 단립도 쇄석을 사용한다.

(2) 아스팔트 바인더

① 현재 국내 정유사가 생산하는 아스팔트 바인더는 침입도 60~80에 해당되는 아스팔트이다. 이는 KS M 2201「도로포장용 아스팔트 등급」기준 개정 이전에 많이 사용되었던 침입도 60~70(AP-5)과 85~100(AP-3)에 비교하면 아스팔트 바인더의 물리적 특성 구분이 불분명하다.

② 현재 아스팔트 플랜트에 공급되는 아스팔트 바인더는 침입도 75 정도이므로, 아스팔트포장의 소성변형 저항성 향상을 위하여 침입도 60~70(AP-5) 정도의 아스팔트 바인더 생산을 정유사에 요청하여 사용해야 한다.

③ 교통량이 많은 교차로에는 소성변형 발생 위험이 높으므로, 아스팔트 혼합물에 사용되는 아스팔트 바인더를 아스팔트 공용성 등급 PG 76-22를 의무적으로 사용한다.

신호대기 지역, 오르막 구간, 지·정체 심한 도로 등 소성변형 발생예상 지역에는 PG 76-22 이상을 사용하도록 적극 고려한다.

(3) 아스팔트 혼합물 입도

① 소성변형 발생 가능성이 높은 지역에서 아스팔트포장의 표층 하면에 존재하는 상부기층 또는 중간층에는 BB-4의 입도 또는 WC-5의 입도를 적용한다.

표층의 입도를 일반지역에는 WC-1~WC-4의 입도를 적용하며, 소성변형 발생 가능성이 높은 지역에는 내유동성 입도인 WC-5~WC-6의 입도를 적용한다.

② 일반 밀입도 시방기준을 이용하여 소성변형 저항성이 높은 아스팔트 혼합물을 생산하려면 다음 표와 같이 Superpave에서 제안한 제한구역(Restricted Zone) 아래쪽으로 피해가도록 배합설계에서 합성입도를 결정한다.

이때 주의할 점은 자연모래는 사용금지하고, 입도가 거칠어지므로 채움재 사용을 일반 밀입도 혼합물보다 약 2% 증가시키며, 아스팔트 함량 결정할 때 공극률은 약 3~3.5% 사이가 되도록 결정한다.

[Superpave에서 제안한 제한구역(Restricted Zone)]

체크기	골재최대치수	40mm 하한	40mm 상한	25mm 하한	25mm 상한	20mm 하한	20mm 상한	13mm 하한	13mm 상한
4.75mm	(No.5)	34.7	34.7	39.5	39.5	–	–	–	–
2.36mm	(No.8)	23.3	27.3	26.8	30.8	34.6	34.6	39.1	39.1
1.18mm	(No.16)	15.5	21.5	18.1	24.1	22.3	28.3	25.6	31.6
600μm	(No.30)	11.7	15.7	13.6	17.6	16.7	20.7	19.1	23.1
300μm	(No.50)	10.0	10.0	11.4	11.4	13.7	13.7	15.5	15.5

2. 배합설계

(1) 혼합온도와 다짐온도

① 마샬 배합설계에서 아스팔트 혼합물의 다짐온도는 최적 아스팔트 함량을 결정하는데 가장 중요한 공극률에 큰 영향을 미치므로, 다음 표에 제시된 아스팔트 혼합물의 혼합온도와 다짐온도를 반드시 준수하여 공시체를 제작한다.

[마샬공시체 제작에서 아스팔트 혼합물의 혼합온도와 다짐온도]

혼합물 종류	다짐온도(℃)	혼합온도(℃)
일반(침입도 60-80)	140±2	150±2

② 마샬 공시체 제작을 위하여 골재, 아스팔트 바인더 및 아스팔트 혼합물을 가열할 때 사용하는 고온 건조로는 내부위치에 따른 온도변화가 작은 순환 팬이 장착된 강제 송풍식 건조로를 사용한다.

건조로 내부에서 직접 각 골재나 혼합물 온도를 측정할 수 있도록 건조로 내부에 온도계를 설치하여 사용한다.

(2) 이론최대밀도

① 배합설계에 사용되는 이론최대밀도는 KS F 2366 「역청포장 혼합물의 이론적 최대비중 및 밀도 시험법」을 사용하여 직접 구한 유효 혼합골재 비중에 의해 아스팔트 함량별 이론최대밀도 값을 계산하여 사용한다.

② '유효 혼합골재 비중을 적용'할 때, 각 골재의 비중시험 결과에 따라 겉보기 비중으로 계산한 혼합골재 비중과 표면건조 겉보기 비중으로 계산한 혼합골재 비중 사이에 '유효 혼합골재 비중'이 존재하는지 확인한 후 사용한다.

(3) 최적 아스팔트 함량(OAC)

① 중교통 노선이나 소성변형 우려가 있는 노선에 적용하는 표층과 기층용 아스팔트 혼합물은 배합설계에서 반드시 마샬타격회수 75회를 적용하여 결정한 최적 아스팔트 함량(OAC)을 사용한다.

② 교차로와 같이 차량이 정기적으로 정차하는 구간에는 상습적인 소성변형 발생지역이 많으므로, 일반 아스팔트 혼합물을 적용할 때는 배합설계에서 가능하면 낮은 범위의 아스팔트 함량을 적용한다.

(4) 콜드빈 골재에 대한 예비 배합설계

① 배합설계에서 계획된 입도와 아스팔트 함량에 가깝게 실제 현장에서 시공하려면 콜드빈 골재에 대한 예비 배합설계를 통해 콜드빈 투입비를 결정하고 드라이로 투입하여 핫 스크린을 거쳐 각 핫빈에 저장된 골재를 샘플링하면 실제 시공되는 혼합물과 가장 가까운 입도의 배합설계를 할 수 있다.

② 실제로 이러한 배합설계 절차를 국내에서 SMA 포장의 실용화 단계에서 개발하여 아주 좋은 성과를 나타내고 있다.

3. 아스콘 플랜트 장비 및 품질

(1) **현장배합 실시** : 긴급보수 외의 모든 아스팔트 혼합물은 현장배합을 필히 실시하여 실제 플랜트 생산 혼합물의 품질을 미리 확인하고 품질기준을 정한 후에 시공한다.

(2) **현장배합 허용오차** : 현장배합 허용오차는 최종 결정된 아스팔트 함량을 사용하여 플랜트에서 생산된 혼합물의 추출입도, 본 배합설계에서 결정된 핫빈(hot bin) 합성 입도곡선 중 한가지로 결정된 입도곡선에 대하여 적용한다.

(3) **콜드빈과 핫빈의 입도관리** : 아스콘 플랜트의 콜드빈과 핫빈의 입도관리는 일 3회 이상 지속적으로 실시하여 당초 배합설계의 합성입도와 현장입도의 일치 여부를 점검한다.

(4) **오버플로우(Overflow) 유출량 시험** : 아스팔트 혼합물의 배합설계 및 현장배합 이전에 혼합물의 품질관리에 가장 큰 영향을 미치는 오버플로우 문제 발생을 최소로 할 수 있도록 '핫빈을 통한 콜드빈 유출량 시험'을 실시한다.

(5) **콜드빈 골재를 공급하는 방법 개선** : 핫빈에 공급되는 골재의 입도변동을 최소화하기 위하여 VS(Variable Speed) 모터로 컨베이어 콜드피더를 회전시켜서 콜드빈 골재를 이송 컨베이어로 공급하는 방법으로 기존 플랜트를 개선한다.

(6) **아스팔트 저장탱크 하단에 배출 펌퍼 설치** : 프리믹스(pre-mix)된 개질아스팔트를 사용하여 아스팔트 혼합물을 생산할 때는 기존 아스팔트 잔류분과 개질아스팔트가 혼합되지 않도록 아스팔트 저장 탱크 하단에 배출 펌퍼를 설치하여 기존 아스팔트를 완전히 제거한다.

4. 생산 및 시공 품질관리

(1) 콜드빈 골재에 대한 편장석 시험을 정기적으로 실시하며, 육안 관측으로 변화가 의심되면 크러셔 장비를 수리하거나 스크린을 교체한다.

(2) 핫빈 골재를 정기적으로 채취하여 체분석 시험을 실시하여 각 빈별 입도변화를 검사하고, 변동이 있을 경우에는 핫빈별 배합비를 조정한다.

(3) 정기적으로 아스팔트 추출시험을 실시하여 아스팔트 함량을 검사한다.

(4) 시공 후에 현장코어 채취를 통하여 현장다짐도 검사를 철저히 관리한다.

(5) 품질관리 목표치에서 일정한 변화경향을 보이거나, 오차가 발생되는 항목에 대해서는 그 원인을 분석하여 수정한다.

Ⅲ 맺음말

1. 최근 차량의 지·정체로 인하여 아스팔트포장에서 소성변형이 급격하게 발생됨에 따라 기존의 밀입도 아스팔트 혼합물은 그 한계를 드러내고 있다.

2. 소성변형 구간을 재포장하는 경우에는 아스팔트포장의 하부에 대해 소성변형 유무를 검사하고 필요하면 보조기층 및 노상의 일부까지 제거한 후에 덧씌우기를 하는 것이 바람직하다.[55]

---

55) 국토교통부, '아스팔트포장의 소성변형을 위한 지침', 2005.
　　박효성 외, 'Final 토목시공기술사', 개정 2vks, 예문사, 2020, pp.1202~1206.

4.45 줄눈 콘크리트포장의 컬링 발생 매커니즘

줄눈 콘크리트포장에서 상·하부 슬래브 컬링의 발생 매커니즘, 하부 응력 발생 [0, 1]

I 개요

1. 중차량 저항성이 우수한 강성포장의 대표적인 형식에는 줄눈 콘크리트포장(JCP)과 연속 철근 콘크리트포장(CRCP)이 있다.

2. 적절한 지지력이 확보된 린(lean) 콘크리트층 위의 현장타설 콘크리트포장 슬래브는 일일 온도변화에 반응하여 길이 방향으로 수축·팽창 거동을 하며, 슬래브 상·하부의 온도차이에 의해 컬링(curling), 상대습도차에 의해 와핑(warping) 거동을 한다.

II 줄눈 콘크리트포장 컬링(curling) 거동

1. 컬링(curling) 발생 매커니즘

(1) 슬래브 하단에 비해 상단 온도가 높은 양(+)의 온도경사일 경우, 슬래브 상부는 하부에 비해 더 팽창하여 슬래브 단부는 하향 컬링(curling down)을 유발한다.

(2) 반대로 음(-)의 온도경사일 경우, 슬래브 하단 표면이 상단에 비해 더 팽창하여 슬래브 단부는 상향 컬링(curling up)을 유발한다.

(3) 이러한 온도변화에 의한 컬링 거동은 구속조건 및 자중으로 인해 콘크리트 슬래브에 인장응력을 발생시키고, 인장응력이 인장강도보다 커져 균열이 발생된다.

(4) 연속 철근 콘크리트포장(CRCP)에서 자연적으로 발생되는 횡방향 균열 사이의 컬링 거동은 공용성에 큰 영향을 미치지 않는다.

(5) 그러나 줄눈 콘크리트포장(JCP)의 컬링 거동은 온도변화에 의한 휨 형상(bending shape)과 차륜 하중의 조합으로 인해 슬래브에 과도한 인장응력을 발생시켜 슬래브의 구조적 손상을 야기할 수 있기 때문에 유의해야 한다.

2. 빌트인 컬링(built-in curling)

(1) 콘크리트포장 슬래브의 빌트인 컬링(built-in curling)이란 시공 중에 콘크리트 슬래브 상·하부의 온도·습도차가 발생되지 않았을 때 콘크리트 슬래브가 평평하게 노상지반에 놓여 있지 않고 휨 형상을 보이는 것을 말한다.

(2) 이는 현장타설된 굳지 않은 콘크리트가 경화되는 과정에 슬래브 두께를 따라 온도·습도 차이가 과도하게 발생되면서 슬래브 단부에 컬링 또는 와핑 형상이 발생된 상태 그대로 경화된 것을 말한다.

(3) 빌트인 컬링은 덥고 건조하거나 일교차가 급격히 발생되는 기후조건에서 콘크리트포장을 시공할 경우에 발생될 가능성이 크다.

(4) 반대로 시원하고 습하며 일교차가 크지 않는 기후조건에서 콘크리트포장을 시공할 경우에는 빌트인 컬링의 발생이 미소하거나 발생하지 않는다.

3. 컬링(curling) 파손 발생원인

(1) 콘크리트포장 시공 중에 시원하고 습한 공기는 커다란 온도변화 형성을 방지하여 건조수축 발생 자체를 방지한다.

(2) 덥고 햇빛이 강한 아침에 콘크리트포장을 타설하면 최대 온도경사가 발생되며, 최대 태양 복사시간이 지난 후에 슬래브가 경화하게 된다.

(3) 이는 슬래브 하부의 온도와 수분 함량이 비교적 일정한 반면, 슬래브 상단 표면의 온도는 지속적으로 증가하면서 표면의 수분증발을 초래한다.

(4) 결국, 온도변화와 건조수축의 결합은 영향력이 큰 음(陰)의 온도 차이를 초래하며, 콘크리트가 경화되기 직전 콘크리트 슬래브 두께에 작용되는 큰 온도·습도 차이 때문에 콘크리트 내부의 온도·습도 차이가 크지 않더라도 아래 그림과 같이 오히려 상향 컬링(curling up)을 유발한다.

(5) 이러한 빌트인 컬링 발생을 억제하기 위해서는 늦은 낮이나 밤 시간대에 콘크리트포장을 타설하도록 제안하고 있다.

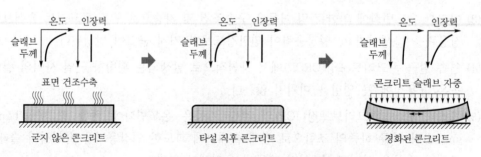

[콘크리트포장 슬래브의 built-in curling]

Ⅲ 줄눈 콘크리트포장 컬링(curling) 파손 보수방안

1. 반사균열 억제

(1) 빌트인 컬링에 의한 주요 손상원인은 줄눈부, 균열부 및 모서리부 간극으로 인한 낮은 하중전달률이다.

(2) 따라서 보수방안은 아래 그림과 같이 슬래브의 줄눈부, 균열부 및 모서리부의 하부간극을 제거하거나 감소시키는 전처리작업을 수행 후에 아스팔트 덧씌우기를 하여 반사균열의 발생 억제를 극대화한다.

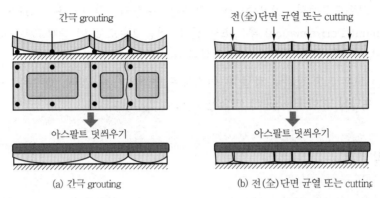

[아스팔트 덧씌우기로 인한 반사균열 발생 억제 방안]

2. 언더씰링(undersealing) 보수공법

(1) 그림 (a)는 줄눈 및 균열 하부의 간극 그라우팅(void grouting)으로 충진하여 과도한 처짐방지, 줄눈부 하중전달율 확보한 후 비절삭 아스팔트 덧씌우기를 하는 일종의 언더씰링(undersealing) 보수공법이다.

(2) 그라우팅 충진으로 JCP 슬래브의 불연속면(줄눈부, 균열부)의 하중전달률을 확보하면 아스팔트 덧씌우기 층의 반사균열 발생을 억제할 수 있다.

(3) 줄눈 및 균열의 하부 간극을 시멘트 페이스트로 충진하고 팽창줄눈을 설치하여 하절기 폭염에 의한 블로우업(blow up) 손상을 방지한다.

3. 균열정착(crack and seat) 보수공법

(1) 그림 (b)는 줄눈부 주위의 전단면 cutting 또는 균열유도(cracking)를 통해 슬래브 길이를 짧게 하여 줄눈부 슬래브가 하부지반에 적절히 지지되게 한 후 비절삭 아스팔트 덧씌우기를 하는 일종의 균열정착(crack and seat) 보수공법이다.

(2) 기존 콘크리트포장에 0.9~1.5m 간격으로 전단면 균열을 유도하는 전처리를 통해 상부 아스팔트표층으로 전달되는 거동을 감소시켜 반사균열 발생을 억제시키는 공법이다.

(3) 빌트인 컬링으로 인한 슬래브 단부 휨 형상 때문에 줄눈 하부에 간극이 발생하므로, 줄눈부로부터 일정간격 떨어진 위치를 전단면 cutting 및 균열유도하여 슬래브 전체를 하부 린(lean)콘크리트 층에 지지시켜 하중전달률을 확보한다.

(4) 이 공법은 전단면 cutting 및 균열유도로 인하여 추가적인 줄눈폭이 발생하기 때문에 별도의 팽창줄눈 설치는 불필요하다.

4. 개질SMA 수밀성 혼합물 사용

(1) 고속도로 노후 JCP 상부에 아스팔트 덧씌우기를 할 때, 방수층 역할을 하는 2% 이하 공기량을 갖는 개질SMA 혼합물 중간층과 표층을 주로 사용한다.

(2) 현재 고속도로에서 공용수명이 검증된 포장의 장기공용성(LTPP, Long Term Pavement Performance) 추적조사 결과, 영동고속도로 및 중부고속도로 보수구간에서 개질SMA 혼합물을 사용하여 공용성이 우수한 것으로 분석되었다.

(3) 따라서 노후 JCP 전처리 작업 후 아스팔트 덧씌우기를 할 때, 방수층 역할을 하는 개질 SMA 수밀성 혼합물 사용이 필요한 것으로 판단된다.

Ⅳ 맺음말

1. 줄눈 콘크리트포장은 일일 온도변화에 따른 컬링 형상과 차륜하중과의 조합에 의해 균열이 발생될 수 있으며, 이러한 손상은 콘크리트 포설·양생단계에서 빌트인 컬링이 발생될 경우에 더욱 가속화되어 설계수명이 다다르기 전에 조기파손이 발생되는 원인이 될 수 있다.

2. 빌트인 컬링 발생구간에 대하여 아스팔트 덧씌우기 보수 전에 줄눈부 및 균열부의 하중전달율 회복을 위하여 그라우팅을 통한 하부 간극 충진, 줄눈부 주위 전단면 커팅을 통하여 하부 간극의 최소화, 차륜하중 통과 중에 과도한 처짐을 방지함으로써, 반사균열 발생을 억제할 수 있는 보수공법이 필요하다.[56]

---

56) 오한진 외, '콘크리트포장의 빌트인 컬링에 의한 손상 및 현장 공용성 평가', International Journal of Highway Engineering Vol. 21 No. 2 pp. 39–48, March 14, 2019.

4.46 콘크리트포장의 파손형태

무근 콘크리트포장의 파괴원인 및 대책, Blow-up, Spalling, Pumping 현상 [7, 3]

1. 개요

(1) 콘크리트포장은 경화될 때부터 건조수축(shrinkage)이 발생되며, 강성이기 때문에 온도·습도 변화에 따라 수축·팽창이 반복되면서 이로 인해 균열이 발생된다.

(2) 국부적인 파손은 소파보수, 줄눈보수 등을 실시한다. 전반적인 파손은 그 규모나 깊이에 따라 덧씌우기, 재포장 등의 본격적인 보수·보강공법을 검토한다.

2. 콘크리트포장의 파손유형

(1) 균열

균열의 문제점
• 콘크리트포장에서 균열은 줄눈으로 유도되지만 줄눈 절단시기의 지연, 슬래브 두께 부족, 슬래브 하부층 변형 등으로 인해 균열이 발생된다. • 콘크리트포장에서 줄눈은 온도·습도에 따라 수축·팽창이 반복되므로, 줄눈이 파손되면 이물질이나 물이 침투되어 균열, 스폴링 등의 파손이 생긴다. • 균열과 줄눈으로 포장이 파손되는 것을 방지하기 위해 점착력 있는 재료로 실링해야 한다. 기본적으로 균열과 줄눈의 실링재료는 동일하다.

① 우각부 균열(corner break) : 세로방향줄눈과 가로방향줄눈이 교차하는 부위에 생기는 삼각형 모양의 균열이다. 우각부 균열은 줄눈부에서 30cm 이상 떨어져서 균열 파손이 콘크리트 슬래브 전체 깊이에 나타난다.

② 대각선 균열(diagonal crack) : 슬래브 중심선에서 대각선 방향으로 발생된 균열이다. 우각부 균열에 비해 대각선 균열은 균열이 발생된 슬래브 한쪽면의 길이가 슬래브 폭 또는 길이의 1/2 이상을 차지하는 경우를 의미한다.

③ 세로 균열(longitudinal crack) : 포장체의 중심선과 평행하게 생기는 균열이다.

④ 가로 균열(transverse crack) : 슬래브의 중심선과 직각 방향으로 발생되는 균열이다. 슬래브 중앙부에서 발생되어 인접부와 단차를 이루는 경우도 있다.

⑤ D형 균열(durability crack) : 간격이 좁고 불규칙한 균열의 형상이 종방향과 횡방향으로 평행하게 발생되는 균열이다. D형 균열은 콘크리트포장에 사용된 골재의 공극구조와 환경하중에 의해 발생된다.

⑥ 줄눈재 파손(joint seal damage) : 줄눈 실링재와 줄눈부의 접착력이 상실되거나, 줄눈 실링재의 산화로 인해 줄눈이 갈라지거나, 줄눈 실링재가 줄눈부에서 완전히 이탈된 상태를 의미한다.

⑦ 스폴링(spalling) : 포장의 줄눈 및 균열의 단부가 작은 조각으로 깨지는 것을 스폴링 이라 한다. 스폴링은 줄눈부 또는 균열부에서 많이 발생된다.

균열 파손이 슬래브의 전체 깊이에 발생되면 우각부 균열이라 하며, 슬래브의 표면에 만 발생되면 스폴링으로 간주한다.

(2) 변형

변형의 문제점
•변형이란 콘크리트 슬래브 표면의 원래 형상이 변형되는 것을 의미하며 포장의 구조적인 결함에 의해 발생된다. •구조적인 결함이란 포장체 하부의 보조기층이나 노상의 변형으로 인해 지지력이 일정하지 않아 슬 래브에 과도한 응력이 발생되면 변형이 생긴다. •변형에는 균열이 따르게 되며, 균열이 변형을 유발하기도 한다. •아스팔트포장과 같이 콘크리트포장도 포장체 저부에서 변형이 발생되면 표면에 완만한 형상의 처 짐이 발생된다.

① 단차(faulting) : 균열 또는 줄눈부의 인접 슬래브 간에 종·횡 방향으로 높이 차이가 발생되는 것을 말한다.

주로 하중전달장치 다웰바가 없는 콘크리트포장의 가로균열에서 발생된다. 단차는 오르막 슬래브가 위쪽, 내리막 슬래브가 아래쪽으로 차이가 발생된다.

② 펌핑(pumping) : 차량이 통행할 때 슬래브가 상·하로 움직이면서 슬래브 하부에 있 는 물과 함께 모래, 점토, 실트 등이 함께 노면으로 분출되는 현상이다.

주로 펌핑은 가로·세로 방향 줄눈부, 균열부, 포장 단부에서 발생된다.

(3) 탈리

탈리의 문제점
•탈리는 콘크리트포장에서 슬래브의 일부분이 떨어져 나가거나 일부분의 골재 결합이 느슨해지는 것을 의미한다. •콘크리트 자체의 내구성이 저하되어 발생되는 탈리는 자연적으로 진행되며 점차 확대되어 거의 완 전한 파괴가 발생될 때까지 면적이 넓어진다. •균열이 줄눈이나 단부로부터 조밀한 간격으로 형성된다는 점에서 구조적인 파손을 의미하는 탈리 와 쉽게 구분된다.

① 스케일링(scaling) : 콘크리트 표면의 일부가 벗겨져 탈리되는 현상을 말한다. 어떤 경우에 스케일링이 포장 안으로 점점 더 깊게 진행될 수도 있다.

스케일링은 마무리 공정에서 흘러 들어간 실트나 점토, 제설용 염화칼슘 사용, 과도 한 마무리 등이 원인이다. 구조적 관점에서 심각한 영향은 주지 않는다.

그러나 제설용 염화칼슘을 장기간 사용하여 발생된 스케일링은 콘크리트에 손상을 주어 포장의 구조적 능력을 저해할 수 있다.

② 블로우업(blow up) : 콘크리트포장이 국부적으로 솟아오르거나 파쇄된 형상이다. 블로우업은 주로 압축응력을 받는 콘크리트포장의 줄눈에서 발생되며, 특히 팽창줄눈을 설치하지 않았을 경우에 발생된다.

수축줄눈에 모래나 비압축성 물질이 들어가면 블로우업이 발생된다.

③ 망상 균열(map cracking) : 콘크리트 길어깨 부분과 평행하게 표면 위쪽에 균열이 이어진 현상을 말한다. 주로 포장의 종방향으로 많은 균열이 분포되며, 횡방향 균열 또는 무작위 균열과 연결된다.

콘크리트의 알칼리와 골재의 실리카가 화학반응을 일으켜 발생되는 파손이다.

④ 골재 이탈(popouts) : 콘크리트포장의 표면으로부터 골재 부분 혹은 시멘트 페이스트 부분이 작게 떨어져서, 지름 25~100mm, 깊이 13~50mm로 발생된다.

(4) 미끄럼 저항 감소

① 미끄럼 저항 감소의 원인
- 노면의 미끄럼 저항에 영향을 미치는 포장체의 표면조직은 0.5mm 요철을 기준으로 미세조직(micro-texture)과 조면조직(macro texture)으로 구분된다.
- 미세조직은 모르타르나 골재입자 거칠기에 따라 결정되며, 조면조직은 골재입자 간격에 따라 결정된다.

② 미끄럼 저항 감소의 영향
- 포장 표면의 골재 입자가 매끄럽게 닳는 골재 마모(polished aggregate) 현상이 발생되면 미끄럼 저항이 감소되고 제동거리가 증가된다.
- 최근 중차량 통행량 증가로 인해 노면 마모는 가속화되고, 차량 주행속도는 점차 빨라져서 보다 높은 미끄럼 저항이 요구되고 있다.[57]

---

57) 국토교통부, '도로포장 유지보수 실무편람', 2013, pp.24~46.

4.47 콘크리트포장의 보수공법

콘크리트포장의 파손유형 및 보수방안, 콘크리트포장의 Spalling 파손 [0, 6]

I 개요

1. 도로포장은 지반의 특성, 지세, 강우, 기온변화, 강우량 등의 환경적 요인과 교통량, 중차량 구성비 등의 교통특성에 따라 파손이 발생되어 여러 문제를 유발시킨다.

2. 따라서 도로 이용자에게 쾌적하고 안전한 도로를 지속적으로 제공하기 위해서는 도로포장을 효율적으로 유지·관리해야 한다. 이를 위해 파손원인을 파악하고, 파손원인에 따라 적절한 보수를 적절한 시기에 수행하여 포장상태를 양호하게 유지할 필요가 있다.

II 콘크리트포장의 보수공법

1. 줄눈 보수

(1) 콘크리트포장 줄눈재는 물과 이물질이 콘크리트포장 줄눈부를 타고 내부로 침투하여 줄눈 거동을 방해하는 것을 최소화하기 위해 줄눈 절단면에 주입 또는 삽입되는 탄성이 풍부한 재료이다.

(2) **콘크리트포장 줄눈재의 역할**

① 강우, 강설, 제설염수 등의 외부 수분이 콘크리트포장 줄눈부를 타고 내부로 침투하여 열화 촉진, 다우웰바 부식, 줄눈거동 마비 등을 방지

② 단단한 이물질이 줄눈부에 침투하여 흠집을 내거나 수축거동 방해 최소화

③ 온도변화에 따른 콘크리트 슬래브의 수축·팽창에 대해 줄눈잠김(freezing) 또는 과도한 열림(excessive opening) 발생하지 않도록 적절한 공간 확보

(3) 콘크리트포장 보수 후 아스팔트 덧씌우기를 시공할 경우에는 160℃ 이상에서도 견딜 수 있도록 아래와 같은 줄눈재의 종류 중에서 선정해야 한다.

[줄눈재의 종류]

공법		재료	적용 품질기준
주입형	가열	고무아스팔트 계열	고속도로 전문시방서 「13-7 줄눈재료」 준용
	상온	실리콘 계열	
성형 삽입형		EPDM 계열	
		폴리네오프렌 계열	

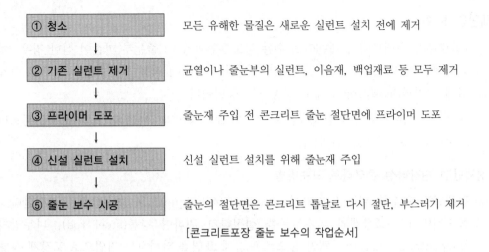

① 청소	모든 유해한 물질은 새로운 실런트 설치 전에 제거
② 기존 실런트 제거	균열이나 줄눈부의 실런트, 이음재, 백업재료 등 모두 제거
③ 프라이머 도포	줄눈재 주입 전 콘크리트 줄눈 절단면에 프라이머 도포
④ 신설 실런트 설치	신설 실런트 설치를 위해 줄눈재 주입
⑤ 줄눈 보수 시공	줄눈의 절단면은 콘크리트 톱날로 다시 절단, 부스러기 제거

[콘크리트포장 줄눈 보수의 작업순서]

2. 균열 보수

(1) 콘크리트포장 균열은 최소 폭 13mm에 깊이 19mm로 절단하고, 모든 결함 부스러기나 시멘트모르타르를 제거하기 위하여 균열부에 고압 살수한다.

(2) 콘크리트포장 줄눈부에서 1.2m 이상 떨어진 부위의 가로균열, 세로균열 등의 균열 폭이 3~19mm 경우에는 줄눈재 충전법으로 아래와 같이 보수한다.

① 아주 경미한 균열 : 그대로 둔다.

② 미세 균열~최대폭 3mm 이하 균열로서 스폴링 없는 경우 : 균열 단부가 거칠어졌거나 단차가 있으면 반드시 그루빙 후 실링한다.

③ 최대폭 3~19mm 균열로서 스폴링 없는 경우 : 균열에 그루빙 후 실링한다.

④ 최대폭 3~19mm 균열로서 스폴링 있는 경우 : 부분단면 보수 후 실링한다.

⑤ 최대폭 19mm 이상 균열로서 스폴링 없는 경우 : 균열에 그루빙 후 실링한다. 다만, 균열이 전 폭에 걸쳐 심화된 경우에는 하중전달장치를 설치한다.

⑥ 최대폭 19mm 이상 균열로서 스폴링 있는 경우 : 형성된 균열을 하나의 줄눈으로 간주하여, 하중전달장치를 포함한 전체단면 보수를 실시한다.

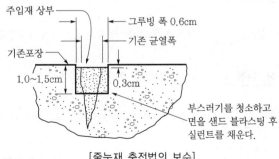

[줄눈재 충전법의 보수]

3. 전체단면 보수

(1) 콘크리트포장 슬래브의 전체단면 보수는 블로우업과 같이 줄눈부 파손이 심한 경우, 여러 균열이 복합적으로 발생된 경우, 결함이 심한 경우에 적용하는 보수 공법으로 슬래브 전체 깊이까지 제거하고 새로 시공하는 공법이다.

(2) 전체단면 보수는 전체단면 현장타설 콘크리트 보수방법과 전체단면 프리캐스트 콘크리트 보수방법으로 구분할 수 있다.

(3) 전체단면 현장타설 콘크리트 보수방법

① 전체단면 보수를 위해 탐침기법(sounding technique)으로 보수범위를 설정한다.

② 탐침기법이란 포장체의 파손부분을 설정하기 위하여 강봉(steel rod), 나무망치(carpenter's hammer), 체인 등으로 포장체 표면을 타격하는 기법으로 포장체 상태가 양호한 부위는 명쾌한 소리, 파손된 부위는 둔탁한 소리를 낸다.

③ 보수범위는 파손된 부위보다 30cm 더 넓게 직사각형으로 설정하며, 유지보수의 작업성을 고려하여 폭 1.2m 이상, 길이 1.8m 이상으로 설정한다.

④ 보수범위는 아래 그림과 같이 콘크리트포장 슬래브 내부에서 파손된 범위까지를 고려하여 설정해야 한다.

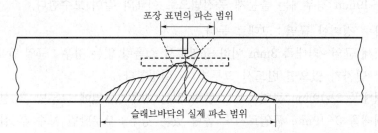

[포장 슬래브 표면과 내부 파손 범위가 다를 때 보수범위 설정]

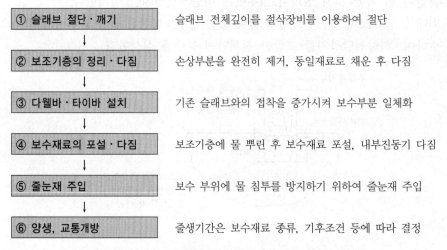

① 슬래브 절단·깨기	슬래브 전체깊이를 절삭장비를 이용하여 절단
② 보조기층의 정리·다짐	손상부분을 완전히 제거, 동일재료로 채운 후 다짐
③ 다웰바·타이바 설치	기존 슬래브와의 접착을 증가시켜 보수부분 일체화
④ 보수재료의 포설·다짐	보조기층에 물 뿌린 후 보수재료 포설, 내부진동기 다짐
⑤ 줄눈재 주입	보수 부위에 물 침투를 방지하기 위하여 줄눈재 주입
⑥ 양생, 교통개방	줄생기간은 보수재료 종류, 기후조건 등에 따라 결정

[전체단면 현장타설 콘크리트 보수의 작업순서]

(4) **전체단면 프리캐스트 콘크리트 보수방법** : 전체단면 보수를 위한 교통 통제시간을 단축하고, 신속한 보수를 요구하는 도심지 노선에는 프리캐스트 콘크리트 소파 보수공법을 적용한다.

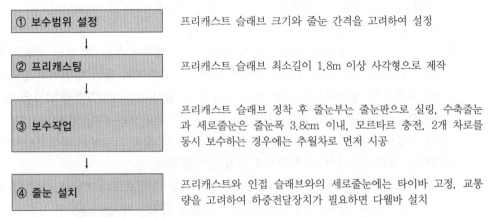

① 보수범위 설정	프리캐스트 슬래브 크기와 줄눈 간격을 고려하여 설정
② 프리캐스팅	프리캐스트 슬래브 최소길이 1.8m 이상 사각형으로 제작
③ 보수작업	프리캐스트 슬래브 정착 후 줄눈부는 줄눈판으로 실링, 수축줄눈과 세로줄눈은 줄눈폭 3.8cm 이내, 모르타르 충전, 2개 차로를 동시 보수하는 경우에는 추월차로 먼저 시공
④ 줄눈 설치	프리캐스트와 인접 슬래브와의 세로줄눈에는 타이바 고정, 교통량을 고려하여 하중전달장치가 필요하면 다웰바 설치

[전체단면 프리캐스트 콘크리트 보수의 작업순서]

4. 슬래브 재킹(slab jacking)

(1) 슬래브 재킹은 절·성토 경계부와 암거·교량 뒤채움부의 침하 부위의 보수에 사용되는 공법으로, 슬래브 또는 보조기층 밑에 시멘트 그라우트를 고압으로 주입하여 그라우트 압력에 의해 침하된 슬래브를 원래 높이까지 들어 올리는 방법이다.

(2) **슬래브 재킹의 시공순서**

① 그라우트 주입구멍의 천공 : 주입구멍을 가로방향 줄눈이나 슬래브 가장자리로부터 30~45cm 떨어져서 구멍중심 간 거리 180cm 이하로 배치하면, 1개 구멍으로 2.3~2.8m^2 정도의 슬래브를 들어 올릴 수 있다.

주입구멍 배치는 침하량, 파손의 종류·정도에 따라 다르며 슬래브에 균열이 있으면 이보다 더 조밀하게 뚫어야 한다. 주입구멍은 아래 그림과 같이 삼각형으로 어긋나게 배치하여 모든 구멍 간에 동일 거리를 유지하도록 한다.

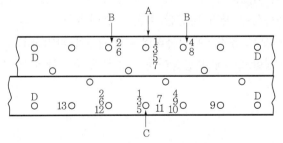

[주입구멍의 배치와 주입 순서]

② 부유토사와 물 제거 : 천공이 완료되면 슬래브 밑의 부유토사와 물을 제거하기 위해 압축공기를 15~60초간 불어넣는다.

③ 그라우트 배합 : 그라우트 혼합물의 반죽질기가 된 상태에서는 슬래브를 들어 올리는 역할을 하고, 묽은 상태에서는 슬래브 밑의 공극을 메우는 역할을 하므로 용도에 따라 적절한 반죽질기로 배합한다.

④ 그라우트 펌핑 : 펌핑은 전체 구간에 균등하게 수행되어야 한다. 펌핑 작업은 위 그림에서 침하 부위의 중앙 주입공 A에서 시작하여 좌측 B로 옮겨 펌핑하면 슬래브가 들어 올려질 때 발생되는 변형을 최소로 줄일 수 있다. 그 다음 3번째 펌핑은 다시 A에서 시작하여 우측 B로 옮겨 펌핑한다. 이를 반복하면 A는 4번, 양측 B는 2번 펌핑하여 침하량이 가장 큰 중앙부위가 양측부위보다 더 많이 그라우트 주입된다. 1차로 펌핑 후, 2차로 C에서 반복하면서 점차 들어올린다.

⑤ 침하된 슬래브를 1번 주입하여 펌핑할 때 인접된 슬래브보다 0.6cm 이상 더 높게 들어올리면 아니 되며, ±0.3cm 이내의 평형을 유지하며 들어올린다.

⑥ 슬래브 재킹량 관찰 : 아래 그림과 같이 외측과 내측의 포장 표면에 높이 2cm의 블록을 놓고, 슬래브 침하부 양쪽 끝에서 줄을 팽팽히 당겨서 주입 중 모든 지점에서 슬래브 재킹량을 정확히 관찰한다. 침하 부위 양쪽 끝에 처짐측정선을 고정시킬 때는 침하 시작 지점부터 3m 외측에 고정시킨다.

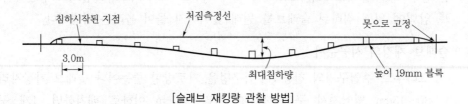

[슬래브 재킹량 관찰 방법]

Ⅲ 맺음말

1. 도로포장은 지반의 특성, 지세, 강우, 기온변화, 강우량 등의 환경요인과 교통량, 중차량 구성비 등의 교통특성에 따라 다양한 파손이 발생된다.

2. 도로포장을 효율적으로 유지·관리하려면 파손원인을 파악하고, 그에 따라 적절한 보수를 적절한 시기에 수행함으로써 포장상태를 양호하게 유지해야 한다.[58]

---

58) 국토교통부, '도로포장 유지보수 실무편람', 2013, pp.88~150.

4.48 초박층 스프링클 포장 보수공법

초박층 스프링클 포장공법(Innovative Sprinkle Treatment) [2, 0]

1. 용어 정의

(1) 초박층 스프링클 포장 보수공법은 우레탄-에폭시 수지 및 편장석률이 높은 골재를 도로의 균열 부위에 도포하되, 아스팔트와 시멘트를 사용하지 않는 보수공법이다.

(2) 우레탄-에폭시 수지 초박층 포장공법에 대한 예비시험시공을 구원주영업소의 폐도구간에서 실시·분석한 결과, 시공성과 초기 공용성은 우수한 것으로 나타났다.

2. 필요성

(1) 그동안 장기간 사용으로 노후화되거나 파손된 도로의 보수방법은 노후화된 부분을 전면 제거하고 재포장하는 방법, 기존 포장 위에 신규 포장을 덧씌우는 방법 등이 개발되어 사용된다.

(2) 그 중 도로의 노후화된 부분을 전면 제거하고 재포장하는 방법은 비용이 고가이고 기간이 오래 소요되어 교통량이 많은 도로에는 사용하기 어려운 단점이 있다.

(3) 최근 콘크리트포장이 파손된 부분에 아스팔트나 시멘트를 채우거나 에폭시나 모래혼합물을 덧씌우는 초박층 포장 공법이 널리 활용되고 있다.

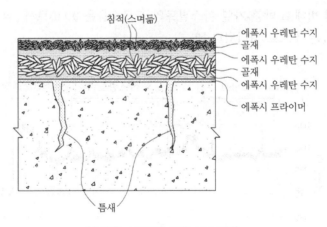

[초박층 스프링클 포장 보수공법]

3. 시공순서

(1) **골재 준비** : 표면 균열된 도로보수에 사용할 골재를 분쇄하여 입도별로 분리

(2) **도로표면 청소** : 보수 대상 도로표면에 존재하는 이물질을 제거

(3) **프라이머 도포** : 청소 후, 보수 대상 도로표면에 에폭시 프라이머를 도포

(4) **수지 1차 도포** : 에폭시 프라이머가 도포된 면에 우레탄-에폭시 수지를 도포

(5) **골재 1차 포설** : 입도별로 분리된 골재를 우레탄-에폭시 수지가 도포된 면에 포설

(6) **수지 2차 도포** : 골재가 포설된 면에 우레탄-에폭시 수지를 2차 도포

(7) **골재 2차 포설** : 우레탄-에폭시 수지가 2차 도포된 면에 골재를 2차 포설

(8) **수지 3차 도포** : 골재가 2차 포설된 면에 우레탄-에폭시 수지를 3차 도포

(9) **도로 다짐** : 골재 2차 포설되고 수지 3차 도포된 도로표면을 롤러로 다짐

(10) **도로 양생** : 롤러 다짐 후에 도로표면을 양생하면 완료

4. 보수효과

(1) 파손된 도로 부분에 우레탄-에폭시 수지를 도포하기 때문에, 종래의 아스팔트를 이용하는 보수공법보다 수명이 길고 내구성이 우수하다.

(2) 우레탄-에폭시 수지 보수공법은 종래의 시멘트를 이용하는 보수공법보다 양생시간이 짧고 건조수축 균열이 발생되지 않는다.

(3) 우레탄-에폭시 수지 위에 편장석률이 높은 골재를 포설함으로써, 골재가 고점도의 우레탄-에폭시 수지 내에 쉽게 침적(스며듦)되며, 우레탄-에폭시 수지 및 골재 간의 결합력이 강해져 도로보수의 작업성이 향상되는 효과가 있다.

(4) 도로노면 소음 측정 결과, 밀입도 아스팔트 98.4dB 및 노후된 아스팔트 도로소음 98.5dB에 비해 초박층 가열 아스팔트의 도로소음은 90dB로서, 약 8.5dB의 소음 저감 효과가 있는 것으로 나타났다.[59]

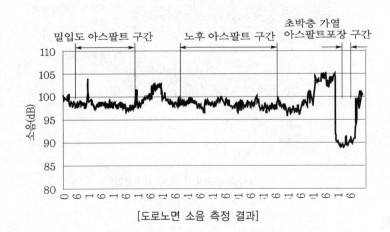

[도로노면 소음 측정 결과]

---

59) 국토교통부, '복합포장 시스템 및 폴리머 콘크리트 교면포장 개발' 건설기술혁신사업 평가보고서, 2010.

4.49 기존 콘크리트포장 위에 덧씌우기

노후 시멘트 콘크리트포장 위에 아스팔트포장 덧씌우기, 반사균열의 원인과 저감방안 [3, 10]

I 개요

1. 기존 콘크리트포장의 덧씌우기 보수방법에는 아스팔트로 덧씌우기와 콘크리트로 덧씌우기
   가 있다. 아스팔트로 덧씌우기는 반사균열을 방지하는 것이 중요하다.

2. 콘크리트로 덧씌우기는 사용되는 콘크리트포장의 종류에 따라(신실 콘크리트포장과 동일),
   기존 포장과 덧씌우기 사이 경계면 처리방식에 따라 구분된다.

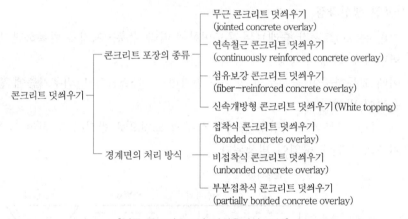

[기존 콘크리트포장 덧씌우기의 구분]

3. 접착식 콘크리트 덧씌우기는 포장체의 2개 층이 단일화된 거동을 할 때 구조적으로 안정적
   이라는 인식에서 발전된 것으로 기존 포장층에 완전 접착시키는 공법이다. 따라서 기존 포
   장의 파손상태가 그리 심하지 않은 경우에 적합하다.

4. 비접착식 콘크리트 덧씌우기는 덧씌우기를 기존포장과 완전 분리시켜 기존 포장 결함부가
   반사균열에 의해 덧씌우기 거동에 영향을 주지 않도록 배려하는 공법이다. 따라서 기존 포
   장의 파손 상태가 심한 경우에 적합하다.

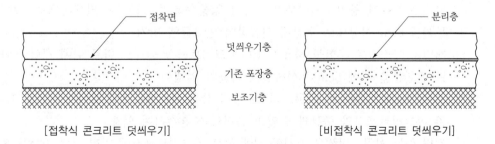

[접착식 콘크리트 덧씌우기]   [비접착식 콘크리트 덧씌우기]

Ⅱ 아스팔트 혼합물 덧씌우기

1. 반사균열 처리대책

(1) 반사균열 정의

① 반사균열(反射龜裂, Reflection Crack)이란 기존 강성 콘크리트포장 위에 연성 아스팔트포장으로 덧씌우기를 하면, 기존 포장의 균열이나 줄눈 형상이 그대로 반사되어 상부층 덧씌우기에도 균열이 반사되어 발생되는 현상이다.

② 즉, 반사균열이란 기존 포장층의 균열이나 줄눈 형태에 따라 환경적 요인, 교통하중 등에 의해 유발되는 덧씌우기층의 조기균열 파괴현상이다.

(2) 반사균열 생성과정

① 기존 콘크리트포장 슬래브는 온도변화에 따라 수축 · 팽창을 반복하면서, 줄눈부에는 열변형에 의해 수평방향의 응력이 집중된다.

② 이때 교통하중이 줄눈부의 상부를 통과하면, 아스팔트 덧씌우기층에 휨응력과 전단응력이 발생된다.

③ 그 결과, 하부의 수평방향 응력이 상부의 노면으로 반사(상승)하여 아스팔트 덧씌우기층의 표면에 균열이 발생된다.

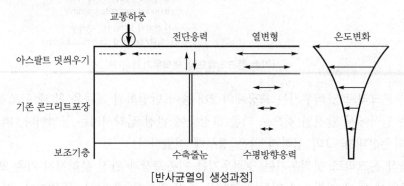

[반사균열의 생성과정]

(3) 반사균열 방지공법

① 덧씌우기 두께 증가 : 덧씌우기 두께가 얇을수록 반사균열이 발생하므로, 덧씌우기 두께를 8cm 이상으로 두껍게 시공하여 반사균열 방지

② 개립도 아스팔트 혼합물 사용 : 기존 콘크리트포장 슬래브 바로 위에 개립도 아스팔트 혼합물을 두께 5cm 포설하면 반사균열 억제

③ 시트(Sheet) 사용 : 하부 콘크리트포장과 상부 아스팔트포장 사이에 시트를 깔아 기존 콘크리트포장의 줄눈과 균열의 움직임을 흡수하여 억제

④ 컷팅 줄눈 시공 : 덧씌우기 시공 전에 하부 콘크리트포장에 미리 컷팅 줄눈을 설치하면 반사균열을 한 곳으로 유도하여 반사균열 억제

2. 노후 시멘트 콘크리트포장 위에 아스팔트 혼합물 덧씌우기

(1) 원리

① 아스팔트 덧씌우기는 아스팔트포장에서 아스팔트 표층 덧씌우기와 유사한 보수방법이다. 콘크리트포장 슬래브를 아스팔트포장의 중간층이나 기층으로 간주하여 아스팔트 표층 덧씌우기를 하기도 한다.

② 노후 시멘트 콘크리트포장 위의 아스팔트 덧씌우기를 할 때는 반사균열을 억제하기 위하여 노후 포장의 파손부위 절삭 후 보수하고 아스팔트 혼합물 덧씌우기하거나, 노후 포장 절삭 없이(비접착식) 아스팔트 혼합물 덧씌우기한다.

(2) 시공절차

① 깨끗이 정리된 포장 표면에 역청재(컷백 아스팔트, 유화 아스팔트)를 디스트리뷰터로 살포한다. 역청재 살포량이 과다하면 블리딩의 원인이 되고, 여름철 덧씌우기 표층 유동의 원인이 되므로 살포량이 과다하면 긁어 제거한다.

② 역청재를 양생한다. 양생시간은 계절과 기후에 따라 1~2시간 양생한다.

③ 살포된 역청재의 양생 후, 즉시 아스팔트 콘크리트 혼합물을 포설한다.

④ 아스팔트 혼합물 포설 후, 소정의 다짐도를 얻기 위해 1차 다짐(110~140℃)은 8톤 이상 매커덤 롤러, 2차 다짐(70~90℃)은 10톤 이상 타이어 롤러, 마무리 다짐(60℃)은 탠덤 롤러로 한다.

⑤ 아스팔트 덧씌우기가 완전 종료된 포장 표면은 3m 직선자로 도로 중심선에 직선 또는 평행으로 측정하였을 때 최고부가 0.3cm 이상 높아지면 아니 된다.

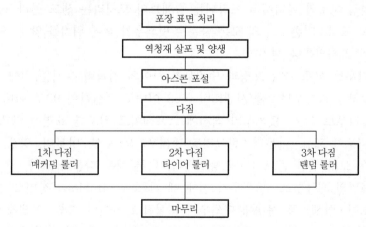

[아스팔트 덧씌우기 보수의 흐름도]

Ⅲ 콘크리트포장 덧씌우기

1. 접착식 콘크리트포장 덧씌우기

(1) 원리

① 접착식 콘크리트 덧씌우기(BCO, bonded concrete overlay)는 기존 콘크리트포장의 노후된 콘크리트 표면을 약간 절삭하고, 시멘트 그라우트 접착제를 살포한 후 필요한 두께만큼 콘크리트로 덧씌우기를 하는 방법이다.

② BCO는 무근 콘크리트포장이나 철근 콘크리트포장 모두에 적용될 수 있다.

(2) 시공절차

① 덧씌우기 전에 기존 포장의 파손 부분을 사전 보수한다.

• 부분단면 보수 : 파쇄된 기존 콘크리트포장을 제거. 제거된 깊이가 5cm 이하인 경우에 별도 처리 없이 덧씌우기 시공 중 충진

• 전체단면 보수 : 균열 폭이 넓고 파손이 계속 진전될 우려 있는 균열은 덧씌우기 後 반사균열이 발생하지 않도록 전체단면 보수

• 기존포장 줄눈 : 덧씌우기 전에 줄눈재로 충진

② 기존포장 표면처리(표면 절삭·청소) : 덧씌우기 예정인 모든 표면을 상온 절삭기(cold milling), 숏 블라스팅 장비, 샌드 블라스팅 장비를 이용하여 1차 표면처리하고, 공기분출(air blasting) 장비로 미세 오염물질을 제거한다.

• 상온 절삭 또는 파쇄기 절삭은 6~7mm, 숏 블라스팅은 3mm 절삭

• 인접 차로와 분리시켜 포장되는 슬래브의 모서리는 샌드 블라스팅 청소

③ 줄눈 표시 : 기존 포장의 모든 줄눈은 덧씌우기 후에 위치를 알 수 있도록 포장체 양쪽에 표시말뚝을 설치한다.

④ 그라우트 살포 : 기존포장과 덧씌우기 사이의 접착력 유지를 위해 살포한다.

• 접착용 그라우트 : 물/시멘트비 0.62 이내로 배합하여 90분 이내에 포설

• 그라우트 살포 : 덧씌우기 직전에 스프레이로 건조한 표면에 얇게 살포

⑤ 덧씌우기 포설·마무리 : 콘크리트 덧씌우기의 포설, 마무리, 양생, 줄눈절단, 실링 등은 모두 일반 콘크리트와 동일하다. 다른 점은 다음과 같다.

• 표면의 최종청소 : 덧씌우기 전에 에어블로우(air blow) 장비로 청소

• 포설·양생 : 폭 전체에 덧씌우기 포설하고 타이닝 직후, 양생제 $0.4L/m^2$ 살포

• 가로줄눈 : 모든 가로줄눈은 깊이 1.3m 정도를 가능하면 빨리 절단

• 기존포장의 팽창줄눈 : 덧씌우기 후 줄눈 절단 이전에 확인 가능하도록 표시

• 덧씌우기의 세로줄눈 : 설계도에 따라 기존 포장 줄눈의 바로 위를 덧씌우기 두께의 1/2을 절단하면, 모든 공정 마무리

2. 비접착식 콘크리트포장 덧씌우기

(1) 원리

① 비접착식 콘크리트 덧씌우기(UBCO, unbonded concrete overlay)는 노후된 기존 콘크리트포장 위에 분리층을 시공하고, 설계두께 만큼 콘크리트 덧씌우기를 수행하는 방법이다.

② UBCO는 무근 콘크리트포장이나 연속 철근 콘크리트포장 모두에 적용된다.

(2) 시공절차

① 덧씌우기 前에 기존포장의 파손 부분을 사전 보수
- 줄눈부 파손 : 느슨한 재료를 제거하고, 아스팔트 혼합물로 충진
- 파손된 슬래브 : 펌핑 원인이 되고, 하중전달 능력이 없으므로 전체단면 보수
- 불안정한 슬래브 : 슬래브 하부에 있는 공동은 서브 실링 공법으로 보수
- 블로우업 : 기존 콘크리트포장의 블로우업 파손은 전체단면 보수

② 분리층 : 슬러리실 공법 적용, 기존 포장의 파손이 덧씌우기 신설 포장에 영향을 미치지 못하도록 기존포장 위에서 덧씌우기 포설 전에 시공

③ 양생제 살포 : 포장 표면온도 43℃ 초과하면 석회 슬러리 또는 흰색 양생제를 아스팔트 분리층의 표면에 도포한다.
- 석회 슬러리(Lime Slurry) : 수화된 석회(Hydrated lime)와 물로 구성
- 흰색 양생제 : 왁스제(wax-based) 1L로 도포 가능 면적은 $4.8m^2$ 정도

④ 덧씌우기 포설·마무리 : 하중전달장치 설치, 덧씌우기 포설, 마무리, 양생, 줄눈 절단, 실링 등은 모두 일반 콘크리트와 동일하다, 다음 사항을 유의한다.
- 표면처리(texturing) : 솔, 비를 이용하여 타이닝 실시, 노면 거칠게 마무리
- 양생 : 표면처리 직후, 스프레이로 양생제 살포
- 줄눈 : 모든 줄눈은 일반 콘크리트포장 시방규정에 따라 설치하되, UBCO에서는 가로줄눈을 기존포장의 가로줄눈 위치에서 1m 이상 떨어뜨려 설치

⑤ 실내실험 및 교통개방 : 덧씌우기 압축강도 $210kg/cm^2$ 전에 교통개방 금지

3. 신속개방형 콘크리트포장 덧씌우기(White topping)

(1) 용어 정의

① 건설신기술 제495호('05.2.)로 지정받은 White topping 공법은 교량 콘크리트 바닥판 위에 시공되는 교면포장을 시공할 때 무기계 혼화재료(실리카퓸, 플라이애쉬, 고로슬래그)와 친수성 마이크로 폴리비닐알코올 섬유를 혼입하여 레미콘공장에서 제조한 고성능 콘크리트(High Performance Concrete, HPC)로 시공하므로 강도, 내구성, 균열제어 특성이 우수하며, 유지관리비용이 절감되는 저비용·고효율 콘크리트 교면포장 공법이다.

② 또한, 콘크리트계 교면포장의 소성수축균열을 줄이기 위해 친수성 마이크로 폴리비닐알코올 섬유를 사용하며, 기존 바닥판 콘크리트 표면처리(shot blasting)공법 대신 슬러지 정화장치를 포함한 고압 워터젯 공법을 새로 개발하여 산업폐기물 발생을 최소화하는 환경친화적 시공이 가능하고 바닥판 콘크리트와의 부착력 향상을 통한 일체화 거동으로 구조적 안정성까지 향상시킨 신설 교량용 교면포장 White topping 공법이다.

(2) 공법 내용

① 무기계 혼화재료 + 친수성 PVA 섬유를 혼입한 콘크리트 교면포장 공법
② 기존 아스팔트포장 절삭 후 콘크리트 슬래브 타설하는 부착식 덧씌우기 공법
③ 중차량 통행구간(교차로, 중하중 교통량 많은 지역) 적용 가능하여 소성변형, 피로균열 저항성 증대
④ In-Lay(절삭 후 채우기)공법 및 거푸집 시공으로 대안공법 제시 가능
⑤ 시공 후 12시간 이내 교통개방 가능하여 아스팔트 교면포장 대안 적용
⑥ 일반 아스팔트 덧씌우기 대비 4배 이상의 보수주기 연장으로 생애주기비용(LCC) 감소에 따른 경제성 향상

[덧씌우기 공법 비교]

구분	HPC 교면포장	LMC 교면포장	아스팔트 교면포장
강도 내구성	• 실리카퓸 사용으로 강도·내구성 향상 • PVA 섬유 혼입, 균열 저감 • 고압 워터젯 사용으로 부착 강도 증가	라텍스 사용으로 내구성 향상 강도, 마모저항성, 동결융해 등 내구성능 우수	• 연성재료 사용으로 내구성 다소 낮음 • 투수성 증가로 하자 발생 • 세실세 영향에 따른 추가 손상 발생
시공성 품질관리	• 현장B/P, 일반레미콘 사용 • 시공효율 증대로 공기 단축 • 일반 콘크리트 수준의 품질관리 가능	• 특수한 장비(mobile mixer) 사용으로 생산효율 낮음 • 라텍스 사용으로 품질관리 수준 민감	• 공정 단계가 많고, 방수층 시공이 복잡 • 방수층 하자 발생되면 바닥판 추가 손상
경제성	• 아스팔트와 동등한 초기 투자비 소요 • 유지관리비 절감, LCC 유리	• 고가 라텍스 사용으로 초기 투자비 증가 • 유지관리비 절감, LCC 유리	• 잦은 보수 때문에 유지관리비 증가 • 생애주기비용(LCC) 증가
시공실적	• 1980년대 이후 미국 28개주에서 다수 적용 • 진주-통영고속국도 공용 중	신기술 지정('01.12.) 이후 다수 적용	국내·외 다수 적용

(3) 공법 특징

① 재료적인 측면
 • 실리카퓸을 이용한 시멘트 입자간의 수밀성 증대
 • 치밀한 조직 형성에 따른 강도 증진 효과
 • 콘크리트 교면포장의 취약점인 소성수축균열을 줄이기 위한 PVA 섬유 첨가

② 시공적인 측면
- 배치플랜트 및 레미콘 공장 생산에 따른 공기 단축 효과
- 고압의 워터젯을 이용한 표면처리로 바닥판 콘크리트와의 부착력 향상
- 시공 중 폐수·슬러지를 처리하는 정화장치를 부착하여 친환경 시공
- 동일 재료를 이용한 기존 아스팔트계 교면포장의 방수층 문제 해결
- 재료·시공 측면에서 원가절감에 따른 유사공법 대비 시공비 절감

(4) 기대 효과

① 신속개방형 콘크리트포장 덧씌우기 공법은 일명 화이트타핑(White topping)이라 하며, 기존 아스팔트포장의 덧씌우기 공법 대안으로 적용된다.
② 조강시멘트를 이용하여 교통개방을 12시간 이내로 단축시켜, 기존 아스팔트 덧씌우기의 문제점을 보완할 수 있는 콘크리트 강성 덧씌우기 포장공법이다.
③ 국토교통부에서 2005년 건설신기술 제468호로 지정받아 적용 중이다.

Ⅳ 맺음말

1. 포장 파손은 복합적인 요인에 의해 나타나기 때문에 정확한 보수공법 및 보수자재를 찾기 매우 힘들다. 유지보수를 시행하여도 예상했던 포장수명 연장에 큰 효과를 기대할 수 없어 대부분 재포장이라는 확실한 공법을 선택한다.
2. 포장공사는 설계단계에서부터 시공단계에서 예상되는 포장 파손 원인을 미리 해결할 필요가 있으며, 유지관리단계에서 포장관리체계(PMS, Pavement Management System)를 통한 적정한 보수공법을 경제적·환경적 측면에서 시행해야 한다.[60]

---

60) 국토교통부, '도로포장 유지보수 실무편람', 2013, pp.140~147.

4.50 건설 폐기물의 발생 및 재활용 기술

노상표층재생(Surface Recycling)공법, 아스팔트포장의 재활용공법의 종류, 순환골재 [4, 6]

1. 개요

(1) 우리나라는 1970년대 전후 압축적인 경제성장을 이루는 과정에 건설산업이 SOC 구축 관점에서 경제발전에 기여한 영향이 지대하였다.

(2) 산업화 과정에서 발생되는 사회적 문제도 점차 대두되면서, 특히 건설 폐기물은 발생량이 다른 산업에 비해 월등히 많기 때문에 중요하게 대응해야 한다.

2. 건설 폐기물의 발생 현황

(1) 환경부·국립환경과학원의 '전국 폐기물 발생 및 처리 현황'에 의한 2006~2011년 기간 중 폐기물 종류별 발생현황은 아래 그림과 같다.

(2) 생활폐기물 발생량은 비슷한 수준이지만, 건설 폐기물과 사업장 폐기물의 발생량은 꾸준히 증가하는 추세이다. 특히, 건설 폐기물은 2011년 이후 총 폐기물 배출량의 50%를 초과하여 점유율이 가장 높다.

(3) 환경부의 '제4차(2011~2012) 전국폐기물통계'에 의한 건설 폐기물은 폐콘크리트, 폐아스팔트, 건설 폐토석, 혼합 건설 폐기물 등이 대부분을 점유하고 있다.

(4) 건설 폐기물의 형태별 처리현황을 보면 폐콘크리트, 폐아스팔트 및 건설 폐토석의 재활용률은 거의 100%에 달하지만, 혼합 건설 폐기물은 매우 저조하다.

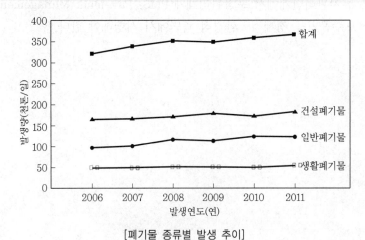

[폐기물 종류별 발생 추이]

3. 건설 폐기물의 재활용 현황 및 전망

(1) 건설 폐기물의 처리방법은 크게 매립, 소각 및 재활용으로 구분된다. 환경부 통계에 의하면 2003년 전국 333개 매립시설의 잔여 매립용량은 2억4,982만m³이며, 2003년 매

립량은 1,761만m^{3}이므로, 14년 후에는 폐기물 매립장이 소진된다.

(2) 아래 표는 2007~2012년 기간 중 건설 폐기물 처리방법의 변화 추이를 나타낸다. 매립은 1.8%에서 2.2%로 0.4% 상승에 그쳐 매립률은 매우 저조하다.

(3) 반면, 재활용은 97.5%에서 97.3%로 0.2% 감소에 그쳐 재활용률이 매우 높지만 고부가가치의 용도로 재활용된 것을 의미하지 않는다.

(4) 2008년 환경부 자료를 보면 폐콘크리트 및 폐아스팔트 재활용의 86.1%가 단순 매립용 또는 성토용 등의 저부가가치 용도로 사용되고 있다.

(5) 따라서 정부는 순환골재의 실질 재활용률 목표값을 설정하고, 순환골재의 재활용 기술 향상을 통해 고부가가치 용도로 재활용되도록 유도하고 있다.

[건설 폐기물의 처리 현황]

구분	2007		2008		2009		2010		2011		2012	
	발생량 (천톤/년)	비율 (%)	발생량 (천톤/년)	비율 (%)	발생량 (천톤/년)	비율 (%)	발생량 (천톤/년)	비율 (%)	발생량 (천톤/년)	비율 (%)	발생량 (천톤/년)	비율 (%)
매립	1,157	1.8	1,063	1.7	1,019	1.5	803	1.2	948	1.4	1,503	2.2
소각	413	0.7	520	0.8	468	0.7	336	0.5	360	0.5	371	0.5
재활용	61,212	97.5	62,820	97.5	65,436	97.8	63,875	98.3	66,734	98.1	66,245	97.3
계	62,782	100.0	64,403	100.0	66,923	100.0	65,014	100.0	68,042	100.0	68,119	100.0

[공순환골재의 실질 재활용률 목표값]

연도	2012	2013	2014	2015	2016
목표율(%)	36	39	41	43	45

주) 상기 목표율(%)의 수치는 제2차(2012~2016) 건설 폐기물 재활용기본계획(환경부)에서 설정한 값임.

4. 순환골재 재활용 관련 기술

(1) 순환골재 생산시스템

시스템 구성
• 순환골재 생산시스템은 생산 골재의 입도와 품질을 어느 수준으로 할 것인가, 생산 방식을 건식과 습식 중 어느 방식으로 할 것인가에 따라 다르다.   • 일반적으로 구조물 해체 현장에서는 폐콘크리트를 파쇄기를 통해 일정 크기로 파쇄하여 건설 폐기물 중간처리업체에게 반출한다.   • 중간처리업체는 이 폐기물을 다양한 설비를 통해 파쇄 → 선별 → 분급 과정을 거치면서 가공하여 각종 용도의 순환골재를 생산하는 시스템이다.

① 파쇄장치
- 파쇄설비는 폐콘크리트 덩어리를 일정 크기로 잘게 부수어 각종 용도의 순환골재 입경으로 제조하는 설비이다.

• 주요 장치는 죠 크러셔, 콘 크러셔, 롤 크러셔 및 임팩트 크러셔로 대별된다.

[순환골재 생산용 파쇄장치의 구분]

파쇄기 종류	파쇄작용	용도	입도(mm)
죠 크러셔	압축	1차 또는 2차 파쇄(대입형 파쇄)	500 ~ 150
콘 크러셔	압축	2차 또는 3차 파쇄(대입형 파쇄)	100 ~ 10
롤 크러셔	압축	후기 파쇄(입도 조절, 잔골재 제조)	20 ~ 10
임팩트 크러셔	충격	후기 파쇄(입도 조절, 잔골재 제조)	5mm 이하

[Joe crusher]   [Cone crusher]   [Roll crusher]   [Impact crusher]

② 선별장치

• 폐콘크리트에 나무·비닐·천 조각, 플라스틱, 폐벽돌, 자기류 등의 각종 이물질이 함유되어 있으므로, 순환골재 생산을 위해 이물질을 선별해야 한다.

• 이물질 선별은 인력, 자력, 풍력 및 부유 선별 등의 4가지 방법이 쓰인다.

• 인력 및 자력 선별은 주로 1차 또는 2차 파쇄 후에 적용되는 방법으로, 인력 선별은 컨베이어 벨트 이송하는 과정에 사용되며, 자력 선별은 컨베이어 벨트 상부에 설치하여 철근, 못 등을 선별할 때 사용된다.

• 풍력 및 부유 선별은 인력 및 자력 선별 이후의 공정에서 쓰인다.

[인력 선별]   [자력 선별]   [풍력 선별]   [부유 선별]

③ 분급장치

• 순환골재의 분급방법은 비교적 입자가 큰 골재를 분리하는 분립(sizing)과 미립분을 분리하는 분급(classification)으로 구분된다.

• 분립(sizing)은 경사형 진동 스크린, 트롬멜 등을 사용하여 대·소립자를 분리하는 작업이다.

• 분급(classification)은 체가름으로 처리되지 않는 미립분을 제거하는 작업으로, 공기로 제거하는 건식과 물을 사용하는 습식이 있다.

- 건식분급은 풍력에 의한 싸이클론(cyclone) 원심분리기를 사용하여 미립분을 분리시켜 집진기로 채취하는 방법이다.
  완전히 건조된 원료에는 분급효과가 우수하지만, 수분이 포함된 원료에는 분급능력이 저하되고 작은 골재입자에 부착된 미분이 잘 제거되지 않는다.
- 습식분급은 스파이럴(spiral) 분급기의 드럼 내부에 물을 넣고 나선형 칼날을 회전시켜 미립분 입자를 부상(浮上)시켜 세척하는 방법이다.

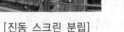

[진동 스크린 분립]　　　[트롬멜 분립]　　　[Cyclone 분급]　　　[Spiral 분급]

(2) 순환골재 생산기술

① 전통적인 기술

- 국내 중간처리업체에서 폐콘크리트 등의 건설 폐기물을 투입하여 순환골재를 생산하는 설비시스템은 다양한 기술이 적용되고 있다.
- 도로공사 보조기층용 이상의 고품질 순환골재 생산하는 3차 파쇄 이상의 설비, 콘크리트용 잔골재을 생산하는 4차 파쇄 이상의 설비도 갖추고 있다.
- 순환골재 생산시스템에서 가장 중요한 신기술은 파쇄과정이며, 국내 순환골재 관련 건설 폐기물 환경신기술 등록현황(2013.10.22. 기준)은 총 34건이다.

② 가열마쇄 방식(heating and rubbing method)

- 가열마쇄 방식은 시멘트 모르타르 및 페이스트를 모두 제거하여 순환골재 품질을 천연골재 품질과 유사한 수준으로 재생함으로써 구조체 콘크리트용 골재에도 사용할 수 있는 기술이다.
- 폐콘크리트 덩어리를 50mm 이하로 파쇄하여 호퍼(충전형 가열설비의 상부)에 투입한 후, 하부에서 최대온도 450℃ 열풍을 불어 300℃까지 가열시켜, 시멘트 모르타르 및 페이스트를 제거하고, 60mm의 강제 원형구를 투입하여 덩어리와의 마찰을 통해 5mm 이하의 순환골재를 생산하는 기술이다.

[가열마쇄 방식]

③ 편심로터 방식
- 편심로터 방식은 고품질의 굵은 순환골재를 생산하며, 2단계로 구성된다
- 1단계는 폐콘크리트에 포함된 이물질을 제거, 죠크러셔를 통해 40mm 이하의 크기로 파쇄, 5mm 이하의 잔입자를 제거하는 전처리 과정이다.
- 2단계는 전처리 과정을 거친 폐콘크리트를 편심로터에 투입, 입자 표면에 부착되어 있는 모르타르를 제거하는 마쇄처리 과정이다.

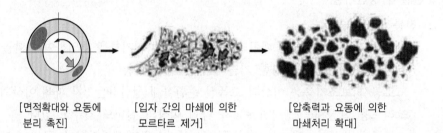

[면적확대와 요동에   [입자 간의 마쇄에 의한   [압축력과 요동에 의한
 분리 촉진]   모르타르 제거]   마쇄처리 확대]

④ 스크류마쇄 방식
- 스크류마쇄 방식은 고품질의 순환골재를 제조하기 위하여 폐콘크리트에 압축이나 충격을 가하지 않고 입자 간의 마쇄작용을 통하여 골재 표면에 부착되어 있는 마쇄식 굵은 순환골재 제조시스템이다.
- 원통형의 케이싱 축에 설치되어 있는 날개부와 중앙콘 및 배출콘으로 구성되어 있는 수평형 일축의 구조로 되었다.
- 처리과정은 전처리 단계 → 1차 마쇄단계 → 2차 마쇄단계의 3단계로 구성된다.

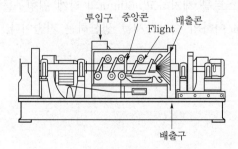

[스크류 마쇄 방식]

5. 순환골재 재활용 용도

(1) 한국의 순환골재 재활용 용도

① 국내에서 순환골재의 재활용은 건설폐기물 처리과정에서 생산된 순환골재와 건설폐기물 처리과정에서 선별된 순환토사를 당해 건설공사에 직접 사용하거나 다른 용도로 사용하는 것을 의미한다.

② 국내에서 순환골재의 재활용 용도는 도로공사용, 건설공사용, 주차장 또는 농로 등의 표토용, 매립시설의 복토용, 농지개량을 위한 성토용, 전기·통신공사의 되메우기용 등에 주로 사용된다.

(2) 일본의 순환골재 재활용 용도

일본은 2000년 제정된 「건설리사이클법」에 의해 건설폐기물 처리과정에 생산된 순환골재는 전기공동구, 경계블럭, 재생쇄석, 배수로, 보도용 쇄석, 경계벽, 공원시설, 굴착 뒷채움재, 호안블럭재, 기초재 등에 사용하도록 규정하고 있다.

(3) 한국과 일본의 순환골재 재활용 용도 비교

① 한국과 일본은 순환골재 재활용 용도에 관한 기준이 유사하지만, 순환골재 및 순환골재 생산 중에 발생되는 미분(微粉)의 활용 대상을 더욱 확대할 필요가 있다.

② 한국의 경우 2016년 5월 「자원순환기본법」이 제정됨에 따라 순환자원의 활용이 예전보다 더 용이해질 것으로 전망된다.

(4) 특정한 용도로 활용하기 위해서는 해당 제품에 관한 KS기준 개정과 관련 시방의 정비가 필요하다.

[한국과 일본의 순환골재 재활용 용도 비교]

한국 「건설폐기물의 재활용 촉진에 관한 법률」	일본 「건설리사이클법」

• 도로공사용
  – 도로보조기층
  – 동상방지층, 노상 및 노체용
  – 아스팔트콘크리트용
• 건설공사용
  – 콘크리트용, 콘크리트 제품제조용
  – 되메우기, 뒷채움 용도
• 성토용, 복토용
  – 건설공사 성토용, 복토용
  – 폐기물처리시설 중 매립시설의 복토용
	• 전기공동구
	• 경계블럭
	• 재생쇄석
	• 배수로
	• 보도용 쇄석
	• 경계벽
	• 공원시설
	• 굴착 뒷채움재
	• 호안 블록재
	• 기초재

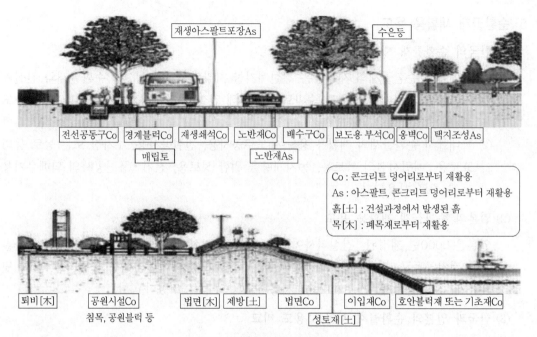

재생아스팔트포장As · **수은등**

전선공동구Co · 경계블럭Co · 재생쇄석Co · 노반재Co · 배수구Co · 보도용 부석Co · 옹벽Co · 택지조성As

매립토 · 노반재As

> Co : 콘크리트 덩어리로부터 재활용
> As : 아스팔트, 콘크리트 덩어리로부터 재활용
> 흙[土] : 건설과정에서 발생된 흙
> 목[木] : 폐목재로부터 재활용

퇴비[木] · 공원시설Co · 법면[木] · 제방[土] · 법면Co · 이입재Co · 호안블럭재 또는 기초재Co
침목, 공원블럭 등 · 성토재[土]

[순환골재 활용 사례]

6. 맺음말

(1) 현재 우리나라는 연간 3억 톤의 콘크리트가 제조되어 새로운 건설재료로 사용되며, 연간 4천만 톤 이상의 콘크리트가 폐콘크리트로 발생되고 있다.

(2) 환경규제 및 골재원 고갈로 인하여 건실용 골재 수급이 어려워서 순환골재를 나시 건설용으로 재활용하는 것이 필요하다는 인식이 일반화되는 추세이다.[61]

---

61) 환경부, '건설 폐기물의 재활용 기술 현황', 한국환경산업연구원, 2016.

CHAPTER 05

토공 · 배수

1 토공계획

2 사면 · 연약지반

3 도로배수

✅ 기출문제의 분야별 분류 및 출제빈도 분석 　　　　　　[제5장 토공 · 배수]

연도별 구분	2001~2019				2020			2021			계
	63 ~77	78 ~92	93 ~107	108 ~119	120	121	122	123	124	125	
1. 토공계획	17	10	10	3		2	1	1			44
2. 사면 · 연약지반	11	6	8	8	1		1		1		36
3. 도로배수	15	14	15	12	1		2		1	1	61
계	43	30	33	23	2	2	4	1	2	1	141

✅ 기출문제 분석에 따른 학습 중점방향 탐색

　　도로 및 공항기술사 필기시험 제63회부터 제125회까지 출제됐던 1,953문제(31문항×63차) 중에서 '제5장 토공 · 배수'분야는 흙쌓기, 땅깎기, 비탈면 안정처리, 연약지반 개량공법, 도로 배수시설 설계 및 공법 등을 중심으로 141문제(7.2%)가 출제되었다. 지반 분류, Mass curve, 노상의 성토다짐, 지반 지지력 측정방법, 절토사면 붕괴대책, 경제적인 수로단면 설계 등과 같이 자주 출제되었던 유형의 문제를 준비하면 무난히 쓸 수 있다.

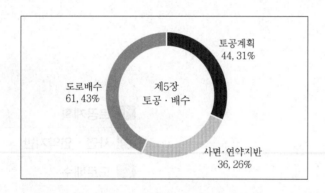

　　기술사 시험 범위 전체에 대한 속독 횟수(Cycle)를 반복할수록 읽는 속도가 빨라진다. 하지만 책을 들여다 볼수록 문제에 직면하게 된다. 그동안 쌓은 업무경험이 있기에 대부분의 내용을 이해할 수는 있으나 답안을 쓰려고 하면 너무 막막해서 어디서부터 써야할 지 망설여진다. 이래서 기술사 수험 교재를 각 문제별로 압축한 Key Word(一名, 장판지)가 필요하다.

　　교재의 각 문제를 속독하면서 중요한 부분을 마킹한다. 처음에는 연필로 마킹하고, 속독 횟수가 반복되면서 형광펜으로 덧씌우기 마킹한다. 각 문제의 핵심이 되는 기승전결 내용을 Key Word로 만들어서, 항상 들고 다니면서 보고 가끔 교재와 함께 보면서 전체 내용을 눈에 익힌다.

- 기(起) : 관련법령, 용어정의, 개념, 서론
- 승(承) : 공학이론, 세부기준, 특징(장 · 단점), 간단한 도식(표 · 그림, data)
- 전(轉) : 현장업무, 예방대책, 처리사례, 본인경험에 의한 차별화된 내용
- 결(結) : 승＋전을 요약하여 향후전망, 방안제시 등의 결론

　　필기시험 당일 시험장에서 문제를 받아든 순간, 교재 내용 전체 중에서 Key Word 내용이 이미지가 되어 머리 속에 금방 떠오르도록 반복 훈련이 되어야 합격할 수 있다.

📖 과년도 출제문제

1. 토공계획

[5.01 지반조사]

066.4 도로(또는 공항)의 설계와 관련하여 지반조사의 위치선정을 기술하시오.

070.3 도로(또는 공항)을 계획하고 설계할 때 대상지역의 지질조사 필요성과 그 내용에 대하여 기술하시오.

123.2 경제적이고 안전한 도로건설을 위해 도로설계 시 필요한 지반조사의 종류, 목적 및 지반조사 계획 시 유의사항에 대하여 설명하시오.

[5.02 흙의 분류]

086.1 조립토와 세립토의 분류

[5.03 암반의 분류]

066.1 RQD

072.1 Q-System

088.1 테일러스(Talus) 애추(崖錐)

094.4 도로(또는 공항)적산설계 단계에서의 토사, 리핑암, 발파암의 분류방법에 대하여 설명하시오.

119.4 터널 설계 및 시공 시 적용하는 암반분류방법에 대하여 설명하시오.

[5.04 흙의 다짐곡선, 연경도(Atterberg)]

064.1 소성지수

068.1 소성지수

080.1 흙의 소성지수(PI)

082.1 최적함수비

[5.05 물치환법(Water Replacement Method)]

073.1 물치환법(Water Replacement Method)

[5.06 동적 콘관입시험(Dynamic Cone Penetration Test)]

081.1 동적 콘관입시험(Dynamic Cone Penetration Test)

[5.07 토량변화율(L, C), 토량환산계수(f), Mass Curve]

063.1 토량환산계수

064.3 도로 또는 공항의 토공설계 시 유토곡선

076.1 토량유동계획

094.4 도로성토 설계 시 고려해야 할 사항에 대하여 설명하시오.

094.2 도로(또는 공항) 설계 시 유토곡선작성 및 장비산정방법을 설명하시오.

107.1 유토곡선(Mass Curve)

117.4 Mass Curve에 대하여 설명하시오.

121.1 토량환산계수

121.4 유토곡선(Mass Curve)을 종단면도와 대응하여 그리고 설명하시오.

[5.08 토석정보시스템(EIS) TOCYCLE]

079.1 EIS(토석정보시스템)

089.1 토석정보시스템(EIS)

[5.09 노상 성토다짐의 관리기준]

069.1 노상 다짐에서 Proof Rolling

071.2 토공 성토다짐의 목적 및 다짐관리 기준(다짐규정 방식) 종류를 3가지 이상 설명하고, KS F 2312다짐방법에 대하여 기술하시오.

075.3 고성토 설계 및 시공 시의 유의사항에 대하여 기술하시오.

077.2 도로 및 공항 건설 고성토 구간의 설계 및 시공 유의사항을 설명하시오.

083.1 Proof-Rolling

094.1 노상(路床)

094.2 도로(또는 공항)건설의 주요 흙다짐공법과 그 특징에 대하여 설명하시오.

112.2 성토부 다짐 시 과다짐(Over Compaction)의 발생원인, 문제점 및 과다짐 방지대책에 대하여 설명하시오.

[5.10 노상의 지지력 측정방법]

069.4 도로 또는 공항 활주로의 노상, 노체 및 보조기층의 지지력측정방법 중 가장 일반적으로 사용되고 있는 방법 세 가지를 논하시오.

070.3 신설도로(또는 공항) 설계 시 구조물 또는 노반의 안정을 위한 기초지반 처리공법을 결정하고자 할 때 품질관리 및 경제적인 측면에서 고려할 사항에 대하여 기술하시오.

080.4 도로(공항)의 노상 및 보조기층에 대한 지지력 측정방법을 기술하시오.

107.3 노상지지력 평가방법에 대하여 분류하고 세부평가방법과 문제점을 나열하고 개선방안에 대하여 설명하시오.

[5.11 절토와 성토 경계부의 설계·시공]

098.4 비탈진 원지반에서 흙쌓기 시 고려사항과 땅깎기, 흙쌓기 경계부의 부등침하에 대하여 설명하시오.

119.3 절·성토 경계부의 설계 및 시공 시 유의사항에 대하여 설명하시오.

[5.12 구조물과 토공 접속부의 설계·시공]

084.3 토공부와 구조물 접속부의 단차 및 침하발생 원인 및 대책을 기술하시오.

088.3 도로포장의 평탄성 확보를 위한 교대 뒷채움부 설계의 개선방법에 대하여 설명하시오.

[5.13 도로 지반침하(Sinkhole) 안전대책]

105.2 최근 송파지역 등 도로에서 발생한 지반침하 (Sinkhole)의 주요 원인과 국토교통부에서 발표한 지반침하안전대책(2014.12) 주요내용을 설명하시오.

122.4 도로의 지반침하(함몰)의 주요원인과 유형별 예방대책을 설명하시오.

[5.14 도로현장에서 황철석 발생 문제점 및 대책]

105.2 도로건설공사 시 황철석 발생에 따른 문제점과 대책에 대하여 설명하시오.

2. 사면 · 연약지반

[5.15 절토사면 붕괴의 원인 및 방지대책]

064.2 대절토부 사면에 적용 가능한 사면안정보강공법에 관하여 설명하시오.

066.4 대절토 사면에서 공사 후 야기될 수 있는 문제점과 대책을 기술하시오.

067.3 대절토 시면이 발생할 경우 검토해야 할 사항과 처리공법을 기술하시오.

068.4 대절토 사면의 붕괴원인과 안정화방안에 대하여 기술하시오.

071.1 Soil Nailing

071.3 절·성토 구간의 비탈면보호공법에 대하여 기술하시오.

085.3 사면붕괴에 대한 대책공법과 공법선정 시 유의사항에 대하여 설명하시오.

093.3 풍수해로 인한 도로비탈면의 피해 및 대책방안을 설명하시오.

101.3 도로(또는 공항) 깎기구간의 비탈면 안정성 확보를 위한 보강공법 종류와 현행 보강공 설계의 문제점 및 개선사항에 대하여 설명하시오.

103.3 도로 비탈면 붕괴 사고예방을 위한 위험 비탈면 조사요령과 비탈면 안정처리 대책에 대하여 설명하시오.

108.2 도로(공항)건설 중 또는 완공 후에 대절토사면에서 발생할 수 있는 사면붕괴원인 및 형태, 사면복구대책과 방법에 대하여 설명하시오.

115.3 도로절토사면의 붕괴유형과 붕괴원인 및 절토사면 설계 시 유의사항에 대하여 설명하시오.

117.4 도로의 대절토사면 점검 및 관리대책에 대하여 설명하시오.

124.4 도로절토사면의 붕괴 원인과 대책에 대하여 설명하시오.

[5.16 비탈면 점검 승강시설]

113.1 비탈면 점검 승강시설

[5.17 비탈면 내진설계기준]

101.1 비탈면 내진설계

[5.18 연약지반의 정의 및 판정기준]

072.1 연약지반 판정기준(토질별 N치, 일축압축강도, 콘지수)

078.1 연약지반 판정기준(N치, 일축압축강도, 콘지수)

096.3 도로(또는 공항)설계 시 연약지반 구간에서 연약지반 판정기준과 처리공법에 대하여 설명하시오.

118.4 도로 또는 공항 건설공사에서 연약지반 판정기준 및 처리공법에 대하여 설명하시오.

[5.19 연약지반의 조사방법 및 처리대책]

063.4 연약지반에 대한 조사 및 처리대책에 대하여 귀하의 경험을 토대로 기술하시오.

078.2 연약지반의 조사방법과 처리대책에 대하여 기술하시오.

[5.20 연약지반의 침하량 추정 고려사항]

079.4 연약지반 침하량 산정 시 고려할 사항에 대하여 설명하시오.

[5.21 연약지반 개량공법의 선정]

064.4 연약지반 처리방안에 관하여 설명하시오.

085.4 연약지반에 대한 처리공법 선정 시 고려할 사항과 대처방안을 설명하시오.

089.2 연약지반을 통과하는 4차로 고속도로를 계획할 때, 지하차도 구간과 일반토공(성토) 구간에 대한 조사사항 및 대책방안에 대하여 설명하시오.

101.3 도로(또는 공항) 축조공사에서 연약지반 개량공법 선정 시 유의사항과 장기침하 대책에 대하여 설명하시오.

112.3 도로 또는 공항 설계 시, 연약지반개량공법의 선정을 위한 고려사항과 시공관리 방안에 대하여 설명하시오.

113.2 국내 연안지역별 연약지반의 특성과 연약지반 대책공법 선정 시 고려하여야 할 제반조건(지반, 도로, 시공, 환경)에 대하여 설명하시오.

122.2 도로(공항)계획 시 연약지반 조사방법, 처리공법, 계측방법을 설명하시오.

[5.22 선행재하(Preloading)공법]

067.2 연약지반 처리공법 중 Preloading공법의 선정방법과 특성을 설명하시오.

[5.23 연약지반 상의 저(低)성토, 고(高)성토]

120.3 도로(또는 공항)에서 연약지반 위에 저성토로 계획 시 문제점 및 대책에 대하여 설명하시오.

[5.24 지반 액상화 현상]

115.1 지반 액상화 현상

[5.25 연약지반 개량공사의 계측관리]

071.4 연약지반 구간에 성토하여 건설하는 도로의 설계 시 반영해야 하는 계측관리에 대하여 침하관리와 안정관리로 구분하여 그 목적과 주요 계측항목을 서술하고, 주요 계측기의 설치단면을 그림으로 설명하시오.

097.4 연약지반에서 도로축조 시(공항건설 시) 필요한 계측관리계획을 수립하고 활용방안에 대하여 설명하시오.

103.4 도로(공항)설계 시 연약지반(점성토 및 실트질 심도 20m 이하)의 처리공법과 시공 시 품질관리 및 계측항목에 대하여 설명하시오.

3. 도로 배수

[5.26 도로 배수시설의 수문조사]

064.2 도로(또는 공항)의 배수설계 시 고려할 사항을 설명하시오.

092.2 도로(또는 공항) 배수시설의 특징과 설계 시 고려사항을 설명하시오.

097.4 도로(또는 공항) 배수 취약구간의 발생원인 및 개선방안을 설명하시오.

103.4 지방지역 도로 배수시설의 계획 및 설계에서 조사항목을 설명하시오.

[5.27 도로 배수시설의 계획]

063.3 도로 또는 공항의 배수목적과 그 종류에 대하여 설명하시오.

076.3 도로설계 시 배수시설계획 과정에서 고려해야 할 유의사항을 설명하시오.

079.3 도로 배수시설의 종류를 설명하고 설계 시 고려조건에 대하여 설명하시오.

082.4 도로 또는 공항의 배수시설에 대하여 기술하시오.

085.4 도로(또는 공항) 배수시설의 특성과 설계 시 유의사항을 설명하시오.

110.3 도로(또는 공항) 배수시설의 종류 및 설치 시 유의사항을 설명하시오.

113.2 도로의 계획단계를 기본계획단계, 선형설계단계, 계획평면도 작성단계로 구분할 때 각 단계별 배수시설계획의 수립 내용과 도로 배수시설의 종류별 설계빈도에 대하여 설명하시오.

116.4 도로의 배수시설 종류 및 설계 시 유의사항에 대하여 설명하시오.

[5.28 하천의 홍수방어목표]

076.2 집중호우로 인한 도로파손과 최근(2004년 11월) 개정된 배수시설 설계기준의 특징에 대하여 설명하시오.

086.2 도로 배수시설 설계 시 유출량 산출과정, 시설규모 산정의 유의사항과 고(高)산지부 도로계획 시 개정된 배수시설 기준에 대하여 설명하시오.

090.4 도로(또는 공항) 배수시설의 분류와 설계빈도, 배수시설 계획 시 고려사항 및 홍수량 산정방법에 대하여 설명하시오.

120.4 집중호우에 대비한 도로(또는 공항) 배수시설 설계 시 고려사항에 대하여 설명하시오.

[5.29 도로 배수시설의 수문 설계]

068.3 도로(또는 공항) 배수시설의 유형과 설계방법에 대하여 기술하시오.

070.2 집중호우에 대비한 도로(또는 공항) 설계기법에 대하여 기술하시오.

071.1 강우강도와 유출량

072.1 강우강도식

072.1 표준유출법

081.1 설계홍수량

101.1 설계강우강도

119.1 설계홍수량 산정 시의 유출계수(C)

119.2 배수시설 설계 시 설치기준 및 유의사항에 대하여 설명하시오.

[5.30 경제적인 수로단면 설계]

066.2 도로(또는 공항)의 배수시설 설계 시 고려사항과 배수단면의 설계방법을 기술하시오.

072.4 도로 또는 공항에 설치되는 배수시설의 종류와 설계 시 적정규격 산정과정을 설명하고 환경적 측면에서 고려할 사항을 기술하시오.

075.4 교량 및 터널에서의 배수시설 설계 시 유의사항에 대하여 기술하시오.

078.4 도로(또는 공항)의 배수시설의 특성과 설계 시 유의사항을 기술하시오.

095.4 산지부를 통과하는 도로의 종단선형(터널 포함)과 배수설계 시 고려해야 할 사항에 대하여 설명하시오.

108.1 도로 배수시설계획의 설계빈도

114.1 통수능(K)

122.2 도심지 도로의 집중호우에 대비한 원활한 배수처리 설계방안에 대하여 설명하시오.

[5.31 노면 배수시설]

066.1 노면 배수

079.2 성토구간에서 측구단면이 결정되었을 때 도수로 간격을 결정하는 방법과 배수시설에 대한 설계 시 유의사항에 대하여 설명하시오.

086.3 도로(또는 공항)설계 시 성토구간에서 측구단면이 결정되었을 때, 도수로 간격의 산정방법 및 유의사항에 대해서 설명하시오.

088.4 깎기, 쌓기구간에서 도수로의 간격 결정방법 및 배수시설을 설명하시오.

096.3 도로(또는 공항)설계 시 흙쌓기구간의 도수로 간격을 결정하는 방법과 배수시설 설계 시 유의사항에 대하여 설명하시오.

101.4 도로의 길어깨부에서의 노면 배수불량으로 인한 물고임구간의 발생원인 및 처리방안에 대하여 설명하시오.

104.1 선배수 시설

106.1 도로 배수시설의 관리 절차

106.3 여름철 집중호우 시 고속도로 구간 내 종단선형 오목구간(Sag) 및 편경사 변화구간에서의 수막현상 방지를 위한 설계기법에 대하여 설명하시오.

115.2 도로 배수시설 중 횡단배수시설의 규격결정 과정과 방법을 설명하시오.

122.1 선(線)배수 시설

124.3 성토구간에서 측구단면이 결정되었을 때 도수로 간격을 결정하는 방법과 배수시설 설계 시 유의사항에 대하여 설명하시오.

[5.32 지하 배수시설]

106.4 기존 도로(또는 공항) 배수시설 중 노면 배수 및 지하배수 시설의 유지관리를 위한 점검사항과 이상 징후 발견 시 대책방안에 대하여 설명하시오.

110.2 도심지 지하도로 계획 시 방재 및 배수시설의 고려사항을 설명하시오.

[5.33 비탈면 배수시설]

073.2 도로 또는 공항 인접지의 비탈면 배수시설을 기술하시오.

102.3 도로(또는 공항) 비탈면 배수시설의 종류와 기능 및 설치 시 유의사항에 대하여 설명하시오.

109.3 이상기후로 인한 강우량 증가와 여름철 집중호우로 도로 깎기부 비탈면구간에 토석류 유입에 의한 피해가 급증하고 있는 바, 이 구간에 대한 배수시설 설계 시 문제점 및 개선방안에 대하여 설명하시오.

[5.34 횡단(암거) 배수시설]

071.3 도로 배수암거의 경제적인 단면, 형상 등을 결정하는 일반적인 수리설계순서를 쓰고, 각 단계별로 설명하시오.

104.4 도로(또는 공항)의 배수시설을 세부적으로 분류하고 횡단 배수시설 중 암거설계 과정에 대하여 설명하시오.

[5.35 토석류 대책시설]

084.1 유송잡물(호우 시 유입물) 차단시설

125.1 토석류 대책시설

[5.36 도시지역 도로 배수시설의 특징]

098.3 최근 개정된 도시부 도로 배수설계기준 주요내용과 설계 시 고려사항에 대하여 설명하시오.

100.4 도심지 침수 예방을 위하여 도로 배수와 하수도를 연계하는 「도시부 도로 배수시설설계 잠정지침」에 대하여 설명하시오.

117.1 도로의 도심지 배수(우수받이)

[5.37 풍수해의 유형별 특성 및 저감대책]

081.3 산악 및 하천에 인접한 도로에서 최근의 집중호우에 의하여 발생하는 문제점의 원인 및 대책에 대하여 기술하시오.

088.3 최근 지구 온난화로 인한 기후변동 영향으로 도로(공항) 피해사례가 자주 발생되고 있다. 이에 따른 도로(공항)설계 재해방지대책을 설명하시오.

[5.38 도시 유출모형의 특성 및 활용방안]

095.2 최근 이상기후에 따른 집중호우가 빈번히 발생하
여 큰 피해를 일으키고 있는 바, 이에 따른 도로(또
는 공항)에서의 수해유형분석 및 대책에 대하여
설명하시오.

106.1 도시강우–유출 해석모형

[1. 토공계획]

5.01 지반조사

도로(공항) 계획·설계할 때 대상지역의 지질조사 필요성과 내용 [0, 3]

I 개요

1. 지반조사 목적

(1) 토목·지질기술자가 지질구조와 지형구조를 파악하기 위하여 육안으로 관찰한다.

(2) 지반의 층서(層序)를 파악하기 위하여 시추(boring), 사운딩(sounding), 물리탐사법 등을 통해 지반 구성, 암반층 및 지하수 깊이 등을 조사한다.

(3) 현장에서 교란 시료(disturbed soil)를 채취하여 실험실에서 흙의 기본적 물성(비중, 입도분포, 연경도, 함수비 등) 측정시험을 실시한다.

(4) 현장에서 불교란 시료(undisturbed soil)를 채취하여 실험실에서 흙의 역학적 특성(단위중량, 전단강도, 압축성, 투수성 등) 측정시험을 실시한다.

(5) 불교란 시료를 채취하더라도 완전히 교란을 방지할 수는 없기 때문에 원위치 시험(베인시험, 표준관입시험, 콘관입시험, 공내재하시험 등)을 실시하기도 한다.

2. 지반조사의 단계별 주요내용

단계		시기	목적	내용	범위
예비조사	자료조사	사업구상에서 구체적인 계획	도로노선 계획	• 각종 자료 조사·분석 • 지표답사	대상구간의 광범위한 지역
	현장답사	비교노선 검토부터 노선결정까지	도로노선 선정	• 해당 현장의 지형·지질 조건에 대한 개략조사 • 해당 현장의 환경·입지 조건에 대한 광역조사	계획노선과 비교노선 포함한 광범위한 지역
개략조사					
본조사		노선결정 이후부터 공사착공까지	• 상세한 설계 • 시공계획의 수립 • 설계자료의 평가 • 신기술·신공법 검토 • 구조적 단면 해석 • 공사비 산출 등	• 상세한 지질·지반 조사 • 주변환경조사에 필요한 제반설비·법규 등 조사	결정된 노선 및 주변지역
시공 중 보충조사		시공 중	• 공정·품질·안전· 원가 등의 시공관리 • 주변지역 통제	• 시공 중 계측 • 기상변화에 따른 조사 • 주변환경영향조사	시공 영향 받을 우려 있는 인접지역

Ⅱ 지반조사의 단계별 상세 내용

1. 예비조사

(1) 계획단계의 자료수집 및 현장답사를 조사로서 현장 관련 모든 기존자료를 수집하고, 공사현장의 지형·지질·기후·재해·교통 등 시공에 필요한 정보 입수

(2) **자료수집** : 지형도, 지질도, 토양도, 조석·조류자료, 기후·기상자료, 공사현장 주변의 지질조사보고서, 항공사진, 지반원격탐사자료, 지진관련자료 등

(3) **현장답사** : 공사현장의 개괄적인 지형·지질 상태, 현장작업조건 등을 실제 조사

[기존자료조사의 주요내용]

조사대상	자료조사 내용	자료구입처
기존 구조물	배치도, 설계도면, 시공자료, 현재 상태 등을 검토하여 개략적인 지반조건, 지지력, 위험요소 등을 파악	현장답사 사용자 설문
인접지역 자료	대상노선의 인접지역에서 실시된 조사자료를 활용하여 지반의 종류·조건, 지하수 분포 상태 등을 파악	시·군·구청 소유자, 설계자
지형도 항공사진 위성사진 고지형도	• 과거와 현재의 지형 상태 조사·분석 • 지질경계, 파괴지역, 식생, 수계 등의 분포 상태 파악 • 시추, 골재원, 토취장, 채석장 후보지 조사에 활용 • 보링 시추장비 진입로, 시추용수 취득가능성 파악	국가지리정보원 중앙지도문화사 산림청
지질도	지층분포, 지질구조(단층, 습곡, 절리, 선구조) 특성, 공동 발달 유무 등을 분석하여 터널굴착 조건 예측	한국자원연구소
토양도	토양의 비옥도, 수분상태 등의 성질로부터 흙의 물리·화학적 및 공학적 특성 추정	농어촌진흥공사
우물현황	지하수 부존 상태, 지하수위 상태 등의 특성 파악	사용자 설문

[현장답사의 주요내용]

답사대상	현장답사 내용
지형변화	과거에 제방, 수로, 성토, 매립, 산사태 등의 흔적이나 활동범위
지표수·지하수	용출수 존재, 우물 수위, 지하수 계절적 변동, 호우 시 배수·저수 상태
인근구조물	도로·철도, 교대·교각 등 주요 구조물의 침하, 균열, 경사, 굴곡 상태
지하매설물	상하수도, 가스관, 통신·전력케이블, 지하철, 지하도, 건물기초
수송통로	중차량 출입제한 유무, 교통상황, 도로주변의 소음·진동공해 등

2. 개략조사

(1) 예비조사에서 수집한 결과를 토대로 하여 공사 예정현장에서 보링(boring)을 실시하면서 본조사의 실내시험을 대비하여 불교란 시료를 채취하기도 한다.

(2) 예비조사에서 일반적인 경우에 획득하는 주된 공사정보

① 현장의 전반적인 지형, 지질상태 및 배수로의 존재 여부

② 인근 기존 공사의 굴착작업에서 시행했던 토질 성층에 따른 기초공법

③ 공사 예정현장 및 주변지역의 자연식생 상태

④ 건물이나 교대, 제방 등에 있는 홍수위의 흔적

⑤ 지하수위(부근 우물의 깊이 관측) 등을 포함하는 지질조사

3. 본조사

(1) 원위치·실내시험 : 개략조사에서 얻은 자료를 토대로 원위치시험(표준관입시험, 베인전단시험), 실내시험(압축시험, 배수시험, 직접전단시험), 물리탐사 등을 실시한다.

(2) 지반조사 : 지층의 구성·특징, 지지층의 깊이와 지지력, 연약층의 전단강도, 지반침하·변형 특성, 지하수위 등에 대한 상세한 정보를 수집한다.

(3) 하천조사 : 시공 중 우수에 의한 도로구조물(교량·암거)의 피해방지대책, 교대·교각 설치에 따른 이수(利水)나 주운(舟運) 영향감소대책 등을 마련한다.

(4) 환경조사 : 공사현장의 지형지질, 작업공간, 작업면적 등의 환경조건이 구조물 기초의 형식, 규모, 공법, 기계, 설비 등의 선택에 미치는 영향을 조사한다.

(5) 연약지반 : 지반의 압밀침하, 교대의 측방유동, 흙막이벽의 안정성, 지진 대비 포화 사질토의 액상화 가능성 등에 대하여 평가한다.

(6) 산지계곡 : 기존 지질자료를 근거로 비탈면 붕괴, 토석류 낙반 사례를 조사하여 하부구조의 형식, 시공방법, 보강공법 등을 결정한다.

(7) 근접시공 : 기존 구조물에 근접시공하는 경우에는 기존구조물의 허용변위량을 결정하고, 보강공법을 검토할 때 준공도면을 바탕으로 응력 상태를 조사한다.

4. 시공 중 보충조사

(1) 본조사에서 시추했던 지층구조와 실제 확인된 지층구조의 서로 달라 설계변경이 필요한 경우 시공방법 결정, 설계의 적정성 평가 등을 위하여 보충조사를 실시한다.

(2) 시공 중 보충조사는 시료채취하여 실내시험 실시, 지반이나 구조물의 변위·침하 계측, 기초지지력 측정 등을 실시하여 설계변경 자료를 수집한다.[1]

---

1) 국토교통부, '지반조사 개요', 국토지반정보 통합DB센터, 2019.
박효성, 'Final 토목시공기술사', 개정 2판, 예문사, 2020, pp.589~591.

5.02 흙의 분류

Ⅰ 통일분류법

1. 배경

흙을 분류하는 방법 중 가장 많이 알려진 통일분류법은 1969년 미국재료시험협회(ASTM, American Society for Testing and Materials)에서 흙의 공학적인 표준분류방법으로 채택된 이후, 도로 · 비행장 · 흙댐 등의 대부분의 토목공사현장에서 흙의 종류 · 성질 · 용도 등을 판단할 때 쓰이고 있다.

2. 분류방법

(1) 제1문자

① No.4(4.76mm)체 통과량이 50% 이상이면 모래(S)로 분류한다.

② No.4(4.76mm)체 통과량이 50% 미만이면 자갈(G)로 분류한다.

(2) 제2문자

① No.200(0.074mm)체 통과량 5% 미만, 균등계수(C_u)>4, 1<곡률계수(C_g)<3을 만족하면 GW로 분류한다. 이 경우 GW를 만족하지 못하면 GP로 분류한다.

② No.200(0.074mm)체 통과량 5% 이상, 균등계수(C_u)>6, 1<곡률계수(C_g)<3을 만족하면 SW로 분류한다. 이 경우 SW를 만족하지 못하면 SP로 분류한다.

(3) 균등계수와 곡률계수

① 균등계수(C_u, coefficient of uniformity) : 조립토의 입도분포가 좋고 나쁜 정도를 나타내는 계수로서, 입도분석 자료를 토대로 하여 작성한 입경가적곡선에서 통과백분율 10%와 60%에 해당하는 입경으로 구할 수 있다.

② 곡률계수(C_g, coefficient of curvature) : 입도분석자료에서 통과백분율 10%, 30%, 60%에 해당하는 입경을 각각 D10, D30, D60이라 할 때 구해지는 계수로서 균등계수와 함께 입도분포 판정에 이용된다.

③ 균등계수(C_u) 값이 클수록 흙의 입도범위는 넓어지며, 곡률계수(C_g) 값이 1~3 정도일 때 입도분포가 양호한 흙으로 판정된다.

$$\text{균등계수} \ \ C_u = \frac{D_{60}}{D_{10}}, \ \ \text{곡률계수} \ \ C_g = \frac{D_{30}^{\ 2}}{D_{60}D_{10}}$$

[통일분류법에 의한 흙의 분류기호]

구분	제 1 문자		제 2 문자	
	기호	설명	기호	설명
조립토	G S	자갈(자갈질 흙) 모래(모래질 흙)	W P M C	양호한 입도의 불량한 입도의 실트를 함유한 점토를 함유한
세립토	M C O	실트 무기질 점토 유기질 점토	L W	소성 또는 압축성이 낮은 소성 또는 압축성이 높은
유기질토	P_t	이탄		

(4) 세립토의 세분

① 아래 그래프 「통일분류법 소성도」에서 액성한계와 소성지수가 A선 아래에 있으면 실트질(또는 유기질토), A선 위에 있으면 점토로 분류된다.

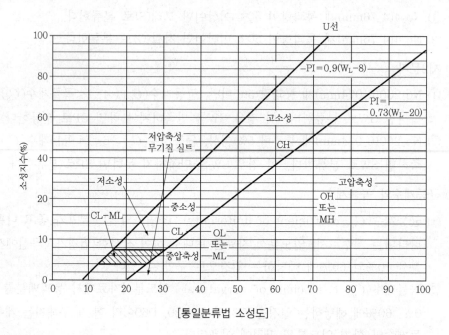

[통일분류법 소성도]

Ⅱ AASHTO 분류법

1. 배경

(1) AASHTO 분류법은 미국도로교통공무원협회(ASSHTO, American Society of State Highway and Transportaton Officials)에서 개발한 흙의 분류법이다.

(2) AASHTO 분류법은 체 분석으로 구한 입도분포와 소성지수, 액성한계, 그리고 군지수 (GI)를 이용하여 다음과 같이 흙을 분류한다.

$$GI = 0.2a + 0.005ac + 0.01bd$$

여기서, a : 0.074mm체 통과 중량백분율에서 35%를 뺀 값(0~40 사이의 정수)

b : 0.074mm체 통과 중량백분율에서 15%를 뺀 값(0~40 사이의 정수)

c : 액성한계에서 40%를 뺀 값(0~20의 정수)

d : 소성지수에서 10%를 뺀 값(0~40의 정수)

2. 분류방법

(1) 입상토와 실트-점토의 구분

① 0.074mm체 통과율이 35% 이하이면 입상토(granular materials)

② 0.074mm체 통과율이 35% 이상이면 실트-점토(silt-clay materials)

(2) 군지수(GI, Group Index)로 구분

① 아래 그래프 「AASHTO 분류법 실트-점토 분류도」에서 보듯 액성한계가 높고 낮은 한계는 액성한계 50%를 기준으로 구분한다.

② 소성지수(PI), 액성한계, 0.074mm(No.200)체 통과율 등을 비교하면서 어느 분류기호에 해당하는지를 판별하여 군지수(GI)를 구한다.

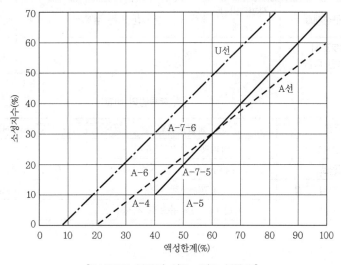

[AASHTO 분류법 실트-점토 분류도]

(3) 분류기호로 구분

① 흙을 A-1에서 A-7까지 분류하며, 입경과 Atterberg 한계에 따라 세분한다.

② 아래 표는 A-4에서 A-7까지 실트~점토를 소성지수와 액성한계에 따라 분류하는 도표이며, 통일분류법 소성도의 U선과 A선을 함께 표시한다.[2]

[AASHTO 분류법에 의한 흙의 분류]

구분			입상토 (0.074mm체 통과율 35% 이하)							실트-점토 (0.074mm체 통과율 35% 이상)			
분류기호			A-1-a	A-1-b	A-3	A-2-4	A-2-5	A-2-6	A-2-7	A-4	A-5	A-6	A-7 (A-7-5 / A-7-6)
체 통과분 (%)	0.2mm체		50 이하										
	0.42mm체		30 이하	50 이하	51 이상								
	0.74mm체		15 이하	25 이하	10 이하	35 이하	35 이하	35 이하	35 이하	36 이상	36 이상	36 이상	36 이상
0.42mm체 통과분 성질	액성한계		6 이하		N.P	40 이하	41 이상	40 이하	41 이상	40 이하	41 이상	40 이하	41 이상
	소성지수					10 이하	10 이하	11 이상	11 이상	10 이하	10 이하	16 이하	11 이상
군지수(GI)			0		0	0		4 이하		8 이하	12 이하	16 이하	20 이하
주요 구성재료			석편, 자갈, 모래		세사	실트질 또는 점토질 자갈모래				실트질 흙		점토질 흙	
노상토로서 일반적인 등급			우			양				가		불가	

[흙 분류법의 비교]

구분	통일분류법	AASHTO 분류법
흙의 분류방식	알파벳 2문자로 표시	군지수(GI), A-1~A-7
세립토	0.074mm체 통과율 50% 이상	0.074mm체 통과율 35% 이상
모래와 자갈 구별	4.76mm체 이용	2.0mm체 이용
유기질토	OL, OH, Pt 등으로 제시	-

---

2) 국토교통부, '도로설계편람', 제3편 토공및배수, 2012, pp.402-2~8.

5.03 암반의 분류

토사, 리핑암, 발파암의 분류방법, RQD, Q–System, 터널에서 암반분류, 테일러스(Talus) [3, 2]

Ⅰ 용어 정의

1. 암석(巖石, rock)은 광물이나 준광물이 자연적으로 모여 이루어진 고체이다. 우리말로 돌, 바위(큰 돌)라고 하며, 한자어 암석(巖石)은 문자 그대로 바위와 돌이라는 뜻이다. 지구의 지각은 암석으로 이루어져 있다.
2. 암반(巖盤, rock mass)은 건설공사의 대상이 될 정도의 공간적 크기를 갖는 자연상태에서 암석으로 이루어진 집합체이다. 암반은 지질적 분리면 또는 구조적 불연속면을 포함하는 불균질성 이방성 암체이다.

Ⅱ 암반의 공학적인 분류

1. 절리간격에 의한 분류

암반의 절리간격은 인접한 절리 간의 평균수직거리를 측정한 값이다. 암반에서 절리간격은 암괴의 크기를 결정하고, 암반의 공학적 성질(굴착 난이도, 파쇄 특징, 투수율 등)을 결정하는 기준이 된다.

2. 풍화도(k)에 의한 분류

풍화도는 암반의 풍화 및 변질의 정도를 나타내며, 토목공사에 필요한 값이다.

$$풍화도(k) = v_0 - \frac{v}{v_0}$$

여기서, v_0 : 신선한 암석 공시체를 전파하는 탄성파속도
v : 풍화 및 변질된 암석 공시체를 전파하는 탄성파속도

3. 암질지수(RQD), 회수율(TCR)에 의한 분류

(1) 암질지수(RQD, Rock Quality Designation)는 암반의 절리, 암질, 코어채취를 위한 보링공법 등에 따라 암반을 질적으로 분류하여 표시하는 방법이다.

(2) 회수율(TCR, Test Core Recovery)이란 현장에서 지반의 역학적 특성을 파악하기 위해 코어 채취기로 시료를 채취할 때 파쇄되지 않은 상태로 회수되는 비율을 뜻한다. 암질지수(RQD)를 구할 때는 10cm 이상 길이의 합계만 계산한다.

$$암질지수(RQD) = \frac{10cm\ 길이\ 이상\ 회수된\ 코어의\ 합계}{굴착한\ 암석의\ 이론적\ 길이} \times 100$$

여기서, 보통 암반의 경우, 암질지수(RQD) 값은 50~75% 수준

코어 : NX 크기(54mm)의 이중관 시료채취기를 사용

보링공 길이 : 일반적인 경우, 목적에 따라 5m마다 구분

[암반의 분류]

절리간격(cm)에 의한 분류		풍화도(k)에 의한 분류		RQD(%)에 의한 분류	
절리간격의 구분	절리간격	풍화 · 변질 정도	풍화도	암질상태	RQD
매우좁음 very close	5 이하	신선한	0	매우불량 very poor	0~25
좁음 close	5~30	약간 풍화된	0~0.2	불량 poor	25~50
보통 medium	30~100	중간 정도 풍화된	0.2~0.4	보통 fair	50~75
넓음 wide	100~300	상당히 풍화된	0.4~0.6	양호 good	75~90
매우넓음 very wide	300이상	현저히 풍화된	0.6~1.0	매우양호 excellent	90~100

4. 균열계수(C_r, Coefficient of fissure)에 의한 분류

암반의 균열계수(C_r) 값은 풍화도(k)와 동일한 물리적 의미를 갖는 값이다.

$$균열계수(C_r) = 1 - \left(\frac{E_f}{E_g}\right) = 1 - \left(\frac{v_f}{v_g}\right)^2$$

여기서, E_g, v_g : 신선한 암석 시편에 대한 동적탄성계수, 탄성파속도

E_f, v_f : 현장의 암반에 대한 동적탄성계수, 탄성파속도

[균열계수(C_r)에 의한 분류법]

등급	암질상태	균열계수(C_r)	경험적 양부 판별
A	매우 좋은	<0.25	절리 · 균열이 거의 없고, 풍화 · 변질 없음
B	좋은	0.25~0.50	절리 · 균열이 조금 없고, 균열된 표면만 풍화
C	중간 정도의	0.50~0.65	절리 · 균열이 상당히 있고, 절리충전물 약간, 균열부 풍화
D	약간 불량한	0.65~0.80	절리 · 균열이 뚜렷하고, 포화점토충전물 가득, 암질은 상당부분 변질
E	불량한	>0.80	절리 · 균열이 현저하고, 풍화 · 변질 심함

5. RMR(Rock Mass Rating)에 의한 분류

RMR은 암반의 절리와 층리의 간격, 절리상태, 암질지수(RQD), 일축압축강도, 지하수 상태 등 5개 요소의 가중치를 합산한 값으로, 암반의 내부마찰각, 터널 굴착할 때 무지보 자립시간 등을 추정하는 데 쓰인다.

6. Q-system에 의한 분류

Q-system은 암질지수(RQD), 불연속면 수(J_D), 거칠기(J_R), 풍화도(J_A), 지하수 상태 (J_W), 응력감소계수(SRF) 등 6개 요소를 평가하여 환산한 값으로, 유동성 암반, 팽창성 암반 등 취약한 암반의 등급을 판정하는 데 쓰인다.

$$Q = \frac{RQD}{J_D} \times \frac{J_R}{J_A} \times \frac{J_W}{SRF}$$

여기서, $\dfrac{RQD}{J_D} = \dfrac{RQD \text{ 평균값}}{\text{절리군의 수}}$: 암반 블록의 크기 = { } over { }

$\dfrac{J_R}{J_A} = \dfrac{\text{절리거칠기 계수}}{\text{절리면 변질계수}}$: 절리면의 전단강도

$\dfrac{J_W}{SRF} = \dfrac{\text{절리 수압}}{\text{응력저감계수}}$: 암반의 응력 상태

7. 리핑 가능성(ripperbility)에 의한 분류

암반을 발파하지 않아도 리핑작업 가능성을 기준으로 암반을 분류할 수 있는데, 리핑 가능 영역은 연암으로, 리핑 불가능 영역은 경암으로 간주한다.

8. 암반의 1축압축강도에 의한 분류

(1) 흙의 1축압축강도(q_u)란 측압을 받지 않은 공시체의 최대압축응력으로, 시료가 파괴될 때의 최대하중(P)을 단면적(A)으로 나누어서 $\left(q_u = \dfrac{P}{A}\right)$ 구한다.

(2) 1축압축강도(q_u)는 길이가 직경의 2배 이상되는 공시체를 기준으로 측정하며, 암석의 강도특성을 나타내는 가장 대표적인 값이다.[3]

[1축압축강도에 의한 분류]

등급	암석상태	일축압축강도(kg/cm^2)
A	극경암(very high strength)	2,250 이상
B	경암(high strength)	1,125 ~ 2,250
C	보통암(medium strength)	560 ~ 1,125
D	연암(low strength)	280 ~ 560
E	극연암(very low strength)	560 이하

---

3) 국토교통부, '도로설계편람', 제3편 토공및배수, 2012, pp.402-8~16.

Ⅲ 테일러스(Talus)

1. 용어 정의

(1) 테일러스(Talus) 또는 애추(崖錐)란 거대한 화강암이 오랜 세월 동안에 풍화작용의 물리적인 힘에 의해 바위의 틈새(절리)가 쪼개지면서 흙으로 분해되지 않고 돌덩이를 이룬 지대를 말한다.

(2) 테일러스는 약 300만년 내지 400만년 전쯤에 형성되기 시작한 것으로 추정되며, 사면의 안식각은 보통 30~40°를 이루고 있다. 일교차와 연교차가 심한 기후대에서 동결·융해가 반복되면서 기계적 풍화작용에 의해 형성된다.

(3) 부산 해운대 장산의 산비탈에 테일러스가 유난히 많이 보이는데, 암벽에서 떨어져 나온 바위들이 비탈면에 쌓여 형성되어 돌시렁(돌밭)이라 부른다.

[부산 해운대 장산의 산비탈에 쌓인 테일러스(talus) 모습]

2. 테일러스(Talus)의 특징

(1) 해운대 장산의 돌시렁은 산성 화산암으로 형성되어 쉽게 흙으로 분해되지 않는다. 부산의 구덕산과 백양산을 비롯하여 화산암 지대에서 흔히 나타나는 지질현상이다.

(2) 돌시렁은 바윗덩어리들이 서로 엇갈리게 쌓여서 생긴 틈 사이의 작은 동굴(공간)이다. 예를 들어, 밀양의 '얼음골'은 공간에 겨울철 찬 공기가 갇혀 있다가 바위틈의 풍혈(風穴)을 통해 냉풍(冷風)이 형성되기 때문에 여름철 피서지로 인기가 높다.

(3) 계곡이 아닌 산의 능선을 따라 형성된 돌시렁 아래에 물이 흐르는 경우도 있다. 돌시렁 샘물은 산 위쪽의 암석 틈에서 솟아나와 바닥을 따라 흐르는 지하수로서, 가뭄에도 마르지 않고 물맛 또한 뛰어나 더욱 신비롭게 여겨진다.[4]

---

4) 박맹언, '해운대 장산의 돌시렁', 박맹언교수의 지질여행, 2019.1.29.

5.04 흙의 다짐곡선, 연경도(Atterberg)

최적함수비, 흙의 소성지수(PI) [4, 0]

I 흙의 다짐곡선

1. 다짐곡선의 정의

(1) x축을 함수비(w), y축을 건조단위중량(γ_d)으로 하는 직교 좌표 상에 함수비와 건조단위중량 사이의 관계를 나타낸 곡선을 흙의 다짐곡선이라 한다.

(2) 다짐곡선은 위쪽이 볼록한 종(鐘)모양으로 나타나는데, 건조밀도(γ_d)가 최대가 되는 값이 최대건조밀도($\gamma_{d\max}$), 이때의 함수비가 최적함수비(OMC, W_{opt})이다.

(3) 최적함수비보다 작은 쪽(함수비가 감소되는 방향)을 건조측, 큰 쪽(함수비가 증가하는 방향)을 습윤측이라 한다.

2. 다짐곡선의 특징

(1) 조립토(모래질)일수록 다짐곡선은 급하고, 세립토(점토질)일수록 다짐곡선은 완만하게 그려진다.

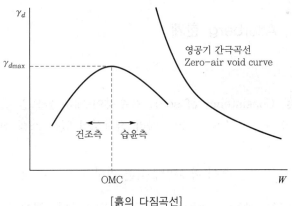

[흙의 다짐곡선]

(2) 사질토에서는 최대건조밀도($\gamma_{d\max}$)가 증가하고, 최적함수비(OMC)는 감소한다. 즉, 곡선이 직교 좌표의 왼쪽 상(上)방향에 그려진다.

점토분이 많은 흙은 최대건조밀도($\gamma_{d\max}$)가 감소하고, 최적함수비(OMC)는 증가한다. 즉, 곡선이 직교 좌표의 오른쪽 하(下)방향에 그려진다.

(3) 양입도의 흙에서는 최대건조밀도($\gamma_{d\max}$)가 높고, 최적함수비(OMC)는 낮다. 즉, 곡선이 직교 좌표의 왼쪽 상(上)방향에 그려진다.

(4) 사질토에서 다짐되는 흙의 양(量)이 점질토에서 다짐되는 흙의 양보다 많다.

(5) 최적함수비(OMC)보다 약간 건조 측에서 전단강도가 최대가 된다.

최적함수비(OMC)보다 약간 습윤 측에서 투수계수가 최소가 된다.

(6) 흙을 건조 측에서 다질수록 팽창성이 크고, 최적함수비(OMC)에서 다질수록 팽창성이 최소가 된다.

(7) 흙을 건조 측에서 다지면 면모구조, 습윤 측에서 다지면 이산구조가 된다.

(8) 다짐에너지가 증가하면 최대건조밀도(γ_{dmax})가 증가하고, 최적함수비(OMC)는 감소한다. 반대로 다짐에너지가 감소하면 최대건조밀도(γ_{dmax})가 감소하고, 최적함수비(OMC)는 증가한다.

(9) 다짐도(R_c)는 현장 건조밀도를 시험실의 최대 조밀도로 나눈 백분율 값이다.

$$R_c = \frac{\gamma_{d(field)}}{\gamma_{dmax(lab)}} \times 100(\%)$$

(10) 다짐곡선에서 영공기 간극곡선(零空氣 間隙曲線, Zero-air Void Curve)이란 흙 속의 간극에 물이 충만하여 공기간극이 전혀 없을 때의 함수비와 건조밀도 간의 관계를 나타내는 곡선이다. 일반적으로 흙의 다짐곡선은 영공기 간극곡선의 좌측에서만 그려지도록 되어 있다.

Ⅱ 흙의 연경도, Atterberg 한계

1. 용어 정의

(1) **연경도(軟硬度, Consistency of soil)** : 함수량이 매우 높으면 흙 입자는 수중에 떠있는 액체 상태로 있다가 함수량 감소에 따라 점착성이 있는 소성 상태, 반고체 상태, 고체 상태로 변한다.

이와 같이 점착성 있는 흙이 함수량에 따른 연하고 딱딱해지는 정도를 연경도라고 한다.

(2) **아터버그 한계(Atterberg limits)** : 함수량이 매우 높은 액체 상태의 흙이 건조되어 가면서 거치는 4가지의 상태 즉 액성 상태, 소성 상태, 반고체 상태, 고체 상태의 변화하는 한계지점의 함수비를 아터버그 한계(Atterberg limits)라고 한다.

아터버그 한계는 1911년 스웨덴의 아터버그(Atterberg)가 제시한 시험방법에 의해서 구해지는 값으로, 세립토의 성질을 나타내는 지수로 활용된다.

2. Atterberg 한계와 관련된 지수(指數, Index)

(1) 소성지수(PI, Plastic Index) : PI = LL−PL

① 소성지수는 액성한계와 소성한계의 차이를 말한다.

② 소성지수는 흙이 소성상태로 존재할 수 있는 함수비의 범위로서, 균열이나 점성적 흐름 없이 쉽게 흙의 모양을 변형시킬 수 있는 구간의 크기이다.

③ 소성지수가 클수록 세립분을 포함하는 소성이 풍부한 흙이다. 즉, 소성지수가 클수록 물을 함유할 수 있는 범위가 크다는 의미이다.

(2) 수축지수, 압축지수(SI, Shrinkage Index) : SI=PL-SL

① 수축지수는 소성한계와 수축한계의 차이를 말한다.

② 수축지수가 큰 흙은 팽창성이 크고, 수축지수가 작으면 안정된 흙이다.

(3) 액성지수(LI, Liquidity Index) : $LI = \dfrac{\omega - PL}{PI}$

$\quad\quad\quad w$: 자연 상태 함수비

① 액성지수는 자연 상태 흙의 함수비에서 소성한계를 뺀 값을 소성지수로 나눈 값이다.

② 액성지수는 흙의 유동가능성을 나타내며, 0에 가까울수록 흙은 안정된 상태이다.

(4) 활성도(A, Activity) : A=PI/[0.002mm보다 가는 입자의 중량백분율(%)]

① 활성도는 소성지수와 0.002mm보다 가는 입자 함량의 비율이다.

② 활성도는 흙이 물을 흡수하는 정도로서, 활성도가 크면 지반의 팽창잠재력이 크다.[5]

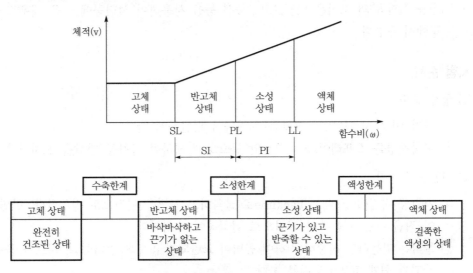

[흙의 연경도와 Atterberg 한계]

---

5) 박효성, 'Final 토목시공기술사', 개정 2판, 예문사, 2020, pp.327~330.

5.05 물치환법(Water Replacement Method)

물치환법(Water Replacement Method) [1, 0]

I 개요

1. 도로공사 현장에서 노체 및 노상을 시공할 때, 일반적으로 터널 등의 현장에서 발생되는 일반토사나 암버럭을 이용하여 성토 다짐하고 있다.
2. 이와 같이 도로공사 현장에서 발생된 일반토사를 이용하여 노체 및 노상을 성토 다짐할 때는 품질관리를 위하여 물치환법에 현장밀도를 측정하는 경우가 있다.

II 물치환법

1. 시험 원리

(1) 물치환법(Water Replacement Method)은 도로건설 현장에서 포설면이나 전압면에 시험공(치환공)을 굴착하여 공벽에 유연한 시트를 밀착시킨 후, 그 안에 물을 주입하여 흙의 단위중량을 측정하여 현장밀도를 산정하는 방법이다.

(2) 즉, 치환공의 체적을 시트 내에 주입한 물의 체적으로 치환하여 계측하고, 굴착한 조립재료의 질량비로부터 현장밀도를 산정하는 방법이다.

(3) 시험공(치환공)의 체적은 비닐, 고무풍선 등을 사용하여 시험공에 물을 채우고 들어간 수량에서 구한다.

2. 시험 순서

(1) 굴착 준비

① 굴착 예정 지표면의 굴곡부를 제거하여 평탄하게 한다.
② 굴착직경을 스프레이나 석회분말 등으로 착색하여 굴착공 형상을 표시한다.

(2) 치환공의 굴착

① 치환공 직경이 클 때는 backhoe로 굴착하고 공벽을 인력으로 정형한다. 반면, 직경이 작을 때는 처음부터 인력으로 굴착하여 정형한다.
② 굴착은 가능하면 신중하게 하여 공벽이 교란되지 않도록 주의하고, 시트가 공벽에 밀착되기 쉽게 표면마무리를 한다.

(3) 치환공의 크기

① 공의 직경 : 0.5~3.0m (경우에 따라 다르다.)

② 공의 심도 : 0.5~1.5m(포설층 두께 정도가 적정하다.)

③ 공의 체적 : 0.2~6.0m³(경우에 따라 다르다.)

(4) 굴착한 조립재료(일반토사)의 질량 측정

① 현장 저울을 사용하여 굴착된 조립재료의 질량을 측정한다.

② 굴착 직후에 질량을 측정하지 않는 경우에는 비닐시트 등을 덮어 함수비가 변화되지 않도록 관리한다.

③ 건조밀도(간극비)로 품질관리를 하는 경우에는 합성비중을 구하기 위해 굴착한 조립재료의 체분석 및 함수비를 측정해야 한다.

(5) 시트의 부설 및 물의 주수

① 비닐 시트를 치환공에 부설하고 물을 주수한다. 시트는 공벽에 밀착여부를 확인하기 위하여 투명한 제품을 사용한다.

② 시트는 치환공 내에 여유를 두고 부설한 후, 물을 주수하면서 공벽의 요철부에 완전히 밀착시킨다.

③ 물은 가능하면 치환공의 상부 입구까지 주입한다. 이때 비닐이 쇄석의 모서리에 뚫리지 않도록 주의한다.

(6) 치환공의 계량

① 치환공의 체적은 주입한 물의 양으로부터 구한다. 주입량의 계량은 수량계 또는 계량용 수조를 이용한다.

② 치환공의 상부 입구 근처에서 지표면의 경사나 굴곡이 있는 경우에는 그 영향을 보정하여 체적을 구해야 한다.

③ 보정방법은 수면위치를 결정한 후 주변지반의 표고와 치환공의 단면적을 계측하여 체적을 수정하는 방법을 사용한다.

(7) 현장밀도의 산정

앞서 굴착된 조립재료의 질량(W), 치환공의 체적(V)로부터 다음 식에 의하여 단위중량을 구한다.

$$현장\ 습윤단위중량\ \gamma_t = \frac{W_t}{V}$$

$$실내\ 건조단위중량\ \gamma_d = \frac{W_d}{V} = \frac{\gamma_t}{1 + \frac{\omega}{100}}$$

5.06 동적 콘관입시험(Dynamic Cone Penetration Test)

동적관입시험(Dynamic Cone Penetration Test) [1, 0]

1. 용어 정의

(1) 동적 콘관입시험(DCP)은 steel rod 하단에 팽이 모양의 콘(cone)을 부착시키고, 상부에 있는 해머(hammer)를 통해 노상 또는 입상재료층에 낙하·관입시켜 콘의 관입깊이에 해당하는 타격회수를 연속적으로 실측하는 시험이다.

(2) 시험결과는 DCPI(Dynamic Cone Penetration Index)로 나타내는데, 1회 타격으로 관입되는 깊이를 의미한다.

(3) 콘시험방법에는 정적 콘관입시험(SCP)과 동적 콘관입시험(DCP)이 있다.

2. DCP 시험

(1) 동적 콘관입시험(DCP)은 질량 5kg 해머를 50cm 높이에서 자유낙하시키면서 원위치 흙의 관입서항을 간난히 구할 때 쓰인다.

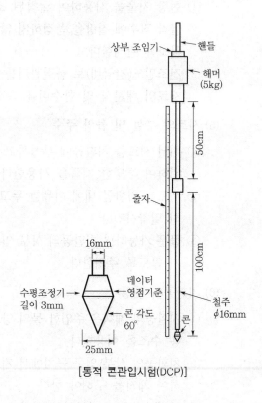

[동적 콘관입시험(DCP)]

(2) 국내에서 도로공사 노반의 다짐상태 확인을 위해 사용되는 DCP는 일본에서 급경사 조사용으로 사용되는 장비를 소형 경량화한 제품이다.

(3) 미국 ASTM(American Standard Test Method) 기준에서는 무게 8kg(17.6lb) 또는 4.6kg(10.1lb) 해머를 57.5cm 높이에서 낙하하여 DCP index(mm/blow)를 구하여 포장층의 CBR 값을 구한다.

3. DCP 결과 분석

(1) 그래프 (a)는 누적타격횟수와 관입깊이를 나타낸다. 일반적으로 그래프의 기울기 형상이 변하면 층이 다른 것을 의미하는데, 이 그래프는 기울기가 일정한 것으로 보아 동일한 층으로 판단된다.

(2) 그래프 (b)는 관입깊이별 DCPI 값을 나타낸 것으로, 이 그래프는 층 깊이 30cm까지 측정된 DCPI의 평균값을 의미한다.

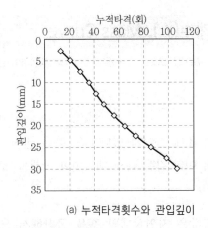

(a) 누적타격횟수와 관입깊이

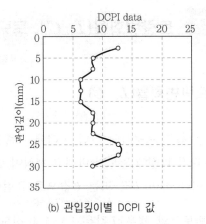

(b) 관입깊이별 DCPI 값

[정적(靜的)관입시험, 동적(動的)관입시험]

구분	정적 콘관입시험 (Static Cone Penetration Test)	동적 콘관입시험 (Dynamic Cone Penetration Test)
목적	비교적 연약 토질에 원추형 콘을 지중에 관입, 원위치 심도와 관입저항치 측정	보링공과 보링공 사이의 개략적 토층성상을 파악, 원위치의 전단강도 측정
방법	• 휴대용 콘관입시험[1] • 화란식 콘관입시험[2] • 피조메타 원추관입시험(3성분 콘관입)[3]	선단콘 부착 로드를 일정 무게의 햄머로 타격 • 자유낙하시켜, 지반에 원추를 연속적으로 관입 30cm마다 타격횟수 측정
장점	• 보링하지 않고 간단하게 시험 실시 • 표준관입시험보다 측정치 정밀도 향상 • 측정기록을 연속적으로 취득 가능 • Data를 직접 설계에 이용 가능	• 보링하지 않고 원위치에서 시험 실시 • 작업이 신속하고 비용이 적게 소요 • 측정기록을 연속적으로 취득 가능 • 지표에서 최종심도까지 연속적인 관입
단점	• 흙 시료 채취 불가	흙 시료 채취 불가
적용	• 토층의 연경도, 성상, 점착력 파악 • 얕은기초의 허용지지력 산정 • 말뚝기초의 극한지지력 산정 • 주로 점성토 지반의 개량효과 확인	• 토층의 깊이별 특성변화 판별에 이용(정량적인 토질정수 결정이 아님) • 자갈, 호박돌 및 암반을 제외한 모든 토질에 가능하나 주로 사질토 지반에 적용

주) ① 휴대용 콘관입시험(Portable Cone Penetration Test)
 • 간격 10m에 1cm/sec 관입속도로 연약토층의 콘관입저항치를 측정
 • 깊이 5m 정도의 연약 점성토 지반에 적용, 측정범위는 $q_u = 15kgf/cm^2$ 정도

주) ② 화란식 콘관입시험(Dutch Cone Penetration Test)
 • 선단에 강봉이 부착된 스크류앵커 이중관(내관과 외관)을 관입하여 측정
 • 호박돌이나 매우 연약한 점성토 이외의 일반 사질토나 점성토에서 정밀도 우수

주) ③ 피조메타 원추관입시험(3성분 콘관입, Electric Piezo Cone Penetration Test)
 • 선단관입저항(q_c), 주면마찰력(f_s), 간극수압(U_c)을 동시 측정하는 새로운 시험기
 • 사질토, 점성도, 복합지반에 모두 적용, 흙의 투수성과 입밀특성 추정 가능

5.07 토량변화율(L, C), 토량환산계수(f), Mass Curve

토량환산계수, 유토곡선(Mass Curve)을 종단면도와 대응하여 설명 [4, 5]

Ⅰ 토량변화율(L, C)

1. 모든 흙은 토공사의 작업 상태에 수축율과 팽창율에 차이가 있다. 즉, 흙은 굴착 → 운반 → 다짐 과정에 밀도가 바뀌고 체적이 변화한다. 이와 같은 흙의 체적변화 상태를 '토량변화율'이라 하며 L값 또는 C값으로 표현한다.

2. 일반토사의 경우 L값은 1.1~1.4 정도이다. L값은 자연상태의 흙을 굴착해서 느슨해진 (Loosed) 상태로 운반할 때의 토량 산출에 사용된다.

$$L = \frac{흩어진\ 상태의\ 토량}{자연\ 상태의\ 토량}$$

3. 일반토사의 경우 C값은 0.85~0.95 정도이다. C값은 자연 상태의 흙을 운반하여 도로·철도 등의 공사현장에 장비로 다짐(Closed)할 때 사용된다.

$$C = \frac{다짐\ 상태의\ 토량}{자연\ 상태의\ 토량}$$

Ⅱ 토량환산계수(f)

1. 토공사 현장에서 토량변화율 L값 또는 C값을 실제의 작업토량으로 보정하기 위하여 토량환산계수(f)를 사용한다. 일반적으로 구하려는 작업토량을 Q, 기준이 되는 작업토량을 q로 하여 다음과 같이 계산한다.

[토량환산계수(f)]

기준이 되는 q \ 구하려는 Q	자연 상태의 토량	흐트러진 상태의 토량	다져진 상태의 토량
자연 상태의 토량	1	$L/1=L$	$C/1=C$
흐트러진 상태의 토량	$1/L$	1	C/L
다져진 상태의 토량	$1/C$	L/C	1

2. 공사현장에서 토량변화율(L값, C값)은 현장 흙의 밀도와 다짐시험을 거쳐 정하는 것이 원칙이다. 다만, 토공작업계획을 수립할 때는 다음 조건에 따라 계산한다.

(1) 굴착, 적재, 운반토량은 느슨한 체적(L)을 사용한다.

(2) 성토량은 원래 상태의 체적(A)을 다짐체적(C)으로 환산한 값을 사용한다.

(3) 기계화 토공 작업량을 결정할 때는 느슨한 체적(L)으로 환산하여 사용한다.

(4) 성토의 성형고를 결정할 때는 느슨한 체적(L)으로 환산하여 사용한 기계의 작업량을 다짐체적(C)으로 환산해야 한다.

Ⅲ 유토곡선(mass curve)

1. 용어 정의

(1) 도로 · 철도와 같은 선형공사의 설계단계에서 흙쌓기와 땅깎기의 토량배분계획을 수립하는 경우, 유토곡선(mass curve)을 이용하면 경제적으로 토공작업의 균형을 맞추어 노선 계획고(elevation)를 결정할 수 있다.

(2) 국토교통부는 지형정보체계(GIS)를 기반으로 토석정보공유시스템(Transaction of soil & rock Open portal reCYCLE system, TOCYCLE)을 구축하여 공사현장에서 발생되는 순성토와 순사토의 토량을 체계적으로 종합관리하고 있다.

2. 유토곡선의 작성목적

(1) 흙쌓기와 땅깎기의 토량 배분

(2) 평균 운반거리 산출

(3) 운반거리에 의한 토공기계 선정

(4) 흙쌓기와 땅깎기의 시공방법 결정

3. 유토곡선의 적용방법

(1) **당해 선형공사와 주변지역 건설공사를 연계하는 토량배분계획을 수립**

① 당해 선형공사에 대한 구간별 토량배분계획을 우선 수립
② 주변지역 건설공사에 대한 토량 관련 개략적인 정보를 수집
③ 시공단계에서 주변지역 건설공사와 연계하여 토량을 배분

(2) **공사 발주시기와 관계없이 전체 노선을 대상으로 토량배분계획을 수립**

① 일반 건설공사는 연차별 토지보상, 구간별 착공 방식으로 추진
② 구간별로 착공시기가 너무 차이가 발생하면 토량배분이 곤란
③ 특히 교량 · 터널 등 구조물 구간에는 별도의 토량배분이 필요

(3) **공사 현장조건을 고려하여 운반거리별로 적합한 토공장비 기종을 선정**

① 운반거리 70m 이내 : Bull dozer로 단거리 운반

② 운반거리 70~500m : Scraper로 중거리 운반

③ 운반거리 500m 이상 : Dump truck으로 장거리 운반

(4) 토적곡선은 종방향 토량배분만 표시하므로, 횡방향 토량은 별도 고려

① 토적곡선은 동일한 단면 내에서 횡방향 유용토량은 제외하고 종방향 운반토량만을 표시한다.

② 따라서, 도로폭이 넓은 4차로 이상 도로공사 현장의 경우에는 토적곡선만으로는 횡방향 운반토량을 산출할 수 없다.

4. 유토곡선(mass curve) 특징

(1) 기울기

① 하향곡선(ac)은 성토구간이다.

② 상향곡선(ce)은 절토구간이다.

(2) 극대점, 극소점

① 극소점(g)은 성토에서 절토로 바뀌는 변이점, 흙은 우에서 좌로 유용된다.

② 극대점(e)은 절토에서 성토로 바뀌는 변이점, 흙은 좌에서 우로 유용된다.

(3) 수평선

① 수평선과 교차되는 구간은 절토량과 성토량이 균형을 이룬다.

② 기선(ab)에 평행한 임의 수평선(nu)을 그어 mass curve와의 교점을 구하면, 서로 인접한 교점(d-e-f) 사이는 d에서 e까지의 절토량(re)과 e에서 f까지의 성토량(re)이 같다.

(4) 평균운반거리 : 인접한 교점(d-e-f) 사이에서 종거(re)의 1/2 지점(s)를 지나는 수평선을 그어 유토곡선과 교차하는 두 점을 연결한 길이(p, q)가 평균운반거리이다.

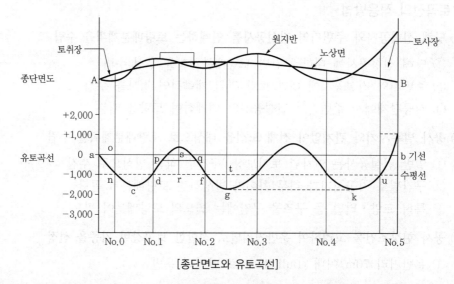

[종단면도와 유토곡선]

(5) 운반토량 계산

① 임의 수평선(nu)에서 no는 토취량(土取量)이고, uv는 토사량(土捨量)이다.

② 임의 수평선(nu)을 f에서 끊고 다른 수평선(gk)을 취하면, 이 두 수평선의 높이(gt)가 운반토량이다.

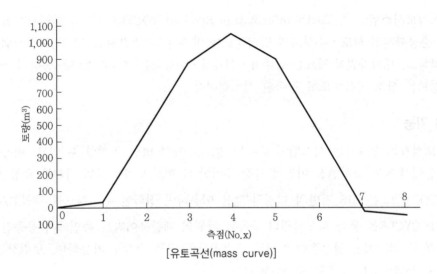

[유토곡선(mass curve)]

5. 맺음말

현재 국내·외 대부분의 설계회사들은 고속국도, 고속철도 등의 대규모 선형공사에 대한 유토곡선을 작성할 때 다음과 같은 Excel software를 활용하여 절·성토해야 되는 토공량을 쉽고 정확하게 산출하고 있다.[6]

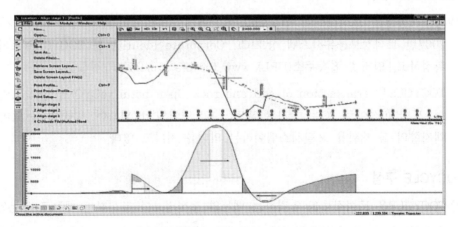

[Mass curve using Excel software]

---

6) 박효성, 'Final 토목시공기술사', 개정 2판, 예문사, 2020, pp.492~495.

5.08 토석정보시스템(EIS) TOCYCLE

토석정보시스템(EIS) [2, 0]

1. EIS 정의

토석정보시스템(EIS, Earth Information System) TOCYCLE은 건설공사의 설계부터 시공~준공까지의 사토・순성토의 발생정보를 발주자 및 민간사업자가 정보시스템을 통하여 입력하고, 토석자원이 필요한 발주자・설계자・시공사는 조회시스템을 통하여 조회하고 토석정보를 상호 공유하도록 구축된 시스템이다.

2. EIS 기능

(1) 토석자원 수요자는 시스템에 등록된 정보를 제한 없이 조회할 수 있고, 비용・효과 측면에서 자기 공사현장 여건에 가장 유리한 타 현장과 토석자원 거래를 요청할 수 있다.

(2) TOCYCLE은 GIS 기반의 디지털 맵을 이용하여 정확한 위치정보를 제공한다.

(3) TOCYCLE을 통한 토석자원의 공유는 자원의 재활용이라는 측면에서 공공건설공사 수행 중 국가예산 절감뿐만 아니라 민간공사의 비용 절감도 가능하며, 토취장 개발을 줄여 자연환경을 보호할 수 있다.

(4) 공공건설공사를 관리・감독하는 행정기관에서는 토석자원의 반입・반출 및 재활용이 효율적으로 수행되고 있는지 현황 및 통계자료를 실시간으로 조회할 수 있어 과학적인 행정・정책을 구현할 수 있다.

3. TOCYCLE 의미

(1) 국토교통부는 토석자원이 필요한 수요자에게 보다 쉽고 편리하게 다가가기 위하여 2007년 토석정보공유시스템 상호(CI, Corporate Identity)를 TOCYCLE(토싸이클)로 확정하고, 인터넷 접속주소(URL) www.tocycle.com으로 개설하였다.

(2) TOCYCLE은 Transaction of soil and rock Open potal reCYCLE system의 약어이며, 또한 합성으로 TO는 한자로 흙토(土)와 영어의 to(위하여, 향하여)를 의미하여 고객지향의 흙 재활용 포털시스템이라는 의미를 지니고 있다.

4. TOCYCLE 구성

(1) TOCYCLE은 토석정보를 입력하는 메뉴와 토석정보를 조회하는 메뉴로 구분된다.

(2) 발주기관(또는 토석자원 입무를 이관받은 업체)은 입력메뉴를 이용하여 건설공사의 설계단계부터 시공~준공까지의 토석자원 반・출입 내역을 입력하여, 타 공사현장의 토석자원 담당자가 조회할 수 있도록 정보를 공개적으로 제공한다.

(3) TOCYCLE에 입력된 정보는 건설산업중앙데이터베이스에 저장되고 '토석정보검색' 메뉴에서 디지털 지도로 정보를 제공한다. 또한 이 정보는 동시에 건설산업지식정보시스템(www.kiscon.net)에서도 제공하고 있다.

(4) 건설현장의 토석정보는 모든 국민을 대상으로, 특히 토석자원이 필요한 수요자를 대상으로 누구나 시스템에 접속하면 데이터베이스에 저장된 토석정보를 GIS 디지털 지도 기반으로 조회할 수 있다.[7]

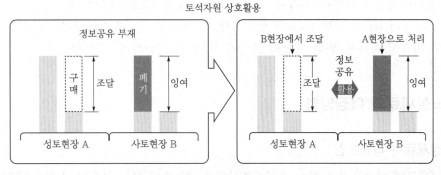

[토석정보공유시스템(EIS) 업무 흐름도]

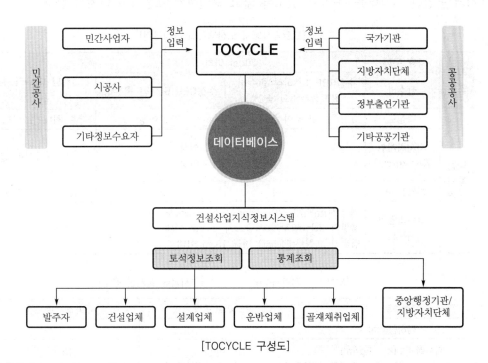

[TOCYCLE 구성도]

---

7) 국토교통부, '토석정보공유시스템 TOCYCLE 사용자 매뉴얼 version 5.0', 2019.

5.09 노상 성토다짐의 관리기준

노상 성토의 다짐관리 기준, Proof Rolling, 고성토 설계·시공 유의사항 [3, 5]

Ⅰ 개요

1. 노상(路床)은 포장체 밑에 위치하는 흙쌓기 또는 땅깎기 최상부 약 1m 부분으로, 포장체와 일체로 구성되어 표면에 재하되는 교통하중을 최종적으로 지지한다.

2. 노상의 두께 1m 중 상부 40cm를 상부노상, 그 이하 60cm 부분을 하부노상이라 한다. 포장체의 평탄성 확보를 위해 노상의 표면마무리면은 평탄하게 시공한다.

Ⅱ 노상재료의 다짐방법

1. 노상재료의 다짐조건

노상재료의 다짐조건은 최소 관리기준이므로, 각 층의 모든 부위가 소정의 다짐도를 만족시켜 균일한 지지력을 가질 수 있도록 얇고 균일하게 포설하여 다져야 한다.

[도로공사에서 노상재료의 다짐조건]

시공조건	1층 두께	20cm 이하		1층당 마무리 두께
	함수비	수정CBR 10 이상 함수비, 최적함수비의 ±2%	수정CBR 5 이상 함수비	
다짐 후의 조건	다짐도	95% 이상	90% 이상	각층 최대건조밀도 기준
	지지력계수 K_{30}, kg/cm^2	콘크리트포장 10 이상 아스팔트포장 15 이상		평판재하시험 실시
	허용침하량	5mm 이하	–	proof rolling
	마무리면의 규격	최요부(最凹部) 깊이 2.5cm 이하(고속국도 1.0cm) 흙쌓기 또는 땅깎기 시공오차 ±3cm 이내 땅깎기 요철부(凹凸部) 평균 15cm 이내		–

[노상의 지지력계수(K_{30}) : 평판재하시험을 실시한 경우]

구분	콘크리트포장	아스팔트포장
침하량(cm)	0.125	0.25
지지력계수(K_{30}, kg/m^3)	10 이상	15 이상

2. 노상의 횡단경사

(1) 상부 노상면의 횡단경사는 포장면과 동일한 경사로 한다. 다만, 포장면 경사가 2% 미만의 완경사일 때 노상면 횡단경사도 2% 미만으로 한다.

(2) 횡단경사 접속부 길이는 포장면의 접속부보다 짧게 설치하여 물이 스며드는 완경사가 되지 않도록 한다. 또한, 각 층 횡단경사는 시공 중에도 배수가 확보되어야 한다.

Ⅲ 노상의 성토 다짐도 판정방법

1. 상대다짐도(R_c)로 판정

(1) 상대다짐도 $R_c = \dfrac{\gamma_d}{\gamma_{d\max}} \times 100(\%)$

(2) 일반적으로 시방서에 규정된 상대다짐도(R_c)의 설계기준(노체 90% 이상, 노상 95% 이상)을 만족하면 합격으로 판정한다.

(3) 주로 도로 성토부의 흙쌓기, 흙댐의 축제에 적용되고 있다.

2. 상대밀도(D_r)로 판정

(1) 상대밀도 $D_r = \dfrac{e_{\max} - e}{e_{\max} - e_{\min}} \times 100[\%] = \dfrac{\gamma_d - \gamma_{d\min}}{\gamma_{d\max} - \gamma_{d\min}} \times \dfrac{\gamma_{d\max}}{\gamma_d} \times 100[\%]$

(2) 상대밀도(D_r)는 흙이 느슨한 상태인지 촘촘한 상태인지에 따라 달라지는 공학적인 특성을 백분율로 표시한 값이다.

(3) 주로 사질토(모래)에 적용되고 있다.

3. 포화도(또는 공극률)로 판정

(1) 포화도 $S = \dfrac{\omega}{\dfrac{\gamma_w}{\gamma_d} - \dfrac{1}{G_S}} \times 100[\%] \rightarrow 85 \sim 95\%$이면 합격

(2) 공극률 $A = \left\{ 1 - \dfrac{\gamma_d}{\gamma_w}\left(\dfrac{1}{G_S} + \omega \right) \right\} \times 100[\%] \rightarrow 1 \sim 10\%$이면 합격

(3) 주로 고함수비 점성토와 같이 다짐도로 규정하기 어려운 경우에 적용된다.

4. 강도특성으로 판정

(1) CBR시험(California bearing ratio test)으로 판정

① $CBR(\%) = \dfrac{\text{시험하중강도}(kg/cm^2)}{\text{표준하중강도}(kg/cm^2)} \times 100 = \dfrac{\text{시험하중}(kg)}{\text{표준하중}(kg)} \times 100$

② 주로 노상토 또는 포장용 입상재료의 강도 판정에 사용된다.

(2) 평판재하시험(平板載荷試驗, plate load test)으로 판정

① 지반의 현위치시험 중의 하나이다.

② 지반에 재하평판(30cm×30cm)을 놓고 일정한 속도로 하중을 가하면서 하중(P)과 침하량(δ) 관계로부터 지반의 지지력계수 K를 산출하는 시험이다.

5. 다짐기계 · 다짐횟수(Proof Rolling)으로 판정

(1) Proof rolling의 정의

덤프트럭이나 타이어롤러에 Proof Roller를 장착하고 노상(路床)을 주행하면서 하중에 의한 큰 변형 및 불균일한 변형을 일으키는 불량한 곳을 발견하여 변형을 사전에 감소시키기 위해 실시하는 다짐작업을 말한다.

(2) 추가다짐, 검사다짐

① 추가다짐(additional compaction) : 다짐이 부족한 구간에서 장래 발생될 수 있는 침하 · 변형 방지를 위하여 덤프트럭이나 타이어롤러를 4km/h 속도로 2~3회 반복 주행시키며 추가 다짐하는 검사이다.

② 검사다짐(inspection compaction) : 최종검사에서 침하 · 변형이 육안으로 식별되는 지점에는 별도 마킹(석회, spray)하면서 덤프트럭이나 타이어롤러를 2km/h 속도로 주행시킨다. 함수비가 높은 구간은 함수량을 조절한 후에 다시 다짐하며, 재료 불량 구간은 양질의 재료로 치환한 후에 재시공한다.

(3) Proof rolling 시방규정

① 덤프트럭은 14t 이상에 토사나 골재를 만재하여 주행하고, 타이어롤러는 복륜하중 5t, 접지압 5.6kg/cm² 이상으로 주행해야 한다.

② Proof rolling 중에 노상표면의 변형량을 벤켈만 빔(Benkelman beam)으로 측정하는 경우에 변형량의 표준편차(σ)를 5mm 이하로 관리해야 한다.

$$\sigma = \sqrt{\dfrac{\sum_{i=1}^{n}(d_i - d)^2}{n}}$$

여기서, σ : 표준편차(mm), d_i : 기준선부터의 높이

n : data 수, d : 기준선의 값

(4) Benkelman beam 변형량 측정

① 미국 엔지니어 Benkelman이 1953년 고안한 방법으로, Proof rolling 중에 노상표면의 변형량을 벤켈만 빔으로 다음과 같이 측정하였다.

② 측정구간 시점부터 종점까지 연속하여 1개의 측정선을 설정하고, 최초 측정지점의 1.5m 후방에 트럭의 후륜을 세운다.

③ 트럭의 후륜 사이에 측정봉(3m 직선자)을 설치하고, 선단을 최초지점에 맞춘 후에 기준선(level)을 정하고 계기판(dial gauge)의 최초눈금을 기록한다.

④ 트럭을 2km/h 속도로 전진시켜 후륜이 최초지점에서 1.5m 지날 때마다 트럭을 세우고, 노면과 측정봉 사이의 높이를 측정하여 기록한다.

⑤ 변형량 측정이 완료된 후 전체 구간을 100~300m씩 분할하고, 구간별로 임의의 기준선을 정하여 종방향 최대변형량이 5mm 이하인지를 확인하면서 마무리한다.

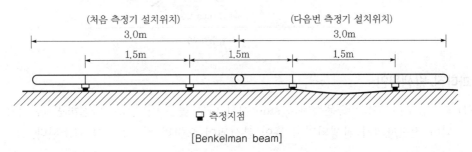

[Benkelman beam]

Ⅳ 노상 성토의 과다짐(Over Compaction)

1. 용어 정의

(1) 흙의 함수비가 최적함수비(OMC, 100% 습윤상태)를 초과한 상태에서 OMC 변화 없이 높은 에너지로 다짐을 계속하였을 때, 흙 입자가 파괴되어 결합력을 상실하고 재배열되는 전단파괴 현상을 과다짐(over compaction)이라 한다.

(2) 흙의 과다짐 현상에 대한 특징을 예시하면 아래와 같다.

① 화강 풍화토(마사토)를 다짐할 때 주로 발생된다.

② 흙 입자가 파괴되면 결합력(Interlocking)이 저하되고, 강도 역시 저하된다.

③ 다짐에너지에 큰 차이가 발생되었거나 함수비가 잘못 관리되었을 때 잉여수가 발생되어 다짐효과가 저하되면 과다짐 현상이 생길 수 있다.

2. 과다짐 거동분석

(1) 다짐에너지 크기 순서 : ③ > ② > ①

(2) **정상거동 상태에서 함수비를 조절하면서 다짐하는 경우**

다짐에너지가 증가되면 ① → ② → ③ 쪽으로 거동된다.

(3) **과다짐 상태에서 함수비를 조절하지 않고 오직 다짐만 하는 경우**

다짐에너지만 증가되면 ① → ② → ④ 쪽으로 최적함수비(OMC)선이 급격히 꺾인다.

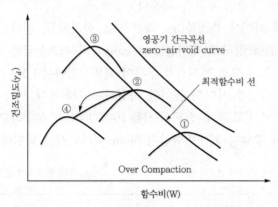

3. 과다짐 발생원인

(1) 최적함수비(OMC) 습윤측(wet side)에서 너무 높은 에너지로 다짐하면 흙 입자가 파괴되어 전단파괴가 발생되면서 흙이 분산되어 오히려 전단강도가 감소된다.

(2) 현장에서 너무 중량이 무거운 롤러로 다짐하거나, 1층당 다짐횟수가 너무 많은 경우에 다짐에너지가 과다하여 전단파괴가 발생된다.

4. 과다짐 문제점

(1) 투수계수가 증가되고, 수밀성이 저하된다.

(2) 흙 입자가 전단파괴되어 최대건조밀도($\gamma_{d\max}$)가 감소된다.

(3) 다짐작업에 대한 경제성이 저하된다.

(4) 흙의 구조가 면모구조에서 → 이산구조 → 면모구조로 다시 바뀐다.

5. 과다짐 방지대책

(1) 최적함수비(OMC)가 결정되면 시험성토다짐을 통해 적정한 다짐에너지를 결정하고, 그 기준에 맞추어서 다짐관리한다.

(2) 1층당 다짐두께와 다짐횟수 기준을 준수한다.

(3) 다짐기종이 결정되면 그에 적합한 다짐속도를 준수한다.[8]

---

8) 국토교통부, '도로설계편람', 제3편 토공및배수, 2012, pp.405-1~8.
  박효성, 'Final 토목시공기술사', 개정 2판, 예문사, 2020, pp.695~703.

5.10 노상의 지지력 측정방법

연성포장에서 시멘트 안정처리기층과 역청(아스팔트)안정처리기층 [0, 4]

I 개요

1. 포장공사에서 노상의 지지력 측정방법은 CBR 시험, 평판재하시험(K값 측정), Proof rolling 시험, 동탄성계수 측정 등과 같이 다양한 방법이 쓰인다.
2. 미국 '72 AASHTO 잠정지침에서 도로 노상의 지지력을 CBR(California bearing ratio) 시험을 통해 판정하고 있다.
3. 동적 삼축압축시험에서 동탄성계수(Resilient Modulus)는 축방향 변형률에 대한 반복 축차응력의 비로서, '86 AASHTO 포장설계법의 주요인자이다.
4. 우리나라는 미국 AASHTO 2002 Design Guide를 벤치마킹하여 2011년 「한국형 포장설계법」을 개발하였으며, 설계 1등급 및 2등급에 따른 기준을 입력하여 설계하고 있다.
5. 본문에서는 현장에서 노상의 지지력 측정방법으로 쓰이고 있는 평판재하시험(K값 측정)과 Proof rolling 시험을 중심으로 기술하고자 한다.

II 노상의 지지력 측정방법

1. 개략적인 추정법

흙을 분류하는 표준방법(AC법* 또는 AASHTO 분류법*)에 의해 노상의 지지력을 개략적으로 추정할 수 있다.

* AC법 : Casagrande(1942)가 제안한 지반 분류방법으로, 1969년 ASTM(American Society of Testing Materials)에 의해 채택된 흙의 통일분류법
* AASHTO 분류법 : 미국도로교통공무원협회(ASSHTO, American Society of State Highway and Transportaton Officials)에서 개발한 흙의 분류법

2. 시험에 의한 추정법

(1) 현장시험방법
  ① 평판재하시험(K값 측정)
  ② Proof rolling 시험

(2) 실내시험방법
  ① 동탄성계수 측정방법 : 3축 재하시험, 원주면 재하시험
  ② 전단시험방법 : 일축 압축시험, 삼축 압축시험, 직접 전단시험

Ⅲ 도로현장에서 주로 쓰이는 노상의 지지력 측정방법

1. 평판재하시험(PBT)

(1) 시험방법

평판재하시험(PBT, Plate Bearing Test)은 도로건설 현장에서 노상(路床) 위에 직접 재하판을 설치한 후, 하중강도 증가에 따른 침하량을 측정하여 하중-침하량 그래프를 그리고, 이 그래프에서 특정 침하량(보통 0.125cm)일 때의 하중강도를 구하여 지지력계수 (K)를 구하는 시험이다.

(2) 지지력계수(K) 구하는 관계식

$$지지력계수(K) = \frac{하중강도}{침하량}[kg/cm^3]$$

① 재하판의 지름 30, 40, 75cm 중에서 재하판의 크기가 작을수록 지지력계수(K) 값은 커진다.

② 지지력계수(K) 값의 환산식

$$K_{75} = \frac{1}{2.2}K_{30} = \frac{1}{1.7}K_{40}$$

(3) 지지력계수(K) 적용

① 지지력계수(K) = 9kg/cm^3 이상이면 노상상태가 우수하고, 지지력계수(K) = 5kg/cm^3 이하이면 노상상태가 불량하다.

② 콘크리트포장 두께결정, 보조기층 두께설계, 시공관리 등에 적용한다.

(4) 적용 유의사항

① 평판재하시험을 실시한 지점의 토질종단을 고려해야 한다. 기초하중에 의하여 지반 내부에서 발생되는 응력범위는 재하면적 크기에 따라 달라지기 때문이다. 재하시험 중에 응력이 미치지 않았던 깊이에 연약지반이 존재할 수도 있다.

② 지하수위와 그 변동 상태를 고려해야 한다. 지하수위가 얕았던 지점이 어떤 원인으로 지하수가 상승하면 흙의 유효단위중량이 대략 50% 정도 저하되므로 지반의 극한지지력도 대략 반감되기 때문이다.

③ Scale effect를 고려해야 한다. 굴착(boring) 및 기타 조사에 의해 지반이 어느 깊이까지 동일하고 하부에 연약지반이 없더라도 재하시험결과를 그대로 적용할 것이 아니라, 재하판 크기의 영향(scale effect)을 고려해야 한다.[9]

---

9) 박효성, 'Final 토목시공기술사', 개정 2판, 예문사, 2020. pp.348~351.

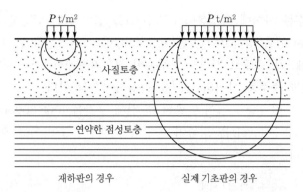

[재하판과 실제 기초판에서 압력분포의 범위 비교]

2. Proof rolling 시험

(1) 시험방법

① 덤프트럭이나 타이어롤러에 변형장치(Proof Roller)를 장착하고 노상을 주행하면서, 복륜하중 5ton 이상, 접지압 5.6kg/cm² 이상으로 윤하중이 작용될 때 변형(처짐) 및 변형의 회복변화를 측정한다.

② 큰 변형이나 불균일한 변형을 일으키는 불량한 곳이 발견되면 변형을 감소시키기 위하여 추가 다짐하는 노상의 품질관리방법이다.

(2) 변형량의 표준편차(σ)를 구하는 관계식

① 덤프트럭은 14t 이상에 토사나 골재를 만재하여 주행하고, 타이어롤러는 복륜하중 5t, 접지압 5.6kg/cm² 이상으로 주행해야 한다.

② Proof rolling 중에 노상표면의 변형량을 벤켈만 빔(Benkelman beam)으로 측정하는 경우에 변형량의 표준편차(σ)를 5mm 이하로 관리해야 한다.

$$표준편차(\sigma) = \sqrt{\frac{\sum_{i=1}^{n}(d_i - d)^2}{n}}$$

여기서, d_i : 기준선부터의 높이

d : 기준선의 값

n : data 수

(3) Benkelman beam 변형량 측정

① 미국 엔지니어 Benkelman이 1953년 고안한 방법으로, Proof rolling 중에 노상표면의 변형량을 벤켈만 빔으로 다음과 같이 측정하였다.

② 측정구간 시점부터 종점까지 연속하여 1개의 측정선을 설정하고, 최초 측정지점의 1.5m 후방에 트럭의 후륜을 세운다.

③ 트럭의 후륜 사이에 측정봉(3m 직선자)을 설치하고, 선단을 최초지점에 맞춘 후에 기준선(level)을 정하고 계기판(dial gauge)의 최초눈금을 기록한다.

④ 트럭을 2km/h 속도로 전진시켜 후륜이 최초지점에서 1.5m 지날 때마다 트럭을 세우고, 노면과 측정봉 사이의 높이를 측정하여 기록한다.

⑤ 노상표면의 변형량 측정이 완료된 후 전체 구간을 100~300m씩 분할하고, 구간별로 임의의 기준선(level)을 정하여 종방향 최대변형량이 5mm 이하인지를 확인하면서 마무리한다.

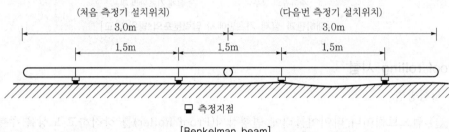

[Benkelman beam]

Ⅳ 맺음말

1. 도로포장에서 노상(路床, 약 1m 깊이)은 상부 포장층으로부터 전달되는 교통하중을 분산시켜 다시 그 하부의 노체(路體)에 전달하는 역할을 하므로, 노상 지지력은 포장설계단계에서 매우 중요한 요소이다.

2. 도로포장의 파괴원인은 노상 자체가 근원적으로 지지력이 부족하거나, 함수량의 증가 또는 동상으로 인하여 노상의 지지력이 감소되어 일어나는 경우가 많다.

3. 노상의 지지력은 흙의 성질, 다짐상태, 함수비 변동 등에 따라 변화하므로, 노상의 지력을 평가할 때는 평판재하시험이나 Proof rolling 시험을 활용할 수 있다.

5.11 절토와 성토 경계부의 설계·시공

절·성토 경계부의 경계부의 부등침하, 설계 및 시공 유의사항 [0, 2]

I 개요

1. 도로건설사업은 광범위하게 긴 구간에 걸쳐 시행됨에 따라, 과다한 지형변화와 절·성토부 사면이 발생되어 주변 자연경관에 악영향을 미치는 사례가 빈번하다.
2. 경사지반에서 대규모 흙쌓기와 땅깎기를 계획할 때는 기초지반의 침하대책, 비탈면 안정대 책, 배수대책, 성토재료 선정기준 등에 세심한 주의를 기울여야 한다.

II 경계부의 부등침하 발생원인

1. 땅깎기부와 흙쌓기부의 지지력은 불연속적이고 불균등한 문제를 지니고 있다.
2. 땅깎기부와 흙쌓기부의 경계에는 지표수, 용수, 침투수 등이 집중되기 쉽고, 이로 인해 흙 쌓기부가 약화되어 침하된다.
3. 경계부의 땅깎기부는 다짐이 불충분하게 되기 쉽기 때문에 흙쌓기부는 압축에 의한 침하를 일으킨다.
4. 한쪽깎기 한쪽쌓기 구간은 기초지반과 흙쌓기의 접착이 불충분하게 되기 쉽고, 따라서 지반 의 변형과 활동에 의한 단차가 쉽게 발생된다.

III 경사지반의 흙쌓기 및 땅깎기

1. 비탈면 흙쌓기의 층따기

(1) 비탈면 경사도가 1 : 4 이상인 급한 경사지반 또는 기초지반 종류(토사, 암반)에 따른 층따기의 표준치수는 아래 표와 같다.

[기초지반 종류에 따른 층따기의 표준치수]

구분	기초지반이 토사층인 경우	기초지반이 암반층인 경우
최소 높이	500mm 이상	400mm 이상
최소 폭	1.0m 이상(기계토공일 때는 3.0m 이상)	

자료 : 한국도로공사, 도로설계요령, 2009.

(2) 경사지반에서 흙쌓기를 하는 과정에 물이 흙쌓기와 기초지반과의 경계에 침투하여 활 동을 일으킨다. 이 활동을 방지하기 위하여 다음 그림에서와 같은 위치에 배수구를 설 치하여 지표수를 배수시켜야 한다.

(3) 층따기면에는 시공 중의 배수를 위하여 3~5% 경사도를 유지한다.

(4) 비탈면 기초지반에 용수가 있는 경우에는 원지반에 접한 흙쌓기 부분에 투수성 있는 재료를 사용하여 배수층을 설치하여 처리한다. 이 경우, 비탈끝에서 흙쌓기가 붕괴하지 않도록 돌쌓기 등으로 보강한다.

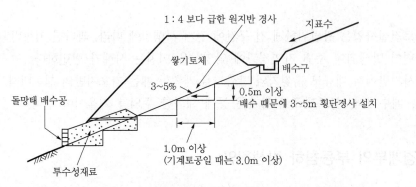

[비탈면 흙쌓기의 층따기]

2. 한쪽 깎기·쌓기부

(1) 한쪽 깎기·쌓기부에서는 땅깎기 단부에서 흙쌓기부 노상 저면의 깊이까지 깎는 것을 원칙으로 하며, 1 : 4(V : H) 정도 경사의 접속구간을 두고 저면에 접속시킨다.

(2) 이 경우에 접속구간을 두는 이유는 단차가 발생되어 포장에 균열이 생기는 것을 억제하기 위함이다.

(3) 흙깎기 부분은 흙쌓기부의 노상재료와 같은 품질의 재료로 되메우고, 소정의 다짐도로 균일하게 다진다.

(4) 1 : 4(V : H) 보다 급한 경사를 가진 흙쌓기부의 기초지반에서는 층따기를 한다.

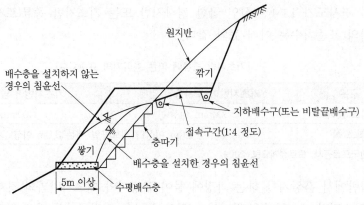

[한쪽깎기·한쪽쌓기부에서 층따기 및 배수처리]

(5) 배수를 위하여 원칙적으로 노체면 또는 땅깎기면에 지하 배수구를 설치하고 배수유출
구를 통하여 유도 배수한다.

(6) 용수가 많은 한쪽 깎기·쌓기 경계부 구간은 흙쌓기 비탈면 하단에 배수층을 설치한다.

3. 땅깎기·흙쌓기 경계부

(1) 땅깎기·흙쌓기부에서는 흙쌓기부 노상 저면의 깊이까지 기존의 지반을 굴착하여 접속
구간을 두고 땅깎기부 노상 저면을 아래 그림과 같이 접속시킨다.

(2) 땅깎기 부분은 흙쌓기부의 노상재료와 같은 품질의 재료로 되메우고, 소정의 다짐도로
균일하게 다진다.

(3) 접속구간의 길이는 5m 이상(경사도 1이하의 경사)으로 한다. 접속구간의 길이가 길수
록 좋지만, 일반적으로 25m 정도(4% 경사) 확보하면 충분하다.

(4) 배수를 위하여 땅깎기 비탈면 끝에 지하 배수구 설치를 검토한다.

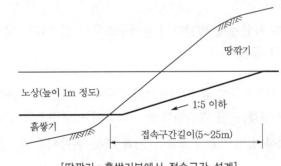

[땅깎기·흙쌓기부에서 접속구간 설계]

(5) 흙쌓기부의 원지반에 침하 발생이 우려되는 경우, 지반조건을 고려하여 아래와 같은 개
량대책을 검토한다.

① 기초지반이 불안정한 경우
• 연약지반, 산허리 붕괴지, 낭떠러지 등은 규모에 따라 적절한 대책 수립

② 기초지반이 급경사를 이루고 있는 경우
• 층따기, 배수공, 필터층, 유공관 등을 설계에 반영

③ 기초지반에 폐광 등의 공동이 있는 경우
• 사전에 충분히 조사하고, 채움 등의 적절한 조치를 강구

④ 기초지반의 표층이 고함수비 연약층으로 용수가 있는 경우
• 지하수위 상승을 억제하는 적극적인 배수대책을 강구

Ⅳ 흙쌓기 및 땅깎기 설계 · 시공 유의사항

1. 지형 · 생태환경, 주변 시설물 현황을 고려하여, 지형 훼손(사면 발생) 및 생활환경 피해 최소화할 수 있는 도로 노선계획을 수립한다.

   (1) 법정보호식물 등 보호가치가 있는 구간의 노선 조정, 종단경사 및 도로 양측 편입부지 조정, 터널 · 교량 적용 등을 통하여 지형 훼손(사면 발생)을 가급적 억제

   (2) 절 · 성토 사면의 상 · 하단에 민가, 축사 등 정온 요구 시설이 위치한 경우, 사면 발생으로 생활권 단절 및 과도한 경관 부조화가 예상되면 노선 조정

2. 불가피하게 발생되는 절 · 성토 사면은 경사완화 공법(표준경사 이하)을 우선적으로 검토한다.

   (1) 절 · 성토 사면 경사는 생태복원이 가능하도록 표준경사 이하로 완화

   (2) 경사완화가 어려울 경우(표준경사 적용)에도 야생 동 · 식물 이동을 고려하여 생태통로 설치 및 생태복원 실시

   (3) 도로 유지 · 보수 차원에서 비탈면에 옹벽구조물이 설치되지 않도록 노면과 사면 사이에 1~2m 이상의 공간 확보

3. 도로노선 조정, 경사완화 공법 등의 적용에도 불구하고 인공구조물에 의한 사면 안정화대책이 필요할 경우, 지형훼손 및 경관변화를 고려하여 인공구조물 공법을 채택한다.

   인공구조물은 생태적 방법으로 구조물을 차폐 또는 은폐시킬 수 있는 방안을 함께 적용

Ⅴ 맺음말

1. 경사지반에 흙쌓기를 하는 경우에는 원지반 표면에 층따기를 실시하여 흙쌓기와 원지반과의 밀착을 도모함으로써, 소규모의 지반 변형과 활동을 방지해야 한다.

2. 경사지반에서 흙쌓기와 기초지반의 밀착을 도모하고 균질한 시공을 위하여 암버력으로 흙쌓기를 금지하고 양질의 토사로 흙쌓기하는 것을 원칙으로 한다.[10]

---

10) 국토교통부, '도로설계편람', 제3편 토공및배수, 2012, pp.304-19~21.

5.12 구조물과 토공 접속부의 설계 · 시공

토공부와 구조물 접속부의 단차 및 침하발생 원인 및 대책 [0, 2]

Ⅰ 개요

1. 공업단지 또는 주택단지 내 도로에서는 도로포장의 길이 방향을 따라 포장층 하부에 공동구, 수로암거 등이 설치된다. 이 경우 구조물 뒷채움 토공부의 침하로 인해 부등침하가 발생하면 우수가 침투되어 침하가 진행되면서 파손된다.

2. 구조물과 토공 접속부에 대하여 시멘트와 양질의 토사를 혼합한 재료를 뒷채움부에 포설 · 다짐함으로써 교통하중과 우수침투에 의한 부등침하를 방지할 수 있는 '시멘트 안정처리 혼합토 뒷채움 공법'으로 설계 · 시공 과정을 개선하면 효과적이다.

Ⅱ 시멘트 안정처리 뒷채움 공법

1. 자재관리 측면

(1) 시멘트 안정처리 혼합토는 보통포틀랜드와 현장에서 채취한 양질의 토사를 혼합하므로, 현장 내의 토사를 최대한 이용할 수 있는 경제적인 자재이다.

(2) 시멘트 안정처리 혼합토는 흙의 압축강도 및 전단강도를 증가시키므로, 뒷채움부의 침하나 토립자 재배열이 예방되어 토질공학적으로 우수한 자재이다.

2. 공정관리 측면

(1) 기존의 뒷채움 시공방법과 동일하게 혼합 → 포설 → 다짐 → 양생 과정을 거치므로 공사기간이 늘어나지 않는다. 다만, 재료에 시멘트 혼합 과정만 추가된다.

(2) 현장 채취한 양질의 토사와 시멘트를 혼합할 때 Backhoe를 이용하여 4~5회 뒤집으면 잘 섞인다. 일일 다짐 종료 후에 비닐로 덮어 마무리하면 된다.

3. 원가관리 측면

대상	기존 공법	개선 공법	비고
암거 뒷채움	SB-2 뒷채움 + 보조기층재 구입 · 포설	현장 유용토를 사용하는 시멘트 안정처리 혼합토 원가 약 25% 절감	• 시멘트 혼합비율 5.5% 기준 • 토사 건조단위중량 $1.9t/m^3$ 가정 • 실적단가 기준 직접공사비 산출
교대 뒷채움	SB-2 뒷채움 + Approach slab 설치	SB-2 뒷채움 + 시멘트 혼합 원가 약 13% 절감	• 시멘트 혼합비율 4.0% 기준 • 혼합골재 건조단위중량 $2.1t/m^3$ 가정 • 교대 구조물 높이 7m 가정 • 교대 길이는 횡방향 단위 m당 기준

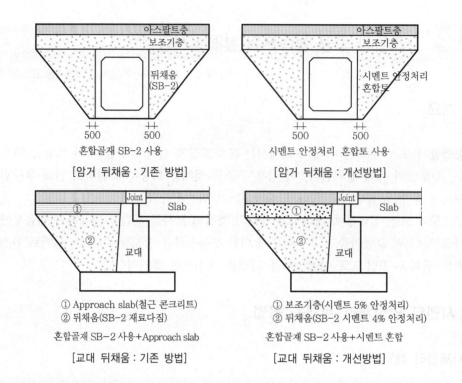

혼합골재 SB-2 사용

[암거 뒤채움 : 기존 방법]

시멘트 안정처리 혼합토 사용

[암거 뒤채움 : 개선방법]

① Approach slab(철근 콘크리트)
② 뒤채움(SB-2 재료다짐)

혼합골재 SB-2 사용+Approach slab

[교대 뒤채움 : 기존 방법]

① 보조기층(시멘트 5% 안정처리)
② 뒤채움(SB-2 시멘트 4% 안정처리)

혼합골재 SB-2 사용+시멘트 혼합

[교대 뒤채움 : 개선방법]

4. 품질관리 측면

(1) **기존 방법** : 보조기층 재료(SB-2)를 층다짐하고 그 위의 포장층 하부에 어프로치 슬래브를 병행 시공하더라도, 빗물이 침투하면 뒤채움부에 침하가 발생한다.

(2) **계량 공법** : 토사 또는 보조기층 재료와 시멘트를 혼합하여 안정처리하기 때문에, 빗물 침투 및 부등침하가 발생되지 않아 품질관리가 용이한 공법이다.

5. 배합설계 측면

(1) 사용할 시멘트 양은 설계도서에 명시된 경우를 제외하고는 배합설계 순서에 따라 일축압축강도 또는 관입하중강도가 얻어지는 값으로 결정한다.

(2) 시멘트 양은 중량 기준으로 마른 혼합재료 전체의 7%를 넘지 않도록 한다.

(3) 혼합골재를 사용할 때는 3~5% 범위 내에서 결정한다.

(4) 양질의 토사를 사용할 때에는 4~6% 범위 내에서 결정한다.

6. 안전성 및 환경성 측면

(1) 토사, 혼합골재, 보통포틀랜드 시멘트 등을 혼합·다짐함으로써 뒤채움부의 지반 강도와 침하 저항성이 향상되므로 안전성이 검증된 공법이다.

(2) SB-2 골재를 양질의 토사로 대체함으로써 환경보호가 가능하고, 하자 발생에 따른 재포장을 예방할 수 있어 폐기물 발생을 감소시키는 친환경적 공법이다.

7. 적용 사례

(1) ○○배후도로의 종방향 라멘교 뒤채움부에 적용

(2) ○○고속철도 3단계 구간의 횡단 암거 및 교량 뒤채움부에 적용

(3) ○○시민공원의 중앙대로 종방향 배수암거 뒤채움부에 적용

8. 파급 효과

(1) 공공 발주 단지 내 토목공사에서 포장층 하부에 공동구 및 배수암거가 종방향으로 배치될 경우 부등침하로 인한 하자발생을 사전 예방할 수 있다.

(2) 공공 발주 단지 내 토목공사 현장에서 직접 설계변경을 적용할 수 있어 교통개방 후 포장층 침하로 인한 교통사고 유발, 민원발생을 방지할 수 있다.

(3) 교량 교대 뒤채움부에 적용할 경우 Approach slab를 생략할 수 있어 공사비가 절감되므로 LCC 측면에서 경제성이 우수한 공법이다.

Ⅲ 맺음말

1. '시멘트 안정처리 혼합토 뒤채움 공법'을 공공 발주 단지 내 토목공사 하부에 설치되는 공동구, 수로암거 뒷채움, 교량 교대 뒷채움 등에 적용하면 효과적이다.

2. '시멘트 안정처리 혼합토 뒤채움 공법'은 구조물과 토공 뒤채움부에서 자주 발생되는 부등침하에 의한 포장층의 하자를 방지할 수 있는 현실적인 공법이다.

3. 결론적으로 '시멘트 안정처리 혼합토 뒤채움 공법'은 LCC 분석 결과, 경제적이고 친환경적인 도로건설에 적합한 공법이다.[11]

---

11) 김석근, '구조물/토공 접속부 부등침하로 인한 도로 포장의 파손 및 침하 방지대책 연구', 유신기술회보, 제22호, 2015.

5.13 도로 지반침하(Sinkhole) 안전대책

도로에서 발생한 지반침하(Sinkhole)의 주요 원인과 지반침하안전대책 [0, 2]

1. 개요

(1) 최근 5년간 도심지에서 발생되는 지반함몰의 주원인은 상·하수도 등 지하 매설물 손상이 78%로 압도적이며, 이 외에 굴착복구 미흡, 공사장 지하수 유출 등이다.

(2) 지반함몰은 자연현상에 의한 싱크홀과는 달리 도시를 형성하고 유지하는 데 필요한 인위적인 행위에 의해 발생되는 것이므로 예방대책이 필요하다.

(3) 2016년 1~6월 지반함몰 발생건수는 312건으로 2015년 1,035건에 비해 대폭 감소되었다. 이는 2016년 「지하안전관리에 관한 특별법」 제정 이후, 노면하부 공동탐사 등의 선제적 예방대책에 힘입어 감소된 것으로 추정된다.

2. 지반함몰 관련 용어

(1) 형태에 따른 지반함몰의 종류

① 지반함몰 : 지표면이 여러 요인에 의해 수직방향으로 꺼지는 현상

② 지반침하 : 자연적 연약지반 또는 인위적으로 형성된 지반이 가라앉는 현상

③ 공동(空洞) : 지반 내부에 생기는 빈 공간

④ 포트홀(Pothole) : 포장도로에 우수가 유입되어 포장이 마모 또는 침식되어 파이거나 깨지는 현상

⑤ 싱크홀(Sinkhole) : 석회암 또는 화산재 지반에서 하부 지반에 유실되어 자연적으로 지반에 붕괴되는 현상

(2) 서울시에서는 주로 지반함몰이나 지반침하가 도로에서 발생됨에 따라 그 발생규모에 따라 도로함몰과 도로침하라는 용어를 사용하고 있다.

  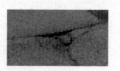

[지반함몰]　　　[지반침하]　　　[공동]　　　[포트홀]　　　[싱크홀]

3. 국내 지반침하 발생원인

(1) 국내 지반함몰은 지역별로 보면 서울시에서 전체 건수의 약 90%가 발생

① 최근 4년간 계절별 발생빈도는 여름(40%), 봄(28%), 가을(23%), 겨울(9%) 등으로 우기에 지표수·지하수가 증가하면 아스팔트가 연약해져 함몰됨을 알 수 있다.

② 지반함몰의 크기는 2m×2m 미만의 소규모 함몰이 약 97%를 차지한다.

(2) 국내 도심지 지반함몰의 주요원인은 상·하수도 등 지하시설물 손상, 굴착복구 미흡, 공사장 지하수 유출 등으로 나뉜다.

(3) 국내 지반침하는 지하매설물 파손, 굴착공사 등 인위적 요인으로 주로 발생

① 지하매설물 파손이나 매설불량에 따른 싱크홀 발생이 가장 흔하지만 매설깊이가 평균 1.2m 수준으로 낮기 때문에 침하규모가 대부분 소규모로 발생된다.

② 지하매설물 평균깊이(m) : 통신 0.7, 가스 1.0, 수도 1.2, 전력 1.5, 난방 1.7

(4) 다만, 송파 지반침하는 연약지반 부실시공으로 발생되는 사례로서 대책 요구

증가하는 지하개발과 지하시설의 노후화를 감안할 때, 전문가들은 향후 지하공간의 안전 확보를 위해 선제적인 대응이 필요하다는 결론이다.

4. 국내 지반침하 관리대책

(1) 국내 지반함몰 관련법은 「지하안전관리에 관한 특별법」을 기본으로 하며, 「환경영향평가법」, 「자연재해대책법」 및 「지하수법」의 일부에 규정되어 있다.

(2) 「지하안전관리에 관한 특별법」에는 지하안전에 관하여 크게 계획, 평가 및 관리시스템으로 나누어서 규정되어 있다.

[「지하안전관리에 관한 특별법」의 지하안전 체계]

계획	평가		관리시스템
국가지하안전관리기본계획	지하개발의 안전관리	지하시설물·주변지반 안전관리	지하정보통합체계
지하안전영향평가	안전점검	안전점검	지하정보
연도별 집행계획	지하정보	지반침하 위험도평가	지하공간통합지도
	소규모 지하안전영향평가	지반침하 위험도평가	

① 지하안전관리계획은 행정기관별로 3단계로 구분되어 수립·시행
  • 국가지하안전관리기본계획 : 국토교통부에서 매 5년마다 수립·시행
  • 연도별 집행 계획 : 관계 중앙행정기관의 장이 매년마다 수립·시행
  • 지하안전관리계획 : 시·도지사, 시장·군수·구청장이 매년마다 수립·시행

② 지하안전영향평가는 터파기 깊이 20m를 기준으로 수립·시행
  • 깊이 20m 이상 굴착공사 : 지하안전영향평가, 사후지하안전영향조사
  • 깊이 10~20m 굴착공사 : 소규모 지하안전영향평가

③ 지하정보통합체계는 지하정보와 지하공간통합지도로 구성

- 지하공간통합지도에 지하시설물정보, 지하구조물정보, 지반정보, 지반침하방지대책 등에 필요한 조사·분석사항을 포함

(3) 지하공간 안전관리에 관하여 국토교통부가 주관이 되어 환경부, 서울특별시를 비롯한 시·도, 시·군·구 등의 관련 기관들이 관련 대책을 수립·시행하고 있다.

[기관별 지하안전관리 관련 대책]

구분		주제	내용
국토교통부	지반침하 예방대책 (2014~)	지하공간통합지도	• 지하시설물·구조물정보, 지반정보 연계
		지하개발 사전안전성분석	• 특별법에 의한 지하안전영향평가제도 의무화
		지반침하 취약지역 안전관리계획	• 특별법에 의한 지하안전관리계획 수립·시행
환경부	GPR, 내시경 및 시추공 조사를 활용한 노후 하수관로 정밀조사(2014~)		• 2016년부터 하수관로 정비사업 본격 추진 • 침하대응 하수관리 정비조사 매뉴얼 배포
서울특별시	도로함몰 특별관리 대책 (2014~)	노후 하수관로 관리	• 노후 하수관로 종합관리계획 시행
		지하수 관리	• 대형 굴착공사 중 지하수 영향조사 의무화 • 지하수 유출량이 많은 시설물 관리 강화 • 지하수 보조 관측망 추가 설치
		굴착공사장 안전관리시스템	• 굴토심의제도 의무화, 굴토 중 다짐도 측정 • 지하매설물 굴착 중, 완공 후 주변지반 조사
		도로함몰 취약구간 안전관리	• 공동 탐사, 도로함몰 관리시스템 구축
		민관협력을 통한 안전활동	• 도로함몰 신고제, 굴착공사장 불시점검

5. 맺음말

(1) 「지하안전관리에 관한 특별법」 집행을 위해 「환경영향평가법」의 환경영향평가, 「자연재해대책법」의 사전재해영향성검토, 「지하수법」의 지하수 조사 및 수문지질도 등을 연계 활용하는 시스템 구축이 필요하다.

(2) 또한 지하함몰 예방대책 강화를 위하여 기존 노후 하수관로 조사·정비사업을 지속적으로 시행하고, 공사장 유출지하수 관리방안, 전국단위의 지반침하 관측망 신설 등의 제도적 보완대책이 필요하다.[12]

---

12) 국토교통부, '싱크홀 예방을 위한 지반침하 예방대책', 보도자료, 2014.12.5.
이석민 외, '도심지 지반함몰에 관한 예방정책 개선안 연구', 서울도시연구 제18권 제1호, 2017.

5.14 도로현장에서 황철석 발생 문제점 및 대책

도로건설공사 현장에서 황철석 발생에 따른 문제점과 대책 [0, 1]

Ⅰ 개요

1. 최근 토목구조물공사에서 지반굴착 및 사면절토 과정에 암석 내 황철석의 용해로 발생되는 산성배수는 주변 환경오염과 농경지 피해 등에 영향을 미치고 있다.

2. 산성배수를 발생시키는 황철석은 황화광물이며, 황화광물은 주로 열수작용에 의해 생성되며, 일부 퇴적층내 환원작용으로 생성될 수도 있다.

3. 산성배수는 pH 6.0 이하의 강산성 고농도의 철, 망간, 알루미늄 중금속으로, 사면 안정성 저하, 아스콘과 콘크리트 노후화, 구조물 부식 등에도 문제를 야기한다.

Ⅱ 도로현장에서 발생된 황철석

1. 발생지역

(1) 산성암반배수가 발생된 지역은 경남 밀양-울산고속국도 1공구 현장 본선 및 램프 구간의 절토부 지점으로, 산간지역의 노출된 암반사면에서 황철석의 영향으로 산화가 진행된 것이 육안으로 확인되었다.

(2) 시추지점은 총 13곳이며, 코어규격은 NX(54mm)구경, 시추심도 9.0~23.0m이다. 시추코어의 특정구간에서 큰 입자로 분포된 황철석이 관찰되었다.

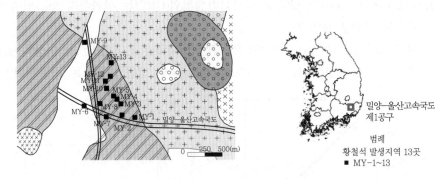

[밀양-울산고속국도 현장에서 황철석이 확인된 시추공 13곳 지질도]

2. 시추코어 분석

(1) 산성암반배수 발생 지역과 주변 지표의 지질특성에 대한 현장조사와 함께 13곳 시추코어의 순 산발생량 시험과 황철석 함유량 분석을 수행하였다.

(2) 13곳 시추코어의 2~2.5m 구간별로 일정하게 암석 시료를 채취하여 미세 크기로 분쇄 후, #200체 통과 분말시료를 5mL 유리 비이커에 채취하였다.

(3) 한국기초과학지원연구원에서 유도결합 플라즈마 원자발광 분광분석기(Inductively Coupled Plasma Atomic Emission Spectrophotometer)로 분석하였다.

Ⅲ 황철석 분석시험 결과

1. 순 산발생량 시험에 따른 NAG pH

(1) 순 산발생량 시험(Net Acid Generation Test)을 통해 수소이온농도(pH)를 측정한 결과, pH 1.85~5.99 범위이며, MY-3~9의 7개 시료는 pH 3.5 이하이며, 특히 MY-4는 1.96, MY-5는 1.85의 강산성으로 산성배수 발생 가능성이 높다.

(2) 반면, MY-1, 2, 10, 11 및 13의 5개 시료는 산성배수 발생 가능성이 낮고, 특히 MY-12의 시료는 산성배수 발생 가능성이 거의 희박한 것으로 판정되었다.

2. 순 산발생량 시험에 따른 화학성분 변화

(1) 또한, 순 산발생량 시험을 통해 산화환원전위(ORP, Oxidation and reduction potential), 전기전도도(EC, Electrical conductivity), 용존산소(DO, Dissolved oxygen) 등의 화학성분 변화를 측정하였다

(2) 산화환원전위(ORP)는 338~586mV로서 높은 산화환경을 보이며, 전기전도도(EC) 역시 19.9~3,990μS/cm로서 매우 넓은 범위의 값을 보이고 있다.

① 수소이온농도(pH)가 낮을수록 산화환원전위(ORP)는 산화환경으로 인하여 점차 증가하는 경향을 보인다.

② 전기전도도(EC)는 pH 2.2 이하의 강산성 시료는 2,000μS/cm 이상의 높은 그룹으로, pH 3.5 이상의 시료는 200μS/cm 이하의 낮은 그룹으로 구분된다.

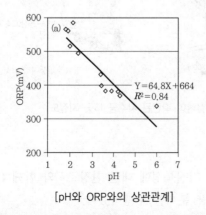

[pH와 ORP와의 상관관계]

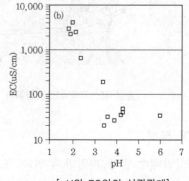

[pH와 EC와의 상관관계]

③ 이 결과는 황철석의 산화반응에 따른 다량의 수소이온이 발생현상과 다량의 화학성
분 용출현상과의 상관관계를 잘 나타내고 있다.

(3) 반면, 용존산소(DO)는 0.00~24.5mg/L로서, 이 중에서 1.5mg/L 이하의 시료들은 과
산화수소에 의한 황철석 산화반응 과정에 산소가 소비된 것으로 보인다.

3. 전황 함량과 NAG pH와의 상관관계

(1) 산성암반배수의 발생 가능성은 암석 내의 전황산(全黃酸, Total-S) 함량과 NAG pH와
의 상관관계를 통하여 판단할 수 있다.

(2) T-S와 NAG pH를 이용한 산성암반배수 생성가능성에 대한 상관관계를 그래프로 표시한
결과, 비산성암반배수(NAF, None-Acid Forming), 산성암반배수(PAF, Potentially Acid
Forming), 불확실(UC, Uncertain) 영역으로 구분되었다.

(3) MY-1, 2, 11 및 13의 4개 시료는 NAF 영역으로 비산성암반배수를 나타내며, MY-3,
7, 및 12의 3개 시료는 UC로서 불확실 영역이다.

(4) 반면, MY-4, 5, 6, 8, 9 및 10의 6개 시료는 PAF 영역으로 산성암반배수 발생에 의한
영향이 우려되므로 별도 대책이 필요하다.

Ⅳ 맺음말

1. 경남 밀양지역에서 발생된 산성암반배수는 지하수의 유동, 지질의 불균질성, 코어분석에
의한 규모적인 한계성 등을 고려할 때 황철석 산화로 인한 인공구조물의 부식, 주변 수계
및 생태환경오염을 유발할 수 있다.

2. 따라서 황철석에 대한 산성암반배수가 생성될 가능성이 있는 MY-4, 5, 6, 8, 9 및 10의
6개 지역에는 사전조사, 저감대책, 설계변경 등을 종합적으로 관리하여 앞서 언급한 문제점
에 대한 적절한 보강대책이 필요할 것으로 판단된다.[13]

---

13) 채선희 외, '밀양지역 도로건설 현장 지반암석내 분포하는 황철석에 의한 산성침출수 발생과 영향', 지질공학회 논문집,
2018.9, pp.501~512.

[2. 사면 · 연약지반]

5.15 절토사면 붕괴의 원인 및 방지대책

도로 비탈면 붕괴 사고예방을 위한 위험 비탈면 조사요령과 비탈면 안정처리 대책 [1, 13]

I 개요

1. 자연적인 지반을 깎아서 만든 절토사면은 흙과 암석이 불규칙하게 뒤섞인 불균일한 지층을 이루거나, 단층과 절리 등을 포함하는 등 복잡한 지질구조로 구성되어 있다.
2. 절토사면의 장기적인 안정유지, 미관향상, 유지관리 등을 위해 암반 상태, 사면 경사·높이, 용수발생 가능성 등을 고려하여 적절한 붕괴방지책을 적용해야 한다.

II 절토사면 붕괴의 원인

1. 수리적 원인

(1) **기후적 수리**

① 집중강우는 지하수 활동력 증가, 간극수압 증가, 지반강도 저하 등을 유발하여 절토사면의 주요 파괴원인으로 작용

② 동결융해가 장기간 지속되면 절토사면의 표층 유실뿐만 아니라 표층 동상에 의한 들뜸으로 녹화재 박락을 유발

(2) **인위적 수리** : 전답, 과수원 등은 강우 중 지표수가 쉽게 침투되어 지하수 활동력을 증가시켜 절토사면 방향으로의 유선을 형성하여 사면안정성 저하를 초래

(3) **지형적 수리** : 절토사면 내·외부의 계곡부(집수지형)는 지표수·지하수의 지속적인 공급경로가 되어 지반강도 저하, 풍화·열화 촉진으로 사면안정성 저하를 초래

2. 지질적 원인

(1) **단층, 전단대**

① 단층은 암반 내에 형성된 틈을 경계로 그 양측 암괴에 상대적인 변위가 발생되어 어긋난 형태를 말하며, 한쪽의 지하수위가 상대적으로 상승되면 사면붕괴를 유발

② 전단대는 전단응력의 영향으로 암석이 부스러지면서 형성된 작은 틈들이 나란히 배열된 부분을 말하며, 일련의 불연속면이 휘어지게 되면 파괴를 유발

(2) **절리** : 절리는 암석에서 변위가 없이 분열되거나 갈라진 표면이 평행하게 발달된 부분을 말한다. 절리의 기하학적 특성이 파괴유형에 큰 영향을 미친다.

(3) **층리** : 층리는 지중에 퇴적물이 층상으로 쌓여 지층에 평행한 단면으로 만들어진 부분을 말한다. 연약한 충진물질이 분포되어 있어 대규모 평면파괴를 유발

(4) **암맥** : 암맥은 절토사면에서 기존 암석 층리의 불연속면을 따라 다른 종류의 암체가 용융상태에서 뚫고 들어온 부분으로, 기존 암석과의 경계면이 취약해지면 사면붕괴를 유발

3. 인위적 원인

(1) **설계·시공 부실** : 도로건설의 계획·설계과정에 지질·지형·수리조건을 고려하지 않고 일률적인 설계기준에 따라 과도한 발파공법을 적용

(2) **유지관리 부실** : 절토사면은 다른 토목·건축시설물과 달리 그 변화를 감지하기 어려워 유지관리단계에서 방치할 경우에 사면붕괴 피해를 유발

■ Ⅲ 절토사면 붕괴의 방지대책

1. 깎기공법

(1) 활동하려는 토괴를 제거하고 하중을 줄여 비탈면을 안정화시키는 공법으로, 주로 구조물 터파기 작업을 할 때 규준틀 설치와 준비, 배수공사 등에 적용

(2) 땅깎기 후 사면의 지반파괴면으로 스며드는 물 침투 방지대책이 필요하며, 규준틀을 정밀하게 설치해야 되는 경우에 공사비가 많이 소요

2. 앵커(anchor)

(1) 고강도 강재를 천공구멍에 삽입, 그라우트 주입하여 지반에 정착시키고, 앵커두부에 인장력을 가하여 구조물과 지반을 일체화하여 안정시키는 공법

(2) 파쇄가 심한 풍화암에 지층 간 경계가 뚜렷하고 활동이 일어난 곳

3. 쏘일 네일링(soil nailing)

(1) 수직높이 8m 이상의 높은 절토 비탈면이 불안정한 경우 인장력을 가하지 않고 네일(nail) 보강재를 좁은 간격으로 지반에 삽입하여 전단강도를 증대시키는 공법

(2) 지하수가 없거나, 지하수위 저하에 의해 안정화된 지반에만 적용 가능

4. 말뚝공법, 억지말뚝공법

(1) 활동 가능성이 있는 비탈면의 토피를 관통하여 견고한 암반지반까지 말뚝을 일렬로 설치함으로써, 경사면 활동하중을 말뚝의 수평저항력으로 지지하여 견고한 암반지반에 전달하는 공법

(2) **단점** : 말뚝 직경은 최대 4m 이내, 간격은 말뚝직경의 5~7배 이내로 제한

5. 옹벽(擁壁)

(1) 비탈면을 안정 경사도 이상으로 절토한 후에 안정성 확보를 위하여 설치하는 벽구조물로서, 전도·미끄러짐·지반지지력에 대한 안정검토가 필요한 공법

(2) 미끄러짐 안정성이 부족하면 옹벽 바닥에 활동방지용 턱(shear key)을 설치하며, 최근에는 땅값이 비싼 도심지에서 옹벽 대신 보강토 옹벽이 많이 적용

6. 돌망태(개비온, gabion)

(1) 토목구조물의 자연침식을 미리 막고 절개지와 하천 수로를 보호하고 재해방지를 위하여, 일정규격의 직사각형 아연도금 철망상자 속에 돌을 채운 돌망태를 쌓아 올려서 벽구조물을 형성하는 공법

(2) 깎기면의 수직고가 10m 이상이거나, 작용토압이 너무 큰 구간에는 부적합

7. 산마루측구

(1) 산마루측구에 토사나 나뭇잎이 퇴적되어 막히기 쉽고 청소하기도 어려운 경우, 절개면 상부의 자연비탈면에 콘크리트 U형 배수구를 수평 또는 수직으로 설치하여 강우·강설에 의한 절개면 침식을 방지하는 공법

(2) 배수구의 품질관리(비탈면과의 밀착)를 위해 현장타설콘크리트로 시행

8. 소단배수공

(1) 비탈면에 흐르는 빗물이나 용출수에 의한 비탈면의 침식을 방지하기 위하여 설치하는 공법, 폭이 3m 이상인 넓은 소단에는 소단 배수구를 설치한다.

(2) 배수구 품질관리(비탈면과의 밀착)를 위하여 현장타설콘크리트로 시공하며, 소단배수구의 연장이 100m를 초과하는 경우에는 종배수구를 추가 설치하여 보완

9. 수평(또는 수직)배수공

(1) 깎기비탈면에서 지하수위와 유출유량을 고려하여 수평 배수공의 설치를 검토하며, 수직배수공은 수평 배수공과 함께 지하수위가 높은 구간에 설치하여 강우·강설에 의한 절개면 침식을 방지하는 공법

(2) 배수구의 품질관리(비탈면과의 밀착)를 위해 현장타설콘크리트로 시행

10. 식생(植生)공법

(1) 비탈면을 식생으로 피복함으로써 우수에 의한 침식을 방지하고 보호하는 공법으로, 떼심기, 씨앗뿌리기(seed spray), 코-메트(co-mat) 등으로 시공

(2) 식생공법은 안정성이 확보된 비탈면에 한하여 적용 가능한 공법이며, 식생에 따른 억지효과를 평가하기 어렵기 때문에 비탈면의 안정계산 대상에서는 배제

11. 콘크리트 격자블록공법

(1) 토류식 구조물의 거푸집 형틀로서 고강도 조립식 폴리프로에틸렌 시멘트 모르타르를 격자형틀 안에 뿜어 넣어 철근콘크리트 격자블록을 형성하는 공법

(2) 격자블록으로 경사면을 덮어 토층의 이동방지, 풍화·침식 차단으로 안정성 확보하는 공법으로, 용수가 있거나 굵고 거친 사질토, 단단한 풍화토에는 부적합

12. 돌(또는 콘크리트) 블록붙임공법

(1) 경사도가 1 : 1보다 낮고 점착력이 없어 무너지기 쉬운 점토로 구성된 경사면의 풍화·침식 방지를 위한 공법으로, 배면 배수를 위해 자갈 뒷채움이 필요

(2) 담쟁이·유인철선을 이용한 등나무를 비료와 함께 식재하고, 물빼기 구멍은 직경 5cm 규격으로 $2\sim4m^2$에 1개 정도 설치

Ⅳ 맺음말

1. 절토사면에 대한 안정검토 결과, 안전하다고 계산된 절토사면인 경우에도 장기간에 걸쳐 강우·강설에 노출되면 세굴·침식으로 인하여 토사가 유출될 수 있다.

2. 절토사면의 붕괴방지대책은 공법원리와 목적 및 활용성에 따라 사면보호공법과 사면보호공법으로 구분하여 적용할 수 있다.[14]

---

14) 국토교통부, '도로설계편람', 제3편 토공및배수, 2012, pp.406-45~57.
박효성, 'Final 토목시공기술사', 개정 2판, 예문사, 2020, pp.460~462

5.16 비탈면 점검 승강시설

I 개요

1. 비탈면 점검 승강시설은 원칙적으로 높이 20m 이상의 흙깎기 비탈면에서 소단에 안전하고 용이하게 승강할 수 없는 구간에 설치한다.
2. 또한, 높이 20m 이하의 비탈면에서도 산사태, 낙석, 붕괴 등의 가능성이 크고, 점검 빈도가 잦은 장소 및 소단 오르내리기 아주 곤란한 구간에도 설치한다.

II 비탈면 점검 승강시설

1. 점검시설의 배치

(1) 비탈면 점검시설은 흙깎기 비탈면 높이 20m 이상에 설치되며, 소단은 연장 250m 1개소, 250~500m 2개소, 250m 증가할 때마다 1개소씩 추가하여 배치한다.

(2) 비탈면 점검시설은 배수시설이 있는 장소, 입체교차(over-bridge) 주변, 방음벽 관리문이 있는 장소 등은 회피하여 설치한다.

(3) 비탈면의 양단에 점검시설을 설치하는 경우 비탈면 내에 설치한다. 다만, 자연식생 등에 의해 향후에도 통행이 제한되지 않는 경우 등에는 비탈어깨에 설치할 수 있다.

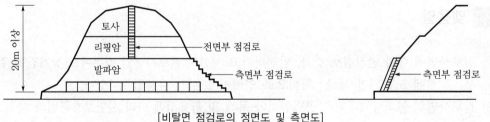

[비탈면 점검로의 정면도 및 측면도]

2. 점검시설의 종류

(1) 비탈면 점검시설은 사다리 및 계단 형식으로 설치하는 것을 원칙으로 한다. 점검시설 재료는 현지상황 및 유지관리를 고려하여 경제적인 것을 선정한다.

(2) 철재계단은 토사·리핑 구간에 적용하고, 깬돌 계단을 발파암 급경사 비탈면이나 굴곡이 심해 철재계단 설치가 불가능한 곳을 피하여 비탈사면 끝에 설치한다.

(3) 철재계단은 원칙적으로 교량 검사로에 준하여 방청처리한다.

(4) 한랭적설지에서는 적설에 의해 손상을 받지 않는 구조를 선정한다.

[비탈면 점검시설의 설치간격 사례]

구분	측점	위치	형식
○○교차로	R-A 0+50	우	전면부 점검로
○○본선	1+670~1+720	좌	측면부 점검로
○○본선	2+180~2+225	좌	측면부 점검로
○○본선	2+940~3+130	좌	측면부 점검로

Ⅲ 비탈면 점검 승강시설 개선방안

1. 설치기준

(1) 절토비탈면 점검로

① 설치위치
- 절토고 20m 이상 비탈면
- 취약 비탈면으로 수시점검이 필요한 비탈면

② 설치형식 : 난간높이 90cm 적용(아연도금 강관)

(2) 교대 보호블럭 점검계단

① 설치위치 : 도로폭에 관계없이 중앙부 1개소 설치

② 설치형식 : 계단형식의 요철형 블록(20mm 돌출)으로 설치

(3) 안전시설물 설치기준

① 인간공학을 접목한 안전시설물로 개선하여 설치한다.

② 작업자 추락방지를 위해 설치하는 안전난간의 상부 난간대 높이는 원칙적으로 110~120cm 범위 내에서 설치한다.
- 기술표준원 조사에 따르면 한국 성인남성 허리높이는 113cm이다.

(4) 고용노동부 산업안전기준에 관한 규칙

① 상부난간대 : 바닥면으로부터 90~120cm에 설치한다.

② 중간난간대 : 상부난간대와 바닥면의 중간에 설치한다.

2. 문제점

(1) 깎기부 점검로

① 점검로 난간의 높이가 인간공학을 고려한 높이보다 부족하다.

② 점검로가 경사지에 설치됨에 따라 높이가 상대적으로 낮아진다.

③ 점검 중에 심리적 불안 및 점검자의 추락 등 안전사고가 우려된다.

(2) 교대부 점검로

① 교대 보호블럭을 돌출시켜 비탈면 계단으로 사용한다.

② 표면이 평탄하지 않고 급경사부에 설치되어 몸의 균형유지가 곤란하다.

③ 점검자의 피로 유발 및 실족, 전도 등 안전사고에 취약하다.

[깎기부 점검로]

[교대부 점검로]

3. 개선내용

(1) 절토비탈면 전면부 점검로 난간 높이를 인체치수를 고려하여 상향 조정한다.

구분	현행 기준	개선 내용
대상	절토비탈면 점검로 형식 1, 2	좌 동
규격	• 난간 높이 : 90cm • 난간 1열 : 상부	• 난간 높이 : 120cm • 난간 2열 : 중간, 상부
단면도	90cm　　90cm	120cm　　120cm

(2) 교대보호블럭 점검계단 요철블럭을 계단식 점검로의 정규시설로 변경한다.

구분	현행 기준	개선 내용
규격	• 요철형 블럭을 엇갈려 설치	• 점검용 계단 별도 설치 - 계단블럭, B=60cm, H=30cm - 중앙부 1열
개요도		60cm, 30cm

(3) 설계 중인 고속도로 노선에는 본 개선내용을 적용하고, 현재 건설 및 공용 중인 노선에
는 주관부서 판단 후 적용한다.

5.17 비탈면 내진설계기준

비탈면 내진설계 [1, 0]

1. 개요

(1) '비탈면 내진설계기준(2016, 국토교통부)'은 국내·외에서 비탈면 지진 안정해석에 사용되는 방법을 적용하여 기존의 설계기준 체계에 맞도록 제정되었다.

지진에 의해 비탈면에서 발생 가능한 파괴와 그로 인해 주변구조물에 발생되는 피해 및 경제적 손실을 최소화하기 위해 최소한의 내진설계 요구조건을 규정하고 있다.

(2) 비탈면의 내진설계는 간편해석법으로는 유사정적해석과 Newmark방법을 적용하고, 상세해석방법으로는 동적해석방법을 적용한다.

2. 비탈면의 내진등급

(1) 비탈면의 내진등급은 상위개념 내진설계기준을 준용하여 비탈면이 속해 있는 주구조물의 내진등급에 따라 I등급, II등급으로 구분한다.

① 비탈면의 붕괴가 주구조물의 구조적 안정성에 직접적인 영향을 미치는 경우에는 비탈면의 내진등급은 주구조물의 내진등급을 적용한다.

② 비탈면의 붕괴가 주구조물의 기능 또는 정상적 운영에 상당한 영향을 미치는 경우에는 주구조물보다 한 등급 아래의 내진등급을 적용한다.

③ 비탈면이 붕괴되더라도 주구조물이 정상적으로 운영되고 있어 비탈면의 복구가 가능한 경우에는 내진설계 여부를 발주자와 협의하여 결정한다.

(2) 비탈면의 붕괴로 인하여 비탈면 상부 또는 하부의 영향 범위 내에 주구조물이 없어 영향을 받지 않는 경우에는 비탈면 내진설계를 적용하지 않는다.

3. 비탈면의 내진 성능목표

(1) 비탈면의 내진성능수준은 붕괴방지수준으로 한다.

(2) 붕괴방지수준은 비탈면에 인장균열, 부분적 탈락, 배부름 등의 파괴징조는 나타나지만, 주구조물의 구조적인 성능과 역할에 피해를 유발시키지 않는 성능수준이다.

(3) 비탈면은 아래 표에 규정한 평균재현주기를 갖는 설계지반운동에 대하여 성능수준을 만족할 수 있도록 설계한다.

[설계지반운동 수준]

성능목표 \ 내진등급	특등급	I등급	II등급
붕괴방지수준	평균재현주기 2400년	평균재현주기 1000년	평균재현주기 500년

4. 설계지반운동 : 지반가속도계수(A) 결정

(1) 지반가속도계수(A)를 결정할 때는 지진구역계수를 이용하는 방법과 지진재해도를 이용하는 방법을 사용할 수 있다.

   ① 지진구역계수를 이용하는 방법 : 비탈면의 지역적 위치에 따른 지진구역계수와 비탈면의 내진등급에 따른 재현주기를 고려한 위험도계수를 곱하여 구한다.

   ② 지진재해도를 이용하는 방법 : 비탈면의 내진등급에 따른 재현주기와 재현주기별 지진재해도를 참조하여 구한다.

(2) 지진구역계수 및 지진재해도에서의 지반가속도계수는 보통암 노두를 기준으로 평가하므로, 지표면에서의 지반가속도계수는 국지적인 토질조건, 지질조건과 지표 및 지하 지형이 지반운동에 미치는 영향을 고려해야 한다.

   • 절토비탈면에서 보통암 상태의 노두가 노출되는 경우에는 지진재해도 및 지진구역계수에서 제시하는 지반가속도계수를 직접 이용할 수 있다.

5. 비탈면의 내진설계

(1) 일반사항

   ① 비탈면이 속한 주구조물이 활성단층이 지나가는 지역, 활성단층 인접지역, 지진 시 액상화 또는 과다한 침하가 예상되는 지역에 있고 비탈면에도 그 영향이 있는 경우에는 지반을 보강 또는 개량하여 비탈면의 붕괴가능성을 감소시킨다.

   ② 비탈면의 내진설계는 비탈면 기초지반의 액상화 가능성, 비탈면 자체의 활동에 대한 안정성 등을 검토하여 내진성능수준을 만족하도록 해야 한다.

(2) 내진설계 절차

   ① 비탈면의 내진설계는 비탈면과 비탈면 하부 기초지반의 지반조건에 따라 우선적으로 액상화 발생가능성을 검토하고 비탈면 안정성 검토를 수행한다.

   ② 액상화 및 지진하중을 고려한 비탈면의 활동에 대한 기준안전율은 아래 표의 값을 기준으로 한다.

[내진설계에 적용하는 기준안전율]

구분		기준안전율	비고
액상화	간편법	FS > 1.5	• FS > 1.5인 경우는 액상화에 대해 안전 • FS < 1.5인 경우는 액상화 상세검토 수행
	상세검토	FS > 1.0	진동삼축압축시험 결과 이용하여 검토
지진시 안전해석		FS > 1.1	• 지진관성력은 파괴토체의 중심에 수평방향으로 작용 • 지하수위는 실제 측정 또는 평상시의 지하수위 적용

(3) **액상화 검토** : 비탈면 기초지반의 액상화 검토는 표준관입시험의 N값을 이용하는 수정 Seed와 Idriss의 간편법을 이용하여 수행한다.

(4) **지진 시 비탈면 안정해석 방법**

① 지진 발생에 대한 비탈면의 안정해석방법은 유사 정적해석방법 및 동적해석방법을 수행하여 구할 수 있다.

② 안정해석 과정에 소정의 안전율을 확보하지 못하는 경우 Newmark 변위해석법을 추가로 수행한다. 허용변위기준은 비탈어깨에서 비탈면 높이의 1% 변위 이내로 한다.

③ 동적해석은 유한요소해석 또는 유한차분해석 프로그램을 이용하여 수행하며, 입력하중은 기반암에서의 가속도 시간이력을 이용한다.

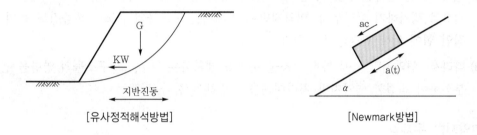

[유사정적해석방법] [Newmark방법]

(5) **지진 발생 직후에 초기 긴장력 설정**

지진 발생 직후에 앵커에 가하는 초기 긴장력은 보강하고자 하는 지반의 특성과 전체적인 안정성을 고려하여 결정한다.[15]

---

15) 국토교통부, '비탈면 내진 설계기준' 국가건설기준, 2016.6.30.

5.18 연약지반의 정의 및 판정기준

연약지반 판정기준(토질별 N치, 일축압축강도, 콘지수) [2, 2]

1. 연약지반 정의

(1) 연약지반이란 유기물을 함유한 연약한 점토, 실트 등의 미세한 세립토, 표준관입시험 N값이 4~10보다 적은 느슨한 모래층, 준설매립층, 쓰레기매립층 등 지지력이 약하고 압축성이 큰 토질을 총칭한다. 즉, 특정한 지반 위에 성토하중을 제하하면 현저하게 침하되거나 전단파괴되어 상부구조물을 지지할 수 없는 상태를 연약지반이라 한다.

(2) 연약지반은 연약층의 깊이, 넓이, 구조물 규모 등에 따라 지지력이 다르기 때문에 일률적으로 평가하기 어려우며, 연약지반에 가해지는 구조물의 규모나 하중강도 등의 상대적인 힘에 의해 판정되어야 한다.

(3) 따라서, 연약지반 위에 특정 구조물 축조를 계획하는 경우, 그 구조물의 영향을 검토·분석하여 적절한 연약지반 처리대책을 수립해야 한다.

2. 연약지반 문제점

(1) **안정 문제** : 연약지반 위에 구조물을 축조하면 기초의 지지력 부족, 원호활동 발생 등 지반의 전단저항력이 충분하지 못해 안정성이 저하될 수 있다.

(2) **침하 문제** : 연약지반의 압밀침하, 연약지반에 시공된 말뚝의 부마찰력 등 흙의 압축성으로 인한 침하현상이 발생될 수 있다.

(3) **액상화 문제** : 지진, 진동, 발파 등 여러 원인으로 발생되는 동적하중에 의해 지반의 액상화와 관련된 문제가 발생될 수 있다.

(4) **투수성 문제** : 연약지반을 굴착하는 경우에는 boiling, heaving piping 등과 관련된 투수성 문제가 발생될 수 있다.

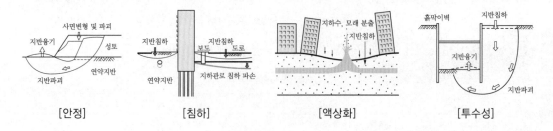

[안정]　　　　[침하]　　　　[액상화]　　　　[투수성]

3. 연약지반 판정기준

(1) 특정한 지반의 연약여부를 평가할 때는 대상지반을 모래지반과 점토지반으로 구분하여 경험적인 여러 값을 기준으로 판정한다.

(2) 건설공사에서는 일반적으로 아래 표와 같이 모래지반은 상대밀도, 점토지반은 연경도(consistency)로 표시하여 연약지반 여부를 판정한다.

(3) 그러나 점토지반에서 측정된 N값은 해당 점토의 연경도에 대한 판정뿐만 아니라, 전단강도 추정에도 극히 개략적인 추정치라는 점에 유의해야 한다.[16]

[모래지반의 상대밀도]

N값	흙의 상태	상대밀도(%)
0~4	매우 느슨	10~20
4~10	느슨	20~40
10~30	중간	40~60
30~50	조밀	60~80
50 이상	매우 조밀	80~100

[점토지반의 상대밀도]

N값	연경도(consistency)	일축압축강도(kg/cm^2)
< 2	매우 연약	< 0.25
2~4	연약	0.25~0.5
4~8	중간	0.5~1.0
8~15	견고	1.0~2.0
15~30	매우 견고	2.0~4.0
> 30	고결	> 4.0

[대상지반 조건에 따른 연약지반의 판정기준]

구분	점성토 및 유기질토		상대밀도(%)
층두께	10m 미만	10m 이상	–
N값	4 이하	6 이하	10 이하
q_u	0.6 이하	1.0 이하	–
q_c	8 이하	12 이하	40 이하

주) q_u : 일축압축강도

q_c : 네덜란드식 이중관 콘관입시험의 콘지수

16) 국토교통부, '도로설계편람', 제3편 토공및배수, 2012, pp.309-1~3.

5.19 연약지반의 조사방법 및 처리대책

연약지반의 조사방법과 처리대책 [0, 2]

I 개요

1. 연약지반은 점성토 지반과 사질토 지반으로 나누어 판정하되, 시추조사와 병행·실시하는 원위치 조사(표준관입시험 N, 콘관입시험 q_u)를 통해 판단해야 한다.

2. 연약지반의 절대적 판정기준은 곤란하나 실무적으로 판정기준은 필요하다.

   (1) 일반적인 경우 점성토는 $N \leq 4 \sim 6$, 사질토는 $N \leq 10$을 연약지반으로 판정한다.

   (2) 점성토 및 이탄질 지반에서 N값을 이용하여 연약지반 여부를 판정한다.

[연약지반의 판정기준]

구분	점성토 및 이탄질 지반		사질토 지반
층두께	10m 미만	10m 이상	–
표준관입시험 N	4 이하	6 이하	10 이하
콘관입시험 q_u(kN/m²)	60 이하	100 이하	–

II 연약지반 조사 및 시험

1. 연약지반의 특성을 평가하려면 일정한 조사항목과 시험이 요구된다.

   시험종목은 심도별 응력이력과 전단강도 분포 추이를 구하기 위해 동일 지반정수에 대해 최소한 회귀분석이 가능한 시험수량을 확보하며, 이를 토대로 설계한다.

2. 연약지반은 허용잔류침하량이 엄격히 제한되므로 상세한 조사가 요구된다.

   연약지반의 침하문제가 발생될 가능성이 있으므로, 전체 노선 중에서 국부적으로 탄성파탐사 또는 전기비저항탐사를 실시하여 침하 가능성을 판정한다.

3. 특히, 연약지반의 전단변형특성을 파악할 경우에는 공내재하시험을 실시한다.

[연약지반의 상세한 조사항목]

조사항목	시험목적
시추조사	지층 확인
피에조콘 관입시험	연약지반 파악 및 설계정수 획득
간극수압 소산시험	압밀계수 산정
베인시험	비배수 전단강도 산정

조사항목	시험목적
탄성파탐사, 전기비저항탐사	연약지대 파악
공내재하시험	전단변형 특성 파악
실내시험	지반정수 산정

III 연약지반 설계

1. 점성토층 침하특성 파악을 위해 토성시험·압밀시험 결과로부터 선행압밀하중($\sigma_{up'}$), 압축·재압축지수(C_c, C_r), 초기간극비(e_o), 압밀계수(c_v, c_h) 등을 분석한다.

2. 전단강도 특성 분석에서 전응력 해석할 때에는 비배수전단강도를 이용하고, 유효응력 해석할 때는 간극수압을 추정하여 해석한다.

3. 점토지반의 즉시침하는 매우 작아 무시하고, 압밀침하는 간극수압 소산에 따른 1차 압밀침하량과 토립자 재배치에 따른 2차 압밀침하량으로 구분하여 계산한다.

IV 연약지반 처리대책

1. 치환공법

(1) 치환공법은 굴착단면의 안정성, 침하량, 시공성 등을 검토하여 결정하고, 치환범위는 치환깊이, 치환폭, 굴착경사 등을 가정한 안정계산을 통해 결정한다.

(2) 부분치환에 널말뚝을 설치할 경우는 단면전체의 복합활동 안정성을 검토하고, 전면치환하여 바닥면이 경사진 경우는 바닥면을 포함한 복합활동을 검토한다.

2. 연직배수공법

(1) 연직배수공 설계할 때는 연직배수재의 간격·직경, 배수재료의 특성, 점성토층 상하부의 배수조건, 상부 수평배수층의 특성·두께 등을 고려한다.

(2) 특히, 연직배수재의 간격과 배치는 교란효과를 고려하여 필요한 공사기간 내에 요구되는 압밀도를 얻을 수 있도록 결정한다.

3. 심층혼합처리공법

(1) 연약점성토와 고화제를 강제 혼합하여 지반 중에 견고한 안정처리토를 형성하는 개량공법으로 중력식 방파제, 안벽, 호안 하부 기초공 등에 적용한다.

(2) 안정처리 중에 외력에 의해 개량체에 생기는 응력이 안정처리토의 허용전단응력 및 허용인장응력을 초과하지 않도록 설계한다.

4. 고압분사주입공법

(1) 공기·물의 힘으로 지반을 절삭하여 주입액을 초고속 분사함으로써, 절삭부분의 토사와 치환 또는 혼합하여 계획된 범위 내에 고결체를 형성하는 공법이다.

(2) 개량체의 단위중량 및 내부마찰각은 원지반과 동등하고 점착력만 증가하는 것으로 가정하며, 7일 설계강도는 28일 강도의 30~40%가 되도록 계획한다.

5. 저유동성 모르타르 주입공법

(1) 저유동성의 몰탈형 주입재를 지중에 압입하여 원기둥 형태의 균질한 고결체를 형성함으로써 주변 지반을 압축·강화시키는 공법이다.

(2) 주입재 배합할 때 슬럼프, 컨시스턴시, 세립분(0.074mm 이하) 함유량에 주의한다. 주입압 상한값(지표면 융기시키는 압력)은 현장여건을 고려하여 결정한다.

6. 모래 및 쇄석다짐말뚝공법

(1) 모래말뚝 재료는 투수성 좋고, 세립분(0.074mm 이하) 함유량이 적고, 입도분포가 좋아 다짐이 쉽고, 케이싱에서 배출이 용이한 재료를 선정한다.

(2) 쇄석말뚝 재료는 최대직경 40mm, 세립분(0.074mm 이하) 함유량이 적은 재료가 적합하며, 개량목적과 치환율을 고려하여 선정한다.

7. 바이브로 플로테이션공법

(1) 수평방향 진동체의 하단에서 물을 분출시켜 지중에 삽입한 후, 지표에서 모래·자갈을 보급하면서 끌어올림으로써 모래지반을 심층다짐하는 공법이다.

(2) 시험시공 결과는 대상지반의 특성, 바이브로 플로트의 타설밀도 및 타설능력, 개량 전·후 지반 N값의 상관관계 등을 고려하여 평가한다.

8. 약액주입공법

(1) 연약지반 내에 주입관을 삽입하고 적당한 양의 약액에 압력을 가하여 주입하거나 혼합하여 지반을 고결·경화시켜 강도증대 또는 차수효과를 높이는 공법이다.

(2) 약액의 종류는 대상지반의 특성, 시공방법의 특징을 충분히 고려하고 기존의 시공실적 또는 시험시공 결과를 고려하여 선정한다.

9. 진공압밀공법

(1) 압밀에 필요한 하중을 기존 재하공법의 성토하중에 의하지 않고 인위적으로 지중을 진공상태로 만들어 이때 가해지는 대기압을 하중으로 활용하는 공법이다.

(2) 지중에 설치한 드레인을 통해 과잉간극수를 배출하여 지반의 압밀을 촉진시키는 원리이므로, 기존의 시공실적을 고려하여 현장을 관리한다.

10. 지하수위저하공법

(1) **심징(深井)공법** : 사질토 지반을 굴착하여 우물을 설치하고 중력에 의해 지하수가 흘러들어오면 양수기로 물을 퍼내 지하수위를 저하시키는 압밀침하공법

(2) **웰포인트공법** : 강관 선단에 well point를 부착하여 지중에 관입한 강관 내부를 진공화함으로써 간극수의 집수(集水)효과를 높이는 공법

11. 경량재쌓기공법

(1) 고분자 계통의 경량제품 발포폴리스틸렌(EPS, Expanded Polystyrene)을 사용하여 성토함으로써 연약지반에 재하되는 하중을 크게 줄이는 공법이다.

(2) 연약지반 또는 경사지 등에 성토할 때 침하나 측방유동에 의한 구조물의 변위가 우려되는 현장에 적용하면 토압 관련 문제를 해결할 수 있다.

12. 경량혼합토공법

(1) 액성한계 이상으로 함수비를 높여 슬러리화한 준설토(건설잔토)에 시멘트와 기포(air foam) 또는 발포 비드(bead) 등의 경량재를 혼합하는 처리토공법이다.

(2) 경량혼합 처리토 내에 공극을 발생시키는 기포제는 동물성, 식물성 또는 합성유계 계면활성작용을 일으키는 제품을 이용할 수 있다.

Ⅴ 맺음말

1. 연약지반 대책으로 개량할 경우 기초지반 특성, 구조물 종류와 크기, 시공기간과 난이도, 경제성, 환경영향 등을 고려하여 적합한 개량공법을 선정해야 한다.
2. 연약지반 개량공법에서는 성토 직후가 가장 위험한 경우이므로 이 시점을 대상으로 안정성 검토를 수행하여 추가적인 대책 필요성 여부를 판단해야 한다.[17]

---

17) 국토교통부, '연약지반 설계기준', KDS 11 30 05, 2016.6.30.

5.20 연약지반의 침하량 추정 고려사항

I 개요

1. 연약지반에서 침하량의 조사·시험이 필요한 경우

(1) 활동지역에 설계상 예상하기 어려운 하중이 작용할 염려가 있을 경우

(2) 연약지반 상에서 한쪽으로만 흙쌓기가 실시되어 편응력이 생길 경우

(3) 지반침하지대에서 지지말뚝에 큰 부마찰력이 작용할 경우

(4) 연약층 하부에 피압 대수층이 있을 경우

(5) 활동단층 지대에서 불규칙한 지반이 교대로 층을 이루고 있을 경우

2. 연약지반의 조사·시험 업무 순서

(1) **예비조사** : 자료조사, 현장답사, 시추·시굴조사

(2) **본조사** : 지형·지질조사, 시추·시굴조사, 시료 채취, 지하수위 측정

(3) **현장시험** : 표준관입시험, 베인전단시험

(4) **실내시험** : 직접전단시험, 1축압축 전단시험, 3축압축 전단시험

(5) **성과정리** : 광역지질도, 정밀응용지질도, 시추주상도 등의 보고서

II 연약지반의 침하량 추정

1. 총침하량 추정

총침하량(S) = 즉시침하량(S_i) + 1차 압밀침하량(S_c) + 2차 압밀침하량(S_s)

여기서, $S_i + S_c$: 흙쌓기 시공한 후 600일까지의 침하량

S_s : 흙쌓기 시공 완료 600일 이후의 침하량

2. 즉시침하

지반에 상부 구조물의 하중이 재하되는 즉시 발생되는 침하로서, 점토질 연약지반에서 발생되는 즉시침하량은 매우 작으므로 무시한다.

3. 압밀침하

압밀침하는 시간 경과에 따라 발생되므로 1차와 2차 입밀침하로 구분·추정한다.

(1) **1차 압밀침하량(S_c)** : 1차 압밀침하량은 연약한 점토지반에서 간극수압 소산에 의해 발생되며, Terzaghi 1차원 압밀이론에 의해 다음 3가지 방법으로 추정한다.

[1차 압밀침하량 추정]

구분	e-log P법	체적압축계수(m_v)법	압축지수(C_c)법
계산식	$S_f = \dfrac{e_o - e}{1 + e_o} \cdot H$	$S_f = m_v \cdot \Delta\sigma \cdot H$	$S_f = \dfrac{C_c}{1 + e_o} \cdot H \cdot \log\dfrac{\sigma_c + \Delta\sigma}{\sigma_o}$
설계정수	S_f : 1차 압밀침하량 H : 연약지반 두께 m_v : 체적변화계수	e_o : 초기 간극비 $\Delta\sigma$: 유효응력차 C_c : 압축지수	e : 시간경과별 간극비 σ_o : 원위치 유효응력

(2) **2차 압밀침하량(S_s)**

① 2차 압밀침하량(S_s)은 연약한 점토지반에서 토립자의 재배치로 발생되며, 1차 압밀 종료 시점의 유효응력, 간극비, 점토층 두께, Creep 현상 등의 영향을 받는다.

② 연약지반 개량 중에 발생되는 2차 압밀침하량(S_s)은 계측관리에 의한 침하실측치와 시간관계로부터 유도되는 다음 식으로 추정한다.

$$S = S_o + \frac{t}{a + bt}$$

여기서, S : t시간 후의 침하량(cm)

$\quad\quad\quad S_o$: 초기침하량(cm)

$\quad\quad\quad t$: 경과시간(day)

$\quad\quad\quad a,\ b$: 실측 침하곡선으로부터 구해지는 정수(무차원)

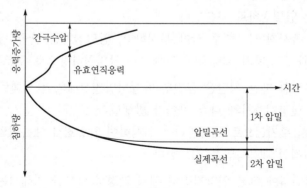

[실측 침하곡선]

4. 잔류침하량의 허용치

(1) 연약지반에서 잔류침하량 허용기준은 구조물의 사용목적, 중요도, 공사기간, 경제성 등을 종합적으로 검토하여 결정한다.

(2) 잔류침하량은 구조물의 유지관리 중에 발생되는 침하량이므로, 도로 성토구간은 유지관리단계에서 장기침하를 고려하여 시공 중에 지반 안정처리가 중요하다.

[도로, 배수박스 구조물의 잔류침하량 적용 사례]

구분	허용침하량(cm)	적용 사례
도로	10	한국도로공사, 일본도로공단, 양산물금지구, 대불공단
	20	녹산1단계, 아산공장
	30	광양제철소, 고베항
	50	하네다공항(운영 후 10년 동안)
	100	하네다공항(운영 후 50년 동안)
배수박스	30	한국도로공사, 일본도로공단, 하네다공항, 녹산1단계

5. 잔류침하량의 산정 기준

(1) 지반의 탄성침하량을 고려한다.

(2) 점성토층 압밀도(U)는 연약층 전체 두께에 대한 평균압밀도(U_z)로 계산한다.

(3) 침하량 산정식을 적용할 때 현재 지반 압밀상태가 정규압밀이면 압축지수(C_c)를 적용하고, 과압밀상태이면 팽창지수(C_r)를 적용한다.

(4) 압밀계수(C_v)가 다짐두께의 각 층마다 다를 경우에는 층두께 환산법에 의한 환산두께(D') 및 압밀계수(C_v')를 이용하여 전체 층의 평균압밀도(U)를 산정한다.

6. 잔류침하량 추정 유의사항

(1) 연약지반 침하는 하중이 재하되는 즉시 생기는 즉시침하와 시간이 경과하면서 지속적으로 생기는 압밀침하로 구분된다.

점토지반의 즉시침하는 매우 작아 무시하고, 압밀침하는 간극수압의 소산에 의한 1차 압밀침하량과 토립자의 재배치에 의한 2차 압밀침하량으로 구분된다.

(2) 침하량을 추정할 때는 지반은 균질하며 등방압밀상태의 탄성체로 가정하기 때문에 시공단계에서 현장계측치와 다소 차이가 발생한다.

시공단계에서 주기적으로 계측관리를 실시하여 압밀침하 예측치와 실제치의 차이를 비교하여 추가적인 대응방안을 검토한다.

(3) 침하량 계측결과에 따른 연약지반의 제체 안정성 확보를 위해서는 흙쌓기로 생기는 기초지반의 활동파괴에 대한 안정계산으로 얻는 최소 안전율로 평가한다.

안정계산은 안정성 검토를 위한 하나의 수단이므로, 기존 자료 외에 현장의 실제조건을 함께 고려할 수 있는 종합적인 판단이 필요하다.

Ⅲ 연약지반의 허용침하량 초과 방지대책

1. 필요성

(1) 연약지반에서는 유지관리단계에서 구조물 하부 지반의 부등침하, 슬래브·보의 처짐, 구조체의 슬라이딩(수평이동) 등과 같은 변위가 발생될 수 있다.

(2) 이 경우에는 안전점검 또는 정밀안전진단을 통해 수평/수직변위량을 측정하고, 그 측정결과에 따라 보수·보강대책을 강구해야 한다.

2. 수직변위조사

(1) 구조물이 상하방향으로 융기되거나 침하되었을 경우, 구조물의 바닥, 천정, 벽체 등에 측점을 설치하고 기준점 대비 수직변위량을 측정한다.

(2) 슬래브나 보 부재의 내력 부족으로 처짐이 발생했을 경우, 각 부재의 양단부와 중앙부의 레벨을 측정하여 처짐량을 확인한다.

(3) 수평부지의 수직변위량은 레벨, 레이저레벨 등을 이용하여 구조물의 내부 바닥 또는 보 하부에 적절한 개소를 선정해서 측정한다.

3. 지반침하 안전관리방안

(1) **예방** : 지반침하 사고를 예방하기 위한 법적 기술적 방안

① 3D지하공간 시설물(상하수도, 통신, 지하철, 상가 등) 통합지도 구축 및 관리
② 지하공간 개발행위에 대한 '지하안전 영향평가' 제도 도입

(2) **대비** : 지반침하 사고를 대비하기 위한 국가 및 지자체 차원의 대비 방안

① 지반침하가 발생되는 경우 상황전파 및 대응조직 운영실태 점검
② 가상 시나리오를 바탕으로 지반침하 대응 모의훈련 실시

(3) **대응** : 지반침하 사고 발생에 대한 대응방안 및 절차

① 지반침하 사고 발생 시에는 대응절차도에 따라 처리
② 지반침하 사고 발생 시에는 사고대책본부 구성·운영

(4) **복구** : 지반침하 사고 발생 이후 제발방지 및 항구복구기반 마련

① 지반침하 발생원인 및 피해조사 실시
② 지반침하 발생지역 항구적·체계적 복구계획 수립·시행 [18]

---

18) 국토교통부, '도로설계편람', 제3편 토공및배수, 2012, pp.409-24~35.
   국토교통부, '지반침하(함몰) 안전관리 매뉴얼', 2015.

5.21 연약지반 개량공법의 선정

연약지반 처리공법 선정을 위한 조사사항, 고려사항, 침하대처방안 [0, 7]

1. 개량공법 목적

(1) **강도 특성 개선** : 지반 파괴에 대한 지반의 강도, 즉 흙의 전단강도 증대

(2) **변형 특성 개선** : 흙의 체적변화를 개선하여 압축성 저하, 전단계수 증대

(3) **지수성 개선** : 지반개량 후 토층수 이동에 의한 흙의 유효응력 변화 억제

(4) **동적 특성 개선** : 느슨한 사질토 지반의 액상화 방지로 간극수압 상승 억제

2. 개량공법 선정 고려사항

(1) **대상지반의 공학적 특성** : 연약층의 범위와 깊이, 견고한 지지층의 깊이와 경사, 지하수위의 높이 등

(2) **대상지반 개량의 목적** : 현지조사 결과를 근거로 하여 개량공법의 목적과 범위를 명확히 설정

(3) **상부 구조물의 특성** : 대상지반상에 설계·시공 예정인 상부 구조물의 형식, 규모, 하중, 기능 등

(4) **공사현장조건의 제약** : 주어진 공사기간, 지하수 오염에 따른 영향, 소음·진동 환경조건 등

(5) **지반개량 후 허용침하량** : 실내시험 결과를 근거로 하여 구조물에 대한 허용지지력, 허용침하량 추정

(6) **적용 예정공법의 특성** : 설계 정밀도, 시공기계 주행성, 재료구득 난이도, 개량효과 판정방법 등

3. 개량공법 조합

(1) 지반개량 효과를 극대화하기 위해 단독공법보다 2가지 이상 공법을 조합하여 적용

    ① 재하중 공법(Preloading)+연직배수 공법(Drain Method)

    ② 재하중 공법(Preloading)+압성토 공법

    ③ 연직배수 공법+모래다짐말뚝(SCP) 공법

    ④ Sand mat+토목섬유(Geotextile) 공법+① 공법

    ⑤ Sand mat+토목섬유(Geotextile) 공법+② 공법

    ⑥ Sand mat+토목섬유(Geotextile) 공법+③ 공법

    ⑦ 연직배수 공법+혼합처리(표층, 심층) 공법

(2) 지반개량공법의 선정 흐름도에 따라 비교·검토 후, 경제적인 관점에서 최종 결정

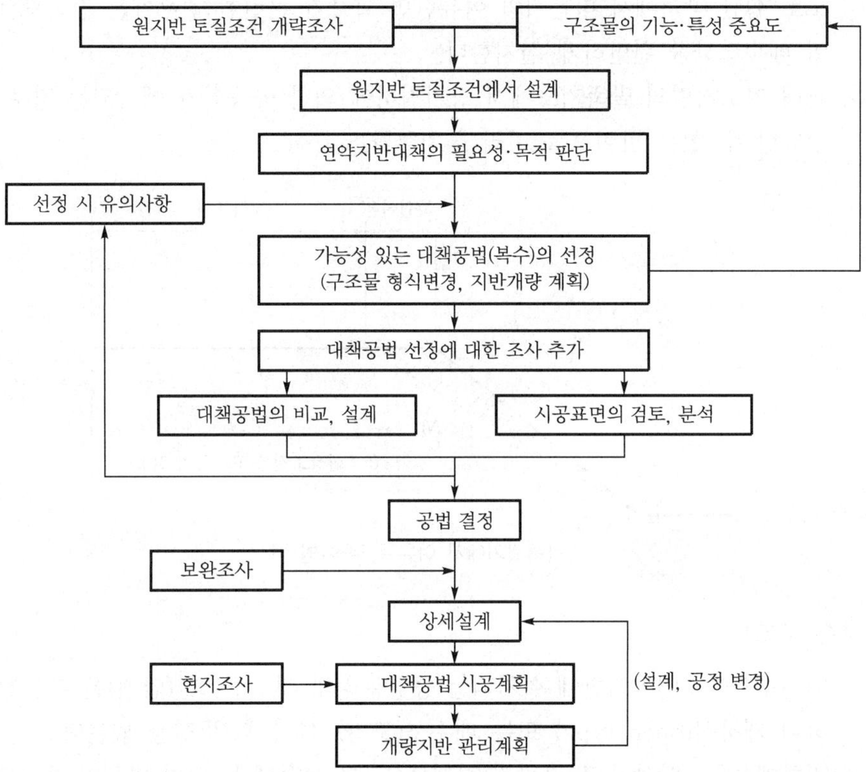

```
┌─────────────────────────┐              ┌─────────────────────────┐
│   원지반 토질조건 개략조사   │──────┬───────│   구조물의 기능·특성 중요도   │←──┐
└─────────────────────────┘      │       └─────────────────────────┘   │
                                 ▼                                      │
              ┌─────────────────────────────┐                          │
              │     원지반 토질조건에서 설계     │                          │
              └─────────────────────────────┘                          │
                          ▼                                             │
              ┌─────────────────────────────┐                          │
              │   연약지반대책의 필요성·목적 판단  │                          │
              └─────────────────────────────┘                          │
   ┌──────────────┐         ▼                                          │
   │  선정 시 유의사항 │────────────┐                                      │
   └──────────────┘            ▼                                       │
          ▲        ┌─────────────────────────────┐                     │
          │        │    가능성 있는 대책공법(복수)의 선정   │────────────────┘
          │        │  (구조물 형식변경, 지반개량 계획)  │
          │        └─────────────────────────────┘
          │                    ▼
          │        ┌─────────────────────────────┐
          │        │   대책공법 선정에 대한 조사 추가   │
          │        └─────────────────────────────┘
          │          ▼                      ▼
          │  ┌──────────────────┐  ┌──────────────────┐
          └──│  대책공법의 비교, 설계  │  │  시공표면의 검토, 분석  │
             └──────────────────┘  └──────────────────┘
                            ▼
                  ┌──────────────┐
                  │    공법 결정    │
                  └──────────────┘
   ┌──────────┐        ▼
   │   보완조사  │────────┐
   └──────────┘        ▼
             ┌──────────────┐
             │    상세설계    │←──────────┐
             └──────────────┘            │
   ┌──────────┐        ▼                 │
   │   현지조사  │──│  대책공법 시공계획  │  (설계, 공정 변경)
   └──────────┘  └──────────────┘        │
                        ▼                │
                ┌──────────────┐          │
                │  개량지반 관리계획  │─────────┘
                └──────────────┘
```

[연약지반 개량공법의 선정 흐름도]

4. 장기침하 대책

(1) 성토체 구조

① 잔류침하량이 큰 구간에서 여유폭 확보

- 흙쌓기 종료 시 제체형상을 계획단면에 따라 마무리하면 흙쌓기 완료 후 침하에 의해 덧씌우기가 필요한 만큼 폭원이 부족해진다.
- 따라서, 성토체의 시공 폭은 침하를 고려하여 아래 그림과 같이 S_r (시공 완료 후 5년간 침하량)에 상당하는 여유폭을 확보하도록 한다.

② 일반 흙쌓기의 더돋기

- 일반 흙쌓기의 더돋기는 상부노체에서부터 하부노상면까지 한다.
- 더돋기량은 연약층 규모, 흙쌓기와 원지반 간 거리를 고려하여 결정한다.

(2) 잠정포장

① 잔류침하량이 클 것으로 예상되는 구간에는 잠정포장을 검토한다.

② 이 경우, 잠정포장과 완성포장 두께 차이만큼 노상마무리 높이가 높아진다.

(3) 본 구조물

① 도로 횡단 암거에서 더돋기와 여유단면 확보가 곤란한 경우에는 접속도로를 절단하여 배수경사를 완만하게 설치한다.

② 교대 기초저면의 말뚝기초에서 장기침하에 의한 공동화가 예상되는 경우, 충진재를 주입할 수 있는 파이프를 미리 설치한다.

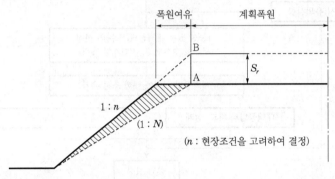

[흙쌓기에서 여유폭 결정 방법]

(4) 부속 구조물

① 배수구조물 : 연약지반에 설치되는 중앙분리대 배수구조물(암거)은 부등침하를 고려하여 개착식(open type) 또는 배수구(도랑) 설치 후 뚜껑을 덮는다.

② 지하매설물 : 땅깎기 및 흙쌓기 경계부, 교대 접속부 등 단차 발생이 우려되는 구간에 전기, 통신, 상·하수도 등의 지하매설을 피한다.

③ 기타 : 낙석방호책, 방음벽, 문형식 표지판 등의 부등침하를 고려하여 유지보수단게에서 승고(昇高)하기 쉬운 구조로 설계한다.[19]

---

19) 국토교통부, '도로설계편람', 제3편 토공및배수, 2012, pp.309-36~42.

[연약지반 개량공법의 종류]

개량원리	공법명칭		개량목적	적용지반
하중분산	침상 공법		• 지반의 지지력 향상 • 지반의 전단변형 억제 • 지반의 침하 억제 • 활동파괴의 방지 • 시공기계의 주행성 확보	점성토, 유기질토
	seat net 공법			
	mat 공법(모래, 토목섬유)			
하중균형	압성토 공법			
경량화	경량성토(EPS쌓기) 공법			
치환공법	굴착치환 공법		• 지반의 전단변형 억제 • 지반의 침하 감소 • 활동파괴의 방지	사질토, 점성토, 유기질토
	강제치환 공법			
	폭파치환 공법			
압밀배수	preloading 공법		• 지반의 강도 증가 • 지반의 잔류침하 감소	점성토, 유기질토
	연직배수 공법	sand drain		
		paper drain		
		pack drain		
	지하수위 저하공법	well point		사질토
		깊은우물		
	진공압밀 공법		• 지반의 강도 증가 • 지반의 잔류침하 감소 • 지반의 압밀 촉진	점성토, 유기질토
	생석회말뚝 공법			
	전기침투 공법			
	반투막 공법			
	쇄석말뚝 공법		• 액상화 방지	사질토
	표층배수 공법		• 표층지반의 강도 증가	점성토, 유기질토
다짐	sand compaction pile 공법		• 지반의 강도 증가 • 지반의 침하 감소 • 액상화 방지	사질토, 점성토, 유기질토
	동다짐 공법			사질토
	vibro flotation 공법			
	중추낙하다짐 공법		• 지반의 침하 감소 • 액상화 방지	사질토
	폭파다짐, 전기충격 공법			
	동압밀 공법			
고결열처리	표층혼합처리 공법		• 도로 노상·노반 안정처리	사질토, 점성토, 유기질토
	심층혼합처리 공법		• 활동파괴의 방지 • 침하 저지 및 감소 • 지반의 전단변형 방지 • Heaving 방지	
	약액주입(고압분사교반) 공법			
	소결 공법			
	동결 공법			
보강	토목섬유(Geotextile) 공법		• 도로 노상·노반 안정처리 • 국부파괴, 국부침하 방지	점성토, 유기질토
	표층피복(seat, mat, filter)			

5.22 선행재하(Preloading)공법

선행재하(pre-loading)압밀공법 [0, 1]

I 개요

1. 선행재하공법은 연약지반 표면에 등분포 하중을 가하여 목적 구조물 설치 전에 필요한 만큼 압축을 유도하는 공법으로, 도로성토, 제방축조, 교대기초 등에 많이 사용된다.

2. 선행재하공법은 연약지반에 상재하중을 가하는 작업이므로 지반붕괴를 고려하여 하중을 가하기 전에 지반조사를 통해 재하속도와 압밀크기를 분석해야 한다.

3. 선행재하공법 설계의 핵심은 하중크기와 재하기간의 결정이다. 압밀시간을 단축하기 위해 연직배수(vertical drain)공법을 병행 시공하면 효과적이다.

II 선행재하공법 원리

1. 1차 압밀침하

(1) 연약지반에 처음부터 설계하중(P_d)만 재하하였을 때, 1차 압밀침하량과 시간의 관계는 다음 그림 (a)의 점선과 같으며, S_d는 최종 1차 압밀침하량을 의미한다.

(2) 동일지반의 설계하중보다 초과하중(P_s)만큼 큰 하중을 재하한다면 1차 압밀침하량과 시간의 관계는 다음 그림 (a)의 실선과 같이 된다.

(3) 침하량의 크기가 설계하중에서 최종 1차 침하량과 같아지는 시간(t_c)이 경과하면 초과하중을 제거하여도 더 이상 1차 압밀침하는 일어나지 않는다.

2. 2차 압밀침하

(1) 선행재하공법을 이용하여 설계하중에서 2차 압밀침하를 방지하려면 1차 압밀침하 방지를 위해 시행한 것과 비슷한 방법으로 하중 재하시간을 산출해야 한다.

(2) 1차 압밀관계식을 이용하여 재하중에 의한 1차 압밀침하량이 설계하중에서 2차 압축을 고려한 침하량($S_d + S_s$)보다 커지는 때가 평균압밀도(U_c)이다.

(3) 평균압밀도(U_c)를 얻는 시간(t_c)은 일상적인 방법으로 구하며, 2차 압축침하를 산정하는 시간(t_c)은 목적 구조물의 수명 등을 고려해서 결정한다.

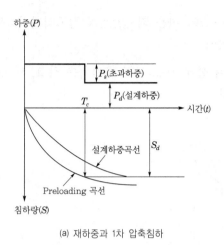

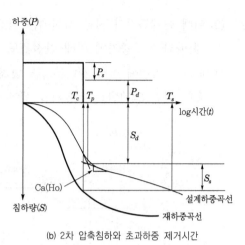

(a) 재하중과 1차 압축침하   (b) 2차 압축침하와 초과하중 제거시간

[선행재하에 따른 압축침하량의 변화]

3. 한계성토고

(1) 한계성토고(H_c)란 원지반에 성토체를 보강하지 않고 성토할 수 있는 최대높이로서, 지지력 및 사면안정성을 검토하여 이 중에서 작은 값으로 결정한다.

(2) 지지력에 의한 한계성토고(H_c)는 연약층의 점착력(C_u)에 대한 지반의 극한지지력(q_d)을 구하여 다음 식과 같이 결정한다.

$$H_c = \frac{q_d}{\gamma_t F_s}$$

여기서, H_c : 한계성토고(m)

γ_t : 성토체의 단위중량(kN/m^3)

F_s : 안전율

q_d : 연약층 두께에 따른 점토지반의 극한지지력

[연약층 두께에 따른 점토지반의 극한지지력]

구분	극한지지력(q_d, kN/m^2)
두꺼운 점토질지반 및 유기질토가 두껍게 퇴적된 이탄질 지반	3.6C_u
보통의 점토질 지반	5.1C_u
얇은 점토질지반 및 유기질토가 끼지 않는 얇은 이탄질 지반	7.3C_u

4. 선행재하공법에서 흙쌓기 높이와 안전율

(1) 흙쌓기를 일시적으로 급속시공하면 안전율이 떨어지면서 활동파괴가 일어난다.

(2) 그러나 한계흙쌓기 높이까지 흙쌓기하고 방치하면 상부흙쌓기 재하중에 의해 연약한 점성토층에 강도 증가가 유발된다.

(3) 이때 한계흙쌓기 시공 직전에는 안전율(F_s)이 허용 최소안전율 정도이지만, 시간경과에 따라 강도증가에 의해 안전율도 커지게 된다.

(4) 따라서 압밀에 의한 강도증가를 고려하여 한계성토고만큼 흙쌓기를 하고, 반복하여 필요한 만큼 단계별로 흙쌓기를 해야 한다.

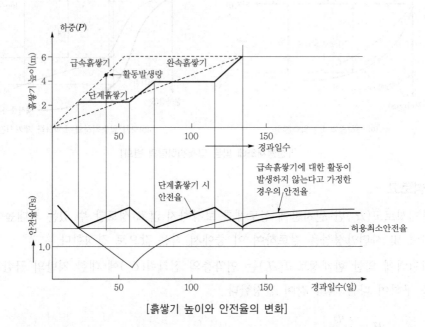

[흙쌓기 높이와 안전율의 변화]

5. 사면 안정성 확보에 필요한 최소안전율

(1) 한계평형방법(LEM, Limit Equilibrium Method)에 의한 안전율이 허용치 이상이면 성토사면은 파괴에 대해 안전하고, 변형은 허용치 이내로 수렴한 것으로 판정한다.

(2) 사면 안정성 해석은 전(全)응력해석법과 유효(有效)응력해석법이 있으나 현장에서는 일반적으로 전자(前者)를 많이 적용한다.

(3) 흙쌓기 비탈면의 최종 기울기는 흙쌓기 지지지반의 형상 및 강도와 흙쌓기 지반의 형상·강도 등을 고려한 비탈면 안정을 해석하여 결정한다.

(4) 사면 안정성 확보에 필요한 최소안전율 기준은 다음 표와 같다.

[사면 안정성 확보에 필요한 최소안전율]

구분		최소안전율(F_s)	
국토교통부(2003)		구조물기초 설계기준	$F_s \geq 1.1$
한국도로공사	도로설계요령(2002)	축조기간 중	$F_s \geq 1.3$
		공용하중 개시 후	$F_s \geq 1.2$
	도로설계실무편람(1996)	축조기간 중	$F_s \geq 1.3$
		공용하중 개시 후	$F_s \geq 1.3$

6. 사면 안정성 확보를 위한 선행재하공법 분류

사면 안정성 확보를 위한 선행지하공법은 흙쌓기방법, 사용목적, 재하재료 등에 따라 다음과 같이 분류된다.[20]

[재하재료에 의한 선행재하공법의 종류]

재하중공법	재료	공법의 특징
흙쌓기공법	흙	• 필요한 성토고 확보 가능 • 하중크기를 자유롭게 정할 수 있음 • 재료비가 저렴하지만, 활동파괴 주의
대기압공법 (진공압밀공법)	대기압	• 하중에 한계가 있으나 흙쌓기와 병행 가능 • 진공을 위한 기압 쉬트(sheet) 설치 필요 • 재료비가 저렴하지만, 활동파괴 주의
물하중공법	물	• 단위 중량이 작기 때문에 하중에 한계가 있음 • 누수 방지공과 주위에 제방 필요 • 물의 집수·배수가 용이하지 않으면 사용을 피해야 함
기타	콘크리트, 강재	• 단위체적중량이 높기 때문에 재하고를 낮출 수 있음 • 재하시험 등 특수한 경우 이외에는 사용하지 않음 • 재료비가 고가이며, 재하가 비교적 어려움

---

20) 한국철도시설공단, '연약지반', 2012, pp.39-43.

5.23 연약지반 상의 저(低)성토, 고(高)성토

연약지반 위에 저성토의 문제점 및 대책 [0, 1]

Ⅰ 개요

1. 연약지반상의 고성토란 일반적으로 흙쌓기 높이 20m 이상을 말하지만, 설계할 때는 기초지반 특성이나 구조물 중요도 등을 고려하여 그 이하에서도 상세한 안정성 검토를 수행하므로 고성토를 높이 기준으로만 정의하는 것은 무의미하다.
2. 반면, 연약지반 상의 저성토란 고성토에 대한 상대적인 개념으로 흙쌓기 높이 20m 미만을 말하지만 현지조건 등에 따라 그 범위를 달리 간주할 수도 있다.

Ⅱ 지반의 안정해석 방법

1. 사면경사 기준

토사사면 기울기는 지반을 구성하는 지층의 종류 및 풍화정도, 용출수 유무, 사면높이 등의 복합적인 요소에 의해 좌우되며 아래 표의 값을 표준으로 한다.

[토사사면 기울기]

구분	사면높이(m)	기울기	소단 설치
토사	0.0~5.0	1 : 1.2	H=5~10m미다 소단 1.0~1.5m 설치
	5m 이상	1 : 1.5	

2. 토질정수

(1) 토사사면 안정성 검토에 적용되는 토질정수는 원칙적으로 토질시험에 의해 얻어진 수치를 적용한다.

(2) 각층의 물성값은 토질이나 시험방법에 따라 상당히 다르게 얻어지는 경우도 있고 계산결과에도 큰 영향을 주기 때문에 충분히 검토하여 결정한다.

(3) 조사·설계단계에서 현지상황 등에 의해 토질시험을 할 수 없는 경우나 개략 검토하는 경우에는 시방서에 제시된 토질정수 값을 참고하여 추정한다.

(4) 시공단계에서 필요한 추가시험을 실시한 후 적정성 여부를 판단하여 현장조건에 적합한 강도정수를 결정하여 적용해야 한다.

3. 안전율(Factor of Safety)

(1) 사면 안정성을 검토할 때 안전율(Factor of Safety)은 절토부는 건기에 $F_s \geq 1.5$, 우기에 $F_s \geq 1.2$, 성토부는 $F_s \geq 1.3$을 기준으로 한다.

(2) 일반적으로 지반의 안전율(F_s)은 흙의 전단응력(활동력)에 대한 전단강도(저항력)의 比로서, 다음 식과 같이 나타낼 수 있다.

$$Fs = S/\tau$$

여기서, Fs : 안전율

S : 흙의 전단강도(t/m^2)

τ : 활동면에 대한 전단응력(t/m^2)

Ⅲ 연약지반 설계

1. 연약지반 처리구간 검토

연약지반 처리구간을 설정할 때 지반조건, 공사기간, 토질의 물리적·화학적 성질, 지하수 조건, 장비투입 상황 등을 고려하여 다음 사항을 비교·검토해야 한다.

[연약지반 처리구간의 검토사항]

항목	검토사항
① 지반조건	• 연약층의 깊이·분포, 연약지반의 구조 • 투수층의 존재·위치, 지지층의 깊이·종류
② 토사의 물리적 성질	• 입도분포, 전단특성, 압밀특성, 투수계수 • 과압밀비, 정지토압계수
③ 토사의 화학적 성질	• 구성광물 및 기타 화학적 성질 • 유기물 함량
④ 지하수 조건	• 지하수위 • 지하수의 화학적 성질
⑤ 재료·장비의 투입조건	• 재료확보 용이성, 토취장 거리, 야적장 확보 • 투입 예상장비 종류, 장비진입로 상태
⑥ 환경조건	• 소음, 진동, 분진, 오수처리장 • 인근 구조물에 미치는 영향
⑦ 공사비용, 공사기간	• 성토고에 따른 연약지반 개량공법의 공사비 비교 • 예정공기에 따른 경제성 분석, 적절한 공법 선정
⑧ 사용목적별 기대효과	• 지지력, 허용침하량, 부등침하, 투수계수 • 구조물의 내구연한

2. 연약지반상의 저성토 문제점과 대책

(1) 문제점

① 장비 주행성(Trafficability) : 계획고에 의해 성토높이가 아주 낮은 경우에는 공사용 장비 진입이 곤란할 수 있으며, 다짐상태가 불량하여 노상으로서의 충분한 지지력을 기대하기 힘들다.

② 압밀효과 미흡 : 성토높이가 낮은 만큼 상재하중이 부족해져 충분한 1차 압밀효과를 기대하기 어렵다.

③ 차량바퀴가 집중적으로 재하되는 성토구간에는 부등침하가 발생되고 측방침하가 발생되면서 치명적인 포장파손이 초래된다.

④ 지하수 변동, 모관작용으로 지하수위가 상승하여 지지력이 저하될 수 있으며, 차량하중에 의해 과잉간극수압이 생겨 성토부가 연약해진다.

⑤ 이 상태에서 교통하중이 작용되면 추가 침하량이 점차 증가되면서 장기적으로 모관작용에 의해 성토부의 연약화가 가속화된다.

(2) 처리대책

① 성토고 2.0m 이하의 저성토 구간에는 포장재 및 교통하중의 영향이 특히 클 것으로 예상된다.

지반개량이 목적이면 계획고에 관계없이 2.0m까지 성토하여 과하중을 가한 후, 소요 압밀도에 도달하면 계획고까지 제거 후 포장공사를 실시한다.

② 이 경우에 Sand mat 및 침하량에 상당하는 두께만큼 노상체가 추가되므로 규정된 다짐도로 시공관리하여 포장구조체로서 역할을 하도록 한다.

궁극적으로 Sand mat 부설, 드레인 시공, 단계별 성토 등의 대책은 연약층을 설계 압밀도까지 개량하는 데 1차적인 목표를 설정해야 한다.

③ 저성토 지반개량 구간의 일부를 노상체로 포함시키는 경우에는 규정된 다짐도로 시공관리를 더욱 철저히 해야 동상방지 및 압밀도 확보가 가능하다.

저성토 구간이 노상체로 포함되는 경우에는 공용 중에 배수재로서의 기능은 충분히 확보하는 것이 가장 중요하다.

④ 성토고 2.0m 이상인 저성토 구간에는 별도의 과하중은 필요하지 않으나 계획고까지 성토하여 선행압밀시킨 후 포장공사를 실시한다.

고성토 구간이 노상체로 포함되는 경우에는 포장재료 및 교통하중의 영향을 저감하는 것이 가장 중요하다.

3. 연약지반상의 고성토 문제점과 대책

(1) 문제점 : 침하량이 과도하면 차량 주행성 불량, 부등침하 발생으로 포장이 파손되어 지하 매설물과의 사이에 단차가 유발된다.

(2) 처리대책

① Sand mat 포설 : 연약지반이 압밀침하를 하면서 배출되는 간극수에 대한 수평배수로 역할을 수행할 수 있어야 한다.

② 토목섬유 포설 : 높은 인장력과 낮은 신장율을 갖추고 있어 지반의 횡방향 변위를 억제시켜 연약지반의 지지력을 크게 증가시킨다.

③ Preloading : 연약하고 압축성이 큰 지반에 상재하중을 가하면 지반붕괴 우려가 있으므로, 사전 지반조사를 통해 재하속도와 압밀크기를 정한다.

④ Drain 공법 : 연약층 사이에 주상 투수층을 촘촘히 배치하여 배수거리를 짧게 함으로써 압밀침하를 촉진시켜 단기간에 지반을 안정시킨다.

4. 연약지반 시공 중 계측관리

(1) 설계에 포함된 불확실성으로 인하여 설계 예측치와 실제 거동치가 부합되지 않는 경우에는 과다 변형·파괴에 이르지 않도록 현장계측 시공관리한다.

(2) 성토시공 중에 불안정 징후가 관측되면 시공 중단하고 방치기간을 두어 안정화가 확인되면 공사 재개하고 그렇지 않으면 성토하중 경감대책을 세워야 한다.

(3) 성토하중이 가해져 지반 내에 생기는 현상은 압밀과 전단이 복합되어 압밀이 전단보다 우세하면 안정상태, 압밀이 전단보다 열세하면 불안정한 상태가 된다.

Ⅳ 맺음말

1. 연약지반 상의 고성토에서는 사면 안정성과 침하가 동시에 문제가 되지만, 사면 안정성을 우선적으로 검토하여 대책을 강구해야 된다.

2. 반면, 연약지반 상의 저성토에서는 사면 안정성 문제보다는 침하, 특히 부등침하, 지하수 상승, 기초지반 다짐시공 등을 중점적으로 검토해야 된다.

5.24 지반 액상화 현상

지반 액상화 현상 [1, 0]

I 정의

1. 액상화(液狀化, liquefaction)란 땅속 퇴적층에 섞여 있던 토양과 물이 강한 지진의 충격으로 지반이 흔들리면서 토양과 물이 서로 분리되어 나타나는 현상을 말한다.

2. 물이 쏠린 지역은 지표면이 물렁해지며 흙탕물이 지표면으로 솟아오르기도 하며, 땅이 액상화되면 지반이 늪과 같은 상태로 변하여 붕괴위험이 커진다.

3. 액상화는 지진, 항타하중 등과 같이 지반 내에서 작용하는 반복전단응력에 의하여 지반 중에 생기는 과잉간극수압이 초기 지반유효응력과 동일하게 되고 유효응력이 0(zero)이 되어 전단저항력을 상실하게 된다.

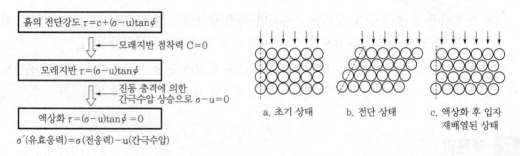

흙의 전단강도 $\tau = c + (\sigma - u)\tan\phi$
⟱ ── 모래지반 점착력 $C = 0$
모래지반 $\tau = (\sigma - u)\tan\phi$
⟱ ── 진동 충격에 의한 간극수압 상승으로 $\sigma - u = 0$
액상화 $\tau = (\sigma - u)\tan\phi = 0$
σ'(유효응력) $= \sigma$(전응력) $- u$(간극수압)

a. 초기 상태   b. 전단 상태   c. 액상화 후 입자 재배열된 상태

[액상화 발생 과정]

II 액상화 현상

1. 2017년 포항 지진의 경우

(1) 포항 지진은 2017.11.15. 경북 포항시 흥해읍에서 발생한 규모 5.4의 지진으로, 2016년 경주 지진에 이어 대한민국 지진 사상 두 번째로 큰 규모이다.

(2) 부산대 연구팀은 '포항 지진의 진앙 주변에서 나타난 물과 진흙이 땅 위로 솟구쳐 오른 현상은 지진에 의한 액상화 때문'이라고 분석하였다.

(3) 액상화는 지진 이후 지반이 지속적으로 흔들리면서 지하수와 흙이 섞여 지반을 약화시키는 현상이다. 강변·해안 등 퇴적층 지역에 지진이 발생하면 나타난다.

(4) 액상화가 도심에서 발생하면 건물 붕괴 등 대형 사고로 이어질 수 있다. 지진이 잦은 일본에서는 이 현상으로 건물이 쓰러지거나 기울어지는 사고가 발생했다.

2. "물이 끓는 듯 솟아올라"

(1) 부산대 연구팀은 '포항 진앙 주변 2km 반경에서 흙탕물이 분출된 흔적 100여 곳을 발견했다.'고 밝혔다. 현지 주민들은 지진 발생 당시 '논밭에서 물이 부글부글 끓으며 솟아올랐다'고 증언하였다.

(2) 부산대 연구팀은 2016년 경주 지진 이후 정부 의뢰로 국내 활성단층 지도 제작사업을 진행 중이다. 현재까지 국내에서 액상화 현상이 관측된 기록은 없다.

3. 일본에서는 광범위하게 발생

(1) 2011년 동일본 대지진 때 진앙과 가까운 도호쿠(東北)지방만 피해를 본 게 아니었다. 진원에서 수백 km 떨어진 수도권 지바현 우라야스(浦安)시에서도 연립주택이 기울고 도로가 함몰되었다.

(2) 일본 국토교통성은 대지진 당시 액상화 현상 때문에 건물이 기울거나 무너지고 도로가 함몰되는 사태를 2만 여건 넘게 집계하였다.

(3) 일본이 처음으로 액상화 문제를 확인한 것은 1964년 니가타 지진 때였다. 당시 니가타 공항 지반에 액상화 현상이 나타나 도로가 꺼지고 대형 아파트 건물이 장난감 블록처럼 기울어졌다.

Ⅲ 액상화 발생지반 및 예측방법

1. 액상화 발생 가능성이 있는 지반은 다음 표에서 보듯 균등계수(C_u) 10 미만으로, 실트 및 점토 입자 함량 10% 이하이며, 평균입경 0.075~2.0mm이다.

[액상화 발생 가능성이 있는 지반]

구분	액상화 발생 조건
포화도	포화도가 100%에 가까울 때
균등계수(C_u)	$C_u < 10$
평균입도(D_{50})	$0.075mm < D_{50} < 2.0mm$
입도분포	실트 및 점토 입자 함량이 10% 이하
N값	포화지반에서 N값이 작을수록

2. 액상화 예측방법은 발생 지반의 입도분포와 N값을 이용하는 간이법부터 진동 3축압축시험 결과를 이용하는 상세법까지 대상구조물에 따라 적용한다.

3. 액상화 예측방법은 지반의 액상화 강도 측정방법과 지진의 진동에 의한 전단응력비(γ_d / δ_u) 추정방법의 조합에 따라 다음 표와 같이 분류할 수 있다.

[액상화 예측방법의 분류]

지반의 액상화 강도 측정방법		지진동에 의한 전단응력비(γ_d/δ_u) 추정방법	예측방법 사례
간이법 ↑ · ↓ 상세법	입도, N값	지표의 최대 가속도	Iwasaki & Tatsuoka (일본 도로교시방서, 동해선)
		지표의 최대 가속도	Tokimatsu % Yoshimi (일본 건축기초 설계기침)
		등가선형 중복반사모델	Ishihara (일본 항만시설 기술기준)
		등가선형 중복반사모델	Seed & Idriss
	진동3축압축시험 등	유효응력모델	Finn

Ⅳ 액상화 지도 제작

1. 일본정부의 경우에 전국 토지의 액상화 리스크를 표시한 '액상화 지도'를 제작하여, 지반의 위험정도를 5단계로 표시하고 과거의 액상화 이력까지 표시하고 있다.

   (1) 일본 각 지자체는 이를 토대로 지속적으로 지반개량사업을 하고, 건설회사들도 액상화 피해를 줄일 수 있는 다양한 공법을 개발하였다.

   • 땅속에 파이프를 묻어 지하수를 빼내는 공법
   • 부지별로 격자형 콘크리트벽을 매립해 지반을 안정시키는 공법 등

   (2) 지금도 지자체들이 나서서 댐 주변, 간척지 등 위험도가 큰 곳부터 우선적으로 지반보강공사를 수시로 시행하고 있다.

2. 문제는 일본의 경우에 끊임없이 땅 밑을 고르며 대비할 수 있을 뿐 액상화 현상 자체를 근본적으로 막을 수는 없다는 점이다.

   (1) 액상화 대책을 강구하였으나, 1995년 한신 대지진과 2011년 동일본 대지진, 2016년 구마모토 지진 때 광범위한 지역에서 액상화 피해가 반복되고 있다.

   (2) 그때마다 일본 정부는 국고를 보조하여 현지주민, 건설회사, 지자체 등과 협의하여 지역 특성에 알맞은 보강공사를 지원하고 있다.[21]

---

21) 박효성, 'Final 토목시공학', 개정 2판, 예문사, 2020, pp.290~292.

5.25 연약지반 개량공사의 계측관리

연약지반(점성토 및 실트질 심도 20m 이하)의 처리공법, 시공 품질관리 및 계측항목 [0, 3]

1. 계측기기의 설치 및 관리

(1) 계측기기 설치를 위한 보링장비는 지반에 평행 설치를 위해 XYZ 3축 1° 이내로 조정할 수 있고, 보링 중에 수직도 1° 이내로 유지할 수 있는 성능을 갖추어야 한다.

(2) 계측 전에 실시하는 수준측량은 수준측량기로 수행하며, 부득이한 경우 광파기(光波機)를 이용한 간접측량에 의해 수준측량을 실시한 적이 있다.

(3) 계측기기 설치를 위한 케이싱 전체 깊이에 내경 86mm 이상으로 보링을 한 후, 보링공 내에 0.08mm체 통과량이 5% 이하인 양질의 모래를 충전한다.

(4) 계측기기는 설치 직전 및 직후 작동 검사를 실시하고, 계측 중에 이상 유무를 확인한다. 계측기기의 위치, 심도, 종류별로 일련번호를 부여하여 명찰을 부착한다.

(5) 계측기기를 중심으로 사각형 보호 펜스를 설치하고, 굵은 철사 등으로 이동되지 않도록 고정한다. 잘 보이는 곳에 표지판을 설치하여 관리한다.

(6) 설치된 모든 계측기기의 초기치를 측정할 때마다 수준측량을 다시 실시하며, 모든 계측치는 EL(elevation) 값으로 표기하여 관리한다.

2. 계측자료 전송 케이블 설치

(1) 계측자료 전송 케이블은 상시계측에 적합한 형식을 선정하고, 매설지점에서 측정실까지 연결점 없이 단일선으로 설치한다.

(2) 계측기기의 침하로 인해 케이블에 인장력이 발생하지 않도록 여유 있게 배선한다. 케이블 끝단은 방수 처리하여 물이 침투하지 못하도록 관리한다.

(3) 계측자료 전송장비는 향후 확장성을 고려하여 계측자동시스템 운영에 대비할 수 있는 호환성을 갖춘 첨단설비를 설치·운영한다.

3. 계측업무의 수행

(1) **지표침하계**(surface settlement) : 연약지반 상에 구조물 또는 성토 재하로 인하여 지표면 침하가 예상될 때 설치한다. 측정오차 한계 ±1.0mm 이내

(2) **층별침하계**(extensometer) : 연약지반 굴착 현장에 인접하여 지중구조물이 매설되어 있는 경우에 설치한다. 측정오차 한계 ±1.0mm 이내

(3) **지중경사계**(inclinometer) : 연약지반에서 변위가 예상되거나, 개량공사로 인한 영향범위 내에 구조물이 있을 때 설치한다. 측정오차 한계 ±1.0mm 이내

(4) **간극수압계(pore water pressure meter)** : 지하수위 아래 지중에 작용되는 정수압의 변화가 예상될 때 설치한다. 간극수압 1MPa 이상 측정

(5) **지하수위계(piezometer)** : 지하수위 변화가 예상되어 지반계측 결과 분석할 때 지하수위를 반영해야 하는 경우에 설치한다.

[계측기기의 종류 및 목적]

구분	계측관리 목적	계측기기 배치
지표침하계	• 설치 지점의 전체 침하량 측정 • 지반 안정관리 및 성토속도 조절 • 성토 후 Pre-loading 제거 시기 판정	• 100m 간격, 1~3개소 설치 • Sand Mat 하부에 설치
층별침하계	• 연약 점성토의 심도별 압밀침하량과 지표침하량 간의 비교·분석	• 연약층 심도가 깊은 지반 • 고성토 후 구조물 설치된 지반
지중경사계	• 성토사면 지중 수평변위와 변위속도 측정 • 침하량과 비교·분석하여 안정관리 • 교대 측방유동 여부의 확인	• 전단파괴 우려되는 고성토 주변 • 측방유동 우려되는 교대 주변
간극수압계	• 성토에 의한 지반 내 과잉간극수압 측정 • 과잉간극수압 소산정도, 유효응력 증가 추정 • 성토에 의한 압밀효과 확인	• 연약층 심도가 깊은 지반 • 고성토 후 구조물 설치된 지반 • 층별침하계와 동일 지점에 설치
지하수위계	• 성토에 의한 지하수위 변화 파악 • 간극수압과 비교하여 과잉간극수압 소산 정도, 유효응력 증가 추정	• 간극수압계가 설치되는 단면
토압계	• 구조물, 성토하중으로 작용되는 토압 측정	• 옹벽, 성토지반의 구조물 하부 • 뒷채움 시, Sand Mat 포설 시

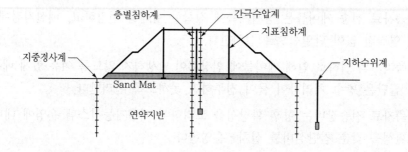

4. 침하량 추정에 의한 안정관리

(1) **정성적인 안정관리**

① 육안관찰에 의한 방법

② 침하량 관측에 의한 방법

③ 지표면 변위량 관측에 의한 방법

(2) 정량적인 안정관리

① 시공 중 침하량 추정 : 개량 중 계측관리에 따른 침하실측치와 시간 관계로부터 침하량을 추정한다.

$$S = S_o + \frac{t}{a + bt}$$

여기서, S : t시간 후의 침하량(cm)

S_o : 초기침하량(cm)

t : 경과시간(day)

a, b : 실측 침하곡선으로부터 구해지는 정수(무차원)

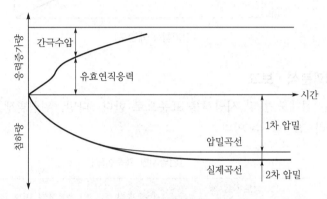

[실측 침하곡선]

② 1차 압밀 침하량(S_c) : Terzaghi 1차원 압밀이론에서 유도된 산정법에 의해 추정한다.

[1차 압밀침하량 산정법]

구분	e-log P법	체적압축계수(m_v)법	압축지수(C_c)법
계산식	$S_f = \dfrac{e_o - e}{1 + e_o} \cdot H$	$S_f = m_v \cdot \Delta\sigma \cdot H$	$S_f = \dfrac{C_c}{1 + e_o} \cdot H \cdot \log\dfrac{\sigma_c + \Delta\sigma}{\sigma_o}$
설계정수	S_f : 1차 압밀침하량 H : 연약지반 두께 m_v : 체적변화계수	e_o : 초기 간극비 $\Delta\sigma$: 유효응력차 C_c : 압축지수	e : 시간경과별 간극비 σ_o : 원위치 유효응력

③ 2차 압밀 침하량(S_s)

• 1차 압밀 끝난 후에도 시간 경과에 따라 점토입자의 creep 현상에 의하여 2차 압밀 침하가 계속 일어난다.

• 2차 압밀침하량(S_s)은 1차 압밀종료 시점의 유효응력, 간극비, 점토층 두께, 1차 압밀시간 등의 영향을 받는다.

- 장기침하 추적조사 결과, 시공완료 후 침하속도 $\beta = \dfrac{ds}{d\log t}$ 와 연약층 두께 사이의 관계는 다음 그래프와 같다.

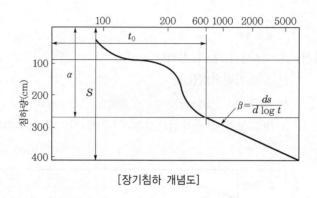

[장기침하 개념도]

5. 계측빈도, 결과분석·보고

(1) 계측빈도는 설계도면 및 시방서를 표준으로 한다. 다만, 위험발생, 변형수렴 등 현장 상황에 따라 조정할 수 있다

[연약지반 계측빈도]

구분	성토완료 후 1개월까지	1~3개월	3개월 이후	비고
지표침하계	1일 1회	1주 1회	2주 1회	수동 계측
층별침하계	1일 1회	1주 1회	2주 1회	수동 계측
지중경사계	1일 1회	1주 1회	2주 1회	수동 계측
간극수압계	1일 1회	1주 1회	2주 1회	수동 계측
지하수위계	1일 1회	1주 1회	2주 1회	수동 계측

(2) 지반조사 결과와 실측 데이터를 기초로 하여 각 공사구간별 시간계수, 압밀계수, 압축지수, 지반강도 변화 등을 산출한다.

성토 단계별로 성토량, 성토속도, 침하기간 등을 분석하여 재하속도 조정, 성토계획 변경, 방치기간 변경 등 대책을 수립하여 시공에 피드백한다.

(3) 대상시설물의 계측이 종료되면 공사기간 중 모든 계측기록결과와 성과분석자료 등을 종합정리하여 공사감독자에게 제출한다.[22]

---

22) 국토교통부, '시공 중 지반계측', 국가건설기준, KCS 11 10 15, 2016.6.30.

[3. 도로배수]

5.26 도로 배수시설의 수문조사

지방지역 도로 배수시설의 계획 및 설계 시 필요한 조사항목, 배수설계시 고려할 사항 [0, 4]

I 도로 배수시설의 수문조사

1. 수문자료 조사

(1) 수문자료 조사는 축척 1/5,000 ~ 1/25,000 지형도를 이용하여 유역면적과 배수구조물의 설치예정 위치별로 유량을 추정한 후, 현지조사를 통하여 과거의 최고 홍수위, 기존 배수구조물의 규격 및 기타 필요한 자료를 수집한다.

(2) 수문자료 조사는 유역 내 또는 인접지역에 대한 다음 사항을 포함한다.

① 수문관측 시설
② 이용가능 관측소
③ 수문관측 종류 및 방법
④ 관측소 운영 상태
⑤ 유출량
⑥ 기타 수문관측소의 역사 및 변경사항 등

2. 유역 조사

(1) **유역특성인자 조사**

① 유역 면적
② 유역 평균경사
③ 유역 방향성
④ 유역 평균표고
⑤ 유역 토지이용현황
⑥ 기타 유역 특성을 나타내는 인자 등

(2) **유역형상 조사**

① 유역 형상의 분류 및 특징
② 유역 평균폭
③ 유역 형상계수

④ 유역 밀집도

⑤ 기타 유역 형상에 관련된 사항 등

3. 하천 조사

(1) 하천의 구조와 형상

(2) 하상의 변동

(3) 수로의 변경

(4) 수로의 경사

4. 범람원 조사

(1) 범람원은 수로가 정비되지 않은 모든 지역에 넓게 분포되며, 도로 배수구조물에 대하여 하천이나 수로보다 더 큰 영향을 줄 수 있으므로 현장조사를 통하여 범람원의 유로방향 및 유출수량을 검토한다.

(2) 특히, 도로건설 부지가 범람원을 통과할 경우에는 홍수발생과 도로에 미치는 영향에 관한 기록은 홍수발생위험 분석할 때 중요한 자료가 된다.

Ⅱ 맺음말

1. 우리나라의 자연생태계는 식생, 모래하상 등의 여건이 과거와 다르게 점차 다양화되고 있으며, 특히 하천의 경우 한반도의 특성을 지니고 있다.
   최근 유량조사에서 ADCP(Acoustic Doppler Current Profiler)와 같은 첨단장비 활용이 증대되고 있음에도 불구하고 관련 매뉴얼이 아직 미흡하다.
2. 국내 측정환경을 고려한 수문조사 표준화를 위해서는 미국 USGS 기준 검토와 함께 유량측정 기술을 개발하고, 자료 분석을 통한 국내 측징기준 제시가 필요하다.
   자연수로에 대한 고수위 및 홍수유출량 기록 등의 수문조사·분석은 홍수유출량 예측과 배수구조물의 유입량 및 유출량을 결정하는 데 중요한 자료가 된다.
3. 한국수자원조사기술원은 2007년부터 수문조사를 수행하면서 국내 하천 유량조사 경험을 바탕으로 수문조사 분야별 측정방법, 장비, 자료분석 등에 대한 수문조사 매뉴얼과 가이드라인을 발간하여 실무에 활용하고 있다.[23]

---

23) 국토교통부, '도로 배수시설 설계 및 관리지침', 3. 도로배수 수문조사, 2012.11.

5.27 도로 배수시설의 계획

도로 배수시설계획의 수립 내용과 도로 배수시설의 종류별 설계빈도 [0, 8]

I 개요

1. 도로의 배수계획은 노면의 우수와 도로로 유입되는 우수를 신속히 처리하며, 공용기간 중에 우수 정체를 방지하도록 배수시설을 설치·관리되도록 계획한다.
2. 도로배수는 노면수의 흐름지체, 월류, 지하수 유입 등에 따른 하부지반 약화나 포장 손상 등의 방지, 배수시설 불량에 따른 미끄러짐 교통안전에 중요하다.

II 도로 배수시설의 구성

1. 도로 배수시설은 노면 배수, 비탈면 배수, 지하 배수, 횡단 배수, 구조물 배수, 측도 및 인접지 배수 등으로 구성된다.

[도로 배수시설의 구성]

구성	노면 배수	비탈면 배수	측도 및 도로 인접지 배수	지하 배수	횡단 배수	구조물 배수
설치 위치	• 길어깨 • 중앙분리대	• 땅깎기 및 흙쌓기부의 비탈끝 • 비탈면 세로방향 • 비탈면 가로방향	• 측도(부체도로) • 비탈끝 • 비탈어깨	• 땅깎기부 지중 • 흙쌓기부 지중 • 땅깎기 및 흙쌓기 경계부 • 중앙분리대 지중	• 수로횡단 • 계곡부횡단 • 하천횡단	• 교량 • 터널 • 옹벽
주요 배수 시설	• 측구(L, U형) • 종배수구 • 집수정 • 배수관 • 배수구, 맨홀 • 토사 및 부유물 유입방지시설	• 측구(V형, L형) • 산마루 측구 • 배수구 • 종배수구 • 집수정 • 소단배수시설 • 침식제어시설	• 측구 • 집수정 • 배수관 • 배수구, 맨홀	• 맹암거 • 유공관 • 배수층	• 배수관 • 암거 • 교량 • 토사 및 부유물 유입방지시설	• 배수관 • 유공관 • 집수정

(1) **노면 배수** : 도로 노면의 우수를 원활히 처리하고, 교통안전을 도모하기 위해 설치하며, L형 측구, U형 측구, 집수정, 배수관, 배수구 등이 있다.

(2) **비탈면 배수** : 비탈면의 우수 처리를 위해 땅깎기부·흙쌓기부의 비탈끝과 비탈면에 설치하며, 횡방향의 흙쌓기부 종배수구와 종배수구에 접속되는 집수정 등의 부속구조물을 포함하며, V형·U형 측구 등이 있다.

(3) **지하 배수** : 지하수위로 인하여 노상 또는 노체의 지지력이 약화되어 도로 하부지반 파손을 방지하기 위해 설치하며, 배수시설은 맹암거, 유공배수관, 배수층 등의 시설이 있다.

(4) **횡단 배수** : 도로와 도로 인접지역으로부터 유입되는 우수를 횡단하여 하천 또는 수로 등으로 배수시키기 위해 설치하며, 암거, 배수관 등이 있다.

(5) **구조물 배수** : 구조물의 배수가 원활하도록 설치하며, 교량·고가, 터널, 옹벽 등의 배수시설을 말한다.

(6) **측도 및 인접지 배수** : 도로 본선에 부설되는 측도의 노면, 비탈면 및 인접지역의 배수를 위해 설치하며, 배수구, 집수정, 관거 등이 있다.

2. 도로 배수시설의 설치 위치와 주요 배수시설의 명칭과 구분은 아래 그림과 같다.

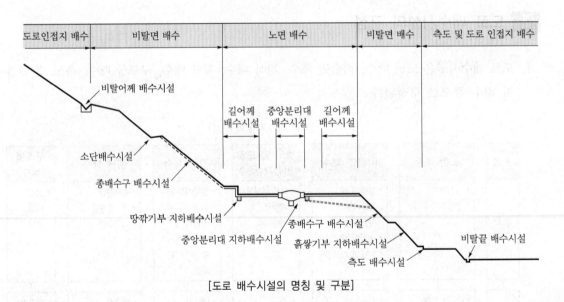

[도로 배수시설의 명칭 및 구분]

Ⅲ 도로 배수시설의 계획

1. 배수시설의 기본계획

(1) 도로 배수시설의 기본계획을 수립할 때는 지형조건, 도로종류, 주변 배수시설 등을 고려하고, 홍수방지 수자원계획, 하수도정비계획과 같은 유관 계획을 검토한다.

(2) 도로 배수시설의 기본계획에는 사전조사 결과, 자연·사회적 현지조건, 경제성과 시공성, 배수시설 유출부 처리, 유지관리 편리성 등을 포함한다.

2. 배수시설의 계통계획

(1) 배수시설의 계통계획은 도로구간에서 비탈면배수, 노면 배수, 횡단배수, 구조물 배수, 인접지 배수 등의 우수흐름 연계성을 고려하여 배수계통도를 작성한다.

(2) 배수시설의 계통계획에는 배수계통도, 횡단면도, 횡단배수시설도 등을 포함하여 땅깎기, 흙쌓기, 횡단구조물, 비탈면공, 배수공 등을 종합적으로 고려한다.

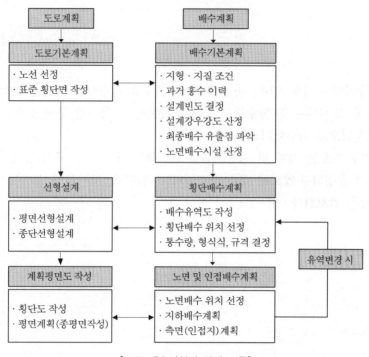

[도로 배수시설의 설계 흐름]

Ⅳ 도로 배수시설의 설계조건

1. 도로 배수시설을 설계할 때는 현장조건, 장래계획, 기존 배수시설물과의 연계성 등을 조사, 기존 배수체계가 변하는 경우 주변지형과의 연계성을 반영한다.

2. 배수시설은 시공기면의 연약화를 방지하고 시공장비의 이동성과 시공성을 확보하기 위해 중요한 시설이므로 시공단계에서 공사 중 배수계획을 별도 수립한다.

3. 동절기에는 제설작업으로 인한 막힘과 동결로 인한 파손 때문에 배수능력이 상실되지 않도록 집수정을 일조량이 많은 지점에 설치하도록 한다.

4. 공사 중 발생되는 침식은 민원 발생 등의 문제를 일으키며 공사안전, 공사기간, 토공균형 등에 영향을 미치므로 세심한 침식방지 계획을 수립한다.

5. 도로공사로 인한 땅깎기와 흙쌓기는 지하수위 변화를 수반하여 우수침투로 인한 비탈면의 안정을 저해하므로 침투수를 고려하는 안정성 검토를 수행한다.

6. 토사가 점차 퇴적되면 배수용량 저하가 우려되므로 노체·노상 등의 흙 구조물이 표면수 침투에 의해 붕괴되지 않도록 배수시설 용량을 여유 있게 설계한다.

7. 도로계획에 따라 수로변경이 필요한 경우에는 곡류부 반경, 변경수로 수력, 경사도 및 곡류부의 제방, 어류서식지 보호 등 환경적 타당성을 고려한다.

Ⅴ 맺음말

1. 도로의 배수계획은 기상, 강우, 하천 및 수로, 기존의 배수시설 및 용량, 지형 및 지질, 침수 및 홍수흔적, 도시계획 및 하수관거 등을 조사하며, 공용기간 중의 청소, 점검 및 보수 등 관리가 효율적으로 이루어지도록 한다.

2. 특히, 산지부 도로는 지형 및 지질조건을 고려하여 나뭇가지, 토사 등에 의한 배수시설의 기능 저하가 발생되지 않도록 배수 구조물의 규격 확대, 토사유입 방지시설을 접도구역 내에 설치 등을 검토한다.[24]

---

24) 국토교통부, '도로 배수시설 설계 및 관리지침', Ⅱ. 지방지역 도로 배수시설, 2012.11.

5.28 하천의 홍수방어목표

집중호우에 대비한 도로(또는 공항)배수시설 설계 시 고려사항 [0, 4]

I 개요

1. 전통적으로 하천의 홍수방어목표는 설계빈도 100년 기준이 통용되었으나, 최근 주요 선진국을 중심으로 홍수방어목표 선정방법이 사회의 안전규범에 부합하는지에 대하여 근본적인 논의가 전개되고 있다.

2. 이에 반해 우리나라는 여전히 하천기본계획 수립단계에서 하천등급에 맞춰 하천의 설계빈도를 정하되, 하천관리청이 홍수피해 위험이 높다고 판단될 때 설계빈도를 상향 조정하는 주관적인 방식을 채택하고 있다.

3. 2020.8.14. 하루에 인천 백령도에서 96.5mm 폭우가 내렸고, 다음날 전북 진안에서 150.5mm 장대비가 쏟아지는 등의 한반도 전역을 오르내리는 게릴라성 폭우현상을 고려할 때 하천의 홍수방어목표 적정성을 검토할 필요가 있다.

II 하천 홍수방어목표

1. 홍수방어목표의 도입 유래

(1) 하천의 홍수방어목표를 수립할 때는 설계홍수량을 산정하고, 이를 기준으로 주민 보호를 위해 제방 축조, 하도 정비, 토지이용 규제 등의 대책을 강구한다.

- 일반적으로 1년 동안 홍수량을 안전하게 소통·저류하지 못할 확률(홍수방어목표)을 미리 결정한 후, 수문통계 분석을 통해 설계홍수량을 확률적으로 결정
- 따라서, 홍수방어목표의 결정은 많은 예산이 투입되는 하천공사 수요 추정이나 인근주민의 토지소유권을 제한하는 하천구역 지정에 직접 관련됨

(2) 미국 주택도시개발부가 1968년 「국가홍수보험법」에서 기존 치수사업 관행을 고려하여 1% 홍수초과확률 또는 100년 설계빈도를 홍수방어목표로 채택했다.

- 100년 설계빈도를 채택한 초기부터 많은 국가재정이 소요됨에도 불구하고 홍수방어에 대한 요구수준을 고려하지 않고 획일적으로 적용한다는 비판 제기
- 최근 많은 국가들이 100년 설계빈도를 공통적으로 적용하는 기준은 지역실정에 부적합하다고 판단하여 하천연안 상황에 따라 설계빈도를 개별적으로 적용

2. 한국의 홍수방어목표 선정방법

(1) 「하천법」에서 하천기본계획의 수립 근거를 제시하고 있으며, 하천의 홍수방어목표는 「국가건설기준(하천설계기준)」을 참고하여 결정한다.

(2) 「하천설계기준」은 1993년 「하천시설 기준」 제정 당시부터 국가하천, 지방하천 등 하천 등급을 기준으로 하천 중요도를 판단하여 설계빈도 범위를 결정한다.

(3) 하천관리청이 주요 도시를 관류하는 등 홍수피해 위험이 높은 구간에는 주관적인 위험도 개념을 적용하여 설계빈도를 상향 조정하는 방법을 채택하고 있다.

[하천 중요도에 따른 설계빈도]

「국토교통부 고시 제2018-969호(하천설계기준)」

하천 중요도	설계빈도	적용 하천 범위	비고
A	200년 이상	국가하천의 주요구간	• 주요 구간은 홍수 인명·재산피해가 크게 우려되는 지역
B	100~200년	국가하천과 지방하천의 주요구간	• 도시 관류하천은 상향 적용 가능
C	50~200년	지방하천	

[홍수방어목표에 따른 설계빈도]

「국토교통부 고시 제2018-969호(하천설계기준)」

방어 등급	설계빈도	제내지 이용 사례
A	200~500년	인구밀집지역, 자산밀집지역, 산업단지, 주요국가기간시설 등
B	100~200년	상업시설, 공업시설, 공공시설 등
C	50~80년	농경지 등
D	50년 미만	습지, 나대지(裸垈地, 지상에 건축물 등이 없는 대지) 등

Ⅲ 외국 홍수방어목표 동향

1. 독일

(1) 독일은 「연방수자원관리법」에 의한 100년 설계빈도를 기준으로 모든 유역의 위험도를 평가하고 홍수피해 저감목표를 설정한 후, 홍수관리대책을 종합하여 중기단위의 위험도 관리계획을 수립·시행한다.

(2) 하천의 홍수방어목표는 국가표준(DIN 19712)으로 정하는데, 하천연안의 토지이용에 따라 설계빈도를 구체적으로 구분하고 있다.

① 홍수피해가 우려되는 특수지역은 500년 설계빈도 내에서 지역특성에 맞춰 결정

② 하천연안에 주거지역이나 산업단지가 있는 경우에는 100년 설계빈도 권장하되, 필요성을 입증할 수 있다면 500년까지 허용

③ 하천연안에 위험이 낮은 자연녹지가 있는 경우에는 홍수방어목표를 명시하지 않음으로써 하천공사 의무를 면제하며, 농업지역 역시 조정 가능

2. 네덜란드

(1) 네덜란드는 1950년대부터 추진한 국가치수사업이 완료된 후, 「수법(水法, Water Act)」에 의해 핵심홍수방어시설을 지정하고, 각 시설별 설계빈도를 명시하고 있다.

(2) **홍수에 대한 안전기준과 핵심홍수방어시설의 적정한 설계빈도에 관한 연구 결과를 바탕으로 2016년 「수법(水法)」을 다음과 같이 개정**

① 서·북부 간척지의 원형제방시설을 설계빈도 300년에서 10만년까지 극히 낮은 초과확률만 허용, 내륙 뫼즈강 상류 제방은 300년에서 1천년까지로 강화

② 과거에는 홍수방어목표를 지역별로 일괄 부여하였으나, 지금은 동일지역에서도 구간 단위로 위험도를 평가하여 홍수방어시설 설계빈도를 세부적으로 설정

3. 미국

(1) 미국은 2005년 허리케인 카트리나(1,200명 사망) 재난사태 이후, 2014년 「수자원 혁신 및 개발법(Water Resources Reform and Development Act)」을 제정하여 연방정부가 하천연안 위험도에 맞춰 안전관리 추진

(2) 카트리나 재난사태 이후, 2009년 국가제방안전위원회(National Levee Safety Program)는 제방 상세D/B를 구축하고, 홍수 위해성 잠재력 평가시스템(Hazard Potential Classification System)에 의해 위험도 허용 가이드라인을 개발·적용

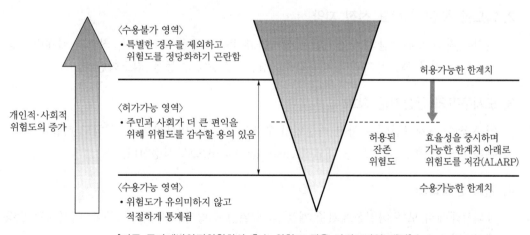

[미국 국가제방안전위원회의 홍수 위험도 허용 가이드라인 개념]

4. 각국의 비교·분석

(1) 상기 해외국가들은 완벽한 홍수방어가 불가능하고, 특히 도시구간에서 홍수방어목표 결정에 어려움을 체감하면서 위험도 고려 없이 법령에 명시된 홍수방어목표를 일괄 적용하는 기준에 대한 문제점을 인식하고 있다.

　① 독일 : 하천연안의 토지이용에 따른 설계빈도를 구분하고 있지만, 위험이 높은 특정 구간에는 500년 범위 내에서 높은 설계빈도를 개별적으로 채택

　② 네덜란드·미국 : 홍수방어 실패에 따라 하천연안 위험도를 정량적으로 평가한 후, 사회 안전규범을 고려하여 설계빈도를 신중하게 선택적으로 결정

(2) 한국의 홍수방어목표 산정방식(하천등급에 따라 설계빈도 범위를 구분하고 관리청의 주관적 판단에 따라 일부 상향 조정 가능한 방식)은 상기 국가들에 비해 하천연안의 위험특성을 제대로 반영하기에 한계가 있다.

　• 하천연안의 잔존 위험도를 평가한 후, 적합한 설계빈도를 합리적으로 분석하는 절차를 더 중요시해야 한다.

Ⅳ 정책 제안

1. 국가건설기준 개선

하천기본계획 수립할 때 하천연안의 인명피해, 경제적 손실 등 위험특성에 따라 홍수방어목표를 합리적으로 결정할 수 있도록 하천설계기준 개정이 필요하다.

2. 과도한 홍수방어목표 선정 지양

산지나 자연녹지 구간의 하천연안은 상·하류 유수소통을 고려하되, 최소의 설계빈도를 선정하여 하천공사와 유지관리 비용감소, 경관·환경영향 등을 최소화한다.

3. 도시구간의 안전기준 강화

인구 집중 도시구간에는 사전 하천연안 위험도 평가를 의무화하고, 위험도 허용치 충족 여부를 확인한 후 설계빈도를 개별적(case-by-case)으로 결정한다.

4. 기타 정책과제

해외사례에서 보듯 하천설계기준 개정 외에 위험도 평가 고도화·표준화, 공통자료 활용성 개선, 검증체계 마련, 토지이용규제 보완 등의 과제추진이 필요하다.[25]

---

25) 국토연구원, '하천의 홍수방어목표 적정성 제고방안' 국토정책 Brief, 2020.8.3.

5.29 도로 배수시설의 수문 설계

설계홍수량 산정 시의 유출계수(C), 강우강도식, 도로 배수설계기준 주요내용 [6, 3]

Ⅰ 개요

도로 배수시설의 수문설계는 계획지점의 노면 배수, 비탈면배수, 지하배수, 횡단배수 등에 대한 설계빈도를 결정하고 설계홍수량을 산정한 후, 배수시설물의 규모를 결정한다.

Ⅱ 설계빈도 결정

1. 도로 배수시설의 규모는 배수계획지점의 설계홍수량으로 결정하며, 설계홍수량은 설계빈도의 함수이다.

2. 설계빈도는 경제성과 위험도를 고려하여 배수시설의 파괴로 인한 피해, 구조물의 중요도, 내구연한, 경제성 등에 따라 아래 표와 같이 결정한다.

   설계빈도는 도로 침수·유실, 홍수흔적, 토석류, 부유물 등을 고려하여 상향 조정 가능

3. 특히, 도로 배수시설이 하천을 횡단하거나 하천구역을 일부라도 점유하는 구조물은 해당 하천의 하천정비기본계획에 의한 설계빈도를 적용해야 한다.

[도로 배수시설의 설계빈도]

구분	배수시설	설계빈도
일반국도	암거, 배수관	30년
	노면, 비탈면, 측도 및 인접지 도로	10년
산지부 도로	암거, 배수관	50년
	노면, 비탈면, 측도 및 인접지 도로	20년

주) 집수정 등 배수 구조물 간 접속부에서는 접속하는 시설물 중 설계빈도가 큰 값을 적용함.

Ⅲ 설계홍수량 산정

1. 고려사항

(1) 설계홍수량은 충분한 관측 유출량 자료가 있는 경우에는 빈도해석을 이용하여 직접 산정하는 것을 원칙으로 한다.

(2) 유역면적이 $4km^2$ 이상인 중규모 배수시설에는 지표면 유출결과를 바탕으로 하는 하천 유출량 산정방식을 적용한다.

(3) 유역면적이 $4km^2$ 미만이거나 유역 또는 하도의 저류효과를 기대할 수 없는 소규모 도로 배수시설에는 합리식을 적용한다.

2. 산정방법

(1) 합리식

① 합리식에 의한 도로 배수시설의 설계홍수량(Q_d)은 대상지역의 강우특성과 유출계수, 도달시간, 배수면적 등을 고려하여 다음 식으로 산정한다.

$$Q_d = \frac{1}{3.6} C \cdot I \cdot A$$

여기서, Q_d : 설계홍수량(m^3/sec)

C : 유출계수

I : 유역에서 홍수도달시간과 같은 지속기간의 평균강우강도(mm/hr)

A : 유역면적(km^2)

② 도로 배수시설은 유역면적이 $4km^2$ 미만 소규모이므로 합리식으로 산정한다.

(2) 빈도해석에 의한 설계홍수량

① 홍수량 자료가 있을 경우에는 관측연수만큼의 유량계열 작성이 가능하므로, 이를 이용한 홍수량의 빈도해석으로 설계홍수량을 산정한다. 이때 지점자료의 관측수가 20개 이상이 되어야 안정적인 분석 결과를 얻을 수 있다.

② 자료의 관측연수가 짧으나, 큰 재현기간을 가진 홍수량을 추정하기 위해서는 해당 지역의 빈도해석이 보다 적절할 수 있다.

③ 배수유역의 오랜 관측자료를 사용할 경우에는 홍수특성을 종속변수로 하고, 해당 유역의 지형·기상 인자를 독립변수로 하는 다중회귀모형을 이용한다.

(3) 강우-유출 관계에 의한 설계홍수량

① 설계강우량을 강우-유출관계로 나타내는 강우유출모형을 이용하여 홍수수문곡선을 계산하는 방법으로 설계홍수량을 산정할 수 있다.

② 유역면적이 $4km^2$ 이상인 중규모 배수시설의 설계홍수량 산정은 단위유량도법, Snyder의 합성단위유량도법, 미국토양보전국의 합성단위유량도법, Clark의 유역추적법 등을 사용하여 산정한다.

③ 대규모 유역의 설계홍수량은 하천유역을 분할하고, 분할된 소유역별로 설계 홍수수문곡선을 계산한 후, 하천망에 대한 홍수추적에 의해 설계홍수량 규모 조정이 필요한 경우에는 비유량도(m^3/S/km^2) 및 본류와 지류와의 설계홍수량에 대한 검토 등을 통하여 설계홍수량에 대한 밸런스를 조정한다.

3. 강우강도

(1) 강우지속기간은 5분을 원칙으로 사용하며, 설계강우강도는 아래 그림과 같은 해당 지역의 확률강우량 그래프를 이용한다(www.k-idf.re.kr).

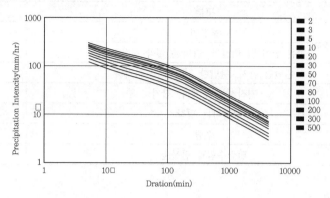

[Intensity-Duration-Frequency(IDF) Curve - Seoul]

(2) 관측된 분단위 강우자료가 시·공간적으로 부족한 현실에서 높은 정도의 시간단위 이하 강우강도-지속기간-빈도(IDF)곡선 관계식은 다음 방법으로 산정한다.

① 분단위 강우자료를 직접 해석하여 강우강도 식을 산정하는 방법

② 시간단위 강우자료를 분단위 자료로 변환하여 이용하는 방법

③ 분단위와 시간단위 자료의 관계를 통계적으로 정량화함으로써 분단위 자료의 특성을 추정하여 이용하는 방법

(3) 국토교통부 설계기준에 의해 합리식에서는 홍수량이 설계강우강도(I)와 동일한 재현기간을 갖는 강우강도 IDF 관계식은 아래 식으로 나타낸다.

$$I = \frac{a}{t+b} \text{(국토교통부 기준)}$$

여기서, t : 강우지속기간(min)

a, b : 상수

4. 유출계수

(1) 유출계수는 선행강우조건, 지표면경사, 피복상태, 토양함수상태, 유역모양, 지표류속도, 강우강도 등에 영향을 받으므로 토지이용의 함수로 주어진다.

(2) 하나의 유역이 상이한 토지이용의 피복상태로 구성되는 복합 토지이용인 경우, 다음 식을 이용하여 가중평균 유출계수(C)를 구한다.

$$C = \frac{\sum A_i C_i}{\sum A_i}$$

여기서, A_i : 상이한 피복상태의 면적

C_i : 상이한 피복상태의 유출계수

[합리식에서 사용되는 유출계수(C) 값]

구분	C
포장면	0.9
가파른 산지 및 비탈면, 가파른 계곡 경작지, 논	0.8
완만한 산지, 완만한 경작지, 도시지역	0.7
경작하는 평계곡, 잡지	0.6
경작하는 평작지	0.5
수림	0.3
밀림수림과 덤불숲	0.2

5. 강우도달시간

(1) 강우도달시간은 유입시간과 유하시간의 합으로 표시한다.

① 유입시간 : 배수구역(집수구역)의 가장 먼 지점에서부터 배수공 최상단류까지 강우가 유입되는 시간

② 유하시간 : 강우가 배수시설이나 하천을 유하하는 데 소요되는 시간

(2) 도로에서 유하시간은 횡단배수일 경우에는 횡단배수 암거 · 관거를 유하하는 시간이고, 수로의 수리계산일 경우에는 설치될 수로를 횡단하는 시간이다.

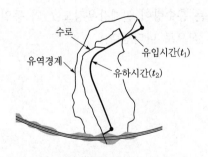

[수로 및 하천에서 유입 · 유하시간]

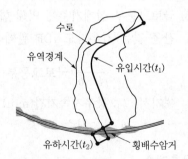

[횡배수 암거에서 유입 · 유하시간]

① 노면 배수의 경우 $t = t_1$

② 이설수로 및 하천의 경우 $t = t_1 + t_2$

③ 횡단 배수구조물의 경우 $t = t_1 + t_{2*}$

단, t_{2*}는 구조물에서 흐르는 유하시간이 유입시간에 비해 상대적으로 적을 경우에 유입시간만을 고려한다.

5.30 경제적인 수로단면 설계

1. 개수로

(1) 용어 정의

① 도로 배수시설은 단면형상에 관계없이 일반적으로 자유수면이 존재하는 개수로의 상태이므로, 개수로의 수리조건과 도로 배수시설과의 관계를 파악해야 한다.

② 개수로의 흐름은 일반적으로 정상류와 비정상류, 등류와 부등류, 상류와 사류(한계류)로 분류된다.

(2) 정상류와 비정상류

① 개수로의 흐름은 정상류 상태로 분석하는 것이 일반적이며, 홍수류와 같이 시간에 따라 급변하는 경우에는 비정상류 상태로 분석한다.

② 개수로의 흐름이 정상류일 때 유량은 연속방정식으로부터 유도할 수 있다.

$$\text{개수로 내 유량 } Q = A_1 V_1 = A_2 V_2 = \cdots = A_n V_n [\text{m}^3/\text{sec}]$$

여기서, A_n : 임의 지점에서 수로단면적(m^2)

　　　　V_n : 임의 지점에서 유속(m/sec)

(3) 등류와 부등류 : 개수로 내의 모든 공간에서 수심이 동일하면 등류(uniform flow), 변화하면 부등류(varied flow)라 하며, 시간변화에 따른 수심변화 여부에 따라 구분된다.

(4) 상류와 사류(한계류)

① 흐름의 비에너지는 수로바닥을 기준으로 측정한 단위무게의 물이 갖는 흐름의 에너지를 말하며, 개소 내의 임의의 한 점에서 물이 갖는 비에너지는 아래 식과 같다.

$$\text{비에너지(specific energy) } E = d + \alpha \frac{V^2}{2g}$$

여기서, d : 수심(m)

　　　　α : 에너지 보정계수

　　　　V : 평균유속(m/sec)

　　　　g : 중력가속도(9.8m/sec^2)

② 개수로의 유량을 일정하게 유지하면서 수로의 조도, 경사 등의 흐름조건을 변경할 때의 수심(d)변화에 따른 비에너지와 수심과의 관계는 다음 그래프와 같다.

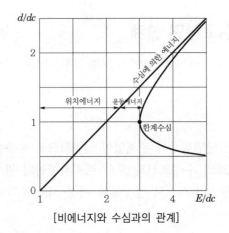

[비에너지와 수심과의 관계]

③ 비에너지가 최소가 되는 한계수심 이상으로 흐르면 상류, 한계수심 이하로 흐르면 사류라 한다. 일반적으로 상류는 완속류 상태, 사류는 급류 상태로 규정한다. 비에너지가 최소가 되는 조건은 Fr(Froude수)가 1인 경우로서 아래와 같다.

$$\text{유량 } Q = \frac{Q^2 T_c}{g A_c^3} = \frac{V_c^3}{g d_c} = Fr^2 = 1 (\text{m}^3/\text{sec})$$

여기서, T_c : 한계수심으로 흐를 때 개수로의 수면폭(m)

A_c : 한계수심으로 흐를 때 유수의 단면적(m^2)

V_c : 한계유속(m/sec)

g : 중력가속도(9.8m/sec^2)

Fr : Froude수(사류 $Fr > 1$, 상류 $Fr < 1$)

d_c : 한계수심(m)

④ 따라서, 비에너지지 최소조건으로부터 최소 비에너지, 한계수심, 한계유속을 아래 식으로 계산할 수 있다.

$$\text{최소 비에너지 } E_{\min} = \frac{3}{2} d_c [\text{m}]$$

$$\text{한계유속 } V_c = \sqrt{g \cdot d_c} \, [\text{m/sec}]$$

2. 유량과 유속

(1) 만닝(Manning)은 Chezy 공식에서 유출계수(C) 값을 다음 식으로 규정하고, 평균유속(V) 공식을 유도하였다.

$$\text{유출계수 } C = \frac{R^{\frac{1}{6}}}{n}, \quad \text{평균유속 } V = \frac{1}{n} R^{\frac{2}{3}} S^{\frac{1}{2}} [\text{m/sec}]$$

여기서, n : 조도계수

수로상태			조도계수(n) 값	
			양호	보통
개수로	콘크리트 수로	바닥에 자갈 산재	0.015	0.017
		양호한 단면	0.016	0.017
	아스팔트 수로	매끈함	0.013	–
		거칠음	0.016	–

R : 통수반경(m)

S : 수로경사(mm)

(2) 결론적으로, 평균유속(V) 공식에서 유량(Q) 식을 유도하면 아래와 같다.

$$유량 \quad Q = A\frac{1}{n}R^{\frac{2}{3}}S^{\frac{1}{2}}\,[\text{m}^3/\text{sec}]$$

3. 경제적인 수로 단면

만닝의 유량공식 $Q = K \cdot S^{\frac{1}{2}}$ 로부터 개수로의 통수단면 형상과 조도계수와의 관계를 나타내는 개수로의 통수능력(conveyance)은 다음과 같다.

$$개수로의 통수능력 \quad K = \frac{1}{n} \cdot A \cdot R^{\frac{2}{3}} = \frac{1}{n}\left(\frac{A^5}{P^2}\right)^{\frac{1}{3}}$$

여기서, R : 통수반경(A/P, P=수로의 윤변)

[경제적인 수로 단면]

구분	단면도	경제적인 단면의 조건
직사각형 수로		$B = 2 \cdot H$
사다리형 수로		$B = \frac{2}{3} \cdot \sqrt{3} \cdot H$ $\alpha = 60°$
원형 수로		$H = 0.94D$

4. 도로 배수시설 설계 유의사항

(1) 설계조건 유의사항

> 도로 배수시설의 현장조건, 장래계획, 기존 배수시설물과의 연관성 등을 조사하여 반영한다.

① 도로 배수시설 설계 시 지형도나 지반조사 자료만으로는 정확한 성과품을 도출할 수 없으므로 예비단계에서부터 직접 현장조사를 해야 한다.

② 이를 위하여 도로계획 시 현장조건, 관련시설의 장래계획, 기존 배수시설물과의 연계성 등을 충분히 조사하여 설계에 반영한다.

(2) 시공조건 유의사항

> 도로 배수시설의 설계는 현지조사를 통해 시공계획을 작성하고 현지조건에 적합한 방안을 선정하여야 한다.

① 배수시설의 공사내용을 파악하고 지형·지질, 기상, 자재, 주변환경 등에 대한 현지조사를 통하여 현지조건에 적합한 시공계획을 수립한다.

② 배수시설의 공사는 땅깎기, 흙쌓기 외에 횡단구조물, 비탈면공, 배수공 등의 공정과 함께 진행되므로 종합적으로 판단하여 배수계획을 수립한다.

(3) 유지관리조건 유의사항

> 도로 배수시설을 설계할 때는 도로공용 후 원활한 유지관리가 이루어질 수 있도록 설계단계에서 사전에 계획을 수립하여야 한다.

① 도로공용 후 배수시설의 유지관리계획에는 재해발생 시 긴급복구 및 시설개량대책, 환경피해 저감대책 등을 포함한다.

② 배수공을 계획할 때는 주변의 구조물과 배수공에 피해가 발생하지 않도록 설계단계에서 세심한 대책을 강구한다.[26]

---

26) 국토교통부, '도로 배수시설 설계 및 관리지침', 4. 도로배수의 수문설계, 2012.11.

5.31 노면 배수시설

도로(또는 공항)설계시 흙쌓기구간의 도수로 간격을 결정하는 방법 [4, 8]

1. 개요

(1) 도로의 배수시설은 도로구조를 확고히 보존하는 데 중요한 시설이며, 특히 노면 배수의 양부는 도로기능을 좌우한다고 할 수 있다.

(2) 노면 배수가 나쁘면 우수가 노면에 정체되어 교통장애를 초래하며 노면하부의 함수량을 증가시켜 지반의 지지력을 약화시킨다.

(3) 따라서, 노면 배수와 침투수의 사전 차단, 침투된 물의 신속한 지하배수, 도로인접지에서의 배수 등을 적절히 처리하도록 설계·시공해야 한다.

2. 배수관 및 암거

(1) **설계 목적** : 배수관 및 암거는 도로를 횡단하는 소하천 수로를 위한 시설로서, 도로본체의 보존을 위하여 그리고 도로인접지의 호우 피해 방지를 위하여 필요하다.

(2) **설계유량 결정** : 수문 배수계획에 의해 배수관 및 암거의 설계빈도 30년 적용, 합리식으로 계산

(3) **배수관 및 암거의 규격 결정**

① 본선 횡단배수관은 침전물 청소를 고려하여 최소 ϕ1,000mm 이상으로 설계

② 암거는 토사 퇴적에 의한 단면 감소 등을 고려하여 20% 정도 여유 확보

③ 암거 경사는 자연경사로 하되, 0.5%보다 완만하지 않게 최소 0.2% 유지

④ 암거 규격은 2.0m×2.0m 이상으로 설계

⑤ 유속은 침전, 마모, 세굴 등의 방지를 위해 0.6~3.0m/sec 범위로 설계하되, 편절·편성이나 비탈면 성토지역의 유출구에 차수공 돌붙임(Riprap) 설치

(4) **배수관의 종류**

① 종전에는 원심력철근콘크리트관, 현장제작콘크리트관, 파형폴리에틸렌관 사용

② 최근에는 파형강관, 진동·전압철근콘크리트관(V.R관) 도입

3. 노면 배수 및 측구

(1) **설계 목적**

① 노면 배수는 포장면 2%, 길어깨 2%의 횡단경사에 의해 배수되는데 절토부는 측구 쪽으로, 성토부는 L형 다이크(Dyke) 쪽으로 유입되어 도수로를 통해 배수된다.

② 특히 곡선구간에서는 횡단경사가 편측으로 설치됨에 따라 일반구간보다 내측의 도수로 간격이 더 좁아지는 특징이 있다.

(2) **설계유량 결정** : 노면 배수 및 측구의 설계빈도는 10년 적용, 합리식으로 계산

(3) **측구의 형식 결정**

① 측구의 형태와 구조는 도로종류, 배수목적, 배수량, 경제성 등 여러 요소에 따라 선정한다. 측구의 형상은 J형, V형, U형, L형, 반월형 등이 있다.

② L형 측구를 설치할 때는 측구와 노상 사이로 침투하는 지하수를 차단하고 지하수위를 낮추기 위하여 측구 밑에 맹암거를 설치한다.

③ L형 측구는 배수용량이 적다는 단점이 있으므로, 유출량이 통수능력을 초과하는 성토부에는 도수로를 설치하여 노면 배수를 신속히 처리한다.

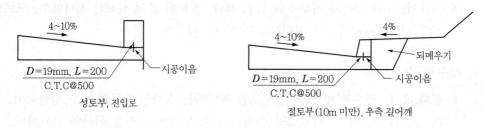

[L형 측구 형식]

(4) **성토부 길어깨 다이크(Dyke) 형식 비교**

① 길어깨폭 결정에 따라 길어깨와 본선 포장 상호관계를 고려할 때 성토부의 길어깨 다이크(Dyke) 형식은 Precast제품보다 현장타설 L형 측구 설치가 유리하다.

② 성토부에 L형 측구를 설치하면 길어깨 포장이 감소되어 경제적이며, 배수처리가 양호하여 시공성 측면에서도 유리하다.

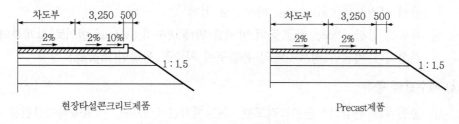

[미끄럼방지포장의 설치기준(곡선구간)]

(5) **집수정 설치**

① 절토부에서 L형 측구의 통수량이 부족할 경우에 집수정을 설치한다.

② 절토부의 높이에 따라 우수량이 변하므로 집수정의 간격을 최댓값으로 결정할 수 없고, 절토부의 높이를 감안하여 집수정의 설치간격(S)을 결정한다.

③ L형 측구 배수용량과 배수관 청소를 고려하여 최대간격 50m 이내로 설치한다.

집수정 설치간격 $S = \dfrac{3.6 \times 10^6 \times Q}{C \times I \times W}$ [m]

여기서, Q : L형 측구의 배수용량(m^3/sec)

　　　　　　　Manning 공식으로 계산한 최대통수량의 80% 정도

　　　C : 유출계수(포장부 0.9)

　　　I : 설계강우강도(mm/hr)

　　　W : 집수폭(m)

4. 성토부 도수로의 설치간격

(1) 도수로 정의

① 도수로(導水路)는 도수에 사용하는 수로를 말하며 개거, 암거, 관로 등이 있다.

② 개거(開渠, open channel)와 암거(暗渠, culvert)는 평탄한 지형에서 자연유하(自然流下)에만 사용한다.

③ 반면, 관로(管路, conduit line)는 지형조건에 관계없이 도수(導水)에 사용할 수 있다.

(2) 도수로 설치기준

① 고속도로의 경우 성토부 도수로 설치간격은 원칙적으로 30~150m 범위

② 고속도로 곡선구간 성토부 도수로 설치간격은 30~100m 범위로 조정 가능

③ 길어깨 빗물만을 배수시키는 성토부 도수로 설치간격은 최대 300m까지 가능

(3) 성토부 도수로의 설치간격 계산 흐름도

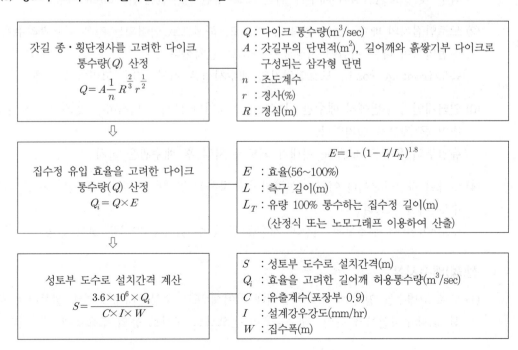

갓길 종·횡단경사를 고려한 다이크 통수량(Q) 산정

$$Q = A \frac{1}{n} R^{\frac{2}{3}} r^{\frac{1}{2}}$$

Q : 다이크 통수량(m^3/sec)
A : 갓길부의 단면적(m^2), 길어깨와 흙쌓기부 다이크로 구성되는 삼각형 단면
n : 조도계수
r : 경사(%)
R : 경심(m)

집수정 유입 효율을 고려한 다이크 통수량(Q) 산정

$$Q_i = Q \times E$$

$$E = 1 - (1 - L/L_T)^{1.8}$$

E : 효율(56~100%)
L : 측구 길이(m)
L_T : 유량 100% 통수하는 집수정 길이(m) (산정식 또는 노모그래프 이용하여 산출)

성토부 도수로 설치간격 계산

$$S = \frac{3.6 \times 10^6 \times Q_i}{C \times I \times W}$$

S : 성토부 도수로 설치간격(m)
Q_i : 효율을 고려한 길어깨 허용통수량(m^3/sec)
C : 유출계수(포장부 0.9)
I : 설계강우강도(mm/hr)
W : 집수폭(m)

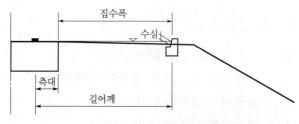

[갓길부 도수로의 통수 단면도]

(3) 도수로 설치 고려사항

① 고속국도 현장 조사결과, 갓길부의 통수단면(계산단면의 100% 적용)을 변경(계산단면의 70~80% 적용)하는 경우에도, 갓길부 성토부 도수로의 최대 설치간격(150m)은 통수단면을 변경할 필요가 없는 것으로 판단된다.

② 즉, 현재 갓길부 성토부 도수로의 통수단면에 여유(36~290%)가 있으므로 주기적 유지관리 청소를 실시하면 통수단면은 감소되지 않을 것으로 계산된다.

③ 따라서, 최근 이상기후를 감안하여 노면 배수시설 설계강우빈도 강화(5년→10년)시행에도 불구하고 현재 설계기준 적용은 바람직한 것으로 판단된다.

5. 도로인접지 배수

(1) 측도의 노면과 비탈면, 도로인접지의 배수를 위하여 배수구, 집수정, 관거 등을 효과적이고 경제적인 구조로 설치한다.

측구 및 도로인접지의 배수를 위한 도로 횡단 배수관은 ϕ800mm 이상

(2) 도로인접지의 배수시설이 경작지, 하수도, 하천으로 연결되는 경우에는 관리주체와 사전협의하여 다른 시설에 지장없는 구조로 설치한다.

측도(frontage road), 도로인접지의 배수시설은 지역조건을 고려하여 설계

(3) 인터체인지 주변에서 배수관 길이가 길어지거나 토사가 퇴적하는 곳은 가급적 관의 직경이 큰 것으로 설치한다.

유입부의 유속은 3m/sec 이내가 되도록 처리 후 배수관을 설치

(4) 굴곡된 자연하천이나 여러 지선하천이 교차하는 곳에는 역류, 세굴, 침전이 발생하므로 수로 이설을 고려한다.

수로 이설 시 구조물의 연장과 개수를 줄일 수 있도록 가까운 경로 선정

6. 선(線)배수시설

(1) 도로 노면수를 연속 배제시키기 위해 길어깨 또는 중앙분리대에 연속 설치하는 시설을 선(線)배수시설이라 하며, 배수효율이 높으므로 교차로 등의 주요부에 설치한다.

(2) 최근 강우기에 집중호우가 잦아 집수정 효율 저하와 길어깨 통수단면 부족 등으로 배수 효율이 저하되는 구간에서 선배수시설을 설치하여 배수효율을 높이고 있다.

(3) 선배수 구조물은 다양하게 설치할 수 있다. 강우량이 많은 구간에서 측구 대신 설치하고, 개거와 같은 형태의 구조물로 설치하면 배수효율을 높일 수 있다.

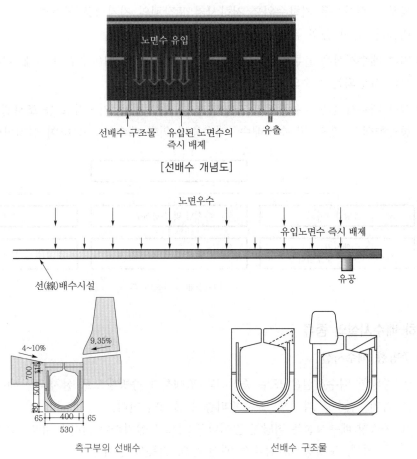

[선배수 개념도]

[노면수를 노면에서 즉시 배수시키는 선배수 개념도]

7. 맺음말

(1) 도로부지 내에서 발생되는 우수는 노면과 비탈면의 우수, 그리고 도로의 인접지역에 내린 우수 및 융설수 등이 있다.

(2) 도로 노면에 내린 우수는 다이크, 측구 및 집수정을 통해 지체 없이 배제하며, 이때 우수와 함께 흐르는 토석류 등의 유송잡물에 의해 막힘이 없도록 한다.[27]

---

27) 국토교통부, '도로 배수시설 설계 및 관리지침', 5. 노면 배수, 2012.11.

5.32 지하 배수시설

노면 배수 및 지하배수 시설의 유지관리를 위한 점검사항과 이상 징후 대책방안 [0, 2]

1. 개요

(1) 지하 배수시설은 지하수위를 저하시켜 포장체의 지지력을 확보하고, 도로에 인접하는 비탈면, 옹벽 등의 손상을 방지하기 위하여 설치한다.

(2) 지하 배수시설은 불투수층 상부에서 침투수의 차단, 지하수위의 억제, 다른 배수시설로부터 유입되는 우수의 집수 기능을 수행한다.

(3) 지하 배수시설은 유수영역의 지형적 특성, 재료특성, 기상자료 등 조사결과를 기준으로 종방향배수, 횡단 및 수평배수, 배수층에 의한 배수로 구분하여 설치한다.

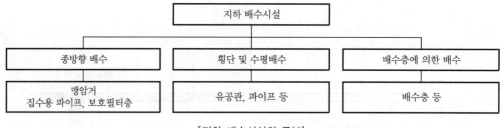

[지하 배수시설의 구분]

2. 지하 배수시설의 종류

(1) 종방향 배수시설

① 종방향 배수시설은 도로 중심선과 평행하게 종방향으로 설치되는 배수시설로서, 맹암거, 집수용 파이프, 보호필터층 등을 포함한다.

② 종방향 배수시설은 적당한 깊이나 규격으로 설치하여 지하수 유입 차단, 지하수위 상승 억제, 포장층 내 침투수 배제 등의 기능을 한다.

③ 지하 배수시설은 필요한 위치에 추가 또는 재배치할 수 있으며, 과거 시행착오로 얻은 경험과 수리계산을 통한 판단으로 결정할 수 있다.

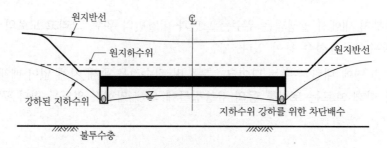

[종방향 지하수 유입 차단 배수]

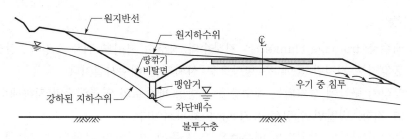

[지하수 상승 억제를 위한 대칭형 종방향 배수]

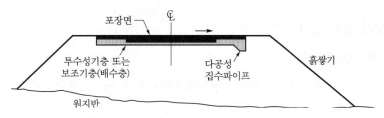

[포장층 내 침투수 배제를 위한 종방향 배수]

(2) 횡방향 및 수평방향 배수시설

① 횡방향 및 수평방향 배수시설에는 포장층 내 또는 포장층과 인접하여 하부에 설치하는 횡방향 지하 배수시설, 깎기부 및 쌓기부 비탈면에 지하수 용출을 차단하기 위해 수평으로 구멍을 뚫어 설치하는 수평 배수시설이 있다.

② 횡방향 배수시설은 도로중심선과 직각 또는 경사방향으로 설치하며, 종방향 배수시설과 조합하여 지하 배수망을 형성하여 침투수를 제거한다.

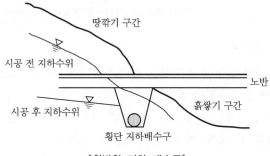

[횡방향 지하 배수구]

③ 지하수 흐름방향이 도로선형방향으로 발생하는 경우(도로가 기존 등고선과 수직방향으로 절토되는 경우), 지하수를 차단하고 지하수위를 낮추기 위해서는 종방향 배수보다 횡방향 배수가 더 효과적인 기능을 발휘한다.

④ 동결심도가 깊은 지역의 광폭도로에는 동상방지층 외에 유공관을 포함한 횡방향 지하 배수구(맹암거)를 설치하면 포장의 내구성 증대에 효과적이다.

(3) 배수층

① 배수층(drainage blanket)은 지하수와 침투수 처리를 위해 포장체, 땅깎기 비탈면, 흙쌓기부 원지반 등에 층 형상으로 설치되는 배수시설이다.

② 땅깎기 구간에 설치되는 배수층을 종방향 배수로와 연결해주면 지하배수 처리, 활동력 저항, 비탈면 안정성 유지 등에 효과적이다.

③ 흙쌓기 구간에 설치되는 배수층은 우기 중에 원지반의 활동을 방지하며 경사면의 간극수압을 감소시켜 흙쌓기 비탈면 안정성 확보에 기여한다.

3. 지하 배수시설의 설계

(1) 지하 배수구(맹암거)

① 기능 : 지하 배수구는 종방향·횡방향 배수, 평면 배수, 배수층 배수시설 등에서 집수 및 배수의 기능을 갖는 시설이다.

② 깊이 : 지하 배수구의 최소 설치 깊이는 노상의 불량부분에 대한 치환두께와 노상 면에서 지하수위를 고려한 계산치 중에서 큰 값으로 한다.

③ 구조 : 지하 배수구는 투수계수가 높은 필터재료(부직포)로 구성된 구조를 원칙으로 하며, 필요에 따라 유공관(동일 기능의 다른 재료 사용 가능)을 사용한다.

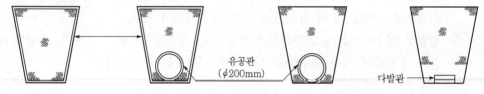

[지하 배수구(맹암거)의 형식]

(2) 길어깨의 지하 배수구

① 지하수위가 거의 일정한 구간에는 길어깨의 지하 배수를 도로 양측에 설치한다. 그러나, 지하수가 한쪽에서만 유출되는 구간에는 비탈면 측에만 설치한다.

② 지하 배수구에 매설된 집수관의 내경 15~30cm를 표준으로 하며, 도로폭이 넓은 경우에는 중앙분리대에도 지하 배수구를 설치한다.

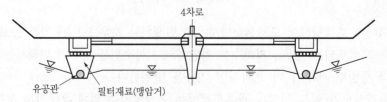

[중앙분리대가 설치된 4차로의 지하 배수구]

(3) 차단 배수층

① 노반이 배수성을 충분히 갖추지 못하고 노상이 불투수성이거나 지하수위가 높아 침투수가 많은 경우에는 차단 배수층을 설치한다.

② 차단 배수층은 투수성이 높은 자갈, 쇄석 등을 사용하고, 두께는 30cm 이상으로 하며, 투수계수는 1×10^{-3} cm/s 이상으로 한다.

③ 유량이 많은 구간에는 배수층 내에 집수용 유공관을 배치할 수 있으며, 침투수가 있는 구간에는 차단 배수층의 배수능력을 검토하여 충분한 두께로 설치한다.

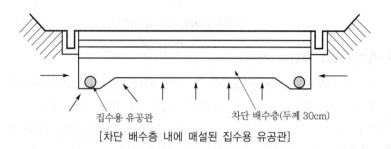

[차단 배수층 내에 매설된 집수용 유공관]

(4) 토목섬유를 사용한 포장배수

① 토목섬유를 사용한 포장배수는 포장체에 인접하여 설치되는 하나의 층 또는 몇 개층의 입상 배수층과 치환된 토목섬유를 지닌 재래식 암거 배수로이다.

② 토목섬유를 이용한 포장배수는 주변 지역의 정상적인 지하수위를 낮추기 위해 사용할 수 있고, 보조기층에 표면 침투수를 배수하기 위해 설치하기도 한다.

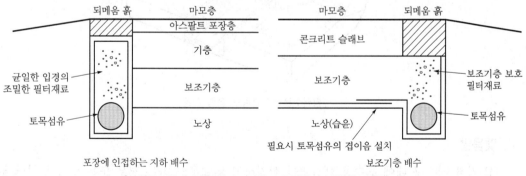

[포장구조물에 적용되는 보강용 토목섬유의 다양한 사용방법]

(5) 중앙분리대 지하 배수시설

① 중앙분리대 표면이 불투수성 재료로 피복되어 있어도 도로 노후, 피복 균열, 줄눈 등에 의해 침투수가 발생되므로 지하 배수구의 설치가 필요하다.

② 중앙분리대의 지하 배수구는 분리대 내에 침투한 우수를 배제하기 위하여 분리대 바닥에 차량의 진행방향으로 설치한다.

③ 중앙분리대의 지하 배수구 설치 위치는 배수구는 윗부분을 상부 노상면에 맞춘다. 이 때 중앙분리대에 전기통신시설 관로가 매설되어 있으므로 주의해야 한다.

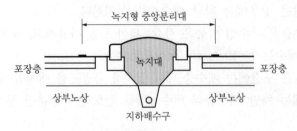

[중앙분리대의 지하 배수구]

(6) 지하 배수구조물 접합부 처리

① 배수구조물의 접합부는 현장시공 시 지형 등의 여건을 고려하여 우수 흐름에 지장이 발생하지 않도록 배수구조물 간 접속부를 정교하게 접속 처리한다.

② 배수구조물의 선형이 곡선으로 유로가 급하게 변환하는 경우 월류 방지를 위하여 외측 벽체부 등의 높이를 증가시켜 시공해야 한다.

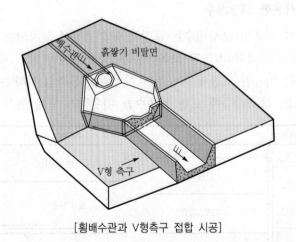

[횡배수관과 V형측구 접합 시공]

4. 맺음말

(1) 지하 배수구 내에 집수용 맹암거를 설치하고 되메우기 하는 경우 또는 노상에 차단배수층을 설치하는 경우, 기능을 지속시키기 위해 필터재료를 사용한다.

(2) 필터재료에는 투수성이 크고 입도배합이 양호한 천연 자갈, 입도조정 자갈, 쇄석, 폐콘크리트 등을 이용한다.[28]

---

28) 국토교통부, '도로 배수시설 설계 및 관리지침', 6. 지하 배수, 2012.11.

5.33 비탈면 배수시설

도로 비탈면 배수시설의 종류, 기능, 설계 문제점 및 개선방안 [0, 3]

1. 개요

(1) 비탈면은 비탈면을 유하하는 표면수에 의해 표면이 침식되고, 세굴 및 침투수에 의해 비탈면을 구성하는 흙의 전단강도 감소 또는 간극수압 증가에 의해 손상된다.

(2) 비탈면 배수시설은 도로 비탈면으로 유입되는 우수(지표수) 및 지하수를 배수처리하기 위하여 설치하며, 비탈면 및 비탈면 끝에 설치되는 배수시설을 이용하여 우수 및 지하수를 기존 배수로 또는 하천으로 배제한다.

(3) 비탈면 배수시설에는 지표수가 비탈면에 들어오지 못하게 방지하는 시설(산마루 배수구)과 우수(지표수)와 비탈면 내의 지하수를 비탈면 밖에 있는 배수시설로 유도하는 시설(소단 배수구, 배수구, 맹암거 등)이 있다.

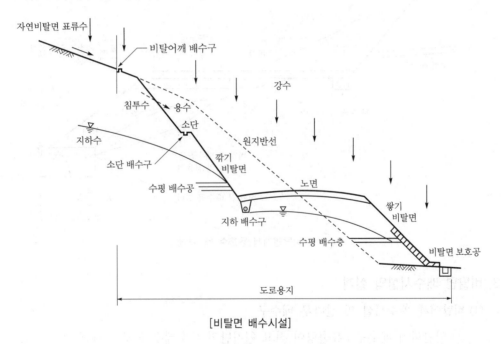

[비탈면 배수시설]

2. 비탈면에 미치는 물의 작용

(1) 비탈면 배수와 비탈면의 안정

① 침투수가 있는 자연비탈면을 땅깎기 또는 흙쌓기 함으로써 지하수위가 변동하거나 침투수가 지하수위를 상승시켜 비탈면의 안정성을 위협한다.

② 따라서, 침투수가 있는 자연비탈면의 안정성을 확보하기 위하여 안정성 분석을 수행하고, 지하수위 저하대책과 수평 배수공 등을 검토한다.

(2) 비탈면을 유하하는 우수에 의한 침식

① 침투량 또는 침투능은 강우강도와 토질, 함수상태, 지하수위, 지표면 경사, 식생 정도 등에 따라 다르지만 일반적으로 사질토가 크고 점성토는 작다.

② 비탈면의 침식방지를 위해 비탈어깨 배수구, 배수구, 소단 배수구 등을 설치한다. 이때 소단에 모인 우수가 한 곳에 모여 비탈면을 따라 흐르지 않게 한다.

(3) 비탈면 용출수

① 땅깎기 비탈면의 용출수는 지하수와 지중에 침투한 우수가 원인이고, 흙쌓기 비탈면의 용출수는 노면과 원지반에서 흙쌓기부에 침투한 물이 원인이 된다.

② 비탈면 용출수를 배수 처리하는 시설에는 편책, 돌망태공, 지하 배수구, 수평 배수층, 수평 배수공 등이 사용된다.

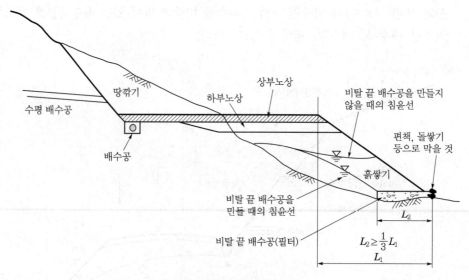

[비탈면에서 용출수 배수시설]

3. 비탈면 배수시설의 설계

(1) 비탈어깨 배수시설 및 산마루 배수구

① 일반파기 배수구 : 유출량이 적고 원지반의 투수계수가 낮아 세굴 우려가 없는 곳은 간단한 제방을 쌓고 잔디 등의 떼붙임을 시공한다.

② 철근콘크리트 U형 배수구 : 배수구에 모인 물의 양이 많고 연장도 길어지는 곳은 프리캐스트 철근 콘크리트 U형, 원심력 철근콘크리트 반원관 등을 사용한다.

③ 산마루 배수구 : 산마루 측구에 떼붙임, 콘크리트 뿜어붙이기, 프리캐스트 제품 등을 사용할 때 하자가 우려되면 현장타설 콘크리트 측구를 사용한다.

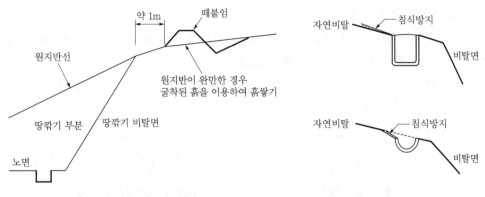

[일반파기 배수시설] [프리캐스트제품에 의한 비탈어깨 배수시설]

(2) 배수구 하단

① 배수구는 길어깨 측구에서 흙쌓기 하단 수로 쪽으로 또는 비탈어깨 배수구와 소단 배수구에서 노측 수로 쪽으로 배수하기 위해 비탈면을 따라 설치하는 배수구로서 현장타설 콘크리트, 철근콘크리트관, 돌쌓기 등을 사용한다.

② 비탈면 오목한 부분을 횡단하여 땅깎기하는 경우, 집중호우에 의해 토석을 포함한 우수가 직접 도로에 유입될 수 있으므로 돌쌓기, 돌망태 등을 설치하여 유하수의 유속을 저하시키고 적당한 수로 쪽으로 유도한다.

(3) 소단 배수시설

① 소단 배수는 비탈면에 흐르는 우수나 용출수에 의한 비탈면의 침식을 방지하기 위해 설치하며, 소단 배수구는 폭이 3m 이상 넓은 소단에 설치한다.

② 소단 배수는 종단경사에 따라 설치하며, 20m 이상 땅깎기 구간이 끝나는 곳에서 산마루 측구와 연결 또는 방류하여 비탈면이 유실되지 않게 설치한다.

③ 비탈면 및 소단의 토질이 암반인 경우에는 소단에 10% 정도의 경사를 주어 콘크리트 라이닝으로 마감한 배수구 평면구조로 설치한다.

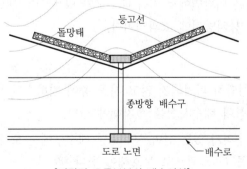

[비탈면 오목부분의 배수시설]

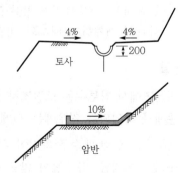

[땅깎기 구간의 소단 배수로]

(4) 비탈면에서 용출수 등의 처리

① 비탈면에 침투수 및 용출수가 발생되는 경우에 지하 배수구, 수평 배수공, 돌망태공 등을 설치하여 신속히 배제해야 한다.

② 지하 배수구 : 땅깎기 비탈면에서 용출수는 화살형 또는 W형 지하 배수구를 설치하며, 용출수량이 많은 곳에는 유공관을 넣은 지하 배수구를 설치한다.

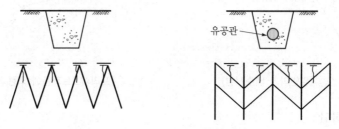

유공관

[지하 배수구의 배치]

③ 수평 배수공 : 함수비가 높은 토사로 높게 흙쌓기 하면 내부 간극수압이 상승하여 붕괴 우려가 있으므로, 흙쌓기의 일정 두께마다 수평 배수공을 설치한다.

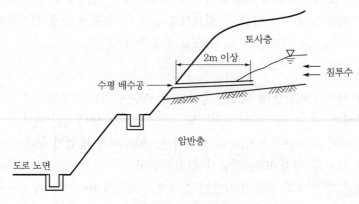

토사층
2m 이상
침투수
수평 배수공
암반층
도로 노면

[수평 배수공의 배치]

④ 돌망태공 : 돌망태공은 용출수가 많은 비탈면에서 지하 배수구와 병용하며, 비탈끝에 나란히 배치하면 배수와 비탈면의 붕괴방지에 효과적이다.

4. 맺음말

(1) 비탈면에서 침투수는 토질조사 중에 정확히 파악되지 않고 시공 중에 지하수와 투수층 존재가 확인되는 경우에는 설계 변경하여 배수시설을 설치해야 한다.

(2) 침투수로 인해 배수구 측면이 손상될 우려가 있는 산마루와 소단 배수구에는 토사 측구를 설치하지만, 유수량이 많을 때는 콘크리트관으로 보호해야 한다.[29]

---

29) 국토교통부, '도로 배수시설 설계 및 관리지침', 7. 비탈면 배수, 2012.11.

5.34 횡단(암거) 배수시설

도로 배수시설을 분류하고 횡단 배수시설 중 암거설계 과정을 설명 [0, 2]

Ⅰ 개요

1. 도로 암거는 수문분석에 의해 결정된 설계홍수량을 기준으로 암거 상류부의 수위를 과다하게 상승시키지 않은 상태에서 하류로 원활하게 배수할 수 있는 경제적인 단면과 경사를 갖도록 설계한다.

2. 계곡부 및 산지부 등에 위치한 횡단(암거) 배수시설은 수로의 상류로부터 발생되는 부유물, 토석류 등이 암거를 원활히 빠져나가도록 유입구의 폭을 가능하면 수로폭과 일치되도록 설계한다.

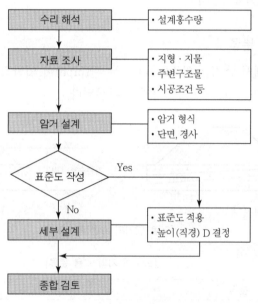

[암거의 설계 흐름]

Ⅱ 도로 암거의 특징

1. 장점

(1) 미관 측면에서 도로노선에 단절이 없다.

(2) 도로 주변 공간을 이용할 수 있다.

(3) 용량을 추가로 증가시킬 수 있어, 추후 도로 확장이 가능하다.

(4) 교량과 비교하여 구조적으로 시공이 쉽다.

(5) 교량과 비교하여 유지보수비가 적게 소요된다.

(6) 교량과 비교하여 세굴을 보다 쉽게 예측하고 제어할 수 있다.

2. 단점

(1) 토사퇴적 및 부유물에 의한 막힘이 발생될 수 있다.

(2) 유지관리 중에 주기적인 청소가 필요하다.

(3) 침식, 마모, 균열, 유출부 세굴 등의 위험이 있다.

(4) 부력, 침투수, 파이핑 등에 의해 파괴될 위험이 있다.

Ⅲ 도로 암거의 설계 순서

1. 도로 암거의 흐름 분류

(1) 도로 배수시설에서 암거는 박스(box) 또는 관(pipe)이 일반적으로 사용되며, 암거의 흐름은 Class-Ⅰ과 Class-Ⅱ의 2가지로 분류된다.

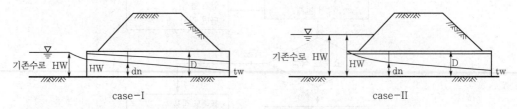

[도로 암거의 흐름 형식]

[도로 암거의 흐름 분류]

분류		특징
Class-Ⅰ	HW≤1.2D	• 암거의 유입부 및 유출부가 잠수되지 않은 상태 • 개수로의 흐름
Class-Ⅱ	① HW>1.2D 그리고 TW<D	• 암거의 유입부는 잠수된 상태 • 암거의 유출부는 잠수되지 않은 상태 • 웨어의 수리 특성(개수로의 흐름)
	② HW>1.2D 그리고 TW≥D	• 암거의 유입부는 잠수된 상태 • 암거의 유출부도 잠수된 상태 • 관수로의 수리 특성

(2) Class-I과 같이 HW(유입부 수두)와 TW(유출부 수두)가 잠수되지 않은 흐름과 Class-II의 ①처럼 HW는 잠수되었지만 TW가 잠수되지 않아 자유수면을 갖는 흐름을 개수로 흐름이라 하고, Class-II의 ②처럼 HW와 TW가 모두 설치될 관경보다 커서 잠수되어 자유수면을 갖지 않는 흐름을 관수로 흐름이라 한다.

(3) 도로 암거의 수리형상에 따라 개수로의 일반사항으로 도로 암거를 해석해야 할 경우도 있고, 관수로의 흐름(오리피스)으로 도로 암거를 해석해야 할 경우도 있다.

(4) 일반적으로 산지부에서 유출되는 유량을 기존 수로로 방류시킬 경우 Class-I, Class-II의 ①처럼 개수로의 흐름을 유지하는 것이 적합하지만, 산지부 또는 유입부 상황이 유량은 많으나 지형요건으로 인해 큰 규격의 관을 설치하지 못하고 수위가 높은 상태로 방류시킨다면 Class-II의 ②처럼 관수로의 흐름까지 감안하여 설계해야 한다.

(5) 다만, 도로 배수시설의 경우는 우수의 완전 배제를 원칙으로 하고 있으므로, 가급적 관수로의 흐름은 피하여 설계해야 한다.

2. 도로 암거의 흐름 형상

(1) 도로 암거의 흐름 형상은 8가지로 분류하며, 각각의 흐름에 대한 수리 특성이 존재하므로 현장여건에 적합한 유형을 찾아 유입부 수두(HW)를 구하고, 해당 지점의 허용상류수심(AHW)과 비교하여 홍수 중에 도로 월류 여부를 판단한다.

(2) 도로 암거의 수리계산은 대부분 자유수면을 유지하는 개수로의 흐름이므로, 유입부에서 모든 물의 흐름을 지배하는지, 유출부에서 모든 물의 흐름을 지배하는지에 대한 판단이 중요하다.

(3) 설계조건에서 도로 암거에 발생될 수 있는 흐름 형상 8가지 중에서 대표적으로 "제1형식"의 설계 순서를 설명하면 다음과 같다.

구분	수리 모형	수리 조건
제1형식	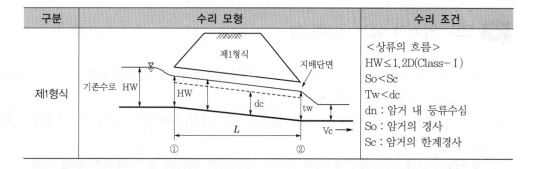	<상류의 흐름> HW≤1.2D(Class-I) So<Sc Tw<dc dn : 암거 내 등류수심 So : 암거의 경사 Sc : 암거의 한계경사

① 제1형식은 암거의 경사(So)가 한계경사(Sc)보다 작은 완경사이며, 유출부에서 하류수심(TW)이 한계수심(dc)보다 낮은 상류(常流) 상태로서 흐름의 지배단면은 유출부가 된다.

② 이 흐름조건을 만족시키는 설계는 경사가 완만하고 소류지가 있는 소하천이며, 유입부와 유출부의 에너지 방정식으로부터 아래 식을 얻을 수 있다.

$$HW + S_o L = h_e + h_f + \left(d_c + \frac{V_c^2}{2g} \right) \quad\text{.. 식 (1)}$$

$$HW = h_e + h_f + \left(d_c + \frac{V_c^2}{2g} \right) - S_o L \quad\text{.. 식 (2)}$$

여기서, HW : 유입부 상류 수심(m)

h_e : 유입손실 수두=$\left(C_e \cdot \dfrac{V^2}{2g} \right)$(m)

h_f : 마찰손실 수두=$\left(19.6 \cdot \dfrac{n^2 \cdot L}{R^{\frac{4}{3}}} \cdot \dfrac{V^2}{2g} \right)$(m)

d_c : 한계수심(m)

V_c : 유출부의 한계유속(m/sec)

g : 중력가속도(9.8m/sec^2)

S_o : 암거의 경사(m/m)

L : 암거의 길이(m)

C_e : 유입부 손실계수

n : Manning의 조도계수

R : 암거의 동수반경(m)

③ 식 (2)는 해석할 수 있는 모노그래프를 제시하지 못하므로, "제1형식"이 예상된다면 h_e(유입부 손실수두), h_f(마찰 손실수두) 등을 계산하여 적용한다.

④ "제1형식"으로 수리형태가 결정되었을 경우, 유출부 유속 V_o는 한계유속(V_c)일 때이다.

Ⅳ 도로 암거의 설계 유의사항

1. 도로 암거의 유입구 및 유출구의 부가적인 시설은 흐름의 모든 단계에서 물, 소류표사, 부유물 등을 적절히 처리하도록 설계한다.

2. 도로 암거는 어떤 불필요한 특성을 갖거나, 암거가 가져야 할 특성이 지나치게 손상되어서는 안 된다.

3. 장래의 수로와 도로 개량에 대해 원활히 대처하기 위하여 흙은 다져진 후에 적절히 기능을 발휘할 수 있도록 설계한다.

4. 도로 암거의 유입구에는 암거 기능을 저하시키는 이물질 등이 암거에 유입되지 못하도록 소규모 스크린을 설치하거나, 기울기를 변화시켜 유속을 조절한다.

5. 도로 암거는 수리학적으로 설계유출량을 적절히 처리하면서, 시공의 경제성, 유지관리의 편의성, 구조적인 영속성 등을 보장할 수 있어야 한다.

6. 토사의 퇴적·침전에 의한 단면 축소 등을 고려하여 소요 단면적에 20% 여유를 두어야 한다. 이때 모기들이 번식할 수 있는 정체된 웅덩이가 없어야 한다.

7. 도로 암거의 침식 방지를 위해 유속은 0.6~2.5m/sec 범위로 하되, 2.5m/sec 이상일 때는 유입부와 유출부에 수로보호공 및 감쇄공 등을 추가 설치한다.

Ⅴ 맺음말

1. 도로 암거는 유입부 형상, 기존수로 폭, 지배단면 위치 등에 대해 설계조건을 만족하는 여러 유형으로 설치 가능하므로 가능하면 경제성을 고려한다.

2. 특히, 계곡부에서 부유물에 의해 피해가 예상되는 지역에는 암거 설치 전에 충분한 현지조사와 피해가능성 등을 통해 부유물에 의한 피해가 발생되지 않도록 한다.[30]

---

30) 국토교통부, '도로 배수시설 설계 및 관리지침', 8. 횡단(암거) 배수, 2012.11.

5.35 토석류 대책시설

1. 개요

(1) 토석류(debris flow)는 우수의 흐름에 의해 토사, 암석, 나뭇가지 등이 원지반으로부터 분리되어 이동하는 현상으로, 물보다 가벼운 부유물질과 물보다 무거운 이동물질, 또는 여러 물질이 혼합된 형태로 이동한다.

(2) 토석류 차단시설은 토사, 암석, 나뭇가지 등의 토석류에 의해 도로 배수관, 암거 등이 막혀서 피해가 예상되거나 이미 피해가 발생된 지역에서 추가로 토석류 발생이 우려되는 도로 접도지역 내에 설치되는 시설이다.

2. 토석류의 발생형태

(1) 계곡 바닥에 퇴적된 토사가 우수에 의해 유동되면서 누적된 퇴적토사, 부유목 등을 모아가면서 토석류로 확장되는 형태

(2) 호우에 의해 계곡부 비탈면 지반이 포화되어 비탈면이 붕괴되고 토사가 우수 또는 표면 흐름수와 혼합되면서 유동화되어 토석류로 확장되는 형태

(3) 계곡부에서 붕괴된 토사가 단시간에 퇴적되고 폭우로 인하여 수위가 상승되어 댐이 월류나 파이핑에 의해 파괴, 토사와 물이 혼합되어 유하하는 형태

3. 토석류의 흐름 제어방법

(1) **차단방법** : 토석류가 배수시설 유입부로 들어오지 못하게 유입부 전면에 차단기능 스크린을 갖춘 사방댐(土石流, debris flow)을 설치하는 방법

(2) **우회방법** : 배수시설의 유입부 전면에 우회시설을 설치하여 토석류가 시설 주변의 다른 방향으로 우회시키거나 또는 임시 저류시키는 방법

(3) **통과방법** : 배수시설의 크기 및 흐름의 속도를 조절하여 토석류가 배수시설 유입부에 퇴적되지 않고 배수시설을 통해 하류로 유하시키는 방법

4. 토석류의 대책시설

(1) **필요성**

① 토석류(土石流, debris flow)는 홍수기에 집중호우 등에 의해 산간 계곡에서 산사태가 발생되어 토석이 물과 함께 하류로 세차게 밀려 떠내려가는 현상이다.

② 산에서 흙, 돌, 바위, 나무 등이 물과 섞여 빠른 속도로 흘러내리는 토석류는 파괴력이 커서 그 하류에는 많은 인명과 재산 피해를 당하게 된다.

③ 하상구배(河床勾配)가 큰 계곡에서 급류가 강바닥을 파헤치며 양쪽 산기슭을 깎아내려 산사태를 일으키므로, 사방댐(砂防-, debris barrier)을 설치하여 방지한다.

(2) 사방댐의 목적

① 사방댐은 토사유출이 진행되고 있는 산간 계곡부를 대상으로 횡방향의 구조물을 설치하는 공사이다.

② 특히 자갈의 이동이 심한 곳에서 상류 쪽에 자갈을 퇴적시켜 하상을 완만한 구배로 안정시키는 것을 목적으로 설치한다.

(3) 사방댐의 원리

① 사방댐은 저수댐과는 다르게 댐체 하부에 물빼기 암거(暗渠)를 설치하며, 평수 시(平水 時)에는 이 암거로 물이 방수(放水)된다.

② 홍수 시(洪水 時)에는 사방댐의 상류에 물이 체류하므로 수세(水勢)가 약해져서 댐체 내부에 토사가 침적(沈積)한다.

③ 따라서 하나의 계곡부에 사방댐을 계단식으로 설치하면 점차 하상이 높아져서 구배가 완만해지고 하곡(河谷)은 안정을 유지할 수 있다.

(4) 사방댐의 시공

① 사방댐의 구조는 높이가 낮은 중력식으로, 내부는 잡석콘크리트를 채워 넣고 표면은 찰쌓기로 마무리한다.

② 토사 붕괴 우려가 큰 산간 협곡부에는 높은 중력식 또는 아치식 콘크리트댐을 건설하기도 한다.[31]

[통과형 사방댐]

[차단형 사방댐]

---

31) 국토교통부, '도로 배수시설 설계 및 관리지침', 10. 토석류 대책시설, 2012.11.

5.36 도시지역 도로 배수시설의 특징

기후변동에 따른 도로시설물의 피해사례, 재해방지 대책 [1, 2]

1. 개요

(1) 도시지역은 도시화 정도, 도시부 특수성 등에 의해 유출량이 일정하지 않고, 불투수 면적이 넓어 우수 침투가 적고, 유출이 빨라 지속기간이 짧은 특징이 있다.

(2) 도시지역은 도로 평면·종단선형이 합쳐지는 교차로 구간이 취약하므로 노면수 고임이 발생되지 않도록 측구로 배수하고, 하수도 시설과 연계처리를 계획한다.

2. 도시지역 도로 배수계획

(1) 도시부 도로 배수계획은 해당 도시의 하수도정비기본계획 기준을 수립한다. 다만, 하수도정비기본계획 미수립 지역은 기존 하수관거와 연계하여 수립한다.

(2) 도로 신설·개량에 따른 노면 배수 및 지하 배수(측구, 횡배수관, 집수정 등)를 기존의 집수관 및 하수관거로 연계처리할 때, 배수용량의 증설을 검토한다.

(3) 도시부 도로에 인접한 비탈면에는 산마루 측구, 배수구 등의 우수 유도시설을 설치하고, 토석류 및 부유목의 배수구 유입 방지를 위해 감쇄공을 설치한다.

(4) 도로 배수시설을 하수관거에 연계처리할 때 맨홀설치 방법은 「하수도시설 기준」을 따르며, 도로 배수관거시설의 계획은 다음사항을 고려한다.

① 도로 배수관거는 설계홍수량을 기초로 계획한다. 이때, 수두손실이 최소화되도록 지형·지질 도로폭원, 지하매설물 등을 고려한다.

② 도로 배수관거 단면의 형상 및 경사는 관거 내에 침전물이 퇴적하지 않도록 일정한 유속을 확보한다.

③ 도로 배수관거 단면의 크기는 관거 내에 토사퇴적 등의 유지관리 요인과 지하수 유입을 고려하여 설계홍수량의 10~20% 정도 여유율을 적용한다.

3. 도시지역 도로 배수시설의 구성

(1) 도시지역 도로 배수시설을 구성·배치할 때는 지형, 하수관거, 맨홀 위치, 지하매설물, 하수정비계획, 저류시설계획, 시공조건 등을 고려한다.

(2) 도시지역 도로 배수시설은 예측하기 어려운 상황에서도 배수기능을 유지할 수 있도록 예비시설을 설치하고, 필요한 경우 배수시설의 복수화도 고려한다.

(3) 도시지역 도로 배수시설은 노면 배수, 종·횡단 배수, 비탈면 배수, 연결부 배수, 중앙분리대 배수, 지하·고가차도 배수, 교차로 배수 등으로 구성된다.

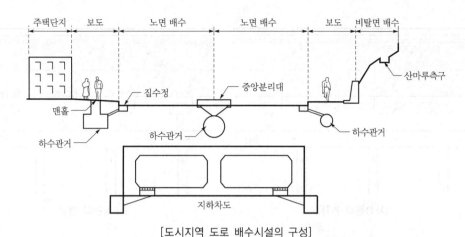

[도시지역 도로 배수시설의 구성]

① 노면 배수 : 노면 배수에 사용되는 우수받이의 유입부 형상은 도시부 배수특성에 따라 형상을 선택하되, 환경시설대(보도, 식수대 등)와 연계하여 계획

② 종·횡단 배수 : 종·횡단 배수시설은 도로와 인접지역으로부터 유입되는 지표수를 처리하는 수리적 기능과 교통하중을 지지하는 구조적 안전을 고려하여 설계

③ 비탈면 배수 : 땅깎기부와 흙쌓기부의 비탈면 및 비탈끝에 횡방향으로 설치하는 배수시설은 흙쌓기부 배수구, 배수로, 집수정, V형 측구, U형 측구 등으로 구성

④ 연결부 배수 : 배수계통에 의해 유역 내의 서로 다른 배수시설이 연결되는 경우에 상류 시설물의 영향을 고려하여 하류 시설물의 단면규격, 설치간격 등을 결정

⑤ 중앙분리대 배수 : 중앙분리대가 설치된 도로의 곡선부는 노면수가 중앙분리대 방향으로 흘러 집수되므로 집수정, 종배수관 및 횡배수관을 설치하여 노면수를 배제

⑥ 지하차도 배수 : 지하차도는 도시지역의 배수취약구간이므로 지하차도 내의 측구를 통한 자연 배수시스템과 유입된 노면수를 펌핑하는 강제 배수시스템을 모두 설치

⑦ 교차로 배수 : 평면선형과 종단선형이 조합되는 교차로는 노면 불규칙으로 배수가 취약하므로 우수 흐름 방향을 결정할 때 차량 주행에 지장이 없도록 설계

4. 도시지역 도로 배수시설과 하수도시설의 연계처리

(1) 도시지역 도로 배수시설은 우수를 배제함으로써 도로침수 및 재해를 방지해야 하므로 하수도기본계획을 참고하여 배수 계획을 수립해야 한다.

(2) 기존의 도시지역 하수관로가 도로노선과 평행하게 설치된 경우 도로노면의 집수정과 기존 하수관로를 순차적으로 연결하여 도로 노면수를 배제시킨다.

(3) 차집관식으로 연결하는 경우, 도로 노면수를 집수정을 통해 차집하고 기존 하수관거의 배수용량, 직경 등을 고려하여 접속위치를 선정하고 접합시킨다.

(4) 수직관식으로 연결하는 경우, 도로에서 발생되는 우수를 집수정, 종배수관을 통해 기존 하수관거의 위치 또는 경사를 고려하여 접합시킨다.

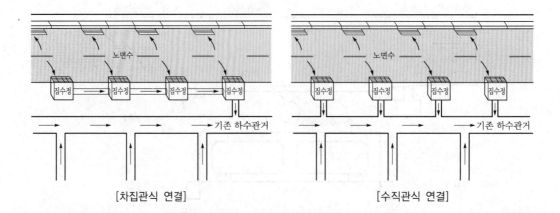

[차집관식 연결]　　　　　　　　　[수직관식 연결]

5. 맺음말

(1) 도시지역 도로 배수유역 내에 설치되는 배수시설을 계획·설계할 때 도로 배수유역의 계통에 따른 우수 흐름의 변화를 고려해야 한다.

(2) 도로 자체에서 발생되는 유량과 인접지역에서 도로 배수구로 유입되는 유량을 처리하기 위하여 도시지역 도로의 지하에 우수저류시설을 설치하는 추세이다.[32]

---

32) 국토교통부, '도로 배수시설 설계 및 관리지침', Ⅲ. 디시지역 도로 배수시설, 2012.11.

5.37 풍수해의 유형별 특성 및 저감대책

기후변동에 따른 도로시설물의 피해사례, 재해방지 대책 [0, 2]

1. 개요

(1) 우리나라는 호우, 태풍, 폭설 등으로 인해 역사적으로 수차례 풍수해를 당하였다. 많은 풍수해는 태풍으로 인한 폭풍, 해일, 홍수 등으로 발생되었다.

(2) 2010년 현재까지 풍수해 원인은 호우 28%, 강풍 27%, 태풍 19%, 폭설 11%의 순이며, 태풍에 의해 부가적으로 발생되는 폭풍, 해일, 홍수 등의 간접 피해까지 모두 포함한다면 태풍의 영향력은 더 크다.

2. 재해발생의 특성

(1) 과거 재해발생 지역은 또다시 재해발생 가능성이 높다.

재해발생 이후 방지대책을 수립하지 않았을 경우에는 또 발생할 수 있으므로, 재해이력을 조사할 필요가 있다.

(2) 자연에 대한 인간의 간섭공간이 클수록 재해규모도 증대될 가능성이 높다.

재해요인인 지형변화 규모가 증대될수록 홍수량과 토사유출량이 증가되므로, 지형변화 최소화 계획을 수립한다.

(3) 재해요인 중복도가 높을수록 재해규모는 더욱 증대될 가능성이 높다.

집중호우, 태풍, 지진 등이 동시에 겹치는 경우에는 재해발생 요인(홍수규모, 토사유출 규모, 산사태, 사면활동 등)이 더욱 많아진다.

3. 재해유형의 구분

(1) **하천재해** : 침식에 따른 하천시설물 붕괴, 제방월류·토사퇴적으로 기능 마비

(2) **호우재해** : 내수침투로 인한 재해, 산사태·사면활동으로 토사 다량유출

(3) **사면재해** : 자연사면 붕괴(산사태), 인공(절·성토)사면 붕괴

(4) **지반재해** : 연약지반의 침하

(5) **연안재해** : 연안침식에 따른 산림지·농경지 유실, 해수범람에 따른 침수

(6) **바람재해** : 시설물(철탑, 간판), 가설물(공사 중 고층타워, 비닐하우스) 붕괴

(7) **지진재해** : 암석권에 있는 판(plate) 움직임에 따라 지진 발생

(8) **기타재해** : 폭설에 의한 교통두절, 장기간 가뭄에 의한 용수부족

4. 개발사업에 따른 주요 재해요인

(1) 개발사업에 대한 사전재해영향성검토를 하는 경우에는 공간유형별로 발생할 수 있는 재해요인을 고려해야 한다.

(2) 개발사업에 따른 재해요인을 공간유형별로 구분하면 광역개념, 면적개념, 선(線)개념, 점(點)개념 등으로 구분할 수 있다.

[개발사업에 따른 주요 재해요인]

공간유형	개발사업	재해요인
광역개념	국토종합계획, 도시계획 등의 개발계획, 광역계획	면적·점·선개념의 개발 형태 통합
면적개념	택지개발예정지구 지정, 국가산업단지 지정 등 단지개발계획	• 대규모 지형훼손으로 절·성토 사면발생 • 증고(增高) 시 배수체계 개량·신설로 저지대 발생 • 토지이용변화(산지 → 택지)로 불투수지 확대
선(線)개념	철도건설사업 실시계획, 산림기반시설 설치(임도) 등 도로건설	• 지형훼손에 따른 토공량의 이동 증대 • 배수체계(하천횡단 수로) 훼손 • 토지이용변화(산지 → 택지)로 불투수지 확대
점(點)개념	토사채취허가, 전원개발사업 실시계획 등 전원·에너지 개발	• 지형훼손으로 절·성토 사면발생 • 산지개발의 경우 임도 발생

5. 풍수해저감대책침투형 및 저류형 저감시설 설치

(1) 개발사업에 따른 침투형 저감시설

① 침투통 : 원형 또는 사각형 통에 유수를 집수하여 저면과 측면에 충진된 쇄석을 통해 침투시키는 시설물

② 침투트랜치 : 굴착후 저면과 측면을 쇄석으로 충진하고 내부 유공관을 설치 후, 상부를 쇄석으로 충진하여 우수받이와 연결시키는 시설물

③ 침투측구 : 일반 측구의 저면과 측면에 쇄석을 충진하여 침투가 가능하도록 만든 시설물

④ 투수성포장 : 우수가 포장재 공극을 통해 직접 지표면 아래로 침투되도록 투수성을 높인 포장공법으로, 투수성 보도블럭 등

(2) 개발사업에 따른 저류형 저감시설지역 내 저류(현지 저류)

① 지하공간 저류 : 지하에 우수저류시설을 설치하고, 상부는 주차장이나 공원 등 다른 용도로 활용

② 건물지하 저류 : 홍수가 빈번히 발생하는 지역에서 고층건물 지하에 설치하되, 저류 한계수심 2m 이내 제한

③ 동간 저류 : 연립주택 건물 사이 공간을 지역 내 저류시설로 이용하는 경우 긴급차량 진입, 건축물과 아동 보호 등 종합 검토

④ 주차장 저류 : 브레이크 장치가 잠기지 않도록 하고, 저류된 우수로 인해 주행에 지장 없도록 저류한계수심 10cm 이내 제한

⑤ 공원 저류 : 공원 기능, 이용자 안전대책, 경관 등을 고려하여 저류가능용량을 설정하되, 저류한계수심 20~30cm 정도

⑥ 운동장 저류 : 학교 주변의 안전을 고려하여 저류한계수심 30cm로 제한

6. 풍수해저감대책풍수해저감종합계획 수립

(1) **풍수해저감종합계획 법적근거** : 「자연재해대책법」 제16조에 의거 시장·군수·구청장은 풍수해의 예방 및 저감을 위하여 5년마다 시·군·구 풍수해저감종합계획을 수립하여 시·도지사를 거쳐 대통령령으로 정하는 바에 따라 소방방재청장의 승인을 받아 이를 확정하여 시행

(2) **풍수해저감종합계획 정의** : 지자체 관내의 풍수해위험지구를 선정하고 종합적인 풍수해 저감대책을 수립한 후, 이에 따른 개략공사비 등의 산정을 토대로 투자우선순위를 결정하여, 지자체 방재계획의 총괄 로드맵을 작성하는 계획

(3) **풍수해저감종합계획 수립범위** : 시·도 또는 시·군·구 단위 관할구역별이며, 계획기간은 목표연도를 10년으로 5년마다 재검토하는 중·장기계획으로 방재분야 최상위계획

7. 맺음말

(1) 최근 3년간 여름 장마철에 발생된 감전재해자가 연간 감전재해자의 41.2%, 사망자의 60.5%를 차지한다는 통계가 나왔다.

(2) 장마철은 집중호우로 인한 토사 무너짐, 침수 등 산업재해 취약시기이므로 건설현장에서는 위험요인별 사고원인과 예방대책을 미리 숙지하여야 한다.[33]

---

33) 한국방재협회, 05 사전재해영향성검토협의, 2011, pp.143~212.

5.38 도시 유출모형의 특성 및 활용 방안

도시강우-유출 해석모형, 집중호우에 따른 수해유형분석 및 대책 [1, 1]

I 개요

1. 기존의 설계방식에 의한 관로용량 검토방식으로는 유역단위의 경제적·과학적인 침수예방 대책 수립에 한계가 있으므로, 도시지역에서 강우유출해석 모형을 도입하여 각 하수관로 간의 영향검토 및 연계방안 수립이 필요하다.

2. 도시지역에서 하수관로 유출해석 방법별 특성, 침수상황에 따른 대응시설 재현의 정확성, 하수도시스템 기능, 침수저감의 정량적인 효과분석이 가능성 등의 평가를 통하여 적합한 하수관로 정비 및 하수도시설 개량사업을 시행하고 있다.

3. 도시지역 강우유출해석을 위한 대표적인 모형에는 RRL, ILLUDAS, SWMM 등이 개발되어 사용되고 있다.

II 도시지역의 강우유출 해석모형

1. RRL 모형

(1) **개요** : 1962년 영국에서 도시 소유역의 강우-유출자료를 사용한 도시배수망 설계를 위해 고안되었다.

(2) **유출량 산정 원리**

① 유역에 내리는 강우 중 우수관로와 직접 연결된 불투수 지역만 고려한다.

② 유출량 산정 절차는 다음과 같다.

 • 유역을 유하시간별로 분할, 도달시간-집수면적곡선(time-area curve) 작성

 • 유입구에 대한 유입수문곡선 합성 : 도달시간-집수면적 곡선에 강우강도를 적용하여 각 소유역의 시간별 유출량을 지체 및 합산하여 산정

(3) **흐름 추적(관내)** : 저류량을 고려한 Kinematic wave 이론에 근거하여 연속방정식 및 Manning 공식을 적용하여 하수관거 흐름을 추적한다.

(4) **적용성(특징)**

① 계산과정이 간편하다.

② 배수영향이 적은 소규모 지역의 유출 수문 검토에 간편하게 적용 가능하다.

③ 유역 내의 하수관로 저류효과가 고려되지 않는다.

④ 시간-면적곡선에 따라 산정 결과가 좌우된다.

⑤ 연속강우에 대한 시뮬레이션이 불가하다.

⑥ 홍수추적, 압력계산, 저류효과, 배수영향, 침수·수질모의 시험 등이 없다.

2. ILLUDAS 모형

(1) 개요 : 1974년 미국에서 Stall과 Terstriep에 의해 RRL 모형을 기초로 개량하였다.

(2) 유출량 산정 원리

① 유역을 4개 지역으로 구분하여 유출량을 산정한다.

- 직접연결 불투수 지역, 직접 연결되지 않은 불투수 지역, 유출에 기여하는 직접연결 투수지역, 유출에 기여하지 않는 투수지역
- 각 유역의 특성에 따라 고려되는 손실량을 보정한 후 유출량을 해석

② 유출량 산정 절차

- 유입구에 대한 유입수문곡선 합성 : 도달시간-집수면적 곡선에 강우강도를 적용하여 각 소유역의 시간별 유출량을 지체 및 합산
- 유입구별 유입수문곡선을 하수관로 망에 따라 저류 추적을 함으로써 주관로에 대한 유출량 산정

(3) 흐름 추적(관내)

저류량을 고려한 Kinematic wave 이론에 근거하여 연속방정식 및 Manning 공식을 적용하여 하수관거 흐름을 추적한다.

(4) 적용성(특징)

① 저류방정식을 적용하여 유출량을 산정한다.

② RRL 모형에 비해 정확한 결과를 기대할 수 있다.

③ 홍수추적방법의 한계성을 내포하고 있다.

각종 수리구조물에 대한 시뮬레이션 제한, 배수효과 시뮬레이션 불가

④ 연속강우에 대한 시뮬레이션이 불가하다.

⑤ 홍수추적, 압력계산, 저류효과 및 배수영향은 있고, 침수·수질모의 시험은 없다.

3. SWMM 모형

(1) 개요

① 1971년 미국 EPA의 지원 아래 Metcalf & Eddy社가 Florida 대학 및 Water Resources Engineers社와 공동연구하여 개발한 SWMM을 기초로 한다.

② SWMM모형을 이용한 XP-SWMM 및 MOUSE 프로그램을 상용화하였다.

(2) 유출량 산정 원리

① 대상유역을 3개 지역으로 구분하여 유출량을 산정한다.

- 지면저류가 발생하는 투수지역, 지면저류가 발생하는 불투수 지역, 지면저류가 발생하지 않는 불투수 지역
② 유출량 산정 절차는 다음과 같다.
- 지면저류 침투·증발(투수지역), 증발(불투수지역)에 의해 손실 고려 유출해석
- 강우손실모형, 비선형저류법, 시간면적방법, 단위유량도법 등을 적용
- 유출량 산정 외에 수질 시뮬레이션 가능

(3) **흐름 추적(관내)** : Kinematic wave 외에 1차원 부정류 점변류 Dynamic 방정식을 적용하여 하수관거 흐름을 추적한다.

(4) **적용성(특징)**

① 도시유역 특성(토지이용, 하수관로)에 대한 시뮬레이션이 가능하다.
② 각종 수공구조물의 수리학적 흐름의 추적, 배수효과의 추적이 가능하다.
③ 수질 시뮬레이션이 가능하고, 2D 시뮬레이션도 가능하다.
④ 입력변수 산정, 시뮬레이션 수행에 많은 시간과 노력이 요구된다.
⑤ 홍수추적, 압력계산, 저류효과, 배수영향, 침수·수질모의 시험 등이 있다.

Ⅲ 맺음말

1. 도시지역 강우유출 모형별 적용성을 비교한 결과, RRL 및 ILLUDAS에 비해 다양한 유역의 토지이용 속성에 적용 가능하고, 하수도 시스템의 배수 영향 및 이중 배수체계(2차원 해석)에 적용이 가능한 SWMM 모형이 유리한 것으로 평가되었다.
2. 수원시의 경우, 2014년 하수도정비 기본계획 변경에 필요한 하수관거계획 수립을 위한 강우유출 해석할 때 SWMM 모형을 적용하여 유출량을 산정하였다.[34]

---

34) 수원시, '하수도정비 기본계획 변경', 제5장 하수관거계획, 연구개발사업, 2014.

CHAPTER 06

구조물

1 교량

2 터널

3 콘크리트

✅ 기출문제의 분야별 분류 및 출제빈도 분석　　　　　　　　　　[제6장 구조물]

연도별 구분 \ 회	2001~2019				2020			2021			계
	63~77	78~92	93~107	108~119	120	121	122	123	124	125	
1. 교량	12	5	6	15					1		39
2. 터널	12	8	12	13		1	1	2	2	3	54
3. 콘크리트	6	5	2	1	1	1			1		17
계	30	18	20	29	1	2	1	2	4	3	110

✅ 기출문제 분석에 따른 학습 중점방향 탐색

　　도로 및 공항기술사 필기시험 제63회부터 제125회까지 출제됐던 1,953문제(31문항×63차) 중에서 '제6장 구조물'분야는 교량·터널 및 콘크리트 구조물에 대한 신기술·신공법이 매일같이 새롭게 개발되고 있어 이 장에서 출제되었던 110문제(5.6%) 모두를 새로운 유형으로 접근해야 한다. 최근 건설분야의 신기술·신공법, 특허, 실용신안 등이 너무 많이 출시되고 있어 모두 숙지할 수도 없고 숙지할 필요도 없다. 앞서 소개한 대한토목학회 등의 학술논문집에 수록된 신기술·신공법 중에서 실제 국내 토목공사 현장에 적용 사례가 있는 주제를 중심으로 교량, 터널, 댐, 항만 등 각 분야별로 1~2개 공법을 Key word로 정리하여 본인이 직접 시공에 참여한 것처럼 숙지한다.

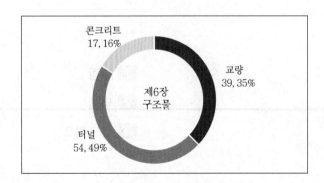

　　시험 당일 기술사 답안지 작성하는 요령을 평소에 익혀야 한다. 글씨체를 너무 작게 쓰지 않도록 평소에 반복 훈련한다. 나이가 젊을 때는 글씨체를 비교적 작게 달필로 쓰지만, 나이가 들수록 시력이 저하되면서 자연히 글씨체가 커지는 경향이 있다. 채점위원 입장에서 글씨체가 너무 작은 답안지를 볼 때는 경력(나이) 더 쌓도록 점수를 짜게 매길 수 있다. 하지만 글씨체가 너무 커지면 단위시간당 쓸 수 있는 글자 수가 적어져서 100분 내에 14장을 도저히 쓸 수 없다.

　　평소 친숙해진 용어와 문장으로 물 흐르듯 써내려간다. 생각나지 않는 부분(공법의 특징 5개 중 4개를 썼는데, 마지막 1개?)을 기억하려고 머뭇거리지 말고 4개로 마감하고, 그 다음으로 넘어간다. '생각나지 않는' 순간이 자꾸 반복되면 심리적으로 위축되어 점차 자신감이 저하된다.

　　현대공학은 유럽과 미국에서 태동되었기에 외래어(English)를 적절히 혼용하여 작성하는 것은 자연스러운 서술 기법이다. 하지만 'Concrete'를 Con'c와 같은 약어(채점위원에게 무성의하게 보일 수 있음)로 쓰느니, 차라리 '콘크리트'로 쓴다. 한문은 시간이 많이 걸려 시간손해한다.

📖 과년도 출제문제

1. 교량

[6.01 교량의 계획]
091.3 건설공사 중 설계변경 최소화를 위한 교량계획 유의사항을 설명하시오.

102.3 도서지역의 균형개발을 위해 육지와 섬, 섬과 섬을 연결하는 교량구조물 계획 시 고려해야 할 주요 검토항목을 설명하시오.

119.4 교량계획 시 고려사항에 대하여 설명하시오.

[6.02 교량의 설계하중]
063.1 교량설계하중

070.1 교량의 설계하중

085.1 설계기준자동차 하중(표준트럭 하중)

100.1 차량하중(DB)과 차로하중(DL)

[6.03 도로 토공구간의 교량화 검토 방안]
108.4 도로설계 시 토공구간의 교량화 검토방안에 대하여 설명하시오.

[6.04 교량 상·하부의 형식 선정]
064.3 관광지내 하천을 횡단하는 교량을 계획할 때 미관을 고려한 교량형식 선정 방안에 관하여 설명하시오.

073.3 교량의 형식 선정 절차와 형식별 특징에 대하여 기술하시오.

107.4 교량의 설치 계획 시 조사할 사항 및 교량형식결정 시 유의사항과 경간분할 시 고려사항에 대하여 설명하시오.

116.3 교량계획 및 형식 선정 시 고려사항에 대하여 설명하시오.

124.4 하천을 횡단하여 설치되는 교량 설계 시 고려사항에 대하여 설명하시오.

[6.05 교량의 노선 선정, 공법 특징]
089.4 국가하천을 횡단하는 고속도로 교량을 계획하는데 주운부(경간 100m 이상)를 확보할 수 있는 교량형식을 3가지 선정하고 장·단점을 설명하시오.

118.2 해상구간 노선선정 시 고려사항과 장경간 교량의 공법종류별 특징을 설명하시오.

[6.06 교량의 하부구조, 기초 형식]
065.4 교량기초 구조형식 선정과정에서 기초의 종류 및 특징과 형식 선정 시 검토사항에 대하여 설명하시오.

118.1 교량기초 형식

[6.07 교량 교대의 측방유동]
073.2 도로를 개설할 경우에 연약지반에서 발생하는 교대 측방이동의 원인 및 대책공법에 대하여 기술하시오.

[6.08 교량의 형하공간 확보기준]
095.4 서울외곽순환고속도로 부천고가교 화재사고와 관련하여 이와 유사한 사고를 방지하기 위한 교량하부공간 관리방법과 상기 사고가 남긴 교훈에 대하여 설명하시오.

108.4 교량, 고가도로, 기타 이와 유사한 구조 설계 시 다리 밑의 교차조건 및 유지관리에 필요한 공간에 대하여 설명하시오.

[6.09 교량 기초말뚝 소음·진동 최소화공법]
104.3 도로교량 기초말뚝 공사 시 발생되는 소음 및 진동 영향을 최소화하고 주변 환경을 고려한 시공공법 선정방향에 대하여 설명하시오.

[6.10 PSC 합성 거더교]
071.4 최근 국내에서 장대교량 설계 시 적용되고 있는 PSC상자형교(Prestressed Concrete Box Girder)의 상부가설 공법 3가지를 들고, 그 특징과 공법선정 시 고려할 주요사항을 기술하시오.

115.2 PC Box Girder교 종류별 공법특성과 가설안전성에 대하여 설명하시오.

[6.11 FCM(Free Cantilever Method)]
065.1 FCM(Free Cantilever Method)

110.1 FCM공법(Free Cantilever Method)

111.2 FCM(Free cantilever Method)공법으로 교량가설 시 상부거더가 한쪽으로 기울어지는 사고 방지를 위한 설계 및 시공 시 검토사항을 설명하시오.

[6.12 일체식 교대 교량(IAB)]
074.1 Semi IAB(Integral Abutment Bridge)

[6.13 교량 신축이음장치(Expansion joint)]
079.1 신축이음장치

[6.14 교량 부반력(Negative reaction)]
078.1 교량에서의 부반력

103.1 교량받침의 부반력

116.1 교량의 부반력(負反力)

[6.15 특수교 피뢰설비]
111.1 특수교 피뢰설비

[6.16 지진파]

086.1 지진파(Earthquake wave)

[6.17 교량 면진설계와 내진설계]

068.1 교량받침 중 면진슈와 내진슈(Shoe)

110.4 최근 빈번히 발생되고 있는 지진에 대비하여 도로
(또는 공항)구조물에 대한 내진설계기법에 대하여
설명하시오.

111.1 내진설계의 개념

115.4 도로시설물의 내진설계 및 면진설계 시 고려사항
에 대하여 설명하시오.

[6.18 교량 유지관리체계(BMS)]

068.3 교량 유지관리체계(Bridge Management System)
에 대하여 설명하시오.

117.2 도로계획 시 교량의 유지보수에 대하여 설명하시오.

[6.19 교량 탄소나노튜브 복합판 보강공법]

2. 터널

[6.20 터널의 갱구부 위치 선정]

068.4 터널의 갱구부 선정 시 검토사항과 최근 설계동향
을 기술하시오.

070.4 도로터널 설계 시 주위 환경변화를 최소화할 수
있는 방안에 대하여 귀하의 견해를 기술하시오.

082.4 터널갱구의 위치선정 및 설계 시 유의점을 기술하
시오.

084.3 터널 입·출구부의 시공 및 공용 중 안전확보를
위해 설계측면에서 고려할 사항을 설명하시오.

094.3 도로터널 계획 시 위치선정과 선형계획상의 주요
고려사항을 설명하시오.

103.3 도로선형 설계에서 터널의 갱구부 위치선정 시 고
려사항을 설명하시오.

113.4 도로 터널구간의 안전시설과 관련하여 갱문부에
서의 안전성 확보를 위한 고려사항 및 안전성 확보
방안과 터널등급별 갱구부 설치 적용기준에 대하
여 설명하시오.

114.4 터널계획 시 고려하여야 할 환경적 요소와 대책방
안에 대하여 설명하시오.

[6.21 터널의 선형분리, 병렬터널]

096.2 도로설계 터널구간의 평면선형 결정요소와 병렬
터널 계획 선형분리방법에 대하여 설명하시오.

[6.22 터널의 내공단면 구성요소]

122.4 터널의 내공단면 구성요소와 설계 시 고려사항에
대하여 설명하시오.

[6.23 터널의 굴착보조공법]

071.4 터널막장(천단부 및 막장부)의 안정대책을 목적으
로 국내에서 주로 사용되는 터널굴착 보조공법 중
4가지를 선정하여 기술적 사항을 설명하시오.

112.1 Face Mapping

125.1 포폴링(Forepoling)

[6.24 터널 굴착과 지하수 관계]

101.3 도로 종단경사가 완만한 터널구간 내 물고임현상
의 발생원인과 물고임 처리방안을 기하구조적으
로 설명하시오.

[6.25 터널의 환기, 조명]

064.4 터널계획 시 환기방식의 종류와 방재시설에 관하
여 설명하시오.

070.1 터널의 환기시설

072.1 터널 환기방식 선정(교통량, 터널길이)

077.1 터널의 환기시설

079.3 터널의 부속시설을 간략히 설명하고, 터널의 기계
환기방식 종류와 환기방식 선정에 대하여 설명하
시오.

083.4 최근 증대되고 있는 장대터널 설계 시 고려하여야
할 사항과 환기방식의 종류 및 적용성에 대하여
기술하시오.

114.1 터널환기방식

125.1 터널 조명의 플리커(Flicker) 현상

[6.26 터널의 방재등급]

063.3 터널설계 시 고려해야 할 안전시설에 대하여 기술
하시오.

065.4 지방지역의 자동차전용도로 내 2차로 장대터널
(연장 2,000m 이상)의 방재설비에 대하여 설명하
시오.

069.4 터널의 부속시설을 열거하고 기술하시오.

071.1 터널 비상시설

072.2 장대터널 설계 시 고려해야 할 환경적 요소와 방재
기준을 기술하시오.

090.2 도로 설계 시 터널구간 안전시설에 대하여 설명하
시오.

099.2 방재시설 설치를 위한 터널등급 결정 시 기준이
되는 터널 위험도지수 평가 기준에 대하여 설명하
시오.

103.1 터널의 방재시설

109.2 기존 도로터널 공용 중 화재발생 시 구조물의 피해 분석방법과 보수·보강대책에 대하여 설명하시오.

109.4 도로 터널의 방재시설 설치를 위한 터널등급 구분 방법과 1등급 터널의 방재시설 설치위치 및 설치 간격에 대하여 설명하시오.

117.4 대심도 터널이나 장대터널의 방재시설에 대하여 설명하시오.

123.1 터널의 방재등급과 방재시설

125.2 '도시부 소형차전용터널'의 방재시설 설치를 위한 터널방재등급 결정방법과 원격제어살수설비, 피난 연결통로에 대하여 설명하시오.

[6.27 터널의 한계온도, 내화지침]

124.1 도로터널의 한계온도

124.2 도로터널에서 발생할 수 있는 차량화재 등으로 인한 터널의 손상과 붕괴를 예방하기 위해 마련한 도로터널 내화지침(국토교통부, '21.4)의 주요 내용에 대하여 설명하시오.

[6.28 터널 교통사고 발생원인과 개선방안]

108.4 도로터널구간(터널 입·출구 및 터널 내부구간)에서의 교통사고원인과 교통안전성 향상을 위한 개선방안에 대하여 설명하시오.

114.2 터널 전·후 구간의 교통사고 예방을 위한 도로설계 시 고려사항과 대책방안에 대하여 설명하시오.

[6.29 터널의 계측관리]

082.2 터널 내 계측항목 선정요령을 기술하시오.

093.3 도로터널의 계측항목 및 항목별 평가사항에 대하여 설명하시오.

106.2 NATM터널 공법의 계측관리와 터널 막장에서의 안전대책을 설명하시오.

123.4 NATM 터널공법의 원리와 계측관리 및 터널시공 시 막장붕괴 방지를 위한 안전대책에 대하여 설명하시오.

[6.30 「시특법」 1종시설물 범위(터널, 교량)]

104.1 시설물의 안전관리에 관한 특별법 상 1종시설물 범위(도로터널, 도로교량)

[6.31 「지하안전관리에 관한 특별법」]

119.1 지하안전관리에 관한 특별법

[6.32 지하안전영향평가 제도]

114.1 지하안전영향평가

[6.33 지하공간의 활용방안]

086.4 최근 신도시개발시 지상을 녹지화하고 도로를 지하화함으로써 자연친환형 도시공간을 확보하고자 노력하고 있다. 이때 발생될 수 있는 문제점 및 개선방안에 대하여 설명하시오.

087.2 대도시 지하공간의 효율적 활용을 위한 대심도 지하도로 건설 시 효과와 문제점 및 발전방향에 대하여 기술하시오.

095.4 지하도로계획 시 고려사항과 문제점 및 대책을 설명하시오.

099.1 지하공공보도시설의 구조

099.4 도심지내 소형차전용 지하차도를 건설하고자 한다. 설계 시 고려하여야 할 사항에 대하여 설명하시오.

115.2 도로의 상·하부 공간 유휴부지 활용방안에 대하여 설명하시오.

117.1 대심도 지하도로

121.2 GTX 등 "대심도 교통시설사업의 원활한 추진을 위한 제도개선" 추진방안(2019년 11월, 국토교통부)에 대하여 설명하시오.

3. 콘크리트

[6.34 콘크리트의 혼화재료]

071.1 혼화재(混和材)와 혼화제(混和劑)

085.1 AE 콘크리트

087.1 Fly-Ash

100.1 혼화재/혼화제

119.1 혼화재료

[6.35 콘크리트의 워커빌리티(workability)]

092.1 콘크리트의 워커빌리티

[6.36 굳지 않은 콘크리트의 균열]

093.1 콘크리트 수화열

[6.37 콘크리트의 알칼리-골재반응]

077.1 알칼리 골재반응
    (AAR, Alkali Aggregate Reaction)

092.1 알칼리 골재반응

[6.38 콘크리트의 중성화(Carbonation)]

063.1 콘크리트의 중성화

075.1 콘크리트의 중성화

120.1 중성화 콘크리트

121.1 콘크리트의 중성화

124.1 콘크리트의 중성화

[6.39 콘크리트의 열화(劣化)]

084.1 열화(劣化)현상

[6.40 콘크리트의 염해(鹽害)]

063.4 해양콘크리트의 염해 발생원인과 그 대책을 기술하시오.

077.4 해양구조물의 설계 시 내구성을 고려한 염해대책을 기술하시오.

[1. 교량]

6.01 교량의 계획

교량구조물 계획에서 고려해야 할 주요 검토 항목 [0, 3]

I 개요

1. 교량을 계획할 때 노선의 선형, 지형·지질, 기상 등의 조건, 시공성, 유지관리, 경제성, 환경과의 미적 조화 등을 고려하여 교량의 가설 위치 및 형식을 선정해야 한다.

2. 교량의 상·하부 형식을 선정할 때는 다음 요건을 종합적으로 고려하여 결정한다.
   (1) 교량이 가설되는 지점의 도로 노선 선형
   (2) 교량의 구조적 안전성과 경제성, 주행의 쾌적성
   (3) 교량의 시공성과 유지관리 용이성
   (4) 주변 환경과의 미적인 조화
   (5) 당해 지역주민의 의견

II 교량계획 고려사항

1. 설계하중
   (1) 교량 구조설계에 사용하는 설계기준자동차 하중은 국토교통부 「도로교 설계기준」 적용
   (2) **고속국도 및 자동차전용도로** : 표준트럭하중(DB-24) 또는 차로하중(DL하중)
   (3) **기타 도로** : 표준트럭하중(DB-24, DB-18, DB-13.5) 또는 차로하중(DL하중)

2. 내진(耐震)성
   (1) 내진설계의 기본개념은 지진이 발생되면 인명피해 최소화, 교량부재의 부분적 피해는 허용, 전체적 붕괴는 방지하여 기본적 능력을 발휘하는 목표 설정
   (2) 교량의 내진등급은 교량 중요도에 따라 내진 I 등급과 내진 II 등급으로 구분

3. 내풍(內風)안전성

(1) 사장교, 현수교 등 케이블 특수교량은 가설 중 및 공용 중에 내풍안전성을 확보할 수 있도록 기능성·경제성을 고려하여 단면형상을 적용

(2) 이를 위해 풍동시험 및 동탄성 해석 등을 시행하여 내풍(內風)안전성을 확보

4. 수해(水害)내구성

(1) 하천을 횡단하는 교량은 세굴 또는 수해에 대한 안전성을 고려하여 교량의 통수단면과 기초형식을 결정

(2) 상세내용은 국토교통부 「하천설계기준·해설」, 「도로설계편람 제5편 교량」 적용

5. 도로·철도와의 교차

(1) **국도(주간선도로)** : 4.50m 이상(동절기 적설에 의한 한계높이 감소 또는 포장 덧씌우기 등이 예상되는 경우는 4.70m 이상)

(2) **농로** : 4.50m 이상으로 하되, 단순 농로는 현지여건에 따라 조정 가능

(3) **철도(고속철도 포함)** : 7.01m 이상(「철도건설규칙」에 의거 협의 결정)

6. 하천교량

(1) **계획홍수량에 따른 여유고** : 하천을 횡단하는 교량의 높이는 계획홍수량에 따른 여유고 이상을 충분히 확보

[계획홍수량에 따라 여유고]

계획홍수량(m^3/sec)	여유고(m)	계획홍수량(m^3/sec)	경간길이(m)
200 미만	0.6 이상		
200~500	0.8 이상	500 미만	15 이상
500~2,000	1.0 이상	500~2,000	20 이상
2,000~5,000	1.2 이상	2,000~4,000	30 이상
5,000~10,000	1.5 이상	4,000 이상	40 이상
10,000 이상	2.0 이상		

(2) **교대, 교각의 설치위치**

① 교대, 교각은 부득이한 경우를 제외하고 제체 내에는 설치 금지

② 교대, 교각을 제방 정규단면에 설치하면 접속부에서 누수발생, 제방 안전성 저해, 통수능력 감소 등으로 치수 어려움 초래

③ 교대, 교각은 제방 제외지 측 비탈 끝으로부터 10m 이상 떨어져 설치

④ 다만, 계획홍수량 500m^3/sec 미만인 소하천에는 5m 이상 떨어져 설치

(3) 교량의 경간장

① 교량의 길이는 하천폭 이상이 바람직하다.

② 교량의 경간장은 하천상황, 지형상황 등에 따라 치수에 지장이 없다고 인정되는 경우를 제외하고는 아래 식의 값 이상으로 한다.

$$L = 20 + 0.005Q$$

여기서, L : 경간장(m)

Q : 계획홍수량(m^3/sec)

③ 다음 교량의 경간장은 위 식에 관계없이 다음 값 이상으로 설계해야 한다.

- 계획홍수량 500m^3/sec 미만, 하천폭 30m 미만 : 12.5m 이상
- 계획홍수량 500m^3/sec 미만, 하천폭 30m 이상 : 15m 이상
- 계획홍수량 500~2,000m^3/sec : 20m 이상
- 주운을 고려해야 하는 경우에는 주운에 필요한 최소 경간장 이상

④ 다만, 규정된 경간장 확보가 어려운 경우 교각 설치에 따른 하천폭 감소율(설치된 교각폭의 합계/설계홍수위에서 수면의 폭) 5% 이내에서 조정할 수 있다.

7. 해상교량

(1) 항로폭 확보 : 선박이 병행·추월하는 항로폭은 두 선박 간의 흡인작용, 항해사에게 미치는 심리적 영향 등을 고려하여 어선의 경우 6B~8B 이상을 확보한다.

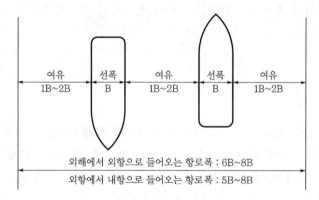

[해상교량의 항로폭]

(2) 형하고 결정

① 해상교량의 형하고는 약최고고조면에서 통과선박의 최대 마스트(Mast) 높이에 조석(潮汐), 선박의 트림(Trim), 파고, 항해사의 심리적 영향 등을 고려한 여유높이를 더한 값으로 한다.

② 해상교량 세부사항은 국토교통부 「항만 및 어항 설계기준」 적용

[선박의 마스트(Mast) 높이]

선형(총톤수)	수면에서 마스트(Mast) 높이[1]	적용
50ton 이하	7~8m	부선은 제외
50~500ton	7~18m	
500~1,000ton	15~26m	
1,000~5,000ton	20~35m	
5,000~10,000ton	30~45m	
10,000ton 이상	30~50m	대형유조선 포함
대형여객선	50~65m	

주 1) 공선(空船) 시 수면에서부터 선박의 최상부까지의 높이

Ⅲ 교량 부대시설

1. 교량점검시설

교량이 가설되는 주변지형, 공간여건 때문에 별도 장비 없이 접근하기 어려운 주요 교량부재에는 근접점검, 유지관리를 위해 교량점검시설을 설치한다.

2. 교량계측시설

교량구조물 특성에 따른 유지관리를 위하여 장기적인 계측이 필요한 경우에는 계측시설 설치계획을 포함한다.

Ⅳ 맺음말

1. 교량건설계획을 수립할 때는 합리적이고 경제적인 설계·시공을 수행할 수 있도록 구조물의 규모, 중요성, 교량 설치지점 상황 등을 정확하게 판단하는 과정이 필요하다.

2. 교량은 계획부터 가설, 유지보수에 이르기까지의 광범위한 과업을 수행하므로, 교량의 계획단계에서 잘못된 조사에 의해 기간 및 비용 등에 차질을 초래하지 않도록 현장중심의 철저한 사전조사가 필수적이다.[1]

---

1) 국토교통부, '도로설계편람', 제5편 교량, 2012, pp.503.1~2.

6.02 교량의 설계하중

교량설계하중, 표준트럭하중, 차량하중(DB)과 차로하중(DL) [4. 0]

1. 개요

(1) 교량설계할 때 고려하는 하중

① 주하중 : 교량의 주요 부분에 항상 작용되는 하중

② 부하중 : 때때로 작용되며 하중조합에 반드시 고려해야 되는 하중

③ 특수하중 : 교량의 종류, 형식, 가설지점 상황 등 특별히 고려해야 되는 하중

(2) 구조물에 작용하는 하중

① 고정하중 : 구조물의 자중 등 구조물 수명기간 중 항상 작용되는 하중

② 활하중

• 이동하중(moving load) : 차량과 같이 스스로 움직이는 하중

• 가동하중(moveable load : 장비와 같이 위치를 이동시키는 하중

• 기타 하중 : 물체이동에 의한 충격(impact)하중, 구조물에 작용하는 풍(wind)하중, 지진(seismic)하중 등의 동적(dynamic)하중

(3) 도로교를 설계할 때 적용하는 활하중은 표준트럭하중(DB하중) 또는 차로하중(DL하중), 보도 등에 적용되는 등분포하중 등이 있다.

① DB하중 : 실제 통행하는 표준트럭을 모형화한 하중이 아니고, 하중효과(영향)를 모형화한 가상(national)하중

② DL하중 : 표준트럭하중보다 크기는 작으나 차량들이 연이어 주행하는 경우의 하중효과를 모형화한 하중

(4) DB하중 및 DL하중은 미국 도로교설계기준(AASHTO Standard Specification)에서 사용했던 HS하중 및 HL하중을 국내 도로교설계기준에 반영한 하중이다.

① HS하중은 1944년 이전에 적용했던 2축차량(H하중) 위에 세미트레일러를 추가한 3축차량의 하중모델이다.

② DB하중은 고속도로 반(半)트럭(Highway Semitrailer)에서 유래된 용어이다.

③ 2등교(DB-18)하중과 3등교(DB-13.5)하중은 1944년 제정된 AASHTO HS20-44하중과 HS15-44하중에 해당된다.

④ 국내에 1977년 도입된 DB-24하중은 DB-18하중을 1.33배 증가시킨 하중이다. 현재 AASHTO LRFD 설계기준의 표준트럭하중은 HL-93으로 변경되었다.

(5) 바닥판, 거더 등에 큰 응력을 발생시키는 하중은 분포범위에 따라 크기가 달라진다.

① 바닥판과 바닥틀의 설계 : DB하중을 적용

② 거더의 설계 : DB하중 또는 DL하중을 적용

(6) 도로교를 설계할 때 고려하는 하중의 종류

[도로교 설계에서 고려하는 하중의 종류]

하중의 종류	
주하중(P)	⑾ 온도변화의 영향(T)
(1) 고정하중(D)	⑿ 지진의 영향(E)
(2) 활하중(L)	**주하중에 상당하는 특수하중(PP)**
(3) 충격(I)	⒀ 설하중(SW)
(4) 프리스트레스(PS)	⒁ 지반변동의 영향(GD)
(5) 콘크리트 크리프의 영향(CR)	⒂ 지점이동의 영향(SD)
(6) 콘크리트 건조수축의 영향(SH)	⒃ 파압(WP)
(7) 토압(H)	⒄ 원심하중(CF)
(8) 수압(F)	**부하중에 상당하는 특수하중(PA)**
(9) 부력 또는 양압력(B)	⒅ 제동하중(BK)
부하중(S)	⒆ 가설 시 하중(ER)
⑽ 풍하중(W)	⒇ 충돌하중(CO)

2. 하중의 종류

(1) **고정하중** : 고정하중을 산출할 때는 아래 표의 단위질량을 사용한다. 단, 실제 질량이 명백한 재료는 그 값을 사용한다.

[재료의 단위질량]

(단위 : kg/m³)

재료	단위질량	재료	단위질량
강재, 주강, 단강	7,850	콘크리트	2,350
주철	7,250	아스팔트포장	2,300
알미늄	2,800	시멘트 모르타르	2,150
철근콘크리트	2,500	역청재(방수용)	1,100
프리스트레스트콘크리트	2,500	목재	800

(2) **활하중** : 활하중에는 자동차하중[표준트럭하중(DB하중) 또는 차로하중(DL하중)], 보도의 등분포하중, 궤도의 차량하중 등이 있다.

① 자동차하중 : DB하중

[자동차하중 : DB하중]

교량등급	하중등급	중량 W(kN)	총하중 $1.8W$(kN)	전륜하중 $0.1W$(kN)	후륜하중 $0.4W$(kN)
1 등교	DB-24	240	432	24.0	96
2 등교	DB-18	180	324	18.0	72
3 등교	DB-13.5	135	243	13.5	54

② 자동차하중 : DL하중

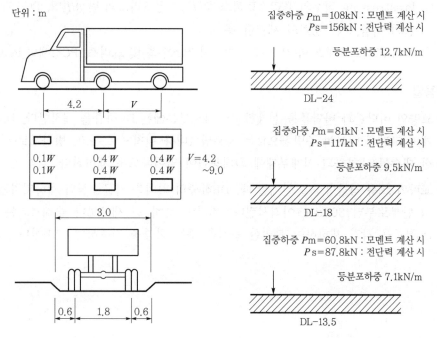

단위 : m

집중하중 P_m=108kN : 모멘트 계산 시
P_s=156kN : 전단력 계산 시

등분포하중 12.7kN/m

DL-24

집중하중 P_m=81kN : 모멘트 계산 시
P_s=117kN : 전단력 계산 시

등분포하중 9.5kN/m

DL-18

집중하중 P_m=60.8kN : 모멘트 계산 시
P_s=87.8kN : 전단력 계산 시

등분포하중 7.1kN/m

DL-13.5

[자동차하중 : DL하중]

③ 활하중의 재하방법
  • 바닥판과 바닥틀 설계
    – 종방향으로 차로당 1대의 DB하중을 재하
    – 횡방향으로 재하 가능한 대수를 재하, 이때 횡방향으로 최외측 차륜중심의 재하
       위치는 차도 단부에서 300mm 지점을 선정
  • 주거더 설계
    – 종방향으로 차로당 1대의 DB하중 또는 1차로분의 DL하중을 재하
    – 하중의 차로당 1대의 점유폭은 3.0m, 표준 설계 차로폭은 3.6m
  • 곡선교 설계
    – 하중을 차로당 1대 표준점유폭 3.0m마다 연속시켜 설계 차로수만큼 재하
④ 보도하중 : 바닥판과 바닥틀 설계에는 5×10^{-3}MPa의 등분포하중을 재하

(3) **충격** : 상부구조 활하중 크기에 충격계수(I)를 곱하여 산출하되, 0.3을 초과할 수 없다.

$$충격계수 \ I = \frac{15}{40 + L} \leq 0.3$$

여기서, L : 활하중이 재하된 지간 길이(m)

(4) 프리스트레스

① Prestressing 직후의 프리스트레스 힘(P_i) : 콘크리트의 탄성변형, PC강재와 sheath 관의 마찰, 정착장치의 세트량 등

② 유효 프리스트레스 힘(P_e) : 콘크리트의 건조수축 및 크리프, PC강재의 Relaxation 등

3. 맺음말

(1) 교량의 바닥판과 바닥틀을 설계할 때, 차도부분에는 DB하중을 재하한다. DB하중은 한 개의 교량에 대하여 종방향으로는 차로당 1대를 원칙으로 하고, 방향으로는 재하 가능한 대수를 재하하되 설계부재에 최대응력이 일어나도록 재하한다.

(2) 교량의 교축 직각방향을 설계할 때, DB하중의 최외측 차륜중심의 재하위치는 차도부분의 단부로부터 300mm 이격시킨다. 지간이 특히 긴 세로보나 슬래브교는 DB하중과 DL하중을 각각 재하하여 불리한 응력을 주는 하중을 기준하여 설계한다.[2]

---

2) 국토교통부, '도로교설계기준', 2010, pp.2-1~5.
   국토교통부, '도로설계편람', 제5편 교량, 2008, pp.505-7~9.

6.03 도로 토공구간의 교량화 검토 방안

1. 개요

(1) 한국개발연구원(KDI)에서 신규 도로건설사업에 대한 사전타당성 검토 과정에 계획노선이 마을 앞을 횡단하는 경우 조망권 침해, 심리적 고립감 등의 영향으로 토공구간을 교량건설로 설계변경 요구하는 사례가 빈번하다.

(2) 본문에서는 신규 도로건설을 위한 마을앞 고성토(7~10m)에 따른 조망권 침해 및 마을 고립 등에 따른 재산권 피해를 우려하여 교량길이 15m를 포함하여 토공구간 105m 전체를 교량으로 설계변경 요구하는 사례를 검토하고자 한다.

2. 도로 토공구간에 대한 문제점

(1) 다수의 교통편의를 위해 피해를 감수해야 하는 지역주민 불만 표출

(2) 고속도로 건설로 인한 주변 환경변화 및 경관피해 발생 심화

(3) 고속도로 착공 이후 설계변경 중에 협의단가 적용으로 공사비 증액 과다

• 공사비 도급가격 대비 증가금액 : 4,902백만 원(최근 5년간, 41건)

(4) 정부와의 총사업비 협의과정에 타당성에 대한 종합검토 요구 추세

• 기획재정부 「총사업비 관리지침」 제72조 토공구간 교량화(2006.5.11.)

[도로 토공구간 교량화 변경 사례]

구분	요구 유형	변경 내용	건수	추가연장(m)	추가공사비(백만 원)
합계	–	–	41	1,669	38,044
1	조망권	토공구간 ⇨ 교량화	1	70	1,008
2	통행권 외 4건	교량 연장 추가	26	1,336	26,898
3	조망권 외 2건	통로암거 ⇨ 교량화	14	263	10,138

3. 도로 토공구간의 교량화 검토 기준

(1) 기획재정부

① 「토공구간 교량화 타당성 검토기준」에 의해 성토고 20m 이상이며 마을과의 이격거리 50m 이내 구간에는 보상 및 이주 또는 교량화를 적극 검토한다.

② 상기 (1)항 이외 구간에서도 교량화 요구 사유별 타당성 검토 후 대안 적용하도록 기준을 운용한다.

(2) **국토교통부** : 「환경친화적인 도로건설 편람」에 의해 성토고 20m 이상이며 마을과의 이 격거리 50m 이내 구간에는 교량화를 적극 검토한다.

(3) **환경부**

① 「경관평가기법 개발에 관한 연구」에 의해 고성토로 인한 경관장애를 유발하는 구간 에 대해서는 교량화 대안을 검토한다.

② 교량화 대안 검토할 때 대상 물체의 거리와 각에 대한 경관장애를 상향각 14~18° 이 면 밀폐감이 최소화되고, 45° 이상이면 밀실 공포증이 유발된다고 검토한다.

(4) **환경권(조망권, 일조권) 판례**

① 서울고법
- 수인한도 : 조망권 침해율 40% 이상[서울고법 2000.7. 선고99나 52567, 99나 52574 판결]

② 대법원
- 수인한도 : 동짓날 기준 오전 9시부터 오후 3시까지 6시간 중 일조시간을 연속 2시 간 이상 확보
- 수인한도 : 동짓날 기준 오전 8시부터 오후 4시까지 8시간 중 일조시간을 총 4시간 이상 확보[대법원 2004.9.13. 선고2003다64602 판결]

※ '수인(受忍)한도'란 환경권의 침해나 공해·소음 등이 발생된 경우 피해의 정도가 서로 참을 수 있는 한도를 의미한다.

4. 도로 토공구간의 교량화 검토 절차

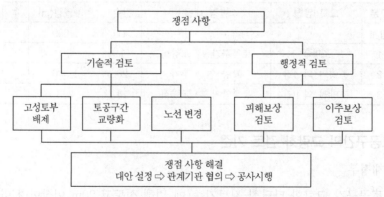

[도로 토공구간의 교량화 검토 흐름도]

(1) **고성토 구간**

성토고 20m 이상 + 마을과의 이격거리 50m 이내 구간

보상 및 이주 또는 교량화 적극 검토

(2) 통행권

① 도시계획 변경, 하부도로 확장 등의 요구에 대해 관계기관 협의 요청
   사안별 사업시행 및 비용부담 주체 검토
② 통행인의 편리성 및 안전성 확보를 위한 도로계획의 적정성 검토
   • 기존 도로의 등급 및 차로수 확보 가능성
   • 보도의 필요성, 주변여건 및 주요 통행수단, 우회도로 개설(예정) 여부

(3) 일조권

① 고속도로 시설물로 인한 일조권의 피해 범위 검토
   관련 기준 검토 및 전문가의 현장조사 실시
② 일조권 피해 방지를 위한 대안 검토
   • 도로시설물 변경(토공 ⇨ 교량화)으로 인한 일조권 피해방지 또는 경감 정도
   • 경제성을 고려한 이주 또는 보상 가능성 검토

(4) 조망권

① 조망권 피해정도 검토
   • 수인한도 초과 여부, 고속도로와의 이격거리 및 경관피해 정도
   • 조망권 피해로 인한 재산가치 하락 가능성
   • 주변에서 조망할 만한 특별한 가치 있는 시설물의 존재 여부
② 조망권 피해해소를 위한 방안 검토
   • 기술적 검토 사항 적용에 따른 해소 가능성
   • 이주 또는 보상을 고려한 경제성 분석(가구수, 이격거리, 피해보상 금액 등)

(5) 마을 고립

① 마을 고립의 형태 검토
   • 마을 고립의 형상, 고속도로와의 이격거리 및 상대적인 높이
   • 마을 주변여건(마을 후방에 가파른 산, 강 등이 있어 확장불가 상태 등)
   • 주변 경제활동과의 상관관계, 지가 등 자산가치 하락 가능성
② 마을 고립 해소를 위한 방안 검토
   • 통로암거 추가 설치 또는 계획고 조정 등 기술적 검토
   • 이주 또는 보상 방안에 대한 경제성 분석 비교

(6) 마을 양분/분리

① 마을 양분/분리로 인한 주민 피해 정도 검토
   • 경제활동 위축 및 장애 정도, 통행로 규격의 적정성
   • 분리로 인한 주민 간의 동질감 상실 정도 및 재산손실 등

② 마을 양분/분리 해소방안 검토 : 통로암거 또는 교량화 검토, 노선변경 및 이주 등 경제성 비교·검토

(7) 통풍 장애

① 통풍 장애로 인한 피해 검토
- 풍력에 의존하는 수입원, 에너지원 여부에 따른 피해범위 예측
- 쓰레기소각장, 화장장 등 바람의 영향에 민감한 지역 여부

② 통풍 장애 해소 방안 : 도로시설물 설계변경 가능성 및 개선 후의 효과 정도, 이주 행정처리 사항

5. 맺음말

(1) 정부는 국가물류체계를 개선하고 교통의 질 향상을 위해 도로시설의 지속적인 확충이 필요하지만, 최근 도로의 스톡이 늘어나면서 개인의 체감편익이 감소함에 따라 도로건설에 대한 지역주민의 반대가 날로 증가하는 추세이다.

(2) 토공구간 교량화 설계변경과 관련하여 용지보상 범위에서 벗어난 가옥의 거주자가 민원을 제기할 경우, 이주보상 가능하도록 「공익사업을 위한 토지 등의 취득 및 보상에 관한 법률」의 이주대상 기준을 개정할 필요가 있다.

(3) 도로의 신설노선으로 인해 불편을 받는 주민들에게 이주할 수 있는 기회를 부여하는 것은 주민들이 이주할 의사가 전혀 없더라도 선택의 기회를 준다는 입장에서 의미 있는 제도라고 평가받을 수 있다.[3]

---

3) 한국개발연구원, '토공구간 교량화 설계변경 사전타당성 검토', 공공투자관리센터, 2006.8.

6.04 교량 상·하부의 형식 선정

교량의 설치 계획에서 조사사항, 교량 형식결정 유의사항, 경간분할 고려사항 [0, 5]

I 개요

1. 교량을 계획할 때 노선의 선형, 지형·지질, 기상 등의 조건, 시공성, 유지관리, 경제성, 환경과의 미적 조화 등을 고려하여 교량의 가설 위치 및 형식을 선정해야 한다.
2. 교량의 상·하부 형식을 선정할 때는 교량이 가설되는 지점의 도로 노선 선형, 주행의 쾌적성, 교량의 시공성과 유지관리 용이성 등을 종합적으로 고려하여 결정한다.

II 교량의 상·하부 형식 선정

1. 교량의 형식 선정 고려사항

(1) 교량형식 선정의 기본방향은 교량의 가설목적 및 기능을 만족하면서 생애주기비용이 최소화하고, 시공성이 우수하며 유지관리가 용이하고, 주변환경과 조화를 이룰 수 있는 교량의 상·하부구조 형식을 선정한다.

(2) 교량의 형식 선정과정에는 다음 사항을 고려한다.

① 교량의 가설목적(기능)에 부합하는 형식(교량 길이, 지간, 교대, 교각의 위치와 방향, 다리밑 공간확보 등에 적합한 형식)
② 안전성과 시공성이 우수하고 계획된 도로선형에 적합한 형식
③ 생애주기비용이 최소화될 수 있는 형식
④ 공사비가 유사할 경우에는 시공성, 조형미 및 경관미가 우수한 형식

(3) 자동차 주행의 안정성 및 쾌적성을 좋게 하려면 구조적으로 상로교 형식이 좋고, 신축이음장치가 적은 연속교가 좋다. 특히 도심지 교량은 구조물 자체도 날렵한 느낌을 주는 형식이 좋고, 주변경관과 균형을 이루는 것도 중요하다.

2. 교량의 경간 분할

(1) 미관을 고려한 경간 분할

① 연속교는 중앙 경간을 양측 경간보다 크게 분할하면 안정감이 향상된다.
② 3경간 연속구조일 때는 경간의 개략적 비율이 3 : 5 : 3, 4경간 연속구조일 때는 3 : 4 : 4 : 3 배분이 시각적으로 우수하다.
③ 교량길이가 길고 지형이 평탄할 때는 동일한 간격의 경간이 좋다.
④ 접속교량과의 연결은 경간이 점점 변하여 조화되도록 분할한다.

(2) 하천 통과구간의 경간 분할

① 유속이 급변하거나 하상이 급변하는 지역에는 교각을 설치하지 않는다.

② 저수로 지역에서는 경간을 크게 분할한다.

③ 교각설치로 인한 하천단면 축소, 수위 상승, 배수 지장 등이 없도록 한다.

④ 유목·유빙이 있는 하천, 하폭이 협소한 하천에는 교각수를 최소화한다.

⑤ 유로가 일정하지 않는 하천에서는 가급적 장경간을 선택한다.

⑥ 기존교량에 근접하여 신설교량을 건설할 때는 경간분할을 같게 하거나, 하나씩 건너 뛰는 교각배치를 하도록 한다.

(3) 경제성을 고려한 경간 분할

① 상부구조와 하부구조의 단위길이 당 건설비를 같게 하거나, 상부구조의 공사비를 하부구조보다 약간 크게 하는 것이 적절하다.

② 기초지반이 불량하면 장경간이, 기초지반이 양호하면 단경간이 유리하다.

③ 하저지반이 불균일하면 각 구간별로 나누어 경제성 검토 후 경간분할한다.

3. 상부구조의 형식 선정

(1) 단계별 검토사항

① 관련법령, 설계기준 : 설계하중, 도로의 폭원

② 도로의 선형, 교량의 평면형상 : 교량의 폭원, 곡선교와 사교

③ 교량의 시·종점, 교량의 길이, 다리밑 공간 : 도로·철도·하천의 횡단

④ 교량의 경간분할, 거더높이에 적합한 교량형식 결정 : 기존교량, 외국사례

⑤ 시공방법 : 특수공법, 외국기술, 국내장비로 시공 가능성

⑥ 사용재료 : 재료·재질의 역학적 성질, 내구성, 확보 용이성

⑦ 교량의 유지관리 편의성

⑧ 경관미 : 교량자체의 조형미, 주변경관과의 조화, 가설지역의 상징성

⑨ 경제성 : 가치공학(value engineering)에 근거한 초기투자비, LCC 산정

⑩ 각 교량형식의 비교표 작성, 최종적으로 가장 적합한 교량형식 선정

(2) 종합적 검토사항

① 교량의 상부구조형식은 구조적 안전성, 기능성, 시공성, 경제성, 유지관리 편의성 등을 고려하고 주변과 조화되도록 경관미를 검토하여 선정한다.
각 요소에 대한 가중치를 배정하여 종합적인 검토가 필요하다.

② 교량의 상부구조형식은 도로의 평면선형, 종단선형, 교차시설의 교차각, 다리밑 공간(상부구조 높이 최소화) 등을 고려하여 가설목적과 주변여건에 따라 경제성을 우선할 것이냐, 경관미를 고려할 것이냐가 관건이다.

최근 교량의 경제성보다 경관미를 고려하여 설계하는 경향이 있으나, 이 경우 건설공사비와 유지관리비가 많이 소요되어 비경제적일 수 있다.

(3) 사용재료에 따른 검토

① 강교

- 강교 형식은 가설조건(접근), 수송조건(통과하중), 환경조건(부식), 장래유지관리(도장) 등을 종합적으로 판단하여 선정한다.
- 트러스교는 직교에 적용하는 것을 원칙으로 한다.
- 비틀림 강성이 작은 플레이트 거더는 사각 30° 이하에서 비합성보로 설계하는 것이 적합하다.
- 비틀림 강성이 큰 강박스 거더는 곡선교, 램프교(인터체인지)에 유리하고, 장경간이 가능하여 횡단육교, 과선교(철도교차)에 적합하다.
- 곡선부에 거더를 가설할 때는 횡방향 전도 검토가 필요하며, 단경간 곡선교에서는 부반력 검토가 필요하다.
- 강교 형식을 선정할 때는 가설공법, 가설기계 능력도 검토해야 한다.

② 콘크리트교

- 철근콘크리트 슬래브교와 라멘교는 15m 정도의 짧은 지간에 적용한다.
- 철근콘크리트 슬래브교는 속 찬 단면과 속 빈 단면으로 대별되는데, 속 빈 단면은 시공 중에 중공관이 부상하는 문제가 있어 최근에는 설계하지 않는다.
- 라멘교는 기초의 부등침하, 수평이동, 회전 등이 있는 경우 구조적 안전성에 치명적이므로 견고하고 신뢰성 있는 지반에 적용한다.
- PSC구조 중 가장 많이 적용되고 있는 형식은 PSC합성거더교와 PSC박스거더교이다. 최근 다양한 장지간 PSC합성거더교가 개발되어 있다.

4. 하부구조의 형식 선정

(1) 구조적 안전성

① 상부구조에서 작용하는 하중이 효과적으로 기초에 전달될 수 있는 형상
② 내진성능이 우수한 형상
③ 교각높이, 상부구조를 고려하여 효과적인 내진거동을 확보할 수 있는 형상
④ 응답수정계수가 유리한 단면

(2) 시공성

① 시공성·경제성 확보를 위하여 거푸집의 반복 사용이 가능한 형상
② 경관미를 고려한 교각을 계획할 때는 시공성이 충분히 보장되는 형상

(3) 경관미

① 도심지 가설 교량의 교각은 단면을 날렵하게 하고, 교각 사이를 길게 한다.

② 물의 흐름과 조화될 수 있는 교각의 형상 변화가 필요하다.

③ 상부구조와 형상의 조화, 비례를 고려해야 한다.

④ 교량의 전체길이에 걸쳐 지형변화에 따른 교각의 연속적인 경관(panorama) 조화를 이루도록 한다.

(4) 기능성

① 하천 횡단 교량에서는 통수에 유리한 교각 형상

② 시가지 교량에서는 도로시거 확보에 유리한 교각 형상

③ 도심지 고가도로에서는 종단선형 유지에 유리한 교각 형상(코핑 없는 교각)

5. 기초의 형식 선정

(1) 기초형식은 지반조건에 따라 결정되지만, 지지조건, 수심, 유속, 하부구조형식 등을 검토하여 가장 안전하고 경제적인 형식으로 한다.

(2) 하나의 기초구조에서는 원칙적으로 서로 다른 종류의 형식을 적용하지 않는다.

Ⅲ 맺음말

1. 교량건설계획을 수립할 때는 합리적이고 경제적인 설계·시공을 수행할 수 있도록 구조물의 규모, 중요성, 교량 설치지점 상황 등을 정확하게 판단하는 과정이 필요하다.

2. 교량은 계획부터 가설, 유지보수에 이르기까지의 광범위한 과업을 수행하므로, 교량의 계획단계에서 잘못된 조사에 의해 기간 및 비용 등에 차질을 초래하지 않도록 현장중심의 철저한 사전조사가 필수적이다.[4]

---

4) 국토교통부, '도로설계편람', 제5편 교량, 2012, pp.503.1~2.

6.05 해상교량의 노선 선정, 공법 특징

해상구간 노선선정 고려사항, 장경간 교량의 공법종류별 특징 [0, 2]

Ⅰ 개요

1. 해상교량은 육상교량과는 달리 기상조건의 영향을 많이 받으며 공사 중에 현장 접근이 어려운 점 등을 고려하여 노선선정을 위한 가설계획을 수립해야 한다.
2. 최근는 해상교량이 장경간화됨에 따라 특수한 가설장비 및 시공방법이 필요하므로 현장여건, 안전성, 경제성, 시공성 등을 고려하여 적합한 가설공법을 선정해야 한다.

Ⅱ 해상교량의 노선선정

1. 노선선정 기본방향

(1) 현장여건

① 교량 가설위치의 지형적 여건 및 지반조건 고려
② 가설 공법에 적합한 작업공간 확보
③ 시공 중에 원활한 교통(해상, 육상)처리 여건 확보

(2) 교량형식 및 제원

① 교량연장에 따른 가설공법 및 장비의 적정성
② 상부구조형식에 따른 단면 적정성
③ 해상환경을 고려한 자재구입 및 운반조건

(3) 공법선정의 적정성

① 교량 가설 중에 안전성 확보 및 가설장비의 적정성
② 품질향상 및 공기단축이 가능한 공법
③ 시공단계별로 시공조건 변화에 대처하기 용이한 장비

(4) 해상공사의 가능성

① 해상공사 중 작업 불가능한 바람, 파도, 조수간만 등의 영향 검토
② 해상교량 설치용 장비・자재의 수송하기 위한 바지선 검토(흘수 2.5m)
③ 국립해양조사원의 조석관측자료를 통계분석하여 작업 가능시간 산정

2. 가시설물 설치 기본방향

(1) 물량장

① 해상교량 건설공사 수행 중 각종 자재·장비의 반입, 제작 및 반출을 위하여 최적화할 수 있는 작업장의 평면 및 단면계획을 수립

② 기존 지형, 수심을 최대한 이용하여 공사에 필요한 바지선(2,000톤급)의 접안수심을 확보할 수 있도록 계획

③ 물량장 구조는 토질조사 자료를 기준으로 토질분포 상태를 고려하여 안정성, 시공성, 내구성 및 유지관리가 용이한 형식으로 계획

(2) 가설도로 및 가축도

① 공사용 가도 및 진입로 : 해상교량 건설용 장비·자재의 현장 진입을 위하여 별도의 공사용 진입로 및 가도 설치를 검토

② 가축도 : 해상교량 기초공사를 위하여 수중에 널말뚝을 둘러 박고 그 속에 흙을 채워서 공사용 작업장으로 활용하는 가설구조물 설치를 검토

(3) 가물막이공

① 해상교량 기초공사 수행 중에 해수 침입을 방지하기 위하여 널말뚝(shet pile)이나 토사를 사용하여 임시로 막아놓은 가물막이공 설치를 검토

② 서해대교 기초공사의 경우, 가물막이 셀은 주탑 1개소당 16기의 Circular Cell(직경 24.83m)을 설치하고, Cell 안정을 위해 즉시 내부 속채움 마감[5]

■ Ⅲ 해상교량의 공법종류별 특징

1. 교량공법 선정 검토사항

(1) 교량의 가설목적(기능)에 부합하는 형식(교량 길이, 지간, 교대, 교각의 위치와 방향, 다리밑 공간확보 등에 적합한 형식)

(2) 안전성과 시공성이 우수하고 계획된 도로선형에 적합한 형식

(3) 생애주기비용이 최소화될 수 있는 형식

(4) 공사비가 유사할 경우에는 시공성, 조형미 및 경관미가 우수한 형식

(5) 해상교량의 장경간화에 따른 사장교와 현수교 적용성 검토

---

5) 익산지방국토관리청, '익산청 관내 도로건설공사 설계매뉴얼', 한국건설기술연구원, 2013.12.

2. 사장교(斜張橋, Cable-stayed bridge) 적용성

(1) 사장교는 적은 수의 교각으로 장대교 시공이 가능하여, 형하공간으로 선박 통행이 가능하며, 외적 미관과 곡선미가 수려하다.

(2) 사장교는 설계단계에서 구조계산이 복잡하고, 가설단계에서 풍하중에 대한 균형유지가 어려우며, 공용단계에서 주탑과 케이블의 부식이 우려된다.

3. 현수교(懸垂橋, Suspension bridge) 적용성

(1) 공장에서 현수교의 Main cable과 hanger rope를 제작할 때 가급적 큰 부재로 조립하고, 현장에서는 대형장비로 가설하여 시공기간을 단축하려는 경향이 있다.

(2) 자연상태로 노출된 현수교의 가설현장에서 공장제작된 부재의 조립작업을 줄이면서 정밀시공을 통한 품질향상을 도모하는 경향이다.

Ⅳ 사장교와 현수교 특징 비교

1. 가설현장

사장교와 현수교는 교량가설이 필요한 공간에 교각을 설치할 수 없고 거더만으로는 건널 수 없을 경우에 다른 재료로 보강을 하는 교량형식으로, 보강재료에 인장재, 즉 케이블을 사용하는 매달기식 교량이라는 점이 서로 유사하다.

2. 단면, 경간길이

(1) 사장교는 작용하중의 일부가 케이블의 인장력으로 지지되므로, 보강형은 케이블의 장치점에서 탄성지지된 구조물로 거동된다. 사장교에서는 케이블의 인장력을 조절하여 각 부재의 단면력을 균등하게 분배시킴으로써 연속거더교에 비해 단면 크기를 줄일 수 있다.

(2) 현수교 케이블의 축선 형상은 역(逆)아치와 유사하지만 케이블 축선에 인장력이 작용한다는 점이 아치교와 다르다. 현수교 케이블에는 아치교와 같은 압축력에 의한 좌굴이 생길 우려가 없어 순인장력을 지지하는 고장력 케이블을 사용한다.

3. 강성, 경제성

(1) 장경간의 교량은 일반적으로 중앙 경간이 길어지면 거더 전체의 세장비가 증가하여 비틀림 변형이 발생하기 쉬운 단점이 있다.

(2) 사장교는 현수교보다 케이블 강성이 크므로 비틀림 강성도 더 크다. 따라서 사장교 지간은 연속거더교와 현수교의 중간인 150~400m 정도에 유효하다.

(3) 교량 가설비의 경제성을 고려할 때 3경간 연속거더교, 사장교, 현수교 전체 교량길이에 대한 주경간장의 관계는 아래 그림과 같다.

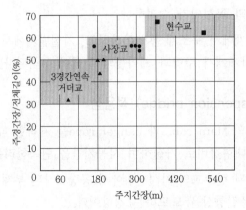

[교량형식에 따른 경간길이]

4. 케이블 구성

(1) 사장교는 케이블이 직선 모양으로 배치되므로 큰 변형은 발생하지 않지만, 현수교는 케이블이 포물선 형상이므로 수직하중 재하에 대하여 케이블 장력이 평형상태에 이르기까지 큰 변형을 일으킨다.

(2) 사장교는 주탑과 보강형을 직선으로 연결하는 케이블로 구성되지만, 현수교는 포물선의 주케이블과 주케이블을 보강형에 묶어주는 행거로 구성된다.

5. 정역학적 거동

(1) 사장교와 현수교는 대부분의 매달기식 교량구조와 비슷하게 보강형과 상판, 보강형을 지지하는 케이블, 케이블을 지지하는 주탑, 케이블을 수직·수평방향으로 지지하는 앵커블록 등의 4가지 주요 요소로 구성된다.

(2) 따라서, 사장교와 현수교는 같은 케이블 지지 교량형식으로 250~2,000m 이상의 장경간을 가설할 수 있다는 점에서 매우 유사하지만, 두 교량 형식은 케이블 배치 형상의 차이 때문에 처짐곡선 등의 정역학적 거동에서 큰 차이가 발생된다.

6. 내풍 안전성

(1) 사장교는 고차의 부정정구조물이므로 비스듬히 뻗친 다수의 케이블이 교량의 진동형을 흩트리므로 교량이 위험한 공진상태로 되는 것을 막아준다.

(2) 현수교는 주탑 정상의 수평변위가 크고 케이블이 자유롭게 역방향으로 진동할 수 있어 케이블의 비틀림 진동에 대한 억제력이 대단히 약하다. 따라서 현수교 설계 시 바람에 의한 진동 관측을 위해 풍동실험이 필수적이다.

7. 최대위험 바람

(1) 서해대교는 65m/sec 강풍에도 100년간 견디게 설계되었지만, 바람이 15m/sec 초과하면 차량속도를 제한하고, 20m/sec 초과하면 차량 통행을 금지한다. 일반적으로 바다는 육지보다 풍속이 20% 빠르다. 20층 높이에서는 해수면보다 풍속이 50% 더 빠르다. 바람이 교량에 가하는 풍압은 풍속의 제곱에 비례한다. 서해대교는 20층 높이(60m) 상판에서 육지보다 3배 강한 풍압을 받는다.

(2) 실제로 서해대교 공사 중에 26m/sec 태풍(올가)의 영향으로 길이 60m의 가설 트러스가 50m 아래로 추락하는 대형사고가 있었다. 미국에서는 1940년 당시 세계 3번째 긴 타코마 현수교가 20m/sec 폭풍에 붕괴되었다. 그 이유는 교량의 고유진동수와 똑같은 진동수로 바람이 주기적으로 부는 공진현상 때문이었다.

(3) 국내에서도 1973년 최초 완공된 사장교 남해대교(660m)가 1995년 태풍(페이) 피해를 입어 주케이블을 감싸고 있는 래핑 와이어가 풀어져 붕괴위험에 직면하였다. 서해대교에는 교량 고유진동수를 측정하여 공진현상에 대응하기 위해 처짐계, 응력계, 지진계, 풍향풍속계, 경사계 등 첨단센서 100여개를 설치하였다.[6]

[사장교와 현수교 비교]

구분	사장교	현수교
지지형식	주탑(하프형, 방사형, 팬형, 스타형)	주탑, anchorage(자정식, 타정식)
하중경로	하중 → 케이블 → 주탑	하중 → 행거 → 현수재 → 주탑 → anchorage
구조특성	고차(高次) 부정정 구조 (연속 거더교와 현수교 중간적 특징)	저차(低次) 부정정 구조 (활하중이 저점부로 거의 전달되지 않음)
장·단점	• 비틀림 저항이 크다. • 현수교에 비해 강성이 크다. • 단면을 줄일 수 있다. • 케이블의 응력조절이 용이하다.	• 장경간에 경제적이다. • 풍하중에 대한 보강이 필요하다. • 하부구조 설치가 곤란한 지형에 유리하다.
실적	• 돌산대교, 서해대교, 인천대교	• 영종대교, 광안대교, 이순신대교

---

6) 박효성, 'Final 토목시공기술사', 개정 2판, 예문사, 2020, pp.1379~1381.

6.06　교량의 하부구조, 기초 형식

교량 기초의 종류 및 특징과 형식선정 검토사항 [1, 1]

1. 개요

교량의 하부구조는 상부구조를 지지하며 상부구조에 가해지는 교통하중 등을 지반으로 전달하는 역할을 하는 부재로서, 교대, 교각 및 기초로 구성된다.

2. 교량 교대(abutment)

(1) 교대 기능

① 교대는 교량 길이방향으로 양 끝단을 지지하며 상부구조에 가해지는 하중과 교대 배면의 토압이나 지표면 재하중 등을 기초에 전달하는 역할을 하는 부재이다.

② 교대는 형상·구조·높이에 따라 구조적으로 안정되고 경제적인 형식을 선정한다.

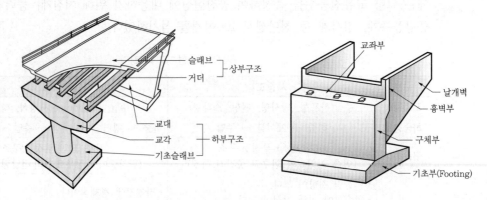

[교량의 각부 명칭]

[교대 형식별 선정기준]

교대형식	특징	높이(m)		
		10	20	30
중력식	교대에 작용하는 토압과 자중을 구체의 콘크리트 단면으로만 저항. 양호한 지반에 직접기초로 적용	4		
반중력식	단면 형상이 비대칭이며 구체배면과 기초 일부에 인장력을 허용. 철근을 배치하여 단면보강하고 자중경감	6		
역T형식	가장 일반적인 교대형식. 구체자중이 작고 흙중량으로 안정을 유지하므로 경제적이며 뒷채움 시공도 용이	6　12		
뒷부벽식	높이 10m 이상일 때 역T형식보다 적합한 형식. 뒷부벽 배근, 뒷채움부 다짐, 콘크리트 타설이 곤란	10　20		
라멘식	교대위치에 교차(제방)도로가 있는 경우 교대를 교축방향 박스단면으로 설치하여 차도를 박스 내에 위치	10　15		

(2) 교대 형식 선정 고려사항

① 다리밑 공간
- 하천, 도로, 철도 등의 교차조건에 따라 교량의 하부구조 형식을 결정한다.
- 하부구조를 계획할 때 다리밑 공간을 고려하고, 지장물 위치 등을 확인한다.

② 상부구조의 하중 규모
- 교량의 상부구조에 작용되는 하중 규모에 따라 교대 형식을 결정한다.
- 콘크리트교는 강교보다 자중이 커서 하부구조에 더 큰 단면이 필요하다.

③ 지지층의 깊이 결정
- 기초지반의 근입깊이가 깊어질수록 하부구조의 공사비가 증가한다.
- 교량의 경간분할에 따른 총공사비를 고려하여 기초형식을 결정한다.

④ 지반의 경사도 확인
- 경사면 위에 교대를 가설하는 경우에는 교대높이를 10m 정도로 설계한다.
- 앞면에서 지표면까지의 수평여유폭(S)을 교대 저면폭(B)보다 더 길게 배치한다. 즉, $S \geq B$로 설계하고 지지력, 사면안정성이 확보되면 여유폭 조정이 가능하다.

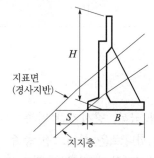

[경사면 위에 교대 가설]

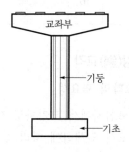

[교량 콘크리트 교각]

3. 교량 콘크리트교각

(1) 교각의 기능

① 교각은 상부구조가 2경간 이상으로 구성되는 경우에 설치하며, 가설지점의 제반조건은 상부구조의 설계조건보다 우선적으로 고려되어야 한다.

② 교각 형식은 도로, 하천 등 제반조건에 의한 외적요소에 제약을 받으며, 형식을 선정할 때 미관을 고려하여 구간별로 통일시킨다.

③ 산악지 교량 교각높이가 50m 이상인 경우에는 상부구조와 함께 교량 전체로서의 형식과 구조를 검토하고, 그에 따라 시공법도 결정한다.

(2) 교각 높이에 따른 선정기준

① 하천부 : 벽식교각(타원형, 특수한 원기둥식)

② 평지부 : 라멘교각, 기둥식교각, 벽식교각

③ 산간부 : 라멘교각(1, 2층), 기둥식교각, 벽식교각

④ 도시부 : 라멘교각, 기둥식교각

⑤ 인터체인지부 : 로커교각, 라멘교각, 기둥식교각

[교각의 높이에 따른 선정기준]

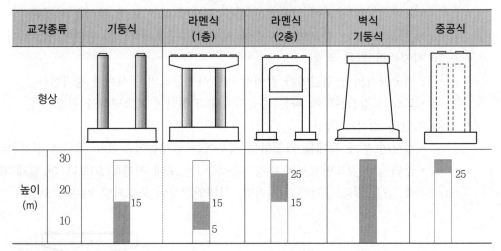

교각종류	기둥식	라멘식 (1층)	라멘식 (2층)	벽식 기둥식	중공식
형상					
높이 (m)	15	15 5	25 15		25

4. 교량 강(鋼)교각

(1) 강교각의 필요성

① 도심지에서 고가차도 확충에 따른 공간제약 극복, 공사기간 단축

② 도시 입체화에 따라 높게 설치되는 교각의 까다로운 설계조건 충족

③ T형교각 캔틸레버의 장대화, 라멘교각의 장경간화에 적합한 골조 구성

④ 철근콘크리트 교각의 취성파괴(일본 고베지진)에 대응하는 내진설계

(2) 강교각의 형식

① 하중조건에 따른 분류

  • 단주 : 단선 교각에 적용

  • 라멘 : 설계하중이 크거나 기둥 설치위치가 제약을 받는 복선 교각에 적용

② 단면형상에 따른 분류

  • 원형 : 국부좌굴, 비틀림저항, 외적 미관 등에 유리, 제작결함 우려

  • 박스형 : 하중에 따라 단면의 치수·두께 조절이 가능, 용접결함 우려

(3) 강교각의 부재구성 유의사항

① 응력의 집중·편심을 일으키지 않도록 교각을 단순한 형상으로 구성

② 부재를 조합할 때 보의 단면은 가능하면 대칭적으로 용접

③ 부재를 용접할 때 구속응력, 수축응력, 수축변형 등을 고려

④ 용접은 가능하면 하향 용접을 실시

⑤ 현장에서 용접할 때, 이음위치는 응력상태나 운반·가설을 고려하여 결정

⑥ 원형기둥-상자형보 접합부에서 단면변화가 많으면 경제적으로 불리

⑦ 단면이 변화할 때, 인접하는 단면간의 판두께 차이는 12mm 이내로 제한

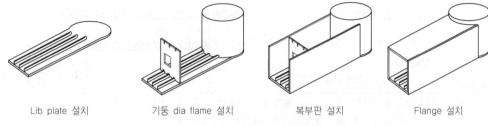

| Lib plate 설치 | 기둥 dia flame 설치 | 복부판 설치 | Flange 설치 |

[강교각의 원형기둥-상자형보 접합부 제작순서]

5. 교량 기초

(1) 용어 정의

① 교량의 구조는 상부구조, 하부구조 및 기초로 구성되어 있다. 기초는 하부구조에서의 하중을 지반(地盤)으로 전달함과 동시에 교량을 고정시키는 역할을 한다.

② 교량 설치 지점의 지반에 암반(岩盤)이 있을 경우에 기초형식은 직접(얕은)기초로 간단하게 설계할 수 있지만, 암반이 깊게 위치해 있거나 연약한 경우에는 말뚝기초, 강관널말뚝기초 또는 케이슨(caisson)기초로 설계해야 한다.

③ 이때 기초의 설계모델은 기초의 강성과 깊이, 수평지반의 저항(지반반력), 작용하중에 대한 기초와 지반의 하중 분담 등을 고려하여 결정한다.

(2) 기초설계법의 적용범위

① 기초형식별 설계법의 적용범위를 나타내는 βl(기초와 지반과의 상대적인 강성을 평가하는 기준)의 표준값은 아래 표와 같다.

② βl이 표준값에서 멀어지는 경우에는 다른 기초형식의 선정을 검토하고, 그렇지 않는 경우에는 별도의 설계모델을 설정하여 검토한다.

[기초형식별 설계법의 적용범위]

기초 형식		설계법의 적용범위를 나타내는 $\beta\ell$의 표준값			
		1	2	3	4
직접기초					
케이슨기초		▬▬			
강관널말뚝기초*		▬▬▬▬▬			
말뚝기초	유한장 말뚝**	▬▬▬			
	반무한장 말뚝***			▬▬	

주) * 강관에 용접으로 이음금속을 붙여 서로 연결할 수 있도록 한 널말뚝기초
  ** 말뚝이 비교적 짧고 말뚝 변위나 휨모멘트가 말뚝길이에 영향을 미치는 말뚝
  *** 말뚝이 충분히 길고 말뚝 변위나 휨모멘트가 말뚝길이에 영향을 미치지 않는 말뚝

(3) 기초형식의 구분

① 직접기초와 케이슨기초의 차이는 근입깊이에 있다.
  • 근입깊이(D_f)와 기초폭(B)의 비를 계산하여 아래 표와 같이 구분한다.

[D_f/B에 따른 직접기초와 케이슨기초의 선정방법]

기초형식 D_f/B	0	1/2	1	비고
직접기초		←			D_f 유효근입깊이(m)
케이슨기초			→		B 기초폭(m)

  • 단, $D_f/B > 1/2$인 기초라 하더라도 근입부 전면의 저항을 기대할 수 없는 경우에는 직접기초로 설계한다.
② 케이슨기초와 말뚝기초 설계법의 구분은 시공방법에 있다.
  • 케이슨기초 시공방법 : 지지력에 주면마찰력을 고려하지 않는다.
  • 말뚝기초 시공방법 : 지지력에 주면마찰력을 고려한다.
③ 강관널말뚝기초의 시공방법은 말뚝기초의 시공방법을 응용하여 설계한다.
  • 과거 시공실적을 근거로 하여 유한장 길이의 탄성체로 설계한다.

6. 교량기초 세굴방호공

(1) **설계개념** : 교량세굴이란 유체 흐름에 의해 교량의 교각과 교대 주변의 하상(河床)재료가 유실되는 현상을 말한다.

(2) **교량 횡단부에서 발생되는 세굴 형태**

① 장기하상변동 : 교량의 유무에 상관 없이 장기간 또는 단기간에 발생되는 하상고의 변동

② 단면축소세굴 : 인공구조물(교각) 요인 또는 자연적 요인에 의해 하천의 통수단면이 축소되어 발생되는 세굴

③ 국부세굴 : 교각에 의한 유체 흐름의 방해(妨害) 또는 가속(加速)에 의해 야기된 와류의 발달로 생기는 세굴

(3) **설계과정**

① 세굴에 대비한 교량 기초의 형태, 크기, 위치 등을 결정하는 과정이다.

② 먼저, 설계홍수빈도를 선정한다.

• 교량건설에 따른 세굴 검토를 위해 아래 표를 참조하여 홍수빈도 결정

• 만약, 500년 빈도 홍수량을 구할 수 없는 경우에는 $1.7 \times Q_{100}$ 유량 사용

[설계홍수빈도 결정]

하천설계기준(2005) 적용

구분	설계홍수빈도	설계홍수량
$Q_{100} \leq 200\text{m}^3/\text{sec}$	50년 빈도	Q_{50}
$00\text{m}^3/\text{sec} < Q_{100} \leq 2,000\text{m}^3/\text{sec}$	100년 빈도	Q_{100}
Q_{100} 또는 기존 최대홍수량 $> 2,000\text{m}^3/\text{sec}$	500년 빈도	Q_{500}

주) Q_{100}=100년 빈도 설계홍수량

③ 상기 ①항에서 결정한 홍수빈도에 대하여 총세굴심*을 계산한다.

　* 세굴심 : 세굴로 인해 낮아진 하상고와 자연 하상고와의 차이

④ 교량 지점에 대하여 위에서 계산한 총세굴심을 도시한다.

　유역 특성을 고려하여 총세굴심 도시 결과가 합리적인지 판단

⑤ 결정한 총세굴심에 대하여 교량 기초의 형태 · 크기 · 위치를 평가하고 수정

　홍수 흐름을 도시하여 세굴에 취약한 요소를 확인하고 방호공 범위 결정

⑥ 세굴심 상부의 하상재료는 모두 유실된다는 가정 하에 기초지지력을 분석

　세굴심 하부의 암반상에 푸팅 저면을 위치시키고 천공하여 그라우팅 실시

(4) **설계 고려사항**

① 세굴폭

• 교각 · 교대 주변의 국부세굴공이 서로 겹치는 경우, 세굴심은 더 깊어진다.

• 교각의 세굴폭은 세굴심의 1~2.8배이며, 보통 2배를 적용한다.

② 수로 이동 : 교량수명기간 동안에 수로 위치가 변경될 가능성이 있는 경우에 홍수터

교각의 기초는 수로의 교각기초와 동일한 심도로 설계한다.

③ 흐름 유입각 : 유체 흐름 유입각을 최소화시키면 유송잡물 형성의 가능성을 줄일 수 있다.

④ 교대 주위 흐름 : 교대에 가까운 교각의 세굴을 해석할 때, 교대 주위를 돌아 흐르는 유체 흐름의 접근각도와 유속증가 가능성을 고려한다.

⑤ 교대 형상 : 경사벽 교대 세굴량은 연직벽 교대 세굴량의 50% 정도이므로, 가급적 경사벽 교대로 설계하는 것이 유리하다.

⑥ 유송잡물 : 유송잡물은 제방침식이 활발하여 불안정한 하천 상류에 비해 경사가 완만한 하천 하류에 빈번히 발생된다.

(5) 설계 · 시공 범위

① 세굴방호공은 교각 한쪽 면에서 교각폭의 2배 거리까지 양쪽으로 시공한다.

② 세굴방호공의 최상면은 주변 하상선보다 약간 낮게 표면을 마무리한다.

③ 사석방호공의 두께는 D_{50}의 3배 이상, 최소깊이 300mm 이상으로 시공한다.

④ 파도의 영향을 받는 곳에서는 사석층 두께를 150~300mm 더 증가시킨다.[7]

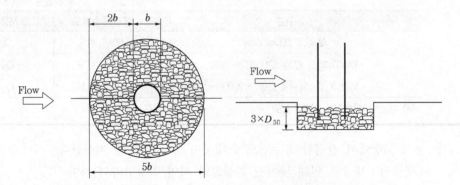

[세굴방호공(사석방호공)의 설계 · 시공 범위]

---

7) 국토교통부, '도로설계편람' 제5편 교량, 2008, pp.509-1, 71, 213, 269, 317.

6.07 교량 교대의 측방유동

연약지반에서 발생하는 교대 측방이동의 원인 및 대책공법 [0. 1]

I 개요

1. 최근 한국도로공사에 따르면 140여개의 교량 중에서 40여개의 교대에 변위가 발생된 것으로 나타났다. 연약지반에 설치된 교대의 측방유동 현상은 설계단계에서 측방유동 검토 부족, 측방유동 판정방법 이해 부족 등에 의해 발생된 것으로 집계되었다.

2. 최근 교대 측방유동에 관한 인식이 높아져 단계별 성토시공, 계측관리 등을 통하여 측방유동을 예측하여 대책공법을 적용하고 있다. 그러나 아직도 연약지반의 교대 측방유동을 검토하지 않은 채, 시공 후 대책을 마련하는 사례가 있다.

II 교대의 측방유동

1. 교대의 측방유동 발생원인

(1) 교대의 형식, 치수에 영향이 크다.

(2) 벽식 교대(역T형, 중력식)에서 많이 발생한다.

(3) 소형 교대에는 비교적 적게 발생한다.

(4) 교축 방향으로 교대길이가 길수록 적게 발생한다.

2. 교대의 측방유동 방지대책 선정 유의사항

(1) 연약지반은 가능하면 교란시키지 않도록 한다.

(2) 노선 선정단계에서 사전협의 체계를 구축하여 가능하면 연약지반을 피한다.

(3) 개량효과에 대한 설계예측과 실제상황은 상이하므로 계측결과를 반영해야 한다.

(4) 가능하면 연약지반을 근원적으로 제거하는 방법이 최선이며, 그 방법이 곤란할 때는 장기간 시공해야 하는 공법이 시공성과 경제성에서 우수하다.

(5) 측방유동을 원천적으로 방지할 수 있는 공법을 선정한 후, 설계나 시공오차를 감안하여 보조공법을 선정한다.

(6) 개량 대상지반의 토질조건, 시공관리, 사용재료, 공사기간 등의 시공조건을 고려하며, 또한 시공 후의 개량효과를 사전 예측하여 선정해야 한다.

Ⅲ 교대의 측방유동 방지대책

대상	개량원리	대책공법
뒷채움성토부	편재 하중 경감	① 연속 culvert box 공법 ② Pipe 매설공법 ③ Box 매설공법 ④ EPS 매설공법 ⑤ 슬래그 성토공법 ⑥ 성토 지지말뚝공법
	배면 토압 경감	⑦ 소형교대 설치공법 ⑧ Approach cushion 완화 ⑨ 압성토 공법
연약지반부	압밀촉진에 의한 지반강도 증대	⑩ Preloading 공법 ⑪ Sand compaction pile 공법
	화학반응에 의한 지반강도 증대	⑫ 생석회말뚝 공법 ⑬ 약액주입 공법
	치환에 의한 지반개량	⑭ 치환공법

1. 연속 culvert box 공법

(1) 교대배면 뒤채움성토 구간에 연속 culvert box를 설치함으로써 편재하중을 경감시키도록 시도한 공법이다.

(2) 교대배면의 하중을 경감시키는 효과가 커서 일본의 경우 고속도로건설공사에 많이 활용되고 있다.

(3) 교대배면 하부의 기초지반이 경사져 있는 경우에는 부등침하가 발생하여 box가 경사질 우려가 있다. 단점으로는 시공비가 비싸다.

2. Pipe 매설공법

(1) 교대배면에 콜케이트 파이프, 흄관, PC관 등을 매설하여 상부에 재하되는 편재하중을 경감시키는 공법이다.

(2) 콜케이드 파이프를 매설할 때 휘어질 우려가 있어 뒤채움 재료의 선택 및 다짐에 유의해야 한다.

(3) 교대배면의 전압이 곤란하여, 지반에 작용하는 하중이 불균일할 수 있다.

3. Box 매설공법

(1) 교대배면에 박스를 매설하여 성토하중을 경감시키는 공법이다.

(2) 전압작업이 곤란하여 작용하중이 불균일하면 부등침하가 발생될 수 있다.

(3) 지하수위가 높은 경우 부력에 대한 대비가 필요하다. 내진성이 부족하다.

4. EPS 매설공법

(1) EPS 경량재료로 교대 뒤채움하여 토압·수압을 경감시키는 공법이다.

(2) 편재하중을 타 공법에 비하여 상당히 경감시킬 수 있어 성토부의 지반침하도 상당히 감소시킬 수가 있다.

(3) 구조물과의 부착부에서 단차방지 효과가 크다. 시공이 간단하고 공사기간이 짧다.

5. 슬래그 성토공법

(1) EPS보다 무겁고 일반토사보다 가벼워 성토하중을 경감시키는 공법이다.

(2) 경량성토재료로써 슬래그를 사용한다. 시공이 간단하고 공사기간이 짧다.

6. 성토 지지말뚝공법

(1) 교대배면, 도로포장 등을 지지할 목적으로 설치하는 말뚝공법이다.

(2) 말뚝두부는 슬래브로 하거나 말뚝두부만 콘크리트 Cap을 씌워 그 위에 성토를 하므로 성토하중을 말뚝을 통하여 직접 지지층에 전달한다.

(3) 배면성토의 종단방향 활동방지에 효과적이며 교대배면의 침하를 방지한다.

7. 소형교대 설치공법

(1) 성토체 내 기초형식의 소형교대를 설치하여 배면토압을 경감시키는 공법이다.

(2) 소형교대에 작용하는 토압을 완화시킬 수 있으며 구조물과 지반의 단차를 경감시킬 수가 있다.

(3) 성토체의 다짐이 불충분한 경우 부마찰력이 증가한다.

8. Approach cushion 완화공법

(1) Approach cushion 완화공법은 침하가 예상되는 연약지반상의 성토와 구조물의 접속부에 부등침하에 적응 가능한 단순지지 슬래브를 설치하여 성토부와 구조물의 침하량 차이에 의하여 생기는 단차를 완화시키는 공법이다.

(2) Preloading에 유리하며 소형교대에 작용하는 토압을 완화시킬 수가 있다.

9. 압성토 공법

(1) 교대 전면에 압성토를 하여 배면성토에 의한 측방토압에 대처하는 공법이다.

(2) 유지보수가 용이하고 preloading에 유리하다.

(3) 측방토압이 큰 경우에는 별로 효과가 없다. 압성토 부지가 필요하다.

(4) 비교적 공사기간이 짧고 공사비가 저렴하다.

10. Preloading 공법

(1) 연약지반상의 교대시공에 앞서 교대 설치 위치에 성토하중을 미리 가하여 잔류침하를 저지시키는 공법이다.

(2) 최저 6개월 정도의 방치기간이 요구되므로 공사기간이 충분하여야 한다.

(3) Preloading에 따른 용지확보가 필요하다.

11. Sand compaction pile 공법

(1) 연약층에 충격하중 또는 진동하중으로 모래를 강제 압입시켜 지반 내에 다짐모래기둥을 설치하는 공법이다.

(2) 느슨한 모래층에 효과적이며 해성점토는 지반의 교란에 의한 강도 저하 현상이 크고 강도회복이 늦어지는 경우가 있다.

(3) 시공 중에 소음·진동이 크다.

12. 생석회말뚝 공법

(1) 연약지반 내에 생석회말뚝을 타설하고 생석회의 흡수·화학변화 특성을 이용하여 점토를 흡수·고결시키는 공법이다.

(2) 지반이 융기되거나 Smoking 현상이 발생하므로 대책이 강구되어야 한다.

(3) 고함수비의 심도 깊은 점성토 지반에 적합하다. 지하수 오염이 우려된다.

13. 약액주입 공법

(1) 연약지반 내에 주입재를 주입하거나 혼합하여 지반을 고결·경화시켜 연약토질의 강도를 향상시키는 공법이다.

(2) 주입재에는 시멘트그라우트가 사용하기 쉽고 신뢰성이 높고 경제적이다.

(3) 복잡하고 불규칙한 지반일 경우 고도의 기술과 경험이 요구된다.

(4) 지반개량의 불확실성, 주입효과의 판정방법, 주입재의 내구성 등이 어렵다.

14. 치환 공법

(1) 연약한 실트층 혹은 점토층의 일부 또는 전부를 제거하고 양질의 토사로 치환하여 교대의 안정 확보 및 침하를 억제시키려는 공법이다.

(2) 연약층이 두꺼운 경우에 경제성이 없다. 사전에 사토장을 확보해야 한다.[8]

---

8) 박효성, 'Final 토목시공기술사', 개정 2판, 예문사, 2020, pp.1275~1278.

6.08 교량의 형하공간 확보기준

1. 교량 형하공간의 필요성

(1) 기존 교량건설공법보다 교량 상부구조로부터 수면 사이의 공간인 형하공간을 늘리려는 신기술·신공법이 개발되어 실제 건설현장에 적용되고 있다.

최근 정부의 SOC 정책 변화로 인하여 대규모 교량건설공사가 발주되지 않는 반면, 하천 정비공사 등 지자체의 중·소규모 교량 발주가 증가되는 영향이다.

(2) 하천정비공사에 포함되는 교량은 지방의 소규모 하천 위에 건설되는 경우가 많기 때문에 여름철 홍수기에 재해 발생 위험도가 그만큼 높다.

장마철에 하천수위가 급격히 상승하면 상부로부터 떠내려 온 부유물이 교량 하부를 막아 교량이 댐 역할을 하여 수력을 견디지 못하고 붕괴되는 사례가 있다.

(3) 따라서, 소규모 하천에 건설되는 교량일수록 형하공간을 최대한 확보해야 하는데 교량의 거더, 교대 및 교각이 소형일수록 형하공간 확보에 유리하다.

도로 위에 입체교차되는 교량 역시 대형 차량의 통과높이를 충분히 확보하기 위해서는 거더 등의 교량 구조물이 얇을수록 형하공간 확보에 유리하다.

2. 형하공간 확보에 유리한 T-beam 슬래브교

(1) 교량형식 중 지간 10~20m 정도에 많이 이용되는 슬래브교는 상부구조의 형고가 낮고 미관이 양호하며, 형하공간이 필요한 소규모 하천교량에 유리하다.

동바리공법으로 시공되는 슬래브교는 유량이 많고 깊은 계곡을 횡단하는 교량에는 홍수기에 시공이 어려우므로, 이를 개량한 공법이 철근콘크리트 T-beam교이다.

(2) 콘크리트 단면은 압축력에 강하고 인장력에 약하기 때문에 인장 측에 철근을 보강하지만, 인장 측의 콘크리트는 무시되어 전단면이 유효하게 사용되지 않는다.

따라서 전하중에 대한 자중 비율이 높고 지간이 길어질수록 슬래브교에서 불필요한 인장부분의 자중 비율이 더욱 더 증가하게 된다.

(3) 전단면을 유효하게 이용함으로써 자중을 경감하고 주철근을 보강하여 전단력에 필요한 폭을 남기고 불필요한 콘크리트 단면을 제거한 형식이 T빔교이다.

동바리공법을 적용할 수 없는 계곡을 횡단하는 T빔교의 경우, 복부 거더를 선시공하여 거치한 후, 플랜지를 후시공하는 순서로 시공하도록 설계한다.

3. 형하공간 확보에 유리한 교량 신기술 사례

(1) ㈜삼현피에프 : 교량의 중앙 부분과 양쪽 끝단이 지지하는 하중이 서로 다른 점에 착안, 기존 공법보다 형고를 낮추는 프리스트레스트 강합성 거더 신기술을 개발하여 방재신 기술(2020-3호)로 지정받았다.

(2) ㈜큐빅스 : 단일 앵커를 중앙에 배치하여 교대와 교각의 크기를 소형화할 수 있는 교량 받침 신기술을 개발하여 건설신기술(제873호)로 지정받았다.

(3) ㈜씨알디 : 기존 고강도 콘크리트보다 하중 저항성을 높일 수 있는 초고강도 콘크리트 (UPC)를 이용, 보다 얇은 두께로도 설계 가능한 I형 거더 신기술을 개발하여 건설신기 술(제884호)로 지정받았다.

6.09 교량 기초말뚝 소음·진동 최소화공법

도로교량 기초말뚝 공사에서 소음·진동 영향 최소화 공법 [0, 1]

1. 개요

(1) 깊은기초 시공할 때 기초파일의 항타작업은 인접구조물 등에 소음·진동을 야기하여 주변지역에 잦은 민원을 발생시키고 있다.

이러한 문제 때문에 진동·소음 문제를 직접 야기시키는 직타공법보다는 주로 저소음·저진동 공법인 천공 후 타격공법을 적용하는 사례가 증가하고 있다.

(2) 그러나 천공 후 타격공법도 일정거리 이내에서 시공을 할 경우 진동·소음을 유발시켜 민원으로 인한 공기지연을 초래하고 있는 실정이다.

본문에서는 기초말뚝 항타할 때 Cement Paste 주입하고 경타(輕打)에 의해 관입하는 공법, 기초 하부에 콘크리트로 채워진 팽이말뚝을 타입하는 공법 등을 약술하고자 한다.

2. PHC Pile 공법(SIP or SDA)

(1) **공법 정의** : 기초말뚝 항타할 때 발생되는 소음·진동을 최소화하기 위해 말뚝직경보다 크게 천공하고, Cement Paste 주입한 후, 최종 경타(輕打)에 의해 지지층에 관입하는 공법

(2) **장점**

① 토사지반, 연약지반에서의 일반적인 기초처리 공법으로 적합하다.

② 재료와 규격의 선택 폭이 매우 넓어 효과적이다.

③ 기성제품 사용으로 재료의 균질성이 확보되어 품질관리가 용이하다

④ 기초지반의 지내력 감소요인이 없다.

⑤ 공정이 단순하여 지반조건에 따라 효율적인 장비조합이 가능하다.

(3) **단점**

① 시공 중 진동·소음 건설공해로 인한 민원발생이 완전히 근절되지 않는다.

② 말뚝기초 간섭에 의해 공사 중에 작업효율성이 저하된다.

③ 재개발 해체비용 발생으로 토지의 효율적 이용 측면에서 불리하다.

④ 공벽 붕괴가 예상되는 지반(모래자갈층)에는 Casing을 사용해야 한다.

⑤ 말뚝길이 조정이 곤란하여 두부정리할 때 처리비용이 발생된다.

[PHC Pile 공법(SIP or SDA)]

3. 팽이기초공법

(1) **공법 정의** : 팽이말뚝 본체의 특징적인 형상과 팽이말뚝 사이의 다짐된 채움쇄석이 응력집중을 방지하고, 팽이말뚝의 파일부와 지반 사이에 마찰저항이 발생됨에 따라 측방변형을 구속하여 상부하중을 기초지반에 분산시키고 지지력 향상과 침하를 저감시켜 기초지반을 개량·보강하는 공법

(2) **장점**

① 소음·진동을 최소화할 수 있어 도심지 공사에 적합하다.

② 협소한 공간(지하굴착)에서도 시공 가능하다.

③ 소형장비 사용으로 공기단축 및 공사절감 효과가 있다.

④ 지내력 확보가 용이하고 치환공법에 비해 토공량이 최소화된다.

⑤ 시공과정에 육안 확인이 가능하여 품질확보가 우수하고, 부등침하가 방지된다.

(3) **단점** : 기초지반의 지반강도에 비해 설계하중이 과다한 경우 적용에 제한적이다.[9]

[팽이기초공법]

---

9) 시지이엔씨(주), '팽이말뚝기초공법', 기초 적용공법 비교. http://www.cgenc.com/, 2020.

6.10 PSC 합성 거더교

I 거더(Girder)

1. 용어 정의

(1) 거더(Girder)는 구조물의 상부 슬래브에서 가해지는 하중을 떠받치는 보(대들보)를 말한다. 거더는 I형 또는 상자형 단면으로 만들어 자중을 줄이고, 휨·비틀림·수평하중 등에 입체적으로 저항하도록 설계한다.

(2) 거더교에서 보를 주형(柱桁, main girder)이라 부르며, 아치교, 사장교, 현수교에서의 보강형(補強桁)과 구분하여 부른다.

(3) 합성 거더교에는 Steel box girder(鋼合性桁橋), Steel deck girder(鋼床板桁橋), PSC box girder교, PSC beam교 등이 있다.

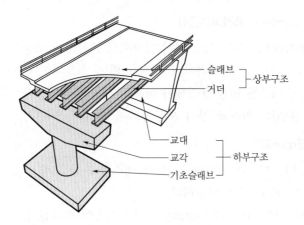

[거더교(Girder bridge) 구성]

2. 거더교(Girder bridge) 종류

(1) T형교

① 지간 30m 이내에 주로 적용되며, 주형과 콘크리트가 일체로 된 콘크리트 바닥판은 교량방향으로 주형 플랜지, 교량직각방향으로 슬래브로 작용된다.

② 지간 50m 정도에는 프리스트레스를 가하여 사용하기도 한다. MSS 거더 가설공법으로 설치된 목포~광양 PSC T형교가 추락된 낙교사고가 있었다.

(2) Plate Girder교(판형 거더교)

① 철판으로 I형 거더를 제작하고, 그 위에 콘크리트 슬래브를 가설한 교량

② 지간 50m 정도에 경제적으로 Steel Box Girder교 형식으로 설치 가능하지만, 브레이싱 등의 부재에 강재량이 많이 소요되어 별로 적용되지 않는다.

③ 최근 고강도 강재를 사용하여 브레이싱과 거더 수를 줄이는 강판형교(鋼板桁橋, Steel plate girder bridge), 즉 소수 주형교를 주로 가설한다.

(3) Steel box girder교(鋼合性桁橋)

① 철판으로 제작된 박스형태의 거더교로서, 지간 50~60m 정도에 경제적이지만, 최근 강재가 너무 비싸 곡선교 확폭부에 제한적으로 적용된다.

② 고속도로 IC에는 아직도 대부분 Steel Box Girder교로 설계되며, 공장에서 제작된 박스를 현장에서 크레인으로 조립하면서 가설한다.

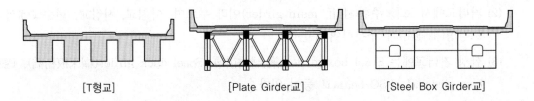

[T형교]　　　　　　[Plate Girder교]　　　　　　[Steel Box Girder교]

(4) Steel Deck Girder교(鋼床板桁橋)

① 교량 상부슬래브를 콘크리트 대신 철판으로 제작하여 자중을 감소시킨 형식으로, 지간 70~80m 정도에 경제적이며 강재가 많이 소요되어 비싸다.

② 교량 상부슬래브를 현장 용접해야 하므로 시공이 까다롭다. 자중경감을 위하여 주로 사장교, 현수교, 아치교 등의 보강형으로 많이 사용된다.

(5) PSC Box Girder교

① 콘크리트 박스형태의 거더에 프리스트레스를 가한 교량으로, 지간 50~100m 초과되는 장대교량에도 적용 가능하다.

② 강교에 비해 PSC Box Girder교는 설계·시공이 까다롭다. 특히, 곡선부 확폭부에는 적용하기 매우 어렵다.

③ PSC Box Girder교는 가설방법에 따라 FCM, ILM, FSM, PSM 등이 있다.

(6) PSC Beam교

① I형 프리스트레스 콘크리트 거더를 이용한 교량으로, 지간 20~40m에 적용

② T형교를 제외하고 PSC빔교가 가장 저렴하여, 지간이 짧은 교량에 주로 적용된다.

[강상판형교]　　　　　　[PSC박스거더교]　　　　　　[PSC빔교]

Ⅱ PSC(Prestressed Concrete) 교량

1. 공법 소개

(1) PSC(Prestressed Concrete) 교량은 철근콘크리트 보의 인장응력을 상쇄할 수 있도록 미리 압축응력을 가하여 콘크리트로 만든 교량으로, 강성이 크고 소음·진동, 처짐이 적고, 유지관리 측면에서 경제적인 공법이다.

(2) PSC 교량 가설공법에는 동바리를 사용하여 가설하는 공법, 동바리를 사용하지 않고 가설하는 공법이 있다.

2. PSC 교량 : 동바리 사용(FSM, Full Staging Method)

(1) 전체지지(支持)식

① 지면이 평탄하고 교량 하부공간을 이용하지 않아도 되는 경우에 적용된다.
② 교량 하부공간에 동바리를 설치하여 교량 상부구조를 가설하는 공법이다.

(2) 지주지지식

① 교량 하부공간의 일부를 이용 가능한 경우에 적용된다.
② 지주가 교량 전체의 하중을 지지해야 하므로 기초지반이 견고해야 된다.
③ 지반이 불량하여 지주 개수를 줄여야 할 경우, 교량 하부공간을 이용해야 할 경우, 지반에서 교량 상부구조까지의 높이가 높은 경우 등에 유리하다.

(3) 거더지지식

① 기초지반 상태가 불량하고, 경간 사이에 지주 설치가 곤란한 장소에 적용된다.
② 기존 교각의 하부에 브래킷을 설치하고, 가설 트러스 등을 설치하여 교량 상부구조물을 가설하는 공법이다.

[PSC 교량 : 동바리 사용 가설공법]

구분	전체지지식	지주지지식	거더지지식
교량 하부공간	동바리 설치	지주 이용	브래킷 이용
기초지반 영향	지반 견고	지주기초 견고	영향 없음
특징	• 직선교, 곡선교 모두 시공 가능하다. • 시공속도가 느리다. • 사용장비 비용이 저렴하고 비교적 간편하다. • 교각이 낮고 지간이 짧은 소교량에 적합하다. • 별도의 가설장비가 필요 없다.		

3. PSC(Prestressed Concrete)교량 : 동바리 비사용

(1) 캔티레버공법(FCM, Free Cantilever Method)

① FCM공법은 동바리를 사용하지 않고 특수한 가설장비를 이용하여 각 교각으로부터 좌우 평형을 맞추면서 세그먼트를 순차적으로 접합하여 경간을 구성하며, 인접 교각에서 동시에 만들어져 온 세그먼트와 접합하는 교량 가설방식이다.

② FCM공법은 1950년대 독일 Dywidag공법이 최초이다. 한강 원효대교에 최초 시공되었고, 익산포항고속도로의 만덕교가 국내 최대 경간장 170m이다.

(2) 이동식지보공법(MSS, Movable Scaffolding System)

① MSS공법은 1960년대 독일에서 개발된 공법으로, 교각 사이에 주형(main girder)을 거치하고 거푸집을 설치하여 1개 경간씩 교량 상부구조물의 콘크리트를 타설하는 Span-by-Span 가설 방식이다.

② 가설장비 자체의 초기 제작비가 많이 소요되어, 하폭이 좁은 곳에 길이가 짧은 교량에는 비경제적인 가설방식이다.

(3) 연속압출공법(ILM, Incremental Launching Method)

① ILM공법은 교대 후방에 미리 설치한 제작장에서 교량 상부를 1세그먼트(segment)씩 제작하여, Prestress(post tension)를 가한 후 교축방향으로 특수압출장비를 이용하여 밀어내면서 가설하는 공법이다.

② ILM공법은 1960년대 독일에서 개발된 공법으로, 하천·계곡 횡단 연속교, 도로·철도 횡단 고가교 등 교각 높이가 높고 경간 20~60m에 적용된다.

③ 국내에서는 호남고속도로 금곡천교(1984)에 ILM을 최초 적용, 한강의 행주대교, 남한강교 등에도 적용되었다.[10]

[PSC 교량 : 동바리 非사용 가설공법]

구분	FCM	MSS	ILM
가설방법	주두부 양측 균형 시공	이동식 거푸집 비계보 이동	제작장 제작, 연속 압출
최적 경간	50~200m	40~50m	40~60m
경제성	장경간	다경간	고교각
안전성	부(負)모멘트 대책	비교적 안전	하부조건 무관
특징	• 반복공정으로 노무비가 절감되고, 동바리 가설 없어 시공속도가 빠르다. • 교량 하부조건, 외부 기상조건에 관계없이 계획대로 공정관리가 가능하다.		

10) 박효성, Final 토목시공기술사, 개정 2판, 예문사, 2020, pp.1311~1317.

6.11 FCM(Free Cantilever Method)공법

FCM(Free Cantilever Method) [2, 1]

I 개요

1. FCM공법은 동바리를 사용하지 않고 특수한 가설장비를 이용하여 각 교각으로부터 좌우 평형을 맞추면서 세그먼트를 순차적으로 접합하여 경간을 구성하며, 인접 교각에서 동시에 만들어져 온 세그먼트와 접합하는 교량 가설방식이다.

2. FCM공법은 1950년대 독일 Dywidag공법이 최초이다. 한강 원효대교에 최초 시공되었고, 익산포항고속국도의 만덕교가 국내 최대 경간장 170m이다.

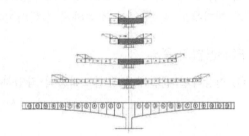

[FCM(Free Cantilever Method)]

II FCM공법(Free Cantilever Method)

1. 특성

(1) **적용대상** : FCM공법은 FSM공법에 비해 아래와 같은 장경간에 시공 가능하다.

① 현장타설 FCM공법의 경우에는 80~250m 경간

② PSM공법(Precast SegmentMethod)에는 40~150m 경간

③ 사장교(Cable Stayed Bridge)에는 400m 초과하는 경간에도 적용 가능

(2) **적용조건** : 동바리 설치가 어려워서 시공 난이도가 높은 경우에 가능하다.

① 해상 구간으로 공사 중 선박통행을 허용하거나 수심이 깊은 경우

② 깊은 계곡 통과 구간에서 시공 중 홍수 위험이 큰 경우

③ 건물, 주거지, 도로, 철도 등을 횡단하는 장경간 교량의 경우

④ 기타 조건으로 지반에 연약하여 동바리 설치가 불가능한 경우

2. 장점

(1) 동바리가 불필요하여 깊은 계곡이나 하천, 해상, 교통량이 많은 위치에 적합하다.

(2) 세그먼트를 제작하는 이동식 작업차를 이용하므로 별도 가설장비가 불필요하다.

(3) 모든 공정이 동일하게 반복되므로 시공속도가 빠르고 작업원의 숙련도가 높다.

(4) 3~5m의 단위 길이로 시공하므로 상부구조 단면이 변화하는 방식도 가능하다.

(5) 이동식 작업차에서 작업하므로 기후조건에 관계없이 시공관리를 할 수 있다.

(6) 각 세그먼트 시공단계마다 오차수정이 가능하여 시공정밀도가 높다.

3. 단점

세그먼트 시공단계마다 상판의 두께가 변화하기 때문에 다른 공법에 대비하여 교량의 설계가 까다롭고 시공 역시 정밀하게 수행되어야 한다.

4. FCM공법의 종류

(1) **현장타설 캔틸레버 공법** : 이동식 작업차(Form traveler)를 이용하거나 이동식 가설트러스(Moving gantry)를 이용하여 가설할 수 있다.

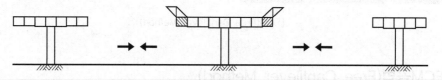

[Form traveler]

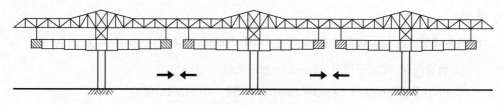

[Moving gantry]

(2) **프리캐스트 세그먼트 공법** : 제조공장에서 제작된 세그먼트를 Launching girder나 가설 Truss를 이용하여 건설현장에서 조립하면서 가설할 수 있다.

5. FCM공법의 구조형식

(1) **힌지식** : 중앙부 처짐으로 주행성 불량, 시공 중에 안전성 양호

(2) **연속보식** : 주행성 양호, 시공 중에 안전성 저하

(3) **라멘식** : 주행성 양호, 시공 중에 안전성 양호

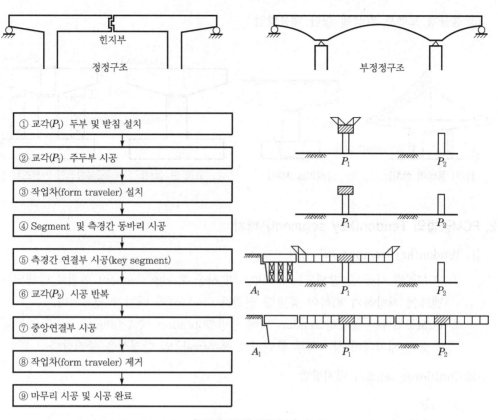

[FCM공법의 시공순서]

Ⅲ FCM공법 시공 유의사항

1. FCM공법의 불균형 모멘트(Unbalanced moment)

(1) 불균형 모멘트의 정의

FCM공법에서 교각을 중심으로 좌·우로 세그먼트를 추진할 때 상당량의 모멘트가 발생되는데, 이때 교각 좌·우 모멘트가 평형을 유지하지 못하고 불균형 상태가 발생되면, 대단히 위험한 상황이 초래될 수 있다.

(2) 불균형 모멘트의 발생원인

① 양측 세그먼트의 자중 차이
② 양측 콘큰크리트의 타설 불일치
③ 예기치 못한 상방향의 풍하중
④ 과도한 작업하중, 시공오차 등

(3) 불균형 모멘트 발생에 대한 대응방안

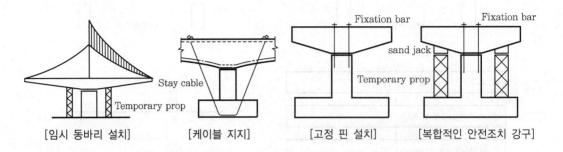

[임시 동바리 설치]　　[케이블 지지]　　[고정 핀 설치]　　[복합적인 안전조치 강구]

2. FCM공법의 Tendon(key segment) 배치

(1) Tendon(key segment)의 정의

① FCM공법 시공 중 발생되는 부모멘트와 시공 후 key segment 연결로 발생되는 정모멘트에 저항하기 위하여 종방향 연결재(tendon)의 배치가 필요하다.

② FCM공법에는 종방향 tendon 외에 횡방향 tendon, 전단(shear) tendon 등을 적재적소에 배치하여 상·하부 플랜지와 복부(web)의 안정성을 증진한다.

(2) Cantilever tendon 배치방법

① 기능

- 가설 중 segment 자중에 의한 부모멘트에 저항하는 연결재이다.
- 각 segment를 가설할 때마다 단계적으로 긴장하여 연결한다.
- 긴장재의 재료는 강봉보다 강선이 구조적으로 유리하다.

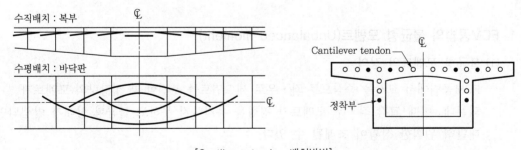

[Cantilever tendon 배치방법]

② 배치

- 수직배치 : 복부(web)에 경사지게 배치하여 복부 내의 철근에 정착
- 수평배치 : 상부 바닥판에 배치하여 바닥판 내의 철근에 정착

(3) Continuous tendon 배치방법

① 기능

- Cantilever 시공 후에 연결부의 key segment를 상부구조물 전체로 연결하는 데 필요한 연결재이다.
- 연결화 후에 시간에 경과되면서 발생되는 정되모멘트에 저항한다.

② 배치

- A tendon : 복부(web)를 따라 경사지게 올라가서 바닥판에 정착
- B tendon : 하부 플랜지나 복부 접착부의 정착돌기에 정착
- C tendon : 지점부에서 바닥판의 cantilever tendon 역할, 중앙부에서 바닥판의 continuous tendon 역할

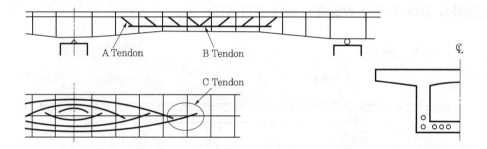

(4) Tendon(key segment) 배치 유의사항

① 작업차 운용을 위한 duct 구멍의 위치·크기 결정할 때의 고려사항

- 종방향 tendon 정착부의 최소거리
- 종방향 tendon의 최소곡률반경
- 횡방향 tendon 및 전단 tendon의 사용 여부

② Key segment 시공 착안사항

- Key segment 접합할 때 내·외부 온도차에 대한 보정을 실시한다.
- Key segment 콘크리트 타설 전·후에 거동 일치되도록 보강을 실시한다.
  횡방향 구속은 X-bar(PS 강봉)를 설치하여 보강
  처짐량 구속은 종방향 PS 강선을 설치하여 보강
- Key segment 처짐량은 측량기준점을 설정하여 관리할 정도로 중요하다.[11]

---

11) 박효성, 'Final 토목시공기술사', 개정 2판, 예문사, 2020, pp.1329~1333.

6.12 일체식 교대 교량(IAB)

Semi IAB(Integral Abutment Bridge) [1, 0]

1. 개요

(1) 무조인트 교량은 외부환경 변화에 대응하여 유지관리비를 최소화하기 위해 교량 상부 구조의 바닥판(deck)에 신축이음장치를 설치하지 않은 교량을 총칭한다.

(2) 일체식 교대 교량(integral abutment bridge)은 무조인트 교량 형식 중의 하나로서, 신축이음장치를 설치하지 않을 뿐만 아니라 상부구조와 높이가 낮은 벽체교대를 일체 로 시공하여 온도신축으로 발생되는 변위를 허용한다는 특징이 있다.

2. 일체식 교대 교량과 반일체식 교대 교량 비교

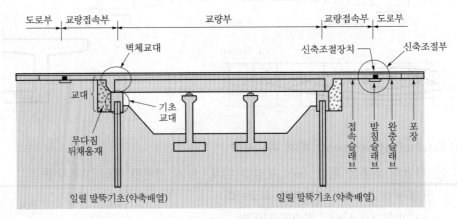

[일체식 교대 교량]

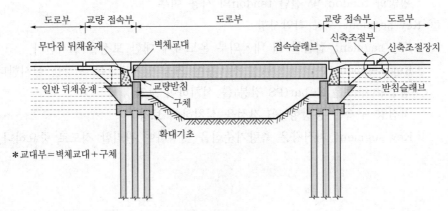

[반일체식 교대 교량]

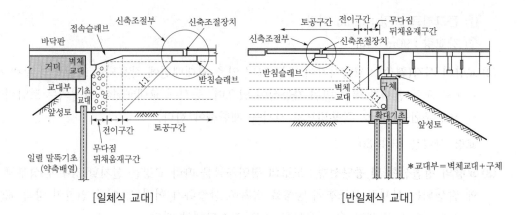

[일체식 교대]　　　　　　　　[반일체식 교대]

(1) 일체식 교대 교량(integral abutment bridge)

① 교량에 교좌장치와 신축이음장치를 설치하지 않고 상부구조와 교대부, 말뚝기초 등을 일체화시킨 교량이다.

② 상부구조와 교대부를 지지하는 말뚝은 상부구조의 온도 및 습도 등 외부환경 변화에 의한 신축변위로 발생하는 수평과 회전 변위를 허용한다.

③ 말뚝기초는 외부환경 변화에 의한 온도 신축 변위에 대한 유연성을 확보하고자 일렬 말뚝기초를 사용한다.

④ 교대부와 상부구조 간의 신축이음장치를 제거하고 접속슬래브와 도로연결부 사이에 신축조절장치를 설치한다.

⑤ 일체식 교대 교량은 상부구조와 하부구조가 일체로 거동하는 교량으로서 일반교량 설계와는 별도의 제한적 조건을 만족하여야 한다.

(2) 반일체식 교대 교량(semi-integral abutment bridge)

① 교량의 상부구조와 벽체교대를 일체화시키고 독립된 기초를 갖는 교량이다.

② 상부구조와 일체화된 벽체교대 하부에 교좌장치를 두어 상부구조의 온도신축으로 발생하는 변위를 허용한다.

③ 벽체교대와 독립된 기초구조(하부구조) 간에 변위를 수용할 수 있는 가동받침장치로 인하여 기초는 연직하중 성분을 중심으로 평가한다.

④ 교대부와 상부구조 간의 신축이음장치는 일체식 교량과 동일하게 접속슬래브와 도로 연결부 사이에 설치한다.

⑤ 반일체식 교대 교량에서 상부구조와 벽체교대는 일체화 시공되므로 벽체교대 설계는 일체식 교대 교량의 교대부와 동일한 조건으로 설계한다.

3. 일체식 교대 교량

(1) **교량의 총길이** : 상부구조에서 발생되는 온도신축에 의한 변위로부터 벽체교대, 일렬 말뚝기초, 교대 연결부 등에 응력이 발생되므로 교량 총길이에 제한을 둔다.

① 콘크리트 교량 : 120m 이하

② 강교량 : 90m 이하

(2) 교량의 사각(斜角) : 교량사각이 너무 크면 양측 교대배면에 작용되는 토압력의 분력 영향으로 교량 전체가 회전 변위 가능성이 있으며, 동시에 교대배면에 발생되는 토압력은 말뚝에 조합응력으로 작용되므로 사각을 제한해야 한다.

교량 사각은 최대 30°

(3) 교량의 평면선형 및 종단선형 : 도로의 평면곡률을 따라 교량을 설치할 경우에 상부구조에 발생되는 실제적 온도변위 방향을 정확히 산출하기 어렵고, 이로 인하여 양측 교대 조건에 차이가 발생될 수 있으므로 이를 최소화해야 한다.

① 곡률을 갖는 도로에 교량을 설치할 경우에 거더는 직선으로 배치하며, 교각은 5° 이하이어야 한다.

② 종단경사 구배가 5%를 초과하는 경우에는 설치를 피해야 한다.

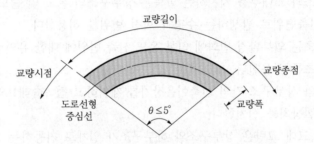

[일체식 교대 교량의 시·종점이 이루는 교각 제한]

$L = \pi R \cdot \dfrac{\theta}{180}$ 에서 $\theta = \dfrac{180}{\pi} \cdot \dfrac{L}{R}$ 을 5° 이하로 제한해야 한다.

여기서, θ : 교각(橋角, °), L : 교량연장(m), R : 곡률반경(m)

③ 교량 설치예정구간의 종단경사가 5%를 초과하는 경우에는 별도의 구조 검토를 통하여 일체식 교대 교량을 적용할 수 있다.[12]

---

12) 박효성, Final 토목시공기술사, 개정 2판, 예문사, 2020, pp.1271~1274.

6.13 교량 신축이음장치 Expansion joint

1. 개요

(1) 신축이음장치(expansion joint equipment)는 교량의 주요한 부재이므로 이론과 개념을 충분히 이해하고 정밀하게 시공되어야 교량의 내구성 증진, 주변 지역의 소음저감, 주행차량의 안전운행 등을 기대할 수 있다.

(2) 최근 연속교가 많이 시공되면서 큰 규격의 신축이음장치가 교통량이 많은 노선의 교량이 주로 설치되고 있다. 주행차량의 대형화로 인하여 파손되더라도 유지보수가 곤란하므로 사용 중에 기능이 제대로 발휘될 수 있는 제품선정과 정밀시공이 필요하다.

2. 신축이음장치

(1) 설치 목적

① 온도변화에 의한 교량상부 구조의 신축기능 유지
② 콘크리트 재령에 따른 건조수축과 크리프에 의한 신축기능 유지
③ 교통하중(활하중) 재하에 따른 보의 처짐에 의한 변형율 수용

(2) 형식 분류

분류	형식	종류	특징
지지식	고무제품	• Trans Flex • Ace • Hama-Highway(Ys) • Freyssinet 등	합성고무와 강재를 조합하여 윤하중을 상판 유간에서 지지토록 제조된 상품
	강재	Finger Joint	강재로 제조된 상품
	특수	• Honel • Mageba(L-Series) • Maurer, 3W 등	Steel beam을 사용하여 장대 유간에 적합하게 제조된 상품
	알미늄 캔	Wabo	고무제품 형식의 표면에 알미늄 합금재로 피복된 제품
비지지식	고무제품	• Hama-Highway(G-type) • Mageba(R-Series) • Freyssinet(N-Type) 등	윤하중이 상판 유간에서 지지되지 않고 통과되도록 제조된 상품
	강재	• L형 보강 Joint • 강재 보강 Joint 등	유간의 양측머리를 L형강 또는 강재로 보강한 제품

3. 신축이음장치 선정

(1) 설치 기준

종류	사용구분	비고
Rubber Joint	총 신축량이 100m/m 이하인 제품	
강 Rail Joint	총 신축량이 100m/m 이상인 제품	

(2) 선정 기준

종류	사용구분	비고
Rubber Joint, Mono cell joint	총 신축량이 100m/m 이하인 제품	No−100 이하
강 Rail Joint	총 신축량이 100m/m 이상인 제품	No−160 이상

(3) Rubber(TransFlex) Joint와 Steel(강레일형) Joint 비교

구분	Rubber(TransFlex) Joint	Steel(강레일형) Joint
내구성	• 강성 콘크리트와 연성 고무제품과의 접합부에서 파손될 우려가 있다. • 강재가 삽입된 고무판의 팽창률이 서로 달라 분리·변형 가능성이 있다.	• 하중지지용 강재가 수평으로 설치되어 접속콘크리트 파손우려가 적다. • 고무에는 윤하중이 직접 전달되지 않으므로 콘크리트 파손 우려가 적다.
시공성	중량이 가볍고 시공이 간단하여 시공속도가 빠르다.	정밀시공이 요구되므로 전문팀에게 시공을 맡기는 것이 바람직하다.
주행성	노출 주행 도로면이 고무로 되어 있어 주행성이 좋고 소음이 적다.	고무제품에 비해 주행성이 떨어지고 소음이 발생된다.
방수성	정척(1.0~1.8)이 짧아 완전방수가 어렵다.	이음부분이 거의 없이 일체로 시공되므로 방수기능이 우수하다.
적용범위	소교량 및 중간교량에 사용된다.	주로 장대교량에 많이 사용된다.
보수성	• 고무판만 교체하면 되므로 보수작업이 간단하고 신속하다. • 보수공사비가 저렴하다.	• 전체를 교체해야 되므로 보수작업이 복잡하고 장기간 소요된다. • 보수공사비가 고가이다.

4. 신축이음장치 신축량 계산

(1) 교량상판 지간 100m 이하인 경우, 개략적인 산출 공식에 의하여 신축량 계산

① 콘크리트교 $\Delta l = 0.6l + 10\,[\text{mm}]$

② PC교 $\Delta l = 0.84l + 10\,[\text{mm}]$

③ 강교 $\Delta l = 0.72l + 10\,[\text{mm}]$

여기서, l : 지간[m]

(2) 교량상판 지간 100m 이상인 경우, 도로교시방서 기준에 의하여 신축량 계산

① PC교 $\Delta l = \Delta l_t + \Delta l_s + \Delta l_c + \Delta l_r +$ 여유량

② 기타 교량 $\Delta l = \Delta l_t + \Delta l_s + \Delta l_r +$ 여유량

여기서, $\Delta l_t = \alpha \cdot \Delta T \cdot l$(온도변화에 의한 신축량)

$\Delta l_s = -20\alpha \cdot \beta \cdot l$(콘크리트 건조수축에 의한 수축량)

$\Delta l_c = P_t \cdot \beta \cdot \dfrac{l}{E_c} \cdot A_c$(콘크리트 크리프에 의한 수축량)

$\Delta l_r = \sum (h_i \cdot \theta_i)$(보 처짐에 의한 수축량)

α : 재료의 선팽창계수(콘크리트 1.0×10^{-5}, 강재 1.2×10^{-5})

β : 콘크리트의 크리프계수 2.0

h_i : 받침 회전중심에서 보 중립축까지 높이($2h/3$)

θ_i : 보의 회전각(콘크리트교 1/300, 강교 1/150)

5. 신축이음장치 설계유간 결정

(1) 교량상판 100m 이하(신축량 100mm 이하)의 경우

① 개략적인 산출 공식에 의해 계산된 신축량을 기준으로 설계기준에 제시된 신축이음 장치 형식을 선정

② 이때, 설계유간은 신축이음장치 형식에 따른 고유 수치를 적용

(2) 교량상판 100m 이상의 경우

① 도로교시방서 기준에 의해 신축량을 계산한 후, 계산된 신축량보다 다소 여유 있는 규격으로 신축이음장치 형식을 선정

② 이때, 설계유간은 신축이음장치 형식에 따른 고유 수치를 적용

6. 신축이음장치 형식 선정 고려사항

(1) 신축이음장치는 설계도에 제시된 신축량 및 유간을 충분히 확보할 수 있는 규격의 제품을 선정해야 한다.

(2) 교량상부 슬래브의 두께, 빔과 빔 사이의 간격 등을 고려하여 설치가 가능한 제품을 선정해야 한다.

(3) 소음피해가 우려되는 지역은 고무제품을 선정하거나, 방음대책을 마련할 수 있는 제품을 선정해야 한다.

(4) 제설작업 중 리무빙(removing)이 많이 발생되는 지역은 고무제품보다 강재형식을 선정하는 것이 내구성 측면에서 유리하다.

7. 신축이음장치 시공 착안시항

(1) 일반사항

① 설계도에 제시된 신축량, 유간 및 콘크리트빔 또는 강교 연장은 상온 15℃ 기준으로 결정한 값을 적용한다.

② 콘크리트빔 또는 강교 제작 전에 공장 제작온도와 상온 15℃와의 온도차에 의한 신축량을 계산한 후, 제작에 착수한다.

③ 교대 및 교각은 온도변화에 관계없이 설계도에 제시된 규격과 위치에 따라 시공한다.

④ 교대 및 교각 좌표와 실제 교량연장과의 일치 여부를 확인한 후, 시공에 착수한다.

⑤ 신축이음장치는 유간이 적을수록 구조적으로 유리하므로 최소 유간이 확보되는 범위 내에서 가급적 유간이 적도록 설치한다.

(2) 교면포장

① 콘크리트 슬래브의 유간 사이로 이물질이 교좌부에 떨어지지 않도록 스티로폼 또는 거푸집을 이용하여 막는다.

② 콘크리트 슬래브 블록 아웃부에 모래 또는 아스콘으로 교면포장 두께 이하만큼 채운 후, 좁은 틈새를 적절한 방법으로 다진다.

③ 교량 난간에 콘크리트 못으로 슬래브 유간을 표시함으로써, 교면포장 시공 후에 절단 위치가 정확히 되도록 대비한다.

④ 교면포장을 연속적으로 시공하여야 신축이음부의 평탄성이 확보된다.

(3) 설치 및 청소

① 블록-아웃부는 수직으로 단차없이 절단하고 압축공기 및 물청소를 실시하여 이물질을 완전히 제거한 후 접착면에 접착제를 골고루 바른다.

② 무수축 콘크리트 타설 폭은 가급적 설계도에 제시된 규격대로 시공이 되어야 유지보수비를 줄일 수 있다.

③ 무수축 콘크리트 타설 중 슬래브 유간이 확실히 확보될 수 있도록 유간부를 스티로폼 또는 우레탄계 sealant를 이용하여 임시로 메꾸고, steel form으로 성형 후에 무수축 콘크리트를 타설한다.

④ 현장에서 설치 중의 내부온도 및 외부기온 등을 고려한 설치유간 계획서에 따라 정밀하게 설치한다.

⑤ 공용 중의 평탄성 확보를 위하여 아스콘 포장을 무수축 콘크리트보다 3mm 정도 높게 시공한다(직선자를 사용하여 높이 확인).

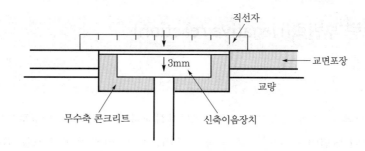

⑥ 시스템 거푸집으로 시공할 때 Steel form 사용 의무화(Steel form 제거 후 바닥면 level 상태를 유지토록 관리)

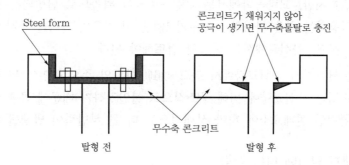

⑦ Seel form 설치 중 상온 15℃와의 온도차에 의한 신축량을 고려해야 한다.

(4) 철근배근, 무수축 콘크리트 타설 및 양생

① 기존 슬래브 및 교대에 노출된 철근을 절단하지 말고, 신축이음장치 설계도에 따라 배근한다. 부득이 신축이음장치 설치가 곤란할 때는 최소 개소만 절단한다.

② 무수축 콘크리트는 섬유보강재를 투입하며, 7일 강도가 기준강도에 도달되도록 배합설계한다. 배합은 계량장치로 정량 계량하고 충분히 혼합한다.

③ 무수축 콘크리트 타설, 진동다짐하며 표면마무리는 한쪽에서부터 즉시 시행한다. 표면마무리 직후 비닐과 양생포를 덮어 수분증발을 막고 살수한다.

④ 습윤양생은 최소 7일간 실시하고, 교통개방은 압축강도 확인 후 또는 타설 후에 최소 7일 지나면 가능하다.[13]

---

13) 박효성, Final 토목시공기술사, 개정 2판, 예문사, 2020, pp.1271~1274.

6.14 교량 부반력(Negative reaction)

교량받침의 부반력(負反力) [3, 0]

1. 개요

(1) 곡선교량은 구조적 특성으로 활하중의 편심재하뿐만 아니라 상부구조의 고정하중만으로도 거더 단면이 큰 비틀림을 받을 수 있고, 이로 인해 부반력(負反力)이 발생될 수 있으므로 항상 높은 수준의 주의가 요구된다.

(2) 부반력(Negative reaction)이란 원칙적으로는 주로 생기는 반력과 역방향으로 생기는 반력을 말하지만, 교량곡학에서는 교량구조물이 위쪽으로 변형되는 것을 방해하는 방향으로 작용하는 힘을 의미하는 경우가 많다. 이 경우의 반력을 특히 상양력(上揚力)이라 하며, 사교, 곡선교에서는 반드시 검토해야 된다.

(3) 부반력은 단순지지 곡선교량에서 전도(顚倒) 사고의 주요 원인이 된다. 단경간 곡선교량은 연속경간 곡선교량에 비해 구조적으로 불안정하기 때문에 곡률반경, 경간길이 등의 기하학적인 설계요소에 따라 상대적으로 더 큰 부반력이 발생될 수 있다.

2. 교좌장치 배치 형태에 따른 반력

(1) 곡선교량에는 편심하중이 없어도 자체의 자중만으로도 비틀림모멘트가 유발된다. 아래 그림은 곡선교량에서 전단중심을 기준으로 수직력과 비틀림모멘트가 작용되는 경우에 곡률내측(concave side) 및 곡률외측(convex side)의 각 지점에 발생될 수 있는 반력의 범위를 보여주고 있다.

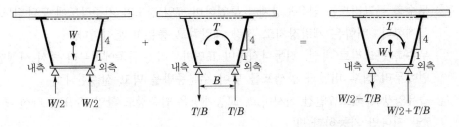

[곡선교량의 각 지점에 발생될 수 있는 반력의 범위]

(2) 직선교량에는 수직하중 W에 의한 내·외측 지점에서 동일한 크기의 정반력 $W/2$가 발생되지만, 곡선교량에는 비틀림모멘트의 출현으로 외측에는 T/B만큼의 추가 정반력이, 내측에는 동일크기의 추가 부반력(하향 반력)이 발생된다. 여기서, T 및 B는 작용되는 비틀림모멘트 및 받침 간의 수평거리를 의미한다.

(3) 수직력과 비틀림모멘트가 동시에 작용하는 경우에는 내·외측 지점에 서로 다른 크기의 반력이 발생되며, 비틀림모멘트가 상대적으로 크게 작용되면 위 우측 그림과 같이 내측 지점에는 부반력이 발생된다.

(4) 교좌장치의 배치 형태에 따른 반력을 비교하기 위해 적용된 콘크리트-강합성박스 거더의 형상은 아래 그림 (a)와 같고, 범용구조 해석 프로그램을 이용하여 탄성해석을 수행하여 모델링한 강박스 거더의 형상은 아래 그림 (b)와 같다.

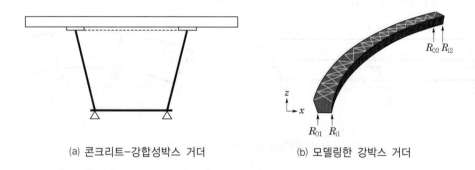

(a) 콘크리트-강합성박스 거더　　　　(b) 모델링한 강박스 거더

(5) 교량받침 형식에 따른 반력의 특성을 알아보기 위하여 아래 그림과 같이 3가지의 서로 다른 교량받침 형식 및 배치를 고려하였다.

(a) 탄성받침　　　　(b) 접선방향　　　　(c) 현방향

(6) 탄성받침은 고무재료로 만들어진 간단한 교량받침 형식이면서 하중전달이 효과적이며 모든 방향으로 신축·회전이 가능하여 효용성과 사용성이 우수하다.

(7) 탄성받침을 고정받침으로 배치하는 경우 곡선반경에 대해 접선방향(tangential direction)으로 설치하거나, 변위허용방향을 방사형 현방향(radiational direction)으로 설치한다. 곡선교량에서 온도에 의한 거동을 고려할 때는 접선방향보다는 방사형 현방향이 효율적인 것으로 알려져 있다.

(8) 한국도로공사 도로설계요령(2009)에 의하면 접선방향 설치는 곡률이 일정한 교량에 적합하고, 방사형 현방향 설치는 곡률이 일정하거나 변화하는 교량 모두에 적용이 가능하도록 규정되어 있다.

3. 교량 부반력의 발생원인

(1) 교량에서 부반력이 발생되는 경우

(2) 사교에서 교량의 평면사각이 너무 작은 경우

(3) 곡선교에서 교량의 폭원에 비하여 평면곡선반경이 너무 작은 경우

(4) 사교, 곡선교, 직선교 등에 관계없이 교량받침의 배치가 잘못된 경우

(5) 교량에서 부반력이 발생되는 지점

① 곡선교의 경우, 부반력은 원곡선 내측에 위치한 교좌장치에서 발생한다.

② 모든 곡선교에서 부반력이 발생하는 것은 아니고, 경간장, 폭원, 평면곡선반경에 따라 부반력이 발생할 수도 있고, 발생하지 않을 수도 있다.

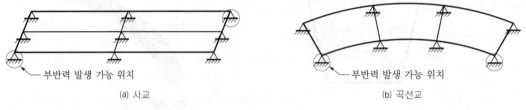

(a) 사교　　　　　　　　　　　　　　(b) 곡선교

[교량에서 부반력이 발생되는 지점]

4. 교량 부반력의 방지대책

(1) 교량 부반력 발생을 검토해야 되는 경우

① 교차하는 사각(斜角)이 작은 사교

② 폭에 비하여 곡선의 중심각이 큰 곡선교

(2) 교량 부반력 발생의 최소화 대책

① 교각 지점반력을 탄성고무받침으로 균등하게 설계(slab교)

② 지점위치 변경 또는 out-rigger 적용(단주형, box girder교)

③ 교각 상부에 steel box마다 1개씩 낙교방지턱 설치(강교)

④ Counter weight 적용(다주형, box girder교) [14]

[낙교방지턱]

교량 부반력 사고 사례
• 시간장소 : 2004.6.15. 16:55 충북 제천시 신동제2교 인터체인지 램프 • 사고내용 : 인터체인지 램프의 안쪽 차로에 트레일러가 주행할 때 부반력이 발생하여, 바깥쪽 상판이 위로 들리면서 추락하는 사고 발생 • 설계원인 : 교량 부반력의 발생 및 제어·관리 필요성에 대한 기술검토 없이 램프 설계 • 시공원인 : 램프의 강구조물 설치작업 중에 부반력으로 인하여 받침의 중간판이 휘어지자, 원인분석 없이 전기용접으로 시공 마무리

---

14) 박효성, Final 토목시공기술사, 개정 2차, 예문사, 2020, pp.1287~1289.

6.15 특수교 피뢰설비

I 개요

1. 건축물 등에 설치하는 피뢰설비 기준은 KS C-9609(피뢰침)에 필요한 최소사항이 규정되어 있으며 일반적으로 이 규격에 기초하여 설계·시공되고 있다.
2. 2015.12.3. 발생된 서해대교 케이블 화재사고의 원인이 낙뢰로 인한 점화라는 내용의 국립과학수사대 감정결과가 발표된 바 있다.

II 피뢰시설 일반사항

1. 설치기준

(1) 높이가 20m 이상인 건축물 또는 공작물(특수교가 포함된 것으로 본다.)

(2) 높이가 20m 미만인 경우로서 설치 대상물

① 박물관, 천연기념물 나무, 낙뢰 위험도가 높은 지역의 건물
② 다수의 사람이 집합하는 장소(교회, 학교, 병원, 백화점 등)
③ 위험물을 제조·저장·취급하는 장소(화약, 가연성 가스저장소 등)

2. 피뢰방식

(1) 돌침방식

① 건축물 상부에 돌침을 설치하여 근접 뇌격을 흡인하여 돌침과 대지 사이의 도체를 통해 외격전류를 안전하게 대지로 방류하는 방식
② 대상 : 수평투영 면적이 적은 건물(굴뚝, 고가수조 등), 위험물 저장소 등

(2) 수평도체방식

① 건축물 옥상의 보호대상물에서 수평도체(인접한 다른 수평도체)까지의 거리가 10m 이하가 되도록 설치하여 주변 보행자 등을 보호하는 방식
② 대상 : 철근콘크리트 건축물 모서리 부분의 낙뢰로 인한 콘크리트 파편 피해 등

(3) 케이지 방식

① 피 보호물을 적당한 간격(일반 2m, 위험물 1.5m)의 그물눈을 가진 도체로 완전히 보호하는 방식
② 대상 : 산악지대의 레이더 기지, 천연기념물 나무 등

3. 피뢰설비의 등급

(1) 완전보호 등급

① 어떠한 뇌격이라도 완전하게 보호하는 방식으로, 케이지 방식이 해당된다.

② 산 정상의 관측소, 산의 휴게소, 골프장의 독립휴게소, 야산이나 밭의 파수막, 정자 등에 설치된다.

(2) 증강보호 등급

① 보통보호 등급보다 높은 수준으로 건축물이 피뢰침의 보호각 범위 내에 있더라고 건축물의 위쪽 모서리 부분, 뾰족한 부분의 위쪽에 피뢰설비를 하여 전체 보호능력을 향상시킨 방식으로, 돌침방식 + 수평도체방식이 해당된다.

② 일반적으로 목조가옥의 경우에는 증강보호 등급이 바람직하다.

(3) 보통보호 등급

① 피 보호대상 건축물이 피 보호각(일반 60°, 위험물 45°) 범위 내에 포함되도록 피뢰 설비를 설치하는 방식이다.

② 최근에는 보통보호 등급으로는 낙뢰 보호를 100% 기대할 수 없기 때문에 외국의 경우에도 피 보호각을 강화하는 추세이다.

(4) 간이보호 등급

① 보통보호 등급보다 간단한 수준으로 낙뢰가 많은 지역에서 20m 이하의 건축물에 자체적인 피뢰설비를 갖추는 방식이다.

② 지름 6.5mm 아연도 철선을 지붕 위(지붕과 0.9m 이상 이격)에 설치하고, 양쪽 끝은 각각 지하 0.5m 이상의 깊이에 3m 길이로 매설한다.[15]

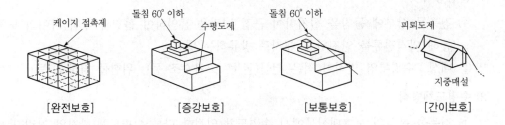

| [완전보호] | [증강보호] | [보통보호] | [간이보호] |

Ⅲ 서해대교 낙뢰에 의한 화재사고 사례

1. 사고 개요

(1) 2015.12.3. 서해대교 주탑 부근 와이어에서 원인 미상의 화재가 발생되었다. 발화 지점이 주탑 꼭대기 부근이며, 강풍까지 불어 화재진압에 난항을 겪었다.

---

15) 국토교통부, '건축물 설비기준에 관한 규칙' 국토교통부령 제205호, 2009.

(2) 낙뢰에 의한 발생된 화재 때문에 교량의 주탑 케이블이 끊어지면서, 화재 진압 중인 소방관의 가슴 위로 케이블이 떨어져 소방관이 순직하였다.

2. 사고 원인

(1) 서해대교 주탑에 피뢰침이 설치된 상태에서 낙뢰에 의한 화재가 발생되었다는 점은 피뢰침이 낙뢰 당시 제 기능을 하지 못한 것으로 추정된다.

(2) 피뢰침이 설치되어 있음에도 불구하고 낙뢰에 의한 화재사고가 발생된 원인은 접지(어스)가 되지 않았거나 피뢰침 설계가 잘못되었을 가능성이 있다.

(3) 사장교 케이블은 1~2개 절단되어도 교량의 안전성에는 이상 없도록 설계되어 있으며, 실제 케이블을 일정주기마다 교체하고 있어 케이블이 사고 원인은 아니다.

3. 전국 특수교 점검결과

(1) 행정안전부에 주관으로 2016년 1월 전국에 설치되어 있는 45개 특수교에 대한 정부합동안전점검을 실시 결과, 낙뢰사고에 취약한 것으로 조사되었다.
이는 「도로교 설계기준」에 피뢰시스템 설치와 운영에 관한 규정이 없는 등 특수교 관리의 사각지대에 놓여 있기 때문인 것으로 밝혀졌다.

(2) 현재 설치된 피뢰시스템에는 전기, 통신, 피뢰설비가 일괄로 접지된 통합접지 형태로 설치되어 있어, 접지설비에도 문제점이 있는 것으로 확인되었다.
낙뢰로 인해 과전압이 발생되는 경우, 특수교를 보호할 수 있는 서지보호장치(SPD)가 설치되어 있지 않고, 접지선 접속에 접속도체를 사용하지 않고 있다.

4. 특수교 피뢰설비 개선방안

(1) 「도로교 설계기준」에 특수교의 피뢰시스템 설치·운영 규정을 추가하고, 정기적인 피뢰시설 점검과 적정한 유지관리를 시행하도록 개정한다.

(2) 특수교의 화재발생에 대비하여 소화설비 설치를 의무화하고 케이블을 낙뢰에 강한 재료로 교체하는 등 다양한 재해예방 대책을 검토한다.

(3) 국토부와 행안부 등의 관계기관이 참여하는 「특수교 케이블 안전강화 T/F」를 구성하여 구체적인 개선방안을 마련한다.[16]

---

16) 행정안전부, '전국 특수교 피뢰설비 문제점 개선', 정책브리핑, 2016.1.28.

6.16 지진파

I 지진파

1. 실체파(實體波, Body wave)

(1) 지진이 발생되면 지각 내부를 통과하여 P파와 S파가 전달된다.

(2) P파(Primary wave)는 종파로서, 고체·액체·기체 상태의 물질을 통과한다. 속도는 7~8km/sec로 빠르나 진폭이 작아 피해가 작다. 지구 모든 부분을 통과한다.

(3) S파(Secondary wave)는 횡파로서, 고체 상태만 통과한다. 속도는 3~4km/sec로 느리지만 진폭이 커서 피해가 크다. 지구 내부의 핵은 통과하지 못한다.

(4) 지진이 발생되면 지진계에는 처음에 약하게 흔들리는 P파가 그려지고, 잠시 뒤에 세찬 S파의 파형이 그려진다. 지진 조기경보는 먼저 감지한 P파를 확인하고 S파가 도달하기 전에 대비하라고 사전에 알려주는 원리이다.

2. 표면파(表面波, Surface wave)

(1) 표면파는 일명 L파라고 하는데, 지표면을 따라 전달되는 지진파를 말한다. 속도는 2~3km/sec로서 통과하는 매질은 지표면으로만 전달되어 가장 느리고 진폭도 크고 피해도 크다. 표면파의 종류에는 러브파와 레일리파가 있다.

(2) 러브파(Love wave)는 표면파로서, 파동속도는 P파나 S파의 속도보다 느리며 분산현상을 보인다. 1911년 영국의 수학자 Augustus Edward Hough Love가 처음 탄성론적으로 유도하였다. 지각 두께 연구에 이용된다.

(3) 레일리파(Rayleigh wave)는 진행방향을 포함한 연직면 내에서 타원 형태로 진동을 일으킨다. 1885년 영국의 물리학자 John William Strutt Rayleigh가 처음 이론적으로 유도하였다. 레일리파를 통해 횡파의 속도분포를 구할 수 있다.

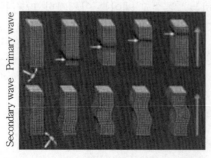

[실체파(Body wave)]

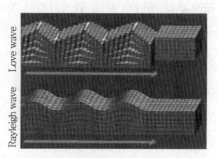

[표면파(Surface wave)]

Ⅱ 구조물에 대한 지진설계

1. 내진(耐震)

(1) 설계할 때 지진피해를 최소화하기 위하여 내진, 제진, 면진 등이 쓰이는데, 모두 건축물의 내진력(耐震力)을 증가시켜 건축물의 지진피해를 줄이는 원리이다.

(2) 그 중에서 내진설계는 구조물의 변형이나 손상으로 지진에너지를 흡수·저장하는 시스템으로, 내진설계구조물은 지진으로 손상되면 복구하기 어렵다. 취약한 구조물을 보강하고 유연하게 설계하여 지진에 의해 손상을 입어도 건물이 붕괴되지 않도록 하여 인명피해를 최소화로 줄이는 방법이다.

(3) 그러나 내부 기물은 상당히 파손되기 때문에 파손방지를 위해 고층빌딩에는 안전성을 기하기 위하여 면진설계와 제진설계를 병행한다. 대부분의 건축물에서 병행설계가 가장 많이 사용된다.

2. 제진(制震)

(1) 제진설계는 건물에 설치된 제진장치에 변형을 집중시켜 지진에너지를 흡수함으로써 건물의 진동을 저감시키는 시스템이다.

(2) 건물 내부에 건물 총중량의 1% 정도의 추나 댐퍼를 설치하여 지진이 발생할 때 건물의 진동 반대방향으로 추나 댐퍼를 이동시켜서 진동을 상쇄시키는 원리이다. 타이페이 101빌딩 등의 100층이 넘는 초고층 빌딩에 사용되었다.

3. 면진(免震)

(1) 면진설계는 구조물과 지반 사이에 면진층을 설치하여 면진층 위로는 지진력이 전달되지 않도록 하는 시스템으로, 내진력이 가장 우수한 설계이다.

(2) 건물과 지반 사이에서 지진의 피해를 줄여주는 설계이다. 건물지하와 지반 사이에 적층고무, 댐퍼, 베어링 등을 이용하여 지진이 발생할 때 충격을 어느 정도 줄여서 실제 건물에는 진동수가 줄어들어 내부에 손상이 적어지는 원리이다.[17]

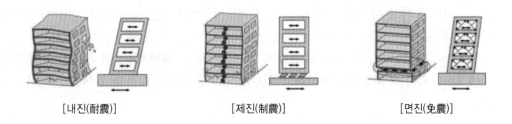

[내진(耐震)]　　　　　[제진(制震)]　　　　　[면진(免震)]

---

17) 박효성, Final 토목시공기술사, 개정 2판, 예문사, 2020, pp.268~272.

6.17 교량 면진설계와 내진설계

도로시설물의 내진설계 및 면진설계 고려사항, 지진파(Earthquake wave) [2, 2]

1. 도로시설물

도로시설물은 교량, 옹벽, 터널, 암거 및 도로포장으로 구성된다. 그 중에서 지진과 관련하여 도로의 기능과 인명·재산피해에 직접 영향을 줄 수 있는 도로시설물로서 내진설계의 대상이 되는 시설물은 크게 교량과 터널이다.

[도로시설물의 분류]

구분	세부항목
도로시설물	교량, 옹벽, 터널, 암거, 도로포장

2. 교량·터널 내진설계기준

(1) 교량

① 교량의 내진성능 평가는 「도로교설계기준」에 따른다. 도로교는 「도로교설계기준」에서 요구하는 교량의 성능과 동등한 성능을 발휘할 수 있어야 한다.

② 「도로교설계기준」에 규정된 지진구역계수, 지반계수, 설계응답스펙트럼 등이 요구되는 목표성능을 확보하고 있는지 내진등급별로 아래와 같이 평가해야 한다.

[교량의 내진등급]

내진등급	내용
내진특등급	내진 I 등급교 중 복구 난이도가 높고 경제적 측면에서 특별한 교량(예 장대교)
내진 I 등급	• 고속국도, 자동차전용도로, 특별시도, 광역시도 또는 일반국도 상의 교량 • 지방도, 시도 및 군도 중 지역의 방재 계획상 필요한 도로에 건설된 교량, 해당도로의 일일계획교통량을 기준으로 판단했을 때 중요한 교량과 내진I등급교가 건설되는 도로 위를 넘어가는 고가교량
내진 II 등급	내진특등급 교량과 내진I등급 교량으로 분류되지 않은 시설물

(2) 터널

① 터널에 대한 내진성능 평가는 「도시철도내진설계기준」을 따른다. 지중에 건설되는 터널은 이 기준에서 요구하는 성능과 동등한 성능을 발휘할 수 있어야 한다.

② 「도시철도내진설계기준」에 규정된 지진구역계수, 지반계수, 설계응답스펙트럼 등이 요구되는 목표성능을 확보하고 있는지 내진등급별로 다음과 같이 평가해야 한다.

[터널의 내진등급]

내진등급	내용
내진특등급	• 긴급구조와 구호, 국방 및 치안유지에 필요한 터널로 설계지진 발생 후에도 터널로서의 기능이 유지되어야 함 • 특히, 내진특등급교와 연계되어 하나의 연결체계인 경우 내진특등급 터널
내진 I 등급	구조물의 피해를 입으면 사회적 혼란이 야기되고 많은 인명과 재산상의 손실을 줄 수 있는 구조물로서, 설계지진 발생 후에도 터널로서의 기능이 유지되어야 함
내진 II 등급	그 외의 일반적인 터널

3. 교량·터널의 내진현황

「제3차 지진방재종합대책」에 따르면 교량·터널 총 31,749개소 중에서 55.4%인 17,599개소가 내진설계가 되어 있고, 나머지 14,150개소는 내진보강이 필요하다.[18]

[교량·터널의 내진현황]

(소방방재청, 2009)

구분	총계	내진 적용	내진 미적용				내진율
			계	내진양호	내진보강 완료시설물	내진보강 필요시설물	
교량	30,783	10,003	20,780	5,797	942	14,041	54.4%
터널	966	192	774	663	2	109	88.7%
계	31,749	10,195	21,544	6,460	944	14,150	55.4%

[도로·터널의 내진성능평가 및 내진보강방안]

시설물명		내진성능 예비평가	내진성능 상세평가	내진보강
교량	상부구조	교량 예비평가 (3.3.1절)	교량 상세평가 (3.3.2절)	교량 내진보강 (4.3절)
	교대·기초	기초구조물 예비평가 (3.9.1절)	기초구조물 상세평가 (3.9.2절)	기초구조물 내진보강 (4.9절)
	액상화	액상화 예비평가 (3.8.1절)	액상화 상세평가 (3.8.2절)	액상화 내진보강 (4.8절)
터널		지중구조물 예비평가 (3.4.1절)	지중구조물 상세평가 (3.4.2절)	지중구조물 내진보강 (4.4절)

4. 마찰받침

(1) 국내에서 교량 내진설계는 1992년 「도로교시방서」에 AASHTO의 「내진설계기준」을 도입하면서 적용되었으나, 최근 완공된 일부 교량도 내진성능이 부족하다.

---

18) 국토교통부, '교량·터널 내진설계기준', 건설기술정보시스템, 2019.

(2) 내진성능이 부족한 교량을 보강할 수 있는 방법

① 기존 교량을 개축하는 방법 : 비경제적으로 현실성이 없다.

② 기존 교량에 지진보호장치를 추가하는 방법 : 경제적인 발상이다.

(3) 지진보호장치에 의해 교량의 고유진동수를 동적증폭계수가 작은 진동수 영역으로 이동 시켜 내진거동을 향상시키는 지진격리장치가 최근 사용되고 있다.

지진격리장치는 장(長)주기가 컸던 1985년 Mexico City나 1995년 일본 Kobe 지진파에 서는 변위가 너무 커져서 낙교나 기능적 손상을 일으킬 수 있다.

(4) 지진격리효과와 마찰력에 의한 감쇠효과를 동시에 고려하는 마찰형 지진격리장치(마찰 받침, frictional bearing)를 도입한 교량받침이 특허·개발되었다.

(5) 마찰형 지진격리장치는 지진의 주기·강도 변화에 따른 교량 응답이 민감하지 않고 마 찰력에 의한 감쇠효과가 커서 지진에너지가 소산되어 피해를 줄일 수 있다.

특히, 다른 지진격리장치보다 변위응답을 크게 줄일 수 있어 낙교방지공이나 신축이음 장치 거동을 고려할 때 교량에 보다 효율적인 지진격리장치이다.

[마찰받침(frictional bearing)]

5. 마찰받침에 의한 지진격리교량 설계

(1) 지진격리시스템의 성능 및 품질기준

① 성능확인 : 온도의존성, 주기의존성, 압축피로, 전단피로시험 등을 통하여 해당 지진 격리시스템이 신뢰할 수 있는 성능을 가지고 있는지 확인한다.

② 성능시험 : 해당 받침이 품질기준을 만족하고 있는지 전수시험 혹은 검사를 실시한다.

③ 품질기준

• 다수의 지진격리장치를 대상으로 측정한 평균유효강성은 설계값의 ±10% 이내, 각 각의 유효강성은 설계값의 ±20% 이내이어야 한다.

• 지진 후 교량기능에 악영향을 주는 잔류변위가 발생하지 않도록 설계해야 한다.

(2) 「도로설계편람(2016)」 제5편(교량) 제510장(내진설계) 510.3(지진격리시스템 설계)에 의해 마찰받침이 설치되어 있는 지진격리교량 설계 순서는 다음과 같다.

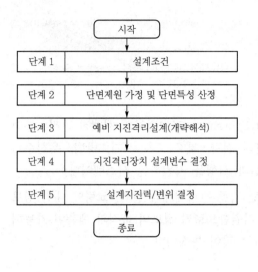

[지진격리시스템의 설계흐름도]

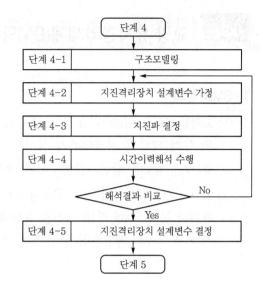

[단계 4 : 지진격리장치 설계변수 결정]

(3) 지진격리장치 설계변수 결정 [단계 4-1] 구조 모델링은 다음과 같이 수행된다.

① 편람 510.2.3.4 내진설계편 상부 및 하부구조 모델링과 동일하다.

② 지진격리받침 모델링 : 비선형 연결요소의 스프링 중 이력거동 시스템 및 납삽입고무 받침형 지진격리장치 전단스프링이 사용된다.[19)]

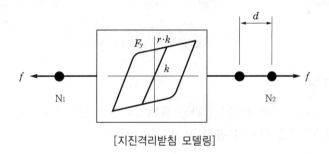

[지진격리받침 모델링]

19) 박효성, Final 토목시공기술사, 개정 2판, 예문사, 2020, pp.286~289.

6.18 교량 유지관리체계(BMS)

교량유지관리체계(Bridge Management System) [0, 2]

1. BMS 정의

(1) 교량관리시스템(BMS, Bridge Management System)은 교량정보의 체계적 관리·분석을 통해 교량의 전생애주기 동안의 유지관리 전략·계획(조치 시기, 방법, 우선순위 등)을 수립함은 물론, 관리주체의 정책 수립과 시행을 지원하는 시스템이다.

(2) 특히, 교량의 유지와 관리에만 중점을 두었던 기존 관리체계와 달리, 교량에 대한 정보관리와 분석, 그에 따른 조치를 순환적으로 지원함으로써 정보의 축적과 예측이 가능해져 효율적이고 예방적인 관리가 가능해졌다는 것이 특징이다.

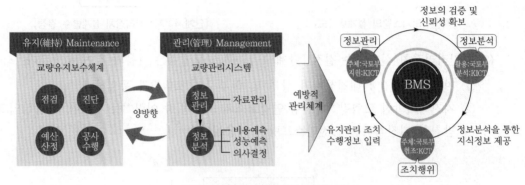

[교량관리시스템(BMS) 개념]

2. BMS 주요 내용

(1) BMS를 활용하여 지속적이고 일관된 관리업무를 수행하여 교량정보의 신뢰도 향상, 유지관리 의사결정을 위한 유용한 분석 정보 제공

(2) BMS DB를 축적·활용하여 이력데이터를 관리하고, 다양한 통계분석을 통하여 지식정보를 도출하는 시스템 관리 가능

(3) 교량 유지관리 점검의 효율성 및 편의성 향상(언제, 어디서나 정보 조회 가능), 스마트폰과 연계하여 현장조사 보고서 자동생성

(4) GIS 기반 위치정보 활용으로 교량의 존재 여부와 위치 파악이 용이하여 다양한 유지관리(교량 재포장률 산정, 손상 추정) 분석

(5) 교량의 성능, 노후화 등을 분석하여 중장기 유지관리비용, 보수보강비용, 점검진단비용 등의 추정으로 부재별 소요예산 산출

(6) 개축대상 교량, 보수보강 필요 물량, 점검진단 물량 등 성능변화에 따른 중장기 교량 신설 및 개축 사업물량 추정

(7) 모든 분석결과를 바탕으로 하여 최소비용으로 최대의 성능발휘가 가능한 교량 생애주기 유지관리 전략 및 계획 수립

3. BMS 도입에 따른 변화

구분	BMS 이전	BMS 이후
정보관리·분석 전담조직	부재(시스템 단순관리)	교량 관련 전문가의 지속적 지원(한국건설기술연구원·시설안전공단)
정보 신뢰도	이력정보의 검증, 미입력 정보 확인 없이 단순 축적	이력정보 검증, 입력률 제고를 통해 신뢰도 향상
의사결정지원	• 현재 현황정보에 의존한 단순 통계자료 제공 • 별도 용역을 통해 단속적 실시	• 생애주기 성능·비용을 고려한 최적 대안 및 지식정보 제공 • 적기에 지속적 맞춤형 결과 제공
물량·예산 산정	• 현재 보수물량 단순 취합 • 총 보수물량·소요예산 제공	보수물량 변화에 따른 중장기 세부 소요예산 제공, 투입효과 추정
성능측정	현재 상태등급 기반	• 시간에 따른 성능변화 추정, 고려 • 빅데이터 분석을 통한 손상예측 가능
보수보강 시기·방법	점검·진단을 통한 현재 시점의 보수방법 산출	생애주기비용을 고려한 비용효율적 보수보강 계획 수립
정기점검	정기점검의 실효성, 신뢰성 미흡	정기점검의 신뢰성·효율성 증대(스마트폰 기반 실시간 정보관리)
지자체지원	• 지자체 현황정보 미흡 • 지원을 위한 시스템 부재	• 지자체 현황정보(상태·위치) 수집 • 지자체 정보관리 및 지원 가능

4. BMS 활용에 따른 기대효과 [20)]

편리한 현장정보 관리	정확한 이력관리	안전 및 수명 관리	합리적인 예산관리
• 정확한 교량 정보 파악 • 현장조사의 신뢰도 확보 • 현장조사의 편의성 향상	• 교량 성능·관리수준 평가 • 보수보강 주기·방법 평가 • 교량 기술발전 기초자료	• 정기점검의 내실화 • 빅데이터 분석 가능 • 교량 수명 추정 및 연장	• 예산요구 근거(회계적 대응) • 예산분배의 합리성·일관성 • 예산집행의 효과분석

---

20) 박효성, Final 토목시공기술사, 개정 2판, 예문사, 2020, pp.1399~1400.

6.19 교량 탄소나노튜브 복합판 보강공법

1. 개요

'탄소나노튜브 융합기반 탄소복합 보강판을 이용한 구조물 보강방법(탄소나노튜브 MWCNT 보강공법)' 고성능 탄소나노튜브를 적용하여, 주요 부재의 노후화로 인한 내하력(구조물의 하중변화에 대한 저항력)을 보강하거나 교량·터널 콘크리트 구조물의 내진 성능을 개선하기 위한 공법이다.

2. 기존 섬유보강재료의 문제점

(1) 공용 중인 교량·터널 콘크리트 구조물에서 발생되는 균열, 층분리, 파손 등은 구조물의 내구성 및 내하력을 현저히 저하 : 기존 섬유보강재료를 사용하여 보수하면 강도 및 강성은 우수하지만, 취성적 거동으로 인해 지진하중이 가해지면 섬유 파단 초래

(2) 콘크리트 열화에 따른 체수로 인해 동결융해 및 건·습작용이 반복되면서 콘크리트 내에서 재료분리 발생되어 부착력 소실 : 기존 섬유보강재료의 미세한 손상이 점진적으로 균열로 확장되어 내구성 저하 초래

3. 탄소나노튜브(MWCNT) 보강공법 특징

(1) 탄소나노튜브(MWCNT)의 재료적 특성

① MWCNT는 기존 강재보다 100배 이상 강하나, 무게는 1/3~1/5 수준

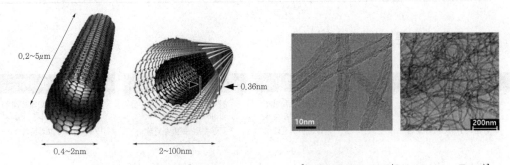

[Single-Waller CNT]   [Multi-Walled CNT(Cabon Nano Tube)]

② MWCNT의 탄성계수는 1.0TPa 이상, 인장강도는 150GPa 이상

③ MWCNT의 연신률이 10% 정도로서 연성이 매우 좋으므로, 기존 섬유보강시트의 취성거동 단점을 보완 가능

④ MWCNT는 연성파괴를 유도하므로 지진 등 자연재해에 효과적으로 대처 가능

⑤ MWCNT는 이상기후 등 온도변화에 따른 구조물의 손상 보수·보강에 적합

(2) 탄소나노튜브(MWCNT) 복합판의 물성값

품명	단위중량 (g/m)	보강재 폭(mm)	보강재 길이(m)	보강재 두께(mm)	설계 인장력(MPa)	설계 신장률(%)
MWCNT 복합판	200	100	100	1.40±0.5	2,800	2.8

(3) 탄소나노튜브(MWCNT) 접착재의 물성값

구분	인장강도 (Nmm^2)	신장률 (%)	접착강도 (N/mm^2)	경화수축률 (%)	질량변화율 (%)	부피변화율 (%)	압축강도 (Nmm^2)
기준	15 이상	10 이하	6 이상	3 이하	5 이하	5 이하	50 이상

품질기준 : KS F 4923   단위 : $(6N/mm^2)/9.8 \times 100 = 61.2 kgf/cm^2$

4. 탄소나노튜브(MWCNT) 시공방법

(1) 대상 구조물에 탄소복합 보강판 부착을 위한 시공계획을 미리 수립한다.

(2) 대상 구조물의 부착력 증진을 위하여 이물질을 제거하고, 표면 그라인딩 작업을 시행한다.

(3) 추후 시공되는 보강재의 부착강도 증진을 위하여 그라인딩 작업 후, 고압세척하고 건조시킨다. 이때, 균열을 보수하고 단면을 복구한다.

(4) 프라이머는 1미터당 0.061kg을 도포한다. 이때, 프라이머용 주제와 경화제를 2 : 1로 배합한다.

(5) 프라이머가 콘크리트 속으로 침투하여 MWCNT 복합판의 부착강도를 증진시킬 수 있도록 72시간 이상 건조시킨 후, MWCNT 접착재를 도포한다.

(6) MWCNT 접착재의 주제와 경화제를 2 : 1로 배합하여 1m당 0.182kg 정도 골고루 도포한다. 이때, 기온은 5℃ 이상이어야 한다.

(7) MWCNT 접착재 도포 후, MWCNT 복합판을 압착하여 부착한다. 압착 중에 새어나오는 접착재는 깨끗이 닦아 제거한다.

(8) 시공 중에 비계를 설치해야 하는 경우 이를 설계내역에 반영한다.

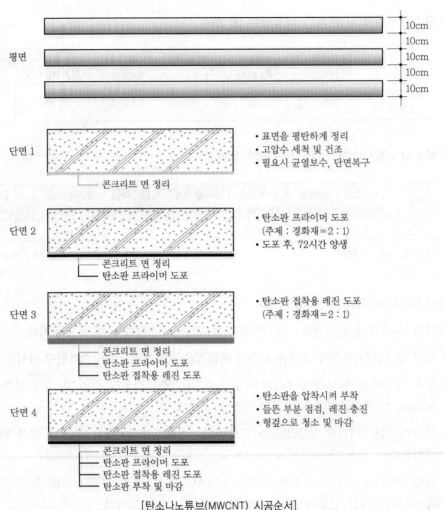

[탄소나노튜브(MWCNT) 시공순서]

5. 탄소나노튜브(MWCNT) 품질관리

(1) MWCNT 복합판을 압착하여 부착 중에 길이방향 이어붙이기 시공을 금지한다.

(2) MWCNT 복합판을 압착하여 부착 후, 들뜸이 생기는 부위는 추가 충진한다.

(3) MWCNT 복합판의 부착강도 인발시험 기준

① 접착철편(40×40×10mm)을 부착할 때는 접착제를 사용한다.
이때, 접착제의 접착강도는 70kgf/cm^2 이상이어야 하며, 조기경화형(상온 2시간 이내 강도 발휘) 접착제를 사용하면 시간단축이 가능하다.

② 접착철편이 시험부위에 완전 부착되면 주변을 cutter를 사용하여 절단한다.
이때, 철편에 최대한 밀착하여 절단하되, 절단깊이는 10mm 정도로 마무리한다.

③ 인발시험 시기는 탄소복합 보강판 시공 후, 접착제 양생이 완료되면 실시한다. 양생 완료 시점은 접착제의 종류, 온도조건 등에 따라 크게 달라지므로 현장상황에 맞도록 아래와 같이 시험시기를 결정한다.

[접착제 종류에 따른 양생기간 기준]

접착제 종류	SKRN(표준형)	SKRS(여름용)	SKRW(겨울용)
적용온도(℃)	15~25	25~35	5~15
양생기간(일)	7	7	14

④ 부착강도 시험방법은 ASTM D 4541(Pull-Off Strength of Coatings Using Part Adhesion Tester)에 준하여 시험한다.
- 시험개소는 1,000m² 당 1개소, 1,000m² 이하인 경우에도 최소 1개소 실시
- 접착된 MWCNT 복합판에 40×40mm로 절단 후, 시험기를 장착한다. 이때 파단되는 시점의 최대강도, 파괴형태 등을 기록한다.

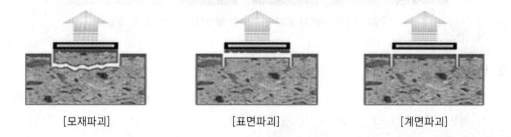

[모재파괴]   [표면파괴]   [계면파괴]

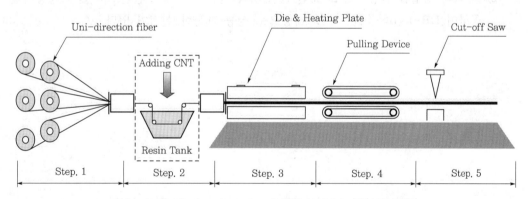

[탄소나노튜브(Cabon Nano Tube) 함침 복합재료 인발성형 과정]

[탄소나노튜브(MWCNT) 제품(B=100mm, T=1.40mm)]

[MWCNT을 이용한 교량 단면보수 및 보강공사 완료 후 모습]

6. 맺음말

(1) "탄소나노튜브융합기반 탄소복합 보강판(MWCNT)을 이용한 구조물 보강방법"이 특허 제10-2113639호로 2020.5.15. 등록되었다.

(2) 이 특허 방법을 활용하여 2020년 11월 경북 안동시 온혜교 단면보수 및 보강공사를 시공하여 DB-13.5하중을 DB-24하중으로 성능 개량한 실적이 있다.[21]

---

21) 사봉권, '탄소나노튜브 융합기반 보강판을 이용한 구조물 보강방법. ㈜예성엔지니어링, 2021.

[2. 터널]

6.20 터널의 갱구부 위치 선정

도로터널의 갱구부 위치선정 고려사항 [0, 8]

I 터널 갱구부

1. 갱구부 범위

(1) 터널 갱구부(입구)는 토질이 불안정하고, 지지구조가 취약하며, 주변지반의 붕괴위험이 높으므로 설계·시공과정에서 철저한 안정성 검토가 요구된다.

(2) 터널 갱구부는 일반적으로 갱문배면으로부터 터널길이 방향으로 터널직경의 1~2배 범위 또는 터널직경 1.5배 이상의 토피가 확보되는 범위까지이다.

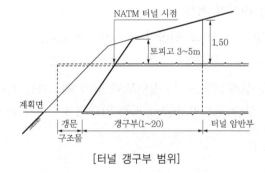

[터널 갱구부 범위]   [터널의 중심축선과 지형과의 관계]

2. 터널 중심축선과 지형과의 관계

(1) **비탈면 직교형**

① 터널의 중심축선과 비탈면의 위치는 서로 직교할 때 가장 이상적이다.

② 비탈면의 하단보다 상부에 갱구부가 위치할 경우에는 공사용 도로의 확보나 설치되는 도로구조물과의 관계 등 시공조건을 특별히 배려해야 한다.

(2) **비탈면 경사교차형**

① 터널의 중심축선이 비탈면에 비스듬하게 진입할 때는 비대칭으로 비탈면을 절취하고 갱문을 설치하도록 설계해야 한다.

② 이 경우에 편토압 및 횡방향의 토피 확보 여부에 대한 상세검토가 필요하다.

(3) 비탈면 평행형

① 터널의 중심축선과 지형이 서로 평행하게 배치되는 극단적인 상황은 피한다.

② 이 경우 터널의 모든 구간에 걸쳐 골짜기 쪽의 토피가 극히 얇아져서 편토압을 받게 되므로 안전성이 떨어진다.

(4) 능선 평행형

① 터널 양단에서 토피가 극단적으로 얇아지고 암선이 비대칭으로 깊게 위치하는 경우에는 철저한 지반조사가 필요하다.

② 갱구부 굴착량이 최소화되는 터널이므로 지반조건이 양호하다면 바람직하다.

(5) 골짜기 진입형

① 골짜기에는 일반적으로 지질구조대(단층, 습곡)가 발달되어 있으므로 암질이 불량하고 지표수가 유입되며 지하수위가 높은 경우가 많다.

② 이 구간은 낙석, 산사태, 눈사태 등의 자연재해 발생 가능성을 고려해야 한다.

3. 터널 갱구부 설계의 문제점 및 대책

(1) 갱구부 토질은 붕괴위험 높고, 토피는 지지력 저하

① 갱구부 토질은 풍화토, 풍화암, 지하수 등으로 인하여 붕괴위험이 높다.

② 갱구부 토피는 얇아서 arching 효과를 기대할 수 없어 지지력이 낮다.

(2) 갱구부 상단토피 깎기를 최소화하도록 설계 : 갱구부는 상단토피 깎기 최소화를 위하여 특수한 지형·지질조건을 제외하고는 상단 흙토피 3~5m 또는 암투피 1~2m가 확보되는 지점에 갱구부를 설계한다.

4. 터널 갱구부 시공 중 안전성 보강대책

(1) 갱구부 모든 구간에 걸쳐 시공 중 발생되는 편토압을 검토하여 지반 자체의 지보력 향상을 위해 지반개량(보강)공법을 적용한다.

(2) 갱구부 상부토피가 얇고, 지반 자체의 지보력 확보가 어려울 것으로 예상되는 경우에는 상재된 모든 토피 하중을 지보재로 작용 가능성을 검토한다.

(3) 갱구부는 누수·결빙 등이 발생하기 쉬우므로 기상조건을 고려하여 콘크리트라이닝의 철근보강, 동상방지층, 제설시스템, 방수·배수대책 등을 적용한다.

(4) 갱구부는 상단지표부에서 침하·함몰 가능성이 있으므로, 지표부에 기존 대규모 시설물이 존재하는 경우에는 철거조치 또는 지반보강을 적용한다.

(5) 갱구부의 지진하중에 대한 영향을 검토하여 필요한 경우에는 보강 조치한다.

Ⅱ 터널 갱문

1. 용어 정의

(1) 갱문(坑門)은 터널의 갱구부에 설치하는 구조물로서, 터널 입구 절토면의 붕괴·낙석·설붕 등을 방지하고 외적 미관을 위하여 필요하다.

(2) 갱문을 설계할 때는 원지반 조건, 주변경관과의 조화, 차량주행에 미치는 영향, 유지관리 편의성, 낙석·눈사태 등의 재해방지대책 등을 고려해야 한다.

2. 갱문 위치선정 고려사항

(1) 갱문 위치는 지형의 횡단면이 터널축선에 대하여 가능하면 대칭적인 위치로 선정하여 편토압을 받지 않도록 한다.

(2) 갱문 위치가 교량과 근접할 때는 갱문기초 지지력 분포범위와 교대 굴착선과의 관련성을 검토하여 터널에 나쁜 영향을 주지 않도록 한다.

(3) 갱문 위치를 결정할 때는 갱구 부근에 계획된 장래의 터널 유지관리시설(펌프실, 송·배전실 등)의 배치도 함께 고려한다.

(4) 갱문 위치를 산허리 깊숙이 선정하는 것은 갱문 배후 및 갱문 접속 비탈면의 안정을 깨뜨리고 붕괴를 유발하므로 가급적 피하도록 한다.

3. 갱문 형식의 구분

(1) **면벽형** : 면벽의 외력은 터널 축방향의 토압과 같으므로 흙막이벽으로 설계

(2) **돌출형** : 갱문 옹벽을 설치하지 않아 원지반의 이완이 적은 이상적인 형식

(3) **중력형** : 비교적 경사가 급한 지형에 많이 적용

[터널 갱문 형식의 비교 : 면벽형과 돌출형]

구분	면벽형	돌출형
장점	• 갱구부 시공 용이 • 갱구부 상부 되메우기 불필요 • 상부에서 유하하는 지표수 처리 용이	• 터널 진입 시 위압감이 적음 • 주변지형과 조화를 이루어 미관 양호
단점	• 인위적 구조물 설치에 따른 주변경관과의 조화를 이루기 어려움 • 정면벽의 휘도 저하 고려 필요	• 갱구부 개착터널 연장이 더 길어짐 • 갱구부 상부에 인위적 흙쌓기 필요 • 상부에서 유하하는 지표수 처리 필요
적용 지형	• 지형이 횡단면 편측으로 경사진 경우 • 배면 배수처리가 용이한 경우 • 갱문이 암층에 위치한 경우 • 갱구부 지형이 종단으로 급경사인 경우	지형이 횡단면 편측으로 경사가 없고 땅깎기가 적어서, 개착터널 설치 후 자연스럽게 주변경관과의 조화를 이룰 수 있는 경우

[터널 갱문 형식의 비교 : 면벽형과 중력형]

구분	면벽형	중력형	
	중력·반중력식	날개식	아치날개식
개념도			
특징	갱구부 전방에 옹벽 설치	옹벽 설치로 터널연장 단축	날개식보다 터널연장 길어지나 진입 시 압박감 경감
지반조건 적용성	• 비교적 경사가 급한 경우 • 옹벽 구조물이 필요한 경우 • 많은 낙석이 예상되는 경우 • 배면 배수처리 용이한 경우	• 양측면을 땅깎기하는 경우 • 배면 토압을 전면적으로 받는 경우 • 적설량 많으면 방설공 병용	• 비교적 지형이 완만한 경우 • 좌·우측면의 땅깎기가 비교적 적은 경우
시공성	지반이 불량할 때 땅깎기량이 많아지므로 배면 땅깎기 비탈면 안정대책 필요	• 지반 불량할 때 땅깎기량이 많아지므로 안정대책 필요 • 터널 본체와 일체화된 갱문 구조로 계획	• 지형에 따라 일부 터널 외부 라이닝이 필요 • 약간의 흙쌓기 보호 필요
경관	• 정벽면 휘도저하 고려 필요 • 중량감이 있어 안정성을 느끼나 진입 시 위압감 느낌	• 정벽면 휘도저하 고려 필요 • 중량감이 있어 안정성을 느끼나 진입 시 위압감을 느낌	아치부 곡선이 주변지형과 조화 필요

Ⅲ 맺음말

1. 터널 갱구부 위치는 비탈면 흙깎기 높이를 최소화할 수 있는 지점에 선정하며, 터널 중심 간의 이격거리는 도로선형과 지반조건을 고려하여 설계해야 한다.

2. 특히 터널 갱구부의 개착구간을 길게 계획하여 공사비를 줄이고 비탈면의 환경훼손을 줄이면서 지형을 복원할 수 있는 친환경적인 설계기법이 요구된다.[22]

---

22) 환경부, '환경친화적인 도로건설지침', 환경부고시 제2015-160호, 2015.09.
　　박효성, Final 토목시공기술사, 개정 2판, 예문사, 2020, pp.1424~1427.

6.21 터널의 선형분리, 병렬터널

터널구간의 평면선형 결정요소와 병렬터널 계획에서 선형분리방법 [0, 1]

I 개요

1. 대심도 장대터널에서 지상도로와의 연결을 위해 노선의 분기부(IC) 구간에서 근접 병렬터널 계획이 필연적으로 요구된다.
2. 병렬터널을 굴착할 때는 지반응력이 고르게 분산되어 아치(arch)가 조속히 형성될 수 있도록 독립굴착, 동시굴착, 엇갈림굴착 등의 종방향 굴착방법으로 굴진해 나간다.

II 근접 병렬터널

1. 병렬터널 중심간격

(1) 병렬터널을 계획할 때는 터널 굴착공사로 인한 주변 지반거동, 발파진동이 인접 터널에 미치는 영향 등을 고려하여 상호 충분히 이격시켜야 한다.

(2) 보통 수준의 암반지반에서 병렬터널의 중심 간격을 2D~3D 정도로 설계하지만, 탄성거동 지반에는 2D, 연약지층에는 5D를 이격시키면 상호 간의 영향을 줄일 수 있다.

(3) 병렬터널 중심간격을 일률적으로 2D~3D 확보하기 위해서는 접속부(IC) 구간이나 교량과 근접한 갱구부의 갱문을 좁히고 터널 내부에서 넓히는 방법도 가능하다.

(4) 선형계획에 따라 병렬터널이 곤란하여 2아치 이상 터널을 계획하는 경우에는 누수로 인해 노면결빙이 발생되지 않도록 별도 조치를 강구해야 한다.

(5) 특히, 도시지역 대심도 지하도로의 경우 조사, 설계, 시공의 전과정에서 근접 시공의 문제는 기본계획단계에서 심도있게 검토되어야 한다.

2. 병렬터널 평면선형

(1) 병렬터널로 계획되는 도로터널의 경우 상·하행선 차로가 분리되는 분기부(IC) 구간에서 평면선형이 원만하게 접속되어야 한다.

(2) 대심도 지하도로의 경우 지상도로와의 연계를 위해 설치되는 분기부(IC) 구간에서 가·감속차로 설계기준을 지상도로와 동일하게 적용하면 연장이 길어지게 된다.

(3) 또한, 분기부 우측 길어깨를 본선터널과 동일하게 적용하면 대단면 형성으로 인한 불안정성을 유발할 수 있으므로 길어깨 축소하여 터널 굴착단면을 최소화한다.

[병렬터널의 중심간격 적용 예]

구분	터널명	터널폭 (m)	굴착폭 (D, m)	중심간격 (D의 배수)	
편도 2차로	죽령터널 (중앙고속도로)	10.03	11.93	30m(2.52D)	2차로 고속도로 터널의 일반적인 기준은 2.5D
	상주터널 (중부내륙)	11.30	12.00	30.2m(2.52D)	
	내사터널 (영동고속도로)	10.86	11.86	30m(2.53D)	
	신정터널 (진주-광양)	–	13.10	31.5m(2.40D)	
편도 3차로	매봉터널 (서울시)	12.55	14.66	30m(2.05D)	암질 매우 양호
	소하터널 (제2경인고속도로)	13.81	15.88	45m(2.83D)	급비탈면, 토피 20m 정도의 계곡 통과
편도 4차로	수암터널 (서울외곽순환)	17.94	19.63	44.4m(2.26D)	임질 보통
	사패산터널 (서울외곽순환)	–	19.93	40.7m(2.04D)	

3. 병렬터널 종방향 굴착공법

(1) 독립굴착

① 굴착공법
- 평행한 2개의 터널 중에서 선행터널을 완전히 굴착 완료한 후에 후속터널의 굴착을 착수한다.
- 후속터널의 굴착을 착수하기 전에 선행터널에는 지보재를 충분히 설치하고 콘크리트 라이닝을 타설한다.

② 적용대상
- 2개의 터널 사이가 너무 가까운 경우
- 2개의 터널 중심부 지반이 항복강도에 도달될 우려가 있어 위험한 경우

(2) 동시굴착

① 굴착공법
- 2-arch 터널을 시공할 때 중앙갱을 먼저 굴착하고 중앙기둥을 설치한 후, 양측갱을 굴착한다.
- 이때 양측갱 굴착은 2개의 터널을 한 막장에서 동시에 굴착한다.

② 적용대상 : 2-arch 터널을 시공하는 경우

(3) 엇갈림굴착

① 굴착공법

- 선행터널과 후속터널 간의 막장면 사이의 거리를 1~2D 정도 떨어져서 굴착을 착수한다.
- 이때 지반이 연약한 경우에는 2개 터널의 링폐합을 조기에 실시한다.

② 적용대상

- 단선 병렬터널에서 터널 간의 이격거리가 짧은 경우
- 3-arch 터널을 시공하는 경우
- 측벽 선진도갱 터널을 굴착하는 경우

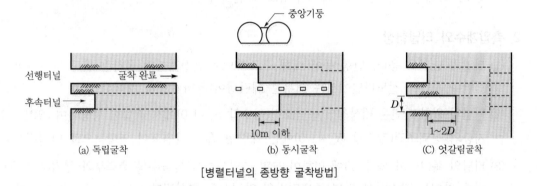

[병렬터널의 종방향 굴착방법]

Ⅲ 맺음말

1. 현행 병렬터널 간 이격거리 1.5D 배치기준을 개선하여, 터널 입·출구 간격은 좁히고 터널 내에서 점차 넓히면 환경훼손을 줄이고 소요부지와 공사비도 줄일 수 있다.
2. 일반도로와 동일한 기준으로 설계하고 있는 도심지 대심도 소형차 전용터널 내의 변속차로 설치기준 및 분기부 길어깨 설치기준 완화 등을 재정립할 필요가 있다.[23]

---

23) 국토교통부, '도로설계편람', 제6편 터널, 2012, pp.602-5~6, 2012.
　　박효성, Final 토목시공기술사, 개정 2판, 예문사, 2020, pp.1428~1430.

6.22 터널의 내공단면 구성요소

터널의 내공단면 구성요소와 설계 고려사항 [0, 1]

1. 개요

(1) 터널은 내공단면의 크기에 따라 공사비에 미치는 영향이 가장 크므로 터널설계에 가장 중요한 결정요소이다.

(2) 터널을 설계할 때 적합성, 효율성, 경제성, 환경성 등의 여러 측면을 고려하여 내공단면을 결정하지만, 가장 중요한 요소는 '터널의 안정성'이다. 터널의 단면은 구형(난형, 원형, 마제형)이 가장 안정적이며 강도 측면에서 튼튼한 형상이다.

2. 측압계수와 터널형상

(1) 터널의 단면은 응력, 변형 등에 대해 구조적으로 안정적이며 굴착량 등도 고려하여 선택한다. 도로·철도터널에서는 대부분 계란형이나 마제형을 채택하고 있다.

(2) 터널의 원형 단면은 이상적인 응력조건(정수압 K_o=1.0)에서 적합한 형상이며, 일반적인 지중의 응력조건(정수압 $K_o \neq 1.0$)에는 계란형 혹은 타원형이 역학적으로 안정적이다.

(3) 터널의 폭(W)이 높이(H)에 비하여 크면 측압계수가 높을수록 측벽부와 천정부의 응력집중 차이는 감소하여 터널 주변지반의 안정성은 향상된다.

(4) Hoek & Brown(1980)은 측압계수가 2로써 측압이 연직하중보다 2배가 클 때, 폭이 큰 타원형 터널에서 천정부와 측벽부에 응력집중계수(응력/원지반 연직응력)가 3으로 동일하지만, 높이가 큰 마제형 터널에서 천정부는 7배의 응력집중이 발생되고 측벽부에는 0.5배의 인장응력이 발생됨을 입증하였다.

(5) 이는 타원형 터널에 비하여 마제형 터널은 천정부에서 압축파괴, 측벽부에서 인장파괴가 발생될 가능성이 높아 구조적으로 매우 불리함을 의미한다.

(6) 실제 지하비축기지, 유류저장소 등은 저유면적만 확보되면 형상에 크게 구속받지 않으므로 이러한 개념을 적용하여 단면 형상을 결정하고 있다.

(7) 그러나 도로·철도터널은 차량이나 열차 통행로가 횡방향으로 배치되기 때문에 측압이 낮더라도 단면적 감소를 위해 광폭 단면이 채택되며, 이에 따른 구조적 불안정성은 지보재를 보강하여 설계하고 있다.

3. 터널 내공단면의 형상

터널 내공단면의 형상은 다음 3가지를 대표적으로 예시할 수 있다. 최근 도로터널에서는 대부분의 경우 난형단면을 채택하고 있다.

[터널 내공단면의 형상]

구분	단면	장점	단점
난형		• 구조적으로 안정 • 양수압에 안정 • 원형보다 굴착량이 적어 경제적	마제형보다 굴착량이 커서 다소 비경제적
원형		• 구조적으로 가장 안정 • 양수압에 안정	• 굴착공법에 따라 시공성 저하 • 굴착단면이 커서 비경제적
마제형		• 굴착단면이 작고 시공성 양호 • 여굴량이 적어 경제적	• 원형보다 구조적으로 다소 불안정 • 양수압에 불안정

4. 터널 내공단면의 설계기준[터널설계기준(1999), 철도설계기준(노반편, 2004)]

(1) 터널의 내공단면은 직선구간에는 건축한계를, 평면곡선구간에는 편구배를 고려하되 터널 내 제반설비의 시설공간, 유지관리 여유폭 등을 고려하여 결정하며 시공 중에 터널 변형 등의 시공오차에 대한 여유를 예상하여 최종 결정한다. 이때, 건축한계는 도로·철도·지하철별로 별도 제시되는 규정에 따라 결정한다.

(2) 터널의 내공단면 계획단계에서 지형·지반조건, 토피정도에 따라 2개 이상의 소단면 병렬터널 또는 1개의 대단면 터널로의 채택여부를 검토하여 안전성, 시공성 및 경제성을 확보해야 한다.

(3) 지반조건이 열악하고 주변여건이 터널굴착 중에 문제 유발 가능성이 있는 지역, 터널연장에 긴 장대터널에서는 가급적 소단면 병렬터널을 계획하도록 한다.

(4) 터널의 굴착단면 계획은 내공단면을 기준으로 하여 지보재의 전체 두께, 콘크리트라이닝의 두께 및 허용편차를 고려하되, 구조적으로 유리한 형상으로 결정한다.

(5) 동일한 작업구간 내의 터널 내공단면은 가급적 동일한 규격 및 형상으로 표준화하여 시공성을 높일 수 있도록 계획한다.

(6) 내공단면이 현저하게 작은 터널을 계획할 때는 작업환경과 시공성을 고려하여 내공단면을 결정하는 것이 바람직하다.

(7) 고속철도용 터널의 내공단면은 열차의 고속주행에 의하여 터널 내에서 발생되는 공기저항 및 공기압 변화와 차량 밀폐도 등을 고려한다. 이에 따라 부수적으로 발생되는 소음·진동, 압력 등이 승객에게 불쾌감을 주지 않도록 계획한다.

(8) 수로터널의 내공단면은 계획통수량을 기준으로 하여 통수단면적, 내공단면의 거칠기(roughness), 수압, 수충압 등을 유속과 연계하여 결정해야 한다.

[터널 내공단면의 설계절차]

(1) 현황 검토	• 선형계획(종단·평면선형, 단면 변화구간 설치 등) • 입찰안내서
(2) 설계기준검토	• 입찰안내서(설계속도, 병렬터널 중심간격 등) • 각종 기준 및 법규
(3) 건축한 설정	• 설계기준에 따른 직선부, 곡선부의 건축한계 설정
(4) 터널형상 안정성 검토	• 비교단면별 안정성 검토에 따른 단면형상 검토
(5) 세부항목 검토	• 터널의 배수형식 • 하부구조 : 노상 형식별 세부검토, 공동계획 등
(6) 직선구간 단면 설정	• 건축한계, 시설물 계획에 따른 직선구간 단면 설정
(7) 곡선반경에 따른 단면 검토	• 곡선반경에 따른 곡선구간별 최적단면 설정
(8) 구간별 최적단면 적용 계획 수립	• 경제성·시공성을 고려한 곡선구간별 적용 단면

5. 터널 내공단면의 구성 요소

(1) 터널의 내공단면은 「도로의 구조·시설 기준에 관한 규정」의 건축한계를 만족시키는 것을 기준으로 폭원은 차도폭, 측방여유폭 및 시설대폭을 고려하고 높이는 일반적으로 4.8m를 확보할 수 있도록 계획한다.

(2) 또한 배수구 및 공동구의 규격, 검사원 통로의 설치, 환기시설 등으로 인해 표준단면보다 더 큰 단면을 적용할 경우가 있으므로 이를 고려하여 결정한다.

(3) 터널의 내공단면(2차로 기준)의 구성 요소별 제원은 일반적으로 다음과 같다.

① 차선폭 : 2@3.50=7.0m

토공구간과 동일한 폭을 확보하여 주행의 연속성 및 안전성 제공

② 측대 : 0.25m

차도와 경계표시, 운전자의 시선 유도하고 이탈차량에 대한 안전성 제공

③ 측방여유폭 : 2@1.00=2.0m

길어깨 차선의 포장단에서부터 운전자에게 인식되는 장애물까지의 거리

④ 시설대 : 0.50m

터널 측벽부에 있는 차도 시설한계 이외의 여유폭

⑤ 배수구 : ϕ400mm THP관

측벽배수 및 용수처리를 위한 배수시설

⑥ 공동구 : 가로×세로=300@300mm

전기, 소화전, 배수관, 전선관 등의 점용물 설치공간 제공

⑦ 여유폭 : 시공오차 20cm, 내장여유 10cm 정도

　차도부 시설한계와 라이닝과의 여유폭 확보

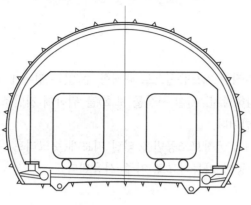

[터널의 표준단면(2차로 기준)]

6. 맺음말

(1) 터널의 내공단면은 차도폭, 측방여유폭, 시설대 등에 의한 전체폭원이 결정되면 차량시설한계, 환기설비, 방재설비, 내장·조명설비, 여유공간 등을 고려하여 「도로의 구조·시설 기준에 관한 규정」에 부합되도록 결정한다.

(2) 터널단면은 응력·변형에 대한 구조적 안정성, 시공 중 굴착량 등을 고려하여 채택한다. 일반적으로 안정성을 고려하여 3심원의 난형을 채택하지만, 지반조건의 양부에 따라 5심원 또는 원형 단면을 채택하는 경우도 있다.[24]

---

24) 국토교통부, '터널설계기준', 1999.

　　국토교통부, '철도설계기준', 노반편, 2004.

　　국토교통부 익산지방국토관리청, '기○-원○ 국도건설공사 종합보고서-터널설계', 2001.

6.23 터널의 굴착보조공법

터널굴착 보조공법 중 4가지를 선정하여 기술적 사항을 설명, Face Mapping [2, 1]

I 개요

1. 굴착보조공법은 일반적인 지보공법으로 대처할 수 없는 경우에 터널의 안정성 확보 및 주변 환경 보전(지표면 침하방지, 기설 시설물 보호)을 위하여 지반조건의 개선을 유도하는 보조적 또는 특수한 공법이다.

2. 특히, 연약한 지반에서 굴착보조공법을 터널 지보재(숏크리트, 록볼트, 철망, 강지보재 등)와 병용하면 안전시공이 가능하므로 자주 사용된다.

II 굴착보조공법

1. 공법 목적

(1) 터널의 안정성 증대를 위하여 주변지반의 전단강도 강화 : 지반의 전단강도는 Mohr-Coulomb의 항복기준에 따라 유효응력으로 표현된다. 주입재의 특성과 지반의 특성이 상호 결합되면 강도정수 c'(유효점착력) 또는 ϕ'(유효내부마찰각)이 향상되므로 터널 굴착 중에 안정성이 증대된다.

(2) 지표면 침하 방지 : 지표면 침하 원인은 통상적으로 터널굴착에 의한 지반이완 및 지하수 유출이다. 도시부에서는 지표면 침하가 주변환경에 직접 영향을 미치므로 최대한 억제한다. 이를 위해 지반강성의 증가와 지하수 유출억제를 위한 보조공법이 필요하다.

(3) 투수성 저감 : 시멘트 모르타르, 시멘트 밀크 또는 약액 등을 원위치 혼합하거나 주입하여 지반의 간극을 충전한다. 그 결과 투수성을 저하시켜 지하수 유출에 의한 터널의 안정성 저해 요소를 감소시켜야 한다.

(4) 지반의 변형 및 이완영역 확대 방지 : 지반을 강화하고 구조적으로 보강함으로써, 터널 굴착에 따른 지반의 변형 및 이완영역 형성이 최소화되도록 한다.

2. 굴착보조공법 적용대상

(1) 횡단선형에 토피가 작게 설계된 경우

(2) 지반조사 결과 지반이 연약하여 자립성이 낮을 경우

(3) 터널 인접환경 보호를 위하여 지표면 침하나 지중변위가 억제되어야 하는 경우

(4) 용출수로 인하여 굴진면 붕괴, 숏크리트 부착불량 및 지반이완이 진행될 수 있어 터널의 안정성 확보가 필요할 경우

(5) 기타 편토압 지역, 심한 이방성 지반, 특수 지형조건 등에 건설 예정인 경우

3. 굴착보조공법 계획 수립 고려사항

(1) 목적, 문제점 및 종류들을 우선적으로 명확히 설정해야 한다.
 ① 굴착보조공법이 '터널 시공을 위하여 일시적인 안정공법인가?'
 ② 굴착보조공법이 '터널 운영기간 중에 안정을 도모해야 하는가?'

(2) 보조공법의 위치선정, 보강수량, 보강구간 등을 신뢰도가 높도록 계획한다.

(3) 보강효과를 신속히 파악하여 재설계(feed back)하도록 한다.

(4) 긴급사태에 신속히 대응하기 위해 조치내용과 범위를 사전에 고려해야 한다.

(5) 대부분의 터널공사는 지하수위 아래에서 시공되기 때문에 아래 표와 같이 용출수에 의한 문제점이 심각하므로 지하수 유입에 대해 철저한 대책이 필요하다.[25]

[터널 굴착 시 용출수에 의한 문제점]

원인 또는 환경	직접 작용	굴착작업에 미치는 영향
침투성이 큰 지반	• 지반의 연약화 • 파쇄대 암석의 박리 촉진 • 점토의 팽창 • 응집력 없는 지반의 유동화	• 지반압력 증대 • 측벽의 붕괴, 낙반의 원인 • 흡수팽창, 지반의 creep • 지반의 붕괴, 자립성의 저하
용출수대의 접근	차수벽의 파괴	• 막장 지반의 붕괴, 유실 • 갱도의 매몰
과·소 배수설비	배수 불량	• 터널 내 작업환경의 불량화 • 지보재 기초의 지지력 저하
용출수 집중 유출	유속이 빠르고 수압이 증가	• 막장 설비의 수몰 • 작업위험으로 공사중지
연직갱·경사갱	펌프 배수능력 저하	• 터널 내의 침수 • 펌프설비의 영구화
지하수 계속 유출	지하수위 저하	• 수자원 고갈, 이용수위 저하 • 해안지역에 해수침입, 염수화

25) 국토교통부, '도로설계편람', 제6편 터널, 2012, pp.609.1~4.

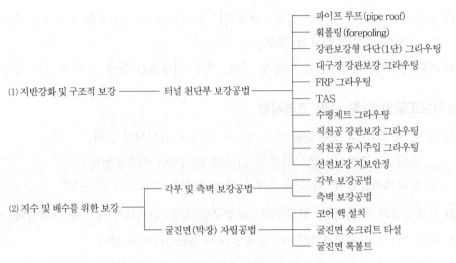

[굴착보조공법의 분류]

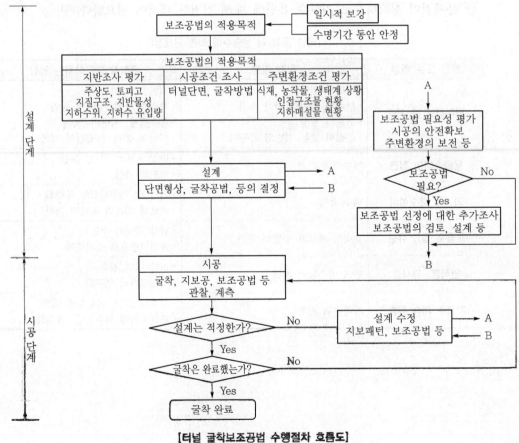

[터널 굴착보조공법 수행절차 흐름도]

Ⅲ Face Mapping

1. 용어 정의

(1) Face mapping은 터널공사 중에 노출되는 막장면(face) 또는 암반절취면 상태를 육안으로 직접 관찰·조사하여 기록하는 작업이다.

(2) 터널 막장면은 불균일성·불연속성의 특징이 있으므로 국부적인 거동·용수현상을 면밀히 조사하여 Face mapping을 작성하여 굴진 중 안전성을 확인해야 한다.

2. Face mapping

(1) 조사 도구

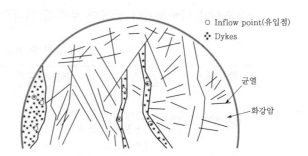

[Face mapping]

① 야장, 필기도구

② 줄자, 축척자, 지질 컴퍼스

③ 지질 해머, 슈미트 해머

④ 점재하 강도시험기 등

(2) 조사 항목

① 암반상태 : 풍화도, 고결정도, 뜬돌

② 지질구조 : 암의 종류, 단층, 절리, 파쇄대의 경사

③ 불연속면 : 방향, 간격, 충전물, 틈새, 연장, 강도

④ 기타 : 지하수위의 위치, 암반의 붕괴·낙반 발생 여부

(3) 조사 방법

① 원칙적으로 매 막장마다 조사하되, 지질변화가 없는 경우에는 매일 막장 1~2개소를 대표적으로 조사한다.

② 전문지식을 갖춘 토질 및 기초기술사가 터널의 막장과 함께 측벽·천정·바닥 등을 직접 조사하여, 조사결과에 따라 상호 연관성을 기록하여 종합 판단한다.

(4) 결과 이용

① 암반의 국부적인 거동, 용수상태를 확인하여 필요한 경우에 굴착공법을 변경

② 터널굴착 중에 막장면의 안전성을 종합적으로 평가

③ 계측결과를 분석할 때 보조자료로 활용하여 시공의 안전성을 도모

④ Rock bolt 등의 굴착보조공법을 효율적·경제적으로 시공관리 [26]

---

26) 박효성, Final 토목시공기술사, 개정 2판, 예문사, 2020, p.1526.

6.24 터널 굴착과 지하수 관계

터널구간 내에서 물고임 현상의 발생원인과 처리방안 [0, 1]

Ⅰ 개요

1. 터널굴착은 대부분 지하수위 하부에서 이루어지고 굴착된 터널이 일종의 배수구 역할을 하므로 배수가 진행되고 시간이 경과하면 원래의 지하수위는 점점 하강된다.

2. 터널이 완공된 후 시간이 경과하면 배수조건이 바뀌어 굴착면 주위의 수압도 변화된다. 즉, 배수조건이 나빠지거나 굴착면 주위의 지하수위가 달라질 수 있다.

[터널 굴착 중 용출수에 의한 문제점]

원인 또는 환경	직접 작용	굴착작업에 미치는 영향
침투성이 큰 지반	• 지반의 연약화 • 파쇄대 암석의 박리 촉진 • 점토의 팽창 • 응집력 없는 지반의 유동화	• 지반압력 증대 • 측벽의 붕괴, 낙반의 원인 • 흡수팽창, 지반의 creep • 지반의 붕괴, 자립성의 저하
용출수대의 접근	차수벽의 파괴	• 막장 지반의 붕괴, 유실 • 갱도의 매몰
과·소 배수설비	배수 불량	• 터널 내 작업환경의 불량화 • 지보재 기초의 지지력 저하
용출수 집중 유출	유속이 빠르고 수압이 증가	• 막장 설비의 수몰 • 작업위험으로 공사중지
연직갱·경사갱	펌프 배수능력 저하	• 터널 내 침수 • 펌프설비의 영구화
지하수 계속 유출	지하수위 저하	• 수자원 고갈, 이용수위 저하 • 해안지역에 해수침입, 염수화

3. 지하수와 관련하여 터널굴착으로 인하여 발생될 수 있는 문제

(1) 터널 시공 중에 지하수위 저하로 인하여 발생되는 지반침하 문제는 터널의 배수형식에 관계없이 공통적으로 발생될 수 있는 문제이다.

(2) 비배수형 방수형식 터널은 지하수위에 해당하는 정수압이 콘크리트 라이닝에 작용되므로 콘크리트 라이닝의 두께가 과다해져 공사비가 증가된다.

(3) 역으로, 터널굴착으로 인해 지하수위 고갈이 우려되는 구간에 배수형 방수형식 터널을 적용할 경우에는 지하수 영향을 검토해야 한다.

Ⅱ 터널의 지하수 처리형식

1. 지하수 처리형식의 분류

(1) 배수형 방수형식 터널

① 콘크리트 라이닝 외부의 지반에 지하수 유도배수관을 설치하여 인위적으로 배수시켜 콘크리트 라이닝에 지하수압이 작용하지 않는다.

② 대부분의 경우에 인버트 상부(천정부와 측벽부)에만 방수막을 설치하고, 하부에서 배수하는 부분 배수형을 채택한다.

③ 유입수량이 적거나 지하수위 저하로 인해 심각한 사회·경제적인 문제를 초래하지 않을 경우에 적용한다.

④ 지반여건에 의해 공급되는 지하수량이 많을 경우에는 과다한 배수경비를 지출해야 하는 경우도 발생된다.

⑤ 수압이 작용하지 않는 개념으로 설계하더라도 유지관리단계에서 배수계통의 노후화에 따른 배수기능 저하를 고려하여 지속적인 유지관리가 필요하다.

(2) 외부 배수형 방수형식 터널

① 터널 내부로 시설물의 부식을 촉진시키는 성분을 함유한 지하수, 악취를 동반한 오수 등의 유해 지하수 유입을 방지한다.

② 지하수로부터 터널 내부시설물이나 콘크리트 라이닝을 보호하기 위해 콘크리트 라이닝 외부 전주면을 방수막으로 둘러싸고 그 외부에 배수로를 설치한다.

(3) 비배수형 방수형식 터널

① 지하수 유도배수관을 설치하여 인위적으로 지하수를 배수시키지 않는다.

② 지하수위에 해당하는 지하수압이 콘크리트 라이닝에 작용하게 된다.

③ 지하수를 보존하여 지하수위 변동에 따른 지반침하, 시설물 손상 등 터널 주변 문제점을 예방할 수 있다.

④ 지하수위에 해당하는 지하수압에 견디도록 콘크리트 라이닝의 단면이 두꺼워져 초기 투자비가 배수형 방수형식 터널에 비해 크게 증가된다.

[배수형 방수형식 터널]

[외부 배수형 방수형식 터널]

[비배수형 방수형식 터널]

[터널의 배수 형식별 특징 비교]

구분	배수형 방수형식 터널		비배수형 방수형식 터널
형식	• 완전 배수형 : 터널부의 전주면으로 배수를 허용하는 형식		• 터널 전굴착면에 방수막을 설치하여 터널 내부로 지하수가 유입될 수 없도록 차단하는 방수형식으로, 라이닝에 지하수 조건에 따른 수압이 작용하는 형식
	• 부분 배수형 : 방수막을 터널천정부와 측벽부에 설치하고 유입수를 배수층을 통하여 터널 내부로 유도하여 배수 처리		
	• 외부 배수형 : 방수막으로 콘크리트 라이닝 전주면을 둘러싸고 인버트의 방수막 밖에 배수구를 설치하여 배수 처리		
장점	• 대단면 터널 시공 가능 • 누수가 발생되어도 보수 용이 • 시공비가 적게 소요		• 지하수 처리에 따른 유지비 감소 • 지하수위 변화가 없으므로 주변환경에 영향을 주지 않음
단점	• 자연배수가 불가능한 경우에 유지비 고가 • 지하수위 저하로 주변지반 침하와 지하수 이용에 문제 발생 가능		• 시공비 고가 • 특수 대단면 또는 대심도에는 적용 곤란 • 누수되면 보수비 과다, 완전보수 곤란 • 콘크리트 라이닝 두께 증가, 철근 보강
적용	• 지반조건 양호, 지하수 유입량이 적은 곳 • 주변 구조물에 영향이 없는 곳		• 지하수의 공급이 많은 곳 • 지하수의 저하에 의한 영향이 많은 곳

2. 배수형 방수형식 터널의 시공

(1) 적용조건

① 현재 지하수위가 높은 지반조건에서 추가 유입수가 적어, 상대적으로 지하수 처리비용이 저렴하게 소요되는 경우

② 주변에서 과다한 유입수가 예상되어 유입수 양수에 따른 유지관리 비용 절감을 위해 터널주위 지반에 차수그라우팅을 실시하여 배수처리하는 경우

(2) 세부사항

① 숏크리트와 방수막 사이에 부직포(요철형 방수막)를 설치하여 유입지하수를 터널의 측면하단부 또는 인버트 중앙부에 설치된 배수관으로 유도·배수한다.

② 세립토입자를 함유한 지반에서는 부직포의 막힘현상 발생에 대비하여 배수용 자재(드레인 보드)로 배수관을 추가 설치, 충분한 통수능력을 확보한다.

③ 인버트 중앙부의 주배수관에 시공된 직경 200mm 이상의 콘크리트관, 아연도 강관, THP관 등은 화재 대비 유독가스 없는 불연자재를 사용한다.

④ 부분 배수형에서 인버트 측면하단부 유공배수관은 직경 100mm 이상으로 설치하고, 콘크리트 라이닝의 청소용 고압분사 또는 로봇청소를 갖춘다.

⑤ 터널 시공 중에도 굴착면에서 발생되는 용출수 처리대책으로 다음 그림과 같은 임시 배수시설을 운영한다.

3. 비배수형 방수형식 터널의 시공

(1) 적용조건

① 지하수위 저하에 따른 터널주위 지반침하가 인근 시설물에 영향을 미쳐 손실이 발생되거나, 식생 고사가 우려되어 지하수위를 보전해야 하는 경우

② 차수 그라우팅을 하더라도 유입되는 지하수를 효과적으로 감소시킬 수 없거나, 터널 수명기간 동안 배수계통 기능유지가 현실적으로 불가능한 경우

(2) 세부사항

① 숏크리트와 콘크리트 라이닝 사이의 터널 전주면을 방수막으로 감싼 후에 방수막을 보호하기 위하여 숏크리트와 방수막 사이에 부직포를 설치한다.

② 방수막은 기본적으로 내구성, 내수성, 내약품성(내알칼리, 내산성 등)을 갖추고, 화재 대지 유해가스의 발생량이 적어야 한다.

③ 방수막은 소요의 기계적 강도, 연성 및 유연성을 갖추고 시공성이 좋고 내한성을 갖춘 제품으로, 시공 중 손상여부를 발견하기 용이해야 한다.

④ 철근콘크리트 라이닝 시공 중에 철근 이음부에서 방수막이 파손되지 않도록 방수막에 보호막을 별도로 덧붙이는 보호조치를 강구한다.

⑤ 방수기능을 방수막에만 부여하지 말고, 콘크리트 라이닝 자체에서도 방수기능을 감당하도록 수밀 콘크리트로 시공하고 이음부에 지수판을 설치한다.[27]

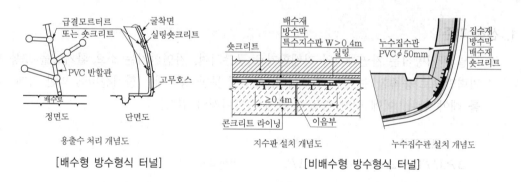

용출수 처리 개념도

[배수형 방수형식 터널]

지수판 설치 개념도   누수집수관 설치 개념도

[비배수형 방수형식 터널]

27) 국토교통부, '도로설계편람', 제6편 터널, 2012, pp.608-1~9.
박효성, Final 토목시공기술사, 개정 2판, 예문사, 2020, pp.1560~1563.

6.25 터널의 환기, 조명

터널의 기계 환기방식 종류와 환기방식 선정(교통량, 터널길이) [5, 3]

Ⅰ 개요

1. 터널의 환기방식은 터널의 길이, 지형, 지물, 지질, 교통조건, 기상조건, 환경조건 등을 고려하여 자연환기방식 또는 기계환기방식 중에서 선정한다.

2. 길이가 짧고 교통량이 적은 터널은 자연환기만으로 충분하지만, 저속교통량의 매연 또는 CO 등에 의해 환기시설의 설치가 필요한 경우가 발생될 수 있다. 이 경우 지·정체가 빈번하지 않는 터널에 기계환기방식을 적용할 필요까지는 없다.

3. 자연환기의 한계는 터널 내부의 교통조건(교통방향, 교통량, 차종구성, 주행속도) 및 기상조건에 따라 다르다. 양방향 교통터널에서 교통풍은 상·하행선별 교통량 변동에 따라 시간마다 변하므로 자연환기의 효과를 정량적으로 결정하기 어렵다.

4. 평균적으로 경사가 급한 터널, 길이가 긴 터널, 지·정체가 발생되는 터널 등 특수한 경우에 자연환기의 한계를 초과하는 터널에서는 기계환기를 검토해야 한다.

Ⅱ 환기방식

1. 선정 기준

(1) 터널 환기방식은 자연환기와 기계환기로 구분되며, 자연환기는 소요 환기량을 교통 환기력만으로 충족할 수 있는 경우이며, 그렇지 못한 경우에는 환기설비에 의한 기계환기를 해야 한다. 이에 대한 승압력 관계식은 아래와 같다.

$$
\begin{array}{llll}
\text{환기저항} & & \text{교통환기력} & \\
\Delta PMTW + \Delta P_r & \leq & \Delta P_t & \Rightarrow \text{자연환기 가능} \\
\Delta PMTW + \Delta P_r & > & \Delta P_t & \Rightarrow \text{자연환기 불가능, 기계환기 검토}
\end{array}
$$

(2) 기계환기는 터널 외부의 신선한 공기를 기계 환기력에 의해 유입시켜 오염된 공기를 희석·배기하는 원리이며, 환기방식은 차도 내 기류방향에 따라 종류식, 반횡류식, 횡류식 등으로 구분된다. 또한 이들의 방식을 조합하는 경우도 있다.

(3) 또한, 전기집진기에 의해 오염공기를 정화하는 방식은 주로 종류식과 조합하여 이용되고 있다. 터널의 기본적인 환기방식은 다음 표와 같다.

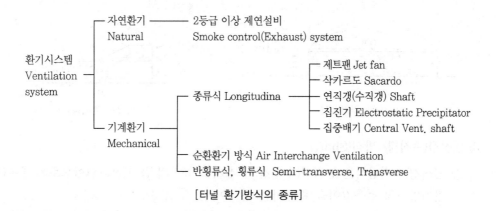

[터널 환기방식의 종류]

2. 자연환기방식

(1) 자연환기는 교통환기력(ΔP_t)만으로 소정의 환기가 가능한 것을 말한다.

(2) 자연환기는 터널 내부를 지나는 자연풍과 터널 내부를 주행하는 자동차에서 발생되는 교통환기력에 의해 터널 입구로부터 신선공기가 유입되어 가능해진다.

(3) 자연환기력의 계산식

$$\Delta P_r = \Delta P_t - \Delta P_m$$

여기서, ΔP_r : 통기저항력(Pa)

ΔP_t : 교통환기력(Pa)

ΔP_m : 저항자연풍력(Pa)

3. 기계환기방식

(1) 제트팬(Jet fan) 방식

① 제트팬 방식은 터널 종방향에 작용되는 교통환기력 및 자연환기력을 보충하도록 제트팬 분류 효과에 의한 압력상승을 발생시켜 소요환기량을 확보한다.

② 종류식 환기방식에서 압력평형식은 아래와 같다.

통기저항력(ΔP_r) + 저항자연풍력($\Delta \mathrm{PMTW}$) = 교통환기력(ΔP_t) + 제트팬승압력(ΔP_j)

(2) 삭카르도(Sacardo) 방식

① 삭카르도 방식은 대형분류장치(Sacardo)로 인해 상승되는 압력과 교통환기력과의 합성환기력이 터널의 마찰손실, 자연환기력 등의 저항력에 이기도록 설계되는 방식으로 제트팬 방식과 같은 종류이다.

② 이 방식은 대풍량 고속분류를 차도로 흐르게 유도하기 위해 일방향 교통터널에 적용하는 것이 일반적이다.

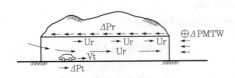

[제트팬 환기방식]

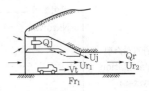

[삭카르도 환기방식]

(3) 연직갱(수직갱) 방식(Shaft)

① 연직갱 환기방식은 연직갱(수직갱)에서 차도 공간의 공기를 교환함으로써 종류(縱流) 환기방식의 적용길이를 확대하는 방식이다.

② 이 방식은 연직갱(수직갱) 밑의 배기노즐과 급기노즐 사이의 단락 흐름이 발생되어 역류가 생기지 않도록 계획하는 것이 일반적이다.

(4) 집진기 방식(Electrostatic Precipitator)

① 종류환기방식은 특히 일방향 교통터널에서 주행차량에 의한 교통환기력을 효과적으로 활용할 수 있을 경우에 건설비 및 환기동력비 측면에서 효과적이다.

② 터널길이가 길면 소요환기량이 증가하므로 종류환기방식의 적용이 곤란하지만, CO에 대한 소요환기량보다 매연에 대한 소요환기량이 압도적으로 많을 경우에는 집진기를 이용하여 매연의 일부를 제거하면 효과적이다.

③ 이 원리를 도입하면 종류환기방식의 적용길이를 더 확대할 수 있으므로 집진기 환기방식이 효과적이다.

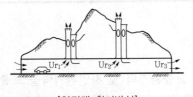

[연직갱 환기방식]

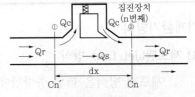

[집진기 환기방식]

(5) 순환 환기방식(Air Interchange Ventilation)

① 순환 환기방식은 상대적으로 깨끗한 한쪽 터널의 공기를 혼탁한 다른쪽 터널로 치환해 주는 환기방식을 의미하며, 종래에는 개념적으로만 상상되었다.

② 순환 환기방식은 상·하행선 교통량 차이가 클수록 경제성이 높아지는 방식이며, 연직갱 건설과 병행하여 순환환기소의 운전을 계획해야 하므로, 연직갱 환기방식과의 운전동력비의 비교를 통해 경제적 타당성을 검증할 수 있다.

(6) 반횡류식 및 횡류식(Semi-transverse, Transverse)

① 터널내에 덕트를 설치하여 급기 또는 배기하는 방식으로 전자는 급기 반횡류식이라 하며, 후자는 배기 반횡류식이라 한다.

② 이 시스템은 터널의 입구나 출구 한쪽에만 환기탑을 두는 경우와 터널의 입출구 양쪽에 환기탑을 설치하여 양방향에서 급기하는 방식이 있다.

③ 또한, 터널을 2개의 구간으로 나누어 한쪽은 급기하고, 다른 한쪽은 배기하는 시스템으로 계획할 수도 있다.

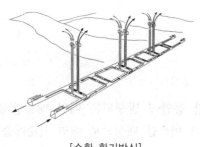
[순환 환기방식]

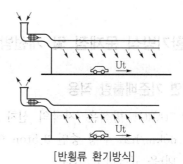
[반횡류 환기방식]

Ⅲ 환기방식 선정 검토사항

1. 터널의 제원

터널의 길이, 종단경사, 내공단면적에 영향을 받는다. 이 중에서 경사는 환기방식에 매우 중요한 인자로서 경사가 '−'이면 저속에서 CO나 NO_x 등 가스처리가 환기용량을 결정하며, 경사가 '+'이면 매연처리가 환기용량을 결정한다.

2. 터널의 통행방식

일방향 교통에는 교통환기력을 유효하게 이용할 수 있는 종류식 환기방식이 유리하며, 양방향 교통에는 교통환기력을 기대할 수 없으므로 횡류방식이나 집중배기방식이 유리하지만, 초기 건설비가 증가하므로 경제성 분석이 필요하다.

3. 주변환경의 영향

터널 출구부 오염물질의 배출(확산)에 따른 주변의 대기환경기준을 만족할 수 없는 경우에는 터널 내부 환경조건을 역산하여 도심지 터널의 소요환기량을 확보할 수 있는 환기방식의 검토가 요구된다.

4. 차도 내의 한계풍속

터널 차도 내의 풍속이 지나치게 크면 안전 측면에서 보행자, 차량고장 등으로 터널 내에서 하차한 운전자에게 위험을 야기할 수 있고, 풍속이 증가할수록 분류에 의한 승압력이 감소되어 환기시스템 효율이 감소될 수 있다.

5. 환기용 소비동력

소비동력이 동일할 때 집진기방식이나 연직갱(수직갱) 방식의 환기효과가 제트팬 방식보다 우수하므로, 제트팬의 설치대수가 과도하게 증가되면 운영비 측면에서 전기집진기나 연직갱(수직갱) 방식의 적용을 검토해야 한다.

Ⅳ 환기방식 문제점 및 개선방향

1. 매연 기준배출량 적용

(1) PIARC* 방식은 '자국의 신차 1대당 1시간 동안에 발생되는 매연 배출량'을 근거로 60km/h로 주행 중인 3.5ton 이상의 트럭과 버스를 대상으로 매연 기준배출량(m^3/h. 대)을 규정하고 있다.

　* 국제상설도로회의(PIARC, Permanent International Association of Road Congress)

(2) 국내에서도 한국도로공사가 매연 기준배출량을 규정하고 있으나, 터널설계할 때 발주기관마다 그 값을 달리 적용하는 있는 실정이다.

2. 터널 내의 풍속 적용

(1) 터널 내의 소요환기량이 결정되면 속도별 환기설비(팬) 규격이 정해진다. 이때 합리적인 환기설비를 정하더라도 설계속도(60km/h) 이상의 주행속도에서는 교통 환기력 및 환기설비(팬)에 의해 유도풍속이 10m/s를 초과될 수가 있다.

(2) 이 경우에는 터널 내의 풍속을 10m/s 이하로 유지하기 위해 집진기 및 수직갱이 필요한 상황이 발생하게 되므로 이에 대한 검토가 필요하다.

3. 환기시설 가동률 저하

(1) 수도권 도로터널의 환기시설 가동률 조사 결과, 연평균가동률이 3%에 불과했다. 이는 일가동시간이 10분 미만에 불과하여 환기시설의 과다설계라는 의미이다.

(2) 도로터널의 위치특성(수도권, 지방권)에 따라 환기시설의 최적설계기법을 재정립할 필요가 있다고 여겨진다.[28]

---

28) 국토교통부, '도로설계편람', 제6편 터널, 2012, pp.617-36~73.
　　이엠이(주), '도로터널 환기현황 및 문제점', 냉동공조기술광장, 2019.
　　박효성, Final 토목시공기술사, 개정 2차, 예문사, 2020, pp.1594~1598.

V 터널 조명의 플리커(Flicker)

1. 용어 정의

(1) 플리커 현상이란 일련의 광원으로부터 빛이 작은 주기로 사람 눈에 들어올 경우에 비정상적인 자극을 느끼는 현상이다.

(2) 가정용 LED조명, 산업용 LED조명, 인테리어 형광램프조명 등에는 빛의 깜박거림, 즉 플리커 현상이 존재한다.

(3) 사람 눈에는 조명이 계속 켜져 있는 것처럼 보이지만 실제는 꺼짐과 켜짐이 반복되고 있다. 이 현상이 심할 경우에 건강에 치명적인 영향을 미칠 수 있다.

2. 플리커 현상의 원인

(1) 플리커 현상은 TV화면 또는 조명기구(형광등, 백열등, LED 등)의 어른거림과 같은 광도의 주기적인 변화를 뜻한다.

(2) 플리커 원인은 에어컨, 전기오븐, 전자밥솥, 전자렌지 등의 제품을 사용할 때 일시적인 전력 부족에 의해 발생하기도 한다.

(3) 스마트폰 카메라를 조명을 향해 비추면 하얀색과 검정색이 교차되어 보이거나 그 선들이 흐르는 것처럼 보이면 플리커 현상이 있는 조명이다.

3. 플리커 현상의 규제

(1) 미국과 EU 정부는 플리커 현상을 규제하고 있지만, 한국은 규제법이 없다.

(2) 현재 조명업계는 수출이 불가하고, 소비자단체는 체감할 정도의 플리커 현상이 아니라면 문제 제기를 하지 않고 있다.

(3) 플리커 현상에는 기존 형광등 전구가 매우 취약하고, LED 조명 역시 취약하다.

4. 플리커 현상의 문제점

(1) 2012년 미국 에너지부 산하 퍼시픽 노스웨스트 국립연구소(PNNL)와 미국 전기전자에너지협회 연구 결과에 따르면,

(2) LED조명의 플리커 현상은 간질성 발작이 동반되는 신경계 질환 두통, 피곤함, 몽롱함, 눈 피로, 시력저하, 산만함 등의 부작용을 유발한다.

(3) 조명의 플리커 현상은 사람이 직접 느끼든, 느끼지 못하든 인체에 좋지 않은 영향을 미치는 것은 확실하다.[29]

---

29) 대경엘이디, '플리커 현상의 원인 및 문제점 그리고 해결책', LED조명 교체 설치 방법, 2021.

6.26 터널의 방재등급

대심도 터널이나 장대터널의 방재시설, 도시부 소형차전용터널 방재시설 [3, 10]

Ⅰ 개요

1. 도로터널은 지하공간으로 어둡고 환기가 곤란하여 화재가 발생되면 대피가 어렵고 연기에 의한 질식위험이 높고, 내·외부와 연락이 곤란하여 위험인지가 늦다.

2. 도로터널 방재시스템은 전체 교통흐름의 통제와 구조작업의 효율성을 제고하여 다가오는 유비쿼터스 시대에 대응할 수 있는 체계를 갖추어야 한다.

Ⅱ 터널 방재시설의 종류

1. 소화설비

(1) **소화기** : 소규모 화재의 초기 소화를 위하여 설치하는 기구로서, 터널 이용자를 사용 대상자로 고려하여 설치

(2) **소화전** : 일반화재에 대한 주소화설비로서 호스연결식 옥내소화전

(3) **물분무설비** : 물분무헤드에 의해 물을 화재지점의 일정구역 내에 일제 방수하여 질식·냉각작용에 의해 화재 확산을 방지·진압하여 구조물 보호

2. 경보설비

(1) **비상경보(비상벨)설비** : 사고 당사자가 수동조작하여 사고를 터널관리자에게 통보하고 경보를 발하는 설비로서 발신기(누름 버튼)와 비상벨 등으로 구성

(2) **화재감지기** : 터널 내에서 발생된 화재로부터 열, 연기, 빛 등을 감지하여 자동적으로 화재발생 위치를 수신반에 알리는 설비

(3) **비상방송설비** : 비상시 중앙감시실에서 방송을 통해 대피지시를 하는 설비

(4) **긴급전화** : 사고 당사자가 사고 발생을 터널관리자에게 연락하는 전용전화

(5) **CCTV(폐쇄회로감시설비)** : 터널 내의 재해 발생·현장상황을 감시하는 설비

(6) **라디오재방송설비** : 라디오방송 수신 불가능한 터널 내에서 방송파를 수신·증폭하여 터널 내부로 송신함으로써 터널 내에서 라디오방송을 수신하는 설비로서, 또한 긴급상황에서 노측(路側)방송을 하여 긴급상황을 전파하기 위한 설비

(7) **정보표지판** : 터널 내의 화재발생과 유지관리작업 등의 이상 상황을 차량운전자에 전달하는 터널입구정보표지판, 터널 내 정보표시판 및 터널진입차단설비

3. 피난대피시설 및 설비

(1) **비상조명등** : 터널 내의 상용전원이 사용불능일 때, 비상발전설비나 무정전전원설비에 의해서 점등되는 최소한의 조명등

(2) **유도표지등** : 터널 이용자에게 터널 입·출구, 피난연결통로 등 방재설비까지 거리와 방향정보를 표시하여 안전지역으로 유도하는 설비

(3) **피난대피시설** : 대피자의 안전 확보를 가장 확실히 할 수 있는 시설로서, 피난연결통로, 피난대피터널, 피난대피소, 비상주차대 등으로 구성

4. 소화활동설비

(1) **제연설비** : 터널화재 발생 시 연기의 이동방향을 제어하거나 배연하여 피난·소화활동을 용이하게 하고 화재 진화 후에 연기를 터널 외부로 강제배출하는 설비로서, 기계환기설비는 터널화재 발생 시 제연설비로 병용하도록 제연용량 결정

(2) **무선통신보조설비** : 구조·소화활동하는 소방대원 상호 간의 통신설비로서, 누설동축케이블과 부수장비로 구성

(3) **연결송수관설비** : 소방대가 출동했을 때 본격적인 소화작업에 필요한 소화용수의 공급설비로서 배관, 송수구, 방수구 등으로 구성

(4) **비상콘센트설비** : 화재장소에서 소화활동 및 인명구조장비 등에 비상전원을 공급하기 위한 콘센트설비

5. 비상전원설비

(1) **무정전전원설비** : 터널 내 정전 발생 시 전원공급 재개될 때까지 무정전 상태를 유지하도록 하여 비상조명등과 같은 방재시설이 기능 유지하는 비상전원설비

(2) **비상발전설비** : 원동기로 발전기를 구동하여 발전하는 설비로서, 정전 시 장시간 동안 방재시설의 기능 유지를 위하여 비상전원을 공급하는 설비

Ⅲ 터널 방재시설의 계획

1. 기본 고려사항

(1) **화재감지** : 자동화재 탐지설비에 의한 감지가 기본이며, 초기 감시능력의 강화를 위해 CCTV, 영상유고감지설비, 주행속도감지기 등도 감지하도록 계획한다.

(2) **비상신호** : 자동화재탐지설비의 비상신호가 수신반에 감지되면, 비상경보설비가 자동경보를 발하고, CCTV가 연동되어 집중감시하도록 방재시스템을 계획한다.

(3) **비상경보** : 관리자가 상주하는 터널은 관리자가 비상경보를 발하며, 원격관리하는 터널은 해당 관리기관에 자동으로 통보될 수 있도록 계획한다.

(4) **관리자** : 관리자가 상주하는 터널은 관리자가 제연설비를 화재발생 시나리오에 의해 수동조작하며, 원격관리하는 터널은 해당 관리기관 담당자가 제연운전모드에 의해 우선적으로 자동운전되도록 제어시스템을 작동하도록 계획한다.

(5) **관리자** : 비상상황이 인지되면 터널진입차단설비나 입구정보표지판에 의해 차량진입 차단, 라디오재방송설비, 비상방송설비, 차로이용규제신호 등의 통보수단을 이용하여 통보, 전원이 정상공급되는 상황에서 터널 내 모든 조명을 점등하여 최대한의 조도 확보 등을 동시에 조치하도록 훈련계획을 수립한다.

2. 터널 방재등급별 위험도지수

(1) 방재시설설치를 위한 터널방재등급은 단순히 터널연장을 기준으로 하는 터널연장(L)기준등급과, 교통량 등 터널의 제반 위험인자를 고려하는 위험도지수(X)기준등급으로 구분하며, 등급별 위험도지수의 범위는 아래 표와 같이 정한다.

(2) 위험도지수 기준등급은 일방통행의 경우에 터널 튜브별로 산정하여 상·하행 노선 중 등급이 높은 방향을 기준으로 터널 방재등급을 정한다.

(3) 터널의 방재등급은 개통 직후, 최초 10년 후, 향후 매 5년 단위로 실측교통량을 조사하여 재평가하며, 그 결과에 따라 방재시설 조정을 검토할 수 있다.

[터널등급별 터널연장(L) 및 위험도지수(X) 범위]

터널 등급	터널연장(L) 기준등급	위험도지수(X) 기준등급
1	연장 3,000m 이상($L \geq 3,000$)	$X > 29$
2	1,000m 이상~3,000m 미만($1,000 \leq L < 3,000$)	$19 < X \leq 29$
3	500m 이상~1,000m 미만($500 \leq L < 1,000$)	$14 < X \leq 19$
4	연장 500m 미만($L < 500$)	$X \leq 14$

3. 터널 방재등급 상·하향 조정

(1) 위험도지수(X) 기준등급은 터널연장(L) 기준등급 대비 1단계를 상향 또는 하향 조정할 수 있다.

(2) 터널연장(L) 기준등급 대비 위험도지수(X) 기준등급의 상향 및 하향은 50m 이상(연장 기준 3등급 이상)의 터널에만 적용한다.

(3) 터널연장(L) 기준등급 2등급 이상인 터널이 위험도지수(X) 기준등급 3등급 이하로 평가되는 경우, 정량적 위험도 평가를 실시하여 터널의 안전성이 확보가 되는 경우에 한하여 등급을 하향 조정할 수 있다.[30]

---

30) 국토교통부, '도로설계편람', 제6편 터널, 2012, pp.618-2-11.
   박효성, Final 토목시공기술사, 2차 개정, 예문사, 2020, pp.1599~1602.

Ⅳ 화재 통합방재시스템

1. 화재삼각형 이론

화재가 발생되려면 3요소(산소, 가연물, 착화원)가 필요하고, 소화시키려면 산소를 차단하거나 가연물을 치우거나 냉각을 통하여 소화시켜야 한다.

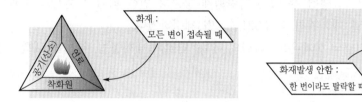

[화재삼각형 이론]

2. 화재종류

(1) **A급 일반화재** : 재를 남기는 종이·목재류 화재, 물에 의한 냉각소화 용이

(2) **B급 유류화재** : 포소화전, 미분무수소화설비 분말소화약제로 소화 가능

(3) **C급 전기화재** : 감전 우려가 있으므로 CO_2, 전기전도도 낮은 소화설비 가능

(4) **D급 금속화재** : 폭발적으로 연소하므로 불활성가스를 만들어 연소방지 가능

(5) **가스화재** : LPG, LNG 가스는 낮은 곳으로 모인 후 폭발, 가스누설 주의

3. 통합방재시스템

(1) 터널 내 화재발생 상황에서 안전도를 높이기 위해 개별적인 방재시설 외에 전력설비, 조명설비, 교통관제설비 등을 통합하는 체계적인 통합방재시스템이 구성되어야 한다.

(2) 통합방재시스템은 방재시설들을 통합제어반에 연결하여 구성하며, 상호 Open Protocol로 유·무선통신이 가능하도록 계획한다.

(3) 최근 통합방재시스템은 정보통신기술 발전과 함께 TGMS, FTMS, ITS, 유비쿼터스 -City, U-Korea 실현을 위한 역할을 하도록 발전되고 있다.[31]

---

31) 국토교통부, '도시부 소형차 전용터널 방재시설 설치 및 관리지침', 예규 제264호, 2019.1.2.
국토교통부, '도로설계편람', 제6편 터널, 2012, pp.618-2-11.
박효성, Final 토목시공기술사, 2차 개정, 예문사, 2020, pp.1599~1602.
김남영 외, '국내 도로터널 방재시설 현황 및 전망', 삼보기술단 기전부, 2019.

6.27 터널의 한계온도, 내화지침

도로터널의 한계온도, 도로터널 내화 지침(국토교통부, '21.4)의 주요 내용 [1, 1]

I 개요

1. 국토교통부는 도로터널에서 발생될 수 있는 차량화재 등으로 인한 터널의 손상과 붕괴를 예방하기 위하여 「도로터널 내화지침」을 2021년 4월 제정하였다.
2. 이 지침의 주요내용에는 터널의 한계온도, 터널의 내화, 터널의 내화공법, 터널의 내화시험 등이 포함되어 있다.

II 도로터널 내화지침의 주요내용

1. 터널의 한계온도

(1) 필요성

① 도로터널의 한계온도는 터널화재 직후 도로 이용자가 스스로 대피하거나 도로관리청, 소방청 등 유관기관이 소화·구조활동을 원활히 수행할 수 있도록 대응시간을 확보하고, 화재로 인한 손상을 최소화하여 터널을 보호할 목적으로 설정한다.

② 즉, 터널 내부에서 화재가 발생하더라도 터널 부재의 최대온도를 한계온도 이내로 유지하여 각 부재의 성능을 유지할 수 있도록 해야 한다.

(2) 한계온도 기준

① 콘크리트 부재는 표면 기준으로 한계온도 380℃ 이내로 보호해야 한다.
이때 내화처리된 콘크리트 부재는 내화처리를 위해 증가된 두께(내화 보드 및 뿜칠, 콘크리트 피복 등을 포함)를 제외한 콘크리트면이 온도기준면이다.

② 내화가 필요한 프리캐스트 세그먼트 콘크리트 부재는 표면을 기준으로 한계온도인 250℃ 이내로 보호해야 한다.
이때 내화처리된 세그먼트 부재는 온도기준면을 ①항과 동일하게 적용한다.

③ 철근은 한계온도 250℃ 이내로 보호해야 한다.

④ 기타 재료의 한계온도는 터널조건 및 사용재료 등을 종합적으로 고려하여 발주기관에서 정할 수 있다.

2. 터널의 내화대상

(1) 침매터널, 복층터널, 대심도 터널, 하저 또는 해저 터널 등 화재 사후 피해가 큰 도로터널은 이 내화지침을 적용해야 한다.

(2) 이 외의 터널은 교통량, 터널유형, 유지관리 등을 종합적으로 검토하여 발주기관이 필요하다고 인정하는 경우에 적용해야 한다.

3. 터널의 내화공법

(1) 내화공법 분류

① 부재 자체내화(섬유혼입콘크리트 등)

② 내화뿜칠(또는 도료)

③ 내화보드(또는 패널)

④ 그 밖에 화재로 인한 터널의 손상을 방지하기 위한 공법

(2) 내화재 성능

① 내화재는 내화시험시간 중에 각 부재를 한계온도 이내로 보호해야 한다.

② 표면 부착 내화재와 콘크리트 부재와의 부착강도는 시험을 통해 확인한다.

③ 내화재는 터널화재로 인한 유해가스, 타일 비산 등 부차적 피해를 최소화해야 하며, 가스유해성은 시험을 통해 확인한다.

④ 연중 온도의 편차가 크거나 강우・강설에 의한 대기변화가 심한 외기 노출형 터널에 내화재를 설치할 때는 기후저항성능이 확보된 자재를 사용한다.

4. 터널의 내화시험

(1) 내화시험 기본조건

① 콘크리트 시험체는 표면에 내화재를 부착하거나 자체내화(섬유혼입콘크리트 등)를 적용한 상태로 내화시험을 실시한다.

② 콘크리트 시험체의 내화시험은 비재하 조건으로 실시하며, 아래와 같은 내화시험곡선을 통해 내화성능을 평가한다.

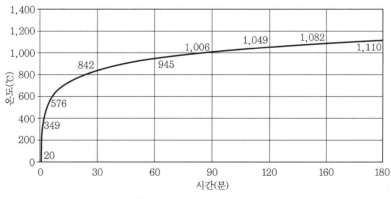

[도로터널의 내화시험곡선]

(2) 내화시험 측정항목

① 가열로의 시간에 따른 온도변화

② 시험체의 시간에 따른 온도변화

③ 시험 전·후 콘크리트의 압축강도

(3) 내화시험 온도기준

① 시험체의 초기온도는 50℃ 미만이어야 한다.

② 가열은 내화시험곡선에 따르고, 열전대에 표시된 온도를 확인한다.

③ 온도는 시험체의 열접촉면으로부터 25, 50 및 75mm 깊이에서 최대 1분 간격으로 가열할 때부터 냉각할 때까지 단계별로 측정한다.

④ 시험체 온도는 가열종료 후 가열면 온도가 200℃ 이하로 될 때까지 측정하며, 최대 4시간까지 측정한다.

⑤ 내화시험은 시험종료 후 최소 1시간이 경과한 후에 종료한다.

⑥ 콘크리트 잔존 압축강도율 확인을 위해 시험 전·후에 압축강도를 측정한다.

Ⅲ 맺음말

1. 국토교통부는 지난해 2월 순천-완주 고속국도 사매2터널에서 일어난 대형추돌사고로 인하여 약 1개월간 해당 터널이 전면 차단되는 사고를 계기로 방재시설 강화 대책('20.8.)을 발표한 바 있다.

2. 이번에 시행하는 도로터널 내화지침은 이에 따른 후속조치로 마련되었으며, 이를 위해 터널 내화전문가의 연구용역, 자문회의, 업계 간담회 등 다양한 의견수렴 과정을 통해 실효성을 높였다.[32]

---

32) 국토교통부, '도로터널 내화지침' 2021.4.

6.28 터널 교통사고 발생원인과 개선방안

도로터널구간(터널 입·출구 및 터널 내부 구간)에서 교통사고 원인 및 안전대책 [0, 2]

Ⅰ 개요

1. 한국도로공사의 고속국도 교통사고 발생현황(2010~2012) 통계에 따르면 고속국도 사고 중에서 터널구간의 사고발생률은 3.5%, 사망률은 3.7%이다.

2. 고속도로 교통사고 건당 사망률을 분석한 결과, 터널구간 사고 건당 사망률이 일반구간보다 30% 더 높은 것으로 나타났다(터널구간 17%, 일반구간 13%).

Ⅱ 터널구간 교통사고 원인분석

1. 터널 내부 사고

(1) 터널구간 사고 위치는 터널 내부가 82%로서 대부분을 차지하는데, 터널 내부는 폐쇄된 공간이기 때문에 사고 직후 조기대응이 곤란하여 대형사고가 우려된다.

(2) 터널 내부 교통사고 중에서 전도·전복사고가 약 23% 발생되어, 사고처리 지연 및 2차 사고의 원인이 되고 있다.

2. 터널 입·출구 사고

(1) 고속도로 일반구간보다 터널구간에서 폭원이 축소되고 조도 차이가 커서 운전자 주의력 부족 등에 따른 사고가 빈발하고 있다.

(2) 특히, 터널 출구 인접구간에서 급경사 등으로 도로 주행 여건이 불리하여 동절기 노면 결빙으로 인한 사고가 빈발하고 있다.

[터널 입·출구 교통사고 통계]

구분	사고 일자	사고 위치	사고 내용
터널 입구	'12.08.02.	당진-상주 고속국도 문의2터널	1차로 가드레일 및 방호벽 충돌 후 터널 내 2차로에 정차(사망1, 중상1)
	'11.04.03.	남해 고속국도 법안1터널	1차로 가드레일 및 PC방호벽 충돌 후 터널 내 2차로에 정차(사망2)
터널 출구	'13.01.22.	56번 지방도 미시령터널	빙판길에 미끄러지며 가드레일 충돌 후 추락(사망1, 중경상6)
	'12.02.19.	49번 지방도 구천동터널	급커브 내리막길에서 미끄러지며 가드레일 충돌 후 추락(사망5, 중경상5)

3. 터널 연장에 따른 사고

(1) 장대터널의 전도·전복사고 비율은 18.7%(29건/155건)이고, 짧은터널의 전도·전복사고 비율은 27.2%(62건/228건)이다.

(2) 짧은터널이 장대터널에 비해 전도·전복사고의 발생 건수·비율이 높게 나타나며, 승용차 및 소형 화물차가 82.4%로서 대부분을 차지하고 있다.

(3) '전도사고'란 도로에 차량 측면이 접하도록 넘어지는 사고이며, '전복사고'란 도로에 차량 전체가 뒤집혀 엎어진 사고이다.

(4) '2차 사고'란 교통사고 및 차량고장이 발생된 경우 운전자의 안전조치 미흡, 사고차량 처리 지연 등으로 인해 후속으로 일어나며 대형사고로 연결된다. 고속도로 2차 사고의 사망자 수는 전체 사고에 비해 약 5배 이상이다.

[전도사고]

[전복사고]

Ⅲ 터널구간 교통사고 개선대책

1. 터널 내부 개선

(1) **원인분석**

짧은터널 내 공동구 벽체의 높이가 낮아 소형차의 전도·전복사고 발생 비율이 약 86%로 매우 높다.

(2) **개선내용**

① 짧은터널 내 공동구 벽체의 높이 상향(H=0.25m → 0.66m)

② 차량 유효접촉면을 감안하여 장대터널 추월차로 규격으로 상향

③ 갓길 폭원 15cm 이상 확폭 효과 기대(굴착량은 증가되지 않음)

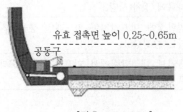

유효 접촉면 높이 0.25~0.65m
공동구

[당초 H=0.25m]

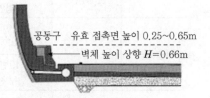

공동구 유효 접촉면 높이 0.25~0.65m
벽체 높이 상향 H=0.66m

[개선 H=0.66m]

2. 터널 입·출구 개선

(1) 원인분석

① 터널 입구부에서 도로 양측 폭원(갓길)이 축소되어 교통사고 위험 증가

② 터널과 교량 사이의 방호시설(공동구, 측구, 교량난간) 형상이 불일치하여 단차 발생 및 가드레일을 별도 설치하여 시공성 및 교통 안전성 불리

③ 터널 입·출구부 구간이 선형 불량하여 동절기 결빙에 따른 교통사고 발생

④ 터널 출구부에서 직광(直光) 영향으로 시야를 방해받아 교통사고 발생

(2) 개선내용

① 터널 입구부의 접속방안 개선(토공부에서 폭원 축소 후 터널 접속)

- 길어깨 폭원 변이구간 15m(접속설치율 1/20) 적용 및 안전도색 시행
- 갱문 전의 도로 폭원 축소구간 30m(약 1초간 주행거리) 적용
- 지형여건 감안하여 최소 10m(길어깨 편경사 변화구간) 이상 확보 가능

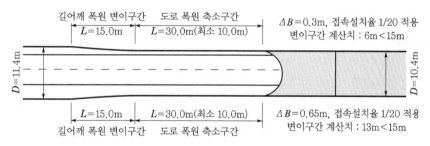

[터널 입구부의 개선인 평면도]

② 터널 접속부 콘크리트 방호시설 형상 통일

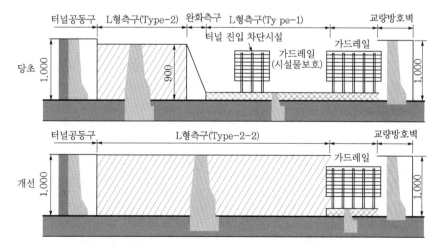

[터널 접속부 방호시설 전개도(짧은 성토구간은 L2-2측구 설치 가능)]

- L형측구 형식 추가 등 방호시설 상단부 높이 및 전면부 형상 통일
- 부대시설(가로등 위치)을 감안하여 터널 입·출구부에서 최소 200m 적용
③ 터널 구간 선형 불리구간 설계 지양 및 안전대책 강구
- 선형결정할 때 터널 구간은 사고발생 최소화를 위해 최적선형 적용
  - 평면선형 R=1,800m 이상, 종단선형 S=±3% 이하 적용 중
- 적설구간, 선형 불리구간 등은 지형여건을 고려하여 터널 입·출구부에 자동융설시스템 적용
④ 터널 출구부 직광 영향 최소화를 위한 선형설계 및 직광차단시설 설치 가이드라인 제시
- 운전자를 중심으로 태양직광에 의한 시야방해 영향범위 산정
- 출구부의 직광 영향이 최소화되도록 선형설계 가이드라인 제시
- 불가피하게 직광 영향이 예상될 경우 직광차단시설 설치기준 정립
- 양지터널(강릉방향) 직광 영향 분석사례 및 차단시설 검토 예정

Ⅳ 맺음말

1. 한국도로공사에서 '터널 입구부 접속방안 개선'을 위해 충주~제천 고속국도 건설공사에 시험시공하여, 기존 접속방안과 비교·분석결과에 따라 확대 적용여부를 판단할 예정이다.
2. '터널 출구부 직광 영향 최소화 방안'은 가이드라인 수립하여, 현재 설계 중인 노선부터 지형여건을 고려하여 적용히고 있다.[33]

---

33) 한국도로공사, '터널구간 교통안전성 향상방안', 건설공사원가절감, 2014.

6.29 터널의 계측관리

도로 NATM 터널의 계측항목 및 항목별 평가사항 [0, 4]

I 개요

1. NATM(New Austrian Tunneling Method) 공법은 1962년 오스트리아 잘츠부르크에서 개최된 국제암반학회에서 재래식 오스트리아 터널 공법과 구별하기 위하여 명명되었다.

2. NATM은 '암반 혹은 땅 속의 지하공간 주변에 고리모양의 지지 구조물을 형성하는 것을 의도'하는 공법이므로 계측이 핵심요소이다.

3. 국내에서는 1981년 서울지하철 3, 4호선 삼연식(三連式)터널정거장을 NATM으로 최초 시공 이후, 중부고속국도, 국도확장, 철도, 상수도수로, 지하발전소, 대규모 지하유류저장소 등에 광범위하게 적용되고 있다.

II NATM 터널

1. 공법 원리

(1) '터널은 가능하면 지반 자체에 의해 지탱시킨다.'는 기본원리에 근거하여 터널 주변지반에 지지링이 형성될 수 있도록 설계·시공한다.

(2) '지반은 이완되지 않으며, 최대강도에 대응하는 변형도까지 변형을 계속한다.'는 원리를 실현하기 위해 지보공을 사용하고 숏크리트와 록볼트로 링구조를 신속히 구축한 후, 계측을 통해 최적의 지보구조와 복공시기를 결정한다.

2. 계측 중요성(목적)

(1) 주변지반의 변형 거동·상황을 파악한다.

(2) 잠정적 지보(숏크리트 타설 두께, 록볼트 타설 길이·간격 등) 효과를 확인한다.

(3) 최종 복공시기를 결정한다.

(4) 구조물로서 터널의 안전성을 확인한다.

(5) 인접된 중요 구조물이 주변환경에 미치는 영향을 파악한다.

(6) 지보구조 및 복공구조의 설계·시공 최적화를 이룬다.

(7) 설계·시공에 계측결과를 반영한 성과 등을 향후 공사계획에 참고자료로 삼는다.

Ⅲ NATM 터널 계측

1. 계측 지점·위치·항목의 선정

(1) **A계측** : 일반계측 단면(일상적인 시공관리를 위해 반드시 실시하는 항목)

① 갱 내 관찰조사

② 내공변위 측정

③ 천단침하 측정

④ 지표침하 측정

⑤ 록볼트 인발시험

(2) **B계측** : 대표계측 단면(원지반의 조건에 따라 추가로 선정하는 항목)

⑥ 원지반 시료시험 및 원위치시험

⑦ 지중변위 측정

⑧ 록볼트축력 측정

⑨ 복공응력 측정(shotcrete 응력 측정)

⑩ 갱 내 탄성파 속도 측정

⑪ 지중응력(초기지압)

⑫ 용수상황 측정(용수량, 수질, 간극수압, 수위, 지표수)

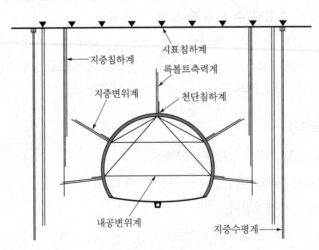

[B계측의 계측기기 배치]

(3) **계측B 세부사항**

① 계측시기 : 계측목적 달성을 위해 시공초기단계부터 실시

② 계측단면 : 대표적인 지반조건 구간을 대상으로 실시

③ 계측대상 : 지반조건이 변화되어 시공 중에 큰 설계변경이 이루어지는 경우

④ 계측지점 : 지중변위는 반드시 터널 중앙부에서 계측하며, 지중변위의 경향·분포를 알기 위해서는 좌우에 추가로 배치

⑤ 계측간격 : 일반적으로 500m 간격으로 배치하고, 1단면마다 3~5점을 표준으로 터널 설계패턴에 따라 적절한 위치에서 실시

2. 계측 데이터의 해석

(1) 계측결과는 굴착에 따른 주변지반 및 지보공의 거동을 나타내는 것으로, 현장 기술자가 현장상황을 파악하여 정확한 판단을 내리기 위한 자료이다.

(2) 계측 직후에 시간·거리별 변화, 횡단분포, 종단분포, 기타 특기사항(막장 진행에 따른 변화도, 계측 위치·시기, 단면폐합 등)을 정리하여 정량적으로 해석한다.

(3) 정성적(定性的) 계측결과를 정량적(定量的)으로 해석하는 방법 사례

① 내공변위량의 시간별 계측데이터를 시계열(時系列)해석을 통해 굴착진행에 따른 변위를 예측하여, 지보공·지반의 안정여부을 확인하고 대책공법 수립

② 변위·침하·응력 계측결과로부터 굴착상태를 나타내는 3차원 모델링(3D BIM)을 추출하여 동일한 지질조건에서 계속 시공할 경우의 지반 안정상태를 평가

3. 계측 데이터 분석 유의사항

(1) 주변지반, 지표면, 인접된 중요구조물, 주변환경 등을 측정할 때는 막장에 도달하기 2D~D 전에 예비계측을 실시하여 다음 3가지를 확인한다.

① 데이터의 신뢰성 확인

② 터널공사와 관계 없는 현상 의한 데이터 변동량 확인

③ 계절적 기온변화에 따른 데이터 변동량 확인

(2) 예를 들어, 기온의 시간적 변화에 따라 변위·침하·응력 계측치가 변하므로, 해당 지점의 온도를 동시에 계측·통계처리하여 그 기온 변화량을 제거한다.

(3) 계측빈도는 데이터의 중요성, 막장과의 위치관계 등을 고려하고 뒤에 나오는 계측결과를 고려하여 적절하게 설정한다.

(4) 계측종료는 해당 데이터를 시계열(時系列) 처리하여 굴착공사의 영향에 의한 변화량이 유의미하게 나타나지 않는 시점까지로 한다.

(5) 계측기기의 눈금조정(calibration)을 정기적으로 시행하여 데이터의 신뢰성을 유지하는 것이 중요한데, 이는 모든 계측항목에 공통적으로 해당된다.

4. 계측 결과의 반영

(1) 계측 A의 대상 항목은 매일 굴착에서 안전관리 및 설계·시공 합리화를 목표로 하므로, 막장과 후속 굴착구간의 지반상황을 판단하고, 선행 굴착구간의 지반과 지보공 거동을 확인하여 해당 구간의 설계·시공 타당성을 평가한다.

① 계측 A에서는 미리 설정해 둔 관리기준치로 판단한다.

② 관리기준치에는 굴착 중인 지반·지보공 거동(내공변위, 천단침하 등), 지표면 변화 상태, 인접한 중요구조물 등이 있다.

③ 실제 현장에서 표준적 관리기준치를 정량적으로 표시하기 곤란한 경우가 많으므로, 주의수준(level) I, II, III에 따른 대응방안을 강구하기도 한다.

[NATM 터널 내에서 변위속도 측정 사례]

구분	기준	대응방안
주의수준 I (안전단계)	어느 한 군데 측점에서 변위가 40mm 이내이다.	관리자에게 보고한다.
주의수준 II (주의단계)	인접한 두 군데 측점에서 변위가 40~50mm 정도이다.	구두로 보고하고, 보고서가 가능해진 시점에서 검토회의를 개최한다.
주의수준 III (위험단계)	변위가 50mm 이상이 되고, 더불어 어느 한 군데 측점에서 변위가 가속된다.	즉시 책임기술자가 현지로 가서 현장에서 검토회의를 개최하여 긴급 대응방안을 강구한다(이상이 발생했을 경우의 대응방안에 따라 실시).

(2) 계측 B의 대상 항목은 당초의 설계·시공계획이 지반조건에 적합한지 확인하고 지반의 특성, 지보공·복공부재의 기능을 총체적으로 분석·평가한다.

① 계측B에서는 지반시료시험, 갱 내 탄성파속도시험, 재하시험 등의 원위치시험을 병행하여 종합적으로 분석·평가함으로써 지반 특성을 재평가하여 그에 상응하는 지보공 유형의 타당성을 검증한다.

② 따라서, 굴착 초기단계에서 지반을 대표하는 지점에서 계측을 실시·평가하여, 후속 구간의 설계·시공 합리화에 반영되도록 한다.

Ⅳ 터널 유지관리 계측

1. 유지관리 계측의 필요성

(1) 터널은 환경변화가 적은 지하에 건설되므로 다른 구조물에 비해 비교적 안전한 것으로 알려져 있어 그동안 유지관리에 대한 인식이 부족하였다.

(2) 터널 구간 중에서 지질 이상지대, 기존 구조물 근접통과구간 등의 취약구간은 지반의 이완 등으로 장기적인 변위발생이 예상되므로 유지관리 계측이 중요하다.

[터널의 계측항목 비교]

공사 중 일상계측	공사 중 정밀계측	유지관리 계측

• 터널 내 관찰조사
• 내공 변위 측정
• 천단 침하 측정
• 지표 침하 측정
• 록볼트 인발 측정
	• 지중변위 측정
	• 록볼트 축력 측정
	• 숏크리트 및 콘크리트 라이닝 응력 측정
	• 지중 침하 측정
	• 터널 내 탄성파 속도 측정
	• 강지보재 응력 측정
	• 지반의 팽창성 측정
	• 선행침하 측정
	• 지중 수평변위 측정
	• 지반 진동 측정
		① 일상관리 계측
		  • 갱 내 관찰조사
		  • 라이닝 변형 측정
		  • 용수량 측정
		② 대표단면 계측
		  • 토압 측정
		  • 간극수압 측정
		  • 콘크리트 라이닝 및 철근 응력 측정
		  • 지하수위 측정

2. 유지관리 계측의 항목

(1) 터널 구조물은 굴착단계인 공사 중 계측에서는 각종 변위, 침하, 지보재 응력 및 축력의 수렴여부를 확인한 후에 콘크리트 라이닝이 시공된다.

(2) 터널의 유지관리단계 계측에서는 숏크리트에 근접된 원지반의 작용하중 측정, 콘크리트 라이닝의 철근응력과 콘크리트 응력 측정, 표면부착식 내공변위 측정을 통해 설계하중 이외의 추가하중 작용여부를 조사해야 한다.

(3) 터널의 유지관리 계측항목을 선정할 때는 터널의 용도 및 크기, 방수·배수 형식, 지보재의 특성, 지반상태, 지하수 조건, 하중조건, 주변환경 및 유지관리 여건 등을 고려하여 어느 계측항목이 필요한지 판단해야 한다.

(4) 터널의 유지관리단계 계측관리 기준은 시공 중 계측관리 기준치를 준용하여 적용하는 것이 원칙이다. 다만, 터널 구조물의 안전과 주변 현황을 고려하여 필요한 관리기준을 추가하여 수정·보완해야 한다.

[터널의 유지관리 계측항목]

계측항목	계측내용
토압	• 터널 라이닝의 설계 적정성 평가 • 지반의 이완영역 확대 여부 및 지반응력의 변화 조사
간극수압	• 배수 터널의 배수기능 저하에 따른 잔류수압 상승여부 측정 • 비배수 터널 라이닝 작용 수압 측정 • 수압에 따른 라이닝의 안정성 확인
지하수위	• 간극수압 측정 결과의 신뢰성 평가 • 터널 내 용수량과의 상관성 평가
콘크리트 응력	• 외부 하중으로 인한 콘크리트 라이닝의 응력 측정 • 콘크리트 라이닝 구조체의 라이닝 내부 응력 측정
철근 응력	• 외부 하중으로 인한 콘크리트 라이닝 내의 철근 응력 측정 • 콘크리트 라이닝 응력 측정 결과의 신뢰성 검증
내공 변위	• 외부 하중으로 인한 콘크리트 라이닝의 변위량을 측정하여 터널 구조물의 안정성 판단
균열	• 콘크리트 라이닝에 발생한 균열의 진행 상태를 측정하여 터널의 안전성 판단
건물 경사	• 터널 구조물의 거동으로 인한 지상 건물의 기울기를 측정하여 건물의 안전성 판단
진동	• 지진 발생에 따른 터널 구조물의 안전성 판단 및 열차 운행 등에 의한 주변 구조물의 진동 영향 판단
온도	• 콘크리트 라이닝의 온도영향 판단

Ⅴ 맺음말

1. 최근 NATM 터널 굴착이 증가하면서 계측의 중요성이 부각되고 있으나 계측수행의 경험부족, 계측장비 낙후 등으로 체계적인 계측관리가 쉽지 않은 실정이다.

2. 기존의 터널 계측시스템에 적용되고 있는 계측장비의 정확성·신뢰성 문제를 고려할 때, 광섬유 센서를 이용한 터널 내공변위 자동계측의 상용화가 필요하다.[34]

---

34) 국토교통부, '도로설계편람', 제6편 터널, 2012, pp.610-34~35.
박효성, Final 토목시공기술사, 개정 2판, 예문사, 2020, pp.1588~1593.

6.30 「시특법」 1종 시설물 범위(터널·교량)

시설물의 안전관리에 관한 특별법상 1종 시설물 범위(도로터널, 도로교량) [1, 0]

I 개요

1. 제정 배경

(1) 우리나라의 건설산업은 기간시설의 확충과 물량위주의 주택건설 등 신규 건설공사에만 주력하여 시설물 준공 후 유지관리에 소홀

(2) '90년대 이후 대형시설물의 안전사고(성수대교 붕괴 '94.10.21., 삼풍백화점 붕괴 '95.6.29.)가 빈발함에 따라 유지관리의 중요성 부각

(3) 시설물의 안전점검과 적정한 유지관리를 통하여 재해와 재난을 예방하고 시설물의 효용을 증진시킴으로써 공중(公衆)의 안전 확보

2. 용어 정의

(1) **시설물** : 건설공사를 통하여 만들어진 구조물 및 그 부대시설로서 교량, 터널, 항만, 댐, 건축물, 하천, 상하수도, 옹벽·절토사면 및 공동구로 구분하며, 시설물의 중요도 및 규모에 따라 제1종 시설물, 제2종 시설물 및 제3종 시설물로 구분

(2) **관리주체** : 해당 시설물의 관리자, 소유자, 계약에 의한 시설물의 관리책임자를 말하며, 공공(公共)관리주체*와 민간(民間)관리주체로 구분

　* 공공(公共)관리주체 : 국가, 지방자치단체, 공공기관, 지방공기업

(3) **안전점검** : 경험과 기술을 갖춘 자가 육안이나 점검기구 등으로 검사하여 시설물에 내재(內在)되어 있는 위험요인을 조사하는 행위를 말하며, 점검 목적·수준을 고려하여 정기안전점검 및 정밀안전점검으로 구분
제1, 2종 시설물은 안전점검을 모두 실시, 제3종 시설물은 정기안전점검만 실시

(4) **정밀안전진단** : 시설물의 물리적·기능적 결함을 발견하고, 신속하고 적절한 조치를 하기 위하여 구조적 안전성과 결함의 원인 등을 조사·측정·평가하여 보수·보강 등의 방법을 제시하는 행위
제1종 시설물은 정밀안전진단을 의무적으로 실시, 제2, 3종 시설물은 안전점검을 실시한 결과 필요하다고 인정되는 경우에만 정밀안전진단을 실시

(5) **긴급안전점검** : 시설물의 붕괴·전도 등으로 인한 재난 또는 재해가 발생할 우려가 있는 경우에 시설물의 물리적·기능적 결함을 신속하게 발견하기 위하여 실시하는 점검

Ⅱ 제1종 · 제2종 시설물의 범위

1. 제1종 시설물

(1) **정의** : 공중의 이용편의와 안전을 도모하기 위하여 특별히 관리할 필요가 있거나 구조상 안전 및 유지관리에 고도의 기술이 필요한 대규모 시설물로서, 대통령령으로 정하는 시설물

(2) **범위**

① 고속철도 교량, 연장 500m 이상의 도로 및 철도 교량

② 고속철도 및 도시철도 터널, 연장 1,000m 이상의 도로 및 철도 터널

③ 갑문시설 및 연장 1,000m 이상의 방파제

④ 다목적댐, 발전용댐, 홍수전용댐 및 총저수용량 1천만 톤 이상의 용수전용댐

⑤ 21층 이상 또는 연면적 5만m^2 이상의 건축물

⑥ 하구둑, 저수량 8천만 톤 이상의 방조제

⑦ 광역상수도, 공업용수도, 1일 공급능력 3만 톤 이상의 지방상수도

2. 제2종 시설물

(1) **정의** : 제1종 시설물 외의 사회기반시설로서 재난발생 위험이 높거나 재난예방을 위하여 계속 관리할 필요가 있는 시설물로서, 대통령령으로 정하는 시설물

(2) **범위**

① 연장 100m 이상의 도로 및 철도 교량

② 고속국도, 일반국도, 특별시도 및 광역시도 도로터널 및 특별시 또는 광역시에 있는 철도터널

③ 연장 500m 이상의 방파제

④ 지방상수도 전용댐 및 총저수용량 1백만 톤 이상의 용수전용댐

⑤ 16층 이상 또는 연면적 3만m^2 이상의 건축물

⑥ 저수량 1천만 톤 이상의 방조제

⑦ 1일 공급능력 3만 톤 미만의 지방상수도 [35]

---

35) 박효성, Final 토목시공기술사, 개정 2판, 예문사, 2020, pp.223~224.

6.31 「지하안전관리에 관한 특별법」

I 개요

1. 국내에서 발생되는 지반침하(함몰)현상은 주로 노후 상하수관 파손, 관로 등 지하매설물의 부실시공(다짐불량 등), 굴착공사 부실시공 등 인위적 요인에 의해 발생되므로, 지하를 개발·이용하는 단계에서 체계적 예방제도가 필요하다.

2. 지하를 개발·이용하는 각 단계에서 구체적인 평가·조사방법을 도출하고, 세부지침을 마련함으로써 지하안전관리 기반을 구축하고 지반침하(함몰)를 예방하기 위하여 「지하안전관리에 관한 특별법」이 제정되어 2018.1.1. 시행되었다.

II 「지하안전관리에 관한 특별법」 주요내용

1. 지하안전관리계획 수립·시행

(1) 국토교통부장관은 5년마다 국가지하안전관리기본계획을 수립·시행하도록 함

(2) 관계 중앙행정기관장은 국가지하안전관리기본계획에 따른 연도별 집행계획을 수립·통보하고 시행하도록 함

(3) 시·도지사 및 시장·군수·구청장은 각 지역실정에 맞는 지하안전관리계획을 수립·시행하도록 함

2. 지하안전관리 제도

(1) 국가지하안전관리기본계획 및 지하안전관리에 관한 법령·제도의 개선 등에 관한 사항을 조사·심의하기 위하여 국토교통부에 지하안전관리자문단 신설

(2) 지반침하 등의 예방을 위하여 지하개발사업자는 일정규모 이상의 지하 굴착공사를 수반하는 사업에 대해 사업승인 전에 지하안전영향평가를 실시하고 국토교통부장관 또는 승인기관장과 사전협의를 거치도록 함

(3) 지하개발사업자는 사업의 착공 후에도 지하안전에 미치는 영향을 조사하고, 필요한 조치의 이행 및 승인기관에 통보하도록 함

(4) 지하안전영향평가 대상사업에 해당하지 않는 사업으로서 대통령령으로 정하는 소규모 사업의 경우에 소규모 지하안전영향평가를 실시하도록 함

(5) 지하안전영향평가 등 지하안전에 관한 조사는 자격을 갖춘 지하안전영향평가 전문기관이 실시하도록 함

(6) 지하시설물관리자는 소관 지하시설물에 대하여 정기적으로 안전점검을 실시하도록 하고, 시장·군수·구청장은 안전점검 결과를 토대로 지반침하 위험우려가 있는 경우 지반침하위험도평가를 실시하도록 함

(7) 지반침하위험도평가 실시결과 지반침하의 위험이 확인된 경우 중점관리대상으로 지정하고 안전 확보를 위한 조치 등을 취하도록 함

(8) 국토교통부장관은 지하정보를 효율적으로 관리·활용하기 위하여 지하공간통합지도를 구축·운영하도록 함

3. 지하안전관리 업무위탁기관 지정, 지하사고조사위원회 구성

(1) 지하안전관리제도가 조기에 정착될 수 있도록 전문성과 경험을 갖춘 기관에 업무를 위탁하여 지하안전관리제도를 운영·관리하고자 위탁운영기관을 지정하도록 함

(2) 지반침하 등의 사고조사를 위하여 국토교통부에 중앙지하사고조사위원회, 지방자치단체에 지하사고조사위원회를 구성·운영하도록 함

Ⅲ 기대효과

1. 지하안전관리 기반산업이 육성되고, 스마트기술개발과 연계하여 국가적 관련분야 기술능력이 향상되면 대국민 안전 확보는 물론, 기술수출을 통한 국가경쟁력 제고에도 큰 밑바탕이 될 것으로 기대된다.

2. 지반침하 선제적 예방을 위한 탐사지원 확대, 해외 지하안전관리 정책 사례 분석을 통한 관리체계 마련, 노후화된 지하시설물에 대한 정비대책 수립, 지반침하 취약지역의 체계적 지하안전관리 지원체계 활성화 방안 마련 등이 기대된다.[36]

---

36) 신창건, '지하안전법 시행 주요내용 및 의미', 한국지반신소재학회지, Vol 17, 2018.

6.32 지하안전영향평가 제도

I 개요

1. 최근 도심지에서 지반침하 사고가 잇달아 발생하면서 지하안전에 대한 국민의 불안감이 커지고 인적·물적 손실이 증가함에 따라, 지반침하 예방을 위한 체계적인 지하안전관리제도의 필요성이 대두되었다.

2. 이에 정부는 2016년 「지하안전관리에 관한 특별법」을 제정하여 일정규모 이상의 지하굴착을 하는 개발사업은 지하안전영향평가 및 사후지하안전영향조사를 실시하도록 규정하는 지하안전을 확보하기 위한 제도를 도입하였다.

II 지하안전영향평가 제도의 주요 내용

1. 지하안전영향평가 실시 대상·자격

(1) SOC(도로·철도·항만·공항), 신도시, 산업단지, 관광단지, 건축물, 폐기물 등의 사업 중 굴착깊이가 20m 이상이거나 터널공사를 수반하는 지하개발사업

(2) 토질·지질 분야의 특급기술자로서 국토교통부령으로 정하는 교육기관(건설기술교육원, 한국시설안전공단)에서 지하안전 신규·보수교육을 이수한 사람

2. 지하안전영향평가의 작성·협의·검토·통보, 재협의, 협의 전 사전공사 금지

(1) 지하개발사업자는 지하안전영향평가서와 사업계획서를 작성하여 승인기관장에게 제출하고, 승인기관장은 승인 전에 국토교통부장관에게 협의요청해야 한다.

(2) 국토교통부장관은 지하안전영향평가를 협의요청받은 경우, 한국시설안전공단, 정부출연연구기관 및 특정연구기관에게 검토·현지조사를 의뢰할 수 있다.

(3) 국토교통부장관은 지하안전영향평가서 검토 결과를 승인기관장에게 통보하고, 승인기관장은 지체 없이 지하개발사업자에게 통보해야 한다.

(4) 지하개발사업자나 승인기관장은 통보받은 지하안전영향평가서 협의내용에 이의가 있는 경우, 국토교통부장관에게 협의내용 조정을 요청할 수 있다.

(5) 승인기관장은 지하안전영향평가서 협의완료 전에 사업계획을 승인해서는 아니 되며, 지하개발사업자는 협의완료 전에 공사를 착공해서는 아니 된다.

3. 사후지하안전영향조사

지하개발사업자는 공사를 착공한 후에 지하안전에 미치는 영향에 대하여 '사후지하안전영향조사'를 실시하고, 필요한 경우 지체 없이 조치해야 한다.

4. 소규모 지하안전영향평가

(1) 지하안전영향평가 대상이 아닌 사업으로 굴착깊이 10m 이상 20m 미만의 소규모 사업자는 소규모 지하안전영향평가를 실시하고, 평가서를 작성해야 한다.

(2) 다만, 천재지변, 전기·전기통신 불통, 상하수도관·가스관의 파열·누출 등으로 긴급복구가 필요하다고 국토교통부장관이 인정하는 공사는 생략할 수 있다.

5. 협의내용 이행의 관리·감독, 재평가

(1) 지하개발사업자는 협의내용을 이행해야 하며, 승인기관장은 협의내용을 확인하며, 협의내용이 이행되지 않은 경우 재평가 등 필요한 조치를 명령해야 한다.

(2) 국토교통부장관은 협의내용 이행을 관리하기 위하여 필요한 경우, 승인기관장 또는 지하개발사업자에게 공사중지 등의 필요한 조치를 명령할 수 있다.

(3) (1)항에 따라 재평가 요청받은 지하개발사업자는 재평가 실시 결과를 국토교통부장관과 승인기관장에게 통보해야 한다.

6. 평가서의 보존기간

(1) **지하안전영향평가서, 사후 및 소규모 지하안전영향평가서** : 준공 후 10년

(2) **지반침하위험도평가서** : 제출 후 10년

(3) **지하안전영향평가서의 작성을 위한 기초자료** : 제출 후 5년

(4) **사후지하안전영향조사서 작성을 위한 기초자료** : 제출 후 3년

7. 지하안전영향평가 대행

지하안전영향평가, 사후 및 소규모 지하안전영향평가 및 지반침하위험도평가를 하려는 지하개발사업자는 전문기관에게 대행하게 할 수 있다.

Ⅲ 맺음말

1. 지하안전영향평가 수행 전문가의 공급 부족

(1) 「지하안전관리에 관한 특별법 시행령」에 의한 지하안전영향평가 전문기관 등록기준을 토질·지질 분야의 특급기술자 2명 이상 등으로 규정하고 있다.

(2) 토질공학과 지질공학은 유사하지만 서로 다른 분야로서 공학의 이론과 실무를 바탕으로 하여 국가기술자격을 취득 후, 다양한 현장경험을 쌓은 극소수의 전문가만이 지하안전영향평가 수행이 가능하다.

(3) 현실적으로 '토질 및 기초기술사'나 '지질 및 지반기술사'가 턱없이 부족한 상태에서 기존의 학·경력 특급기술자를 중심으로 '지하안전영향평가 전문기관'들이 난립되면 또 다른 부실시공의 원인을 제공하지 않을까 우려된다.[37]

2. 지하안전영향평가 협의로 인한 사업기간 지연

(1) 굴착깊이가 20m 이상이거나 터널공사를 수반하는 지하개발사업자는 미리 지하안전영향평가를 실시하고, 해당 사업을 착공한 후에는 사후지하안전영향조사를 실시하도록 규정하는 등의 지하안전영향평가 제도가 새로 도입되었다.

(2) 지하굴착공사를 포함하는 개발사업자로서는 해당 개발사업의 설계단계뿐만 아니라 시공단계에서도 지하안전영향평가의 용역수행 및 기관협의를 하여야 하므로 그만큼 사업기간이 연장되고, 더불어 원가관리에 부담을 느끼게 된다.

3. 주차구획 최소폭 늘리는 만큼 지하주차장 확대

(1) 국토교통부는 주차 단위구획의 최소 폭을 현행 2.3m에서 2.5m로 20cm 늘리도록 「주차장법 시행규칙」을 2018.2.4. 개정하였다. 이에 따라 일반형 주차장의 주차단위 구획폭 최소기준이 2.3m에서 2.5m로 확대되고, 확장형 주차장도 역시 기존 2.5m(너비)×5.1m(길이)에서 2.6m×5.2m로 확대된다.

(2) 땅값 비싼 대도시의 도심지에 초고층빌딩을 계획하는 개발사업자는 종전 기준으로 지하주차장을 2개 층 설계하였다면, 「주차장법 시행규칙」 개정에 따라 이제는 지하주차장을 3개 층 설계해야 한다.

(3) 결론적으로 「지하안전관리에 관한 특별법」 제정 및 「주차장법 시행규칙」 개정으로 지하공간 사용자는 안전을 보장받을 수 있지만, 사업자는 원가를 추가 부담해야 한다.

---

37) 국가기술자격통계연보, '최근 5년간 국가기술자격 기술사 등급 취득자 추이(2011~2015년)', 2019.

6.33 지하공간의 활용방안

대심도 지하도로, 지하도로계획 고려사항과 문제점 및 대책 [2, 6]

I 개요

1. 수도권 광역급행철도(GTX, Great Train eXpress)는 대한민국 수도권의 교통난 해소와 장거리 통근자들의 교통복지 제고를 위해 수도권 외곽에서 서울 도심 주요 3개 거점역인 서울역·청량리역·삼성역을 방사형으로 교차하여 연결하는 사업이다.

2. 수도권 광역급행철도(GTX)는 A, B, C 등의 3개 노선으로 구성되며, 이 중에서 A노선 삼성 −동탄 구간은 2017년 3월 착공되어 시공 중이다.

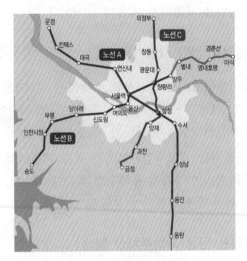

[수도권 광역급행철도 GTX 노선도]

II 대심도 터널공사

1. 용어 정의

(1) '대심도'는 지하 40m 이상의 깊이에 철도·도로 등을 건설하는 터널공법(TBM)으로, 깊이에 따라 천심도, 중심도, 대심도로 나뉘는데 대심도가 가장 깊다.

(2) 수도권 광역급행철도(GTX) A노선이 '대심도 철도'로서, 지하 40~50m 터널 83.1km 구간에 최고속도 180km(평균속도 100km)로 달린다.

(3) 서울 국회대로 신월IC에서 인천 양평동을 잇는 경인고속국도 왕복 4차로 노선을 지하화하는 서울−제물포 도로(2022년 개통) 역시 대심도 터널공사이다.

2. 지하공간 활용 장점

(1) 도심지 녹지공간 및 여가공간 증가

(2) 도심지 출퇴근 시간이 대폭 단축

(3) 미세먼지 저감 등 대기질이 대폭 개선

(4) 도시지생사업 촉진으로 지역발전에 기여

3. 지하공간 활용 사례

(1) **국내** : 서울시 금천구 독산동 시흥대교~영등포구 양평동 목동교 구간의 9.8km, 왕복 4차로(1번 국도) 도시저속고속화도로공사 1991년 완공

(2) **국외** : 미국 Boston Big Dig project, 알래스카 횡단 파이프라인, 파나마 운하, 영불 해저터널, 일본 북해도 해저터널 등

4. 지하공간 굴착 문제점

(1) '대심도'는 토지 보상비가 들지 않아 건설비를 줄일 수 있고 소음·진동, 대기오염 피해가 적어 최근 각광을 받는 신개념 도로·터널공법이다. 교통시설을 지하에 건설하므로 지상토지를 녹지공간으로 구성하여 활용도를 높일 수 있다.

(2) 그러나 화재 등 재난사고 대비에 취약하여 안전성에 대한 우려가 있고, 다수의 환기설비가 필요하다는 점이 단점으로 꼽힌다.

(3) 서울 지하공간에는 이미 지하철과 상하수도 시설 등 2만km에 달하는 시설이 있다. 서울 지하철의 경우 총연장은 350km, 깊이는 최대 77.1km까지 이용되고 있다. 그만큼 대심도 공간이 다양한 용도로 안전하게 활용되고 있다.

(4) 대심도 지하는 지층이 단단한 암반이므로 터널을 시공하는 데 매우 안정적인 공간이며, TBM과 무진동·저소음 발파공법을 적용하여 지하를 굴착하면 지상에서는 터널을 뚫는 걸 느끼지 못한다.

(5) 특히 다음과 같이 최근에 연구·개발된 '대심도 지반침하 대응기술'을 적용하면 지하 40m 이상의 대심도 지하터널을 안전하고 빠르게 굴착할 수 있다.

Ⅲ 대심도 지반침하 대응기술

1. 필요성

(1) 지반함몰이란 지표면이 일시에 붕괴되어 국부적으로 수직방향으로 꺼져 내려앉는 현상으로, 자연적 지반함몰과 인위적 지반함몰로 구분된다.

① 자연적 지반함몰 : 석회암이 많은 지역에서 지하수에 의해 석회암의 탄산칼슘이 녹아 지중에 공간이 형성되어 하중을 지지 못하여 함몰(예 싱크홀)

② 인위적 지반함몰 : 지하공간을 개발·활용하여 지하수 유동에 따른 토사유출에 의해 발생되는 함몰(예 지중 상·하수도관 손상)

(2) 현재 공동(空洞)을 복구할 때 함몰이 발생된 경우에는 흙되메움으로, 함몰이 발생되지 않은 경우에는 그라우팅으로 복구하지만 여러 문제점이 있다.

(3) 기존 방법의 문제 해결을 위하여 팽창재료가 채워진 "다변형 지반신소재 포켓"을 이용한 공동부 긴급복구 공법이 개발되었다.

2. 다변형 지반신소재 포켓 공법의 원리

(1) 지반함몰로 발생된 공동(空洞)을 지반신소재를 이용한 포켓으로 신속히 긴급복구하고, 복구 완료 후 지하터널 유지관리를 위하여 포켓을 탐지할 수 있는 공법이다.

(2) 지반신소재 포켓으로 내부 팽창재료의 외부 유출 또는 유실을 방지하는 원리이며, 팽창재료의 팽창발현에 따른 포켓의 팽창률은 최소 5배 이상이다.

(3) 지반신소재 포켓은 두께조절, 신축성·내구성(내화학성·미생물성 등)이 우수하며, 재료특성에 의해 변형이 용이하므로 적용대상 지반의 특성을 반영하여 사전에 요구되는 팽창률을 조절하면 합리적으로 긴급복구할 수 있다.[38]

[지반신소재 포켓 개요도]

Ⅳ 대심도 터널공사를 위한 제도개선 필요성

1. 최근 수도권 간선급행교통시설(GTX) 건설사업 추진에 대한 해당 지역 주민의 안전·소음 문제, 재산권 행사제한에 대한 불안 등이 동시에 제기되고 있다.

---

38) 홍기권 외, '능동적 다변형 지반신소재 포켓 및 팽창재료를 이용한 지반함몰 긴급복구기술 개발', 한국지반신소재학회 학회지, Vol.16, No.3, pp.6~11, 2018.

2. 이에 따라 국토교통부는 대심도 교통시설 건설사업에 대한 안전, 환경, 재산권 등에 대한 주민우려를 해소하기 위해 제도개선을 추진한다.

(1) **(안전·환경 관리 강화) 주거지역을 지나는 대심도 교통시설의 기준 강화**

① 안전을 최우선하도록 입찰기준을 개정하고, 시공 중에는 지하안전영향평가 이행상황 점검 확대, 소음·진동 측정결과 실시간 공개 등

② 준공 후에도 상부건물에 피해가 없도록 사업자에게 관리의무를 부여하고, 피해조사 지원기구 신설, 보험 가입 등의 장치 마련

(2) **(재산권 보호 강화) 대심도 지하에 구분지상권을 설정하지 않도록 개선**

① 구분지상권이 토지등기부에 기재됨으로써 부동산 가격하락 등 재산권 행사의 큰 제약사항으로 인식되는 분위기 해소

② 대심도 교통시설로 인해 재개발, 재건축 등 장래 토지이용에 불이익이 없도록 보장하는 방안도 제도화 계획

3. 국토교통부는 GTX 건설사업 관련 안전·환경기준 강화, 재산권 보호 강화 등을 주요내용으로 하는 특별법 제정을 추진 예정 [39)]

---

39) 국토교통부, '대심도 교통시설사업의 원활한 추진을 위한 제도개선 착수', 2019.11.29.
박효성, Final 토목시공기술사, 개정 2판, 예문사, 2020, pp.1617~1622.

2. 터널 **1197**

[3. 콘크리트]

6.34 콘크리트의 혼화재료

혼화재(混和材)와 혼화제(混和劑), AE 콘크리트, Fly-Ash, 혼화재/혼화제, 혼화재료 [5, 0]

I 개요

1. 혼화재료는 시멘트, 물, 잔골재, 굵은골재 이외의 재료를 말하며 콘크리트에 특정한 품질을 부여하거나 성질을 개선하기 위하여 첨가되는 재료이다. 즉, 플라이애쉬를 콘크리트에 혼입시켜 수화열을 억제하거나 수축을 감소시키며, 혹은 응결지연제를 첨가하여 서중콘크리트의 응결시간을 늦추는 등 용도가 매우 다양하다.

2. 콘크리트 배합설계 과정에 혼화재료를 적절히 사용하였을 때의 효과는 이미 명확히 밝혀져 있지만 오용하거나 과다 사용하면 오히려 해로운 경우가 있으므로, 혼화재료를 사용할 때는 각각의 품질과 그 효과를 충분히 확인한 후에 적절하게 사용해야 한다.

[혼화재료의 종류]

구분	화학 혼화제(混和劑)	광물질 혼화재(混和材)
특징	혼화재료 중에서 사용량이 비교적 적어 그 자체의 부피가 콘크리트의 배합설계 과정에 무시된다.	사용량이 비교적 많아 그 자체의 부피가 콘크리트의 배합설계 과정에 관계된다.
배합설계	시멘트 중량의 5% 미만을 첨가하므로 배합설계 과정에 중량 계산에 제외	시멘트 중량의 5% 이상을 첨가하므로 배합설계 과정의 중량 계산에 포함
종류	1. 작업성, 동결융해 저항성 향상 : AE제, AE감수제 2. 단위수량, 시멘트량 감소 : 감수제, AE감수제 3. 강력한 감수, 강도 대폭 증가 : 고성능감수제 4. 강력한 감수, 유동성 대폭 증가 : 유동화제 5. 응결경화시간 조절 : 촉진제, 지연제, 급결제 6. 염화물 강재 부식 억제 : 방청제 7. 기포 충전성, 경량화 : 기포제, 발포제 8. 재료분리 억제 : 증점제, 수중콘크리트용 혼화제 9. 기타 : 방수제, 수화열 억제제, 분진방지제 등	1. 포졸란 활성, 잠재 수경성으로 시멘트 대체재료 : 플라이애쉬, 슬래그분말, 실리카퓸, 메타카올린, 화산재, 규산질 미분말 등 2. 경화과정에 팽창 유발 : 수팽창성 고무지수재, 무수축재, 충전재 3. 기타 광물질 미분말, 석분, 무기계 폐기물 등

Ⅱ 혼화재료 특성

1. 공기연행제(AE제)

(1) 용어 정의

① AE제(air entraining admixture)는 콘크리트 내부에 독립된 미세한 기포를 발생시켜 작업성을 개선하고 동결융해 저항성을 갖기 위하여 사용되는 혼화제이다.

② AE제에 의해 생성되는 연행공기(entrained air)는 $\phi 0.025 \sim 0.25$mm 정도의 기포로서, 공기량이 4~7% 정도일 때 시공성이 향상된다.

(2) 콘크리트 속의 공기는 연행공기와 갇힌공기로 구분

① 연행공기(entrained air) : AE제에 의해 콘크리트 속에 인위적으로 생성된 매우 작은 기포이다. AE제에 기계적인 수단으로 공기를 혼입시킴으로써 기포가 생성된다.

② 갇힌공기(entrapped air) : 콘크리트 배합 과정에 특정한 혼화제를 사용하지 않더라도 보통의 콘크리트 속에 자연적으로 포함되는 기포이다.

(3) AE제가 콘크리트의 성질에 미치는 영향

① 굳지 않은 콘크리트에서 AE제의 영향
- 워커빌리티(workability)가 좋아진다.
- 사용수량은 15% 정도 감소시킬 수 있다.
- 발열량은 적고, 수축균열도 적어진다.
- W/C비가 일정할 때 공기량 1% 증가 시 slump 25mm 증가한다.
- 연행공기의 ball bearing 작용으로 블리딩과 재료분리가 감소한다.

② 굳은 콘크리트에서 AE제의 영향
- 내구성이 좋아진다.
- 동결융해에 대한 저항성이 증가한다.
- 알칼리-골재 반응이 감소한다.
- W/C비가 일정할 때 공기량 1% 증가 시 압축강도 4~6% 감소한다.

(4) AE제 사용 유의사항

① 연행제의 변동을 줄이려면 잔골재의 입도를 균일하게 한다.
② 조립률의 변동은 ±0.1 이하로 억제한다.
③ 운반·다짐 시 공기량이 감소하므로 소요 공기량보다 4~6% 많게 한다.
④ 비빔시간과 비빔온도는 공기량에 영향을 주므로 유의한다.

2. 유동화제, 급결제, 급경제, 수축저감제

(1) 유동화제

① 유동화제는 시멘트 표면에 흡착되어 입자 상호 간에 반발력을 발생시켜 분산시킴으로써 시멘트풀의 유동성을 크게 개선하여 굳지 않은 콘크리트의 동일한 W/C비에서 작업성(workability)을 좋게 하기 위하여 사용된다.

② 유동화제의 용도는 대단면의 구조물, 인력 접근이 곤란한 단면의 구조물, 자체상승(self-levelling) 효과가 요구되는 교량 바닥판, 철근이 촘촘히 배근되어 다짐효율이 저하되는 구조물, 긴급보수공사 등에 쓰인다.

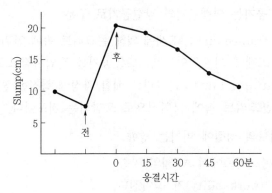

[유동화제 사용 전·후 슬럼프 변화]

(2) 급결제(急結濟)

급결제는 NATM 터널을 굴착할 때 굴삭면이나 노출면에 선식 배합한 콘크리트 재료와 물을 압축공기로 불어넣은 주입재(grouting)를 사용하면서 순간적인 응결과 경화를 목적으로 첨가하는 혼화제이다.

(3) 급경제(急硬濟)

① 급경제는 교량공사의 교면포장, 보수·보강공사, 기계설비의 바닥 또는 기초공사 등과 같이 단시간 내에 조기강도를 발현시켜야 하는 경우에 쓰인다.

② 터널공사에서 용수 또는 누수를 막기 위하여 응결속도를 단축하고 수압에 견디면서 조기강도의 발현이 필요한 경우에 쓰인다.

(4) 수축저감제

① 콘크리트 양생과정에 건조되면서 발생하는 수축을 감소시키기 위하여 사용하는 혼화제로서, 모르타르, 콘크리트에서 균열의 감소나 방지, 충전성의 향상, 박리 방지 등을 주목적으로 사용한다.

② 콘크리트 수축 감소는 콘크리트에 팽창성을 부여하는 방법(팽창재)이나, 물의 물리적인 특성을 변화시키는 방법(유기계 혼화제)이 있다.

3. 경화촉진제(염화칼슘), 지연제

(1) 경화촉진제(accelerating agent)

① 경화촉진제의 종류
- 무기염류계(염화칼슘 $CaCl_2$) 경화촉진제 : 한중콘크리트에서 경화촉진만을 목적으로 하며, 에트링가이트(ettringite) 생성을 촉진한다.
- 유기염류계(규산나트륨) 감수촉진제 : 경화촉진과 감수효과를 목적으로 하며, 시멘트의 이온 활동을 증진시켜 조기에 팽창반응을 유도한다.

② 염화칼슘($CaCl_2$)을 혼합한 콘크리트의 특징
- 시멘트량의 1~2% 사용하면 5~6℃ 저온에서 조기 발열이 증가한다.
- 조기강도 증가, 동결온도가 저하되어 한중콘크리트에 적합하다.
- 내구성이 저하되고 철근 부식을 촉진시키며, 건습에 의한 수축팽창이 증대된다.

(2) 지연제(retarder)

① 지연제의 종류
- 응결지연만을 목적으로 하는 응결지연제 : 무기계(천연 석고, 불화 마그네슘)로서, 석회성분이 수화반응을 억제한다.
- 응결지연과 감수효과를 목적으로 하는 감수지연제 : 유기계(리그닌계, 옥시칼계)로서, 시멘트입자 주변에서 피막을 형성한다.

② 지연제의 용도
- 지연제를 사용하면 수밀구조물에서 시공이음 발생을 방지한다.
- 굳지 않은 콘크리트에서 거푸집 변형으로 인한 균열을 방지한다.

③ 지연제 사용 유의사항
- 무기계 지연제 과다 사용 시, 수화반응이 억제되어 강도발현이 저하된다.
- 유기계 지연제는 유동성을 증진시키므로 시공 시 재료분리에 유의한다.

4. 포졸란(pozzolan), 플라이애쉬(fly ash)

(1) 포졸란 반응

① 포졸란 자체에는 수경성이 없으나 $Ca(OH)_2$와 화합하면서 불용성의 화합물을 만드는 성질이 있다. 천연포졸란에는 화산의 규조토, 응회암 등이 있고, 인공포졸란에는 플라이애쉬(fly ash), 실리카퓸(silica fume) 등이 있다.

② 포졸란을 첨가하면 콘크리트의 작업성이 개선되고 블리딩이 감소하여 장기강도와 인장강도가 증가하고, 수밀성, 내구성, 화학적 저항성이 커진다.

(2) 플라이애쉬

① 용어 정의

- 플라이애쉬는 화력발전소와 같은 대형공장에서 석탄 연료를 사용할 때, 연소 후에 수집된 석탄 연료의 부산물(가는 분말)을 말한다.
- 플라이애쉬는 주로 실리카 알루미나(silica alumina)와 여러 산화물과 알칼리 성분으로 구성되는 포졸란이다. 플라이애쉬는 포졸란계를 대표하는 혼화재로서 비중 1.9~2.4로서, 시멘트 비중 3.15의 2/3 정도이다.

② 플라이애쉬를 사용한 콘크리트의 성질

- 콘크리트의 워커빌리티가 증대되며 사용수량이 감소된다.
- 시멘트 수화열에 의한 콘크리트의 발열이 감소된다.
- 초기강도는 다소 작으나, 장기강도와 수밀성이 크게 개선된다.

5. 고로 슬래그(slag)

(1) 재료 특성

① 고로 슬래그는 제철공장의 용광로에서 철광석·석회석·코크스 등을 1,200℃로 가열하여 선철(銑鐵)을 생산하는데, 이때 알루미나 규산염으로 구성된 용융(鎔融)상태의 고온 slag가 생성된다.

② 고로 슬래그는 용융상태의 고온 slag를 물과 공기로 급속 냉각시켜 입상화한 것이다. 슬래그는 silica, alumina, 석회 등을 주성분으로 한다.

(2) 고로 슬래그를 사용한 콘크리트의 특징

① 굳지 않은 콘크리트에 사용하면 블리딩과 재료분리가 증가하고 수화열이 증가하여 온도가 상승한다. 다만, 건조수축은 약간 감소한다.

② 굳은 콘크리트에 사용하면 초기강도는 지연되나, 장기강도가 향상된다. 따라서, 해수, 하수, 지하수 등에 대한 내침투성이 향상된다.

(3) 고로 슬래그를 사용 유의사항

① 고로 슬래그를 첨가하면 연행공기가 많아지므로, AE를 약간 적게 넣는다. 그러나 연행공기를 확보하지 못하면 동결융해에 대한 저항성이 떨어진다.

② 온도제어양생(pre-cooling, pipe cooling)을 하는 경우, 고로 슬래그의 사용량에 따라 강도특성이 민감하게 변화하므로 유의한다.

③ 고로 슬래그 중의 silica 성분이 콘크리트의 중성화를 촉진하므로, 혼합률이 20% 이상일 때는 중성화에 의한 철근부식 방지를 위해 피복두께를 증가시킨다.[40]

---

40) 박효성, Final 토목시공기술사, 개정 2판, 예문사, 2020, pp.790~795.

6.35 콘크리트의 워커빌리티(workability)

I 개요

1. 굳지 않은 콘크리트(fresh concrete)란 굳은 콘크리트(hardened concrete)에 대응하여 사용되는 용어로서, 비빔 직후부터 거푸집 내에 부어 넣어 소정의 강도를 발휘할 때까지의 콘크리트에 대한 총칭이다.

2. 굳지 않은 콘크리트가 구비해야 할 조건

(1) 소요의 워커빌리티와 공기량, 소정의 온도 및 단위용저질량을 확보할 것

(2) 운반, 타설, 다짐, 표면마감의 각 시공단계에서 작업이 용이하게 이루어질 것

(3) 시공 전·후에 재료분리 및 품질변화가 적을 것

(4) 작업 종료 때까지 소정의 워커빌리티를 유지한 후 정상속도로 응결·경화할 것

(5) 거푸집에 타설된 후 침하균열이나 초기균열이 발생하지 않을 것

3. 굳지 않은 콘크리트의 대표적인 성질

(1) **반죽질기(consistency)** : 주로 물의 양이 많고 적음에 따른 반죽의 되고 진 정도를 표현하는 아직 굳지 않은 콘크리트의 유동성을 나타내는 성질

(2) **시공연도(workability)** : 반죽질기의 여하에 따르는 작업의 난이도 및 재료분리에 저항하는 정도를 나타내는 아직 굳지 않은 콘크리트 성질

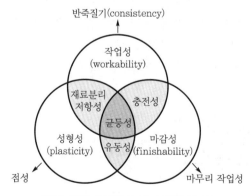

[굳지 않은 콘크리트 제 성질의 관계]

(3) **성형성(plasticity)** : 거푸집에 쉽게 타설하여 넣을 수 있고, 거푸집을 제거하면 형상이 변하지만, 허물어지거나 재료가 분리되지 않는 콘크리트 성질

(4) **마감성(finishability)** : 굵은골재 최대치수, 잔골재율, 잔골재 입도, 반죽질기 등에 의한 마무리가 얼마나 잘 되는지를 나타내는 콘크리트 성질

(5) **압송성(pumpability)** : 콘크리트를 펌프로 압송하는 경우에 펌프용 콘크리트의 작업성 (workability)을 판단할 수 있는 콘크리트 성질

Ⅱ 워커빌리티, 반죽질기

1. 워커빌리티 및 반죽질기에 영향을 주는 인자

(1) **단위수량** : 단위수량이 많을수록 콘크리트의 반죽질기가 질게 되어 유동성이 커진다. 단위수량이 약 1.2% 증가하면 슬럼프가 10mm 증가한다. 그러나 단위수량이 증가하면 재료분리 발생이 쉬워지므로 워커빌리티가 좋아진다고는 말할 수 없다.

(2) **단위시멘트량** : 단위시멘트량이 많을수록 콘크리트의 성형성(plasticity)이 증가하여, 부배합 콘크리트가 빈배합 콘크리트에 비해 워커빌리티가 좋아진다. 단위수량을 일정하게 하고 단위시멘트량을 증가시키면 거친 배합이 되어 마감성이 나빠진다.

(3) **시멘트의 성질** : 분말도가 높은 시멘트는 시멘트 풀의 점성이 높아지므로 반죽질기는 작게 된다. 동일한 연도의 콘크리트를 만드는 데 필요한 단위수량 값이 초조강＞조강＞보통의 순으로 되는 것 역시 시멘트 분말도 때문이다.

(4) **골재의 입도 및 입형** : 골재 중의 세립분, 특히 0.3mm 이하의 세립분은 콘크리트의 점성을 높이고 성형성을 좋게 한다. 그러나 세립분이 많아지면 반죽질기가 적게 되므로 골재는 조립한 것부터 세립한 것까지 적당한 비율로 혼합할 필요가 있다.

(5) **공기량** : AE제나 감수제에 의해 콘크리트 중에 연행된 미세한 기포는 볼베어링(ball bearing) 작용을 하여 워커빌리티를 개선시킨다. 공기량 1% 증가에 슬럼프가 20mm 증가하며, 슬럼프를 일정하게 하면 단위수량을 3% 줄일 수 있다.

[콘크리트 공기량 측정기]

(6) **혼화재료** : 감수제는 공기량 효과 외에 반죽질기를 증대시키는 효과가 있다. 고성능감수제는 8~15% 정도의 단위수량을 감소시킨다. 포졸란 혼화재는 콘크리트의 점성을 개선하는 효과가 있어 콘크리트의 워커빌리티를 향상시킬 수 있다.

(7) **비빔시간과 온도** : 비빔이 불충분하고 불균질한 상태의 콘크리트는 워커빌리티가 나쁘다. 비빔시간이 과도하게 길어지면 시멘트 수화가 촉진되어 워커빌리티가 나빠진다. 콘크리트의 비빔온도가 높을수록 반죽질기가 저하되는 경향이 있다.

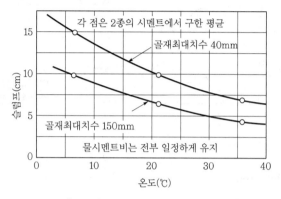

[콘크리트의 비빔온도와 슬럼프]

2. 워커빌리티를 좋게 하는 방법

(1) 단위수량을 크게 한다.

(2) 단위시멘트 사용량을 크게 한다.

(3) 분말도가 큰 혼화재(Fly ash)를 사용한다.

(4) AE제를 사용하여 공기를 연행시킨다.

(5) 입형이 좋은 골재를 사용한다.

(6) 비비기 시간을 충분히 한다.

3. 워커빌리티의 측정방법

(1) **슬럼프 시험(slump test)**

① 시험 방법 : 슬럼프 콘(Slump cone : 윗지름 10cm, 밑지름 20cm, 높이 30cm) 내부에 시료를 3층(7cm, 9cm, 14cm)으로 나누어 넣고, 다짐봉(지름 16mm, 길이 60cm)으로 각각 25회씩 다짐 후, 5초 이내에 슬럼프 콘을 제거하여 시료의 가라앉은 높이를 측정한다. 총시험시간 2분 30초 이내에 완료해야 한다.

② 시험 유의사항 : 시험 대상은 굵은골재 최대치수 50mm 이내의 일반 콘크리트이며, 매우 된 반죽이나 매우 묽은 반죽에는 적용할 수 없다. 된 반죽에는 다짐봉으로 슬럼프 콘의 측면을 두드리며 다짐한다. 슬럼프 콘 제거 후 전단형태로 붕괴되면 재시험한다. 슬럼프의 허용오차는 슬럼프 50~65mm면 ±15mm 80mm 이상이면 ±25mm 기준이다.

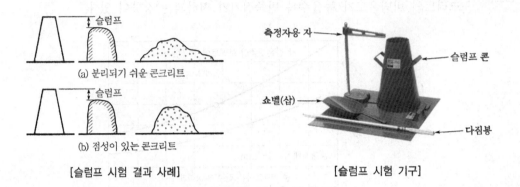

[슬럼프 시험 결과 사례]   [슬럼프 시험 기구]

(2) 플로우 시험(flow test)

① 플로우 시험은 흐름판(직경 762mm, 낙하높이 12.7mm)에 흐름콘(밑면 254mm, 윗면 171mm)으로 시료를 2층으로 나누어 25회 다짐하고, 10초 동안 12.7mm의 높이로 15회 낙하시켜 흐트러진 직경을 측정한다.

$$흐름값 = \frac{흐트러진\ 직경 - 254}{254} \times 100$$

② 플로우 시험에서 콘크리트의 분리저항성을 잘 측정할 수 있지만 부배합이나 점성이 높은 콘크리트의 유동성 측정에도 효과적이다. 플로우 시험은 슬럼프 시험이 곤란한 매우 묽은 반죽이나 고유동성 콘크리트에서 적용한다. 동일한 흐름값에서도 슬럼프 값으로 정의되는 시공연도(workability)가 차이를 나타내는 경우도 있다. 일반적으로 흐름값 표준은 11±5%를 기준으로 한다.[41]

[플로우 시험기구]

41) 박효성, Final 토목시공기술사, 개정 2판, 예문사, 2020, pp.828~834.

6.36 굳지 않은 콘크리트의 균열

콘크리트 수화열 [1, 0]

1. 소성수축균열

(1) 정의

굳지 않은 콘크리트가 건조한 바람에 노출되면 급격히 증발 건조되어, 물의 증발속도가 블리딩 속도보다 빠를 때 마무리 표면에 가늘고 얇게 생기는 균열이 소성수축균열이다. 소성수축균열은 불규칙하고 균열 폭은 0.1mm 이하이며, 노출 면적이 넓은 슬래브에서 타설 직후부터 양생 시작 전까지 많이 발생한다.

(2) 발생원인

① 양생 초기에 바람이 심하게 불거나 고온 저습한 기온일 때
② 수분증발속도가 $1kg/m^2/h$ 이상으로, bleeding 속도보다 빠를 때
③ 거푸집에서 누수가 많아, 초기 콘크리트 표면에 수분이 부족할 때
④ 시멘트에 급격한 이상응결이 발생할 때

(3) 방지대책

① 워커빌리티가 허용되는 범위 내에서 가능하면 단위수량을 감소시킨다.
② 콘크리트 타설 직후 수분증발을 막고 습윤양생하여 경화되도록 한다.
③ 알칼리반응성 골재 사용을 금하고, 입도분포가 양호한 골재를 사용한다.
④ 시방서 규정에 따른 철근 피복두께를 준수하도록 시공한다.
⑤ 직사광선으로부터 표면보호, 수분증발 방지를 위해 차양막을 설치한다.
⑥ 강한 바람이 불 때 수분증발 방지를 위해 바람막이를 설치한다.

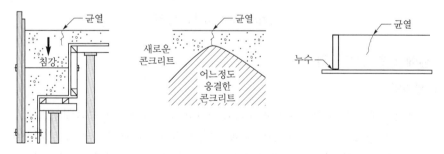

[콘크리트의 소성수축균열]

2. 침하수축균열

(1) 정의

굳지 않은 묽은 비빔 콘크리트에서는 블리딩이 크게 발생하는데, 이 블리딩에 상당하는

침하를 침하수축균열이라 한다. 즉, 콘크리트는 타설·다짐하여 마감작업을 완료한 후에도 침하하는데, 이 경우 철근 위치는 고정되어 있으므로 철근 위에 타설된 콘크리트에서 부등침하로 인하여 침하수축균열이 발생된다.

(2) 발생원인

① 콘크리트는 타설 종료 후에도 자중에 의하여 계속 압밀된다. 이러한 소성상태의 콘크리트는 철근·거푸집·골재 등에 의해 국부적으로 제한을 받아, 철근 하부에 블리딩수(水)가 모이거나 공극이 발생한다.

② 공극이 건조해지면 상부에 인장응력으로 작용하여 균열을 유발시킨다. 이 균열은 철근직경이 클수록, 슬럼프가 클수록, 진동다짐이 충분하지 않을수록, 변형을 일으키기 쉬운 거푸집 재료를 사용할수록 많이 발생된다.

(3) 방지대책

① 소성침하 균열의 발생은 철근 상부의 종방향으로 나타나며, 폭은 1mm 이상으로 깊이는 대체적으로 작은 형태이다.

② 소성침하 균열의 방지를 위하여 콘크리트 침하가 완료되는 시간까지 타설간격을 조정하거나 재다짐을 충분히 해야 한다.

③ 다짐을 충분히 하여도 거푸집 변형이 없도록 설계한다. 수직방향으로 1회 타설높이를 낮추고 충분한 다짐을 반복해야 한다.

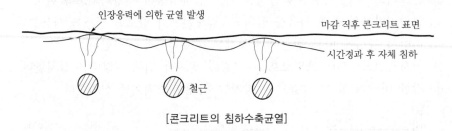

[콘크리트의 침하수축균열]

3. 수화열에 의한 온도균열

(1) 발생원인

① 시멘트와 물이 수화반응[$CaO + H_2O \rightarrow Ca(OH)_2$]하면서 수화열이 발생된다. 콘크리트는 열전도율이 낮기 때문에 수화열이 외부로 발산되는 데 많은 시간이 필요하다.

② 수화열의 발산 시간은 구조물의 최소치수의 제곱에 비례한다. 동일한 구조물에서 수화열에 의한 콘크리트의 온도차이가 25~30℃에 도달하면 온도균열이 발생한다.

(2) 방지대책

① 수화열에 의한 균열은 단면을 가로지르는 관통균열로 나타난다. 두께가 큰 부재는 휨균열 폭이 1mm 이상으로 균열간격이 일정하게 발생된다.

② 시멘트 사용량을 줄이거나 발열량이 낮은 저열시멘트, 플라이애쉬(Fly ash)나 석회석 미분말(Lime stone powder)을 시멘트 중량비로 치환하여 사용한다.

③ 콘크리트 온도를 가능하면 낮춘다. 온도해석을 통해 균열지수가 목표치에 만족하는 콘크리트 온도를 정하고 시멘트·골재·물·혼화제 온도를 낮춘다.

④ 최근에는 모래에 액화질소를 뿜어 온도를 낮추거나 레미콘 트럭에 액화질소를 불어 넣어 온도를 낮춘다. 액화질소로 인한 이상응결을 실험으로 확인한다.

⑤ 타설 후 내·외부 온도차를 줄이기 위해 내부에 냉각파이프를 설치한다. 이는 최고온도 도달 후 서서히 온도를 저하시키는 외부보온방법이다.

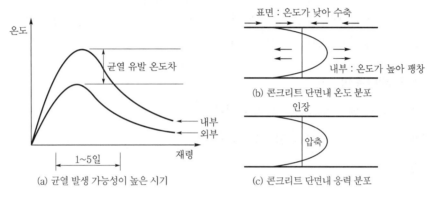

[수화열에 의한 온도균열 발생 과정]

4. 거푸집 변형에 의한 온도균열

(1) 콘크리트는 타설 후 시간이 경과하면서 점차 유동성을 잃고 굳어가는 시점에 큰크리트 측압이 가해져 거푸집이 변형되면 균열이 발생한다.

(2) 동바리 불량에 의해 지반에서 부등침하가 발생하거나, 거푸집 연결 철물이 부족하게 설치되면 균열이 발생한다.

5. 진동·재하에 의한 온도균열

콘크리트는 타설이 완료되는 시점에 콘크리트 구조물 근처에서 말뚝을 박거나 기계류 설치로 인한 진동이 있을 경우에는 균열이 발생할 수 있다.[42]

---

42) 박효성, Final 토목시공기술사, 개정 2판, 예문사, 2020, pp.836~839.

6.37 콘크리트의 알칼리-골재반응

알칼리 골재반응(AAR, Alkali Aggregate Reaction) [2, 0]

1. 용어 정의

(1) 콘크리트의 알칼리-골재반응이란 시멘트 중의 알칼리와 골재 중의 실리카가 반응하여, 규산소다와 규산칼슘이 생성되면서 콘크리트에 거북등 균열(map crack), 골재가 콘크리트 표면에서 떨어져 나오는 동공(pot out) 등이 발생하는 현상을 말한다.

(2) 알칼리-골재반응은 ASR(Alkali Silica Reaction)과 AAR(Alkali Aggregate Reaction)로 구분되는데, 대부분 ASR이 문제가 된다. 최근 쇄석골재 사용량 증대, 시멘트 제조방법 변화 등으로 AAR 피해도 상대적으로 증가하고 있다.

2. 알칼리-골재반응의 3요소

(1) 시멘트 중의 알칼리(Na_2O, K_2O) 성분

(2) 골재 중의 실리카(SiO_2) 반응성 골재

(3) 수분

3. 알칼리-골재반응이 콘크리트에 미치는 영향

(1) 골재 주변에 팽창성 물질(백색 gel)이 생성되어, 골재가 팽창하면서 콘크리트의 체적 팽창을 유발한다.

(2) 철근의 피복두께가 두꺼울수록 표면에서 균열이 커지며, 부재의 뒤틀림, 단차, 국부적인 파괴 등으로 확대된다.

4. 알칼리-골재반응의 방지대책

(1) **시멘트** : 저알칼리시멘트, 양질의 포졸란시멘트를 사용한다. 알칼리 성분은 6% 이내로 제한한다.

(2) **골재** : 반응성 골재를 사용하는 경우 콘크리트의 알칼리 총량을 규제한다. 즉, 석영, 석회암, 천매암, 점판암, 경사암(硬砂岩), 사암(砂岩) 등을 사용하는 경우 콘크리트 단위체적당 알칼리 총량을 $3kg/m^3$ 이하로 규제한다.

(3) **배합** : 물은 청정수 사용, W/C비 감소, 혼화제(Silica fume) 첨가 등을 한다.

(4) **관리** : 콘크리트 표면의 건조환경 유지를 위하여 지수(방수)공사를 하고, 표면마감재에 균열이 발생되면 팽창제 주입, 표면코팅 처리 등을 한다.[43]

---

43) 박효성, Final 토목시공기술사, 개정 2판, 예문사, 2020, p.870.

6.38 콘크리트의 중성화(Carbonation)

콘크리트의 중성화, 중성화 콘크리트 [5, 0]

1. 개요

경화한 콘크리트는 시멘트의 수화생성물로써 수산화석회를 함유하여 강알칼리성을 나타낸다. 수산화석회는 시간경과와 함께 콘크리트 표면으로부터 공기 중의 CO_2 영향을 받아 서서히 탄산석회로 변하여 알칼리성을 상실하는 콘크리트 중성화 현상을 나타낸다. 중성화를 방지하려면 콘크리트의 강도, 내구성, 수밀성을 증대시키고 환경적 요인을 제거해야 한다.

2. 콘크리트 중성화의 발생 원인

(1) 콘크리트 중성화는 공기 중의 탄산가스 또는 산성비가 콘크리트 중의 수산화칼슘과 화학반응하여 서서히 탄산칼슘($CaCo_3$)이 되면서 콘크리트 알칼리성을 상실한다.

(2) 그 결과, 철근이 부식하고 팽창압력이 발생된다. 이 팽창압력 콘크리트 응력을 초과하면 균열이 발생된다.

(3) 그 균열부를 통해 수분과 이산화탄소가 침투하게 되면 콘크리트 열화가 급격하게 진행된다. 이러한 중성화 과정을 화학식으로 나타내면 다음과 같다.

$$Ca(OH)_2 + CO_2 \rightarrow CaCO_3 + H_2O : 알칼리성 \ 상실$$

$$Fe_2 + CO_2 \rightarrow 산화철 : 철근 \ 부식$$

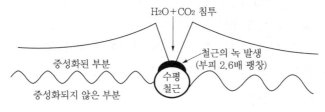

[콘크리트 중성화 개념도]

3. 콘크리트 중성화의 검사방법

(1) 페놀프탈레인 지시약에 의한 검사

① 중성화(탄산화) 진행에 따라 콘크리트는 수소이온의 농도가 달라지므로, 지시약을 사용하여 변색의 유무로 탄산화 여부를 판정하는 방법

② 수소이온농도에 따라 색상이 변하는 지시약을 사용하여 측정대상물의 산성과 염기성 정도를 측정하거나, 산과 염기가 중화하는 적정의 당량점을 판별하면 수소이온농도를 파악할 수 있다.

(2) pH meter에 의한 검사

① pH가 9.6 이상 또는 이하를 기준으로 시료의 변색유무를 측정하여 탄산화 깊이를 파악하는 정성적인 방법

② pH meter 측정용 시료를 0.15mm 이하로 분쇄하여 시료 10g을 50mL 비커에 넣고 증류수 25mL를 넣어 교반하여 30분 이상 방치한 후, 현탁액의 pH를 측정한다.

③ 주의사항은 $Ca(OH)_2$가 40~50℃에서 열에 의해 탈수되므로, 분쇄 중에 열 발생을 최소화하고, $Ca(OH)_2$가 물에 녹으므로 건식 분쇄기를 사용해야 한다.

(3) 주사형 전자현미경(SEM) 관찰에 의한 검사

① SEM(Scanning Electron Microscope)은 가느다란 전자빔을 시료 표면에 주사시켜 2차 전자를 발생하게 하여 입체감 있는 시료의 표면형상을 얻는 장치이다.

② SEM으로 탄산화 영역과 비탄산화 영역을 구별할 수 있으며, 설치된 에너지 분산형 분광기(EDS)로 관찰하는 형상의 원소를 단시간에 분석할 수 있다.

(4) 시차열 중량분석(DTA/TGA)에 의한 검사

① 콘크리트 온도변화에 따른 반응이 흡열인지 발열인지 조사하는 시차열분석(DTA, differential thermal analysis), 열변화에 의한 중량변화를 측정하는 열중량분석(TGA, thermo gravimetric analysis)을 동시에 실시하는 검사이다.

② 시멘트 수화물의 온도를 높이면 10℃에서 자유수의 탈수, 10~30℃에서 모노설페이트(mono sulfate)의 탈수, 40~50℃에서 수산화칼슘의 탈수, 65~90℃에서 탄산칼슘의 탈탄산이 발생하므로, 탈탄산될 때의 중량변화를 측정하여 탄산화에 관계되는 $Ca(OH)_2$와 $CaCO_3$의 정량분석이 가능하다.

③ 콘크리트 표면에서 내부로 들어갈수록 탄산화가 많이 진행되므로, 깊이에 따라 시료를 채취해야 하며, 고가의 시험장비이므로 전문기관이 할 수 있다.

(5) X선 회절분석기에 의한 검사

① X-Ray Diffraction Analysis는 물질을 구성하는 결정구조를 분석하는 장치이다. X선이 격자면에서 반사될 때, 특정된 회절각도와 X선의 강도는 각 광물별로 고유값을 나타내므로 광물의 종류를 구별하는 원리이다.

② 이 검사 역시 시차열 분석과 동일하게 적당한 깊이에서 채취된 콘크리트를 분쇄하여 시료로 사용하며 수산화칼슘과 탄산칼슘의 피크 강도를 비교하여 탄산화 부분을 측정하는 방법이다.

4. 콘크리트 중성화의 방지대책

(1) 재료 선정단계 대책

① 골재 : 알카리 잠재 반응성 시험 결과, 무해한 골재를 사용한다.

② 시멘트 : 포틀랜드시멘트는 보통형보다 중용열형 또는 내황산염형이 중성화가 빠르다(건조수축 후에 공극율이 커지기 때문).

③ 골재 : 천연골재에 비해 경량골재는 자체 기공(氣孔)이 많고 투수성이 커서 중성화속도가 빠르다(개선하기 위하여 감수제, 유동화제 등을 첨가).

(2) 콘크리트 배합단계 대책

① 혼화제(AE제)를 적정하게 첨가하여 인위적인 공기량을 발생시킨다.

② 혼화제(감수제, 공기연행감수제, 유동화제 등)를 사용하면 동일한 W/C비에서도 시멘트 입자가 분산되어 밀실한 콘크리트가 생산되어 중성화를 억제한다.

③ 단위시멘트량을 최소화한다.

④ 혼화재(플라이애시, 실리카퓸, 고로슬래그 미분말 등)를 혼합한다.

(3) 콘크리트 시공 및 유지관리단계 대책

① 시공 중에 다짐을 충분히 하여 밀실한 콘크리트로 시공한다.

② 유지관리 중에 외부로부터 습기나 물의 침입을 차단한다. 특히, 해수의 영향을 받는 지역에서는 실외 부재에 방수성 표면마감한다.

5. 맺음말

(1) 콘크리트 중성화는 구조물의 내구수명에 영향을 주며, 열화가 심한 경우 보수대책을 강구하지 않으면 재산손실이나 인명피해 등 막대한 손실을 유발할 수 있다.

(2) 최근 연구에 따르면 W/C 40% 이하의 콘크리트에서는 중성화에 대한 별다른 대책 없이도 내구수명을 충분히 보장할 수 있다고 한다.

(3) 중성화를 방지하려면 고강도 콘크리트 생산에 필요한 기술향상, 콘크리트의 강도·내구성·수밀성을 증대시키고 환경적 요인을 제거하는 품질개선이 필요하다.[44]

---

44) 한국레미콘공업협회, '콘크리트의 중성화', 기술분과위원회 콘크리트 기술정보, 2011.
박효성, Final 토목시공기술사, 개정 2판, 예문사, 2020, pp.865~867.

6.39 콘크리트의 열화(劣化)

I 개요

콘크리트 부식(corrosion)은 넓은 의미에서 열화(deterioration)를 뜻한다. 잘 타설되어 밀실한 콘크리트는 반영구적으로 내구성이 높은 콘크리트이지만, 밀실하게 시공되지 못한 콘크리트는 강도가 낮아 균열이 생기면서 내부의 철근이 녹슬게 되는 등 콘크리트의 열화가 발생된다.

II 철근콘크리트 부식의 원인

1. 넓은 의미에서 철근콘크리트의 열화

(1) **염화물에 의한 열화** : 염소이온(Cl^-)과 시멘트 수화물과의 반응으로 인한 염화물의 생성, 용출, 팽창 등에 의한 열화

(2) **황산염에 의한 열화** : 황산염 이온(SO_4^{-2})과의 반응으로 생긴 Ettringite의 팽창 등에 의한 열화

(3) **콘크리트 중성화에 의한 열화** : 콘크리트 중의 알칼리 성분이 공기 중의 탄산가스(CO_2)와 반응하여 콘크리트의 pH가 12.5에서 10 이하로 떨어져 철근의 부동태가 파괴되어 철근의 부식이 촉진되는 현상

(4) **동결융해에 의한 열화** : 콘크리트 속의 물이 얼음으로 동결할 때의 팽창압력과 아직 얼음으로 바뀌지 않은 물의 수압이 콘크리트를 파괴시키는 현상

2. 좁은 의미에서 철근콘크리트의 부식

(1) 좁은 의미에서의 부식은 철근 자체의 부식을 말한다. 철근이 부식하면 철근 자체의 부식 생성물로 인하여 일어나는 콘크리트의 균열(cracking), 궁극적으로 피복된 콘크리트의 박리(spalling)를 의미한다.

(2) 즉, 철근콘크리트가 부식됨으로써 철근과 콘크리트 사이의 결합력이 떨어지고 철근 단면이 감소함으로써 심한 경우에는 구조물이 붕괴되기도 한다.

3. 철근 부식의 원리

(1) 철근의 표면은 Fe_3O_4를 주성분으로 구성되어 있다. 철근콘크리트가 타설되면 콘크리트 경화 중에 산화물이 철염을 만들고 철염은 모르타르 속으로 확산되어 침전된다.

(2) 이때 모르타르는 다공질이므로 모르타르에 기포가 존재하기 때문에 철근의 녹이 남아 있어, 철근 표면에 부동태 피막이 형성된다.

(3) 보통콘크리트에는 석회석이 66% 이상 함유되어 있어 콘크리트 pH 12.5 이상의 强알칼리로 부동태막 $-Fe_2O_3$(gamma Iron Oxide)이 형성된다.

4. 철근의 부동태막

(1) 콘크리트 내부의 철근은 콘크리트에 의해 다음 2가지 측면에서 보호된다.

① 철근이 부식되려면 산소·물이 필요한데 콘크리트가 장벽의 역할을 함으로써 철근이 산소·물과 접촉되는 것을 방지하여 부식으로부터 보호한다.

② 철근이 부식되려면 시멘트의 30%가 고알칼리(PH 12~13)의 수산화칼슘$[Ca(OH)_2]$으로 변해야 되는데, 철근이 부동태막을 형성하여 부식을 막는다.

(2) 콘크리트 내부에서 철근의 부동태막이 형성되는 화학방정식은 아래와 같다.

$$CaO + H_2O \rightarrow Ca(OH)_2$$

Ⅲ 철근의 부식방지

1. 에폭시 피복철근(Epoxy-Coated Rebar)

(1) Epoxy Resins은 지금까지 개발된 고분자 제품 중에서 가장 고기능성을 가진 훌륭한 화학제품 중 하나로 알려져 있다.

(2) 철근방식용 피복재, 식음료용 제관의 내부 보호재, 유정 굴착장비의 외부 보호재, 항공 우주산업 구조물의 제작재료, 첨단전자 회로용 원료 등에 사용된다.

2. 아연도금철근(Zinc-Coated Rebar)

(1) 아연은 융점이 420℃이며 가격이 싸서 철강의 방식도금에 수요가 많다. 도금공정은 탈지 세정 → 산세 → 플럭스 처리 → 건조 → 용융 아연욕 침적 → 수랭 → 건조이다.

(2) 철근 도금공정은 아연욕 온도 460±5℃, 침적시간 1분으로 500~1,500g/m³의 아연 부착량이 생성된다. 연구 결과가 입증되지 않아 현재 거의 사용되지 않는다.

3. 방청제(Inhibitor) 사용

(1) 금속재료의 녹 발생을 방지하는 약제를 말하지만 녹 발생을 수반하지 않은 부식억제제도 포함된다.

(2) 저장수나 순환수 등에 첨가하여 철근피복뿐만 아니라, 강철제의 보일러, 탱크 등의 부식을 억제하는 재료에 아산염, 규산염, 폴리인산염의 무기질, 아민류, 옥시산류 등의 유기질 약제가 사용된다.

Ⅳ 철근콘크리트 부식 방지대책

1. 좋은 품질의 콘크리트를 제조

(1) W/C비를 낮게 하여 탄산화 진행 및 염화물 침투를 늦춘다. 탄산화는 W/C비 50% 이하, 염화물 침투는 W/C비 40% 이하로 하면 늦출 수 있다.

(2) 콘크리트의 W/C비를 낮추기 위하여 단위시멘트량 증가, 감수제・유동화제 사용, 플라이애시나 슬래그 등의 혼화재료를 다량 치환하는 방법이 있다.

(3) 콘크리트 재료 중 염화물 함유량을 제한하며, 콘크리트 배합에 허용되는 염화물의 최댓값은 공사 관계자와의 협의조건에 따른다.

(4) 연행 공기는 콘크리트를 동결융해로부터 보호하며, 블리딩의 발생 및 블리딩으로 인해 증가된 투수성을 감소시킨다.

(5) 콘크리트에서 과도한 스케일링, 박리, 균열 등이 발생하지 않도록 표면마감 작업 시기의 적절한 일정 관리가 필요하다.

2. 철근의 피복두께를 충분히 확보

(1) 염화물의 침투나 탄산화는 모두 콘크리트 표면에서부터 시작되기 때문에 피복두께를 충분히 확보하는 것이 부식의 시작을 늦출 수 있는 방법이다.

(2) 콘크리트 표면으로부터 5mm 아래에 위치한 철근에 염화물 이온이 도달하는 시간은 피복두께 2.5mm일 때보다 4배 정도 더 소요된다.

(3) 구조물의 최소 피복두께는 철근의 두께에 따라 다르며, 일반적으로 슬래브 벽체의 옥외 기준으로 40~60mm를 규정하고 있다.

(4) 미국의 경우에는 철근콘크리트 구조물의 최소 피복두께는 일반적으로 38mm, 해사(海沙)환경에서는 51mm, 해양환경은 64mm를 확보하도록 권장하고 있다.

① 골재 크기가 클수록 피복두께는 두꺼워져야 한다. 골재 크기가 19mm보다 큰 경우 해사(海沙)환경에서는 골재최대치수에 추가적으로 19mm를, 해양환경에서는 44mm를 더 늘려야 한다.

② 예를 들어 해양노출상태에서 25mm 골재를 사용한 콘크리트의 최소피복두께는 69mm(25mm+44mm)가 확보되어야 한다.

3. 콘크리트의 적절한 다짐과 충분한 양생

(1) W/C비 40%의 콘크리트는 21℃에서 최소 7일간 습윤양생해야 하고, W/C비 60%의 경우는 동등한 성능을 얻기 위해 6개월이 요구된다.

(2) 수많은 연구를 통하여 콘크리트의 공극은 양생시간이 길어짐에 따라 감소하고 이에 상응하여 부식저항성도 개선된다고 보고되고 있다.

(3) 실리카퓸, 플라이애시, 고로 슬래그 등의 혼화재료 사용은 염화물 이온의 침투에 대한 콘크리트의 투수성을 감소시켜 부식저항성을 개선시킬 수 있다.

(4) 아질산염(calcium nitrite) 부식억제제는 염화물 이온에 의한 부식을 방지한다. 방수제 역시 수분과 염화물의 침입을 감소시키는 역할을 한다.

(5) 그러나, 양질의 콘크리트는 이미 낮은 투수성을 지니고 있기 때문에 장기적으로는 방수제에 대한 추가적인 철근 부식 방지효과는 크지 않다.

4. 콘크리트 표면을 피복하여 방식처리

(1) **도료** : 아크릴수지계, 아크릴우레탄수지계, 아크릴실리콘수지계, 불소수지계 등

(2) **마감도재** : 시멘트계, 폴리머시멘트계, 합성수지에멀션계, 합성수지용제계 등의 얇게 바르는 마감도제, 두껍게 바르는 마감도재, 복층마감도재 등

(3) **도막방수재** : 아크릴고무계, 우레탄고무계 등의 도막방수재와 폴리머시멘트모르타르와 폴리머시멘트계 도막방수재

(4) **성형품·프리캐스트 제품** : 금속, FRC 및 GRC제 피복판넬 및 폴리머시멘트모르타르와 폴리머함침콘크리트 제품[45]

철근 부식 억제 방법
1. 물시멘트비 40% 이하인 공기연행제를 사용한 품질 좋은 콘크리트를 사용
2. 콘크리트 피복두께는 최소 38mm, 굵은골재 최대치수보다 최소 19mm 더 크게 적용
3. 제빙염 환경에는 피복두께 최소 51mm, 해양환경에 노출된 경우는 최소 64mm 적용
4. 콘크리트가 적절하게 양생되는지를 확인
5. 플라이애시, 고로 슬래그, 실리카퓸 또는 인증된 부식 억제제 사용

---

45) 박효성, Final 토목시공기술사, 개정 2판, 예문사, 2020, pp.874~877.

6.40 콘크리트의 염해(鹽害)

해양콘크리트의 염해 발생원인과 그 대책 [0, 2]

1. 개요

(1) 콘크리트는 화학적으로 안정된 반영구적인 재료라고 알려져 있으나, 항만지역이나 적설한랭지역과 같은 열악한 환경에서 염해(鹽害, salt damage)가 발생되고 있다.

(2) 최근 선진외국에서 염해를 받은 교량이 목표내구수명 이전에 철거되거나 개·보수 비용이 초기건설비용보다 더 많이 소요되는 사례가 발생되고 있다.

2. 콘크리트 구조물의 염해에 대한 내구성 설계

(1) 콘크리트 구조물의 목표내구수명

등급	구조물	목표내구수명
1	특별히 높은 내구성이 요구되는 구조물	100년
2	높은 내구성이 요구되는 구조물	65년
3	비교적 낮은 내구성이 요구되는 구조물	30년

(2) 콘크리트 구조물의 염해에 의한 열화단계

과정	정의	외관상태
잠복기	철근위치에서 염화물의 이온농도가 부식 한계치에 도달한다.	외관상 아무 이상이 없다.
진전기	철근부식이 시작되면서 녹이 발생하여 콘크리트 표면에 균열발생이 시작된다.	외관상 아무 이상이 없으나, 내부에서 철근부식이 시작된다.
가속기	균열을 통해 염화물, 수분, 공기 등의 침투가 용이해져 부식속도가 증가한다.	균열이 다수 발견되고, 녹물이 증가하고, 박리가 발생한다.
열화기	철근부식이 증가하여 구조물의 내하력이 현저하게 저하된다.	균열 폭이 커지면서 변형, 처짐이 증가한다.

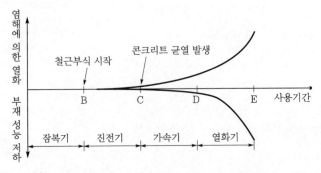

[콘크리트 구조물 염해에 따른 성능저하]

3. 염해에 대한 내구성 향상대책

(1) 표면도장공법

① 침투공법 : 직접 해수에 접촉되지 않는 교량보수에 적용하면 시공이 간편
- 수분증발형 : 콘크리트 공극에 물을 증발시키는 발수제를 침투시켜 공극의 벽이 건조상태를 유지하도록 한다.
- 공극충진형 : 콘크리트 공극에 점성 도료를 충진시켜 물과 염화물의 공극 침투를 최대한 억제한다.

② 코팅공법 : 해수에 열화가 심한 교량보수에 적용하며 4단계 코팅으로 마무리
- 1단계 프라이머(Primer) : 부착성 확보
- 2단계 퍼티(Putty) : 평활한 표면 형성
- 3단계 중도(Intermediate coat) : 수밀성 확보, 열화요인 차단
- 4단계 상도(Top coat) : 마감층으로 착색·광택, 흡수 방지

(2) 전기방식공법

① 철근에 방식전류를 지속적으로 통하게 함으로써 철근의 부식반응을 전기화학적으로 제어하여 콘크리트의 부식 진행을 막는 공법이다.

② 구조물의 예방유지관리 측면에서 설계단계에서 반영하여 시공하면 반영구적으로 철근부식이 방지되지만, 비용이 고가이다.

③ 구조물의 유지관리단계에서 공용수명 확보를 위해 가장 유리한 보수공법이다.

④ 부식 진행을 억제할 뿐이며, 부식으로 손상된 부위의 원상회복은 안 된다.

⑤ 적용사례 : 국내에서 서해안고속국도 해안교량 중 소래교의 교각부위 보수

(3) 전기탈염공법

① 콘크리트 구조물의 표면에 양극(+)전류를 가설하고 콘크리트표면과 철근 사이에 음극(−)전류를 흘려보냄으로써, 전기적 흐름현상에 의해 콘크리트 중의 염화물이온을 외부로 추출하는 공법이다.

② 콘크리트 표면적 $1m^2$당 1A의 직류전류를 8주 동안 흘려보낸 후, 탈염효과를 확인하고 가설재료를 모두 철거하면 열화되기 전의 상태로 회복된다.

③ 콘크리트 구조물에 염화물 재침투 방지를 위하여 전기탈염공법과 표면도장공법을 병용하면 효과적인 것으로 알려져 있다.

④ 적용사례 : 국내 적용사례 없고, 선진국도 전기방식만큼 일반화되지 않았다.[46]

---

46) 박효성, Final 토목시공기술사, 개정 2판, 예문사, 2020, pp.868~869.

MEMO

CHAPTER 07

공항

1 공항계획

2 항공관제시설

3 비행기 · 활주로

4 터미널 · 포장

✅ 기출문제의 분야별 분류 및 출제빈도 분석 　　　　　[제7장 공항]

연도별 구분	2001~2019				2020			2021			계
회	63 ~77	78 ~92	93 ~107	108 ~119	120	121	122	123	124	125	
1. 공항계획	18	17	27	22	1	4		2		1	92
2. 항공관제시설	27	15	18	13	2	2	1	1	1		81
3. 비행기 · 활주로	51	54	50	32	4	3	5	3	5	4	208
4. 터미널 · 포장	42	31	31	21			2	3	3	2	135
계	138	114	126	88	7	9	8	9	9	8	516

✅ 기출문제 분석에 따른 학습 중점방향 탐색

　　도로 및 공항기술사 필기시험 제63회부터 제125회까지 출제됐던 1,953문제(31문항×63차) 중에서 '제7장 공항'분야에서 출제되었던 516문제(26.4%)는 도로엔지니어들에게 모두 생소하고 어렵다. 예전에는 공항 쪽을 모두 포기하고 도로 쪽만 선택해도 쓸 수 있었지만, 최근에는 공항에서 최소 1~2개 문제를 선택하도록 도로 1~2개 문제를 난해하게 출제되고 있다. 어쨌든 도로전문가들이 제2~4교시 논술형 문제에서 공항을 선택하는 것은 부담되고, 사실상 쓸 수도 없다.

　　하지만 제1교시에서 최소 1~2개 문제를 공항에서 쓸 수만 있다면 도로에서 난해한 문제를 피할 수 있다. 결론적으로 공항 분야는 다양한 용어 문제를 폭넓게 이해하고 쓸 수 있도록 제1교시용 단답형으로 대비하는 것이 현명하다고 본다.

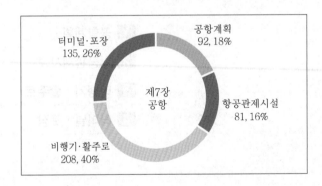

　　도로 및 공항기술사는 기본적으로 이질적인 도로와 공항이 결합된 종목이다. 2013년 기준 미국에는 공항이 13,513개에 달하기 때문에 공항기술사가 전문가로서 충분히 활동할 수 있다. 하지만 우리나라는 2002 월드컵 대비 인천국제공항이 준공된 이후, 2020년대 현재 동남권 제2국제공항을 정치권에서 논하고 있을 정도이다. 지금껏 공항건설사업이 전혀 없다. 한마디로 공항기술사를 배출하더라도 먹고 살수 없다. 어쩔 수 없이 도로포장이나 공항포장 공법이 비슷하고, 도로 배수시설이나 공항배수시설 원리가 비슷해서 종목을 합쳤을 뿐이다.

　　따라서, 도로전문가는 제1교시 단답형 문제에서 공항 분야를 1~2개 정도 선택하여 '용어 정의'를 정확히 기술할 수 있도록 제7장 공항은 단답형 문제를 대상으로 편집하였다. 다만, 공항 용어를 폭넓게 이해하는 데 필요한 주제는 선별하여 논술형으로 수록하였다.

📝 과년도 출제문제

1. 공항계획

[7.01 항공의 자유(Freedoms of the air)]

102.2 항공 자유에 대하여 "5개의 자유"와 "기타의 자유"에 대하여 설명하시오.

116.1 항공의 자유(Air Freedom)

[7.02 ICAO, FAA]

068.1 ICAO
(International Civil Aviation Organization)

068.1 FAA(Federal Aviation Administration)

100.1 국제민간항공기구(ICAO)

102.1 FAA의 매뉴얼 AC150/5300-13A에 RDC(Runway Design Code), AAC(Aircraft Approach Category), ADS(Airplane Design Group), VIS (Visibility Minimums)

[7.03 「공항시설법」에 의한 공항시설]

091.2 최근 개정된 항공법 시행령 및 시행규칙에 대한 주요개정 내용에 대하여 설명하시오.

099.1 공항시설

100.4 최근 개정된 항공법의 주요 내용을 설명하시오.

108.1 항공법상 공항시설의 구분

114.1 공항의 시설

117.4 공항의 3대 주요기능과 기본시설에 대하여 설명하시오.

[7.04 첨두시간 항공수요 산출]

069.1 공항의 여객청사 규모 결정 시 장래수요예측

112.1 첨두시간 항공수요산출

120.2 첨두시간 항공수요 예측방법을 설명하시오.

121.3 항공수요 예측의 과정 및 이용에 대하여 설명하시오.

[7.05 공항의 위계]

063.3 공항을 신설코자 할 때 공항의 입지선정 요소를 나열하고 귀하가 가장 자신 있는 국내의 공항을 중심으로 입지에 대한 장·단점을 논하시오.

065.1 EVM(Earned Valve Management)

065.3 공항의 입지선정 시 고려사항에 대하여 설명하시오.

065.4 공항의 기본계획 절차와 고려사항에 대하여 설명하시오.

068.4 신공항을 건설함에 있어 공항주변의 토지이용계획을 어떻게 하는 것이 좋을지 의견을 기술하시오.

070.4 공항주변의 토지이용계획에 대하여 기술하시오.

073.2 공항의 입지선정(타당성조사)에서 선정요소인자를 중심으로 설명하고, 선정평가과정을 기술하시오.

073.3 공항 대규모 부지조성공사에서 경제성, 시공성 및 환경성을 기술하시오.

075.3 공항건설 계획과정 중 Master plan 작성단계까지의 과정을 설명하시오.

081.2 국제공항에 대한 공항시설배치계획에 대하여 기술하시오.

083.2 공항의 토지이용계획을 지역별로 구분하여 설명하고 합리적인 토지이용계획 수립을 위한 방안에 대하여 기술하시오.

086.3 공항건설을 위한 타당성 조사 시 고려할 사항에 대하여 설명하시오.

087.3 기존 국제공항의 확장을 위한 마스터플랜 수립 용역 수행 시 과업수행계획서에 포함되어야 할 내용을 기술하시오.

088.4 공항(도로)건설을 위한 후보지(노선) 선정 시 고려할 사항을 설명하시오.

089.3 항공학적 검토에 대하여 정의, 목적, 검토절차 및 방법, 검토사례, 지방항공청 운영사례의 순으로 설명하시오.

090.4 최초 대상후보지 선정에서부터 최적후보지 결정까지의 과정과 주요 검토사항에 대하여 설명하시오.

093.2 최근 국토해양부가 고시한 "제4차 공항개발 중장기종합계획(2011-2015)" 내용 중 우리나라 공항 정책 방향에 대하여 설명하시오.

094.4 최근 공항개발의 과제인 민영화, 자유화, 상업화에 대하여 설명하시오

095.3 공항의 총괄계획(Master Plan) 단계에 대하여 설명하시오.

097.2 공항운영 시 발생하는 항공수익과 비항공수익에 대하여 설명하고 수익과 관련한 바람직한 방향에 대하여 설명하시오.

098.2 공항 부지조사에 있어서 운영적, 사회적, 비용적 고려요소를 설명하시오.

099.4 신공항 후보지 선정절차와 단계별 선정기준에 대하여 설명하시오.

100.3 새로운 공항건설을 위한 계획과정과 과정별 주요 수행내용을 설명하시오.

101.2 미국에서 개발한 국가공항통합시스템계획(NPIAS : National Plan of Integrated Airport System)과 국내 공항시스템계획을 설명하시오.

104.3 공항 주차장의 교통수요 추정방법 및 계획에 대하여 설명하시오.

104.4 우리나라 공항정책 방향에 대하여 설명하시오.

107.2 우리나라의 공항개발사업 시행 절차에 대하여 설명하시오.

107.3 우리나라 공항의 체계적 개발을 위한 공항의 위계에 대하여 설명하시오.

107.4 공항의 주요 시설별 처리용량 산출방법에 대하여 설명하시오.

108.2 제5차 공항중장기종합계획(2016~2020)에 따른 공항개발정책방향에 대하여 설명하시오.

109.2 항공수요 추정방법과 관련하여 공항 입지조건 및 선정방법을 설명하시오.

110.4 공항시설의 규모 결정과 배치계획에 대하여 설명하시오.

112.3 공항을 건설할 때 공항의 시설과 규모 결정방법에 대하여 설명하시오.

113.3 공항 개발 사업에서 개발사업 절차와 공항 입지선정 기준을 설명하시오.

114.3 공항의 마스터플랜 수립 시 고려하여야 할 사항에 대하여 설명하시오.

115.2 공항 주차장 계획 시 고려사항에 대하여 설명하시오.

117.2 공항 건설을 위한 기본계획 수립절차와 입지선정에 대하여 설명하시오.

118.4 공항의 최적입지조건에 대하여 설명하고 주변지역 및 환경에 미치는 영향과 해소방안에 대하여 설명하시오.

119.2 우리나라 공항개발 및 운영을 위한 추진과제에 대하여 설명하시오.

121.2 공항개발 후보지 선정까지의 계획과정을 설명하시오.

121.2 공항의 일반적인 입지요소에 대하여 설명하시오.

123.1 공항의 위계

123.2 공항의 입지선정 절차와 입지선정 기준에 대하여 설명하시오.

[7.06 보호구역(Airside)과 일반구역(Landside)]

064.2 인천국제공항이 중추공항으로서의 역할을 보장받기 위해 취해야 할 방안에 대해 설명하시오.

064.3 공항설계에 활용하고 있는 컴퓨터 시뮬레이션의 현황과 개선방안에 관하여 설명하시오.

071.2 공항 규모결정 시 제한조건에 대하여 기술하시오.

072.2 우리나라 국제공항 국제경쟁력 향상방안에 관한 귀하 의견을 기술하시오.

076.3 Land side 설계 시 고려사항에 대하여 기술하시오.

081.3 대규모 공항에서의 Air side 지역 부대시설에 대하여 기술하시오.

082.1 기동지역과 이동지역

083.3 Land side 설계 시 고려하여야 할 사항에 대한 설명과 주차장 계획에 대하여 기술하시오.

087.4 공항규모 산정 시 고려해야 할 주요 항목별 영향인자 및 규모산정 기준에 대하여 기술하시오.

088.2 공항 용량증대방안을 보호구역(Airside)과 일반구역(Landside)으로 구분하여 설명하시오.

091.4 보호구역(Airside)과 일반구역(Landside)을 구분하고 도로지역 계획 시 고려할 사항에 대하여 설명하시오.

097.2 공항계획의 에어사이드 시뮬레이션 분석에 대하여 프로그램의 종류, 분석절차, 입력요소, 결과물의 내용 및 결과물의 활용방법 등을 설명하시오.

101.3 대규모 공항 에어사이드의 용량과 지연을 결정하는 방법을 설명하시오.

103.2 공항 내 항공교통과 지상교통이 혼재된 활주로, 유도로 및 계류장에서 교통흐름의 분리 필요성과 효율적인 교통분리 확보방안을 설명하시오.

106.3 운영 중인 공항의 경쟁력 강화방안에 대하여 전략, 시설 및 서비스 항목을 중점적으로 설명하시오.

111.3 공항계획 시 Landside 시설을 구분하고 설계 시 고려사항을 설명하시오.

113.2 공항계획 시 공항내의 지역별 시설을 구분하고, 세부적인 배치방안에 대하여 설명하시오.

115.4 항공기 이동지역 내 항공기와 지상장비의 교통분리방법을 설명하시오.

117.3 공항의 Landside 접근도로 계획 시 고려사항에 대하여 설명하시오.

119.4 기존 공항의 용량증대를 위한 교통체계관리기법(TSM)을 Air Side와 Land Side로 구분하여 설명하시오.

[7.07 허브공항(Hub Airport)]

067.1 허브공항(Hub Airport)

093.1 허브(Hub)터미널

106.4 중동의 공항과 항공사들이 자금력과 지리적 이점을 무기로 세계 항공업계의 판도를 변화시키고 있다. 두바이공항은 2014년 국제여객 처리에서 1위를 차지함으로써 히드로, 아틀란트공항 등 전통적인 대형공항을 위협하고 대륙 간 허브공항의 위치를 굳히고 있다. 세계 항공산업 현황을 설명하고 우리나라가 아시아 허브공항의 달성, 유지를 위한 대책을 설명하시오.

107.1 허브(Hub)터미널

121.1 공항 허브터미널

[7.08 저가항공사(LCC, Low cost carrier)]

080.4 우리나라 공항의 현황과 문제점 및 대책에 대하여 기술하시오.

084.1 저가항공기(Low Cost Carrier)

102.2 최근 국내 항공계에도 저가항공사(LCC)의 시장점 유율이 가파르게 상승하고 있다. LCC 산업의 현황 및 전망에 대하여 설명하시오.

106.4 2014년 2월에 남극의 우리나라 두 번째 기지인 장 보고기지가 완공되었다. 이에 해양수산부에서는 안전하고 원활한 수송을 위하여 남극 활주로건설 을 추진하고 있다. 남극활주로의 필요성, 개발 시 고려사항, 건설 후의 기대효과를 설명하시오. [인 근 이탈리아 공항 함께 사용키로 합의]

116.3 해외 공항 투자사업(PPP, Public Private Partne-rship) 활성화 방안에 대하여 설명하시오.

[7.09 항공운항증명
(AOC, Air Operator Certificate)]

072.4 현재 시행 중인 공항인증제도에 관하여 설명하시오.

079.2 우리나라 공항운영 증명제도 시행에 따른 문제점 과 대책을 설명하시오.

110.1 운항증명(AOC : Air Operator Certificate)

125.2 운항증명(AOC, Air Operator Certificate) 발급 시 처리절차, 검사조직 및 범위, 서류검사에 대하 여 설명하시오.

2. 항공관제시설

[7.10 공역(Airspace), 인천 비행정보구역(FIR)]

101.2 최근 항공교통 대중화 및 전방위 항공 노선망 운영 등으로 항공운영 환경이 매우 복잡하게 전개되고 있는데 이에 대한 국내 공역체계의 문제점 및 개선 대책에 대하여 설명하시오.

110.1 공역(air space)

124.4 인천 비행정보구역(인천 FIR: Incheon Flight Information Region) 공역관리에 대하여 설명하 시오.

[7.11 항공교통관제업무
(Air Traffic Control Service)]

089.1 ACC(Area Control Center)

114.3 공항의 항공교통관제에 대하여 설명하시오.

[7.12 공항지상감시레이더(ASDE)]

063.1 ASDE(Airport Surface Detection Equipment)

085.1 공항감시레이다(ASR/SSR)

085.1 공항지상감시레이다(ASDE)

106.1 공항지상감시레이더(ASDE)

[7.13 항공기상관측시설]

097.1 다변측정 감시시설(MLAT)

101.1 RVR(Runway Visual Range)과 LLWAS(저층난 류 경보시스템)

114.1 윈드시어(Wind Shear) 경보시스템

115.1 항공기상관측시설의 종류

[7.14 항행안전시설(NAVAID)]

063.1 항공보안시설

064.4 에어사이드에 설치하는 항행안전시설의 종류 및 기능을 위치도와 함께 설명하시오.

069.4 항공기의 이·착륙을 위해 필요한 시설을 이야기 하고 각각을 논하시오.

086.2 공항시설 중 항공기 이·착륙의 안전확보에 필요 한 시설을 설명하시오.

095.4 공항시설은 기능별로 크게 4가지로 구분할 수 있 는데, 이 중 항공기 이·착륙의 안전확보를 위하여 필요한 시설에 대하여 설명하시오.

105.2 항공기의 이착륙에 필요한 공항 기본시설과 항행 안전을 확보하기 위한 시설에 대하여 설명하시오.

114.4 공항시설 중 항공기 이착륙의 안전 확보를 위한 항행안전시설(NAVAID)에 대하여 설명하시오.

119.3 공항시설 중 항공기 이·착륙 시 안전확보에 필요 한 시설을 설명하시오.

123.3 공항에서 항공기의 안전한 이·착륙을 지원하기 위한 항행안전 보조시설(Navigation Aid)을 기능 별로 분류하고 각각의 특성을 설명하시오.

[7.15 항공燈火시설(Aeronautical light)]

063.4 항공등화시설의 종류를 10가지 이상 제시하고 각 기능을 설명하시오.

066.3 항공등화의 종류별 기능을 기술하고 설치위치를 도면으로 나타내시오.

084.4 활주로 및 유도로에 설치하는 항공등화의 종류와 설치위치를 기술하시오.

101.4 대형 공항에서의 항공등화시설 기준과 표지시설 에 대하여 설명하시오.

105.1 항공장애표시등 설치대상

108.4 공항에서의 항행안전시설 중 항공등화시설에 대 하여 설명하시오.

125.1 활주로 조명의 종류와 설치기준

[7.16 지상이동통제(A-SMGCS), 시각주기유도(VDGS)]

069.1 A-SMGCS(Advanced Surface Movement Guidance and Control System)

102.1 개선된 지상이동안내통제시스템(A-SMGCS)

115.1 지상이동안내 및 관제시스템(A-SMGCS)과 시각주기유도시스템(VDGS)의 기능

[7.17 계기착륙시설(ILS), 극초단파착륙시설(MLS)]

063.1 ILS

067.3 ILS(Instrument Landing System)의 설치위치와 입지조건 및 부지정지요건에 대하여 기술하시오.

072.4 계기착륙장치(ILS)의 각 구성요소를 설치위치와 함께 설명하고 안테나 영향 지역의 부지정지에 관하여 기술하시오.

075.4 공항의 계기착륙시설(ILS)의 설치위치조건과 부지조성요건을 설명하시오.

079.1 계기착륙시설(ILS)

081.2 공항의 계기착륙시설(ILS)지역의 부지조성 기준에 대하여 기술하시오.

088.1 활주로상의 표지(Marking)

097.1 Mooring Point

101.3 항공교통관제시설 ILS(Instrument Landing System)와 MLS(Microwave Landing System)의 각 구성요소 및 기능과 차이점을 설명하시오.

104.1 극초단파착륙시설(MLS)의 설치조건

113.4 공항의 항행안전시설인 계기착륙시설과 계기착륙시설의 성능등급 및 ILS(Instrument Landing System)와 MLS(Microwave Landing System)의 차이에 대하여 설명하시오.

119.1 계기 활주로

[7.18 통신감시(CNS/ATM), 미래항행(FANS)]

071.1 CNS/ATM(Communication Navigation Surveillance/Air Traffic management)

072.1 UFC(Unified Facilities Criteria)

100.1 차세대 위성항법시스템(ADS-B)

109.4 위성 항행 시스템(FANS : Future Air Navigation System)을 설명하시오.

[7.19 장애물 제한표면]

063.2 활주로 주변의 장애물 제한표면에 대하여 기술하시오.

065.2 공항계획 시 고려해야 할 장애물 제한표면 기준에 대하여 설명하시오.

066.1 전이표면

066.3 군(軍)설계기준으로 건설된 군용항공기지에 민간항공기를 정기취항시키고자 할 경우 고려할 사항에 대하여 기술하시오.

068.3 장애물 제한기준을 ICAO기준을 중심으로 설명하시오.(예 진입표면…)

070.4 공항시설을 위한 장애물 제한표면에 대한 항공법, ICAO, FAA 등에서의 관련규정 또는 권고사항에 대한 비교와 귀하의 견해를 기술하시오.

072.1 원추표면(Conical Surface)

073.1 장애물 제한표면

074.1 진입표면과 이륙상승표면의 비교

077.4 공항의 장애물 제한표면을 ICAO기준으로 설명하시오.

078.3 항공장애물 중에서 차폐 및 장애물평가 방법에 대하여 설명하고 장애물 제거여부의 결정에 대하여 논하시오.

079.1 무장애구역(OFZ)

081.1 공항의 FOD(Foreign Object Damage)

087.2 공항계획 시 고려해야 할 장애물 제한표면(Obstacle Limitation Surface)에 대하여 기술하시오.

094.4 장애물 제한표면에 저촉되는 장애물의 제거를 유보할 수 있는 기준 및 분석방법에 대하여 설명하시오.

099.2 활주로길이 1500m(착륙대등급 D급) 이상의 육상비행장에 대한 장애물 제한표면의 종류와 기준에 대하여 설명하시오.

105.3 항공기의 안전운항을 위한 항공 장애물 제한표면(Obstacle limitation surfaces)의 주요내용에 대하여 설명하시오.

106.1 공항에서 장애물 제한표면의 종류와 내용

112.1 공항법의 장애물 제한표면기준

114.4 항공 장애물 제한구역 내 차폐설정기준에 대하여 설명하시오.

115.4 장애물 제한표면을 설명하고 항공 장애물 제한구역 내 차폐 설정기준에 대하여 설명하시오.

[7.20 최저비행고도, 결심고도, 실패접근, 이륙안전속도, 대기속도]

067.1 실패접근(Missed Approach)

085.1 결심고도

089.1 실패접근(Missed Approach)

099.1 최저비행고도

103.1 결심속도(Decision speed)와 이륙안전속도(Take-off safety speed)

120.1 최저비행고도

120.4 결심속도(Decision Sped)와 이륙안전속도(Take--of Safety Speed)에 대하여 설명하시오.
122.1 TAS(True Air Speed)

3. 비행기 · 활주로

[7.21 육상비행장]
074.1 공항등급(분류기준)
095.1 육상비행장 분류기준
099.1 비행장의 기준
103.1 육상비행장 분류기준
120.4 육상비행장의 분류기준에 대하여 설명하시오.
124.1 육상비행장 설치기준
124.1 항공기 주륜외곽의 폭
125.2 육상비행장 신설 및 변경할 경우 절차를 설명하고 각 절차에 따른 시행기관을 명시하시오.

[7.22 경비행장]
071.4 경비행장 개발 및 발전방향에 대하여 서술하시오.
075.1 경비행장
089.2 국토해양부에서 5년마다 시행하는 "공항개발 중장기 종합계획"에서 경비행장 개발계획을 수립하고 있다. 경비행장의 위상, 역할, 개발구상의 기본방향 및 활성화 방안에 대하여 논하시오.
095.2 최근 국토해양부에서 울릉도 및 흑산도에 경비행장 건설을 추진하고 있는데, 이러한 경비행장의 개발방안 및 발전방향에 대하여 설명하시오.
106.3 최근에 을릉도와 흑산도에 소형공항을 건설하기 위하여 타당성조사가 진행 중이다. 도서지역의 비행장건설에서 우리나라의 항공산업의 현실을 고려하여 공항운영 및 시설확충 방향에 대하여 설명하시오.
119.3 우리나라 경비행장에 대한 문제점과 개발 방향에 대하여 설명하시오.

[7.23 옥상헬리포트, K-드론시스템]
123.4 도심항공 운송의 기반시설 중 하나인 옥상헬기장의 설계 시 고려해야 할 각종 설계기준에 대하여 설명하시오.
124.1 K-드론시스템

[7.24 수상비행장 Water Aerodrome]
090.1 수상비행장
093.4 수상비행장의 필수시설에 대하여 설명하시오.
098.1 수상비행장 비 필수시설

[7.25 항공기 특성]
065.4 공항설계와 관련되는 항공기의 특성에 대하여 관련성과 함께 설명하시오.

[7.26 항공기 분류]
064.4 항공기를 분류하는 방법과 공항설계의 활용 상관성을 설명하시오.
066.4 항공기의 분류방법을 공항의 계획과 설계에 관련시켜 기술하시오.
067.2 항공기의 대형화 전망과 공항계획의 관련성 및 고려사항을 설명하시오.
068.2 B747(ICAO E급)이 운항하던 비행장에 새로운 대형기(ICAO F급)를 운항시키고자 할 경우, 점검사항을 설명하시오.
070.2 우리나라 경항공기 산업의 현황과 활성화 전망에 대한 견해를 기술하시오.
077.2 ICAO분류 E급 항공기가 운항하던 공항에 F급 항공기를 취항시키고자 할 때 검토항목을 열거하고 설명하시오.
078.1 V/STOL(수직/단거리 이착륙)
079.4 초대형 항공기(New larger aeroplanes) 취항에 따른 문제점과 대책에 대하여 설명하시오.
080.4 공항설계를 위한 항공기종 분류기준에 대하여 설명하시오.
092.3 항공기를 분류하는 방법 4가지를 설명하고 각 분류방법의 용도에 대하여 설명하시오.
099.3 우주항공시대를 준비하기 위하여 초음속 항공기에 대비한 공항 개발방향을 설명하시오.
112.2 공항설계 시 항공기의 분류기준에 대하여 설명하시오.
115.3 항공기의 분류방법을 설명하고, 공항설계 시 어떻게 활용되는지에 대하여 설명하시오.

[7.27 비행규칙(VFR, IFR), 기상상태(VMC, IMC)]
078.1 IFR/VFR(계기/시계비행 규칙)
102.1 비행규칙(VFR, IFR) 및 기상상태(VMC, IMC)

[7.28 활주로 운영등급(CATegory)]
066.2 활주로의 운영등급별 특성과 소요시설에 관하여 기술하시오.
068.1 CATⅢ 활주로(정밀접근등급 Ⅲ활주로)
069.1 정밀활주로모니터PRM(Precision Runway Monitor)
070.1 RVR(Runway Visual Range)
079.1 계기활주로
084.1 활주로 운영 Category

085.4 활주로 운용등급을 분류하여 특성과 등급별 소요 시설을 설명하시오.

096.1 계기활주로(Instrument Runway)

105.1 활주로 운영등급(Category)

113.1 활주로 운영등급

122.1 활주로 운영등급(CAT, 카테고리)

124.3 활주로 가시범위(RVR, Runway Visual Range) 550미터 미만의 기상상태에서 운항하는 항공기에 대한 항공교통관제업무에 대하여 설명하시오.

[7.29 활주로 방향의 결정 Wind Rose]

064.1 풍극범위

065.1 바람장미(Wind Rose)

075.2 활주로 방향 결정요소와 결정과정에 대하여 설명 하시오.

080.1 바람장미(Wind Rose)

080.2 공항의 활주로 배치 방법과 방향결정 방법을 기술 하시오.

082.2 공항 계획 시 활주로의 수와 위치, 방향을 결정하 기 위한 검토 항목을 기술하시오.

086.1 활주로 방향 결정요소

087.4 활주로의 방향(Orientation)을 결정하는 과정과 고려해야 할 사항에 대하여 기술하시오.

093.2 활주로의 배치, 방향 및 수에 영향을 미치는 요소 에 대하여 설명하시오.

105.2 공항계획 시 활주로 방향결정을 위한 주요내용에 대하여 설명하시오.

114.1 풍극범위 및 바람장미(Wind Rose)

115.3 공항 활주로의 배치, 방향, 수 결정에 영향을 미치 는 요소를 설명하시오.

122.4 공항계획에 사용되는 바람장미(Windrose) 분석 방법에 대하여 설명하시오.

[7.30 활주로 번호 부여방법]

065.1 3개의 평행활주로 명명법(命名法)

075.1 활주로 명칭표기 특성(Runway Designation Marking Characteristics)

081.1 활주로 명칭표지(Runway Designation Marking)

094.1 4개 활주로 번호 명명법

096.3 공항 활주로상 표지시설(Runway marking)의 종 류를 설명하시오.

115.1 3대의 평행활주로 번호 부여방법

122.2 활주로 양단의 번호 부여(Numbering)방법에 대 해 사례를 들어 설명하시오.

[7.31 활주로 배치방법 및 용량]

066.1 활주로 점유시간(ROT)

068.3 평행활주로의 간격이 이·착륙 운항에 어떤 영향 을 미치는지 설명하시오.

069.2 평행활주로를 중심선 간격에 따라 분류하고 IFR, VFR 조건 시 항공기 이·착륙 관계를 설명하시오.

074.2 활주로 배치 계획과 간격에 대하여 기술하시오.

077.4 활주로 배치형태별 특징과 시간당 처리용량에 대 하여 기술하시오.

083.3 2개 활주로의 배치방법 및 용량에 대하여 기술하 시오.

086.1 벌어진 V자형 활주로(Open-V Runways)

087.1 활주로 이격거리(Runway Separation Distance)

091.1 교차활주로(Intersection Runway)

092.1 ROT(Runway Occupancy Time)

095.4 2개의 활주로 배치방법에 대하여 설명하시오.

110.4 활주로 이착륙장 설치 기준에 대하여 설명하시오.

111.3 공항의 용량에 영향을 주는 활주로 시설의 배치방 법에 대하여 설명하시오.

[7.32 활주로 용량(PHOCAP, PANCAP)]

082.1 비행장 운항밀도

088.1 비행장 운항밀도

104.4 활주로 용량(PHOCAP / PANCAP)에 대하여 설명 하시오.

109.1 활주로의 용량산정 중 실용용량(Practical capacity)

123.1 활주로의 용량산정 중 실용용량(Practical Capacity)

[7.33 활주로 용량의 증대 방안]

065.3 기존 활주로의 용량제고 방안에 대하여 설명하시오.

069.3 공항의 활주로 용량 증대방안에 대하여 설명하 시오.

075.4 교통관리기법(TSM)을 이용한 공항 용량 증대방안 을 설명하시오.

088.2 공항의 시설규모 결정방법과 배치계획에 대하여 설명하시오.

091.3 단일활주로 용량관련 요소와 제고방안에 대하여 설명하시오.

093.3 공항의 주요분야별 처리용량에 대하여 설명하시오.

098.4 활주로, 계류장, 여객터미널, 항공교통관제업무 에 대한 처리용량에 대하여 설명하시오.

102.3 평행활주로의 간격에 따른 항공기 운항형태 및 활 주로와 터미널과의 관계를 설명하시오.

107.3 단일 활주로 용량 관련요소와 제고방안에 대하여 설명하시오.

110.3 활주로 용량에 영향을 미치는 요소와 용량 증대방안에 대하여 설명하시오.

112.1 공항의 용량

113.3 공항 설계 시 비행장의 설치 기준, 활주로 배치에 영향을 미치는 요소에 대하여 설명하시오.

119.2 단일 활주로 용량 관련요소와 향상 방안에 대하여 설명하시오.

120.3 활주로 용량에 영향을 미치는 요소와 공항의 용량 증대 방안을 설명하시오.

121.3 활주로 배치, 방향, 수에 영향을 미치는 요소에 대하여 설명하시오.

122.2 활주로 용량에 영향을 미치는 요소와 활주로의 추가건설 없이 용량을 증대할 수 있는 방안을 설명하시오.

124.2 공항 각 분야별 처리용량 설정 방법과 수용능력 개선 방안에 대하여 설명하시오.

[7.34 활주로 길이의 산정]

065.2 활주로 길이산정에 대하여 설명하시오.

068.2 활주로 길이를 결정함에 있어 영향인자를 설명하시오. (예 중량 …)

069.4 활주로 길이 결정에 영향을 미치는 요소에 대하여 논하시오.

073.1 활주로 길이보정

074.1 활주로 기본길이와 실제길이

082.1 활주로 기본길이와 실제길이

092.4 활주로 길이를 산출하기 위한 과정을 설명하고 활주로 길이에 영향을 미치는 요소에 대하여 설명하시오

107.2 활주로 경사도에 대하여 설명하시오.

111.2 활주로의 길이 결정 시 영향을 미치는 요인에 대하여 설명하시오.

118.1 활주로의 종단경사

118.1 고도, 온도 및 경사도에 대한 활주로 길이 보정

120.1 활주로 실제길이(Actual Length of Runways)

122.3 활주로 길이산정에 영향을 주는 요소와 각각의 요소가 활주로 길이에 어떤 영향을 주는지 설명하시오.

[7.35 항공기 중량-항속거리-활주로 관계]

070.1 항공기 이륙중량

076.1 항공기 중량구성

078.4 항공기 중량과 항속거리, 활주로 길이의 상관관계에 대하여 설명하시오.

089.4 항공기의 중량-항속거리-활주로 길이와의 상관관계를 그래프를 포함하여 설명하시오.

091.1 항공기 중량구성

094.3 활주로체계의 계획 시 사용하는 REDIM 모델의 정의, 기능, 사용방법, 적용효과 등에 대하여 설명하시오.

107.1 항공기 중량구성

[7.36 활주로 공시거리 Runway declared distance]

064.1 착륙길이

068.1 활주로 이륙거리(Take-Off Distance)

071.1 Clearway

071.1 활주로 공시거리

074.3 활주로 말단부의 관련기준과 이 기준에 대한 국내 공항 적용 시 고려사항을 기술하시오.

082.3 활주로 말단부의 설계기준을 4가지 이상 기술하고 이에 대한 고려사항을 기술하시오.

083.1 정지로(Stopway)

084.1 과주로(Overrun)

085.2 활주로 공시거리의 종류를 설명하고, 다음 예의 경우에 양방향 공시거리를 모두 산출하시오.

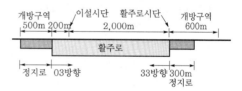

094.1 활주로 공시거리

094.1 개방구역/과주로/정지로

096.3 공항 활주로 말단부 설계 시 관련시설의 종류를 설명하시오.

099.4 활주로 길이 산정요소와 활주로 공시거리에 대하여 설명하시오.

101.1 활주로 개방구역 및 정지로

106.2 활주로 공시거리의 정의 및 길이 산출방법을 설명하고 이설시단, 개방구역 및 정지로가 있는 활주로에서 각각의 길이를 가정하여 도시하고 공시거리를 산출하시오.

110.2 공항설계에 따른 활주로 공시거리의 종류를 설명하고, 아래 조건에서의 공시거리를 구하시오.

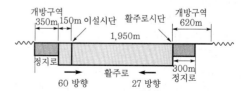

111.1 활주로의 공시거리(Declared Distance)

116.1 정지로(Stopway)

116.1 개방구역(Clearway)

117.1 공항의 과주로(Overrun Area)

118.2 활주로 공시거리(Declared Distance)에 대하여 설명하시오.

121.1 항공기 이륙 시 안전성 확보를 위한 개방구역

[7.37 활주로 종단안전구역(보호구역)]

066.1 RPZ(Runway Protection Zone)

072.1 활주로 종단(말단)안전지역(Runway End Safety Area)

076.1 착륙대(Landing Area)

077.1 활주로 보호구역(Runway Protection Zone)

077.1 활주로 회전패드(Runway Turn Pad)

079.2 ICAO착륙대 기준을 국내에 도입할 경우 국내공항의 문제점과 대책(Code number 3,4 기준)을 설명하시오.

080.1 착륙대(Landing Area)

082.4 전파고도계 운영구역과 활주로 보호구역(Runway Protection)에 대하여 기술하시오.

082.4 착륙대(Runway Strip)의 규모와 착륙대 정지기준에 대하여 기술하시오.

083.1 활주로 갓길

090.1 항공작전기지의 비행안전구역

091.1 활주로 Blast Pad

093.1 활주로 보호구역(Runway Protection Zone)

093.1 착륙대의 정지구역

095.1 활주로 시단표시(Runway Threshold Marking)

095.1 활주로 회전패드(Runway Turn Pad)

096.2 활주로 분류번호에 의한 착륙대의 설치기준과 정지구역을 설명하시오.

098.1 선회선(Turn line)과 선회바(Turn bar)

100.1 착륙대(Landing Area)

102.4 활주로 종단안전구역 및 활주로 보호구역을 비교 설명하시오.

106.1 활주로 종단안전구역(RESA)

108.1 활주로 보호구역

108.1 활주로 갓길

114.2 활주로 말단부의 안전을 고려한 설계기준에 대하여 설명하시오.

119.1 착륙대 정지구역

121.1 활주로 갓길

125.1 제트분사패드(Jet Blast Pad)

125.4 활주로 회전패드(Runway turn pad)의 설치 시 고려사항을 설명하시오.

[7.38 부러지기 쉬운 물체]

068.1 깨지기 쉬운 항공보안시설(Fragile NAVAIDS)

087.1 Crash Gate(부서지기 쉬운 출입문)

092.1 부러지기 쉬운 물체(Frangible Object)

125.3 공항의 정보표지 중 일반적 정보표지, 표면에 그리는 판형 유도로 방향표지, 항공기 주기장표지에 대하여 설명하시오.

[7.39 유도로 Taxiway]

068.4 활주로를 하나 건설하고 유도로는 운항횟수가 증가함에 따라 단계별로 증설코자 한다. 증설할 시설의 건설순서를 열거하고 효과를 설명하시오.

069.1 공항의 유도로 계획 시 고려사항

071.2 유도로 배치형태와 활주로 용량과의 관계에 대하여 기술하시오.

072.3 기존에 사용 중인 활주로에 접속하여 유도로를 설치코자 할 경우 유의할 사항에 관하여 설명하시오.

072.3 현재 하나의 활주로와 유도로가 아래 그림과 같이 구성되어 있다. 본 활주로의 용량을 증대시키기 위한 단계별 대책을 설명하시오.

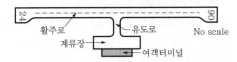

082.2 유도로 설계 시 기본적인 검토사항과 단일 활주로의 유도로 구성별 시간용량을 기술하시오.

084.3 기존 활주로에 항공기운항을 지속시키면서 활주로 길이를 연장시키거나 유도로를 추가코자 할 때 고려사항을 설명하시오.

089.2 유도로 시스템의 단계별 개발방법에 대하여 ICAO를 기준으로 그림을 포함하여 설명하시오.

099.2 유도로(Taxiway)의 설치기준 중 항공기 분류기준 E급 이상의 기준에 대하여 설명하시오.

105.4 공항 기본시설인 유도로의 종류 및 특징 및 배치계획을 설명하시오.

[7.40 유도로 설치기준]

081.1 유도로대(Taxiway Strips)

083.1 유도로(Taxiway)

096.1 유도로(Taxiway) 교량

101.1 평행유도로 이격

103.3 대규모 공항에서 유도로 간 최소이격거리 및 유도로와 다른 물체와의 이격거리 결정에 대하여 설명하시오.

104.1 유도로대(Taxiway Strip)

107.1 유도로 및 유도로대 경사도

116.3 평행유도로에 설치되는 우회유도로의 기능 및 설치기준을 설명하시오.

120.1 유도로(Taxiway) 교량

[7.41 대기지역, 활주로 정지 위치]

070.1 Holding Bay

072.2 유도로 상에서 항공기를 우회시키는 시설에 관하여 설명하시오.

094.2 평행유도로에 설치되는 우회유도로의 기능 및 설치기준을 설명하시오.

097.1 대기지역(Holding Bays)

104.3 항공기 지상이동을 효율적으로 하기 위한 대기지역에 대하여 설명하시오.

110.1 대기지역(Holding Bays)

[7.42 고속탈출유도로 Rapid Exit Taxiway]

065.1 고속탈출유도로(Rapid Exit Taxiway)

076.3 고속탈출유도로의 기능과 위치선정에 대하여 기술하시오.

080.1 고속탈출유도로(Rapid Exit Taxiway)

088.1 고속탈출유도로(Rapid Exit Taxiway)

092.2 고속탈출유도로(Rapid Exit Taxiway)의 기능 및 위치결정 과정에 대하여 설명하고 ICAO의 Code Letter E급(착륙속도 300km/hr로 가정)에 해당하는 항공기를 기준으로 적정한 RET 위치를 산출하시오.

103.1 삼분법(Three segment method)

103.2 고속탈출유도로의 설계방법과 최적위치 및 수를 결정하는 요인에 대하여 설명하시오.

108.3 공항에서 고속탈출유도로의 설계기준과 설치위치 결정 시 고려해야 할 사항에 대하여 설명하시오.

113.1 고속탈출 유도로

123.2 고속탈출 유도로(Rapid Exit Taxiway) 설계 시 고려사항(설치위치 및 수 등)에 대하여 설명하시오.

4. 터미널·포장

[7.43 공항 여객터미널]

063.2 공항의 시설배치계획을 수립코자 한다. 여객터미널 배치방안을 활주로의 배치유형 5가지 이상과 함께 구별하여 제시하고 이유를 설명하시오.

066.4 현재 우리나라에서 활용 중인 공항 설계기준에 관한 발전방향에 대하여 기술하시오.

069.2 여객청사의 계획절차와 설계 시 고려사항에 대하여 논하시오.

080.2 여객터미널의 형태와 장·단점에 대하여 기술하시오.

081.4 공항의 터미널 설계 시 고려사항을 공항관련 다양한 이용주체(여객, 항공사, 공항관리자, 지역사회)의 입장에서 기술하시오.

085.3 공항에서 여객청사 전면의 커브사이드 배치계획 시 고려사항 및 청사와의 상관관계를 설명하시오.

089.4 여객터미널 형태 중에서 메인터미널+탑승동(아틀란타공항, 뉴덴버공항) 배치형태 및 메인터미널+메인터미널(베이징공항, 프랑크푸르트공항) 배치형태의 장단점을 비교 설명하시오.

090.2 ○○국제공항의 여객터미널(기존에 1개소 있다고 가정)을 장래 항공수요를 충족하기 위하여 추가 확보코자 할 경우, 가능한 방안을 설명하시오.

100.4 여객터미널 배치방법(집중식과 비집중식)의 장·단점과 특성을 설명하시오.

104.2 여객터미널 전면의 Curb Side 배치계획에 대하여 설명하시오.

119.4 여객 및 수화물의 승·하차를 위한 터미널 커브(Curb)의 구성요소와 여객터미널과의 상관관계 및 배치 계획 시 고려사항에 대하여 설명하시오.

113.4 공항의 여객터미널 설계 시 여객청사의 구성요소와 여객청사 배치 방법에 대하여 설명하시오.

123.3 우리나라 공항분야 설계의 BIM 적용실태 및 현황과 공항설계에 BIM 적용 시 설계 단계별 구체적인 설계 효율화 내용에 대하여 설명하시오.

[7.44 승객운송시설(APM), 수하물처리시설(BHS)]

065.1 공항의 PMS(People Mover System)

104.1 APM(Automated People Mover)

119.1 APM(Automated People Mover)

125.1 수하물 처리시설(BHS, Baggage Handling System)

[7.45 계류장 Apron]

064.3 공항계류장 계획에서 항공기 운항 및 지상조업 상 고려해야 할 안전요소에 관하여 설명하시오.

067.2 여객터미널 계류장의 설치개념(Terminal concept)에 대하여 설명하시오.

070.2 계류장 내에 여객과 항공기를 위한 서비스시설에 대하여 기술하시오.

071.3 공항에서 계류장의 면적을 결정하는 과정과 고려사항을 설명하시오.

073.1 항공기 계류장치시설

073.4 여객터미널 계류장 개념(상호 조합관계)의 장·단점을 설명하시오.

074.2 계류장 규모산정 절차와 방법에 대하여 기술하시오.

089.1 테더(Tether) 시설

092.2 계류장 내에서 행해지는 지상조업서비스의 종류를 기술하고 이를 위해 계류장에 설치되는 시설 및 지상조업장비에 대하여 설명하시오.

093.4 계류장의 종류와 설계요건에 대하여 설명하시오.

098.3 여객터미널 계류장 개념에 대하여 설명하시오.

102.3 공항의 계류장 면적을 결정하는 과정에 대하여 설명하시오.

103.4 여객터미널 계류장 개념의 종류와 특성을 도시하여 설명하시오.

104.2 계류장의 종류와 수용능력에 대하여 설명하시오.

105.3 공항시설 중 계류장의 종류 및 설계요건에 대하여 설명하시오.

109.3 항공기 계류장의 계획요소에 대하여 설명하시오.

110.2 공항시설로 계류장의 종류와 특징 및 설치 시 고려사항을 설명하시오.

121.4 계류장의 종류와 설계요건에 대하여 설명하시오.

[7.46 Blast Fence, EMAS]

067.1 방풍벽(Blast Fence)

123.1 EMAS
(Engineered Materials Arresting System)

[7.47 항공기의 주기방식]

076.4 항공기의 주기방식별 장·단점에 대하여 기술하시오.

096.2 계류장 주기방식과 항공기 등급별 최소 이격거리에 대하여 설명하시오.

108.2 항공기 주기방식과 주기방식 결정 시 고려하여야 할 사항을 설명하시오.

111.4 활주로 주기방식을 구분하고 주기방식별 장·단점을 설명하시오.

[7.48 게이트(Gate)의 배열방식, 가동률]

067.1 Gate의 가동률(U)

081.4 공항의 연간항공기 운항회수 산출과정과 계류장 소요게이트(Gate 또는 Spot) 산출과정을 설명하시오.

083.4 Gate의 배열방식 및 특징과 주기방식에 대하여 설명하시오.

095.2 Gate(계류장의 주기장소)의 수용능력에 대하여 설명하시오.

097.4 공항의 게이트 소요는 일반적으로 Horonjeff 공식을 사용하여 산출하지만, 공항의 운영특성에 따라 많은 차이가 발생한다. 현실과 부합된 게이트소

요를 산출하기 위한 고려사항, 입력요소의 결정방법, 공항특성 반영내용, 산출결과 보정 등에 대하여 설명하시오.

[7.49 공항포장 LCN, ACN, PCN]

066.1 공항포장의 PCN

069.3 ACN/PCN에 대하여 설명하시오.

071.4 기존 공항의 활주로 재포장 설계 시 고려사항을 서술하시오.

073.3 공항의 포장설계(FAA설계법)를 노상과 보조기층의 지지력과 연계하여 포장두께 설계에 대하여 기술하시오.

075.1 공항포장의 지지력강도(ACN-PCN)

075.3 공항의 연성포장 두께산정(FAA설계법)과정과 지역별 포장두께 변화를 설명하시오.

076.2 공항의 아스팔트포장 설계에 사용되는 CBR방법과 FAA방법에 대하여 각각 기술하고, 차이점을 설명하시오.

078.2 ACN/PCN에 대하여 설명하고, 장래항공기 등 신형항공기 개발 시 기존 PCN과의 상관관계를 기술하시오.

081.3 공항에서 FAA설계법에 의한 연성포장두께 산정방법과 구역별 포장두께 적용기준을 기술하시오.

083.4 기존공항의 활주로 재포장 설계 시 검토하여야 할 항목의 종류를 열거하고 설명하시오.

094.2 최근 개정된 FAA 공항포장설계기준(AC150/5320-6E)의 설계특징에 대하여 개정 전후를 비교하여 설명하시오.

098.1 공항포장의 지지강도 분류기준(ACN/PCN)

118.3 공항포장 LCN(Load Classification Number), ACN(Aircraft Classification Number), PCN(Pavement Classification Number)을 설명하시오.

[7.50 공항포장의 등가단륜하중(ESWL)]

063.4 활주로, 각종 유도로, 계류장, 주차장, 도로 등 공항의 각종 토목구조물에 포장의 종류를 결정하고자 한다. 포장의 종류를 구분하여 제시하고 그 이유를 설명하시오.

069.3 활주로, 각종 유도로, 계류장, 주차장, 도로 등 공항 토목구조물의 포장종류를 구분하여 제시하고 그 이유를 설명하시오.

076.1 등가단륜하중(ESWL)

077.3 비행장 포장단면을 사용중량, 통과회수 등을 고려하여 설명하시오.

080.3 공항의 구역별 포장요구 조건과 포장두께 기준에 대하여 설명하시오.

088.4 대형항공기(E급 이상 항공기)가 취항하는 공항에서 포장선정 시 고려사항과 적용 가능한 포장을 구역별로 설명하시오.

098.3 비행장 포장 형성에 영향을 미치는 요소와 구역별 포장단면 변화에 대하여 설명하시오.

106.2 공항포장의 하중의 다양한 형태에 따라 상이한 영향을 받는다. 이에 대한 대책으로 구역별 연·강성 포장의 적용을 구분하고 적용사유를 설명하시오.

108.3 국내 콘크리트포장 설계 시 공항포장과 도로포장의 차이를 설명하시오.

110.3 공항 구역별 포장적용 형식 및 공법 선정 시 고려사항을 설명하시오.

121.4 공항도로체계에 대하여 설명하시오.

[7.51 공항포장의 그루빙(Grooving)]

082.3 공항포장의 그루빙 설치 시 고려사항과 적용기준을 기술하시오.

096.4 공항포장의 그루빙(Grooving) 설치 시 적용기준과 설치 후 유지관리에 대하여 설명하시오.

103.3 항공기 이·착륙 시 여객·화물 안전에 영향을 미치는 비행장 활주로 포장표면의 조건과 그루빙(Grooving) 설치 시 고려사항을 설명하시오.

111.4 공항의 그루빙(Grooving) 문제점 및 개선방안에 대하여 설명하시오.

[7.52 공항포장평가(APMS)]

076.2 공항의 시멘트 콘크리트포장 평가과정 및 방법에 대하여 기술하시오.

091.4 공항포장 평가과정 및 평가방법에 대하여 설명하시오.

102.4 공항 콘크리트포장의 파손형태 및 보수방법에 대하여 설명하시오.

103.4 기존 비행장 포장의 덧씌우기 설계방법(포장형식별)에 대하여 설명하시오.

105.4 항공교통 수용능력과 내구성 등의 판단을 위한 공항포장의 평가과정 및 평가기법에 대하여 설명하시오.

107.4 기존 공항의 활주로 재포장 설계 시 고려사항에 대하여 설명하시오.

117.1 공항포장평가(APMS : Airfield Pavement Management System)

[7.53 공항포장 除氷 · 防氷관리]

064.2 항공기 제빙(De-icing)시설에 관하여 설명하시오.

069.2 제빙시설(De-icing Pad)에 대하여 설명하시오.

072.3 도로 또는 공항의 융빙 또는 제설 시스템에 관하여 기술하시오.

094.3 항공기 De-icing 및 Anti-icing 작업 및 시설기준에 대하여 설명하시오.

095.3 공항시설의 제·방빙시설에 대하여 설명하시오.

101.4 항공기의 제빙시설(De-icing Facilities)에 대하여 설명하시오.

111.1 공항의 제빙시설

125.3 비행장의 제·방빙시설 설치 시 고려사항에 대하여 설명하시오.

[7.54 공항 초기강우 처리시설]

066.2 유도로의 횡단과 종단기준에 관하여 기술하시오.

067.4 활주로와 유도로의 종단계획과 횡단계획에 대하여 설명하시오.

070.3 활주로와 유도로의 종·횡단계획과 항공기 운항의 안전을 위해 시행해야 할 주변지역 표면정지 규정에 대하여 기술하시오.

071.3 공항의 배수계획에 대하여 설명하고 Air side의 표면배수 방법 중 공항운영을 고려할 때 가장 바람직한 방법에 대하여 기술하시오.

076.4 공항운영을 고려한 배수계획에 대하여 기술하시오.

077.3 계류장에서 유출되는 우수의 유/수(Oil/Water) 분리시설을 기술하시오.

080.3 공항의 배수목적과 설계 시 주의사항 및 문제점을 기술하시오.

083.2 공항내(도로) 배수처리의 문제점과 항공기(자동차)의 안전운행을 고려한 표면(노면)배수 처리방법에 대하여 기술하시오.

085.2 공항의 지표하(Sub surface) 맹암거시설에 대하여 필요성과 효과를 포함하여 설명하고, 표준단면을 그림으로 제시하시오.

096.1 초기강우 처리시설(Fresh Water)

100.2 에어사이드의 배수계획 시 배수시설의 구성요소에 대하여 설명하시오.

112.4 산악지를 통과하는 도로 또는 신규 공항건설 시의 배수계획과 설계 시 주의사항, 배수처리 시 문제점에 대하여 설명하시오.

[7.55 공항시설 최소유지관리기준]

124.4 이착륙시설의 최소유지관리수준에 대하여 설명하시오.

[7.56 비행장시설의 내진설계]

124.3 비행장시설의 내진설계에 대하여 설명하시오.

[7.57 항공정보간행물(AIP), 항공고시보(NOTAM)]]

078.1 NOTAM(항공고시보)

092.1 AIP(Aeronautical Information Publication)

[7.58 공중충돌경고장치(ACAS)]

067.4 최근 우리나라와 관련된 항공기 추락사고에 대하여 사고원인에 대한 귀하의 견해와 토목기술자로서 개선을 위한 대책방안에 대하여 기술하시오.

069.4 최근 대구지하철 참사에서 보여주듯이 공공시설물 안전성 확보의 중요성이 날로 증대되고 있다. 항공기 사고의 80%가 구조 및 소방대응지역(Critical Rescue and Fire Fighting Response Area)에서 발생하고 있는데 공항을 계획하고 설계하는 입장에서 위 지역에 대해 설명하고 안전확보를 위한 귀하의 의견을 제시하시오.

079.3 공항 안전관리체계(SMS, Safety Management System)의 효과적인 운영방안에 대하여 설명하시오.

084.2 비행안전 공역확보 상 장애물 제거가 곤란한 경우 보완대책을 기술하시오.

085.3 2008년 IATA와 미국의 NTSB의 안전보고서에서 항공기사고의 유형에 대하여 발표하였다. 항공기 사고의 대부분을 차지하는 사고 유형을 설명하고 사고방지 대책을 설명하시오.

090.3 공항주변의 장애물을 모두 제거하지 못할 경우, 공항계획과 설계측면에서 운항안전을 위하여 고려할 사항에 대하여 설명하시오.

092.4 소방구조업무를 수행하기 위한 공항카테고리에 대하여 설명하고 대응시간, 소방구조장비의 구비조건을 설명하시오.

105.1 공중충돌경고장치(Airborne Collision Avoidance System)

115.2 항공기 사고발생 시 신속히 대응할 수 있는 공항의 구조·소방 업무체계에 대하여 설명하시오.

124.2 항공기 지상 이동 중 충돌·접촉사고 방지대책에 대하여 설명하시오.

[7.59 공항 조류충돌(Bird Strike)]

074.4 서해연안에 공항건설 시 조류(鳥類) 피해에 대한 문제점과 퇴치방안에 대하여 국내외 공항 설치시 설물 사례를 들어 기술하시오.

078.2 항공기·공항의 조류피해 실태 및 대책에 대하여 논하시오.

089.3 공항운영에서 조류로 인한 피해는 매우 심각한 문제이며 금년 초에 뉴욕공항에서 이륙하던 항공기가 조류와의 충돌로 인하여 허드슨강으로 추락한 사례도 있다. 조류로 인한 피해유형 및 대책에 대하여 설명하시오.

111.1 공항의 조류관리

[7.60 항공기 소음(WECPNL), 등고선도]

063.1 WECPNL

063.3 공항의 설계를 시행함에 있어 고려해야 할 환경대책에 대하여 논하시오.

064.1 항공기 소음 등고선도

073.4 공항에서 환경관리 측면을 고려해야 할 시설을 나열하고 설명하시오.

079.4 김포공항의 항공기 소음으로 인한 문제점과 대책을 설명하시오.

086.4 항공법에 의한 항공기 소음피해 방지대책에 대해 설명하시오.

087.3 도로(또는 공항)의 소음 대책 방안에 대하여 기술하시오.

088.3 항공기 소음평가방법과 소음피해방지대책에 대하여 설명하시오.

097.4 최근 군비행장 이전과 관련한 법률제정이 진행되고 있다. 군비행장 이전 시 고려사항, 문제점 및 대책에 대하여 설명하시오.

099.3 항공기 소음평가방법 및 NCR과 WECPNL의 차이점에 대하여 설명하시오.

100.2 공항의 항공기 소음공해 평가방법 및 소음대책에 대하여 설명하시오.

108.4 공항에서 발생되는 항공기 소음의 특성과 문제점 및 대책을 설명하시오.

113.2 공항주변 주거지의 소음평가 방법, 소음에 대한 대책 방안, 소음관리 정책 방안 및 소음관련 주민과의 소통방안에 대하여 설명하시오.

113.1 Ldn(Day-Night Equivalent Noise Level)와 WECPNL(Weighted Equivalent Continuous Perceived Noise Level

114.2 항공기 소음평가 방법 및 소음피해 방지대책에 대하여 설명하시오.

116.2 공항계획 시 발생할 수 있는 환경문제와 저감방안에 대하여 설명하시오.

122.1 WECPNL(Weighted Equivalent Continuous Perceived Noise Level)

122.3 공항 소음이 기준을 초과할 경우 대책을 설명하
시오.

123.4 세계적으로 많이 사용하는 항공기 소음분석 및 평
가방법에 대하여 비교 설명하고, 공항계획단계에
서 소음저감을 위한 대책에 대하여 설명하시오.

[1. 공항계획]

7.01 항공의 자유(Freedoms of the Air)

항공의 자유(Air Freedom) [1, 1]

1. 개요

(1) '항공의 자유(Freedom of the Air)'는 1944년 시카고회의에서 채택된 항공협정에 의해 특정 국가가 외국의 민간항공기를 대상으로 부여하는 상업항공권리이다.

(2) 항공의 자유 중 제1 자유부터 제6 자유까지는 대부분 허용되지만, 제7 · 8 · 9 자유는 자국 항공산업 보호를 위해 타국 항공사에게 거의 허용하지 않는다.

2. 항공의 자유

(1) 제1 자유(Fly-over Right) : 상대국 영공을 무착륙 횡단비행하는 영공통과 자유

(2) 제2 자유(Technical Landing Right) : 운송 외에 급유, 승무원 교체, 위급환자 발생 등 기술착륙만을 위해 상대국에 착륙 후 제3국으로 계속 비행하는 자유

(3) 제3 자유(Set-down Right) : 자국 영역에서 여객 · 화물 · 우편물을 싣고 상대국으로 운송하는 자유, 하지만 상대국에서 여객 · 화물 · 우편물을 싣고 오지는 못한다.

(4) 제4 자유(Bring Back Right) : 상대국에서 자국으로 운송하는 제3 자유의 Return 개념

(5) 제5 자유(Standing Freedom right) : ① 상대국과 제3국의 여객 · 화물 · 우편물을 운송하거나, ② 주변국에서 상대국 또는 제3국으로 운송하는 자유

(6) 제6 자유(Standing 6th Freedom right) : 상대국과 제3국의 제5 자유의 Return 개념

(7) 제7 자유(Free-standing 5th Freedom) : 자국에서 출발하거나 기착하지 않고 상대국과 제3국 간에만 왕래하며 여객 · 화물 · 우편물을 수송하는 자유. 특정 항공사가 본국을 완전히 벗어나서 상대국(허가국)과 제3국 간의 운수권을 행사하는 권리

(8) 제8 자유(Consecutive Cabotage) : 외국 항공사가 다른 나라의 국내선에 참여하여 cabotage*를 허용 받는 자유. 특정 국가 내의 A에서 B로 운수하는 권리
＊Cabotage : 특정 국가 내에서 자국 항공기로 2개 지점 간을 운송하는 권리

(9) 제9 자유(9th Freedom, Stand Alone Cabotage) : 다른 국적 항공사가 동일 국가 내를 연결하는 완전한 cabotage를 허용 받는 자유. 국내선 항공시장의 완전개방을 의미 [1]

---

1) 항공위키, '하늘의 자유', https://www.airtravelinfo.kr/wiki/, 2020.

7.02 ICAO, FAA

ICAO(International Civil Aviation Organization), FAA(Federal Aviation Administration) [4, 0]

1. 국제민간항공기구(ICAO, International Civil Aviation Organization)

(1) 설립 배경

① 제2차 세계대전을 치루면서 항공기술이 급속히 발달됨에 따라 국제민간항공의 수송 체계 및 질서 확립을 목적으로 미국 시카고에서 52개국이 참가한 가운데 국제민간항 공회의가 1944.11.1. 최초로 개최되었다.

② 이 회의에서 국제민간항공협약의 제정, 국제민간항공기구(ICAO)의 설치, 하늘의 자 유(Open Sky Policy) 확립 등에 관한 협의를 거쳐 '국제민간항공협약'을 체결, 1947.4.4. 발효되었다.

③ ICAO는 1947년 10월 유엔 경제·사회이사회(Economic and Social Council) 산하 전문기구로 발족되어 현재까지 민간항공부문에서 가장 중요한 국제기구로서 활동하 고 있다.

(2) 설립 목적

① 세계전역을 통하여 국제민간항공의 안전하고 질서정연한 발전 보장, 평화적 목적을 위한 항공기의 설계와 운송기술 장려

② 국제민간항공을 위한 항공로, 공항 및 항공시설 발전 촉진

③ 안전·정확하며, 능률·경제적인 항공수송에 대한 세계 각국 국민 요망에 부응, 불합 리한 경쟁으로 발생되는 경제적인 낭비 방지

④ 체약국의 권리가 충분히 존중되고, 모든 체약국이 국제 항공기업을 운영할 수 있는 공정한 기회보장
- 체약국의 차별대우 회피
- 국제항공에서 비행의 안전 증진
- 국제민간항공의 모든 부문에서 발전 촉진

(3) 회원수 : 190개국, 대한민국은 제6차 총회 기간 중인 1952.12.11. 가입 효력 발생

(4) 조직

① ICAO 주요기관 : 총회, 이사회 및 사무국
② 이사회의 보조기관 : 항공항행위원회, 항공운송위원회, 법률위원회 등

2. 미국연방항공청(FAA, Federal Aviation Administration)

(1) 설립 배경

① 1956년 그랜드캐니언 상공 6,400m에서 트랜스월드항공과 유나이티드항공의 비행기가 충돌·추락하여 양측 승무원과 승객 128명 전원 사망하였다.

② 이 충돌사고를 계기로 하여 1958년 「연방항공법」이 제정되었으며, 이를 근거로 항공수송의 안전을 총괄하는 기관으로 설립되었다.

(2) 설립 목적

① FAA는 미국 교통부의 예하 항공전문기관으로 항공수송의 안전 유지를 담당하며, 미국 내에서 항공기의 개발·제조·수리, 운행허가 등은 FAA 승인사항이다.

② FAA는 항공사에 대한 감찰, 감리, 비행승인, 안전도 등 항공기와 관련한 모든 업무를 담당하며, 항공사는 여객업무를 수행하려면 FAA 규정을 준수해야 한다.

(3) 주요 업무

① FAA는 미국 교통부 산하 항공전문기관으로 항공수송의 안전유지를 담당하며 항공기의 개발, 제조, 수리, 운행 허가 등을 주관하고 있다.

② FAA는 미국 항공사에 대한 감찰, 감리, 비행승인, 안전도 등 항공기 관련 모든 업무를 담당하므로 미국 항공사들은 FAA 규정을 준수해야 한다.

③ FAA는 항공관제 업무, 민간항공기의 안전향상(항공기 설계, 승무원 훈련, 기체정비 계획), 민간항공기술의 개발지원, 민간 및 국가 우주항공 기술개발 등에서 주로 항공기를 대상으로 업무를 수행한다.

④ 로켓, 인공위성을 취급하는 FAA-AST(Administrator for Commercial Space Transportation)가 FAA 산하기관이다.

(4) FAA의 국제항공안전평가 프로그램(IASA)

① FAA는 미국 내에서 항공사고를 획기적으로 줄이기 위하여 '국제항공안전평가 프로그램(IASA, International Aviation Safety Assessment Program)'을 제정하여 1998년부터 시행하고 있다.

② 미정부가 주관하는 IASA는 자국민의 안전 확보를 위해 '미국을 출발, 도착 또는 경유하는 모든 항공사와 그 소속 국가의 안전도를 평가하는 기준'이다.

③ IASA의 항공안전도 평가는 I등급과 II등급으로 구분된다. II등급 판정을 받으면 ICAO가 정한 최소안전기준에 미달하는 것으로 지목되어 판정 당시 운항횟수 외에 추가 취항, 증편, 기종변경, 편명공유 등이 금지된다.[2]

---

2) 국토교통부, '항공정보포탈시스템', 2020, https://www.airportal.go.kr/

7.03 「공항시설법」에 의한 공항시설

1. 용어 정의

(1) '공항'이란 공항시설을 갖춘 공공용 비행장을 말하며, '비행장'이란 항공기·경량항공기·초경량비행장치의 이륙·이수와 착륙·착수를 위하여 사용되는 육지 또는 수면의 일정한 구역을 말한다.

(2) 「공항시설법」 제2조(정의)에 규정된 '공항시설'이란 공항구역 안에 있는 시설과 공항구역 밖에 있는 시설로서 항공기의 이·착륙 및 항행을 위한 시설, 항공 여객·화물의 운송을 위한 시설과 그 부대시설 및 지원시설 등을 말한다.

2. 공항시설 구분

(1) **공항기본시설**

① 활주로, 유도로, 계류장, 착륙대 등 항공기의 이착륙시설
② 여객터미널, 화물터미널 등 여객시설 및 화물처리시설
③ 항행안전시설, 관제소, 송수신소, 통신소 등의 통신시설
④ 기상관측시설
⑤ 공항 이용객을 위한 주차시설 및 경비·보안시설, 홍보시설 및 안내시설

(2) **공항지원시설**

① 항공기 및 지상조업장비의 점검·정비 등을 위한 시설
② 운항관리시설, 의료시설, 교육훈련시설, 소방시설, 기내식 제조·공급시설
③ 공항의 운영 및 유지·보수를 위한 운영·관리시설
④ 공항 이용객 편의시설 및 공항근무자 후생복지시설
⑤ 공항 이용객을 위한 업무·숙박·판매·위락·운동·전시 및 관람집회시설
⑥ 공항교통시설 및 조경시설, 방음벽, 공해배출 방지시설 등 환경보호시설
⑦ 공항과 관련된 상하수도시설 및 전력·통신·냉난방시설
⑧ 항공기 급유시설 및 유류저장·관리시설, 공항 관련 신(재생)에너지 설비
⑨ 공항의 운영·관리와 항공운송사업 관련 건축물 부속시설, 항공화물 창고시설

(3) 도심공항터미널

(4) 헬기장에 있는 여객시설, 화물처리시설 및 운항지원시설

(5) 공항구역 내에 지정된 자유무역지역에 설치하는 시설

7.04 첨두시간 항공수요 산출

1. 개요

첨두시간 항공수요는 국내·외 항공산업 이슈, 최근 항공산업 환경변화 등을 감안하여 현시점에서 가까운 과거의 단기분석을 수행하는 ARIMA 모형으로 예측한다.

2. 첨두시간 항공수요 의미

(1) 공항 시설규모는 설계목표연도의 '설계기준 첨두시간'으로 결정한다.

(2) '설계기준 첨두시간'은 '30번째 첨두시간'을 설계기준으로 간주한다. 이는 29번째 첨두시간까지는 초과수요이므로, 혼잡을 인정한다는 의미이다.

(3) 활주로와 터미널의 시간당 처리능력은 도착비율이 10%씩 증가할 때마다 시간당 처리능력이 10%씩 감소하는 것으로 추정한다.

(4) 계류장 gate수는 도착항공기에 즉시 gate를 공급해야 하므로, 도착횟수 30번째 첨두시간 수요를 기준으로 gate수를 추정한다.

3. ARIMA 모형 3단계 분석

(1) ARIMA(Auto-regressive Moving Average) 모형이 주로 단기예측에 사용되는데, 그 이유는 먼 과거보다는 최근 시점의 관측값에 더 많은 비중을 주기 때문이다.

(2) 항공 데이터는 비정상적(추세를 가진) 시계열이고, 계절성(패턴을 가진)이 있기 때문에 ARIMA 모형은 4단계로 나누어 분석하고 있다.

① 0단계 정상성(正常性, stionality) : 정상성은 시계열을 일정 주기로 나누었을 때, 각 주기의 평균과 분산이 일정하다는 의미이다. 비정상성이면 변수 변환 과정을 거친다.

② 1단계 식별 : 두 개의 이론적인 자기상관함수와 편자기상관함수를 이용하여 모형을 식별한다. 추정된 두 개의 이론적 상관함수가 일치하는지 비교하는 과정이다.

③ 2단계 추정 : 모수가 통계적으로 유의미한지 판단하기 위하여 비조건 최소자승법, 조건 최소자승법, 최우추정법 등을 통해 파라미터의 적합성을 추정한다.

④ 3단계 모형진단 : 모형의 적합성을 진단한다. 통계적으로 적절한 모형은 백색잡음들이 서로 독립(즉, 자기상관되지 않음)하므로, 이를 통계값 및 이상값으로 검증한다.[3]

---

3) 한국교통연구원, '항공 수요예측 연구', 항공교통정보분석사업, 2015.

7.05 공항의 위계

1. 개요

(1) 국토교통부는 「제5차 공항개발중장기종합계획(2016~2020)」에 의해 중추공항, 거점공항, 일반공항 순으로 공항의 위계를 설정하고 있다.

(2) 중추공항은 글로벌 항공시장에서 국가를 대표하는 인천공항을 말하며, 전 세계 항공시장을 대상으로 하는 동북아지역 허브공항을 표방한다.

(3) 거점공항은 말 그대로 권역 내의 거점을 의미하며, 일반공항은 주변지역의 항공수요를 담당하는 소규모 공항이다.

2. 공항의 위계

(1) 정부는 전국을 4개 권역(중부권, 동남권, 서남권, 제주권)으로 구분하고, 각 권역에 거점공항과 일반공항을 두고 있다.

• 동남권 : 거점공항은 김해공항과 대구공항, 일반공항은 울산·포항·사천공항 등

(2) 최근 영남권 신공항 건설을 둘러싸고 '관문공항' 용어가 논의되고 있다.

• 관문공항은 정부의 공항 위계에서 존재하지 않는 용어이다.

• 공항 위계에 따르려면 관문공항은 '제2의 중추공항'으로 볼 수 있다.[4]

[위계별 권역별 공항의 분포]

구분	중부권	동남권	서남권	제주권
중추공항	인천			
거점공항	김포, 청주	김해, 대구	무안	제주 및 제주2*
일반공항	원주, 양양	울산, 포항, 사천, 울릉	광주, 여수, 군산, 흑산	

* 제주공항과 제주 제2공항은 향후 역할 분담방안을 검토한 후에 위계를 결정

[공항의 위계별 역할]

구분	성격	세부 역할
중추공항	글로벌 항공시장에서 국가를 대표	전 세계 항공시장을 대상으로 동북아 지역의 허브 역할 출·입국관리의 3대 업무(세관, 출입국관리, 검역) 수행
거점공항	권역 내의 거점	권역의 국내선 수요 및 중단거리 국제선 수요 처리
일반공항	주변지역 수요 담당	주변 지역의 국내선 수요 위주 처리

---

4) 국토교통부, '제5차 공항개발 중장기 종합계획(2016~2020)', 2015.

7.06 보호구역(Airside)과 일반구역(Landside)

공항지역(Airside)과 도로지역(Landside) [1, 20]

1. 개요

(1) 「항공보안법」 제12조에 의한 '공항시설 보호구역'은 공항 내에서 보안시설로 분류되는 구역이다. 즉, 출국심사 및 보안검색를 마친 승객, 항공사·공항관계자를 제외한 일반인은 허가 없이 출입할 수 없는 구역을 보호구역(Airside)이라 한다.

① 보호구역(Airside)에 있는 승객은 모두 '출국' 상태이다. 이미 출국심사를 통과하고 전산을 입력했으므로 이 구역에 들어오면 출국을 철회하거나 되돌아 나갈 수 없다.

② 공항에서 보호구역을 설정하는 이유는 항공기 사고, 항공 범죄, 테러 및 밀입국, 불법 출국을 방지하기 위함이다. 전 세계 모든 공항이 똑같다.

(2) 반면, Airside 외에 여객 및 화물 처리시설, 기타 부대시설, 주차장 등을 포함하여 일반인 누구나 출입할 수 있는 구역을 일반구역(Landside)이라 한다.

Landside는 공항의 관문역할을 하며, 여객이 항공기를 이용하거나 항공기에서 내려 지상교통을 이용할 때 반드시 통과하는 구역이다.

2. 보호구역(Airside)

(1) **Airside 설계 요소**

① 지형학적 조건(수평·수직)
② 항공기의 하중, 지표조건, 지지력
③ 공항의 지상접근성
④ 안내표지의 조명, 색채
⑤ 시각지원시설, 비상시설
⑥ 활주로 주변의 위험성, 항공기 보호
⑦ 비상용 2차 전원시설
⑧ 공항경계선의 울타리, 보안시설 등

(2) **Airside 설계 고려사항**

① Airside 설계할 때 가장 중요한 요소는 전체적인 윤곽(시설물 배치)이다.
② 공항계획 관점에서 지역조건(기후), 환경조건(소음) 등을 감안하여 보다 상세하고 심도있는 연구가 필요한 분야이다.
③ 우선적으로 활주로, 유도로의 윤곽을 고려할 때 항공기의 특성, 부지조건 등에 따라 공항시설의 규모를 경제성을 고려하여 제한적으로 선택한다.
④ 이어서 포장강도, 계류장, 운항시설, 교통관제 등을 순차적으로 고려한다.

⑤ Airside 용량을 결정하기 위해 장래 항공수요를 예측하여 활주로, 유도로, 계류장 지역 등의 시설규모와 투자시기를 비교·검토한다.

3. 일반구역(Landside)

(1) Landside 설계 요소

① 공항의 지상교통량

- 항공기의 이·착륙 운항횟수가 많아지면 Landside 지역도 확장되면서 이용객과 송영객, 항공종사원들의 진출입문제, 주차문제가 야기된다.
- 연결도로의 노선계획은 도로관리청 등 관계기관과 협의하여 결정하되, 차로수, 차로폭 등 기하구조는 추정교통량에 의거 결정한다.

② 공항의 접근교통수단

- 도심지와 공항 간의 지상연결도로에 대하여 여러 대안을 검토한다.
- 공항 접근교통수단의 종류·용량에 따라 Landside 규모가 결정되는데, 지상교통체계는 크게 승용차와 대중교통수단(버스, 철도)으로 양분한다.

③ 청사의 규모, 기능, 배치형태

- Landside는 여객청사 및 화물청사와 인접해 있으므로, 터미널의 규모와 배치형태에 따라 Landside 계획을 적절히 수립한다.
- 입국과 출국의 분리여부, 여객과 화물의 처리방법·수준에 따라 Landside 지역의 시설규모도 달라진다.

(2) Landside 지상교통량 수요예측 기준

① 여객의 도착과 출발 비율
② 이용객과 송영객의 비율 : 외국 1:1, 우리나라 국제선 1:2.0~2.5
③ 차종에 따른 여객분담율 : 자가용 2.0명, 택시 2.5명, 버스 20명
④ 차종에 따른 면적점유율 : 자가용 15%, 택시 10%, 버스 65%
⑤ 단기 및 장기 주차 비율 : 보통 30분, 최대 2시간
⑥ 공항 내부의 지상교통량[5]

---

[5] 방준 외, '시뮬레이션 모델을 활용한 인천국제공항 수용량 산정에 관한 연구', 한국항공운항학회지, 2019.

7.07 허브공항(Hub Airport)

허브공항(Hub Airport), 인천공항이 아시아 지역 허브공항 달성·유지를 위한 대책 [4, 1]

1. 허브화 개념

(1) 허브화란 '특정 공항이 허브공항으로 발전하는 과정으로, 당해 공항의 여객·화물의 처리량이 증가하는 동시에 주변공항에서 처리하던(할) 여객·화물이 당해 공항에서 환승·환적되는 비율이 높아가는 과정'이라 할 수 있다.

(2) 인천국제공항이 1억 명을 처리하는 동북아 허브공항으로 승격하려면 여객·화물 처리량을 늘리고, 주변공항에서 처리하던(할) 여객·화물에 대한 환승·환적 비율을 높여야 한다.

2. 허브공항 종류

(1) **단순허브(Simple hub)** : 지선 운항이 상호 간에 독립적으로 이루어지는 허브

(2) **복합허브(Complex hub)** : 미리 정해진 운항스케줄에 따라 출발·도착하는 허브로서, 효율적 환승이지만 서비스와 장비가 과다하게 소요되어 연계환승이 아니면 비효율적이다.

(3) **방향허브(Directional hub)** : 출발지 공항으로 되돌아오는 노선이 없는 허브

(4) **복수허브(Multiple hub)** : 하나 이상의 항공사가 운영하는 허브로서, 허브 간의 운항은 직항노선이다. 미국은 아메리칸항공 등 거대항공사들이 복수허브를 운영하고 있다.

3. 허브공항 조건

(1) 기·종점 수요(O-D demand)가 충분히 갖추어져야 한다. 허브공항은 환승·환적비율이 필수적으로 높아야 하는데, 일정 규모의 항공수요가 존재해야 한다.

(2) 경쟁력이 강한 항공사가 반드시 존재해야 한다. 주요 항공사들이 해당 공항을 중심으로 조밀한 네트워크를 구성하여 운영해야 한다.

(3) 지리적 위치가 매우 중요하다. 배후에 충분한 수요권역이 존재하고, 국제교역이 활발한 노선의 중심선에 위치해야 한다.

(4) 공항을 이용하려는 고객들이 부담하는 경제적 비용이 저렴해야 한다.

(5) 공항에서 제공하는 서비스수준이 이용자의 욕구를 충족시켜야 한다.

(6) 정부와 공항운영주체의 항공정책이 혁신적으로 고객지향적이어야 하며, 동시에 적극적인 마케팅 활동이 수반되어야 한다.[6]

---

6) 박현철, '국제공항의 허브화 전략 연구: 인천국제공항의 전략 연구', 서울大, 공학박사학위논문, 2003.

7.08 저가항공사(LCC, Low Cost Carrier)

저가항공기(Low Cost Carrier) [1, 4]

1. 개요

(1) 2005년 한성항공이 국내 LCC 시장에 최초 진입하였고 이어서 2006년 제주항공이 진입한 이후, 현재 영남에어, 진에어, 에어부산, 이스타항공 등이 있다.

(2) 초기 LCC들은 시장 진입이 어려웠지만 곧이어 대형항공사가 출자한 LCC들이 등장하여 LCC 숫자를 더 증가시키는 효과를 유발하고 있다.

2. 국내 LCC 시장참여 특징

(1) 기존 항공사는 국내노선에서 적자가 누적됨에 따라 항공편을 지속적으로 줄이는 상황에서 LCC도 아닌 영세 지역항공사가 그 공백을 메우고 있다.

(2) LCC들의 요금수준은 기존 항공사의 80~94% 수준을 책정하고 있지만, 기존 항공사와의 근본적인 차별성이 거의 없는 상태에 머물러 있다.

(3) LCC가 코로나 특별할인을 통해 기존 항공사 정상요금의 1/5 요금을 책정하기도 하지만, 이는 특정기간에 한하며 LCC의 Low cost 특징은 아니다.

(4) 오히려 제주항공은 기종 변경에 따른 비용증대를 이유로 기존 항공사의 70%대 항공요금을 80% 수준으로 인상하여 국내에는 LCC 차별성이 없다.

3. 국내 LCC 시장참여 효과

(1) **항공요금** : 저자본 LCC가 진입하면서 수요가 별로 없는 평일에 예약선착순으로 다른 교통요금보다도 훨씬 낮은 금액을 제공하는 등 다양한 할인이 등장하였다.

(2) **수송실적** : 최근 코로나19 탓에 여행수요가 국내선으로 집중되어 제주노선은 평균 70~80%대의 탑승률을 나타내고 있으나, LCC 간의 출혈경쟁은 더욱 심해졌다.

(3) **항공운항 안정성** : 국내 항공시장에 LCC 진입 후, 기존 항공사들도 서비스를 개선하기 위하여 항공 안전 및 지연·결항에 더욱 집중하고 있는 긍정적인 측면도 있다.

(4) **항공교통 경쟁력** : 국내 내륙노선에서 항공교통과 가장 큰 경쟁 교통수단은 KTX이며, 특히 경부선과 호남선 고속철도는 항공교통보다 우월한 위치에 있다.[7]

---

7) 국토교통부, '국내 LCC 현황 및 분석', 2015.

7.09 항공운항증명(AOC, Air Operator Certificate)

운항증명(AOC, Air Operator Certificate) [1, 3]

1. 개요

항공운항증명(AOC, Air Operator Certificate)은 사업면허를 받은 항공사가 안전운항에 필요한 조직, 인력, 시설·장비, 운항·정비 관리, 종사자 훈련프로그램 등의 안전운항체계를 갖추었는지 검사하는 제도이다.

2. 항공운항증명(AOC)

(1) 검사 기준

① 국제기준 : 국제민간항공조약 부속서 6권 4.2.1항(Air Operator Certificate)

② 국내기준 : 「항공법」 제115조의2(항공운송사업 운항증명)

③ 검사내용 : 국가기준(85개 분야, 3,805개 검사항목)에 따른 적합여부 검사

(2) 운항증면(AOC) 발급 절차

① 운항증명은 다음 5단계 순서로 진행되며, 단계별 추진이 이행되기 전에 운항증명 신청자와 운항증명 담당부서 간에 사전 협의가 선행되어야 한다.

- [1단계] 신청(Application by the operator)
- [2단계] 예비평가(Preliminary assessment of the application)
- [3단계] 서류·현장검사(Document Compliance, Demonstration & Inspection)
- [4단계] 운항증명 교부결정(Decision on application and award of AOC)
- [5단계] 지속감독(Continuing surveillance and inspection)

② 운항증명 교부를 결정한 경우, 국토교통부는 운항증명서와 운영기준을 함께 교부하되, 그 내용은 운항증명 신청자가 수행하는 사업에 따라 달라질 수 있다.[8]

3. 항공운항증명(AOC) 효력이 정지되어 항공기를 반납하지 못한 사례

(1) 이스타항공이 비용 절감을 위해 리스 기간이 끝난 항공기를 반납하려 해도 못하고 있다. 오랜 운항 중단으로 항공운항증명의 효력이 정지됐기 때문이다.

(2) 이스타항공이 2020.3.24. 국내·국제선 운항을 모두 중단하여 운항에 필요한 항공운항증명(AOC) 효력이 정지되면서 반납계획에 차질이 생겼다.

---

8) 국토교통부, '플라이강원에 운항증명(AOC) 발급', 보도자료, 2019.10.29.

[2. 항공관제시설]

7.10 공역(Airspace), 인천 비행정보구역(FIR)

공역(air space), 인천 비행정보구역(FIR) [1, 2]

1. 공역(Airspace)

(1) 공역(Airspace)이란 항공기가 항행할 수 있도록 적합한 통제를 통해 안전조치가 이루어지는 공간이다. 민간 및 국군의 항공활동을 위해 활용되는 공역은 항행안전관리, 주권보호, 국가방위 등의 목적으로 대별된다.

(2) 공역관리(Airspace Management)라 함은 정해진 규모의 공역사용을 조정·통합 및 규제하는 총체적인 활동이다. 공역을 이용하는 모든 비행물체의 운영방법과 통제절차를 표준화함으로써, 항공기의 항행안전을 보장하고 공역의 운용효율을 제고하는 활동이다.

(3) **주권공역(Territory)으로서의 영공(Territorial Airspace)** : 영토(Territory)와 영해(Territorial Sea)의 상공으로서 완전하고 배타적인 주권을 행사할 수 있는 공간

- 영토(領土) : 「헌법」 제3조에 의한 한반도와 그 부속도서
- 영해(領海) : 「영해법」 제1조에 의한 기선으로부터 12해리 선까지 이르는 수역

(4) **공해상(Over The High Seas)에서 체약국 의무가 적용되는 공역** : 체약국은 공해상에서 운항하는 항공기에 적용할 자국의 규정을 「시카고조약」 제12조에 따라 수립해야 한다.

2. 공역 구분

(1) 관제공역

A등급 공역	모든 항공기가 계기비행해야 하는 공역
B등급 공역	계기비행 및 시계비행 항공기가 비행 가능하고, 모든 항공기에 분리를 포함한 항공교통관제업무가 제공되는 공역
C등급 공역	모든 항공기에 항공교통관제업무가 제공되나, 시계비행 항공기 간에는 비행정보만 제공되는 공역
D등급 공역	모든 항공기에게 항공교통관제업무가 제공되나, 계기비행 항공기와 시계비행 항공기 및 시계비행 항공기 간에는 비행정보업무만 제공되는 공역
E등급 공역	계기비행 항공기에 항공교통관제업무가 제공되고, 시계비행 항공기에 비행정보업무가 제공되는 공역

(2) 비관제공역

F등급 공역	계기비행 항공기에 비행정보업무와 항공교통조언업무가 제공되고, 시계비행 항공기에 비행정보업무가 제공되는 공역
G등급 공역	모든 항공기에 비행정보업무만 제공되는 공역

3. 인천 비행정보구역(FIR, Flight Information Region)

(1) 국가는 자국의 영토 및 항행지원능력을 감안하여 비행정보구역(FIR)을 지정하며, 자국의 FIR 내에서 비행정보업무(Flight Information Services) 및 조난항공기에 대한 경보업무(Alerting Services)를 제공해야 한다.

(2) 비행정보구역(FIR)은 ICAO 지역항공항행회의 이사회에서 결정하며, 「국제민간항공협약」 부속서 2 및 11에서 정한 기준에 의거 당사국들은 관할공역 내에서 등급별 공역을 지정하고 항공교통업무를 제공하도록 규정하고 있다.

(3) 우리나라가 관할하는 인천 비행정보구역(FIR)의 면적은 43만km^{2}로서 수직범위는 지표(또는 수면)로부터 무한대까지이며, 동쪽/남쪽으로는 후꾸오까FIR, 서쪽으로는 상해FIR, 북쪽으로는 평양FIR과 인접되어 있다.[9]

[인천비행정보구역(INCHEON FIR) 및 인근 국가 비행정보구역]

---

9) 한국교통연구원, '국가공역관리를 위한 중장기 계획 수립 연구', 2018.

7.11 항공교통관제업무(Air Traffic Control Service)

1. 개요

(1) 항공교통업무(Air Traffic Service)는 비행 중인 항공기와 교신을 통해 항공기의 이·착륙 통제, 항공기 간의 충돌 방지, 안전비행 유도 등을 수행하는 업무이다.

(2) ICAO는 항공교통업무를 항공교통관제업무(Aerodrome Control Service Service), 비행정보업무(Flight Information Service), 경보업무(Alerting Service), 항공교통정보 조언업무(Air Traffic Advisory Service) 등으로 나눈다.

2. 항공교통관제업무(Air Traffic Control Service)

(1) **비행장 관제업무(Aerodrome Control Service)**

① 비행장(공항)을 중심으로 일정범위의 공역(관제권) 및 공항지상이동지역 내에서 관제탑 관제사에 의해 제공되는 관제업무

② 공항이동지역(Airport Movement Area)의 감시(Surveillance) 및 통제, 이·착륙 및 관제권을 통과하는 항공기에 대한 비행허가발부, 항공교통관제허가의 중계(ATC Clearance Delivery) 등을 포함한다.

③ 비행장 관제업무는 계류장 관제(Ramp Control), 비행자료업무(Flight Data), 지상관제(Ground Control), 국지관제(Local Control) 등의 4단계로 나누어진다.

(2) **계류장 관제업무(Ramp Control)**

① 지상의 계류장구역 내를 이동하는 항공기에게 제공되는 관제업무

② 통상 비행장 관제업무를 수행하는 관제탑에서 계류장 관제업무를 함께 수행한다. 다만, 인천국제공항의 경우 계류장 관제업무를 관제탑의 비행장 관제업무와 분리하여 인천국제공항공사에서 별도로 수행하고 있다.

(3) **접근 관제업무(Approach Control Service)**

① 접근 관제공역 내를 비행하는 항공기에게 제공하는 관제업무

② 항공기를 관할하는 책임구역까지 순서를 정하여 유도하는 업무이다.

(4) **지역 관제업무(Area Control Service)**

① 관할 관제공역(Controlled Airspace) 항공로를 운항하는 항공기에 대한 관제업무

② 우리나라는 인천에 소재한 항공교통관제센터(ACC)에서 수행한다.[10)]

---

10) 국토교통부 서울지방항공청, '항공교통관제', 우리청소개, 2020.

7.12 공항지상감시레이더(ASDE)

공항감시레이더(ASR/SSR), 공항지상감시레이더(ASDE) [4, 0]

1. 개요

(1) 항공교통관제업무(ATCS, Air Traffic Control Services)는 공항 관제탑에서 관제사가 항공기의 안전하고 효율적인 운항을 지원하는 업무로서 아래 시설이 필요하다.

① 이·착륙 항공기의 위치와 고도를 확인하기 위한 레이더시설(RADAR)

② 공항주변의 기상조건(온도, 기압, 풍향)을 파악하기 위한 기상시설

③ 조종사와 관제사 간에 실시간 항행정보를 교환하기 위한 통신시설 등

(2) 레이더시설(RADAR, Radio Detection And Ranging)은 사물[도체(導體)]에 부딪쳐 반사하는 전파의 특성을 이용하여 사물을 측정하는 시설로서, 정밀접근레이더 PAR, 1차 감시레이더 ASR, 2차 감시레이더 SSR, 공항지상감시레이더 ASDE 등이 있다.

2. 레이더(RADAR, Radio Detection And Ranging)

(1) 정밀접근레이더 PAR(Precision Approach Radar)

① PAR은 군용비행장에서는 지상관제접근(GCA, Ground Controlled Approach)이라 부르는데, 착륙보조시설이 있는 레이더를 말한다.

공항 관제사는 PAR 레이더 화면을 보면서 항공기의 방향·각도 정보를 조종사에게 음성으로 알려주므로 항공기에 항행장비 탑재가 없어도 된다.

② PAR을 이용하면 조종사가 지상 관제사에게 전적으로 의존하고 조종석에서 직접 정보를 알 수 없으므로 민간항공기에 항행장비 ILS를 탑재한다.

PAR과 ILS가 모두 설치된 공항에서 조종사는 ILS에 의존하지만, 장애물로 인하여 ILS 착륙이 불가능한 방향에서는 PAR에 의한 착륙 유도를 요청한다.

(2) 1차 감시레이더 ASR(Airport Surveillance Radar)

① ASR은 공항주변의 전반적인 공역현황을 관제사에게 제공하여 접근항공기를 감시함으로써 이·착륙 항공기를 관제하는 1차 감시레이더이다.

② ASR의 설치장소

• 공항부근에 전파방해를 받지 않는 장소

• 반경 450m 이내에 장애물이 없어, 넓은 가시거리를 제공하는 장소

• 항공기가 활주로에 착륙할 때까지 탐지할 수 있는 장소

③ ASR의 유효범위는 60NM으로 접시(돔)모양이며, 360° 회전하면서 항공기의 호출부호·속도·고도 등 항행정보와 기압·풍향 등 기상정보를 제공한다.

(3) 2차 감시레이더 SSR(Secondary Surveillance Radar)

① 2차 감시레이더(SSR)은 1차 감시레이더(ASR)를 보조하여 항공기를 식별하고 항행 중인 고도정보를 얻는 레이더로서, 항로감시레이더(ARSR)와 함께 설치된다.

② SSR은 항공기에 질문신호를 보내고 응답신호에 포함된 펄스신호를 해독하여 고도정보를 얻는 레이더로서, 반사전파가 강하여 탐지거리가 200NM(370km)까지 가능하다.

(4) 공항지상감시레이더 ASDE(Airport Surface Detection Equipment)

① ASDE 레이더는 공항에서 지상 이동하는 항공기와 차량 위치를 감시하는 레이더로서, 관제사의 지상교통 관제업무를 보조하는 수단이다.

지상교통량이 많은 대형공항에서 시정이 악화되면 지상유도 중인 항공기를 관제탑에서 육안으로 직접 관제하기 어려울 때 효율적이다.

② ASDE는 악천후에서도 이·착륙해야 하는 정밀진입활주로에는 필수장비로서, 공항 관제탑 위에 높은 곳에 막대형으로 설치한다.

ASDE는 활주로, 유도로, 주기장, 여객청사 지역에서 이동하는 물체를 화면으로 보여준다. 제주공항에는 ASDE 대신 CCTV가 설치되어 있다.

[정밀접근레이더 PAR]　　[1차 감시레이더 ASR]　　[2차 감시레이더 SSR]　　[공항지상감시레이더 ASDE]

(5) 레이더정보처리시설 ARTS(Automated Radar Terminal System)

① 관제탑의 레이더 화면(displayer)에 항공기의 편명, 기종, 속도, 식별부호 등의 비행 관련 자료를 문자정보로 표시해 주는 레이더이다.

② 관제사가 1차 및 2차 감시레이더에서 얻는 항공관제에 필요한 항적자료를 처리하는 데 필요한 레이더이다.[11]

---

11) 한국교통연구원, '지상감시레이더를 활용한 항공기 지상이동경로 추출 및 활용방안에 관한 연구', 2017.

항공기상관측시설, MLAT, LLWAS, Wind Shear [4, 0]

7.13 항공기상관측시설

1. 다변측정감시시설(MLAT, Multilateration)

(1) 필요성

① 국제민항기구(ICAO)는 1992년 총회에서 CNS/ATM(Communication Navigation Surveillance/Air Traffic Management)을 국제표준항행시설로 승인하였다.

② CNS/ATM은 정밀도가 우수한 자동종속감시-방송(ADS-B, Automatic Dependant Surveillance-Broadcast) 장비를 갖춘 감시시설이다.

③ 2000년대 초에 GPS 안전성 문제가 제기되면서 ADS-B를 지상감시로 사용할 때는 데이터 유효성을 검증할 수 있는 장비와 함께 사용할 것을 ICAO에서 권고하고 있다.

④ 현재 전 세계적으로 ADS-B의 대안기술 및 데이터 유효성 검증장비로서 다변측정감시(MLAT, Multilateration) 시스템이 주로 사용되고 있다.

(2) 다변측정감시(MLAT, Multilateration) 시스템

① MLAT는 쌍곡면(hyperboloid) 위치 측정법을 이용하여 항공기의 응답신호에 대해 4개 수신기에서 수신 시각차(TDOA, Time Difference of Arrival)를 측정함으로써 위치를 계산하는 시스템이다.

② 하나의 수신기를 기준 수신기로 설정하고, 이를 기준으로 나머지 3개의 수신기에 도착하는 신호의 수신 시각차(TDOA)를 계산하는 원리이다.

③ TDOA는 수신기 간의 거리차이므로 일정크기의 거리차를 갖는 3개의 쌍곡면을 계산하면, 이들이 만나는 점이 항공기의 위치가 된다.

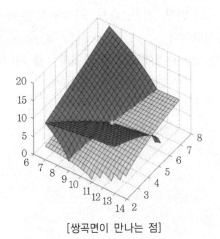

[쌍곡면이 만나는 점]

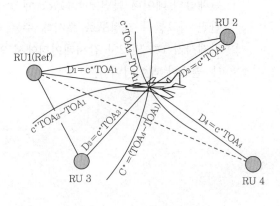

[MLAT에서의 위치측정 원리]

2. 저층난류 경보시스템(LLWAS, Low Level Wind shear Alert System)

(1) 용어 정의

① LLWAS는 항공기 이·착륙 중에 돌풍에 의한 항공사고 예방을 위하여 저고도에서 급격히 발생되는 돌풍현상을 경보하는 시스템이다.

② LLWAS는 활주로 중심으로 공항주변에 초음파 센서를 설치하여, 저고도에서 발생되는 돌풍현상(Wind shear)을 탐지 분석하여 이·착륙 항공기에게 사전 경고한다.

(2) LLWAS 구성 및 기능

① LLWAS는 풍향풍속계 초음파 센서 3개를 120° 방향으로 설치(360° 전방향탐지)하여, 그 사이를 지나는 풍속에 따라 난류를 자동 측정한다.

② 인천공항에는 8개의 초음파 센서가 주처리장치, 원격처리장치 및 자료표출장치로 구성되어 설치·운영되고 있다.

- 주처리장치(Master station) : 8개의 원격처리장치(Remote station)로부터 수신되는 기상자료를 처리하는데, 주중앙처리부(Master CPU)와 부중앙처리부(Slave CPU)의 이중구조로 되어 있다.
- 원격처리장치 : 고정축을 중심으로 120° 방사형으로 3개의 초음파 센서를 설치하여, 풍속에 따라 달라지는 초음파 이동속도로부터 돌풍을 계산한다.
- 자료표출장치 : 250개 문자 구성이 가능한 display panel로서, 이 장치는 관제탑에 설치하며 주처리장치에서 수신되는 기상자료를 표출한다.[12]

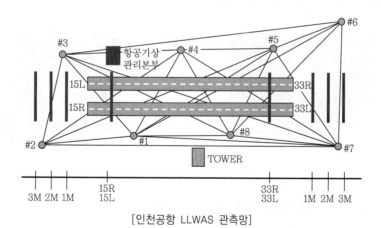

[인천공항 LLWAS 관측망]

---

12) 김태식 외, '다변측정(Multilateration) 항공감시 시스템 기술 동향', 항공우주산업기술동향, 2013.

7.14 항행안전시설(NAVAID)

항공기 이·착륙 안전 확보를 위한 항행안전시설(NAVAID) [1, 8]

I 개요

1. 항행안전시설(NAVAID, Navigational Aids)이란 악기상상태에서도 항공기가 안전하게 운항할 수 있도록 각종 정보를 제공하는 시설이다.

2. **조종사와 관제사가 활주로를 이·착륙하는 과정에 이용하는 항행안전시설**

    (1) **항행안전무선시설** : 전파에 의해 항공기의 항행을 돕는 시설

    (2) **항공정보통신시설** : 전기통신에 의해 항공교통정보를 제공·교환하는 시설

    (3) **항공등화시설** : 불빛에 의해 항공기의 항행을 돕는 시설

II 항행안전시설

1. **레이더시설(RADAR, Radio Detecting and Ranging)**

    (1) **기능** : 비행 중인 항공기를 탐지하여 관제사가 화면을 보고 항공기를 안전하게 관제할 수 있도록 하는 ASR, ARTS 등의 시설

[ASR]

[ARTS]

2. **계기착륙시설(ILS, Instrument Landing System)**

    (1) **기능** : 항공기의 정밀착륙을 안내하기 위한 수평/수직유도 및 거리정보 제공

    (2) **용도**

      ① 유도정보 : LLZ, GP

      ② 거리정보 : Marker Beacon, DME

      ③ 시각정보 : 접근 등화, 접지 등화, 활주로 등화, 활주로 중심선 등

(3) ILS시설에서 제공되는 정보

① 방위각제공시설(LLZ, Localizer) : 활주로 중심선의 코스를 유도하기 위한 수평정보 90°(좌)/150°(우) 제공

② 활공각제공시설(GP, Glide Path) : 활주로에 중심선의 코스를 유도하기 위한 수직정보 90°(상)/150°(하) 제공

③ 마커 비콘(Marker Beacon) : 저시정상태에서 접근활주로가 임박했음을 알려주는 내측마커(IM), 중간마커(MM), 외측마커(OM) 등으로 제공

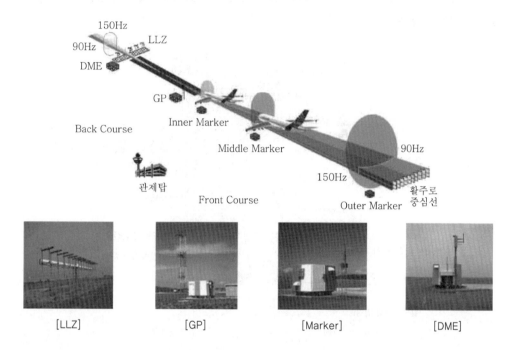

[LLZ] [GP] [Marker] [DME]

3. 거리측정시설(DME, Distance Measuring Equipment)

(1) 항행 중인 항공기에 DME 설치지점에서 항공기까지의 거리정보를 숫자로 제공하는 시설로서, 항공로 비행 및 이·착륙 중에 이용된다.

(2) 다만, ILS시설의 중간마커(MM)와 외측마커(OM) 대신 DME로 운영 가능하다.

4. 全방향표지시설(VOR, VHF Omni-directional Radio Range)

항행 중인 항공기에 방위각도 정보(1~360°)를 제공하기 위하여 항공로를 구성하는 시설로서, 공항접근 및 이·착륙 중에 이용된다.[13]

---

13) 국토교통부 서울지방항공청, '항행안전시설이란?', 항공지식정보, 2021.

7.15 항공등화시설(Aeronautical light)

항공등화시설 종류, 항공장애표시등 설치대상 [2, 5]

I 개요

항공등화시설(Aeronautical light)은 이·착륙 중인 항공기의 안전운항을 위해 지상이나 항공기에 설치하는 등화시설로서, 공항 등화시설, 항공로 등화시설, 항공기 등화시설, 항공장애물 등화시설 등이 있다.

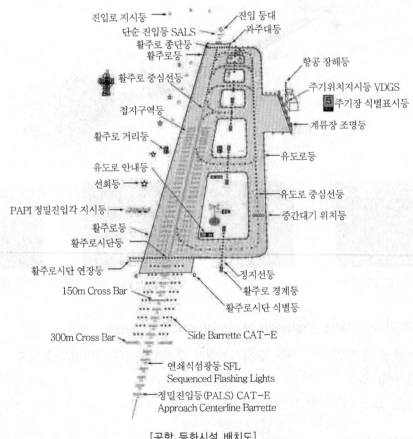

[공항 등화시설 배치도]

Ⅱ 항공등화시설

1. 공항 등화시설

(1) 공항 또는 공항주변에 설치된 등화시설 종류

① 비행장등대, 보조비행장등대, 선회등, 진입등, 진입구역등, 진입각 지시등,

② 접지대등, 정지선등, 정지로등, 통과선등

③ 경계등, 경계유도등, 유도로등, 유도안내등, 착륙방향지시등, 이륙목표등

④ 활주로등, 비상용 활주로등, 활주로 유도등, 활주로 진입주의등, 활주로 거리등,

⑤ 활주로 중심선등, 활주로 종단등, 활주로 말단등, 활주로 말단식별등,

⑥ 활주로 말단연장등, 계류장 조명등, 주기장 안내등, 주기장 식별표시등

⑦ 비행장 명칭 표시등, 탑승교 유도집현등

(2) 활주로에 설치된 등화시설 종류

① 비행장등대 : 항행 중인 항공기에게 비행장 위치를 알려주기 위해 비행장 또는 그 주변에 설치하는 등화

② 진입등시스템 : 착륙하려는 항공기에게 그 진입로를 알려주기 위해 진입구역에 설치하는 등화

[비행장등대(ABN)]　　　　　　　　　　　　[진입등시스템]

③ 진입각지시등 : 착륙하려는 항공기에게 착륙 중 진입각의 적정 여부를 알려주기 위해 활주로의 외측에 설치하는 등화

④ 선회등 : 체공 선회 항공기가 진입등시스템과 활주로등만으로 활주로 지역을 식별하지 못하는 경우를 대비하여 활주로 외측에 설치하는 등화

 　　　　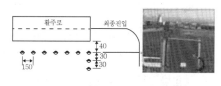

[진입각지시등]　　　　　　　　　　　　[선회등]

⑤ 활주로말단식별등 : 착륙 항공기에게 활주로 말단위치를 알려주기 위해 활주로 말단의 양쪽에 설치하는 등화

⑥ 활주로거리등 : 이 · 착륙 항공기에게 활주로의 잔여거리를 아라비아 숫자로 알려주기 위해 활주로 양쪽에 설치하는 등화

[활주로말단식별등]

[활주로거리등]

⑦ 유도안내등 : 활주로, 유도로 등의 지상에서 주행 중인 항공기에게 행선, 경로 및 분기점을 알려주기 위해 설치하는 등화

범례	활주로 유도등 종류
·	활주로 중심선 표시등(30m간격)
·	유도로등
·	유도로 중심선등
―	유도로 중간대기 위치등

[유도안내등]

(3) 활주로 등화시설의 설치기준

① 매립형 등기구는 등기구 가장자리 면과 접하고 있는 포장면과의 오차범위를 +0.0 ~ −1.5mm 이내로 정확한 위치에 설치한다.

② 매립형 등기구의 온도는 매립등과 항공기 바퀴 간의 접촉면에서 열전도로 인해 생기는 온도가 10분 동안의 접촉으로 160°를 초과하면 안 된다.

③ 등기구 조명(레이저광선을 포함)의 광도, 배열, 색채 등이 혼동을 주는 경우 그 조명을 소등, 차폐하거나 항공등화와 혼동을 주는 요소를 제거한다.

2. 항공로 등화시설

(1) **항공로등대(Air way beacon)** : 백색 · 적색의 섬광등화를 전방향으로 회전시키는 등대로서, 맑은 날 밤에 65km, 약간 안개 낀 날에 18km 전방에서 보인다.

(2) **지표항공등대(Landmark beacon)** : 항공로 부근에서 항행 중인 항공기에게 목표지점을 알려주는 등대로서, 백색의 섬광등화이다.

(3) **신호항공등대(Signal aeronautical beacon)** : 항공로 상을 또는 부근의 특정 지역을 표시하기 위해 모스부호 점멸(육상 : 녹색, 수상 : 황색, 기타 : 적색)한다.

(4) **위험항공등대(Hazard beacon)** : 항공장애지구를 알려주기 위하여 위험지역을 적색등화로 둘러쌓아 설치한 등화이다.

3. 항공기 등화시설

(1) 항공기 등화시설은 항공기의 내부 또는 외부에 설치하는 등화시설을 총칭하며, 비행등 또는 항공등이라 한다.

(2) 항공기가 야간에 공중, 지상 또는 수상에서 항행할 때 현재 위치를 나타내기 위하여 충돌방지등, (하부)미등, 우현등, 좌현등 등을 설치한다.

(3) 등화방식은 일반적으로 섬광등(閃光燈)을 사용하지만, 때로는 고정등(固定燈)도 사용된다. 그 등화의 빛깔을 보고 항공기의 비행 방향을 알 수 있다.

4. 항공장애물 표시등 및 주간표지 설치대상

(1) 장애물제한구역 안에 있는 물체

① 비행장의 진입(수평)표면 또는 전이(원추)표면에 해당하는 장애물제한구역에 위치한 물체로서, 그 높이가 진입표면 또는 전이표면보다 높은 물체

② 비행장 이동지역에서 이동하는 차량과 그 밖의 이동 물체

③ 유도로 중심선, 계류장 유도로 및 항공기 주기장 주행로의 중심선으로부터 일정한 거리 이내에 있는 물체

(2) 장애물제한구역 밖에 있는 물체

① 높이가 지표 또는 수면으로부터 60m 이상인 물체

② 그 밖의 물체(시계비행로에 인접한 수로, 고속도로 포함) 중에서 항공학적 검토결과 항공기에 대한 위험요소라고 판단되는 물체

(3) 항공장애 표시등 및 주간표지의 설치면제대상

표시등이 설치된 물체로부터 반지름 600m 이내에 위치한 물체로서 그 높이가 장애물 차폐면보다 낮은 물체 [14]

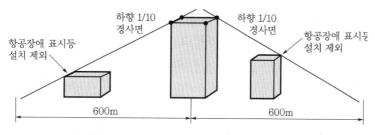

[항공장애 표시등 및 주간표지의 설치대상]

---

14) 국토교통부, '항공등화의 종류', 「공항시설법 시행규칙」 제6조 관련 [별표 3], 2021.

7.16　지상이동통제(A-SMGCS), 시각주기유도(VDGS)

지상이동안내 및 관제시스템(A-SMGCS), 시각주기유도시스템(VDGS) [3, 0]

I　지상이동안내통제시스템(A-SMGCS)

1. 용어 정의

(1) A-SMGCS(Advanced Surface Movement Guidance and Control System)는 개선된 항공기 지상이동안내 및 통제시스템을 말한다.

(2) A-SMGCS는 공항주변 항공기의 운항정보, 기상정보 및 지상감시레이다와 연계한 위치정보 등을 기반으로 공항 내 이동 물체를 감시하고, 최적경로를 자동 지정하며, 항공등화를 자동 점·소등하여 항공기의 지상이동경로를 안내한다.

2. A-SMGCS 기능

(1) **이동 통제(Control)** : 항공기의 지상충돌 및 활주로 침입을 통제하고, 공행 내에서 안전하고 신속하게 효과적인 이동을 도모하는 기능

(2) **물체 감시(Surveillance)** : 이동지역 내의 항공기, 차량 및 비인가목표물을 감시하여, 정확한 위치 정보를 제공하는 기능

(3) **경로 제공(Routing)** : 이동지역 내에서 항공기와 차량들이 안전하고 신속하게 이동할 수 있도록 효율적인 이동경로를 제공하는 기능

(4) **정보 안내(Guidance)** : 항공기 조종사 및 차량 운전자가 배정된 경로, 유도로 및 활주로에서 정상 이동하도록 연속적으로 신뢰성 있는 정보를 안내하는 기능

3. A-SMGCS 국산화 달성

(1) 인천공항의 경우 시계 75m에서도 항공기 착륙을 위해 A-SMGCS를 수입·사용함에 따라 많은 유지관리비가 소요되어 경쟁력 약화요인으로 지적되었다.

(2) 국토교통부는 A-SMGCS R&D사업에 예산 196억 원을 투입, 13개 기관·업체가 산·학·연 합동으로 참여, 2018년 핵심기술의 국산화를 달성하였다.

(3) 국가차원에서 A-SMGCS를 개발하여 공항운용에 적용함으로써 해외 기술종속을 탈피하면서 해외 공항건설시장 진출에도 기여할 것으로 기대된다.[15]

---

15) 인천공항공사, '항공기 지상이동유도 및 통제시스템(A-SMGCS) 개발 최종보고서', 2017.
　　국토교통부, '항공장애 표시등과 항공장애 주간표지의 설치 및 관리기준', 제2017-47호, 고시, 2017.

Ⅱ 시각주기유도시스템(VDGS)

1. 용어 정의

(1) 시각주기유도시스템(VDGS, Visual Docking Guidance Systems)은 탑승교유도 접현 시스템, 주기위치지시등, 주기위치제어시스템 등의 기능을 동시 수행한다.

(2) 현재 인천국제공항에 VDGS를 터미널 및 탑승동 주기장 전면부에 설치되어 있어, 지상 이동 중인 항공기에 대한 중심선에서의 편차, 항공기가 탑승교에 접현하고 있는 상황, 현재 주기장이 비어있는지 여부 등을 쉽게 확인하고 있다.

2. VDGS 기능

(1) VDGS는 적외선레이저에 의해 주기구역으로 접근하는 항공기의 위치나 속도를 계측하여 정지 위치까지의 잔여 거리를 전광게시판에 표시하여 조종사에게 실시간 알려준다.

(2) 지상이동 중인 항공기가 접근하면 VDGS 전광게시판에 20cm마다 남은 거리가 표시되는데, 최종 'STOP' 표시에서 parking break를 당기면 주기가 종료된다.

(3) 카메라와 3차원 이미지 프로세싱 기술을 이용하여 모든 항공기가 주기장으로 접근하는 동안 100m 전방에서부터 인지하여 주기장의 정지 위치까지 정확히 유도해 준다.

3. VDGS 효과

(1) 이미 대부분의 국제공항에 VDGS가 장착되면서 공항에 유도사 직책이 없어졌다. 물론 지방공항에는 아직도 유도사가 필요하다.

(2) 대규모 국제공항에서 여객터미널빌딩에 붙어 있는 탑승교가 아니고, 약간 떨어진 원격지 주기장에는 여전히 유도사가 있어야 된다.

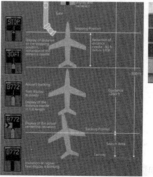

[공항 관제탑 A-SMGCS]　　　　　　　　　　[VDGS 유도과정]

7.17 계기착륙시설(ILS), 극초단파착륙시설(MLS)

계기착륙시설(ILS), 극초단파착륙시설(MLS), 활주로 표지(Marking), Mooring Point, 계기 활주로 [6, 6]

I 개요

1. 현재 널리 사용되고 있는 활주로 계기착륙시설(ILS)은 방위각 표지시설(LLZ), 활공각 표지시설(GP), 거리 표지시설(Marker) 등으로 구성되어 있다.

2. 장애물로 인한 ILS의 전자파 장애 해결을 위해 개발된 극초단파착륙시설(MLS)는 활주로 중심선 양쪽 20~60°에서 조종사가 희망하는 진입 방위각을 제공한다.

II ILS(Instrument Landing System)

1. ILS 구성

(1) 방위각 표지시설(LLZ, Localizer)

① 착륙항공기에게 활주로 중심선을 기준으로 좌우 3~6°범위 내의 착륙방향을 무선전파로 제공하는 시설이다.

② 안테나는 착륙하는 활주로 말단에서 활주로 중심선의 연장선 300~450m 사이에 좌우 대칭으로 설치한다. LLZ 주변 지표면이 평탄해야 한다.

(2) 활공각 표지시설(GP, Glide Path)

① 착륙항공기에게 활공각(착륙각)을 최소 2.5~3.0°에서 최대 7.5° 범위까지 무선전파로 제공하는 시설이다.

② 안테나는 활주로 착륙시점에서 300m 통과한 지점에 설치하되, 활주로 중심선에서 직각으로 150m 떨어져 설치한다. GP 범위 역시 평탄해야 한다.

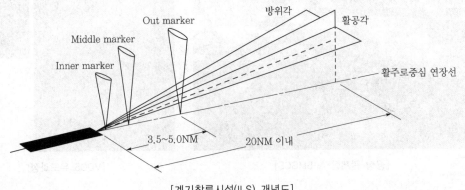

[계기착륙시설(ILS) 개념도]

(3) 거리 표지시설(Marker)

① Outer marker(OM) : 착륙시점 전방 6~11km에 설치, 항공기가 OM 상공을 지날 때 조종석 계기판에 OM 통과표시등이 켜지고, 잔여 거리를 알려준다.

② Middle marker(MM) : 착륙시점 전방 600~1,800m에 설치, MM 통과할 때 조종사 시야에 활주로가 안 보이면 착륙포기하고 상승하는 결심고도 지점이다.

③ Inner marker(IM) : 착륙시점 전방 300m에 설치, IM 통과할 때 조종석 계기판에 경보등이 켜지고 경보음이 울리므로, 조종사가 착륙여부를 최종 결심하는 지점이다.

2. ILS 운영

ICAO에서 제정한 ILS의 국제표준방식에 따라 활주로 등급(category)을 시설성능과 기상조건(시정, 운고)에 따라 CAT I, CAT II, CAT IIIa, IIIb, IIIc 등으로 세분한다.

[ILS 운영을 위한 활주로 등급(category)]

구분	CAT I	CAT II	CAT III		
			IIIa	IIIb	IIIc
시정(수평)m	800	400	200	50	0
운고(수직)m	60	30	0	0	0

III MLS(Microwave Landing System)

1. ILS 문제점

(1) ILS는 지표면에 전파를 반사시켜 신호를 보내므로 안테나 주변을 평탄하게 하고 전선 · 건물 등의 장애물을 제거하여 신호 찌그러짐을 방지해야 한다.

(2) ILS는 LLZ 방위각과 GP 착륙각의 유효범위 때문에 활주로 중심선 양쪽 3~6° 이내로 이·착륙 제한되며, 조종사에게 제공되는 주파수 채널도 제한된다.

2. MLS 장점

(1) 극초단파착륙시설(MLS, Microwave Landing System)은 활주로 중심선 양쪽 20~60° 범위에서 희망하는 진입 방위각을 제공한다.

(2) MLS를 이용하면 조종사가 착륙할 때 소음 감소를 위해 높은 고도를 유지하다가 급강하 착륙하거나, 소음 감소를 위해 도심지 우회착륙도 가능하다.

(3) MLS는 전파를 지표면에 반사시키지 않고 직접 전파를 발사하며, 극초단파를 사용하므로 주변지형과 장애물의 영향을 덜 받는다.

3. MLS 구성

(1) 방위각 안테나(AZ, Azimuth antenna)

① AZ antenna는 활주로에 대한 착륙방향을 제공하며, 접근범위는 활주로 중심선 양측으로 20~40° 범위까지 확장된다.

② AZ antenna는 ILS Localizer와 같이 착륙하는 활주로 말단에서 활주로 중심연장선 300~450m 범위에 좌·우 대칭으로 설치한다.

(2) 활공각 안테나(EL, Elevation antenna)

① EL antenna는 착륙각도를 제공하며, 접근범위는 수평에서부터 수직방향으로 30° 범위까지 가능하다.

② MLS EL과 ILS GP antenna와 비슷하며, 착륙활주로 중심선에서 120m, 활주로 선단부에서 240~300m 떨어진 활주로 측면에 설치한다.

(3) 거리측정장치(DME, Distance Measuring Equipment)

DME는 ILS marker 대신 거리정보를 제공하며, DME antenna는 활주로 말단에서 390m 떨어진 곳에 AZ antenna와 함께 설치한다.

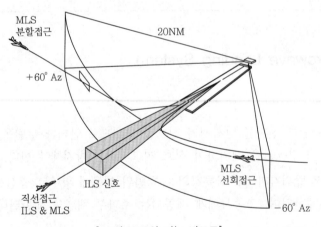

[ILS와 MLS의 기능 비교도]

Ⅳ 맺음말

1. MLS는 장점이 많아 ICAO 의결에 따라 세계 각국이 2000년대 초부터 ILS를 모두 MLS로 대체하기로 합의한 바 있다.

2. 최근 GPS를 이용하는 위성항행시스템(CNS/ATM)이 실용화됨에 따라 ILS→MLS→ CNS/ATM으로 항공관제 기술이 발전되는 추세이다.[16]

---

16) 서울지방항공청, '항행무선 시설', 항공지식정보, 2021. http://www.molit.go.kr/sroa/

7.18 통신감시(CNS/ATM), 미래항행(FANS)

Ⅰ 개요

통신항행감시관리시스템(CNS/ATM, Communication Navigation Surveillance and Air Traffic Management)은 ICAO에서 추진하는 신개념의 미래항행시스템이다.

[CNS/ATM 분야별 관련시설]

CNS/ATM 분야	관련시설	
통신 (Communication)	• VHF	음성/데이터통신
	• ATN	항공종합통신망
	• AMSS[1]	항공이동위성서비스
	• SSR mode S radar	데이터통신
항행 (Navigation)	• GNSS[2]	위성항행시스템
	• LAAS	근거리오차보정시스템
	• WAAS	광역오차보정시스템
감시 (Surveillance)	• SSR mode S radar	2차감시레이더
	• ADS	자동항행감시
	• TCAS[3]	항공기충돌방지
항공교통관리 (Air Traffic Management)	• ATS	항공교통업무
	• ATC	항공교통관제
	• FIS	운항관리서비스
	• AL	수색·구조활동업무
	• ATFM	항공교통소통관리
	• ASM	공역관리

주 1) AMSS : Aeronautical Mobile Satellite System
   2) GNSS : Global Navigation Satellite System
   3) TCAS : Traffic alert and Collision Avoidance System

Ⅱ 통신항행감시관리시스템(CNS/ATM)

1. FANS 채택

(1) 1946년 ICAO 항공교통관제위원회 국제회의에서 항행항법과 항공교통 업무절차 제정

(2) 1983년 ICAO 미래항행시스템(FANS, Future Air Navigation System) 위원회 구성

(3) 1991년 21세기 미래형 표준항행시스템으로 CNS/ATM 개념 채택

2. CNS/ATM 구축

(1) 1980년대에 ICAO는 현재 사용 중인 통신(Communication), 항법(Navigation) 및 감시(Surveillance) 기반의 항공교통관제시스템을 개편하여 21세기를 대비하기 위해 미래항공항법시스템(FANS, Future Air Navigation System) 위원회를 설립하였다.

(2) FANS 위원회에서 CNS/ATM(Air Traffic Management)이라는 항공교통관리시스템을 도입하여, 오늘날 원거리 대양 간에 실시간 항행관제(monitoring)가 가능해졌다.

3. CNS/ATM 권장

(1) ICAO 계획에 따라 현재 운영하고 있는 전방향무선표지시설(VOR), 계기착륙시설(ILS) 등은 2010년까지 주시설로 사용한다.

(2) ICAO 계획에 따라 CNS/ATM은 현재 시험운영단계에 있으며, 국가별로 계획을 수립하여 주시설로 대체 설치하도록 ICAO는 권장하고 있다.

4. CNS/ATM 장점

(1) CNS/ATM은 정지궤도의 통신위성을 사용하므로 일부 극지방을 제외하고 세계 어디에서나 항공기와의 통신이 가능하다.

현재 사용 중인 전파는 출력의 제한과 통달거리의 한계로 인해 항공기가 태평양을 비행하고 있을 경우에 통신할 방법이 없다.

(2) CNS/ATM은 위성항법시스템(GPS)으로부터 초정밀 3차원 위치정보를 제공하므로 정밀착륙이 가능하다.

예를 들어 CNS/ATM이 구축되면 인천공항에서 LA공항까지 최단 직선항로를 제공하므로 연료절약, 시간절약 효과가 있다.

(3) 향후 항공교통업무가 어떻게 전환되고, 이를 지원하는 항행안전시설이 어떻게 발전될 것인지에 대하여 관심을 가지고 주시할 필요가 있다.[17]

---

17) 국토교통부, '항공정책론', 백산출판사, 2011, pp.458~465.

7.19 장애물 제한표면

전이표면, 원추표면(Conical Surface), 장애물 제한표면, 진입표면과 이륙상승표면의 비교 [8, 13]

I 개요

ICAO는 공항주변에서 항공기의 비행에 장애를 줄 수 있는 위험을 최소화하기 위해 일정 공역을 장애물 제한표면(OLS, Obstacle Limitation Surfaces)으로 규정하고 있다.

II ICAO 장애물 제한표면

1. 장애물 제한표면의 종류

(1) **기본표면(Primary surface)** : 활주로 말단에서 양쪽으로 60m를 연장한 길이와 착륙대 폭 300m로 이루어지는 직사각형 표면

(2) **수평표면(Horizontal surface)** : 활주로 말단의 중심선에서 높이 45m의 한 점을 중심으로 하여, 수평방향으로 반경 4,000m로 이루어지는 원형 표면

(3) **원추표면(Conical surface)** : 수평표면과 동심원을 이루며, 수평표면 원둘레에서 상향경사 1:20(5°) 비율로 하여, 수평길이 2,000m까지 확장한 원추형 표면

(4) **진입표면(Approach surface)** : 기본표면 양끝에서 평면확폭 5°, 상향경사 1 : 50(2°) 비율로 수평길이 15,000m까지 외측상방으로 확장하는 장방형 표면

(5) **전이표면(Transitional surface)** : 기본표면 장변과 진입표면 측변에서 1 : 7(14.3°) 상향경사 비율로 확장하여 전이표면의 끝을 수평표면에 연결하는 표면

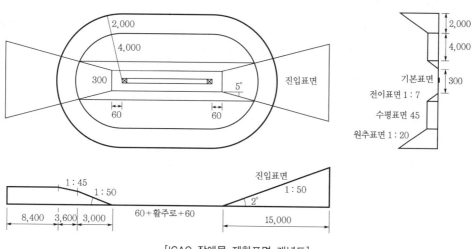

[ICAO 장애물 제한표면 개념도]

2. ICAO 장애물 제한표면 권고사항

(1) ICAO는 진입표면을 3개 구간으로 구분하도록 권고하고 있다.

    ① 소형항공기(A급)에 대한 진입표면은 전 구간 1 : 50(2°)을 권고한다.

    ② 대형항공기(E급)에 대한 진입표면은 1구간 1 : 50(3,000m), 2구간 1 : 45(3,600m), 3구간 수평(8,400m)을 각각 권고한다.

    ③ 활주로에 접근하는 항공기는 활공각 3°(2.5~3.5°)로 하강하여 착륙하므로, 전 구간을 1 : 50(2°)으로 설정하더라도 안전에 지장이 없다.

(2) 무장애구역(OFZ Obstacle Free Zone)을 별도로 설정하도록 규정하고 있다.

    ① 무장애구역은 비행장의 내부진입표면, 내부전이표면, 착륙복행표면으로 둘러쌓인 구역으로, 고정장애물이 돌출되지 않아야 하는 구역을 말한다.

        • 단, 항공기의 항행에 필요한 경량의 부서지기 쉬운 물체는 돌출 가능

    ② 수평·원추표면의 장애물은 아래 유보조건 3가지를 충족하면 제거하지 않아도 된다.

        • 안전운항 절차(한쪽만 사용) 수립

        • 장애물 상단에 등화를 설치

        • 이와 같은 정보를 항공정보간행물(AIP)에 고시

3. 개선방향

(1) ICAO는 장애물 제한표면 관련 국제기준 Annex 14(Aerodrome)를 개선하기 위해 2015년부터 장애물 제한표면(OLS) Task Force를 구성하여 운영 중이다.

(2) 개선방향은 기존 OLS를 무장애물 표면(Obstacle Free Surface)과 상애물 평가표면(Obstacle Evaluation Surface)으로 구분·설정하고, 장애물 평가표면에 대해서는 항공학적 검토를 통해 체약국이 공항 주변지역 개발을 수락하거나 거절할 수 있는 근거를 마련하는 데 있다.

(3) ICAO Annex 14가 개정되면 공항 주변지역 관리체계의 전면적인 전환이 예상되므로, 새로운 장애물 제한표면 설정 이후 공항 주변지역 개발 가능성에 따른 항공기 소음 영향을 연구·평가할 필요가 있다.

(4) 따라서, 우리나라도 공항 주변지역의 항공기 이동에 대한 항적 데이터를 축적·분석하는 연구를 시작하여 ICAO 기준이 개정되는 경우, 우리 실정에 맞는 새로운 OLS를 설정할 수 있도록 대비해야 한다.[18]

---

18) 국토교통부, '제4차 ICAO Obstacle Limitation Surface T/F 참석', 항공교통본부, 2016.2.

Ⅲ 김포공항 주변지역 고도제한 완화

1. 사업개요

(1) **제한고시** : 항공청고시 제1993-7호

(2) **제한목적** : 항공기 안전운항 장애물의 설치를 제한하여 항공안전 도모

(3) **제한면적** : 부천 오정($18.04km^2$)・원미($4.62km^2$), 서울 강서($40km^2$)・양천($9.9km^2$) 일대

(4) **제한범위** : 반경 4km의 원호들과 그 접선 수평표면의 해발 57.86m

(5) **관리기관** : 서울지방항공청

2. 추진방향

장애물 제한표면 설정	도시재생 활성화 제약
• 수평표면 : 해발 57.86m • 제한면적 : $22.66km^2$ 부천 오정($18.04km^2$)・원미($4.62km^2$)	• 주민 재산권 제한 • 도시재생 사업성 감소 • 주거환경 낙후

⇩　　　　　　⇩

주민 재산권 회복과 지역발전 효과 기대

⇧

▲항공법령에 의한 고도제한 완화　　▲ 비행 안전보장에 불필요한 규제 완화
[수평표면의 해발 57.86m 고도제한 일률 완화]
[제한면적 $22.66km^2$(부천시의 42%) 고도제한 완화]

3. 고도제한 완화 내용

(1) **항공학적 검토**

수평표면 57.86m ⇒ 102~119m, 진입표면 57.86m ⇒ 81.5m 완화

(2) **시행규칙 개정**

진입표면 차폐적용 개정(안) 마련, 장애물 후면 90° ⇒ 180° 차폐 완화

4. 문제점 및 추진현황

(1) 2016년 「공항시설법」 제정으로 고도제한 완화 관련 법령은 현재 공포・시행 중이지만, 국토교통부 세부기준이 고시되지 않아 실제 고도제한 완화 적용받지 못하고 있다.

(2) 국토교통부에서 세부기준 및 전문기관을 조속히 고시할 수 있도록 공항 주변지역 지자체(부천시-강서구)가 협력체제를 구축하여 공동 대응하고 있다.[19]

---

19) 서울시 강서구, '김포국제공항 주변지역의 고도제한 완화 연구용역', 2014.8.

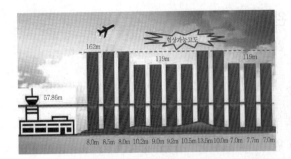

[항공학적 검토(수평표면)]

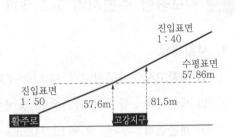

[시행규칙 개정(진입표면)]

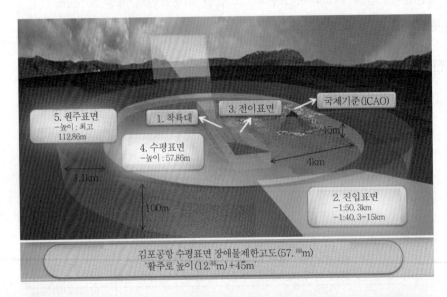

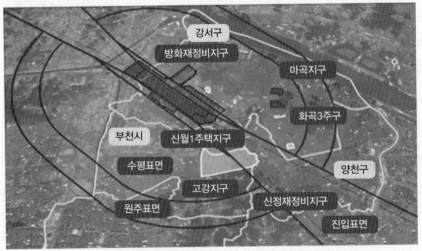

7.20 최저비행고도, 결심고도, 실패접근, 이륙안전속도, 대기속도

I 최저비행고도

1. 용어 정의

비행고도(飛行高度, Flight Altitude)란 비행 중인 항공기와 지표면과의 수직거리로서, 특정 기압(1012.2npa)을 기준으로 위는 Flight Level, 아래는 Altitude Level이다.

2. 최저비행고도 적용 기준

(1) **시계비행방식으로 비행하는 항공기의 경우**

① 사람 또는 건축물이 밀집된 지역의 상공에서는 해당 항공기를 중심으로 수평거리 600m 범위 안의 지역에 있는 가장 높은 장애물 상단에서 300m의 고도

② 상기 ① 외의 지역에서는 지표면·수면 또는 물건의 상단에서 150m의 고도

(2) **계기비행방식으로 비행하는 항공기의 경우**

① 산악지역에서는 항공기를 중심으로 반지름 8km 이내에 위치한 가장 높은 장애물로부터 600m의 고도

② 상기 ① 외의 지역에서는 항공기를 중심으로 반지름 8km 이내에 위치한 가장 높은 장애물로부터 300m의 고도

3. 드론 최저비행고도 적용 기준 확대

(1) **현행**: 지면·수면 또는 물건의 상단으로부터 150m 이상 고도에서 드론을 비행하는 경우 항공교통 안전을 위해 사전 승인을 받아야 한다.

(2) **문제**: 고층건물 상공에선 옥상 기준으로 150m까지, 주변 건물에선 지면 기준으로 150m까지 고도기준이 급격히 바뀌면서 사전승인 없이 비행 곤란

(3) **개정**: 드론 비행 사전승인 기준을 항공기 최저비행고도와 동일하게 대폭 확대

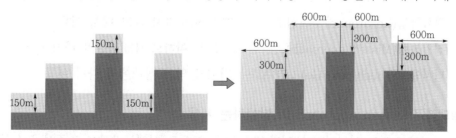

[사람·건축물 밀집지역 상공에서 드론 비행승인이 불필요한 범위 확대 개정 비교]

Ⅱ 결심고도(DH, Decision Height), 경고고도(AH, Alert Height)

1. 결심고도(DH, Decision Height)는 정밀계기접근 중에 조종사가 육안으로 활주로 상공을 식별하지 못할 때 실패접근(Missed approach)을 시작해야 하는 특정 고도를 말한다.

2. 결심고도(DH)는 다음과 같은 개념으로, 정밀계기접근에 적용된다.

   (1) CAT 등급에 따라 결심고도(DH)가 결정된다.
      결심고도(DH)로 ILS CAT를 분류하는 것이 아니다.

   (2) CAT 등급이 높을수록 결심고도(DH)는 그만큼 낮아진다.
      결심고도(DH)는 통상 지상에서 높이 60m 정도이다.

   (3) ILS, MLS, PAR 등과 같은 정밀계기접근에 적용되는 개념이다.
      TACAN과 같은 비정밀계기접근에는 MDA를 적용한다.

3. 경고고도(AH, Alert Height)는 항공기의 특성과 작동되어야 하는 착륙장치의 상실을 기준으로 설정된 특정 고도를 말한다.

   (1) 경고고도는 Fail Operational CAT-III 운항에 적용되는 개념으로 활주로 접지구역 상공 60m(200ft) 또는 그 이하의 고도에서 설정된다.

   (2) 중복으로 운용되는 항공기 장비 중 어느 하나가 고장날 경우, 경고고도 이상에서는 CAT-III 접근을 중단하고 실패접근해야 하며, 경고고도 이하에서는 CAT-III 장치의 중대한 결함이 아니면 계속하여 착륙한다.

Ⅲ 실패접근, 착륙복행, 진입복행, Touch and Go

1. 실패접근(Missed approach)이란 최종착륙단계에서 조종사가 활주로를 식별할 수 없을 정도로 시계가 불량하거나, 예기치 못한 활주로상의 장애물 때문에 착륙이 불가능하다고 판단할 때 다시 이륙하는 절차를 말한다.

2. 착륙복행과 진입복행의 차이는 착륙비행기가 결심고도(DH) 이하로 이미 내려갔는지 또는 그 직전인지에 따라 구분된다.

   (1) **착륙복행(Go around)** : 결심고도(DH)까지 내려가지 않고 다시 이륙

   (2) **진입복행(Missed approach)** : 결심고도(DH) 이하로 내려갔다가 다시 이륙

   (3) **터치앤고(Touch and Go)** : 활주로에 바퀴가 닿은 상태에서 다시 이륙

3. **실패접근(Missed approach)이 발생하는 사유**

   (1) 결심고도(DH) 이하까지 내려갔으나 짙은 안개로 시계불량하여 조종사가 육안으로 활주로를 볼 수 없는 경우

(2) 뒷바람(tail wind) 또는 옆바람(cross wind) 때문에 안전착륙이 어려운 경우

(3) 활주로상에 예기치 못한 장애물, 이륙하고 있는 항공기, 먼저 착륙하여 이동하고 있는 항공기와의 안전거리를 확보할 수 없는 경우

4. 실패접근(Missed approach)의 결정권자

관제탑에서 결정하지 않고, 전적으로 조종사가 판단하여 결정하는 사항이다.

Ⅳ 이륙결심속도(DS, Decision Speed)

1. 이륙결심속도는 항공기의 제한속도 종류 중 하나로서, V1으로 표기하며 이륙결정 속도라고도 한다.
2. 비행기가 활주로를 이륙할 때 V1(이륙결심속도), VR(기수를 일으킬 수 있는 최소속도), V2(안전하게 상승할 수 있는 속도) 등의 3개 속도로 설정된 경우가 많다.
3. 이륙결심속도를 초과하는 속도로 정지 제동을 하면 활주로를 이탈할 가능성이 높으므로, 이 속도를 초과하면 이륙중지(RTO, Rejected Take-Off)를 할 수 없다.
4. 즉, 이륙결심속도를 초과하면 반드시 이륙해야 하며, 이륙결심속도를 초과한 후에는 계기에 이상이 있더라도 일단 이륙을 하고 나서 착륙 여부를 판단한다.
5. 이륙결심속도는 항공기의 중량, 이륙 중 풍향·풍속에 따라 수시로 변경되기 때문에 매번 비행운항을 계획할 때 이 값을 계산해 둔다.
   통상 제트기의 V1은 140~160 KIAS, 소형 프로펠러기는 40~60 KIAS* 정도이다.
   * KIAS(Knots Indicated in Air Speed) : 조종석의 계기판에 적힌 속도단위의 약자로서, 비행속도를 Knot로 계산해 놓은 값이다.

Ⅴ 이륙안전속도(Lift Off Speed , Take-off Safety Speed V2)

1. 이륙안전속도란 항공기가 활주로 지면을 떠나 안전하게 이륙할 수 있는 속도를 말하며, 활주속도를 가속화하여 충분한 비행속도에 도달하게 하여 지면에서부터 이륙시킬 수 있는 양력을 주익에 발생시켜 이륙하게 되는 속도이다.
2. 이륙안전속도 이상으로 가속되면 언제든지 조종간을 당겨서 지표로부터 이륙할 수 있기 때문에 V2로 표현되며 이륙결심속도인 V1과 구분된다.
3. 이륙안전속도는 항공기의 이륙거리 마지막 지점, 즉 활주로 이륙면 상의 규정된 고도 10m(35ft) 높이에서 이 속도에 도달해야 한다.[20]

20) 국토교통부, '정밀접근계기비행 운용지침', 예규 제100호, 2015.5.12., 폐지제정, 2015.
항공위키, '대기속도(Airspeed)', https://airtravelinfo.kr/wiki/, 2020.

Ⅵ 대기속도(大氣速度, Airspeed)

1. 용어 정의

(1) 대기속도(Airspeed)는 비행기가 공중을 비행할 때의 실제 체감속도를 의미하며, 비행거리에 관계없이 비행기 주변을 스쳐 지나가는 공기의 속도를 말한다.

(2) 대기속도는 지면속도(Ground speed)에 영향을 준다. 100km/h 맞바람에서 800km/h 속도로 비행할 때의 대기속도는 800km/h이지만 지면속도는 700km/h이다.

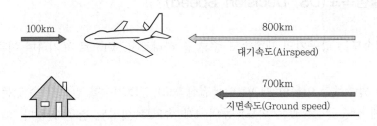

2. 지시대기속도(IAS, Indicated Airspeed)

(1) 지시대기속도는 항공기 성능을 결정하는 기본단위로서, 비행기 조작에 따른 이착륙속도, 최대속도, 상승속도, 순항속도, 실속속도 등을 표시한다.

(2) 지시대기속도는 항공기에 설치된 대기속도계를 그대로 읽은 값으로 오차 수정하기 전의 속도이므로, 항법이나 기체구조 강도계산 등에 사용하지 않는다.

3. 보정대기속도(CAS, Calibrated Airspeed)

(1) 보정대기속도는 지시대기속도에서 계기오차를 보정했지만 완벽한 보정은 아니다. 이 값은 기술적으로 최대한 수정하여 오차를 최소화시킨 속도에 불과하다.

(2) 보정대기속도는 주로 성능표시에 사용되는데, 비행규정(airplane flight manual)에 최소속도(이륙속도, 착륙속도)를 의미한다.

4. 진대기속도 (TAS, True Airspeed)

(1) 진대기속도는 항공기가 공기 속을 지나가는 실제속도로서, 대기밀도에 따라 지시대기속도를 보정한 값이며, 대기 변화에 따라 보정대기속도에 공기밀도 비를 수정한 값이다.

(2) 해면에서는 공기밀도 비가 1.0이다. 이 값은 운항 중에 컴퓨터로 계산되며, 조종사가 직접 계산할 수 있는 속도가 아니다.

(3) 저속항공기의 경우 보정대기속도에 공기밀도 비를 수정하여 진대기속도를 구한다. 이 속도는 대기(고도·기온) 변화에 따라 달라지므로 항공기의 항법에 사용된다.

[3. 비행기 · 활주로]

7.21 육상비행장

육상비행장 분류기준, 공항등급(분류기준), 항공기 주륜외곽의 폭 [6, 2]

1. 개요

(1) 비행장은 항공기의 이·착륙을 위해 육지나 수면에 설치되는 육상비행장, 육상헬리포트(헬리콥터용 비행장), 수상비행장, 수상헬리포트 등이 있다.

(2) 육상비행장은 ICAO에서 규정한 항공기 크기별 육상비행장의 분류기준(분류요소 1)과 항공기 주날개 폭에 따른 분류문자 및 주륜외곽 폭에 따른 분류기준(분류요소 2)에 적합하도록 활주로, 착륙대, 유도로 등을 갖추어야 한다.

2. ICAO 육상비행장의 분류기준

(1) **분류요소 1** : 항공기 최소이륙거리를 기준으로 하는 비행장 코드번호로서, 항공기 최대중량을 기준으로 활주로 상태가 다음과 같을 때 요구되는 최소 활주로길이를 적용

① 비행장 표고 : 평균 해수면

② 온도·바람 : 표준대기상태 15℃ 기준에서 무풍상태

③ 활주로 종단경사 : 0°

(2) **분류요소 2** : 항공기의 주날개 폭 및 주륜외곽 폭을 기준으로 하는 코드문자로서, 최대 항공기 기준으로 주날개 폭 및 주륜외곽 폭 중에서 높은 값을 적용

[ICAO에서 규정한 항공기 크기별 육상비행장의 분류기준]

분류요소 1		분류요소 2		
비행장 코드번호	항공기 최소이륙거리(m)	비행장 코드문자	항공기 주날개 폭(m)	항공기 주륜외곽 폭(m)
1	800 미만	A	15 미만	4.5 미만
2	800 ~ 1,200	B	15 ~ 24	4.5 ~ 6
3	1,200 ~ 1,800	C	24 ~ 36	6 ~ 9
4	1,800 이상	D	36 ~ 52	9 ~ 14
		E	52 ~ 65	9 ~ 14
		F(장래)	65 ~ 80	14 ~ 16

3. FAA 육상비행장의 분류기준

(1) ICAO와 FAA의 공항기준코드 중에서 항공기 주날개 폭에 의한 분류기준은 동일하게 적용한다.

(2) 공항의 기하구조 설계를 위하여 항공기 접근속도와 항공기 주날개 폭을 기준으로 그룹 I에서 그룹VI까지 6개 설계그룹의 2요소로 분류한다.

[FAA의 항공기 크기별 공항기준코드(ARC)]

공항기준코드(ARC)			
항공기 접근등급	항공기 접근속도(knot)	설계등급	날개폭(m)
A	91 미만	I	15 미만
B	91~121	II	15~24
C	121~141	III	24~36
D	141~166	IV	36~52
E	166 이상	V	52~65
		VI(장래)	65~80

주) 1knot=1.852km/h

4. 대한민국 「공항시설법」 육상비행장의 분류기준

육상비행장을 사용하는 항공기의 최소이륙거리를 고려하여 정한 분류번호와 항공기의 주날 개 폭을 고려하여 정한 분류문자에 따라 다음과 같이 분류한다.

[대한민국 육상비행장의 분류기준]

분류요소 1		분류요소 2	
분류번호	항공기의 최소이륙거리	분류문자	항공기의 주날개 폭
1	800m 미만	A	15m 미만
		B	15m 이상 ~ 24m 미만
2	800m 이상 ~ 1,200m 미만	C	24m 이상 ~ 36m 미만
3	1,200m 이상 ~ 1,800m 미만	D	36m 이상 ~ 52m 미만
		E	52m 이상 ~ 65m 미만
4	1,800m 이상	F	65m 이상 ~ 80m 미만

7.22 경비행장

경비행장, 울릉도 및 흑산도 경비행장의 위상, 역할, 개발구상의 기본방향 및 활성화 방안 [1, 5]

1. 개요

국토교통부에서 2개의 도서지역(경북 울릉도, 전남 흑산도)에 접근교통시설 확보, 지역관광 활성화, 해양자원개발 촉진 등을 위하여 경비행장 건설을 추진하고 있다.

2. 경량항공기

(1) 경량항공기란 「항공안전법」에 의해 항공기 외에 공기의 반작용으로 뜰 수 있는 기기로서 최대이륙중량, 좌석 수 등 국토교통부 기준에 해당하는 비행기, 헬리콥터, 자이로플레인(gyroplane) 및 동력패러슈트(powered parachute)를 말한다.

타면조종형 비행기

체중이동형 비행기

경량 헬리콥터

자이로플레인

동력패러슈트

[경량항공기]

(2) 「항공안전법」에 의한 비행기, 헬리콥터, 자이로플레인 및 동력패러슈트의 기준

① 최대이륙중량이 600kg 이하일 것
② 최대 실속속도 또는 최소 정상비행속도가 45노트 이하일 것
③ 조종사 좌석을 포함한 탑승 좌석이 2개 이하일 것
④ 단발(單發) 왕복발동기를 장착할 것
⑤ 조종석은 여압(與壓)이 되지 아니할 것
⑥ 비행 중에 프로펠러의 각도를 조정할 수 없을 것
⑦ 고정된 착륙장치가 있을 것

3. 경비행장

경비행장이란 착륙대의 어느 등급에 속하는지 「공항시설법」에 정확히 언급되어 있지 않으나, '육상비행장의 분류기준'에서 항공기의 최소이륙길이 1,200~1,800m(분류번호 3)로서, 좌석 50인승 이하가 취항하는 비행장을 의미한다.

[육상비행장의 분류기준]

분류요소 1		분류요소 2	
분류번호	항공기의 최소이륙거리	분류문자	항공기의 주날개 폭
1	800m 미만	A	15m 미만
2	800m 이상 ~ 1,200m 미만	B	15m 이상 ~ 24m 미만
		C	24m 이상 ~ 36m 미만
3	1,200m 이상 ~ 1,800m 미만	D	36m 이상 ~ 52m 미만
4	1,800m 이상	E	52m 이상 ~ 65m 미만
		F	65m 이상 ~ 80m 미만

4. 경북 울릉공항 건설사업

(1) 사업 내용

① 사업위치 : 경북 울릉군 사동항 일원

② 사업규모 : 100m급 활주로 1본(폭 80m), 계류장, 여객터미널 등

③ 사업비 : 4,798억 원(국고 100%, 교통회계 공항계정)

④ 사업효과 : 소형 항공운송사업 시장 확대로 국내 항공산업 활성화에 기여, 도서지역 주변에 대한 교통기본권 서비스 제공 등

(2) 예비타당성조사의 주요 쟁점

① 「울릉도 경비행장 건설 후보지 타당성 재검토 용역(한국공항공사, 2011)」에서 기존 계기착륙방식에서 시계비행방식으로 변경하고 공항 규모를 축소

(활주로 1,200m → 1,100m, 착륙대 150m → 80m)

② 울릉공항 장애물 제거를 위해 가두봉을 절취하면 자연경관 훼손 및 민원발생이 예상, 부지조성을 위한 수역 매립이 해양생태계 영향 검토 필요

5. 전남 흑산공항 건설사업

(1) 사업 내용

① 사업위치 : 전남 신안군 흑산면 흑산예리 일원

② 사업규모 : 1,200m급 활주로 1본, 계류장, 여객터미널 등

③ 총사업비 : 963억 원(국고 100%, 교통회계 공항계정)

④ 사업효과 : 접근성 개선으로 지역관광 활성화를 통한 일자리 창출, 해양영토 수호 측면에서 배타적경제수역(EEZ) 경비 강화 등

(2) 예비타당성조사의 주요 쟁점

① 「흑산도 경비행장 활주로 설치작업 예비타당성조사 용역(신안군, 2010)」에서 흑산도 유출입 통행량 중 65%를 항공수단으로 전환 추정한 수치의 적정성 검토

② 도서 특성을 고려하여 적정한 활주로 길이 및 방향, 설계항공기, 운영등급, 장애물 제한표면, 항행안전시설, 접근 교통시설 등의 적정성 검토

③ 흑산도는 다도해 해상국립공원에 속하기 때문에 소형공항 건설을 위해 「자연공원법 시행령」 개정과 환경성 평가가 중요한 분석항목이므로 선행 조치 필요

④ 서해 불법 조업 외국어선 단속, 인명구조, 조난선 예인 등 긴급상황에 대응하고 해양 영토 관리기능 강화를 위하여 흑산도 공항건설 필요성 대두

[경북 울릉공항]

[전남 흑산공항]

6. 맺음말

(1) 국토교통부는 항공 레저·관광 활성화를 위하여 최대 4인승의 레저비행기가 이·착륙할 수 있는 경비행장 건설을 추진하고 있다.

(2) 경기 안산과 경남 고성을 시범지역으로 선정하여 활주로 800m 규모의 경비행장을 건설할 예정이다. 또한 수상비행장은 4대강과 호수 등 전국 10곳 후보지 중 1곳을 선정하여 시범개발 예정이다.[21]

---

21) 한국개발연구원 공공투자관리센터, '흑산도 공항 건설사업 예비타당성조사 보고서', 2013.
한국개발연구원 공공투자관리센터, '울릉도 공항 건설사업 예비타당성조사 보고서', 2013.
박상용, '경비행장 개발 및 입지선정에 관한 연구', 항공우주정책법학회지 제30권 제2호, 2015.12.30.

7.23 옥상헬리포트, K-드론시스템

도심항공 운송의 기반시설 옥상헬기장, K-드론시스템 [1, 1]

I 옥상헬리포트

1. 용어 정의

(1) 「건축법」에 대규모 고층건축물에서는 피난층 외에 옥상광장으로 대피분산을 유도하기 위해 옥상헬리포트의 설치를 규정하고 있다.

(2) 헬리포트(heliport)는 회전익 항공기가 이·착륙할 수 있는 헬리콥터 전용 비행장을 말하며, 지상헬리포트, 옥상헬리포트, 선상헬리포트 등이 있다.

2. 헬리포트 설치기준

(1) 헬리포트의 크기는 가로 22m, 세로 22m 이상으로 해야 한다. 다만, 건축물 옥상바닥의 가로와 세로가 각각 22m 이하인 경우에는 15m까지 줄일 수 있다.

(2) 헬리포트에는 착륙유도등, 착륙구역등, 착륙구역조명등 및 풍향등이 필요하다.

(3) 리포트등은 착륙구역 가장자리로부터 1.5m 이내, 간격 3m 이내로 설치한다.

(4) 헬리포트의 주위 한계선은 백색으로 하되, 그 선의 너비는 38cm로 한다.

(5) 헬리포트의 중앙부분에는 지름 8m의 ⓗ 표지를 백색으로 하되, H 표지의 선의 너비는 38cm, ○ 표지의 선의 너비는 60cm로 한다.

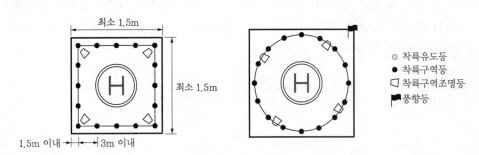

[옥상헬리포트 설치기준]

3. 구조공간 설치기준

(1) 옥상에 헬리콥터를 통하여 인명 구조할 수 있는 공간을 설치하는 경우에는 직경 10m 이상의 구조공간을 확보해야 한다.

(2) 헬리포트의 중심으로부터 반경 12m 이내에는 이·착륙에 장애가 되는 건축물, 공작물, 조경시설, 난간 등의 설치를 금지한다.

4. 대피공간 설치기준

11층 이상 층의 바닥면적 합계가 10,000m² 이상 건축물에서 경사지붕으로 디자인할 경우, 경사지붕 아래에 대피공간을 설치해야 한다.

(1) 대피공간 면적은 지붕 수평투영면적의 1/10 이상일 것

(2) 특별피난계단 또는 피난계단과 연결되도록 할 것

(3) 출입구·창문을 제외한 부분은 다른 부분과 내화구조의 바닥·벽으로 구획할 것

(4) 출입구는 유효너비 0.9m 이상으로 하고, 갑종 방화문을 설치할 것

(5) 내부 마감재료는 불연재료로 할 것

(6) 예비전원으로 작동하는 조명설비를 설치할 것

(7) 관리사무소 등과 긴급연락이 가능한 통신시설을 설치할 것

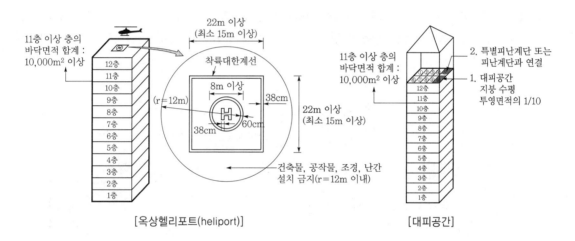

[옥상헬리포트(heliport)]　　　　　　　　　[대피공간]

Ⅱ　K-드론시스템

1. 용어 정의

(1) 국토교통부는 드론의 활용도와 안전도를 높여 드론배송 및 드론택시의 상용화를 지원하기 위한 「K-드론시스템 실증 지원사업」을 2021년 착수하였다.

(2) K-드론시스템은 드론의 비행계획승인, 위치정보 모니터링, 주변 비행체와의 충돌방지 등을 지원하는 저고도 드론교통관리시스템이다.

(3) 저고도 드론교통관리시스템은 저고도(150m 이하) G 공역을 운항하는 민수용 무인비행장치(드론)가 안전·효율적으로 운용되도록 지원·관리하는 시스템이다.

2. K-드론시스템 실증 지원사업

(1) 사업개요

① 기간/예산 : '17.04.~'22.12.(5년 9개월), 245억 원(정부 198억 원 지원)

② 참여기관 : 항공안전기술원, 한국항공우주연구원, 전파통신연구원 등

(2) 분야별 주요사업

① 공항분야 : 공항 주변에서의 드론 비행 인·허가를 위한 식별, 항공교통관제기관과 드론 이동경로정보 상호 공유방법 개발 및 시범운용 등

② 도심분야 : 통신·장애물 제한이 없는 드론배송 시범경로 발굴, 제한구역 주변 드론의 실제 비행경로 및 고도 등 실시간 감시 능력 실증 등

③ 장거리·해양분야 : 수소연료 등을 활용한 장거리·장시간 감시능력 검증, 부두↔선박 간의 유류샘플 및 경량화물, 비가시권 장거리 배송 등

(3) 기대효과 : K-드론시스템 사업을 통해 비가시권까지 비행가능지역 확대, 자동화 드론 배송, 수소연료 등을 활용한 장거리 배송 등 다양한 가능성이 현실화될 것으로 기대된다.[22]

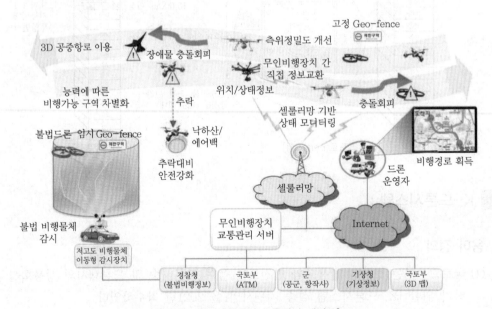

[저고도 무인비행장치 교통관리 개념도]

---

22) 국토교통부, "건축물의 피난방화구조 등의 기준에 관한 규칙" 제13조.

국토교통부, '드론 신호등, K-드론시스템으로 안전성 높인다', 보도자료, 2021.4.26.

국토교통부, '무인비행장치의 안전 운용을 위한 저고도 교통관리체계 설계 및 실증 기획보고서', 한국전자통신연구원, 2016.

7.24 수상(水上)비행장 Water Aerodrome

1. 용어 정의

(1) 수상항공기란 수면 위에서 이수·착수할 수 있도록 제작된 항공기를 말한다.

(2) 수상구역이란 수상항공기의 이수·착수·이동·정박 등을 위하여 수면에 설정된 구역으로 수상비행장 내의 착륙대, 유도수로, 선회구역, 정박장 등이 포함된다.

2. 수상비행장의 필수시설

(1) **정박장** : 수상항공기를 접안하고 정박하도록 만든 정박시설(docks, 잔교)과 정박수역으로, 고정정박장과 부유정박장으로 구분된다.

① 정박장은 유도수로의 가장자리로부터 최소 18m 이상을 이격하고, 정박시설 외곽으로부터 30m 내의 수면에는 장애물이 없어야 한다.

② 정박시설은 정박하는 수상항공기의 날개 끝 간의 거리를 6.5m 이상, 앞과 뒤 간의 거리를 10m 이상 이격되게 정박하도록 설치한다.

③ 정박시설의 길이방향으로 수상항공기를 정박할 때는 정박시설 길이는 최장 수상항공기 길이에 18m 더한 길이 이상으로 설치한다.

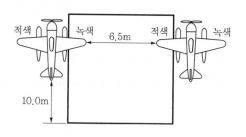

[수상항공기 2대 정박]

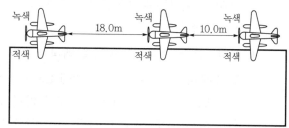

[수상항공기 길이방향 2대 이상 정박]

(2) **경사대** : 수상항공기를 수면과 육지 간에 이동시키는 경사진 시설물

① 경사대는 방파제, 안벽 등의 육지 구조물에 고정시켜야 한다.

② 경사대의 경사도는 1 : 6 이하, 폭은 최소 4.5m 이상으로 한다.

(3) **탑승로** : 승객·화물이 육지에서 정박장까지 이동하도록 설치되는 시설물

탑승로에는 정박장이나 잔교까지 연결되는 부유구조물을 설치하며, 최저수위에서도 수상항공기에 접근할 수 있는 길이로 설치한다.

(4) **게시판** : 기상자료, 수상비행장 고시, 안전수칙, 비행절차, 위험지역 및 제한구역이 표시된 지역의 지도 등을 이용자가 잘 볼 수 있는 곳에 설치한다.

(5) **풍향지시기** : 「항공등화설치 기술기준」 제8조(수상헬기장시설)에 따라 설치한다.

(6) **오염방지시설** : 급유시설 주변에 오일팬스, 흡착포 등 오염방지시설을 구비하며, 주기장, 격납고 등의 육상시설에는 비점오염예방시설을 갖춘다.

(7) **통신시설** : 조종사와의 교신을 위해 VHF방식 무선통신망을 설치하고, 주변 관제기관과의 협력을 위해 유선통신망을 설치한다.

(8) **부표** : 수면 위에 착륙대, 유도수로, 선회수역 경계 등을 표시하는 부력표지는 최소 4개소 이상 설치하고, 밧줄·쇠사슬로 수면 밑바닥에 고정시킨다.

(9) **소화기** : 연료펌프, 경사대, 정박장 등의 화재 위험성이 있는 장소에 설치한다.

3. 수상비행장의 비필수시설

(1) **주기장** : 수상항공기를 육지에 체류시키기 위하여 지정한 구역이다.

  ① 주기장에는 배수요건을 충족하기 위하여 경사도 1% 이하로 설치한다.
  ② 수상항공기 간 및 장애물 간의 이격거리는 「비행장시설 설치기준」을 준용한다.

(2) **격납고** : 수상항공기의 이동, 임시주기 등에 필요한 공간이다.

  • 격납고는 수상항공기 이동 중에 충돌을 막을 수 있도록 운영시설, 주기장 등과 이격시키고, 경사대와 인접된 장소에 배치한다.

(3) **관제탑** : 위치는 수상구역 전체가 잘 보이는 장소에 배치하고, 관제에 필요한 사항을 고려하여 설치한다.

(4) **등대** : 분당 12~30회 속도로 백색과 황색이 교대로 깜박이는 점멸등을 말한다.

  ① 수상비행장 주변 건축물 위에 1m 이상의 높이로 설치하여 불빛이 모든 방위에서 보이도록 장애물에 의해 가려지지 않게 한다.
  ② 등대는 수상항공기가 해당 수상비행장에서 운항 중에 점등되도록 한다.

(5) **표지** : 항공도에서 사용되는 기호와 동일한 닻 모양 기호로 수상비행장을 표시하고, 하늘에서 쉽게 알아보도록 평평한 지붕 표면에 설치한다.

  • 표지의 색상은 노란색이며, 최소 권장크기는 길이 4m×폭 2.5m이다.[23]

---

23) 국토교통부, '수상비행장시설 설치기준', 고시 제2013-457호, 2013.

7.25 항공기 특성

공항설계와 관련되는 항공기의 특성 [0, 1]

1. 항공기의 소음

세계 주요공항에서 소음문제 해결을 위해 DC-8, DC-9, B707, B727기를 조기 퇴역시켰다. 항공기 엔진의 소음원은 기계소음과 1차제트소음으로 구분된다.

[항공기의 소음]

구분	기계소음	1차제트소음
발생원인	Fan, compressure, 터빈 blade 등의 움직이는 엔진부품에서 발생	엔진에서 방출되는 고속의 가스가 대기와 섞이면서 발생
발생시기	항공기가 착륙할 때 발생	항공기가 이륙할 때 발생
감소대책	방출 duct와 Inlet에 방음 lining을 하고, Inlet guide vanes를 제거하여 소음이 많이 감소되고 있다.	소음억제노즐(주름잡힌형, 다발형, 치아형)이 다양하게 기술개발되었으나, 제트소음 감소에는 한계가 있다.

2. 항공기의 기어구조

(1) 항공기의 경제적 운항을 위해 기체 중량을 줄이고, 기어구조는 최대착륙중량에 맞추어 설계하며, 기체 내부의 공간적 제약 때문에 최대중량보다는 적은 중량으로 운항한다.

(2) 항공기에 여객이 모두 탑승하더라도 최대중량까지는 아직 여유가 있으나, 공간적으로 더 이상 탑재할 수 없기 때문이다.

(3) 이륙 직후에 항공기에 문제가 발생하여 다시 착륙하는 경우에는 운항연료를 버리고 최대착륙중량을 초과하지 않는 중량으로 착륙해야 한다.

[터빈추진 여객기의 중량 비율]

기종	기체중량 Operating empty	유상탑재중량 Payload	운항연료 Burn-out	예비연료 Reserve	합계
단거리	66(100)	24(36)	6(9)	4(6)	100(151)
중거리	59(100)	16(27)	21(36)	4(7)	100(170)
장거리	44(100)	10(23)	41(95)	5(11)	100(229)

주) ( ) 내는 기체중량을 100으로 간주하였을 때의 중량비율(%)임

3. 항공기의 날개끝 와류

(1) 이륙 중에 날개가 항공기를 들어 올릴 때는 날개끝 부분에서 서로 반대방향으로 회전하는 원통모양의 와류(渦流) 2개가 항로를 따라 발생된다.

(2) 와류(Wing-tip vortices)의 속도는 항공기중량에 비례하고 속도에 반비례하므로, 공항 근처에서 저속비행할 때 더욱 강력한 와류가 발생된다.

(3) 와류는 뒤따르는 항공기에게 위험을 초래할 수도 있으며, 특히 측풍상태에서 대형기가 선행하면서 만든 와류는 소형기가 후행할 때 위험하다.

(4) 와류의 지속시간은 무풍상태에서는 2분 이상 지속될 수 있어, 이·착륙 중에 항공기의 간격결정 및 활주로의 수용능력에 영향을 준다.

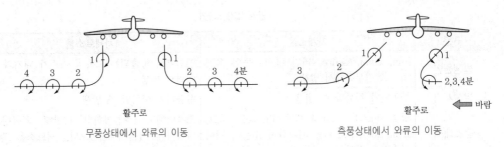

[항공기의 날개 끝 와류 이동]

4. 항공기의 회전반경, Nose gear와 main gear

(1) 항공기의 회전반경은 계류장이나 항공기 회전지역의 면적계산에 영향을 미친다. 즉, 항공기 앞바퀴(Nose gear)의 회전각도가 클수록 회전반경은 작아진다.

항공기 앞바퀴의 과도한 회전은 타이어 마모가 심해지고 포장면에 바퀴자국을 남기므로, 항공기의 최소회전반경을 적용하지 않고, 앞바퀴의 회전각 50° 정도를 적용한다.

(2) 비행안전을 도모하기 위하여 항공기에 탑재할 수 있는 앞쪽 Nose gear과 뒤쪽 Main gear의 중량중심 위치가 정해져 있다.

중량중심은 Nose gear에 5%, Main gear에 95%가 분포되는 것으로 가정한다.[24]

---

24) 양승신, '공항계획과운영', 이지북스, 2001, pp.37~40.
환경부, '항공기 소음 평가기준 및 측정방법 개선연구', 서울대학교 환경소음진동센터, 2016.12.
국토교통부, '제3차 항공정책기본계획(2020~2024)', 2019.12.

7.26 항공기 분류

V/STOL(수직/단거리 이착륙), 항공기의 분류방법, 공항설계에서 활용 상관성 설명 [1, 7]

1. 개요

항공기는 비행장치에 따라 항공기, 경량항공기, 초경량비행장치 등으로 분류하며, 또한 크기, 착륙속도, 설계하중, 후풍와류, 활주로 길이, 착륙장치 등에 따라 분류한다.

2. 수직 이착륙기(V/STOL)

(1) 용어 정의

① 수직 이착륙기(垂直離着陸機, VTOL, vertical takeoff and landing)는 헬리콥터처럼 수직으로 이착륙하고 수평으로 날아가는 비행기를 말한다.

② VTOL은 수평으로 날 때에 성능이 나쁜 헬리콥터의 결점을 보완하고 이착륙할 때는 긴 활주로를 필요로 하는 비행기의 결점을 보완하여 장점만을 취했다.

③ VTOL은 기술적으로 대단히 어려운 점이 많아 1953년 첫 시험비행 이후 10여 년만에 겨우 실용화되었다. 현재 대표적인 기종은 영국공군의 전투공격기 호커 시들리 해리어(Hawker Siddely Harrier)이다.

[영국공군의 전투공격기 호커 시들리 해리어(Hawker Siddely Harrier)]

(2) V/STOL 종류

① 리프트젯 엔진 방식
  • 기체 내부에 주엔진 외에 리프트엔진(lift engine)이라 부르는 제트엔진을 수직으로 장착하는 방식이다.
  • 주엔진의 추력편향 노즐과 리프트엔진의 위쪽으로 향하는 추력에 의하여 기체 중량을 지탱하며, 수직으로 상승·하강할 수 있다.
  • 이 기종은 주엔진과 리프트엔진을 구비하므로 연료가 엄청 많이 소모된다.

② 리프트팬 방식
  • 리프트젯 엔진을 하나의 거대한 리프트팬 엔진으로 바꾸어서 주엔진과 기계적으로 연동시킨 방식이다.

- 수직 이·착륙할 때는 하나의 엔진만을 운용하며 비행 중이나 활주 이·착륙 중에는 기계적 수단(클러치)에 의해 리프트팬 엔진으로 연결되는 동력을 차단하므로 제작하기 쉽고 연료도 절약된다.
- 다만, 동력차단에 사용되는 기어와 팬이 너무 빨리 돌지 않도록 억제해 주는 감속기어를 장착하는 공간이 요구된다.

③ 추력편향 노즐 방식
- 주엔진은 1~2개만 사용하고 노즐을 여러 개로 분할하는 방식이다.
- 엔진 장착 공간이 작아지는 장점이 있지만, 느린 비행속도와 복잡해지는 노즐형태 등으로 제공전투기·요격기에는 적용이 불가능하다는 단점이 있다.
- 따라서, 국지전투기·공격기에만 적용이 제한되며, 이 경우에 육상의 공군보다 해상의 함재기에 적용하는 경우가 많다.

④ 틸트로터 방식
- 외형은 프로펠러 2개 또는 4개를 날개의 엔진에 장착한 비행기와 동일하지만, 이륙할 때는 날개의 엔진을 프로펠러와 함께 90° 돌려 프로펠러를 위로 향하게 하여 상승하는 형식이다.
- 프로펠러가 헬리콥터의 회전날개 작용을 하여 비행기 중량을 지탱하며, 어느 고도에 이르면 프로펠러를 날개와 함께 수평으로 돌려 일반 프로펠러기와 같은 원리로 수평비행을 한다.

(3) VTOL 문제점

① VTOL은 근거리 구간 운항에는 소요시간 단축, 소음문제 해결 등으로 이상적인 기종이지만, 기체중량보다 더 큰 엔진출력을 필요로 한다.
② VTOL은 수평비행에서 수직비행으로 바꿀 때 날개의 상승작용이 충분하지 못하면 불안정하므로, 자동안정장치를 개선하여 안전성을 높여야 한다.
③ 이와 같이 비행장 체계 중 어느 분야를 대상으로 하느냐에 따라 항공기의 분류방법이 달라지므로 공항건설의 목적을 명확히 설정하고 설계해야 한다.[25]

---

25) 국토교통부, '항공정책론', 백산출판사, 2011, p.120.

7.27 비행규칙(VFR, IFR), 기상상태(VMC, IMC)

1. 비행규칙(VFR, IFR)

(1) 조종사가 항공기를 조종할 때는 기상상태에 의한 활주로시정(visibility)과 계기착륙시설 (VOR, ILS, DME, TACAN 등)의 설치유무에 따라 시계비행(VFR, Visual Flight Rules) 을 하거나, 계기비행(IFR, Instrument Flight Rules)을 선택하여 이·착륙한다.

(2) 계기착륙시설의 설치유무에 따라 활주로시정(RVE, Runway Visual Range)이 동일한 상태에서도 이·착륙을 할 수도 있고, 못할 수도 있다.

① 시계비행(VFR) 공항은 지상의 비행장 상태, 장애물 등을 조종사가 시각적으로 판단 하여 이·착륙하므로, 양호한 기상조건에서 항공기가 밀집되지 않은 공항에만 적용 한다.

② 계기비행(IFR) 공항은 계기착륙시설을 설치하고 있으므로, 기상상태가 나쁘거나 운 항횟수가 많아져도 이·착륙이 가능하다.

2. 기상상태(VMC, IMC)

(1) 시계비행(VFR flight)

① 시계비행규칙(VFR)에 따른 비행이다.

② 시계비행 기상상태(Visual Meterological Condition, VMC)는 시정, 운고 등의 기상 조건에 근거하여 조종사가 항법보조장비의 도움 없이 육안 비행이 가능한 기상상태 이다.

③ VMC는 항공기가 항행할 때 가시거리, 구름상황 등을 고려하여 시계가 양호한 기상 조건

(2) 계기비행(IFR flight)

① 계기비행규칙(IFR)에 따른 비행으로, 항공기의 자세·고도·위치 및 비행 방향 측정 등을 항공기에 장착된 계기에만 의존하는 비행이다.

② 계기비행 기상상태(IMC, Instrument Meterological Condition)는 시계비행 기상상 태(VMC) 외의 기상상태를 말한다.

③ IMC는 항공기가 항행할 때 가시거리, 구름상황 등이 시계비행(VFR flight)할 수 없 는 기상상태로서, 계기비행규칙(IFR)을 적용해야 하는 기상조건

7.28 활주로 운영등급(CATegory)

활주로 운영등급(Category), CAT Ⅲ 활주로(정밀접근등급 Ⅲ활주로) [9, 3]

1. 활주로 가시범위(RVR, Runway Visual Range)

(1) 시정(視程, Visibility)

① 정상적인 시력을 가진 사람이 특정한 목표물을 인식할 수 있는 최대거리를 말한다.

② 밝은 배경일 때는 지상 근처의 검은 목표물을 인식할 수 있는 최대거리

③ 빛이 없을 때에는 약 1,000cd(칸델라)의 등불을 보고 식별할 수 있는 최대거리

(2) 활주로 가시범위(Runway Visual Range)

① 활주로 중심선 상에 있는 지상 5m 높이의 항공기 조종석에서 활주로중심선, 윤곽을 표시하는 활주로 표면표시선 또는 등화를 볼 수 있는 최대거리를 말한다.

② 공항에서 항공기가 '뜬다, 못 뜬다.'의 기준은 활주로 가시범위(RVR) 값으로 결정되며, 이 값은 RVR 기기의 투과율 관측값, 배경휘도 측정값 및 활주로 등강도 값으로 계산된다.

(3) 활주로 운영등급(CATegory)

① 항공기가 착륙할 수 있는 가시거리(RVR)를 공항시설, 항공기 설비, 조종사 경력(누적비행시간) 등에 따라 정한 등급이다.

② 공항시설, 항공기 설비 등이 활주로 운영등급(CAT)을 충족하더라도 조종사가 일정한 경력(누적비행시간)을 갖추지 못하면 착륙허가를 받을 수 없다.

③ 활주로 운영등급(CAT)이 높을수록 악기상조건에서도 착륙할 수 있으며, 중·대형 항공기일수록 악기상조건에서도 착륙할 수 있는 운영등급 Ⅲ를 획득한다.

④ 하지만 최근에는 B737 등의 소형제트기도 운영등급 Ⅲ를 획득하기도 한다.

2. ICAO 기준 계기착륙(ILS) CAT 등급

(1) **비정밀접근활주로**(Non-precision Approach Runway) : 시각보조시설과 직선진입에 적합한 방향정보를 제공하는 최소한의 항행안전무선시설을 갖춘 계기활주로

(2) **CAT-Ⅰ 정밀접근활주로**(Precision Approach Runway, Category Ⅰ)

① 결심고도 60m 이상, 시정 80m 이상이거나 활주로 가시범위 550m 이상에서 운용되는 계기활주로

② CAT-Ⅰ 정밀접근을 지원하는 시각보조시설과 항행안전무선시설을 설치

(3) **CAT-Ⅱ 정밀접근활주로**(Precision Approach Runway, Category Ⅱ)

① 결심고도 30~60m, 활주로 가시범위 300m 이상에서 운용되는 계기활주로

② CAT-Ⅱ 정밀접근을 지원하는 시각보조시설과 항행안전무선시설을 설치

(4) CAT-Ⅲ 정밀접근활주로(Precision Approach Runway, Category Ⅳ)

① CAT-Ⅲ 정밀접근을 지원하는 시각보조시설과 항행안전무선시설을 설치

② CAT-Ⅲ 정밀접근은 다음과 같이 세분

- CAT-Ⅲa : 결심고도 30m 미만 또는 결심고도 없이 활주로 가시범위 175m 이상에서 운용되는 계기활주로
- CAT-Ⅲb : 결심고도 15m 미만 또는 결심고도 없이 활주로 가시범위 175m 미만에서 50m까지 운용되는 계기활주로
- CAT-Ⅲc : 결심고도와 활주로 가시범위 한계 없이 운용되는 계기활주로 [26]

[ICAO 기준 계기착륙(ILS) CAT 등급]

구분	결심고도	시정 or 활주로 가시거리(RVR)	비고
CAT-I	60m(200ft)~75m(250ft)	시정 800m or RVR 550m 이상	국내 지방공항
CAT-II	30m(100ft)~60m(200ft)	RVR 550~RVR 300mm	제주, 김해공항(350m)
CAT-IIIa	15m(50ft)~30m(100ft)	RVR 300~RVR 175m	
CAT-IIIb	15m(50ft) 미만	RVR 175~RVR 50m	인천, 김포공항(75m)
CAT-IIIc	제한 없음	제한 없음	전 세계 공항 없음

주 1) 2018.11.8. 김포공항 활주로 CAT 등급이 최고등급으로 상향 조정되었음
　　　CAT-IIIa RVR 175m → IIIb RVR 75m
　 2) 2018.12.6. 김해공항 활주로 CAT 등급도 1단계 상향 조정되었음
　　　CAT-I RVR 550m → II RVR 350m

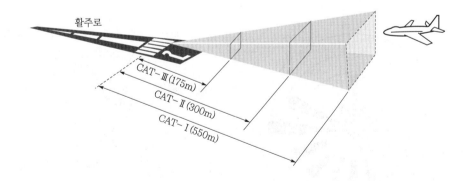

26) 국토교통부, '포장면상태관리업무매뉴얼', 제6장 저시정 운영, 예규 제145호, 2009.12.

7.29 활주로 방향의 결정 Wind Rose

활주로 방향 결정요소, 공항계획에 사용되는 바람장미(Windrose) 분석방법 [5, 8]

1. 개요

(1) 공항 활주로를 계획·설계할 때 ICAO Annex 14(비행장 설계 및 운영) 규정에 의한 최대 허용 측풍분력을 선정하고, 당해 지역의 바람특성을 조사한다.

(2) 악천후로 인해 제한된 시계비행(VFR)에서도 최소 95% 이상 활주로 운영이 가능하도록 바람장미(Wind Rose)와 풍극범위로부터 활주로 방향을 결정한다.

2. 바람장미(Wind Rose)

(1) 지구의 남·북극지방에는 편동풍, 중위도지방에는 편서풍, 열대지방에는 편동풍(무역풍)이 분다. 일정한 지역에서 일정한 기간(계절·연간) 동안에 가장 많이 나타나는 바람의 방향을 탁월풍(卓越風, prevailing wind)이라 한다.

(2) 바람장미는 어느 관측지점에서 일정기간 동안에 각 방위별 풍향출현율(%)을 8~16방향으로 나누어서 방사형 그래프에 표시한 것을 말한다.

(3) 풍향출현율(%)은 각각의 바람방향에 대응하는 방위판 위에 방위선 길이 또는 그 바깥 끝을 연결한 선으로 나타낸다. 이때 각 풍향의 풍속등급별 출현율을 함께 나타낸다. 다만, 무풍(calm) 출현율은 별도 표시한다.

(4) 바람장미에서 각각의 길이는 바람의 빈도에 비례하고, 바람의 강도는 선의 두께로 표시하며, 바람이 없거나 거의 없을 때는 중심에 숫자로 표시한다.

[바람장미와 풍극범위 예시]

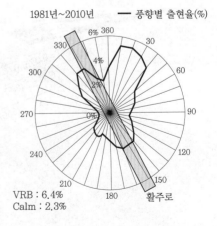

[바람장미와 활주로 방향 예시]

3. 바람장미와 풍극범위로부터 활주로 방향 결정

(1) 당해 지역의 바람특성 조사

① 최대 허용 측풍분력을 선정한 후, 바람범위와 바람상태를 조사한다.
- 바람범위 : 가시거리와 운고에 관계없이 최상에서 최하까지의 전체 가시범위
- 바람상태 : 가시거리 0.8k~4.8km 사이, 운고 60~300m 사이의 범위

② 통상 가시거리가 0.8km일 때 운고는 60m이고 이때 바람은 거의 없으며, 시계는 안개·아지랑이·연기·스모그 등에 의해 감소한다.

(2) 바람장미 작성

① 활주로 입지를 결정할 때는 통상적으로 5~10년간 기상자료와 설계항공기 제원을 기준으로 풍향과 풍속을 표시(plotting)한 바람장미를 그린다.

② 풍극범위가 95% 이상 되는 방향, 즉 양방향에서의 정풍과 배풍(활주로 반대방향에서 정풍)이 95% 이상 되도록 활주로 방향을 결정한다.

(3) 최적 활주로 방향 설정

① 주어진 바람 방향과 풍속범위에 부합하는 바람의 백분율을 바람장미의 적정한 구역에 표시한다. 이 상태에서 최적 활주로 방향은 3개의 수평선과 좌표가 표시된 투명종이를 사용하여 바람장미로부터 결정한다.

② 투명종이와 바람장미의 중심을 일치시키고, 바람장미의 중심을 기준으로 투명종이를 바깥선까지의 백분율의 합이 최대가 되는 방향을 최적 활주로 방향으로 결정한다.

(4) 결정된 활주로 방향에 대해 제한된 시계상태에서 바람 분석

① 제한된 시계 상태 동안의 바람자료를 조사하여, 바람장미에 표시한다. 이와 같이 제한된 시계 상태에서 최소 95% 운영할 수 있는지를 확인·검토한다.

② 인천공항(활주로 방향 15-33) 활주로 방향은 주풍 33으로, 거의 북북서 방향(또는 그 반대 방향)에서 불어오는 방향으로 결정되었다.

(5) 바람장미 활용 대상

① 공항계획에서 풍향·풍속은 활주로 방향 결정뿐만 아니라 이·착륙 조종방법, 횡풍(옆바람), 돌풍, 항공기 탑재량 등에 영향을 준다.

② 바람장미는 건물 신축을 위한 토지이용계획에서 필요하고, 연간 동일한 풍향으로 일정량 이상의 풍력을 얻어야 하는 풍력발전용 풍차의 방향을 결정할 때도 필요하다.[27]

---

27) 국토교통부, '항공정책론', 항공정책실, 백산출판사, 2011, pp.427~428.

7.30 활주로 번호 부여방법

3대의 평행활주로 번호부여 방법 [5, 2]

1. 방위와 방위각

(1) **방위** : 자오선(남북 양극)과 어떤 직선이 이룬 90°보다 작은 수평각

(2) **방위각** : 자오선 북쪽을 기준으로 어떤 직선까지 시계방향으로 측정한 수평각

방위	N60°E	S30°E
방위각	60°	150°

(3) 활주로 번호는 방위각 숫자로 부여하며, 이 번호는 활주로 방향을 나타낸다.

2. 활주로 번호

(1) 항공기의 조종사가 활주로를 볼 때, 이륙하는 쪽은 방위각을 기준으로, 착륙하는 쪽은 방위를 기준으로 활주로 번호를 부여한다.

이때 방위각을 10° 단위로 구분하여 2자리 숫자 번호를 부여한다.

(2) **단일활주로의 번호 부여** : 방위 S30°W(방위각 210°)이면 활주로 북단 210°/10°=21, 남단 30°/10°=03, 따라서 활주로 번호는 03-21 이다.

(3) **평행활주로의 번호 부여** : 방위 S(방위각 180°)이면 활주로 북단 180°/10°=18, 남단 360°/10°=36, 따라서 활주로 번호는 36-18 이다.

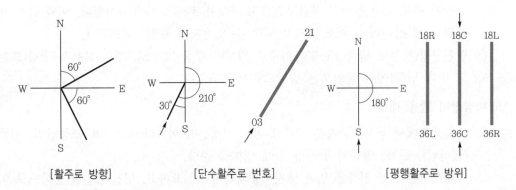

[활주로 방향]   [단수활주로 번호]   [평행활주로 방위]

3. 단수활주로 번호

(1) 활주로에는 01부터 36까지 번호가 부여되어 있는데, 활주로가 향하는 자기(磁氣) 방위를 10으로 나눈 숫자를 뜻한다.

즉, 활주로 번호 09는 동쪽(90°), 18은 남쪽(180°), 27은 서쪽(270°), 36은 북쪽(0°보다 360°를 사용)을 표기한다.

(2) 09 활주로에서 이륙하거나 착륙하는 경우 비행기는 90°, 즉 동쪽으로 향해야 한다. ICAO 무선통신규정에 따라 활주로 이름은 'runway three six, runway zero four' 등과 같이 영문철자로 말해야 한다.

(3) 활주로는 일반적으로 양방향으로 사용되기 때문에 활주로의 양단에는 각각 다른 번호가 표기되어 있다.
33 활주로의 다른 끝은 15 활주로이다. 즉, 두 숫자 차이는 항상 18(=180°)이다.

4. 복수활주로 번호

(1) 같은 방향으로 향하는 평행활주로가 둘 이상 배치된 경우에 좌측L, 중앙C, 우측R 영문약자를 붙여 15L, 15C, 15R 등으로 표기한다. 따라서, 33L 활주로의 반대편은 15R이된다.

(2) 셋 이상 평행활주로가 배치된 미국 로스앤젤레스, 디트로이트, 하츠필드 잭슨 애틀랜타 국제공항, 덴버, 댈러스, 올랜도 등은 혼돈을 피하기 위해 실제는 평행활주로이지만 10°를 약간 비틀어서 표기한다.
댈러스 공항의 5개 평행활주로 이름은 17L, 17C, 17R, 18L 및 18R로 표기되지만 실제 방향은 모두 175.4°이다.[28]

[22 단수활주로 방위]

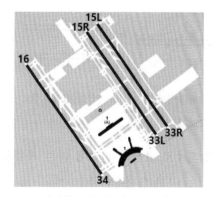

[인천국제공항 평행활주로]

---

28) 국토교통부, '항공정책론', 항공정책실, 백산출판사, 2011, pp.425~427.
국토교통부, '비행장시설 설치기준', 대통령훈령 제248호, 2014.8.31.

7.31 활주로 배치방법 및 용량

활주로 2개의 배치방법 및 용량, 벌어진 V자형 활주로, 교차활주로, 활주로 점유시간(ROT) [5, 8]

I 활주로 배치방법

1. 단일활주로(Single runway)

단일활주로는 양방향으로 운항하며, 동시 이·착륙은 불가능하고, 시간당 운항능력은 비행규칙(VFR, IFR), 기상상태(VMC, IMC), 공역제한 등에 따라 다르다.

(1) 시계비행규정(VFR) 조건일 때 : 50~100회/시

(2) 계기비행규정(IFR) 조건일 때 : 50~70회/시

2. 평행활주로(Parallel runways)

(1) 평행활주로는 2개 이상의 활주로를 평행하게 배치한 방식으로, 대부분의 국제공항에는 4개의 평행활주로를 갖추고 있다.

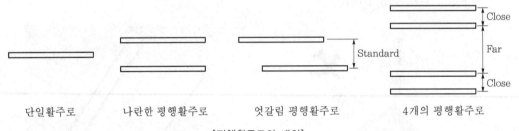

| 단일활주로 | 나란한 평행활주로 | 엇갈림 평행활주로 | 4개의 평행활주로 |

[평행활주로의 배치]

(2) 활주로 중심선 간격에 따른 평행활주로의 구분

① 근간격 평행활주로(Close parallel runways)
- 활주로 간격 : 210~760m
- 시계비행규정(VFR) 조건일 때 1개 활주로에 도착하고, 동시에 다른 1개 활주로에서 출발이 허용되지만, 동시착륙이나 동시이륙은 불허한다.

② 중간격 평행활주로(Intermediate parallel runways)
- 활주로 간격 : 760~1,300m
- 시계비행규정(VFR) 조건일 때 동시이륙과 동시착륙이 허용된다.
- 계기비행규정(IFR) 조건일 때 동시착륙은 불허하되, 하나의 활주로에 착륙하는 것은 다른 활주로의 이륙에 상관없이 독립적으로 가능하다.

③ 원간격 평행활주로(Far parallel runways)
- 활주로 간격 : 1,300m 이상

・동시이륙은 물론 동시착륙하는 모든 비행이 가능하다.

④ IFR 독립 평행활주로/IFR 비독립 평행활주로

・IFR 독립 평행활주로 : 다른 활주로의 운항에 관계없이 독립적으로 운항(동시 이·
착륙, 동시이륙, 동시착륙)할 수 있는 원간격 평행활주로이다.

・IFR 비독립 평행활주로 : 다른 활주로를 사용하고 있을 때 서로 운항이 제한되는
근간격 평행활주로와 중간격 평행활주로를 의미한다.

・시정이 짧거나 운고가 낮은 경우, 계기비행규정(IFR)을 따라야 한다.

3. 교차활주로(Intersection runways)

(1) 교차활주로는 강한 바람이 여러 방향에서 불어와 한 개의 활주로만으로는 항공기가 여
러 방향의 측풍을 감당하기 어려운 경우에 필요하다.

(2) 착륙과 이륙활주로의 시점이 가까울수록 수용능력은 커지고, 멀수록 작아진다.

[교차활주로의 시간당 운항횟수]

교차 위치	VFR 조건	IFR 조건
이·착륙 시점이 가까운 경우	70~175	60~70
중간에서 교차하는 경우	60~100	45~60
이·착륙 시점이 먼 경우	50~100	40~60

4. 벌어진 V자형 활주로(Open-V runways)

(1) 활주로의 방향이 서로 다르지만 교차하지 않는 활주로를 의미한다.

(2) 바람이 강할 경우에는 하나의 활주로만 사용이 가능하다.

(3) 운항능력은 이·착륙 시점이 가까운 경우 증가하고, 먼 경우 감소한다.

[벌어진 V자형 활주로의 시간당 운항횟수]

이·착륙 시점	VFR 조건	IFR 조건
가까운 경우	60~180	50~80
먼 경우	50~100	50~60

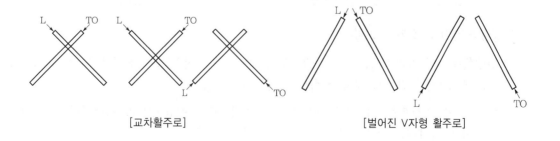

[교차활주로]　　　　　　　　　[벌어진 V자형 활주로]

5. 활주로 배치방법의 평가

(1) 활주로는 주풍향과 같은 방향으로 배치하는 것이 가장 바람직하다.

(2) 다른 모든 조건이 동일하다면 평행활주로의 운항능력이 가장 우수하다.

(3) 서로 방향이 다를 경우, 벌어진 V자형 활주로가 교차활주로보다 유리하다.

Ⅱ 활주로 배치방법에 따른 용량

1. 단일활주로의 연간 용량

(1) 단일활주로에서 유도로, 계류장, 항공기 혼합률, 항공교통관제시설 등을 적절히 사용하면 연간 195,000회까지 운항할 수 있다.

(2) 활주로 체계는 당해 공항을 기지로 사용하는 항공기가 200대 미만이면 항공수요가 통상 연간 150,000회 이상 도달하지 않는다.

(3) 현재 연간 150,000회 이하에서 교통량이 증가하면 활주로 추가 건설을 고려한다.

[세계 주요공항 기본계획에 적용된 활주로 IFR 실용용량]

구분	구성	시간당 실용용량 (IFR 기준)	기본계획에 적용된 IFR 실용용량
단일활주로		50~59	• 싱가포르 창이공항 33회 • 유럽공항 36회
IFR 비독립 평행활주로	210~760m (C)	56~60	• IATA 50회 • 프랑크푸르트공항 60회 • 김포공항 53회
IFR 독립 평행활주로	1,300m 이상 (F)	99~119	• 싱가포르 창이공항 66회 • IATA 72회 • 유럽공항 72회 • 스키폴/나리타공항 72회
평행활주로 IFR 독립 2개 IFR 비독립 2개	C F C	111~120	• 상해 푸둥공항 100~120회 • 방콕 신공항 112회 • IATA 100회

2. 단일활주로의 이격거리 기준

(1) 평행활주로의 이격거리는 기상상태(VMC, IMC), 운항여건(동시 착륙 또는 동시 이·착륙), 최종진입구간에서 항공기 속도 등에 따라 결정된다.

(2) 예를 들어, 평행활주로를 동시 운영하는 경우에 계기비행상태(IMC)에서 활주로 중심선 사이의 이격거리는 독립 착륙할 때 1,035m가 필요하다.

3. 평행활주로에서 동시 운영할 때 이격거리

평행활주로의 이격거리는 기상상태(VMC, IMC)에 따라 다음과 같이 결정한다.

[평행활주로의 이격거리]

구분		ICAO	FAA
시계비행 (VMC)	동시 착륙	Code 1 : 120m Code 2 : 150m Code 3,4 : 210m	ADG Ⅰ~Ⅳ : 210m ADG Ⅴ,Ⅵ : 366m
	동시 이·착륙	Code 1 : 120m Code 2 : 150m Code 3,4 : 210m	ADG Ⅰ~Ⅳ : 210m ADG Ⅴ,Ⅵ : 366m
계기비행 (IMC)	독립 착륙	1,035m	1,310m 고도의 레이더 및 모니터 장비를 구입하면 915m까지 축소 가능
	비독립 착륙	915m	–
	독립 이륙	760m	Radar : 762m Non-Radar : 1,067m
	독립 이·착륙	760m	762m

4. 평행활주로에서 분리 운영할 때 이격거리

계기비행상태(IMC)에서 활주로시단이 300m 이상 이격되어 있다.

(1) 평행활주로를 그림 (a)와 같이 분리 운영할 때, 착륙 활주로시단이 진입항공기 쪽에 근접해 있으면 어긋난 길이 150m당 30m씩 이격거리를 감소시킬 수 있다.

(2) 평행활주로를 그림 (b)와 같이 분리 운영할 때, 착륙 활주로시단이 진입항공기 쪽에서 멀리 위치하면 어긋난 길이 150m당 30m씩 이격거리 증가시켜야 한다.[29]

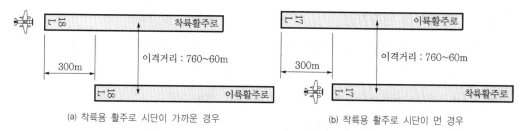

(a) 착륙용 활주로 시단이 가까운 경우   (b) 착륙용 활주로 시단이 먼 경우

[평행활주로 계기비행(IMC) 독립 이·착륙할 때 이격거리]

---

29) 양승신, '공항계획과운영', 이지북스, 2001, p.164.~168
최명기, '공항토목시설공학', 예문사, 2011, pp.368~369.

Ⅲ 활주로 점유시간(ROT)

1. 용어 정의

(1) 활주로 점유시간(ROT, Runway Occupancy Time)이란 단축 위에 착지할 때부터 정지할 때까지 걸리는 시간을 말한다.

(2) 활주로 점유시간이 길어지면 활주로 수용능력이 저하되고, 항공기의 지상 이동시간이 지연되며, 연료소모량이 증가하는 등의 문제점이 있다.

(3) 활주로 점유시간은 활주로 용량에 가장 큰 영향을 주는 요소로서, 점유시간 단축을 통한 용량 증대를 위해 고속탈출유도로 및 평행유도로 등을 설치한다.

[공항별 활주로 점유시간 비교]

공항	인천		김포		로스엔젤레스		
활주로 번호	15L	33R	14R/32L	32R	24L	25R	25L
활주로 길이(m)	3,750	3,750	3,200	3,600	3,200	3,700	3,400
점유시간(초)	73	70	59	61	53	52	46

2. 활주로 점유시간 분석결과

(1) **고속탈출유도로 유무** : 항공기가 착륙했을 때 활주로를 벗어나기 적절한 위치에 고속탈출유도로가 없으면 활주로 점유시간이 길어진다.

(2) **조종사 이륙점검** : 특정 항공사 특정 항공기의 경우에는 활주로 진입 후, 이륙점검을 위한 대기시간을 많이 필요로 하는 경우가 있다.

(3) **관제사 분리유지** : 후방 항공기의 안전을 위해 필요한 분리간격 유지는 피크시간대에 도착·출발 지연의 주요한 원인이 된다.

3. 활주로 점유시간 단축방안

(1) **제1안** : 점유시간을 50초 이하로 단축을 위하여 고속탈출유도로 증설 방안

• 건설비 240억 원 소요, 당해 활주로 1년 이상 폐쇄

(2) **제2안** : 현행 활주로 체계에서 점유시간 단축 방안

① 착륙 직후, 활주로를 신속히 벗어날 수 있도록 유도로 즉시 지정
② 항공기가 활주로 진입 전에 이륙점검을 완료하도록 운항절차 적용
③ 항공기가 활주로에서 불필요하게 지연되지 않도록 관제절차 운용 등 [30]

---

30) 최명기, '공항토목시설공학', 예문사, 2011, pp.380~382.

7.32 활주로 용량(PHOCAP, PANCAP)

활주로 용량(PHOCAP / PANCAP), 실용용량(Practical capacity) [4, 1]

I 개요

1. 단일활주로의 용량 향상을 위한 장기대책은 활주로를 추가 건설하여 복수활주로를 운용하는 방법이지만, 오랜 기간과 많은 예산이 요구된다.
2. 따라서 단일활주로의 시간당 실용용량(PHOCAP)과 연간 실용용량(PANCAP)을 향상시킬 수 있는 단기대책을 활용하여 항공수요 증가를 최대한 수용할 수 있다면 B/C비가 높아져 경제성이 향상되고 활주로 추가 건설시기도 늦출 수 있다.

II 활주로 용량

1. 활주로의 시간당 용량

(1) **시간당 최대용량(Ultimate Hourly Capacity)** : 항공기가 이·착륙을 위하여 계속 대기하는 경우에 1시간당 용량(운항횟수)을 의미하며, 지연시간을 고려하지 않는 최대용량이다.

(2) **시간당 실용용량(PHOCAP, Practical Hourly Capacity)** : 활주로가 수용할 수 있는 수준의 평균지연시간을 기준으로 할 때의 1시간당 운항횟수를 의미하며, 활주로 용량은 PHOCAP 기준으로 평가한다.

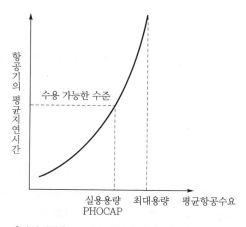

[지연시간을 고려한 실용용량과 최대용량 관계]

2. 활주로의 실용용량 추정

(1) 특정 공항의 항공수요가 계속 발생된다고 가정하는 경우, 자연발생적인 항공수요(여객·화물)를 서비스할 수 있는 활주로의 연간 서비스용량을 추정할 필요가 있다.

(2) 이 경우 실제 항공수요의 패턴에 따라 비행장 운항밀도를 기준으로 활주로의 시간당 실용용량(PHOCAP)과 연간 실용용량(PANCAP)을 추정한다.

3. 비행장 운항밀도(Aerodrome Traffic Density)

(1) 비행장 운항밀도란 활주로당 1일 피크시간 운항횟수의 연평균을 의미한다.

(2) 비행장 운항밀도를 산출할 때 이륙이나 착륙을 각각 1회의 운항횟수로 집계한다.

(3) 비행장 운항밀도는 저밀도, 중밀도 및 고밀도로 구분한다.

[비행장 운항밀도의 구분]

구분	활주로당 항공기 운항횟수	비행장 전체 운항횟수의 합
저밀도	15회 이하	19회 이하
중밀도	16회~25회	20~35회
고밀도	26회 이상	36회 이상

Ⅲ 시간당 실용용량(PHOCAP), 연간 실용용량(PANCAP)

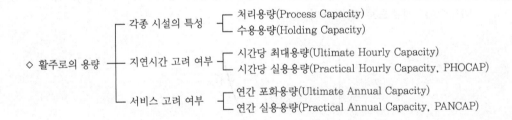

1. 포화용량(Ultimate Capacity)

(1) 용어 정의

① 활주로의 포화용량은 주어진 조건에서 서비스수준을 고려하지 않고 활주로에서 최대로 처리할 수 있는 용량으로 최대 혼잡이 발생되는 운항횟수이다.

② 활주로의 포화용량은 지속적으로 운항되는 상황에서 처리할 수 있는 항공수요의 최댓값으로, 항상 실용용량보다 크다.

(2) 포화용량 산출과정 : Harris의 해석적 모형

① 취항항공기를 기종별로 분류(FAA 기준)한다.

② 취항항공기 등급(A, B, C, D)에 의해 운용되는 혼합 백분율을 산정한다.

③ 항공교통관제(ATC) 운용결과를 분석한다.

 • 표준화된 기종 간의 안전간격 유지와 기종별 접근속도 분석

 • 대형항공기를 뒤따르는 소형항공기의 와류 사고위험 분석

④ Harris 모형에 의해 활주로의 포화용량을 산출한다.

 • 취항항공기 기종 간 평균 안전간격의 역수로 산출

 • 도착전용을 위한 모델, 혼합운용을 위한 모델 등을 활용

2. 실용용량(Practical Capacity)

(1) 용어 정의

① 활주로의 실용용량은 항공수요의 집중에 의해 발생되는 항공기의 이·착륙 지연시간을 감안한 실제적인 용량이다.

② 지정된 서비스수준(출발지연 4분)하에서 일정기간 내에 처리할 수 있는 항공수요 규모의 상한선 개념이다.

③ 시간당 실용용량(PHOCAP)과 PHOCAP을 연간 단위로 확장하여 추정한 연간 실용용량(PANCAP)으로 구분된다.

(2) 시간당 실용용량 PHOCAP 산출과정

① FAA의 AIL 모형 그래프에 출발·도착비율, 공역제한, 기종별 혼합률, 활주로 점유시간 등을 표시한다.

② 항공기를 A~E 등급으로 구분하여 각각의 수요 상한선을 산출한다.

③ 일반적으로 PHOCAP은 포화용량의 3/4 수준으로 추정한다.

(3) 연간 실용용량 PANCAP 산출과정

① 연중 일정 단위시간에 대하여 활주로의 과부하를 허용하는 용량으로, 서비스수준, 기상조건, 활주로 운용방식 등에 따라 다르다.

② 항공기 운항횟수의 10% 과부하와 항공기 운항시간의 5% 과부하를 허용할 때, 연간 운항횟수 중에서 작은 값을 PANCAP으로 선택한다.

③ 과부하란 수요가 PHOCAP을 초과하는, 즉 평균지연 4분을 초과하는 시간으로, 정기노선 공항에 대하여는 평균지연 8분을 초과할 수 없다.

   PANCAP = PHOCAP × 4,000hr

4,000hr : 13시간/일 기준으로 하는 연간 효용시간

   : 연간 효용시간은 4,500hr까지 허용(1년=24hr×365일=8,760hr)

④ FAA에서 제시하는 그래프를 사용하여 예비 PANCAP 값을 선정한다.
- 지연시간의 과부하 : POH×ADO=5%×8분=40분
- 운항횟수의 과부하 : POM×ADO=10%×8분=80분
  - ADO : 부하 기간 동안 평균지연 8분 적용
  - POH : 평균지연이 PHOCAP을 초과하는 연간시간 합의 1년에 대한 백분율
  - POM : 과부하 중 발생된 연간 운항횟수의 연간 총운항횟수에 대한 백분율
⑤ FAA 그래프에서 작은 값을 선택하여 최종 PANCAP으로 결정한다.

3. PANCAP 산출 사례신공항건설에 적용

(1) 기상조건

① 활주로 이용확률 : 97%(안개결항 2%, 15노트 이상 측풍결항 1%)
② 용량발생 상황 중 기본용량이 관측될 확률 : 10%(VFR 가능확률)
③ 용량에 따른 가중치

용량(회/시간)%	45 이하	46~60	61~75	76 이상
가중치	4	3	2	1

(2) 가중평균 시간용량(WHC, Weight Hourly Capacity) 산출

$$\text{WHC}=\frac{\sum 용량치 \times 발생확률 \times 가중치}{\sum 발생확률 \times 가중치}=\frac{(4.6 \times 0.1 \times 3)+(40 \times 0.87 \times 3)}{(0.1 \times 3)+(0.87 \times 3)}=40.6회$$

(3) 실제 연간 실용용량 산출

$$\text{PANCAP}=연간효용시간 \times \text{WHC} \times 이용확률(측풍 15노트 이하의 확률)$$
$$=4,380hr \times 40.6회 \times 0.97\%=173,000회 \text{[31]}$$

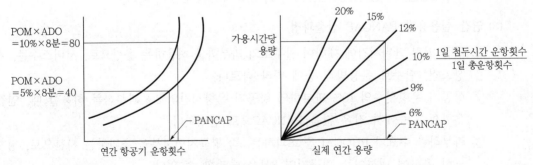

[PANCAP 산출 그래프]

31) 양승신, '공항계획과 운영', 이지북스, 2001, p.210.
   최명기, '공항토목시설공학', 예문사, 2011, pp.510~513.

7.33 활주로 용량의 증대 방안

I 활주로 용량의 결정 요소

1. 항공교통관제 요소

(1) 공역운영 측면에서 이륙보다 착륙 항공기를 우선 처리하는 것이 원칙이다. 출발 항공기의 지상대기보다 도착 항공기의 공중선회가 기술적으로 더 어렵기 때문이다.

(2) 항공기의 이·착륙 안전거리를 확보하기 위해 항공기 간 수직분리(Vertical Separation), 수평분리(Horizontal Separation), 횡분리(Lateral Separation) 등이 필요하다.

(3) 항공기 크기, 활주로 점유시간, 레이더 성능 및 운영절차에 따라 다르지만 항공기의 수평분리는 일반적으로 2~5해리(NM, Nautical Mile)가 적용된다.

(4) 활주로 용량을 결정하는 가장 중요한 요소는 이·착륙 절차에 따른 항공기 간의 분리기준이며, 그 밖에 다음과 같은 요소들도 중요하게 취급된다.

① 활주로 끝단(Threshold)부터 글라이드 패스(Glide Path)까지의 소요 길이 확보
② 항공기 종류에 따른 착륙절차 적용방법
③ 항공기 간의 분리기준에 대한 탄력적인 적용기준
④ 항공보안시설의 서비스수준 등

2. 항공기 및 운영특성

(1) 항공기의 크기에 따른 와류현상(Wing-tip Vortex), 접근속도(Approach Speed), 착지속도(Touchdown Speed)가 다르므로 이·착륙 안전거리가 달라진다.

① 선행 항공기가 대형이고 후행 항공기가 소형이라면 대형기에서 발생되는 와류 때문에 보다 긴 안전거리가 필요하다.
② 따라서 동일한 활주로 조건하에서 단위시간당 항공기 운항횟수는 대형 항공기보다 중·소형 항공기 비율이 높은 경우가 더 유리하다.

(2) 복수활주로를 운영하는 경우에는 도착 항공기와 출발 항공기의 운항비율이 활주로의 용량 결정에 영향을 미친다.

2개의 활주로를 갖춘 공항에서 제1활주로는 도착 전용, 제2활주로는 출발 전용으로 운영하는 것보다 양쪽 모두 이·착륙을 허용해야 용량이 더 커진다.

3. 공항주변의 환경요소

(1) 공항주변의 시정(Visibility), 활주로 표면조건, 풍향·풍속, 소음저감 요건 등이 중요하다. 특히, 시정 불량할 때는 항공기 간의 안전거리가 더 길게 요구된다.

(2) 기상조건에 따라 활주로 표면이 건조, 습윤, 적설 또는 결빙되어 있는 상태에서는 이·착륙에 커다란 영향을 미친다.

4. 활주로 시스템의 배치 및 설계

기존 활주로가 한계용량에 도달하여 추가 활주로 건설을 계획할 때는 기존 활주로의 배치나 유도로 구성 등 아래와 같은 특성이 큰 영향을 미친다.

(1) 기존 활주로의 수, 폭, 길이, 방향

(2) 기존 유도로의 수, 위치, 구조

(3) 기존 계류장의 진입구조 등

Ⅱ 활주로 용량의 증대 방안

1. 비행장의 구성 관점

(1) **계류장 Gate의 수 확보**

① 도착·출발 항공기의 주기 계류장은 장·단기 수요에 대응하여 용량 확보

② 독립적 기능을 가진 계류장 면적과 Gate 수를 확보하여 주기시간 단축

(2) **활주로 점유시간(ROT) 단축**

① 도착 항공기가 착륙 직후 활주로를 신속하게 이탈하도록 고속탈출유도로, 직각유도로, Bypass 유도로 등을 설치

공항별 활주로 점유시간 측정 결과, 영국 히드로공항은 평균 45~55초

② 고속탈출유도로 위치는 활주로 표고, 연중 피크월의 평균기온과 관련이 있으며, 활주로 말단으로부터 고속탈출유도로까지 거리(L)는 다음 식으로 산출

$$L = 1,000 \sim 1,500\text{ft} < (S_1)^2 - (S_2)^{2 > 2a}$$

(3) **복수활주로 건설**

① 단일활주로에서 유도로, 계류장, 항공기 혼합률, 항공교통관제시설 등을 적절히 사용하면 연간 195,000회까지 운항 가능

② 운항횟수가 그 이상 증가하여 복수활주로 건설계획으로 용량 제고방안 검토

③ 복수활주로는 평행활주로가 대부분이며, 이격거리에 따라 용량 차이 발생

IFR 동시 이·착륙 평행활주로 간격 : ICAO 1,350m, FAA 1,300m 권고

2. 항공기의 운영환경 관점

(1) 도착·출발 항공기 기종의 단순화

① 와류(渦流) 영향을 줄이기 위해 항공기를 대형, 중형, 소형 군으로 분리 운영

② 기종 간 종방향 분리간격의 평균치를 줄이면 이·착륙시간 단축이 가능

(2) 활주로 표면의 최적상태 유지

① 최신 제설장비를 보유하여 동절기 강설 직후에 즉시 제설 착수

② 수막현상(hydroplanning) 방지를 위해 grooming 설치, 타이어 자국 제거

(3) 항공기 소음피해 방지대책 적용

공항소음에 따른 주변지역 생활불편을 최소화하되, 야간 이·착륙 횟수 증가

3. 항행안전시설의 첨단화 관점

(1) 극초단파착륙시설(MLS)은 장점이 많아 ICAO 의결에 따라 세계 각국이 2000년대 초부터 계기착륙시설(ILS)을 모두 MLS로 대체하기로 합의하였다.

(2) 최근 GPS를 이용하는 위성항행시스템(CNS/ATM)이 실용화됨에 따라 ILS→MLS→CNS/ATM으로 upgrade되는 추세이다.

(3) ILS의 거리표지(Marker)를 설치할 수 없는 해상공항(일본 간사이, 홍콩 첵락콕, 한국 인천)에서는 VOR/TAC를 이용한 DME 장비로 대체·운영하여 해상 시계(운무) 제한 없이 이·착륙 관제하고 있다.

(4) 국토교통부는 매년 2월 전년도 공항별 운항실적과 수용능력을 검토하여 관련기관 협의를 거쳐 항행안전시설의 개선 등 운영능력 향상방안을 마련·시행하고 있다.

Ⅲ 맺음말

1. 운항수요가 향후 5년 이내에 기존 활주로 용량의 60% 이상 도달 예상되거나, 여객수요가 연간 75,000회에 도달했을 때는 짧은 평행활주로 건설을 검토한다.

2. 운항수요가 기존 활주로 용량의 75%에 이미 도달했거나, 향후 5년 이내에 75% 이상 도달 예상될 때는 기존 짧은 평행활주로 연장을 검토한다.

3. 지형, 소음, 장애물 등을 고려하여 교차 또는 V형 활주로를 건설하면 평행활주로를 건설하는 방안보다 더 경제적으로 용량 증가가 가능하다.[32]

---

32) 양승신, '공항계획과운영', 이지북스, 2001, p.205.
최명기, '공항토목시설공학', 예문사, 2011, pp.371~379.

7.34 활주로 길이의 산정

활주로 기본길이와 실제길이, 활주로의 종단경사, 활주로 길이 결정에 영향을 미치는 요소 [6, 6]

I 개요

1. 활주로 길이를 산정할 때는 활주로 길이 결정에 영향을 미치는 요소를 고려하여 취항 예상 항공기 각각의 기종에 대해 이·착륙할 때 소요되는 길이를 구하여, 이 중 가장 긴 활주로 길이를 기준으로 산정한다.

2. 활주로 길이에 영향을 미치는 요인은 비행장의 환경조건, 항공기의 성능 및 중량, 항공기의 이·착륙 총중량 등이다.

II 활주로 길이에 영향을 미치는 요인

1. 비행장의 환경조건

(1) 비행장 지상풍

① 활주로 길이는 정풍이 클수록 짧아지고 배풍이 클수록 길어진다.

② 공항부지 일대에서 가벼운 바람만 분다면 무풍으로 적용한다.

(2) 비행장 표고

① 비행장 표고가 높을수록 대기압이 낮아지므로 더 긴 활주로가 필요하다.

② 해발고도가 300m 상승할 때마다 활주로 길이 7% 증가를 기준으로 한다.

(3) 비행장 기온

① 기온이 높을수록 공기밀도가 낮아져 엔진 추진력이 감소된다.

② 엔진 추진력이 감소되면 상승력이 저하되므로 더 긴 활주로가 필요하다.

(4) 활주로 종단경사도

① 수평 또는 하향보다 상향 종단경사에서 소요 이륙길이가 증가되며, 이륙길이의 증가 정도는 비행장의 기온 및 표고에 좌우된다.

② 활주로 중심선에서 가장 높은 지점과 가장 낮은 지점 사이의 표고 차이를 활주로 길이로 나눈 평균 종단경사도를 적용하여 이륙길이를 산출한다.

(5) 활주로 표면상태

① 활주로 표면이 오염되어 있으면 활주로 길이를 증가시켜야 한다.

② 기상상태 변화가 활주로 길이에 얼마나 영향을 미치는지 조사해야 한다.

2. 항공기의 성능 및 중량

(1) 항공기 중량은 활주로, 유도로, 계류장 등의 포장 두께 결정 요소

(2) 항공기 크기는 활주로와 유도로 이격거리, 주기장 크기 결정 요소

(3) 항공기 여객은 20명에서 500명 이상으로 여객터미널 형태 결정 요소

(4) 활주로 길이는 2,100m에서 3,600m까지 다양하며 비행장 설계 핵심 요소

(5) 항공기 최대이륙중량은 소형 900~3,600kg, 상용 33,000~351,000kg

(6) 항공기 추진력은 피스톤엔진, 터보제트, 터보팬 등에 따라 다양하게 적용

3. 항공기의 이·착륙 총중량

(1) 항공기 운영중량

(2) 항공기 유상탑재중량

(3) 항공기 예비연료중량

(4) 항공기 착륙중량＝(1)+(2)+(3)으로 결정

이때, 착륙중량이 항공기의 최대 구조적 착륙중량을 초과하면 아니 된다.

(5) 항공기 상승·비행·하강에 필요한 연료중량

(6) 항공기 이륙중량＝(4)+(5)로 결정

이때, 이륙중량이 항공기의 최대 구조적 이륙중량을 초과하면 아니 된다.

(7) 온도, 바람, 활주로 경사, 출발 공항의 고도

(8) 상기 자료와 특정 항공기의 비행메뉴얼을 적용하여 최종적 실제 활주로 길이를 결정

Ⅲ 활주로 기본길이, 실제길이

1. 주활주로 길이＝기본길이(Primary Runway)

(1) 항공기의 운항성능을 당해 비행장 지역조건에 맞도록 보정하여 결정한 최장 길이보다 주활주로 길이가 짧아서는 아니 된다.

(2) 비행장의 표고, 온도, 활주로 종단경사도, 표면특성 등의 조건을 고려해야 한다.

(3) 항공기의 이륙 및 착륙 조건을 모두 고려해야 한다.

(4) 취항 항공기의 성능자료가 없는 경우에는 활주로 기본길이에 일반적 보정계수를 적용하여 활주로 실제 길이를 결정한다.

2. 보조활주로 길이(Secondary Runway)

(1) 보조활주로 길이는 최소 95% 이용률을 고려하여 주활주로 길이와 유사하게 결정한다.

(2) ICAO는 현재 운항 중인 모든 항공기의 특성자료를 갖추고 있으며, 이 자료에는 활주로 길이 결정에 필요한 성능곡선과 도표가 포함되어 있다.

3. 활주로 길이보정＝실제길이(Actual Length of Runway)

(1) **표고** : 활주로 표고가 평균해수면보다 300m 상승할 때마다 활주로 기본길이를 7% 비율로 증가

(2) **기온** : 비행장 표준온도(Airdrome Reference Temperature)가 당해 활주로 표고에서 표준대기상태 온도보다 1℃ 상승할 때마다 활주로 기본길이를 1% 비율로 증가(표준대기상태 온도는 평균해수면 높이 0m에서 15℃ 기준)

(3) **종단경사도** : 항공기 이륙조건에 의하여 활주로 기본길이를 900m 이상으로 결정한 경우, 결정된 길이에 종단경사도 1% 상승할 때마다 10% 비율로 증가

(4) 온도와 습도가 높은 비행장에서는 결정된 활주로 기본길이를 다소 증가시킨다.

(5) 항공기의 성능자료를 이용할 수 없는 경우에 아래와 같은 일반적인 보정계수를 적용하여 활주로 실제길이를 결정한다.

① 취항 항공기의 운항조건에 적합한 활주로 기본길이를 선정
② 당해 지역의 특성에 적합한 보정계수를 이용하여 활주로 기본길이를 보정
③ 실제 요구되는 활주로 실제길이를 산출 [33]

[항공기 종류에 따른 개략적인 활주로 표준길이]

코드	항공기 종류	활주로 표준길이(m)	비고
C2급	B737, MD82, MD83, F100	1,580~2,200	
C1급	A321	1,700~2,600	
D2급	B767	1,760~2,800	
D1급	B777, A330, A300, MD11, DC10	1,820~3,200	IL62 (3,300m)
E급	B747	2,120~3,700	Concorde (3,400m)

---

33) 국토교통부, '항공정책론', 항공정책실, 백산출판사, 2011, pp.428~429.

7.35 항공기 중량-항속거리-활주로 관계

항공기의 중량–항속거리–활주로길이 상관관계, 활주로체계의 REDIM 모델 [4, 3]

Ⅰ 개요

1. 항공기의 항속거리에 가장 큰 영향 요소는 유상탑재중량이며, 유상탑재중량과 항속거리의 관계는 항로 기상조건, 바람조건(정풍과 배풍), 비행고도, 비행속도, 탑재연료중량, 예비연료중량 등의 영향을 받는다.
2. 최종적으로 활주로 길이는 취항 예정 항공기의 최대이륙중량을 기준으로 결정된다.

Ⅱ 항공기 중량의 구성

1. 항공기 운영중량(OEW, Operating Empty Weight)

(1) 기체만의 중량(AEW, Aircraft Empty Weight), 승무원 및 수화물, 엔진오일, 재이동 비상장비 등의 중량, 정상비행 중에 사용할 수 없는 비상연료 중량 등의 총중량

(2) 일명 항공기 서비스 대기중량(APS, Aircraft Prepared for Service)의 합계

2. 항공기 유상탑재중량(Payload)

(1) 항공기가 최대 유상탑재중량으로 이륙한다고 가정하여 활주로길이 산정

(2) 유상탑재중량은 최대무연료중량에서 OEW중량을 뺀 값

   • 유상탑재중량＝최대무연료중량－OEW중량

3. 항공기 탑재연료량

(1) 프로펠러 항공기

   ① 목적지 공항까지 비행
   ② 운항계획서에 규정된 임계(연료소모 측면) 교체공항까지 비행
   ③ 45분간 비행하는 데 필요한 연료량을 탑재

(2) 터보제트 항공기

   ① 목적지 공항까지 비행 및 그 공항에서 접근 및 실패접근
   ② 운항계획서에 규정된 임계 교체공항까지 비행
   ③ 표준온도상태의 교체공항 상공 450m에서 대기속도(holding speed)로 30분간 비행, 접근 및 착륙하는 데 필요한 연료량을 탑재

④ 또한, 다음과 같은 잠재적 비상상황에 대비하여 추가 연료량을 탑재
- 악천후 기상예보
- 예상되는 항공교통관제의 대기 및 지연
- 공항에서 실패접근을 포함하는 계기접근
- 항행 중 하나의 엔진이 꺼지는 경우, 운항 매뉴얼에 규정된 절차 이행
- 지연 등 연료소모를 초래할 수 있는 기타 조건

Ⅲ 항공기 중량 산정 고려요소

1. 연료소모율

(1) 터보제트 항공기가 평균고도에서 평균속도로 45분 비행 소요 연료량은 공항상공 450m 에서 대기속도로 30분 비행 소요 연료량과 거의 같다.

(2) 대표적인 평균 연료소모율은 실제 연료소모량을 구간별(이륙, 상승, 순항, 하강, 착륙 등) 비행거리 및 비행시간으로 나누어 산정한다.

2. 착륙중량

(1) 항공기는 다음 중 1가지에 해당하는 최대착륙중량 이하로 착륙한다.

① 구조적 한계 : 기상, 활주로 경사도 등에 상관없이 최대 허용착륙중량은 일정하다.

② 비행장 조건 : 고도, 온도, 배풍 등이 상승할수록 최대 허용착륙중량은 감소한다.

(2) 상기 (1)에서 계산된 항공기의 착륙중량은 최대착륙중량을 초과하지 않아야 한다.

3. 이륙중량

(1) 항공기는 다음 중 1가지에 해당하는 최대이륙중량 이하로 이륙한다.

① 구조적 한계 : 기상, 활주로 경사도 등에 상관없이 최대 허용이륙중량은 일정하다.

② 비행장 조건 : 고도, 온도, 배풍 등이 증가할수록 최대 허용이륙중량은 감소한다.

③ 최대착륙중량 : 이륙중량은 정상비행 후에 안전착륙을 보장하기 위하여 목적지 공항 에서의 최대착륙중량을 초과하지 않아야 한다.

④ 장애물 회피 : 장애물 회피 한계에 근거한 최대이륙중량은 활주로 시단 인근에 있는 장애물의 위치·높이에 따라 다르다.

(2) 상기 (1)에서 계산된 항공기의 이륙중량은 최대이륙중량을 초과하지 않아야 한다.

Ⅳ 유상탑재중량과 항속거리의 관계

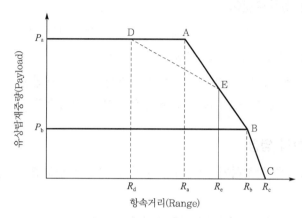

[유상탑재중량과 항속거리의 관계]

P_a : 항공기 구조상 적재할 수 있는 최대 유상탑재중량

P_b : 항공기 구조상 최대연료중량일 경우의 유상탑재중량

A-E-B 연결선 : 항공기가 최대이륙중량인 경우

R_a, R_e, R_b : 최대이륙중량에서 유상탑재중량에 따라 비행 가능 항속거리

Ra : 최대유상탑재중량을 싣고 최대이륙중량 상태에서 비행 가능 항속거리로서, 이 경우 연료탱크는 완전히 채워진 상태가 아니다.

R_b : 연료탱크를 완전히 채우고(최대연료중량) 최대이륙중량에 맞추기 위하여 유상탑재중량을 감소시킨 경우로서, 연료중량이 $P_a - P_b$ 만큼 증가되므로 항속거리는 R_a 에서 R_b로 증가

C점 : 유상탑재중량을 적재하지 않고 최대연료중량으로 비행하는 경우로서, 최대이륙중량이 아니므로 R_c까지 비행 가능

이 경우는 항공기 제작사에서 항공사로 항공기를 배달할 때 발생

D-E 연결선 : 유상탑재중량과 항속거리 간의 조정선을 의미한다.

유상탑재중량 대 항속거리는 A-B-C 대신 D-E-B-C를 따라간다.

1. 특정 항공기에 대한 유상탑재중량과 항속거리의 관계는 단거리, 중거리, 장거리 비행에 따라 매우 큰 차이가 있다.

2. 여객기는 탑승좌석이 모두 찬 경우에도 최대 유상탑재중량에는 미치지 못한다.

   그 이유는 승객을 운송할 때 항공기 내부의 공간사용이 제약받기 때문이다.
   유상탑재중량 계산할 때 승객당 수화물을 포함하여 통상 200lb 정도로 한다.

Ⅴ 항공기 중량과 활주로길이의 관계

1. 최대이륙중량과 활주로길이

(1) 국가의 관문공항, 수요가 충분한 공항, 주변 공항에 대한 경쟁력 확보를 위한 공항 등은 취항 예정 항공기의 최대이륙중량을 기준으로 활주로길이를 결정한다.

(2) 수요가 불충분한 공항, 지형이나 장애물 여건상 확장을 제한받는 공항 등은 최대이륙중량보다 약간 적은 중량을 기준으로 활주로길이를 결정한다.

2. 항공기 중량제한의 영향

(1) R_a보다 원거리를 항행하기 위해서는 추가로 필요한 연료중량만큼 유상탑재중량을 줄여야 한다.

- R_a : 최대 유상탑재중량을 싣고 최대이륙중량 상태에서 비행할 수 있는 거리로서, 이 경우 연료탱크는 완전히 채워진 상태가 아니다.

(2) 최근 10년간 국제선 항공기의 유상탑재중량 이용률은 연평균 50% 정도이므로, R_a보다 원거리도 어느 정도까지는 최대이륙중량이 되지 않을 수도 있다.

(3) 수요(중량 및 항속거리)가 충분한 경우에는 최대이륙중량으로 운항하는 것이 당연하며 경제성도 좋다.

(4) 활주로길이가 짧아 각종 탑재중량이 제한을 받는 경우에는 아래 그림에서 보듯 경제적 손실이 발생한다.[34]

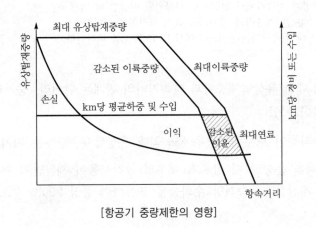

[항공기 중량제한의 영향]

---

34) 최명기, '공항토목시설공학', 예문사, 2011, pp.233~239, 303~309.

7.36 활주로 공시거리 Runway declared distance

활주로길이 산정요소, 이륙거리, 착륙길이, 정지로, 개방구역, 활주로 공시거리 [15, 8]

1. 개요

(1) 활주로(滑走路, runway)란 항공기가 이륙할 때 부양(浮揚)하는 데 필요한 양력을 얻거나 착륙할 때 감속(減速)하여 정지하기 위해 활주하는 노면에 설정된 구역을 말한다.

(2) 활주로 공시거리(Declared distance)는 ICAO ANNEX 14에 의해 국제상업항공운송에 사용하는 활주로에서 이·착륙을 위해 공시되어야 한다고 규정한 거리이다.

(3) 우리나라는 활주로별 공시거리를 TORA ,TODA, ASDA, LDA 등으로 구분하여 항공정보간행물(AIP, Aeronautical Information Publication)에 공지하고 있다.

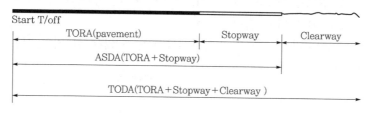

TORA, TODA, ASDA

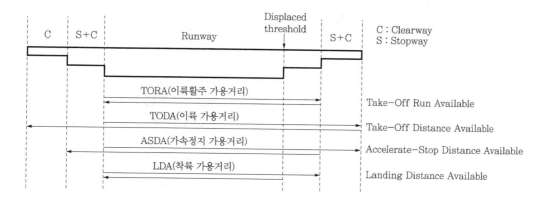

(3) 각국이 활주로 공시거리를 고시할 때는 활주로 이설시단(Displaced threshold), 개방구역(Clearway), 정지로(Stopway) 등을 고려해야 한다.

① 활주로 시단(Threshold) : 항공기 착륙에 사용하는 활주로 부분의 기점

② 활주로 이설시단(Displaced threshold) : 활주로 시단의 위치가 다른 경우

③ 개방구역(Clearway) : 항공기가 이륙하여 일정 고도까지 초기 상승하는 데 지장이 없도록 하기 위하여 활주로 종단 이후에 설정된 장방형 공간구역

④ 정지로(Stopway) : 이륙 항공기가 이륙을 포기하는 경우에 항공기가 정지하는 데 적합하도록 설치된 구역으로, 이륙방향 활주로 끝에 위치한 장방형 지상구역

2. 활주로 공시거리

(1) 이륙활주 가용거리(TORA, Take-Off Run Available)

① 이륙항공기가 지상활주 목적으로 이용하는 데 적합하다고 결정된 활주로 길이
② 항공기가 이륙하기 위하여 바퀴로 굴러가는 데 이용할 수 있는 이륙 활주거리

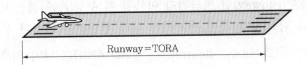

(2) 이륙 가용거리(TODA, Take-Off Distance Available)

① 이륙항공기가 이륙하여 일정고도까지 초기 상승하는 것을 목적으로 이용하는 데 적합하다고 결정된 활주로 길이로서, 이륙활주 가용거리(TORA)에 이륙 방향의 개방구역(Clearway)을 더한 길이
② 일반적으로는 갑자기 높은 지상장애물이 있지 않는 한 거의 사용될 일은 없다.

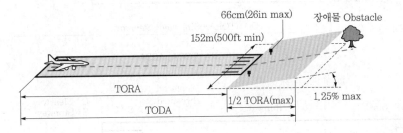

(3) 가속정지 가용거리(ASDA, Accelerate-Stop Distance Available) : 이륙항공기가 이륙을 포기하는 경우에 항공기가 정지하는 데 적합하다고 결정된 활주로 길이로서, 이용되는 이륙활주 가용거리에 정지로를 더한 길이, 즉 이용할 수 있는 가속 정지거리

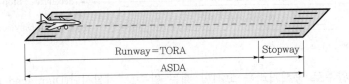

(4) 착륙 가용거리(LDA, Landing Distance Available)

① 착륙항공기가 지상 활주를 목적으로 이용하는 데 적합하다고 결정된 활주로 길이 즉, 이용할 수 있는 착륙거리
② 착륙경로에 장애물이 없을 경우 : 착륙거리는 활주로 길이와 같으나(LDA=TORA), Stopway는 포함되지 않는다.

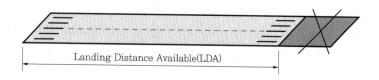

Landing Distance Available(LDA)

③ 착륙경로에 장애물이 있을 경우 : 착륙거리는 축소되는데, ICAO Annex8에 착륙 및 접근 표면의 크기를 명시하고 있으며, 이 범위(Approach funnel) 내에 장애물이 없다면 활주로 길이 전체를 착륙에 사용할 수 있다.

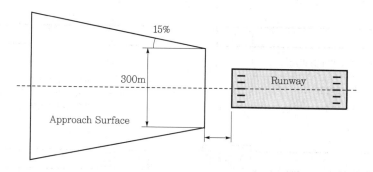

④ Approach funnel 내에 장애물이 있을 경우 : 활주로 이설시단(Displaced thre-shold)은 가장 불리한 장애물과의 2% 접평면에 여유분 60m를 반영한 거리이다.

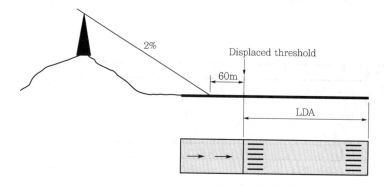

3. 활주로 공시거리 특징

(1) 활주로에 개방구역(Clearway) 또는 정지로(Stopway)가 설치되지 않고, 활주로 시단이 활주로 끝에 위치하는 경우에는 공시거리 4가지가 모두 같다.

(2) 활주로에 개방구역(Clearway)이 갖추어지면 이륙 가용거리(TODA)에 개방구역 길이가 포함된다.

(3) 활주로에 정지로(Stopway)가 갖추어지면 가속정지 가용거리(ASDA)에 정지로 길이가 포함된다.

(4) 활주로 시단(始端)이 이설된 활주로에서는 이설된 거리만큼 착륙 가용거리(LDA)가 감소한다. 이설된 활주로 시단(또는 말단)은 그 시단에 접속된 착륙 가용거리(LDA)에만 영향을 주고, 역방향의 모든 공시거리에는 영향을 주지 않는다.

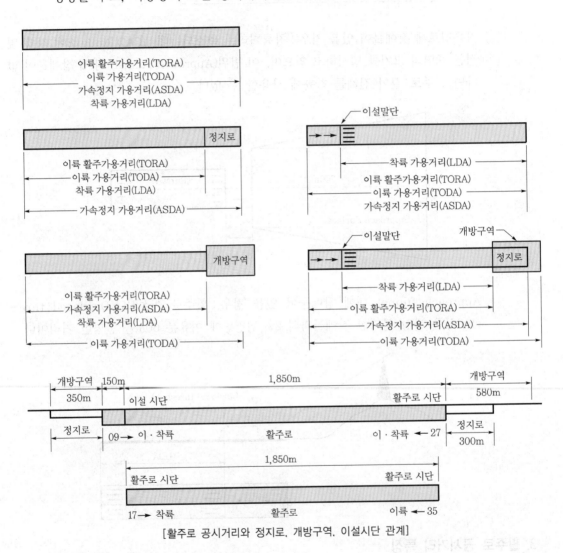

[활주로 공시거리와 정지로, 개방구역, 이설시단 관계]

4. 개방구역(Clearway)

(1) **용어 정의** : 개방구역이란 항공기가 이륙하여 일정한 고도까지 초기 상승하는 데 지장이 없도록 하기 위해 활주로의 말단 이후에 설정된 장방형 구역을 말한다.

(2) **위치·길이·폭**

① 위치 : 이륙 활주가용거리(TORA)의 말단에서 시작

② 길이 : 최대길이는 이륙 활주가용거리(TORA)의 절반 이내

③ 폭 : 활주로중심 연장선에서 양측 횡방향으로 최소 75m(전폭 150m) 확장

(3) 경사

① 개방구역 내에서 상향 1.25% 경사면 위로 지면이 노출되지 않아야 한다.
　개방구역 내에서 지표면의 평균경사도는 급격한 상향(上向)변화를 피한다.

② 이 표면의 아래쪽 한계는 활주로 중심선을 연장하는 수평선에 대해 연직으로 직각이
되는 면이다.
　이 표면의 아래쪽 한계면이 활주로 · 갓길 · 착륙대의 높이보다 낮을 수 있다.

(4) 표면의 물체

① 항행 목적상 필요한 장비 · 설비를 제외하고 항공기를 위험하게 할 수 있는 어떤 물체
도 장애물로 간주하고 제거한다.

② 개방구역 내에 설치되어야 하는 항행 목적상 필요한 장비 · 설비는 최소의 중량과 높
이로 제한한다.

③ 항공기에 대한 위험을 최소화하기 위해 부서지기 쉽게 설계 · 배치한다.[35]

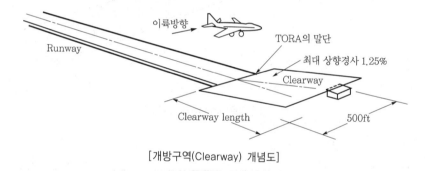

[개방구역(Clearway) 개념도]

5. 정지로(Stopway)

(1) 용어 정의

① 정지로(stopway)란 이륙항공기가 이륙을 포기하는 경우 정지하는 데 적합하도록 설
치된 구역으로, 이륙 활주가용거리(TORA) 끝에 설정된 장방형 구역이다.

② 정지로(stopway)를 흔히 블래스트 패드(Blast Pad), 과주대(過走帶)라고 부른다. 통
상 대형기가 뜨고 내리는 활주로의 양쪽 끝부분에 이어져 있는 장애물이 없는 평탄한
구역으로 공항당국의 관리 하에 있는 구역을 말한다.

(2) 폭 · 경사

① 정지로 폭은 연결되는 활주로 폭과 동일하다.

---

35) 국토교통부, '항공정책론', 항공정책실, 백산출판사, 2011, pp.429~430.

② 정지로 내에서의 경사도, 활주로에서 정지로까지의 경사도 변화는 정지로와 접한 활주로의 경사도와 동일하게 설치한다. 다만, 다음 사항은 예외로 한다.
- 활주로 길이의 시작 1/4과 끝 1/4에서 종단경사 0.8%를 정지로에는 생략
- 정지로와 활주로가 접한 부분에서 정지로 종방향의 최대경사 변화는 분류번호 3, 4인 경우에 30m당 0.3%(최소곡선반경 10,000m) 적용

(3) 표면의 강도

① 정지로 표면은 항공기가 이륙을 포기하고 지상 활주하는 경우에 기체에 손상을 주지 않고 지지할 수 있는 강도로 설치한다.

② 포장 정지로 표면은 젖어 있을 때에도 양호한 마찰계수를 갖도록 한다.

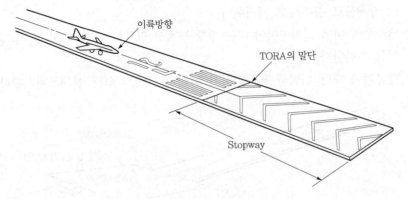

[정지로(Stopway) 개념도]

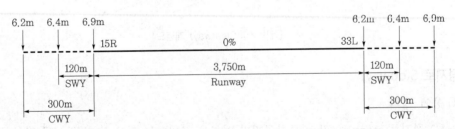

[국내 공항의 정지로(Stopway) 설치기준]

7.37 활주로 종단안전구역(보호구역)

활주로 종단안전구역, 보호구역, 시단표시, 착륙대, 갓길, 회전패드 [19, 6]

Ⅰ 활주로 착륙대(Landing Area, Runway Strip)

1. 용어 정의

(1) 활주로 착륙대(Landing Area)란 항공기가 이·착륙 과정에 활주로를 이탈하는 경우를 대비하여 피해를 줄이기 위해 활주로 주변에 설치되는 안전지대이다.

(2) 활주로 착륙대는 횡방향으로 활주로 중심선에서 일정거리 확장하고, 종방향으로 활주로 시단 이전 및 종단 이후까지 연장하는 직사각형의 지표면이다.

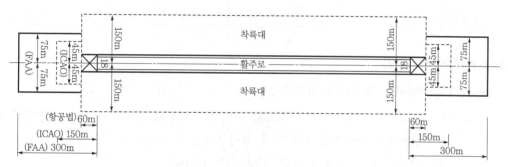

[활주로 착륙대]

2. 착륙대의 규모

(1) 길이

① 착륙대 길이는 활주로 시단 이전 및 종단(정지로가 있는 경우는 정지로 종단)에서 최소한 다음 거리만큼 연장한다.
- 분류번호가 2, 3, 4인 경우 : 60m
- 분류번호가 1이고, 계기활주로인 경우 : 60m
- 분류번호가 1이고, 비계기활주로인 경우 : 30m

② 착륙대 내에는 무장애구역(OFZ, Obstacle Free Zone)이 포함된다.
- 무장애구역(OFZ)은 내부진입표면, 내부전이표면, 착륙복행표면으로 둘러싸인 구역으로 항공기 항행에 필요한 경량의 부서지기 쉬운 물체를 제외하고 고정 장애물이 돌출되지 않아야 하는 구역이다.

(2) 폭

① 정밀·비정밀 접근 활주로의 착륙대 폭은 다음 거리 이상 확장한다.
- 분류번호가 3 또는 4인 경우 : 150m(전폭 300m)

- 분류번호가 1 또는 2인 경우 : 75m(전폭 150m)
② 非계기 활주로의 착륙대 폭은 다음 거리 이상 확장한다.
- 분류번호가 3 또는 4인 경우 : 75m(전폭 150m)
- 분류번호가 2인 경우 : 40m(전폭 80m)
- 분류번호가 1인 경우 : 30m(전폭 60m)

3. 착륙대의 장애물 제한기준

항행용 시각보조시설 이외의 고정 물체는 다음 범위 내에 설치하지 않는다.

활주로 구분	착륙대의 장애물 제한기준
분류번호 1, 2이고 CAT- I 인 활주로	활주로 중심선으로부터 45m 이내
분류번호 1, 2이고 CAT- I , II, III인 활주로	활주로 중심선으로부터 60m 이내
분류번호 4, 분류문자 F이고 CAT- I , II, III인 활주로	활주로 중심선으로부터 77.5m 이내

4. 착륙대의 정지구역

(1) 계기 활주로에서 착륙대의 정지구역

① 계기 활주로에서 항공기가 활주로를 이탈하는 경우를 대비하여 활주로 중심선 또는
그 연장선으로부터 다음 범위까지 정지구역을 갖추어야 한다.
- 분류번호가 3 또는 4인 경우 : 75m(전폭 150m)
- 분류번호가 1 또는 2인 경우 : 40m(전폭 80m)
② 분류번호가 3 또는 4인 정밀접근 활주로에서는 더 넓은 정지구역을 확보하는 것이
바람직하다.

(2) 비계기 활주로에서 착륙대의 정지구역 : 비계기활주로에서 항공기가 활주로를 이탈하는
경우를 대비하여 활주로 중심선 또는 그 연장선으로부터 다음 범위까지 정지구역을 갖
추어야 한다.

① 분류번호가 3 또는 4인 경우 : 75m(전폭 150m)
② 분류번호가 1 또는 2인 경우 : 40m(전폭 80m)
③ 분류번호가 1인 경우 : 30m(전폭 60m)

[분류번호 3, 4인 정밀접근 활주로에서 착륙대 정지구역]

Ⅱ 활주로 종단안전구역(Runway End Safety Area)

1. 용어 정의

활주로 종단안전구역은 접근 활주로의 시단 앞쪽에 착륙하거나, 종단을 지나쳐 버린 항공기의 손상을 줄이기 위하여 활주로 중심선의 연장선에서 좌우 대칭으로 착륙대 종단 이후에 설정된 구역이다.

2. 종단안전구역의 규격

(1) 길이

① 활주로의 착륙대 종단에서부터 다음 거리까지 가능하면 연장
  - 분류번호가 3 또는 4인 경우 : 240m
  - 분류번호가 1 또는 2인 경우 : 120m

② 정밀접근 활주로에서는 계기착륙장치(ILS)의 방위각시설(Localizer)이 설치된 지점까지 연장

③ 비정밀접근 또는 비계기접근 활주로에서는 직립해 있는 첫 번째 장애물(도로, 철도, 인공 또는 자연 지형 등)까지 연장

(2) 폭 : 활주로 폭의 2배 이상 확폭하되, 정지구역 폭과 동일하게 설치

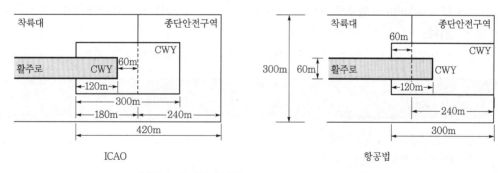

[활주로 종단안전구역(Runway End Safety Area)]

Ⅲ 활주로 시단, 말단, 제트분사패드

1. 활주로 시단, 이설시단, 말단

(1) 활주로 시단(始端, Runway Threshold)은 활주로 양쪽 끝의 지역으로, 활주로는 바람 방향에 따라 한쪽 방향으로만 사용하는데 이륙이나 착륙 시작 방향의 활주로 끝을 시단 (始端), 그 반대 방향을 말단(末端)이라 한다.

(2) 활주로 이설말단(移設末端, Runway Displaced Thresholds)은 활주로 끝에 있지 않고 다른 곳에 옮긴 말단으로, 지상주행, 이륙활주, 착륙 후 활주 등에 쓰이며, 착지점 (touchdown point)으로는 쓸 수 없다.

통상적으로 활주로 바로 앞에 장애물이 있거나, 소음을 줄일 목적 등으로 활주로 앞에 이설말단을 둔다. 흰색 화살표로 활주로 착륙 구간을 예고한다.

(3) 활주로 시단표지(Runway Threshold Marking)는 착륙에 사용되는 활주로의 시작부분을 표시한 것을 말한다.

시단표지는 검정바탕(아스팔트 포망)에 백색 줄무늬로 표시하며, 줄무늬는 활주로 시단으로부터 6m인 곳에서 시작한다.

(4) 활주로 시단선(Runway Threshold Bar)은 활주로 시단이설지역에 포장된 구간이 있을 경우에 설치하는 표시이다.

시단선은 폭 3m 백색 표시, 착륙활주로 시단에서 활주로를 횡단하여 설치한다.

2. 제트분사패드(Jet Blast Pad)와 활주로 이설말단(Displaced Threshold)

(1) 용어 정의

① 공항 활주로는 대부분 좌우 대칭으로 똑같이 구성되어 있다.

② 노란색 갈매기표시(Jet Blast Pad) ~ 화살표(Displaced Threshold) ~ 활주로 시단 (Threshold) ~ 활주로 ~ (우측)활주로 말단 ~ (우측)화살표 ~ (우측)갈매기 표시로 이어진다.

• 활주로길이 : '좌측 활주로 시단 ~ 우측 활주로 말단'까지의 거리

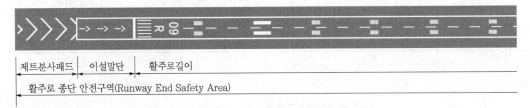

[활주로의 제트분사패드, 이설말단]

(2) 제트분사패드(Jet Blast pad)

① 항공기로부터 배출되는 제트분사로 인해 활주로가 침식되지 않도록 활주로 양단 부분에 여유를 확보하고 있다.

② 이·착륙 항공기에 위험이 미치지 않도록 활주로 시작지점(활주로 말단)까지 최소 길이 30m 이상 포장하며 활주로 본선을 보호하는 역할도 겸한다.

③ 활주로 본선에 비해 노면강도가 미흡하므로 평소에는 항공기 진입이 금지되고 비상상황에만 사용 가능하다.

④ 과주대(過走帶) 또는 정지로(停止路, stopway)라 부르기도 한다.

(3) 활주로 이설말단(Displaced Threshold)

① 활주로 이설말단은 화살표 구간으로, '착륙할 때 장애물을 피하기 위해 활주로 끝에 위치한 활주로 말단을 안쪽으로 이설하였을 때 지칭하는 활주로'이다.
- '활주로 말단 안쪽으로 옮겨진 활주로 말단'이라는 표지가 붙어 있다.
- 모든 공항 활주로 양쪽 끝에 반드시 활주로 이설말단이 설치되지는 않는다.

② 활주로를 안전하게 사용할 수 없을 때를 대비하여 활주로 시작지점을 안쪽으로 옮겼기 때문에 그만큼 활주로길이가 짧아졌다는 의미이다.

③ 활주로 시작지점에 아래와 같은 장애물이 있어 착륙(착지)금지라는 뜻이다.
- 활주로 시작지점 부근에 장애물이 존재하거나, 보수공사 중
- 소음감소를 위한 완충지대이거나, 활주로길이를 확보할 수 없는 등의 의미

④ 활주로 이설말단의 포장강도는 별 문제 없기 때문에 이륙은 가능하고, 착륙은 금지된다. 다만, 착륙 후 유도로 진입할 때는 통과할 수 있다.

(4) 활주로길이(Runway distance)

① 결론적으로 활주로길이에 제트분사패드와 활주로 이설구간은 포함되지 않는다.

② 제트분사패드는 포장강도가 부족하므로 당연히 활주로가 아니다.

③ 활주로 이설말단은 이륙에는 포장강도가 충분하기 때문에 이륙활주 시작은 가능하지만, 정식 활주로가 아니므로 활주로길이에는 포함되지 않는다.

④ 착륙할 때 활주로 양끝에 있는 분사패드나 활주로 이설말단은 사용할 수 없다. 이 부분은 활주로 비상용 여유길이에 해당한다.

Ⅳ 활주로 보호구역(Runway Protection Zone)

1. 용어 정의

활주로 보호구역(RPZ, Runway Protection Zone)이란 지상의 인명과 재산을 보호하기 위하여 활주로 종단에 설치된 구역을 말한다.

2. 보호구역 설치

(1) ICAO는 활주로 보호구역을 활주로 종단으로부터 60m 지점에서 시작하여 다음 표의 범위까지 확장한 구역으로 설정한다.

(2) ICAO는 활주로 보호구역 내에서 주거·공공집합·연료·화공물질의 최급과 저장, 연기·먼지를 발생시키는 행위, 눈부심을 유발하는 등화 설치, 조류를 유인하는 경작(곡식류)·조림 등의 각종 토지이용을 제한된다.

Ⅴ 활주로 갓길

1. 용어 정의

(1) 활주로 갓길(Runway Shoulder)은 포장면과 인접 지면 사이를 구분하기 위하여 포장면의 가장자리에 설정된 구역을 말한다.

(2) 활주로 갓길은 항공기 엔진을 먼지 등 외부 물체(FOD)로부터 보호하고 항공기가 활주로에서 이탈하는 경우에 항공기를 지지하며, 평상시 갓길에서 작업하는 지상차량을 지지하기 위하여 설치하므로 일정한 지지력을 확보해야 한다.

(3) ICAO는 D급 이상 항공기가 취항하는 공항의 경우에 활주로와 갓길의 전폭이 60m 이하가 되지 않도록 양측에 설치하도록 규정하고 있다.

2. 활주로 갓길의 설치 규정

(1) 활주로 갓길은 분류문자 D, E, F인 경우에 설치하여야 한다.

(2) 항공기 주륜외곽의 폭(OMWG)이 9m 이상 15m 미만의 경우 활주로 갓길은 활주로와 갓길과의 전체 폭의 합이 다음 이하가 되지 않도록 활주로의 양측에 설치하여야 한다.

　① 분류문자 D, E : 60m
　② 2개 또는 3개 항공기 엔진 장착 분류문자 F : 60m
　③ 4개 이상 항공기 엔진 장착 분류문자 F : 75m

(3) 활주로에 접하는 갓길의 표면은 접하는 부분의 활주로 표면과 동일 높이(Level)로 하여야 하며 횡단 경사도는 2.5%를 초과해서는 안 된다.

(4) 활주로 갓길은 항공기 엔진에 의해 표면침식이 방지되도록 건설되어야 하며, 분류문자 F의 활주로 갓길은 활주로와 갓길의 전체 폭이 60m 이상 포장되어야 한다.

Ⅵ 활주로 회전패드

1. 용어 정의

(1) 활주로 회전패드(Runway Turn Pad)는 유도로가 없는 비행장에서 활주로 끝에서 항공기가 180° 회전할 수 있도록 활주로와 접하여 설정된 지역을 말한다.

(2) ICAO는 활주로에 착륙하는 항공기의 흐름을 용이하게 하는 유도로가 없는 활주로의 경우에 활주로 회전패드를 설치하도록 권고하고 있다.

2. 활주로 회전패드의 설치

(1) 회전패드의 교차각

① 항공기가 활주로에서 회전패드로 쉽게 진입할 수 있도록 활주로와의 교차각을 30°
이내로 설계한다.

② 항공기가 활주로에서 회전패드로 진입할 때 전륜(nose wheel) 조종각은 45° 이내로
설계한다.

(2) 회전패드의 표면

① 항공기에 손상을 줄 수 있는 불규칙한 표면이 없도록 한다.

② 악천후로 젖은 상태에서도 표면이 양호한 마찰특성을 유지하도록 한다.

(3) 회전패드의 경사도

① 표면 물고임을 방지하고 배수가 신속히 되도록 일정한 경사를 설치한다.

② 인접 활주로의 경사도에 적합한 종·횡단 경사로 하되, 1% 이내로 설치한다.

(4) 회전패드의 갓길

① 항공기 엔진에 유해한 물체 흡입을 방지하고, 제트분사(jet blast)로 인한 표면 침식
을 방지하기 위하여 일정한 폭으로 갓길을 설치한다.

② 갓길에서 지상 활주하는 항공기를 지지하고, 갓길에서 지상 작업하는 중차량을 지지
할 수 있도록 일정한 강도로 설치한다.[36]

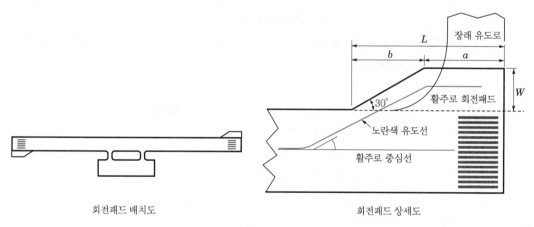

| 회전패드 배치도 | 회전패드 상세도 |

[활주로 회전패드(Runway Turn Pad)]

---

36) 국토교통부, '비행장시설 설치기준', 국토교통부고시 제2018-751호, 2018.12.3.

7.38 부러지기 쉬운 물체

부러지기 쉬운 물체(Frangible Object), 깨지기 쉬운 항공보안시설(Fragile NAVAIDS) [3, 0]

1. 개요

(1) 공항시설물에서 '충돌 시 부러지기 쉬운 구조'란 충격 시 항공기에 가해지는 위해를 최소화하기 위해 부서지고, 쉽게 구부러지도록 설계된 낮은 크기의 취약성 물체를 뜻한다.

(2) 활주로, 유도로 근처에 설치된 시각보조시설(기상장비, 무선항법보조시설 등)이 항공기 충돌사고가 발생되면 위해를 줄 수 있으므로 취약성 구조로 설계한다.

2. 취약성 구조의 설계기법

(1) **기본사항**

① 취약성 구조의 설계란 낮은 크기의 부재, 약하거나 내구성이 낮은 부재 및 연결부위, 적절한 이탈 메커니즘을 말한다.

② 취약성 설계기법은 여러 기법이 있으므로, 취약성을 보증하기 위해서는 한 가지 이상의 설계기법을 적용한다.

(2) **취약성 연결부위의 설계**

① 설계원리

• 부재의 연결지점에 취약성이 있도록 설계한 구조물로서, 평소에는 설계하중을 견디지만 충격을 받으면 쉽게 파손되는 구조이다.

• 하지만 구조물 부재 자체는 부러지지 않도록 설계하고, 충격을 받으면 그 힘이 연결부위로 전달되도록 설계한다.

② 설계형식

• Fuse bolt : 볼트의 직경이 감소되도록 홈을 파는 방법, 볼트의 양면을 평편하게 깎아서 특정한 방향으로 약하게 하는 방법이 있다.

• 특수재료볼트 : 알루미늄합금볼트를 설계하중에 견딜 수 있을 만큼의 크기로 만드는 방법, 충돌내구성이 낮게 만드는 방법이 있다.

• Tear through fastener : 전단하중은 견딜 수 있지만, 충격 시 장력하중을 받으면 재질이 완전히 분리된다(tear through).

• Tear out section : 연결용 이음판에 홈파기를 설치하여 부재가 부러지지 않는 대신 쉽게 분리되도록 한다.

③ 설계기법

• 구조물 부재가 길이 방향에 따라 단편조각 형태로 분리구획된 것으로, 질량의 가속힘을 최소화하여 감싸는(wrap-around) 효과의 힘을 줄여준다.

- 플라스틱, 유리섬유, 기타 비금속성 등 견고하지 않은 재질이 사용된다.
- 충격 힘이 분리구획을 약화시키기 위하여 연결부위로 전달되지 않는다. 즉 부재의 구부림에 의한 에너지 흡수는 없다.
- 특수재질이나 비금속재질의 사용을 위해 추가적인 재료시험이 요구된다. 특히 비금속재질은 환경보호용 자외선 억제재가 함유되어야 한다.

3. 취약성 구조의 공항시설물 사례

(1) 활주로 및 유도로의 노출등(Elevated runway and taxiway edge lights)

비행장의 활주로 및 유도로 노출등은 극심한 풍압하중이나 제트기류에 노출되므로, 항공기로부터 발생되는 아래와 같은 제트기류의 속도에 견디는 구조이어야 한다.
① 고광도 및 중광도 등기구에 대한 풍속은 480km/h(260kt)
② 기타 모든 노출등(저광도 등기구)에 대한 풍속은 240km/h(130kt)

(2) 유도안내표지판(Taxi guidance signs)

① 유도안내표지판의 종류
- 의무관제표지 : 활주로 지정표지
- 위치표지 : 카테고리 I · II · III의 대기위치표지, 활주로 대기위치표지, 도로대기위치표지, 출입금지표지
- 알림표지 : 방향표지, 위치표지, 활주로출구표지, 활주로 비움 표지, 교차로 이륙표지
② 유도안내표지판의 꺾임장치(꺾임점)
- 유도안내표지판이 부착되는 기초판이나 설치되는 말뚝지점에서 가까운 곳에 꺾임장치(꺾임점)를 갖추어야 한다.
- 꺾임점은 지표면 상에서 38mm 이내에서 유도안내표지판의 다른 부분이 손상되기 전에 꺾여야 한다.
- 유도안내표지판에서 분리되지 않고 꺾이는 경우에는 지정된 풍속하에서 수직선으로부터 25mm 이상 구부러지면 안 된다.[37]

---

37) 국토교통부 '충돌 시 부러지기 쉬운 구조설계 매뉴얼', 예규 제147호, 2009.

7.39 유도로 Taxiway

유도로 시스템의 단계별 개발방법, 유도로의 종류 및 특징 및 배치계획 [1, 9]

I 개요

1. 활주로와 계류장을 연결하는 각종 유도로는 가능하면 단순하고 단거리가 되도록 계획하여 항공기의 지상이동시간을 단축시켜 용량을 증대시켜야 한다.
2. 유도로는 활주로에서 이·착륙하는 항공수요를 처리하고, 운항횟수가 증가함에 따라 활주로 점유시간(ROT)을 제한하지 않도록 적기에 단계건설에 의한 확장을 해야 한다.

II 유도로 배치

1. 직각유도로

(1) **형태** : 활주로와 계류장을 연결하는 하나의 유도로만으로 구성되며, 활주로 중간에 직각으로 설치

(2) **적용** : 소규모 공항, 이·착륙 횟수가 적은 공항

(3) **운영** : 활주로 중간에서 직각 방향으로 유도로에 연결되어 용량 제한

2. 선회유도로

(1) **형태** : 활주로 양단 부근에 회전지대(turnaround pad)를 설치하여 항공기의 이·착륙을 위한 우회통로, 대기장소 등으로 겸용 가능

(2) **적용** : 평행활주로가 없는 소규모 공항에서 운항횟수 증가 대안으로 적용

(3) **운영** : 활주로 중간에서 직각 방향으로 연결된 주유도로와 함께 활주로 양단에 선회유도로를 설치하여 조합 운영하면, 항공기의 원활한 지상이동으로 활주로 용량 증대

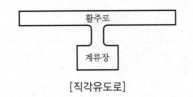

[직각유도로]

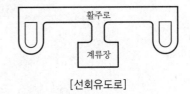

[선회유도로]

3. 평행유도로

(1) **형태** : 활주로에 평행하게 유도로를 설치하여 중간과 양단에서 서로 연결

(2) **적용** : 평행활주로가 없는 공항에서 운항횟수 증가 대안으로 적용

(3) **운영** : 항공기를 활주로 상에서 선회시켜 평행유도로를 향해 유도 가능하여, 항공기의 지상이동 시간이 크게 단축되어 용량 대폭 증가

4. 평행 및 고속탈출유도로

(1) **형태** : 해당 공항의 취항기종, 이·착륙횟수, 계류장 위치 등을 고려하여 활주로 양단에서 600m 연장한 지점을 기준으로 평행유도로와 고속탈출유도로를 함께 설치

(2) **적용** : 활주로 점유시간(ROT)을 최대한 단축시켜 활주로 용량 극대화 가능

(3) **운영** : 착륙 항공기가 즉시 지상 회전 및 탈출 가능하여 유도로 운영 고도화 가능

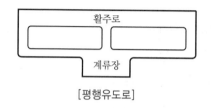

[평행유도로]

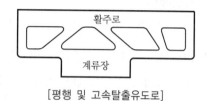

[평행 및 고속탈출유도로]

5. 유도로 배치형태의 효과

(1) 공항 운영상황을 분석한 결과, 유도로의 배치형태에 따라 활주로 점유시간(ROT), 항공기 이동경로, 이·착륙 운항횟수가 달라짐을 알 수 있다.

[유도로 배치형태에 따른 항공기 운항횟수]

유도로 배치형태	시간당 항공기 운항횟수	
	VFR	IFR
활주로에 직각유도로가 설치된 경우	약 12회	약 10회
활주로 양단에 선회유도로가 설치된 경우	약 18회	약 15회
활주로에 평행유도로가 설치된 경우	35~45회	20~30회
평행 및 고속탈출유도로가 설치된 경우	45~60회	30~40회

(2) 단일활주로에서 유도로의 배치형태에 따라 ① 직각유도로 ⇒ ② 선회유도로 ⇒ ③ 평행유도로 ⇒ ④ 평행 및 고속탈출직각유도로 순으로 실용용량이 증가된다.

[단일활주로에서 유도로 배치형태별 실용용량]

구분	실용용량(IFR 기준)	
	시간당 실용용량	연간 실용용량
활주로에 직각유도로가 설치된 경우	약 12회	60,000회
활주로 양단에 선회유도로가 설치된 경우	약 18회	72,000회
활주로에 평행유도로가 설치된 경우	35~45회	140,000회
평행 및 고속탈출유도로가 설치된 경우	45~60회	170,000회

Ⅲ 유도로 건설

1. 유도로의 단계별 건설

(1) **[1단계]** : 활주로 이용률이 낮은 경우

　　활주로 말단 또는 양단 선회대 설치, 활주로에서 계류장까지 짧은 유도로 운영

(2) **[2단계]** : 운항횟수 증가로 활주로 이용률이 어느 정도 증가하는 경우

　　활주로 말단 또는 양단 선회대를 연결하는 구간에 짧은 평행유도로 설치

(3) **[3단계]** : 활주로 이용률이 증가하는 경우

　　기존의 짧은 평행유도로를 연장하여 완전한 평행유도로를 설치

(4) **[4단계]** : 활주로 이용률이 포화상태로 증가하는 경우

　　활주로 양단의 탈출유도로 외에 중간에 탈출유도로 추가 설치

(5) **[5단계]** : 우회유도로, 대기지역(Holding bay)을 설치

　　기존 공항구역 내에서 수용능력을 완전히 확보, 용량 증대

(6) **[6단계]** : 양방향 이동 가능하도록 최초 평행유도로 외곽에 이중평행유도로 설치

　　이중 유도를 통해 활주로를 양방향 사용하는 일방통행으로 용량 극대화 운영

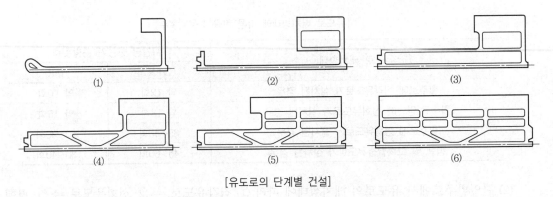

[유도로의 단계별 건설]

2. 유도로의 단계별 건설 고려사항

(1) 운항수요가 향후 5년 이내에 다음 중 1가지에 도달할 때 평행유도로를 건설한다.

　　① 보통 피크시간(1주일 피크시간의 연간평균)에 4번의 계기접근이 있는 경우

　　② 연간 총운항횟수가 50,000회에 도달한 경우

　　③ 보통 피크시간에 운항횟수(정기)가 20회에 도달한 경우

　　④ 보통 피크시간에 운항횟수(정기＋임시)가 다음 중 한 가지에 도달할 경우

　　　• 소형항공기 90% 이상, 첨두시간 운항횟수 40회 이상인 경우

- 소형기 혼합률 60~90%, 첨두시간 운항횟수 30회 이상인 경우
- 대형기 혼합률 40~100%, 첨두시간 운항횟수 20회 이상인 경우

(2) 평행유도로 운영 중에 우회유도로 및 대기지역(Holding bay)은 다음 경우에 건설한다.

① 공항의 최종 배치계획을 수립하는 경우

② 항행보조시설 주변의 임계지역을 설정하는 경우

③ 경항공기, 여객항공기, 군용항공기 등을 혼합 운영하는 경우

④ 다만, 대기지역(Holding bay)에 항공기가 동시에 4대 이상 점유하는 경우에는 다른 증설방안(이중평행유도로 건설 등)을 검토

(3) 출구유도로는 기본적인 3개(활주로 양단과 중간) 외에 다음 경우에 추가 건설한다.

① 건설비가 보통인 경우, 용량의 40%에 도달할 때

② 건설비가 고가인 경우, 용량의 75%에 도달할 때

③ 건설 후 5년 이내에 추가 수요가 없을 만큼 충분한 수의 출구유도로를 건설할 때

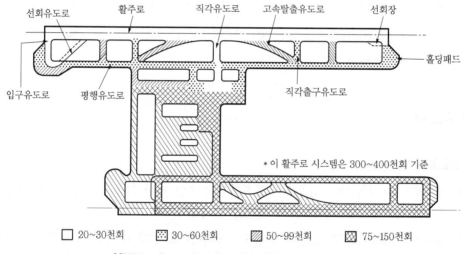

[활주로·유도로의 단계별 개발계획(ICAO 권고사항)]

Ⅳ 맺음말

1. 활주로 및 유도로 용량 증대를 계획할 때 기존 활주로 수요, 건설비용과 운영효과 B/C비 등을 분석하여 단일활주로 용량 극대화와 복수활주로 건설 방안을 상호 비교한다.

2. 단일활주로에 고속탈출유도로를 건설하면 투자효과가 크므로, 우리나라 지방공항의 경우에 토지이용을 고려하여 이를 적극 검토할 필요가 있다.[38]

---

38) 양승신, '공항계획과운영', 이지북스, 2001, p.169~170.
   최명기, '공항토목시설공학', 예문사, 2011, pp.377~379, 391~395.

7.40 유도로 설치기준

유도로(Taxiway), 유도로대(Taxiway Strip) 경사도, 유도로 교량 [7, 2]

Ⅰ 개요

1. 유도로(誘導路, Taxiway)는 항공기의 지상주행 및 비행장의 각 지점을 이동할 수 있도록 설정된 항공기 이동로를 말하며, 다음 사항을 포함한다.

   (1) **항공기주기장유도선(Aircraft stand taxilane)** : 유도로로 지정된 계류장의 일부로서 항공기 주기장 진·출입만을 목적으로 설치된 것

   (2) **계류장유도로(Apron taxiway)** : 계류장에 위치하는 유도로체계의 일부로서 항공기가 계류장을 횡단하는 유도경로를 제공할 목적으로 설치된 것

   (3) **고속탈출유도로(Rapid exit taxiway)** : 착륙 항공기가 다른 유도로로 보다 빠르게 활주로를 빠져나가도록 설계하여 활주로 점유시간을 최소화하는 유도로

2. 유도로 교량 설치가 불가피한 경우에는 「비행장시설 설치기준(국토교통부, 2018)」 제37조(유도로 교량)에 따라 설치되어야 한다.

Ⅱ 유도로

1. 유도로의 설치

   (1) 유도로를 계획할 때는 항공기의 안전하고 신속한 지상 이동이 가능하도록 적정한 형태의 유도로와 고속탈출유도로의 설치를 고려한다.

   (2) 유도로는 대상 항공기 조종사가 유도로 중심선 표지 상에 있을 때 항공기 주기어의 외측 바퀴와 유도로 가장자리와의 간격이 다음 값 이상 되도록 한다.

[항공기 주기어의 외측 바퀴와 유도로 가장자리 최소 간격]

구분	주바퀴 외곽의 폭			
	4.5m 미만	4.5~6.0m	6.0~9.0m	9.0~15.0m
최소간격	1.50m	2.25m	$3m^{a,\ b}$ 또는 $4m^c$	4m

a : 직선형 구간
b : 18m 미만의 축간거리*를 가진 항공기가 사용하는 유도로의 곡선 부분
c : 18m 이상인 축간거리*를 가진 항공기가 사용하는 유도로의 곡선 부분
* 축간거리는 항공기 노즈 기어에서 주기어의 기하학적 중심까지의 거리를 의미한다.

2. 유도로의 폭

유도로 직선부의 폭은 다음 값 이상으로 해야 한다.

[유도로 직선부분의 폭]

구분	주바퀴 외곽의 폭			
	4.5m 미만	4.5~6.0m	6.0~9.0m	9.0~15.0m
유도로 직선부분의 폭	7.5m	10.5m	15m	23m

3. 유도로 곡선부

(1) 유도로 곡선부는 방향 변화횟수를 최소화하고 변화각도를 작고 완만하게 한다.

(2) 항공기 조종석이 유도로 곡선부의 중심선 표지 위에 있을 때 항공기 주기어 외측 바퀴와 유도로 가장자리와의 간격이 상기 '1. 유도로의 설치' 값 이상이 되어야 한다.

(3) 유도로 곡선부에서 방향 변화를 피할 수 없는 경우에는 항공기의 조종성능과 주행속도를 고려하여 아래 표와 같이 곡선반경을 설정한다.

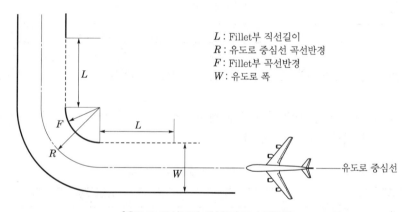

L : Fillet부 직선길이
R : 유도로 중심선 곡선반경
F : Fillet부 곡선반경
W : 유도로 폭

유도로 중심선

[유도로 곡선부의 상세도(Fillet 반경)]

[항공기의 주행속도에 따른 곡선반경]

항공기 속도(km/h)	16	32	48	64	80	96
곡선반경(m)	15	60	135	240	375	540

(4) 유도로 곡선반경은 대상 항공기의 조종성능 및 주행속도에 일치해야 하며 곡선부가 예각이거나 항공기의 바퀴가 유도로 내에 위치하기 어려운 경우 유도로 폭을 확장시켜 아래와 같이 Fillet(유도로의 곡선부분 내측 확장부) 곡선반경을 확보해야 한다.

[유도로 곡선반경 및 Fillet 반경]

구분	분류문자					
	A	B	C	D	E	F
중심선 곡선반경(R)m	23	23	31	46	46	52
Fillet 직선길이(L)m	16	16	46	77	77	77
Fillet 곡선반경(F)m	19	17	17	25	26	26

주) FAA AC 150/5300-13에서 항공기 설계그룹을 기준으로 제시하고 있으나, FAA의 항공기 설계그룹이 ICAO의 분류문자에 해당하므로 분류문자를 기준으로 제시한다.

4. 유도로 교량

(1) 유도로 교량은 항공기가 쉽게 진입할 수 있도록 유도로의 직선부분에 위치하고, 교량의 양 끝 부분도 직선이 되도록 해야 한다.

(2) 유도로 교량 직선부분의 길이는 대상 항공기 주기어 축간거리의 2배 이상으로 하며 다음 값보다 작아서는 아니 된다.

[유도로 교량의 최소 직선거리]

구분	분류문자					
	A	B	C	D	E	F
유도로 교량 최소 직선거리	15m	20m	50m	50m	50m	70m

(3) 유도로 교량의 폭은 해당 유도로대 정지구역의 폭보다 작게 하여서는 아니 되며, 최소한 다음 값 이상으로 해야 한다.

[유도로 교량의 최소 폭]

구분	분류문자					
	A	B	C	D	E	F
유도로 교량 최소 폭	22m	25m	25m	38m	44m	60m

(4) 유도로 교량은 취항 주항공기의 정적하중 및 동적하중을 지지하며, 유도로 교량을 이용하는 전체 항공기를 충분히 지지할 수 있는 강도를 유지해야 한다.

(5) 유도로 교량은 이용 항공기 중 가장 큰 항공기를 기준으로 하여 양방향으로 구조 및 소방차량이 대응시간 이내에 도착할 수 있도록 접근로를 확보해야 한다.

(6) 유도로 교량이 다른 운송수단 이동로와 교차하는 경우에는 항공기 제트분사로부터 보호할 수 있는 장치를 마련해야 한다.

(7) 다만, 고속탈출유도로는 교량에 설치되어서는 아니 된다.

5. 유도로대

(1) 유도로대(誘導路帶, Taxiway strip)는 유도로를 주행하는 항공기를 보호하고 항공기가 유도로에서 벗어나는 경우 손상을 최소화하기 위해 설정된 구역이다.

(2) 유도로대는 유도로 전체에 걸쳐 양측에 유도로(항공기 주기장 유도선 제외) 중심선과 장애물 간 최소 이격거리까지 대칭으로 다음 값을 확장하여 설정한다.

[유도로대의 폭]

구분	분류문자					
	A	B	C	D	E	F
유도로대의 폭 (유도로 중심선에서의 거리)	15.5m	20m	26m	37m	44.5m	51m

① 유도로대 내에는 지상주행하는 항공기에 위험한 물체를 제거해야 한다.

② 항행안전을 위해 유도로대에 설치해야 되는 물체는 항공기와의 충돌이 없는 위치에 설치하되, 유도로 가장자리 높이보다 35cm 이하로 설치한다.

③ 유도로대의 중앙에는 유도로 중심선에서 양방향으로 정지구역을 설치한다.

[유도로대의 최소 정지구역]

구분	분류문자					
	4.5m 미만	4.5~6m	6~9m	9~15m 분류문자D	9~15m 분류문자E	9~15m 분류문자F
최소 정지구역 (유도로 중심선에서의 거리)	10.25m	11m	12.5m	18.5m	19m	22m

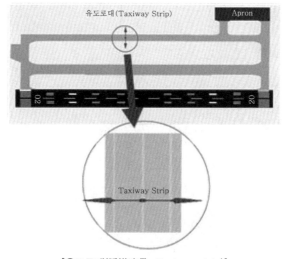

[유도로대(誘導路帶, Taxiway strip)]

(3) 유도로대 경사도의 설치기준

① 유도로대의 표면은 유도로 및 유도로 갓길의 가장자리와 같은 높이로 연결하되, 원활한 배수를 위하여 최대 4cm(7.5m 이내)까지 단차를 줄 수 있다.

② 유도로대 정지구역은 다음의 경사도를 초과하면 아니 된다.

[유도로대 정지구역의 경사도]

구분	분류문자					
	A	B	C	D	E	F
최대 상향 횡단경사도	3%	3%	2.5%	2.5%	2.5%	2.5%
최대 하향 횡단경사도	5%	5%	5%	5%	5%	5%

주) 상향 경사도는 인접 유도로 표면의 횡단경사도에 대하여 설정되고, 하향 경사도는 수평선에 대하여 설정된다.

③ 유도로대 정지구역 외의 부분에서 횡단경사도는 유도로와 멀어지는 방향으로 측정했을 때 상향 및 하향 경사도가 5%를 초과하지 않도록 한다.

다만, 배수체계상 유도로대의 비정지구역 및 유도로 외의 지역에서 벗어난 곳에는 개거배수로를 설치할 수 있으며, 이 경우 구조소방절차를 고려해야 한다.[39]

---

39) 국토교통부, '비행장시설 설치기준', 제2018-751호, 2018.

7.41 대기지역, 활주로 정지 위치

대기지역(Holding Bays) [3, 3]

1. 대기지역(Holding Bay)

(1) 대기지역의 기능(필요성)

① 단일활주로의 수용능력 증대 가능

관제탑에서 과도한 출발지연을 해소하는 데 상당한 융통성 부여 가능

② 돌발상황에서 특정 항공기를 지연시키고, 후속 항공기를 먼저 이륙허가 가능

예측하지 못한 상황으로 유상하중 추가, 결함장비 교체

③ 항공기가 계류장에서 비행고도계를 점검하지 못한 경우에 최종점검 가능

피스톤 항공기의 경우에 엔진 시운전 가능

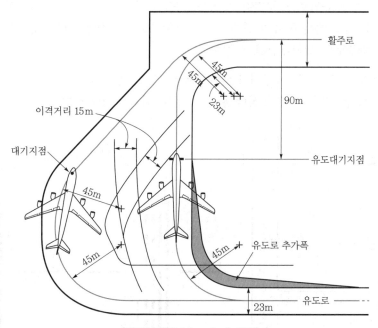

[대기지역(Holding Bay) 구성]

(2) 대기지역의 설치대상

① 대기지역은 항공기 운항밀도(Aerodrome Traffic Density)가 중밀도 또는 고밀도인 활주로에서 항공기의 지상이동을 효율적으로 하기 위해 설치한다.

② 항공기 운항밀도란 활주로당 1일 피크시간 운항횟수의 연평균을 의미하며, 이륙이나 착륙이 각각 1회의 운항횟수로 집계한다.

[항공기 운항밀도]

밀도 구분	활주로당 항공기 운항횟수	비행장 전체 운항횟수
저밀도	15회 이하	19회 이하
중밀도	16~25회	20~35회
고밀도	26회 이상	36회 이상

2. 활주로 정지 위치

(1) **용어 정의** : 활주로 정지 위치(Runway-holding position)란 활주로, 장애물제한표면 또는 계기착륙시설(ILS/MLS)의 임계구역·민감구역을 보호하기 위하여 주행 중인 항공기와 차량이 정지하여 대기해야 하는 위치를 말한다.

(2) **설치대상**

① 활주로와 유도로가 교차하는 경우, 유도로 상의 교차부분에 설치한다.

② 교차활주로에서 하나의 활주로가 주활주로로 사용되는 경우, 유도로로 사용되는 다른 활주로의 교차부분에 설치한다.

(3) **설치방법** : 유도 중인 항공기가 장애물제한표면을 침범하거나 항행안전무선시설의 운영을 방해하는 경우, 유도로상에 활주로 정지 위치를 설치한다.[40]

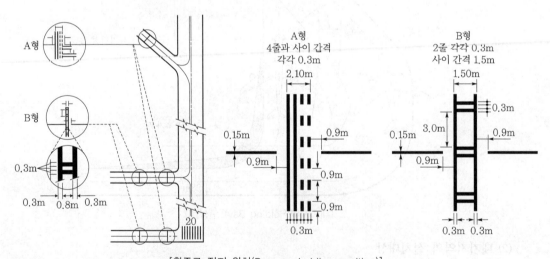

[활주로 정지 위치(Runway-holding position)]

---

40) 양승신, '공항계획과운영', 이지북스, 2001, p.172.
　　최명기, '공항토목시설공학', 예문사, 2011, pp.464~469.

7.42 고속탈출유도로(Rapid Exit Taxiway)

고속탈출유도로의 기능과 위치선정, 설계방법과 최적위치 및 수를 결정하는 요인 [5, 5]

Ⅰ 개요

1. 고속탈출유도로(Rapid exit taxiway)는 활주로에서 예각으로 연결된 유도로로서, 착륙항공기가 다른 유도로로 보다 고속으로 활주로를 빠져 나가도록 설계함으로써 결과적으로 활주로 점유시간(ROT)이 최소화되도록 설치된 유도로를 말한다.
2. 이·착륙 운항횟수 25회 미만인 경우 직각유도로를 통해 46km/h 이하의 저속으로 빠져나가지만, 고속탈출유도로를 통해 92km/h 이상의 고속으로 빠져나갈 수 있다.

Ⅱ 고속탈출유도로 설계

1. 착륙속도 가정

(1) 항공기 운항특성과 관련된 탈출유도로의 위치는 항공기가 활주로 시단을 통과한 후의 감속률에 의해 결정된다.

(2) **활주로 시단으로부터의 거리조건**

① 활주로 시단에서의 속도
② 활주로 중심선과 탈출유도로 중심선이 접하는 지점에서의 초기 탈출속도 또는 분기속도(아래 그림 분류번호 1·2의 A지점)

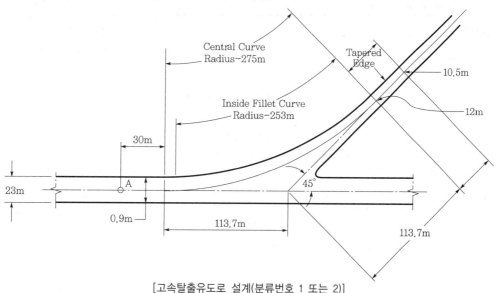

[고속탈출유도로 설계(분류번호 1 또는 2)]

2. 착륙항공기 분류 및 탈출유도로 수

(1) 착륙항공기가 최대중량의 약 85%에 해당되는 평균 총 착륙중량을 지닌 최대 인증 착륙중량으로 착륙하는 상태에서, 실속(stall speed)의 평균 1.3배 착륙속도로 활주로 시단을 통과한다고 가정한다.

(2) **항공기의 분류(평균해수면 표고에서 활주로 시단의 착륙속도 기준)**

① 그룹 A : 169km/h(91kt) 미만 DC3

② 그룹 B : 169km/h(91kt)~222km/h(120kt) 사이 DC7

③ 그룹 C : 224km/h(121kt)~259km/h(140kt) 사이 A300, B727

④ 그룹 D : 261km/h(141kt)~306km/h(165kt) 사이 A340, B777

　• 현재 생산 중인 항공기의 활주로 시단 최대 통과속도 : 282km/h(152kt)

(3) **탈출유도로 수(피크시간 중에 운항하는 항공기 분류 그룹에 따른 결정)**

① 대규모 비행장은 항공기 그룹 C 또는 D이므로, 탈출구 2개만 필요하다.

② 4개 그룹 항공기가 섞여있는 비행장은 탈출구 4개가 필요할 수도 있다.

3. 활주로 시단에서 분기지점까지의 거리 : 삼분법(Three Segment Method)

(1) 삼분법(Three Segment Method)을 이용하여 아래와 같이 활주로 시단에서부터 활주로 중심선에서 분기되는 지점까지의 거리를 결정한다.

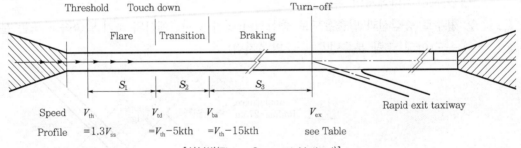

[삼분법(Three Segment Method)]

V_{th} : 활주로 시단에서의 속도

최대 착륙중량의 85%일 때 실속(stall speed)의 1.3배

V_{td} : 대부분의 항공기 종류를 대표하는 감쇠속도(speed decay)

V_{th} −5kts로 가정(보수적으로 판단)

V_{ba} : 제동가용속도

V_{th} −15kts(휠제동 및 역추진할 때)

V_{ex} : 정상분기속도

분류번호 3 or 4일 때 30kts, 1 or 2일 때 15kts

(2) [전체구역] 총거리($S_1+S_2+S_3$)는 각각 계산에 의해 산출된 3개 구역의 合이다.

[1구역 S_1] 활주로 시단(착륙시점)에서부터 主기어 접지까지의 거리

S_1은 경험적으로 평균 착지점까지의 거리를 기준으로 계산하고 꼬리날개, 바람요소 및 하강각도를 보정한다.

항공기 그룹 C 및 D : S_1=450m

경사에 대한 보정 : +50m/−0.25%

꼬리날개 바람에 대한 보정 : +50m/+5kt

항공기 그룹 A 및 B : S_1=250m

경사에 대한 보정 : +30m/−0.25%

꼬리날개 바람에 대한 보정 : +30m/+5kt

[2구역 S_2] 主기어 접지부터 안정된 제동작업이 시작될 때까지의 전이거리

S_2는 평균 지상속도에서 예측전이시간 Δt=10초를 가정하여 계산한다.

$S_2 = 10 \times V_{av} [V_{av}(m/s)]$ 또는

$S_2 = 5 \times (V_{th}-10)[V_{av}(kts)]$

[3구역 S_3] 정상적인 제동방식으로 분기속도까지 감속하기 위한 제동거리

S_3는 다음 식에 따라 가정된 감속률(a)을 기준으로 계산한다.

$$S_3 = V_{ba}^2 - \frac{V_{ex}^2}{2a} [V(m/s),\ a(m/s^2)]$$

$$S_3 = \frac{(V_{th}-15)^2 - V_{ex}^2}{8a} [V(kts),\ a(m/s^2)]$$

젖은 활주로 표면에서 감속을 위한 실제 운영 값은 감속률 a=1.5m/s²를 적용한다.

4. 고속탈출유도로 위치

(1) 위치 결정을 위한 고려사항

① 터미널 및 계류장 지역의 위치

② 활주로 및 탈출구 지역의 위치

③ 유도로시스템 내에서 교통 통제절차와 관련된 교통흐름의 최적화

④ 불필요한 우회유도 구간의 회피

⑤ 긴 활주로에서 주고속탈출유도로 뒤에 추가 고속탈출유도로 필요성 여부 등

(2) ICAO에서는 어떤 경우이든 간에 탈출유도로는 활주로 시단으로부터 450~600m에 위치해야 한다고 권고하고 있다.

(3) 일반적으로 고속탈출유도로의 위치, 즉 활주로시단으로부터 고속탈출유도로까지의 거리(S_E)는 다음 식으로 구할 수 있다.

$$S_E = D_{td} + D_e$$

여기서, D_{td} : 활주로 시단에서 항공기의 착지지점까지 거리

D_e : 착지지점에서 고속탈출유도로까지의 거리

$$D_E = \frac{V_{td}^2 - V_e^2}{2a}$$

여기서, V_{td} : 착지할 때의 항공기 속도

V_e : 고속탈출유도로 진입을 위한 속도

a : 활주로상에서 항공기의 감속률($1.25 \sim 1.5 \text{m/sec}^2$)

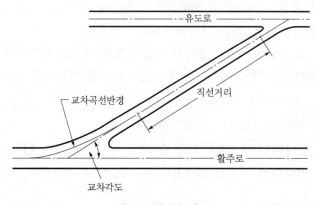

[고속탈출유도로]

Ⅲ 맺음말

1. 이·착륙 운항횟수가 25회 미만인 경우, 직각유도로만으로 충분하다. 활주로를 따라 적절한 위치에 직각유도로를 설치하면 지상흐름을 능률적으로 유도할 수 있다.

2. 유도로의 설치는 항공기의 활주로 점유시간을 최소화하여 능력을 향상시키는 데 있으므로, 고속탈출유도로 설치는 운항실적 분석 결과를 토대로 결정해야 한다.[41]

---

41) 국토교통부, '비행장시설(유도로, 계류장 등) 설계 매뉴얼', 예규 제164호, 2017.4.8.

[4. 터미널 · 포장]

7.43 공항 여객터미널

여객터미널의 구성요소, 배치방법(집중식과 비집중식)의 장·단점과 특성 [0, 13]

Ⅰ 여객터미널의 설계

1. 여객터미널 형식 결정 고려사항

(1) 연간 피크기 여객 수요, 취항항공기 대수, 필요한 게이트 개소

(2) 항공기 등급(대형, 중형, 소형)별 운영비율

(3) **여객터미널의 운영방식** : 국제선 또는 국내선, 항공사별 분리, 국적별 분리

(4) **여객터미널의 배치방식** : 중앙집중식 또는 분산식

(5) 장래 여객터미널의 단계별 확장 방안

2. 여객터미널 기능 결정 고려사항

(1) 여객이 chick-in부터 처리시간 단축, 항공기 탑승까지 보행거리 단축

(2) 터미널 내에서 여객의 층간 이동 최소화 유지(에스컬레이터, 엘리베이터)

(3) 출발·도착여객의 동선이 교차하거나 상충하지 않도록 공간 배치

(4) 장애인 편의시설 설치, 차세대 항공기도 수용 가능한 시설 확보

(5) 장래 여객·화물 수요증가에 따른 단계별 확장방안

[여객터미널의 배치형태]

특징	중앙집중식 터미널	분산식 터미널
장점	• 항공사, 정부직원의 집중배치, 인원절감 • 편의시설(식당, 매점)의 집중 배치 • 대중교통시스템(철도)의 이용 편리 • 분산식보다 터미널 규모 20~30% 감소	• 항공사별 특화배치 가능 • 여객의 보행거리 최소화 • 미래 대형기에 대비하여 확장성 양호 • 수화물의 운송·분류비용 절감
단점	• 여객의 보행거리 증가, 불편 • 수화물의 운송비용 고가, 오분류 우려 • 집중도가 높아 landside의 주차장 혼잡 • 터미널 확장 시 운영에 지장 초래	• 항공사, 정부직원의 분산배치, 인원증가 • 편의시설의 분산배치, 비용증가 • 대중교통시스템(철도)의 이용 불편 • 특정 터미널을 찾아가는 방향성 불량

Ⅱ 여객터미널의 배치

1. 잔교(손가락)형[Pier(Finger) concept]

(1) **특징** : 잔교(Pier)나 손가락(Finger) 배치, 출발여객은 집중식 Main terminal에서 수속하고, pier식 콘코스를 이용하여 항공기 탑승구로 이동

(2) **장점** : 항공사별 소요공간 및 근무인원을 집중배치하여 최소화 가능하며, 긴급상황(테러)이 발생하는 경우에 터미널 전체시설의 동시 통제 용이

(3) **단점** : 여객이 원거리 보행으로 불편하며, 복합빌딩의 기하구조 때문에 수요 증가에 따른 Main terminal의 확장 가능성 제한

(4) **사례** : 프랑크푸르트, 시카고 오헤아 등

2. 선형(Linear concept)

(1) **특징** : 선형(Linear) 배치, 출발 여객과 수화물은 중앙지역에 집중된 check-in counter에서 수속하고, 터미널 전면에 Airside를 평행하게 배치

(2) **장점** : Check-in 시설을 반집중식으로 배치하여 보행거리 단축, Main terminal의 초기건설과 추가확장이 쉽고, 수화물 처리장을 내부 중앙에 배치하여 효율적 운용 가능

(3) **단점** : 여객 편의시설과 항공사 근무직원의 분산 반복 배치 필요, 보행거리 증가하고, 수화물 처리용 이동수단(Conveyer Belt) 설치 필요

(4) **사례** : 간사이, 창이 제2터미널, 김포 등

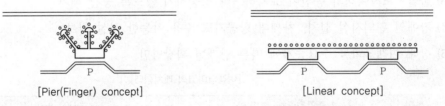

[Pier(Finger) concept]   [Linear concept]

3. 운송형(Transporter concept)

(1) **특징** : 출발여객은 중앙부에서 수속하고 출발라운지(mobile lounge)로 이동, 수화물은 중앙부에서 접수하여 분류지역으로 운송하여 탑재

(2) **장점** : 도착여객과 출발여객을 쉽게 분리, 대형항공기 취항에 대비하여 확장성 양호, 항공기의 지상이동(power-in, power-out) 용이

(3) **단점** : 탑승·하차시간이 많이 소요되어 서비스수준 저하, Check-in 시간을 매우 빨리 마감해야 제한시간 내에 탑승 가능

(4) **사례** : 워싱턴 델러스, 몬트리올 미라벨 등

4. 위성형(Satellite concept)

(1) **특징** : 원격탑승동은 지상층(또는 지하층)을 통해 중앙터미널과 연결, 자동 운송시스템으로 중앙터미널과 탑승동 간에 여객을 수송

(2) **장점** : 항공사의 근무인원을 집중배치하여 인원감소, 대형항공기 취항에 대비하여 별도 원격탑승동 건설 가능, APM(Automated People Mover) 설치하여 환승 편리

(3) **단점** : 중앙터미널과 원격탑승동 간에 운송장비의 설치·운영비 고가, 원격탑승동 건물의 기하구조가 복잡하여 향후 확장하면 연결·환승시간 증가

(4) **사례** : 인천 제2단계, 홍콩 첵락콕

[Transporter concept] [Satellite concept]

5. 압축모듈단위형(Compact module unit concept)

(1) **특징** : 여러 개의 모듈식 터미널로 구성된 반중앙 집중처리 형태, 출발여객과 수화물은 각 모듈의 탑승구에서 함께 수속하므로, 운송장비와 분류 장치는 설치 단일화 가능

(2) **장점** : Check-in counter에서 항공기까지 보행거리가 단축되어 Check-in 시간을 이륙 임박할 때까지 연장하여 처리 가능

(3) **단점** : 항공사의 근무인원을 분산시켜 증가 배치 필요, 각 터미널 간의 여객운송시스템 설치비 고가, 대중교통시스템의 다수 분산 운영으로 불편

(4) **사례** : 샤를드골 42)

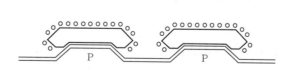

---

42) 국토교통부, '비행장시설 설치기준', 고시 제2013-120호, 2013.4.16.

7.44 승객운송시설(APM), 수화물처리시설(BHS)

APM(Automated People Mover), 수하물 처리시설(BHS, Baggage Handling System) [4, 0]

1. 개요

(1) 승객운송시설(APM)은 편의성, 안정성 및 접근 용이성이 핵심이다. 공항에서 APM 열차는 2분마다 도착하고 넓은 출입문, 충분한 손잡이와 좌석 등을 구비해야 한다.

(2) 수하물처리시설(BHS)은 공항에서 항공기 여객의 위탁수하물을 안전하고 신속하게 운송할 수 있는 시스템을 갖추어야 한다.

2. 경량전철

(1) 노면전차(LRT, Light Rail Transit)

① 도로면 중앙에 궤도를 설치하여 노면교통과 공유할 수 있으며, 소음, 진동, 매연이 전혀없는 환경친화적 교통수단이다

② 저상차량으로 제작되어 노약자용 휠체어 리프트가 설치되며, 현재 EU 도시에 인기 있는 준고속 대중교통수단으로 많이 운행되고 있다.

(2) 모노레일(Mono rail)

① 1901년 독일 위패르탈(Wuppertal)에 최초 건설된 후 지금까지 운행되고 있다. 13km 노선으로 19개 역이 설치되어 있다.

② 선로에 차량이 매달려 운행되는 현수식(Suspended), 콘크리트 선로 위에서 운행되는 가좌식(Seated) 모노레일이 역 사이가 짧은 구간에 운행된다.

(3) 궤도버스(Guideway bus)

① 버스가 전차와 같이 궤도 위를 운행하는 시스템으로, 운전자 조종 없이 유도장치와 제어장치 등에 의해 자동 운행된다.

② 일반버스처럼 주거지에서 승객을 태운 후, 고속으로 선로 위를 주행한 후, 도심지에 승객을 내려주는 시스템이다.

(4) 자기부상(Magnetic levitation)열차

① 최근 연구 중인 구동 방법이다. 강한 전기자력(電氣磁力)을 발생시켜 열차를 자기 반발력에 의해 공중에 띄운 후, 선형유도 모터로 전진시키는 방식이다.

② 선로와 차량 간의 마찰을 제거하여 증속하는 방법으로 실험 구간에서 500km/h 시범 운행하는 기술수준이다.

3. 자동승객운송시설(APM, Automated People Mover)

(1) APM 필요성

① 자동승객운송시설(APM)은 운전자 없이 여객을 운송하는 수평 엘리베이터 시스템으로, PMS(People Movement System), IAT(Inter Airport Transport)이라 부른다.

② Hub airport에서는 중앙집중식 터미널을 선호하였으나, 대형화되면서 보행거리가 늘어나 또한 불편하게 되어 ATM을 도입하게 되었다.

③ 국제공항 여객터미널 내에서 여객의 보행거리는 180m 이내가 이상적이며, 길어도 360~400m 이내로 제한하는 것이 일반적이다.

(2) APM 성능 · 효과

① 원리 : 열차가 철도나 콘크리트 궤도 위를 자동 주행하는 교통수단

② 간격 : 최소 60초 간격으로 운영 가능

③ 능력 : 시간당 1,000~16,000명 수송 가능

④ 속도 : 56km/h까지 가능, 승차감 우수, 가 · 감속 유연

⑤ 효과 : APM 설치 후 터미널 내의 최대 보행거리 단축 효과를 측정한 결과, 출발 여객은 100~300m 단축되고, 환승 여객은 2,000m 단축되었다.

(3) APM 설치 사례

① 1990년대 이후 나리타, 간사이, 창이, 홍콩, 콸라룸푸르 신공항 등에서 여객수요 1천만명 이상으로 증가되면서 설치되었다.

② 인천공항은 2008년 2단계 확장사업에서 APM을 설치하여 현재 운행하고 있다.

③ 미국 LA공항은 약 3.6km 길이의 APM 시스템은 공항 터미널과 통합 렌터카 센터, 공항 주차장, 메트로 등 공항 내 주요 시설을 6개의 역으로 이어주기 때문에 승객뿐 아니라 공항 근무자들도 공항 내에서 쉽게 이동할 수 있다.[43]

[미국 LA국제공항 자동승객운송시설(APM)]

---

43) 양승신, '공항계획과 운영', 이지북스, 2001, pp.424~425.

4. 인천국제공항 수하물처리시설(BHS, Baggage Handling System)

(1) BHS 출발 수하물 처리절차

① 체크인 카운터/스마트 체크인 기기 등을 활용하여 위탁 수하물 컨베이어 투입
② 항공안전을 위해 검색장비를 통한 위해물품 여부 검색
③ 위해물품이 없는 경우 수하물별 탑재 항공편을 최종목적지로 설정하여 운송
④ 최적경로를 따라 운송된 후 설정된 '출발수하물 적재대'에 도착
⑤ 지상조업社가 ULD(항공기적재용 컨테이너)에 수하물을 옮겨서 항공편에 탑재

| 수하물 투입 | ⇨ | 수하물 검색 | ⇨ | 수하물 로딩/운송 | ⇨ | 수하물 분류 | ⇨ | 항공기 탑재 |

(2) BHS 도착 수하물 처리절차

① 지상조업사가 도착항공편에서 ULD(항공기적재용 컨테이너)를 하기하여 도착수하물 투입대로 투입
② 세관 검색, 불법 소지품(마약 등) 검색을 위한 X-ray 장비 및 마약견 탐지 실시
③ 검색이 완료된 후 컨베이어 라인을 따라 '도착수하물 수취대'에 도착

| 수하물 수취 | ⇦ | 수하물 운송 | ⇦ | 마약견 검색 | ⇦ | 세관 검색 | ⇦ | 수하물 하기 |

(3) BHS 수하물 위탁 유의사항

① 인천공항 수하물처리시설(BHS)은 수하물에 부착된 Tag의 바코드 정보를 통해 수하물을 자동 분류한다.
② 이전 Tag의 바코드가 붙어있을 경우 다른 목적지로 수하물이 운송될 수 있으니, 이전 여행할 때 부착된 수하물 Tag는 반드시 제거해야 한다.
③ 국제선 위탁수하물 규격(가로×세로×높이)에 적합한 수하물만 위탁해야 한다.[44]

[인천공항 수화물처리시설(BHS)]

---

44) 인천국제공항, '수하물처리시설(BHS)', 4단계 세부사업, 2021.

7.45 계류장 Apron

공항시설 여객터미널 계류장의 개념, 종류, 특징 및 설치 고려사항 [2, 20]

Ⅰ 개요

1. 계류장(繫留場, Apron)이란 비행장 내에서 항공기에 승객을 탑승시키거나 우편 또는 화물을 적재, 급유·주기 및 정비하기 위하여 지정된 구역을 말한다.
   계류장은 일반적으로 포장되지만 종종 포장되지 않는 경우도 있다. 예를 들면, 잔디 주기 계류장은 경항공기에 적합할 수 있다.

2. 항공기 주기장(駐機場, Aircraft stand)이란 항공기를 주기시키기 위해 계류장 내에 별도로 지정된 구역을 말한다(계류장 면적 > 주기장 면적).

Ⅱ 계류장(Apron) 종류

1. 여객터미널 계류장

(1) 계류장은 여객터미널 시설에 인접해 있거나 즉시 접근이 가능한 곳에 항공기 기동 및 주기를 위해 설계된 지역으로, 승객들이 터미널로부터 항공기에 탑승하는 곳이다.

(2) 계류장은 승객의 이동 외에 항공기의 급유·정비, 화물·우편물·수하물의 승·하기에 사용되며, 여객터미널 계류장 내의 항공기 주기 위치는 항공기 주기장이라 한다.

2. 화물터미널 계류장

(1) 화물·우편물만을 나르는 항공기를 위하여 화물터미널 건물에 인접하여 별도의 화물터미널 계류장을 설치할 수 있다.

(2) 화물기와 여객기를 분리하는 것은 양쪽 항공기가 계류장 및 터미널에서 요구하는 시설의 규모, 종류 등이 각기 다르기 때문이다.

3. 원격 계류장

(1) 터미널 계류장 외의 장소에서 항공기가 오랜 동안 주기할 수 있는 별도의 원격 계류장을 갖출 필요가 있다.

(2) 원격 계류장은 승무원이 중도에 하기하는 데 사용되거나 주기적인 경정비 및 일시적으로 착륙한 항공기의 정비를 위해서 사용된다.

4. 정비 및 격납고 계류장

(1) **정비 계류장** : 항공기 정비가 이루어지는 정비격납고에 인접한 옥외지역이다.

(2) **격납고 계류장** : 항공기가 보관격납고에 출입하기 위해 이동하는 지역이다.

5. 일반항공기 계류장

사업용이나 개인용으로 사용되는 일반항공기는 서로 다른 목적의 활동을 지원하기 위하여 여러 범주의 계류장을 필요로 한다.

6. 순회 계류장

(1) 순회(일시체류) 일반항공기는 급유, 정비 및 지상운송을 위한 접근수단으로 일시적인 항공기 주기시설의 일종인 순회 계류장을 사용한다.

(2) 오직 일반항공기만을 정비하는 비행장에서 순회 계류장은 대부분 운영자의 고정기지의 일부분이거나 그에 인접하여 설치되어 있다.

7. 항공기 고정시설(Tether), 테더링(Tethering)

(1) 계류장에서 항공기의 엔진 제트기류 분출, 프로펠러 후류로 인한 위험 등에 탑승객이 피해를 입지 않도록 항공기의 고정시설(Tether)이 필요하다.

(2) 계류장에서 소형프로펠러기는 제트엔진의 후풍이나 강한 폭우를 동반한 강풍에 동체가 요동치면서 넘어질 수 있으므로, 항공기의 날개 끝에 테더(Tether)를 연결시켜 지상에 단단히 고정한다.

(3) 계류장을 설계할 때 항공기의 후풍(候風)방지벽, 항공기의 날개와 동체를 지상에 고정시킬 수 있는 테더(Tether)시설 등을 포함한다.[45]

(4) 항공기를 옥외에 테더링(Tethering)할 때는 항공기의 크기·중량, 풍향·풍속 등을 고려하여 지면을 포장하거나 또는 비포장 잔디를 입힐 수 있다.

Tethering

---

45) 국토교통부, '비행장시설(유도로, 계류장 등) 설계 매뉴얼, 국토교통부예규 제208호, 2018.5.8.

7.46 Blast Fence, EMAS

방풍벽(Blast Fence), EMAS [2, 0]

1. 방풍벽(Blast Fence)

(1) 제트분사력의 영향

① 제트기의 분사력은 가장 강한 프로펠러기 후풍을 훨씬 초과하며, 제트기가 최대분사력으로 엔진 가동하면 10m 후방 60cm 크기 돌멩이도 들어올린다.

② 제트기의 분사속도는 불규칙하고 몹시 거칠게 휘몰아쳐 3~5m²가 넘는 지역에서 분사속도는 초당 2~6번의 주기적인 피크를 일으킬 정도로 강력하다.

③ 방풍벽(blast fence)를 설치하면 제트기 엔진에서 나오는 불꽃과 소음, 제트기 분사력에 의한 손상위험을 제거하거나 감소시킬 수 있다.

(2) 제트분사 방풍벽(Blast fence)

① 항공기가 지상이동할 때 발생되는 제트 분사력으로부터 인명·장비·시설 등을 보호하기 위하여 계류장 지역 가까이에 방풍벽을 설치한다.

② Blast fence를 제트기 분사원 가까이 설치할수록 방풍효과가 크다. 특히, 분사류의 중심이 blast fence의 정점보다 아래에 있어야 효과적이다.

③ Blast fence를 활주로의 장애물 제한지역 외부에 설치해야 효과적이다. 제한지역 내부에 설치해야 하는 경우에는 부서지기 쉬운 구조로 설치한다.

(3) 인천공항 방풍벽 설치 사례

① 재질 : 초록색 폴리카보네이트, −40~+135℃에도 견디는 충격내구성

② 규격 : 길이 20~40.8m, 높이 4.5~11m, 각도 30~40° 비스듬히 설치

③ 개수 : 총 11개(여객터미널 주기장 3개, 화물주기장과 기타 지역 8개)

[방풍벽(blast fence)]

2. 비상제동장치(EMAS, Engineered Materials Arresting System)

(1) 개요 : 비상제동장치(EMAS)는 비행기가 활주로에 착륙할 때, 여러 요인에 의해 활주로를 이탈하는 경우에 비행기를 급히 정지시킬 수 있는 장치를 말한다.

(2) 비상제동장치(EMAS) 종류

① 역추력장치(Thrust Reverser) : 비행기 후방 쪽으로 분사되는 제트엔진의 배기가스를 역추력장치를 작동시켜 전방 쪽으로 분사되도록 바꾸어 착륙거리 단축
활주로가 비, 눈, 얼음 등으로 미끄러운 상태에서 효과적으로 제동 가능

② 스포일러(Spoiler) : 비행기가 활주로에 착륙하는 순간 날개 뒷부분이 튀어 올라와 공기저항을 증가시키는 '에어 브레이크'에 의해 착륙거리 단축
우측날개의 스포일러를 올리면 우측으로, 좌측날개를 올리면 좌측으로 선회

③ 휠브레이크(Anti-lock Brake System) : 비행기 바퀴 회전력을 감소시키는 브레이크 힘이 너무 커서 바퀴 회전이 완전히 멈추는 '타이어 잠김(lock)' 현상이 생기지 않도록 조향력과 제동력에 의해 비행기를 최종 정지시키는 ABS

④ 어레스팅 와이어(Arresting Wire) : 항공모함의 활주로 양끝에 횡방향으로 쇠줄을 설치하고 함재기 후미에 고리를 장착시켜 착륙할 때 낚아채듯 정지시키는데, 쇠줄에 고리가 안 걸리면 착륙을 포기하고 이륙했다가 재착륙 시도

⑤ 브레이크 슈트(Brake Parachute) : 항공기 제동에 사용되는 낙하산. 항공기가 착륙한 직후 기체 후미에서 낙하산이 사출되어 퍼지면서 항공기의 주행 저항력이 급증되어 정지하는 브레이크 원리로서 주로 군용기에 사용

(3) EMAS에 의한 비행기 급정지 사례 : 2016년 미국 부통령 후보(당시) 마이크 펜스(Mike Pence)가 탑승한 이스턴 항공 3452편이 뉴욕 라과디아 공항에 착륙 중 활주로 이탈, EMAS로 정지했다.[46]

[Trust Reverser]　　[Spoiler]　　[ABS]　　[Arresting Wire]　　[Brake Parachute]

---

46) 한국항공우수연구원, '비행기도 브레이크를 밟는다?', KARI STURY, 2019.9.24.

7.47 항공기의 주기방식

항공기의 주기방식별 장·단점, 주기방식 결정 고려사항 [0, 4]

I 개요

1. 항공기가 주기위치에 자력으로 들어가고 나갈 수 있고 견인되어 들어가고 나갈 수도 있으며, 들어갈 때는 자력으로 들어가고 나올 때는 견인되어 나올 수도 있다.
2. 항공기의 진입·진출 방식은 계류장의 크기에 따라 자력기동 형태 또는 트랙터 지원기동 형태로 구분될 수 있다.

II 항공기의 주기장 진입·진출방식

1. 자주식

(1) 항공기가 트랙터 없이 주기장에 자력으로 이동하는 방식이다. 그림 (a), (b), (c)는 항공기가 주기장에 평행주기 형태로 들어가고 나가는 과정이다.

(2) 터미널 건물이나 피어에 인접한 항공기 주기장에 기수 진입·진출 주기형태로 들어가고 나가기 위해 기동할 때 그림 (a)와 (b)와 같이 180° 회전이 수반된다.

이러한 주기방식은 견인식보다 더 넓은 포장면적을 필요로 하지만, 트랙터 장비 및 인원을 절약할 수 있어 교통량이 적은 공항에서 적용된다.

(3) 그림 (c)는 자력 기동 항공기의 주기장 면적을 보여준다. 이 방식은 인접 주기장에 다른 항공기가 주기되어 있더라도 진입각도에 따라 쉽게 들어갈 수 있다.

이러한 주기방식은 항공기가 진입·진출하기 가장 쉽지만, 가장 넓은 계류장 면적을 필요로 하는 단점이 있다.

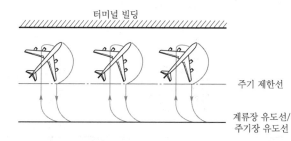

(a) 자주식 진입·진출(터미널 방향 주기)

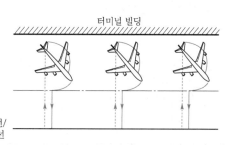

(b) 자주식 진입·진출(터미널 반대 방향 주기)

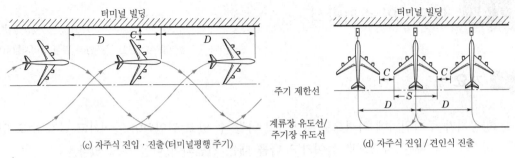

[주기장 진입 및 진출에 요구되는 이격거리]

2. 견인식

(1) 견인식은 트랙터와 견인대를 사용해야 하는 진입·진출 방식에 적용된다. 가장 보편적 방식은 유도진입, 견인식 후진이지만, 항공기는 견인 진입·진출도 한다.

(2) 유도진입, 견인식 후진을 채택하면 그림 (d)와 같이 항공기는 자력으로 기수를 전면으로 하여 진입하고 계류장과 터미널 간에 일정거리 위치에서 정지한다.

(3) 이 방식은 제트분사벽을 설치할 필요가 없다. 출발할 때는 트랙터로 항공기를 유도로 쪽으로 후진시키면서 동시에 항공기를 90° 회전시켜 놓는다.

Ⅲ 항공기의 주기장 주기방식

1. 주기장 사이의 간격은 그림 (d)와 같이 가장 단순한 경우는 터미널 건물에 수직으로 자력진 입하고 견인식으로 후진하는 방식이다.

2. 즉, 가장 단순한 주기방식은 그림 (d)와 같으며, 이때 최소 주기장 간격(D)은 날개 폭(S)에 일정한 이격거리(C)를 더한 값이다.

3. 다른 진입·진출, 주기각도 등에 대한 주기장 사이의 간격을 계산할 때는 항공기의 날개 끝 반경 및 운항특성을 결정하는 제작사의 기술적 치수를 참조해야 한다.

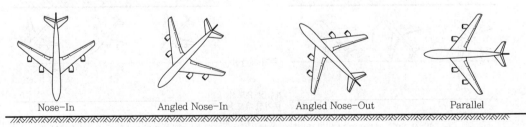

[항공기의 주기장 주기각도]

[항공기의 주기방식 비교]

방식	장점	단점
Nose-in taxi in & push out	• 가장 작은 주기장 필요 • 착륙 전에 지상장비를 준비하고 이륙 전에 장비를 치우므로 서비스시간 단축 가능 • 여객이 탑승교를 쉽게 이용	• Push-out 시 트랙터 필요 • Push-out 시 시간과 숙련된 조종기술 필요
Angled nose-in in/out by own power	• 트랙터 불필요	• Nose-in보다 더 넓은 계류장 면적이 필요 • 심각한 엔진 후풍과 소음이 터미널 지역에 직접 전달
Angled nose-out in/out by own power	• 트랙터 불필요	• Nose-in보다 더 넓은 계류장 면적이 필요 • 심각한 엔진 후풍과 소음이 터미널 지역에 직접 전달
Parallel in/out by own power	• 항공기 유도가 가장 쉽다. • 트랙터 불필요	• 취항항공기에 대하여 더 넓은 계류장 면적이 필요 • 항공기 유도 시 옆 주기장의 항공기 서비스 활동에 제약

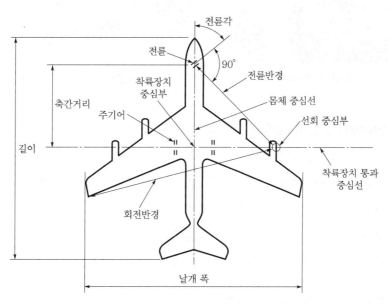

[항공기 주기장 간격 결정을 위한 기술적 치수]

7.48 게이트(Gate)의 배열방식, 가동률

Gate의 배열방식 및 특징, Gate의 가동율(U) [1, 4]

1. 개요

(1) 공항 게이트(Gate)는 탑승교를 통해 비행기로 이동하기 전에 최종적으로 티켓과 여권 확인을 마지막으로 받고, 비행기 탑승을 기다리는 공항 Landside 지역이다.

게이트(Gate)에는 체크인, 입국심사 및 보안심사를 거친 승객만 공항 Airside 지역으로 들어갈 수 있으며, 일반인은 Airside 지역에 출입할 수 없다.

(2) 탑승교(搭乘橋, Boarding Bridge)는 공항에서 비행기가 출발 전에 또는 도착 후에 공항 게이트와 비행기 출입구 사이를 잇는 다리 모양의 통로이다. 비행기뿐 아니라 여객용 대형 호화유람선(Cruise Ship)에도 탑승교로 연결시켜 준다.

[공항 게이트(Gate)]

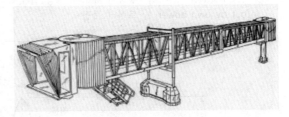
[탑승교(Boarding Bridge)]

2. 탑승구(Gate)의 용량에 영향을 미치는 요소

(1) 항공기가 주기하는 탑승구의 수 및 형식

(2) 탑승구를 사용하는 항공기의 혼합률, 항공기 등급별 게이트의 점유시간

(3) 항공사별 탑승구의 국제선 또는 국내선 배정방법

(4) 탑승구에 진입·진출하는 항공기 주기방식에 따른 운항특성

(5) 항공기의 Gate 출입시간, 지연시간, 서비스수준을 감안한 실제 이용시간 비율

3. 탑승구의 소요 게이트 수 산출방법

(1) 탑승구의 수 산출을 위한 Horonjeff 모형 공식

$$G = V \times \frac{T}{U}$$

여기서, G : 탑승구의 수

V : 점유시간 동안 도착항공기 운항횟수

T : 항공기의 탑승구 점유시간(분)

U : 탑승구 가동률

공항개발 실시계획 수립과정에 설계일 스케줄에 근거한 Ramp chart를 작성하여, 공식으로 계산된 탑승구 소요 수와 비교·검토한다.

(2) 점유시간 동안 도착항공기 운항횟수(V)

도착항공기 운항횟수는 해당 공항의 피크시간 도착비율을 적용하는데, 일반적으로 55~65%(피크시간 운항횟수의 60%)를 적용한다.

(3) 항공기의 탑승구 점유시간(T)

① 탑승구 점유시간은 여객의 탑승·하기, 화물의 적재·적하, 지상서비스, 경정비 등을 포함한 시간을 말한다.

② 탑승구 점유시간은 항공기 크기 국내선과 국제선 노선, 출발·도착·통과·연결 비행형태 등에 따라 다르다.

[일반적인 탑승구 점유시간(분)]

항공기	국내선		국제선
	통과항공기	선회항공기	선회항공기
B-737, DC-9, F-28	25	45	–
b-707, B-757	45	50	60
A-300, DC-10, L-1011	45~60	60	120
B-747	–	60	120~180
화물기	120	–	150

4. 탑승구 가동률(Utilization)

(1) 탑승구 가동률이란 일반적인 항공기 점유시간에 추가적인 운영시간(탑승구에 이르는 taxilane에서 항공기의 tow in/out time을 더한 값이다.

(2) 항공기의 도착·출발 운항스케줄에 여객과 화물의 승·하차, 항공기의 점검·급유 지상서비스, 정비시간 등이 포함되어 있다면 탑승구 가동률은 1.0이다.[47]

[일반적인 탑승구 가동률]

구분	국내선	국제선	화물기
지방공항	0.7	–	–
국제공항	0.8	0.7	0.8
인천공항	0.75	0.8(F급), 0.7(D, E급)	0.75

[47] 양승신, '공항계획과 운영, 이지북스', 2001, p.385.
최명기, '공항토목 시설공학', 예문사, 2011, pp.447~451.

7.49 공항 포장 LCN, ACN, PCN

공항포장의 지지강도 분류기준 LCN, ACN/PCN, 공항에서 FAA설계법 [3, 10]

1. 개요

(1) 영국의 하중 분류번호(LCN, Load Classification Number)에 근거를 두고 ICAO에서 1981년 항공기 분류번호(ACN)와 포장 분류번호(PCN) 체계를 채택하였다.

① LCN은 중량 100,000lbs의 항공기 하중이 포장층에 유발하는 응력에 대한 운항 대상 특정 항공기 하중이 포장층에 유발하게 될 응력의 비율을 의미한다.

$$LCN = \frac{운항\ 대상\ 항공기\ 하중이\ 포장층에\ 유발하는\ 응력}{100,000lbs\ 항공기\ 하중이\ 포장층에\ 유발하는\ 응력}$$

② ACN(Aircraft Classification Number) : 정해진 표준 노상(subgrade) 강도와 관련하여 포장면 위에 놓이는 특정한 무게를 가진 항공기와의 상대적 관계를 나타내는 번호

③ PCN(Pavement Classification Number) : 항공기가 제한 없이 이·착륙 운항할 수 있도록 포장체의 지지강도를 나타내는 번호

(2) 항공기 매뉴얼에 ACN값이 고시되고, 각 국제공항은 항공정보간행물(AIP)에 PCN값을 고시한다. 따라서, PCN값 이상의 ACN값의 항공기는 해당 공항에 취항할 수 없다.

2. 항공기 분류번호(ACN) 결정

(1) **강성포장의 ACN 결정**

① 항공기 중량과 노상지지력계수(K), 표준 콘크리트 응력(2.75MPa)에 대한 기준두께(t)를 기준으로 단차륜하중(DSWL)을 계산한다.

② 제작사는 강성포장의 ACN값을 결정하여 해당 항공기의 매뉴얼에 고시한다.

(2) **연성포장의 ACN 결정**

① 항공기 중량과 주차륜 기어 10,000회 반복하중을 허용하는 포장두께(t)를 구한다.

② 타이어 압력이 1.25MPa 상태에서 포장두께(t)에 해당되는 단차륜하중(DSWL)의 ACN값을 다음 식을 사용하여 계산한다.

$$ACN = \frac{(t^2/1,000)}{(0.878/CBR) - 0.01249}$$

(3) **ICAO의 항공기별 ACN값 사용** : 이상과 같은 결정 절차를 거치지 않으려면 ICAO에서 고시하는 항공기별 ACN값을 사용하면 간단히 결정할 수 있다.

3. 포장 분류번호(PCN) 결정

(1) PCN 결정

① 포장 분류번호(PCN)는 PCN값, 포장형태 정보, 노상강도 분류, 최대허용 타이어압력 분류, 평가방법 등을 부호로 나타내어 결정한다.

② 즉, 적정한 노상강도 조건에서 허용될 수 있는 가장 큰 항공기 분류번호(ACN)를 기준으로 PCN값을 소수점 아래 한 자리까지 정밀하게 표기한다.

(2) 포장형태 정보

① 포장형태에 따른 부호를 강성포장에는 R, 연성포장에는 F를 각각 부여한다.

② 복합포장공법으로 시공된 공항포장에는 거동 특성을 고려하여 R 또는 F로 명명 후에 별도 주석을 표기한다.

③ 포장형태에 따른 노상강도(subgrade strength)는 4가지로 분류된다.

④ 포장표면이 견딜 수 있는 최대허용 타이어압력은 4가지로 분류된다.

(3) PCN 평가방법

① 포장 분류번호(PCN) 체계에서 평가방법은 T와 U의 2가지가 사용된다.

② 기술적 평가(T) : 몇 가지의 기술적 연구 결과물이 포함되어 있음을 의미한다.

③ 항공기 운항이력을 사용한 평가(U) : 포장에 전혀 피로를 가하지 않으면서 현재 취항 항공기 중에서 최고의 ACN을 선택하여 PCN을 추산했다는 의미이다.

(4) 기존 포장체에 대한 포장 분류번호(PCN) 표기 사례

① [PCN 80/R/B/W/T]

中강도(B) 노상 위에 위치한 강성포장(R)의 지지력이 기술평가(T)에 의해 ACN 80까지의 항공기를 지지할 수 있고, 타이어 압력(W)에 제한이 없는 경우

② [PCN 50/F/A/Y/U]

연성포장(F)으로 고강도(A) 노상 위에 위치한 합성포장의 지지력이 항공기 사용경험에 의해(U) ACN 50까지의 항공기를 지지하며 최대허용 타이어 압력(W)이 1.0MPa인 경우

③ [PCN 40/F/B/80MPa/T]

中강도(B) 노상 위에 위치한 연성포장(F)의 지지력이 기술평가(T)에 의해 ACN 40까지의 항공기를 지지할 수 있고, 최대허용 타이어 압력이 0.8MPa인 경우[48]

---

48) 국토교통부, '비행장포장 설계매뉴얼', 예규 제254호, 2015.5.21., pp.부록-1~13.

7.50 공항포장의 등가단륜하중(ESWL)

등가단륜하중(ESWL), 공항포장의 종류, 공항도로체계 [1, 10]

1. 개요

공항 포장구조 유지관리를 위해 대형 항공기의 Main gear 설계할 때 포장응력 발생의 크기를 제한·분산하는 Dual wheel, Dual tandem, Wide body, Triple Dual tandem 등 바퀴배열을 다중조합할 수 있는 등가단륜하중(ESWL)이 적용되고 있다.

2. 항공기의 Main gear 설계

(1) 하중 조건

① 공항 포장설계법은 항공기 총중량(gross weight), 즉 예상되는 가장 무거운 이륙중량을 근거로 하여 설계한다.

② 항공기 총중량의 90~95%는 동체 중간에 배치된 Main gear가 부담하고, 5~10%는 조종석 근처 앞부분에 배치된 Nose main gear가 부담한다.

(2) 기어 형식

① Dual wheel gear

타이어 중심선 간격 : 경량항공기 20inch, 중량항공기 34inch

② Dual tandem gear

• Dual wheel 간격 : 경량항공기 20inch, 중량항공기 30inch

• Tandem wheel 간격 : 경량항공기 45inch, 중량항공기 55inch

③ Wide body gear

Dual & tandem wheel 2중 바퀴로 배열된 B-747, B-767, DC-10, L-1011

④ Triple Dual tandem gear

Dual & tandem wheel 2중 바퀴가 3열로 배열된 B-777, A-380

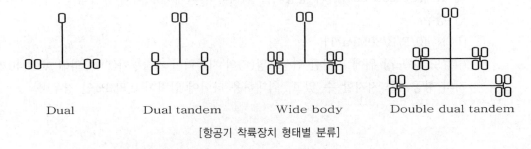

| Dual | Dual tandem | Wide body | Double dual tandem |

[항공기 착륙장치 형태별 분류]

(3) 타이어 압력 : 항공기 총중량에 따른 타이어 압력 75~200psi가 포장체에 미치는 영향은 심각하지 않으며, 최대 압력 200psi가 초과되어도 안전하다.

3. 등가단륜하중(ESWL) Equivalent Single Wheel Load

(1) 등가단륜하중(ESWL)은 복륜하중과 동일한 접지압(contact pressure)을 가지는 단일 바퀴하중(single wheel load)으로, 요구되는 깊이에서 복륜하중과 동일한 값의 최대응력, 침하, 인장응력 등을 지지할 수 있는 하중이다.

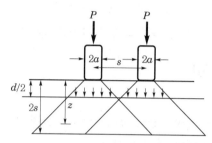

[응력에 대한 등가단륜하중(ESWL)의 영향]

(2) 그림에서 보듯 포장두께(t)에 대해 $d/2$보다 작거나 같으면 응력구근(stress bulb)에 근접한 지역이기 때문에 응력중복은 발생되지 않는다고 가정한다.

(3) 따라서 이 깊이에서의 응력은 두 바퀴 중 하나에만 작용된다. 같은 원리에서 대략 $2s$ 깊이에서의 응력중복 효과는 $2P$의 단일바퀴 하중에 의한 응력과 동일하다.

(4) $d/2$와 s 사이의 바퀴에 작용되는 등가단륜하중(ESWL)은 아래 공식으로 구한다.

$$\log_{10}\text{ESWL} = \log_{10}P + \frac{0.301\log_{10}\left(\dfrac{z}{d/2}\right)}{\log_{10}\left(\dfrac{2S}{d/2}\right)}$$

여기서, P : 바퀴 하나에 각각 작용되는 하중

　　　　S : 두 바퀴 사이의 중심거리

　　　　d : 두 바퀴 경계면 사이의 거리

　　　　z : ESWL을 구하려고 하는 깊이[49]

---

49) 구름의 마음, '등가단륜하중(ESWL) 알아보기', 2012, https://m.blog.naver.com/

7.51 공항포장의 그루빙(Grooving)

활주로 포장표면의 그루빙(Grooving) 문제점 및 개선방안 [0, 4]

1. 개요

대형 제트 항공기의 등장과 함께 활주로 포장표면의 마찰저항과 수막현상이 문제점으로 대두되어, 이에 대한 대책으로 활주로 그루빙(Grooving)을 시공하고 있다.

2. 활주로 그루빙(Grooving)

(1) 그루빙 설치 규격

① 그루빙은 폭 6mm×길이 6mm 규격으로 활주로를 횡단하여 양쪽 측단까지 직각으로 중단되지 않도록 연속하여 설치한다.

② 그루빙 홈의 규격은 전체 60% 이상을 깊이 6mm 이상으로 설치하며, 활주로길이 방향으로 매 150m마다 그루빙을 다시 정렬한다.

③ 그루빙 간격이 작을수록 배수능력이 증가되고 포장을 신속히 건조시킬 수 있으나 경제성을 고려할 때 중심 간격 38mm가 가장 적합하다.

④ 그루빙 오차는 활주로길이 23m당 ±38mm, 폭과 깊이에 대해 ±1.6mm이다.

(2) 그루빙 설치 범위

① 활주로길이 전체에 그루빙을 설치하되, 과주로 구간 및 활주로 단부 450m 구간에는 그루빙을 설치하지 않는다.

② 고속탈출유도로에는 활주로에서부터 길이 76m까지 그루빙을 설치한다.

③ 항공등화 기구로부터 152mm 이상 이격시켜 그루빙을 설치한다. 특히, 항공등화 케이블이 설치된 구간에는 그루빙 설치를 금한다.

[국내 공항의 그루빙 설치현황]

구분	공항 명칭	그루빙 설치	포장공법	그루빙 규격
민간공항	인천, 김포	활주로, 인천은 고속탈출유도로 포함	콘크리트포장 아스팔트포장	6mm×6mm@37mm
공군비행장	광주, 대구, 청주, 강릉, 사첸, 예천, 원주	활주로	콘크리트포장	6mm×6mm@38mm
미군비행장	군산	활주로	콘크리트포장	6mm×6mm@38mm

(3) 그루빙 설치 유의사항

① 그루빙 설치 대상 활주로 표면은 포장손상 우려가 없고, 현재와 미래의 교통을 구조적으로 지지할 수 있고 횡단경사가 최소 1% 이상이어야 한다.

② 강도부족, 배수경사 부족, 함몰지역, 균열 구간 등은 강도를 높이고, 그루빙 전에 덧씌우기 보수작업을 한다.

③ 아스팔트포장은 기존 표층의 밀도, 안정도 및 다짐도 시험을 실시하여 표면 침식이나 조골재 입자 탈리가 발생된 경우에는 그루빙 전에 덧씌우기를 한다.

④ 콘크리트포장은 기존 슬래브의 스케일링, 소폴링, 진행 중인 균열, 종·횡단경사 간의 비율 등이 중요한 요소이다.

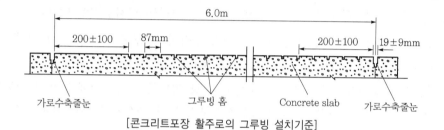

[콘크리트포장 활주로의 그루빙 설치기준]

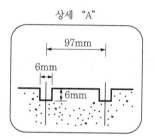

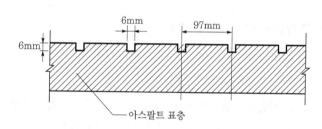

[아스팔트포장 활주로의 그루빙 설치기준]

(4) 그루빙 설치 후 유지관리

① 그루빙이 설치된 활주로에는 착륙항공기의 바퀴와 포장표면과의 마찰열로 인해 고무자국이 포장표면에 부착되거나 내부에 달라붙어 누적됨으로써 마찰저항을 감소시키고 홈을 통한 표면배수를 저하시켜 수막현상을 발생시킨다.

② 활주로 그루빙 홈 내의 고무자국 제거는 콘크리트포장보다 아스팔트포장에서 더 어렵다. 고압수분사, 화학약품사용, 물리적 갈이내기 등으로 제거해야 한다.[50]

---

50) 박태순, '건식그루빙을 사용한 공항 활주로 마찰 및 수막현상 평가', 한국도로포장공학회지, 2001.9.
　　유승권, '공항포장의 그루빙 설치기준', 한국도로공사 기술기사, 2003.

7.52 공항포장평가(APMS)

공항포장 평가과정 및 평가방법, 공항포장평가(APMS) [1, 6]

1. 개요

(1) 공항포장평가(APMS, Airfield Pavement Management System)는 운영 중인 공항의 포장상태를 기능적 및 구조적 측면으로 평가하고, 대상 공항의 장·단기 유지관리계획과 항공기 허용하중 등의 공항운영계획을 수립하는 의사결정체계이다.

(2) 공항포장평가는 평가방식에 따라 기능적 포장평가, 구조적 포장평가로 분류되는데, 본문에서는 기능적 포장평가를 중심으로 약술하고자 한다.

(3) 기능적 포장평가는 항공기 안전운항에 지장 없도록 포장표면에 발생된 결함을 동질성 구간 별로 정량화하고, 기능적으로 적정하지 못한 구간에서 추가 파손을 억제할 수 있도록 유지보수 의사결정을 지원하는 데 그 목적이 있다.

2. 공항포장평가 4단계 절차

(1) **준비단계** : 기초자료 수집, 현안사항 파악, 과거 및 장래 항공교통량 파악 등을 통하여 공항포장평가의 방향을 설정한다.

(2) **조사단계** : 공항포장평가에 필요한 표면결함, 구조지지력, 시료채취, 평탄성 등에 관하여 기능성조사와 구조적조사를 수행한다.

(3) **분석단계** : 공항포장의 결함량, 초기자료, 실내시험, 평탄성 등에 대하어 조사된 나양한 현황자료를 정량적 및 정성적으로 분석한다.

(4) **평가단계** : 포장상태지수(PCI), 경제수(Remaining Life), PCN 등의 분석 결과를 종합하여 공항포장의 보수방안 및 운영방안을 마련한다.

3. 기능적 공항포장평가

(1) **포장상태조사** : 조사장비를 이용하거나 육안조사를 실시하여 공항포장에 발생되는 표면결함의 종류와 발생량을 파악하여 평가한다.

(2) **종단 프로파일조사** : ICAO 프로파일조사 장비를 활용하여 활주로 종방향 노면 굴곡이 승기감에 미치는 영향을 국제평탄성지수(IRI)를 산출·평가한다.

(3) **노면 마찰력조사** : 차량에 부착된 노면 마찰력 자동측정 장비를 이용하며, 각 공항에서 포장평가와 별개로 자체적으로 시행한다.

[자동포장상태조사장비]

[종단 프로파일조사장비]

(4) **표면결함 분석방법** : 자동포장상태조사장비를 활용하여 표면결함 상태를 조사한 후, 표면결함 분석프로그램에 의해 결함의 종류, 발생량, 심각도 등을 분석한다.

4. 공항포장 표면결함지수(PCI, Pavement Condition Index)

(1) 공항포장의 표면결함 상태를 정량화하기 위해 개발된 PCI는 현재 전 세계적으로 사용되고 있는 공항포장의 표면결함지수로서 0~100 범위이다.

① PCI=100 : 포장체 표면에 파손이 전혀 없는 이상적인 상태

② PCI=0 : 포장체 표면이 완전히 파손되어 사용 불가능 상태

(2) 아래 표와 같은 PCI 범위에 따라 유지보수를 시행한다. 특히, 'PCI=70'은 전면적인 유지보수의 판단기준으로 적용되고 있다.

[PCI 범위에 따른 조치사항]

PCI 범위	조치사항
90 ~ 100	일상점검(일상적인 유지보수)
80 ~ 90	일상적인 유지보수, FOD 관리
70 ~ 80	일상적인 유지보수, FOD 점검 철저
55 ~ 70	전면적인 유지보수 또는 재시공
55 이하	재시공

5. 공항포장 유지관리

(1) 공항포장평가는 장·단기 유지보수·보강계획, 항공기 허용하중 및 PCN 조정 등의 공항운영계획을 수립하는 의사결정자료를 제공하는 데 그 목적이 있다.

(2) 공항포장평가 산출되는 PCN 등을 이용하여 보수구간, 보수시기, 소요예산을 수립함으로써 장·단기 유지보수·보강계획을 위한 의사결정을 지원하고 있다.[51]

---

51) 김장락 외, '국내 공항포장평가(APMS) 현황', 한국도로학회 특집, 제17권 제2호, 2015.6.

7.53 공항포장 제빙 · 방빙관리

1. 개요

(1) 얼음, 눈, 진눈깨비, 빗물 등으로 인한 포장표면 마찰력이 손상된 공항 Airside 내의 항공기 이동지역(movement area)에서 마찰력을 높이기 위한 조치이다.

(2) 별도 조치를 사전에 정해두는 것은 경제적 측면에서 불합리하므로 다양한 기상조건에 따라 다양한 장비를 활용하는 응급조치 방안이 필요하다.

2. 이동지역의 제설 · 제빙작업

(1) **기계적 방법**

① 활주로의 제설작업 : 활주로 스위퍼(runway sweeper) 투입, 쌓인 폭설을 스위퍼만으로 긴급 제거하기 어려울 때는 제설기(snow plough), 송풍기(blower), 액체(고체) 살포기 등을 동시에 투입하면 효율적이다.

② 활주로 이외 2차구역의 제설작업

- 2차구역 청소에는 재래식 제설기, 눈 청소기 및 적재기(loader)를 사용하여 눈을 한쪽으로 밀어낸 후, 덤프트럭에 실어 수거구역으로 운반한다.
- 공항 Landside 내의 차량용 주차장, 업무구역 및 비상이동로에 쌓인 눈을 청소할 때에도 2차구역과 비슷한 방식으로 제거한다.

(2) **열처리 방법**

① 표면온도를 동결점 이상으로 유지하기 위하여 폭설이 내리기 직전에 전기선을 작동시키는 전기시스템이다.

② 아스팔트포장면이나 콘크리트 활주로 슬라브 표층에 전기 그리드를 설치하여 포장표면을 가열하므로, 눈 쌓이는 것을 방지할 수 있는 효율적인 시스템이다.

(3) **화학적 방법**

① 고체 및 액체 화학물질을 이용하여 이동지역에서 눈과 얼음을 제거하는 방법은 금속 부식성이 높거나 항공기 재료에 해로운 영향을 미칠 수 있다.

② 액체 화학물질을 제빙제로 사용할 경우(눈이나 얼음으로 덮인 활주로에 액체를 분무) 최대 1시간 동안 항공기 이 · 착륙 중에 제동력이 위험한 수준으로 떨어진다.

(4) **저염화물계 제설재** : 공항에서 방빙제나 제빙재를 사용할 때 가장 중요한 점은 항공기의 부식으로부터 피해가 없어야 하므로 화학적 방법은 부적합하다.

3. 활주로 표면상태 센서(runway surface condition sensor) 매설·운영

(1) 활주로 빙결이 시작되기 전에 제빙재를 살포하는 것이 가장 효과적이고 안전한 제설·제빙방법이다.

(2) 활주로 표면상태 센서(runway surface condition sensor)는 입력 헤드, 신호처리장치, 데이터 표시 콘솔 등으로 구성되면 다음 정보가 측정·표시된다.

① 활주로 표면온도(감지 현장에서 포장면의 실제 온도)

② 건조한 포장면의 상태(수분 감지되지 않음)

③ 습기찬 포장면 상태(표면에 수분이 관찰됨)

④ 얼음 예보 상태(초기 빙결단계에서 사전경보). 얼음은 포장면보다 센서의 탐지기 헤드에서 먼저 감지되며, 이때 경고시간은 온도 하락률에 따라 달라진다.

⑤ 포장면의 빙결 상태(표면에 얼음이 관찰됨)

⑥ 활주로 주변의 기온, 풍속 및 풍향

⑦ 모든 종류의 강수량

⑧ 상대습도와 이슬점 온도

⑨ 화학적 요인(포장면에 액체로 남아있는 제빙재의 상대농도를 알려줌)

(3) 이 시스템은 하루 24시간 자동적으로 작동되므로 다른 제설·제빙방법보다 활주로 변화 상태를 조기에 감지할 수 있다.

4. 제설·제빙장비의 보관 및 정비

(1) 제설·제빙장비는 수명을 연장하고 필요할 때 즉시 사용할 수 있도록 항상 보온이 잘되는 건물에 보관한다.

(2) 제설·제빙장비의 보관장소 내에 정비시설을 완비하며 동절기 중에 지속적인 유지·보수, 부품교환 및 정비가 이루어져야 한다.

(3) 제설·제빙장비를 사용한 후에는 추가적인 유지·보수의 필요성 여부를 판단하기 위하여 매번 사용 직후에 상태 점검을 실시한다.[52]

---

52) 국토교통부, '포장면상태 관리업무매뉴얼', 제7장 제설 및 제빙, 예규 제145호, 2009.12.

7.54 공항 초기강우 처리시설

공항 초기강우 처리시설(Fresh Water), 에어사이드의 배수시설 구성요소 [1, 11]

1. 필요성

(1) 최근 개정된 「하수도법」에 의한 BOD 기준을 준수하기 위해 초기우수 처리과정에 용존성 유기물질을 제거한 후 방류하는 시스템이 중요하다.

(2) 강우 초기에 발생되는 초기우수는 오수뿐만 아니라 공항 표면 오염물질과 관거 퇴적물을 다량으로 포함하고 있어 방류수 수질농도 기준의 수십 배를 초과한다.

(3) 최근 국내에서 생물여과와 고속여과기술을 접목하여 초기우수의 생물학적 처리를 가능케 하는 PROTEUS 기술이 개발되었다.

(4) 서울시가 발주한 초기강우 처리시설(PROTEUS)시범사업을 통하여 국내 BOD 기준 40mg/L 이하의 안정적인 수질 방류가 검증되었다.

[합류식 하수도 월류수 및 초기우수가 환경에 미치는 영향]

2. 초기강우 처리시설 특징

(1) PROTEUS공법은 5분 만에 하수 내의 고형물을 고속여과 방식이으로 분리함므로써, 기존 방식보다 소요 부지를 85% 이상 절감할 수 있다.

(2) PROTEUS공법은 중량물 재생센터(1차 처리시설, 초기우수처리시설 분리) 뿐만 아니라 안정적인 용존성 유기물질의 제거까지 가능하다.

(3) 코로나19 이후 시대를 대비하여 국내·외적으로 관심이 높은 바이러스 저감대책 마련을 위한 PROTEUS의 추가 효율 검증 연구가 필요한 시점이다.[53]

---

53) 부강테크, '초기우수처리', PROTEUS 공법, 2020. https://blog.naver.com/

7.55 공항시설 최소유지관리기준

이착륙시설의 최소유지관리수준 [0, 1]

Ⅰ 개요

1. 2020년부터 시행된 「지속가능한 기반시설 관리기본법」 제11조 및 「최소유지관리 공통기준」 위임규정에 의해 공항시설의 유형별 최소유지관리기준이 제정·시행되고 있다.
2. 본문에서는 공항시설의 유형별 구분 7가지 중에서 공항을 대표할 수 있는 이·착륙시설의 최소유지관리기준 설정 내용만을 발췌하여 기술하고자 한다.

Ⅱ 「공항시설 최소유지관리기준」 주요내용

1. 공항시설의 유형별 구분

(1) 이·착륙시설(활주로, 유도로, 계류장)

(2) 토목시설(교량, 터널(지하차도 포함), 옹벽, 상하수도 등

(3) 건축시설(여객터미널, 화물터미널, 관제탑 등

(4) 기계시설(수하물처리시설, 급유시설)

(5) 전력·전기소방시설(수변전시설, 전기소방시설)

(6) 항공등화시설

(7) 항행시설(계기착륙시설, 관제통신시설, 레이더시설, 레이더자동처리장치)

2. 이착륙시설의 최소유지관리기준 설정

(1) **관리그룹 구분** : 공항운영등급 구분 기준에 의해 4그룹으로 설정

Class Ⅰ	Class Ⅱ	Class Ⅲ	Class Ⅳ
국내 및 국제 항공운송사업에 사용되고, 최근 5년 평균 연간 운항횟수가 3만회 이상인 공항	국내 및 국제 항공운송사업에 사용되고, 최근 5년 평균 연간 운항횟수가 3만회 미만인 공항	국내 항공운송사업에 사용되는 공항	Class Ⅰ~Ⅲ에 해당하지 아니하는 공항

(2) **관리수준 설정**

① 점검진단 등의 정기점검 : 공항운영자가 일상적으로 실시하는 점검(일2~4회)으로, 자격을 갖춘 사람이 외관조사를 통해 기능 상태를 판단하여, 위험요소 사전 제거

공항운영등급	Class Ⅰ	Class Ⅱ	Class Ⅲ	Class Ⅳ
활주로	일일 4회	일일 3회	일일 3회	일일 2회
유도로, 계류장 및 그 밖의 포장구역	일일 2회	일일 2회	일일 2회	일일 2회

② 활주로 표면의 마찰측정
- 공항운영자가 활주로의 표면 마찰상태를 평가하여 해당 공항을 이용하는 항공기에게 정보를 제공
- 측정방법 : 차량 속도에 따른 가속 및 감속에 필요한 거리를 제외하고 전체 활주로 길이를 연속적으로 측정
- 측정위치 : 활주로 중심선으로부터 3m 떨어진 중심선 양쪽 구간을 측정
- 측정시기 : 활주로의 경사·침하 등으로 배수상태 불량, 눈·서리·얼음 등으로 마찰상태 불량, 조종사·항공사 또는 관련기관에서 마찰측정을 요청하는 경우

③ 포장평가
- 공항운영자가 이동지역 포장시설의 지지강도를 측정하는 정기적인 평가로서, 포장시설의 성능(안전성능, 내구성능, 사용성능)을 종합적으로 평가하여 보수·개량·교체 시기 등 유지관리 의사결정에 활용
- 구조적 평가 : 현재 운항 중인 항공기 또는 향후 취항할 항공기 하중에 대하여 포장의 지지력이 구조적으로 부족한지 여부를 평가
- 기능적 평가 : 포장의 결함상태를 측정하여 정량적인 포장상태지수(PCI)로 평가함으로써, 공항의 효율적인 유지관리 기준으로 활용

(3) 관리등급 구분

① A(우수) : 외관상 결함, 손상 등의 요인에 대한 문제점이 없고 내구성능 저하 가능성이 낮으며 외부 환경조건 변화 등을 수용할 수 있어 예방적 유지보수만 실시하는 성능 수준(사용가능 예상기간 10년 이상)
② B(우수) : 일부 부재에서 경미한 결함이나 내구성 저하 가능성이 조사되었으나, 전체적인 시설물 안전에는 지장 없으며 간단한 보수·보강 및 개선이 필요하며 장기 보강계획 수립을 요구하는 수준(사용가능 예상기간 3~10년)
③ C(우수) : 성능이 기준에 미치지 못하여 시설물의 지속적인 사용이 어려운 수준으로 조속한 보강계획 수립요구 수준(사용가능 예상기간 3년 미만)
④ D(우수) : 심각한 결함 또는 내구성능 저하로 인해 시설물 안전에 위험이 있거나 기능 발휘를 못하므로 즉시 보수·보강 또는 재시공을 해야 하는 성능 수준

[공항시설의 최소유지관리 목표등급]

유지관리 조건	① 항공기 처리능력	연간 150,000대 이상
	② 취항 최대항공기	E급 이상
	③ 공항운영등급	Class Ⅰ(1등급)
성능목표 등급	①~③에 모두 해당되는 경우	나머지의 경우
	B(양호)	C(보통)
대상 공항	인천, 김포, 김해, 제주공항	그 외 공항

Ⅲ 맺음말

1. 국토교통부는 공항분야의 최소유지관리기준을 설정하기 위하여 공항시설을 7가지 유형(이·착륙시설, 토목시설, 건축시설, 기계시설, 전력·소방시설, 항공등화시설, 항행안전시설)으로 구분하였다.

2. 이 기준에 의해 공항운영자는 현행 「시설물의 안전 및 유지관리에 관한 특별법」 및 「공항운영기준」에 따라 유형별 점검진단 등을 실시하여 보통수준 이상으로 유지관리하며, 2021.1.1. 기준으로 3년마다 그 타당성을 재검토해야 한다.[54]

---

54) 국토교통부, '공항시설의 유형별 최소유지관리기준', 제정(안) 공고, 2021.2.3.

7.56 비행장시설의 내진설계

I 개요

2016년 9월 경주지진 발생 후에 개정된 국가 SOC 시설물의 내진설계기준을 반영하기 위하여 「지진·화산재해대책법」 제14조에 따른 「공항시설 내진설계기준」이 개정되었다.

II 「공항시설 내진설계기준」 개정

1. 내진설계 기본방침

(1) 기본 내진성능

① 항공기 운항에 필요한 기능에 영향을 주지 않을 것
② 인명, 재산 또는 사회경제활동에 중요한 영향을 주지 않을 것

(2) 수송 형태에 따른 공항시설의 내진성능 : 공항시설을 설계할 때 공항을 구성하고 있는 각 시설이 지진발생 후, 예상되는 수송 형태에 대응할 수 있는 내진성능을 갖는 것으로 한다.

(3) 공항시설의 내진성능

① 지진발생 후, 공항에 요구되는 기본적 내진성능 및 수송기능에 따른 내진성능을 근거로 하여 지진규모 및 시설에 따라 요구되는 성능을 설정한다.
② 성능평가 항목은 각 해당 시설의 내진설계기준에 따른다.

(4) 지진위험도 및 국가지진위험지도

① 「공항시설 내진설계기준」 개정으로 적용하되 지진위험도 및 국가지진위험지도는 각 시설별로 이 기준에서 정의하는 해당 시설의 내진설계기준을 따른다.
② 다만, 해당 시설 내진설계기준에서 이를 별도 정의하지 않은 경우에는 내진설계 일반 (code) KDS 17 10 00을 따른다.

2. 공항시설 내진등급

(1) 공항시설의 내진등급은 중요도에 따라 내진특등급, 내진I등급, 내진II등급 등으로 분류한다.

① 내진특등급 : 지진 시 손상되는 경우 공항의 전체 운영이 마비될 수 있는 공항시설의 등급을 말한다.

② 내진I등급 : 지진 시 손상되는 경우 공항의 주요 일부 기능이 제한될 수 있어 지진 이후 신속한 복구가 필요한 공항시설의 등급을 말한다.

③ 내진II등급 : 지진 시 손상되어도 공항의 일반적인 운영에는 제한이 없는 공항시설의 등급을 말한다.

(2) 공항시설의 내진등급 개정내용을 주요 시설별로 예시하면 아래 표와 같다.

구분		내진특등급	내진 I 등급	내진II등급
비행장시설		활주로	유도로, 계류장	
건축물	일반 건축물	여객터미널, 관제탑 등 연면적 1,000m² 이상의 위험물 저장·처리시설	화물터미널, 관리동, 관제통신송·수신소, 항공무선표지소 등	내진특등급 및 내진I등급이 아닌 건축물
	건물외 구조물	내진특등급 비행장시설에 설치된 건물 외 구조물	내진 I 등급 비행장시설에 설치된 건물 외 구조물	내진특등급 및 내진I등급이 아닌 건축물
	비구조 요소	화재발생 시 진화에 필수적인 비구조요소		내진특등급이 아닌 비구조요소
교량		지진피해 시 공항 마비되는 교량, 터미널고가	내진특등급이 아닌 교량, 터미널고가	
지중구조물			지중건축물, 매설관, 파이프라인, 상·하수도 등	내진 I 등급이 아닌 공항지중구조물

3. 「공항시설 내진설계기준」 개정 주요내용

(1) 국가기술기준센터의 표준화된 목차에 맞도록 설계기준 구성 정비

(2) 근거 법조항을 수정하고 적용범위 관련 기타시설물에 대한 범위 및 정의 구체화

① 「자연재해대책법」 제34조 → 「지진화산재해대책법 시행령」 제10조 제1항

② 「건설산업기본법」 제2조 제4호, 기타시설물 → 건물외구조물*, 비구조요소*

* 건물외구조물 : 항행안전시설을 지지하는 구조물, 탱크, 급유시설, 변전설비 등

* 비구조요소 : 건축물·교량에 설치된 시설 중 건축물·교량이 손상되는 경우에 지속적 기능 수행에 영향 주는 요소(소화배관, 스프링클러, 중량칸막이 등)

(3) 공항시설물 내진등급(특·I·II) 개정

① 동력동(I등급 → 특등급), 연면적 1천m² 이상 위험물 저장시설 추가(특등급)

② 모든 교량(I등급) → 피해 시 공항기능 마비 교량 구분(특등급), 피해 시 공항 마비 초래되는 항행안전시설이 설치된 건물 외 구조물(특등급)

③ 화재진화필수시설(스프링클러, 비상유도등, 중량칸막이벽 등)을 특등급 지정

(4) 최소 내진성능목표 개정 반영

① 재현주기별 내진성능수준을 시설물의 재현주기별 내진성능수준으로 세분

(기능수행·붕괴방지) → (기능수행·즉시복구·장기복구·붕괴방지)

② 특등급 건축물의 최소성능목표 변경

(기능수행 200년) → (기능수행 1,000년)

(붕괴방지 2,400년) → (장기복구/인명보호 2,400년),

③ 비구조요소 최소성능목표 추가

(기능수행 200년 → 1,000년, 장기복구/인명보호수준)

④ 각 시설물별 내진성능수준에 대한 설계거동한계 설정

(5) 각 공항 시설물의 내진설계 방법 및 절차는 해당 시설물의 개정된 최신 기준을 따르도록 준용기준의 명칭만 제시

[공항 시설물의 내진설계 준용기준 명칭]

시설물	적용기준	비고(code)
비행장 시설물	국가건설기준 공통적용사항	KDS 17 00 00
건축물 (건물 외 구조물, 비구조요소)	건축구조기준	KDS 41 00 00
교량	교량내진설계기준(일반설계법)	KDS 24 17 10
	교량내진설계기준(한계상태설계법)	KDS 24 17 11
	교량내진설계기준(케이블교량)	KDS 24 17 11
지중구조물 (지중건축물, 지중교통구조물, 매설관, 파이프라인)	공동구 내진설계기준	KDS 11 44 00
	상수도 내진설계기준	KDS 57 17 00
	하수도 내진설계기준	KDS 61 15 00
지진기록계측	지진가속도계측기 설치 및 운용기준	

Ⅲ 맺음말

1. 국토교통부는 교량, 터널, 공항 등 소관시설물에 대한 일관성 있는 내진설계개념을 제공하기 위해 '내진설계기준연구'를 수행하여 '성능기준'을 제정하였다.

2. 이 '성능기준'에 의해 모든 SOC 시설물에 공통적으로 적용되는 내진성능목표, 설계지진운동수준, 지진하중산정에 필요한 표준설계응답스펙트럼 등의 핵심사항이 규정되어 있으므로 내진설계에 반드시 반영해야 된다.[55]

---

55) 국토교통부, '「공항시설 내진설계기준」', 국토교통부고시 제2018-944호, 2018.12.31.

7.57 항공정보간행물(AIP), 항공고시보(NOTAM)

AIP(Aeronautical Information Publication), NOTAM(항공고시보) [2, 0]

1. 개요

(1) 모든 공항에서 공통적으로 사용되고 있는 운항정보에는 항공정보간행물(AIP), 항공고시보(NOTAM), 실시간 항공편 추적(FlightAware) 등이 있다.

(2) 2011년부터 항공정보간행물(AIP)이 전면 디지털화되어 인터넷 DVD 전자항공정보간행물(e-AIP)로 제작되어 관계기관, 항공사, 항공종사자 등에게 제공되고 있다.

2. 항공정보간행물(AIP) Aeronautical Information Publication

(1) **필요성**

① 항공 관련 대표적인 정기(定期) 간행물로 제작된다.

② AIP에는 조종사, 승무원 등의 항공기 운항요원, 관제사 및 항공관제업무 취급자가 필수적으로 숙지해야 될 사항이 수록되어 있다.

(2) **AIP 구성**

① 총론 : 개별 항공규정, 항공기 국적표시, 시간기준, 측정단위

② 공항정보 : 공항시설, 공항주소록

③ 항공관제정보 : 이·착륙 절차, 비행제한구역, 조류이동

④ 항행안전정보 : 항공등화, 항공무선, 항공관제통신 등의 특기사항

⑤ 기상정보 : 기상관측 및 통보

⑥ 기타 : 출입국절차, 수색·구조에 관한 정보

3. 전자항공정보간행물(e-AIP) Electronic AIP

(1) **필요성**

① 활주로, 유도로, 항행안전시설, 공역, 항공로, 입·출항 비행절차 등의 정보를 ICAO의 표준형식에 맞추어 전면 디지털화한 항공정보간행물을 발간하고 있다.

② e-AIP는 2016년부터 ICAO 가입국이 전면 적용하기로 결의한 전자항공정보관리체계(e-AIM, Aeronautical Information Management)의 일종이다.

(2) **e-AIP 기대효과**

① e-AIP로 정보를 제공하면 항공정보의 생산·유통에서 발생하는 오류가 감소되어 정확도와 신뢰성이 향상되어 비행안전에 기여할 수 있다.

② 인터넷을 통해 국제표준형식으로 제공함에 따라 국내·외 사용자에게 획기적인 편의성과 신속성을 보장할 수 있다.

③ 대한민국이 ICAO 이사국으로서 전자항공정보관리체계(e-AIM)를 체계적으로 구축
함으로써 국제항공정보 분야에서 선도적 역할을 할 수 것으로 기대된다.

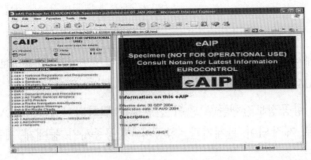

[전자항공정보간행물(e-AIP) 예시]

4. 항공고시보(NOTAM) Notice To Air-Men

(1) 필요성

① 항공 관련 대표적인 긴급(緊急) 간행물로 제작된다.

② NOTAM은 정기적인 AIP 발간 후에 추가 발생되는 이·착륙 절차 변경사항, 비행제
한구역 변경사항, 공항시설의 비정상적 운영 등 긴급사항을 고시한다.

③ 조종사는 비행 직전에 반드시 NOTAM을 확인하여 출발여부, 항로선정 등의 비행계
획을 최종 점검해야 한다.

(2) NOTAM 구분

① NOTAM class 1 : 돌발적인 사항 또는 단기적인 사항을 모든 조종사에게 조속히 주지
시킬 필요가 있을 때 고시한다. ICAO의 NOTAM 전신부호에 의하여 텔레타이프(전
문) 형식으로 배포된다.

② NOTAM class 2 : 정기적인 사항을 도식 등을 사용하여 모든 조종사에게 사전에 상
세히 주지시킬 필요가 있을 때 고시한다. 평서문으로 인쇄하여 우편으로 배포된다.

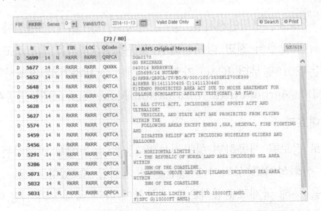

[항공고시보(NOTAM, Notice To Air-Men) 예시]

5. 실시간 항공편 추적(FlightAware)

인터넷 검색창에 항공번호(예, OZ 551)를 입력하고 실행하면, 현재 운항정보(탑승터미널과 게이트 번호, 출발 또는 도착 예정시간)를 확인할 수 있다.[56]

[실시간 항공편 추적(FlightAware) 예시]

---

56) 국토교통부, 'AIP, e-AIP', 항공안전본부, 2012.3.2.

7.58 공중충돌경고장치(ACAS)

공중충돌경고장치(Airborne Collision Avoidance System), 항공기 지상 충돌·접촉사고 방지대책 [1, 9]

1. 용어 정의

공중충돌경고장치(ACAS, Airborne Collision Avoidance System)는 항공기가 비행 중에 안테나를 통해 주변에서 항로를 침입한 항공기에 질문파를 발사한 후, 수신된 반송파에 포함된 거리·고도·방위정보를 분석하여 경고하는 장치이다.

2. ACAS 경고 형태

(1) 공중충돌경고장치(ACAS)의 충돌경고

① 교통정보조언(Traffic Advisories, TA) : 조종사가 침입항공기가 있음을 인지하고 육안식별토록 도와주며, 향후 RA 발생에 대비한다.

② 회피기동지시(Resolution Advisories, RA) : 침입항공기를 회피하기 위하여 조종사로 하여금 항공기를 기동할 수 있도록 지시한다.

(2) ACAS 종류

① ACAS I : 근접 비행 중인 항공기에 대한 2차원적인 위치정보만을 제공한다.

② ACAS II : TA와 수직적인 RA정보를 제공하고, 근접 비행 중인 항공기의 장비에 따라 고도정보도 함께 제공한다.

③ ACAS III : TA와 수직·수평적인 RA정보를 제공하며, 아직 연구단계에 있다.

[ACAS I]

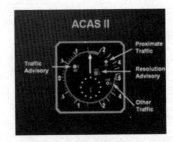

[ACAS II]

3. ACAS 경고에 대한 조종사 대응

(1) 교통정보조언(TA) 발생에 대한 조종사 대응

① 조종사는 육안 확인 없이 TA경보만으로 회피기동하면 안 되며, 육안으로 침입항공기 확인을 시도하면서 동시에 RA 발생에 대비해야 한다.

② 기상조건이 계기비행기상상태(IMC)일 때에는 ACAS 화면(display)에 나타난 침입항공기를 주시하면서 관제사에게 조언을 구한다.

(2) 회피기동지시(RA) 발생에 대한 조종사 대응

① RA경고는 침입항공기가 20~30초 이내에 충돌구역 내로 진입이 예상되는 상황으로 CLIMB, DESCEND 등의 음성경보가 2~3번 반복하여 방송되며, ACAS 화면(display)에 침입항공기가 적색으로 나타난다.

② RA경고에서 음성경보가 방송되면 조종사는 ACAS가 권고하는 방향과 크기로 회피기동하며, RA지시에 따른 회피기동으로 충돌회피에 대한 책임은 조종사에게 있으므로 조종사는 기동하려는 방향의 공역을 확보해야 한다.

③ 조종사는 즉시 관제사에게 RA경고를 보고하고 조언을 구하거나 ACAS 교통정보, 조종사 운영판단 등을 이용하여 충돌을 회피해야 한다.

④ ACAS Ⅱ등급 장비를 장착한 항공기 간에는 동일 방향으로 회피기동하지 않도록 RA지시가 상호 반대방향으로 알려준다. 따라서 조종사는 반드시 RA지시를 따라야 하며 RA지시에 반대방향이나 임의방향으로 기동하지 말아야 한다.

(3) ACAS 상황종료에 따른 조종사 조치 : 상황이 종료되면 음성으로 'CLEAR OF CONFLICT'라고 방송된다. 이때, 조종사는 신속히 원래 승인받은 방향·고도로 복귀하며, 관제사에게 상황종료를 알리고 원래 승인받은 방향·고도로 복귀하고 있음을 알린다.

4. 맺음말

(1) ICAO 부속서6(항공기운항) 규정의 의해 지역항행협정에서 정한 비행공역 및 운항시간 간격을 기반으로 공중충돌방지장치(ACAS)를 의무적으로 장착해야 한다.

(2) 「항공법 시행규칙」 개정으로 ACAS 장착 규정이 도입되어 최대이륙중량 15,000kg 초과 또는 승객 30인 초과하는 비행기에는 ACAS 1개 이상을 장착해야 한다.[57]

---

57) 국토교통부, '공중충돌경고장치(ACAS)', 정책자료, 정책Q&A, http://www.molit.go.kr/, 2020.

7.59 공항 조류충돌(Bird Strike)

공항의 조류관리, 공항에서 항공기 이·착륙 중에 조류(鳥類) 피해 [1, 3]

1. 항공기-조류 충돌 위험성 관리제도 실태

(1) 국토교통부는 항공기-조류 충돌 예방활동을 협의·자문하기 위하여 '조류충돌예방위원회'를 구성·운영하면서 조류 충돌 현황분석, 공항 주변에서 조류를 유인할 수 있는 토지이용 및 환경문제 등을 다루고 있다.

(2) 또한 항공기-조류 충돌 예방을 위하여 공항별 조류퇴치 전담 인원·장비를 상시 배치하여 조류퇴치 활동을 수행하면서 조류의 먹이사슬과 서식지 조사·제거, 배수로 청결 유지 등 조류 유인요소를 지속적으로 제거·관리하고 있다.

(3) 하지만 '조류충돌예방위원회'와 조류퇴치 전담 인원·장비 배치 등은 사후조치적 측면이며, 최근 급증하고 있는 공항 주변 주거지역 개발사업 압력에 대한 사전 예방적 측면에서의 조류 충돌 위험성 관리는 미흡한 실정이다.

2. 공항운영에 영향을 주는 부적합한 규제

(1) 우리나라는 항공기-조류 충돌 예방을 위하여 ICAO 부속서3(야생동물 관리·감소) 규정에 따라 아래 표와 같이 공항 주변 지역에서 조류 유인 가능성이 있는 환경조성, 시설배치 등을 제한하고 있다.

[공항 주변의 부적합한 토지이용 제한을 위한 규제대상 시설물]

공항 표점에서 거리	규제대상 시설물
3km	양돈장, 사과·배·감 과수원, 잔디재배, 승마연습장, 경마장, 야외극장, 드라이브인 음식점, 식품가공공장, 조류보호구역, 사냥금지구역, 음식물쓰레기처리장
8km	조류보호구역, 사냥금지구역, 음식물쓰레기처리장

주) ICAO 규정은 기존공항과 신공항을 구별하지 않으므로, 신공항 설계에도 동일하게 준용함

(2) 이 규정은 공항 주변의 부적합한 토지이용 제한을 위한 행정주체의 사유재산 규제로서 공식적인 시행절차, 규제방법 등이 명시되지 않아 실효성이 없다.

3. 공항 주변 개발과 공항과의 연계관리 중요성

(1) 국내 공항에서는 각 공항에 도래하는 조류의 생활습성 특성과 공항 주변 서식지의 환경특성을 고려하여 모니터링 및 충돌 위험성 예방활동을 수행하고 있다.
김포공항의 경우 공항 내 조류의 도래와 분포 제한을 위한 서식지의 조사·관리, 공항 주변 지역 철새들의 핫스팟 지역 조사·관리를 시행하고 있다.

(2) 공항 주변 개발 확대는 철새 도래지의 훼손 및 시식지의 축소를 초래하며, 이는 공항으로 유입되는 조류의 이동경로에 대한 불확실성을 증가시킨다.

조류의 이동경로가 불확실해지면 공항에서 수행하는 조류 충돌 예방활동의 실효성을 감소시키며, 그 결과 항공기-조류 충돌 위험성이 증가될 수 있다.

4. 항공기-조류 충돌 방지

(1) 공항 반경 13km 내의 충돌 관리방안 마련

① 항공기-조류 충돌의 사전예방과 관리를 위해 조류의 비행고도 차이가 아닌 공항 표점 13km 이내를 포괄적으로 충돌위험지역으로 관리한다.

② 반경 13km 공간의 효율적 관리를 위해 3km 이내는 핵심구역, 3~8km 미만은 완충구역, 8~13km는 전이구역 등으로 설정하고, 시설물 설치를 제한한다.

(2) 주변 장애물 관리의 효과적인 추진체계 마련

① 공항 표점 13km 이내 지역에서 일정규모 이상의 개발사업과 시설물 설치를 공항 관리 공공기관에 정보를 제공하여 위험성을 인지할 수 있도록 한다.

② 8km 이내에 입지하는 규제 대상사업은 개발사업자에게 조류 위험성 영향을 예측하도록 규정하고, 지방항공청과 협의·심의를 통해 사업에 반영한다.

(3) 조류 보호·충돌 방지를 위한 선계획-후개발

① 공항의 입지 유형(도시형, 해안형, 도서형)별로 과거 토지이용 패턴과 상위계획의 개발전략을 분석하여 시뮬레이션을 통해 조류 충돌 위험지역을 도출한다.

② 공항 주변의 조류 충돌 위험지역은 사전예방적 차원에서 도시기본계획에 보전용지 또는 개발억제지역으로 설정하는 선계획-후개발이 적용되도록 한다.

5. 맺음말

(1) 항공기-조류 충돌의 방지를 위해 공항 반경 13km 내의 지역을 핵심구역, 완충구역 및 전이구역으로 구분하고, 구역별로 입지규제 및 관리방안을 마련해야 한다.

(2) 공항 주변의 도시개발은 계획수립 단계에서부터 해당 지방항공청과 협의 또는 심의할 수 있도록 공식적인 절차와 세부적인 방법이 필요하다.[58]

---

58) 한국환경정책·평가연구원, '항공기-조류 충돌 위험성 관리 현황 및 제도 개선 방안', KEI 포커스, 제8권 제1호, 2020.

7.60 항공기 소음(WECPNL), 등고선도

항공기 소음평가방법 및 NCR과 WECPNL의 차이점, 등고선도 [4, 15]

I 항공기 소음(WECPNL, Weight Equivalent Continuous Perceived Noise Level)

1. 용어 정의

(1) 항공기 소음은 항공기 기종 소음과 주변 주거지 소음으로 나누어 평가한다.

(2) 항공기 기종의 소음은 항공기에 대한 소음인가(Noise certification)를 기준으로 소음의 크기, 방향, 분포성, 지속시간, 주파수 특성 등을 평가한다.

(3) 비행장 주변 주거지의 소음은 다수의 항공기가 이·착륙할 때 발생되는 소음을 평가하기 위해 이·착륙 횟수 및 시간대를 고려하여 평가한다.

2. ICAO WECPNL

(1) WECPNL은 1969년 ICAO의 전문협의회에서 '다수의 항공기에 의한 장기 연속노출의 척도'로서 처음 제안한 '加重等價 지속 감각소음도'이다.

(2) WECPNL은 항공기의 운항대수, 운항소음도, 소음지속시간 등을 연속적인 소음 피해정도로 환산하는 산출식이다.

$$\mathrm{WECPNL} = \overline{\mathrm{EPNL}} + 10\log\left(\frac{T_0 \times N}{24 \times 60 \times 60}\right)$$

여기서, $\overline{\mathrm{EPNL}}$: 1일 중 각 항공기의 EPNL 피크값의 파워평균값

T_0 : 평균지속시간 10초

N : 1일 항공기 운항횟수($N = N_1 + 3N_2 + 10N_3$)

N_1 : 주간(07:00~19:00)의 운항횟수

N_2 : 저녁(19:00~22:00)의 운항횟수

N_3 : 야간(22:00~익일07:00)의 운항횟수

(3) WECPNL은 주간을 기준으로 저녁과 야간을 보정하여 「시간평균 감각소음도」로 산출하며, 현재 국가별로 항공기 소음 평가기준을 별도 정하여 운용하고 있다.

(4) 우리나라와 중국은 항공 소음 평가단위에 WECPNL(Lmax, 최고소음도)을 사용한다.

(5) 일본은 WECPNL을 사용하였으나, 2013년 Lden으로 변경하였다.

일본은 당초 평가기준 75WECPL을 기준으로 Lden으로의 환산식을 아래와 같이 산정하여 항공기 소음 피해방지 대책수립을 위한 기준으로 정하고 있다.

① 75 WECPNL 이상~85 WECPNL 미만 : 0.8W+2

② 85 WECPNL 이상 : 0.6W＋19

　　여기서 : W＝WECPNL

(6) 미국과 EU는 등가소음레벨(Leq, 변동하는 소음레벨의 에너지 평균값)을 기본하고, 이 값에 보정치를 추가한 평가단위를 사용하거나 최고소음도(Lmax)를 사용한다.

3. Korea WECPNL

(1) 우리나라「항공법시행규칙」제273조(소음영향도 산정방법)에 의해 항공기 소음은 항공기 최고소음도의 평균값에 시간대별 운항횟수를 가중하여 산출한다.

$$\text{WECPNL} = L_{\max} + 10\log_{10} N - 27$$

여기서, $L_{\max} = 10\log\left[(1/n)\sum_{i=1}^{n}10^{0.1L_i}\right]$ dB(A)

　　　　$L_{\max}$: 주변소음보다 10dB(A) 이상 큰 항공기 소음의 최대(Peak)레벨 에너지 평균[dB(A)]

　　　　n : 하루 중 항공기 소음 측정횟수

　　　　L_i : i번째 통과한 항공기를 측정 기록한 최고소음도

　　　　$N = N_2 + 3N_3 + 10(N_1 + N_4)$

　　　　N : 하루 중 소음 발생시간에 따라 보정한 항공기 이·착륙 횟수

　　　　N_1 : 24:00~07:00

　　　　N_2 : 07:00~19:00

　　　　N_3 : 19:00~22:00

　　　　N_4 : 22:00~24:00

(2) 국내 항공기 소음 평가기준(WECPNL)은 연속 7일간 측정을 원칙으로 하고 있다. 매일의 WECPNL을 위와 같이 산출한 후, 아래 식에 의해 7일간 WECPNL의 에너지 평균값을 그 지점의 $\overline{\text{WECPNL}}$로 한다.

$$\overline{\text{WECPNL}} = 10\log\left(\frac{1}{n}\sum_{i=1}^{m}10^{0.1\text{WECPNL}_i}\right)$$

　　여기서, m : 항공기 소음의 측정일수

　　　　　　WECPNL_i : i일째 WECPNL값[59]

---

59) 공항소음대책지역 주민지원센터, 'WECPNL이란, 각국의 평가단위', 서울특별시 민간위탁업체, 2020.

Ⅱ 소음지도(Noise Map)

1. 용어 정의

소음지도(Noise Map)란 여러 소음자료를 바탕으로 증명된 예측식, 실험결과, 경험식, 지리정보시스템(GIS) 등을 사용하여 소음의 수치와 분포를 계산하고 시간변화에 따른 데이터를 분석하여 시각적으로 나타내는 지도로서, 그 기능은 다음과 같다.

(1) 도로·항공교통 소음의 영향지역을 합리적으로 평가

(2) 합리적인 토지이용을 위하여 적정한 소음관리방안 제시

(3) 세부적인 초과 소음도 산정 및 소음관리지역 평가

(4) 건물별, 층별 소음도 산정 및 건물용도에 따른 소음 노출현황 파악 등

2. 항공기 소음 등고선

(1) 항공기 소음 등고선 작성방법은 ICAO Circular 205(공항주변의 산정된 소음치에 관한 권고방법)에 따르되, 다음과 같이 작성한다.

① 현행 등고선과 향후 예측 등고선을 작성하되, 예측 등고선은 향후 5년, 10년 단위로 구분한다.

② 항공기 소음 등고선은 70·75·80·85·90·95WECPNL로 구분한다.

③ 항공기 소음 등고선은 항공기 운항조건의 모든 요소를 충분히 감안한다.

④ 예측 등고선은 항공기 운항증가율, 항공기 기종별 혼입율, 항공기 통과 고도, 운항 항공기의 엔진 추력 등을 분석하여 적용한다.

⑤ 활주로별, 방향별 이·착륙 비율을 분석하여 적용한다.

⑥ 항공기 소음 등고선도는 1/5000, 1/25000, 1/50000 구분하여 작성한다.

(2) 소음대책지역 현황조사는 항공기 소음 등고선상의 75·80·85·90·95WECPNL 이상 지역을 각각 구분하여 다음과 같은 내용을 조사한다.

① 토지이용현황 조사(지목별 면적 포함)

② 인구현황 조사(가옥수, 세대수, 주민수)

③ 공항 주변지역 장래 개발계획 조사

④ 공공시설현황 조사(학교, 의료시설, 종교시설, 주민지원시설)

3. 항공기 소음 등고선도 활용

(1) **측정지점 선정** : 항공기 소음을 대표하는 지점 및 민원발생지역으로 소음·진동 시험기준 및 항공기 소음측정 업무지침에 따라 공항공사, 해당 지자체, 주민과 협의 선정

(2) **소음 측정** : 소음측정은 항공기 운항, 풍향 등의 기상조건을 감안하여 각 측정지점에서 항공기 소음을 대표할 수 있는 시기를 선정하여 해당 지자체 및 주민 입회 실시

(3) **측정자료 분석**

① 항공기 소음 평가는 피크레벨 및 운항회수를 감안하여 1일마다 WECPNL을 산출하고 그 값을 "파워" 평균하여 분석

② ICAO 및 FAA 측정방법과 비교·검토하여 항공기 소음을 분석

(4) **소음등고선 작성**

① 소음등고선은 지형도에 70, 75, 80, 85, 90, 95 WECPNL로 작성

② 예측등고선은 향후 5년, 10년 단위로 구분하여 작성

③ 연도별 소음등고선은 1/5,000, 1/25,000, 1/50,000로 작성

④ 모델링 상용프로그램 INM을 이용하여 항공기 소음 등고선 작성

(5) **소음대책지역 및 인근지역 현황조사**

① 연도별 소음 등고선에서 70, 75, 80, 85, 90, 95 WECPNL 이상 지역을 구분하여 현황조사 실시

② 지정·고시된 소음대책지역 75WECPNL 이상 지역도 현황조사를 실시하여 지자체별, 동별 지정고시 전·후 건축허가 여부 파악

(6) **소음평가 설명회** : 항공기 소음 측정 전에 소음평가 이해관계가 있는 소음지역 주민을 대상으로 소음평가 설명회 실시 및 평가결과에 대해서도 주민 설명회 실시

(7) **타당성검토 및 고시** : 항공기 소음 대책지역 지정·고시 타당성 검토 및 검토결과에 따라 변경고시 여부를 결정(지방항공청 소관 업무)[60]

---

60) 국토교통부, '항공기 소음측정 업무 지침', 예규 제101호, 2015.5.21.
한국공항공사, '공항소음포털', 소음이야기, https://www.airportnoise.kr/anps/info/, 2020.

참고문헌

참고문헌은 각 문제 말미에 각주로 함께 표시하였습니다. 공학논문과 같이 참고문헌을 각 문장마다 개별적으로 상세하게 모두 표시하는 것은 기술사 시험을 준비하는 분들에게 불필요하다고 판단하여 아래와 같이 모아서 나열하였습니다. 아래의 참고문헌에 포함시키지 않은 세부목록은 저자가 소지하고 있음을 말씀드리며, 모든 관련 기관 및 원 저자에게 머리 숙여 깊이 감사드립니다.

- 공항소음대책지역 주민지원센터, 'WECPNL이란, 각국의 평가단위', 서울특별시 민간위탁업체, 2020. 1635p.
- 김국한 외, '평탄성지수 IRI와 PrI의 상관관계 연구', 한국도로포장공학회논문집, 제5호제1권, 2003. 980p.
- 김낙석 외, '연성포장 예방적 유지보수공법 장적용성연구', 대한토목학회논문집, 제31호제4D호, 2011. 992p.
- 김남영 외, '국내 도로터널 방재시설 현황 및 전망', 삼보기술단 기전부, 2019. 1265p.
- 김석근, '구조물/토공 접속부 부등침하로 인한 도로 포장 파손 및 침하 방지대책 연구', 유신기술회보, 제22호, 2015. 1068p.
- 김영규 외, '시험시공을 통한 소입경 골재노출 콘크리트포장의 초기 공용성 평가', 한국도로학회 논문집, 제12권 제1호, 2010. 952p.
- 김용석 외, '제한속도, 어떻게 관리할 것인가?', 교통기술과정책, 대한토목학회, 2010.3. 47p.
- 김원태, '국내 건설업체의 해외공사 클레임 사례 분석을 통한 대응 방안', 해외건설_사례대책, 2013. 206p.
- 김장락 외, '국내 공항포장평가(APMS) 현황', 한국도로학회 특집, 제17권 제2호, 2015. 1593p.
- 김태식 외, '다변측정(Multilateration) 항공감시 시스템 기술 동향', 항공우주산업기술동향, 2013. 1403p.
- 고통..아닌..교통, '딜레마구간과 옵션구간', 2019. https://transpro.tistory.com/entry/ 431p.
- 고통..아닌..교통, '포화교통류율(saturation flow rate)', 2019. https://transpro.tistory.com/entry/ 433p.
- 노관섭 외, '도로주행시뮬레이터를 활용한 신호교차로 속도저감에 대한 Positive Guidance 효과 연구', 한국도로학회 논문집, 제13권 제1호, pp.59~67, 2011. 363p.
- 미국 연방항공청(FAA), 'NPIAS(National Plan of Integrated Airport System)', 2020. 1361p.
- 박맹언, '해운대 장산의 돌시렁', 박맹언교수의 지질여행, 2019. 1039p.
- 박상용, '경비행장 개발 및 입지선정에 관한 연구', 항공우주정책법학회지 제30권 제2호, 2015. 1441p.
- 박석성 외, '북한 도로인프라 사업 추진방안에 대한 고찰', 유신기술회보 25호, 2019. 201p.
- 박선준, '강구조공학-하중저항계수설계법(LRFD)', 구미서관, 2018. 832p.
- 박초롱, '새 민자사업 방식 BTO-rs와 BTO-a', 연합뉴스 [용어설명], 2015. 228p.
- 박태순, '건식그루빙을 사용한 공항 활주로의 마찰 및 수막현상 특성평가', 한국도로포장공학회지, 제3권, 2001. 1592p.
- 박현철, '국제공항 허브화 전략 연구 : 인천국제공항 전략 연구', 서울大, 공학박사학위논문, 2003. 1378p.
- 박효성, '철근콘크리트용 골재로서 해사의 효과적인 활용방안에 관한 연구', 연세大, 공학석사학위논문, 1993.
- 박효성, '도로자산관리 프레임워크와 파손예측 모형의 개발', 학위 레포트(안), 경기大, 2015.
- 박효성, '책임감리가 건설사업관리(CM)로 전환시 도입된 역량지수(ICEC)에 대한 도로건설기술자들의 인식분석(Ⅰ)-역량지수 등급체계를 중심으로-', 대한토목학회논문집, 제35권 제5호, 2015.9.

- 박효성, '책임감리가 건설사업관리(CM)로 전환시 도입된 역량지수(ICEC)에 대한 도로건설기술자들의 인식분석(Ⅱ)-CM 용어와 ICEC 조정을 중심으로-', 대한토목학회논문집, 제35권 제6호, 2015.12.
- 박효성, '책임감리가 건설사업관리(CM)로 전환시 도입된 역량지수(ICEC)에 대한 도로건설기술자들의 인식분석(Ⅲ)-CM과 역량지수 적용을 중심으로-', 대한토목학회논문집, 제36권 제2호, 2016.4.
- 박효성, '합리적 건설사업관리를 위한 역량지수(ICEC) 활용 정책 개선안 연구', 경기大, 공학박사학위논문, 2015.
- 박효성, '토목시공기술사 기출문제 실제답안', 예문사, 2011.
- 박효성, '앞서가는 토목시공학', 개정 1판, 예문사, 2018.
- 박효성, '앞서가는 도로공학', 개정 1판, 예문사, 2019.
- 박효성, 'Final 도로 및 공항기술사', 개정 2판, 예문사, 2012.
- 박효성, '실무중심 건설적산학', 개정 1판, 피앤피북, 2020.
- 박효성, 'Final 토목시공기술사', 개정 2판, 예문사, 2020.
- 박효성, '「기술사법」개정방향-「기술사법」 태동 이후, 기술사의 법적 권리와 의무', 국토와교통, 제433호, 2020.8.
- 박효성, '「기술사법」개정방향-1976년 「건설업법」 개정, 기술사 배치 의무규정 도입', 국토와교통, 제433호, 2020.8.
- 박효성, '「기술사법」개정방향-1987년 「건설기술관리법」 제정과 최초 시공감리 도입', 국토와교통, 제433호, 2020.8.
- 박효성, '「기술사법」개정방향-「국가기술자격법」 제정과 「기술사법」 폐지와의 상관성', 국토와교통, 제433호, 2020.8.
- 박효성, '「기술사법」개정방향-시공감리 도입에도 불구하고 그치지 않는 건설안전사고', 국토와교통, 제433호, 2020.8.
- 박효성, '「기술사법」개정방향-1995년 책임감리 도입이 국내 건설산업에 끼친 영향', 국토와교통, 제433호, 2020.8.
- 박효성, '「기술사법」개정방향-이번 발의된 「기술사법」 개정안이 통과되어야 하는 이유', 국토와교통, 제433호, 2020.8.
- 박효성, '「기술사법」개정방향-「기술사법」의 자격공인 특성 조성법을 규제법으로 전환', 국토와교통, 제433호, 2020.8.
- 박효성, '「기술사법」개정방향-2014년 역량지수 도입 이후, 건설기술인의 인식 변화', 국토와교통, 제433호, 2020.8.
- 박효성, '「기술사법」개정방향-훗날 「기술사법」 개정안에 추가 반영되기를 원하는 사항', 국토와교통, 제433호, 2020.8.
- 방준 외, '시뮬레이션 모델을 활용한 인천국제공항 수용량 산정연구', 한국항공운항학회지, 2019. 1374p.
- 손종철 외, '기존 아스팔트포장에 대한 동탄성계수와 FWD 역산 탄성계수 간의 상관성 분석', 한국도로공학회(Korean Society of Road Engineers) 논문집, 2012. 976p.
- 시지이엔씨(주), '팽이말뚝기초공법', 기초 적용공법 비교. http://www.cgenc.com/, 2020. 1198p.
- 신수지, 'DJ정부때 세금 낭비 막으려 도입…文정부 들어 경제성 비중 작아져', 조선일보, 2019.4.4. 81p.
- 신창건, '지하안전법 시행 주요내용 및 의미', 한국지반신소재학회지, Vol 17, 2018. 1279p.
- 쌍용자동차, '은밀하게 위험하게 운전자를 노리는 블랙 아이스(Black Ice)', 공식블로그, 2020. 518p.

- 오한진 외, '콘크리트포장의 빌트인 컬링 손상 및 공용성 평가', 국제도로엔지니어링저널, 2019. 1007p.
- 유승권, '공항포장의 그루빙 설치기준', 한국도로공사 기술기사, 2003. 1592p.
- 유승권 외, '최신 FAA공항포장설계법 개정내용 검토', 유신기술회보 제24호, 2017. 1588p.
- 윤일수, '자율주행자동차 시대를 대비하는 도로정책', 아주대학교 교통시스템공학과, 2019. 334p.
- 윤제원 외, '가설방음벽의 운영방안 및 설치기준에 관한 연구', 한국소음진동공학회, 2006. 523p.
- 이광훈, '도시고속도로기능향상을 위한 연계도로체계 개선방안 연구', 서울시정개발연구원, 2000. 17p.
- 이엠이(주), '도로터널 환기현황 및 문제점', 냉동공조기술광장, 2019. 1261p.
- 이신, '교통체계개선사업(TSM, Transport System Management)', 서울시립대학교, 2017. 388p.
- 이영중, '국제공항에서의 적정 주차장 설치규모 산정에 관한 연구 −인천국제공항 사례를 중심으로−', 한국항공대학교 석사논문, 2013. 1344p.
- 이왕수 외, '럿팅공용성 모형에 기반한 아스팔트포장의 지불계 수에 관한 연구' 세종대학교, 2017. 838p.
- 이지웅 외, '전문가 대상 설문조사를 통한 우리나라 적정 사회적 할인율 추정', 에너지경제연구, 제15권 제1호, 2016.03. 125p.
- 이효상, '국내 공항의 토지이용및환경관리 표준화 방안', 항공진흥 제52호, 한국항공진흥협회, 2010. 1334p.
- 이황수 외, '서울시 아스팔트 도로포장 품질평가 지불계수 연구', 국제도로엔지니어링저널, 2012. 224p.
- 위키백과, '극초음속 항공기', 항공기술과, https://ko.wikipedia.org/wiki/, 2020. 1460p.
- 양승신, '공항계획과운영', 이지북스, 2001. 1339p.
- 장창훈, '도로교통소음 저감방안', 한국소음진동공학회, 1997. 523p.
- 정보통신기술용어해설, 'RFID Tag RFID 태그, RFID 종별 구분', www.ktword.co.kr/2020, 465p.
- 정성학 외, '친환경 저탄소형 도로기술 개발을 위한 녹색속도의 정립방안,' 교통기술과개발, 2009. 48p.
- 조한벽, 'Cooperative ITS(협력 지능형교통체계) 국제 표준화 동향', TTA Journal Vol.145, 2013. 459p.
- (주)유신, '공항 인프라 분야 BIM 설계의 AutoCAD Civil3D 도입 사례, 2010.
- 텍스톰(textom), '건설현장 안전사고 예방을 위한 빅데이터 활용 시스템', 2019, http://blog.naver.com/
- 채선희 외, '밀양지역 도로건설 현장 지반암석내 분포하는 황철석에 의한 산성침출수 발생과 영향', 지질공학회 논문집, 2018. 1074p.
- 최광주, '자동요금징수(ETC) 시스템' LG전자(주) CDMA 시스템연구소, 표준기술동향 제82호, 2005. 490p.
- 최명기, '공항토목시설공학', 예문사, 2011. 1369p.
- 최판길, '연속 철근 콘크리트포장에서 횡방향 철근 설계 시공 이슈', 국제도로엔지니어링저널, 2014. 790p.
- 홍기권 외, '능동적 다변형 지반신소재 포켓 및 팽창재료를 이용한 지반함몰 긴급복구기술 개•발', 한국지반신소재학회 학회지, Vol.16, No.3, pp.6~11, 2018. 1286p.
- 홍세기, '최저가낙찰제 부작용 막겠다던 종합심사낙찰제', 투데이신문 경제부기자, 2018. 221p.
- 항공위키, '대기속도(Airspeed)', https://airtravelinfo.kr/wiki/, 2020. 1425p.
- 항공위키, '하늘의 자유', https://www.airtravelinfo.kr/wiki/, 2020. 1317p.
- AASHTO, A Policy on Geometric Design of Highway and Streets, 2004. 288p.
- Hyosung Park, 'The Calculation of Storage Capacity and the Production of Ray-Tracing Pictures using DTM, for a Multipurpose Dam Proposed in Korea', Nottingham Univ. U.K. MSc Thesis in GIS, 1995.
- HYUNDAI, '물류업계의 목마름을 채워줄 자율주행 기반 군집주행', HMG Journal, 2019. 339p.

- Nakseok Kim & Hyosung Park, 'A Study on Activation Plan for Construction Management(CM) in Korea', Journal of Disaster Management, Vol, 1, No.1, Korean Society of Hazard Mitigation, January 2016., www.j-kosham-eng.or.kr/
- The BIM principle and philosophy, 'BIM의 논쟁거리들', 2011. https://sites.google.com/ 265p.
- The BIM principle and philosophy, '2017년 BIM 트랜드', 2017. https://sites.google.com/ 265p.

MEMO

◇ 저 자 소 개 ◇

박효성(朴孝城)

|학력|
• 육군사관학교 졸업(이학사)
• 연세대학교 공학대학원 졸업(공학석사)
• 영국 Nottingham University(공학석사)
• 경기대학교 공학대학원 졸업(공학박사)

|경력|
• 국토교통부 건설관리과장, 고속철도과장, 도로시설국장
• 주 사우디아라비아 대한민국 대사관 건설관

|저서|
• 토목시공기술사, 도로 및 공항기술사,
  토목시공학, 건설적산학, 토목공학 등 전문 서적 다수

|현재|
• ㈜예성엔지니어링 회장
• 스마트건설교육원, 국방부 등 출강

hyosungroad@hanmail.net

사봉권(史鳳權)

|학력|
• 한경대학교 토목공학과 졸업(공학사)
• 한양대학교 환경대학원(현, 공학대학원) 졸업(공학석사)
• 안동대학교 일반대학원 토목환경공학과 졸업(공학박사)

|경력|
• 엔지니어링회사 근무(1978~2014. 6.)
• ㈜예성엔지니어링(2014~재직 중)

|저서|
• 앞서가는 도로공학
• 도로 및 공항기술사

|현재|
• ㈜예성엔지니어링 사장
• 안동대학교 겸임교수

bksa1131@hanmail.net

도로 및 공항기술사

2022. 5. 20. 초 판 1쇄 인쇄
2022. 5. 27. 초 판 1쇄 발행

지은이 | 박효성, 사봉권
펴낸이 | 이종춘
펴낸곳 | BM (주)도서출판 성안당

주소 | 04032 서울시 마포구 양화로 127 첨단빌딩 3층(출판기획 R&D 센터)
10881 경기도 파주시 문발로 112 파주 출판 문화도시(제작 및 물류)

전화 | 02) 3142-0036
031) 950-6300
팩스 | 031) 955-0510
등록 | 1973. 2. 1. 제406-2005-000046호
출판사 홈페이지 | www.cyber.co.kr
ISBN | 978-89-315-6966-7 (13530)
정가 | 95,000원

이 책을 만든 사람들

책임 | 최옥현
진행 | 이희영
교정 · 교열 | 이영남, 류지은
전산편집 | 민혜조
표지 디자인 | 오지성
홍보 | 김계향, 이보람, 유미나, 서세원, 이준영
국제부 | 이선민, 조혜란, 권수경
마케팅 | 구본철, 차정욱, 오영일, 나진호, 강호묵
마케팅 지원 | 장상범, 박지연
제작 | 김유석